鸟哥的 Linux 私房菜

服务器架设篇 | 第三版 修订 |

鸟哥 / 著

清华大学出版社
北京

内 容 简 介

你已经具备了Linux基础,想进一步学习服务器架设吗?还想了解如何维护和管理你的服务器吗?《鸟哥的Linux私房菜——服务器架设篇(第三版修订)》是你最佳的选择。

目前有关Linux架设的书籍大多只教读者如何架设服务器,很少涉及服务器的维护、管理以及遇到问题时的应对策略。结果是,一旦服务器遭受攻击,人们就会手忙脚乱。因此,作者首先从系统基础和网络基础开始讲解,然后讨论网络攻击和防火墙保护主机,最后才介绍服务器的架设。

本书共分为四篇:第一篇是服务器搭建前的进修专区,主要介绍架设服务器之前必须具备的基本知识。阅读完这一篇后,无论你使用何种方式连接Internet,都不会有问题;第二篇是主机的简易安全防护措施,鸟哥会告诉你如何保护你的主机,养成良好的操作习惯,使你的主机免受病毒侵害,安全能经受住各种考验;第三篇是局域网内常见服务器的搭建,介绍内部网络经常使用的远程连接服务(如SSH、XDMCP、VNC、XRDP)、网络参数配置服务(如DHCP、NFS、NTP)、网络磁盘服务(如SAMBA、iSCSI)以及代理服务器等。其中,SSH密钥系统对于异地备份非常有帮助,你绝对不能错过;第四篇是常见的Internet服务器的搭建,介绍DNS、WWW、FTP和邮件服务器等常见的服务。

本书为碁峰资讯股份有限公司授权出版发行的中文简体字版本。
北京市版权局著作权合同登记号　图字: 01-2023-4883

本书封面贴有清华大学出版社防伪标签,无标签者不得销售。
版权所有,侵权必究。举报: 010-62782989, beiqinquan@tup.tsinghua.edu.cn。

图书在版编目(CIP)数据

鸟哥的Linux私房菜: 第三版修订.服务器架设篇/鸟哥著.—北京: 清华大学出版社, 2024.1(2025.5重印)
ISBN 978-7-302-64922-9

I.①鸟… II.①鸟… III.①Linux操作系统 IV.①TP316.85

中国国家版本馆CIP数据核字(2023)第224173号

责任编辑: 赵　军
封面设计: 王　翔
责任校对: 闫秀华
责任印制: 杨　艳

出版发行: 清华大学出版社
网　　址: https://www.tup.com.cn, https://www.wqxuetang.com
地　　址: 北京清华大学学研大厦A座　　邮　编: 100084
社 总 机: 010-83470000　　邮　购: 010-62786544
投稿与读者服务: 010-62776969, c-service@tup.tsinghua.edu.cn
质 量 反 馈: 010-62772015, zhiliang@tup.tsinghua.edu.cn

印 装 者: 三河市龙大印装有限公司
经　　销: 全国新华书店
开　　本: 190mm×260mm　　印　张: 46.75　　字　数: 1260千字
版　　次: 2024年1月第1版　　印　次: 2025年5月第3次印刷
定　　价: 168.00元

产品编号: 104627-01

作 者 序

关于本书

　　服务器的架设并不容易。除了需要了解每个服务器的工作原理与目的，还需要熟悉网络和系统管理的基础操作等。虽然目前有很多书籍和参考范例教大家如何架设一个可用的服务器，但这些范例却没有详细解释服务器的维护与管理，以及处理问题时的流程。因此，架设服务器虽然容易，但被攻击也是很常见的。因此，这本书从操作系统基础和网络基础开始讲起，然后谈到网络攻击以及防火墙防护主机，最后才切入搭建服务器的相关内容。

　　这本书以 CentOS 6 为范例进行介绍。这个 Linux 版本的服务配置与以前不同，常常让人找不到熟悉的配置文件位置。笔者在服务器配置中使用了 SELinux 默认启动模式，加入 SELinux 后，整个服务器的配置变得有些困难。此外，之前没有使用过的 NetworkManager 服务也增加了一些混乱，因此重复测试之前的版本与当前版本的区别，花费了不少时间。希望这样的测试结果能够帮助大家简化自行探索的过程，早日搭建自己的服务器。

谁适合这本书

　　这本书深入讨论了服务器搭建的规划、流程、技巧和维护等工作。因此，在这本书中不可能详细讨论基础的 Linux 操作和相关的 Shell 语法，毕竟，《鸟哥的 Linux 私房菜——基础学习篇》已经涵盖了这些内容，没有必要在本书中重复提及。因此，当你尝试阅读本书时，请注意最好已经具备了 Linux 操作系统的相关知识和 BASH Shell 的相关技巧。此外，还必须了解一些类 Unix 的工作流程，例如日志文件的产生和存储位置、服务的启动和关闭方式、计划任务的使用方法以及其他相关事项。换句话说，如果你从未接触过 Linux，建议你从《鸟哥的 Linux 私房菜——基础学习篇》开始学习 Linux，否则，对于你来说，本书可能会比较难以理解。

　　另外，本书经常会提到一些简单的概念而不是僵化的流程，特别是考虑到每个人对站点的要求都不相同，也就是说，每个人的站点实际上都带有个人风格。因此，僵化的流程并没有太大的意义，只要能够根据这些简单的概念来进行站点的架设就可以了。鸟哥认为，你的主机设置应该不会有太大的问题。最担心的是什么呢？最担心的是那些没有接触过 Linux，却想直接参考服务器搭建的程序来完成站点架设的朋友，这些朋友最容易忽略后续的维护和管理工作，这也容易导致站点不稳定或者成为网络黑客（Cracker）入侵的主要原因。

　　本书的主要目的是引导用户进入 Linux 强大的网络功能世界，书中的范例都是鸟哥自己实际测试过没有问题才写出来的。然而，由于每个人的网络环境和操作习惯不同，因此鸟哥不敢保证书中的范例一定能在你的系统上成功操作。然而，书中会提到一些基本概念，只要你理解这些基本概念并且对 Linux 的操作熟悉，相信你一定可以利用书中的范例开发出适合你自己的服务器设置。但对于没有接触过 Linux 的朋友，仍然建议从头学起。至于为什么一定要从头学起，本书在第 1 章内会详细说明。

章节安排

本书的章节规划主要分为四篇：第一篇是服务器搭建前的进修专区，第二篇是主机的简易安全防护措施，第三篇是局域网内常见服务器的搭建，第四篇是常见 Internet 服务器的搭建。前两篇的内容都是关于基础的网络概念和实际网络配置，包括重要的网络自我检测和防火墙设置等。这些内容与你的服务器是否能正常工作密切相关，所以在开始服务器的架设之前，请务必先阅读前两篇共计 10 章的内容。

在第二篇——主机的简易安全防护措施中，我们将介绍在 Linux 强大的网络功能下可能发生的网络入侵问题。了解这些问题后，当然需要着手解决！因此，我们将说明如何处理 TCP/IP、端口、软件漏洞修补和防火墙等问题。那么该如何确保 Linux 主机的安全呢？"没有绝对安全的主机"是正确的说法，所以，即使你的主机只是一个小站点，也绝不能忽视防火墙的作用。

在第三篇——局域网内常见服务器的搭建中，我们将介绍常用于内部网络的远程连接服务（如 SSH、VNC、XRDP）、网络参数配置服务（如 DHCP、NTP）、网络驱动器服务（如 Samba、NFS、iSCSI）以及代理服务器等。虽然这些章节可以跳着阅读，但我建议花点时间仔细阅读第 11 章关于连接服务器的内容，特别是 SSH 的密钥系统对于异地备份非常有帮助！

在第四篇——常见 Internet 服务器的搭建中，我们将介绍常见的 DNS、WWW、FTP 和邮件服务器等服务。Internet 上需要使用易于记忆的主机名进行连接，因此 DNS 服务器非常重要！在本版的 DNS 中，我们加入了简单的视图（View）概念，适用于局域网内的主机联网，你可以参考一下。

本书的章节仍然按照由浅入深的编排顺序，因此希望读者能够从头到尾仔细阅读，不要急于翻到后面抄写一些架设流程。

感谢

感谢自由软件社区志愿者们的软件开发，使我们能够拥有如此出色的操作系统来搭建服务器。也要感谢广大读者的反馈，使鸟哥能够对 Linux 服务器的原理和配置有更深入的了解。感谢 Study Area 酷学园的伙伴们的支持，包括 netman 大大、酷学园版主群、鸟园讨论版主群以及参加实体活动的朋友们。感谢昆山科大的张世熙主任、各位老师和伙伴们在研究方面对我的支持。更要感谢我的学生们，正是因为你们的帮助，鸟哥才有更多的时间来撰写一些关于服务器测试的文章。

最后，亲爱的鸟嫂，感谢你多年来的付出，特别是这两年为家庭添了两个可爱的宝贝：宸宸和轩轩！希望鸟窝一家，以及所有的朋友们都平安、幸福！

鸟哥

第三版修订说明

感谢各位读者对第三版的支持与反馈，这极大地促进了本书的持续完善和改进。在第三版的基础上，我们针对 Linux 系统版本的变化进行了内容更新，包括替换过时的参考网站和链接，整合部分内容，并对语言表述进行优化处理。此外，我们还对部分章节进行了删减和增补，以更好地满足当前读者的需求。

修订的主要内容如下：

（1）使本书的内容适应更新的操作系统版本，例如更高版本的 CentOS、Windows 等。

（2）删除了一些过时的软件和应用，并替换为较新的版本和更好的应用。

（3）删除了术语查询的旧链接，因为现在的读者可以通过搜索引擎和各种网站的百科网站（如百度百科等）来查询，以保持对最新技术的更新和追踪。

（4）对书中关于"因特网"和"互联网"以及 Internet 一词的统一使用。实际上，"因特网"和"互联网"是可以互换使用的，它们在很大程度上具有相同的含义。然而，为了细微区分，我们可以从以下角度理解它们之间的差异：

- 起源和发展：词汇"因特网"（Internet）源于英文"interconnected networks"（互联网络），最初描述的是多个计算机网络互连形成的庞大网络系统。相对地，"互联网"这一中文术语，强调的是多个网络的相互连接。
- 范围和规模：因特网一般指全球性的计算机网络系统，包括各种相互连接的网络，如企业、学术机构、政府机构的网络。而"互联网"概念更广泛，指任何通过 TCP/IP 协议相互连接的网络。综上所述，因特网侧重于网络的物理连接和技术架构，互联网则更加强调网络的互联互通。本书中，我们倾向于统一使用"Internet"一词。

感谢各位读者的支持与反馈。我们希望本书能够助您深入了解 Linux 的网络功能，丰富您的知识和技能。祝您在服务器搭建与管理方面取得成功！

赵军修订于：2023 年 10 月

目　　录

第一篇　服务器搭建前的进修专区

第1章　搭建服务器前的准备工作 2
- 1.1　Linux 的功能 3
  - 1.1.1　用 Linux 搭建服务器需要的能力 3
  - 1.1.2　搭建服务器难不难 4
- 1.2　搭建服务器的基本流程 5
  - 1.2.1　网络服务器成功连接的分析 5
  - 1.2.2　一个常见的服务器设置案例分析 8
  - 1.2.3　系统安全与备份处理 24
- 1.3　自我评估是否已经具备服务器搭建的能力 25

第2章　网络的基本概念 27
- 2.1　网络 28
  - 2.1.1　什么是网络 28
  - 2.1.2　计算机网络的组件 30
  - 2.1.3　计算机网络的范围 31
  - 2.1.4　计算机网络协议：OSI 七层协议 32
  - 2.1.5　计算机网络协议：TCP/IP 35
- 2.2　TCP/IP 网络接口层的相关协议 36
  - 2.2.1　广域网使用的设备 36
  - 2.2.2　局域网使用的设备——以太网 37
  - 2.2.3　以太网络的传输协议：CSMA/CD 39
  - 2.2.4　MAC 的封装格式 41
  - 2.2.5　MTU 42
  - 2.2.6　集线器、交换机与相关机制 43
- 2.3　TCP/IP 网络层的相关数据包与数据 46
  - 2.3.1　IP 数据包的封装 46
  - 2.3.2　IP 地址的组成与分级 48
  - 2.3.3　IP 的种类与获取方式 51
  - 2.3.4　子网掩码、子网与 CIDR（无类别域间路由）........................... 53
  - 2.3.5　路由概念 56
  - 2.3.6　观察主机路由：Route 59
  - 2.3.7　IP 与 MAC：网络接口层的 ARP 与 RARP 协议 60
  - 2.3.8　ICMP 协议 61
- 2.4　TCP/IP 传输层的相关数据包与数据 62

目 录

	2.4.1 面向连接的可靠的 TCP 协议	62
	2.4.2 TCP 的三次握手	66
	2.4.3 无连接的 UDP 协议	67
	2.4.4 网络防火墙与 OSI 七层协议	68
2.5	连上 Internet 前的准备事项	69
	2.5.1 IP 地址、主机名与 DNS 系统	69
	2.5.2 连上 Internet 的必要网络参数	70
2.6	重点回顾	70
2.7	参考资料与延伸阅读	72

第 3 章 局域网架构简介 73

3.1	局域网的连接	74
	3.1.1 局域网的布线规划	74
	3.1.2 网络设备选购建议	78
3.2	本书使用的内部连接网络参数与通信协议	81
	3.2.1 网络连接参数与通信协议	81
	3.2.2 Windows 个人计算机网络配置范例	83

第 4 章 连接 Internet 86

4.1	Linux 连接 Internet 前的注意事项	87
	4.1.1 Linux 的网卡	87
	4.1.2 编译网卡驱动程序（Option）	89
	4.1.3 Linux 网络相关配置文件	91
4.2	连接 Internet 的设置方法	92
	4.2.1 手动设置固定 IP 地址	93
	4.2.2 自动获取 IP 参数（DHCP 方法，适用 Cable Modem、IP 路由器的环境）	97
	4.2.3 ADSL 拨号上网（适用 ADSL 拨号以及光纤接入）	98
4.3	无线网络——以笔记本电脑为例	103
	4.3.1 无线网络所需要的硬件：AP、无线网卡	103
	4.3.2 网络安全方面：关于 AP 的设置	104
	4.3.3 利用无线网卡进行连接	106
4.4	常见问题说明	109
	4.4.1 内部网络使用某些服务（如 FTP、POP3）所遇到的连接延迟问题	109
	4.4.2 域名无法解析的问题	111
	4.4.3 默认网关的问题	111
4.5	重点回顾	111

第 5 章 Linux 中常用的网络命令 113

5.1	设置网络参数的命令	114
	5.1.1 手动/自动配置 IP 参数与启动/关闭网络接口：ifconfig、ifup、ifdown	114
	5.1.2 修改路由：route	117
	5.1.3 网络参数综合命令：ip	119

	5.1.4 无线网络：iwlist、iwconfig	124
	5.1.5 DHCP 客户端命令：dhclient	124
5.2	网络故障排除与查看命令	124
	5.2.1 两台主机之间最简单的通信方式：ping	125
	5.2.2 对两台主机之间的各个节点进行分析：traceroute	127
	5.2.3 查看本机的网络连接与后门：netstat	128
	5.2.4 检测主机名与 IP 地址的对应关系：host、nslookup	131
5.3	远程连接命令与即时通信软件	133
	5.3.1 终端机与 BBS 连接：Telnet	133
	5.3.2 FTP 连接软件：ftp、lftp	134
	5.3.3 图形界面的即时通信软件：Pidgin（gaim 的延伸）	136
5.4	文本界面的网页浏览	138
	5.4.1 文本界面的网页浏览器：links	138
	5.4.2 文本界面的下载器：wget	140
5.5	数据包捕获功能	141
	5.5.1 文本界面的数据包捕获器：tcpdump	141
	5.5.2 图形界面的数据包捕获器：Wireshark	145
	5.5.3 任意启动 TCP/UDP 数据包的端口连接：nc、netcat	147
5.6	重点回顾	148
5.7	参考数据与延伸阅读	149

第 6 章 Linux 网络故障排除.. 150

6.1	无法连接网络的原因分析	151
	6.1.1 硬件问题：网线、网络设备、网络布线等	151
	6.1.2 软件问题：IP 参数设置、路由设置、服务器与防火墙设置等	152
	6.1.3 问题的处理	153
6.2	处理流程	154
	6.2.1 步骤 1：确认网卡的工作	154
	6.2.2 步骤 2：局域网内各项连接设备检测	155
	6.2.3 步骤 3：获取正确的 IP 参数	156
	6.2.4 步骤 4：确认路由表的规则	157
	6.2.5 步骤 5：主机名与 IP 查询的 DNS 错误	158
	6.2.6 步骤 6：Linux 的 NAT 服务器或 IP 路由器出问题	158
	6.2.7 步骤 7：Internet 的问题	159
	6.2.8 步骤 8：服务器的问题	159

第二篇 主机的简易安全防护措施

第 7 章 网络安全与主机基本防护：限制端口、网络升级与 SELinux 162

7.1	网络数据包连接进入主机的流程	163
	7.1.1 数据包进入主机的流程	163
	7.1.2 常见的攻击手法与相关保护	165

目 录

7.1.3 主机能执行的保护操作：软件更新、减少网络服务、启动 SELinux 169
7.2 网络自动升级软件 171
 7.2.1 如何进行软件升级 171
 7.2.2 CentOS 的 yum 软件更新、镜像站点使用的原理 173
 7.2.3 yum 的功能：安装软件组、全系统更新 174
 7.2.4 挑选特定的镜像站点：修改 yum 配置文件与清除 yum 缓存 179
7.3 限制连接端口 182
 7.3.1 什么是端口 182
 7.3.2 端口的查看：netstat、nmap 183
 7.3.3 端口与服务的启动、关闭及开机时状态的设置 186
 7.3.4 安全性考虑——关闭网络服务端口 189
7.4 SELinux 管理原则 191
 7.4.1 SELinux 的工作模式 191
 7.4.2 SELinux 的启动、关闭与查看 194
 7.4.3 SELinux Type 的修改 196
 7.4.4 SELinux 策略内规则布尔值的修订 198
 7.4.5 SELinux 日志文件记录所需的服务 201
7.5 被攻击后的主机修复工作 204
 7.5.1 网管人员应具备的技能 204
 7.5.2 主机受攻击后恢复的工作流程 206
7.6 重点回顾 208
7.7 参考数据与延伸阅读 208

第 8 章 路由的概念与路由器设置 209

8.1 路由 210
 8.1.1 路由表产生的类型 210
 8.1.2 一块网卡绑定多个 IP 地址：IP Alias 的测试用途 211
 8.1.3 重复路由的问题 213
8.2 路由器配置 214
 8.2.1 什么是路由器与 IP 路由器 214
 8.2.2 何时需要路由器 215
 8.2.3 静态路由的路由器 216
8.3 动态路由器架设 221
8.4 特殊情况——路由器两边的接口是同一个 IP 网段：ARP Proxy 227
8.5 重点回顾 230

第 9 章 防火墙与 NAT 服务器 231

9.1 认识防火墙 232
 9.1.1 关于本章的一些提醒事项 232
 9.1.2 为何需要防火墙 232
 9.1.3 Linux 系统上防火墙的主要类型 233
 9.1.4 防火墙的一般网络布局示意 235

			9.1.5　防火墙的使用限制 237
	9.2　TCP Wrappers 238
			9.2.1　哪些服务有支持 239
			9.2.2　/etc/hosts.{allow|deny}的设置方式 240
	9.3　Linux 的数据包过滤软件：iptables 241
			9.3.1　不同 Linux 内核版本的防火墙软件 241
			9.3.2　数据包进入流程：规则顺序的重要性 242
			9.3.3　iptables 的表与链 243
			9.3.4　本机的 iptables 语法 246
			9.3.5　IPv4 的内核管理功能：/proc/sys/net/ipv4/* 256
	9.4　设置单机防火墙的一个实例 258
			9.4.1　规则草拟 258
			9.4.2　实际设置 260
	9.5　NAT 服务器的设置 263
			9.5.1　什么是 NAT、SNAT、DNAT 263
			9.5.2　最简单的 NAT 服务器：IP 分享功能 266
			9.5.3　iptables 的额外内核模块功能 268
			9.5.4　在防火墙后端的网络服务器上设置 DNAT 269
	9.6　重点回顾 269
	9.7　参考数据与延伸阅读 270

第 10 章　申请合法的主机名 271

	10.1　为何需要主机名 272
			10.1.1　主机名的由来 272
			10.1.2　重点在合法授权 273
			10.1.3　申请静态还是动态 DNS 主机名 274
	10.2　注册一个合法的主机名 275
			10.2.1　静态 DNS 主机名注册 275
			10.2.2　动态 DNS 主机名注册（以 no-ip 为例）...275
	10.3　重点回顾 280

第三篇　局域网内常见服务器的搭建

第 11 章　远程连接服务器 SSH/XDMCP/VNC/XRDP 282

	11.1　远程连接服务器 283
			11.1.1　什么是远程连接服务器 283
			11.1.2　有哪些可供登录的类型 284
	11.2　文本界面连接服务器：SSH 服务器 285
			11.2.1　连接加密技术简介 286
			11.2.2　启动 SSH 服务 289
			11.2.3　SSH 客户端连接程序——Linux 用户 289
			11.2.4　SSH 客户端连接程序——Windows 用户 295

11.2.5	SSHD 服务器详细配置	299
11.2.6	制作不用密码可立即登录的 SSH 用户	302
11.2.7	简易安全设置	305
11.3	最原始的图形界面：XDMCP 服务的启用	307
11.3.1	X Window 的 Server/Client 架构与各组件	307
11.3.2	设置 GDM 的 XDMCP 服务	310
11.3.3	用户系统为 Linux 的登录方式	312
11.3.4	用户系统为 Windows 的登录方式：Xming	314
11.4	华丽的图形界面：VNC 服务器	316
11.4.1	默认的 VNC 服务器	316
11.4.2	VNC 的客户端连接软件	318
11.4.3	VNC 搭配本机的 XDMCP 界面	320
11.4.4	开机就启动 VNC 服务器的方法	321
11.4.5	同步的 VNC：可以通过图示同步教学	321
11.5	仿真的远程桌面系统：XRDP 服务器	322
11.6	SSH 服务器的高级应用	324
11.6.1	在非标准端口启动 SSH（非端口 22）	324
11.6.2	以 rsync 进行同步镜像备份	325
11.6.3	通过 SSH 通道加密原本无加密的服务	328
11.6.4	以 SSH 通道配合 X Server 传送图形界面	329
11.7	重点回顾	332
11.8	参考资料与延伸阅读	333

第 12 章 网络参数管理者：DHCP 服务器 334

12.1	DHCP 的工作原理	335
12.1.1	DHCP 服务器的用途	335
12.1.2	DHCP 协议的工作方式	335
12.1.3	何时需要架设 DHCP 服务器	339
12.2	DHCP 服务器端的配置	340
12.2.1	所需软件与文件结构	340
12.2.2	主要配置文件/etc/dhcp/dhcpd.conf 的语法	341
12.2.3	一个局域网的 DHCP 服务器设置案例	343
12.2.4	DHCP 服务器的启动与观察	344
12.2.5	内部主机的 IP 对应	345
12.3	DHCP 客户端的设置	346
12.3.1	客户端是 Linux	346
12.3.2	客户端是 Windows	348
12.4	DHCP 服务器端的高级查看与使用	350
12.4.1	检查租约文件	350
12.4.2	让大量计算机都具有获取静态 IP 地址的脚本	350
12.4.3	使用 ether-wake 实现远程自动开机（remote boot）	351
12.4.4	DHCP 与 DNS 的关系	352

12.5	重点回顾	353
12.6	参考资料与延伸阅读	354

第 13 章 文件服务器之一：NFS 服务器 355

- 13.1 NFS 的由来与功能 356
  - 13.1.1 什么是 NFS 356
  - 13.1.2 什么是 RPC 357
  - 13.1.3 NFS 启动的 RPC 守护进程 358
  - 13.1.4 NFS 的文件访问权限 359
- 13.2 NFS 服务器端的配置 360
  - 13.2.1 所需要的软件 360
  - 13.2.2 NFS 的软件结构 361
  - 13.2.3 /etc/exports 配置文件的语法与参数 362
  - 13.2.4 启动 NFS 366
  - 13.2.5 NFS 的连接查看 368
  - 13.2.6 NFS 的安全性 370
- 13.3 NFS 客户端的设置 372
  - 13.3.1 手动挂载 NFS 服务器共享的资源 372
  - 13.3.2 客户端可处理的挂载参数与开机挂载 373
  - 13.3.3 无法挂载的原因分析 375
  - 13.3.4 自动挂载 autofs 的使用 377
- 13.4 案例演练 379
- 13.5 重点回顾 381

第 14 章 账号管理：NIS 服务器 382

- 14.1 NIS 的由来与功能 383
  - 14.1.1 NIS 的主要功能：管理账号信息 383
  - 14.1.2 NIS 的工作流程：通过 RPC 服务 384
- 14.2 NIS 服务器端的设置 386
  - 14.2.1 所需要的软件 386
  - 14.2.2 NIS 服务器相关的配置文件 386
  - 14.2.3 一个实际操作案例 387
  - 14.2.4 NIS 服务器的设置与启动 387
  - 14.2.5 防火墙设置 391
- 14.3 NIS 客户端的设置 392
  - 14.3.1 NIS 客户端所需的软件与软件结构 392
  - 14.3.2 NIS 客户端的设置与启动 393
  - 14.3.3 NIS 客户端的验证：yptest、ypwhich 和 ypcat 395
  - 14.3.4 用户参数修改：yppasswd、ypchfn 和 ypchsh 396
- 14.4 NIS 搭配 NFS 的设置在群集计算机上的应用 398
- 14.5 重点回顾 400

目 录

第 15 章 时间服务器：NTP 服务器 402
15.1 关于时区与网络校时的通信协议 403
- 15.1.1 什么是时区，全球有多少时区，GMT 在哪个时区 403
- 15.1.2 什么是夏令时 405
- 15.1.3 UTC 与系统时间的误差 406
- 15.1.4 NTP 通信协议 406
- 15.1.5 NTP 服务器的层次概念 407

15.2 NTP 服务器的安装与设置 408
- 15.2.1 所需软件与软件结构 408
- 15.2.2 主要配置文件 ntp.conf 的处理 409
- 15.2.3 NTP 的启动与观察 412
- 15.2.4 安全性设置 413

15.3 客户端的时间更新方式 414
- 15.3.1 Linux 手动校时工作：date 和 hwclock 414
- 15.3.2 Linux 的网络校时 415
- 15.3.3 Windows 的网络校时 416

15.4 重点回顾 416
15.5 参考资料与延伸阅读 417

第 16 章 文件服务器之二：SAMBA 服务器 418
16.1 什么是 SAMBA 419
- 16.1.1 SAMBA 的发展历史与名称的由来 419
- 16.1.2 SAMBA 常见的应用 420
- 16.1.3 SAMBA 使用的 NetBIOS 通信协议 421
- 16.1.4 SAMBA 使用的守护进程 422
- 16.1.5 连接模式的介绍（Peer-to-Peer、Domain 模式） 423

16.2 SAMBA 服务器的基础设置 425
- 16.2.1 SAMBA 所需软件及其软件结构 425
- 16.2.2 基础的网上邻居共享流程与 smb.conf 的常用设置项 427
- 16.2.3 不需密码的共享（security = share，纯测试） 431
- 16.2.4 需要账号和密码才可登录的共享（security = user） 436
- 16.2.5 设置成打印机服务器（CUPS 系统） 442
- 16.2.6 安全性的议题与管理 451
- 16.2.7 主机安装时的规划与挂载中文扇区 454

16.3 SAMBA 客户端软件功能 455
- 16.3.1 Windows 系统的使用 455
- 16.3.2 Linux 系统的使用 459

16.4 以 PDC 服务器提供账号管理 463
- 16.4.1 让 SAMBA 管理网络用户的一个实际案例 463
- 16.4.2 PDC 服务器的搭建 464
- 16.4.3 Windows XP Pro 的客户端 469
- 16.4.4 Windows 的客户端 472

　　　　16.4.5　PDC 问题的解决 473
16.5　服务器的简单维护与管理 474
　　　　16.5.1　服务器相关问题的解决 474
　　　　16.5.2　让用户修改 SAMBA 密码并同步更新/etc/shadow 密码 475
　　　　16.5.3　使用 ACL 配合单个用户时的管理 476
16.6　重点回顾 476
16.7　参考资料与延伸阅读 477

第 17 章　局域网控制者：代理服务器 478

17.1　什么是代理服务器 479
　　　　17.1.1　代理服务器的功能 479
　　　　17.1.2　代理服务器的工作流程 480
　　　　17.1.3　上层代理服务器 481
　　　　17.1.4　代理服务器与 NAT 服务器的差异 482
　　　　17.1.5　搭建代理服务器的用途与优缺点 483
17.2　Proxy 服务器的配置基础 485
　　　　17.2.1　Proxy 所需的 squid 软件及其软件结构 485
　　　　17.2.2　CentOS 默认的 squid 设置 485
　　　　17.2.3　管理信任来源（如局域网）与目标（如恶意网站）：acl 与 http_access 的使用 491
　　　　17.2.4　其他额外的功能项 493
　　　　17.2.5　安全性设置：防火墙、SELinux 与黑名单文件 495
17.3　客户端的使用与测试 496
　　　　17.3.1　浏览器的设置：Firefox 和 IE 496
　　　　17.3.2　测试代理服务器失败的界面 498
17.4　服务器其他应用的设置 499
　　　　17.4.1　上层代理服务器与获取数据分流的设置 499
　　　　17.4.2　代理服务放在 NAT 服务器上：透明代理 501
　　　　17.4.3　代理的认证设置 502
　　　　17.4.4　末端日志分析：SARG 504
17.5　重点回顾 506
17.6　参考资料与延伸阅读 507

第 18 章　网络驱动器设备：iSCSI 服务器 508

18.1　网络文件系统还是网络驱动器 509
　　　　18.1.1　NAS 与 SAN 509
　　　　18.1.2　iSCSI 接口 510
　　　　18.1.3　各组件的相关性 511
18.2　iSCSI Target 的设置 513
　　　　18.2.1　所需软件与软件结构 513
　　　　18.2.2　iSCSI Target 的实际设置 513
18.3　iSCSI Initiator 的设置 518
　　　　18.3.1　所需软件与软件结构 518

目 录

- 18.3.2 iSCSI Initiator 的实际设置 ... 518
- 18.3.3 一个测试范例 ... 521
- 18.4 重点回顾 ... 524
- 18.5 参考资料与延伸阅读 ... 524

第四篇 常见因特网服务器的搭建

第 19 章 主机名控制者：DNS 服务器 ... 526

- 19.1 什么是 DNS ... 527
  - 19.1.1 用网络主机名来获取 IP 地址的历史渊源 ... 527
  - 19.1.2 DNS 的主机名对应 IP 地址的查询流程 ... 530
  - 19.1.3 合法 DNS 的关键：申请区域查询授权 ... 535
  - 19.1.4 主机名交由 ISP 代管还是自己设置 DNS 服务器 ... 537
  - 19.1.5 DNS 数据库的记录：正向解析、反向解析、区域的含义 ... 537
  - 19.1.6 DNS 数据库的类型：hint、Master/Slave 架构 ... 539
- 19.2 客户端的设置 ... 541
  - 19.2.1 相关配置文件 ... 541
  - 19.2.2 DNS 的正、反向解析查询命令：host、nslookup、dig ... 542
  - 19.2.3 查询域管理者相关信息：whois ... 547
- 19.3 DNS 服务器的软件、种类与只缓存的 DNS 服务器的设置 ... 548
  - 19.3.1 搭建 DNS 所需要的软件 ... 548
  - 19.3.2 BIND 默认路径的设置与 chroot ... 549
  - 19.3.3 只缓存的 DNS 服务器与具有转发功能的 DNS 服务器 ... 550
- 19.4 DNS 服务器的详细设置 ... 555
  - 19.4.1 正向解析文件的资源记录 ... 555
  - 19.4.2 反向解析文件记录的 RR 数据 ... 560
  - 19.4.3 步骤 1：DNS 的环境规划 ... 560
  - 19.4.4 步骤 2：主配置文件/etc/named.conf 的设置 ... 562
  - 19.4.5 步骤 3：最上层 "."（root）数据库文件的设置 ... 563
  - 19.4.6 步骤 4：正向解析数据库文件的设置 ... 563
  - 19.4.7 步骤 5：反向解析数据库文件的设置 ... 565
  - 19.4.8 步骤 6：DNS 的启动、查看与防火墙 ... 566
  - 19.4.9 步骤 7：测试与数据库更新 ... 567
- 19.5 协同工作的 DNS：从 DNS 及子域授权设置 ... 569
  - 19.5.1 主 DNS 权限的开放 ... 569
  - 19.5.2 从 DNS 的设置与数据库权限问题 ... 571
  - 19.5.3 配置子域 DNS 服务器：子域授权课题 ... 572
  - 19.5.4 根据不同接口给予不同的 DNS 主机名：view 功能的应用 ... 574
- 19.6 DNS 服务器的高级设置 ... 577
  - 19.6.1 架设一个合法授权的 DNS 服务器 ... 577
  - 19.6.2 LAME 服务器的问题 ... 580
  - 19.6.3 利用 rndc 命令管理 DNS 服务器 ... 581
  - 19.6.4 搭建动态 DNS 服务器：让你成为 ISP ... 584

19.7	重点回顾	587
19.8	参考资料与延伸阅读	587

第20章 WWW 服务器 ... 588

- 20.1 WWW 的简史、资源以及服务器软件 ... 589
  - 20.1.1 WWW 的简史、HTML 与标准制定（W3C） ... 589
  - 20.1.2 WWW 服务器与浏览器所提供的资源定位 ... 592
  - 20.1.3 WWW 服务器的类型：系统、平台、数据库与程序 ... 593
  - 20.1.4 https：加密的网页数据（SSL）及第三方证书机构 ... 595
  - 20.1.5 客户端常见的浏览器 ... 596
- 20.2 WWW 服务器的基本配置 ... 597
  - 20.2.1 LAMP 所需软件与其结构 ... 597
  - 20.2.2 Apache 的基本设置 ... 599
  - 20.2.3 PHP 默认参数的修改 ... 606
  - 20.2.4 启动 WWW 服务与测试 PHP 模块 ... 608
  - 20.2.5 MySQL 的基本设置 ... 611
  - 20.2.6 防火墙设置与 SELinux 规则的放行 ... 613
  - 20.2.7 网页的首页设计及安装架站软件——phpBB3 ... 615
- 20.3 Apache 服务器的高级设置 ... 615
  - 20.3.1 启动用户的个人网站（权限是重点） ... 615
  - 20.3.2 启动某个目录的 CGI（perl）程序执行权限 ... 617
  - 20.3.3 找不到网页时的错误提示信息 ... 618
  - 20.3.4 浏览权限的设置操作（Order、Limit） ... 620
  - 20.3.5 服务器状态说明网页 ... 622
  - 20.3.6 .htaccess 与认证网页设置 ... 623
  - 20.3.7 虚拟主机的设置（重要！） ... 628
- 20.4 日志文件分析以及 PHP 强化模块 ... 630
  - 20.4.1 PHP 强化模块与 Apache 简易性能测试 ... 631
  - 20.4.2 syslog 与 logrotate ... 633
  - 20.4.3 日志文件分析软件：Webalizer ... 634
  - 20.4.4 日志文件分析软件：AWStats ... 635
- 20.5 建立连接加密网站（https）及防止整站下载脚本 ... 638
  - 20.5.1 SSL 所需软件与证书文件及默认的 https ... 638
  - 20.5.2 拥有自制证书的 https ... 640
  - 20.5.3 将加密首页与非加密首页分离 ... 642
  - 20.5.4 防止整站下载软件 ... 642
- 20.6 重点回顾 ... 643
- 20.7 参考资料与延伸阅读 ... 644

第21章 文件服务器之三：FTP 服务器 ... 645

- 21.1 FTP 的数据传输原理 ... 646
  - 21.1.1 FTP 功能简介 ... 646
  - 21.1.2 FTP 的工作流程与使用到的端口 ... 646

目 录

- 21.1.3 客户端选择被动式连接模式 649
- 21.1.4 FTP 的安全性问题与替代方案 650
- 21.1.5 开放什么身份的用户登录 651
- 21.2 vsftpd 服务器的基础设置 652
  - 21.2.1 为何使用 vsftpd 652
  - 21.2.2 所需的软件以及软件结构 653
  - 21.2.3 vsftpd.conf 配置值说明 655
  - 21.2.4 vsftpd 启动的模式 658
  - 21.2.5 CentOS 的 vsftpd 默认值 659
  - 21.2.6 针对实体账号的设置 661
  - 21.2.7 仅有匿名登录的相关设置 665
  - 21.2.8 防火墙设置 670
  - 21.2.9 常见问题与解决方法 670
- 21.3 客户端的图形界面的 FTP 连接软件 671
  - 21.3.1 FileZilla 671
  - 21.3.2 通过浏览器获取 FTP 连接 674
- 21.4 让 vsftpd 增加 SSL 的加密功能 675
- 21.5 重点回顾 678
- 21.6 参考资料与延伸阅读 678

第 22 章 邮件服务器：Postfix 679

- 22.1 邮件服务器的功能与工作原理 680
  - 22.1.1 电子邮件的功能与问题 680
  - 22.1.2 邮件服务器与 DNS 之间的关系 681
  - 22.1.3 邮件传输所需要的组件（MTA、MUA、MDA）以及相关协议 683
  - 22.1.4 用户收信时服务器端所提供的相关协议：MRA 686
  - 22.1.5 中继转发与认证机制的重要性 688
  - 22.1.6 电子邮件的数据内容 689
- 22.2 MTA 服务器：Postfix 基础设置 690
  - 22.2.1 Postfix 的开发 690
  - 22.2.2 所需的软件与软件结构 691
  - 22.2.3 一个邮件服务器设置的案例 692
  - 22.2.4 让 Postfix 监听 Internet 来收发邮件 692
  - 22.2.5 邮件发送流程与收信、中继转发等重要概念 695
  - 22.2.6 设置邮件主机权限与过滤机制：/etc/postfix/access 698
  - 22.2.7 设置邮件别名： /etc/aliases、~/.forward 698
  - 22.2.8 查看邮件队列信息：postqueue、mailq 701
  - 22.2.9 防火墙设置 702
- 22.3 MRA 服务器：dovecot 设置 703
  - 22.3.1 基础的 POP3/IMAP 设置 703
  - 22.3.2 加密的 POP3s/IMAPs 设置 703
  - 22.3.3 防火墙设置 704
- 22.4 MUA 软件：客户端的收发邮件软件 705

  22.4.1 Linux 的 mail 软件 705
  22.4.2 Linux mutt 708
  22.4.3 好用的跨平台（Windows/Linux X）软件：Thunderbird 711
22.5 邮件服务器的高级设置 714
  22.5.1 邮件过滤一：用 postgrey 进行非正规 Mail 服务器的垃圾邮件过滤....715
  22.5.2 邮件过滤二：关于黑名单的过滤机制 718
  22.5.3 邮件过滤三：基础的邮件过滤机制 719
  22.5.4 非信任来源的中继转发：开放 SMTP 身份认证 720
  22.5.5 非固定 IP 地址的邮件服务器的福音：relayhost 724
  22.5.6 其他设置小技巧 725
22.6 重点回顾 728
22.7 参考资料与延伸阅读 728

第一篇
服务器搭建前的进修专区

搭建服务器需要很强的 Linux 基础概念以及基础网络知识，否则的话，当网络断断续续的时候，你永远也不会知道是哪里出了问题！而当某个服务器软件出问题的时候，你永远也不晓得是发生了什么事情！老人常说"对症下药才有效"，随便吃药是不可能"无病强身"的。因此，对于网络服务器来说最重要的基础文件权限、程序的启动关闭与管理、Bash shell 的操作与 script、用户账号的管理等，你都必须要具备最基础的认知才行，否则，服务器真的不好碰。

在这一篇中，鸟哥会介绍一下搭建服务器之前你必须要具备的基本概念，以及重要的网络基础，当然，一大堆的网络命令是需要熟悉的。这些网络命令不是要你背下来，而是希望在你需要的时候可以很快速地查阅到，并了解如何使用。无论如何，请你务必在搭建服务器前要读过"Linux 基础篇"及"网络基础篇"的文章，否则很难与他人沟通讨论，这部分内容鸟哥放在最前面，希望大家务必学习！

第一篇 服务器搭建前的进修专区

第 1 章
搭建服务器前的准备工作

很多朋友因为自身或所服务单位的需求，总会遇到搭建各种网络服务器的问题，这个时候大多数前辈都会推荐他们使用 Linux 作为搭建服务器的操作系统。然而，许多朋友并没有接受过 Linux 操作系统使用方面的训练，因此他们总觉得反正都是操作系统，Linux 应该跟 Windows 差不多，就硬着头皮使用图形界面来配置众多的服务器，也有可能参考网络上的一些文章，通过文字界面进行配置，也能够很轻松地做好服务器的搭建。问题是，这样的一台服务器其实是很容易被绑架的。而且，如果网络不通，你又该如何自行进行故障诊断（Trouble Shooting）呢？难道出问题只能无语问苍天吗？所以，除非你只是暂时需要搭建网络服务器，可以请朋友或其他信息公司帮忙，如果你本身就是信息方面的服务提供商，那么鸟哥建议在正式部署服务器之前，不妨阅读一下本篇的内容，看看你是否具备了配置网络服务器的基本技能。

1.1 Linux 的功能

很多刚接触 Linux 的朋友常常会问的一句话就是："我学 Linux 就是为了搭建服务器，既然只是为了搭建服务器，为什么我还要学习 Linux 的其他功能？例如计划任务、Bash Shell，又为什么去认识所有的登录文件，等等，我又用不到啊！此外，既然有好用的 Web 接口的 Server 配置软件，可以简单地将网站搭建起来，为什么我还要去学习用 vim 手动编辑一些配置文件？为什么还需要去理解服务器的工作原理？"上面这些话对于刚刚学会搭建网站的人来说，确实道出了他们作为**一个新手的心声**。不过，对于任何一个曾经搭建网站并把网站发布到 Internet 上的朋友来说，上面这些话，**真的会害死人**！为什么呢？下面我们就来分析一下。

1.1.1 用 Linux 搭建服务器需要的能力

如果有人问你："Linux 最强大的功能是什么？"大概大家都会回答："**是网络功能**"，如果对方再问："**学 Linux 就是为了搭建服务器吗？**"这个问题可就见仁见智了！说穿了，Linux 其实就是一套非常稳定的操作系统，任何工作只要能在 Linux 这个操作系统上运行，那它就是 Linux 可以实现的功能之一！所以 Linux 的作用远不止于提供网络服务器功能这么简单。

举例来说，在 Linux 上开发跨平台的数值计算模型（Model），例如大型的大气仿真计算模型，由于 Linux 的稳定性与完善的资源分配功能，使得在 Linux 上开发的程序在运行方面既快又稳定。此外，诸如 KDE、GNOME 等漂亮的图形界面，搭配 Open Office 等办公室软件，使 Linux 立刻摇身一变而成为优秀的桌面计算机（Desktop）。此外，Google 开发的专门用于手机系统的 Android 操作系统也是以 Linux 为基础的。所以说，千万不要小看了 Linux 在功能多样性方面的表现。

不过，无论怎么说，Linux 的强大网络功能确实是使得它在服务器领域内占有一席之地的重要因素。既然如此，我们就来探索一下 Linux 的网络世界吧。首先，Linux 到底可以实现哪些网络功能呢？这可就多了！不论是 WWW、Mail、FTP、DNS，还是 DHCP、NAT 与 Router 等，Linux 系统都可以实现，而且只需要一台 Linux 主机就能够实现上述所有功能。当然，在不考虑网络安全与效率的情况下，你可以使用一台 Linux 主机来实现所有的网络功能。

但是，对于一个服务器而言，"**搭建容易，维护难**"！更深一层来说，**维护还好，而故障诊断与排除更难**！搭建一个服务器难吗？即使你完全没有摸过 Linux，只要参考鸟哥的书籍或者是网站，而且一步一步照着做，保准你一个下午就可以搭建完成 5 个以上的网络服务器。所以说，搭建服务器没什么难的。但是，这样的一个网络服务器，多则三天，少则数小时，很快就会入侵了！此外，被入侵之后，或许可以利用一些工具来帮你将 root 的密码救回来，可惜的是，这样的一个服务器还是有可能作为一个中继站被入侵而危害网络中其他主机的安全。

另外，如果你使用工具（例如 Webmin）却怎么也搭建不起来某个网络服务，要怎么解决？如果你不懂该**服务器（Server）的工作原理与 Linux 系统的故障诊断信息**，那么难道只能无语问苍天吗？不要怀疑这种情况的可能性，只需参考一下各大论坛上面的留言，你就会明显地看到这种情况越来越普遍。

所以说，在搭建服务器之前还需要学会一些基本的技能！而且一旦**学会了这些技能，我们可以终身受用**！只要花一个学期（3~6 个月）的时间就能学会一辈子可以使用的技能，真的非常值得。

> 举例来说，鸟哥在 2003—2005 年期间去当兵了，当兵期间很少接触 Linux。等到退伍后，带的第一个学习班就是帮助班里的同学通过 Linux 国际认证，那时我几乎对 Linux 的所有命令都感到很陌生。不过，懂得学习方法的鸟哥，通过 man、百度以及以前学习累积的一些知识和概念，几乎都可以在一分钟内解决所遇到的问题，班里的同学也不会有突然不知鸟哥所云的困扰。

Linux 不是很好学。根据鸟哥过去教学的经验，很多同学在学习 Linux 时真的感到非常痛苦，不过学完之后，以前在 Windows 中遇到的困难却会迎刃而解！因为学习 Linux 时，要求我们解决每一个发现的问题，这个过程会让我们学到很多基础知识，所以学完之后，你会觉得很多事情都变得很简单了。但如果使用 Windows 的懒人方案，很多问题就不可能了解为什么会发生以及为什么可以这样处理。在下一节中，我们将分析搭建服务器的流程，并提供相对应的应该掌握的 Linux 技能。

1.1.2 搭建服务器难不难

无论是 Windows 还是 Linux，要搭建一台堪称完美的服务器，基本功课还是需要做的，这包括：

- 了解网络的基本概念，以方便进行联网与配置及故障诊断与排除。
- 熟悉操作系统的基本操作，包括登录控制、账号管理、文本编辑器的使用等技巧。
- 信息安全方面，包括防火墙与软件更新方面的相关知识等。
- 该服务器协议所需软件的基本安装、配置、故障诊断与排除等。

掌握这些基本功课后，才能进行实际部署，而且，每个项目中都有许多需要学习的技巧。不要以为信息管理人员整天闲着没事干，大家可是天天在应用技术，同时还得天天应付随时可能会发生的各种漏洞与网络攻击方法！想干好这份工作，真的会非常辛苦。

这样看来，搭建服务器真的是挺难的。事实上，搭建服务器其实又是挺简单的。为什么这样说呢？其实"搭建服务器很难"是由于我们学习的角度有偏差。还记得当初进入理工学院的时候，天天在念的东西是基础物理、基础化学、工程数学与流体力学等基础课程，这些课程花了我们 1~2 学期的时间，而且内容还很难，都是一大堆的理论。我们进理工学院是为了学习更高深的知识，那么这些基础知识学了有什么用呢？当然有用，因为更高深的知识都是建构在这些基本课程的理论之上的，如果**基础课程没有学好**，那么专业课程中提到的基本理论就不可能听懂。

这样说应该就比较容易理解了，认识操作系统与该操作系统的基本操作，还有网络基础知识，就是我们在搭建服务器前的"基础课程"。所以说，在进入 Linux 的服务器世界之前，不能够略过网络基础的相关知识，同时，也必须掌握使用 Linux 系统的基本技能。

或许，你对于 Linux 系统中的"**重要知识**"还不太了解，果真如此的话，那么我们就举个简单的例子来说明。下一节将列出一般的搭建服务器流程，让我们在这个流程中看看哪些是重要的 Linux 相关技能。

> 在这一章中，鸟哥不再就 Linux 基础命令进行解析，因为在《鸟哥的 Linux 私房菜 基础学习篇（第四版）》一书中已经详细介绍过了！所以下一节仅对 Linux 基础学习的重要性进行分析。

1.2 搭建服务器的基本流程

虽然不同的服务器提供的服务并不相同，而且每种服务的原理也不见得都一样，不过，每种服务器由规划、搭建到后续的安全维护，其实整个流程是大同小异的。下面我们将逐项进行分析。

1.2.1 网络服务器成功连接的分析

下面我们针对整个服务器的简易搭建流程来做一个分析，以明确**为什么了解操作系统的基础对于服务器的维护是相当重要的**。首先，让我们来看看是如何连接到服务器的？连接到服务器要获取什么资源？我们先通过图 1-1 进行简单说明。

先来理解一下，到底我们连接到服务器想要得到什么？举例来说，当你连接到抖音想要观看视频时，抖音的服务器会将视频数据流传输给你；当你连接到新浪网站想要看新闻时，新浪的服务器会将新闻的文本文件通过网页的方式提供给你；当你连接到无名小站想要浏览图片时，对方的服务器会将图片文件发送给你；当你连接到游戏网站想要去偷菜时，游戏网站的服务器会参考你之前留下来的记录，从数据库中将你的记录检索出来传送给你。可以看到，**当你连接到服务器时，重点是获取服务器上的数据，而这些数据通常以文件的形式存在！**那么，你有没有权限获取这些文件或者文件中的数据呢？最终取决于对应网站服务器中文件系统的设置。

图 1-1 显示的是客户端到服务器的网络连接必须连通。一旦客户端成功访问服务器，服务器的防火墙会先判断该连接请求能否放行，等到连接请求被放行之后，才能使用服务器上

软件的功能。然而，该功能又需要通过 SELinux 这个细粒度存取权限配置，才能够读取文件系统。但能不能读到具体文件呢？又取决于文件系统的权限设置（r、w、x）。上述的每个部分都要满足系统的要求，否则将无法顺利读取数据。

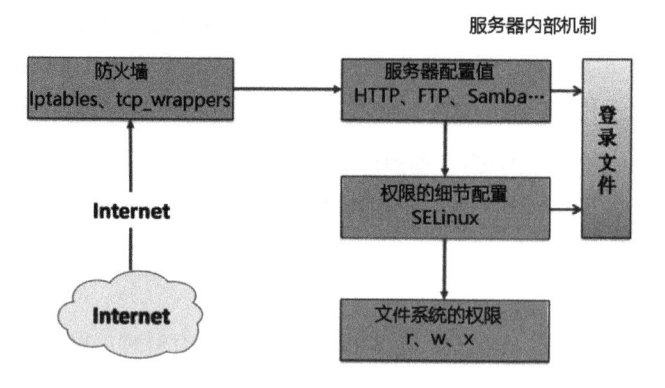

图 1-1　通过网络连接至服务器所需经过的各项环节

所以，根据上面的流程，我们可以将整个连接分为几个关键部分，包括网络连接、服务器本身、内部防火墙软件的设置、各项服务的配置文件、细粒度存取权限的 SELinux 配置以及最重要的文件权限。接下来，我们将分别讨论每个部分的相关内容。

1. 网络：了解网络基础知识与所需服务的通信协议

既然要搭建服务器，首先需要了解一下因特网。因为无论使用哪种操作系统，要与因特网连接，首先要求掌握网络基础知识。举例来说，"子网"是一个经常被提及的概念，当你遇到一个配置为 192.168.1.0/255.255.255.0 的设置项时，知道这是什么吗？ 如果不知道的话，那么你绝对无法正确配置网络服务，另外，为何你需要服务器？当然是为了实现某种网络服务。举例来说，传输文件可以用 FTP，那 WWW 可以传输文件吗？"网上邻居"功能可以传输文件吗？每个网络服务的用途是什么？哪个网络服务在传输文件方面更方便？ 对于客户或公司领导来说，我们所搭建的服务能否满足他们的需求等，这些都需要了解，否则你将会一头雾水！因此，在这部分你需要了解的内容如下：

- 网络基础知识，包括以太网络硬件与协议、TCP/IP、网络连接所需参数等。
- 各网络服务所对应的通信协议的工作原理，以及实现各通信协议的具体应用程序。

2. 服务器本身：了解搭建网络服务器的目的以配合主机的安装规划

想要搭建服务器吗？那么，你要搭建什么样的服务器？这个服务器要不要对 Internet 开放？这个服务是否需要为客户提供访问账号？是否需要针对不同的访问账号进行限制，例如磁盘容量、可用空间与可用系统资源等方面的限制？如果需要进行各项资源的限制，那么服务器操作系统应该要如何安装与设置呢？问题很多吧？所以，只有在明确了解你所需搭建的服务器的各项预期功能之后，后续的规划才能陆续出炉。不过，如果你配置服务器只是为了"练功"，那就不需要考虑太多了。

3.服务器本身：了解操作系统的基本操作

网络服务软件是需要在操作系统上运行的，所以需要掌握操作系统基本的管理与操作技术！这包括如何安装和删除软件、如何管理系统的计划任务、如何根据服务器的服务目的规划文件系统、如何使文件系统具有可扩展性（LVM 之类）、系统如何管理各项服务的启动、系统的开机流程是什么，以及系统出错时如何进行快速恢复等。这些都是需要了解的内容。

4.内部防火墙设置：管理系统的可共享资源

一台主机可以允许多种服务器软件同时运行在其中，而许多 Linux 发行版的默认设置已经开放了很多服务供 Internet 使用，不过这些服务可能并不是你想要开放的。在了解网络基础知识和所需服务的预期目的之后，接下来通过防火墙来限制可以使用本服务器服务的用户，以确保系统在使用上拥有较佳的可控环境。此外，**无论你的防火墙系统设置得多么严格，只要是你要开放的服务，防火墙对该服务就没有保护作用**。因此，在线更新软件机制一定要定期进行，否则你的系统将非常容易受到安全威胁。

5.服务器软件设置：学习设置技巧以及设置开机是否自动执行

在第一点中已经提到，我们需要知道每种服务所能实现的功能，这样才能够搭建你所需要的服务站点。那么你所需要的服务是由哪个软件来实现的呢？同一个服务可否由不同的软件实现？每种软件可以实现的目的是否相同？根据所需的功能，如何设置你的服务器软件？在搭建过程中，如果出现错误，你应该如何观察与进行故障诊断与排除？可否定期地分析服务器相关的登录信息，以便了解服务器的使用情况与错误发生的原因？能否通知多个用户进行连接测试，以获取较佳的服务器配置值？因此，在这里你可能需要知道以下内容：

- 软件如何安装，如何查询相关配置文件所在的位置？
- 服务器软件如何设置？
- 服务器软件如何启动，如何设置自动开机启动，如何观察启动的端口？
- 服务器软件激活失败如何进行故障诊断与排除，如何查看日志，如何通过日志进行故障诊断与排除？
- 通过客户端进行连接测试，如果失败该如何处理？连接失败的原因是服务器还是防火墙？
- 服务器的设置修改是否有相关的日志，相关日志是否要定期分析？
- 服务器所提供或共享的数据有无定期备份，如何定期自动备份或远程备份？

6.细粒度存取权限设置：包括 SELinux 与文件权限

等到你的服务器全部设置妥当，而你将文件数据的存取权限设置为 000，那么鸟哥可以确定地告诉你，其他人将无法读到你所提供的数据！此外，新的 Linux 发行版都建议启动 SELinux。那么 SELinux 是什么呢？如果你的数据存放在非正规的目录中，应该如何处理 SELinux 的问题？又如何让文件具有保密性或共享性（如文件权限概念与 ACL）？我们要厘清所有这些相关概念。

在上述的服务器搭建流程中，除第 5 点外，其他步骤在各种服务器的设置过程中都是需要了解的，而且内容都是相似的。因此，如果掌握了这些基础知识，最终只需要了解第 5 点中具体软件的基本设置，你就能够快速完成服务器的设置。所以说，基础学习非常重要。

1.2.2　一个常见的服务器设置案例分析

上述内容讲完后，或许你还不太清楚这些技能如何串联起来？在这里，鸟哥提供一个简单的案例来进行分析，这样更容易理解为何需要学习这些内容。

- **网络环境**：假设你的环境中有 5 台计算机（无论是在家里还是在宿舍里），这 5 台计算机需要通过网络连接在一起，并且都可以对外提供访问服务。
- **对外网络**：你的环境只有一个对外的连接，假设是 ADSL 或更快的的光纤，即通过电话线或者光纤连接。
- **额外服务**：你希望这 5 台计算机都能上网，而且其中有一台主机还可以作为文件服务器，用于同学或家人的数据备份与共享。
- **服务器管理**：由于可能需要进行远程管理，因此你的服务器需要开放连接机制，以让远程计算机可以连接到该主机进行维护。
- **防火墙管理**：出于对文件共享服务器系统被攻击的担忧，你需要根据源 IP 进行登录控制。
- **账号管理**：由于同学们的数据有隐秘与共享之分，因此你还需要为每个同学提供专门的访问账号，并对每个账号设置磁盘容量使用限制。
- **后台分析**：出于对系统问题的担心，你需要让系统定期自动分析磁盘使用量、日志文件参数等信息。

在上述环境中，你需要考虑哪些事项呢？根据本节一开始提到的 6 个步骤来分析的话，你可能需要掌握下面的内容。

1. 了解网络基础

1）硬件规划

我们想要将 5 台计算机连接在一起，但只有一个可以对外提供连接。在这种情况下，就需要购买集线器（Hub）或者交换机（Switch）来连接所有的计算机。但是这两者有何不同？为何交换机比较贵？另外，我们所用的网线有不同等级，如何区分这些等级？不同等级的网线的速度有没有差异？只有在了解了这些硬件基础知识之后，你才能根据环境进行连接的设计。这部分内容将在下一章介绍。

2）连接规划

由于只有一条对外连接的线路，因此通常建议你用如图 1-2 所示的方式来连接网络。

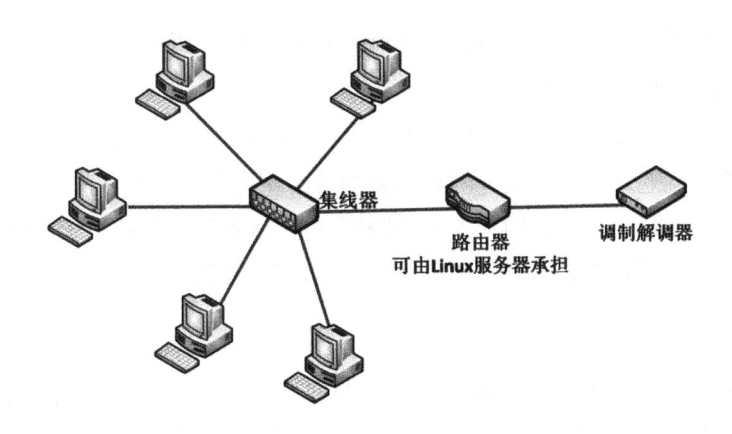

图 1-2 硬件的网络连接示意图

通过路由器，我们的 5 台计算机就可以连接到 Internet 了。需要注意的是，能否上网与 Internet 有关，其核心是著名的 TCP/IP 通信协议。要了解网络，就需要知道什么是 OSI 七层协议。我们知道能否连上 Internet 与 IP 有关，那么我们内部这 5 台计算机所获得的 IP 能否用来作为服务器的 IP 地址呢？也就是说，IP 地址有没有不同种类？如果路由器突然宕机了，那么这 5 台计算机能否继续互连进行网络游戏？这涉及网络参数配置问题。

2. 网络基础

如果你的同学或家人跑来告诉你：网络不通了！你的第一反应会是什么？是硬件问题，软件问题，还是某未知的或一些莫名其妙的问题？如果你不了解网络基础的 IP 相关参数，包括路由设置和域名系统（Domain Name System，DNS），那么肯定不知道如何进行连接测试。因此，你可能会被指责："你什么都不懂还想管理我们家的网络……"那时候是不是很糗呢？所以要将一些基础知识学好。这部分内容就比较复杂了，包括 TCP/IP、网络 IP、子网掩码（Netmask IP）、广播 IP、网关、DNS IP 等。

了解了这些原理之后，你才能够进行故障诊断和排除的工作。最常见的错误之一，例如，你的主机明明可以使用 ping 命令连接到远程主机（ping IP），但无法使用 ping hostname 连接到远程主机。那么，这个问题的原因是什么呢？对于了解网络基础知识的人来说，他们会知道这很可能是 DNS 出了问题。一旦知道问题出在哪里，就能够有针对性地解决该问题。

是否掌握网络基础知识对于进行正确的网络设置至关重要。因为即使你成功搭建了服务器，如果你的网络不通，别人也无法访问你的服务器。所以，如果要搭建服务器，就必须努力学好网络基础知识。关于网络基础知识的内容，我们将在第 2 章中进行详细说明。

3. 服务器本身的安装规划与服务器目的的搭配

如图 1-2 所示，服务器端位于那 5 台计算机之中，而且服务器必须要针对不同的账号分配磁盘空间。在这里，我们会提供共享（SAMBA）这个服务，因为它可以在 Linux/Windows 之间通用。由于需要为用户提供账号，并考虑到未来的磁盘扩展情况，因此我们希望将 /home

独立出来，并使用逻辑卷管理（Logical Volume Manager，LVM）模式，同时搭配 Quota 机制来控制每个账号的磁盘使用情况。

所以说，你需要了解 Linux 目录结构下的文件系统层次结构标准（Filesystem Hierarchy Standard，FHS）规范，否则错误的目录与磁盘分区配置可能导致无法启动系统！那么为什么要将 /home 单独放在一个分区中呢？这是因为 Quota 仅支持文件系统（Filesystem），而不支持单个目录！好了，如果给你一台全新的主机，该如何安装你自己的系统呢？

例题

全新安装：请到 CentOS 官方网站下载最新的 Linux 镜像文件，并根据自己的需求安装好 Linux 系统（其中最重要的是磁盘分区问题，其他工作可以在安装完成后进行）。

答：由于本书系列中的《鸟哥的 Linux 私房菜 基础学习篇（第四版）》一书中的第 4 章已经介绍了 Linux 的安装过程，这里不再使用图形界面进行说明，只使用文字说明来介绍在每个项目中应完成的操作。此外，根据之前版本的读者反馈，学习者通常只有一台主机，因此我们建议使用 VirtualBox 虚拟机系统来模拟出一台实体主机，以便安装和测试环境。请注意，这台主机将在本书的各个章节中使用。

VirtualBox 的安装和配置请参考其官网上的文档（Documentation）介绍，这里不再赘述。但需要注意的是，（1）如果需要搭建服务器进行上网，建议使用桥接模式（Bridge）进行网络设置，网卡类型选择 Intel 的桌面计算机类型即可；（2）由于我们将引入 NAT 服务器，因此最好有两张网卡，一张使用桥接模式，另一张使用内网（Internet）较为合适；（3）对于磁盘配置，建议使用 SATA 类型，并选择容量在 25GB 以上；（4）内存建议至少 512MB，最好有 1GB 来进行测试。其他的可以参考官网文档，或者使用默认配置。当然，如果你有独立的实体机器来进行安装，那就更好了，就不需要考虑上述说明了。

默认配置如下：

- 分区表请按如下方式进行：
  - /：2GB。
  - /boot：200MB。
  - /usr：4GB。
  - /var：2GB。
  - /tmp：1GB。
  - swap：1GB。
  - /home：5GB，并且使用 LVM 模式进行构建。
  - 其他容量请保留，以后再进行额外练习。
- 挑选软件时，选择 basic server 项目即可。
- 信息安全部分，防火墙选择"启动"，SELinux 选择"强制（Enforce）"。

- 假设路由器有自动分配 IP 地址的功能，则网络参数先选择 DHCP 即可，以后再根据需要进行修改。

实际流程大致如下：

（1）由于我们使用 U 盘启动来安装系统，因此要先进入计算机的 BIOS 界面，选择从 U 盘启动，并且将制作好的 CentOS 安装 U 盘插入计算机的 USB 口（最好是计算机后面的 USB 口，有些计算机的前置 USB 口不支持 U 盘启动）。重新启动系统。

（2）在启动安装的界面中，选择 Install or upgrade an existing system 选项来安装新系统。

（3）出现 Disc Found 字样，可以选择 Skip 跳过。

（4）在"欢迎"界面单击 Next 按钮。

（5）语系选项可以选择"Chinese（简体）（中文（简体））"。

（6）键盘格式保留"美式英文"。

（7）安装使用的设备类型，直接选择默认的"基本存储设备"即可。

（8）因为是全新的硬盘，因此会出现一个找不到分区表的错误，此时选择"重新初始化"。

（9）进入网络主机名的设置，先保留 localhost.localdomain，同界面中还有一个"配置网络"的选项，我们先不要动它，等以后涉及网络设置时再来处理。

（10）进入时区选择，选择"亚洲/上海"。

（11）出现 root 密码设置，这里我们先设置为 centos；这个密码太简单，系统会出现警告，选择"无论如何都使用"即可，另外，也可以将密码设置为复杂密码。

（12）出现哪种类型的安装，因为我们有自己的分区考虑，所以，请选择"创建自定义布局"来处理。

（13）在分区界面中，选择 sda 项目，然后单击"创建"按钮，在出现的窗口中，再选择"标准分区"选项，然后单击"生成"按钮。在最后的窗口中填写挂载点、容量等信息后，最后单击"确定"按钮即可。最终界面如图 1-3 所示。

（14）根据前面的分区规划，重复执行上述操作，将所有的分区都处理好，/home 除外。

（15）由于 /home 要使用 LVM 的方式来建立文件系统，因此单击"创建"按钮后，选择"LVM 物理卷"选项，再单击"生成"按钮，在出现的分区窗口中，容量填写"5000MB"，如图 1-4 所示。

接下来回到原来的分区界面，单击"创建"按钮并选择"**LVM 卷组**"选项，在出现的界面中，卷组名称填写 server，并且在右下方的逻辑卷部分单击"添加"按钮，又会额外出现一个窗口，此时填入 /home 的相关参数。注意，逻辑卷标名称设置为 myhome，如图 1-5 所示。

图 1-3 分区参数设置窗口

图 1-4 划分 LVM 分区

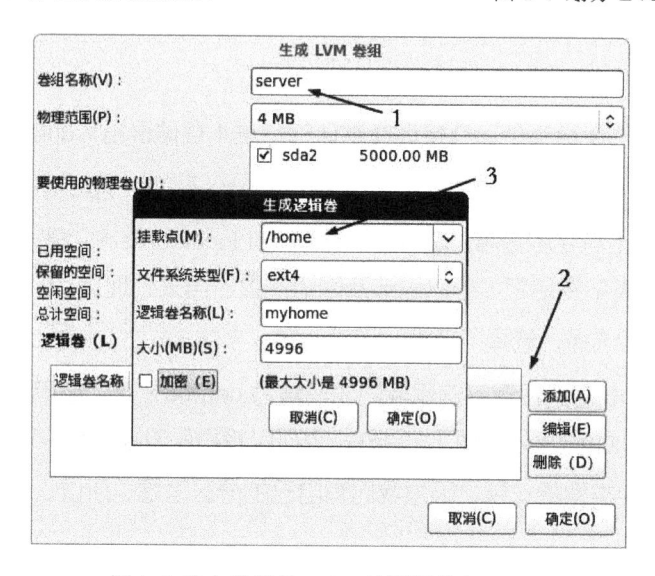

图 1-5 建立最终的 LVM 的逻辑卷与 /home

回到原来的分区界面，最终的显示如图 1-6 所示，然后单击"下一步"按钮。由于新建分区需要格式化，因此又会出现一个警告窗口，选择"**格式化**"以及"**将修改写入磁盘**"。

（16）出现装载引导程序的操作，都使用默认设置即可，单击"**下一步**"按钮。

（17）出现安装类型，因为我们主机的角色为服务器，因此选择 **Basic Server** 选项。其他各项保留默认设置，然后单击"下一步"按钮开始执行安装程序。

（18）经过一段时间的等待，出现重新启动提示后，就可以重新启动系统了，启动前要记得将 U 盘拔出来。鸟哥在第一次安装时，竟然发现电源管理有问题，要在 kernel 处增加 noapic 才能顺利启动系统。

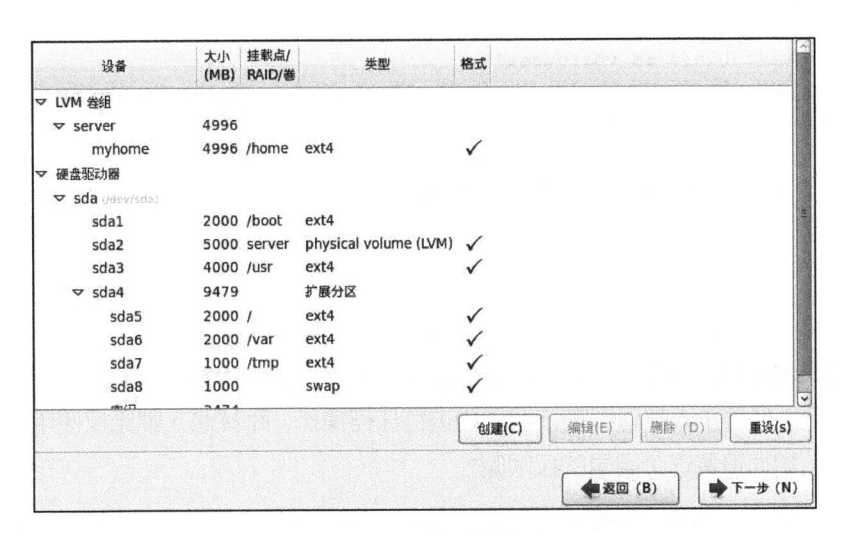

图 1-6 分区的最终结果

（19）安装好系统并重新启动，就会进入 runlevel 3 的纯文本界面。

4. 服务器操作系统的基本使用

既然我们的主机需要为不同的账号提供独立的网络驱动器，因此还需要创建账号、配置磁盘配额（Quota）等。那么你会不会创建账号？是否知道如何配置共享目录？能否处理每个账号的磁盘配额？如果 /home 的容量不足，你是否知道如何扩充 /home 的容量？是否知道如何定期将系统的磁盘使用情况通过邮件发送给管理员？这些都是基本的维护操作。接下来，我们将通过几个实际的例子来练习一下，看看你的基本能力。

例题

批量创建账号：假设我有 5 个朋友的账号分别是 vbirduser{1,2,3,4,5}。这 5 个朋友未来想要共享一个目录，因此应该加入同一个用户组，假设这个用户组为 vbirdgroup，并且这 5 个账号的密码均为 password。那么如何创建这 5 个账号？

答：你可以编写一个脚本程序来完成上述任务。

```
[root@localhost ~]# mkdir bin
[root@localhost ~]# cd /root/bin
[root@localhost bin]# vim useradd.sh
#!/bin/bash
groupadd vbirdgroup
for username in vbirduser1 vbirduser2 vbirduser3 vbirduser4 vbirduser5
do
        useradd -G vbirdgroup $username
        echo "password" | passwd --stdin $username
done
[root@localhost bin]# sh useradd.sh
```

```
[root@localhost bin]# id vbirduser1
uid=501(vbirduser1)gid=502(vbirduser1)groups=502(vbirduser1),501(vbirdgroup)
context=root:system_r:unconfined_t:SystemLow-SystemHigh
```

最后使用 id 命令来查询组的支持是否正确。

例题

共享目录的权限：这 5 个朋友的共享目录位于 /home/vbirdgroup 目录，这个目录只能供这 5 个人使用，且每个人都可以在该目录内进行任何操作，而其他人则无权使用（没有权限）该目录，那么如何设置这个目录的权限呢？

答：考虑到共享目录的特性，目录需要具有 SGID 权限，否则个别组的数据可能会导致这 5 个人无法修改别人的数据。因此，需要执行以下操作：

```
[root@localhost ~]# mkdir /home/vbirdgroup
[root@localhost ~]# chgrp vbirdgroup /home/vbirdgroup
[root@localhost ~]# chmod 2770 /home/vbirdgroup
[root@localhost ~]# ll -d /home/vbirdgroup
drwxrws---. 2 root vbirdgroup 4096 2011-07-14 14:49 /home/vbirdgroup/
# 上面加粗体字的部分就是需要注意的部分！特别要注意权限中的 s 功能
```

例题

配额操作：假设这 5 个用户都需要进行磁盘配额限制（存储容量的限制），每个用户的配额为 2GB（hard）和 1.8GB（soft），该如何处理？

答：该操作实现起来比较复杂，因为它涉及文件系统的支持、Quota 数据文件的设置、Quota 的启动、建立用户 Quota 信息等步骤。整个过程在《鸟哥的 Linux 私房菜 基础学习篇（第四版）》一书已经讲过了，这里快速地带领大家操作一次。

```
# 1. 启动 filesystem 的 Quota 支持
[root@localhost ~]# vim /etc/fstab
UUID=01acf085-69e5-4474-bbc6-dc366646b5c8 /        ext4 defaults              1 1
UUID=eb5986d8-2179-4952-bffd-eba31fb063ed /boot    ext4 defaults              1 2
/dev/mapper/server-myhome /home                    ext4 defaults,usrquota,grpquota 1 2
UUID=605e815f-2740-4c0e-9ad9-14e069417226 /tmp     ext4 defaults              1 2
...(以下省略)...
# 因为是要处理用户的磁盘，所以采用的是/home 这个目录来进行限额
# 另外，CentOS 6.x 以后，默认使用 UUID 的磁盘代号而非使用文件名
# 不过，你还是能使用类似/dev/sda1 的文件名
[root@localhost ~]# umount /home; mount -a
[root@localhost ~]# mount | grep home
/dev/mapper/server-myhome on /home type ext4 (rw,usrquota,grpquota)
# 完成后使用 mount 检查一下 /home 所在的文件系统有没有上述的挂载属性
```

```
# 2. 制作配额（Quota）文件，并启动文件系统的配合支持
[root@localhost ~]# quotacheck -avug
quotacheck: Scanning /dev/mapper/server-myhome [/home] done
...(以下省略)...
# 会出现一些错误的警告信息，但那是正常的！出现上述的提示信息就对了
[root@localhost ~]# quotaon -avug
/dev/mapper/server-myhome [/home]: group quotas turned on
/dev/mapper/server-myhome [/home]: user quotas turned on

# 3. 为用户定义配额（Quota）
[root@localhost ~]# edquota -u vbirduser1
Disk quotas for user vbirduser1 (uid 500):
  Filesystem                  blocks    soft     hard    inodes   soft   hard
  /dev/mapper/server-myhome      20  1800000  2000000        5      0      0
# 因为配额使用的单位是 KB，所以这里要补上好多 0，看得眼都花了

[root@localhost ~]# edquota -p vbirduser1 vbirduser2
# 持续操作几次，将 vbirduser{3,4,5} 全部添加上去

[root@localhost ~]# repquota -au
*** Report for user quotas on device /dev/mapper/server-myhome
Block grace time: 7days; Inode grace time: 7days
                    Block limits                    File limits
User          used    soft     hard   grace   used  soft  hard  grace
----------------------------------------------------------------------
root       --   24       0        0              3     0     0
vbirduser1 --   20 1800000  2000000              5     0     0
vbirduser2 --   20 1800000  2000000              5     0     0
vbirduser3 --   20 1800000  2000000              5     0     0
vbirduser4 --   20 1800000  2000000              5     0     0
vbirduser5 --   20 1800000  2000000              5     0     0
# 看到了吗？上述的结果就是发现了设置好的配额值！整个流程就是这样的
```

例题

文件系统的扩充（LVM）：假设我们的 /home 容量不够用了，想要将 /home 扩充到 7GB 是否可行？

答：因为我们当初就担心这个问题，所以 /home 目录定义为使用 LVM 的方式进行管理。此时我们要来瞧瞧检查卷组（Volume Group，VG）的容量是否够。如果够用，就可以继续进行；如果不够用，就需要从物理卷（Physical Volume，PV）着手了！整个流程可以按照下面的步骤来进行。

```
# 1. 先看看 VG 的容量够不够用
[root@localhost ~]# vgdisplay
  --- Volume group ---
  VG Name                   server
```

```
  System ID
  Format                    lvm2
...(中间省略)...
  VG Size                   4.88 GiB      <==只有区区 5GB 左右
  PE Size                   4.00 MiB
  Total PE                  1249
  Alloc PE / Size           1249 / 4.88 GiB
  Free  PE / Size           0 / 0         <==完全没有剩余的容量了
  VG UUID                   SvAEou-2quf-Z1Tr-Wsdz-2UY8-Cmfm-Ni0Oaf
# 真惨！已经没有多余的 VG 容量可以使用了，因此，我们需要增加 PV 才行

# 2. 开始制作出 PV 用的分区
[root@localhost ~]# fdisk /dev/sda    <==详细流程我不写了，自己瞧吧

Command (m for help): p
   Device Boot      Start         End      Blocks   Id  System
...(中间省略)...
/dev/sda8            1812        1939     1024000   83  Linux  <==最后一个柱面

Command (m for help): n
First cylinder (1173-3264, default 1173): 1940  <==上面查到的柱面值加 1
Last cylinder, +cylinders or +size{K,M,G} (1940-3264, default 3264): +2G

Command (m for help): t
Partition number (1-9): 9
Hex code (type L to list codes): 8e

Command (m for help): p
   Device Boot      Start         End      Blocks   Id  System
/dev/sda9            1940        2201     2104515   8e  Linux LVM  <==得到 /dev/sda9

Command (m for help): w

[root@localhost ~]# partprobe  <==在虚拟机上面需要重新引导（reboot）才行

# 3. 将 /dev/sda9 加入 PV，并将该 PV 加入服务器这个 VG
[root@localhost ~]# pvcreate /dev/sda9
[root@localhost ~]# vgextend server /dev/sda9
[root@localhost ~]# vgdisplay
...(前面省略)...
  VG Size                   6.88 GiB       <==这个 VG 最大就是 6.88GB
...(中间省略)...
  Free  PE / Size           513 / 2.00 GiB <==多出 2GB 的容量可用了

# 4. 准备扩充 /home，开始前，还是先观察一下，再增加 LV 容量较好
[root@localhost ~]# lvdisplay
  --- Logical volume ---
  LV Name                   /dev/server/myhome  <==这是 LV 的名字
  VG Name                   server
...(中间省略)...
  LV Size                   4.88 GiB   <==只有 5GB 左右，需要增加 2GB
...(下面省略)...
# 看起来，是需要增加容量了！我们使用 lvresize 来扩大容量吧

[root@localhost ~]# lvresize -L 6.88G /dev/server/myhome
```

```
  Rounding up size to full physical extent 6.88 GiB
  Extending logical volume myhome to 6.88 GiB   <==处理完毕了。
  Logical volume myhome successfully resized
# 看来确实是扩大到 6.88GB 了，开始处理文件系统吧

# 5. 扩充文件系统
[root@localhost ~]# resize2fs /dev/server/myhome
resize2fs 1.41.12 (17-May-2010)
Filesystem at /dev/server/myhome is mounted on /home; on-line resizing required
old desc_blocks = 1, new_desc_blocks = 1
Performing an on-line resize of /dev/server/myhome to 1804288 (4k) blocks.
The filesystem on /dev/server/myhome is now 1804288 blocks long.

[root@localhost ~]# df -h
文件系统              Size  Used Avail Use% 挂载点
/dev/mapper/server-myhome
                      6.8G  140M  6.4G   3% /home
...(其他省略)...
# 可以看到文件系统确实扩充到 6.8GB 了
```

执行完上面的操作之后，现在你知道为什么在《鸟哥的 Linux 私房菜 基础学习篇（第四版）》一书中，鸟哥一直强调一些有用的内容，因为那些内容在这里都用得上！如果本章这些内容你都不会,甚至连为什么要这么操作都不明白的话,建议你赶紧回去阅读《鸟哥的 Linux 私房菜 基础学习篇（第四版）》一书。

5．服务器内部的资源管理与防火墙规划

你可知道本章的第一个例子安装好了 Linux 之后，系统到底开放了多少服务？这些服务有没有对外面的世界开放监听？这些服务有没有漏洞或者能不能进行网络在线更新？这些服务如果没有用到，能不能关闭？此外，这些服务能不能仅开放给部分的原用户而不是对整个 Internet 开放？这都是需要了解的。接下来我们就以几个小案例来了解一下，到底哪些数据是必须要熟悉的。

例题

不同运行级别（Runlevel）下服务的管理：在当前的运行级别之下，有哪些服务是默认启动的呢？此外，如果我的系统当前不想启动自动网络挂载（Autofs）机制，则如何让该服务在系统启动时不被自动加载启动呢？

答：默认的运行级别可以使用 runlevel 这个命令来设置，如果默认使用运行级别 3，那么可以执行如下的命令：

```
[root@localhost ~]# LANG=C chkconfig --list | grep '3:on'
```

在上面命令的输出信息中，有 autofs 服务处于启动状态，如果想要关闭它，可以执行如

下命令：

```
[root@localhost ~]# chkconfig autofs off
[root@localhost ~]# /etc/init.d/autofs stop
```

上面提到的只是已经启动的服务，如果想要了解已启动的网络监听服务，那该如何处理？可以参考下面的练习题。

例题

查询已启动的网络监听服务：想要检查当前这台主机启动的所有网络监听服务有哪些，并且关闭不需要的网络监听程序，该如何进行？

答：网络监听服务及其所使用的端口情况，可以使用如下方式查询到：

```
[root@localhost ~]# netstat -tulnp
Active Internet connections (only servers)
Proto Recv-Q Send-Q Local Address      Foreign Address    State  PID/Program name
tcp        0      0 0.0.0.0:111        0.0.0.0:*          LISTEN 1005/rpcbind
tcp        0      0 0.0.0.0:22         0.0.0.0:*          LISTEN 1224/sshd
tcp        0      0 127.0.0.1:25       0.0.0.0:*          LISTEN 1300/master
tcp        0      0 0.0.0.0:35363      0.0.0.0:*          LISTEN 1023/rpc.statd
tcp        0      0 :::111             :::*               LISTEN 1005/rpcbind
tcp        0      0 :::22              :::*               LISTEN 1224/sshd
tcp        0      0 ::1:25             :::*               LISTEN 1300/master
tcp        0      0 :::36985           :::*               LISTEN 1023/rpc.statd
udp        0      0 0.0.0.0:5353       0.0.0.0:*                 1108/avahi-daemon:
udp        0      0 0.0.0.0:58474      0.0.0.0:*                 1108/avahi-daemon
...（以下省略）...
```

现在假设想要关闭 avahi-daemon 这个服务以删除该服务所使用的端口，该操作应该如同上题一样，利用 /etc/init.d/xxx stop 关闭，再使用 chkconfig 来处理开机不启动的服务。不过，因为启动的服务名称与实际命令可能不一样，我们在 netstat 命令执行结果中看到的 program 项目是实际程序的执行文件，可能与 /etc/init.d/ 下面的服务脚本文件名不同，因此可能需要使用 grep 命令来摘取数据，或者通过 Tab 按键来取得相关的服务文件名。

```
[root@localhost ~]# /etc/init.d/avahi-daemon stop
[root@localhost ~]# chkconfig avahi-daemon off
```

我们常常会开玩笑说，如果对外开放的软件没有更新，那么防火墙形同虚设。所以，软件更新是相当重要的。在 CentOS 内，我们已经有 yum 来进行在线更新了，你当然可以自己利用更改配置文件来指定 yum 要查询的镜像站点（Mirror Site），不过这里鸟哥建议使用默认的设定值即可,因为系统会主动判断较近的镜像站点(虽然常常会误判),不需要人工微调。

例题

利用 yum 进行系统更新:假设你的网络已经通了,目前想要进行整个系统的更新,同时希望每天凌晨 2:15 自动进行整个系统的更新,该怎样做?

答:整个系统更新使用 yum update 即可。但是由于 yum update 需要用户手动输入 y 来确认所要进行的安装,因此在 crontab 中定义相关的任务时,就需要使用 yum –y update 了。

```
[root@localhost ~]# yum -y update
# 第一次进行该操作会有较长的等待时间!因为系统有些数据要更新

[root@localhost ~]# vim /etc/crontab
15 2 * * * root /usr/bin/yum -y update
```

不过这里还是要额外提醒一下,如果你的系统曾经更新过内核(Kernel),务必重新启动,因为内核是在开机时加载的,一经载入就无法在这次的操作中更改版本。

对于 crontab 文件的处理,以及 crontab –e 命令的应用、内容的写法、字段值的定义,请读者自行参考《鸟哥的 Linux 私房菜 基础学习篇(第四版)》一书的说明。

在完成上述各项设置后,我们的 Linux 系统应该变得相对稳定了。接下来,开始配置资源的保护。例如,ssh 这个远程登录服务需要限制可登录的源 IP,以及制定防火墙规则等。这部分内容将在本书的后续章节中详细介绍。

> 程序设计师所编写的程序并非十全十美,总是可能有些地方没有设计好,这就导致了所谓的"程序漏洞"。程序漏洞带来的问题有大有小,小问题可能导致主机宕机,大问题则可能导致主机的敏感数据泄露,或者主机的控制权被黑客窃取。在当前网络发达的时代,程序漏洞已成为主机遭受攻击和入侵的主要因素之一。因此,快速、有效地修补程序漏洞是一项非常重要的维护任务。

6. 服务器软件设置:学习设置技巧以及如何配置开机自动执行

这部分内容是本书的重要内容。前面我们已经提到,你需要熟悉这部分内容,否则未来的维护工作可能会变得很棘手。以本章提到的大前提为例,如果想要搭建一个网络文件服务器,那么网络文件服务器使用的机制有哪些呢?除常见的基于网页形式的共享磁盘外,还有一些其他常见的方式,比如网上邻居以及 Linux 的 NFS 方式(后续章节将逐一介绍)。注意:在较新的 Windows 版本中,"网上邻居"功能已由文件资源管理器中的"网络"取代。

假设局域网内的大部分操作系统是 Windows，使用网上邻居实现磁盘共享机制应该是比较合理的。那么，网上邻居究竟启用了几个端口？它是如何持续提供网上邻居数据的？访问的账号有没有限制？访问的权限该如何设置？是否可以指定谁可以登录某些特定目录？针对网上邻居服务的端口该如何设置防火墙？如果系统出错，该如何查询错误信息？这个网上邻居在 Linux 下，我们该使用什么服务来实现类似的功能？这些都是需要学习的内容。

事实上，网上邻居的实现在 Linux 环境中是由 Samba 这套软件来完成的。关于 Samba 的详细设置，我们会在后续章节介绍。在这里，我想告诉你的是，要搭建一个网上邻居服务器，你需要掌握哪些基础知识。此外，你可以把搭建流程中理论上要经过的步骤与过程背下来，这对你未来处理服务器的设置时可能会有所帮助。

1）软件安装与查询

从前面的内容可知，网上邻居需要安装的是 Samba 这个软件。那么，该如何查询是否安装了 Samba？如果没有安装，又该如何安装呢？可参照下面的步骤。

例题

查询你的系统中有没有 Samba 这个软件，若无，请安装该软件。

答：若已安装，可以使用 rpm 查询。若未安装，则可以使用 yum 来安装，具体操作如下：

```
[root@localhost ~]# rpm -qa | grep -i samba
samba-common-3.5.4-68.el6_0.2.x86_64
samba-client-3.5.4-68.el6_0.2.x86_64
samba-winbind-clients-3.5.4-68.el6_0.2.x86_64
# 看起来 Samba 主程序尚未被安装，此时就要这样操作

[root@localhost ~]# yum search samba     <==先查一下有没有相关的软件
[root@localhost ~]# yum install samba    <==找到之后，那就安装吧

# 那么如何找出配置文件呢？因为我们经常需要修改配置文件，可以这样做
[root@localhost ~]# rpm -qc samba samba-common
/etc/logrotate.d/samba
/etc/pam.d/samba
/etc/samba/smbusers
/etc/samba/lmhosts
/etc/samba/smb.conf
/etc/sysconfig/samba
```

2）服务器的基本配置与相关配置

这部分有点麻烦，因为你要清楚地知道你所需的服务是什么，以及针对该服务需要设置的项目有哪些，这些设置需要用到什么命令或配置文件等。一般来说，你需要先查看这个服务使用的通信协议是什么，然后了解该如何设置，接下来编辑主配置文件，并根据主配置文

件的数据执行相对应的命令来取得正确的环境设置。以这里的网上邻居为例，我们需要设置工作组，并将网上邻居的身份设置为非匿名。然后，我们可以开始处理主配置文件。因此，你需要：

（1）先使用 vim 编辑 /etc/samba/smb.conf 配置文件。

（2）利用 useradd 建立所需要的网上邻居实体用户。

（3）利用 smbpasswd 建立可用网上邻居的实体账户。

（4）利用 testparm 测试一下所有数据语法是否正确。

（5）检查在网上邻居内共享的目录权限是否正确。

这些设置都完成之后，才能够继续进行启动与观察的操作！若想要了解更多关于 Samba 的相关配置技巧和应用，除使用搜索引擎外，还可查阅位于 /usr/share/doc 目录下的文件，以及 man 页的文档。man 页是一个非常实用的工具，也值得一读。

3）服务器的启动与观察

在设置妥当之后，接下来当然就是启动该服务器了。一般服务器的启动大多采用 stand alone 模式，如果是不经常使用的服务，例如 Telnet，可能会使用到 super daemon 的服务启动类型。在这里我们仍以 Samba 为例，来看看如何启动它。

例题

如何启动 Samba 这个服务，并且设置好开机就启动它？

答： 想要了解如何启动，需要使用 rpm 去找一下软件的启动方式，然后再去处理启动的操作。

```
# 先查询一下启动的方式是什么
[root@localhost ~]# rpm -ql samba | grep '/etc'
/etc/logrotate.d/samba
/etc/openldap/schema
/etc/openldap/schema/samba.schema
/etc/pam.d/samba
/etc/rc.d/init.d/nmb
/etc/rc.d/init.d/smb      <==所以说是 stand alone 且文件名为 smb、nmb 两个
/etc/samba/smbusers

# 开始启动它，且设置为开机就启动
[root@localhost ~]# /etc/init.d/smb start
[root@localhost ~]# /etc/init.d/nmb start
[root@localhost ~]# chkconfig smb on
[root@localhost ~]# chkconfig nmb on
# 接下来，让我们观察一下有没有启动相关的端口
[root@localhost ~]# netstat -tlunp | grep '[sn]mbd'
tcp    0    0 :::139              :::*           LISTEN    1484/smbd
tcp    0    0 :::445              :::*           LISTEN    1484/smbd
```

```
udp        0      0 0.0.0.0:137             0.0.0.0:*                           1492/nmbd
udp        0      0 0.0.0.0:138             0.0.0.0:*                           1492/nmbd
```

最终我们可以看到启动的端口为 137、138、139、445。

4）客户端的连接测试

接下来需要找一台机器作为客户端，然后尝试使用该机器提供的网上邻居功能，这样才能够判断配置是否正确。客户端的连接方式与服务器提供的服务有关。例如，如果是 WWW 服务器，需要使用浏览器进行测试；而对于网上邻居功能，则需要使用相应的网上邻居客户端程序。这也是本书将要介绍的基本内容之一。

但是很多时刻，客户端连接测试不成功并不是服务器配置的问题，很多情况下是由于客户端的使用方式不正确，例如客户端的防火墙未开启、客户端的账号权限或密码错误等。总体来说，"教育你的客户端用户掌握基础的 Linux 账号、组和文件权限等概念，才是一个彻底解决问题的方法"，但这也是最难的部分。

5）错误的解决与查看日志文件

一般来说，如果 Linux 中的服务出现问题，通常会在屏幕上面直接提示错误的原因，所以你要注意屏幕信息。屏幕信息通常包含该如何处理的信息。如果还不能处理，可以参考下面的方法来发现错误的原因：

- 先看看相关日志文件有没有错误信息，举例来说，Samba 除会在 /var/log/messages 中列出相关信息外，大部分的日志信息应该存放在 /var/log/samba/ 这个目录下，因此我们需要先查阅这些文件。通常情况下，在日志文件中的信息比在屏幕上显示的信息还要详细。
- 如果查阅日志后仍无法解决问题，可以将相关信息输入搜索引擎。通常情况下，能够解决日志中出现的问题，成功率在 95% 以上。
- 如果仍然没有成功解决问题，可以到各大讨论区去发问，建议到 Linux 中国区提问（https://linux.cn/tech/）。
- 最常出现的问题实际上是 SELinux 错误。此时就需要使用 SELinux 的方法来尝试处理，这也是本书后续章节会提到的内容。

经过上面的流程可知，搭建好一台主机需要知道：①各个进程（Process）与信号（Signal）的概念；②账号与组的概念与相关性；③文件与目录的权限，其中包含与账号相关的特性；④软件管理的学习；⑤Bash 语法与 Shell 脚本语法以及重要的 vim 编辑器；⑥启动流程分析以及日志文件的设置与分析；⑦还需要了解类似 Quota 和文件系统连接等的概念。需要了解的内容很多，而且这些步骤是不能省略的。

7. 详细权限与 SELinux

在特殊的使用情况下，权限配置就成为一个很重要的因素。举例来说，在我们的系统中，现在有 vbirduser{1,2,3,4,5} 以及 student 等账号，而共享目录为 /home/vbirdgroup。现在，vbirdgroup 组希望让 student 这个用户可以进入该共享目录查阅内容，但不能修改他们原本的数据。在这种情况下，你可以考虑以下解决办法：

- 让 student 加入 vbirdgroup 群组。但如此一来，student 将具有 vbirdgroup 的读、写和执行（r、w、x）权限，也就可以写入与修改，因此这个方案行不通。
- 将 /home/vbirdgroup 的权限改为 2775。如此一来，student 将拥有其他用户的读和执行（r、x）权限，但其他所有任何人均拥有 r、x 权限，因此这个方案也行不通。

传统的身份与权限概念确实只有上面两种解决方案，无法针对 student 进行特定的权限设置。在这种情况下，我们需要使用访问控制列表（Access Control List，ACL）。

例题

对于单个用户或组的权限设置，我们可以使用 ACL。如果想要让 student 能够进入 /home/vbirdgroup 进行查询，但不可写入，同时 vbirduser5 在 /home/vbirdgroup 内不具有任何权限，要怎么办？

答： 只能使用 ACL。由于安装时默认启用了支持 ACL 的文件系统功能，因此可以直接执行以下各项指令。如果你使用的是后来新添加的分区或文件系统，或许需要在/etc/fstab 内额外添加 ACL 控制参数。

```
[root@localhost ~]# useradd student
[root@localhost ~]# passwd student
[root@localhost ~]# setfacl -m u:student:rx /home/vbirdgroup
[root@localhost ~]# setfacl -m u:vbirduser5:- /home/vbirdgroup
[root@localhost ~]# getfacl /home/vbirdgroup
# file: home/vbirdgroup
# owner: root
# group: vbirdgroup
# flags: -s-
user::rwx

user:vbirduser5:---
user:student:r-x       <==就是这两行，额外的权限参数
group::rwx
mask::rwx
other::---

[root@localhost ~]# ll -d /home/vbirdgroup
drwxrws---+ 2 root vbirdgroup 4096 2011-07-14 14:49 /home/vbirdgroup
```

上面说的是正确的权限控制操作。然而，如果系统管理员并不了解权限的重要性，常常会因为某些特殊需求而将整个目录设定为 777 的情况！举例来说，如果是一位不太负责的网络管理人员为了方便自己和其他人，将 /home/vbirdgroup 设置为 777，认为这样大家都会喜欢。此时，如果没有加上任何管理机制，这个组成员工作的成果就很容易被其他人窃取，这真的非常危险。

为了预防这种心不在焉的管理员，于是就有了 SELinux。SELinux 的主要作用是控制特殊权限，它可以为某些程序要读取的文件设计 SELinux 类别或标签，只有当程序与文件的标签相匹配时，文件才能被读取。如此一来，当我们将文件的权限设置为 777，由于程序和文件的 SELinux 标签不匹配，因此该程序仍然无法读取该文件。这就是我们将 SELinux 的图示绘制到守护程序（Daemon）与文件权限（File Permission）之间的原因。

事实上，SELinux 确实相当复杂，但是如果我们只是想要应用它，那么处理 SELinux 问题完全可以通过日志来解决！因此，SELinux 出现问题的概率非常大，但解决方法却很简单，只需根据日志中的说明进行操作即可。关于具体的操作方法，我们将在后续章节中进行详细讲解。

1.2.3 系统安全与备份处理

老实说，根据鸟哥在服务器管理方面的经验，硬件问题往往比操作系统和软件问题更为严重，而人为问题又比硬件问题更为严重。举例来说，如果你的老板跟你说："我想要一个账号，名为 eric，密码也要是 eric！这样比较好记嘛！"那么你应该如何处理呢？你需要说服老板不要这样设置。

因此，在系统安全方面，首要的工作是通过日常生活的社交活动逐渐揭示一些安全方面的困扰，并向老板提供一些制订安全规则的信息，以便未来更容易推动安全条件的制定。建议采取严格的密码策略。

"猜密码"仍是一个不可忽视的入侵手段。例如，如果将 SSH 对 Internet 开放，我们又没有禁用 root 登录权限，那么攻击者可能会尝试使用 root 账户登录你的 Linux 主机，此时他们最重要的一步就是猜出 root 密码。如果你将 root 密码设置成 1234567 这样简单的密码，想不被入侵都很难！因此，当然需要采用严格的用户密码策略。那么如何制定严格的密码规则呢？可以采取以下措施：①修改 /etc/login.defs 文件中的规则，要求用户每半年更改一次密码，且密码长度需要大于 8 个字符；②利用 /etc/security/limits.conf 来规范每个用户的权限，以增加 Linux 的安全性；③利用 PAM 模块进行额外的密码验证工作。

另外，虽然"防火墙无用论"常常被提及，但实际上 netfilter（Linux 的核心内置防火墙）仍然具有存在的必要性。因此，你仍然需要根据自己的主机环境来设计专属于自己的防火墙规则。例如，在上面提到的 SSH 服务中，你可以只针对某个局域网络或某个特定的 IP 开放连接功能。

最后，备份是不可忽略的一环。正如本节开头讲到的，鸟哥经历过系统常常莫名其妙地自动重启或不稳定的情况,这通常不是因为遭受到了攻击,而是由于硬件内部电子元件老化导致的系统不稳定。在这种情况下,冗余备份和备用机器的接管等就显得非常重要。

例题

系统中一些重要的目录有 /etc、/home、/root、/var/spool/mail 等。如果我们想要在每天 2:45am 进行备份,并将备份数据存储到 /backup 目录中,同时使用 tar 命令将备份数据打包,那么该如何处理呢?

答:鸟哥通常使用 Shell 脚本进行数据备份的汇总,范例如下:

```
[root@localhost ~]# mkdir /root/bin; vim /root/bin/backup.sh
#!/bin/bash
backdir="/etc /home /root /var/spool/mail"
basedir=/backup
[ ! -d "$basedir" ] && mkdir $basedir
backfile=$basedir/backup.tar.gz
tar -zcvf $backfile $backdir

[root@localhost ~]# vim /etc/crontab
45 2 * * * root sh /root/bin/backup.sh
```

无论如何,从现今的网络功能和维护角度来看,**搭建一个"功能强大"的主机并不如搭建一个"稳定且安全"的主机好!** 因此,对于主机的安全要求需要严格。根据鸟哥的观点,如果你的主机是用来赚钱的,例如某些研究单位的大型集群计算主机,即使架设一个可能让你觉得很不方便的防火墙系统也是合理的手段。因为主机被入侵固然不好,倘若数据被窃取,那可不是闹着玩的。

从上面整个服务搭建流程来看,由规划到安装、主机设置、账号与文件权限的管理、后续安全性维护与管理,以及重要的备份工作,等等,每个环节都必须清楚明了,才能够配置出一个稳定且正常工作的服务器。而每个环节都涉及相当多的 Linux 基础操作与相关的概念。因此,**想要学服务器配置,绝对不能省略 Linux 基础知识的学习,这也是为什么我们一再强调 Linux 新手不要一头扎入单纯搭建服务器的迷思之中!** 如果你对上面谈到的几个基础概念不太清楚,那么建议你从一些 Linux 学习网站开始学习。

1.3 自我评估是否已经具备服务器搭建的能力

网络管理人员需要什么样的能力? 我认为,搭建几个服务器与成为一名称职的网络管理人员之间相差很大。搭建服务器只是一件很简单的事情,按照书本上的步骤进行操作,一定能够成功。但是,很多人只知道"**如何搭建服务器**",却不知道"**如何维护一个站点的安全**"。事实上,维护一个已经搭建好的站点正常运行要比搭建站点难多了。你需要随时了解系统的状态,及时修补可能存在的软件漏洞,关注各种服务的日志文件(Logfile)以了解系统的运行情况。当出现问题时，知道问题发生在哪里。比如，如果系统宕机了，那么你知道宕机的原因吗？即使不知道，也要能大致猜测出问题所在。如果系统安全出了问题，被入侵了，除重新格式化（Format）和重装系统外，你能够在不删除系统的情况下修补漏洞吗？这些都是网络管理人员需要学习的内容。而且，通常需要积累经验才能知道问题所在。此外，还要保持身心的活力，随时关注在线公布的安全防护信息等。

网络管理人员最需要的是"**道德感与责任感**"。要知道，机器上所有人的隐私都在你的监控之下，如果你本身有偷窥欲望，那就非常可怕了。此外，作为网络管理人员，还要有耐心，否则可能会疯掉，因为不论何时何地，只要你所监控的主机出了问题，你都会成为被怀疑的第一个人。所以，你必须随时随地准备好被召唤回到主机面前。更可笑的是，如果你服务的人群中有几个连启动系统都弄错了，还会跟你抱怨说"**嘿！你经手的计算机怎么这么烂，动不动就不能启动**"，此时，你需要有容人的雅量，说点冷笑话来缓解尴尬。总之，网络管理人员并不是只要会搭建服务器，还需要有道德感、责任感和耐心，这些都是必不可少的。

好了，如果你了解了鸟哥上述想要表达的想法，接下来请认真评估一下，看看你是否适合成为一名称职的网络管理人员！

1. 是否具有 Linux 的基础概念

这应当包含很多部分，例如账号管理、BASH、权限的概念、进程与信号的概念、简易的硬件与 Linux 相关性（如 mount）的认识、日志文件的解析、对守护进程（Daemon）的认识等。所有这些都需要有一定程度的了解。

2. 是否具备基础网络知识

如果没有网络知识，想要管理服务器，那简直是天方夜谭。请确认你已经熟悉 IP、子网掩码（Netmask）、路由（Route）、DNS、守护进程与端口（Port）、TCP 数据包的概念等基础知识。

3. 是否能全身心投入

网络管理人员必须时刻关注网站的相关信息，包括网站软件的漏洞修补、网络上公告的网络安全通报等。此外，还需要每天分析主机的登录文件。你是否已经具备了随时关注这些信息的"耐心"呢？

4. 是否具有道德感与责任感

如果你还有一点点偷窥欲望，努力克服吧。另外，如果老板想要请你"偷窥"时，请尽一切努力让他明白这么做是多么的可笑。

最后，再强调一次，搭建一个 Linux 服务器是很简单的，但维护的工作除全身心投入外，还需要具备高标准的道德感，否则网站倒塌是可以预见的后果。

第 2 章

网络的基本概念

第一篇 服务器搭建前的进修专区

你的服务器是要放到网络上来提供服务的,如果没有网络连接或者是网络不通,服务器就无法发挥作用。此外,服务器上的网络服务是为了实现特定的因特网通信协议,以提供相对应的服务。因此,你必须掌握最基本的网络概念,否则当服务器出现问题时,你将不知道该如何解决。其中最重要的是理解 TCP/IP 和 OSI 七层协议的相关概念,这部分可能会比较困难。在本章中,鸟哥将以较为口语化的方式介绍这些基础网络架构,希望能帮助读者快速理解网络的基本概念。如果你想要更深入地了解网络相关功能,可以仔细阅读本章末尾的参考资料。

2.1 网络

全世界的人类拥有多种种族和语言，当你想要与外国人进行交流时，除了指手画脚之外，应该如何跟对方讲话呢？大概只有两种方式：一种是让对方学习中文，另一种是我们学习对方的语言，这样才能实现有效的沟通。

这个观念延伸到网络上面也是行得通的。全世界的操作系统有很多，不是只有Windows/Linux 系统，还有苹果计算机自己的操作系统以及许多类 UNIX 的操作系统。**这么多的操作系统（类似于不同的种族）如何在网络上进行沟通（语言）呢？这就需要制定要共同遵守的标准，这个标准由国际组织规范。只要你的系统能提供符合标准的程序代码，你就能够通过这个标准与其他系统进行沟通。因此，网络是跨平台的，不仅仅是 Linux 可以实现跨平台沟通。**

另外，本章的目的是帮助网络新人快速进入网络世界，因此写作内容相对浅显一些，没有包含网络硬件和通信协议方面的内容。如果你的求知欲已经超过本章的内容，那么请自行寻找适合你的书籍来阅读。当然，你既可以在因特网上找到你所需要的内容，也可以参考本章末尾的参考文献。

2.1.1 什么是网络

我们都知道，**网络是通过网线或无线网络技术将各个计算机主机或接口设备（如网络打印机）连接起来，使得数据可以通过网络介质（网线以及其他网卡等硬件）进行传输的一种方式。**请想象一下，如果你家里有计算机、打印机、传真机等设备，却没有网络将这些设备连接起来，那么使用上会不会很麻烦？将这个场景转移到需要工作的办公室，计算机上的数据无法使用网络连接到打印机进行打印，想想就觉得很麻烦。这些问题在 20 世纪 70 年代以前确实存在，但现在并不是问题。

- **各自为政的"网络硬件与软件"技术发展：Ethernet & Token-Ring。**

  在 1970 年前后，为了解决这个烦人的数据传输问题，几家主要的信息技术公司都在研究各自的网络连接技术，以使他们自家的产品可以在办公室的环境中连接起来。其中比较著名的是施乐公司（Xerox PARC）的 Ethernet（以太网）技术和 IBM 研发的 Token-Ring（令牌环）技术。然而，这些技术都存在一个大问题，就是它们彼此不认识对方的网络技术。也就是说，如果你的办公室购买了两批计算机主机，一批计算机主机集成 Ethernet 技术，而另一批计算机来自 IBM，那么想要在这两类计算机之间进行数据通信是不可能的。

- **以"软件"技术整合硬件：ARPANET & TCP/IP。**

  为了解决上述的网络硬件整合问题，美国国防部在 20 世纪 60 年代末期开始研究一种可以在不同的网络硬件上面运行的软件技术，以实现不同公司的计算机或设备之间的数据通信。这项研究由美国国防部高级研究规划局（Defense Advanced Research Project Agency，DARPA）负责，他们将该网络系统称为 ARPANET，这就是我们熟知的 TCP/IP 技术的雏形。到了 1975 年左右，ARPANET 已经可以在常见的 Ethernet 与 Token-Ring 等硬件平台上实现互联互通了。DARPA 于 1980 年正式推出 TCP/IP 技术，为了推广此项技术，他们与加利福尼亚大学伯克利（Berkeley）分校合作，将 TCP/IP 植入著名的 BSD Unix 系统中。由于大学是人才培养的摇篮，TCP/IP 技术吸引了越来越多的研究者投入其中，而这种连接网络的技术也被称之为 Internet（因特网）。

- 没有任何约束的因特网：Internet。

在 20 世纪 80 年代之后，由于对电子邮件（E-mail）的需求的增加以及浏览器图形界面的兴起，使得 Internet 在计算机领域迅速传播开来。但不幸的是，对 Internet 的管理相当分散。只要能够使用任何支持 TCP/IP 技术的硬件与操作系统，并成功连接到网络，你就能进入 Internet 的世界。在这个世界中，因为限制较少或者监管无法及时到位，所以当你的数据接入 Internet 时，在任何时刻都要注意保护自己的数据，以免受到来自网络的攻击。

为什么说 Internet 无法完全依靠法律的保护呢？这是因为 Internet 仅仅提供了一个网络连接的接口。一旦我们连接上 Internet，就可以访问 Internet 世界的各个网站，正因如此，"跨海"而来的攻击也成了简单的事情。简单来说，中国的法律仅适用中国境内，当计算机黑客（cracker）在境外通过 Internet 对我们的主机进行攻击时，我们的法律无法管辖境外地区。虽然可以通过很多国际渠道寻求协助，但追捕网络罪犯仍然非常困难。因此，在我们的主机连接到 Internet 之前，请先问问自己，是否真的有必要连接到 Internet。

- 软硬件标准制定的成功带来的影响：IEEE 标准规范。

现在我们常常听到"你的计算机要上网，就需要购买网卡，并连接到 Internet"。网卡就是网络接口卡（或称为网络适配卡），连接到 Internet 则需要向网络服务提供商（Internet Service Provider，ISP）申请账号和密码，只有凭借账号和密码才能连接。问题是，是否只能通过网卡连接到 Internet？当然不是，有许多网络硬件与软件可供选择，但最成功的是以太网与 Internet，这是为什么呢？是因为这两者的技术更好吗？当然不是，原因是它们都得到了"标准"的支持。

以太网最初是由施乐公司构建的，而后 DEC、Intel 与施乐三家公司合作将以太网标准化。随后，国际著名的专业组织 IEEE（Institute of Electrical and Electronic Engineers）利用一个"802"项目制定了以太网的标准。到 1989 年，19 家公司宣布支持 IEEE 发布的 802.3 标准。同年国际标准化组织 ISO（International Organization for Standard）将以太网纳入 ISO 8023 标准，这意味着以太网已经成为公认的标准接口。每个人都可以根据这个标准设定和开发自己的硬件，只要硬件符合这个标准，理论上就能够加入以太网的世界。因此，购买支持以太网的设备时，仅需查看这个设备上的以太网卡或集成的以太网芯片支持哪些标准,就能够知道这个设备的网络功能有哪些,而不必知道这块以太网卡或以太网芯片是由哪家公司制造的。

> 标准非常重要,我们要感谢那些维护标准的专业组织。当一家公司想要开发新的硬件时,它可以参考标准组织发布与维护的文件资料。通过这些文件数据,该公司就可以了解要制作的硬件需要符合哪些标准,同时也知道了应该如何设计这些硬件,使硬件可以"兼容"当前的机器,让使用者能够轻松上手。软件也有标准,早期的 Linux 开发就是通过研究 POSIX 这个标准来设计内核的,这使得在 Linux 上可以运行大多数标准接口的软件。

除了硬件之外,TCP/IP 作为 Internet 的通信协议也有一套标准。这些标准大部分以 RFC(Request For Comments)的形式发布为标准文件。有了这些文件的帮助,只要会编写程序,任何人都有可能开发自己的 TCP/IP 软件并连接到 Internet。早期的 Linux 团队为了连接到 Internet,编写了自己的 TCP/IP 程序代码,并依据这些基础文件的标准进行开发。举例来说,RFC 1122 这个建议文件就指出了一些连接到 Internet 的主机应该注意的相关协议与基本需求,使得网络应用程序的设计师有一个可遵循的标准方向。

2.1.2 计算机网络的组件

接下来,让我们来讨论一下构成计算机网络的组件有哪些,以及这些组件的定义是什么。首先,我们需要了解有哪些硬件,这将有助于我们理解接下来的内容。在这里,我们将以图 2-1 为例进行说明。

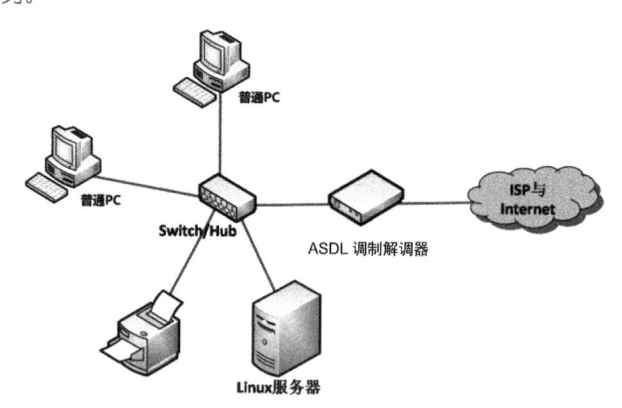

图 2-1 计算机网络连接示意图

在图 2-1 中,我们需要注意以下几种硬件组件及其连接方式:

- 节点(Node):节点是指具有网络地址(IP)的设备,如图 2-1 中的普通 PC、Linux 服务器、ADSL 调制解调器与网络打印机等,这些设备都可以称为网络中的节点。然而,集线器(Hub)不是节点,因为它不具有 IP 地址。

- **服务器（Server）**：从网络连接的角度来看，任何提供数据以响应用户请求的主机都可以称为服务器。例如，新浪网站是一个 Web 服务器，Linux 内核的 FTP（ftp://ftp.kernel.org/pub/）是一个文件服务器等。
- **工作站（Workstation）或客户端（Client）**：任何能够接入计算机网络的设备都可以称为工作站。若设备在连接过程中主动发起连接并请求数据，我们就将其称为客户端。例如，当一台普通 PC 打开浏览器并请求新浪的新闻数据时，该 PC 就是客户端。
- **网卡（Network Interface Card，NIC）**：是一种内置或外接在主机的设备，主要用于提供网络连接。目前大多数网卡都采用带有 RJ-45 接口的以太网卡。一般情况下，每个节点都至少具有一块网卡，以实现网络连接的功能。
- **网络接口**：是通过软件设计实现的，主要负责提供网络地址（IP）的功能。一块网卡至少可以配备一个以上的网络接口。而每台主机内部实际上也拥有一个内部的网络接口，即所谓的回环（Loopback）接口。
- **网络形态或拓扑（Topology）**：指的是各个节点在网络上的连接方式，通常指的是物理连接方式。例如，图 2-1 展示的是一种被称为星形（Star）连接的拓扑结构，它通过一个中间连接设备，以放射状的方式将各个节点连接在一起。
- **网关（Gateway）**：是指具有两个以上的网络接口、能够连接两个以上不同网段的设备，例如 IP 路由器就是一个常见的网关设备。ADSL 调制解调器算不算网关呢？实际上，它不能算网关，因为调制解调器通常被视为主机内的网卡设备。我们可以通过拨号软件在普通 PC 上把调制解调器模拟为一个实体网卡（PPP）进行连接。

网络设备的种类实际上非常多且复杂，不过从小型企业的角度来看，如果我们能够理解图 2-1 中各设备的角色，那就足够了。接下来，让我们继续讨论网络的范围和规模。

2.1.3 计算机网络的范围

由于各个节点之间的距离和连接方式的不同，网络的线缆和配置也存在差异，这些差异将会导致网络速度和应用方向的不同。基于这些差异，早期我们习惯根据网络的范围和规模将网络的种类定义为如下几种：

- **局域网（Local Area Network，LAN）**：节点之间的传输距离较近，例如在同一栋大楼内或一所学校的校区内。可以使用较昂贵的连接介质，例如光纤或高质量的网线（CAT 6）等。这类网络具有较快的速度，连接质量较佳且可靠，因此适用于科学计算的群集式系统、分布式系统、云端负载均衡系统等应用。
- **广域网（Wide Area Network，WAN）**：传输距离较远，例如城市之间的距离，因此使用的连接介质的成本要低廉，经常使用的电话线就是一个例子。由于线缆质量较差，因此网络速度较慢且可靠性较低。在这种网络环境下，主要使用类似 E-mail、FTP、WWW 浏览等功能。

除了上述的局域网和广域网之外，还有所谓的城域网（Metropolitan Area Network，

MAN）。不过，近年来较少提及城域网，因此我们只需知道 LAN 及 WAN 即可。这两个名词应用面很广，我们回家看看家里的 ADSL 调制解调器或 IP 路由器，就能够看到有 WAN 与 LAN 标识的插孔。

一般来说，LAN 指的是区域范围较小的环境，例如一栋大楼或一所学校，所以我们周围存在着许许多多的 LAN。这些 LAN 相互连接起来，形成一个大型的 WAN。

不过，现在的网络环境比以前"高端"多了，光纤都到户了，基础都是 200Mbps/30Mbps 的下载/上传带宽了，家庭用户甚至可以申请 1000Mbps 的带宽。因此，以前以网络速度来划分网络类型已经过时了。如果按照以往的将"速度"作为一个网络区域范围的评判标准，那么整个中国教育网络（CERNE）就可以视为一个"局域网"了。

2.1.4　计算机网络协议：OSI 七层协议

在讨论了网络标准、网络连接组件以及网络范围之后，接下来要讲的是各个节点之间如何进行信息交流。实际上，这是通过标准的通信协议来实现的。然而，整个网络连接的过程相当复杂，涉及硬件、软件数据封装以及应用程序的互相链接等方面。如果要编写一个将网络连接的全部功能都集中在一起的程序，那么当某个小环节出现问题时，整个程序都需要改写，这非常麻烦。

那怎么办呢？我们可以将整个网络连接过程分成多个层次（Layer），每个层次都具有特定而独立的功能，而且每个层次的程序代码可以独立编写，因为各个层次的功能并不会互相干扰。当某个小环节出现问题时，只要将该层次的程序代码重新编写即可。如此一来，程序的编写更容易，整个网络概念也更清晰。这就是我们经常听到的 **OSI 七层协议**（Open System Interconnection）的概念。

这七个层次的相互关系如图 2-2 所示。

根据定义，接近硬件的层次被称为底层（例如 Layer 1），而接近应用程序的层次被称为高层（例如 Layer 7）。不论是接收端还是发送端，**每个层次只认识同一层次的数据**。整个传输过程就好像俄罗斯套娃一样，我们通过应用程序将数据放入第七层的包裹中，再将第七层的包裹放到第六层的包裹中，以此类推，直到放入第一层的最大的包裹内，然后发送给接收端。接收端的主机从第一层包裹开始，按序将每层包裹拆开，并逐层交给对应的层次进行解析。这就是 OSI 七层协议在层次定义方面需要注意的特点。

既然是包裹，我们都知道包裹表面会有重要的信息，例如发件人、收件人等，而包裹内部才是真正的数据。同样地，在 OSI 七层协议中，每个层都有自己独特的头部（Header）数据，用于告知对方这里面的信息是什么，而真正的数据则附在头部数据后面。图 2-3 展示了这七层中每一层的名称及数据如何放置在每个层次的包裹内。

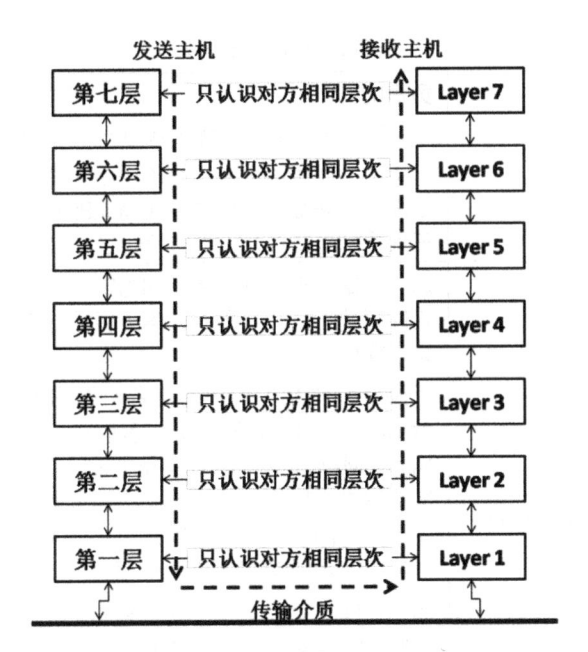

图 2-2 OSI 七层协议各层次的相关性

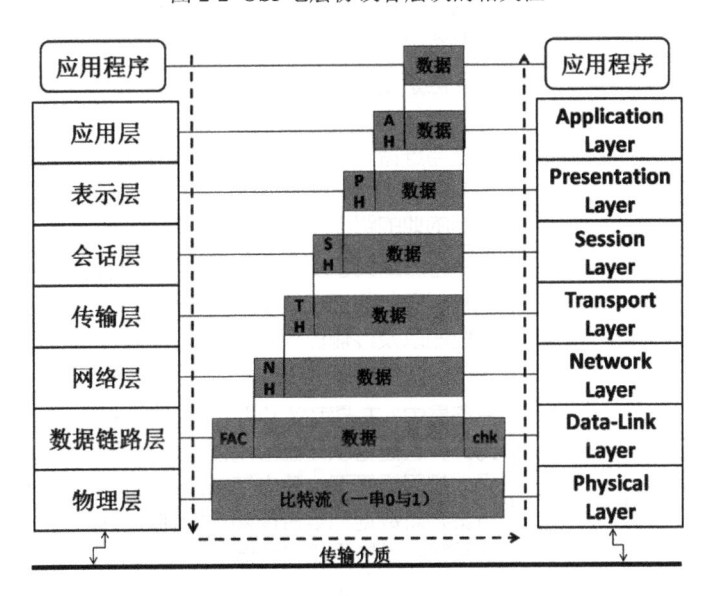

图 2-3 OSI 七层协议中数据的传递方式

仔细观察图 2-3 中每个数据包的部分，上层的包裹被放入下层的数据中，而数据前面则是这个数据的报头（即头部信息）。其中，比较特殊的是第二层，因为第二层（数据链路层）位于分组（Packet，或称为数据包、报文）和数据帧（Frame）之间，它必须将分组包装的包裹放入硬件能够处理的包裹内。因此，该层次又分为两个子层来处理相应的数据。由于其特殊性，可以看出第二层的数据格式与其他层不同，尾部还有一个校验码。

每个层次所负责的任务又是什么呢？每个层次负责的任务如表 2-1 所示。

表 2-1 OSI 七层协议

层　　次	负责的任务
第一层（Layer 1） 物理层（Physical Layer）	由于网络传输介质只能传送 0 与 1 这种比特位，因此物理层必须定义所使用的传输设备的电压与信号等特性。此外，物理层还需要了解数据帧转换成比特流的编码方式，并最终通过实际的传输介质发送和接收比特信号
第二层（Layer 2） 数据链路层（Data-Link Layer）	这一层是比较特殊的层，因为它下层是实体的定义，而上面是软件封装的定义。因此，第二层被分为两个子层来进行数据的转换操作。 与硬件介质相关的部分主要负责的是介质访问控制（Madia Access Control，MAC）。我们将这个数据包裹称为 MAC 数据帧，MAC 是网络接口设备处理的主要数据包裹，最终被物理层编码成比特流的数据。MAC 需要通信协议来获取网络介质的使用权，目前最常使用的是 IEEE 802.3 以太网络协议。关于 MAC 和以太网的详细信息，请参考下一节的说明。 而与软件相关的部分由逻辑链接层（Logical Link Control, LLC）控制。它主要以多任务方式处理来自上层的数据包（packet），并将其转换为 MAC 的格式。LLC 的工作包括信息交换、流量控制和错误处理等
第三层（Layer 3） 网络层（Network Layer）	这一层是我们最感兴趣的层，因为 IP（Internet Protocol）就是在这一层定义的。同时，它也定义了计算机之间的连接建立、终止与维持，以及数据包的传输路径选择等功能。因此，在这个层次中，除了 IP 之外，最重要的概念就是确保数据包能够到达目的地的路由了
第四层（Layer 4） 传输层（Transport Layer）	这一分层定义了发送端与接收端的连接技术（如 TCP、UDP 技术），同时包括了该技术的数据包格式、数据包的发送、流程的控制以及传输过程中的检测、检查与重新传送等功能，以确保各个数据包能够正确、无误地到达目的地
第五层（Layer 5） 会话层（Session Layer）	在该层中，主要定义了两个地址之间的连接信道的建立与中断。此外，它还可以建立应用程序之间的会话，提供其他增强型服务，如网络管理、建立与断开连接、会话控制等。如果传输层负责判断数据包是否能够正确到达目标，那么会话层则负责确认网络服务是否建立连接
第六层（Layer 6） 表示层（Presentation Layer）	由于应用程序生成的数据格式不一定符合网络传输的标准编码格式，因此在该层中，主要的操作是将来自本地端应用程序的数据格式转换（或重新编码）为网络的标准格式，然后交给下面的传输层等协议进行处理。所以，在该层上主要定义了网络服务（或程序）之间的数据格式转换，包括数据的加解密也是在这层上处理的
第七层（Layer 7） 应用层（Application Layer）	应用层本身并不属于应用程序所有，而是定义了应用程序如何与该层进行通信的接口，以便将数据接收或发送给应用程序，并最终展示给用户

事实上，OSI 七层协议只是一个参考的模型，目前并没有什么知名的操作系统在使用 OSI

七层协议的连接程序代码。不过，OSI 所定义的七层协议在解释网络传输的情况方面非常出色。因此，人们普遍使用 OSI 七层协议作为网络教学与概念理解的工具。至于实际的联网程序代码，那就交给 TCP/IP 去处理。

2.1.5　计算机网络协议：TCP/IP

虽然 OSI 七层协议的架构非常严谨，是学习网络的好材料，但正因为太过严谨，使得程序编写相当不容易，从而在发展上遇到了一些问题。而由 ARPANET 发展而来的 TCP/IP 又如何呢？实际上，TCP/IP 也采用了 OSI 七层协议的思想，同样具有分层架构，只是简化为四层。相比较而言，TCP/IP 的结构不那么严谨，这使得程序编写会更加容易一些。到了 20 世纪 90 年代，由于 E-mail 和万维网（WWW）的流行，TCP/IP 成为被广泛接受的标准，也为我们现在的网络社会的发展奠定了基础。

既然 TCP/IP 是由 OSI 七层协议简化而来，那么它们之间有何相关性呢？它们的相关性如图 2-4 所示，图中同时列出了在这种架构下常见的通信协议、数据包格式与相关标准。

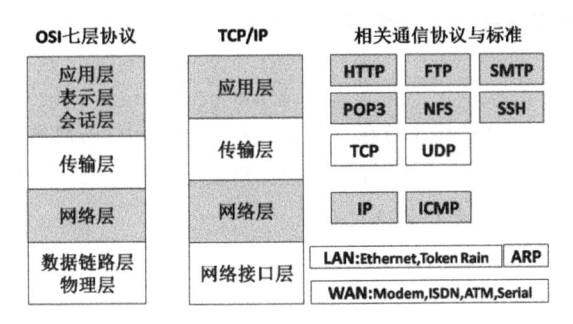

图 2-4　OSI 与 TCP/IP 的相关性

从图 2-4 中可以观察到：TCP/IP 将应用、表示和会话整合为一个应用层，在应用层上运行的协议程序包括 HTTP、SMTP、NFS 等；传输层没有发生变化，但根据传输的可靠性，将数据报格式分为面向连接的 TCP 和无连接的 UDP 包格式；网络层也没有变化，主要提供 IP 数据包，并选择最佳路由以到达目标 IP 地址；数据链路层与物理层整合成为一个网络接口层，包括定义硬件信号和将数据帧转换为比特流的编码等。因此，TCP/IP 与硬件有关，无论是局域网还是广域网。

那么 TCP/IP 是如何工作的呢？我们以经常访问的新浪网站链接为例进行说明，整个连接的状态如下：

- **应用程序阶段**：打开浏览器，在浏览器的地址栏中输入网址，然后按 Enter 键。此时，浏览器会将网址信息与相关数据封装成一个数据包，然后传送给 TCP/IP 的应用层。
- **应用层**：使用 HTTP 通信协议，将来自浏览器的数据进行封装并添加应用层报头，再传送给传输层。

- **传输层**：由于 HTTP 为可靠连接，因此将该数据封装到 TCP 中，并添加 TCP 报头，然后传送给网络层。
- **网络层**：将 TCP 数据封装到 IP 数据包中，并添加 IP 报头（包括源 IP 与目标 IP），然后传送给网络接口层。
- **网络接口层**：如果使用以太网，那么 IP 数据包会按照 CSMA/CD 标准封装到 MAC 数据帧中，并添加 MAC 帧头，然后转换为比特流，并通过传输介质发送到远程主机。

当新浪网站的服务器收到我们的数据包后，它会反向解析数据包，并交给对应的层进行分析。最后，新浪的 Web 服务器软件会根据我们的请求获取正确的数据，并按照相同的流程逐层封装数据，最终传送给我们。

根据这个流程，我们可以了解每个层中所需的基础知识。因此，接下来我们将根据 TCP/IP 的网络接口层、网络层和传输层进行说明。应用层的协议将在后续章节中讨论。同时，我们也要知道，网络介质一次传输的数据量是有限的。因此，如果要传输的数据太大，那么需要在各层的封装中将数据拆分为多个数据包，并给每个数据包分配一个序号，以便目标主机能够利用这些序号重新组装数据。很有趣吧！接下来，让我们一层一层来介绍。

> 一般来说，应用程序与程序员的关系比较密切，而网络层以下的数据主要是操作系统提供的。因此，我们将 TCP/IP 中的应用层视为用户层，而底下的三层则是我们要讨论的网络基础，本章主要介绍这三层。

2.2 TCP/IP 网络接口层的相关协议

TCP/IP 最底层的网络接口层与硬件之间有着密切的关系。因此，接下来我们将重点介绍一些广域网与局域网的硬件设备。同时，还将介绍一个重要的以太网协议，即 CSMA/CD 协议，以及与之相关的硬件与 MAC 数据帧格式等内容。

2.2.1 广域网使用的设备

在 2.1.3 节中，我们提到了广域网使用的设备价格较为低廉。不过，广域网使用的设备种类非常多，一般用户通常接触到的主要是 ADSL 调制解调器、光纤接入设备和电缆调制解调器（Cable Modem，这里的 Cable 是指有线电视网络）等。在这里，我们先介绍一些比较常见的设备，如果以后读者有机会接触到其他设备，可以根据需求自行查阅相关的资料。

1. 传统电话拨号连接：通过 PPP 协议

早期的网络连接通常只能通过调制解调器和电话线，以及计算机的九针串行端口（以前通常用于连接鼠标或游戏杆）来进行。通过点对点协议（Point-to-Point Protocol，PPP 协议）和拨号程序，可以获取网络的 IP 参数，从而实现上网。然而，这种连接速度非常慢，而且当电话拨号连接建立后，就无法使用电话了。因为 PPP 支持 TCP/IP、NetBEUI、IPX/SPX 等通信协议，所以被广泛使用。

2. 综合业务数字网（Integrated Services Digital Network，ISDN）

ISDN 也是利用现有的电话线路实现网络连接的一种方法，只是需要在连接的两端都使用 ISDN 调制解调器。ISDN 的传输可以使用多种信道，并且可以将多个信道整合在一起，因此速度可以成倍增长。例如基本的 B 信道速度约为 64Kbps，但是在美国规格中使用 23 个以上的信道来实现连接时，速度可达约 1.5Mbps。

3. 非对称数字用户线路（Asymmetric Digital Subscriber Line，ADSL）：使用 PPPoE 协议

ADSL 也是一种通过电话线拨号获取 IP 的方法，只不过它利用的是电话的高频部分，与一般语音电话的频率不同。因此，我们可以在使用 ADSL 上网的同时，通过同一个电话号码打电话聊天。由于 ADSL 上传和下载的带宽不同，因此它被称为非对称的线路。ADSL 同样使用调制解调器，只是它使用的是 PPPoE（PPP over Ethernet）方法。它在以太网卡上模拟 PPP 连接，因此我们的主机需要通过一块网卡连接到调制解调器，并通过拨号程序来获取新的接口（ppp0）。

4. 电缆调制解调器（Cable Modem）

电缆调制解调器主要将有线电视使用的缆线作为网络信号介质，同样需要将具备调制解调器连接到 ISP（互联网服务提供商），以获取网络参数进行上网。Cable Modem 的带宽通常是共享型的，因此具有区域性，不能随意安装。

2.2.2 局域网使用的设备——以太网

在局域网的环境中，我们最常使用的就是以太网。当然，在某些超高速网络应用的环境中，可能会用到价格昂贵的光纤信道。然而，正如前面提到的那样，由于以太网已经标准化了，并且设备设置费用相对较低，因此我们平时听到的网线或者是网络介质几乎都是使用以太网来搭建的。但是，要提醒你的是，**整个网络世界并非局限于以太网这种硬件接口**。事实上，要全面了解以太网的发展，建议读者查阅相关的技术书籍，例如《交换和快速以太网》。下面我们仅对以太网做个简单的介绍。

1. 以太网的速度与标准

以太网之所以流行，主要原因是它已成为国际公认的标准。早期由 IEEE 制定的以太网标准为 802.3 的 IEEE 10BASE5，其中的 **10 代表传输速度为 10Mbps，BASE 表示采用基带信号传输，而 5 表示每个网络节点之间的最长距离可达 500 米**。

由于网络传输的信息是以 0 与 1 表示的，因此**数据传输的单位为每秒多少比特（bit）数，**

即 Mbps（每秒兆比特）的意思。那么为何制定为 10Mbps 呢？这是因为早期的网线压制方法、制作方法以及以太网卡的制造技术并不完善。此外，当时的数据传输需求并没有现在这么高，所以 10Mbps 已经能够满足大多数人的需求了。

> 互联网提供商（Internet Services Provider, ISP）声称他们的 ADSL 传输速度可以达到 下行/上行 2Mbps/128Kbps，这个 b 指的可不是 bytes（字节），而是 bits（比特）。因此，2M/128K 的理论最大传输速率为 256KBps/16 KBps（每秒千字节），所以正常下载的速度约在每秒 100KB~200KB。同样，在网卡或其他网络设备的广告中，他们会声称自己的产品的自动识别传输速度为 10/100 Mbps，而这个数值还需要除以 8 才是我们通常用来计算文件容量的字节单位。

早期的网线使用的是旧式的同轴电缆线，这种线路现在几乎看不到了。取而代之的是类似传统电话线的双绞线（Twisted Pair Ethernet），IEEE 将这种线路的以太网络传输方法制定为 10BASE-T 标准。10BASE-T 使用的是 10Mbps 全速运行且采用非屏蔽双绞线（UTP）的网线。此外，10BASE-T 的 UTP 网线可以使用星形连接，即以一个集线器为中心将各网络设备连接起来，如图 2-1 所示。

与早期使用一条同轴电缆连接所有计算机的总线的连接方式不同，通过星形连接，我们可以轻松添加或移除设备，而不会影响其他设备，这对于网络设备的扩展与故障排除都非常方便。因此 10BASE-T 在当初大大提高了以太网设备的销售额。

后来 IEEE 制定了 802.3u 标准，支持 100Mbps 传输速度的 100BASE-T。这个标准与 10BASE-T 差异不大，只是双绞线的制作要求更高，并且支持使用四对绞线的网线，即目前常见的 8 芯网线。这种网线通常被称为五类（Category 5，CAT5）网线。支持这种传输速度的以太网络被称为快速以太网（Fast Ethernet）。至于我们常听到的千兆网速（Gigabit），那就是千兆以太网（Gigabit Ethernet）。当然用于千兆以太网的网线需要更加精良的制作方法和工艺。

各种以太网的速度与网线等级如表 2-2 所示。

表 2-2 各种以太网的速度与网线等级

名　称	速　度	网线等级
以太网（Ethernet）	10Mbps	–
快速以太网（Fast Ethernet）	100Mbps	CAT 5
千兆以太网（Gigabit Ethernet）	1000Mbps	CAT 5e/CAT 6

为什么随着传输速度的增加，网线的要求变得更加严格呢？这是因为随着传输速度的增加，线材的电磁干扰效应也会增强，线材之间的相互干扰会变得更加明显。因此，在制作网线时，需要特别注意线材的材料选择以及内部线芯的缠绕配置等因素，以最小化电子流之间的电磁干扰，从而实现将传输速度提升到千兆。在以太网世界中，如果要将原有的快速以太

网升级到千兆以太网，除了需要升级网卡外，主机之间的网线以及连接主机的集线器、交换机等设备都必须升级为支持千兆速度等级。

2. 以太网的网线接头（交叉/直连线）

前面提到，网络速度与线缆有一定的相关性，那么线缆的连接器又是怎样的呢？目前在以太网中最常见的连接器是 RJ-45 网络连接器，它有 8 个金属接点（对应双绞线 8 根线），类似于加粗的电话线连接器，如图 2-5 所示。

图 2-5 RJ-45 接头示意图

而 RJ-45 接头根据每条线材的对应方式，分为 568A 和 568B 接头。这两种接头内部的线序对应关系如表 2-3 所示。

表 2-3 接头与芯线的对应关系

接头名称\芯线顺序	1	2	3	4	5	6	7	8
568A	白绿	绿	白橙	蓝	白蓝	橙	白棕	棕
568B	白橙	橙	白绿	蓝	白蓝	绿	白棕	棕

事实上，虽然目前的以太网线有 8 个芯且两两成对，但实际上只有 1、2、3、6 四个芯线被广泛使用，其他芯线则是在某些特殊用途的场合才会被使用。由于主机与主机连接以及主机与集线器连接时所使用的网线的线序定义并不相同，因此可以将接头分为以下两种类型：

- **交叉线**：当一端使用 568A 接头，另一端使用 568B 接头时，称为交叉线。交叉线用于直接连接两台主机的网卡。
- **直连线**：当两端的接头都使用相同的标准（都是 568A 或都是 568B）时，称为直连线。直连线用于连接主机的网卡与集线器之间的线缆。

2.2.3 以太网络的传输协议：CSMA/CD

整个以太网的核心就是以太网卡。因此，以太网的数据传输主要是通过网卡进行的。每块以太网卡在出厂时都会被赋予一个唯一的卡号，即 MAC（媒体访问控制）地址。理论上，网卡的 MAC 地址是不可修改的，但某些笔记本电脑的网卡 MAC 地址可以修改。那么以太网卡之间的数据是如何传输的呢？这就涉及 IEEE 802.3 标准中的 CSMA/CD（载波监听多路访问与冲突检测）了。我们以图 2-6 为例，图中的中心点是一个集线器，各个主机都连接到集线器上，并通过集线器的功能与其他主机进行通信。

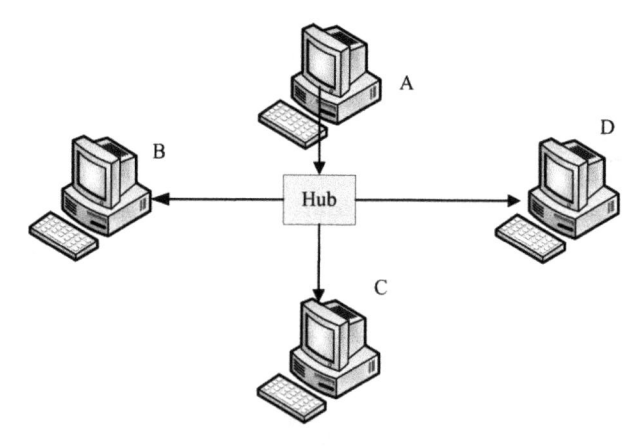

图 2-6 CSMA/CD 连接示意图（由 A 发送数据给 D 时，注意箭头方向）

网络共享介质设备是指在一个局域网中，多台主机共享同一条物理传输介质的设备。集线器就是一种常见的网络共享介质设备，可以将它比喻为一个十字路口，集线器作为路口，一次只能允许一辆车通过。如果多台主机同时尝试使用这个共享介质，就会发生碰撞，类似于发生车祸。因此，网络共享介质设备在任何给定的时间点，只能由一台主机使用。

理解了共享介质的意义后，我们可以讨论一下以太网中网卡之间的数据传输过程。以图 2-6 中 A 要向 D 发送数据为例，简单来说，结合上述的环境，CSMA/CD 的传输过程包括以下步骤：

（1）**载波侦听（Carrier Sense）**：在 A 主机发送网络数据包之前，需要先侦听网络介质的使用情况。只有当网络介质空闲时，即没有其他主机正在使用，A 主机才能发送数据帧。

（2）**多路存取（Multiple Access）**：A 主机发送的数据会被集线器复制一份，并发送给连接到该集线器的所有主机。换句话说，A 发送的数据，B、C、D 三台计算机都能接收到，但由于目标是 D 主机，因此 B 和 C 会丢弃该数据帧，而 D 则会捕获并处理它。

（3）**冲突检测（Collision Detection）**：发送的数据帧包含冲突检测机制。如果其他主机（例如 B 计算机）在同一时间发送数据帧，就会发生 A 与 B 发送的数据帧冲突（相当于车祸）。在这种情况下，这些数据帧会被损坏。然后，A 与 B 会各自随机等待一段时间，再重新执行第一步，重新发送该数据帧。

了解这个过程非常重要。我们通过以下情况来讨论：

- 网络繁忙时，集线器的信号灯会闪个不停，但实际上我的主机并没有在使用网络。

  通过上述流程我们知道，无论哪台主机发送数据帧，所有计算机都会接收到，因为集线器会将该数据复制给所有计算机。因此，即使只有一台主机与外部连接，集线器上所有计算机的信号灯也会不停地闪烁。

- 我的计算机明明没有被入侵，为何数据会被隔壁的计算机窃取。

  经过上述流程，只需在 B 计算机上安装一套监听软件，就能够捕获原本应被丢弃的数据帧，并进行分析和重组，从而得知 A 发送的原始信息。这也是为什么建议在互联网上传输重要数据时进行加密的原因。

- 既然共享带宽的设备只有一个主机可以使用，那为何大家可以同时上网？

这个问题很有趣。假设我要传输一个 100MB 的文件，使用 10Mbps 的传输速率，在这种情况下，我将占用集线器 80 秒的时间，而在此期间，理论上其他人是不能使用集线器的。实际上并不是这样的。由于标准的数据帧在网卡与其他以太网媒体之间的传输是以 1500 字节为单位的，因此 100MB 的文件需要被拆分成多个小的数据包，并逐个发送。每个数据包在发送之前都要经过 CSMA/CD 机制，对于集线器的使用权是需要大家争夺的，因此大家都可以上网。即使只有一台主机在使用网络，这台主机在发送每个数据包之前也需要等待一段时间（96 比特时间）。

- 数据帧要多大比较好？能不能修改数据帧的长度？

如果数据帧的容量增大，小数据包的数量就会减少，从而减少每个数据帧传输之间的等待时间。以太网的标准数据帧定义为 1500 字节，但是，近来的超高速以太网媒体如果支持巨型数据帧（Jumbo Frame），则可以将数据帧的大小增加到 9000 字节。不过，我们不建议随意修改数据帧大小，关于这一点，将在 2.2.5 节中详细讨论。

2.2.4　MAC 的封装格式

上面提到的 CSMA/CD 发送出去的数据帧实际上就是 MAC 帧。MAC 帧是我们之前一直提到的数据帧。在这个数据帧上有两个非常重要的数据，即目标和源的网卡地址，因此我们将网卡地址简称为 MAC 地址。简单来说，我们可以将 MAC 看作在网线上传递的包裹，而这个包裹是整个网络硬件传输数据的最小单位。可以将网线想象为一座"一次只能通过一个人"的独木桥，而 MAC 就是在这个独木桥上行走的人。MAC 数据帧的内容如图 2-7 所示。

前导码	目的地址	源地址	长度指示	LLC数据	帧校验序列
8 Bytes	6 Bytes	6 Bytes	2 Bytes	46-1500 Bytes	4 Bytes

图 2-7　以太网的 MAC 数据帧

图 2-7 中的目标地址和来源地址指的是网卡的物理地址（Hardware Address，硬件地址）。前面我们提到，每块网卡都有一个唯一的地址，这个地址将在数据帧的帧头中使用。硬件地址的范围从 00:00:00:00:00:00 到 FF:FF:FF:FF:FF:FF（十六进制），在这 6 字节中，前 3 字节是厂商代码，后 3 字节是厂商自定义的标识码。

在 Linux 中，可以使用 ifconfig 命令来查看网卡的物理地址。需要特别注意的是，这个 MAC 地址的传输仅在局域网内有效，如果跨越不同的子网（这将在后面的 IP 部分进行介绍），来源和目的的硬件地址将会发生变化，如图 2-8 所示。这是因为涉及不同网卡之间的通信，因此地址自然会不同。

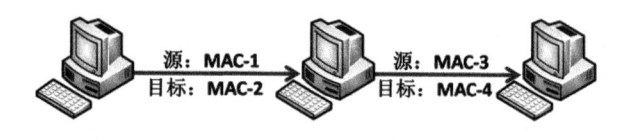

图 2-8 同一数据帧在不同子网的主机间传输时，数据帧头部的变化

在图 2-8 中，数据需要通过计算机 B 才能传输到计算机 C，而计算机 B 有两块网卡，其中 MAC-2 与计算机 A 的 MAC-1 可以互通，而 MAC-3 与计算机 C 的 MAC-4 可以互通。然而，MAC-1 无法与 MAC-3 和 MAC-4 直接通信，这是因为 MAC-1 所在的网卡并没有与 MAC-3 和 MAC-4 连接到同一个交换机/集线器上。因此，数据的传输过程如下：

- 先由 MAC-1 传送到 MAC-2，此时源地址是 MAC-1，目的地是 MAC-2。
- 计算机 B 接收到数据帧后检查目标地址，发现实际上是要传输给计算机 C。为了与计算机 C 进行通信，计算机 B 会将数据帧中的源 MAC 地址改为 MAC-3，目的 MAC 地址改为 MAC-4，这样就可以直接将数据传输到计算机 C 了。

也就是说，当通过 B（即路由器）将数据包发送到另一个子网时，数据帧中的硬件地址将会被修改，然后才能在同一个子网内进行数据帧的发送和接收。

> 由于网卡的物理地址是与网卡绑定的，不会因为操作系统的重新安装而改变，因此大多数防火墙软件可以根据网卡进行策略定义。然而，针对网卡的限制仅适用于局域网内部，因为 MAC 地址无法跨越路由器（即 MAC 地址并不参与跨子网的路由过程）。

数据帧内的数据容量最大可达 1500 字节，这一点我们已经知道了。那么为什么要规定最小数据为 46 字节呢？这是由 CSMA/CD 机制决定的。根据这个机制，为了实现冲突检测，数据帧总数据量最小需要 64 字节；在减去目标地址、来源地址和校验码（不包括前导码）之后，我们可以得到数据量最小需要 46 字节。换句话说，如果要传输的数据小于 46 字节，那么系统将会自动填充一些填充码，以保证至少有 46 字节的容量。

2.2.5 MTU

通过上面的 MAC 封装定义，我们现在知道标准以太网数据帧所能传输的最大数据量可以达到 1500 字节，这个数值被称为 MTU（最大传输单元）。需要注意的是，每种网络接口的 MTU 都不相同，所以有时我们可能会在某些文章中看到 1492 字节的 MTU 等，不过在以太网上，标准定义的 MTU 是 1500 字节。

后面要介绍的 IP 数据包最大可以达到 65535 字节，比 MTU 还要大！既然"礼物"（IP）比"盒子"（MAC）大，那怎么可能放得进去呢？IP 数据包可以被拆分，然后放入 MAC 中。当数据传输到目的地时，目的主机将其重新组装。因此，MTU 越大，IP 数据包的拆分就会减少，数据包之间的等待时间（2.2.3 节提到的 96 比特时间）也会减少，从而增加了网络带宽的利用率。

为了实现这个目的,千兆以太网支持巨型帧。巨型帧通常被定义为 9000 字节。既然如此,我们能不能将 MTU 更改为 9000 字节呢?这样一来不就能够减少数据包的拆分,提高网络利用率吗。我们确实可以在 Linux 系统上更改 MTU,但是考虑整个网络的情况,不建议修改这个数值。为什么呢?

因为数据包总是需要在 Internet 上传输,但是我们无法确定所有的网络设备都支持那么大的 MTU。如果 9000 字节的数据包通过不支持巨型帧的网络设备,好一点的情况是该网络设备(例如交换机/路由器等)会自动帮助我们重新组装后再传输,但更糟糕的情况可能是直接报告该数据包无效并丢弃。这个问题很严重。因此,将 MTU 设置为 9000 字节这种情况,只能在内部网络环境中部署,例如许多内部集群系统将它们的内部网络环境的 MTU 设置为 9000,但对外的网卡仍然保持标准的 1500 字节。

换句话说,无论网络介质支持多大的 MTU,都必须考虑数据包需要经过的所有网络设备,然后再决定 MTU 配置。因此,不建议修改标准以太网络的 MTU。

> 早期的一些网络设备(例如 IP 共享器)支持由 802.2 和 802.3 标准组合而成的 MAC 封装,它的 MTU 为 1492,而且这些设备可能不会进行数据包重组。因此,在早期的网络中,经常有用户反映当他们连接到某些网站时,总是会出现连接超时导致断线的情况。但是通过将客户端的 MTU 修改为 1492 之后,上网就没有问题了。那么这是为什么呢?通过阅读上面的内容,你应该能够理解了吧。

2.2.6　集线器、交换机与相关机制

1. 共不共享很重要,集线器还是交换机

在一个繁忙的网络中,由于 CSMA/CD 的原因,共享设备集线器可能会发生冲突。那么有没有办法避免这种数据包冲突呢?答案当然是有的,那就是使用非共享的交换机。

交换机有很多不同的等级,这里我们只讨论支持 OSI 第二层的交换机。交换机与集线器最大的区别在于,交换机内部有一个特殊的内存,它可以记录每个交换机端口连接的计算机的 MAC 地址。因此,当来自交换机两端的计算机要互相传输数据时,每个数据帧都会直接通过交换机的内存数据传送到目标主机上。所以交换机不是共享设备,而且交换机的每个端口都具有独立的带宽。

举个例子,如果在一个 10/100Mbps 的集线器上连接了 5 台主机,那么整个 10/100Mbps 的带宽将被这 5 台主机共享,因此这 5 台主机总共只能使用 10/100Mbps 的带宽。但是如果使用交换机呢?由于每个端口都具有 10/100Mbps 的带宽,因此每台主机能使用的带宽取决

于传输行为。例如在如图 2-9 所示的情况下，每个连接的带宽都是 10/100Mbps。

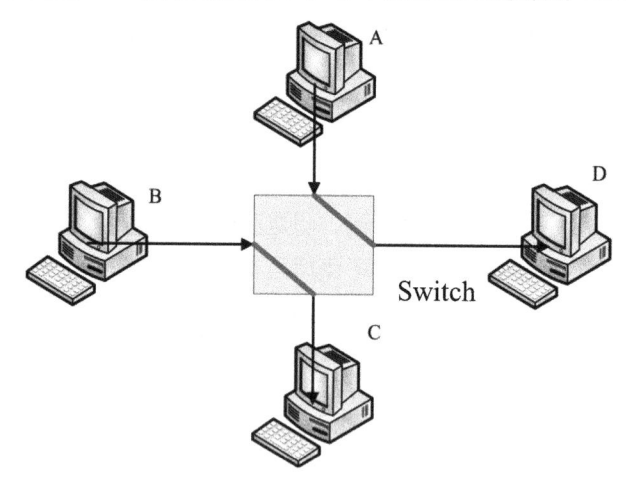

图 2-9 交换机每个端口的带宽使用示意图

A 传送到 D 和 B 传送到 C 都拥有独立的 10/100Mbps 带宽，彼此不会相互影响。但是，当 A 和 D 都传输给 C 时，由于 C 端口的带宽只有 10/100Mbps，因此 A 和 D 需要争夺 C 节点的 10/100Mbps 带宽。总之，需要记住的是，交换机已经解决了数据包冲突的问题，因为它具有与 MAC 地址相关的交换机端口功能，所以交换机不是共享设备。同时，在选择交换机时，因为有许多不同规格的交换机，所以选择支持全双工/半双工（Full-Duplex/Half-Duplex）和支持巨型帧的交换机为佳。

2. 什么是全双工/半双工

我们知道，8 芯网线实际上只有两对线对被使用，一对用于发送，另一对用于接收。如果两端的计算机同时支持全双工，那意味着输入/输出的带宽都可以达到 10/100Mbps，也就是数据的传输和接收的速率都可以同时达到 10/100Mbps，总带宽可以达到 20/200Mbps（需要注意的是，这里是输入的带宽可以达到 10/100Mbps，输出的带宽也可以达到 10/100Mbps，并不是输入的带宽直接达到 20/200Mbps）。如果网络环境希望实现全双工传输，那么使用共享带宽的集线器是不可能的，因为由于网线的线序关系，无法使用共享带宽设备实现全双工。只有当交换机也支持全双工模式时，连接到交换机两端的计算机才能实现全双工传输。

3. 自动协商速度机制（Auto Negotiation）

我们都知道现在的以太网卡是向下兼容的，这意味着千兆网卡可以与早期的 10/100Mbps 网卡连接而不会出现问题。但是，如何确定此时的网络速度呢？早期的交换机/集线器需要手动切换，而新的交换机/集线器则具有支持自动协商（也称为 N-Way）的功能，它可以自动协商出最高的传输速度来进行通信。如果在交换机上同时连接了千兆网卡和 10/100Mbps 设备，N-Way 会首先使用千兆网卡来测试是否所有设备都支持该速度，如果不支持，则会降速到下一个级别，即以 100Mbps 的速度进行工作。

4. 自动分辨网线的交叉或直连接口（Auto MDI/MDIX）

我们是否需要注意所使用的线缆是交叉线还是直连线呢？实际上不需要。因为如果交换机具有 Auto MDI/MDIX（也称为自动翻转）功能，那么它会自动识别网线的接口类型并进行调整连接，所以我们就不需要关心网线是交叉线还是直连线了。

5. 信号衰减造成的问题

电子信号会衰减，当网线长度过长导致电子信号衰减严重时，会导致连接质量下降。因此，连接各个节点的网线长度是有限制的。不过，现今的以太网络中，CAT 5（五类线）等级的网线大致可以支持 100 米的长度，所以通常无须担心。

然而，信号衰减的情况并不仅仅由网线长度引起。如果网线被过度弯折（例如经常被门碾压导致变形），或者自行制作网线连接头时连接头部分的 8 芯线缠绕度不足导致严重电磁干扰，或者长久将网线放置在户外暴露导致老化等情况，都会导致电子信号传输不良，从而导致连接质量变差。在这种情况下，常常会出现有时能够连接，有时却无法连接的问题。因此，在构建企业内部使用的局域网时，进行结构化布线是非常重要的。

6. 结构化布线

所谓结构化布线是指将各个网络组件分开安装和布置在企业内部，这样未来如果想要升级网络硬件等级或者移动某些网络设备，只需要更改机柜中相关的配线框和末端墙上的预留接口与主机设备的连接即可实现目标，如图 2-10 所示。

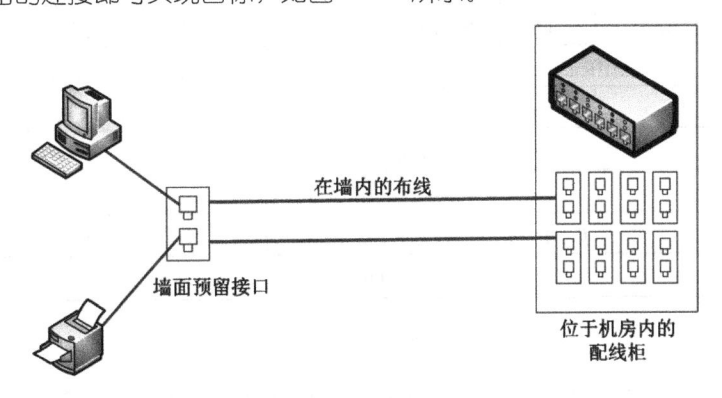

图 2-10　结构化布线简易图示

在墙内布线时需要特别注意，因为一旦布线完成，后面可能会使用 5~10 年，我们所能看到的仅是末端墙上的预留接口和配线端部分。实际上，结构化布线所涉及的网络设备和网线等级的选择，机柜、机架的选择，用于美化和隐藏网线的材料，施工过程中需要注意的事项，以及所有硬件和施工所需的标准规范等，已经可以写满一本厚厚的书。而本文旨在介绍中小企业中主机数量较少的环境，因此只提到了最简单地使用一个或两个交换机连接所有网络设备的小型星形拓扑结构。

如果你需要有关硬件结构化布线的更多信息，可以参考"交换以太网和快速以太网"方面的技术资料的后半部分。另外，对于网络方面的专业知识，建议访问专业网站。

2.3　TCP/IP 网络层的相关数据包与数据

要建立一个网络，就必须要有网络相关的硬件，而目前最常见的网络硬件接口是以太网，包括网线、网卡、Hub/Switch 等设备。在以太网上，数据传输使用以网卡卡号为标识的 MAC 数据帧，并且遵循 CSMA/CD 的标准来传输数据帧，这是网络的硬件部分。在软件方面，Internet 实际上是 TCP/IP 通信协议的通称。Internet 由 Inter NIC（互联网名称与数字地址分配机构）统一管理，它主要负责分配 Internet 上的 IP 地址，并提供与 TCP/IP 相关的技术文档。Internet 中最重要的就是 IP，本节就来介绍一下网络层的 IP 和路由。

2.3.1　IP 数据包的封装

在 2.2.4 节中我们讨论了 MAC 的封装，而了解 IP 数据包的封装也是必要的，这样我们才能了解 IP 是如何生成的。IP 数据包的大小可以达到 65535 字节，在比 MAC 更大的情况下，操作系统会对 IP 进行拆分。关于 IP 封装报头的数据格式，可参考图 2-11（图中第一行为每个字段的比特数）。

4 bits	4 bits	8 bits	3 bits	13 bits
Version	IHL	Type of Service		Total Length
	Identification		Flags	Fragmentation Offset
Time To Live		Protocol		Header Checksum
	Source Address			
	Destination Address			
	Options		Padding	
	Data			

图 2-11　IP 数据包的报头数据格式

在图 2-11 中有一个地方需要注意，那就是"**每一行所占用的位数为 32 位**"（注意这里的位是指比特），报头各个字段的内容分别介绍如下：

- **Version（版本）**：在此处声明 IP 数据包的版本，例如目前常用的 IPv4 版本的信息就会显示在这个字段中。
- **IHL（Internet Header Length，IP 报头的长度）**：这个字段用于指示 IP 数据包的报头长度，以 4 字节为单位进行记录。
- **Type of Service（服务类型）**：这个项目的内容为"PPPDTRUU"，表示 IP 数据包的服务类型，主要分为以下部分：
    - PPP：表示此 IP 数据包的优先级，但目前很少使用。

- D：若为 0，则表示一般延迟（delay）；若为 1，则表示低延迟。
- T：若为 0，则表示一般吞吐量（throughput）；若为 1，则表示高吞吐量。
- R：若为 0，则表示一般可靠度（reliability）；若为 1，则表示高可靠度。
- UU：保留字段，目前尚未使用。

举例来说，千兆以太网的各种相关规格可以使这个 IP 数据包加速并降低延迟。某些特殊的标志就是在这个字段中进行说明的。

- **Total Length（总长度）**：这个字段指示了 IP 数据包的总容量，包括报头和数据部分。最大容量可以达到 65535 字节。
- **Identification（标识）**：我们之前提到，IP 袋子必须放在 MAC 袋子中。然而，如果 IP 袋子太大，就需要将 IP 重新分组为较小的袋子，再放入 MAC 袋子中。当 IP 袋子被重新分组时，每个来自同一个 IP 的小袋子需要有一个标识，以告知接收端这些小袋子实际上来自同一个 IP 数据包。换句话说，如果 IP 数据包的总大小达到 65536 字节（根据前一个字段 Total Length 的规定），那么这个 IP 包就需要被分成更小的 IP 分段才能放入 MAC 数据帧中。而每个小的 IP 分段是否来自同一个 IP 数据包，就取决于这个标识。
- **Flags（标志）**：这个地方的内容为"0DM"，其含义为：
  - D：若为 0，则表示 IP 包可以分段；若为 1，则表示 IP 包不可分段。
  - M：若为 0，则表示此 IP 包中的最后一个分段；若为 1，则表示这不是最后一个分段。
- **Fragment Offset（分段偏移）**：这个字段表示当前 IP 分段在原始 IP 数据包中的位置。它类似于序号，只有通过这个序号才能将所有的小 IP 分段组合成原始的 IP 数据包大小。通过使用 Total Length、Identification、Flags 以及 Fragment Offset，可以在接收端将小的 IP 分段组合成完整的 IP 数据包。
- **Time To Live（TTL，生存时间）**：这个字段表示 IP 数据包的生存时间，取值范围为 0~255。当 IP 数据包经过一个路由器时，TTL 值会减 1。当 TTL 为 0 时，这个数据包将会被直接丢弃。实际上，要让 IP 数据包通过 255 个路由器是相当困难的。
- **Protocol Number（协议代码）**：来自传输层和网络层本身的其他数据都会放置在 IP 数据包中，我们可以在 IP 报头中记录这个 IP 数据包内所包含的数据类型，而 Protocol Number 字段就用于记录每种数据包的内容。这个字段中记录的代码和相关的数据包协议名称如表 2-4 所示。

表 2-4 IP 协议代码与相关数据包协议名称

IP 内的代码	数据包协议名称（全名）
1	ICMP（Internet Control Message Protocol），即 Internet 控制报文协议
2	IGMP（Internet Group Management Protocol），即 Internet 组管理协议
3	GGP（Gateway-to-Gateway Protocol），即网关对网关协议

(续表)

IP 内的代码	数据包协议名称（全名）
4	IP（IP in IP encapsulation），即 IP 封装
6	TCP（Transmission Control Protocol），即传输控制协议
8	EGP（Exterior Gateway Protocol），即外部网关协议
17	UDP（User Datagram Protocol），即用户数据报协议

当然，最常见到的是 TCP、UDP 和 ICMP。

- Header Checksum（报头校验和）：用于检查 IP 报头是否存在错误。
- Source Address（源地址）：从这里我们也可以知道 IP 地址是 32 位（IPv4）。
- Destination Address（目标地址）：在传输过程中，除了需要源 IP 地址之外，还需要目标 IP 地址才能进行传递。这个字段就是目标 IP 地址。
- Options（可选字段）：这个字段提供了额外的功能，包括安全处理机制、路由记录、时间戳以及严格或宽松的源地址路由等。
- Padding（填充）：由于 Options 字段的内容大小可能不一致，但 IP 数据包的每个字段都必须是 32 位，因此，如果 Options 字段的数据不足 32 位，那么将由 Padding 字段主动进行填充，以达到 32 位的要求。

我们只需要知道 IP 报头中包含 TTL、Protocol、源地址和目标地址就足够了！通过 IP 报头中的源和目标 IP 地址，以及通过 TTL 判断经过了多少个路由器，就能了解这个 IP 将如何传输到目的地。在后续的小节中，我们将介绍 IP 的组成和范围，以及 IP 数据包传输的机制（路由）等内容。

2.3.2 IP 地址的组成与分级

IP 包实际上是一种网络数据包，而这个数据包的报头中最重要的是 32 位的源和目标地址。为了方便记忆，我们也称这个 32 位的数值为 IP 网络地址。网络的很多概念与邮政系统类似，IP 地址就类似于"门牌号码"。那么，IP 有哪些重要的方面需要了解呢？下面让我们来谈一谈。

IP 是一个由 32 个 0 和 1 组成的二进制数，当我们考虑与 IP 相关的参数时，应该将该参数视为一个 32 位（bit，即比特）的数据。然而，人们对二进制不太熟悉，为了适应人们对十进制的依赖，将 32 位的 IP 分成了四个小段，每段含有 8 个位，将这 8 个位转换为十进制，并在每段之间用小数点隔开，这就是目前大家熟悉的 IP 的书写格式了。示例如下：

```
IP 的表示式：
00000000.00000000.00000000.00000000   ==>  0.0.0.0
11111111.11111111.11111111.11111111   ==>  255.255.255.255
```

所以 IP 地址的范围为 0.0.0.0~255.255.255.255。然而，在这一串数字中，实际上还可以分为网络号（Net_ID）和主机号（Host_ID）两部分。下面以 192.168.0.0~192.168.0.255 这个 Class C 网络为例来进行说明。

```
192.168.0.0~192.168.0.255 这个 Class C 网络的说明：
11000000.10101000.00000000.00000000

11000000.10101000.00000000.11111111
|----------Net_ID---------|-host--|
```

在上面的例子中，前三组数字（192.168.0）被称为网络号，而最后一组数字（0~255）则被称为主机号。同一个网络的定义是"在同一个物理网段内，主机的 IP 具有相同的网络号（Net_ID），并且具有独特的主机号（Host_ID）"。因此，这些 IP 地址范围就是同一个网络内的 IP 网段。

> 什么是物理网段呢？当所有主机都通过同一个网络设备连接在一起时，这些主机在物理层面上实际上是连接在一起的，这时可以称它们处于同一个物理网段。同时要注意，在同一个物理网段内，可以根据不同的 IP 设置划分为多个"IP 网段"。

在上面的例子中，192.168.0.0、192.168.0.1、192.168.0.2、……、192.168.0.255（共 256 个 IP），这些 IP 地址属于同一个网络（也称为同一个网段）。注意，在同一个网络中，不能有相同的主机号（Host_ID），否则会发生 IP 冲突，可能导致两个主机都无法正常使用网络。

1. IP 在同一网络的意义

如何设置同一网络，以及将 IP 设置在同一网络内有什么意义和好处呢？

- **Net_ID 与 Host_ID 的限制**：在同一个网段内，Net_ID 是固定的，而 Host_ID 必须是唯一的。此外，在二进制表示法中，Host_ID 不能同时为全 0 或全 1，因为全 0 表示整个网段的地址（网络 IP），而全 1 表示广播地址（广播 IP）。
  举个例子，在上面的例子中，192.168.0.0（Host_ID 全为 0）和 192.168.0.255（Host_ID 全为（1）不能用作该网段内主机的 IP 值。换句话说，该网段内可用于主机 IP 的范围是从 192.168.0.1 到 192.168.0.254。
- **在局域网内通过 IP 广播方式传送数据**：在相同的物理网段上，如果主机使用不重复的相同网络 IP 网段，那么这些主机可以通过 CSMA/CD 功能直接在局域网内使用广播方式进行网络连接，也就是说它们可以通过网卡之间的连接直接传输数据（通过 MAC 数据帧）。
- **在相同物理网段使用不同局域网的情况**：在同一个物理网段内，如果两个主机使用不同的 IP 网段地址，则由于广播地址的不同，无法通过广播方式进行直接连接。在这种情况下，需要通过路由器（Router）来进行通信，以将这两个网段连接在一起。

- **网络的大小**：Host_ID 所占用的位数越大，也就是说 Host_ID 的数量越多，这意味着在同一个网络内可用于设置主机的 IP 数量就越多。

因此，对于一个单位或公司内的计算机群，或者你的宿舍或家里的所有计算机，将它们都设置在同一个网络内是最方便的。这样，每台计算机都可以直接通过 MAC 地址进行数据传送，而无须通过路由器进行数据包的转发（关于路由器的内容将在第 8 章讲述）。

2. IP 与门牌号码的联想

刚接触 IP 组成的朋友们常常会感到困惑，网络号和主机号怎么分？实际上，可以使用门牌号的概念来进行联想理解。IP 就像门牌号。例如，门牌号"北京市西城区德胜门街道新风街 3 号院"，假设整个德胜门街道新风街就是一条街，那么门牌号的网络号就是"北京市西城区德胜门街道新风街"，而主机号就是"3 号院"。在整条新风街上，只要门牌号以"北京市西城区德胜门街道新风街"开头，它们就属于同一个网络。当然，门牌号不可能有第二个"3 号院"。

此外，当主机号全为 0 和全为 1 时（使用二进制的概念），分别代表新风街的第一个院子和最后一个院子的门牌号。我们让第一个门牌号的前一部分代表整条街，因此它也被称为网络 IP，就像是街道入口的标志牌；最后一个 IP 地址代表街道的尾部，也就是街道内广播时的最后一个 IP 地址，因此它也被称为广播 IP 地址。

在这个街道内，我们可以通过广播喊话的方式与大家沟通信息。假如街道里的张君雅小姑娘正在和其他小朋友玩耍，她的奶奶已经煮好面条了，她奶奶通过广播方式呼喊张君雅小姑娘赶快回家吃面。听到呼喊的人如果不是张君雅小姑娘，就将该呼喊信息忽略掉。这样有没有联想到以太网协议 CSMA/CD 的概念呢？

如果数据不是要发送到街道内具体门牌号的院子里，而是需要传送给街道内的快递派送点（路由器），那么我们只需要知道快递派送点在街道的哪个位置，其他的事情就由快递派送点帮你完成。这就是 IP 地址与门牌号之间的类似关系。

3. IP 的分级

我们还应该考虑这样一个问题：在地址"北京市西城区德胜门街道新风街 3 号院"中，哪些部分是街道，哪些部分是门牌号？如果"北京市"是街道，那么门牌号将包含区的信息；如果"北京市西城区"是街道，那么门牌号就会更具体了。因此，这个"街道"的定义将会影响我们可以使用的门牌号的数量。

为了解决这个问题，以及方便 IP 地址的管理、分配和注册，Inter NIC 将整个 IP 地址空间分为五种等级，每种等级的范围主要取决于 IP 地址的前几位。具体定义如下：

```
以二进制说明 IP 地址第一个数字的定义：
Class A : 0xxxxxxx.xxxxxxxx.xxxxxxxx.xxxxxxxx   ==> NetI_D 的开头是 0
          |--net--|---------host------------|
Class B : 10xxxxxx.xxxxxxxx.xxxxxxxx.xxxxxxxx   ==> NetI_D 的开头是 10
```

```
              |------net------|------host------|
Class C :  110xxxxx.xxxxxxxx.xxxxxxxx.xxxxxxxx   ==> NetI_D 的开头是 110
              |-----------net-----------|-host--|
Class D :  1110xxxx.xxxxxxxx.xxxxxxxx.xxxxxxxx   ==> NetI_D 的开头是 1110
Class E :  1111xxxx.xxxxxxxx.xxxxxxxx.xxxxxxxx   ==> NetI_D 的开头是 1111
五种分级使用十进制表示为：
Class A :    0.xx.xx.xx ~ 127.xx.xx.xx
Class B :  128.xx.xx.xx ~ 191.xx.xx.xx
Class C :  192.xx.xx.xx ~ 223.xx.xx.xx
Class D :  224.xx.xx.xx ~ 239.xx.xx.xx
Class E :  240.xx.xx.xx ~ 255.xx.xx.xx
```

根据以上说明可知，我们只要知道 IP 地址的第 1 个十进制数，就可以大致了解该 IP 地址属于哪个等级，以及该等级下有多少个网络 IP 地址。这也是为什么我们选取 192.168.0.0 这个 IP 地址段来进行说明，并将街道定义为第 3 个数字的原因。

然而，在上面的定义中，我们只需要记住三种等级，即 Class A、B、C 即可。因为 Class D 被用于多播（Multicast）的特殊功能（通常用于大量计算机的网络还原），而 Class E 则保留未使用的网段。因此，在一般系统中，我们只需要使用 Class A、B、C 这三种等级的 IP 地址。

2.3.3 IP 的种类与获取方式

本小节将讨论一个常常令人感到困惑的方面，即 IP 的种类。许多人常常听到"真实 IP、实体 IP、虚拟 IP、假的 IP"等术语，但实际上，在 IPv4 中，只有两种 IP 类型，它们分别是：

- **Public IP**：公共 IP。这些是经由 Inter NIC 统一规划的 IP 地址，只有具有这种 IP 地址的设备才能直接连接到 Internet。
- **Private IP**：私有 IP 或保留 IP。这些 IP 地址不能直接连接到 Internet，主要用于局域网内的主机连接规划。

早在规划 IPv4 时，人们就担心 IP 地址会不足，并为了适应某些企业内部网络配置的需求引入了私有 IP（Private IP）。私有 IP 地址在 A、B、C 三个类别中各自保留了一段作为私有 IP 地址范围，具体如下：

- Class A：10.0.0.0~10.255.255.255
- Class B：172.16.0.0~172.31.255.255
- Class C：192.168.0.0~192.168.255.255

由于这三个类别的 IP 地址是预留给私有网络使用的，因此不能直接用于 Internet 连接；否则到处都有相同的 IP 地址，网络将会混乱不堪。因此，这三个 IP 地址范围仅用于内部私有网络。简单来说，它们有以下几个限制：

- 私有 IP 的路由信息不能对外传播（只存在于内部网络）。

- 使用私有 IP 作为源地址或目标地址的数据包不能通过 Internet 来传送（否则会导致网络混乱）。
- 关于私有 IP 地址的相关记录（如 DNS）仅限于内部网络使用。

私有 IP 有哪些好处呢？由于私有 IP 的路由信息不能直接在 Internet 上传送，因此内部网络不容易受到来自 Internet 上的黑客的攻击。但是，我们也无法直接使用私有 IP 来连接 Internet。因此，私有 IP 非常适合那些尚未拥有公共 IP 的企业内部用来规划其网络的设置。否则，如果我们随意选择可能是公共 IP 的 IP 地址范围来规划企业的内部网络，一旦真的连接到 Internet，可能会导致与 Internet 上的公共 IP 发生冲突。

此外，在没有可用的公共网络的情况下，如果我们想与他人进行联网游戏，则可以在局域网内规划相同的私有 IP 地址段，这样我们就可以顺利地进行网络游戏了。

那么，如果我们又想将这些私有 IP 连接到 Internet 上，又该怎么办呢？很简单，只需设置一个简单的防火墙并使用网络地址转换（NAT）服务，就可以通过 IP 伪装（稍后会提到）让我们的具有私有 IP 地址的计算机连接到 Internet 了。

1. 特殊的 Loopback IP 网段

除了预留的 IP 地址范围之外，还有其他内容吗？当然有，还有一个奇怪的 Class A 网络，即 lo 网络。lo 网络最初被用作测试操作系统内部循环的一个网络，同时也可供需要使用网络接口的服务（守护进程，daemon）在系统内部使用。

简单来说，如果计算机没有安装网络适配器（网卡），但又希望测试一下在计算机上设置的服务器环境是否正常工作，那么可以利用这个被称为环回（Loopback）网络的功能。该网络范围是在 127.0.0.0/8 这个 Class A 地址段中，而默认的主机地址是 127.0.0.1。因此，当我们启动了自己的 Web 服务器，并在主机的 X-Window 上执行 http://localhost 时，就可以直接看到网页，而无须安装网络适配器，这样测试非常方便。

此外，内部邮件如何发送呢？例如，主机系统如何给 root 发送电子邮件？我们也可以使用这个环回地址。当要测试 TCP/IP 数据包和状态是否正常时，也可以使用这个地址。所以，如果有人问："嘿，你的主机上没有网卡，那你能测试你的 Web 服务器设置是否正确吗？"我们可以回答："当然可以，使用 127.0.0.1 这个地址！"

2. IP 地址的获取方式

在讲完 IP 的种类、等级以及特殊网段后，接下来我们需要了解一下主机的 IP 是如何设置的。基本上，主机的 IP 与相关网络的设置方式有以下 3 种：

- **直接手动配置静态 IP 地址（static）**：你可以直接向网络管理员咨询可用的 IP 相关参数，然后直接编辑配置文件或使用某些软件功能来设置网络。这种设置方式常见于校园网络环境以及向互联网服务提供商（ISP）申请固定 IP 地址连接的环境。

- **通过拨号获取**：可以向互联网服务提供商申请注册账号，获取账号和密码后，通过直接拨号连接到 ISP 的方式，让操作系统获取正确的网络参数。这样，我们就不需要手动编辑和配置相关的网络参数了。目前，ADSL 拨号、光纤到大楼、光纤入户等大多数情况下都使用拨号方式连接互联网。为了满足用户需求，一些 ISP 提供了多种不同的 IP 分配机制。相关详细信息，可咨询 ISP。
- **自动获取动态 IP 地址（DHCP）**：在局域网中，通常会有一台主机负责管理所有计算机的网络参数。当我们的计算机启动时，它会主动向该服务器请求 IP 参数。一旦获取了网络相关参数，我们的计算机就能够自动配置好所有由服务器提供的网络参数。这种设置方式最常用于企业内部、IP 路由器的后端、校园网络和宿舍环境，以及缆线宽带等连接方式。

通过上述任何一种方式获取的 IP 地址都可以分为公共 IP 和私有 IP 两种类型。而其他类型，如浮动式、固定式、动态式等，只是描述了获取 IP 地址的方式而已。

2.3.4 子网掩码、子网与 CIDR（无类别域间路由）

前面我们提到 IP 具有等级，而在一般计算机系统上配置的是 Class A、B、C 等。如果定义一个局域网使用的是 Class A，我们可能会想，怎么可能有这么多计算机能够设置在同一个 Class A 网段内（256×256×256-2=16777214），而且即使真的有这么多计算机，想想 CSMA/CD 协议，你的网络将会一直处于停顿状态，因为你需要处理来自一千多万台计算机的广播，这样的网络还能正常运行吗？显然效率是非常低下的。

此外，将 IP 分为不同的等级，是为了管理方便。实际上，我们不太可能将一个 Class A 仅划定为一个局域网。举个例子，我们获得的公共 IP 可能以 120.xxx 开头，但实际上我们只获得了 120.114.xxx.xxx 这一部分，而没有获得整个 Class A 范围的 IP 地址，因为我们用不了那么多 IP 地址。这时，我们需要了解如何将 Class A 的网段划分得更小，即如何将网络切割得更细，这样就可以分配更多的局域网段。

前面我们提到，IP 这个 32 位的数值中又分为网络号码和主机号，对于 Class C 来说，网络号占据了 24 位，但实际上我们可以将这样的网络划分得更细，即将第一个 Host_ID 用作 Net_ID。这样，整个 Net_ID 就有 25 位，而 Host_ID 则减少为 7 位。在这种情况下，原本的一个 Class C 网络可以划分为两个子网，每个子网就有"256/2-2=126"个可用的 IP 地址。这样一来，我们就能够将原本的一个网络划分为两个更小的网络，便于分门别类地进行网络规划。

1. 子网掩码

那么，到底是哪些参数用来实现子网划分呢？这就涉及 Netmask（又称为子网掩码）。子网掩码是定义网络的一个非常重要的参数，但也是最难理解的参数之一。为了帮助读者更容易记住子网掩码的设置依据，接下来我们介绍一个较为易记的方法。

以 192.168.0.0 ~ 192.168.0.255 这个 Class C 网络为例，这个 IP 地址范围可以分为 Net_ID 和 Host_ID。Net_ID 是不可变的，我们假设它所占的位已经全部为 1，而 Host_ID 是可变的，我们将其视为保留（全部为 0）。因此，子网掩码的表示如下：

```
192.168.0.0~192.168.0.255 这个 Class C 的子网掩码说明
第一个 IP 地址    : 11000000.10101000.00000000.00000000
最后一个 IP 地址  : 11000000.10101000.00000000.11111111
                  |----------Net_ID---------|-host--|
Netmask : 11111111.11111111.11111111.00000000  <== Netmask 二进制
        :      255 .     255 .     255 .     0  <== Netmask 十进制
特别注意，子网掩码也是 32 位，在数值上，位于 Net_ID 的为 1 而位于 Host_ID 的为 0
```

将其转换为十进制，就变成了 255.255.255.0，这样记忆起来就简单多了。按照这种记忆方法，Class A、B、C 的子网掩码表示如下：

```
Class A, B, C 三个等级的子网掩码表示方式：
Class A : 11111111.00000000.00000000.00000000 ==> 255.  0.  0.  0
Class B : 11111111.11111111.00000000.00000000 ==> 255.255.  0.  0
Class C : 11111111.11111111.11111111.00000000 ==> 255.255.255.  0
```

因此，对于 192.168.0.0 ~ 192.168.0.255 这个 Class C 网络，其子网掩码就是 255.255.255.0。我们刚刚提到了当 Host_ID 全部为 0 或全部为 1 时，该 IP 地址是不可使用的。因为当 Host_ID 全部为 0 时，表示该网段的网络地址（Network），而当 Host_ID 全部为 1 时，表示该网段的广播地址（Broadcast）。因此，在 192.168.0.0 ~ 192.168.0.255 这个 IP 地址范围内，相关的网络参数如下：

```
Netmask:   255.255.255.0    <==网络定义中最重要的参数
Network:   192.168.0.0      <==第一个 IP 地址
Broadcast: 192.168.0.255    <==最后一个 IP 地址
可用于设置成为主机的 IP 数量：
192.168.0.1 ~ 192.168.0.254
```

2. 子网划分

Class C 网络还可以进一步进行子网划分。以 192.168.0.0 ~ 192.168.0.255 为例，如何将其分割为两个子网呢？我们已经知道 Host_ID 可以用作 Net_ID，当 Net_ID 使用了 25 位时，情况如下：

```
原来的 Class C 的 Net_ID 与 Host_ID 为：
11000000.10101000.00000000.00000000        Network:   192.168.0.0
11000000.10101000.00000000.11111111        Broadcast: 192.168.0.255
|----------Net_ID---------|-host--|
换分成两个子网之后的 Net_ID 与 Host_ID 为：
11000000.10101000.00000000.0 0000000   多了一个 Net_ID 了，为 0 (第一个子网)
11000000.10101000.00000000.1 0000000   多了一个 Net_ID 了，为 1 (第二个子网)
```

```
          |----------Net_ID-----------|-host--|
第一个子网
Network:   11000000.10101000.00000000.0 0000000    192.168.0.0
Broadcast: 11000000.10101000.00000000.0 1111111    192.168.0.127
           |----------Net_ID-----------|-host-|
Netmask:   11111111.11111111.11111111.1 0000000    255.255.255.128
第二个子网
Network:   11000000.10101000.00000000.1 0000000    192.168.0.128
Broadcast: 11000000.10101000.00000000.1 1111111    192.168.0.255
           |----------Net_ID-----------|-host-|
Netmask:   11111111.11111111.11111111.1 0000000    255.255.255.128
```

因此，进一步细分后，我们将得到两个子网，而这两个子网还可以进一步细分（Net_ID 使用 26 位……）。如果你真正理解了 IP、网络、广播、子网掩码，那么恭喜你，在服务器学习之路上已经迈出了一大步。

例题

请计算出当 Net_ID 占用 23 位时，172.16.0.0 网络的子网掩码、网络地址、广播地址等参数。

答：由于 172.16.xxx.xxx 位于 Class B 等级中，即 Net_ID 应为 16 位，而题目给定的 Net_ID 占用了 23 位，相当于从 Host_ID 中借用了 7 位用于 Net_ID，因此，整个 IP 地址将变为以下形式：

```
预设：
           172  . 16   .0000000 0.00000000
           |----Net_ID--------------|--Host---|
Network:   172  . 16   .0000000 0.00000000     172.16.0.0
Broadcast: 172  . 16   .0000000 1.11111111     172.16.1.255
Netmask:   11111111.11111111.1111111 0.00000000  255.255.254.0
```

鸟哥在这里有点偷懒了，因为这个 IP 段的前 16 位不会被改变，所以并没有将其转换为二进制（172.16）。计算结果中粗体字部分表示 Host_ID。

实际上，子网的计算是有技巧的。我们知道 IP 地址是二进制表示的，每个位都是 2 的幂次方，并且 IP 数量在子网中是均匀分配的。以 192.168.0.0 ~ 192.168.0.255 为例，如果我们将 Net_ID 设为 26 位，那么总共可以划分为几个子网呢？因为 26-24=2，所以总共占用了 2 位，因此会有 2^2（等于 4 个）子网。然后，将 256 个 IP 地址均匀分配到这 4 个子网中，我们可以得知这 4 个子网分别是：

- 192.168.0.0~192.168.0.63
- 192.168.0.64~192.168.0.127

- 192.168.0.128~192.168.0.191
- 192.168.0.192~192.168.0.255

是不是很简单呢。现在再考虑一下，如果在同一个网段中，Net_ID 变为 27 位，又该如何计算呢？可以自己算一下看看。

3. 无类别域间路由（Classless Interdomain Routing，CIDR）

一般来说，如果我们知道了网络和子网掩码，就可以确定该网络的所有 IP 地址，因为通过子网掩码可以推算出广播地址。因此，我们通常会使用网络和子网掩码来表示一个网络，例如以下的写法：

```
Network/Netmask
192.168.0.0/255.255.255.0
192.168.0.0/24        <==因为 Net_ID 共有 24 位
```

另外，既然子网掩码中的 Net_ID 都是 1，那么对于 Class C 来说，它有 24 位的 Net_ID。因此，就有了类似于上面的 192.168.0.0/24 这样的表示方法。这就是一般网络的表示方式。同样地，根据上述计算网络的方法，四个子网的表示可以写成：

- 192.168.0.0/26
- 192.168.0.64/26
- 192.168.0.128/26
- 192.168.0.192/26

事实上，由于网络细分的情况变得越来越严重，为了避免路由信息过于庞大而导致网络性能下降，某些特殊情况下我们反而会借用 Net_ID 作为 Host_ID，这样就可以将多个网络合并为一个。例如，我们将 256 个 Class C 的私有 IP 地址范围（192.168.0.0~192.168.255.255）写成一条路由信息，那么这个网段的表示将变为 192.168.0.0/16，将以 192 开头的 Class C 变为 Class B。这种打破原本 IP 代表等级的方式（通过 Netmask 的规范）被称为无类别域间路由（CIDR）。

我们无须深究无类别域间路由的概念是什么，只需知道网络地址/子网掩码的表示通常就是使用 CIDR 表示方式。然后，我们还需要了解如何通过子网掩码计算网络地址、广播地址以及可用的 IP 地址范围。这样对 IP 概念的理解就会更加完整了。

2.3.5　路由概念

我们知道，在同一个局域网中，可以通过 IP 广播的方式来实现数据传输的目的。但是如果要进行非局域网内的数据传输呢？这时就需要依靠所谓的路由器来进行中转。这也是网络层非常重要的概念。现在先来看看局域网。

例题

请问 192.168.10.100/25 和 192.168.10.200/25 是否在同一个网络内？

答：经过计算，可以发现 192.168.10.100 的网络地址为 192.168.10.0，但是 192.168.10.200 的网络地址却是 192.168.10.128。由于网络地址不相同，所以它们不在同一个网络内。关于网络地址和子网掩码的计算方法，请参考前面的内容。

如上题所述，这两个网段的数据无法通过广播实现数据传递，因此需要使用 IP 的路径选择（routing）功能。我们以图 2-12 中的例子来说明。图 2-12 中有两个不同的网段，分别是 Network A 和 Network B，这两个网段通过一台路由器（Server A）进行数据传输。那么当 PC01 想要将数据传输到 PC11 时，它的 IP 数据包应该如何传输呢？

由于 Network A（192.168.0.0/24）和 Network B（192.168.1.0/24）是不同的网段，因此 PC01 和 PC11 不能直接传输数据。然而，PC01 和 PC11 是如何知道它们不在同一个网段中的呢？这是通过 Net_ID 发现的。那么当主机想要发送数据时，它的主要参考是什么呢？是答案路由表（Route table），每台主机都有自己的路由表。下面来看看在默认情况下，PC01 如何将数据传输到 PC11。

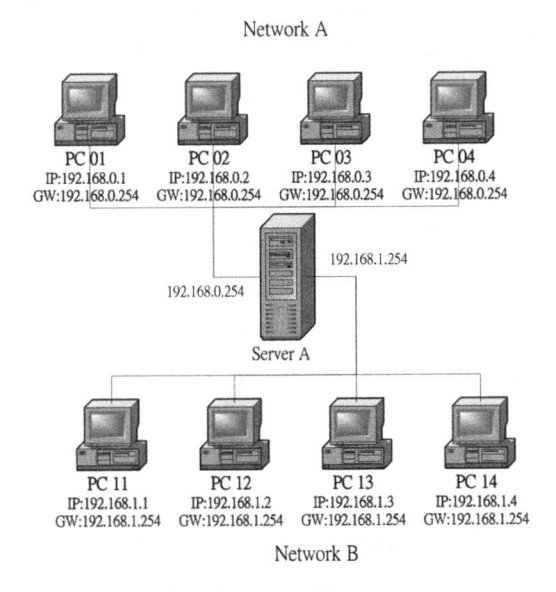

图 2-12 简易的路由示意图

1）查询 IP 数据包的目的 IP 地址

当 PC01 有 IP 数据包需要发送时，主机会查阅 IP 数据包报头的目的 IP 地址。

2）查询是否位于本机所在的网络路由表中

PC01 主机会分析自己的路由表，当发现目的 IP 与本机 IP 的 Net_ID 相同时（即在同一网络），PC01 会直接通过局域网功能将数据传输给目标主机。

3）查询默认网关（Default Gateway）

然而，在这个案例中，PC01 和 PC11 不在同一个网络中，因此 PC01 会分析路由表，查找是否存在其他匹配的路由设置。如果没有找到匹配的路由设置，那么 PC01 会将 IP 数据包发送到默认网关，在这个案例中，默认网关是 Server A。

4）把数据包送至 Default Gateway 后，不理会数据包流向

当 PC01 将 IP 数据包发送给 Server A 后，PC01 就不再关心后续的工作。而 Server A 接收到这个数据包后，会根据之前的流程，分析自己的路由信息，并继续传输到正确的目标主机。

> 网关/路由器（Gateway/Router）的功能是负责在不同网络之间转发数据包（IP Forwarding）。由于路由器具有 IP Forwarding 功能和管理路由的能力，因此它可以将来自不同网络之间的数据包进行转发。此外，主机和配置的网关必须在同一个网段内。

大致情况如此，每台主机都有自己的路由表，数据的传输将根据路由表进行。一旦数据包经过路由表的路由条目发送出去，主机本身就不再关心数据包的流向，因为数据包的进一步传输将由下一台主机（即路由器）负责。路由器在传输过程中，也根据自己的路由表来确定数据包的传送路径，如图 2-13 所示。

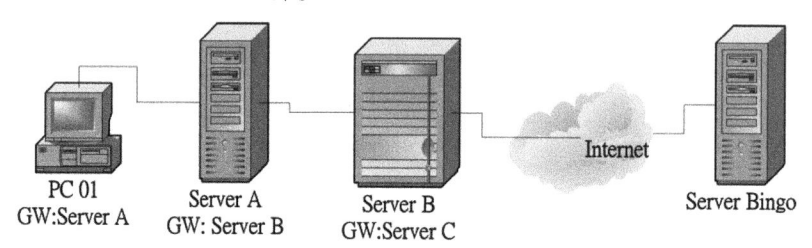

图 2-13 路由的概念

PC01 要将数据传输到 Server Bingo，根据自己的路由表，它先将该数据包发送到 Server A，然后由 Server A 继续传送到 Server B，通过一系列的接力传输最终到达 Server Bingo。

上述案例只是一个简单的路由概念示例。实际上，Internet 上的路由协议和变化非常复杂，因为 Internet 上的路由不是静态的，它可以根据环境变化随时调整每个数据包的传输方向。例如，在中国西部某地区由于土木施工导致该地区的网络线路中断，然而南北方向的网络仍然可以通信，为什么呢？因为路由已经检测到西部线路的中断，自动切换到使用东部的路线进行南北方向的通信，虽然绕了一大圈并导致网络拥堵，但数据包仍然能够传输。这个例子只是想告诉大家，上述提到的路由仅是一个简单的静态路由情况，如果想更深入地了解路由，请参考相关的书籍。

此外，在公共的互联网环境中，由于早期的 IP 分配已经配置完成，因此各单位的路由一旦设置好，上层的路由就不需要担心了。

2.3.6 观察主机路由：Route

既然路由如此重要，而且错误的路由设置可能导致某些数据包无法正确传输，那么我们当然需要仔细观察主机的路由表。观察路由表的命令非常简单，就是 route 命令，它有很多用法，我们将在后面的章节中继续介绍，在这里，仅说明一些较为简单的用法：

```
[root@www ~]# route [-n]
选项与参数：
-n ：将主机名以 IP 地址的方式显示出来

[root@www ~]# route
Kernel IP routing table
Destination     Gateway         Genmask         Flags Metric Ref    Use Iface
192.168.0.0     *               255.255.255.0   U     0      0        0 eth0
127.0.0.0       *               255.0.0.0       U     0      0        0 lo
default         192.168.0.254   0.0.0.0         UG    0      0        0 eth0

[root@www ~]# route -n
Kernel IP routing table
Destination     Gateway         Genmask         Flags Metric Ref    Use Iface
192.168.0.0     0.0.0.0         255.255.255.0   U     0      0        0 eth0
127.0.0.0       0.0.0.0         255.0.0.0       U     0      0        0 lo
0.0.0.0         192.168.0.254   0.0.0.0         UG    0      0        0 eth0

# 上面输出的数据共有 8 个字段，需要注意的有以下几个地方
# Destination ：其实就是 Network（网络地址）的意思
# Gateway     ：就是该接口的网关的 IP 地址，若为 0.0.0.0，则表示不需要额外的 IP 地址
# Genmask     ：就是子网掩码，与 Destination 组合成为一台主机或网络
# Flags       ：共有多个标志，可以用来表示该网络或主机代表的意义
#               U: 代表该路由可用
#               G: 代表该网络需要经由网关来帮忙转发
#               H: 代表该行路由为一台主机，而非整个网络
# Iface       ：就是 Interface（接口）的意思
```

在上述例子中，鸟哥以 PC01 主机的路由状态进行说明。由于 PC01 是 192.168.0.0/24 网络的一部分，因此主机已经建立了该网络的路由表。这可以在 route 命令的输出中看到，其中显示了一行类似于 "192.168.0.0 * 255.255.255.0" 的信息。当我们执行 route 命令时，屏幕上显示了该主机上共有三条路由规则。第一列显示了目标网络，例如 192.168.0.0 表示一个网络；最后一列显示了到达该目标网络要使用的网络接口，例如 eth0 表示网卡设备的名称。如果要传输的数据包在路由规则的 192.168.0.0/255.255.255.0 或者 127.0.0.0/255.0.0.0 范围内，由于第二列的网关（Gateway）是"*"，因此数据包将直接通过后面的网络接口进行传输，而不经过网关。

如果要传输的数据包的目的 IP 地址不在路由规则中，那么数据包将被发送到 default 所

在的路由规则，即 192.168.0.254 那个网关。几乎每台主机都会有一个默认网关来负责所有非本地网络的数据包传输，这是一个非常重要的概念。关于更多的路由功能和设置方法，我们将在第 8 章中详细介绍。

2.3.7　IP 与 MAC：网络接口层的 ARP 与 RARP 协议

现在我们知道在互联网上最重要的是 IP，同时也要考虑局域网和路由的计算。然而，实际上传输数据的却是以太网。以太网主要使用网卡的物理地址（MAC 地址），那么 IP 和 MAC 地址之间肯定存在某种关联性，对吧？没错，这就是我们要谈到的 ARP（地址解析协议）和 RARP（反向地址解析协议）。

当我们想要知道某个 IP 配置在哪个以太网卡上时，我们的主机会向整个局域网发送 ARP 数据包，对方收到 ARP 数据包后会将自己的 MAC 地址返回给我们，这样我们的主机就知道了对方所在的网卡，接下来就可以开始传输数据了。如果每次传输都需要重新执行 ARP 协议，那将非常烦琐。因此，当使用 ARP 协议获取目标 IP 地址和它的 MAC 地址后，就会将这条记录写入我们主机的 ARP 表中（存储在内存中的数据），记录会在 20 分钟后失效。

例题

如何获取自己本机的 MAC 地址？

答：

```
在 Linux 环境下
[root@www ~]# ifconfig eth0
eth0      Link encap:Ethernet  HWaddr 00:01:03:43:E5:34
          inet addr:192.168.1.100  Bcast:192.168.1.255  Mask:255.255.255.0
          inet6 addr: fe80::201:3ff:fe43:e534/64 Scope:Link
          UP BROADCAST RUNNING MULTICAST  MTU:1500  Metric:1
...
在 Windows 环境下
C:\Documents and Settings\admin..> ipconfig /all
...
        Physical Address. . . . . . . . . : 00-01-03-43-E5-34
...
```

那么如何获取本机的 ARP 表格内 IP/MAC 对应的数据呢？通过 ARP 这个命令。

```
[root@www ~]# arp -[nd] hostname

[root@www ~]# arp -s hostname(IP) Hardware_address
选项与参数：
-n ：将主机名以 IP 地址的形式显示出来
-d ：将 hostname 的 hardware_address 从 ARP table 中删除掉
```

```
-s ：把某个 IP 地址或 hostname 的 MAC 地址设置到 ARP table 中
范例一：列出当前主机上缓存的 IP/MAC 对应的 ARP 表格
[root@www ~]# arp -n
Address              HWtype    HWaddress            Flags Mask    Iface
192.168.1.100        ether     00:01:03:01:02:03    C             eth0
192.168.1.240        ether     00:01:03:01:DE:0A    C             eth0
192.168.1.254        ether     00:01:03:55:74:AB    C             eth0

范例二：将 192.168.1.100 主机的 MAC 地址直接写入 ARP 表格中
[root@www ~]# arp -s 192.168.1.100   01:00:2D:23:A1:0E
# 这个指令的目的是建立静态 ARP
```

正如上面提到的，当我们发送 ARP 数据包获取 IP/MAC 对应关系时，这个记录在 ARP 表中是动态的信息（通常保留 20 分钟），它会随着网络中计算机的 IP 变化而自动更新。所以即使我们经常更改计算机的 IP，也不用担心，因为 ARP 表会自动重新对应 IP 和 MAC 的内容。不过，如果我们有特殊需求，也可以使用"arp –s"命令及其选项来定义静态的 ARP 对应关系。

2.3.8 ICMP 协议

ICMP 的全称是 Internet Control Message Protocol，即因特网控制消息协议。基本上，ICMP 是一个错误检测与报告的机制，它的主要功能是确保网络连接的状态和正确性。ICMP 也是网络层中的重要数据包之一，但是这个数据包并不是独立存在的，而是包含在 IP 数据包中进行传输的。因为在互联网上，能够传输数据的是 IP 数据包。ICMP 有很多不同的类别可以用于检测和报告，表 2-5 列举了一些常见的 ICMP 类别。

表 2-5 常见的 ICMP 类别

类别代号	类别名称与含义
0	Echo Reply（代表回应信息）
3	Destination Unreachable（表示目的地不可到达）
4	Source Quench（当路由器的负载过高时，此类别码可用来通知发送端停止发送信息）
5	Redirect（用来重新构建路由的路径信息）
8	Echo Request（请求响应消息）
11	Time Exceeded for a Datagram（当数据包在某些路由传送的过程中超时，此类别码可告知源设备该数据包已被忽略）
12	Parameter Problem on a Datagram（当一个 ICMP 数据包重复之前的错误时，会回复源主机关于参数错误的信息）
13	Timestamp Request（要求对方发出时间信息，用以计算路由时间的差异，以满足同步性协议的要求）
14	Timestamp Reply（用于回应 Timestamp Request 信息）
15	Information Request（在 RARP 协议应用之前，此信息用来在开机时获取网络信息）

（续表）

类别代号	类别名称与含义
16	Information Reply（用于回应 Information Request 信息）
17	Address Mask Request（用于查询子网掩码的配置信息）
18	Address Mask Reply（用于回应子网掩码的查询信息）

利用 ICMP 来检验网络状态的最简单的命令就是 ping 和 traceroute。这两个命令通过使用 ICMP 数据包来确认和报告网络主机的状态。在设置防火墙时，我们往往容易忽略 ICMP 数据包，因为我们通常只会记住 TCP/UDP。然而，ICMP 数据包可以帮助我们报告连接状态，除了可以考虑关闭 ICMP 的类型 8（ping）之外，基本上我们不应该完全过滤掉所有的 ICMP 数据包。

2.4 TCP/IP 传输层的相关数据包与数据

网络层的 IP 数据包负责将数据传输到正确的目标主机，但是它并不负责确认数据包是否被接收或者是否被正确接收，这是传输层的任务之一。传输层有两个重要的协议，一个是面向连接的 TCP 协议，另一个是无连接的 UDP 协议。这两个协议非常重要，它们与数据能否正确地到达目的地有很大的关系。

2.4.1 面向连接的可靠的 TCP 协议

在 OSI 七层协议中，传输层位于网络层的 IP 之上。传输层的数据被封装成什么呢？最常见的就是 TCP 数据包。这个 TCP 数据包必须能够放入 IP 数据包中进行传输。MAC、IP 和 TCP 数据包的关系如图 2-14 所示。

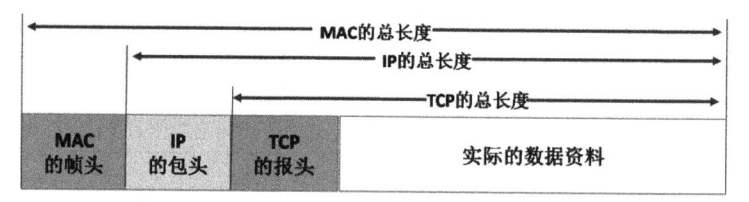

图 2-14 各数据包之间的相关性

TCP 也有报头数据来记录数据包的相关信息，TCP 数据包的报头包含的内容，如图 2-15 所示。

其中 Source Port、Destination Port 和 Code 是比较重要的字段。下面我们将分别讨论这些报头数据的内容。

- **Source Port & Destination Port（源端口 & 目标端口）**：什么是端口（Port）？我们知道 IP 数据包的传输主要是通过 IP 地址连接两个端点，但是实际上这个连接的通道是连接到哪里呢？就是连接到端口上。举个例子，假设鸟哥的网站开放了一个 Web 服务器，这意味着鸟哥的主机必须启动一个可以让客户端连接的端口，这个端口就是所谓的 port。同样地，当客户端想要连接到鸟哥的网站时，它也必须在客户端主机上启动一个端口，这样这两个主机才能够通过这个通道来传递数据包的数据。源端口和目标端口可以说是 TCP 数据包上最重要的一对参数。

4 bits	6 bits	6 bits	8 bits	8 bits
Source Port			Destination Port	
Sequence Number				
Acknowledge Number				
Data Offset	Reserved	Code	Window	
Checksum			Urgent Pointer	
Options			Padding	
Data				

图 2-15 TCP 数据包的报头信息

- **Sequence Number（数据包序号）**：由于 TCP 数据包必须嵌入 IP 数据包中，因此如果 TCP 数据包太大（超过 IP 数据包的最大容量），就需要进行分段。Sequence Number 用于记录每个数据包的序号，以便接收端能够重新组合 TCP 数据。
- **Acknowledge Number（确认序号）**：为了确认主机端已接收到客户端发送的数据包，客户端当然希望能够收到主机方面的响应，这就是 Acknowledge Number 的作用。当客户端收到这个确认号时，就可以确定先前传输的数据包已被正确接收。
- **Data Offset（数据偏移量）**：在图 2-15 中，倒数第二行有一个 Options 字段，该字段的长度是可变的。为了确定整个 TCP 数据包的大小，需要使用 Data Offset 标志来指示数据包字段的起始位置。
- **Reserved（保留）**：未使用的保留字段。
- **Code（Control Flag，控制标志码）**：当我们进行网络连接时，必须说明连接的状态，以便接收端了解数据包的主要操作。Code 是一个非常重要的字段，该字段共有 6 个标志位，分别代表 6 个状态标志，如果某个标志位为 1，则表示启用该状态。具体说明如下：
  - URG（Urgent，紧急）：如果为 1，则表示该数据包是紧急数据包，接收端应该立即处理，并且图 2-15 中的 Urgent Pointer 字段也将被启用。
  - ACK（Acknowledge，确认）：如果为 1，则表示该数据包是确认数据包，与提到的确认序号（Acknowledge Number）相关。
  - PSH（Push function，推送功能）：如果为 1，则表示要求对方立即传送缓冲区中的其他对应数据包，而不需要等待缓冲区满。
  - RST（Reset，重置）：如果为 1，则表示连接将立即结束，无须等待终止确认过程。换句话说，这是一种强制结束连接的方式，并且发送端已经断开连接。
- > SYN（Synchronous，同步）：如果为 1，则表示发送端希望建立同步处理，即请求建立连接。通常带有 SYN 标志的数据包表示主动发起连接的意图。
- > FIN（Finish，完成）：如果为 1，则表示传输结束，通知对方数据传输完成，是否同意断开连接，发送者仍在等待对方的响应。

每个标志位都很重要，但在这里我们只关注 ACK/SYN。这样，在谈到防火墙时，就会更清楚为什么每个 TCP 数据包都有所谓的"状态"条件。这是由于连接方向的不同所导致的。至于其他数据，请自行查阅相关的网络书籍。

- Window（滑动窗口）：Window 字段主要用于控制数据包的流量，并向对方指示本机的接收缓冲区还有多少可用空间可以接收数据包。当 Window=0 时，表示缓冲区已满，因此传输数据应该暂停。Window 字段的单位是字节（byte）。
- Checksum（校验和）：在数据发送之前，会进行校验操作，并将校验值标记在 Checksum 字段上。接收方在接收到数据包后，会再次对数据包进行验证，并比较与原始发送端的校验和值是否相符。如果校验和相符，则接收方接收数据包；如果校验和不符，则设为数据包已损坏，并要求发送方重新发送该数据包。校验和的目的是确保数据的完整性和准确性。
- Urgent Pointer（指向紧急数据的指针）：该字段用于指向紧急数据的位置，只有当 Code 字段内的 URG 位为 1 时才会生效。它可以告知接收端紧急数据在数据段中的具体位置。
- Options（任意数据）：目前，该字段主要用于表示接收端可以接收的最大数据段容量。如果该字段未使用，则表示可以使用任意数据段的大小。实际上，该字段的使用相对较少。
- Padding（填充）：与 IP 数据包的固定 32 位包头不同，由于 Options 字段的长度可变，因此需要使用 Padding 字段来进行补齐。Padding 字段的长度也是 32 位整数，以确保数据包的字节对齐。这样可以保持数据包的结构整齐和规范。

讨论完 TCP 报头数据之后，下面让我们进一步了解报头中最重要的端口信息。

1. 通信端口

在图 2-15 的 TCP 报头数据中，最重要的是 16 位的源端口和目标端口。由于它们是 16 位的，因此端口号的范围可以达到最大值 65535（2 的 16 次方）。那么这些端口有什么用途呢？如前文提到的，网络是双向的，为了建立服务器和客户端之间的连接，双方应该有相应的端口来建立通信渠道，以便数据可以通过该通道进行沟通。

那么如何打开这些端口呢？这是通过程序执行来实现的。举个例子，假设鸟哥的网站上有一个 Web 服务器软件，该服务器软件会主动启动端口 80 来等待客户端的连接。如果你想查看鸟哥网站上的数据，需要使用浏览器输入网址，然后浏览器也会启动一个端口，并将 TCP 报头中的目标端口设置为 80，源端口是你的主机随机启动的一个端口。然后，将 TCP 数据包封装到 IP 数据包中，并发送到网络上。当鸟哥网站主机接收到你的数据包后，会根据你的端口号给予回应。

换个说法来解释，如果 IP 地址是网络世界的门牌号，那么端口就是门牌号上建筑物的楼层。每个建筑物都有 1 到 65535 层楼，你需要什么网络服务，就需要到对应的楼层获取正确的数据，但楼层里面是否有人为你提供服务，这取决于是否有程序在执行。因此，IP 地址是门牌号，TCP 端口是楼层，真正提供服务的是在该楼层中的那个人（程序）。

> 曾经有位朋友问我："一台主机上有这么多服务，那我们与该主机建立连接时，该主机怎么知道我们需要的是 Web 还是 FTP 的数据呢？"实际上，这是通过端口实现的。因为每种客户端软件需要的数据都不相同，例如前面提到的浏览器需要的是 Web 数据，所以该软件默认会向服务器的端口 80 请求数据；而如果我们使用 FileZilla 与服务器建立 FTP 数据连接，FileZilla 默认会连接到服务器的 FTP 相关端口（默认为端口 21）。因此，可以正确地获取客户端所需的数据。
>
> 再举个例子，一台主机就像一家多功能银行，银行内的每个负责不同业务的窗口就好比通信端口，而我们作为民众就像传递过来的数据包。当我们进入银行想要查看信用卡账单时，门口的服务员会指示我们直接去某个窗口查看；如果我们要取钱，服务员会请我们到取款窗口填写数据。我们不会走错，但是如果走错了怎么办？窗口工作人员会告诉我们："我不负责这个业务，请回去。"这次连接就"无法成功"。

2. 特权端口（Privileged Ports）

现在我们已经理解了端口的意义，来思考一下，网络中既然是双向通信，那么必然存在一个发起端。问题是，我们要连接到服务器去获取什么呢？换句话说，哪个程序应该在哪个端口上执行，以便大家都知道该端口提供哪种服务，这样才不会给广大用户带来困扰。对此，互联网上已经有许多预先定义好的固定端口（well-known port），这些端口号通常小于 1024，并且被许多知名的网络服务软件使用。在 Linux 环境中，每个网络服务与端口号的对应关系通常记录在/etc/services 文件中。表 2-6 列出了一些常见的端口号与网络服务的对应关系。

表 2-6 常见的端口与网络服务的对应关系

端口	服务名称与内容
20	FTP-data，文件传输协议所使用的主动数据传输端口
21	FTP，文件传输协议的命令端口
22	SSH，较为安全的远程连接服务
23	Telnet，早期的远程连接服务器软件
25	SMTP，简单邮件传输协议，用于邮件服务器（Mail Server）的端口
53	DNS，用于域名解析的域名服务器

(续表)

端口	服务名称与内容
80	WWW，就是全球信息网（Web）服务器
110	POP3，邮件接收协议，办公室用的收信软件都是通过它来接收信息
443	HTTPS，有安全加密机制的 Web 服务器

另外一个需要注意的是，编号小于 1024 的端口必须以 root 用户的身份才能启动，因此被称为特权端口。这个限制非常重要，大家不要忘记。然而，对于客户端来说，由于客户端是主动向服务器端请求数据，因此客户端的端口号可以随机选择一个大于 1024 且当前未被使用的端口号。

3. 套接字对（Socket Pair）

由于网络是双向的，为了建立连接，服务器和客户端都需要提供 IP 地址与端口。因此，我们通常将这对数据称为套接字对。

- 源 IP 地址+ 源端口（Source Address + Source Port）。
- 目标 IP 地址+ 目标端口（Destination Address + Destination Port）。

由于 IP 地址与端口经常一起说明，因此在网络寻址中常使用"IP:Port"来表示。例如要连接到鸟哥的网站时，正确的写法应该是"linux.vbird.org:80"。

2.4.2 TCP 的三次握手

TCP 被称为可靠的数据传输协议，这主要是通过多种机制实现的，其中最重要的是三次握手（Three-way handshake）功能。当然，TCP 数据传输机制非常复杂，如果感兴趣的话，请自行参考相关书籍。如何利用 TCP 报头来确认数据包已被对方接收，并进一步与对方主机建立连接呢？让我们以图 2-16 为例进行说明。

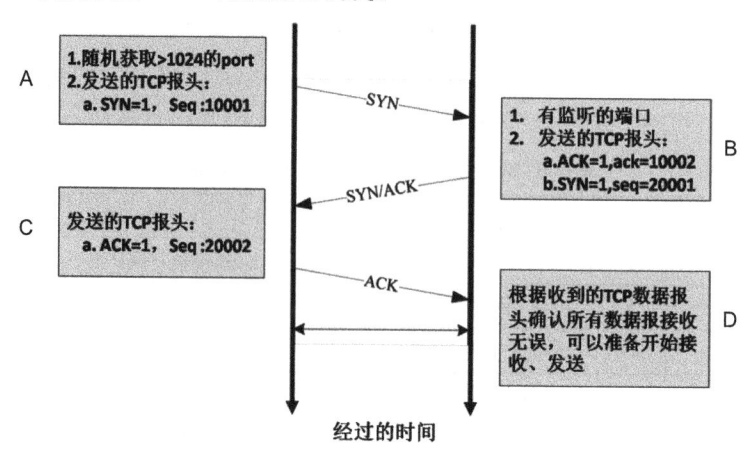

图 2-16 三次握手的数据包连接模式

在图 2-16 的数据包连接模式中，建立连接之前必须经过三个确认的步骤，因此这种连接方式被称为三次握手。整个过程分为 A、B、C、D 四个阶段：

A：数据包发起

当客户端想要与服务器端建立连接时，必须发送一个请求连接的数据包。此时，客户端必须随机选择一个大于 1024 的端口作为与程序通信的接口。在 TCP 报头中，必须包含 SYN 标志来主动发起连接（SYN=1），并记下发送连接数据包给服务器端的序号（Sequence number = 10001）。

B：数据包接收与确认数据包传输

当服务器接收到这个数据包并确认要接收时，服务器会创建一个同时带有 SYN=1 和 ACK=1 的数据包。其中，ACK 号码是给客户端确认使用的，因此该数字会比 A 步骤中的序号多 1（ack = 10001+1 = 10002）。服务器还必须确认客户端确实可以接收我们的数据包，因此会向客户端发送一个序号（seq=20001），并开始等待客户端的回应。

C：回送确认数据包

当客户端收到来自服务器端的 ack 号码（10002）后，可以确认之前的请求数据包已经被正确接收。接下来，如果客户端同意与服务器端建立连接，就会再次向服务器发送一个确认数据包（ACK=1），即 Seq = 20001+1 = 20002。

D：获取最终确认

如果一切顺利，在服务器端收到带有 ACK=1 且 Seq=20002 的数据包后，就能够建立连接。

换句话说，我们必须理解网络是双向的这个事实。无论是服务器端还是客户端，都必须通过一次 SYN 和 ACK 的交流来建立连接，总共进行三次交谈。在设置防火墙或跟踪网络连接时，这个双向概念经常被忽略，而常常导致无法成功连接的问题。

> 鸟哥在课堂上讲解 TCP 时最常做的事就是，叫一个同学起来，实际表演三次握手给大家看。
>
> 鸟哥说："A 同学你在不在？"
> A 同学说："我在。那鸟哥你在不在？"
> 鸟哥说："我也在。"
>
> 此时两个人就确认彼此都可以听到对方在讲什么，这就是可靠连接。

2.4.3 无连接的 UDP 协议

UDP 的全称是 User Datagram Protocol，即用户数据报协议。与 TCP 不同，UDP 不提

供可靠的传输模式,因为在 UDP 传输过程中,接收端在接收到数据包后不会发送确认数据包(ACK)给发送端,所以 UDP 数据包没有像 TCP 数据包那样严格的检查机制。UDP 的报头数据如图 2-17 所示。

16 bits	16 bits
Source Port	Destination Port
Message Length	Checksum
Data	

图 2-17 UDP 数据包的报头数据字段

  TCP 数据包确实比较可靠,因为它通过三次握手建立连接。然而,正因为三次握手的原因,TCP 数据包的传输速度相对较慢。另一方面,由于 UDP 数据包不需要确认对方是否正确接收数据,因此 UDP 的报头数据较少,在数据部分可以填入更多的数据。UDP 适用于需要实时响应的数据流,例如实时传输影像的软件。换句话说,UDP 传输协议不考虑连接要求、连接终止和流量控制等特性,因此适用于对数据的准确性要求不高的情况,例如网络摄像机。

  此外,许多软件实际上同时提供 TCP 和 UDP 传输协议。例如,用于查询主机名的 DNS 服务同时提供 UDP/TCP 协议。由于 UDP 速度较快,因此客户端可以首先使用 UDP 与服务器建立连接。但是,如果使用 UDP 连接后仍无法获取正确的数据,就会转换为较为可靠的 TCP 传输协议进行数据传输。这样可以兼顾快速性和可靠性。

> 上课时怎么介绍 UDP 呢?很简单。鸟哥会说:"现在老师就在进行 UDP 的传送,因为老师在一直讲,但没有注意到你有没有听到,也不需要等待你的确认数据包。因此,我也不会知道你是否听到了"。

2.4.4 网络防火墙与 OSI 七层协议

  根据以上说明,我们了解到数据的传输实际上就是数据包的发送和接收,而不同的数据包具有不同的报头信息。此外,数据包通常具有四个基本信息,即"源与目标 IP 地址"以及"源与目标端口"(即套接字对 Socket Pair)。对于可靠连接的 TCP 数据包,还包含控制标志(Control Flag)中的重要信息,如 SYN/ACK 等。对此是否想到了"网络防火墙"这个词呢?

  基于数据包过滤的网络防火墙可以阻止一些可能存在问题的数据包。那么在 Linux 系统中,如何阻止数据包呢?实际上非常简单。既然数据包的报头已经包含了这么多重要信息,那么我们可以利用防火墙机制和软件来分析数据包的报头,并设定分析规则。当发现特定的 IP、特定的端口或特定的数据包信息(如 SYN/ACK 等)时,就将该数据包丢弃。这就是最基本的防火墙原理。

举个例子，我们都知道 Telnet 服务器是相当危险的，而 Telnet 使用的端口号是 23。因此，当我们使用软件来分析要发送到我们主机的数据包时，只要发现该数据包的目标端口是我们主机的 23 号端口，就将该数据包丢弃。这是最基本的防火墙案例。根据 OSI 七层模型来看，每一层可以阻止的数据有：

- 第二层：可以根据源 MAC 地址和目标 MAC 地址进行阻止。
- 第三层：主要针对源 IP 地址和目标 IP 地址，以及 ICMP 的类型进行阻止。
- 第四层：针对 TCP/UDP 的端口进行阻止，也可以根据 TCP 的状态（Code）进行处理。

更多关于防火墙的信息，我们将在第 7 章"网络安全与主机基本防护：限制端口、网络升级与 SELinux"和第 9 章"防火墙与 NAT 服务器"中进行说明。

2.5 连上 Internet 前的准备事项

其实，总结起来，我们最需要的就是能够连接到 Internet。在 Internet 上，我们使用的是 TCP/IP 通信协议，因此我们需要一个公共 IP 地址来连接 Internet。不过，你是否注意到一个问题，那就是为什么我们不知道新浪主机的 IP 地址，但是我们的主机却可以连接到新浪主机上？如果你已经意识到这个问题，那么你可以开始设置网络了。

2.5.1 IP 地址、主机名与 DNS 系统

现在我们知道要连接到 Internet 需要使用 TCP/IP，其中特别重要的是 IP 地址。然而，计算机网络是为了满足人类的需求而建立的，但人类对于 IP 地址这类数字并不具有敏感性，即使 IP 地址已经被简化为十进制了。那该怎么办呢？没关系，计算机有主机名称。我们可以将主机名称与其对应的 IP 地址进行关联，这样以后要连接到该计算机时，只需要知道其主机名称即可，因为 IP 地址已经与主机名称对应起来了。

这个将主机名称与 IP 地址对应的系统就是鼎鼎有名的域名系统（DNS）。DNS 的主要功能就是解析主机名称与对应的 IP 地址之间的关系。DNS 在网络环境中经常被使用。举个例子，假如我们经常要访问新浪网站来查看最新的新闻，那么我们是否需要记住新浪网站的 IP 地址？如果记忆力不好，肯定是记不住的，其实也没有必要去死记 IP 地址，只需记住新浪网站的主机名称即可，比如 https://www.sina.com.cn。既然计算机只认识 IP 地址，那么当我们在浏览器中输入 https://www.sina.com.cn 时，计算机首先会通过 DNS 服务器查询 www.sina.com.cn 的 IP 地址，然后将查询到的 IP 地址返回给我们计算机上的浏览器，这样我们就可以利用该 IP 地址连接到主机了。

在这里，我们的计算机需要向 DNS 服务器查询主机名称对应的 IP 地址信息，因此，DNS 服务器的 IP 地址必须在计算机上正确设置好，并且需要以 IP 地址的形式输入，否则我们的计算机无法连接到 DNS 服务器并请求数据。在 Linux 系统中，设置 DNS 服务器的 IP 地址是

在/etc/resolv.conf 文件中进行的。

目前，各大 ISP 都会向他们的用户提供其 DNS 服务器的 IP 地址，以便用户设置计算机的 DNS 查询主机。设置好 DNS 之后，我们就可以在上网时使用主机名称了，否则就必须使用主机的 IP 地址才能上网。DNS 非常重要，它的原理也相当复杂，我们将在第 19 章"主机名控制者：DNS 服务器"中进行更详细的说明，这里只是简单提及一下。

2.5.2 连上 Internet 的必要网络参数

根据上面的说明，我们知道一台主机要能够使用网络，必须设置 IP 地址，而在 IP 地址的设置中，需要考虑 IP 地址、网络地址、广播地址、子网掩码等参数。此外，为了实现主机名与 IP 地址的对应，还需要为系统提供一个 DNS 服务器的 IP 地址。因此，一个合理的网络设置需要以下这些数据。

- IP 地址
- 子网掩码
- 网络地址
- 广播地址
- 网关
- 域名服务器（DNS）地址

其中，网络地址和广播地址可以通过 IP 地址和子网掩码的计算得出，因此需要在 PC 端设置网络参数，主要包括 IP 地址、子网掩码、默认网关和 DNS 服务器这 4 个参数。

如果我们使用 ADSL 拨号上网，那么这些数据都会由 ISP 直接提供，我们只需要使用拨号程序拨号到 ISP，这些数据就会自动配置到我们的主机上。但是，如果我们使用固定 IP（例如学术网络），那么就需要自行设置我们的主机，确保这些参数都设置正确。以 192.168.1.0/24 这个 C 类网络为例，需要在我们的主机上设置以下参数：

- IP 地址：192.168.1.1~192.168.1.254。
- 子网掩码：255.255.255.0。
- 网络地址：192.168.1.0。
- 广播地址：192.168.1.255。
- 网关：每个环境都不同，请自行询问网络管理员。
- 域名服务器（DNS）地址：可以直接设置成 DNS 服务器的 IP 地址。

2.6 重点回顾

- 虽然目前以太网是主流网络类型，但网络类型并不仅限于以太网。
- Internet 主要由 Internet Network Information Center（INTERNIC）维护。
- 以太网的 RJ-45 网线根据 568A/568B 接头的不同可分为直连线和交叉线。

- 以太网最重要的数据传输技术是带冲突检测的载波监听多路访问（Carrier Sence Multiple Access with Collision Detect，CSMA/CD），在传输过程中，MAC 数据帧的硬件地址最为重要。
- 现在的以太网通过 8 芯网线（CAT 5 及以上规格）可以支持全双工模式。
- OSI 七层协议是一个网络模型，不是硬性规定。这七层协议可以帮助软硬件开发建立一个基本准则，并且每个分层是相互独立的，方便用户开发。
- 当今的网络基础建立在 TCP/IP 通信协议之上。
- 数据链路层中，重要的信息是 MAC（媒体访问控制）地址，也称为硬件地址，而 ARP 表可用于记录 MAC 地址与软件地址（IP）的对应关系。
- 在网络介质（设备或线材）方面，集线器是一个共享带宽的设备，因此可能会有数据包冲突的问题。而交换机通过使用交换机端口与 MAC 地址的对应关系，已经解决了数据包冲突的问题，也就是说，交换机不是共享带宽的设备。
- IP 地址由 32 位组成，为了适应人类的记忆，通常将其转换为四组十进制的数字。
- IP 地址主要分为网络 ID（Net_ID）和主机 ID（Host_ID）两部分，加上子网掩码（Netmask）参数后，就可以设置子网。
- 根据 IP 网络的大小，可以将 IP 地址分为 A、B、C 三种常见的等级。
- Loopback（环回）网段是指 IP 地址范围为 127.0.0.0/8 的网段，用于每个操作系统内部的环回测试。
- 网络可以进一步划分为更小的子网，主要是通过借位将主机 ID 变为网络 ID 的技术来实现的。
- IP 地址可分为公共 IP 和私有 IP 两种。私有 IP 和私有路由无法直接连接到 Internet。每台主机都有自己的路由表，路由表规定了数据包的传输路径，其中最重要的是默认网关/路由器。
- TCP 协议的报头中，控制标志中常见的有 ACK、SYN、FIN 等，用于控制数据包的连接状态。
- TCP 和 IP 的 IP 地址/端口可以组成套接字对。
- 网络连接是双向的，在 TCP 连接中，需要进行客户端和服务器端两次的 SYN/ACK 数据包的发送和确认，因此在 TCP 连接建立时需要进行三次握手的过程。
- UDP 通信协议不需要连接确认，因此适用于需要快速实时传输且数据可靠性要求不高的应用，例如实时通信。
- ICMP 数据包的主要功能是报告网络的检测状况，因此不要完全阻止它的传输，避免使用防火墙将其完全阻挡。
- 一般来说，一台主机的网络参数应该包括 IP 地址、子网掩码、网络地址、广播地址、网关、DNS 等。
- 在主机的端口中，只有 root 用户可以使用编号小于 1024 的端口。
- DNS 的主要目的是进行主机名称与对应 IP 地址的解析功能。

2.7 参考资料与延伸阅读

- IEEE 标准的网站连接：http://standards.ieee.org/。
- Request For Comment（RFC）技术文件：http://www.rfc-editor.org/。
- RFC-1122 标准的文件数据：ftp://ftp.rfc-editor.org/in-notes/rfc1122.txt。
- 中国教育和科研计算机网（CERNET）：http://www.cernet.com。
- 管理 IP 的单位与相关说明：http://www.internic.org/，http://www.icann.org/，http://www.iana.org/。

第 3 章

局域网架构简介

第一篇 服务器搭建前的进修专区

在本章中，我们首先讨论在小型企业或家庭中应该如何规划小型局域网，以便所有计算机主机都能直接通过以太网进行数据连接。一般来说，内部局域网希望使用私有 IP 地址来设置通信环境，并采用简单的星形拓扑作为网络构建的主要类型。接下来，我们将讨论如何规划主机在星形连接中所需的状态。最后，我们将提供本书所需的局域网连接架构图。

3.1 局域网的连接

第 2 章对网络基础进行了介绍，现在我们将通过实际操作来连接家庭或小型企业内的所有计算机。当然，本书主要介绍的是小型局域网的架构。如果是较大型企业内部，更适合采用分开施工的结构化布线，包括配线架、线路设计和墙上网络接口。然而，本书不会深入讨论结构化布线，如果你需要这方面的帮助，请咨询专业人士。无论如何，我们先将所有网络硬件连接起来。

3.1.1 局域网的布线规划

经过前一章的探讨，我们应该已经了解了局域网的定义。在大多数狭义的定义中，局域网是指通过星形拓扑连接在一起，并通过 IP 网段进行连接的实体网络。因此，网络的连接方式以及 IP 网段的规划变得非常重要。

鸟哥记得以前听网络布线讲座时，讲座老师提到网络布线是"数十年大计"中最重要的一环。因为当服务器主机能力不足时，可以更换主机；当交换机交换能力不足时，可以更换交换机。但如果布线不良，难道要拆掉房子，挖出管线重新安装吗？因此，最初的布线规划的严谨性将影响未来网络的扩展。

如果你的企业需要"整栋大楼重新布线"，建议你请网络布线专家帮助规划和设计，因为即使是一个小小的机柜配线架也有很多学问。如果规划和设计得好，每个独立主机的改线和更换插孔都会变得很简单，而且主机到墙上插孔的距离也会变短，不仅维护方便，同时线路看起来也更美观。当然，这样一来，选择的线材就不能太差，而且在网络布线经过折角区时，施工也需要特别注意。

本文讨论的是一些较小的局域网环境，例如办公室内部。因此，我们谈论的大多是比较简单的布线需求，没有考虑办公室外部的环境。所以在参考本书时，请特别注意这种需求的差异。

在这种简单的环境中，我们可以使用以交换机为中心的星形拓扑结构来设计局域网。我们只需要考虑 Linux 服务器放置的位置，因为鸟哥假设你需要在局域网内搭建对 Internet 开放的网络服务，而 Linux 是否具有公共 IP 地址对主机的维护和配置的复杂性有着很大的影响，所以当然需要考虑。下面，鸟哥以 ADSL 上网为例，介绍几种联网方式。

在下面的环境中，假设我们只有一条 ADSL 的外部连接，也就是说，我们的 Linux 服务器和普通 PC（无论是什么操作系统）都通过同一条线路连接到 Internet 上。

1. Linux 服务器直接联网——让 Linux 服务器与普通 PC 的地位相同

如果使用的 ADSL 是多 IP 地址的情况（例如拨号可以给予 2~8 个 IP 地址），那么最简单的连接方式如图 3-1 所示。

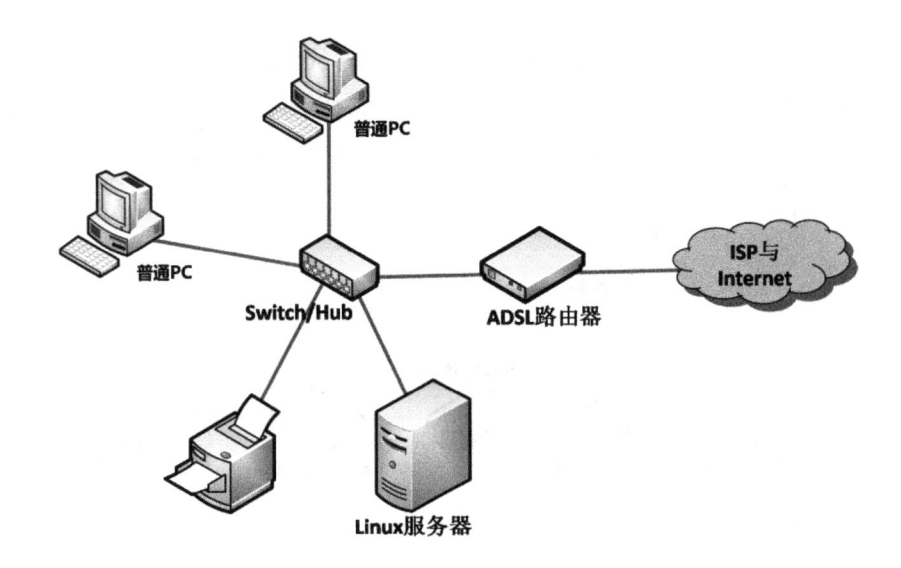

图 3-1 Linux 服务器获取公共 IP 地址的连接方式之一（具有多个可用 IP 地址的情况）

在这种连接模式下，Linux 服务器、普通 PC 和打印机的地位是相等的，没有谁的优先级比较高的情况。如果不急于连接 Internet，每个设备都可以分配相同的私有 IP 地址进行网络连接，你可以愉快地使用打印机或者访问网络上的各类共享资源等。此外，Linux 服务器还可以用作内部文件服务器或打印服务器等。

当需要连接到 Internet 时，每台计算机（包括 PC 和 Linux 主机）可以通过拨号程序直接连接到 Internet。由于拨号会在每台机器上额外增加一个 ppp0 接口的实体，此时系统内会有两个可用的 IP 地址（一个是公共 IP 地址，一个是私有 IP 地址），因此在拨号上网后，每台主机仍然可以使用局域网内原有的各项服务，无须更改已设置好的私有 IP 地址。对于一般家庭用户来说，这种情况可以算作最佳解决方案，因为如果你的 Linux 主机宕机了，其他人的 PC 也不会受到影响。

然而，对于小型企业应用来说，这样的网络环境管理起来并不理想，因为无法掌握每个员工实际上网的情况，而且对于防火墙来说，这实际上是一个没有防火墙的环境。因此，无法对员工进行任何实质的网络控制，而且由于局域网内外（LAN 和外部环境）没有明确的界限，网络管理员对于进入客户端的数据包没有任何管理能力。对于网络安全来说，这种环境很难控制。因此，不建议企业采用这种网络环境。

2. Linux 服务器直接联网——让 Linux 服务器与普通 PC 处于不同的地位

如果你拥有多个可用的公共 IP 地址，并且 Linux 服务器主要用于提供 Internet 的 Web 服务或邮件服务，而不是作为内部文件服务器使用，那么将 Linux 服务器与内部网络分开也是可行的方法。此时，Linux 服务器可以拥有公共 IP 地址，在配置和维护上也不困难，如图 3-2 所示。

所有局域网内的计算机和相关设备都在同一个网络中，因此在局域网内进行传输时速度是没有问题的。此外，这些计算机要连接到 Internet，必须经过 IP 路由器，因此你可以在 IP 路由器上定义简单的防火墙规则。如果可以将 IP 路由器更换为功能全面的路由设备，那么你就可以在该设备上定义更完整的防火墙规则，进一步完善对内部主机的管理，并且方便维护。

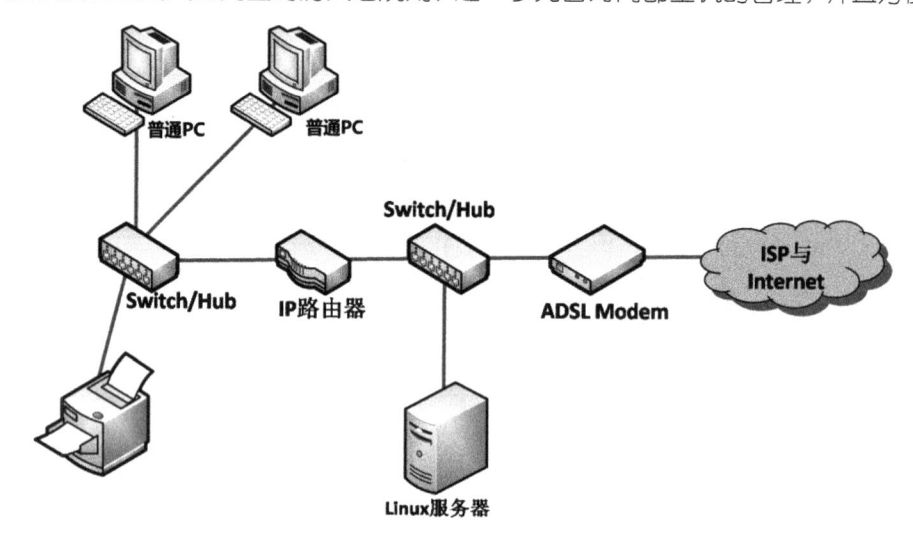

图 3-2 Linux 服务器取得 Public IP 的连接方式之二（具有多个可用 IP 地址的情况）

3. Linux 服务器直接联网——让 Linux 服务器直接管理局域网

如果你不想购买 IP 路由器，那么可以直接利用 Linux 服务器来进行管理。这种网络连接的拓扑结构如图 3-3 所示。

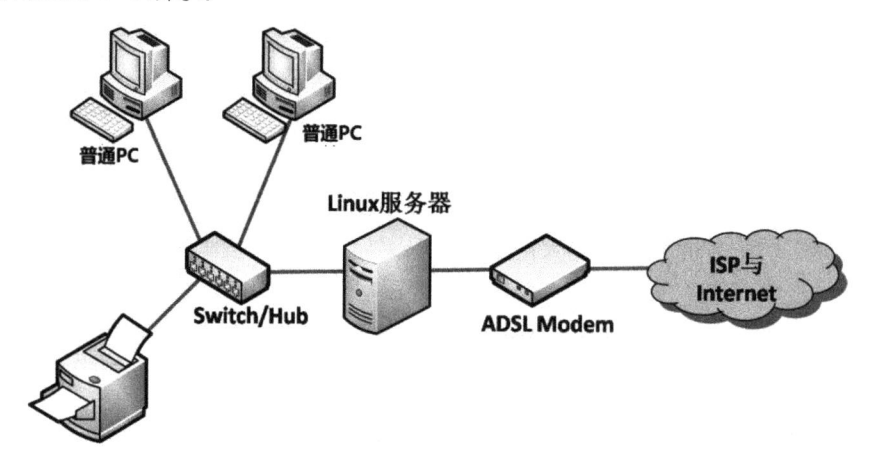

图 3-3 让 Linux 管理局域网的网络连接拓扑结构

在这种情况下，无论你拥有多少个 IP 地址都适用，特别是当你只有一个公共 IP 地址时，就必须使用这种方式。要让 Linux 服务器作为 IP 路由器，Linux 服务器必须具备两块网卡，一块用于对外连接，一块用于对内连接。由于 Linux 服务器仍然具有公共 IP 地址，因此在服务器的配置和维护上非常简单。同时，Linux 服务器可以作为内部网络对外的防火墙使用，由于 Linux 防火墙的效率较高且配置也很简单，其功能非常出色，因此网络管理员可以实现比较完善的安全控制，并且 Linux 服务器比高级硬件防火墙便宜得多。就个人而言，鸟哥比较喜欢这种连接方式。

然而，我们都知道，服务器提供的网络服务越简单越好，因为这样一来主机的资源可以完全被某个程序所使用，不会互相影响，而且当主机被攻击时，也能够立即了解是哪个环节出了问题。但是如图 3-3 所示的情况，由于内部的局域网需要通过 Linux 服务器才能连接到 Internet，因此当 Linux 服务器宕机时，整个对外的连接也会中断。此外，这也会导致 Linux 服务器的服务结构变得复杂，进而增加维护的困难。然而，对于小型局域网来说，图 3-3 所示的架构仍然具有一定的应用价值。

4. Linux 服务器放在防火墙后——让 Linux 服务器使用私有 IP 地址

我们还可以将 Linux 服务器放置在局域网内。比较大型的企业通常会将他们的服务器主机放置在机房内（主要是在局域网的环境下），然后通过防火墙的代理功能，将来自 Internet 的数据包经过防火墙过滤后再进入服务器。这样一来，可以在防火墙端口就过滤掉许多莫名其妙的探测和攻击，从而提高安全性。这种架构还可以根据防火墙的数量划分为非军事化隔离区（DMZ）的配置。然而，这种配置比较复杂，不建议初学者直接使用。下面我们仅以如图 3-4 所示的较简单的网络连接拓扑结构为例进行说明。

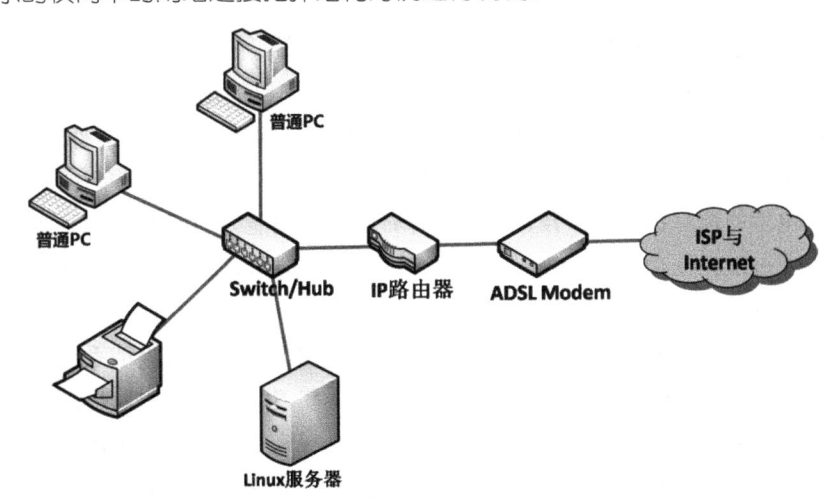

图 3-4 Linux 主机放在局域网内的网络连接拓扑结构

在这里，我们使用了一个简单的示意图来进行说明，所以仍然使用了 IP 路由器。如果可能的话，我们可以将 IP 路由器替换为 Linux 主机来架设防火墙，这也是一个不错的选择。现在的计算机技术在不断升级，升级后的旧设备实际上可以用作 Linux 防火墙。毕竟，防火墙并不需要硬盘、高分辨率显示器或高性能的 CPU，只要有良好的网络接口，就可以实现良好的防火墙性能。

然而，我要再次强调，如果将 Linux 服务器主机放置在局域网内（使用私有 IP 地址），那么当你需要为 Internet 提供网络服务时，防火墙的规则将变得相当复杂。因为需要处理数据包传递的任务，在某些复杂的协议中可能会导致配置上的困扰。因此，在接触 Linux 服务器时，我不建议新手使用这种拓扑结构，以免由于失去信心而缺乏继续学习的动力。

每种连接方式都有特定的用户群，所以没有哪一种是绝对好的，完全取决于网络环境。我们现在知道，要连接到由以太网组成的局域网，需要网卡、网线、网络连接设备（集线器/交换机）、连接到 Internet 的调制解调器等。在这里，鸟哥将防火墙、路由器等设备归类为主机，因为基本上这些组件内部都会包含一块网卡，只是操作系统的精简程度和软件功能有所不同。那么，如何选择所需的网络硬件呢？

3.1.2 网络设备选购建议

在学习下面的内容之前，你必须对交叉线、直连线、RJ-45 网线、集线器和交换机等有一定程度的了解，请返回第 2 章"网络的基本概念"再复习一下。此外，对于不在我们局域网内的设备，比如调制解调器，你需要向 Internet 服务提供商咨询。一般来说，调制解调器是由 ISP 提供给用户的，然而由于不同批次安装的调制解调器模块可能存在差异，因此连接和线缆处理方式可能会有所不同（交叉线和直连线也会有差异）。

下面将主要针对局域网内的网络设备进行介绍和说明。

- **主机硬件系统**：考虑使用年限、省电、虚拟技术等。

  过去，我们认为将旧计算机作为 Linux 服务器是不错的选择。后来发现很多旧计算机已经超过了使用年限，继续使用可能会出现问题，因为旧的电子零件可能无法继续长时间运行。此外，一些早期生产的计算机非常耗电，现在强调节能减排。因此可以购买省电型的计算机主机，并且最好选择带有虚拟化能力的 CPU。这样不仅节省能源，而且通过虚拟化功能，可以让一台主机模拟多个操作系统同时运行的环境，真正实现节能减排的目标。

  然而，选择主机配备与即将运行的服务是相关的。例如，防火墙系统和 DHCP 等服务并不需要非常强大的主机，但是代理服务器和 SQL 等服务器则需要强大的主机系统，甚至可能需要磁盘阵列来提供良好的性能。在接下来的章节中，鸟哥要介绍的服务大多是轻松应对企业内部或外部需求的服务，并不需要高性能的主机系统。目前的入门级双核机型已经非常出色了，因此花太多时间介绍主机硬件就变得没有太多意义。你只需要记住，购买新主机时，选择具有虚拟指令集的 CPU 即可。

- **Linux 操作系统**：考虑稳定、可网络升级、能够快速取得协助和支持。

  你可以将当前的 Linux 发行版分为两大类：一类是功能丰富且更新的产品，例如 Fedora；另一类是强调性能稳定但软件功能较旧的企业用途产品，包括 RHEL、CentOS、SuSE 以及 B2D 等。

  一般来说，我们建议在架设服务器时选择稳定性较高的企业版。因为功能强大且更新的版本（如 Fedora）由于过于强调新鲜，核心和软件的变动频繁，可能会导致一些困扰。例如，许多用户自行安装的软件可能无法在新的内核上运行，因此一旦内核升级，许多已编译的软件就需要重新编译，这可能会带来一些麻烦。

由于鸟哥习惯使用 RPM 和 Red Hat 系统，因此在这里推荐你使用 RHEL/CentOS/SuSE 这几个 Linux 发行版，因为它们较为稳定且配置相对简单。不过，这些发行版中的软件版本可能不是最新的，这方面你可能需要自行解决。其中，CentOS 比较特别，它不仅标榜与 RHEL 完全相同，而且可以通过 yum 软件直接进行完整版本的网络升级，也不会影响现有的配置，升级所需时间也较短。因此，目前鸟哥在服务器搭建上都使用这个版本。

- **网卡**：考虑服务器用途、内置与否、驱动程序的获取等。

  一般来说，目前的新主机几乎都内置了千兆以太网卡（Gigabit Ethernet NIC），所以不需要额外购买网卡。然而，使用内置的网卡时，需要注意网卡是否属于特殊的网络芯片。根据以往经验，内置的网卡芯片通常比较特殊，可能导致 Linux 内置的网卡驱动程序无法顺利驱动该网卡，这会带来一些麻烦。你可能需要额外安装网卡驱动程序才能成功使用该网卡。

  如果你打算将主机用作 Linux 服务器，那么可能需要购买一款较好的网卡。例如，某些主板内置了廉价的千兆以太网接口，但是廉价的网络接口可能会消耗较多的 CPU 资源。Intel/3Com 等知名品牌的千兆网卡不仅传输更稳定，而且在降低系统资源消耗方面也会有一定帮助。此外，如果强调高速传输，甚至可以选择 PCI-Express 接口的网卡，而不是传统的 PCI 接口，因为 PCI-Express 具有更高的传输带宽（注意，现在 PCI-Express 总线已经取代了 PCI 总线）。

> 你知道吗？鸟站（http://linux.vbird.org）之前使用的主机硬件是旧式的 AthlonXP 2000+，内存仅有 1.5GB，而网卡则是早期的 3Com 3c905C 芯片，速度仅为 10/100 Mbps。然而，即使使用这样的硬件，当时的数据传输仍然非常顺畅。所以，不要仅仅看品牌，有时产品的实际用料也非常重要。

如果你打算购买主机用于一般家庭使用或作为学习机，那么遇到网卡芯片无法驱动的情况时，建议先购买一个通用的网卡（RealTek 的芯片）作为练习使用。因为 Linux 本身支持大多数通用的以太网芯片，无须额外的驱动程序，这样能够方便学习，而且这类网卡价格也很便宜，不到 30 元人民币。

> 为了确保顺畅地使用 Linux，请不要坚持使用 Linux 无法加载驱动的网卡，否则那种失望的感觉会让你失去很多耐心和信心。RealTek 的网卡最好认，因为其芯片上有一个类似螃蟹的徽标，故这类网卡也被称为螃蟹卡。鸟哥以前在大卖场逛街时甚至不小心"踢飞"过一整排螃蟹卡，其价格便宜得可以被随意地放在地上出售。

- **交换机和集线器（Switch/Hub）**：考虑主机数量、传输带宽、网管功能等。

    就像在第 2 章"网络的基本概念"中提到的，集线器是共享带宽设备，而交换机是具有独立带宽的非共享设备。因此，从性能和带宽角度来看，交换机当然更好用。然而，如果只是一般家庭用户，只需要做一些简单的上网等工作，就没有必要购买太高级的交换机。建议购买 5 口集线器即可（大约 100 元人民币）。

    然而，如果你需要经常在局域网内传输大量数据，例如一次需要传输几吉字节的数据时，那么整体网络速度需要综合考虑，包括使用支持 GB 速率的网卡，以及购买支持吉字节速率的网络交换机。因为 10/100/1000Mbps 的交换机比 10/100Mbps 的交换机快 10 倍，速率差异很大。如果设备需要更快的速度，例如鸟哥以前服务的实验室内部的计算机集群（Cluster），则购买的交换机甚至需要具有支持巨型帧的硬件架构，否则网络传输速率将无法达到要求。

- **网线**：考虑与数据传输速率相配的等级、线缆形状、施工配线等。

    在所有连接网络的设备中，网线是最重要的，但也是最容易被忽视的。除了网线的等级会影响数据传输速率外，还要注意**网线是否容易被压断、是否容易发生信号衰减，以及自己压制的 RJ-45 接头是否通过测试。另外，网线是否严重缠绕也会影响网络传输的质量**。因此，虽然我们经常说要通过检查交换机上的信号灯来确认主机和交换机的连接状况，但很多时候即使信号灯亮着，严重的网线损坏也会导致连接质量不佳。

    一般来说，个体用户和小型企业的网线通常直接放在外面，如果发现网络有问题，可以直接更换线路。然而，对于中大型企业而言，网线一般埋在墙内或管线中，发现问题时会非常麻烦，需要专业人员的协助。

> 一般来说，等级越高的网线越不适合自行制作。因为一个小小的 RJ-45 接头的压制，由于芯线裸露程度的不同，也会影响电子屏蔽效果的优劣。CAT 5 等级的线材可以尝试自行压制，但对于更高等级的线材，最好购买现成的。

- **无线网络的相关设备**：要考虑数据传输速率、标准、安全性等。

    现在的网络环境不仅限于传统的有线网络，还包括无线网络，这也是非常常见的。无线网络流行的原因主要是笔记本电脑的性能越来越强，许多人直接使用笔记本电脑代替了台式计算机。此外，无线网络的数据传输速率已经超过了 54~300Mbps（根据 802.11n 标准），对于一般只是上网浏览新闻和聊天的上班族来说，这样的速率已经非常快了（相比之下，一般的 ADSL 仅为 2Mbps/256Kbps），所以购买无线网络设备（包括接入点和客户端无线网卡）来建立局域网也是可行的。此外，还可以省去布设网线的成本。

    然而，无线网络最大的问题通常在于"无线安全性"方面。因为是无线设备，**如果接入点（Access Point，AP）没有采取好的安全措施，很容易导致局域网内的主机数据被窃取**，这是一个非常严重的问题，我们不应忽视这个问题。在购买无线网络接入点设备时,请注意它是否支持"MAC 过滤",这样至少可以锁定网卡,只允许指定的网卡使用你的接入点设备,从而提高安全性。注意:现在无线路由器集成了无线 AP 功能,可以实现无线接入和数据的路由转发。

- **其他配件**。

事实上,整个网络环境不仅限于前面提到的设备,还包括硬件防火墙、路由器、网桥等。当然,这些设备的价格可能高达数十万,你需要根据自己的环境来判断是否需要这样高级的设备。另外,为了美观和便利,你肯定不希望被网线绊倒,也不希望因为网线的问题导致网络设备被损坏,从而造成经济损失。因此,在网线的转角处需要特别注意线缆的保护,而在平地上则需要使用压条来固定网线。在布线施工时,尽量让线缆沿着墙角或墙面上的现有物品走。这样不仅能保持工作场所的美观,还能增加工作场所的安全性。

此外,**计算机上网的速度并不完全取决于网络带宽**。以在线游戏为例,很多人认为需要很高的网络带宽,但实际上并非如此。因为 3D 在线游戏的主要速度瓶颈通常在于"3D 图形显示"而不是网络带宽。这是因为网络只传输一些游戏同步数据给客户端主机,然后客户端主机使用本地的 3D 显卡将画面渲染到屏幕上。因此,当显卡的速度或 CPU 性能不足时也会导致在线游戏的延迟问题;否则就是在线游戏服务器本身的负载太大,导致客户端主机的响应发生较多的延迟,从而产生游戏不流畅的问题。另外,计算机上网的速度与主机使用的数据是否具有快速的传输接口也有关。例如,如果主机使用的是 USB 1.1(最大传输速率为 12Mbps),而网络速度可达 10/100/1000Mbps,那么当你远程访问主机中的 USB 设备中的数据时,最大速度将限制在 12Mbps,USB 设备即成为最慢的部件。因此,**在网络速度较慢时,不要以为只需要增加网络带宽就能解决问题,要找出问题的根源**。

事实上,选购网络介质(设备或线材)所需考虑的参数实在太多,并且没有一成不变的依据,完全取决于网络用户的使用环境和未来的功能性扩展需求。然而,如果着重考虑硬件速度,选择时应考虑"我能接受的最低网络速度是多少?"如果有财力,再考虑"我所处的环境需要多稳定的设备来构建网络?"其他方面,就需要根据个人需求自己进行摸索了。

3.2 本书使用的内部连接网络参数与通信协议

除非你已经具备相当熟练的 Linux 系统与服务器配置维护经验,否则不建议你使用图 3-4 所介绍的连接模式。对于初次接触 Linux 服务器搭建与维护的读者来说,将连接模式配置成图 3-3 所示的模式应该是个不错的选择。这样不仅可以顺利地搭建服务器,还可以将 Linux 作为内部局域网的防火墙管理中心,对未来的学习和成长有较大帮助。

3.2.1 网络连接参数与通信协议

为了使你的服务器学习之旅更加连贯,鸟哥在后续章节中将使用图 3-3 作为模板,设计一个局域网环境，并包括相关的网络参数，具体如图 3-5 所示。

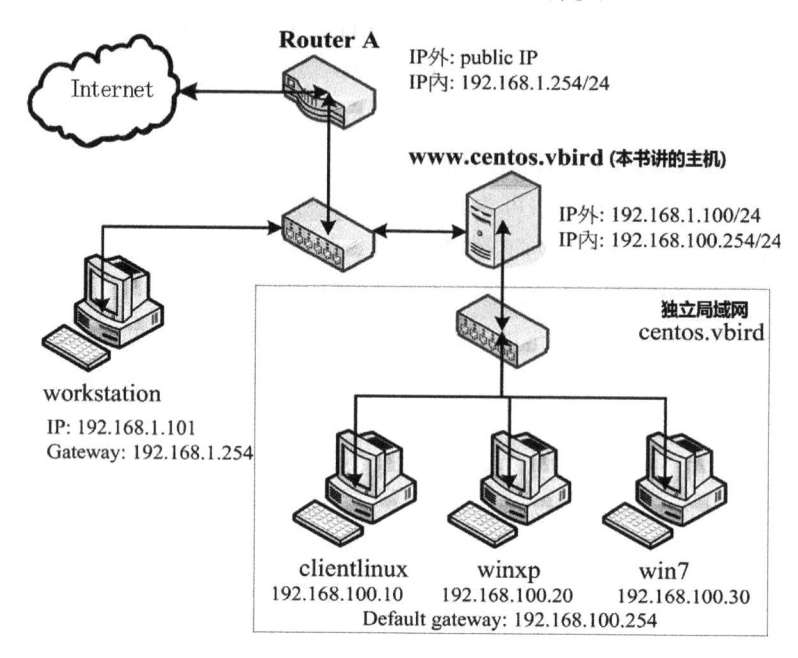

图 3-5 本书所使用的局域网环境与参数设置

在图 3-5 所示的环境中，我们主要介绍的是名为 www.centos.vbird 的 Linux 主机。该主机必须具备路由器功能，因此需要有两个接口：一个接口用于与 Internet 通信；另一个接口用于与内部局域网通信。为什么鸟哥提到的是"两个网络接口"而不是"两块网卡"呢？原因很简单，在 Linux 中，一块网卡可以拥有多个 IP 地址，而每个 IP 地址即为一个网络接口。因此，只需要两个网络接口（无论使用几块网卡）就足够进行 NAT（网络地址转换，类似于 IP 路由器功能）的设置了，所以一块网卡就可以实现。然而，鸟哥个人更喜欢并建议使用两块网卡，以使内外网络环境完全分离，这样可以提高内部网络的性能。

关于与 Internet 的连接方式，之前最常见的方式包括 ADSL、Cable Modem 和学术网络的固定 IP 等，而现在中国很多地方对于家庭用户都光纤到户了。这些连接方式将在后续章节中进行介绍。至于内部的局域网，我们建议使用私有 IP 地址进行配置。鸟哥通常喜欢使用 192.168.1.0/24 和 192.168.100.0/24 这几个 C 类网络，这纯粹是个人喜好，并没有特殊原因。在选择了私有 IP 地址段之后，必须设置 IP 地址、网络地址、子网掩码、广播地址、默认网关和域名服务器 IP 地址等参数值。假设 Linux 主机的内部 IP 地址为 192.168.100.254，则图 3-5 中局域网内的 PC 的网络相关配置参数如下：

- IP 地址：配置为 192.168.100.1~192.168.100.253，IP 地址不可重复。
- 子网掩码：255.255.255.0。
- 网络地址：192.168.100.0。
- 广播地址：192.168.100.255。
- 默认网关：192.168.100.254（路由器的 IP 地址）。

- 域名服务器（DNS）地址：暂时使用 168.95.1.1。

> 你能够使用图 3-5 中展示的这么多计算机来测试你的服务器环境吗？显然是不可能的。那么如何实现上述功能呢？通过虚拟化技术，鸟哥使用 Virtual Box 软件来处理整个局域网中所有主机的安装与测试，主要虚拟出了四台计算机，分别是 www.centos.vbird、clientlinux、winxp 和 win7。需要注意的是，www.centos.vbird 具有两块网卡，其中一块为用于与外部连接的桥接模式，另一块要与其他三台主机连接，因此选择了"Internet"模式。通过这样的设置，就可以完成局域网环境的搭建和实验。

◆ 安装通信协议。

目前网络社会最常用的通信协议是 TCP/IP。因此，如果要连接到 Internet，你的系统就必须支持 TCP/IP。但在局域网内部，实际上可以通过简单的通信协议来实现数据传输，例如 NetBEUI 就是一个常见的简易通信协议。

在 Linux 系统中，只需正确设置网络参数，TCP/IP 就能启用，因此不需要额外安装其他通信协议。然而，如果需要将 Linux 系统中的硬盘空间共享给同一网络中的 Windows PC 时，就需要额外安装 Samba 服务器软件。有关 Samba 的配置将在后面的章节中提及。总之，无论如何，当前的 Internet 连接都是通过 TCP/IP 进行的，而 Linux 本身已经支持 TCP/IP，因此不需要额外安装通信协议。

至于 Windows 部分就稍微复杂一些，因为在较大型企业中，还需要考虑到 Windows Server 提供的服务，因此在 Windows 客户端需要启动特定的通信协议。一般来说，在 Windows 客户端系统中，最常见的两个通信协议就是 TCP/IP 和 NetBEUI。如果你只想让 Windows 和 Linux 能够通过"网上邻居"功能相互访问，那么启用 TCP/IP 就足够了（因为 Samba 是通过 NetBIOS over TCP/IP 来实现数据传输的），不过也可以同时启用 NetBEUI 通信协议。

3.2.2 Windows 个人计算机网络配置范例

这本书主要讨论以 Linux 主机为基础提供服务器的情况，对于局域网中的 Windows 系统，我们假设其作为客户端，并且不提供网络服务。因此，假设 Windows 操作系统的网络参数使用固定的私有 IP 地址进行设置。如果你的局域网有其他考虑因素，那么下面的设置可能需要进行相应调整。

在 Windows 系统上，除了 IP 地址、子网掩码和 DNS 等网络参数外，我们还需要设置"工作组（Workgroup）"和"计算机名称（NetBIOS name）"。此外，我们也可以添加常见的局域网通信协议 NetBIOS（NetBEUI）。因此，除非你确定网络内还有其他工作站，否则只需安装 TCP/IP 和 NetBEUI 这两个协议即可，安装过多的协议反而会引发问题。下面我们以图 3-5 中的内部局域网的 winxp 主机为例来介绍相关设置。

- **与网络有关的参数设置如下：**
  - ➤ IP：192.168.100.20。
  - ➤ Netmask：255.255.255.0。
  - ➤ DNS：168.95.1.1。
  - ➤ Gateway：192.168.100.254。
  - ➤ 工作组：vbirdhouse。
  - ➤ 计算机名称：winxp。

- **详细的设置流程如下：**

（1）依次单击"开始"→"控制面板"→"网络连接"→"本地连接"选项后，会出现如图 3-6 所示的"本地连接状态"对话框。

（2）在图 3-6 中单击"属性"按钮，进入如图 3-7 所示的"本地连接属性"对话框。

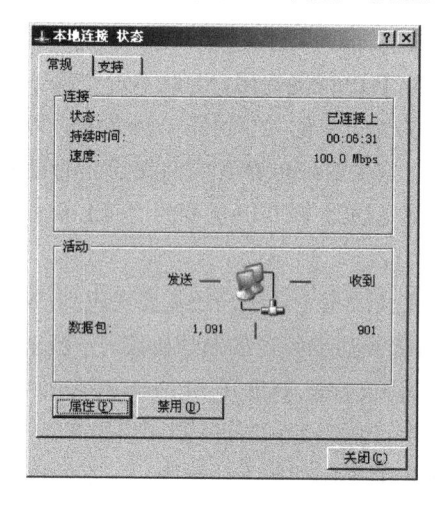

图 3-6 "本地连接 状态"对话框　　　　图 3-7 "本地连接 属性"对话框

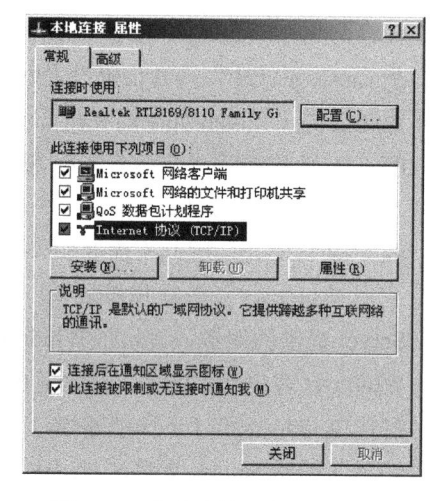

（3）在图 3-7 中选择"连接后在通知区域显示图标"复选框，双击"Interne 协议（TCP/IP）"选项，出现如图 3-8 所示的对话框。在该对话框中填上我们需要的各项 IP 参数，然后单击"确定"按钮，就设置好了。

（4）设置好参数后，需要编辑网络标识。依次打开"开始"→"控制面板"，再双击"系统"选项，出现如图 3-9 所示的"系统属性"对话框，打开"计算机名"选项卡，再单击"更改"按钮来修改工作组与计算机名称。输入正确之后，只要重新启动，就可以使用局域网了。

基本上，Windows 的网络参数设置非常简单。在这里，鸟哥只介绍了修改 IP 地址和相关网络参数的方法。如果未来还需要配合 DHCP、NAT 主机等服务器进行设置，将会再次提醒用户 Windows 的配置信息，特别是在 Samba 主机配置中，Windows 的网络标识变得非常重要。

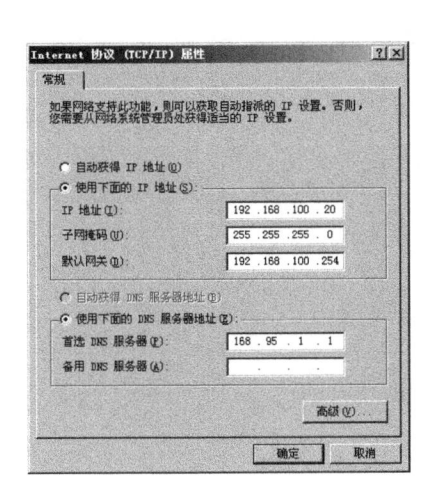

图 3-8 本地连接 TCP/IP 属性配置 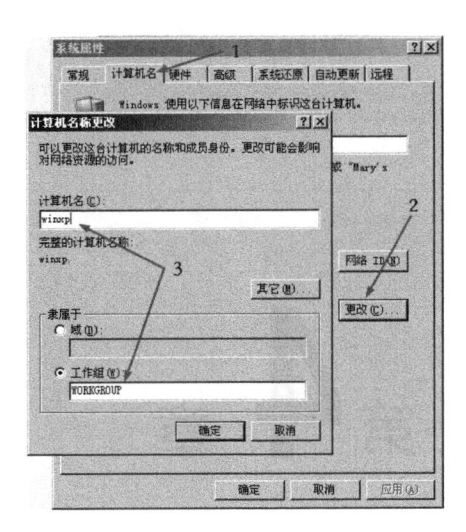　　　图 3-9 局域网中计算机名称与工作组名称的设置

第 4 章

连接 Internet

第一篇 服务器搭建前的进修专区

终于到了设置 Linux 网络参数的章节了！在第 2 章的网络基础部分，我们了解到要使主机连接到 Internet，需要正确设置网络参数。而在第 3 章的局域网架构中，已经说明了 Windows 操作系统上网络参数的设置。在本章中，我们将主要介绍如何使用固定 IP 地址的设置方式来修改 Linux 的网络参数。同时，还会介绍如何通过 ADSL 拨号方式上网。由于使用 Cable Modem 的用户也不少，因此我们也会说明 Cable Modem 在 Linux 下的设置方式。最后，由于笔记本电脑的用户数量不少，并且笔记本电脑常常使用无线网络，因此在本章中我们也会介绍无线网络连接的设置方法。

4.1　Linux 连接 Internet 前的注意事项

通过前面几章的介绍，我们知道要连接到互联网，需要设置一组合法的 IP 参数，包括 IP 地址、子网掩码、网关、DNS 服务器 IP 地址和主机名称等。我们也了解到，整个主机的配置中最重要的一步是先要驱动网卡，因为如果主机无法识别网卡或加载相应的网卡驱动程序，则无论如何设置 IP 参数都是无效的。因此，接下来我们将讨论如何确定 Linux 操作系统已经成功识别网卡（即检测到网卡的存在并加载了相应的驱动程序），以及如何设置 Linux 主机的网络参数。

4.1.1　Linux 的网卡

如何确认 Linux 已经捕捉到网卡？在 Linux 操作系统中，网卡的名称是什么？让我们先来了解一下。

1. 认识网卡设备的名称

在 Linux 操作系统中，各种设备几乎都以文件名的形式表示，例如，/dev/hda 表示 IDE1 接口上的第一个 master 硬盘等。然而，网卡的名称是根据网卡内核模块所对应的设备名称来表示的。默认情况下，第一块网卡的名称为 eth0，第二块网卡的名称为 eth1，以此类推。

2. 关于网卡的内核模块（驱动程序）

我们知道，网卡实际上是硬件设备，因此需要内核的支持才能驱动它。目前新版的 Linux 发行版已经默认支持了许多网卡芯片组的种类和数量，包括大厂商的 3COM、Intel，以及低端的 RealTek、D-Link 等网卡芯片。因此，用户可以很容易地设置好网卡。但是，如果你的网卡芯片组开发商不愿意提供开放源代码（Open Source）的硬件驱动程序，或者该网卡太新以至于 Linux 内核尚未支持，那么你需要通过以下方式让内核支持该网卡：

- 重新编译内核。
- 编译网卡的内核模块。

然而，重新编译内核或编译网卡内核模块并不是一项简单的任务，有时源代码可能无法在每台主机上成功编译。因此，如果你的网卡确实不被默认的 Linux 网络芯片支持，那么鸟哥建议直接更换一块被 Linux 支持的网卡，例如价格便宜的螃蟹卡，这样可以避免在硬件确认上花费太多的时间。

此外，有时 Linux 的默认网卡模块可能无法充分发挥网卡的功能，因此有时你需要自己编译网卡模块。当然，这个网卡模块需要从网卡开发商的官方网站下载。但是，如果你安装的是自行编译的网卡模块，则在重新安装其他版本的内核时，需要手动重新编译该模块，因为模块与内核是相关的。

3. 观察内核所捕捉到的网卡信息

假设你的网卡已经连接到主机上，无论是内置的还是插入 PCI、PCI-X 或 PCI-E 接口，那么如何确认内核已经成功捕捉到该网卡呢？非常简单，可以使用 dmesg 命令来查看相关信息：

```
[root@www ~]# dmesg | grep -in eth
377:e1000: eth0: e1000_probe: Intel(R) PRO/1000 Network Connection
383:e1000: eth1: e1000_probe: Intel(R) PRO/1000 Network Connection
418:e1000: eth0 NIC Link is Up 1000 Mbps Full Duplex, Flow Control: RX
419:eth0: no IPv6 routers present
```

从上述第 377 行和第 383 行的信息中，我们可以得知该主机使用了两块网卡，其模块为 e1000，而网卡所使用的芯片为 Intel。此外，在第 418 行可以看到该网卡支持 1000Mbps 的全双工模式。

除了使用 dmesg 命令查询内核检测硬件产生的信息外，我们也可以通过 lspci 命令来查询相关的设备芯片数据，示例如下：

```
[root@www ~]# lspci | grep -i ethernet
00:03.0 Ethernet controller: Intel Corporation 82540EM Gigabit Ethernet
Controller (rev 02)
```

注意，鸟哥在这里使用的是 Virtual Box 虚拟机的主机环境（请参考 1.2.2 节），因此使用的是模拟出来的 Intel 网卡。如果你是在自己的实际硬件设备上安装的主机，那么可能会看到不同的网卡芯片，这是正常的。

4. 观察网卡的模块

从上面的 dmesg 输出信息中，我们了解到鸟哥这台主机使用的网卡模块是 e1000。那么我们可以使用 lsmod 命令来查看内核是否成功加载了该模块。此外，我们还可以使用 modinfo 命令来查看该模块的相关信息。

```
[root@www ~]# lsmod | grep 1000
e1000                 119381  0   <==确实已经加载到内核中！
[root@www ~]# modinfo e1000
filename:       /lib/modules/2.6.32-71.29.1.el6.x86_64/kernel/drivers/net/e1000/e1000.ko
version:        7.3.21-k6-NAPI
license:        GPL
description:    Intel(R) PRO/1000 Network Driver
...(以下省略)...
```

上述输出信息中的重点在于文件名（filename）部分！这一长串的文件名目录是驱动程序所放置的目录。需要注意的是，"2.6.32-71.29.1.el6.x86_64" 是内核版本。不同的内核版本使用的驱动程序也不同，因此，在更改内核后，你需要重新编译自己的硬件驱动程序。

那么，如何知道你的网卡的接口名称（卡号）呢？很简单，无论网卡是否已启动，你都可以使用 ifconfig eth0 命令来查询网卡的接口名称。如果你按照上述信息进行操作后，发现网卡已经成功驱动，那么恭喜你，可以继续进行下一步的网络设置了。但如果没有成功捕捉到网卡，那就需要准备自己编译网卡驱动程序了。

4.1.2 编译网卡驱动程序（Option）

一般情况下，如果没有特殊需求，鸟哥不建议自行编译网卡驱动程序。为什么呢？因为每次更新内核都需要重新编译网卡驱动程序，这一过程可能会很烦琐。考虑到这一点，如果你的网卡不被 Linux 内核默认支持，那么最好先放在一边不予处理。

> 鸟哥之前购买了一块内置网卡的主板，但该网卡并未得到当时的 Linux 内核的默认支持，因此需要自行编译内核。由于 CentOS 很少更新内核，因此在第一次编译完成后，鸟哥就忘记了这件事情。几周后，有了新的内核版本，鸟哥很高兴地进行了自动升级，并远程重启了主机。然而，问题出现了——没有网卡驱动程序了！我的主机无法连接网络，只能亲自前往主机使用 TTY 登录后才能进行编译。

如果你非常渴望获取相关知识，而且该网卡的官方网站提供了 Linux 驱动程序的源代码，或者你渴望使用某些仅有官方驱动程序才拥有的特殊功能，又或者你真的不想购买额外的网卡，那么你就需要重新编译网卡的驱动程序。

> 实际上，在购买硬件时，先查看包装上是否标明支持 Linux 系统，因为有些硬件厂商在推出新产品时，常常会遗漏该设备的 Linux 驱动程序。如果包装上明确提到支持 Linux 系统，那么至少你可以获取到官方网站提供的驱动程序源代码。

因为我们使用的是 Intel 82540EM Gigabit Ethernet 控制芯片的网卡，所以如果需要获取最新版本的驱动程序而不使用默认的内核提供的版本，应该如何处理呢？注意，以下只是一个范例简介，不同厂商推出的驱动程序安装方式可能会有所不同，你需要参考驱动程序的说明文件（READ ME）或相关文件来进行安装。此外，如果默认的驱动程序已经能够正常捕捉到网卡，那么建议你继续使用默认的驱动程序。

另外，由于编译程序需要用到编译器、Make 工具和内核头文件等软件，因此在进行以下操作之前，需要预先安装 Gcc、Make、Kernel-Header 等软件。然而，我们选择的安装模式是 basic server，这些软件默认是没有安装的，因此需要先安装它们。我们可以简单地使用命令 yum groupinstall 'Development Tools' 来安装它们，但是这可能会涉及解决多个 RPM 包之间的依赖关系的问题，需要一个一个地处理，比较烦琐。我们也可以通过更改 yum 配置文件，使用本机文件的类型来取得原版光盘的 yum 软件列表，以解决这些依赖问题。在这里，鸟哥假设你已经安装了所需的编译程序，接下来可以进行以下操作。

1. 获取官方网站的驱动程序

再次强调，你可以通过 Virtual Box 虚拟机来复制鸟哥的环境进行模拟。鸟哥使用的是 Intel 的网卡，你可以到 Intel 网站去下载。

2. 解压缩与编译

使用 root 身份执行如下操作：

```
[root@www ~]# tar -zxvf e1000-8.0.30.tar.gz -C /usr/local/src
[root@www ~]# cd /usr/local/src/e1000-8.0.30/
# 此时在该目录下有个 README 文件，记得看一看，这个文件内会有很多说明信息
# 包括如何编译，以及这个模块所支持的芯片组
[root@www e1000-8.0.30]# cd src
[root@www src]# make install
```

该模块被编译完成后会安装在以下文件路径：/lib/modules/$(uname -r)/kernel/drivers/net/e1000/e1000.ko。接下来我们需要重新加载这个新的模块。

3. 模块的测试与处理

由于该模块已经被加载，因此在重新加载之前我们需要删除旧的模块。可以按照以下步骤进行操作：

```
# 1. 先删除已经加载在内存中的旧模块
[root@www ~]# rmmod e1000
# 此时已经捕捉到的网卡会消失不见，因为驱动程序被卸载了

# 2. 加载新模块，并且查阅一下有没有捕捉到正确的版本
[root@www ~]# modprobe e1000
[root@www ~]# modinfo e1000
filename:       /lib/modules/2.6.32-71.29.1.el6.x86_64/kernel/drivers/net/e1000/e1000.ko
version:        8.0.30-NAPI    <==就是这里！
license:        GPL
description:    Intel(R) PRO/1000 Network Driver
```

与前一小节进行对比，你会发现已经正确地捕捉到了版本。需要注意的是，这个模块在下一个新的内核版本推出后将会失效。为什么呢？因为新的内核版本会提供一个新的驱动程序，不再是当前使用的 8.0.30 版本。这一点需要再次强调。

4. 设置开机自动启动网卡模块（Option）

如果在开机时能够正确地获取到这个模块，那么网卡就没有问题了，这个步骤可以省略。但如果内核仍然无法捕捉到网卡，那就需要手动处理模块的关联关系。处理方法很简单，在 /etc/modprobe.d/ 目录下创建一个名为 ether.conf 的文件，将模块和网卡代号进行链接，处

理步骤如下：

```
[root@www ~]# vim /etc/modprobe.d/ether.conf
alias eth0 e1000
alias eth1 e1000    <==因为鸟哥有两块网卡

[root@www ~]# sync; reboot
```

为了测试刚刚的设置是否生效，通常鸟哥会尝试重新启动一次系统。在启动完成后，观察网卡是否正确启动，并检查模块加载情况。如果一切顺利，那就太完美了！

5. 尝试设置 IP

在确保一切就绪之后，需要验证网卡模块是否能够成功设置 IP 地址。因此，我们先手动为网卡分配一个私有 IP 地址：

```
[root@www ~]# ifconfig eth0 192.168.1.100
[root@www ~]# ifconfig
eth0      Link encap:Ethernet   HWaddr 08:00:27:71:85:BD
          inet addr:192.168.1.100  Bcast:192.168.1.255  Mask:255.255.255.0
...(以下省略)...
```

在设置完成后，可以使用 ping 命令来测试与网络内其他计算机的连通性，看看是否能够接收到响应。这将帮助我们确定网卡是否设置正确。通常情况下，这个过程是没有问题的。

4.1.3　Linux 网络相关配置文件

我们知道 TCP/IP 的重要参数主要包括 IP 地址、子网掩码、网关、DNS 的 IP 地址。此外，不要忘记为你的主机设置一个主机名。这些参数的定义通常在配置文件中进行设置。IP 地址的获取方式可以是手动设置或者通过 DHCP 自动分配。下面让我们参考表 4-1 来进行配置。

表 4-1　网络参数与配置文件对应关系

所需网络参数	主要配置文件名	重要参数
IP Netmask DHCP Gateway 等	/etc/sysconfig/network-scripts/ifcfg-eth0	DEVICE=网卡的名称 BOOTPROTO=是否使用 DHCP HWADDR=是否加入网卡 MAC 地址 IPADDR= IP 地址 NETMASK=子网掩码 ONBOOT=要不要默认启动此接口 GATEWAY=网关地址 NM_CONTROLLED=额外的网管软件，鸟哥建议禁用这个选项
主机名	/etc/sysconfig/network	NETWORKING= 要不要使用网络 NETWORKING_IPV6=是否支持 IPv6 HOSTNAME=主机名

（续表）

所需网络参数	主要配置文件名	重要参数
DNS IP	/etc/resolv.conf	Name Server DNS 的 IP 地址
私有 IP 地址对应的主机名	/etc/hosts	私有 IP 地址 主机名 别名

主要需要修改的是表 4.1 中的 4 个文件，所以并不是很困难。关于设置细节，我们会在后续的小节中详细讲解，现在只需要熟悉一下概念即可。除了这些文件，还有其他一些文件也值得了解。

- /etc/services：这个文件记录了基于 TCP/IP 的各种协议，包括 HTTP、FTP、SSH、Telnet 等服务所使用的端口号。这些端口号都是在这个文件中进行规划的。如果你想自定义一个新的协议与端口对应，就需要修改这个文件。
- /etc/protocols：这个文件用于定义 IP 数据包协议的相关数据，包括 ICMP、TCP、UDP 等数据包协议的定义。

了解了上述几个文件后，要修改网络参数就变得简单了。至于网络方面的启动命令，记住以下几个简单的命令即可：

- /etc/init.d/network restart：这个脚本非常重要，因为它可以一次性重新启动整个网络的参数。它会主动读取所有的网络配置文件，因此可以快速恢复系统的默认参数值。
- ifup eth0 和 ifdown eth0：要启动或关闭某个网络接口可以使用这两个简单的脚本来处理。这两个脚本会主动读取位于 /etc/sysconfig/network-scripts/ 目录下的适当的配置文件（例如 ifcfg-eth0），并进行相应的操作。

了解了这些基本的命令和文件，设置网络参数就会变得很简单。然而，最好还是要了解 Shell 脚本编程，这样可以更好地追踪整个网络设置的条件。这是因为每个发行版的设置内容可能会有所不同，但它们通常都使用 /etc/init.d/network 作为启动脚本。因此，只要清楚该文件的内容，就很容易追踪出配置文件所需的内容。

另外，CentOS 6.x 还引入了一个名为 Network Manager 的软件机制来管理网络。但是，鸟哥更喜欢手动构建自己的网络环境，因此建议将该软件关闭。好在我们安装的是"basic server"（见 1.2.2 节），所以没有安装该软件。

4.2 连接 Internet 的设置方法

在前几章中，我们提到了连接 Internet 的主要方法，包括学术网、ADSL 固定接入和拨号、Cable Modem 等方式。同时，手动设置 IP 参数是非常重要的学习内容。因此，在接下来的章节中，一定要完成 4.2.1 节关于手动设置固定 IP 地址的练习，其他部分则根据你的环境进行设置方法的学习。

此外，由于使用 Linux 笔记本电脑的用户数量也不少，而笔记本电脑通常通过无线网络进行联网，因此在这里，鸟哥也会尝试使用无线网络进行连接配置。至于传统的 56 Kbps 拨号上网，由于速度较慢且使用频率越来越低，在这里不会过多介绍。

4.2.1 手动设置固定 IP 地址

所谓的固定 IP 地址是指在网络参数中输入预先确定的 IP 地址。那么这个预先确定的 IP 地址是从哪里来的呢？一般来说，它可能来源于以下几个方面：

（1）**学术网**：由学校单位直接给予的一组 IP 网络参数。

（2）**固定 IP 地址的 ADSL**：向 ISP 申请的一组固定 IP 地址的网络参数。

（3）**企业内部或 IP 路由器内部的局域网**：例如，在企业内部局域网使用私有 IP 地址时，我们的 Linux 系统可能需要向企业的网络管理人员申请一组固定 IP 地址的网络参数。

也就是说，获取的固定 IP 地址参数并不一定是公共 IP 地址，它只是一组可接受的固定 IP 地址。因此，在进行环境配置之前，请务必确保所有网络参数来源的正确性。那么如何配置 IP 地址呢？请回顾一下 3.2.1 节中的图 3-5，在该图中，我们可以找到关于外部网络接口（eth0）的信息：

```
IP:        192.168.1.100
Netmask:   255.255.255.0
Gateway:   192.168.1.254
DNS IP:    168.95.1.1
Hostname:  www.centos.vbird
```

那么对于要修改的 4 个文件与相关的启动脚本，以及重新启动后需要用什么指令查看等重点内容，鸟哥再次使用一个简单的表格来说明，如表 4-2 所示。只要记住这个表格内的重要文件与指令，以后在修改网络参数时就不会出现错误了。

表 4-2 相关参数的配置文件与启动脚本及指令

修改的参数	配置文件与重要启动脚本	查看结果的指令
IP 相关参数	/etc/sysconfig/network-scripts/ifcfg-eth0 /etc/init.d/network restart	ifconfig (IP/Netmask) route -n (gateway)
DNS	/etc/resolv.conf	dig www.baidu.com
主机名	/etc/sysconfig/network /etc/hosts	hostname (主机名) ping $(hostname) reboot

下面我们将分别针对上述各项配置重新修改文件。

1. IP/Netmask/Gateway 的配置、启动与查看

设置网络参数需要修改 /etc/sysconfig/network-scripts/ifcfg-eth0 文件。注意，ifcfg-eth0 必须与文件内的 DEVICE 名称定义一致。此外，在该文件中的所有设置基本上都遵循 Bash 变量定义的规则（注意字母大小写）。

```
[root@www ~]# vim /etc/sysconfig/network-scripts/ifcfg-eth0
DEVICE="eth0"                  <==网卡名称，必须要与 ifcfg-eth0 对应
HWADDR="08:00:27:71:85:BD"     <==就是网卡 MAC 地址，若只有一块网卡，则可省略此项目
NM_CONTROLLED="no"             <==不要受到其他软件的网络管理
ONBOOT="yes"                   <==是否默认启动此接口
BOOTPROTO=none                 <==获取 IP 的方式，其实关键字只有 dhcp，手动可输入 none
IPADDR=192.168.1.100           <==就是 IP 地址
NETMASK=255.255.255.0          <==就是子网掩码
GATEWAY=192.168.1.254          <==就是默认路由
# 重点是上面几个设置项，下面的设置项则可以省略
NETWORK=192.168.1.0            <==就是该网段的第一个 IP 地址，可省略
BROADCAST=192.168.1.255        <==就是广播地址，可省略
MTU=1500                       <==就是最大传输单元的设置值，若不更改则可省略
```

上述信息很容易理解。注意每个变量（英文部分）都应该使用英文大写字母，否则我们的脚本可能会判断错误。实际上，鸟哥只设置了最上面的 8 个值，其他的如 NETWORK、BROADCAST、MTU 并未设置。至于参数的说明，IPADDR、NETMASK、NETWORK、BROADCAST 我们就不再赘述，接下来要讨论以下几个重要的设置值。

- DEVICE：这个设置值后面接的设备名称需要与文件名（ifcfg-eth0）中的设备名称相同，否则可能会导致设备名找不到的问题。
- BOOTPROTO：表示在启动该网络接口时使用何种协议。如果是手动设置 IP 的环境，请输入 static 或 none；如果是自动分配 IP 的环境，请输入 dhcp（请确保拼写正确，因为这是关键字）。
- GATEWAY：代表整个主机系统的默认网关，因此在配置此项目时，请特别注意避免出现重复配置的情况。换句话说，如果你有多个文件，如 ifcfg-eth0、ifcfg-eth1 等，**只需要在其中一个文件中设置 GATEWAY 即可**。
- GATEWAYDEV：如果你不是使用固定的 IP 地址作为网关，而是使用网络设备作为网关（通常路由器会有这种配置），那么可以使用 GATEWAYDEV 来定义网关设备。不过，这个设置项很少使用。
- HWADDR：这是网卡的 MAC 地址。在只有一块网卡的情况下，这个设置值没有什么功能，可以忽略。但是，**如果主机上有两块一模一样的网卡，并且使用相同的模块，此时，Linux 很可能会混淆 eth0 和 eth1，导致网络配置出现问题**。如何解决呢？由于 MAC 地址是直接写在网卡上的，因此将 HWADDR 指定到这个配置文件中，就可以很好地区分不同的网卡，非常方便。

配置完成后，现在让我们重新启动网络接口，这样才能更新整个网络参数。

```
[root@www ~]# /etc/init.d/network restart
Shutting down interface eth0:           [ OK ]   <== 先关闭接口
Shutting down loopback interface:       [ OK ]
Bringing up loopback interface:         [ OK ]   <== 再开启接口
Bringing up interface eth0:             [ OK ]
# 针对这台主机的所有网络接口（包含 lo）与网关进行重新启动，因此网络会停顿后重新启动
```

这样就完成了配置，接下来当然是要检查刚做的配置是否正确了。

```
# 检查一：当然是要先查看 IP 地址参数是否正确，重点是 IP 与 Netmask
[root@www ~]# ifconfig eth0
eth0      Link encap:Ethernet   HWaddr 08:00:27:71:85:BD
          inet addr:192.168.1.100  Bcast:192.168.1.255  Mask:255.255.255.0
          inet6 addr: fe80::a00:27ff:fe71:85bd/64 Scope:Link
          UP BROADCAST RUNNING MULTICAST  MTU:1500  Metric:1
          RX packets:655 errors:0 dropped:0 overruns:0 frame:0
          TX packets:468 errors:0 dropped:0 overruns:0 carrier:0
          collisions:0 txqueuelen:1000
          RX bytes:61350 (59.9 KiB)  TX bytes:68722 (67.1 KiB)

# 只有出现上面那个 IP 的数据才表示启动正确；特别注意 inet addr 与 Mask 各项
# 这里如果没有成功，就得回去检查配置文件有没有错误，然后再重新执行 network restart

# 检查二：检查一下路由定义是否正确
[root@www ~]# route -n
Kernel IP routing table
Destination     Gateway         Genmask         Flags Metric Ref    Use Iface
192.168.1.0     0.0.0.0         255.255.255.0   U     0      0        0 eth0
169.254.0.0     0.0.0.0         255.255.0.0     U     1002   0        0 eth0
0.0.0.0         192.168.1.254   0.0.0.0         UG    0      0        0 eth0
# 重点就是上面的粗体字，前面的 0.0.0.0 代表默认路由的设置值

# 检查三：测试看看与路由器之间是否能够连接成功
[root@www ~]# ping -c 3 192.168.1.254
PING 192.168.1.254 (192.168.1.254) 56(84) bytes of data.
64 bytes from 192.168.1.254: icmp_seq=1 ttl=64 time=2.08 ms
64 bytes from 192.168.1.254: icmp_seq=2 ttl=64 time=0.309 ms
64 bytes from 192.168.1.254: icmp_seq=3 ttl=64 time=0.216 ms

--- 192.168.1.254 ping statistics ---
3 packets transmitted, 3 received, 0% packet loss, time 2004ms
rtt min/avg/max/mdev = 0.216/0.871/2.088/0.861 ms
# 注意，出现 ttl 才是正确的响应，如果出现 "Destination Host Unreachable"
# 则表示没有成功连接到 GATEWAY，就是出问题了，要赶紧检查有无配置错误
```

注意，如果第三项检查失败，可能需要检查路由器是否已关闭、交换机和集线器是否有问题、网线是否正确连接，或者是因为路由器防火墙配置错误引起的。请记得解决这些问题。完成这三项检查并且都成功后，TCP/IP 参数的设置就算完成了，这意味着你可以通过 IP 地址

上网，只是还不能通过主机名上网。接下来就需要设置 DNS 了。

2. DNS 服务器 IP 地址的定义与查看

这个 /etc/resolv.conf 很重要，它会影响到你是否可以查询到主机名称与 IP 的映射。通常采用如下定义即可。

```
[root@www ~]# vim /etc/resolv.conf
nameserver 202.96.199.133
nameserver 202.106.196.115
```

我们以中国电信的 DNS 服务器的 IP 地址为例进行说明。注意，如果你不知道离你最近的 DNS 服务器的 IP 地址，可以直接输入 nameserver 202.96.128.86，这是中国电信的 DNS 主机的地址。然而，如果你所在的公司内部存在禁止 DNS 请求数据包的防火墙规则，那么你需要向公司的网络管理员咨询，以确定你应该使用的 DNS 服务器的 IP 地址。然后，你可以进行测试，看看你定义的 DNS 服务器是否能够为你提供域名解析服务。

```
# 检查四：看看 DNS 能否为你提供域名解析。这是很重要的测试
[root@www ~]# dig www.baidu.com
...(前面省略)...
;; QUESTION SECTION:
;www.baidu.com.                    IN     A

;; ANSWER SECTION:
www.baidu.com.         428539  IN     CNAME   www.baidu.com.
...(中间省略)...

;; Query time: 30 msec
;; SERVER: 202.96.128.86#53(202.96.128.186)   <==这项很重要！
;; WHEN: Tue Jul 18 01:26:50 2023
;; MSG SIZE  rcvd: 284
```

上面的输出有两个重点。首先，问题（QUESTION SECTION）查询的是 www.baidu.com 的 A（Address）参数，并且从回答（Answer SECTION）中获取了我们所需的 IP 参数。其次，最后一段中的 SERVER 项非常重要，你需要检查它是否与你所定义的 DNS 服务器的 IP 地址相同。以上面的输出为例，鸟哥使用的是中国电信的 DNS 服务器，所以出现了 202.96.128.86 的 IP 地址。

3. 主机名的修改、启动与查看

要修改主机名，需要修改两个文件：/etc/sysconfig/network 和 /etc/hosts。这两个文件的内容非常简单。

```
[root@www ~]# vim /etc/sysconfig/network
NETWORKING=yes
HOSTNAME=www.centos.vbird

[root@www ~]# vim /etc/hosts
```

```
192.168.1.100    www.centos.vbird
# 要特别注意，不要删除这个文件的原有内容，只需添加额外的数据即可
```

修改完毕后需要重新启动才能生效。为什么需要重新启动呢？因为系统中已经启动了很多服务，这些服务在需要使用主机名时会从相应的配置文件中读取。当我们更新了配置文件后，这些已经启动并读取了配置文件的服务需要重新启动才能获取到新的主机名。这可能会有些麻烦，因此最简单的方法就是重新启动系统。然而，在重新启动之前还需要进行一项工作，否则系统的启动时间可能会延长很多，即看看你的主机名有没有对应的 IP 地址。

```
[root@www ~]# hostname
localhost.localdomain

# 还是默认值，尚未更新成功！我们还需要执行下面的操作

# 检查五：看看你的主机名有没有对应的 IP 地址。没有的话，开机流程会很慢
[root@www ~]# ping -c 2 www.centos.vbird
PING www.centos.vbird (192.168.1.100) 56(84) bytes of data.
64 bytes from www.centos.vbird (192.168.1.100): icmp_seq=1 ttl=64 time=0.015 ms
64 bytes from www.centos.vbird (192.168.1.100): icmp_seq=2 ttl=64 time=0.028 ms

--- www.centos.vbird ping statistics ---
2 packets transmitted, 2 received, 0% packet loss, time 1000ms
rtt min/avg/max/mdev = 0.015/0.021/0.028/0.008 ms
# 因为我们已经定义了 /etc/hosts 文件，明确了 www.centos.vbird 的 IP 地址
# 所以本地主机的主机名才会有对应的正确 IP 地址，这时才可以 reboot，这点很重要
```

在上面的信息中，检查的内容总共有五个步骤，每一步都需要操作成功后才能继续进行下一步。其中最重要的一点是，在修改了/etc/sysconfig/network 中的 HOSTNAME 之后，务必重新启动系统（reboot）。然而，在重新启动之前，请务必通过 ping 命令来测试主机名，并确保获得对主机名的响应时间。

4.2.2 自动获取 IP 参数（DHCP 方法，适用 Cable Modem、IP 路由器的环境）

可自动获取 IP 参数的环境是怎么回事？很简单，位于 IP 路由器后面的内网主机在配置时，通常会选择"自动获取 IP 地址"，这意味着可以自动获取各种 IP 参数。那么自动获取是怎么回事呢？其实很容易理解，就是有一台主机提供 DHCP 服务给整个网络中的计算机。例如，IP 路由器可能就是一个 DHCP 主机。DHCP 是 Dynamic Host Configuration Protocol 的缩写，即动态主机配置协议。我们将在第 12 章详细介绍 DHCP 的功能，这里只简单介绍一下。DHCP 方法适用于以下几种连接方式。

- Cable Modem：使用有线电视网络实现网络连接的方式。
- ADSL 多 IP 地址的 DHCP 方式：据鸟哥所知，不少 ISP 都推出一种服务项目，可以让 ADSL 用户以 DHCP 的方式来自动获取 IP 地址，不需要拨号，即为这种连接方式。

- **IP 路由器或 NAT 搭建了 DHCP 服务时**：当你的主机位于 IP 路由器的后端，或者你的局域网中有 NAT 主机且 NAT 主机搭建了 DHCP 服务时，就是此类获取 IP 地址的连接方式。

你仍然需要按照前一小节中的步骤手动设置主机名，而对于 IP 参数和 DNS，则不需要进行额外的设置，只需修改 ifcfg-eth0 文件即可。处理步骤如下：

```
[root@www ~]# vim /etc/sysconfig/network-scripts/ifcfg-eth0
DEVICE=eth0
HWADDR="08:00:27:71:85:BD"
NM_CONTROLLED="no"
ONBOOT=yes
BOOTPROTO=dhcp
```

只需保留上述几个表项即可，其他表项可以注释掉（使用#符号注释），尤其是不能设置 GATEWAY 项，以避免相互干扰。然后重新启动网络服务：

```
[root@www ~]# /etc/init.d/network restart
Shutting down interface eth0:          [ OK ]   <== 先关闭接口
Shutting down loopback interface:      [ OK ]
Bringing up loopback interface:        [ OK ]   <== 再开启接口
Bringing up interface eth0:            [ OK ]
Determining IP information for eth0..  [ OK ]   <== 重要！是 DHCP 的特点
# 你可以通过最后一行去判断我们是否通过 DHCP 协议获取 IP 地址
```

局域网内的 IP 路由器或 DHCP 主机会立刻帮 Linux 主机规划好网络参数，包括 IP 参数与 GATEWAY 等，这样设置就变得非常方便和简单。

> 基本上，/etc/resolv.conf 文件默认会被 DHCP 自动修改，甚至主机名也会被 DHCP 所修改，因此你无须手动修改它。然而，如果你有特殊需求，那么可以自行修改 /etc/sysconfig/network 和 /etc/hosts 文件。

4.2.3 ADSL 拨号上网（适用 ADSL 拨号以及光纤接入）

现在让我们来谈谈 ADSL 拨号上网，并讨论如何在 Linux 上进行拨号上网。当你需要进行拨号上网时，可以使用 rp-pppoe 软件。首先需要确认你的 Linux 发行版上是否已经安装了该软件。CentOS 本身已经包含了 rp-pppoe，你可以使用原版光盘进行安装，或者使用 yum 命令进行安装。

```
[root@www ~]# mount /dev/cdrom /mnt
[root@www ~]# cd /mnt/Packages
[root@www ~]# rpm -ivh rp-pppoe* ppp*
[root@www ~]# rpm -q rp-pppoe
```

```
rp-pppoe-3.10-8.el6.x86_64        <==确实已经安装了
```

当然，许多 Linux 发行版已经将拨号操作整合到图形界面中了，因此可能没有提供 rp-pppoe 这个软件。但不用担心，你可以从对应的 Linux 官网来获取它。

然后你可以手动进行安装。关于安装过程，本书不再详述，请自行查阅《鸟哥的 Linux 私房菜 基础学习篇（第四版）》一书中的源代码与 Tarball 章节获取相关资料。另外需要注意的是，尽管整个连接是通过主机的以太网卡连接到 ADSL 调制解调器上，然后通过电话线路连接到 ISP 的机房，最后使用 rp-pppoe 进行拨号连接，但是 rp-pppoe 使用的是 Point to Point（ppp）over Ethernet 的点对点协议，在成功拨号后会生成一个名为 ppp0 的网络接口。

由于 ppp0 是建立在以太网卡上的，因此至少需要一块以太网卡，而且即使成功拨号后，也不能关闭未使用的 eth0 接口。所以，在成功拨号后，你的系统会有以下接口：

- 用于内部环回测试的 lo 接口。
- 以太网卡 eth0 接口。
- 通过 ISP 对外连接的 ppp0 接口。

虽然 ppp0 是建立在以太网卡上的，但是 3 个接口在使用上是完全独立的，彼此之间没有互相影响。因此，关于 eth0 接口的使用可以考虑以下几点。

1. 这块网卡（假设是 eth0）可以连接内部网络（LAN）

举例来说，如果你的局域网的拓扑结构类似于第 3 章中图 3-1 所示的拓扑结构，也就是说，你的 ppp0 接口可以连接到 Internet，但内部网络使用 eth0 接口与其他内部主机进行连接。那么，在配置/etc/sysconfig/network-scripts/ifcfg-eth0 文件时，你需要为 eth0 接口提供一个私有 IP 地址，以便内部的局域网也可以通过 eth0 进行连接。鸟哥会按照以下方式进行配置：

```
[root@www ~]# vim /etc/sysconfig/network-scripts/ifcfg-eth0
DEVICE=eth0
BOOTPROTO=none
NM_CONTROLLED=no
IPADDR=192.168.1.100
NETMASK=255.255.255.0
ONBOOT=yes
```

同时，请记住一件事情，就是千万不要定义 GATEWAY。因为一旦 ppp0 成功拨号，ISP 会自动为 ppp0 接口分配一个可连接 Internet 的默认网关。如果你又定义了另一个默认网关，那么这两个网关可能会导致网络不通。因此，应避免定义额外的默认网关。

2. 这台主机仅连接 ADSL 调制解调器，并没有接入内部网络

如果这台 Linux 主机直接连接到 ADSL 调制解调器上，没有其他内部主机与其连接，也

就是说，eth0 是否有 IP 地址都没有关系，可以将上述配置中的"ONBOOT=yes"直接改为"ONBOOT=no"。那么拨号会有问题吗？不会有问题，因为在启动 ppp0 拨号时，系统会自动激活 eth0 接口，只是 eth0 不会有 IP 信息。

至于其他文件，请参考 4.2.1 节中手动配置 IP 连接的方法进行处理。当然，在拨号之前，请确保 ADSL 调制解调器与主机连接正常，并获取到账号和密码，同时安装好 rp-pppoe。接下来，我们可以进行以下处理。

1）**配置连接到 ADSL 调制解调器那块网卡（暂定为 eth0）**

说实在的，鸟哥建议清楚地区分内外网络，因此通常我会在主机上安装两块网卡，一块用于内部网络，一块用于外部网络。外部网络的网卡默认是不启动的（ONBOOT=no）。考虑到你可能只有一块网卡，那么鸟哥的建议是直接为 eth0 分配一个私有 IP 地址，就像本节早些时候提到的那样进行配置。

2）**设置拨号的账号与密码**

接下来，我们来设置账号和密码。这个步骤只需要在第一次建立账号和密码时进行，除非账号和密码发生变化，否则无须重新设置（需要注意的是，拨号配置命令已经改变，与之前的 adsl-setup 不同）。

```
[root@www ~]# pppoe-setup
Welcome to the PPPoE client setup.  First, I will run some checks on
your system to make sure the PPPoE client is installed properly...

LOGIN NAME   (填入从 ISP 处获取的账号)
Enter your Login Name (default root): T1234567
# 注意，这个账号名称是 ISP 分配的

INTERFACE   (ADSL 调制解调器所连接的网卡代号)
Enter the Ethernet interface connected to the PPPoE modem
For Solaris, this is likely to be something like /dev/hme0.
For Linux, it will be ethX, where 'X' is a number.
(default eth0): eth0

Enter the demand value (default no): no

DNS   (就填入 ISP 处获取的 DNS 号码吧)
Enter the DNS information here: 1.2.4.8
Enter the secondary DNS server address here: <==若无第二台就按 Enter 键

PASSWORD   (从 ISP 处获取的密码)
Please enter your Password: <==输入密码两次，屏幕不会有星号 *
Please re-enter your Password:

USERCTRL   (要不要让普通用户启动与关闭？最好是不要)
Please enter 'yes' (three letters, lower-case.) if you want to allow
normal user to start or stop DSL connection (default yes): no

FIREWALLING   (防火墙方面，先取消，之后我们将根据自己的需求进行定义)
The firewall choices are:
```

```
0 - NONE: This script will not set any firewall rules.  You are responsible
          for ensuring the security of your machine.  You are STRONGLY
          recommended to use some kind of firewall rules.
1 - STANDALONE: Appropriate for a basic stand-alone web-surfing workstation
2 - MASQUERADE: Appropriate for a machine acting as an Internet gateway
                for a LAN
Choose a type of firewall (0-2): 0

Start this connection at boot time (要不要开机立即启动拨号程序?)
Do you want to start this connection at boot time?
Please enter no or yes (default no):yes

** Summary of what you entered **
Ethernet Interface: eth0
User name:          T1234567
Activate-on-demand: No
Primary DNS:        1.2.4.8
Firewalling:        NONE
User Control:       no
Accept these settings and adjust configuration files (y/n)? y
Adjusting /etc/sysconfig/network-scripts/ifcfg-ppp0
Adjusting /etc/resolv.conf
  (But first backing it up to /etc/resolv.conf.bak)
Adjusting /etc/ppp/chap-secrets and /etc/ppp/pap-secrets
  (But first backing it up to /etc/ppp/chap-secrets.bak)
  (But first backing it up to /etc/ppp/pap-secrets.bak)
# 上面粗体字标示的文件的主要功能是：
# ifcfg-ppp0：是 ppp0 这个网络接口的配置文件
# resolv.conf：这个文件会被备份，然后被上面输入的 DNS 数据取代
# pap-secrets, chap-secrets：我们输入的密码就放在这里
```

这样配置就完成了，非常简单。唯一需要注意的是在上述的用户名（User Name）中，不同 ISP 的配置可能不同。此外，由于在未来还会进行防火墙的设置，因此在这里不需要使用防火墙，否则可能无法连接到 Internet。另外，请注意一点，一般拨号需要使用 chap 和 pap 两种身份验证机制，在 rp-pppoe 软件中，这两种认证机制所需的数据都被记录在 chap-secrets 和 pap-secrets 文件中。你可以查看这两个文件的内容来了解其结构。

3）通过 adsl-start、pppoe-start 或 network restart 开始拨号上网

启动 ADSL 的方法有很多种，通常鸟哥会使用命令/etc/init.d/network restart 来处理。但是，如果遇到一些未知的错误，也可以尝试先使用 pppoe-stop 命令关闭连接，然后使用 pppoe-start 命令立即启动拨号来解决问题。

通常容易出现问题的地方是硬件连接方面，请先确认所有的硬件连接是否正常。如果你使用的是 ADSL 调制解调器（ATU-R），请使用交叉线连接网卡和 ATU-R。另一个容易出错的地方是输入的账号和密码，请确保账号和密码正确且注意英文字母大小写（你可以通过查看/etc/ppp/{chap,pap}-secrets 文件来确认配置是否正确）。

4）开始检查的步骤

完成上述步骤后，你应该已经能够成功连接到 Internet 了。如果你担心配置方面可能出现问题，可以通过手动设置 IP 地址的那个小节中的 5 个检查步骤来进行检查。这些步骤的指令如下：

```
[root@www ~]# ifconfig
[root@www ~]# route -n
[root@www ~]# ping GW 的 IP
[root@www ~]# dig www.baidu.com
[root@www ~]# hostname
```

比较特殊的是，由于 ADSL 拨号是通过点对点（PPP）协议进行的，所谓的点对点是指 ppp0 直接连接到 ISP 的某个点（IP），因此，理论上 ppp0 具有一个独立的 IP 地址，没有子网。当查看 ppp0 的网络参数时，它会显示如下：

```
[root@www ~]# ifconfig ppp0
ppp0      Link encap:Point-to-Point Protocol
          inet addr:111.255.69.90  P-t-P:168.95.98.254  Mask:255.255.255.255
          UP POINTOPOINT RUNNING NOARP MULTICAST  MTU:1492  Metric:1
          RX packets:59 errors:0 dropped:0 overruns:0 frame:0
          TX packets:59 errors:0 dropped:0 overruns:0 carrier:0
          collisions:0 txqueuelen:3
          RX bytes:7155 (6.9 KiB)  TX bytes:8630 (8.4 KiB)
```

如上所示，那个 inet addr 就是你的 IP 地址，而 P-t-P 表示的是网关的意思。此外，你还会看到 Mask 为 255.255.255.255，表示没有子网。

5）取消拨号功能（Option）

如果你明明没有 ADSL 连接，却执行了上述操作，那么，因为每次重新启动网络都会花费大量时间在探测 ADSL 调制解调器上，所以，我们需要修改 ppp0 的配置文件。操作很简单，首先将 /etc/sysconfig/network-scripts/ifcfg-ppp0 文件中的 ONBOOT 修改为 no，然后执行以下步骤：

```
[root@www ~]# vim /etc/sysconfig/network-scripts/ifcfg-ppp0
DEVICE=ppp0

ONBOOT=no
...（其他省略）...

[root@www ~]# chkconfig pppoe-server off
```

这样你就完成了 ADSL 拨号上网的设置。但是请不要忘记，如果你的主机还没有进行系统更新，那么可能会存在一些安全问题。因此，请尽快学习以下两节内容。

4.3 无线网络——以笔记本电脑为例

除了使用有线网络连接（使用物理的 RJ-45 接口线路）之外，随着笔记本电脑的普及，无线网络（无线局域网，WLAN）在笔记本电脑上也变得越来越重要。在无线网络标准中，早期的标准主要是 IEEE 802.11b 和 802.11g，其中 802.11g 标准的传输速度可以达到 54Mbps。之后出现了更新标准，即 802.11n，它的理论传输速度甚至可以达到 300Mbps。接下来，我们对无线网络进行一些介绍。

> 无线网络有很多种机制，我们常常听到的主要是 Wi-Fi（基于 802.11 标准）和 WiMAX（基于 802.16 标准）等。在接下来的内容中，我们将主要介绍目前广泛使用的 Wi-Fi 无线网卡。

4.3.1 无线网络所需要的硬件：AP、无线网卡

我们知道，在以太网环境中使用 RJ-45 接口时，交换机、集线器、网卡与网线是最重要的组成部分。在无线网络中，有两个重要的设备，一个是用于接收信号的设备，即无线接入点（Wireless Access Point，简称 AP），另一个设备是安装在计算机主机上的无线网卡。

实际上，无线接入点本身就是一个 IP 路由器，它具有两个接口：一个用于与外部 IP 进行通信，另一个作为局域网内其他主机的网关。当其他主机安装了无线网卡，并成功连接到 AP 后，它们就可以通过 AP 连接到 Internet。整个传输过程如图 4-1 所示。

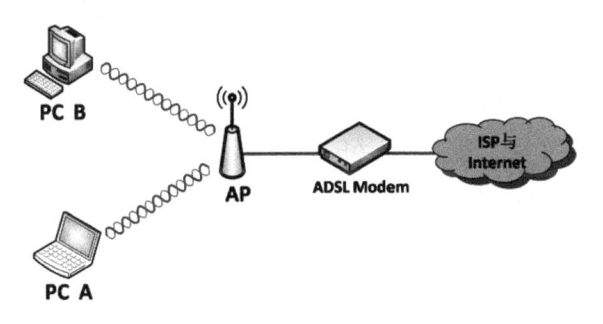

图 4-1 无线网络的连接图示

在图 4-1 中，假设 PC A 和 PC B 这两台主机都安装了无线网卡，因此它们可以扫描到局域网内的 AP，并通过该 AP 连接到 Internet。在不考虑局域网内部连接的情况下，AP 如何连接到 Internet 呢？虽然每个 AP 的控制接口都不相同，但绝大部分 AP 都提供了 Web 设置界面，因此可以参考每个 AP 的说明书进行配置。这里就不再赘述了。

鸟哥将以手边的设备来说明这个项目，使用的设备如下（这些设备现在看来有些旧了）：

- AP：TP-Link（TL-WR840N）。

- USB 的无线网卡：D-Link（DWA-140），使用 RT3070sta 驱动程序。

比较令人沮丧的是，CentOS 6.x 默认不支持 DWA-140 这款 USB 无线网卡，因此我们需要手动下载该网卡的驱动程序！更令人困惑的是，我们的内核检测到的模块是 rt2870sta，但实际上该硬件使用的是 rt3070sta 模块。为了解决这个问题，我花了两三天的时间。幸运的是，热心的网友提供了一份支持 Linux 的无线网卡说明，我发现这个 USB 网卡是支持 Linux 的，而且某家公司已经将该网卡编译成了 CentOS 6.x 可以使用的 RPM 文件。相关网址如下：

- 网友们热心提供：http://linux-wless.passys.nl/query_part.php?brandname=D-Link。
- 帮我们打包成 RPM 的公司：http://rpm.pbone.net/index.php3。
- Ralink 官网的下载地址：http://www.ralinktech.com/support.php?s=2。

鸟哥最终从上述第二个网址下载了两个文件：kmod-rt3070sta-2.5.0.1-2.el6.elrepo.x86_64.rpm 和 rt2870-firmware-22-1.el6.elrepo.noarch.rpm。鸟哥将它们放置在 /root 目录下，稍后将进行安装。

> 这款 USB 无线网卡让鸟哥感到很头疼。基本上，如果设备在 Linux 内核中没有被默认支持，那么建议不要购买，否则处理起来会很困难！

4.3.2 网络安全方面：关于 AP 的设置

如果你仔细观察图 4-1，就会注意到这样一件事情：如果 AP 没有设置任何连接限制，那么任何拥有无线网卡的主机都可以通过这个 AP 连接到你的局域网（LAN）。需要注意的是，通常我们认为局域网是一个可信任的网络，因此在内部没有防火墙，也就是处于无设防的状态。如果有人恰好拿着笔记本电脑经过你的 AP 信号范围，他就可以轻松地通过你的 AP 连接到你的局域网，并且可以通过你的 AP 访问互联网。如果这个人是一个喜欢搞破坏的黑客，当他使用你的 AP 进行攻击时，最终被发现的跳板可能就是你的 AP。这会带来很多麻烦，并且你内部主机的数据也有可能被窃取。

无线网络的安全性存在很大的漏洞，这是无法避免的。因为无线网络的传输不是通过实体网线而是通过无线信号进行的，实体网线相对容易控制，而无线信号则较难控制。因此，请务必在你的 AP 上进行连接限制的设置，通常可以采取以下限制措施：

- **在 AP 上使用网卡的 MAC 地址作为是否可以访问 AP 的限制**。这样一来，只有你允许的网卡才能访问你的 AP，从而增加了安全性。但是，这种方法存在一个问题，就是当其他主机想要通过这个 AP 连接 Internet 时，你就需要手动登录 AP 设置 MAC 地址。在移动设备很多的环境下（例如公司或学校），这种方法可能会比较麻烦。
- **给你的 AP 设置连接加密机制与密钥**。另一个比较可行的方法是设置连接时需要的验证密钥。这个密钥可以对网络连接的数据进行加密，即使你的数据被窃听，对方也只能得到一堆乱码。同时，由于客户端也需要知道密钥并在连接阶段输入密钥，因此这也可以用来限制可连接的用户。这种方法可以提高无线网络的安全性。

当然，你可以同时使用上述两种方法，既需要连接密码，又在 AP 处设置允许访问的 MAC 地址，这样可以提高安全性。接下来，让我们来介绍一下 AP 中经常需要了解的数据，即 ESSID/SSID。

如果在同一个局域网内有两个 AP，那么当你的无线网卡要连接上网时，它会通过哪个 AP 连接出去呢？这个问题可能会让人感到困扰。实际上，每个 AP 都有一个网络名称，称为 SSID 或 ESSID。这个 SSID 可以提供给客户端，当客户端需要进行无线连接时，它必须指明要使用哪个 AP，而 ESSID 就是需要输入的数据。在我的案例中，我将我的 AP 的 SSID 设置为 vbird_tsai，并设置了一个密钥密码，具体的设置方法如图 4-2 和图 4-3 所示。

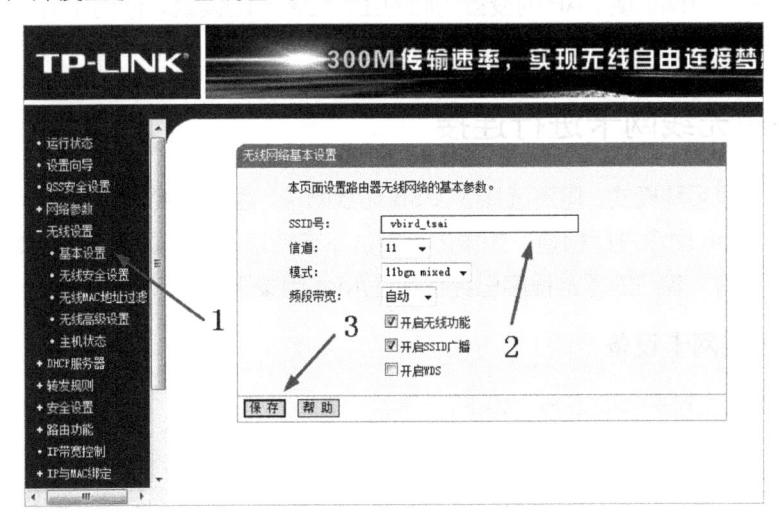

图 4-2 无线网络 AP 的 SSID 设置项

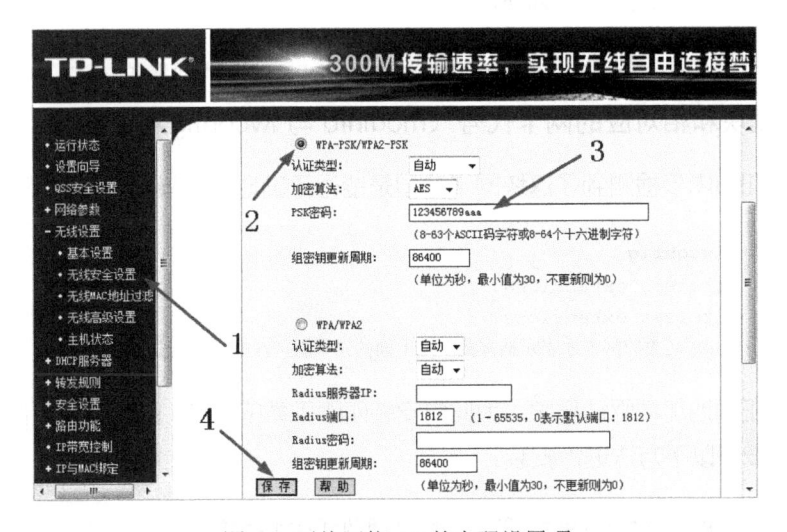

图 4-3 无线网络 AP 的密码设置项

在图 4-2 中，在登录了 AP 的设置项目后，依序先选择无线设置里面的"基本设置"，然后在右边的窗口中填写正确的 SSID 号，最后单击"保存"按钮即可。接下来是密码的设置。

在图 4-3 中，我们先选择"无线安全设置"，然后在右边的窗口中选择"WPA-PSK/WPA2-PSK"的加密方式，再输入加密的密钥。在这个例子中，鸟哥填写了一个非常简单的密码，读者不要模仿。填写完成后，单击"保存"按钮即可。此时，我们将得到以下两个数据：

- SSID：vbird_tsai。
- 密钥密码：123456789aaa。

这仅仅是一个示例说明。AP 的设置到此为止，如果你的设置有任何不同，请自行查阅你的 AP 操作手册。

4.3.3 利用无线网卡进行连接

无线网卡有很多种模式，鸟哥选择了 USB 无线网卡，因此想要确定是否成功捕获到该网卡，需要使用 lsusb 命令进行检查。如果内核默认不支持该网卡，还需要自行编译驱动程序。正如前面所提到的，我们的驱动程序已经存放在/root 目录下了。

1. 检查无线网卡设备

使用 USB 无线网卡的检查方式如下：

```
[root@www ~]# lsusb
Bus 002 Device 001: ID 1d6b:0001 Linux Foundation 1.1 root hub
Bus 001 Device 003: ID 07d1:3c0a D-Link System DWA-140 RangeBooster
N Adapter(rev.B2) [Ralink RT2870]
Bus 001 Device 001: ID 1d6b:0002 Linux Foundation 2.0 root hub
# 已经检测到这块网卡了，只是它已经被内核加载了吗？还不知道呢，继续往下检查
```

2. 查看模块和相对应的网卡代号（modinfo 与 iwconfig）

我们已经知道内核检测到了这块网卡，但是能否正确地加载模块呢？让我们来看一下：

```
[root@www ~]# iwconfig
lo        no wireless extensions.
eth0      no wireless extensions.
# 要出现名为 wlan0 之类的网卡才表示捕捉到，从上面的结果看，没有正确地加载模块
```

由于尚未正确地加载驱动程序，因此先安装刚刚下载的 RPM 驱动程序。请先将 USB 设备拔出，然后按照以下方法进行安装：

```
[root@www ~]# rpm -ivh kmod-rt3070sta* rt2870-firmware*
# 这个操作会进行很长时间，似乎程序在检测硬件
```

```
# 这个操作完成之后,请将 USB 网卡插入 USB 口
[root@www ~]# iwconfig
lo        no wireless extensions.
eth0      no wireless extensions.
ra0       Ralink STA
```

iwconfig 是用于无线网络设置的命令,类似于 ifconfig。不过,当我们使用 iwconfig 时,如果出现了上述粗体字标示的信息,就表示该网络接口使用的是无线网卡。虽然有时你会看到无线网卡被命名为 wlan0 等代号,但这块网卡使用 ra0 作为代号,这非常有趣。

3. 使用 iwlist 检测 AP

接下来我们来看看无线网卡是否能够找到 AP。首先,我们需要启动无线网卡,只需使用 ifconfig 命令即可:

```
[root@www ~]# ifconfig ra0 up
```

只有在启动网卡之后,我们才能使用该网卡来搜索整个区域内的无线接入点。接下来,直接使用 iwlist 命令来搜索并查看使用该无线网卡的情况。

```
[root@www ~]# iwlist ra0 scan
ra0       Scan completed :
          Cell 01 - Address: 74:EA:3A:C9:EE:1A
                    Protocol:802.11b/g/n
                    ESSID:"vbird_tsai"
                    Mode:Managed
                    Frequency:2.437 GHz (Channel 6)
                    Quality=100/100  Signal level=-45 dBm  Noise level=-92 dBm
                    Encryption key:on
                    Bit Rates:54 Mb/s
                    IE: WPA Version 1
                        Group Cipher : CCMP
                        Pairwise Ciphers (1) : CCMP
                        Authentication Suites (1) : PSK
                    IE: IEEE 802.11i/WPA2 Version 1
                        Group Cipher : CCMP
                        Pairwise Ciphers (1) : CCMP
                        Authentication Suites (1) : PSK
...(省略)...
```

从上面的输出中可以获取以下信息:①这个无线 AP 的协议;②ESSID 的名称是否错误;③得知加密机制是 WPA2-PSK,与前一小节的 AP 设置相符;④使用的无线频道是 6 号。接下来需要修改配置文件,这一部分可能比较烦琐,请参考以下网页进行设置:

- https://wiki.archlinux.org/index.php/Rt2870。

```
[root@www ~]# ifconfig ra0 down && rmmod rt3070sta
```

```
[root@www ~]# vim /etc/Wireless/RT2870STA/RT2870STA.dat
Default
Region=5
RegionABand=7
Code=TW           <==中国台湾地区的编码代号
ChannelGeography=1
SSID=vbird_tsai   <== AP 的 ESSID
NetworkType=Infra
WirelessMode=9    <==与无线 AP 支持的协议有关！参考上述网址中的说明
Channel=6         <==与 Region 及检测到的频道有关的设置
...(中间省略)...
AuthMode=WPAPSK   <==我们的 AP 提供的认证模式
EncrypType=AES    <==传送认证码的加密机制
WPAPSK="123456780aaa" <==密钥密码！最好用双引号括起来
...(省略)...
# 鸟哥实际修改的就是上面有特别说明的地方，其余的地方都保留默认值即可
# 更奇怪的是，每次 ifconfig ra0 down 后，这个文件会莫名其妙地被修改掉

[root@www ~]# modprobe rt3070sta && ifconfig ra0 up
[root@www ~]# iwconfig ra0
ra0       Ralink STA    ESSID:"vbird_tsai"   Nickname:"RT2870STA"
          Mode:Auto  Frequency=2.437 GHz  Access Point: 74:EA:3A:C9:EE:1A
          Bit Rate=1 Mb/s
          RTS thr:off   Fragment thr:off
          Encryption key:off
          Link Quality=100/100  Signal level:-37 dBm  Noise level:-37 dBm
          Rx invalid nwid:0  Rx invalid crypt:0  Rx invalid frag:0
          Tx excessive retries:0  Invalid misc:0  Missed beacon:0
```

如果成功显示了上述数据，那就表示你的无线网卡已经成功连接到 AP。接下来，你就可以设置网卡的配置文件了。

4. 设置网卡配置文件（ifcfg-ethn）

因为我们的网卡使用 ra0 作为代号，所以需要在/etc/sysconfig/network-scripts 中设置相应的配置文件。由于这是一块无线网卡，因此许多设置值与有线网卡不同。你可以参考以下文件来详细设置各项参数：

- /etc/sysconfig/network-scripts/ifup-wireless。

网卡设置是这样的：

```
[root@www ~]# cd /etc/sysconfig/network-scripts
[root@www network-scripts]# vim ifcfg-ra0
DEVICE=ra0
BOOTPROTO=dhcp
ONBOOT=no       <== 若需要每次都自动启动，改成 yes 即可
ESSID=vbird_tsai
RATE=54M        <== 可以严格指定传输的速率，要与上面 iwconfig 相同，单位 Mb/s
```

要注意那个 ONBOOT=no 的设置。如果你想让无线网卡在每次开机时都自动启动，就将其设置为 yes；否则设置为 no。开机后，可以使用 ifup ra0 命令来启动无线网卡。至此，你的无线网卡应该可以顺利启动了。

> 实际上，上述配置文件的内容只是规划了 iwconfig 的参数。因此，除了查阅 ifup-wireless 的内容之外，你还可以通过 man iwconfig 命令查询更详细的信息。而最重要的参数当然是 ESSID 和 KEY 了。

5. 启动与查看无线网卡

使用 ifup wlan0 命令启动网卡后，可以使用 iwconfig 和 ifconfig 命令来分别查看配置情况，示例如下：

```
[root@www ~]# ifup ra0
Determining IP information for ra0... done.
```

整个流程就是如此简单。通常情况下，常见的笔记本电脑内置的 Intel 无线网络模块适用于 Linux 的 ipw2200/ipw21000 模块，因此设置也很快。在 CentOS 6.x 中，默认已经支持这些模块，因此无须重新安装无线网卡驱动程序，只需按照上述方式进行无线网络设置即可，简单又方便。

4.4 常见问题说明

这一小节非常重要，它可以帮助你在进行理论学习之后，了解如何应用这些概念去解决网络设置问题。接下来，我将针对几个常见的问题进行说明。

4.4.1 内部网络使用某些服务（如 FTP、POP3）所遇到的连接延迟问题

你或许曾经听过这样的问题：我在我的内部局域网中有几台计算机，这几台计算机明明都在同一个网段之内，而且系统都没有问题，为什么我使用 POP3 或者 FTP 连接我的 Linux 主机时会停顿好久才连上，但是连上之后，速度又恢复正常了呢。

因为在进行网络连接时，两台主机之间会互相询问对方的主机名及该主机名所对应的 IP 地址信息，以确认对方的身份。在目前的因特网上，大多使用域名服务系统提供主机名与其对应的 IP 地址信息的解析工作。而 DNS 服务器的 IP 地址是在/etc/resolv.conf 文件中定义的，如果没有正确指定 DNS 的 IP 地址，我们将无法查询到主机名与 IP 地址的对应信息。

公开的 Internet 可以按照上述方式设置，但是对于内部网络的具有私有 IP 地址的主机来

说，情况会有所不同。由于这些是私有 IP 主机，无法使用/etc/resolv.conf 中的设置来查询其名称。那么应该怎么办呢？要知道，如果两台主机无法查询到正确的主机名与 IP 地址的对应信息，就可能持续进行查询主机名的操作，这个过程通常需要持续 30~60 秒。因此，你的连接可能会持续 30 秒来检查主机名，从而导致延迟情况的发生。

尽管可以通过修改软件设置来跳过主机名检查，但大多数软件默认启用这个机制，因此内部主机的连接过程通常会很慢，但连接成功后速度就会恢复正常，这种情况在 FTP 和 POP3 等网络服务软件中尤其最常见。

那么如何避免这种情况呢？最简单的方法是为内部的每台主机提供一个名称与 IP 地址的对应关系。举个例子，我们知道每台主机都有一个主机名叫作 Localhost，对应的 IP 地址是 127.0.0.1。为什么呢？因为这个 127.0.0.1 与 Localhost 的对应关系被写入了/etc/hosts 文件中。当我们需要查询主机名与 IP 的对应关系时，系统首先在/etc/hosts 文件中查找设置值，如果找不到，才会使用/etc/resolv.conf 中的设置去 Internet 查询。也就是说，只要修改了/etc/hosts 文件，添加每台主机与 IP 地址的对应关系，就能够加快主机名的查询。

因此，你需要将具有私有 IP 地址的计算机及其名称写入/etc/hosts 文件中。这也是为什么我们在主机名设置中特别强调第 5 个检查步骤的原因。让我们来看一下/etc/hosts 文件的原始设置内容：

```
[root@www ~]# cat /etc/hosts
# Do not remove the following line, or various programs
# that require network functionality will fail.
127.0.0.1              localhost.localdomain      localhost
# 主机的 IP              主机的名称                  主机的别名
```

在上述情况中，很容易发现一种设置方法，那就是 IP 地址对应主机名。现在你知道为什么当我们 ping Localhost 时，IP 地址会显示为 127.0.0.1 了吧。那是因为它已经写入了/etc/hosts 文件中，而且不能删除 Localhost 那一行，否则系统的某些服务可能无法启动。你需要将局域网内的所有计算机的 IP 地址都写入该文件中，并为每台计算机取一个你喜欢的名字，即使与客户端的计算机名称设置不同也没有关系。以鸟哥为例，如果我还额外设置了 DHCP，那么我会将 C 类网段的所有 IP 地址都写入/etc/hosts 文件中，代码如下：

```
[root@www ~]# vim /etc/hosts
# Do not remove the following line, or various programs
# that require network functionality will fail.
127.0.0.1              localhost.localdomain      localhost
192.168.1.1    linux001
192.168.1.2    linux002
192.168.1.3    linux003
.........
.........
192.168.1.254  linux254
```

这样，无论哪一台计算机连接上来，不管它是同一个网段的哪一个 IP 地址，我都可以迅速地进行查找。这样在内部网络互联时，就不会出现太多的延迟。

4.4.2　域名无法解析的问题

很多朋友常问一个问题：我可以通过拨号上网，也可以 ping 通百度的 IP 地址，但为什么无法直接通过网址连接到 Internet 呢？前面不是一直强调 DNS 解析的问题吗，这就是域名解析不正确的问题，赶快修改一下/etc/resolv.conf 文件吧。使用上层 ISP 分配的 DNS 主机的 IP 地址即可，例如百度的 39.156.66.10 和新浪的 111.13.134.203。代码如下：

```
[root@www ~]# vi /etc/resolv.conf
nameserver 39.156.66.10
nameserver 111.13.134.203
```

朋友们常常会在这个地方弄错，因为很多书上都说这里应该设置为 NAT 主机的 IP 地址，但那根本就是错误的。你应该将所有受管理的计算机上关于 DNS 的设置都直接使用上述的设置值。除非你的上层环境使用了防火墙，那才需要另外考虑其他设置。

4.4.3　默认网关的问题

在第 2 章中我们讲解了关于默认网关的内容。默认网关通常只有一个，主要用于将同一网络中的其他主机的非本网络数据包传递出去。但是在每个网络配置文件（/etc/sysconfig/network-scripts/ifcfg-ethx）中，你可以指定 GATEWAY 这个参数。如果多次设置该参数，就会引发问题。

举个例子，假设你的 ifcfg-eth0 用于内部网络通信，所以你在该配置文件中将 GATEWAY 设置为你自己的 IP 地址。但是该主机使用 ADSL 拨号，拨号成功后会生成一个 ppp0 接口，这个 ppp0 接口也有自己的默认网关。那么当你要将数据包传输到非本网络的新浪主机时，该数据包应该经过 eth0 还是 ppp0？这两者都有默认网关。

很多朋友在这个问题上确实会感到困惑，常常也会弄混。因此，请注意，默认网关只能有一个，如果是使用 ADSL 拨号，请不要在 ifcfg-eth0 中指定 GATEWAY 或 GATEWAYDEV 等参数。这一点非常重要。

如果你需要进一步了解网络故障排除的内容，可参考第 6 章"Linux 网络故障排除"中的说明，那里会提供更多的指导。

4.5　重点回顾

- Linux 以太网卡的默认代号为 eth0、eth1 等，无线网卡则为 wlan0、ra0 等。
- 在自行编译网卡驱动程序时，必须先安装 Gcc、Make、Kernel-header 等软件。
- 内部网络的私有 IP 主机的"IP 地址与主机名的对应"最好写入/etc/hosts，这样可以减少很多软件进行 IP 反查所花费的等待时间。
- IP 参数设置在 /etc/sysconfig/network-scripts/ifcfg-eth0 中，主机名设置在 /etc/sysconfig/network 中，DNS 设置在/etc/resolv.conf 中，主机名与 IP 的对应设置在 /etc/hosts 中。
- 在设置 GATEWAY 参数时，请务必仔细检查，只设置一个 GATEWAY 即可。
- 可以使用 /etc/init.d/network restart 来重新启动系统的网络接口。
- 如果使用 DHCP 协议，请取消 GATEWAY 设置，以避免出现多个默认网关导致无法连接的问题。
- ADSL 拨号后会生成一个名为 ppp0 的新拨号接口。
- 由于无线网卡与无线接入点之间的连接是通过无线接口进行的，因此需要特别注意网络安全。
- 无线接入点的连接保护通常使用控制接入者的 MAC 地址或加入连接加密机制的密钥等方法。
- 设置有线网卡可以使用 ifconfig 命令，而设置无线网卡则需要使用 iwconfig 命令，至于扫描接入点，可以使用 iwlist 命令。

第 5 章

Linux 中常用的网络命令

Linux 的网络功能非常强大，我们无法一下子完全介绍所有的网络命令。本章的主要目的是将一些常见的网络命令集中在一起，以便更容易掌握，每个命令的详细用途将在后续的服务器搭建中根据命令的相关性进行说明。其中包括了一个非常重要的知识点，即数据包捕获的命令。如果对此不熟悉，没关系，可以先放一边，在阅读完本书后再回来复习这一部分的内容。

5.1 设置网络参数的命令

在任何时候,如果你想要设置网络参数,包括 IP 参数、路由参数和无线网络等,你都需要了解以下相关命令:

- ifconfig:用于查询和设置网卡与 IP 网络等相关参数。
- ifup、ifdown:这是两个脚本文件,用于更简单地启动与关闭网络接口。
- route:用于查看和配置路由表。
- ip:整合了多个功能的命令,可以直接修改上述提到的功能。

其中,ifconfig 和 route 这两个命令非常重要。当然,现在的做法是使用整合了功能的 ip 命令来设置 IP 参数。

5.1.1 手动/自动配置 IP 参数与启动/关闭网络接口:ifconfig、ifup、ifdown

这 3 个命令都用于启动网络接口,但是 ifup 和 ifdown 只能对 /etc/sysconfig/network-scripts 目录下的 ifcfg-ethX(X 为数字)文件进行启动或关闭操作,并不能直接修改网络参数。除非手动调整 ifcfg-ethX 文件,才能进行网络参数的修改。而 ifconfig 命令则可以直接手动为某个接口配置 IP 参数或调整其网络参数。接下来我们将分别对它们进行详细介绍。

1. ifconfig

ifconfig 命令主要用于手动启动、查看和修改网络接口的相关参数。可以修改的参数很多,包括 IP 参数和 MTU 等。其语法如下:

```
[root@www ~]# ifconfig {interface} {up|down}   <== 查看与启动接口
[root@www ~]# ifconfig interface {options}     <== 设置与修改接口
选项与参数:
interface:网卡接口名称,包括 eth0、eth1、ppp0 等
options   :可以使用的参数,包括:
    up, down :启动 (up) 或关闭 (down) 该网络接口(不涉及任何参数)
    mtu      :可以设置不同的 MTU 数值,例如 mtu 1500 (单位为 byte)
    netmask  :子网掩码
    broadcast:广播地址

# 范例一:查看所有的网络接口(直接输入 ifconfig)
[root@www ~]# ifconfig
eth0      Link encap:Ethernet  HWaddr 08:00:27:71:85:BD
          inet addr:192.168.1.100  Bcast:192.168.1.255  Mask:255.255.255.0
          inet6 addr: fe80::a00:27ff:fe71:85bd/64 Scope:Link
          UP BROADCAST RUNNING MULTICAST  MTU:1500  Metric:1
          RX packets:2555 errors:0 dropped:0 overruns:0 frame:0
```

```
            TX packets:70 errors:0 dropped:0 overruns:0 carrier:0
            collisions:0 txqueuelen:1000
            RX bytes:239892 (234.2 KiB)  TX bytes:11153 (10.8 KiB)
```

一般来说，直接输入 ifconfig 命令将列出当前已启动的所有网卡，无论这些网卡是否设置了 IP 地址，都会显示出来。而如果输入 ifconfig eth0，只会显示该网卡的相关数据，而不管该网卡是否已经启动。因此，如果你想要查看某个网卡的物理地址（Hardware Address），只需输入"ifconfig <网络接口代号>"即可。至于上述代码中出现的各项数据，则按照从上到下、从左到右的顺序排列。

- eth0：网卡的名称代号，还有一个 loopback 网卡被称为 lo。
- HWaddr：网卡的硬件地址，通常称为 MAC 地址。
- inet addr：IPv4 的 IP 地址，后续的 Bcast 和 Mask 分别代表的是广播地址和子网掩码。
- inet6 addr：IPv6 版本的 IP 地址，在本章中我们不使用，所以暂时略过。
- MTU：就是第 2 章介绍过的网络接口的最大传输单元。
- RX：表示从启动到当前为止的数据包接收情况，其中 packets 代表接收的数据包数量，errors 代表接收错误的数据包数量，dropped 代表由于问题而丢弃的数据包数量。
- TX：表示从启动到当前为止的数据包发送情况。
- collisions：表示数据包冲突的次数，如果发生太多次，就表示网络状况不佳。
- txqueuelen：表示用于传输数据的缓冲区的存储长度。
- RX bytes、TX bytes：表示接收和发送的字节总量。

通过查看上述的信息，可以大致了解你的网络情况，特别是 RX、TX 中的错误数量以及是否发生严重的冲突情况等都是需要注意的。

```
# 范例二：暂时修改网络接口，给予 eth0 一个 192.168.100.100/24 的参数
[root@www ~]# ifconfig eth0 192.168.100.100
# 如果不加任何其他参数，则系统会依照该 IP 地址所在的 class 范围，自动计算出子网掩码、网络地址、广播
地址等 IP 参数，若想修改其他参数，则

[root@www ~]# ifconfig eth0 192.168.100.100 \
> netmask 255.255.255.128 mtu 8000
# 设置网络接口的不同参数，同时设置 MTU 的数值

[root@www ~]# ifconfig eth0 mtu 9000
# 仅修改该接口的 MTU 数值，其他数值保持不变

[root@www ~]# ifconfig eth0:0 192.168.50.50
# 仔细看网卡设备名称是 eth0:0，那就是在该物理网卡上再仿真一个网络接口，
# 也就是在一块网卡上面设置多个 IP 地址

[root@www ~]# ifconfig
eth0      Link encap:Ethernet  HWaddr 08:00:27:71:85:BD
          inet addr:192.168.100.100  Bcast:192.168.100.127  Mask:255.255.255.128
          inet6 addr: fe80::a00:27ff:fe71:85bd/64 Scope:Link
          UP BROADCAST RUNNING MULTICAST  MTU:9000  Metric:1
```

```
              RX packets:2555 errors:0 dropped:0 overruns:0 frame:0
              TX packets:70 errors:0 dropped:0 overruns:0 carrier:0
              collisions:0 txqueuelen:1000
              RX bytes:239892 (234.2 KiB)  TX bytes:11153 (10.8 KiB)
eth0:0        Link encap:Ethernet   HWaddr 08:00:27:71:85:BD
              inet addr:192.168.50.50  Bcast:192.168.50.255  Mask:255.255.255.0
              UP BROADCAST RUNNING MULTICAST  MTU:9000  Metric:1
# 仔细看，与硬件有关的信息都相同。没错。因为是同一块网卡
# 如果想要将刚刚建立的那块 eth0:0 网卡关闭，是否影响原有的 eth0 呢

[root@www ~]# ifconfig eth0:0 down
# 关掉 eth0:0 这个接口。如果想用默认值启动 eth1，ifconfig eth1 up 就可以实现

# 范例三：将手动设置的数据全部取消，使用原有的设置值重置网络参数
[root@www ~]# /etc/init.d/network restart
# 使之前设置的数据全部失效，会以 ifcfg-ethX 的设置为主
```

使用 ifconfig 命令可以临时手动设置或修改特定适配器的相关配置，还可以通过 eth0:0 等虚拟网络接口的方式在一块网卡上定义多个 IP 地址。手动设置非常简单，即使设置错误也无须担心，因为可以使用/etc/init.d/network restart 命令重新启动整个网络接口，之前手动设置的数据将全部失效。另外，如果要启动某个网络接口但不给它分配 IP 参数，可以直接使用 ifconfig eth0 up 命令。这种操作在使用无线网卡的环境中经常用到，因为我们必须启动无线网卡以检测接入点是否存在。

2. ifup、ifdown

要实时手动修改一些网络接口参数，可以使用 ifconfig 命令。如果想要通过配置文件来启动网络接口，即在 /etc/sysconfig/network-scripts 目录下的 ifcfg-ethx 等文件中设置参数，那么需要使用 ifup 或 ifdown 命令来完成。

```
[root@www ~]# ifup    {interface}
[root@www ~]# ifdown {interface}

[root@www ~]# ifup eth0
```

ifup 和 ifdown 是非常简单的程序。实际上，它们是脚本，会直接在/etc/sysconfig/network-scripts 目录中查找相应的配置文件。例如，ifup eth0 会读取 ifcfg-eth0 文件的内容，并进行相应的设置。有关 ifcfg-eth0 的配置，请参考第 4 章的说明。

然而，由于这两个程序主要依赖于读取配置文件（ifcfg-ethX）来启动和关闭网络接口，因此在使用之前，请确保 ifcfg-ethX 确实存在于正确的目录中，否则启动可能会失败。此外，如果使用 ifconfig eth0 的方式来设置或修改网络接口，那么就无法再使用 ifdown eth0 来关闭了。因为 ifdown 会对比当前的网络参数与 ifcfg-eth0 是否匹配，如果不匹配，它将放弃操作。因此，在使用 ifconfig 修改完毕后，应该使用 ifconfig eth0 down 来关闭该接口。

5.1.2 修改路由：route

我们在第 2 章中讨论了路由的问题。为了实现两台主机之间的 TCP/IP 通信，必须存在一个可用的路由。一般来说，只要有网络接口，该接口就会产生一个默认的路由。在我们安装的主机上，存在一个名为 eth0 的接口，情况如下：

```
[root@www ~]# route [-nee]
[root@www ~]# route add [-net|-host] [网络或主机] netmask [mask] [gw|dev]
[root@www ~]# route del [-net|-host] [网络或主机] netmask [mask] [gw|dev]
查看的参数：
    -n  ：不要使用通信协议或主机名，直接使用 IP 地址或端口号
    -ee ：显示更详细的信息
增加 (add) 与删除 (del) 路由的相关参数：
    -net    ：表示后面接的路由为一个网络
    -host   ：表示后面接的为连接到单台主机的路由
    netmask ：与网络有关，可以设置子网掩码从而决定网络的大小
    gw      ：gateway 的简写，后续接的是 IP 地址，与 dev 不同
    dev     ：如果只是要指定由哪一块网卡连接出去，则使用这个设置，后面接 eth0 等

# 范例一：单纯只是查看路由状态
[root@www ~]# route -n
Kernel IP routing table
Destination     Gateway         Genmask         Flags Metric Ref    Use Iface
192.168.1.0     0.0.0.0         255.255.255.0   U     0      0        0 eth0
169.254.0.0     0.0.0.0         255.255.0.0     U     1002   0        0 eth0
0.0.0.0         192.168.1.254   0.0.0.0         UG    0      0        0 eth0

[root@www ~]# route
Kernel IP routing table
Destination     Gateway         Genmask         Flags Metric Ref    Use Iface
192.168.1.0     *               255.255.255.0   U     0      0        0 eth0
link-local      *               255.255.0.0     U     1002   0        0 eth0
default         192.168.1.254   0.0.0.0         UG    0      0        0 eth0
```

通过仔细查看 route –n 和 route 命令的输出结果你会发现，使用 –n 参数会显示出 IP 地址，而不使用该参数则显示主机名。换句话说，在默认情况下，route 命令会尝试解析该 IP 地址的主机名，如果解析失败，会有一定的延迟。因此，鸟哥通常直接使用 route –n 命令。从上面的信息中，我们可以知道 default = 0.0.0.0/0.0.0.0，那么上述信息中有哪些是你必须了解的呢？

- **Destination、Genmask**：这两个参数分别代表网络地址和子网掩码。它们组合在一起形成完整的网络地址。
- **Gateway**：该网络通过哪个网关进行连接？如果显示为 0.0.0.0，则表示该路由是直接从本机发送的，可以通过局域网的 MAC 地址直接发送；如果显示为 IP 地址，则表示该路由需要路由器（网关）的帮助才能发送出去。
- **Flags**：该字段包含多个标志，其含义如下：

- U（route is up）：表示该路由已启用。
- H（target is a host）：表示目标是一台主机（IP），而不是网络。
- G（use gateway）：表示需要通过外部的网关来传递数据包。
- R（reinstate route for dynamic routing）：表示在使用动态路由时，恢复路由信息的标志。
- D（dynamically installed by daemon or redirect）：表示动态路由。
- M（modified from routing daemon or redirect）：表示路由已被修改。
- !（reject route）：表示该路由将不会被接受（用于阻止不安全的网络）。

■ Iface：表示传递数据包的接口。

此外，在查看上述路由表的排列顺序时，可以观察到路由从小网络（192.168.1.0/24，Class C）逐渐扩大到大网络（169.254.0.0/16，Class B），最后是默认路由（0.0.0.0/0.0.0.0）。当需要确定如何发送某个网络数据包时，该数据包将通过路由表进行判断。举个例子，如果我有上述范例一中的 3 条路由，而我要发送一个到达 192.168.1.20 的数据包，则首先会查找 192.168.1.0/24 这个网络的路由，如果找到了，就直接通过 eth0 接口发送出去。

如果要发送到新浪的主机，其 IP 地址是 111.13.134.203，根据判断它不属于 192.168.1.0/24 和 169.254.0.0/16，所以最后到达默认路由 0/0，数据包将通过 eth0 接口发送给网关主机 192.168.1.254。由此可以说路由具有顺序性。

因此，当你在主机上重复设置多个相同的路由时，例如，在你的主机上将两块网卡设置为相同网络的 IP，会出现以下情况：

```
Kernel IP routing table
Destination     Gateway         Genmask         Flags Metric Ref    Use Iface
192.168.1.0     0.0.0.0         255.255.255.0   U     0      0        0 eth0
192.168.1.0     0.0.0.0         255.255.255.0   U     0      0        0 eth1
```

由于路由是按顺序排列和传送的，无论数据包通过哪个接口（如 eth0、eth1）接收，都会通过上述的 eth0 接口发送出去。因此，在同一台主机上设置两个相同网络的 IP 本身没有什么意义，是多余的操作。除非涉及虚拟机（如 Xen、VMware 等软件）部署的多主机环境，才会有这种需要。

```
# 范例二：路由的增加与删除
[root@www ~]# route del -net 169.254.0.0 netmask 255.255.0.0 dev eth0
# 上面这个命令可以删除掉 169.254.0.0/16 这个网络
# 注意，在删除的时候，需要将路由表中出现的信息都写入
# 包括 netmask、dev 等参数

[root@www ~]# route add -net 192.168.100.0 \
> netmask 255.255.255.0 dev eth0
# 通过 route add 来增加一条路由。注意，这个路由的设置必须要能够与你的网络互通
# 举例来说，如果我使用下面的命令就会显示错误：
# route add -net 192.168.200.0 netmask 255.255.255.0 gw 192.168.200.254
```

```
# 因为我的主机内仅有 192.168.1.11 这个 IP 地址,所以不能直接与 192.168.200.254
# 这个网段直接使用 MAC 地址连接

[root@www ~]# route add default gw 192.168.1.250
# 增加默认路由的方法。注意,只要一个默认路由就够了
# 同样地,192.168.1.250 的 IP 也需要能与你的局域网连通才行
# 在这个地方如果你随便设置,之后记得使用下面的命令重新配置网络
# /etc/init.d/network restart
```

如果要进行路由的删除和添加操作,可以参考上面的例子。实际上,使用命令 man route 可以获取更详细的信息。仔细阅读一下手册内容,记住如果出现"SIOCADDRT: Network is unreachable"错误,那肯定是因为网关后面所接的 IP 无法直接与你的网络通信(网关不在你的网段中)。因此,请立即检查输入的信息是否正确。

> 一般来说,鸟哥接触到一个新环境中的主机,如果不想更改系统的配置文件,而计划使用本书的网络环境设置,就会手动执行以下步骤进行处理:首先,执行命令"ifconfig eth0 192.168.1.100"设置 IP 地址,然后使用命令"route add default gw 192.168.1.254"添加默认网关,以便进行联网测试。完成测试后,可以使用命令"/etc/init.d/network restart"恢复原系统的网络设置。

5.1.3 网络参数综合命令:ip

这里提到的 ip 是一个命令,与 TCP/IP 协议中的 IP 不同。实际上,ip 命令的功能非常丰富,它不仅综合了 ifconfig 和 route 两个命令的功能,而且还可以实现更多的功能,可以说是一个非常强大的命令。如果你对此感兴趣,可以自行查看 /sbin/ifup 文件,就会了解到整个 ifup 脚本是如何利用 ip 命令实现的。好了,接下来让我们看看如何使用 ip 命令。

```
[root@www ~]# ip [option] [操作] [命令]
选项与参数:
option :设置的参数,主要有:
    -s :显示出设备的统计数据(statistics),例如接收数据包的总数等
操作:也就是可以针对哪些网络参数进行操作,包括:
    link    :与设备 (device) 相关的设置,包括 MTU、MAC 地址等
    addr/address :关于额外的 IP 协议,例如多 IP 地址的实现等
    route   :与路由有关的设置
```

通过上述语法我们可以了解到,ip 命令除了可以设置一些基本的网络参数外,还能执行额外的 IP 协议功能,包括多个 IP 的配置,实在是非常完美!接下来,我们将分为 3 个部分(link、addr、route)来介绍这个强大的 ip 命令。

1. 关于接口设备(device)的相关设置:ip link

ip link 可以设置与设备(有关的参数,包括 MTU 以及该网络接口的 MAC 地址等,当然

也可以启动（up）或关闭（down）某个网络接口。整个语法是这样的：

```
[root@www ~]# ip [-s] link show     <== 单纯只是查看该设备的相关信息
[root@www ~]# ip link set [device] [操作与参数]
选项与参数：
show：仅显示出这个设备的相关属性，如果加上 -s，会显示更多统计数据
set ：可以开始设置各项，device 指的是 eth0、eth1 等设备名称
操作与参数：包括下面的这些操作：
    up|down  ：启动 (up) 或关闭 (down) 某个接口，其他参数使用默认的以太网
    address  ：如果这个设备可以更改 MAC 的话，用这个参数修改
    name     ：给予这个设备一个特殊的名字
    mtu      ：最大传输单元

# 范例一：显示本机所有接口的信息
[root@www ~]# ip link show
1: lo: <LOOPBACK,UP,LOWER_UP> mtu 16436 qdisc noqueue state UNKNOWN
    link/loopback 00:00:00:00:00:00 brd 00:00:00:00:00:00
2: eth0: <BROADCAST,MULTICAST,UP,LOWER_UP> mtu 1500 qdisc pfifo_fast state UP qlen 1000
    link/ether 08:00:27:71:85:bd brd ff:ff:ff:ff:ff:ff
3: eth1: <BROADCAST,MULTICAST> mtu 1500 qdisc noop state DOWN qlen 1000
    link/ether 08:00:27:2a:30:14 brd ff:ff:ff:ff:ff:ff
4: sit0: <NOARP> mtu 1480 qdisc noop state DOWN
    link/sit 0.0.0.0 brd 0.0.0.0

[root@www ~]# ip -s link show eth0
2: eth0: <BROADCAST,MULTICAST,UP,LOWER_UP> mtu 1500 qdisc pfifo_fast state UP qlen 1000

    link/ether 08:00:27:71:85:bd brd ff:ff:ff:ff:ff:ff
    RX: bytes   packets   errors   dropped  overrun  mcast
    314685      3354      0        0        0        0
    TX: bytes   packets   errors   dropped  carrier  collsns
    27200       199       0        0        0        0
```

使用 ip link show 命令可以显示整个接口设备的硬件相关信息，包括网卡地址（MAC 地址）、MTU 等。其中比较有趣的是 sit0 接口，该接口用于 IPv4 和 IPv6 数据包的转换，在仅使用 IPv4 的网络中没有作用。lo 和 sit0 都是主机内部自行设置的接口。如果使用 -s 参数，则会列出该网卡的相关统计信息，包括接收（RX）和发送（TX）的数据包数量等。这些详细信息与 ifconfig 命令输出的结果相同。

```
# 范例二：启动、关闭与配置设备的相关信息
[root@www ~]# ip link set eth0 up
# 启动 eth0 这个接口设备

[root@www ~]# ip link set eth0 down
# 这就关闭了 eth0 这个接口，很简单

[root@www ~]# ip link set eth0 mtu 1000
# 更改 MTU 的值，达到 1000 字节，单位就是字节
```

使用 ifconfig 命令也可以更新网卡的 MTU。但是，如果要更改网卡名称或 MAC 地址等

信息，则需要使用 ip 命令。在进行设置之前，可能需要先关闭该网卡，否则更改不会成功。
示例如下：

```
# 范例三：修改网卡名称、MAC 等参数
[root@www ~]# ip link set eth0 name vbird
SIOCSIFNAME: Device or resource busy
# 因为该设备目前是启动的，所以不能做这样的设置。你应该如下设置：

[root@www ~]# ip link set eth0 down          <==关闭接口
[root@www ~]# ip link set eth0 name vbird    <==重新设置
[root@www ~]# ip link show                   <==查看一下
2: vbird: <BROADCAST,MULTICAST,UP,LOWER_UP> mtu 1500 qdisc pfifo_fast state UP qlen 1000
    link/ether 08:00:27:71:85:bd brd ff:ff:ff:ff:ff:ff
# 厉害吧，连网卡名称都可以修改！不过，修改测试后记得改回来
# 因为我们的 ifcfg-eth0 还是使用原本的设备名称。为避免出现问题，要改回来

[root@www ~]# ip link set vbird name eth0 <==接口改回来

[root@www ~]# ip link set eth0 address aa:aa:aa:aa:aa:aa
[root@www ~]# ip link show eth0

# 如果你的网卡支持硬件地址(MAC)更改，那么上面这个操作就可以修改 MAC 地址
# 不过，还是那句老话，测试完之后请立刻改回来
```

在这个设备的硬件相关信息设置中，包括 MTU、MAC 地址以及传输模式等都可以在这里进行设置。值得注意的是，address 后面接的是硬件地址（MAC 地址），而不是 IP 地址，这一点很容易混淆，切记。你可以通过查阅 man ip 来获取与 ip link 相关的更多硬件参数设置信息。

2. 关于额外 IP 的相关设置：ip address

如果说 ip link 是与 OSI 七层协议的第二层数据链路层相关的，那么 ip address 或 ip addr 就是与第三层网络层相关的参数。它主要用于设置与 IP 相关的各种参数，包括子网掩码、广播地址等。

```
[root@www ~]# ip address show      <==就是查看 IP 参数
[root@www ~]# ip address [add|del] [IP 参数] [dev 设备名] [相关参数]
选项与参数：
show    ：仅显示接口的 IP 信息
add|del ：进行相关参数的增加 (add) 或删除 (del) 设置，主要有：
    IP 参数：主要就是网络的设置，例如 192.168.100.100/24 之类的设置
    dev 设备名：这个 IP 参数所要设置的接口，例如 eth0、eth1 等
    相关参数主要有下面这些：
        broadcast：设置广播地址，如果设置值是+，表示让系统自动计算
        label    ：也就是这个设备的别名，例如 eth0:0
        scope    ：这个选项的参数通常是下面几个大类：
                global ：允许所有来源的连接
                site   ：仅支持 IPv6，仅允许本主机的连接
```

```
                    link    : 仅允许本设备自我的连接
                    host    : 仅允许本主机内部的连接
                    所以当然是使用 global 了，默认也是 global

# 范例一：显示出所有接口的 IP 参数：
[root@www ~]# ip address show
1: lo: <LOOPBACK,UP,LOWER_UP> mtu 16436 qdisc noqueue state UNKNOWN
    link/loopback 00:00:00:00:00:00 brd 00:00:00:00:00:00
    inet 127.0.0.1/8 scope host lo
    inet6 ::1/128 scope host
       valid_lft forever preferred_lft forever
2: eth0: <BROADCAST,MULTICAST,UP,LOWER_UP> mtu 1500 qdisc pfifo_fast state UP qlen 1000
    link/ether 08:00:27:71:85:bd brd ff:ff:ff:ff:ff:ff
    inet 192.168.1.100/24 brd 192.168.1.255 scope global eth0
    inet6 fe80::a00:27ff:fe71:85bd/64 scope link
       valid_lft forever preferred_lft forever
3: eth1: <BROADCAST,MULTICAST> mtu 1500 qdisc noop state DOWN qlen 1000
    link/ether 08:00:27:2a:30:14 brd ff:ff:ff:ff:ff:ff
4: sit0: <NOARP> mtu 1480 qdisc noop state DOWN
    link/sit 0.0.0.0 brd 0.0.0.0
```

注意到上面加粗标示的信息了吗？没错，那就是设置的 IP 参数，也是 ip address 命令的主要功能之一。接下来，我们进一步尝试添加虚拟网络接口来进行实验：

```
# 范例二：添加一个接口，名称假设为 eth0:vbird
[root@www ~]# ip address add 192.168.50.50/24 broadcast + \
> dev eth0 label eth0:vbird
[root@www ~]# ip address show eth0
2: eth0: <BROADCAST,MULTICAST,UP,LOWER_UP> mtu 1500 qdisc pfifo_fast state UP qlen 1000
    link/ether 08:00:27:71:85:bd brd ff:ff:ff:ff:ff:ff
    inet 192.168.1.100/24 brd 192.168.1.255 scope global eth0
    inet 192.168.50.50/24 brd 192.168.50.255 scope global eth0:vbird
    inet6 fe80::a00:27ff:fe71:85bd/64 scope link
       valid_lft forever preferred_lft forever
# 看到上面加粗标示了吧？多出了一行新的接口，且名称为 eth0:vbird
# broadcast + 也可以写成 broadcast 192.168.50.255

[root@www ~]# ifconfig
eth0:vbird Link encap:Ethernet   HWaddr 08:00:27:71:85:BD
          inet addr:192.168.50.50  Bcast:192.168.50.255  Mask:255.255.255.0
          UP BROADCAST RUNNING MULTICAST   MTU:1500   Metric:1
# 使用 ifconfig 就能够看到这个新加的接口了

# 范例三：将刚添加的接口删除
[root@www ~]# ip address del 192.168.50.50/24 dev eth0
# 删除就比较简单了
```

3. 关于路由的相关设置：ip route

这个命令当然就是用于查看和设置路由了。实际上，ip route 命令的功能几乎与 route 命令一样，但是它还可以进行额外的参数设置，比如 MTU 的规划等，功能非常强大。

```
[root@www ~]# ip route show   <==单纯只是显示出路由的设置
[root@www ~]# ip route [add|del] [IP 或网络号] [via gateway] [dev 设备]
选项与参数：
show：单纯只是显示出路由表，也可以使用 list 命令
add|del：添加 (add) 或删除 (del) 路由
    IP 或网络号：可以使用 192.168.50.0/24 之类的网络号或 IP 地址
    via        ：从哪个网关出去，不一定需要进行设置
    dev        ：由哪个设备连出去，这里需要进行设置
    mtu        ：可以额外地设置 MTU 的数值

# 范例一：显示出当前的路由信息
[root@www ~]# ip route show
192.168.1.0/24 dev eth0  proto kernel  scope link  src 192.168.1.100
169.254.0.0/16 dev eth0  scope link  metric 1002
default via 192.168.1.254 dev eth0
```

如上述输出所示，ip route 命令最简单的功能就是显示当前的路由信息，与 route 命令的功能相同。在输出信息中，需要注意几个小细节：

- **proto**：表示此路由的路由协议，主要有 Redirect、Kernel、Boot、Static、Ra 等，其中 Kernel 表示由内核自动设置的路由。
- **scope**：表示路由的范围，主要是 link，即与本设备直接连接相关的路由。

下面让我们来看一下如何添加和删除路由。

```
# 范例二：添加路由，主要是本机直接可连通的网络
[root@www ~]# ip route add 192.168.5.0/24 dev eth0
# 针对本机直接连通的网络设置好路由，不需要通过外部的路由器
[root@www ~]# ip route show
192.168.5.0/24 dev eth0  scope link
...(以下省略)...

# 范例三：增加可以通往外部的路由，需通过路由器
[root@www ~]# ip route add 192.168.10.0/24 via 192.168.5.100 dev eth0
[root@www ~]# ip route show
192.168.5.0/24 dev eth0  scope link
...(其他省略)...
192.168.10.0/24 via 192.168.5.100 dev eth0
# 仔细看，因为我有 192.168.5.0/24 的路由存在 (我的网卡直接联系)
# 所以才可以将 192.168.10.0/24 的路由发送给 IP 地址为 192.168.5.100 的
# 那台主机，由它来帮忙转发，与之前提到的 route 命令是一样的

# 范例四：添加默认路由
[root@www ~]# ip route add default via 192.168.1.254 dev eth0
# IP 地址为 192.168.1.254 的设备就是我的默认路由器 (gateway)
# 记住，只要一条默认路由就 OK

# 范例五：删除路由
[root@www ~]# ip route del 192.168.10.0/24
```

```
[root@www ~]# ip route del 192.168.5.0/24
```

实际上，ip 命令非常庞大且复杂。对于初次接触 Linux 网络的读者来说，可能会感到有些困惑，但不要担心，你可以先学会使用 ifconfig、ifup、ifdown 和 route 命令，等到你有更多经验之后再回来尝试使用 ip 命令。如果感兴趣，你还可以参考一下 ethtool 命令（使用 "man ethtool" 查看相关文档）。

5.1.4　无线网络：iwlist、iwconfig

如果要使用这两个命令，你必须拥有无线网卡。这两个命令的用途如下：

- iwlist：用于通过无线网卡检测无线接入点并获取相关的数据。
- iwconfig：用于设置无线网卡的相关参数。

我们在第 4 章的无线网卡设置部分已经详细讨论了这两个命令的应用，所以在这里不再赘述。如果你感兴趣，可以先使用 man iwlist 和 man iwconfig 查阅相关语法，然后再参考 4.3 节了解其用法。

5.1.5　DHCP 客户端命令：dhclient

如果你是在局域网内使用 DHCP 协议获取 IP 地址，那么是否一定需要编辑 ifcfg-eth0 文件中的 BOOTPROTO 参数呢？实际上，还有一种更快速的方法，即使用 dhclient 命令。这个命令才是真正发送 DHCP 请求的。它的用法非常简单，如果不考虑其他参数，只需要按照以下方法使用即可：

```
[root@www ~]# dhclient eth0
```

很简单吧，这样就可以立即让我们的网卡使用 DHCP 协议尝试获取 IP 地址了。

5.2　网络故障排除与查看命令

在网络互助论坛中，经常听到的一句话是"高手求救！我的 Linux 无法连接到网络。"无法连接到网络的原因有很多，要完全理解这些原因并不是一件简单的事情。然而，我们可以使用一些测试工具来追踪可能的错误原因。在 Linux 中，默认情况下已经内置了许多网络检测命令，只要你好好学习一些基本的检测命令，当有朋友告诉你需要进行故障排除时，你应该立即知道如何解决它。

其实，在第 4 章中提到的五个检查步骤已经非常详细了，是一个相当完整的网络故障排除流程。不过，还有一些其他重要的检测命令也值得了解。

5.2.1　两台主机之间最简单的通信方式：ping

ping 是一个非常重要的命令，它主要通过发送 ICMP 数据包来进行网络的状态报告。最重要的两种 ICMP 类型是 ICMP type 0 和 ICMP type 8，分别用于请求回送和主动回送网络状态的特性。需要特别注意的是，ping 命令需要通过 IP 数据包来传输 ICMP 数据包，而 IP 数据包中的 TTL 属性是一个非常重要的路由特性。详细的 IP 和 ICMP 报头数据信息请参考第 2 章中的详细介绍。

```
[root@www ~]# ping [选项与参数] IP
选项与参数：
-c 数值：后面接的是执行 ping 的次数，例如 -c 5
-n     ：在输出数据时不进行 IP 地址与主机名的反查，直接使用 IP 地址输出(速度较快)
-s 数值：发送出去的 ICMP 数据包大小，默认为 56 字节，不过可以放大此数值
-t 数值：TTL 的数值，默认是 255，每经过一个节点就会减少 1
-W 数值：等待响应对方主机的秒数
-M [do|dont] ：主要用于检测网络的 MTU 数值大小，两个常见的选项是：
    do  ：代表传送一个 DF (Don't Fragment) 标志，让数据包不能重新拆包与打包
    dont：代表不要传送 DF 标志，表示数据包可以在其他主机上拆包与打包

# 范例一：检测 1.2.4.8 这台 DNS 主机是否存在
[root@www ~]# ping -c 3 1.2.4.8
PING 1.2.4.8 (1.2.4.8) 56(84) bytes of data.
64 bytes from 1.2.4.8: icmp_seq=1 ttl=55 time=4.82 ms
64 bytes from 1.2.4.8: icmp_seq=2 ttl=55 time=7.02 ms
64 bytes from 1.2.4.8: icmp_seq=3 ttl=55 time=5.85 ms

--- 1.2.4.8 ping statistics ---
3 packets transmitted, 3 received, 0% packet loss, time 2013ms
rtt min/avg/max/mdev = 4.820/5.899/7.022/0.903 ms
```

ping 命令最简单的功能是发送 ICMP 数据包来请求对方主机回应其是否存在于网络环境中。在上面的响应消息中，有几个重要的项目：

- **64 bytes**：表示此次发送的 ICMP 数据包大小为 64 字节，这是默认值。在某些特殊情况下，例如要搜索整个网络中的最大 MTU，可以使用类似 "-s 2000" 的数值进行替代。
- **icmp_seq=1**：ICMP 检测的序列号，第一次编号为 1。
- **ttl=55**：此处的 TTL 与 IP 数据包中的 TTL 是相同的，在经过一个带有 MAC 的节点时，如路由器、桥接器，TTL 会减少 1。默认 TTL 为 255，可以使用 "-t 150" 的方法重新设置 TTL 值。
- **time=4.82 ms**：表示响应时间，以毫秒（ms，0.001 秒）或微秒（μs，0.000001 秒）为单位。一般来说，越小的响应时间表示两台主机之间的网络连接越好。

如果你忘记加上类似 -c 3 的参数来指定检测次数，那么可以使用快捷键 Ctrl+C 来终止 ping 命令的执行。

> **例题**

编写一个脚本程序 ping.sh,通过这个脚本程序,你可以用 ping 检测整个网络的主机是否有响应。此外,每台主机的检测仅等待 1 秒,也仅检测一次。

答:由于仅检测一次且等待 1 秒,因此 ping 的选项为 -W1 -c1,而本机所在的局域网为 192.168.1.0/24,所以可以这样编写(vim /root/bin/ping.sh):

```
#!/bin/bash
for siteip in $(seq 1 254)
do
        site="192.168.1.${siteip}"
        ping -c1 -W1 ${site} &> /dev/null
        if [ "$?" == "0" ]; then
                echo "$site is UP"
        else
                echo "$site is DOWN"
        fi
done
```

需要特别注意,如果你的主机与待检测主机不在同一个网络中,则 TTL 默认为 255;如果在同一网络中,则 TTL 默认为 64。

通过使用 ping 跟踪路径中的最大 MTU 值。

我们在第 2 章中已经讨论过,增加数据帧大小对网络效率的提高是有帮助的,因为数据包打包次数会减少。如果整个传输路径上的设备都能够接收该帧而无须重新拆解和重组数据包,那么效率自然会更好。修改帧大小的参数就是 MTU。

现在我们知道可以通过 ifconfig 或者 ip 等命令来修改网卡的 MTU。那么如何查询整个网络传输的最大 MTU 呢?最简单的方法是通过 ping 发送一个大数据包,并且禁止中继路由器或交换机对该数据包进行重组。可以按照以下步骤进行操作:

```
# 范例二:找出最大的 MTU 数值
[root@www ~]# ping -c 2 -s 1000 -M do 192.168.1.254
PING 192.168.1.254 (192.168.1.254) 1000(1028) bytes of data.
1008 bytes from 192.168.1.254: icmp_seq=1 ttl=64 time=0.311 ms
# 如果有响应,那就是可以接收这个数据包,如果无响应,那就表示这个 MTU 太大了

[root@www ~]# ping -c 2 -s 8000 -M do 192.168.1.254
PING 192.168.1.254 (192.168.1.254) 8000(8028) bytes of data.
From 192.168.1.100 icmp_seq=1 Frag needed and DF set (mtu = 1500)
# 这个错误信息是说,本地端的 MTU 才到 1500 而已,你要检测 8000 的 MTU,那该如何是好?用前一小节介绍的 ip link 来进行 MTU 设置吧
```

需要注意的是，由于 IP 数据包的包头（不包括选项）已经占用了 20 字节，再加上 ICMP 报头的大小为 8 字节，因此当使用"-s size"参数时，数据包的大小需要减去 28 字节（20+8=28）。因此，如果要使用的 MTU 为 1500，则需要使用命令 ping -s 1472 -M do xx.yy.zz.ip。

此外，由于本地端的网卡 MTU 也会影响检测结果，因此如果想要检测整个传输设备的 MTU 值，则每个可以调整 MTU 的主机都需要先使用 ifconfig 或者 ip 命令将 MTU 调大，再进行检测，否则可能会出现类似上述案例中的错误信息。

需要注意的是，不要随意调整 MTU，除非确实存在问题。通常情况下，调整 MTU 的设置适用于以下几种情况：

- 全部的主机都在内部的局域网，例如群集架构的环境下，由于内部的网络节点都是我们可以控制的，因此可以通过修改 MTU 来提高网络效率。
- 某些情况下，操作系统默认的 MTU 与网络不匹配，导致某些网站可以正常连接，而其他网站无法连接。在使用 Windows 操作系统作为连接共享主机时，客户端可能会遇到这个问题。

对于要连接到 Internet 上的主机，不要随意调整其 MTU，因为我们无法确定 Internet 上的每台机器支持的最大 MTU 的大小，这不在我们的控制范围内。此外，不同的连接方式具有不同的 MTU 值，常见的各种接口的 MTU 值如表 5-1 所示。

表 5-1 常见的各种接口的 MTU 值

网络接口	MTU
Ethernet	1500
PPPoE	1492
Dial-up(Modem)	576

5.2.2 对两台主机之间的各个节点进行分析：traceroute

我们之前讨论的大多数命令都是用于设置主机的网络参数，而 ping 命令用于判断两台主机之间的连通性。那么有没有一种命令可以跟踪两台主机之间的各个节点的通信状态呢？例如，如果我们连接到新浪网站的速度比平时慢，那么问题是①我们自己的网络环境有问题，②外部的 Internet 有问题？如果是网络环境的问题，我们需要检查自己的网络环境，看看是否中毒了；但如果是 Internet 的问题呢？那就只能"等等等"了。要判断是①还是②的问题，就需要使用 traceroute 命令了。

```
[root@www ~]# traceroute [选项与参数] IP
选项与参数：
-n ：可以不必进行主机的名称解析，单纯用 IP 地址，这样速度较快
-U ：使用 UDP 的 port 33434 来进行检测，这是默认的检测协议
-I ：使用 ICMP 的方式来进行检测
```

```
-T ：使用 TCP 来进行检测，一般使用端口 80 测试
-w ：若对方主机在几秒钟内没有回应就声明连接不通，默认是 5 秒
-p 端口号：若不想使用 UDP 与 TCP 的默认端口号来检测，可在此改变端口号
-i 设备：用于比较复杂的环境，当网络接口很多很复杂时，才会用到这个参数
       举例来说，如果你有两条 ADSL 可以连接到外部，那么你的主机会有两个 ppp
       你可以使用 -i 来选择是 ppp0 还是 ppp1
-g 路由：与 -i 的参数相仿，只是 -g 后面接的是 gateway 的 IP 地址

# 范例一：检测本机至新浪网站的各节点的连接状态
[root@www ~]# traceroute -n sina.com.cn
traceroute to sina.com.cn (111.13.134.203), 30 hops max, 40 byte packets
 1  192.168.1.1      0.279 ms   0.156 ms   0.169 ms
 2  10.63.0.1        0.430 ms   0.513 ms   0.409 ms
 3  * * *
 4  111.13.121.66    0.942 ms   0.969 ms   0.951 ms
 5  218.206.88.49    1.360 ms   1.379 ms   1.355 ms
 6  11.13.123.77     1.123 ms   0.988 ms   1.086 ms
 7  * * *
 8  111.134.203     10.688 ms  10.590 ms 119.160.240.3  10.047 ms
 9  * * *  <==可能有防火墙设备等情况发生所致
```

traceroute 命令非常有趣，它会针对目标主机的所有节点进行 UDP 的超时等待。以连接到新浪网站为例，当从鸟哥的主机连接到新浪网站时，经过了至少 8 个节点。traceroute 命令会主动对这 8 个节点进行 UDP 的响应等待，并检测响应时间，每个节点检测 3 次，最后返回类似上面显示的结果。可以看到每个节点的响应时间大约在 50 毫秒以内，这表示连接到 Internet 的网络环境还不错。

比较特殊的是第 3 和第 7 个节点，它们返回的是星号，表示这些节点可能设置了某些防护措施，导致我们发送的数据包被丢弃。因为我们是通过路由器转发数据包的，并没有进入路由器获取其使用资源，所以某些路由器仅支持数据包转发，并不接受来自客户端的各种检测。因此，出现上述问题是正常的。traceroute 默认使用 UDP 数据包，如果你想尝试其他类型的数据包，可以使用 –I 或 –T 参数进行测试。

由于目前 UDP/ICMP 攻击层出不穷，很多路由器可能会禁止对这两种类型数据包的响应，因此，我们可以使用 TCP 进行检测。例如，通过等待时间 1 秒对 TCP 80 端口进行检测，可以采用以下方式进行操作：

```
[root@www ~]# traceroute -w 1 -n -T sina.com.cn
```

5.2.3 查看本机的网络连接与后门：netstat

如果某个网络服务明明已经启动，但无法连接，该怎么办？首先，你应该查询网络接口所监听的端口（port），以确定服务是否真的已启动。有时候，屏幕上显示的"OK"并不意味着一切都正常。

```
[root@www ~]# netstat -[rn]        <==与路由有关的参数
[root@www ~]# netstat -[antulpc]   <==与网络接口有关的参数
```
选项与参数：
与路由 (route) 有关的参数说明：
-r ：列出路由表，功能如同 route 这个命令
-n ：不使用主机名与服务名称，使用 IP 地址与端口号，如同 route -n
与网络接口有关的参数说明：
-a ：列出所有的连接状态，包括 tcp/udp/unix socket 等
-t ：仅列出 TCP 数据包的连接
-u ：仅列出 UDP 数据包的连接
-l ：仅列出已在 Listen (监听) 的服务的网络状态
-p ：列出 PID 与 Program 的文件名
-c ：可以设置几秒钟后自动更新一次，例如 -c 5 为每 5 秒更新一次网络状态的显示

```
# 范例一：列出当前的路由表状态，并以 IP 地址及端口号的方式显示
[root@www ~]# netstat -rn
Kernel IP routing table
Destination     Gateway         Genmask         Flags MSS Window irtt Iface
192.168.1.0     0.0.0.0         255.255.255.0   U     0 0          0 eth0
169.254.0.0     0.0.0.0         255.255.0.0     U     0 0          0 eth0
0.0.0.0         192.168.1.254   0.0.0.0         UG    0 0          0 eth0
# 其实这个参数就跟 route -n 一模一样，不过，这不是 netstat 的主要功能

# 范例二：列出当前的所有网络连接状态，并以 IP 地址和端口号的方式显示
[root@www ~]# netstat -an
Active Internet connections (servers and established)
Proto Recv-Q Send-Q Local Address        Foreign Address     State
...(中间省略)...
tcp        0      0 127.0.0.1:25         0.0.0.0:*           LISTEN
tcp        0     52 192.168.1.100:22     192.168.1.101:1937  ESTABLISHED
tcp        0      0 :::22                :::*                LISTEN
...(中间省略)...
Active UNIX domain sockets (servers and established)
Proto RefCnt Flags     Type     State      I-Node Path
unix  2      [ ACC ]   STREAM   LISTENING  11075  @/var/run/hald/dbus-uukdg1qMPh
unix  2      [ ACC ]   STREAM   LISTENING  10952  /var/run/dbus/system_bus_socket
unix  2      [ ACC ]   STREAM   LISTENING  11032  /var/run/acpid.socket
...(省略)...
```

　　netstat 命令的输出主要分为两个部分：TCP/IP 网络接口部分和传统的 UNIX 套接字部分。在《鸟哥的 Linux 私房菜 基础学习篇（第四版）》一书中我们曾讨论过文件类型，记得吗？UNIX 套接字和 FIFO 文件就是其中的一种。在 UNIX 套接字部分，它被用作程序之间进行数据通信的接口，也就是范例二中所看到的"Active UNIX domain sockets"的内容。

　　通常鸟哥建议使用"-n"选项，因为这样可以避免进行主机名和服务名称的反向查找，直接以 IP 地址和端口号来显示，从而提高显示速度。至于输出信息中的内容，现在我们来讨论一下与网络连接状态相关的输出部分，它主要分为以下几个大项：

- Proto：该连接使用的数据包协议主要是 TCP/UDP 等。

- Recv-Q：从非用户程序连接复制而来的总字节数。
- Send-Q：从远程主机发送但没有 ACK 标志的总字节数，也包括主动连接的 SYN 或其他标志的数据包所占的字节数。
- Local Address：本地端的地址，可以是 IP（当使用 -n 选项时）或完整的主机名。格式为"IP:port"，IP 的格式可以是 IPv4 或 IPv6，如在范例二中，端口 22 的接口中使用的":::22"就是针对 IPv6 的显示，实际上等同于 0.0.0.0:22。而端口 25 只对 lo 接口开放，意味着 Internet 无法连接到本地的端口 25。
- Foreign Address：远程主机的 IP 地址与端口号。
- stat：状态栏，主要包括以下状态：
  - ESTABLISED：已建立连接的状态。
  - SYN_SENT：发送了主动连接（SYN 标志）的连接数据包。
  - SYN_RECV：接收到一个请求连接的主动连接数据包。
  - FIN_WAIT1：该套接字服务已中断，连接正在断开中。
  - FIN_WAIT2：该连接已断开，但正在等待对方主机发送断开确认的数据包。
  - TIME_WAIT：该连接已断开，但套接字仍在网络上等待结束。
  - LISTEN：通常用于服务的监听端口，在命令中可使用"-l"参数查看。

基本上，我们经常使用 netstat 来查看网络连接的状态。在网络连接状态中，最常见的是查看当前有多少端口在等待客户端的连接，以及已建立的连接或出现问题的连接有多少。那么如何进行了解和查看呢？通常鸟哥是这样处理的：

```
# 范例三：显示出目前已经启动的网络服务
[root@www ~]# netstat -tulnp
Active Internet connections (only servers)
Proto Recv-Q Send-Q Local Address      Foreign Address    State       PID/Program name
tcp        0      0 0.0.0.0:34796      0.0.0.0:*          LISTEN      987/rpc.statd
tcp        0      0 0.0.0.0:111        0.0.0.0:*          LISTEN      969/rpcbind
tcp        0      0 127.0.0.1:25       0.0.0.0:*          LISTEN      1231/master
tcp        0      0 :::22              :::*               LISTEN      1155/sshd
udp        0      0 0.0.0.0:111        0.0.0.0:*                      969/rpcbind
...(省略)...
```

你会发现很多网络服务只对本地的 lo 接口开放，因此无法通过 Internet 连接到这些端口和服务。根据上述数据，我们可以看到启动端口 111 的是 rpcbind 程序。如果要关闭这个端口，可以使用 kill 命令删除进程 ID（PID）为 969 的进程，也可以使用 killall 命令删除 rpcbind 程序。通过这样的方法，可以轻松地知道哪个程序启动了哪些端口。

```
# 范例四：查看本机上所有的网络连接状态
[root@www ~]# netstat -atunp
Active Internet connections (servers and established)
Proto Recv-Q Send-Q Local Address      Foreign Address    State       PID/Program
tcp        0      0 0.0.0.0:111        0.0.0.0:*          LISTEN      969/rpcbind
tcp        0      0 0.0.0.0:22         0.0.0.0:*          LISTEN      1155/sshd
```

```
tcp        0      0 127.0.0.1:25         0.0.0.0:*               LISTEN      1231/master
tcp        0     52 192.168.1.100:22     192.168.1.101:1937      ESTABLISHED 4716/0
...(下面省略)...
```

看到上面的粗体字了吗？那代表当前已建立的一条网络连接。这条连接是由远程主机 192.168.1.101 通过一个大于 1024 的端口向本地主机 192.168.1.100 的端口 22 发起的。需要记住的是：客户端会随机选择一个编号大于 1024 的端口进行连接，只有 root 用户可以启动编号小于 1024 的端口。这样你就可以理解上述连接的含义了。如果你想要断开这条连接，查看最右边的 4716/0，然后直接使用 kill 命令即可。

关于传统的 UNIX 套接字的数据，请查阅一下 netstat 的 man 手册（使用 man netstat 命令）。UNIX 套接字通常用于一些仅在本机上运行的程序所创建的套接字接口文件，例如 X Window 系统通常在本机运行，无须启动网络端口。因此，可以使用 UNIX 套接字来实现通信。此外，像 Postfix 这样的网络服务器，由于很多操作都在本机上完成，因此会使用大量的 UNIX 套接字。

例题

请说明在 Linux 中服务名称与端口号的对应关系是由哪个文件来设置的?

答：/etc/services。

5.2.4 检测主机名与 IP 地址的对应关系：host、nslookup

关于主机名与 IP 地址的对应关系，之前我们主要介绍了 DNS 客户端命令 dig。除了 dig 命令之外，还有两个更简单的命令，它们是 host 和 nslookup。接下来，让我们来讨论一下这两个命令。

1. host

这个命令用于查询某个主机名对应的 IP 地址。举例来说，如果我们想要知道 www.sina.com.cn 的 IP 地址，可以这样进行查询：

```
[root@www ~]# host [-a] hostname [server]
选项与参数：
-a ：列出该主机详细的各项主机名设置数据
[server] ：可以使用不是由 /etc/resolv.conf 文件定义的 DNS 服务器 IP 地址来查询

# 范例一：列出 www.sina.com.cn 的 IP 地址
[root@www ~]# host www.sina.com.cn

www.sina.com.cn is an alias for spool.grid.sinaedge.com.
spool.grid.sinaedge.com has address 123.126.45.205
spool.grid.sinaedge.com has IPv6 address 2400:89c0:1023:1::23:216
```

读者执行后，可以得到新浪主机的 IP 地址。通过这个简单的查询，我们很容易就得到了目标主机的 IP 地址。那么这个查询是向谁发起的呢？实际上，查询是发送到/etc/resolv.conf 文件中配置的 DNS 服务器 IP 地址。如果不想使用该文件中配置的主机进行查询，也可以采取以下方法：

```
[root@www ~]# host www.sina.com.cn 210.2.4.8
Using domain server:
Name: 210.2.4.8
Address: 210.2.4.8#53
Aliases:

www.sina.com.cn is an alias for spool.grid.sinaedge.com.
spool.grid.sinaedge.com has address 123.126.45.205
spool.grid.sinaedge.com has IPv6 address 2400:89c0:1023:1::23:216
```

这个命令会告诉我们用于查询的 DNS 服务器是哪一台主机，这样我们就清楚了。不过，即使这样清楚，也无法与 dig 命令相比。因此，这个命令只是提供参考。

2. nslookup

这条命令的用途与 host 基本上是相同的，都用于检查 IP 地址与主机名的对应关系，同时也都使用/etc/resolv.conf 文件来确定 DNS 服务器的来源。

```
[root@www ~]# nslookup [-query=[type]] [hostname|IP]
选项与参数：
-query=type：查询的类型，除了传统的 IP 地址与主机名对应外，DNS 还有很多信息，
              所以我们可以查询很多不同的信息，包括 mx、cname 等，
              例如，-query=mx 的查询方法。

# 范例一：找出 www.baidu.com 的 IP 地址
[root@www ~]# nslookup www.baidu.com
Server:         210.2.4.8
Address:        210.2.4.8#53

Non-authoritative answer:
www.baidu.com   canonical name = www.a.shifen.com.
Name:   www.a.shifen.com
Address: 110.242.68.4
Name:   www.a.shifen.com
Address: 110.242.68.3

# 范例二：找出 210.2.4.8 的主机名
[root@www ~]# nslookup 210.2.4.8
Server:         210.2.4.8
Address:        210.2.4.8#53
```

怎么样，看起来与 host 很相似吧！不过，nslookup 还可以通过 IP 地址找到对应的主机名。目前，大家都建议使用 dig 命令来替代 nslookup。在第 19 章"主机名控制者：DNS 服务器"中，我们将详细讨论这个问题。

5.3 远程连接命令与即时通信软件

什么是远程连接呢？实际上，远程连接是指在不同计算机之间进行登录的过程。我们可以使用 Telnet、SSH 或 FTP 等协议来实现远程主机的登录。接下来，我们将逐个介绍这些基本命令。在这里，我们只讨论客户端功能，相关的服务器功能将在后续进行说明。

5.3.1 终端机与 BBS 连接：Telnet

Telnet 是早期我们在个人计算机上连接服务器工作时最重要的软件之一。它不仅可以直接连接到服务器上，还可以用于连接 BBS。然而，Telnet 本身的数据在传输过程中使用的是明文，也就是原始的未加密数据。因此，在互联网上传输数据时会稍微有些危险（存在被他人窃听的风险）。关于这个问题，我们会在第 11 章"远程连接服务器 SSH/XDMCP/VNC/XRDP"中进行详细介绍。

```
[root@www ~]# telnet [host|IP [port]]

# 范例一：连接到当前热门的 PTT BBS 站点 mysmth.net
[root@www ~]# yum install telnet      <==默认没有安装 Telent
[root@www ~]# telnet bbs.mysmth.net
    欢迎光临  ◆BBS 社区◆  上线人数 36097[最高: 110634](32392 WWW GUEST)。

试用请输入 'guest',注册请通过 web 方式访问, add '.' after your ID for BIG5
请输入代号:
```

如上所示，我们可以轻松地通过 Telnet 连接到 BBS。如果你的主机已经启用了 Telnet 服务，那么可以使用 telnet IP 命令，并在输入账号和密码后登录到主机。此外，在 Linux 上的 Telnet 软件还提供了 Kerberos 的认证方式，如果感兴趣可以参阅 man telnet 的说明。

除了连接到服务器和 BBS 站点，Telnet 还可以用于连接到特定的端口（服务）。举例来说，我们可以使用 Telnet 连接到 110 端口，以查看该端口是否正确启动。

```
# 范例二：检测本地主机的 110 这个端口是否正确启动
[root@www ~]# telnet localhost 110
Trying 127.0.0.1...
telnet: connect to address 127.0.0.1: Connection refused
# 如果出现这样的信息，代表这个端口没有启动或者是这个连接有问题
# 因为你看到那个 refused 了

[root@www ~]# telnet localhost 25
Trying ::1...
Connected to localhost.
Escape character is '^]'.
220 www.centos.vbird ESMTP Postfix
ehlo localhost
250-www.centos.vbird
250-PIPELINING
250-SIZE 10240000
```

```
...(中间省略)...
250 DSN
quit
221 2.0.0 Bye
Connection closed by foreign host.
```

根据输出结果，我们可以确定该通信协议（通过端口号提供的通信协议功能）是否已成功启动。每个端口监听的服务都有其特定的指令集，比如前面提到的端口 25 用于提供本地接口的电子邮件服务，该服务支持的命令与上文中使用的命令（如 ehlo 命令）类似。然而，其他端口可能不支持 ehlo 命令，因为不同的端口对应不同的程序，所以支持的命令也不同。

5.3.2　FTP 连接软件：ftp、lftp

现如今，由于电子邮件具有大容量的功能，人们可以轻松地通过电子邮件传输文件。然而，电子邮件仍然有单封邮件容量的限制。如果想要一次性发送几百兆字节的文件，可能需要使用 FTP（文件传输协议）来完成。在文本界面上，常用的 ftp 软件有 ftp 和 lftp 两个选项。而在 CentOS 操作系统上，默认提供了一个功能强大的图形界面的 ftp 软件，名为 gftp。在这里，我们只介绍文本界面下的两个命令。

1. ftp

ftp 命令是一个简单且常用的工具，用于与 FTP 服务器进行数据下载。在这里，鸟哥以所在大学的 FTP 服务器作为示例。

```
[root@www ~]# ftp [host|IP] [port]

# 范例一：连接到大学去看看
[root@www ~]# yum install ftp
[root@www ~]# ftp ftp.sjtu.edu.cn
Connected to ftp.sjtu.edu.cn (202.38.97.230).
220---------- Welcome to Pure-FTPd [privsep] ----------
220-You are user number 1 of 50 allowed.
220-Local time is now 22:10. Server port: 21.
220-Only anonymous FTP is allowed here   <==信息要看啊！这个 FTP 仅支持匿名访问
220-IPv6 connections are also welcome on this server.
220 You will be disconnected after 5 minutes of inactivity.
Name (ftp.sjtu.edu.cn:root): anonymous   <==鸟哥这里使用匿名登录
230 Anonymous user logged in             <==嗯~确实是匿名登录了
Remote system type is UNIX.
Using binary mode to transfer files.
ftp>                      <==最终登录的结果看起来是这样
ftp> help                 <==提供可用命令的说明，可以常参考
ftp> dir                  <==显示远程服务器的目录内容 （文件名列表）
ftp> cd /pub              <==切换目录到 /pub 当中
ftp> get filename         <==下载单一文件，文件名为 filename
ftp> mget filename*       <==下载多个文件，可使用通配符 *
ftp> put filename         <==上传 filename 文件到服务器上
```

```
ftp> delete file         <==删除主机上的 file 文件
ftp> mkdir dir           <==创建 dir 目录
ftp> lcd /home           <==切换到本地主机的/home 目录进行操作
ftp> passive             <==启动或关闭 passive 模式
ftp> binary              <==数据传输模式设置为 binary 格式
ftp> bye                 <==结束 ftp 软件的使用
```

FTP 实际上是一种相对复杂的协议，因为它使用两个不同的端口来进行命令和数据的通信。关于详细的数据传输过程，我们将在第 21 章的 FTP 服务器部分进行详细讨论。在这里，我们只是简单介绍如何使用 ftp 软件。首先，当然需要进行登录，因此在范例一中，我们需要填写账号和密码。但是由于上述示例大学只提供匿名登录，匿名用户的账号是 anonymous，因此只需直接填写该账号即可。只有使用私人 FTP 服务器时，才需要提供完整的账号和密码。

登录到 FTP 主机后，就可以使用 ftp 软件的功能进行上传和下载操作。一些常用的内部 ftp 命令如上示例输出所示。然而，鸟哥建议你连接到大学的 FTP 网站后，使用 help（或问号?）来查看可用的命令，并尝试下载文件以测试该命令的使用。这样，即使没有浏览器，你也可以通过 ftp 进行文件的下载。此外，请注意在退出 ftp 软件时，要输入 bye 而不是 exit 命令。

如果由于某种原因，你的 FTP 主机使用了非标准的端口，那么可以使用以下方式连接到主机：

```
[root@www ~]# ftp hostname 318
# 假设对方主机的 ftp 服务使用了 318 这个端口
```

2. lftp（自动化脚本）

仅使用 ftp 客户端软件可能会感到烦琐，是否有更快速的 ftp 客户端软件可以使用类似网址的方式登录 FTP 服务器呢？答案是肯定的，那就是 lftp。lftp 默认匿名登录 FTP 服务器，并且可以使用类似网址的方式获取数据，相比纯 ftp 更加方便。此外，由于可以在命令行中输入账号和密码，因此还可以辅助进行程序脚本的设计。

```
[root@www ~]# lftp [-p port] [-u user[,pass]] [host|IP]
[root@www ~]# lftp -f filename
[root@www ~]# lftp -c "commands"
选项与参数：
-p  ：后面可以直接接上远程 FTP 主机提供的端口号
-u  ：后面接上账号与密码就能够连接上远程主机了
      如果没有加账号和密码，lftp 默认会使用 anonymous 尝试匿名登录
-f  ：可以将命令写入脚本中，这样可以进行 shell 脚本的自动处理
-c  ：后面直接加上所需要的命令

# 范例一：利用 lftp 登录大学的 FTP 服务器
[root@www ~]# yum install lftp
[root@www ~]# lftp ftp.sjtu.edu.cn
lftp ftp.sjtu.edu.cn:~>
# 瞧！一下子就登录了！你同样可以使用 help 去查阅相关的内部命令
```

登录 FTP 主机后，同样可以使用 help 命令显示可执行的命令，这与 ftp 非常相似，但是增加了书签功能，并且与 bash 非常类似。除了这个方便的文本界面的 FTP 软件外，实际上还有很多易于使用的图形界面软件，其中最常见的是 gftp，它非常容易上手。CentOS 本身就提供了 gftp，你可以从原版光盘中安装它，然后进入 X Window，在终端输入 gftp 即可。你会发现它非常方便好用。

如果你想要定时获取示例大学 FTP 网站下的/pub/CentOS/RPM-GPG*文件，那么脚本应该如何编写呢？让我们尝试写一下。

```
# 使用文件配合 lftp 去处理时
[root@www ~]# mkdir lftp; cd lftp
[root@www lftp]# vim lftp.sjtu.sh

open ftp.sjtu.edu.cn
cd /pub/CentOS/
mget -c -d RPM-GPG*
bye
[root@www lftp]# lftp -f lftp.sjtu.sh
[root@www lftp]# ls
lftp.sjtu.sh    RPM-GPG-KEY-CentOS-3 RPM-GPG-KEY-CentOS-4 RPM-GPG-KEY-CentOS-6
RPM-GPG-KEY-beta RPM-GPG-KEY-centos4  RPM-GPG-KEY-CentOS-5

# 直接将要处理的操作加入 lftp 命令中
[root@www lftp]# vim lftp.sjtu.sh
lftp -c "open ftp.sjtu.edu.cn
cd /pub/CentOS/
mget -c -d RPM-GPG*
bye"
[root@www lftp]# sh lftp.sjtu.sh
```

如果你需要进行非匿名登录，可以使用"open -u username,password hostname"来修改 lftp.ksu.sh 脚本的第一行。如果将此脚本添加到 crontab 中，就可以定时使用 FTP 进行上传和下载操作了，这正是文本命令的优势所在。

5.3.3　图形界面的即时通信软件：Pidgin（gaim 的延伸）

我们现在应该已经熟悉各种即时通信通信软件了，那么要连接这些服务器时，该怎么处理呢？很简单，在 X Window 下使用 Pidgin 即可，非常简单。首先进入 X Window 系统，然后依次选择"应用程序"→"Internet"→"Pidgin 互联网通信程序"来启动它（注意，必须已经安装了 Pidgin，可以使用 yum install pidgin 来进行安装）。

不过，一个令人头疼的问题是，我们所安装的基本服务器类型的 CentOS 6.x 主要用于服务器用途，甚至连图形界面都没有。因此，鸟哥使用另一台主机以桌面模式安装了 CentOS，以便测试 Pidgin。因此，你可以先跳过下面的练习，等到安装了另一台桌面 Linux 系统后再来尝试。

Pidgin 的欢迎界面如图 5-1 所示。

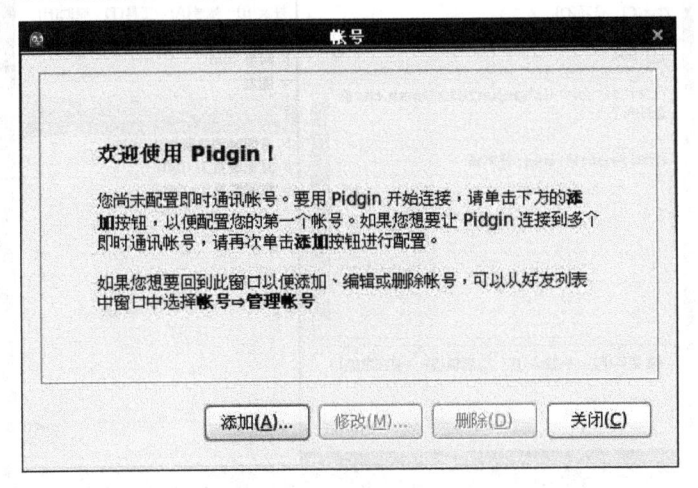

图 5-1 Pidgin 的欢迎界面

在图 5-1 中单击"添加"按钮，打开如图 5-2 所示的界面。

Pidgin 支持的通信程序确实很多，我们以 MSN 为例进行说明，如图 5-3 所示。

图 5-2 Pidgin 支持的即时通信软件

图 5-3 设置 MSN 的账号示意图

在图 5-3 中输入账号和密码。如果你是在公共计算机上使用 Pidgin，请务必不要勾选"记住密码"复选框。单击"添加"按钮后，Pidgin 将默认尝试登录。登录后的界面如图 5-4 所示。

图 5-4 使用 Pidgin 的 MSN 方式进行聊天

如果想要从系统中注销，只需单击图 5-4 右上角的窗口，然后勾选 bsd 选项即可。

5.4 文本界面的网页浏览

什么？文本界面下还有浏览器，你在开玩笑吧？呵呵，我可没有开玩笑，实际上确定有这样的工具可以在文本界面下浏览网页，它们分别是 links 和 wget。不过，在使用之前请确保你已经安装了这两个软件包。在 CentOS 中，这两个软件包是默认安装的。接下来，让我们来聊一聊这两个实用的工具吧。

5.4.1 文本界面的网页浏览器：links

实际上，早期鸟哥最常使用的是 lynx 这个文本界面的网页浏览器。但是从 CentOS 5.x 开始，默认使用的文本界面网页浏览器是 links。这两个浏览器的使用方式非常相似，因此在本书中只介绍 links。如果读者对 lynx 感兴趣，可以自行查阅其 man 手册。

使用 links 命令可以浏览网页，但是鸟哥认为，该命令最大的功能是查阅 Linux 本机上以 HTML 语法编写的文件（文档）数据。如果你曾经进入 Linux 本机的 /usr/share/doc 目录查看文件数据，可能经常会看到一些网页文件，使用 vi 查看时，会看到一堆 HTML 语法，不太方便阅读。这时候使用 links 就是一个好办法，可以清晰地查看内容。

```
[root@www ~]# links [options] [URL]
选项与参数：
-anonymous  [0|1]：是否使用匿名登录
-dump       [0|1]    ：是否将网页的数据直接输出到标准输出设备而不是 links 软件
-dump_charset        ：后面接想要通过 dump 输出到屏幕的语系编码，简体中文使用 cp936

# 范例一：浏览 Linux 内核网站
```

```
[root@www ~]# links http://www.kernel.org
```

当直接输入 links 网站的网址后，就会出现如图 5-5 所示的结果。

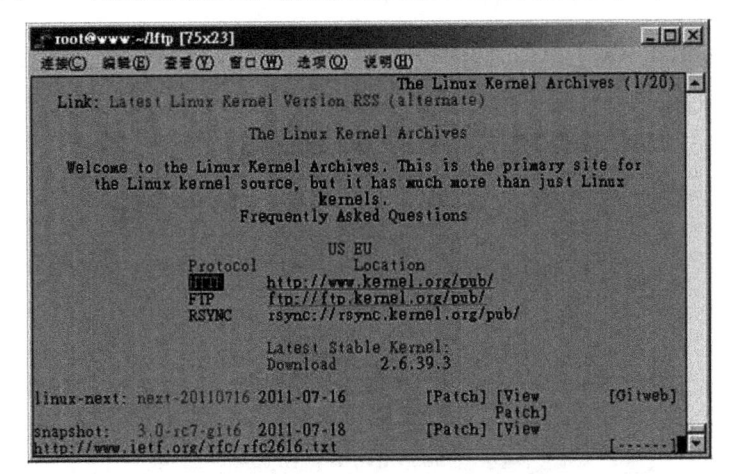

图 5-5 使用 links 查询网页数据的结果

对图 5-5 的基本说明如下：

- 进入画面之后，由于是文本界面，因此网页的编排可能会有点位移，不过不要紧，不会影响我们查看信息。
- 可以使用上下方向键让光标停在上面的选项中（如邮箱、书签等），然后按 Enter 键就可以进入对应的页面。
- 可以使用左右方向键来移动到上一页或下一页。
- 一些常见的功能键：
  - H：history（历史），曾经浏览过的 URL 就会显示到画面中。
  - G：Goto URL（到指定网址所在的网页），按 G 键后输入网页地址（URL），如 http://www.abc.edu/ 等。
  - D：download（下载），将该链接的数据下载到本机。
  - Q：Quit（退出），从 links 退出。
  - O：Option（选项），修改功能参数的设置值，最终可写入/.elinks/elinks.conf 配置文件中。
  - Ctrl+C 快捷键：强行中止 links 的执行。
  - 方向键：
    上：移动光标至本页的上一个链接点。
    下：移动光标至本页的下一个链接点。
    左：back，跳回上一页。
    右：进入反白光标所链接的网页。
    Enter：同鼠标右键的功能。

如果要浏览 Linux 本机上的网页文件，可以使用以下方法：

```
[root@www ~]# links /usr/share/doc/HTML/index.html
```

在鸟哥的 CentOS 6.x 中，有这么一个文件可以利用 links 来查看。显示的结果如图 5-6 所示。

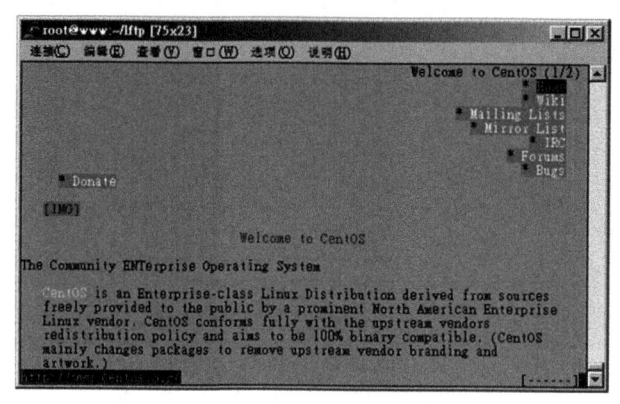

图 5-6 使用 links 查询本机的 HTML 文件

如果你的环境是在 Linux 本机的 tty1~tty6 上，则无法显示中文。在这种情况下，你需要把语言设置为"LANG=en_US"或类似的语系。此外，如果我们必须通过选取某个网站来自动获取更新，例如早期的自动在线更新主机名系统仅支持网页更新，那么我们该如何进行更新呢？可以使用 links，并使用 -dump 参数进行处理：

```
# 通过 links 将 WWW.sina.com.cn 的网页内容整个抓下来进行存储
[root@www ~]# links -dump http://WWW.sina.com.cn > sina.html

# 某个网站通过 GET 功能可以上传账号 user 和密码 pw, 用文本界面处理：
[root@www ~]# links -dump \
> http://some.site.name/web.php?name=user&password=pw > testfile
```

上面的网址后面有一个问号（?），后面跟着使用网页的 GET 功能获取的各个变量数据。利用这个功能，我们可以直接通过点选来访问该网站，非常方便。执行的结果将输出到 testfile 文件中。不过，如果网站提供的数据主要是通过 POST 方式传输的，那鸟哥就不清楚如何处理了。GET 和 POST 是在 WWW 通信协议中用于将数据从浏览器上传到服务器的两种方式。一般来说，目前的讨论区或博客等大多使用支持更多数据的 POST 方式进行上传。关于 GET 和 POST 的相关信息，我们将在第 20 章"WWW 服务器"中再次讨论。

5.4.2 文本界面的下载器：wget

如果说 links 是用于进行网页的浏览，那么 wget 就是用于获取网页数据。举个例子，我们的 Linux 内核是存放在 www.kernel.org 上的，它同时提供 FTP 和 HTTP 来进行下载。我们知道可以使用 lftp 来下载，但如果想要使用浏览器来下载呢？那就可以使用 wget。

```
[root@www ~]# wget [option] [网址]
选项与参数：
要连接的网站如果提供了账号与密码的保护，就可以利用这两个参数来输入账号与密码
--http-user=usrname
--http-password=password
--quiet ：不要显示 wget 在捕获数据时的信息
更多的参数请自行参考 man wget

# 范例一：下载 2.6.39 版的内核
[root@www ~]# wget \
> http://www.kernel.org/pub/linux/kernel/v2.6/linux-2.6.39.tar.bz2
--2011-07-18 16:58:26--  http://www.kernel.org/pub/linux/kernel/v2.6/..
Resolving www.kernel.org... 130.239.17.5, 149.20.4.69, 149.20.20.133, ...
Connecting to www.kernel.org|130.239.17.5|:80... connected.
HTTP request sent, awaiting response... 200 OK
Length: 76096559 (73M) [application/x-bzip2]
Saving to: `linux-2.6.39.tar.bz2'

88% [================================>        ] 67,520,536  1.85M/s  eta 7s
```

多好啊，不必通过浏览器，只要知道网址就能立即进行文件的下载，又快速又方便。此外，还可以通过代理服务器（proxy）的帮助来进行下载呢！通过修改 /etc/wgetrc 文件来设置代理服务器：

```
[root@www ~]# vim /etc/wgetrc
#http_proxy = http://proxy.yoyodyne.com:18023/    <==找到下面这几行，大约在 78 行
#ftp_proxy = http://proxy.yoyodyne.com:18023/
#use_proxy = on

# 将它改成类似下面的模样，记得，你必须要有可接收的 proxy 主机才行
http_proxy = http:// proxy.pku.edu.cn:8080/
use_proxy = on
```

5.5 数据包捕获功能

当我们的网络连接出现问题时，有时使用类似于 ping 的工具无法找出故障点。最常见的情况是由于路由和 IP 转发引起的一些问题（请参考防火墙和 NAT 主机部分）。那么在这种情况下，我们应该怎么办呢？最简单的方法就是分析数据包的流向。通过分析数据包的流向，我们可以了解连接的双向通信是如何进行的，并且可以清楚地了解到可能出现的问题所在。接下来，我们将讨论 tcpdump 和图形界面的数据包分析软件。

5.5.1 文本界面的数据包捕获器：tcpdump

说实在的，对于 tcpdump 这个软件，我们甚至可以说它是一个黑客工具，因为它不仅可以分析数据包的流向，还可以监听数据包的内容。如果我们在传输数据时使用明文，那么在路由器或集线器上就可能会被他人监听到！在第 2 章中，我们提到了监听软件，tcpdump 就

是其中之一。这听起来很可怕，对吧？因此，我们需要了解一下这个软件（注意：tcpdump 必须以 root 权限执行）。

```
[root@www ~]# tcpdump [-AennqX] [-i 接口] [-w 存储文件名] [-c 次数] \
               [-r 文件] [所要提取的数据包的数据格式]
选项与参数：
-A ：数据包的内容以 ASCII 码显示，通常用来抓取 WWW 的网页数据包数据
-e ：使用数据链路层 (OSI 第二层) 的 MAC 数据包数据来显示
-nn：直接以 IP 地址及端口号显示，而非主机名与服务名称
-q ：仅列出较为简短的数据包信息，每一行的内容比较精简
-X ：可以列出十六进制 (hex) 以及 ASCII 的数据包内容，对于监听数据包内容很有用
-i ：后面接要监听的网络接口，例如 eth0、lo、ppp0 等
-w ：如果你要将监听所得的数据包数据存储下来，用这个参数就对了，后面接文件名
-r ：从后面接的文件中将数据包数据读出来。这个文件是已经存在的文件，并且这个文件是由 -w 生成的
-c ：监听的数据包数，如果没有这个参数，tcpdump 会持续不断地监听，直到用户按快捷键 Ctrl+C 为止
所要提取的数据包数据格式：我们可以专门针对某些通信协议或者是 IP 来源进行数据包捕获，
       这就可以简化输出的结果，并获取最有用的信息。常见的表示方法有：
       'host foo'、'host 127.0.0.1' ：针对单台主机进行数据包的捕获
       'net 192.168' ：针对某个网络进行数据包的捕获
       'src host 127.0.0.1' 'dst net 192.168'：同时加上源(src)或目标(dst)限制
       'tcp port 21'：还可以针对通信协议检测，如 tcp、udp、arp、ether 等
       还可以利用 and 与 or 来进行数据包数据的整合显示

# 范例一：以 IP 地址与端口号来获取 eth0 这块网卡上的数据包，持续 3 秒
[root@www ~]# tcpdump -i eth0 -nn
tcpdump: verbose output suppressed, use -v or -vv for full protocol decode
listening on eth0, link-type EN10MB (Ethernet), capture size 65535 bytes
17:01:47.360523 IP 192.168.1.101.1937 > 192.168.1.100.22: Flags [.], ack 196, win 65219,
17:01:47.362139 IP 192.168.1.100.22 > 192.168.1.101.1937: Flags [P.], seq 196:472, ack 1,
17:01:47.363201 IP 192.168.1.100.22 > 192.168.1.101.1937: Flags [P.], seq 472:636, ack 1,
17:01:47.363328 IP 192.168.1.101.1937 > 192.168.1.100.22: Flags [.], ack 636, win 64779,
<==按快捷键 Ctrl+C 之后结束
6680 packets captured              <==获取到的数据包数量
14250 packets received by filter   <==由过滤所得的总数据包数量
7512 packets dropped by kernel     <==被内核所丢弃的数据包
```

如果你是第一次阅读 tcpdump 的 man 页面，可能会感到晕头转向，因为 tcpdump 主要分析的是数据包的报头数据。如果你没有网络数据包的基础知识，是很难理解其中的内容的。因此，至少需要回顾一下网络基础知识，以理解 TCP 数据包的报头数据。关于范例一产生的输出，我们可以大致分为几个字段，下面以范例一中的加粗字体行为例来进行说明：

- **17:01:47.362139**：这是该数据包被捕获的时间，以"时:分:秒"为单位。
- **IP**：通过的通信协议是 IP。
- **192.168.1.100.22 >**：传送端的 IP 地址为 192.168.1.100P，而传送端的端口号为 22，大于号（>）指的是数据包的传输方向。
- **192.168.1.101.1937**：接收端的 IP 地址是 192.168.1.101，且该主机开启端口 1937 来接收。

- [P.], seq 196:472：这个数据包带有 PUSH 的数据传输标志，且传输的数据为整体数据的 196~472 字节。
- ack 1：ACK 的相关数据。

简单来说，该数据包是从 192.168.1.100 传输到 192.168.1.101，通过端口范围 22~1937 进行传输，使用的是 PUSH 标志而不是 SYN 等主动连接标志。

接下来，在一个网络状态繁忙的主机上，如果想要获取某台主机对你的连接的数据包，可以使用 tcpdump 结合管道命令和正则表达式，但是这样并不方便。我们可以通过 tcpdump 的过滤能力轻松地提取所需的数据。在上面的范例中，我们仅针对 eth0 进行监听，因此整个 eth0 接口上的数据都会显示在屏幕上，但这样不便于分析。那么我们可以简化吗？当然可以，例如只提取端口 21 的连接数据包，可以这样做：

```
[root@www ~]# tcpdump -i eth0 -nn port 21
tcpdump: verbose output suppressed, use -v or -vv for full protocol decode
listening on eth0, link-type EN10MB (Ethernet), capture size 96 bytes
01:54:37.96 IP 192.168.1.101.1240 > 192.168.1.100.21: . ack 1 win 65535
01:54:37.96 IP 192.168.1.100.21 > 192.168.1.101.1240: P 1:21(20) ack 1 win 5840
01:54:38.12 IP 192.168.1.101.1240 > 192.168.1.100.21: . ack 21 win 65515
01:54:42.79 IP 192.168.1.101.1240 > 192.168.1.100.21: P 1:17(16) ack 21 win 65515
01:54:42.79 IP 192.168.1.100.21 > 192.168.1.101.1240: . ack 17 win 5840
01:54:42.79 IP 192.168.1.100.21 > 192.168.1.101.1240: P 21:55(34) ack 17 win 5840
```

这样就只提取了端口 21 的信息。如果仔细观察，你会发现数据包的传递是双向的，客户端发出请求，而服务器端做出响应，必然有来有回。通过这些数据包的流向，我们可以了解数据包的运作过程。例如：

（1）在一个终端窗口中输入"tcpdump –i lo –nn"来进行监听。

（2）在另一个终端窗口中登录本机（127.0.0.1）的 SSH 服务，输入"ssh localhost"。

那么输出的结果如何呢？

```
[root@www ~]# tcpdump -i lo -nn
1 tcpdump: verbose output suppressed, use -v or -vv for full protocol decode
2 listening on lo, link-type EN10MB (Ethernet), capture size 96 bytes
3 11:02:54.253777 IP 127.0.0.1.32936 > 127.0.0.1.22: S 933696132:933696132(0)
  win 32767 <mss 16396,sackOK,timestamp 236681316 0,nop,wscale 2>
4 11:02:54.253831 IP 127.0.0.1.22 > 127.0.0.1.32936: S 920046702:920046702(0)
  ack 933696133 win 32767 <mss 16396,sackOK,timestamp 236681316 236681316,nop,
  wscale 2>
5 11:02:54.253871 IP 127.0.0.1.32936 > 127.0.0.1.22: . ack 1 win 8192 <nop,
  nop,timestamp 236681316 236681316>
6 11:02:54.272124 IP 127.0.0.1.22 > 127.0.0.1.32936: P 1:23(22) ack 1 win 8192
  <nop,nop,timestamp 236681334 236681316>
7 11:02:54.272375 IP 127.0.0.1.32936 > 127.0.0.1.22: . ack 23 win 8192 <nop,
  nop,timestamp 236681334 236681334>
```

以上输出说明如下：

- 第 1、2 行是 tcpdump 的基本说明。
- 第 3 行的显示来自客户端，是带有 SYN 主动连接的数据包。
- 第 4 行的显示来自服务器端，除了响应客户端之外（ACK），还带有 SYN 主动连接的标志。
- 第 5 行显示客户端响应服务器确定连接建立（ACK）。
- 第 6 行以后则开始进入数据传输的步骤。

第 3~5 行的流程你熟悉吗？没错，那就是三次握手的基本流程，很有趣吧。不过，tcpdump 被称为黑客工具之一的原因远不止上面介绍的功能。上述功能可以用于分析主机的数据包连接和传输流量，这有助于我们了解数据包的运作过程，并检查主机防火墙设置规则是否需要进行修订。

还有更神奇的用法。当我们使用 tcpdump 在路由器上监听明文传输的数据时，比如 FTP 传输协议，你觉得会发生什么问题呢？我们首先在主机端执行 tcpdump –i lo port 21 –nn –X 命令，然后使用 ftp 登录本机并输入账号和密码，会出现以下情况：

```
[root@www ~]# tcpdump -i lo -nn -X 'port 21'
0x0000:  4500 0048 2a28 4000 4006 1286 7f00 0001  E..H*(@.@.......
0x0010:  7f00 0001 0015 80ab 8355 2149 835c d825  .........U!I.\.%
0x0020:  8018 2000 fe3c 0000 0101 080a 0e2e 0b67  .....<.........g
0x0030:  0e2e 0b61 3232 3020 2876 7346 5450 6420  ...a220.(vsFTPd.
0x0040:  322e 302e 3129 0d0a                      2.0.1)..

0x0000:  4510 0041 d34b 4000 4006 6959 7f00 0001  E..A.K@.@.iY....
0x0010:  7f00 0001 80ab 0015 835c d825 8355 215d  .........\.%.U!]
0x0020:  8018 2000 fe35 0000 0101 080a 0e2e 1b37  .....5.........7
0x0030:  0e2e 0b67 5553 4552 2064 6d74 7361 690d  ...gUSER.dmtsai.
0x0040:  0a                                       .

0x0000:  4510 004a d34f 4000 4006 694c 7f00 0001  E..J.O@.@.iL....
0x0010:  7f00 0001 80ab 0015 835c d832 8355 217f  .........\.2.U!.
0x0020:  8018 2000 fe3e 0000 0101 080a 0e2e 3227  .....>........2'
0x0030:  0e2e 1b38 5041 5353 206d 7970 6173 7377  ...8PASS.mypassw
0x0040:  6f72 6469 7379 6f75 0d0a                 ordisyou..
```

上面的输出结果已经进行了简化，你需要在输出结果中自行搜索相关字符串。从上面输出结果的特殊字体中，我们可以发现该 ftp 软件使用的是 vsFTPd，并且使用者输入了 dmtsai 这个账号名称，密码是 mypasswordisyou。这是不是很可怕呢？所以我们经常说，网络是非常不安全的。

另外，你需要了解的是，为了使网络接口能够被 tcpdump 监听，执行 tcpdump 时网络接口会启动"混杂模式（Promiscuous）"。因此，你会在/var/log/messages 中看到很多警告信息，提示你的网卡已被设置为混杂模式。不要担心，这是正常的。如果想了解更多应用，请参考 man tcpdump。

> **例题**
>
> 如何使用 tcpdump 监听来自 eth0 网卡、通信协议为端口 22、目标数据包来源为 192.168.1.101 的数据包数据?
>
> **答案**：tcpdump –i eth0 –nn 'port 22 and src host 192.168.1.101'。

5.5.2　图形界面的数据包捕获器：Wireshark

tcpdump 是一个文本界面的数据包捕获工具，那么是否有图形界面的工具呢？是的，那就是 Wireshark。Wireshark 早期被称为 Ethereal，现在提供了同时具备文本界面的 Tethereal 和图形界面的 Wireshark 两个软件。由于默认安装时没有包含这个软件包，因此你必须使用 yum 进行网络安装，或者使用光盘进行安装。需要安装两个软件包，分别是文本界面的 Wireshark 和图形界面的 Wireshark-gnome。安装步骤如下：

```
[root@www ~]# yum install wireshark wireshark-gnome
```

启动这套软件的方法很简单，只要在 X Window 下面依次选择"应用程序"→"因特网"→"Wireshark Network Analyzer"即可。其实这套软件的功能非常强大，鸟哥在这里只介绍简单的用法，如果有特殊需求，请自行查找相关资料。

在开始捕获数据包之前，需要设置监听接口，因此单击图 5-7 中的"网卡"小图标，就会出现如图 5-8 所示的界面。

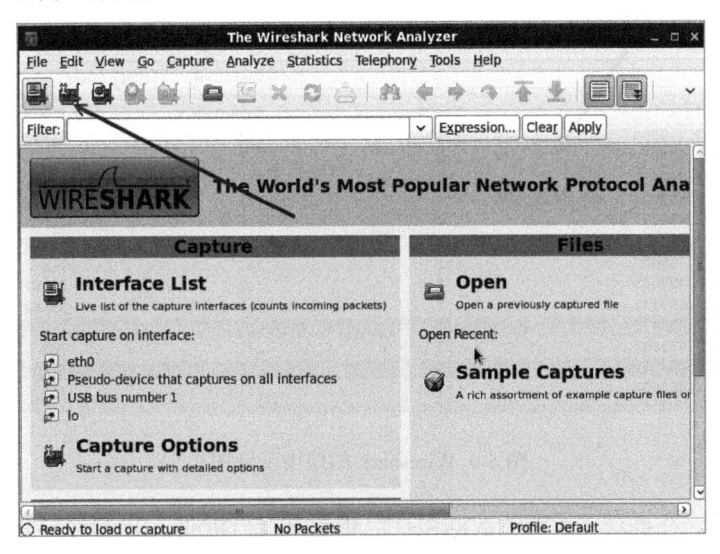

图 5-7　Wireshark 启动后的使用示意图 1

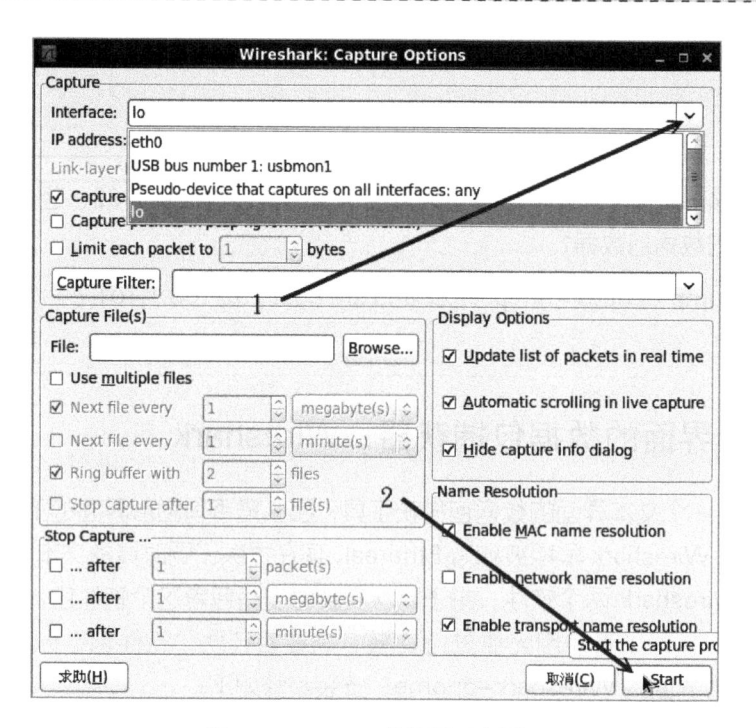

图 5-8 Wireshark 的使用示意图 2

在图 5-8 中，首先选择要监听的接口。在这里，鸟哥选择了内部的 lo 接口作为示例，因为我担心外部的数据包太多会导致界面混乱。但是需要注意的是，lo 接口通常是非常安静的。因此，在单击 Start 按钮之后，还需要打开终端，使用 "ssh localhost" 尝试登录，这样才能获取到数据包，如图 5-9 所示。

图 5-9 Wireshark 的使用示意图 3

若没有问题，在捕获了足够的数据包并且想要进行分析时，单击图 5-9 中的"停止"小图标，数据包捕获的动作就会停止。接下来，让我们来分析一下这些数据包。

整个分析界面如图 5-10 所示，界面被分为 3 个主要区块。我们可以通过将鼠标光标移动到每个区块中间的滚动条上来调整区块的大小范围。第 1 个区块主要显示数据包的报头数据，类似于 tcpdump 的显示结果；第 2 个区块则显示详细的报头数据，包括数据帧、通信协议的内容以及套接字对等信息；第 3 个区块则显示数据包的十六进制和 ASCII 码表示（即详细的数据包内容）。

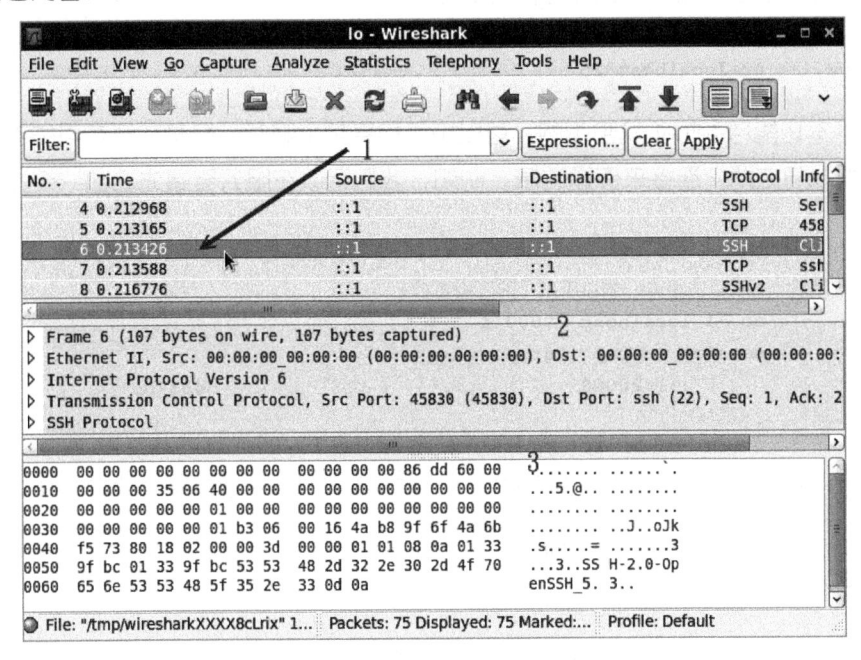

图 5-10 Wireshark 的使用示意图 4

如果你觉得某个数据包存在问题，在图 5-10 中的第 1 个区块处选择该数据包（图例中是第 6 个数据包），那么第 2 个和第 3 个区块的内容就会相应地变化。由于鸟哥测试的数据包是加密数据的数据包，因此第 2 个区块显示了数据包的报头，但是第 3 个区块的数据包内容显示为乱码。

通过 Wireshark，你可以方便地获取所需的数据包内容，并且这是一个图形界面，非常方便吧。

5.5.3 任意启动 TCP/UDP 数据包的端口连接：nc、netcat

nc 命令可以用于检测某些服务，因为它可以连接到特定的端口进行通信，此外，它还可以启动一个端口来监听其他用户的连接。如果在编译 nc 软件时使用了 GAPING_SECURITY_HOLE 参数，那么该软件还可以用于获取客户端的 bash shell。这听起来很可怕。然而，我们的 CentOS 默认没有使用上述参数，所以我们不能将其用作黑客软件。但是，将 nc 用作 telnet 的替代工具也是很棒的功能（有些系统将 nc 可执行文件更名为 netcat）。

```
[root@www ~]# nc [-u] [IP|host] [port]
[root@www ~]# nc -l [IP|host] [port]
```
选项与参数：
-l ：用于监听，也就是打开一个端口来监听用户的连接
-u ：不使用 TCP 而是使用 UDP 作为连接的数据包状态

范例一：与 telnet 类似，连接本地的端口 25 查阅相关信息
```
[root@www ~]# yum install nc
[root@www ~]# nc localhost 25
```

这个基本功能与 telnet 几乎相同，可以用于检查某个服务。但是，还有更神奇的功能，就是我们可以建立两个连接来传递信息。例如，我们可以在服务器端先启动一个端口进行监听：

```
# 范例二：激活一个端口 20000 来监听用户的连接要求
[root@www ~]# nc -l localhost 20000 &
[root@www ~]# netstat -tlunp | grep nc
tcp        0      0 ::1:20000               :::*            LISTEN      5433/nc
# 在本机上启动一个端口 20000
```

接下来，在另外一台终端机上使用 nc 命令连接到服务器，并输入一些命令进行测试。

```
[root@www ~]# nc localhost 20000
   <==这里可以开始输入字符串了
```

在客户端输入一些文字后，我们会发现服务器端也同时显示了输入的内容。如果给予一些额外的参数，例如使用标准输入和输出（stdin、stdout），则可以通过这个连接来完成许多任务。当然，nc 的功能不仅限于此，它还有很多别的用途，请自行前往主机内的 /usr/share/doc/nc-1.84/scripts/ 目录下查看这些脚本。但是，如果需要编译带有 GAPING_SECURITY_HOLE 功能的 nc，以便进行额外的命令执行等操作，则需要自行下载源代码并进行编译。

5.6 重点回顾

- 要修改网络接口的硬件相关参数，包括 MTU 等，可以使用 ifconfig 命令。
- ifup 与 ifdown 其实只是脚本，在使用时，它们会自动查找 /etc/sysconfig/network-scripts 目录下相应的设备配置文件，以正确启动与关闭网络接口。
- 路由的修改与查阅可以使用 route 命令。此外，route 还可用于添加和删除路由。
- ip 命令可以用于设置整个网络环境。使用 ip link 可以修改网络设备的硬件相关功能，包括 MTU 和 MAC 等；使用 ip address 可以修改 TCP/IP 相关参数，包括 IP 和网络参数等；ip route 可以修改路由。
- ping 主要通过 ICMP 数据包进行网络环境的检测，并且可以使用 ping 来查询网络可接收的最大 MTU 值。

- 要查看每个节点的连接状态，可以使用 traceroute 命令进行追踪。
- netstat 不仅可以查看本机的启动接口，还可以查看传统的 UNIX 套接字接口数据。
- host 和 nslookup 默认都使用/etc/resolv.conf 中设置的 DNS 主机来进行主机名和 IP 地址的查询。
- lftp 可以用于匿名登录远程 FTP 主机。
- links 主要用于浏览本机上的 HTML 文件，支持 HTML 语法；wget 主要用于下载 WWW 上的数据和内容。
- 要捕获和分析数据包的流向，可以使用 tcpdump 命令，而图形界面的 Wireshark 可以提供更详细的解析。
- 通过 tcpdump 分析三次握手过程和明文传输的数据，可以认识到网络加密的重要性。
- nc 可以用来替代 telnet 进行某些服务端口的检测工作。

5.7 参考数据与延伸阅读

Wireshark 的官网网址：http://www.wireshark.org/。

第一篇 服务器搭建前的进修专区

第 6 章

Linux 网络故障排除

虽然在第 4 章中我们介绍了连接到 Internet 的方法，并大致解释了网络检查的五个主要步骤，但网络是一个非常复杂的领域，即使有多年的 Linux 使用经验，鸟哥也只对网络和通信协议有一些基本的了解，要想真正熟悉和深入理解网络，还有很长的路要走。总之，为了帮助读者解决网络问题并为处理网络问题提供方向，本章列出一些常见的网络问题，希望对读者有所帮助。

6.1 无法连接网络的原因分析

经常看到有朋友在网络上抱怨说:"我的网络不通啊!"还有"怎么网络时通时不通"之类的问题。这类问题其实可以归类为硬件问题和软件设置问题。硬件的问题比较麻烦,因为需要通过一些专门的设备来进行分析;至于软件方面,绝大部分都是设置错误或者观念错误而已,比较好处理(第 4 章谈到的就是软件问题)。我们先来看看网络在哪里可能会出问题吧。

6.1.1 硬件问题:网线、网络设备、网络布线等

在第 2 章关于网络的基本概念的内容中,我们介绍了许多网络基础概念,以及一些简单的硬件维护问题。以一个简单的星形连接为例,我们可以假设它的架构如图 6-1 所示。

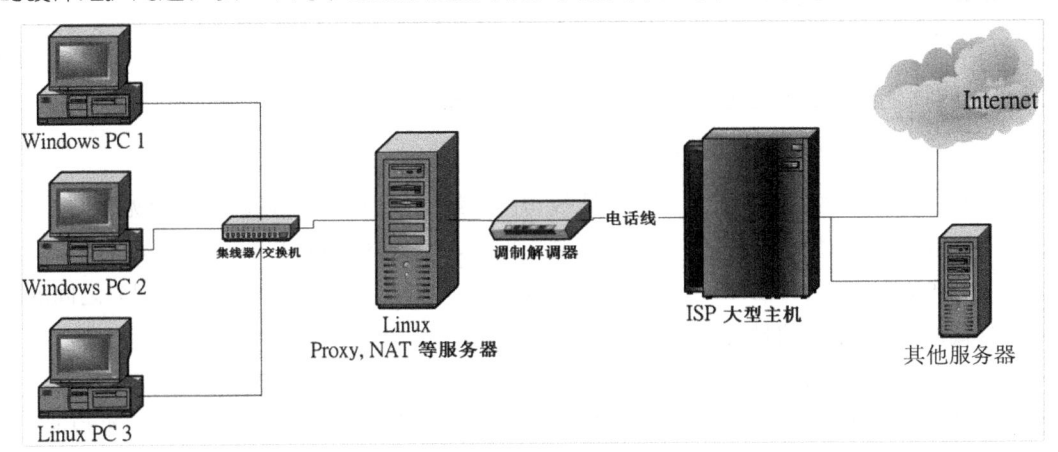

图 6-1 局域网的连接状态示意图

在上面的图示中,Linux PC3 要连接到 Internet,需要通过网线、交换机、NAT 主机(Linux 服务器或 IP 路由器)、ADSL 调制解调器、电话线路、ISP 自己的机房交换机,以及 Internet 上的所有节点设备(包括路由器、网桥、其他网线等),那么哪些地方可能会出问题呢?

1. 网线的问题

通过图 6-1 可以发现,网络接口设备中最常用的是网线。需要注意的是,网线分为直连线和交叉线(RJ-45 接头)。并非所有设备都支持自动识别交叉线和直连线的功能,因此你需要了解设备(集线器/网络交换机/调制解调器)所支持的网线类型。另外,当网线经过门缝或易弯曲处时,可能会由于受压而导致电子信号不良,请注意以下几点:

- 网线被截断。
- 网线过度扭曲变形造成信号不佳。
- 自制网络接头(如 RJ-45 跳线头)品质不佳。

- 网络接头与设备（如 Hub）接触不良。

2．网卡、集线器及路由器等网络设备的问题

网卡、集线器及路由器等网络设备常见的问题如下：

- 网卡不稳定、质量不佳，或者与整体系统的兼容性不好（网卡也是会坏的）。
- 各网络设备的接头质量不佳、接触不良，造成信号衰减（经常插拔就有可能发生这种情况）。
- 由于网络设备所在环境恶劣（例如过热）导致的宕机问题（鸟哥经常遇到因网络交换机过热而宕机的问题）。
- 各网络设备使用方法不当，可能导致设备功能衰减（例如网络交换机频繁插拔容易损坏）。

3．设备配置的规则

在各个设备的配置上有一定的规则，其中最常见的问题是网线过长会导致信号衰减，使网络连接时间延长甚至无法连接（10BASE5 最长支持距离可达 500 米）。此外，还有一些其他网络节点配置的问题也需要了解：

- 使用错误的网线。最常发生在直连线与交叉线中（现在这个问题比较少见了）。
- 架设的网线过长，导致信号严重衰减。例如，以太网 CAT5E 的网线理论限制长度约为 90 米（尽管 10BASE5 可达 500 米），若两个设备（集线器/主机之间）之间的距离超过 90 米，信号就容易出现问题。
- 其他噪声的干扰，最常发生在网线或者网络设备旁边存在强电磁场的情况下。
- 在局域网中，如果节点或者其他的设备过多，我们过去常常使用 543 原则来说明：
  - 5 个网段（Segment）：指的是在物理连接上最接近的一组计算机，在一个 BNC 网段中最多只能连接 30 台计算机，且网线总长不能超过 185 米。
  - 4 个中继器（Repeater）：用于放大信号的设备。
  - 3 个计算机群体（Population）。这个概念可能有些难理解，它指的是在前面提到的 5 个网段中，只能有 3 个网段可以安装计算机，其他两个不行。

上述是一些常见的硬件问题。当然，有时设备本身可能也存在问题。此外，网络布线也是导致网络中断的重要原因。因此，硬件问题的判断可能会比较困难。接下来，我们再来探讨一些与软件设置相关的问题。

6.1.2 软件问题：IP 参数设置、路由设置、服务器与防火墙设置等

所谓的软件问题，主要包括 IP 参数设置错误、路由设置错误、DNS 的 IP 设置错误等。只要适当调整设置，并利用一些检测软件进行检查，就能确定软件问题的具体原因。以下是一些基本的问题。

1. 网卡的 IP/子网掩码设置错误

同一个 IP 在同一个网段中出现 IP 冲突、子网掩码设置错误、网卡驱动程序的错误使用、网卡的 IRQ 和 I/O 地址设置冲突等，都是常见的软件设置问题。

2. 路由表的问题

最常见的问题之一就是默认路由设置错误，或者由于路由接口不匹配而导致数据包无法正常发送出去。

3. 通信协议不相符

这种情况常见于不同操作系统之间进行通信传输时。例如，早期的 Windows 98 与 Windows 2000 之间的"网上邻居"要实现连通，Windows 98 必须安装 NetBEUI 通信协议。另外，如果两台 Linux 主机要通过 NFS 通信协议传输数据，两边都需要支持启动 RPC 协议的 rpcbind 程序。这些通信协议将在后面的章节中逐一介绍。

4. 网络负荷的问题

当大量数据包同时涌入服务器、集线器或同一网络中时，可能会导致网络停顿甚至故障。此外，如果局域网中有人使用 BT（P2P 软件）或者某人的计算机中毒而导致蠕虫在整个局域网中传播，也会导致网络停顿的问题。

5. 其他问题

一些端口被防火墙阻止，导致无法访问某些网络资源；应用程序本身的错误或漏洞；用户在应用程序中的网络设置错误；不同操作系统之间的兼容性问题；等等。

6.1.3 问题的处理

既然问题发生了，就要去处理它。那么如何处理呢？以图 6-1 的星形网络拓扑结构为例，应把握两个原则：

- 先从自身的环境开始检测。可以从自身 PC 上的网卡查起，再到网络、集线器、调制解调器等硬件。在这个步骤中，最好用的软件就是 ping，而你最好能有两台以上的主机来进行连接的测试。
- 确定硬件没问题后，再来思考软件的设置问题。

实际上，如果网络不通，你可以按序这样处理：

（1）**了解问题**：这个问题是刚刚发生的，还是因为之前执行了什么操作而导致无法连接？例如鸟哥曾经更新过一个内核，结果该内核并不能驱动新网卡。

（2）**确认 IP 地址**：先看看自己的网卡有无驱动？能否获取正确的 IP 相关参数来连接网络？

（3）确认局域网的连接：利用 ping 来测试两台主机（或路由器）之间的数据通信，以确定网络与集线器或交换机的工作是否正常。

（4）确认对外连接：确保主机或 IP 路由器能够按照第 4 章中的方法成功获取 IP 参数，并使用 ping 命令确认对外连接是否正常（例如 ping 201.2.4.8）。

（5）确认 DNS 查询：使用 nslookup、host 或 dig 检查 www.baidu.com。

（6）确认 Internet 节点：可以使用 traceroute 命令检查各节点是否存在问题。

（7）确认对方服务器：检查对方服务器是否过载或宕机。

（8）确认我方服务器：如果是别人连接到我们的主机，则要检查我们的主机上的某些服务是否正确启动。可以使用 netstat 命令进行检查。还需确认是否正确设置了某些安全机制，例如 SELinux。

（9）防火墙或权限问题：确认是否由于权限设置错误而导致出现问题。检查是否由于防火墙未启用可连接端口而导致出现问题。可以使用 tcpdump 命令进行处理。

通过以上操作，通常可以解决大多数无法上网的问题。然而，如果问题是由硬件引起的，那么即使是鸟哥也无法帮助你。在这种情况下，你可能需要将设备送去维修。

6.2 处理流程

前面已经提到了一些需要注意的要点，接下来我们可以逐个进行处理，一步一个脚印地开始检查流程。

6.2.1 步骤 1：确认网卡的工作

实际上，当网络出现问题时，我们应该从最容易检查的地方开始。因此，首先检查网卡是否正常工作。以下是检查网卡是否正常工作的方法。

1. 确定网卡已经驱动成功

如果网卡没有成功安装驱动程序，其他问题就无须讨论了，因此你需要安装适合的网卡驱动程序。要确认网卡是否已经驱动成功，可以使用 lspci 和 dmesg 命令来查询相关设备和模块的对应情况。请参考第 4 章中的相关说明获取更详细的信息。再次强调，如果无法获取网卡驱动程序，除了自行编译驱动程序外，购买一张经济实惠的网卡也是一个不错的选择。

2. 确定可以直接手动建立 IP 参数

在成功加载网卡的模块并获取网卡代号后，可以使用 ifconfig 或 ip 命令直接为该网卡设置网络地址。例如，直接为该网卡设置 IP 地址：

```
[root@www ~]# ifconfig eth0 192.168.1.100
```

然后使用 ifconfig 命令查看是否成功设置了参数。如果成功设置了该 IP，可以使用 ping

命令来检测是否能够与该 IP 进行通信。

```
[root@www ~]# ping 192.168.1.100
```

如果收到响应，表示该网卡的设置是没有问题的。接下来，我们可以开始检查局域网内各个硬件的连接情况。

6.2.2 步骤 2：局域网内各项连接设备检测

在确认了网卡正常后，接下来需要检查局域网内的网络连接情况。假设是按照图 6-1 所示的星形连接局域网络架构进行设置的，那么必须了解整个网络的概念。

1．关于网段的概念

能否成功地架设局域网与网段的概念密切相关。因此，我们需要了解类似于 192.168.1.0/24 这种网络表示方式的含义，以及子网掩码的含义。如果忘记了，可回顾第 2 章的内容。

2．关于网关与 DNS 的设置

网关和 DNS 是最容易混淆的两个概念。在填写 Linux 主机的设置时，不要将其搞混。在网关中应填写 IP 路由器（或 NAT 主机）的 IP 地址，在 DNS 设置中应填写 168.95.1.1（或其他 DNS 服务器的 IP 地址）。请确保不要搞混它们。

3．关于 Windows 端的工作组与计算机名称

如果需要进行资源共享，那么必须在 Windows 系统中开启文件共享，并建议将所有计算机设置为同一"工作组"，但是"计算机名称"不能相同。这仅与"网上邻居"和 SAMBA 服务器相关。

假设局域网内所有主机的 IP 都设置正确，接下来就可以使用 ping 命令来测试两台局域网内主机的连接情况。这个连接测试可以帮助我们测试两台主机之间的各个设备，包括网络、集线器和交换机等。如果测试不成功，请了解以下几个设置：

1）**IP 参数是否设置正确**

再次强调，首先确保 IP 地址和子网掩码设置正确。鸟哥在上课时经常发现同学无法连接到他的主机上，后来发现他的 IP 地址与他的主机不在同一个网段内，这一点只有通过使用 ifconfig 才能发现。

2）**连接的线缆问题**

除了前面提到的网线折损和过度缠绕导致的信号衰减问题，还有一些旧型的集线器、交换机或 ADSL 调制解调器没有自动识别交叉线（Auto MDI/MDIX）的功能。因此，当使用错误的网线时，无法正确连接。此外，之前我们常说判断每台主机是否成功连接到集线器、交换机的最简单方法是通过连接到交换机上的指示灯进行判断，然而，有时候即使指示灯亮着，

但由于网络信号问题，实际上无法与交换机建立连接（鸟哥自己也曾遇到过）。在这种情况下，可以尝试借用一根好的网线进行测试。

3）网卡、集线器或交换机本身出了问题

有一次鸟哥无法从外部连接到主机，怀疑主机宕机了，于是到主机所在的办公室进行查看，结果发现主机正常运行。那为什么无法连接呢？原来是室内环境通风不佳，加上交换机所在位置温度过高，不巧交换机的风扇也坏了，导致交换机宕机。在重新启动交换机（拔插电源线）后，问题得到解决，一切恢复正常。因此，各种情况都可能发生，局域网内的环境也很容易影响到网络连接的质量。

确定自己主机的 IP 地址与网卡没有问题，并且通过内部局域网的 ping 测试也没有问题，那么接下来就是获取可用的外连接的 IP 参数。

6.2.3 步骤 3：获取正确的 IP 参数

所谓获取正确的 IP 参数是指要能够与公共 IP 地址进行通信，这是顺利连接到 Internet 所必需的。与公共 IP 地址进行通信的方法通常包括 ADSL、Cable Modem、学术网络、电话拨号等。在 CentOS 中，我们可以通过修改 /etc/sysconfig/network-scripts/ifcfg-eth0 文件，或者使用 rp-pppoe 进行拨号。无论哪种方式都需要连接到某个 Internet 服务提供商。

在确认所有的局域网配置没有问题之后，请参考第 4 章的介绍进行连接，并在连接后立即使用 ifconfig 命令查看是否获取到正确的 IP 地址。如果使用 ADSL 连接，那么应该能够成功获取一组正确的公共 IP 参数。

> 曾经有海外的华人朋友发电子邮件表示，在使用 ADSL 拨号后，他们竟然获得了一组私有 IP 地址，导致他们无法搭建服务器。他们想知道这种情况是否合理。如果你熟悉路由相关的概念，就会知道这是合理的。因为你获得的 IP 地址只是用于与 ISP 进行连接，并且 ISP 与你的主机可以通过私有 IP 地址进行通信。如果是这种情况，那么确实无法搭建对外提供服务的服务器。

常见的无法成功获取 IP 地址的错误是由 BOOTPROTO 值的设置错误导致的。因为设置静态 IP 地址和 DHCP 协议分配的 IP 地址有不同的要求，所以需要特别注意 ifcfg-eth0 文件中的参数设置。此外，如果使用 ADSL 拨号，但始终无法成功拨号，那么建议尝试以下方法：

- 关闭 ADSL 调制解调器、集线器和交换机的电源。
- 静待 10 分钟，等待这些设备冷却一段时间后重新插上电源。
- 在 ifcfg-eth0 文件中，将 Linux 连接到 ADSL 的网卡（假设为 eth0）的 ONBOOT 设置为 no，重新启动网络（/etc/init.d/network restart），然后执行 adsl-start 命令。

- 如果仍然无法成功拨号，并且已经确认内部网络没有问题，那么请 ISP 的工程人员帮助处理。

因为很多时候问题可能是由于网络设备过热或主机内部的一些网络参数设置问题引起的，所以不要手动启动网卡，让 adsl-start 命令自动启动网卡。

如果成功获取到 IP 地址后仍然无法连接到互联网，那么你认为还有哪些可能需要处理的地方呢？

> 为了避免交换机和 ADSL 调制解调器过热，鸟哥以及其他一些网络用户的朋友购买了桌上型小电扇，并使用定时器定时为这两类设备提供风扇散热。为什么需要定时器呢？因为担心长时间运行电风扇会导致电风扇过热或损坏。

6.2.4　步骤 4：确认路由表的规则

如果已经成功获取了正确的 IP 参数，那么接下来可以测试是否能够连接到互联网。鸟哥建议使用 ping 命令连接到中国电信的 DNS 主机，即 1.2.4.8 和 210.2.4.8。

```
[root@www ~]# ping -c 3 1.2.4.8
[root@www ~]# ping -c 3 210.2.4.8
```

如果得到了响应，那就表示网络基本上没有问题，可以连接到 Internet 了。但如果没有得到响应，尽管已经获得了正确的 IP 地址，但仍无法连接到外部主机，那肯定存在问题。在局域网内传输数据时，可以直接通过 MAC 地址进行传输，但如果要在局域网外传输数据，则需要通过路由器，特别是默认路由来转发数据包。因此，如果公共 IP 地址无法连接到外部主机（例如 1.2.4.8），问题可能出在路由器和防火墙上。假设没有启用防火墙，那就可能是路由器的问题。那么如何检查路由器呢？可以使用 route -n 命令进行检查。

例题

假设有个使用 ADSL 拨号的 Linux 主机，它的路由表如下，你觉得出了什么问题？

```
Destination     Gateway         Genmask         Flags Metric Ref    Use Iface
59.104.200.1    0.0.0.0         255.255.255.255 UH    0      0        0 ppp0
192.168.1.0     0.0.0.0         255.255.255.0   U     0      0        0 eth0
169.254.0.0     0.0.0.0         255.255.0.0     U     0      0        0 eth0
127.0.0.0       0.0.0.0         255.0.0.0       U     0      0        0 lo
0.0.0.0         192.168.1.2     0.0.0.0         UG    0      0        0 eth0
```

答：仔细分析上面的路由输出，第一条是 ppp0 产生的 Public IP 接口，第二条是 eth0 的内部网络接口，再看到最后一条的 0.0.0.0/0.0.0.0 这个默认路由发现竟然是内部网络的 eth0 作为网关。这不合理，最大的问题应该是在 ifcfg-eth0 里面不小心设置了

"GATEWAY=192.168.1.2"，解决的方法为：

（1）删除 ifcfg-eth0 内 "GATEWAY=192.168.1.2" 那一行（该行也可能出现在 /etc/sysconfig/network 内）。

（2）重新启动网络 /etc/init.d/network restart。

（3）重新进行拨号：adsl-stop; adsl-start。

另外一种可能出现的情况是忘记设置默认路由。例如，在使用 ifconfig 重新设置了网卡的 IP 之后，路由规则会被更新，可能导致默认路由丢失。此时，可以使用 route add 命令来添加默认路由。

6.2.5　步骤 5：主机名与 IP 查询的 DNS 错误

如果发现可以 ping 通 39.156.66.10，但无法使用浏览器在地址栏中访问 http://www.baidu.com，那么 99% 以上的问题可能是由 DNS 解析引起的。解决方法是直接查看 /etc/resolv.conf 文件的设置是否正确。通常，常见的设置内容如下：

```
[root@www ~]# vim /etc/resolv.conf
nameserver 1.2.4.8
nameserver 210.2.4.8
```

最常见的错误是名字服务器（nameserver）拼写错误。另外，如果客户端是 Windows 系统，初学者经常会在设置上出错。需要注意的是，Windows 端的 DNS 设置应与主机端的 /etc/resolv.conf 文件的内容相同。许多初学者错误地认为在 TCP/IP 设置中的 DNS 主机应该填写自己的 Linux 主机，这是不正确的（除非你的 Linux 主机上有 DNS 服务）。只需在 DNS 主机的 IP 位置填写 ISP 的 IP 地址即可。

此外，每台主机都会有一个主机名，默认的主机名通常是 localhost，在 /etc/hosts 文件中对应着 127.0.0.1 的 IP。如果曾经更改过主机名，但主机名无法正确匹配 IP 地址，那么主机在启动时可能会有几分钟的延迟。因此，/etc/hosts 文件与主机名的对应对于内部私有网络来说是相当重要的设置项。

6.2.6　步骤 6：Linux 的 NAT 服务器或 IP 路由器出问题

NAT 服务器最基本的功能就是 IP 路由器。NAT 主机通常是一台路由器，因此必须确保在 Linux 上能正确查看路由信息，否则可能会出现问题。此外，NAT 主机上的防火墙设置是否合理，以及 IP 路由器上是否设置了过滤机制等，都会对对外连接的成功与否起关键作用。关于 NAT 和防火墙，我们将在后续章节中进一步介绍。

6.2.7 步骤 7：Internet 的问题

Internet 本身也会出现问题。例如，几年前某些地区由于施工原因，导致南北网络骨干线缆被挖断，造成整个 Internet 流量拥堵，这就是 Internet 的问题。又如，几年前 Study Area 网站放置的位置在路由器中设置错误了，结果导致连接缓慢。这些问题并非主机本身出现问题，而是由 Internet 上的某个节点引起的。要确认问题是否源于 Internet，可以使用 traceroute 命令查看问题发生在哪个地方。

6.2.8 步骤 8：服务器的问题

如果之前的都没问题，但仍无法登录某台主机，最有可能的原因是主机的设置问题，例如以下几个方面：

1）服务器未开启该项服务

例如，如果主机关闭了 Telnet 服务，那么使用 Telnet 连接时将无法成功连接。

2）主机权限设置错误

例如，将某个目录的权限设置为 drwx------，属主为 root，但却希望 WWW 用户能够浏览该目录。由于 WWW 用户无法进入该目录，因此无法正确呈现给客户端。这是典型的权限设置错误情况。

3）安全机制设置错误

例如，SELinux 是一种用于更细粒度控制主机访问的核心机制，如果启用了系统原本不支持的类型，那么 SELinux 可能会阻止该服务的提供。其他例如/etc/hosts.deny、PAM 模块等也可能导致用户无法登录的问题。这不是网络问题，而是主机造成的连接无法成功。

4）防火墙问题

防火墙设置错误也是一个常见问题。可以使用 tcpdump 来跟踪数据包的流向，以了解防火墙是否设置错误。

基本上，网络环境的故障排除工作不是简单的几句话就能够解决的，而且通常需要具有丰富的经验。我们可以经常参加一些讲座，或者在百度上搜索别人的解决方法，这些都有助于更轻松地解决网络问题。鸟哥还将上述操作整理成了一个流程图，如图 6-2 所示，供读者参考。

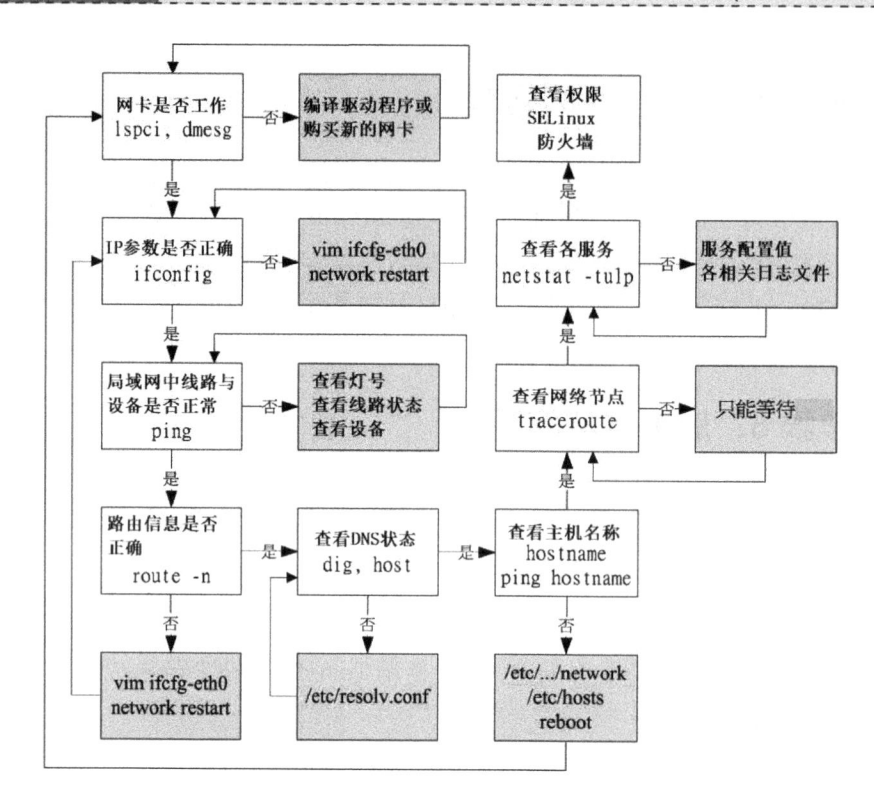

图 6-2 网络问题解决流程图

第二篇
主机的简易安全防护措施

许多团体或组织已经进行了操作系统安全性检测方面的研究,研究发现一台未经更新和保护的 Linux/Windows 主机(无论是个人计算机还是服务器),只要连接到 Internet,几乎在几小时内就可能被入侵或被用作跳板。网络世界确实存在很大的危险,因此,保护服务器主机至关重要。那么,如何保护服务器主机呢?首先,需要了解服务器开启了哪些网络服务以及这些服务开启了哪些端口。根据这些信息,关闭一些不必要的网络服务。其次,利用在线更新系统,使 Linux 系统始终处于最新的软件状态。这个简单的操作可以预防大部分入侵攻击,是非常重要的一步。最后,设置基础防火墙。

由于 Linux 的功能十分强大,如果不好好保护主机,一旦被入侵并被当作跳板,就可能导致法律纠纷。请不要轻视这个问题。尽管在被入侵后,只需删除旧系统并重新安装,服务器主机就可以恢复正常,但如果不改变某些操作习惯,重新安装并不能确保服务器主机的良好运行。因此,在搭建服务器之前,我们需要了解基本的网络防护措施,免得经常要重装。

第二篇 主机的简易安全防护措施

第 7 章

网络安全与主机基本防护：
限制端口、网络升级与 SELinux

在学习了第一篇之后，现在应该已经成功使用 Linux 连接到 Internet 了。但是，现在 Linux 系统可能还不够安全。因此，在开始服务器设置之前，我们必须加强系统，以防止恶意黑客的攻击。在本章中，将介绍数据包的流向，并根据这个流向制定系统强化的步骤，包括在线自动升级、服务管理以及 SELinux 等内容。

7.1 网络数据包连接进入主机的流程

在本章中,我们将讨论从网络上发起的连接请求进入主机时,该网络数据包在主机内部获取数据的整个流程是如何进行的。通过了解整个流程,你将意识到系统操作的基本概念是如此重要,从而了解如何保护主机安全。现在就让我们快速了解一下。

7.1.1 数据包进入主机的流程

在第 1 章中,已经讨论了网络连接的流程,并举例说明了为什么在搭建服务器时需要了解操作系统的基本概念。在本章中,将对这个流程进行更详细的说明,因为通过分析这个流程,我们将了解到为什么主机在进行一些防护之后才能更加强壮。此外,在第 2 章中,解释了网络是双向的,服务器和客户端都需要具有 IP:Port 才能使彼此的软件进行沟通。现在,假设主机是一个 WWW 服务器,让我们通过图 7-1 所示的流程来看看网络数据包是如何进入主机的。

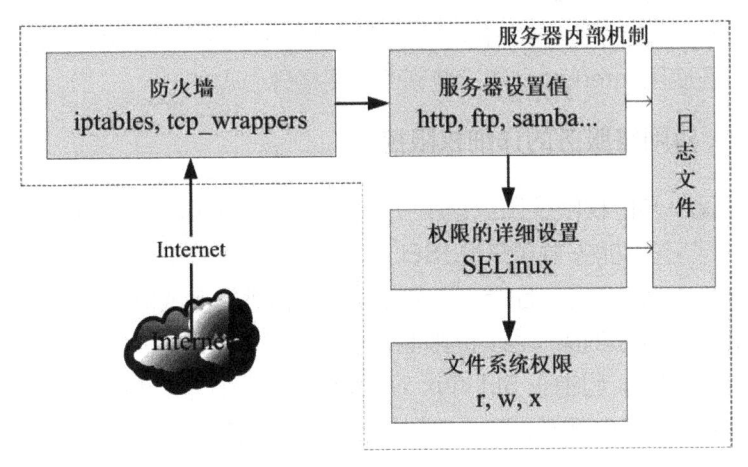

图 7-1 网络数据包进入主机的流程

1. 经过防火墙的分析

Linux 系统内置了防火墙机制,因此要确保连接能成功,首先需要通过防火墙。Linux 默认的防火墙有两个独立存在的机制,因此默认有两层防火墙保护:第一层是基于数据包过滤的 Net Filter 防火墙,第二层是通过软件管理的 TCP Wrappers 防火墙。

- **数据包过滤防火墙:IP Filtering 或 Net Filter。**
  要进入 Linux 本机的数据包都会首先经过 Linux 内核预设的防火墙,即 Net Filter。简单来说,这个防火墙功能是由 iptables 软件提供的。为什么称之为数据包过滤防火墙呢?因为它主要通过分析 TCP/IP 数据包的报头信息来进行过滤。它主要关注 OSI 模型的第二、三、四层,控制 MAC、IP、ICMP、TCP 和 UDP 的端口以及状态(如 SYN、

ACK 等）。更详细的内容将在第 9 章进行介绍。

- 第二层防火墙：TCP Wrappers。

  通过 Net Filter 后，网络数据包将接受 Super Daemons 和 TCP Wrappers 的检验。这个功能实际上对应了 /etc/hosts.allow 和 /etc/hosts.deny 配置文件的功能。它再次对 TCP 报头进行分析，我们可以设置一些机制来过滤特定的 IP 或端口，从而决定是否丢弃或通过检验源端的数据包。

通过防火墙的控制，我们可以丢弃来自 Internet 的大部分垃圾链接，只允许我们自己开放的服务链接进入本机，从而实现最基本的安全防护。

2. 服务的基本功能

内置的防火墙是 Linux 的内建功能，但它主要管理的是 MAC、IP、端口等数据报头信息。如果想要控制对某些目录的访问权限，就需要通过权限和服务器软件提供的相关功能。举个例子，你可以在 httpd.conf 配置文件中规定某些 IP 不能使用 httpd 服务来获取主机的数据，这样即使这些 IP 绕过了前两层的过滤，它们仍然无法获取主机的资源。需要注意的是，如果 httpd 程序本身存在漏洞，那么客户端可以直接利用这些漏洞入侵主机，而无须获取主机 root 的密码！因此，在使用 Internet 上的这些软件时要格外小心。

3. SELinux 对网络服务的详细权限控制

为了避免前面一步的权限误用或程序问题导致的安全问题，Security Enhanced Linux（SELinux）发挥了它的功能。简单来说，SELinux 可以针对网络服务的权限设置一些规则（策略）来限制程序的功能。因此，即使用户的文件权限设置错误或程序存在问题，黑客利用漏洞获取 root 权限，该程序的操作也受到限制。举个例子，假设前一步中的 httpd 确实被黑客攻击并获取了 root 权限，但由于 SELinux 对 httpd 进行了控制，将其限制在/var/www/html 目录中，并限制其可执行的操作，因此黑客无法使用该程序进一步破坏系统。

4. 使用主机的文件系统资源

想一想，使用浏览器连接到 WWW 主机的主要目的是什么？当然是为了获取主机上的 WWW 数据。那么，WWW 数据是指什么呢？就是文件啊！因此，网络数据包最终是用来获取主机上的文件系统数据的。在这里，假设要使用 httpd 程序来获取系统的文件数据。然而，httpd 默认是由一个名为 httpd 的系统账号来启动的，因此，网页数据的权限必须允许 httpd 程序进行读取。如果前面三个步骤的设置都没有问题，但权限设置错误，用户仍然无法访问网页数据。

除了上述步骤之外，Linux 及其相关软件还支持登录文件记录功能。为了记录历史过程以便管理员进行错误查询和入侵检测，建立良好的日志文件分析习惯是必要的，尤其是对于 /var/log/messages 和 /var/log/secure 文件。尽管各个主要的 Linux 发行版通常都提供适用于自己的登录文件分析软件，比如 CentOS 的 logwatch，但毕竟这些软件并不适用于所有的发行版。

基于这些流程，你认为那些心怀不轨的黑客会如何攻击我们的系统呢？首先，我们需要知道对方的破坏目标，才能够采取措施增强系统的安全性。接下来，我们将讨论一些常见的基本网络攻击手法。

7.1.2 常见的攻击手法与相关保护

通过图 7-1，我们了解到数据传输到本机时需要经过几道防线，而权限则是最后的关键。现在你应该清楚为什么在基础篇中一直强调设置正确的权限可以保护主机了吧？那么黑客是如何通过上述流程来攻击我们的系统的呢？接下来让我们进行分析。

1. 获取账户信息后猜密码

由于许多人喜欢使用自己的姓名作为账户信息，因此获取账号是相对容易的。举例来说，假如你的朋友不小心泄露了你的电子邮件地址，例如 dmtsai@your.host.name 这样的格式，那么其他人就会知道你拥有一台名为 your.host.name 的主机，并且在该主机上有一个用户名为 dmtsai 的账号。之后，如果他们利用某些特殊软件（例如 NMAP）对你的主机进行端口扫描，他们就可以开始尝试通过已启动的软件功能来猜测账号的密码。

此外，如果你经常查看主机的日志文件，就会发现在主机启动邮件服务器服务时，登录文件中会频繁出现一些人尝试使用常见账号（如 admin、administrator、webmaster 等）来猜测你的密码，试图窃取你的私人邮件。如果你的主机确实存在这些账号，并且这些账号没有采用良好的密码策略，那就很容易成为攻击的目标。

这种猜测密码的攻击方式可以算作最早期的入侵模式之一。攻击者知道你的账号，或者可以猜测你的系统中存在哪些账号，他们缺少的只是密码。因此，他们会努力地去猜测你的密码。如果你的密码设置不好，那么容易成为攻击目标，你的主机也很容易被入侵。因此，养成良好的密码设置习惯非常重要。

不过这种攻击方式相对耗时，因为现在许多软件都有密码输入次数的限制。如果连续三次输入密码都无法成功登录，那么该次连接将会被中断。因此，这种攻击方式逐渐减少，尽管偶尔还会出现。这也是初级黑客使用的一种方式。那么我们应该如何保护自己的主机呢？以下是一些基本方法：

- **减少信息曝光的机会**：例如不要将 e-mail 地址随意散布到 Internet 上。
- **建立较严格的密码设置规则**：包括对 /etc/shadow、/etc/login.defs 等文件进行设置。建议参考基础篇的内容，规范用户密码的更改周期等。如果主机稳定且不会频繁添加新账号，也可以考虑使用 chattr 命令来限制账号文件（如/etc/passwd、/etc/shadow）的修改。

- **完善的权限设置**：由于这种攻击方式会获得某个用户账号的登录权限，因此如果系统权限设置得当，攻击者只能获得普通用户的权限，对主机的危害相对有限。所以说，权限设置非常重要。

2. 利用系统的程序漏洞主动攻击

从图 7-1 中的第二个步骤可以得知，如果主机开放了网络服务，就必须启动某个网络软件。由于软件编写方式等问题，可能会出现一些被黑客利用的程序代码中的 Bug。这些 Bug 的问题大小有所不同，可以分为只是程序 Bug（俗称程序臭虫，可能导致系统不稳定或宕机）和安全问题（程序代码编写方式可能导致恶意用户控制系统权限）等。

当程序问题公开后，一些高水平的黑客会尝试编写针对这些漏洞的攻击程序代码，并将其放置在黑客经常浏览的网站上，以展示自己的"功力"。鸟哥要提醒的是，这种程序代码很容易获取。当更多闲暇无聊的人获取到这些程序代码后，他们可能会尝试一下这些攻击程序的威力，所以就拿来"扫射"一番，如果你比较倒霉，可能就会不小心被攻击到。

这种攻击模式是目前最常见的，因为攻击者只需要获取攻击程序就能进行攻击，而且从攻击开始到获取系统的 root 权限（无须猜测密码），不超过两分钟就能成功入侵。因此，黑客最喜欢这种方式。然而，这种方式依赖于主机程序的漏洞来实施攻击。如果主机保持实时更新状态，或者关闭大部分不需要的程序，就能避免这个问题。因此，应该采取以下措施：

- 关闭不需要的网络服务。
- 随时保持系统更新。
- 关闭不需要的软件功能。

3. 利用社会工程学进行欺骗

社会工程（Social Engineering）指的是通过人与人的互动来达到入侵的目的。人与人的互动可以入侵主机？鸟哥在糊弄人吗？当然不是。

目前社会上经常有一些人以退税、中奖、低价购买贵重物品等名义来欺骗善良的老百姓，而社会工程就是类似的手法。例如，在大公司中，我们可能会接到这样的电话："我是人事部门的经理，为什么我的账号突然无法登录？请给我查看一下，干脆为我开设一个新账号，我告诉你我需要的密码……"。如果没有进行核实就提供账号和密码，那么我们的主机可能就这样被绑走了。

社会工程使用了许多欺骗方法，包括使用"好心的 E-mail 通知""警告信函""中奖通知"等，都是为了骗取你的账号和密码。有些人还会利用钓鱼网站的方式，诱使你在恶意网站上输入账号和密码。举个例子，计算机中心经常会收到看似系统维护的 E-mail，要求他们将账号和密码提交给系统管理员进行统一管理，这其实是假的！计算机中心从来不会发送这样的 E-mail，所以需要注意。那么，如何预防呢？

- **追踪互动者**：不要一味地相信对方，必须向上级报告，不要因为一时心慌就中了计。

- **不要随意透露账号、密码等信息**：最好不要在 Internet 上随意填写这些数据，这真的很危险！因为在 Internet 上，你永远不知道对方屏幕前坐着的是谁。

4. 利用程序功能的"被动"攻击

什么，除了主动攻击之外，还有被动攻击？没错！那如何进行被动攻击呢？这就需要从恶意网站谈起了。如果你喜欢随意浏览网页，有时可能会进入一些充斥广告或弹出式窗口的网站。这些网站看起来很友好，例如提供很多好用的软件下载和安装功能。如果该网站是你信任的，比如 Red Hat、CentOS、Windows 官网，那还好；但如果是你不清楚用意的网站，你会同意下载安装它提供的软件吗？

如果你经常关注网络安全事件的相关新闻，就会发现 Windows 浏览器存在问题，有时甚至所有浏览器（如 Firefox、Netscape 等）都会遇到问题。你会觉得很奇怪，浏览器怎么会有问题呢？这是因为很多浏览器会主动接收来自对方 WWW 主机提供的各种程序功能，或者自动安装来自对方主机的软件。有时候浏览器还会因为程序的安全问题，使得对方的 WWW 浏览器可以向你的主机发送恶意代码，从而攻击你的主机。

你可能会想，那我为什么要浏览那些恶意网站呢？人总会有粗心大意的时候，如果你今天不小心收到一封 E-mail，告诉你银行账号有问题，希望你赶紧点击某个链接查看是否出现问题，你会点击吗？如果有个网络消息说某个网站提供特价商品，你会去碰碰运气吗？这些都是可能的。若是如此，你就很容易成为攻击者攻击的目标。

那如何防护呢？建立以下良好的习惯是最重要的。

- **随时更新主机上的所有软件**：如果你的浏览器没有安全漏洞，当对方传送恶意代码时，浏览器就不会执行，从而提高了安全性。
- **最小化软件的功能**：举例来说，让你的 E-mail 客户端不要主动下载邮件的附件，让你的浏览器在安装某些软件时需要你的确认才能进行安装，这样就比较容易应对一些小麻烦。
- **不要连接到不明的主机**：鸟哥认为这才是最困难的，因为很多时候我们都在网络上搜索问题，无法判断对方是否在骗我们。因此，前面两点的防范是很重要的，不要以为只要不连接到恶意网站就没有问题。

5. 蠕虫或木马的 Rootkit

Rootkit 是指一组可以获取 root 权限的工具集，类似于前面介绍的主动攻击程序漏洞的方法。Rootkit 不仅可以通过主机的程序漏洞进行攻击，也可以通过社交工程手段诱使用户下载、安装 Rootkit 软件，从而使黑客能够轻易地绑架受害者的主机。

除了利用上述方法进行入侵外，Rootkit 还可以进行伪装或自我复制，例如，许多 Rootkit 本身就是蠕虫或者木马间谍程序。蠕虫会使你的主机不断发送数据包进行攻击，导致网络带宽被耗尽，例如 Nimda、Code Red 等；而木马程序（Trojan Horse）则会在你的主机中开启后门，即开放一个端口供黑客主动入侵，结果就是被绑架和被控制。

Rootkit 实际上很难追踪，因为它经常主动修改系统查看命令，包括 ls、top、netstat、ps、who、w、last、find 等，使你看不到一些有问题的程序。因此，你的 Linux 主机很容易被当作跳板使用，这非常危险。那么应该如何防范呢？

- 不要随意安装来自不明来源或不明网站的文件数据。
- 避免系统中存在过多危险的命令，例如 SUID/SGID 的程序，因为这些程序很可能被用户不当使用，给木马程序可乘之机。
- 可以定期使用 RKHunter 等软件进行 Rootkit 追查。有些网站可以提供 Rootkit 程序的检查，你可以去下载并对主机进行分析。

6. DDoS 攻击法（Distributed Denial of Service）

DDoS（分布式拒绝服务攻击），从字面意义上看，它是通过分散在各地的僵尸计算机进行攻击，使得你的系统无法正常提供服务给其他用户。这种攻击非常严重，而且有多种方法，其中最常见的是 SYN Flood 攻击。在第 2 章中我们提到过，当主机接收到带有 SYN 标志的 TCP 数据包时，它会启动相应的端口等待连接，并发送带有 SYN/ACK 标志的回应数据包，等待客户端再次回应。

在这个步骤中让我们思考一下，如果客户端在发送了 SYN 数据包后丢弃了来自服务器端的确认数据包，那么你的服务器端将一直处于等待状态，而且客户端可以通过软件功能在短时间内持续发送这样的 SYN 数据包，这将导致你的服务器持续发送确认数据包，并且开启大量的端口等待连接。当所有的端口都被启用后，系统就会"挂掉"。

更可怕的是，通常攻击方不只有一台主机。它会利用 Internet 上的僵尸主机（已经成为跳板，但网站管理员并没有察觉到）发起集体攻击，使你的主机在短时间内立即"挂掉"。这种分布式拒绝服务攻击的手法类似于"玉石俱焚"，它的目标不是入侵你的系统，而是让你的系统无法正常提供服务。最常被用来阻断服务的网络服务就是 WWW，因为 WWW 通常要对整个 Internet 开放服务。

这种攻击方法也是最难应对的，因为要么需要系统核心具备自动阻止 DDoS 攻击的机制，要么需要编写自己的监测软件进行判断，非常烦琐。不过，除非你的网站非常大并且"得罪了不少人"，否则不太可能成为 DDoS 攻击的目标。

7. 其他

上面提到的都是比较常见的攻击方法，还有一些高级的攻击方法，不过那些攻击方法都需要有比较高的技术水平。例如 IP 欺骗，它可以欺骗你的主机，使其误以为数据包来源于可信网络，同时通过数据包回送的机制，攻击方持续地发送确认数据包和工作命令。这样一来，你的主机可能会错误地认为该数据包有响应，而且是来自内部的主机。

然而，Internet 是有路由机制的，并且每台主机在每个时段的 ACK 确认码都是不相同的。

因此，要利用这种方式进行攻击并不容易，特别是对于小型主机来说。不过，我们仍然需要注意以下几个方面。

- **设置规则完善的防火墙**：利用 Linux 内建的防火墙软件 iptables 建立较为完善的防火墙，可以防范部分的攻击行为。
- **核心功能**：这部分比较复杂，你必须要对系统核心有很深入的了解才能设置好核心网络功能。
- **日志文件与系统监控**：可以通过分析登录文件来了解系统的状况，另外也可以通过类似 MRTG 之类的监控软件来实时了解系统是否有异常，这些工作都是很好的努力方向。

8. 小结

要让系统更安全，需要一些技术方法。我们一直强调维护网站比架设网站还要重要，因为"一人中招全员挂掉"。不要以为你的主机没有重要数据，被入侵或植入木马也没有关系，因为服务器通常对内部来源的主机规范较为宽松，如果你的主机在公司内部，但不小心被入侵，那么公司的服务器就会全部暴露在危险的环境中。

此外，在蠕虫"繁盛"的年代，我们会发现只要局域网中有一台主机中招，则整个局域网就无法使用网络，因为带宽已被蠕虫占满。如果老板发现今天无法收发邮件，并且问题不是因为服务器故障，而是内部员工的某台计算机中了蠕虫，那台主机被感染的原因只是该员工不小心访问了某个网站，那么老板可能会考虑解雇这个员工。

所以，主机防护还是很重要的，不要小看了。下面提供几个方向给大家思考一下：

（1）建立完善的登录密码规则限制。

（2）完善的主机权限设置。

（3）设置自动升级与修补软件漏洞，以及移除危险软件。

（4）在每项系统服务的设置中，强化安全设置。

（5）使用 iptables 和 TCP Wrappers 强化网络防火墙。

（6）使用主机监控软件（如 MRTG 与 logwatch）来分析主机状况与日志文件。

7.1.3 主机能执行的保护操作：软件更新、减少网络服务、启动 SELinux

根据前面两节的分析，现在你已经了解了数据包的流向以及主机需要进行的防护。然而，你可能仍然有疑虑：既然我已经有了防火墙，那么权限管理、密码强度、服务器软件更新、SELinux 等是否就不那么重要了呢？毕竟防火墙是数据包进入的第一道关卡，如果这个关卡把关得严格，后续是否可以稍微宽松一些呢？实际上并非如此。对于开放某些服务的服务器来说，防火墙根本无法发挥作用。

1. 软件更新的重要性

根据如图 7-1 所示的流程，假设你需要对全世界开放 WWW 服务，那么就需要运行提供 WWW 服务的 httpd 程序，并且防火墙需要打开端口 80，以便全世界可以连接到你的端口 80，这样才能实现一个合理的 WWW 服务器。但问题是，如果 httpd 程序存在安全问题，防火墙还有用吗？当然没有。因为防火墙本来就需要打开端口 80，所以此时防火墙对你的 WWW 服务没有任何保护作用。那怎么办呢？

在这种情况下，需要做的就是持续更新软件至最新版本。自由软件的好处就是当程序存在问题时，开发人员会在最短的时间内提供修补程序（Patch），并将修补程序的代码添加到软件更新数据库中，以便普通用户可以通过网络自动更新。因此，要解决服务器软件的问题，只需要及时更新系统软件即可。

需要注意的是，系统是否能够更新软件和系统的版本相关。举例来说，Red Hat 9 是在 2003 年左右发布的版本，目前已经不再得到支持。如果你坚持要安装 Red Hat 9 这个系统，那么很抱歉，你将需要手动使用 make 命令重新编译系统内的软件以更新到最新版本，这是相当麻烦的。同样地，虽然 Fedora 提供了网络自动更新的功能，但每个版本的维护期较短，这意味着你可能需要频繁地大幅更改版本，这对服务器的设置来说并不合适。因此，企业版的 Linux 发行版非常重要。例如，截至 2011 年 7 月，鸟哥网站的主机仍在使用 CentOS 4.x，因为这个版本目前仍在持续维护中。对于服务器而言，稳定性和安全性比任何其他因素都更为重要。

想要了解软件的安全通报，可以参考 Red Hat 的官方说明，网址是 https://www.redhat.com/support/。

2. 认识系统服务的重要性

回到图 7-1，并结合第 2 章中提到的网络连接是双向的，我们可以得出一个答案，即在图 7-1 的第二个步骤中，如果减少服务器上的监听端口，那么服务器端将没有可供连接的端口，因此客户端无法连接到服务器端。那么如何限制服务器开启的端口呢？第 2 章中提到关闭网络服务是关闭端口的一种方式，因此减少网络服务可以避免许多不必要的麻烦。

3. 权限与 SELinux 的辅助

很多人在遇到权限不足的问题后，会直接将某个目录的权限修改为 chmod -R 777 /some/path/。如果这台主机只是用于测试，并且没有连接到互联网提供服务，那还好；但如果主机提供了某些互联网服务，那就会有麻烦了。因为目录的 wx 权限设置表示可以进行添加和删除操作，而 777（rwxrwxrwx）代表任何人都可以在该目录下进行添加和删除。如果不小心某个程序被攻击并取得操作权限，那么系统就可能被注入可怕的恶意代码。因此，不要随意设置权限。

如果由于当初规划的账号身份和组设置过于混乱，导致无法使用简单的三种身份和三种权限来设置系统，那该怎么办呢？没关系，ACL 可以针对单个账号或单个组进行特定的权限设置，非常实用。它可以帮助解决传统 UNIX 权限设置方面的困扰。详细信息请参考《鸟哥的 Linux 私房菜 基础学习篇（第四版）》一书的相关内容。

那如何避免用户滥用系统或乱设置权限呢？这就需要通过 SELinux 来进行控制。SELinux 可以在程序和文件之间添加额外的权限控制层，因此，即使程序和文件的权限匹配，但如果程序和文件的 SELinux 类型不匹配，程序仍然无法读取该文件。此外，CentOS 还针对一些常用的网络服务制定了许多文件使用规则。如果这些规则没有启用，即使权限和 SELinux 类型都正确，该网络服务的功能也仍然无法正常启动。

根据以上分析可以得知，可以通过随时更新系统软件、限制连接端口以及启用 SELinux 来限制网络服务的权限，经过这三个简单的步骤，系统将得到相当大的保护。当然，后续的防火墙和系统注册表文件分析工作仍然是必要的。本章的后续内容将根据这三个要点进行深入介绍。

7.2 网络自动升级软件

在当前的互联网上，存在着大量的黑客利用已知的系统漏洞进行检测和入侵主机的情况。因此，除了建立防火墙以外，最重要的 Linux 日常管理工作就是进行软件的升级。然而，如果用户需要每天查看网络安全通报，并主动查询各大发行版针对这些漏洞提供的升级软件包，那就太不便捷了。对此，目前出现了许多在线直接更新的机制。有了这些在线直接更新软件的手段和方法，系统管理员在管理主机系统方面就轻松多了。

7.2.1 如何进行软件升级

通常情况下，鸟哥在安装完 Linux 后，会先启用系统默认的防火墙机制，然后第一件事就是进行全系统更新。无论是哪个 Linux 发行版，鸟哥都会这样做，目的是避免软件的安全问题。那么在 Linux 上如何进行软件的更新和升级呢？你还记得安装软件的方式吗？不就是使用 rpm、tarball 或 dpkg 吗？因此，如果想要进行升级，就需要根据当初安装该软件时所采用的方式进行操作。每种方式都有其适用性，下面将具体介绍。

- **rpm**: 这是目前在 Linux 发行版中最常见的软件管理方式，包括 CentOS、Fedora、SuSE、Red Hat、Mandriva 等都使用这种方式进行管理。
- **tarball**: 在系统上编译和安装软件时，可以使用官方网站提供的源代码。一般来说，因为软件是在自己的机器上直接编译的，所以效率会比较高。然而，在进行升级时会比较麻烦，因为需要重新下载新的源代码并重新进行编译。这种安装模式通常用于某些特殊软件（未包含在发行版中）或 Gentoo 这样强调效率的发行版。

- **dpkg**：dpkg 是 Debian 这个发行版所使用的软件管理方式，与 rpm 非常类似，都是通过预先编译的方式使最终用户可以直接使用、升级和安装软件。

举例来说，如果系统是 CentOS，并且系统使用的是 rpm 类型的软件管理模式，那么想要安装 B2D 软件应该怎么办呢？需要注意的是，B2D 是使用 Debian 的 dpkg 来管理软件的，两者并不相同，互相安装会非常困难。因此，如果要进行升级，首先需要了解系统上的软件安装和管理方法。

不过，有一个特殊的情况，那就是旧版本的 Linux（例如 Red Hat 9）的软件升级。由于旧版本的软件支持程度较低，商业公司或社区也没有太多精力放在旧版本的支持上，因此，在这种情况下可以选择升级到较新的版本，例如 CentOS 6.x，或者使用 tarball 自行升级核心软件。建议升级到新版本，因为通过手动方式从 tarball 安装到最新版本非常耗时且费力，而且还需要经常查阅官方网站发布的最新消息，否则可能会出现无法预料的问题。

在 Windows 环境下提供了一个 Live Update 功能，可以自动在线升级软件，甚至很多防病毒软件和防木马软件也推出了实时的在线更新功能。这样可以确保软件始终保持在最新版本，非常方便。那么 Linux 是否也有类似的功能呢？如果有的话，系统自动进行软件升级就会变得非常轻松了吧？没错，确实如此。接下来，介绍一下 Linux 的在线升级机制。

在 Linux 中，最常见的软件安装方式是 rpm、tarball 和 dpkg。由于 tarball 提供的是源代码，因此不太可能通过 tarball 执行在线自动更新，只能使用 rpm 或 dpkg 这两种软件管理方式进行在线更新。

虽然，rpm 和 dpkg 都具有依赖属性，但这并不需要担心。因为 rpm 和 dpkg 都记录了软件的基本信息，并同时记录了软件的依赖关系（回想一下使用 rpm –q 进行查询的方式），所以可以通过分析这些基本信息，并使用一些机制将这些依赖关系记录下来，然后通过额外的网络功能自动分析系统与修补软件之间的差异，帮助我们确定需要升级和满足依赖关系的软件，并进一步实现自动升级。

由于各个发行版在管理系统方面都有自己独特的理念，因此在分析 rpm 或 dpkg 软件及其方式时也存在一些差异，即下面这些不同的在线升级机制。

- **yum**：CentOS 和 Fedora 常用的自动升级机制是通过 FTP 或 WWW 进行在线升级和在线直接安装软件。
- **apt**：最早由 Debian 发行版发展而来，现在 B2D 也使用 apt 作为软件管理工具。同时，由于 apt 的可移植性，只要 rpm 支持 apt 管理，就可以自行建立 apt 服务器供其他用户进行在线安装和升级。
- **YOU**：Yast Online Update（YOU）是由 SuSE 自行开发的在线安装升级方式。通过注册获得一组账号和密码后，可以使用 YOU 机制进行在线升级。然而，免费版本只有 60 天的试用期。
- **urpmi**：这是 Mandriva 提供的在线升级机制。

通过对这些升级机制的讲解并与发行版进行对应，我们可以了解到每个发行版可用的在线升级机制都是不同的。因此，请参考发行版提供的文档来进行在线升级的设置，否则就需要手动下载和安装。

在这里，鸟哥使用的是兼容 Red Hat 的发行版 CentOS 进行介绍，因此只会简单介绍一下 yum。不过，yum 已经适用于 CentOS、Red Hat Enterprise Linux、Fedora 等发行版，功能非常强大。另外，在基础篇中已经讨论过 rpm 和 yum 的使用方法，所以在这里只是加强介绍与更新相关的用法。

7.2.2 CentOS 的 yum 软件更新、镜像站点使用的原理

在基础篇中我们已经讨论过 yum，它的基本原理是 CentOS 可以从 yum 服务器上下载官方网站提供的 rpm 头文件列表数据，这些数据不仅记录了每个 rpm 软件的依赖关系，还指明了 rpm 文件所在的容器（仓库）位置。因此，通过分析这些数据，CentOS 可以直接使用 yum 来下载和安装所需的软件。具体情况如图 7-2 所示。

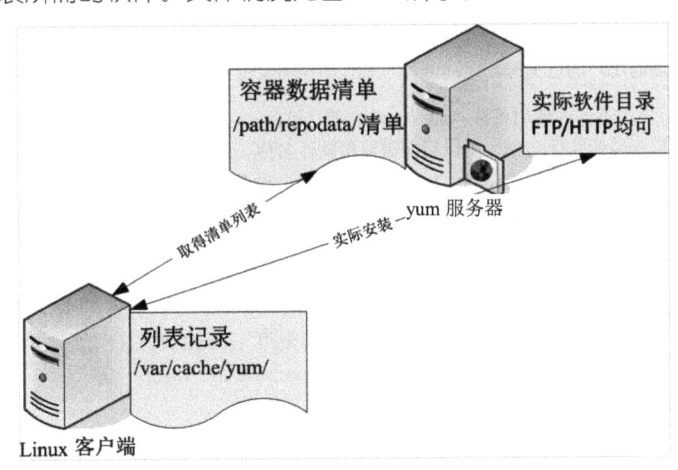

图 7-2 使用 yum 下载清单表头与取得容器相关资料示意图

详细流程如下：

（1）根据配置文件确定 yum 服务器的 IP 地址。

（2）连接到 yum Server 后，先下载新的 rpm 文件的表头数据。

（3）分析比较用户想要安装/升级的文件，并提供给用户确认。

（4）将用户选择的文件下载到系统的 /var/cache/yum 目录中，并进行实际安装。

然而，还存在一个问题。如果全世界的 CentOS 用户都连接到同一个 yum 服务器上下载所需的 rpm 文件，那么带宽很容易被塞满，怎么办呢？别担心，可以通过所谓的镜像站点来解决。CentOS 在世界各地都有镜像站点，这些镜像站点会复制官方 yum 服务器的数据，并提供与原站点相同的 yum 功能。因此，你可以在任何一个 yum 镜像站点上下载和安装软件。

yum 非常智能，它会自动分析离你的主机最近的镜像站点，并直接使用该镜像站点作为 yum 源。因此，理论上不需要更改任何设置。例如，在中国，CentOS 会自动使用中国地区的 yum 服务器，就是这么简单。接下来，让我们直接开始使用 yum 吧。

> 关于 yum 的原理和相关使用，在基础篇中已经进行了详细的介绍和分类讨论，因此下面只会简要介绍一些比较重要的部分。

7.2.3 yum 的功能：安装软件组、全系统更新

除了提供在线自动升级功能外，Yum 还可以用于查询、安装软件组、进行整体版本的升级等，非常实用。现在我们来讨论一下 yum 命令的用法：

```
[root@www ~]# yum [option] [查询的工作项目] [相关参数]
选项与参数：
option：主要的参数，包括：
    -y ：当 yum 询问用户的意见时，主动回答 yes 而不需要由键盘输入

[查询的工作项目]：由于不同的使用条件，而有一些选项，包括：
    install  ：指定安装的软件名称，所以后面需要接软件名称
    update   ：进行整体升级的行为；当然后面也可以接某个软件，仅升级一个软件
    remove   ：删除某个软件，后面需要接软件名称
    search   ：搜寻某个软件或者重要关键字
    list     ：列出目前 yum 所管理的所有的软件名称与版本，有点类似 rpm -qa
    info     ：同上，不过有点类似 rpm -qai
    clean    ：下载的文件被放到 /var/cache/yum，可使用 clean 将它移除
               可清除的项目有 packages、headers、metadata、cache 等

在[查询的工作项目]部分还可以具有整个软件组的安装方式，如下所示
    grouplist    ：列出所有可使用的软件组，例如 Development Tools 之类

    groupinfo    ：后面接 group_name，则可了解该 group 内含的所有软件名
    groupinstall：这个好用，可以安装一整组的软件组，相当不错
                   更常与 --installroot=/some/path 共享来安装新系统
    groupremove  ：删除某个软件组

# 范例一：搜寻 CentOS 官网提供的软件名称中是否有与 RAID 有关的
[root@www ~]# yum search raid
Loaded plugins: fastestmirror
Loading mirror speeds from cached hostfile  <==这里在测试最快的镜像站点
 * base: mirrors.ustc.edu.cn                 <==共有四个容器内容
 * extras: mirrors.ustc.edu.cn               <==每个容器都在 mirrors.ustc.edu.cn 上
 * updates: mirrors.ustc.edu.cn
base                                 | 3.7 kB     00:00   <==下载软件的表头列表
extras                               | 951 B      00:00
updates                              | 3.5 kB     00:00
=================== Matched: raid ===================<==找到的结果如下
dmraid.i686 : dmraid (Device-mapper RAID tool and library)
```

```
...(中间省略)...
mdadm.x86_64 : The mdadm program controls Linux md devices (software RAID
...(下面省略)...

# 范例二：上述输出结果中，mdadm 的功能是什么
[root@www ~]# yum info mdadm
Loaded plugins: fastestmirror
Loading mirror speeds from cached hostfile
 * base: mirrors.ustc.edu.cn
 * extras: mirrors.ustc.edu.cn
 * updates: mirrors.ustc.edu.cn
Installed Packages   <==这里说明这是已经安装的软件
Name        : mdadm
Arch        : x86_64
Version     : 3.1.3
Release     : 1.el6
Size        : 667 k
Repo        : installed
From repo   : anaconda-CentOS-201106060106.x86_64
Summary     : The mdadm program controls Linux md devices (software RAID
URL         : http://www.kernel.org/pub/linux/utils/raid/mdadm/
License     : GPLv2+
Description : The mdadm program is used to create, manage, and monitor
...(下面省略)...
# 从上述粗体字标示的 Summary 关键词可知，这款软件用于实现软件磁盘阵列功能
```

yum 真是个很好用的工具，它可以直接查询是否存在某些特定的软件名称。例如，首先使用以下两种方式获取软件名称：

- yum search "一些关键词"。
- yum list（可列出所有的软件文件名）。

然后，使用正则表达式来获取关键词，或者使用"yum info <软件名称>"来了解该软件的用途。最后决定是否要安装。上面的例子是在查找磁盘阵列管理软件。如果确定要安装，那么请参考以下流程。

1. 使用 yum 进行安装

下面以 mdadm 这个软件为例，演示如何使用 yum 进行安装。

```
# 范例三：安装某个软件。
[root@www ~]# yum install mdadm
...(前面省略)...
Setting up Install Process
Package mdadm-3.1.3-1.el6.x86_64 already installed and latest version
Nothing to do

[root@www ~]# yum install mdadma
Setting up Install Process
No package mdadma available.
```

Nothing to do

细观察上述的两个命令，可以注意到在第二个命令中鸟哥故意将软件名称将 mdadm 写成 mdadma，以模拟输入错误的情况。根据上述信息可知，结果是"Nothing to do"，表示没有找到该软件（No package mdadma available）。通过这个示例，希望读者能仔细观察输出的信息。接下来，我们以 javacc 软件为例，演示如何安装一个之前未安装过的软件。

```
[root@www ~]# yum list javacc*
Available Packages
javacc.x86_64                 4.1-0.5.el6      base
javacc-demo.x86_64            4.1-0.5.el6      base
javacc-manual.x86_64          4.1-0.5.el6      base
# 共有三套软件，分别是 javacc、javacc-demo 和 javacc-manual，版本为 4.1-0.5.el6
# 软件是放置到名为 base 的容器中的

[root@www ~]# yum install javacc
...(前面省略)...
Setting up Install Process
Resolving Dependencies
--> Running transaction check   <==开始检查有没有相互依赖属性的软件问题
---> Package javacc.x86_64 0:4.1-0.5.el6 set to be updated
... (中间省略)...

================================================================
 Package              Arch       Version          Repository  Size
================================================================
Installing:
 javacc               x86_64     4.1-0.5.el6      base        895 k
Installing for dependencies:
 java-1.5.0-gcj       x86_64     1.5.0.0-29.1.el6 base        139 k
 java_cup             x86_64     1:0.10k-5.el6    base        197 k
 sinjdoc              x86_64     0.5-9.1.el6      base        705 k

Transaction Summary
================================================================
Install       4 Package(s)  <==安装软件汇总，共安装 4 个，升级 0 个软件
Upgrade       0 Package(s)

Total download size: 1.9 M
Installed size: 5.6 M
Is this ok [y/N]: y  <==让你确认是否要下载
Downloading Packages:
(1/4): java-1.5.0-gcj-1.5.0.0-29.1.el6.x86_64.rpm    | 139 kB     00:00
(2/4): java_cup-0.10k-5.el6.x86_64.rpm               | 197 kB     00:00
(3/4): javacc-4.1-0.5.el6.x86_64.rpm                 | 895 kB     00:00
(4/4): sinjdoc-0.5-9.1.el6.x86_64.rpm                | 705 kB     00:00
----------------------------------------------------------------
Total                                         3.1 MB/s | 1.9 MB  00:00
Running rpm_check_debug
Running Transaction Test
Transaction Test Succeeded
```

```
Running Transaction
  Installing    : java-1.5.0-gcj-1.5.0.0-29.1.el6.x86_64              1/4
  Installing    : 1:java_cup-0.10k-5.el6.x86_64                       2/4
  Installing    : sinjdoc-0.5-9.1.el6.x86_64                          3/4
  Installing    : javacc-4.1-0.5.el6.x86_64                           4/4
Installed:                    <==主要需要安装的
  javacc.x86_64 0:4.1-0.5.el6

Dependency Installed: <==为解决软件的相互依赖性而额外安装的
  java-1.5.0-gcj.x86_64 0:1.5.0.0-29.1.el6    java_cup.x86_64 1:0.10k-5.el6
  sinjdoc.x86_64 0:0.5-9.1.el6

Complete!
```

通过 yum，我们可以轻松地安装一个软件，并且这个软件已经自动解决了依赖关系，非常方便。另外，默认情况下，在 CentOS 6.x 中，yum 下载的数据中除了每个容器的头文件清单外，所有的 rpm 文件在安装完成后都会被删除，这样系统就不会因为下载的数据而占用过多的存储空间。但是如果想要将下载的 rpm 文件保留在/var/cache/yum 目录中，则需要修改/etc/yum.conf 配置文件。

```
[root@www ~]# vim /etc/yum.conf    <==看看就好，不要真的这么操作
[main]
cachedir=/var/cache/yum/$basearch/$releasever
keepcache=1
debuglevel=2
logfile=/var/log/yum.log
exactarch=1
obsoletes=1
...(下面省略)...
```

上述代码中，将 keepcache 由 0 设置为 1，粗体字标示的 0 改为 1，这样就能够让 rpm 文件保存下来。然而，除非你有很多台主机需要更新，并且想要先使用一台主机进行 yum 升级和下载，然后收集所有的 rpm 文件，以便在内网的机器上进行升级（使用 rpm –Fvh *.rpm 命令），否则不建议修改 yum.conf 配置文件，因为/var 目录可能会被塞满。

2. yum 安装软件组

什么是"软件组"呢？rpm 软件将一个大项目分为多个小部分，每个小部分都可以独立安装。这样做的好处是可以让用户和软件开发者安装不同的环境。举个例子，在桌面系统中，一般用户不太可能去开发软件，对吧？因此，针对桌面计算机，软件组又分为"Desktop Platform"和"Desktop Platform Development"两个部分，每个软件组内部又包含多个不同的 rpm 软件文件。这样做的目的是方便用户安装一整套项目。

那么系统中有多少个软件组呢？又如何查看某个软件组拥有的 rpm 文件呢？我们以"Desktop Platform"这个项目来进行说明：

```
# 范例四：查询系统的软件组有多少个
[root@www ~]# LANG=C yum grouplist
Installed Groups:              <==这个是已安装的软件组
   Additional Development
   Arabic Support
   Armenian Support
   Base
...(中间省略)...
Available Groups:              <==这个是尚未安装的软件组
   Afrikaans Support
   Albanian Support
   Amazigh Support
...(中间省略)...
   Desktop Platform
   Desktop Platform Development
...(后面省略)...

# 范例五：Desktop Platform 内含多少个 rpm 软件
[root@www ~]# yum groupinfo "Desktop Platform"
Group: 桌面环境平台
 Description: 被 CentOS Linux 桌面平台支持的函数库
 Mandatory Packages: <==主要会被安装的软件有这些
   atk
...(中间省略)...
 Optional Packages:    <==额外可选择的软件是这些
   qt-mysql
...(下面省略)...
# 如果你确定要安装这个软件组，那就这样操作：

[root@www ~]# yum groupinstall "Desktop Platform"
# 因为这里在介绍服务器的环境，所以上面的操作鸟哥是选择 n 来拒绝安装的
```

通过使用"yum groupinstall <软件组名>"命令，可以一次安装许多软件，而无须担心遗漏某个软件，非常方便。此外，通过 groupinfo 的功能，还可以发现一些有用的软件信息。这样一来，就可以更方便地管理 Linux 系统了，非常不错吧。

3. 全系统更新

我们知道可以使用 yum update 命令进行软件的更新。然而，yum update 也可以直接进行同一版本的升级。例如，可以从 6.0 版本升级到 6.1 版本，而中间的过程与一般软件升级没有太大差异。

然而，如果想要从较旧版本的 CentOS 6.x 升级到 7.x 版本，可能需要花费更多的时间和精力。老实说，不同版本之间的升级最好还是不要尝试，重新安装可能是最佳的选择。

例题

请设置一下计划任务，让 CentOS 可以每天自动更新系统。

答：可以使用"crontab –e"来操作，也可以编辑"vim /etc/crontab"来操作，由于这个更新是系统方面的，因此鸟哥习惯使用 vim /etc/crontab 来进行命令的说明。其实内容很简单：

```
40 5 * * * root yum -y update && yum clean packages
```

这样就可以自动更新了，时间设定在每天凌晨 5:40。

7.2.4 挑选特定的镜像站点：修改 yum 配置文件与清除 yum 缓存

虽然 yum 可以在主机连接到 Internet 时直接使用，但 CentOS 的镜像站点可能选择错误。例如，主机位于中国，但 CentOS 的镜像站点却选择了日本或美国，这种情况可能会发生。鸟哥在教学过程中经常遇到这样的问题。要知道，从中国连接到日本或美国的速度非常慢，那该怎么办呢？在这种情况下，可以手动修改 yum 的配置文件来解决。

鸟哥熟悉的 CentOS 镜像站点主要在本地。除了学术网络之外，鸟哥近来更倾向于使用高速网络中心，因为更新的速度较快，连接到本地的学术网络也非常快。因此，鸟哥建议使用本地的 FTP 主机资源作为 yum 服务器的来源。

如果你访问本地的一些镜像网站的网址，就会发现有许多链接，这些链接代表了该 yum 服务器提供的容器。例如 addons、centosplus、extras、fasttrack、os、updates 等容器。其中，最常见的容器是 os（包含默认软件）和 updates（包含软件更新版本）。由于鸟哥在测试主机中使用的是 x86_64 版本，因此当单击 os 后，会得到对应操作系统安装的网址。

为什么要在上述网址内呢？关键在于这些网址内包含 repodata 目录。该目录存放了分析 rpm 软件后所产生的软件属性依赖数据。因此，最重要的就是看该网址下面是否有一个名为 repodata 的目录，那就是容器的网址了。现在让我们修改一下 yum 配置文件。

```
[root@www ~]# vim /etc/yum.repos.d/CentOS-Base.repo
[base]
name=CentOS-$releasever - Base
mirrorlist=http://mirrorlist.centos.org/?release=$releasever&arch=$basearch&repo=os
#baseurl=http://mirror.centos.org/centos/$releasever/os/$basearch/
enable=1
gpgcheck=1
gpgkey=file:///etc/pki/rpm-gpg/RPM-GPG-KEY-CentOS-6
```

上述代码中，鸟哥仅列出了 base 这个容器的原始内容，其他容器的内容请自行查阅。上面的数据中需要注意以下几项。

- [base]：代表容器的名字，方括号一定要存在，里面的名称则可以随意取。但是不能有两个相同的容器名称，否则 yum 会不知道该到哪里去找容器相关软件列表文件。

- **name**：只是简单说明一下这个容器的含义，重要性不高。
- **mirrorlist=**：列出这个容器可以使用的镜像站点，如果不想使用，可以注释掉这行。由于下面我们是直接设置镜像站点，因此这行以后确实是需要注释掉的。
- **baseurl=**：这个非常重要，因为后面接的就是容器的实际网址，mirrorlist 是由 yum 程序自行获取的镜像站点，而 baseurl 则是指定一个固定的容器网址。我们将刚刚找到的网址放到这里来。
- **enable=1**：就是启动这个容器。如果不想启动可以使用 enable=0。
- **gpgcheck=1**：还记得 rpm 的数字签名吗？这个选项用于指定是否需要验证 rpm 文件内的数字签名。
- **gpgkey=**：就是数字签名的公钥文件所在位置，可以使用默认值。

了解了这个配置文件之后，接下来让我们修改整个文件的内容，使得这台主机可以直接使用高速网络中心的资源。在修改时，鸟哥仅列出了 base 这个容器项目，其他项目按照上述的做法来处理即可。

```
[root@www ~]# vim /etc/yum.repos.d/CentOS-Base.repo
[base]
name=CentOS-$releasever - Base
baseurl=http://ftp.twaren.net/Linux/CentOS/6/os/x86_64/    <==就属它最重要
gpgcheck=1
gpgkey=file:///etc/pki/rpm-gpg/RPM-GPG-KEY-CentOS-6
# 其他的容器项目，请自行到高速网络中心去查询后处理

[root@www ~]# yum clean all    <==改过配置文件，最好清除已有清单
```

接下来当然就是对它进行测试了。要进行测试，只需再次使用 yum 命令即可。

```
# 范例：列出当前 yum server 所使用的容器有哪些
[root@www ~]# yum repolist all
repo id             repo name                    status
base                CentOS-6 - Base              enabled: 6,019
c6-media            CentOS-6 - Media             disabled
centosplus          CentOS-6 - Plus              disabled
contrib             CentOS-6 - Contrib           disabled
debug               CentOS-6 - Debuginfo         disabled
extras              CentOS-6 - Extras            enabled:     0
updates             CentOS-6 - Updates           enabled: 1,042
repolist: 7,061
# 在 status 列中显示为 enabled 的才是启动的容器。由于/etc/yum.repos.d/有多个配置文件，因此你会
发现存在其他的容器
```

上述操作是修改系统默认的配置文件，实际上应该在/etc/yum.repos.d/目录下新建一个.repo 文件。但是由于我们使用的是特定的镜像站点，而不是其他软件开发者提供的容器，因此才修改了系统默认的配置文件。然而，由于使用的容器版本有新旧之分，yum 会先将容器清单下载到本机的/var/cache/yum 目录中。如果我们修改了网址但未修改容器名称（方括

号内的文字），可能会导致本机的列表与 yum 服务器的列表不同步，从而出现无法更新的问题。

那怎么办呢？很简单，只需清除本机上的旧数据即可。无须手动处理，可以通过 yum 的 clean 命令来处理。

```
[root@www ~]# yum clean [packages|headers|all]
选项与参数：
packages：删除已下载的软件文件
headers ：删除下载的软件文件头
all     ：删除所有容器数据

# 范例：删除已下载过的所有容器的相关数据（含软件本身与列表）
[root@www ~]# yum clean all
```

例题

有一个网址 https://developer.aliyun.com/mirror/，里面包含了某地区的高速网络中心所提供的自由软件。请根据该网址提供的数据，制作成系统可以自动安装的 yum 格式。

答：由于 https://developer.aliyun.com/mirror/ 里面已经包含了 repodata 目录，因此，这个网址可以直接制作成 yum 的容器配置文件。可以按照以下步骤进行操作：

```
[root@www ~]# vim /etc/yum.repos.d/drbl.repo
[drbl]
name=This is DRBL site
baseurl= https://developer.aliyun.com/mirror/
 enable=1
gpgcheck=0

[root@www ~]# yum search drbl
Loaded plugins: fastestmirror
Loading mirror speeds from cached hostfile
============================= Matched: drbl =============================
clonezilla.i386 : Opensource Clone System (ocs), clonezilla
drbl.i386 : DRBL (Diskless Remote Boot in Linux) package.
drbl-chntpw.i386 : Offline NT password and registry editor
...(下面省略)...

[root@www ~]# yum repolist all
Loaded plugins: fastestmirror
Loading mirror speeds from cached hostfile
repo id         repo name                     status
base            CentOS-6 - Base               enabled: 6,019
c6-media        CentOS-6 - Media              disabled
centosplus      CentOS-6 - Plus               disabled
contrib         CentOS-6 - Contrib            disabled
debug           CentOS-6 - Debuginfo          disabled
drbl            This is DRBL site             enabled:     36  <==新的在此！
extras          CentOS-6 - Extras             enabled:      0
```

```
updates          CentOS-6 - Updates        enabled: 1,042
repolist: 7,097
```

从上述代码可以看出，drbl 这个新增的容器里面拥有 36 个软件。

7.3 限制连接端口

为什么我们的主机会响应网络上的一些数据包请求呢？例如，在我们设置了一台 WWW 主机后，当有来自互联网的 WWW 请求时，我们的主机会进行响应。这是因为我们的主机已经启用了 WWW 的监听端口，所以当我们启动一个守护进程（daemon）时，它可能会触发主机的端口监听操作，从而提供网络服务。然而，如果这个守护进程存在漏洞，由于它提供了 Internet 服务，容易受到来自 Internet 上的黑客攻击。因此，我们有必要检查系统上开放了多少个端口，并进行严格管理，以降低被攻击的风险。

7.3.1 什么是端口

当你启动一个网络服务时，这个服务会根据 TCP/IP 的相关通信协议启动一个端口进行监听，这个端口即 TCP/UDP 数据包的端口。我们在第 2 章中了解到，网络连接是双向的，服务器端需要启动一个监听端口，而客户端需要随机选择一个端口来接收响应的数据。那么，服务器端的服务是否需要在固定的端口上启动？客户端的端口是否也是固定的呢？让我们总结一下第 2 章中关于端口的相关资料。

- **服务器端启动的监听端口所对应的服务是固定的**。例如，WWW 服务通常会在端口 80 上启动，FTP 服务通常会在端口 21 上启动，E-mail 传输通常会在端口 25 上启动，这些都是通信协议中规定的标准端口。

- **客户端启动程序时，随机启动一个端口号大于 1024 的端口**。客户端启动的端口是随机生成的，主要在 1024 以上的端口编号范围内选择。这些端口是由一些软件生成的，比如浏览器、FTP 客户端程序（如 FileZilla）等。

- **一台服务器可以同时提供多种服务**。所谓的"监听"是指某个服务程序会一直在内存中运行，因此该程序启动的端口也会一直存在。只要服务器软件使用的端口不同，就不会造成冲突。当客户端连接到服务器时，通过不同的端口可以获取不同的服务数据，因此一台主机上当然可以同时启动多个不同的服务。

- **共有 65536 个端口**。在第 2 章中我们了解到，TCP/UDP 的报头数据中，端口字段占用 16 个位，因此一个主机通常有 65536 个端口可用。这些端口又可以分为两个部分，以端口 1024 作为分界线。

  - 只有 root 才能启动保留的端口：编号小于 1024 的端口，需要 root 身份才能启动。这些端口主要用于一些常见的通信服务。在 Linux 系统下，常见的协议与端口的对应关系通常记录在 /etc/services 文件中。
> **编号大于 1024 的端口用于客户端**：编号大于 1024 的端口主要作为客户端的软件激活端口。

- **是否需要三次握手**。建立可靠的连接服务需要使用 TCP 协议，这就需要进行三次握手。而对于非面向连接的服务，比如 DNS 和视频系统，只需要使用 UDP 协议即可。
- **通信协议可以在非正规的端口启用**。浏览器默认会连接到 WWW 主机的端口 80，但是 WWW 服务是否可以在其他非 80 端口上启动呢？当然可以。你可以通过配置 WWW 软件来将其启动在非标准的端口上。但是这样一来，当客户端连接到你的主机时，需要在浏览器中额外指定你所使用的非标准端口。这种在非标准端口上启动的功能通常被一些地下网站使用。此外，一些软件默认启动在编号大于 1024 的端口上，例如 MySQL 数据库软件的默认端口是 3306。
- **所谓的端口安全性**。事实上，**端口本身并没有安全性概念，安全性取决于所使用的服务软件（程序）是否存在漏洞**。时常能听到类似"没有修补漏洞的 bind 8.x 版本容易受到黑客攻击，请尽快升级到 bind 9.x 及更高版本"的说法，是因为**存在某些不安全的服务软件而不是特定的端口**。因此，关闭不必要的服务是很重要的，特别是一些网络服务可能会打开多个端口。此外，已经启动的软件需要持续更新，以确保安全性。

7.3.2　端口的查看：netstat、nmap

现在我们已经了解了什么是端口，接下来需要了解一下我们的主机到底开放了多少个端口。端口的启用与服务有关，那么服务与端口对应的文件是哪个呢？再次提醒一下，是 /etc/services。同时，常用于查看端口的程序有两个：

- **netstat**：可以在本机上使用该程序监测自己的端口。
- **nmap**：这是一款网络扫描软件，可以检测非本机上的其他网络主机，但需要注意潜在的违法风险。

为什么使用 nmap 会违法呢？因为 nmap 是一款功能强大的软件，一些黑客会使用它来探测他人的主机，这可能涉及违法行为。只要你在使用 nmap 时不去扫描他人的计算机主机，就不会存在问题。接下来，让我们分别介绍一下这两个工具。

1. netstat

在作为服务器的 Linux 系统中，开启的网络服务越少越好，因为较少的服务可以更容易进行故障排除和了解安全漏洞，并且可以避免不必要的入侵风险。那么，怎么了解一下系统中开启了哪些服务呢？最简单的方法是使用 netstat 命令，它既简单又功能强大。使用方法已经在第 5 章中介绍过，下面只介绍如何使用这个工具。

- 列出正在监听的网络服务

```
[root@www ~]# netstat -tunl
ctive Internet connections (only servers)
Proto Recv-Q Send-Q Local Address       Foreign Address        State
tcp       0      0 0.0.0.0:111          0.0.0.0:*              LISTEN
tcp       0      0 0.0.0.0:22           0.0.0.0:*              LISTEN
tcp       0      0 127.0.0.1:25         0.0.0.0:*              LISTEN
...(下面省略)...
```

上述代码说明主机至少启动了端口 111、22 和 25 等。查看各连接接口后发现，25 是 TCP 端口，但仅为内部环回测试网络提供服务，无法从互联网连接到该端口；而端口 22 则提供了 Internet 连接功能。

- 列出已连接的网络连接状态

```
[root@www ~]# netstat -tun
Active Internet connections (w/o servers)
Proto Recv-Q Send-Q Local Address       Foreign Address        State
tcp       0     52 192.168.1.100:22     192.168.1.101:2162     ESTABLISHED
```

从上述数据来看，本地端服务器（Local Address, 192.168.1.100）目前只有一条已建立的连接，即与 192.168.1.101 主机的连接。该连接由对方通过端口 22 连接到我的服务器，以使用我的服务器提供的服务。

- 删除已建立或在监听中的连接

如果想要关闭已建立或正在监听的网络服务，最简单的方法当然是找出该连接的进程 ID（PID），然后使用 kill 命令终止它。示例如下：

```
[root@www ~]# netstat -tunp
Active Internet connections (w/o servers)
Proto Recv-Q Send-Q Local Address       Foreign Address       State       PID/P name
tcp       0     52 192.168.1.100:22    192.168.1.101:2162    STABLISHED  1342/0
```

就像上面的示例一样，我们可以找到该连接是由 sshd 程序启动的，并且其 PID 是 1342。希望你不要匆忙使用 kill all 命令，否则可能会错误地终止其他进程（因为你的主机上可能存在多个 sshd 实例）。正确操作应该使用 kill 命令：

```
[root@www ~]# kill -9 1342
```

2. nmap

如果你想要探测的设备没有可登录的操作系统，该怎么办呢？举例来说，你想要了解一下公司的网络打印机是否开放了某些协议，该如何处理呢？虽然 netstat 可以用来查看本机上的许多监听通信协议，但对于像网络打印机这样的非本机设备，则需要使用 nmap 进行查询。

第 7 章 网络安全与主机基本防护：限制端口、网络升级与 SELinux

nmap 是一款网络探测和安全/端口扫描工具，根据其软件名称"Network exploration tool and security/port scanner"的说明，它是系统管理员用于管理系统安全性检查的工具。在具体描述中，nmap 可以通过程序内部自定义的几个端口对应的指纹数据来确定该端口提供的服务，因此我们可以通过 nmap 了解特定端口的用途。在 CentOS 系统中，默认提供了 nmap，如果你没有安装，可以使用 yum 进行安装。

```
[root@www ~]# nmap [扫描类型] [扫描参数] [hosts 地址与范围]
选项与参数：
[扫描类型]：主要的扫描类型有下面几种：
    -sT：扫描 TCP 数据包已建立的连接 connect()
    -sS：扫描 TCP 数据包带有 SYN 标志的数据
    -sP：以 ping 的方式进行扫描
    -sU：以 UDP 的数据包格式进行扫描
    -sO：以 IP 的协议进行主机的扫描
[扫描参数]：主要的扫描参数有以下几种：
    -PT：使用 TCP 中的 ping 的方式来进行扫描，可以获知当前有几台计算机(较常用)
    -PI：使用实际的 ping (带有 ICMP 数据包的) 来进行扫描
    -p：这个是端口范围，例如 1024-、80-1023、30000-60000 等的使用方式
[Hosts 地址与范围]：这个有趣多了，有几种类似的类型
    192.168.1.100      ：直接写入 HOST IP 即可，仅检查一台主机
    192.168.1.0/24     ：为 Class C 的 IP 地址类型
    192.168.*.*        ：变为 Class B 的 IP 地址类型了，扫描的范围变广了
    192.168.1.0-50,60-100,103,200 ：这种是变形的主机 IP 地址范围
# 范例一：使用默认参数扫描本机所启用的端口(只会扫描 TCP)
[root@www ~]# yum install nmap
[root@www ~]# nmap localhost
PORT     STATE SERVICE
22/tcp   open  ssh
25/tcp   open  smtp
111/tcp  open  rpcbind
# 在默认的情况下，nmap 仅会扫描 TCP 的协议
```

nmap 的用法非常简单，只需在命令后面接上 IP 地址或主机名即可。然而，默认情况下，nmap 仅分析 TCP 通信协议，例如上面示例的输出结果。但好处是它还会列出开放该端口的服务，非常方便！如果想同时分析 TCP 和 UDP 这两种常见的通信协议，可以采取以下步骤：

```
# 范例二：同时扫描本机的 TCP/UDP 端口
[root@www ~]# nmap -sTU localhost
PORT     STATE SERVICE
22/tcp   open  ssh
25/tcp   open  smtp
111/tcp  open  rpcbind
111/udp  open  rpcbind  <==会多出 UDP 的通信协议端口
```

与前面的示例比较一下，你会发现这次多了几个 UDP 端口，这样分析就更加全面了。接下来，如果你想了解有多少台主机正在你的网络中运行，可以按照以下步骤进行操作：

```
# 范例三：通过 ICMP 数据包的检测，分析局域网内启动了几台主机
[root@www ~]# nmap -sP 192.168.1.0/24
Starting Nmap 5.21 ( http://nmap.org ) at 2011-07-20 17:05 CST
Nmap scan report for www.centos.vbird (192.168.1.100)
Host is up.
Nmap scan report for 192.168.1.101 <==这 3 行讲的是 192.168.101 的示例
Host is up (0.00024s latency).
MAC Address: 00:1B:FC:58:9A:BB (Asustek Computer)
Nmap scan report for 192.168.1.254
Host is up (0.00026s latency).
MAC Address: 00:0C:6E:85:D5:69 (Asustek Computer)
Nmap done: 256 IP addresses (3 hosts up) scanned in 3.81 seconds
```

看到了吗？在鸟哥的环境中，有 3 台主机正在运行（Host is up），并且记录下了与该 IP 对应的 MAC 地址，这非常好。如果你还想对各个主机的启动端口进行检测，可以使用以下命令：

```
[root@www ~]# nmap 192.168.1.0/24
```

接下来，你将在屏幕上看到一堆输出的端口号。如果想随时记录整个网段中是否有主机不小心开放了某些服务，可以使用 nmap 结合重定向数据流（如>、>>）将输出保存为文件，这样就可以随时了解局域网中每台主机的服务启动状态了。

nmap 具有强大的功能，正因为如此，许多刚开始练习黑客技术的人会使用这个软件来侦测他人的计算机。在这种情况下，请你特别留意。目前许多人已经采用特殊的方式进行登录工作，例如使用 TCP Wrappers（/etc/hosts.allow、/etc/hosts.deny）来记录曾经侦测过特定端口的 IP 地址。这个软件用于测试自己机器的安全性是很好的，但是如果用于侦测他人的主机，则可能引起法律纠纷，操作前请慎之又慎！

7.3.3 端口与服务的启动、关闭及开机时状态的设置

根据第 2 章的内容，我们知道端口实际上是在执行某些软件后由软件激活的，因此要关闭某个端口，可以直接关闭相应的程序。当然可以使用 kill 命令来关闭程序，但这并不是一种正统的关闭方法，因为 kill 命令通常用于强制关闭某些程序。如果想正常关闭该程序，可以使用系统提供给我们的脚本。

同时，让我们稍微复习一下一般传统服务的几种类型。

1. stand alone 与 super daemon

我们在《鸟哥的 Linux 私房菜 基础学习篇（第四版）》一书中提到，在一般正常的 Linux 系统环境下，服务的启动和管理主要有两种方式。

- **stand alone**：顾名思义，stand alone 就是直接执行该服务的可执行文件，将其加载到内存中运行。使用这种方式启动的优点是可以使服务具有较快的响应速度。一般来说，这种服务的启动脚本会放置在/etc/init.d/目录下。因此，通常可以使用类似 /etc/init.d/sshd restart 的方式来重新启动这种服务。
- **super daemon**：在 CentOS 6.x 中，我们使用 xinetd 这个 super daemon（超级守护进程）作为总管来统一管理某些特殊的服务。使用这种方式启动的网络服务虽然响应速度较慢，但可以通过 super daemon 提供的额外管理功能来控制启动时间、允许连接的条件（如哪个 IP 可以连接、是否允许同时连接等）。通常，个别服务的配置文件放置在/etc/xinetd.d/目录中，但在设置完毕后，需要使用/etc/init.d/xinetd restart 命令来重新启动 xinetd 服务。

关于更详细的服务说明，请参考基础篇中的"认识服务"，鸟哥在那里已经详细介绍了各种服务，这里不再赘述。如果你想关闭系统上的端口 111，最简单的方法是先找出启动该端口的程序。

```
[root@www ~]# netstat -tnlp | grep 111
tcp        0      0 0.0.0.0:111        0.0.0.0:*          LISTEN      990/rpcbind
tcp        0      0 :::111             :::*               LISTEN      990/rpcbind
# 原来用的是 rpcbind 这个服务程序

[root@www ~]# which rpcbind
/sbin/rpcbind
# 找到文件后，再以 rpm 处理

[root@www ~]# rpm -qf /sbin/rpcbind
rpcbind-0.2.0-8.el6.x86_64
# 找到了，就是这个软件。将它关闭的方法如下：

[root@www ~]# rpm -qc rpcbind | grep init
/etc/rc.d/init.d/rpcbind
[root@www ~]# /etc/init.d/rpcbind stop
```

上述分析流程中，我们利用系统提供的许多便捷工具来关闭某个服务。为什么要这么麻烦呢？难道不可以直接使用 kill -9 990 命令来终止该服务吗？这样做当然可以，但是你知道该服务的用途吗？你知道将其关闭后可能会导致系统出现什么问题吗？如果不清楚的话，使用上述流程可以找到该服务的软件，并通过 rpm 查询功能了解该服务的作用。因此，这种方式对你是有帮助的。接下来，请尝试在 CentOS 或其他版本的 Linux 上打开 Telnet 服务。

例题

我们知道系统的 Telnet 服务通常是以 super daemon 来管理的，请你试着启动系统的 Telnet。

答：

（1）要启动 Telnet，首先必须安装 Telnet 服务器。因此，先使用 rpm 查询一下是否安

装了 telnet-server，命令为 rpm -qa | grep telnet-server。如果没有安装，可以使用光盘或 U 盘来安装，或者使用 yum install telnet-server 进行安装。

（2）由于 Telnet 是由 super daemon 管理的，因此编辑 /etc/xinetd.d/telnet 文件，将其中的 disable = yes 改成 disable = no，之后用/etc/init.d/xinetd restart 重新启动 super daemon。

（3）使用 netstat –tnlp 查看是否启动了端口 23（Telnet 的默认端口）。

2. 默认启动的服务

上述操作仅会立即启动或关闭该服务，并不会影响下次开机时该服务是否默认启动。如果希望在开机时启动或不启动某项服务，需要了解《鸟哥的 Linux 私房菜 基础学习篇（第四版）》一书中关于开机流程管理的内容。在类 UNIX 系统中，我们使用 runlevel 来设置在特定运行级别下需要启动的服务。以 Red Hat 系统为例，这些运行级别的启动数据存放在 /etc/rc.d/rc[0-6].d/目录中。那么如何管理该目录下的脚本呢？如果手动处理会很烦琐且容易出错，因此需要熟悉 chkconfig 命令或 Red Hat 系统的 ntsysv 命令。

> 这几个命令不熟悉吗？这个时候鸟哥不得不说："有 man 堪用直须用，莫待无 man 空自猜。"赶紧使用 man 命令查阅吧。

例题

如何查阅 rpcbind 程序是否在开机时启动？②如果它在开机时启动了，如何将它改为开机时不启动？③如何立即关闭 rpcbind 服务？

答：

（1）可以使用 chkconfig --list | grep rpcbind 与 runlevel 命令来确认 rpcbind 是否在开机时启动。

（2）如果 rpcbind 已在开机时启动了，可以使用 chkconfig --level 35 rpcbind off 命令将其设置为开机时不启动。

（3）可以使用/etc/init.d/rpcbind stop 命令立即关闭 rpcbind 服务。

你一定会问："鸟哥，你的意思是只要将系统所有的服务都关闭，系统就安全了？"当然不是！因为很多系统服务是必须存在的，否则系统将会出问题。举例来说，保持系统具有计划任务的 crond 服务一定要存在，记录系统状态的 rsyslogd 也一定要存在，否则我们如何知道系统出了什么问题。因此，除非你知道每个服务的目的是什么，否则不要随意关闭任何服务。下面鸟哥列出了一些常见的必须存在的系统服务供读者参考，如表 7-1 所示。请勿关闭这些服务。

表 7-1 常见的必须存在的系统服务

服务名称	服务内容
acpid	新版的电源管理模块，通常建议开启，不过，某些笔记本电脑可能不支持此项服务，那就得关闭
atd	在管理单一计划命令时执行的服务，应该启动
crond	是管理计划任务的重要服务，请务必启动
haldaemon	用于系统硬件变更检测的服务，与 USB 设备关系很大
iptables	Linux 内建的防火墙软件，这个也可以启动
network	这个很重要，要网络就要有它
postfix	系统内部邮件传送服务，不要随意关闭
rsyslog	系统的登录文件记录，这是很重要的，务必启动
sshd	这是系统默认会启动的，可以让你在远程以文本界面的终端机进行登录
xinetd	就是 super daemon，所以也要启动

上面列出的是主机所需的重要服务，请你不要随意关闭它们，除非你知道关闭后会有何后果。举例来说，如果你不需要电源管理，可以关闭 acpid 服务；如果你不需要提供远程连接功能，可以关闭 sshd 服务。那么对于你不熟悉的其他服务呢？没有关系，只要不涉及网络服务，你可以保留它们。但如果涉及网络服务，鸟哥建议你先关闭它们，在我们逐个介绍相关服务时再逐个启用。接下来，我们将介绍如何关闭网络服务这部分内容。

7.3.4 安全性考虑——关闭网络服务端口

Linux 发行版非常贴心地为用户考虑，在安装完成后，系统会默认启动许多网络服务，例如 rpcbind。无论你对这些服务了解或不了解，它们都已经启动了。然而，我们的主机是用作服务器的，这些本来是为客户端使用的服务可能有些多余，因此请你关闭它们。下面我们将通过一个简单的示例来演示，只关闭网络服务，保留其他系统内部的服务。

例题

找出当前系统上正在运行的服务，并找到相应的启动脚本（即位于/etc/init.d 目录中的文件名）。

答：可以使用 netstat -tunlp 命令找出正在运行的服务。以鸟哥在第 1 章中安装的示范机为例，当前启动的网络服务如下：

```
[root@www ~]# netstat -tlunp
Active Internet connections (only servers)
Proto  Local Address         State          PID/Program name
tcp    0.0.0.0:22            LISTEN         1176/sshd
```

```
tcp         127.0.0.1:25              LISTEN      1252/master
tcp         0.0.0.0:37753             LISTEN      1008/rpc.statd
tcp         :::22                     LISTEN      1176/sshd
tcp         :::23                     LISTEN      1851/xinetd
tcp         :::1:25                   LISTEN      1252/master
tcp         :::38149                  LISTEN      1008/rpc.statd
tcp         0.0.0.0:111               LISTEN      1873/rpcbind
tcp    0    :::111                    LISTEN      1873/rpcbind
udp    0    0.0.0.0:111                           1873/rpcbind
udp    0    0.0.0.0:776                           1873/rpcbind
udp    0    :::111                                1873/rpcbind
udp    0    :::776                                1873/rpcbind
udp         0.0.0.0:760                           1008/rpc.statd
udp         0.0.0.0:52525                         1008/rpc.statd
udp         :::52343                              1008/rpc.statd
# 上述的输出被鸟哥稍微简化了一些,所以有些字段不见了
# 因为重点只是要展现出最后一个字段
```

看起来总共有 sshd、master、rpc.statd、xinetd、rpcbind 等几个服务。根据前面的内容我们知道,master(端口 25)和 sshd 不能关闭,其他的服务可以关闭。我们可以使用 which 和 rpm 来搜索相应的启动脚本。以 rpc.statd 为例,可以使用命令"rpm –qc $(rpm –qf $(which rpc.statd)) | grep init"来查找其启动脚本,结果显示在/etc/rc.d/init.d/nfslock 中。因此,最终的结果如下:

```
rpc.statd    /etc/rc.d/init.d/nfs
             /etc/rc.d/init.d/nfslock
             /etc/rc.d/init.d/rpcgssd
             /etc/rc.d/init.d/rpcidmapd
             /etc/rc.d/init.d/rpcsvcgssd
xinetd       /etc/rc.d/init.d/xinetd
rpcbind      /etc/rc.d/init.d/rpcbind
```

接下来就是将该服务关闭,并且设置为开机时不启动。

```
[root@www ~]# vim bin/closedaemon.sh
for daemon in nfs nfslock rpcgssd rpcidmapd rpcsvcgssd xinetd rpcbind
do
        chkconfig $daemon off
        /etc/init.d/$daemon stop
done
[root@www ~]# sh bin/closedaemon.sh
```

完成上述示例后,再次使用 netstat –tlunp 命令,你将只看到剩下的端口 25 和 22。大部分用不到的服务已经关闭,并且即使重新启动系统,它们也不会被自动启动。

7.4 SELinux 管理原则

SELinux 使用强制访问控制（Mandatory Access Control，MAC），可以针对特定的程序和文件资源进行权限管理。换句话说，即使你是 root 用户，在使用不同的程序时，你所拥有的权限可能并不是 root 级别，而取决于程序的设置。权限管理的主体变成了程序而不是用户。因此，这种权限管理模式非常适用于网络服务程序。即使你的程序以 root 身份启动，如果该程序遭受攻击并被接管，那么由于 SELinux 的限制，攻击者仍然受到限制，无法执行所有操作。

例如，WWW 服务器软件的实现程序是 httpd，根据默认设置，httpd 只能访问/var/www/目录中的文件。如果 httpd 程序想要访问其他目录中的数据，除了需要设置相应的规则，目标目录也需要以 httpd 可读取的模式进行设置。这样的限制非常严格，因此，即使 httpd 意外被黑客接管，黑客也无法浏览重要的配置文件（如/etc/shadow 等）。

7.4.1 SELinux 的工作模式

再次说明一下，SELinux 是通过 MAC（强制访问控制）的方式来管理程序的。它的主要作用是控制程序对文件资源的访问权限。因此，接下来将详细说明它们之间的相关性。

- **主体（Subject）**：SELinux 主要管理的就是程序，可以将"主体"与本章中提到的"进程"等同起来。
- **目标（Object）**：主体程序访问的目标资源通常是文件系统，因此可以将这个目标项目与文件系统等同起来。
- **策略（Policy）**：由于程序和文件的数量庞大，SELinux 会根据某些服务来制定基本的访问安全性策略。这些策略内部还包含详细的规则，用于指定不同服务是否允许访问特定资源。在当前的 CentOS 6.x 中，主要提供了两个策略，即 targeted 和 mls。一般情况下，使用默认的 targeted 策略就可以满足需求。
    - targeted：针对网络服务限制较多，针对本机限制较少，这是默认的策略。
    - mls：完整的 SELinux 限制，限制方面较为严格。
- **安全环境（Security Context）**：我们刚讨论了主体、目标和策略，但除了主体需要符合指定的策略外，**主体和目标的安全环境也必须相匹配才能成功访问目标。**安全环境类似于文件系统的 rwx 权限。安全环境的内容和设置非常重要，如果设置错误，某些服务（主体程序）将无法访问文件系统（目标资源），从而导致持续出现"权限不符"的错误信息。

SELinux 工作的各组件的相关性如图 7-3 所示。

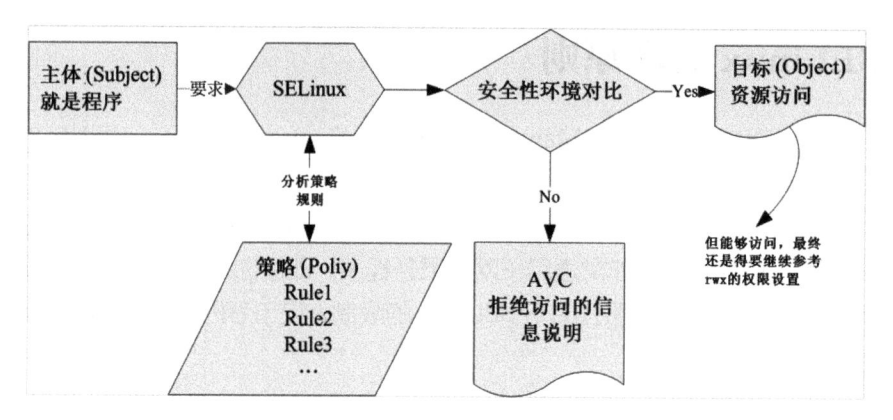

图 7-3　SELinux 工作的各组件的相关性（本图参考小州老师的上课讲义）

图 7-3 的重点是主体如何获取目标资源的访问权限。通过观察图 7-3，我们可以发现：主体程序必须通过 SELinux 策略内的规则进行放行，才能与目标资源进行安全环境的比对，如果比对失败，则无法访问目标；如果比对成功，则可以开始访问目标。然而，最终能否访问目标仍取决于文件系统的 rwx 权限设置。因此，一旦出现权限不符的情况，加入 SELinux 后，你需要逐步分析问题可能的原因。

1. 安全环境

CentOS 6.x 的 targeted 策略已经为我们制定了许多规则，因此只需要知道如何启用/关闭特定规则即可。然而，安全环境设置可能会比较麻烦，因为可能需要手动配置文件的安全环境。为什么需要手动设置呢？举个例子，你经常会对文件进行 rwx 权限的重新设置，对吧？你可以将安全环境视为 SELinux 内部必备的 rwx 权限，这样更容易理解。

安全环境存在于主体程序和目标文件资源中。由于程序存在于内存中，所以将安全环境存储在其中是没有问题的。那么文件的安全环境记录在哪里呢？实际上，安全环境存储在文件的 inode 中。因此，当主体程序想要读取目标文件资源时，同样需要读取 inode，以比对安全环境和 rwx 权限值是否正确，从而给予适当的读取权限依据。

那么，安全环境具体是如何存在的呢？让我们先来看一下/root 目录下文件的安全环境。可以使用"ls –Z"命令来查看安全环境（注意，必须已经启动了 SELinux 才能进行此操作。如果尚未启动，请简单浏览一遍此部分内容，下面会介绍如何启动 SELinux）。

```
[root@www ~]# ls -Z
-rw-------. root    root    system_u:object_r:admin_home_t:s0    anaconda-ks.cfg
drwxr-xr-x. root    root    unconfined_u:object_r:admin_home_t:s0    bin
-rw-r--r--. root    root    system_u:object_r:admin_home_t:s0    install.log
-rw-r--r--. root    root    system_u:object_r:admin_home_t:s0    install.log.syslog
# 上述粗体字标示的部分就是安全环境的内容
```

安全环境主要由冒号分隔成 3 个字段（最后一个字段暂时忽略）：

```
Identify:Role:Type
```

```
身份识别:角色:类型
```

这三个字段的含义如下：

- **身份识别（Identify）**：相当于账号方面的身份识别。主要的身份识别有下面 3 种常见的类型。
    - ➢ root：表示的是 root 用户的身份，上面示例显示的就是 root 用户主目录下的数据。
    - ➢ system_u：表示系统程序的标识，通常是指程序的名称。
    - ➢ user_u：代表的是一般用户账号相关的身份。
- **角色（Role）**：通过角色字段，我们可以确定该数据代表的是程序、文件资源还是用户。
    - ➢ object_r：代表文件或目录等文件资源，这是最常见的情况。
    - ➢ system_r：代表程序。然而，一般用户也可以被指定为 system_r。
- **类型（Type）**：在默认的 targeted 策略中，身份识别与角色字段基本上不重要，重要的是类型字段。基本上，一个主体程序能否读写某个文件资源与类型字段密切有关。类型字段在文件与程序中的定义不完全相同，具体如下：
    - ➢ Type：在文件资源（Object）中称为类型（Type）。
    - ➢ Domain：在主体程序（Subject）中称为域（Domain）。

Domain 需要与 Type 相匹配，才能确保程序能够顺利地读取文件资源。

2. 程序与文件 SELinux Type 字段的相关性

那么，我们如何利用安全环境中的 3 个字段呢？首先，让我们看一下主体程序在这 3 个字段中的含义。通过身份识别和角色字段的定义，我们可以大致了解某个程序所代表的含义，如表 7-2 所示。

表 7-2 主体程序在三个字段中的对应含义

身份识别	角色	在 targeted 中的对应含义
root	system_r	代表供 root 账号登录时所取得的权限
system_u	system_r	由于是系统账号，因此是非交互式的系统运行程序
user_u	system_r	一般可登录用户的程序

如上所述，实际上最重要的字段是类型字段，它决定了主体和目标之间是否具有可读写权限。而这个权限的确定与程序的 Domain 和文件的 Type 息息相关。我们可以用实现 Web 服务器功能的 httpd 程序与/var/www/html 网页存储目录来说明这两者之间的关系。首先，来看看它们的安全环境内容：

```
[root@www ~]# yum install httpd
[root@www ~]# ll -Zd /usr/sbin/httpd /var/www/html
-rwxr-xr-x. root root  system_u:object_r:httpd_exec_t:s0 /usr/sbin/httpd
drwxr-xr-x. root root  system_u:object_r:httpd_sys_content_t:s0 /var/www/html
```

```
# 两者的角色字段都是 object_r, 代表都是文件, 而 httpd 属于 httpd_exec_t 类型
# /var/www/html 则属于 httpd_sys_content_t 类型
```

根据上述输出可以看出，httpd 属于可执行的类型 httpd_exec_t，而/var/www/html 则属于可供 httpd 域（Domain）读取的类型 httpd_sys_content_t。我们可以使用图 7-4 来说明这两者之间的关系。

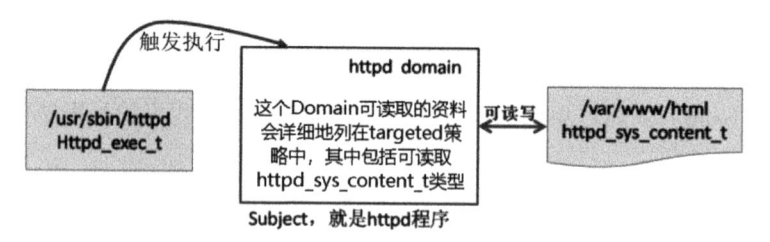

图 7-4 主体程序取得的 Domain 与目标文件资源的 Type 之间的关系

图 7-4 的含义如下：

（1）首先，触发一个可执行的目标文件，即具有 httpd_exec_t 类型的 /usr/sbin/httpd。

（2）该文件的类型会使得该文件引发的主体程序具有 httpd 这个域。我们的策略针对这个域已经制定了许多规则，其中包括该域可以读取的目标资源类型。

（3）由于 httpd 域被设置为可以读取 httpd_sys_content_t 类型的目标文件，因此将网页放置到 /var/www/html/ 目录下，就能被 httpd 程序读取。

（4）然而，最终能否正确读取资料还取决于 rwx 权限是否符合 Linux 权限规范。

上述流程告诉我们几个重点：第一，策略内需要制定详细的 Domain/Type 相关规则；第二，如果文件的 Type 设置错误，即使权限设置为 rwx 全开的 777，主体程序也无法读取目标文件资源。然而，这样做也可以避免用户将其用户主目录设置为 777 时造成的权限困扰。

7.4.2 SELinux 的启动、关闭与查看

并非所有的 Linux 发行版都支持 SELinux，因此需要先检查系统版本是否支持 SELinux。鸟哥在这里介绍的 CentOS 6.x 本身就支持 SELinux，所以不需要自行将 SELinux 编译到 Linux 内核中。目前，SELinux 支持 3 种模式：

- enforcing：强制模式，表示 SELinux 正在运行，并且已经正确开始限制 Domain/Type 的访问。
- permissive：宽容模式，表示 SELinux 正在运作，但仅会产生警告信息，而不会实际限制 Domain/Type 的访问。这种模式可以用于调试 SELinux。
- disabled：关闭模式，表示 SELinux 没有实际运行。

那么怎么知道当前的 SELinux 模式呢？可使用 getenforce 命令来得知：

```
[root@www ~]# getenforce
Enforcing      <==显示出当前的模式为 Enforcing
```

另外，我们如何查看 SELinux 的策略呢？可以通过查看配置文件来获取相关信息：

```
[root@www ~]# vim /etc/selinux/config
SELINUX=enforcing         <==调整 enforcing|disabled|permissive
SELINUXTYPE=targeted      <==当前仅有 targeted 与 mls
```

以上是默认的策略和启动模式。需要注意的是，如果更改了策略，则需要重新启动系统。如果将策略从 enforcing 或 permissive 更改为 disabled（关闭），或者从 disabled 更改为其他两种模式，同样需要重新启动系统。这是因为 SELinux 是集成到内核中的，只能在 SELinux 运行时切换到强制或宽容模式，而不能直接关闭 SELinux。如果你发现 getenforce 显示为 disabled，请将上述文件修改为 enforcing，然后重新启动系统。

需要注意的是，如果从 disabled 模式切换到启用 SELinux 的模式，由于系统必须对文件进行安全环境信息的写入，因此启动过程可能会花费较长时间来等待重新写入 SELinux 的安全环境（有时也称为 SELinux 标签），而且在写入完成后还需要再次重新启动。这可能需要等待相当长的时间。等到下次成功启动后，可以使用 getenforce 命令来检查是否已成功切换到强制模式。

如果你已经切换到强制模式，但由于某些设置问题导致 SELinux 阻止某些服务的正常运行，此时可以将强制模式切换为宽容模式。在宽容模式下，SELinux 只会发出警告信息，而不会直接拦截主体程序的读取权限。以下是在 enforcing 和 permissive 模式之间切换 SELinux 模式的方法。

```
[root@www ~]# setenforce [0|1]
选项与参数：
0 : 转成 permissive 宽容模式
1 : 转成 enforcing 强制模式

# 范例一：将 SELinux 在 enforcing 与 permissive 之间进行切换与查看
[root@www ~]# setenforce 0
[root@www ~]# getenforce
Permissive
[root@www ~]# setenforce 1
[root@www ~]# getenforce
Enforcing
```

注意，setenforce 无法在 disabled 的模式下进行模式的切换。

> 在某些特殊情况下，从 disabled 模式切换为强制模式后，可能会遇到许多服务无法成功启动的问题，提示无法读取/lib/xxx 中的数据，从而导致启动失败。这很可能是由于重新写入 SELinux 类型（Relabel）时出现错误导致的。在宽容模式下则不会出现这个错误。那么如何处理呢？最简单的方法是在宽容模式下使用 "restorecon –Rv /" 命令来恢复所有 SELinux 的类型，这样就能够修正这个错误。

7.4.3　SELinux Type 的修改

既然 SELinux 的类型字段如此重要，那么如何修改这个字段就成了最重要的一项任务。首先，来看看当我们将一个文件复制到不同的目录时会发生什么情况。

```
# 范例：将 /etc/hosts 复制到 root 用户的主目录，并查看相关的 SELinux 类型变化
[root@www ~]# cp /etc/hosts /root
[root@www ~]# ls -dZ /etc/hosts /root/hosts /root
-rw-r--r--. root root system_u:object_r:net_conf_t:s0  /etc/hosts
dr-xr-x---. root root system_u:object_r:admin_home_t:s0 /root
-rw-r--r--. root root unconfined_u:object_r:admin_home_t:s0 /root/hosts

# 范例：将 /root/hosts 移动到 /tmp 下，并查看相关的 SELinux 类型变化
[root@www ~]# mv /root/hosts /tmp
[root@www ~]# ls -dZ /tmp /tmp/hosts
drwxrwxrwt. root root system_u:object_r:tmp_t:s0       /tmp
-rw-r--r--. root root unconfined_u:object_r:admin_home_t:s0 /tmp/hosts
```

注意到了吗，当你简单地复制文件时，SELinux 的 Type 字段会继承自目标目录，因此 /root/hosts 的类型会变成 admin_home_t。但是，如果是移动文件，那么连同 SELinux 的类型也会被移动过去，因此/tmp/hosts 将保持为 admin_home_t 类型而不会变成/tmp 目录的 tmp_t 类型。那么，如何将/tmp/hosts 的类型变更为最初的 net_conf_t 呢？这就需要使用 chcon 命令了。

1. chcon

```
[root@www ~]# chcon [-R] [-t type] [-u user] [-r role] 文件
[root@www ~]# chcon [-R] --reference=范例文件  文件
选项与参数：
-R ：连同该目录下的子目录也同时修改
-t ：后面接安全环境的类型字段，例如 httpd_sys_content_t
-u ：后面接身份识别，例如 system_u
-r ：后面接角色，例如 system_r
--reference=范例文件：拿某个文件当范例来修改后续接的文件类型

# 范例：把刚才的 /tmp/hosts 类型改为 etc_t 类型
[root@www ~]# chcon -t net_conf_t /tmp/hosts
[root@www ~]# ll -Z /tmp/hosts
-rw-r--r--. root root unconfined_u:object_r:net_conf_t:s0 /tmp/hosts

# 范例：以 /var/spool/mail/ 为依据，将 /tmp/hosts 修改成该类型
[root@www ~]# ll -dZ /var/spool/mail
drwxrwxr-x. root mail system_u:object_r:mail_spool_t:s0 /var/spool/mail
[root@www ~]# chcon --reference=/var/spool/mail /tmp/hosts

[root@www ~]# ll -Z /tmp/hosts
-rw-r--r--. root root system_u:object_r:mail_spool_t:s0 /tmp/hosts
```

在使用 chcon 进行修改时，我们必须知道要将文件的 SELinux 类型更改为什么类型才能

成功进行变更。如果想要执行"恢复为原始的 SELinux 类型"的操作,可以使用 restorecon 命令。

2. restorecon

```
[root@www ~]# restorecon [-Rv] 文件或目录
选项与参数:
-R  :连同子目录一起修改
-v  :将过程显示到屏幕上

# 范例:将刚才的 /tmp/hosts 移动至 /root,并以默认的安全环境改正过来
[root@www ~]# mv /tmp/hosts /root
[root@www ~]# ll -Z /root/hosts
-rw-r--r--. root root system_u:object_r:mail_spool_t:s0 /root/hosts
[root@www ~]# restorecon -Rv /root
restorecon reset /root/hosts context system_u:object_r:mail_spool_t:s0->
system_u:object_r:admin_home_t:s0
# 上面这两行其实是同一行,表示将 hosts 从 mail_spool_t 改为 admin_home_t
```

3. semanage

通过上述练习,你应该已经了解到在复制/移动文件时 SELinux 类型可能会发生哪些变化,因此需要灵活运用 chcon、restorecon 等命令进行修正。现在你可能会想到一个问题,那就是 restorecon 是如何知道每个目录的默认 SELinux 类型的呢?这是因为系统有记录!记录在/etc/selinux/targeted/contexts 目录中,但该目录中包含了很多不同的数据,如果使用文本编辑器查阅将会很麻烦。此时,我们可以通过 semanage 命令的功能来查询和修改这些记录。

```
[root@www ~]# semanage {login|user|port|interface|fcontext|translation} -l
[root@www ~]# semanage fcontext -{a|d|m} [-frst] file_spec
选项与参数:
fcontext :主要用在安全环境方面,-l 为查询的意思
-a :表示增加的意思,你可以增加一些目录的默认安全环境类型设置
-m :修改
-d :删除

# 范例:查询一下 /var/www/ 的默认安全环境的设置是什么
[root@www ~]# yum install policycoreutils-python
[root@www ~]# semanage fcontext -l | grep '/var/www'
SELinux fcontext            类型              Context
/var/www(/.*)?              all files        system_u:object_r:httpd_sys_content_t:s0
/var/www(/.*)?/logs(/.*)?   all files        system_u:object_r:httpd_log_t:s0
...(后面省略)...
```

从上面的输出可以看出,semanage 可以处理许多任务。但是,在本小节中,我们主要讨论每个目录的默认安全环境。正如上面的范例所示,我们可以查询每个目录的安全环境,并且可以使用正则表达式指定目录的范围。那么,如果我们想要为某些自定义目录增加安全

环境，该如何指定呢？举例来说，如果我想要将 /srv/vbird 设置为 public_content_t 类型，应该怎么指定呢？

```
# 范例：利用 semanage 设置 /srv/vbird 目录的默认安全环境为 public_content_t
[root@www ~]# mkdir /srv/vbird
[root@www ~]# ll -Zd /srv/vbird
drwxr-xr-x. root root unconfined_u:object_r:var_t:s0   /srv/vbird
# 如上所示，默认的情况应该是 var_t

[root@www ~]# semanage fcontext -l | grep '/srv'
/srv                   directory     system_u:object_r:var_t:s0 <==看这里
/srv/.*                all files     system_u:object_r:var_t:s0
...(下面省略)...
# 上面则是默认的 /srv 下面的安全环境数据，不过，并没有指定到 /srv/vbird

[root@www ~]# semanage fcontext -a -t public_content_t "/srv/vbird(/.*)?"
[root@www ~]# semanage fcontext -l | grep '/srv/vbird'
/srv/vbird(/.*)?          all files   system_u:object_r:public_content_t:s0

[root@www ~]# cat /etc/selinux/targeted/contexts/files/file_contexts.local
# This file is auto-generated by libsemanage
# Please use the semanage command to make changes
/srv/vbird(/.*)?     system_u:object_r:public_content_t:s0
# 其实就是写入这个文件

[root@www ~]# restorecon -Rv /srv/vbird* <==尝试恢复默认值
[root@www ~]# ll -Zd /srv/vbird
drwxr-xr-x. root root system_u:object_r:public_content_t:s0 /srv/vbird
# 有默认值，以后用 restorecon 来修改就比较简单了
```

semanage 的功能很多，但鸟哥只用到了 fcontext 这个功能。正如上面的输出所示，你可以使用 semanage 来查询所有目录的默认值，并且可以使用它来增加默认值的设置。如果你已经掌握了这些基础工具，SELinux 对于你来说就不会太难了。

7.4.4　SELinux 策略内规则布尔值的修订

前面提到，要先通过 SELinux 的验证，才能开始对文件权限 rwx 进行判断。而 SELinux 的判断主要依赖于策略内的规则和文件的 SELinux 类型是否匹配。前一个小节讨论了 SELinux 的类型，本小节将讨论策略内的规则，包括如何查询和修改相关规则以进行放行。

1. 策略查阅

CentOS 6.x 默认使用 targeted 策略，那么这个策略提供了多少相关的规则呢？你可以通过 seinfo 命令来查询。

```
[root@www ~]# yum install setools-console
[root@www ~]# seinfo [-Atrub]
选项与参数：
-A  : 列出 SELinux 的状态、规则布尔值、身份识别、角色、类型等所有信息
-t  : 列出 SELinux 的所有类型种类
```

```
-r   ：列出 SELinux 的所有角色种类
-u   ：列出 SELinux 的所有身份识别种类
-b   ：列出所有规则的种类 （布尔值）

# 范例一：列出 SELinux 在此策略下的统计状态
[root@www ~]# seinfo
tatistics for policy file: /etc/selinux/targeted/policy/policy.24
Policy Version & Type: v.24 (binary, mls)

    Classes:            77    Permissions:       229
    Sensitivities:       1    Categories:       1024
    Types:            3076    Attributes:        251
    Users:               9    Roles:              13
    Booleans:          173    Cond. Expr.:       208
    Allow:          271307    Neverallow:          0
    Auditallow:         44    Dontaudit:      163738
    Type_trans:      10941    Type_change:        38
    Type_member:        44    Role allow:         20
    Role_trans:        241    Range_trans:      2590
...（下面省略）...
# 从上面的输出可以看到，这个策略是 targeted，此策略的 SELinux Type 有 3076 个
# 而针对网络服务的规则 （Booleans） 共制订了 173 条

# 范例二：列出与 httpd 有关的规则 （Booleans） 有哪些
[root@www ~]# seinfo -b | grep httpd
Conditional Booleans: 173
    allow_httpd_mod_auth_pam
    httpd_setrlimit
    httpd_enable_ftp_server
...（下面省略）...
# 可以看到，有非常多的与 httpd 有关的规则
```

通过上述输出，我们可以看到与 httpd 相关的布尔值。同样地，如果想要查找包含 httpd 字样的安全环境类型，可以使用 "seinfo –t | grep httpd" 进行查询。一旦查询到相关的类型或布尔值后，如果想要了解详细的规则，就需要使用 sesearch 命令。

```
[root@www ~]# sesearch [--all] [-s 主体类别] [-t 目标类别] [-b 布尔值]
选项与参数：
--all ：列出该类型或布尔值的所有相关信息
-t    ：后面还要接类型，例如 -t httpd_t
-b    ：后面还要接布尔值的规则，例如 -b httpd_enable_ftp_server

# 范例一：找出目标文件资源类型为 httpd_sys_content_t 的有关信息
[root@www ~]# sesearch --all -t httpd_sys_content_t
Found 683 semantic av rules:
    allow avahi_t file_type : filesystem getattr ;
    allow corosync_t file_type : filesystem getattr ;
    allow munin_system_plugin_t file_type : filesystem getattr ;
...（下面省略）...
# allow  主体程序安全环境类型  目标文件资源的格式
# 如上，说明这个类型可以被哪个主题程序的类型所读取，以及目标文件资源的格式
```

使用 sesearch 可以轻松地查询某个主体程序可以读取的目标文件资源。如果涉及布尔值呢？里面又规定了什么？让我们来看看。

```
# 范例三：我知道有个布尔值为 httpd_enable_homedirs，请问该布尔值规范了什么
[root@www ~]# sesearch -b httpd_enable_homedirs --all
Found 43 semantic av rules:
  allow httpd_user_script_t user_home_dir_t : dir { getattr search open } ;
  allow httpd_sys_script_t user_home_dir_t : dir { ioctl read getattr } ;
...(后面省略)...
```

从这个布尔值的设置中，我们可以看到它规定了许多主体程序与目标文件资源的访问控制。因此，你需要知道的是，实际上是这些布尔值项目规范了这些规则，也就是我们之前提到的一系列规则。主体程序能否访问某些目标文件与这些布尔值密切相关，因为布尔值可以将规则设置为启用（1）或关闭（0）。

2. 布尔值的查询与修改

通过前面的 sesearch 查询，我们了解到主体和目标文件的访问权限与布尔值相关。那么系统中有多少个布尔值可以通过 seinfo –b 来查询呢？每个布尔值是启用还是关闭呢？下面让我们来查询一下。

```
[root@www ~]# getsebool [-a] [布尔值条款]
选项与参数：
-a   ：列出当前系统上的所有布尔值条款设置值（启用或关闭）

# 范例一：查询本系统内所有的布尔值设置情况
[root@www ~]# getsebool -a
abrt_anon_write --> off
allow_console_login --> on
allow_cvs_read_shadow --> off
...(下面省略)...
# 你看，这就告诉你当前的布尔值状态了
```

那么，如果我们查询到了某个布尔值，并且通过 sesearch 知道了该布尔值的用途，我们想要关闭或启用它，应该如何设置呢？

```
[root@www ~]# setsebool [-P] 布尔值=[0|1]
选项与参数：
-P   ：直接将设置值写入配置文件，该设置数据未来会生效

# 范例一：查询 httpd_enable_homedirs 是否为 on，若不为 on，请开启它
[root@www ~]# getsebool httpd_enable_homedirs
httpd_enable_homedirs --> off   <==结果是 off，按题意开启它

[root@www ~]# setsebool -P httpd_enable_homedirs=1
[root@www ~]# getsebool httpd_enable_homedirs
httpd_enable_homedirs --> on
```

记住，在使用 setsebool 命令时最好加上"-P"选项，以便将设置写入配置文件。这是一个非常强大的工具组合，你一定要学会如何使用 getsebool 和 setsebool 命令。

7.4.5 SELinux 日志文件记录所需的服务

上述命令特别是 setsebool、chcon、restorecon 等命令，通常用于在某些网络服务无法正常提供相关功能时进行必要的修改。然而，我们如何知道何时需要修改这些命令呢？我们如何确定系统是否由于 SELinux 的问题而导致了网络服务故障呢？如果我们只在客户端连接失败时才进行处理，效率会很低。因此，CentOS 6.x 提供了几个用于检测和处理 SELinux 登录错误的服务，其中包括 auditd 和 setroubleshoot。

1. setroubleshoot：将故障信息写入/var/log/messages

几乎所有与 SELinux 相关的程序都以 se 为前缀命名，setroubleshoot 服务也是以 se 开头的。而 troubleshoot 意味着排除故障，因此启动 setroubleshoot 服务是很自然的。这个服务会将与 SELinux 相关的故障信息和解决方法记录到 /var/log/messages 和 /var/log/setroubleshoot/* 中，所以一定要启动这个服务。在启动这个服务之前，需要安装它。它总共需要两个软件包，分别是 setroubleshoot 和 setroubleshoot-server。如果还没有安装它们，请使用 yum 命令进行安装。

此外，SELinux 信息本来是由两个服务来记录的，分别是 auditd 和 setroubleshoot。由于它们记录的是相同的信息，因此在 CentOS 6.x 中将它们整合到了 auditd 服务中。所以，setroubleshoot 服务本身并不存在。在安装完 setroubleshoot-server 后，请确保重新启动 auditd 服务，否则 setroubleshoot 的功能将无法启用。

```
[root@www ~]# yum install setroubleshoot setroubleshoot-server
[root@www ~]# /etc/init.d/auditd restart  <==整合到 auditd 中了
```

> 事实上，在 CentOS 6.x 中，setroubleshoot 的运行方式如下：① auditd 服务调用 audispd 服务；② audispd 服务启动 sedispatch 程序；③ sedispatch 将原始的 auditd 信息转换为 setroubleshoot 的信息，并进一步存储下来。

当出错时，就会出现与错误相关的信息。下面以使用 httpd 程序产生的错误为例进行说明。假设需要启动一个 WWW 服务器，而 WWW 服务器由 httpd 服务提供，因此必须先安装并启动它。

```
[root@www ~]# /etc/init.d/httpd start
[root@www ~]# netstat -tlnp | grep http
tcp    0    0 :::80    :::*           LISTEN      2218/httpd
# 看到了吗，启动端口 80 了，这是重点
```

现在我们的 WWW 服务器已经安装完毕。首页实际上存放在 /var/www/html 目录下，而且文件名必须是 index.html。如果使用以下模式来处理首页，可能会引发 SELinux 的问题。让我们来模拟一下可能出现问题的情况。

```
[root@www ~]# echo "My first selinux check" > index.html
[root@www ~]# ll index.html
-rw-r--r--. 1 root root 23 2011-07-20 18:16 index.html    <==权限没问题
[root@www ~]# mv index.html /var/www/html
```

此时，我们打开浏览器，在浏览器中输入 Linux 主机的 IP 地址来查看是否能够连接到 WWW 首页。由于本次安装没有图形界面，因此可以使用 links 命令来查看 http://localhost/index.html。将会得到以下信息：

```
[root@www ~]# links http://localhost/index.html -dump
                               Forbidden

   You don't have permission to access /index.html on this server.
   ------------------------------------------------------------------
    Apache/2.2.15 (CentOS) Server at localhost Port 80
```

上面的输出最明显的地方是告诉你，你没有权限访问 index.html。尽管权限是正确的，但是仍然显示没有权限。不要担心，可以使用 setroubleshoot 的功能进行检查。/var/log/messages 文件的内容如下：

```
[root@www ~]# cat /var/log/messages | grep setroubleshoot
Jul 21 14:53:20 www setroubleshoot: SELinux is preventing /usr/sbin/httpd
"getattr" access to /var/www/html/index.html. For complete SELinux messages.
run sealert -l 6c927892-2469-4fcc-8568-949da0b4cf8d
```

上面的出错提示信息是在同一行内，大致意思是"SElinux 被用于防止 httpd 读取错误的安全环境。要查看完整的数据，请执行 sealert –l……"。的确，重点是 sealert –l。上面提供的信息不完整，需要结合 sealert 检测到的错误代码来进行更详细的处理。实际处理后可能如下所示。

```
[root@www ~]# sealert -l 6c927892-2469-4fcc-8568-949da0b4cf8d
Summary:

SELinux is preventing /usr/sbin/httpd "getattr" access to
/var/www/html/index.html.     <==刚才在 messages 中看到的信息

Detailed Description:          <==接下来是详细的情况解析

SELinux denied access requested by httpd. /var/www/html/index.html may
be a mislabeled. /var/www/html/index.html default SELinux type is
httpd_sys_content_t, but its current type is admin_home_t. Changing
this file back to the default type, may fix your problem.
...(中间省略)...
```

```
Allowing Access:   <==非常重要的项目，一定要看
You can restore the default system context to this file by executing the
restorecon command. restorecon '/var/www/html/index.html', if this file
is a directory, you can recursively restore using restorecon -R
'/var/www/html/index.html'.
Fix Command:
/sbin/restorecon '/var/www/html/index.html'   <==知道如何解决了吗
Additional Information:   <==还有一些额外的信息
...(下面省略)...

[root@www ~]# restorecon -Rv '/var/www/html/index.html'
restorecon reset /var/www/html/index.html context unconfined_u:object_r:
admin_home_t:s0->system_u:object_r:httpd_sys_content_t:s0
```

重点是上面加粗体字体标示的部分。只需按照 Allowing Access 中的提示进行处理，即可完成 SELinux 类型的设置。通过与我们上一节提到的 restorecon 和 chcon 进行比较，会发现 setroubleshoot 提供的信息是多么有效。无论 SELinux 出现什么问题，setroubleshoot 服务都会告诉你解决大多数问题的方法。因此，许多内容无须死记硬背。

2. 用 E-mail 或在命令行上直接提供 setroubleshoot 错误信息

如果每次都要去/var/log/messages 分析信息，确实会很麻烦。但是没关系，我们可以通过 E-mail 或控制台的方式生成信息。也就是说，我们可以让 setroubleshoot 主动将生成的信息发送到指定的 E-mail 中，这样就可以方便我们进行实时分析。要实现这一点，只需修改 setroubleshoot 的配置文件即可。打开/etc/setroubleshoot/setroubleshoot.cfg 文件，只需修改以下部分内容：

```
[root@www ~]# vim /etc/setroubleshoot/setroubleshoot.cfg
[email]
# 大约在 81 行左右，要有这行才行
recipients_filepath = /var/lib/setroubleshoot/email_alert_recipients

# 大约在 147 行左右，将原来的 False 修改成 True
console = True

[root@www ~]# vim /var/lib/setroubleshoot/email_alert_recipients
root@localhost
your@email.address

[root@www ~]# /etc/init.d/auditd restart
```

之后，你就可以通过分析 E-mail 来获取 SELinux 的错误信息了，非常简单。只是要注意，在填写有关 E-mail 的文件时，不仅要填写账号，还要加上@localhost，这样本机上的 root 用户才能收到邮件。

3. SELinux 故障排除的总结

我们来简单总结一下。网络连接需要经过 SELinux 权限判定才能继续进行读写权限的比对。而 SELinux 的比对需要根据策略的规则进行 SELinux 类型安全环境的比对，这两个步骤都需要正确执行。接下来的 SELinux 修改主要通过 chcon、restorecon、setsebool 等命令进行处理。但是如何处理呢？可以通过分析 /var/log/messages 中提供的 setroubleshoot 信息来进行。这样就可以轻松管理 SELinux 了。

但是，在某些情况下，比如 CentOS 没有提供规范的 setroubleshoot 信息，你可能无法确定问题出在哪里。在这种情况下，建议按照以下步骤处理：

（1）如果服务和 rwx 权限都没有问题，但无法成功使用网络服务，请先使用 setenforce 0 命令将 SELinux 设置为宽容模式。

（2）再次尝试使用网络服务，如果可以使用，表示 SELinux 出现问题，请继续以下处理步骤；如果仍然无法使用，则问题不在 SELinux 上，请寻找其他解决方法，下面的操作不适用于你。

（3）分析 /var/log/messages 中的信息，找到与 sealert -l 相关的信息并执行。

（4）找到"Allow Access"关键词，按照里面的指示处理 SELinux 的错误。

（5）处理完成后，重新设置 setenforce 1，并再次测试网络服务。

通过这样的方式，你可以轻松地管理 SELinux。不需要过于担心，只需要分析日志文件即可。

> 当鸟哥第一次修改 SELinux 的相关部分时，sealert 部分一直报错，错误提示信息为"query_alert error (1003)"。后来在更新软件后，又发现无法使用 UTF8 解码，实在是伤脑筋。最后，修改了 /etc/sysconfig/i18n 文件，将其中的数据设置为：LANG=en_US，并重新启动系统，才成功恢复了 sealert 的信息说明。这种情况真的很奇怪！

7.5 被攻击后的主机修复工作

如果主机被攻击并丧失了控制权，那么应该如何进行修复呢？作为网络管理员，如果你要进行修复，还需要哪些额外的技能呢？下面我们来讨论一下这些问题。

7.5.1 网管人员应具备的技能

从本章第一小节的分析中可以看出，网络管理员确实需要投入大量的精力。他们需要对操作系统有一定程度的熟悉，并且对程序的运行和权限概念有更深入的了解。除了基本的操作系统知识之外，网络管理员还需要掌握一些特殊技巧。实际上，大多数主机问题都是由内部网络误用引起的。因此，只关注主机本身是不足以消除问题的。下面我们来讨论一下网络管理员所需的技巧。

- **了解什么是需要保护的内容**。根据之前介绍的主机入侵方法，不难理解只要有人坐在你的主机前面，任何事情都有可能发生。因此，如果你的主机非常重要，请确保不要让任何人靠近。你可以参考一下汤姆·克鲁斯在《碟中谍》电影中要窃取一台计算机内的数据所面临的困难。
  - 硬件：能锁就锁吧。
  - 软件：包含最重要的数据。
- **预防黑客的入侵**。这可不是开玩笑的，什么是黑客呢？在美国西部电影中，坏人通常戴着黑色帽子，因此人们将网络攻击者称为黑客。为了防范这种攻击者，除了严格控制网络登录之外，还需要特别控制主机中原有的用户。就小网站而言，不要因为是好朋友就随便放任他。如果有人提议使用与他的账号相同的密码，因为容易记忆，而你答应了，那么当他使用他的密码登录你的主机并破坏它时，你将付出不可估量的代价。对于大型企业来说，员工在使用网络时也需要进行分级管理。
- **主机环境安全化**。没什么好说的，除了多加关注，还是多加关注。仔细分析日志文件、经常上网查看最新的安全公告，这些都是最基本的工作。此外，及时更新有问题的软件也非常重要。因为越快更新软件，就越能够迅速防止黑客入侵。
- **防火墙规则的制定**。这部分比较麻烦，因为你需要不断地测试、测试再测试，以优化网络安全设置。换句话说，如果防火墙规则过多，数据包就要经过更多关卡才能通过防火墙进入主机内部。这会花费大量时间，导致主机性能下降，需要特别注意这一点。
- **实时维护主机**。就像刚才说的，需要随时维护主机，因为防火墙并不是设置一次就不需要关注了。即使是最严密的防火墙也可能存在漏洞。这些漏洞包括防火墙规则设置不合理、利用最新的入侵侦测技术、利用旧软件的服务漏洞等。因此，需要实时维护主机。除了分析日志文件，还可以通过实时侦测来完成这项工作，PortSentry 就是一套很不错的软件。
- **良好的教育训练课程**。并非所有人都是计算机网络专家，尽管我们生活在信息爆炸的时代，但依然存在许多计算机"盲区"。在这种情况下，对于内部网络通常没有太多规范，如果有人利用内部计算机从事不良行为，我们该怎么办？尽管有时候这些行为是无心的，但我们仍然需要进行专门的教育和培训。这也是公司需要网络管理员的主要原因之一。
- **完善的备份计划**。天有不测风云，人有旦夕祸福。任何人都无法预测未来会发生什么事，我们也无法知道何时硬盘会突然损坏，因此，完善的备份计划非常重要。此外，几乎没有人会说他们的主机是 100%安全的。如果系统被入侵导致数据损失，我们应该如何恢复主机？作为一名优秀的网站管理员，时刻进行重要数据的备份非常重要。你可以参考《鸟哥的 Linux 私房菜 基础学习篇（第四版）》一书中关于 Linux 主机备份的内容。在第 11 章"远程连接服务器 SSH/XDMCP/VNC/XRDP"中，还会介绍一个很棒的 rsync 工具，你可以了解一下。

7.5.2 主机受攻击后恢复的工作流程

所谓百密一疏，人非神也，总会有考虑不周的情况。万一主机因疏忽而被入侵，应该怎么办呢？根据前面的说明，木马的破坏是非常严重的，因为它会在你的系统下创建一个后门（Back Door），让攻击者可以登录你的主机，并篡改 Linux 上的程序，同时让你无法找到该木马程序。那么该怎么办呢？

许多人习惯于认为"只需将 root 密码改回来就可以解决问题"，但事实上，这样的主机仍然有被作为攻击其他主机中继站的危险。因此，如果主机被入侵，最好的方法是"重新安装 Linux"。

如何进行重新安装呢？许多人一次又一次地重新安装，却一次又一次地被入侵。为什么呢？因为他们没有吸取教训。下面我们将讨论一下如何更好地修复被入侵的主机。

1. 立即拔除网线

既然发现被入侵，那么第一件事情就是断开网络连接。最简单的方法就是拔掉网线。事实上，拔掉网线的主要目的不仅是保护自己，还可以保护同一网络中的其他主机。为什么这样说呢？我们以 2003 年 8 月爆发的"冲击波蠕虫"病毒为例，该病毒会感染同一网段内的其他主机。但是，一旦拔掉网线，远程攻击者将无法继续访问你的 Linux 主机，同时你也能保护网络中的其他相关主机。

2. 分析日志文件信息，查找可能的入侵途径

被入侵后，仅仅重新安装是不够的，还需要分析主机被入侵的原因以及入侵者是如何入侵的。如果能够找出入侵的原因，不仅可以立即增强 Linux 的安全性，而且还能让主机变得越来越安全。然而，如果你不知道如何找出被入侵的可能途径，那么即使重新安装，下次仍然有可能以同样的方式再次遭到入侵。那么，如何找出入侵的途径呢？

- **分析日志文件**：一些初级的黑客通常只是利用工具软件来入侵系统，因此我们可以通过分析一些主要的日志文件来找出对方的 IP 地址以及可能存在的漏洞。可以分析 /var/log/messages、/var/log/secure 以及使用 last 命令来查找最后登录用户的信息。
- **检查主机开放的服务**：许多 Linux 用户经常不知道自己的系统上开启了多少服务。前面已经提到，每个服务都有其漏洞或者是不应该启用的增强型或测试型功能。因此，找出系统上的服务，并检查每个服务是否存在漏洞，或者是否存在设置上的缺陷，然后逐个进行整理。
- **查询 Internet 上的安全通报**：通过查阅安全通报来了解最新的漏洞信息，也许问题就在其中。

3. 重要数据的备份

主机被入侵后，问题会非常严重，为什么呢？因为主机上通常保存着非常重要的数据（如果主机上没有重要数据，那么直接重新安装系统即可）。因此，在检查入侵途径之后，下一步就是备份重要的数据。那么什么是重要数据呢？who、ps、ls 等命令是重要数据吗？httpd.conf 等配置文件是重要数据？还是 /etc/passwd、/etc/shadow 才是重要数据？

事实上，重要的数据应该是**非 Linux 系统上面原有的数据**，例如，/etc/passwd、/etc/shadow、网页的数据、/home 目录中的用户重要文件等都属于重要数据。而像/etc/*、/usr/、/var 等目录下的数据则不一定需要备份。需要注意的是，不要备份二进制可执行文件，因为 Linux 系统安装完成后已经包含了这些文件。此外，这些文件也有可能已经被篡改过了，备份这些数据反而会导致重新安装的系统不干净。

4. 重新安装

备份完数据后，接下来就是重新安装 Linux 系统。在这次安装中，最好选择适合自己的安装选项，不要将所有软件都安装上去，否则会存在安全风险。

5. 软件漏洞的修补

重新安装完毕之后，请立即更新系统软件以确保安全，否则仍有被入侵的风险。鸟哥喜欢在其他相对干净的环境中下载修补漏洞的软件，并将其刻录到光盘上，然后将光盘插入刚刚安装完毕的系统中进行更新。在更新之前，需要设置相关的防火墙机制，并进行下一步骤，即关闭或移除不需要的服务。最后，才将网线插入主机的网卡上。这是因为鸟哥不确定在安装完成后、连接上 Internet 进行软件更新之前的这段时间是否会再次受到攻击。

6. 关闭或删除不需要的服务

这一点的重要性不言而喻。减少启用的服务数量可以降低系统被入侵的风险。

7. 数据恢复与恢复服务的设置

将刚备份的数据迅速复制回系统中，并重新启用系统的服务。在此过程中，请务必再次确认这些服务的设置，避免遗留不当的参数设置。

8. 连上 Internet

所有工作都已完成，现在可以将之前拔掉的网线重新接上，恢复主机的运行。

经过一系列的操作，主机应该已经恢复到一个相对干净的环境。然而，在这个阶段仍然不能掉以轻心。最好参考防火墙的设置，并从互联网上多方面参考一些经验丰富的专家的建议，以使主机更加安全。

7.6　重点回顾

- 要对登录服务器的来源主机进行管控，需要了解网络数据包的特性，主要包括 TCP/IP 数据包协议，以及源与目标的 IP 地址和端口等重要的套接字对。在 TCP 数据包方面，还需要了解 SYN/ACK 等数据包状态。
- 网络数据包要进入 Linux 本机，至少需要经过防火墙、服务本身的管理、SELinux 的处理以及获取文件的读写权限等步骤。
- 正确的权限设置是主机基本的保护之一。复杂的权限设置可以借助 ACL 或 SELinux 来辅助实现。
- 要关闭 SELinux，可以在 /etc/selinux/config 文件中进行设置，也可以在核心功能中添加 selinux=0 的选项。
- Rootkit 是一种获取 root 权限的工具组合，可以使用 RKHunter 来检查主机是否被植入了 Rootkit。
- 网络管理员应该注意员工的教育培训以及完善的主机备份计划。
- 所谓的黑客软件几乎都是利用 Linux 软件的漏洞来攻击 Linux 主机的。
- 软件升级是预防被入侵的最有效方法之一。
- 良好的日志分析习惯可以在短时间内发现系统的漏洞并进行修复。

7.7　参考数据与延伸阅读

- nmap 的官方网站：https://nmap.org/。
- SELinux 的发展网站：https://sourceforge.net/projects/selinux/。

第 8 章

路由的概念与路由器设置

如果说 IP 地址是门牌号,那么邮差如何到达你家就是路由的功能。如果将局域网比喻为街道,那么路由器就是街道里的快递转运点。实际上,本章应该是第 2 章的延伸,将网络设置扩展到整个局域网的路由器上。那么何时会用到路由器呢?当你的环境需要将整个 IP 地址进一步分割成不同的广播区域时,就需要利用路由器的数据包转发功能。本章也是第 9 章"防火墙与 NAT 服务器"的基础,所以务必好好学习。

第二篇 主机的简易安全防护措施

8.1 路由

我们在第 2 章中提到了路由的相关概念，它最主要的功能是帮助我们规划网络数据包的传送方式和方向。我们可以使用 route 命令来查看和设置路由。那么，路由有哪些形式？我们如何确认路由是否正确呢？

8.1.1 路由表产生的类型

如同第 2 章中提到的，每台主机都有自己的路由表，这意味着你必须通过自己的路由表将主机的数据包转发到下一个路由器。一旦数据包离开主机，它就要依赖下一个路由器的路由表进行传输，这时候与你自己主机的路由表就没有关系了。因此，当网络中的某个路由器设置错误时，数据包的流向就会出现严重问题。为了了解每个路由器的数据包流向，我们可以使用 traceroute 命令。

那么，你自己的主机路由表具体有哪些部分呢？我们可以通过下面的路由表来说明：

```
[root@www ~]# route -n
Kernel IP routing table
Destination     Gateway         Genmask         Flags Metric Ref    Use Iface
192.168.1.0     0.0.0.0         255.255.255.0   U     0      0        0 eth0 <== 1
169.254.0.0     0.0.0.0         255.255.0.0     U     1002   0        0 eth0 <== 2
0.0.0.0         192.168.1.254   0.0.0.0         UG    0      0        0 eth0 <== 3
```

首先，需要了解在 Linux 系统下，路由表是按照小网络到大网络的顺序排列的。例如，在上述路由表中，路由规则是按照"192.168.1.0/24 -> 169.254.0.0/16 -> 0.0.0.0/0（默认路由）"的顺序排列的。当主机需要发送网络数据包时，它会查阅这 3 个路由规则，以确定如何将数据包发送出去。你可能会好奇为什么会有这几个路由规则，实际上，路由表的设计主要基于以下几种情况：

- **依据网络接口产生的 IP 地址而存在的路由**。例如，192.168.1.0/24 这个路由的存在是因为主机（例如鸟哥的主机）拥有 IP 地址 192.168.1.100。换句话说，当主机上有多个网络接口时，每个网络接口都会有一个对应的路由。如果主机有两个网络接口，例如 192.168.1.100 和 192.168.2.100，那么路由表至少会包含以下几个路由规则：

```
[root@www ~]# ifconfig eth1 192.168.2.100
[root@www ~]# route -n
Destination     Gateway         Genmask         Flags Metric Ref    Use Iface
192.168.2.0     0.0.0.0         255.255.255.0   U     0      0        0 eth1
192.168.1.0     0.0.0.0         255.255.255.0   U     0      0        0 eth0
169.254.0.0     0.0.0.0         255.255.0.0     U     1002   0        0 eth0
0.0.0.0         192.168.1.254   0.0.0.0         UG    0      0        0 eth0
```

- **手动或默认路由**。你可以使用 route 命令手动设置额外的路由，例如默认路由（0.0.0.0/0）就是一种额外的路由设置。在使用 route 命令时，一个重要的概念是，"你所规划的路由必须是你的设备（如 eth0）或者 IP 可以直接进行广播的情况"。以以上环境为例，假设只有 192.168.1.100 和 192.168.2.100 这两个 IP 地址存在，如果想要连接到 192.168.5.254 这个路由器，可以执行以下命令：

```
[root@www ~]# route add -net 192.168.5.0 \
> netmask 255.255.255.0 gw 192.168.5.254
SIOCADDRT: No such process
```

系统无法连接到该网络，因为我们的网络接口与 192.168.5.0/24 没有任何关联。如果 192.168.5.254 确实与我们的物理网络连接，并且与我们的 eth0 接口相连，那么你应该采取以下步骤：

```
[root@www ~]# route add -net 192.168.5.0 \
> netmask 255.255.255.0 dev eth0
[root@www ~]# route -n
Kernel IP routing table
Destination     Gateway         Genmask         Flags Metric Ref    Use Iface
192.168.5.0     0.0.0.0         255.255.255.0   U     0      0        0 eth0
192.168.2.0     0.0.0.0         255.255.255.0   U     0      0        0 eth1
192.168.1.0     0.0.0.0         255.255.255.0   U     0      0        0 eth0
169.254.0.0     0.0.0.0         255.255.0.0     U     1002   0        0 eth0
0.0.0.0         192.168.1.254   0.0.0.0         UG    0      0        0 eth0
```

这样，你的主机将直接使用 eth0 设备来尝试连接 192.168.5.254。另外，路由输出中的关键是"Flags 的 G"，因为 G 表示使用外部设备作为网关，而该网关（192.168.1.254）必须存在于我们已有的路由环境中。这是很重要的概念。

- **动态路由**。除了直接使用命令来添加路由规则外，还可以通过路由器之间的协商来实现动态路由的环境。然而，这种方法需要额外的软件支持，例如 zebra 或在 CentOS 上使用的 Quagga。这些软件可以帮助路由器之间进行动态路由的协商和管理。

事实上，Linux 的路由规则是通过内核来实现的，因此这些路由表的规则都存储在内核功能中，也就是在内存中运行。

8.1.2 一块网卡绑定多个 IP 地址：IP Alias 的测试用途

我们在第 5 章的 ifconfig 命令中讨论过 eth0:0 这个设备。这个设备可以在原本的 eth0 上模拟出一个虚拟接口，从而使同一块网卡具有多个 IP 地址，这种功能称为 IP Alias（IP 别名）。可以通过 ifconfig 或 ip 命令来实现 eth0:0 设备的配置，这两个命令的用途我们之前已经介绍过，这里就不再详细说明了。

也许你会问，IP Alias 有什么用途呢？IP Alias 最大的用途之一就是用于应急情况。具体来说，它有以下几个常见的用途：

- **用于测试**。为什么说它可用于测试呢？举例来说，现在很多人都使用 IP 路由器，而 IP 路由器的设置一般是通过 Web 界面来进行的。通常 IP 路由器会提供一个私有 IP 地址，例如 192.168.0.1，以便用户可以通过 Web 界面进行设置。那么问题来了，你如何连接到这台 IP 路由器呢？在不修改现有网络环境的情况下，可以直接使用以下方法：

```
[root@www ~]# ifconfig [device] [ IP ] netmask [netmask ip] [up|down]
[root@www ~]# ifconfig eth0:0 192.168.0.100 netmask 255.255.255.0 up
```

这样，你就创建了一个虚拟的网络接口，可以立即连接到 IP 路由器，而且不会影响原有的网络参数设置。

- **在一个物理网络中含有多个 IP 网络**。如果在补习班或学校等单位的网络环境中，通常是不允许修改主机的网络设置的。但是，如果希望让大家能够互相通信并进行各种网络服务的测试，可以让每个同学都通过 IP Alias 来设置相同的网络 IP。这样，大家就可以在同一个网段内进行各项网络服务的测试了。这是一个很不错的解决方案。

- **现有设备无法提供更多物理网卡时**。如果某台主机需要连接多个网络，但设备无法安装更多的网卡，那么你只能不情愿地使用 IP Alias 来提供不同网段的连接服务了。这种情况下，通过设置 IP Alias，你可以为主机提供额外的虚拟接口，每个接口都可以配置不同的网络 IP，从而实现连接到不同网段的功能。虽然这不是最理想的解决方案，但在无法增加物理网卡的情况下，IP Alias 是一种可行的替代方案。

在这种情况下，你需要清楚所有的 IP Alias 都是通过物理网卡进行模拟的。因此，在启动 eth0:0 之前，必须先启动 eth0。而当 eth0 关闭时，所有 eth0:n 的模拟网卡也会被同时关闭。这一点需要提前了解，否则容易混淆设备的启动顺序。

除非有特殊需求，否则建议当有多个 IP 地址时，最好在不同的网卡上实现。如果确实需要使用 IP Alias，那么如何在开机时启动 IP Alias 呢？有许多方法可以实现，包括将使用 ifconfig 启动的命令写入 /etc/rc.d/rc.local 文件中（但在使用 /etc/init.d/network restart 命令重新启动时，该 IP Alias 无法被重新启动）。然而，鸟哥建议通过建立 /etc/sysconfig/network-scripts/ifcfg-eth0:0 配置文件的方式来处理。

举例来说，你可以通过下面的方法来建立一个虚拟设备的配置文件：

```
[root@www ~]# cd /etc/sysconfig/network-scripts
[root@www network-scripts]# vim ifcfg-eth0:0
DEVICE=eth0:0              <==相当重要！一定要使用与文件名相同的设备代号
ONBOOT=yes
BOOTPROTO=static
IPADDR=192.168.0.100
NETMASK=255.255.255.0
```

```
[root@www network-scripts]# ifup eth0:0
[root@www network-scripts]# ifdown eth0:0
[root@www network-scripts]# /etc/init.d/network restart
```

关于设备的配置文件中的更多参数说明，请参考 4.2.1 节中关于手动设置固定 IP 地址的相关说明，这里不再赘述。使用这种方法的好处是，当使用 "/etc/init.d/network restart" 命令时，系统仍然会使用 ifcfg-eth0:0 文件中的设置值来启动虚拟网卡。此外，无论 ifcfg-eth0:0 文件中的 ONBOOT 设置值是什么，只要 ifcfg-eth0 这个物理网卡的配置文件中的 ONBOOT 为 yes，系统启动时就会启动所有的 eth0:n 虚拟网卡。

通过这种简单的方法，可以在系统启动时启动虚拟接口，从而在同一块网卡上获得多个 IP 地址。需要注意的是，如果该网卡同时使用 DHCP 和手动方式来设置 IP 参数，那么获取 DHCP 的 IP 地址时必须使用实体网卡，即类似于 eth0 的网卡标识符，而手动设置的 IP 地址则应使用类似于 eth0:0 的标识符。

> 在旧版的 CentOS 4.x 中，如果 eth0 是通过 DHCP 获取 IP 地址的，那么由于 ifup 和/etc/init.d/network 这两个脚本内的程序代码编写方式，会导致 ifcfg-eth0:0 这个配置文件不会被使用。然而，在 CentOS 5.x 以及之后的版本中，已经解决了这个问题。

8.1.3 重复路由的问题

很多人可能会有这样一个想法：能否利用两块网卡和两个相同网络的 IP 地址来增加主机的网络吞吐量？事实上，这是一种可行的方案，但需要进行许多设置才能实现。如果你有这方面的需求，可以参考网上关于带宽负载均衡方面的文章。

如果只是简单地认为在同一个网络上设置两块网卡的 IP 地址就能够增加主机的吞吐量，那就大错特错了。为什么呢？还记得我们在路由表规则中提到过，网络数据包的传送主要依赖于主机内的路由表规则吗？如果你有两块网卡，可以做出以下假设：

- eth0：192.168.0.100。
- eth1：192.168.0.200。

那你的路由规则会是如何呢？理论上会变成这样：

```
[root@www ~]# route -n
Kernel IP routing table
Destination     Gateway         Genmask         Flags Metric Ref    Use Iface
192.168.0.0     0.0.0.0         255.255.255.0   U     0      0        0 eth1
192.168.0.0     0.0.0.0         255.255.255.0   U     0      0        0 eth0
```

也就是说，当要主动发送数据包到 192.168.0.0/24 网络时，都只会通过第一条规则，也就是通过 eth1 进行传输；而在响应数据包方面，不论是通过 eth0 还是 eth1 进入的网络数据包，都会通过 eth1 进行转发。这可能会导致一些问题，尤其是在防火墙规则方面，可能会发生严重的错误。因此，这样的设置根本无法实现负载均衡，也无法增加网络流量，更糟糕的是，可能会发生数据包传送错误的情况。当在同一台主机上设置相同的网络 IP 地址时，需要特别注意路由规则。一般来说，不应该在同一台主机上设置相同网段的不同 IP 地址。例如上面的案例就是一个不好的示范。

> 为什么要特别强调这个概念呢？大约在 2000 年，鸟哥刚接触 Linux 时，由于当时的网络速度非常慢，我费尽心思想办法提升网络吞吐量。后来我想到，如果有两块网卡，不就可以增加吞吐量了吗？于是我在一台主机的两块网卡上设置了两个相同网络的 IP 地址。结果怎么样呢？很多服务都无法连通了！正是因为经历过这样的痛苦和教训，所以才印象深刻啊。

8.2 路由器配置

我们知道，在局域网中，主机可以通过广播的方式进行网络数据包的发送。然而，在不同的网段内，主机要想互相连接就需要借助路由器。那么，什么是路由器？它的主要功能是什么呢？接下来，我们来详细讨论一下。

8.2.1 什么是路由器与 IP 路由器

既然主机在将数据传送到不同的网段时需要路由器的帮助，那么路由器的主要功能就是转发网络数据包。换句话说，路由器会分析源数据包的 IP 报头，在报头中找到要发送到的目标 IP 地址，然后根据路由器自身的路由表将该数据包传送到下一跳（Next Hop）。这就是路由器的功能。那么，路由器的功能是如何实现的呢？目前有两种方法：

- **硬件功能**：一些公司如华为、中兴、思科（Cisco）、TP-Link、D-Link 等都生产硬件路由器，这些路由器内部搭载嵌入式的操作系统，能够负责不同网段之间的数据包解析与转发等功能。
- **软件功能**：一些操作系统如 Linux 内核提供了数据包传送的能力。

高级的路由器可以连接不同的硬件设备，并且能够解析多种不同的数据包格式，通常价格也较高。然而，在本章中，我们只讨论以太网中最基本的路由器功能：连接两个不同的网段。这个功能在 Linux 个人计算机中也可以实现。那么，如何实现呢？

就像路由表是由 Linux 内核提供的一样，数据包转发的能力也是由 Linux 内核提供的。要查看内核是否已经启用了数据包转发功能，非常简单，只需查看内核功能的显示文件即可。示例如下：

```
[root@www ~]# cat /proc/sys/net/ipv4/ip_forward
```

```
0    <== 0 代表没有启动，1 代表启动了
```

要将该文件的内容设置为启动值 1，最简单的方法是使用命令"echo 1 > /proc/sys/net/ipv4/ip_forward"。然而，这个设置在下次重新启动后会失效。因此，鸟哥建议直接修改系统配置文件的内容，即修改/etc/sysctl.conf 文件，以实现开机自动启动数据包转发的功能。

```
[root@www ~]# vim /etc/sysctl.conf
# 将下面这个设置值修改正确即可（原来的值为 0，将它改为 1）
net.ipv4.ip_forward = 1

[root@www ~]# sysctl -p    <==立刻让该设置生效
```

sysctl 是用于在内核工作时直接修改内核参数的工具，其更多功能可以参考 man sysctl 命令的帮助文档。使用这个命令，Linux 可以被配置为具备基本的路由器功能。根据 Linux 路由器的路由表设置方法的不同，通常有两种方式来规划路由。

- **静态路由**：使用类似 route 这样的命令直接把路由表设置到内核中，设置的值只需与网段环境相匹配即可。但是，当网段发生变化时，需要重新设置路由器。
- **动态路由**：使用类似 Quagga 或 zebra 这类软件，它们可以安装在 Linux 路由器上。它们能够动态检测网络的变化，并直接修改 Linux 内核的路由表信息，无须手动使用 route 命令来修改路由表信息。

了解了路由器之后，接下来需要了解的是什么是 NAT（Network Address Translation，网络地址转换）服务器以及它的功能。实际上，IP 路由器就是最简单的 NAT 服务器。NAT 可以实现 IP 地址共享的功能，它本质上也是一个路由器，只是相比普通路由器多了一个 IP 地址转换的功能。下面详细说明它们之间的区别：

- 一般来说，路由器会有两个网络接口，通过路由器本身的 IP 转发功能让两个网段可以互相传送网络数据包。但是，如果其中一个接口是公共 IP，而另一个接口是私有 IP，会发生什么呢？由于私有 IP 无法直接与公共 IP 进行通信，这时就需要额外的"IP 转换"功能。
- Linux 的 NAT 服务器可以通过修改数据包的 IP 报头中的源地址或目标地址，使来自私有 IP 的数据包被转换为 NAT 服务器的公共 IP，从而能够直接连接到 Internet。

所以，只有当路由器的两个接口分别使用公共 IP 和私有 IP 时，才需要使用 NAT 功能。我们将在第 9 章中详细讨论 NAT 功能，而本章仅涉及路由器相关内容。

8.2.2　何时需要路由器

一般来说，计算机数量只有数十台的小型企业无须使用路由器，只需使用集线器和交换机连接各台计算机，并通过单条线路连接到 Internet 即可。然而，对于计算机数量超过百台的大型企业环境，由于其复杂性和需求的考虑，通常需要部署路由器。以下是部署路由器需

要考虑的一些情况：

- **实际线路的布线及性能的考虑**。在一栋大楼的不同楼层中连接所有计算机可能会有一些困难。为了简化各楼层网络的管理，可以在每个楼层架设一台路由器，并将各楼层的路由器相连接。通过这种方式，可以实现对各楼层网络的简单管理。

  另外，如果没有在各楼层部署路由器，而是直接使用网线将各楼层的集线器和交换机连接起来，那么会遇到一个问题：由于同一网段的数据是通过广播来传输的，当大楼中的某一台计算机进行广播时，所有计算机都会响应，这将导致大楼内的网络性能下降。因此，架设路由器可以实际分隔网络，有助于提高网络性能。

- **部门独立与保护数据的考虑**。在阅读了第 2 章的内容后，你会了解到，只要实际线路连接在一起，**当数据通过广播方式进行传送时，就可以使用类似 tcpdump 的命令来监听数据包并进行窃取**。因此，如果部门之间的数据需要独立，或者某些重要的数据必须在公司内网得到保护，就可以先将这些重要的计算机放置在一个独立的网段，并额外加设防火墙、路由器等，再连接到公司内部的网络。

路由器只是一个设备，如何使用取决于网络环境的规划，上面提到的只是一些应用案例。接下来，我们可以先架设一个静态路由的路由器，以便更好地了解其使用方法。

8.2.3 静态路由的路由器

假设在公司的网络环境中，除了普通职员使用的工作计算机直接连接到对外的路由器以接入 Internet 外，还需要有一个更安全、具有独立环境的部门。该部门的网络规划如图 8-1 所示。

以图 8-1 的架构来说，这家公司主要有两个 Class C 的网段。

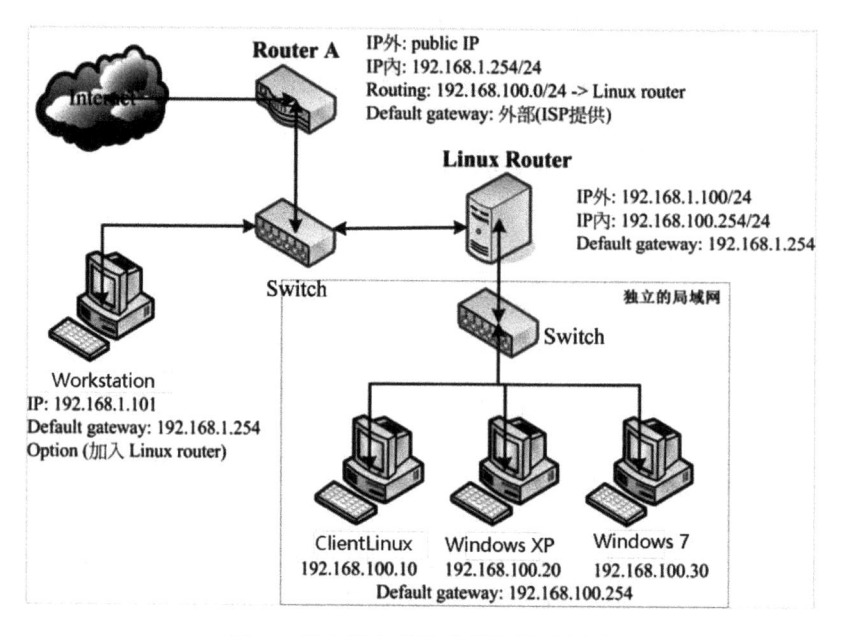

图 8-1 静态路由的路由器架构示意图

- 普通网络（192.168.1.0/24）：由 Router A（路由器 A）、Workstation 以及 Linux Router（Linux 路由器）3 台主机所构成。
- 受保护的内网（192.168.100.0/24）：由 Linux Router、ClientLinux、Windows XP、Windows 7 等主机所构成。

其中，192.168.1.0/24 是用于普通员工连接 Internet 的网段，而 192.168.100.0/24 则是用于特殊部门的网段。Workstation 代表普通员工的计算机，ClientLinux、Windows XP、Windows 7 则代表特殊部门的计算机。Linux Router 是特殊部门使用的连接公司内部网络的路由器。通过这样的架构，特殊部门的数据包可以与公司其他部门进行物理分隔。

从图 8-1 可以看出，具有路由器功能的设备（例如 Router A、Linux Router）通常具有两个以上的接口，用于连接不同的网段，并且这些路由器也会配置一个默认路由。此外，可以在 Linux Router 上安装一些防火墙软件，以保护 ClientLinux、Windows XP、Windows 7 的安全。

那么我们先来探讨一下连接的机制，首先从 ClientLinux 这台计算机谈起。如果 ClientLinux 想要连接到互联网，那么它的连接情况会是怎样的呢？

- 发起连接需求：ClientLinux --> Linux Router --> Router A --> Internet。
- 响应连接需求：Internet --> Router A --> Linux Router --> ClientLinux。

查看一下两台路由器的设置，为了实现上述功能，Router A 必须具备两个接口，一个是对外的公共 IP，另一个是对内的私有 IP。由于 IP 的类型不同，Router A 还需要额外增加网络地址转换（NAT）的机制。关于这个机制，我们将在第 9 章中继续讨论。除此之外，Router A 并不需要进行其他额外的设置。至于 Linux Router，更加简单，只需设置两块网卡的两个 IP，并启动内核的数据包转发功能，即可完成搭建。现在让我们来讨论一下这几台设备的设置。

1. Linux Router

在这台主机内需要有两块网卡，鸟哥在这里将它定义如下（假设你已经将刚刚添加的 eth0:0 取消掉了）。

- eth0：192.168.1.100/24。
- eth1：192.168.100.254/24。

```
# 1. 再看看 eth0 的设置吧，虽然我们已经在第 4 章设置好了
[root@www ~]# vim /etc/sysconfig/network-scripts/ifcfg-eth0
DEVICE="eth0"
HWADDR="08:00:27:71:85:BD"
NM_CONTROLLED="no"
ONBOOT="yes"
BOOTPROTO=none
IPADDR=192.168.1.100
NETMASK=255.255.255.0
GATEWAY=192.168.1.254      <==最重要的设置，是通过这台主机连接出去的
```

```
# 2. 再处理 eth1 这块之前一直都没有驱动的网卡
[root@www ~]# vim /etc/sysconfig/network-scripts/ifcfg-eth1
DEVICE="eth1"
HWADDR="08:00:27:2A:30:14"
NM_CONTROLLED="no"
ONBOOT="yes"
BOOTPROTO="none"
IPADDR=192.168.100.254
NETMASK=255.255.255.0

# 3. 启动 IP 转发，实际操作成功才行
[root@www ~]# vim /etc/sysctl.conf
net.ipv4.ip_forward = 1
# 找到上述的设置值，将默认值 0 改为上述的 1 即可，存储后离开
[root@www ~]# sysctl -p
[root@www ~]# cat /proc/sys/net/ipv4/ip_forward
1    <==这就是重点！要是 1 才可以

# 4. 重新启动网络，并且查看路由与 ping Router A 的结果
[root@www ~]# /etc/init.d/network restart
[root@www ~]# route -n
Kernel IP routing table
Destination     Gateway         Genmask         Flags Metric Ref    Use Iface
192.168.100.0   0.0.0.0         255.255.255.0   U     0      0        0 eth1
192.168.1.0     0.0.0.0         255.255.255.0   U     0      0        0 eth0
0.0.0.0         192.168.1.254   0.0.0.0         UG    0      0        0 eth0
# 上面的重点在于最后那个路由器的设置是否正确

[root@www ~]# ping -c 2 192.168.1.254
PING 192.168.1.254 (192.168.1.254) 56(84) bytes of data.
64 bytes from 192.168.1.254: icmp_seq=1 ttl=64 time=0.294 ms
64 bytes from 192.168.1.254: icmp_seq=2 ttl=64 time=0.119 ms <==有回应即可

# 5. 暂时关闭防火墙。这一步也很重要
[root@www ~]# /etc/init.d/iptables stop
```

够简单了吧，而且通过最后的 ping 命令，我们也知道 Linux Router 可以成功连接到路由器 A。这样 Linux Router 就设置完成了。此外，CentOS 6.x 默认的防火墙规则会删除来自不同网卡的通信数据包，因此还需要暂时关闭防火墙。接下来，我们需要设置被保护的内部主机网络——ClientLinux。

2. 受保护的网络，以 ClientLinux 为例

不论 ClientLinux 是哪一种操作系统，环境都应该是以下这样：

- IP：192.168.100.10。
- Netmask：255.255.255.0。
- Gateway：192.168.100.254。
- Hostname：clientlinux.centos.vbird。

- DNS：168.95.1.1。

以 Linux 操作系统为例，当 ClientLinux 仅有 eth0 这一块网卡时，它的设置是这样的：

```
[root@clientlinux ~]# vim /etc/sysconfig/network-scripts/ifcfg-eth0
DEVICE="eth0"
NM_CONTROLLED="no"
ONBOOT="yes"
BOOTPROTO=none
IPADDR=192.168.100.10
NETMASK=255.255.255.0
GATEWAY=192.168.100.254    <==这个设置最重要
DNS1=168.95.1.1            <==有这个就不用自己改 /etc/resolv.conf

[root@clientlinux ~]# /etc/init.d/network restart
[root@clientlinux ~]# route -n
Kernel IP routing table
Destination     Gateway         Genmask         Flags Metric Ref    Use Iface
192.168.100.0   0.0.0.0         255.255.255.0   U     1      0        0 eth0
169.254.0.0     0.0.0.0         255.255.0.0     U     1002   0        0 eth0
0.0.0.0         192.168.100.254 0.0.0.0         UG    0      0        0 eth0

[root@clientlinux ~]# ping -c 2 192.168.100.254  <==ping 自己的 gateway(会成功)
[root@clientlinux ~]# ping -c 2 192.168.1.254    <==ping 外部的 gateway(会失败)
```

最后一个操作有问题，为什么无法 ping 到 Router A 的 IP 呢？无法得到 ping 的响应，就说明我们的连接存在问题。让我们再次查看刚才的连接需求流程，看看出了什么问题。

- **发起连接**：ClientLinux --> Linux Router（OK）--> Router A（OK）。
- **响应连接**：Router A（此时 Router A 要响应的目标是 192.168.100.10）。Router A 仅有 Public IP 与 192.168.1.0/24 的路由，所以该数据包会从 Public IP 接口转发出去，因此数据包就回不来了。

发现了吗，网络是双向的。此时数据包能够转发出去，但遗憾的是无法返回。那么我们该怎么办呢？唯有告知 Router A，当路由规则遇到 192.168.100.0/24 时，将该数据包转发给 192.168.1.100。

3. 特别的路由规则：Router A 所需路由

假设 Router A 的外部网卡为 eth1，而内部的 192.168.1.254 设置在 eth0 上。那么如何在路由器 A 中添加一条路由规则呢？非常简单，只需使用"route add"命令进行添加即可。示例如下：

```
[root@routera ~]# route add -net 192.168.100.0 netmask 255.255.255.0 \
> gw 192.168.1.100
```

不过这个规则不会写入配置文件中，在下次重新启动时，该规则将会丢失。因此，我们应该创建一个路由配置文件。由于这个路由规则是与 eth0 网卡相关联的,因此配置文件的文件名应该是 route-eth0。在这个配置文件中,我们需要把 192.168.100.0/24 网络的网关设置为 192.168.1.100,并通过 eth0 进行传输。配置文件的写法如下:

```
[root@routera ~]# vim /etc/sysconfig/network-scripts/route-eth0
192.168.100.0/24 via 192.168.1.100 dev eth0
   目标网络              通过的网关         设备

[root@routera ~]# route -n
Destination     Gateway         Genmask         Flags Metric Ref    Use Iface
120.114.142.0   0.0.0.0         255.255.255.0   U     0      0        0 eth1
192.168.100.0   192.168.1.100   255.255.255.0   UG    0      0        0 eth0
192.168.1.0     0.0.0.0         255.255.255.0   U     0      0        0 eth0
169.254.0.0     0.0.0.0         255.255.0.0     U     0      0        0 eth1
0.0.0.0         120.114.142.254 0.0.0.0         UG    0      0        0 eth1
```

上述设置的重点在于是否出现了 192.168.100.0 这一行的路由。如果有的话,尝试 ping 192.168.100.10,看看是否有响应。然后在 ClientLinux 上 ping 192.168.1.254,看看是否有响应。这样就可以知道是否设置成功了。好了,现在内部保护网络已经能够连接到 Internet 了,那么是否代表 ClientLinux 可以直接连接到普通员工的网络,例如 Workstation 呢?我们仍然通过路由规则来探讨一下,当 ClientLinux 要直接连接到 Workstation 时,它的连接方向如下(参考图 8-1):

- 连接发起:ClientLinux --> Linux Router(OK)--> Workstation(OK)。
- 响应连接:Workstation(连接目标为 192.168.100.10,因为没有该路由规则,所以连接交给默认网关,也就是 Router A--> Router A(OK)--> Linux Router(OK)--> ClientLinux。

有没有注意到数据包转发的流程?连接的发起没有问题,但响应连接竟然通过 Router A 来进行中转。这是因为 Workstation 与最初的 Router A 一样,并不知道 192.168.100.0/24 在 192.168.1.100 内部。不过,现在的 Router A 已经知道了该网络在 Linux Router 内部,所以数据包仍然可以顺利返回到 ClientLinux。

4. 让 Workstation 与 ClientLinux 不通过 Router A 的网络通信方式

如果不希望 Workstation 通过 Router A 才能连接到 ClientLinux,那么就需要在与 Router A 相同的位置添加一条路由规则。如果是 Linux 系统,则设置与 Router A 相同的方法如下:

```
[root@workstation ~]# vim /etc/sysconfig/network-scripts/route-eth0
192.168.100.0/24 via 192.168.1.100 dev eth0

[root@workstation ~]# /etc/init.d/network restart
[root@www ~]# route -n
Kernel IP routing table
Destination     Gateway         Genmask          Flags Metric Ref    Use Iface
```

```
192.168.1.0      0.0.0.0          255.255.255.0    U    0    0    0 eth0
192.168.100.0    192.168.1.100    255.255.255.0    UG   0    0    0 eth0
169.254.0.0      0.0.0.0          255.255.0.0      U    0    0    0 eth0
0.0.0.0          192.168.1.254    0.0.0.0          UG   0    0    0 eth0
```

最后在 ClientLinux 使用 ping 命令即可连接到 Workstation。同样地，如果 Workstation 也能够 ping 通 ClientLinux，那就表示设置是正确的。通过这样的设置方式，也可以发现：路由是双向的，必须了解出去的路由规则和回来的路由规则。举个例子，在默认情况下（即 Router A 和 Workstation 都没有额外的路由设置时），实际上数据包是可以从 ClientLinux 发送到 Workstation 的，但是 Workstation 却没有相关的路由规则可以回应 ClientLinux，所以才需要在 Router A 或 Workstation 上设置额外的路由规则。

利用 Linux 搭建一个静态路由的路由器非常简单。以上面的案例为例，我们在 Linux Router 上几乎没有做额外的工作，只需正确配置网络 IP 与网络接口的对应关系，并启动 IP Forward（IP 转发）功能，让 Linux 内核支持数据包传输。其他的工作都由 Linux 内核自动完成。

然而，这里必须提醒的是，如果 Linux Router 设置了防火墙，并且使用了类似 NAT 主机 IP 伪装技术，就需要特别注意，因为可能会导致路由判断错误。在上述 Linux Router 中，并没有使用任何 NAT 功能，这一点需要特别注意。

8.3 动态路由器架设

在一般的静态路由器上，我们可以通过修改路由配置文件（如 route-ethN）来设置预定义的路由规则，以确保路由器正常工作。然而，这种方法有时会很麻烦。如果某一天由于组织的改变而需要重新规划子网网段，那么就必须重新处理和检查图 8-1 中的 Router A 和 Linux Router 的路由规则，这确实很烦琐。那么，是否可以让路由器自己学习新的路由规则，以实现自动添加这些路由信息呢？

上述的功能就是所谓的动态路由。动态路由通常用于路由器之间的通信。为了使路由器具备动态路由功能，必须了解对方路由器所使用的动态路由协议，这样两台路由器才能通过该协议相互沟通路由规则。目前常见的动态路由协议有 RIPv1、RIPv2、OSPF、BGP 等。

想要在 CentOS 上搞定这些动态路由相关的机制，就需要使用 quagga 软件。这个软件是 zebra 计划的延伸，我们可以参考官方网站的相关说明。既然要使用 quagga，那么首先需要安装它。

```
[root@www ~]# yum install quagga
[root@www ~]# ls -l /etc/quagga
-rw-r--r--. 1 root   root    406 Jun 25 20:19 ripd.conf.sample
-rw-r-----. 1 quagga quagga   26 Jul 22 11:11 zebra.conf
-rw-r--r--. 1 root   root    369 Jun 25 20:19 zebra.conf.sample
...(其他省略)...
```

这个软件提供的各项动态路由协议都位于 /etc/quagga/ 目录中。下面我们以较为简单的 RIPv2 协议为例来处理动态路由。需要注意的是，无论启动哪种动态路由协议，都必须先启动 zebra。这是因为：

- zebra 这个守护进程的功能是更新内核的路由规则。
- RIP 这个守护进程用于与附近的其他路由器进行协调，传递和更新路由规则。

每个路由服务的配置文件都必须以 /etc/quagga/*.conf 的文件名存储。在上面的输出中，我们可以看到 zebra 服务已经配置好了，但是 ripd 的文件名不是以 .conf 结尾，因此需要进行额外的设置。

要说明 quagga，当然需要设计可能的网络连接。假设网络连接如图 8-2 所示，共有 3 个局域网网段。其中最大的是 192.168.1.0/24 这个外部局域网，另外还有两个内部局域网，分别是 192.168.100.0/24 和 192.168.200.0/24。

图 8-2 中的两台 Linux 路由器分别负责不同的网络。其中，Router Z1 是前面小节中设置好的，而左边的 Router Z2 则需要进行额外的设置。这两台路由器可以通过 192.168.1.0/24 网络进行通信。在没有设置额外的路由规则的情况下，PC Z1 和 PC Z2 是无法相互通信的。此外，必须在这两台 Linux 路由器上同时安装 quagga，并且一旦设置好这两台主机的网络接口（eth0、eth1），就不需要手动输入额外的路由设置，只需通过 RIP 这个路由协议即可完成。

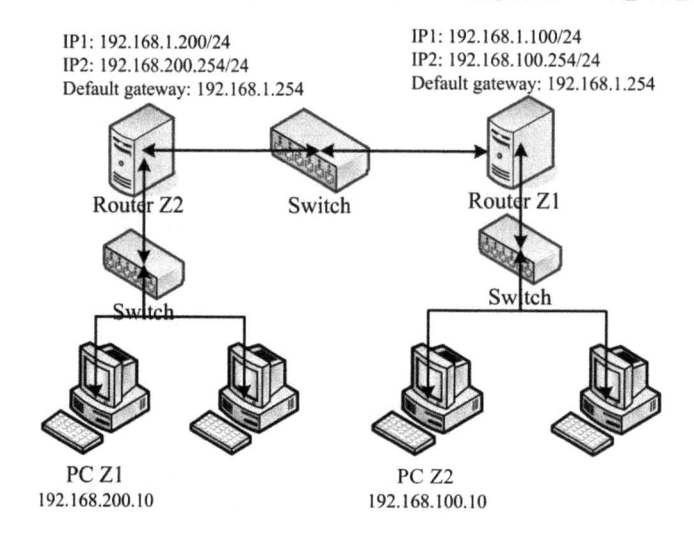

图 8-2 练习动态路由所设置的网络连接示意图

1. 将所有主机的 IP 设置妥当

这是非常重要的一步。请根据图 8-2 的示例，设置好这 4 台主机（路由器 Z1、路由器 Z2、PC Z1、PC Z2）的网络参数。设置的方法可以参考本章的上一小节，或者参考 4.2.1 节，这里就不再重复说明了。另外，在路由器 Z1 和路由器 Z2 的部分，还需要修改"ip_forward"参数，即修改/etc/sysctl.conf 的设置值。这个鸟哥也常常忘记。

2. 在两台路由器上设置 zebra

我们先设置图 8-2 右手边那一台路由器 Z1，关于 zebra.conf 可以这样设置：

```
# 1. 先设置会影响动态路由服务的 zebra，并启动 zebra
[root@www ~]# vim /etc/quagga/zebra.conf
hostname www.centos.vbird            <==给予这个路由器一个主机名，随便取
password linuxz1                     <==给予一个密码
enable password linuxz1              <==使这个密码生效
log file /var/log/quagga/zebra.log   <==将所有 zebra 产生的信息存到日志文件中
[root@www ~]# /etc/init.d/zebra start
[root@www ~]# chkconfig zebra on
[root@www ~]# netstat -tunlp | grep zebra
Active Internet connections (only servers)
Proto Recv-Q Send-Q Local Address    Foreign Address    State    PID/Program name
tcp        0      0 127.0.0.1:2601   0.0.0.0:*          LISTEN   4409/zebra
```

仔细观察，由于 zebra 这个服务的主要任务是修改 Linux 系统内核中的路由表，因此它只会监听本机接口，并不会监听外部接口。此外，在 zebra.conf 文件中，我们设置的密码是有效的，可以用于登录到 zebra 软件。好了，让我们来检查一下端口 2601 是否正确启动。

```
[root@www ~]# telnet localhost 2601
Trying 127.0.0.1...
Connected to localhost.localdomain (127.0.0.1).
Escape character is '^]'.

Hello, this is Quagga (version 0.99.15).
Copyright 1996-2005 Kunihiro Ishiguro, et al.

User Access Verification

Password:  <==在这里输入刚刚设置的密码
www.centos.vbird> ?  <==在这边输入"?"就能够知道有多少命令可使用
  echo      Echo a message back to the vty
  enable    Turn on privileged mode command
  exit      Exit current mode and down to previous mode
  help      Description of the interactive help system
  list      Print command list
  quit      Exit current mode and down to previous mode
  show      Show running system information
  terminal  Set terminal line parameters
  who       Display who is on vty
www.centos.vbird> list  <==列出所有可用的命令
  echo .MESSAGE
...(中间省略)...
  show debugging zebra
  show history
  show interface [IFNAME]
...(中间省略)...
```

```
      show ip protocol
      show ip route
...(其他省略)...
www.centos.vbird> show ip route
Codes: K - kernel route, C - connected, S - static, R - RIP, O - OSPF,
       I - ISIS, B - BGP, > - selected route, * - FIB route

K>* 0.0.0.0/0 via 192.168.1.254, eth0            <==内核直接设置的
C>* 127.0.0.0/8 is directly connected, lo        <==接口产生的路由
K>* 169.254.0.0/16 is directly connected, eth1   <==内核直接设置的
C>* 192.168.1.0/24 is directly connected, eth0   <==接口产生的路由
C>* 192.168.100.0/24 is directly connected, eth1 <==接口产生的路由
www.centos.vbird> exit
Connection closed by foreign host.
```

仔细观察，登录到 zebra 服务后，输入"help"或问号（?），zebra 将显示出可执行的命令列表，其中比较常用的是查询路由规则。用"show ip route"命令来查阅路由规则的结果，可以发现当前的接口与默认路由都在结果中显示出来了，以下是各个标识的含义。

- K：表示通过类似 route 的命令添加内核的路由规则，包括 route-ethN 生成的规则。
- C：表示由网络接口设置的 IP 产生的相关路由规则。
- S：表示通过 zebra 功能设置的静态路由信息。
- R：表示通过 RIP 协议添加的路由规则。

实际上，如果想要添加额外的静态路由，也可以使用 zebra 而不是使用 route 命令。例如，如果想要将 10.0.0.0/24 添加到 eth0 去处理，可以按照以下步骤进行操作：

```
[root@www ~]# vim /etc/quagga/zebra.conf
# 添加下面这一行
ip route 10.0.0.0/24 eth0

[root@www ~]# /etc/init.d/zebra restart
[root@www ~]# telnet localhost 2601
Password: <==这里输入密码
www.centos.vbird> show ip route
K>* 0.0.0.0/0 via 192.168.1.254, eth0
S>* 10.0.0.0/24 [1/0] is directly connected, eth0
C>* 127.0.0.0/8 is directly connected, lo
K>* 169.254.0.0/16 is directly connected, eth1
C>* 192.168.1.0/24 is directly connected, eth0
C>* 192.168.100.0/24 is directly connected, eth1
```

立刻就会新增一条路由规则，并且最右边会显示为 S，表示静态路由。这样，系统管理员就能轻松地添加路由规则。完成路由器 Z1 的 zebra 设置后，不要忘记对路由器 Z2 进行相同的设置，只是要注意主机名和密码应该不同。由于设置过程相同，鸟哥就不再重复设置了。接下来，我们可以开始查看 ripd 服务的设置。

3. 在两台路由器上设置 ripd 服务

ripd 服务可以在两台路由器之间进行路由规则的交换和通信。当然，如果网络环境中存在类似 Cisco 或其他支持 RIP 协议的路由器，那么通过 RIP，可以将 Linux 路由器与其他硬件路由器互相连接。然而，CentOS 6.x 中 quagga 提供的 ripd 服务使用的是 RIPv2 版本，该版本默认要求进行身份验证操作。在小型网络中，如果不启用身份验证功能，就需要进行一些额外的设置才能顺利启动 ripd。

首先设置路由器 Z1。在路由器 Z1 中，我们主要通过 eth0 接口发送所有的网络路由信息。另外，我们管理的网络有 192.168.1.0/24 和 192.168.100.0/24。当加上取消身份验证的设置值后，我们的 ripd 设置如下：

```
[root@www ~]# vim /etc/quagga/ripd.conf
hostname www.centos.vbird          <==这里设置路由器的主机名
password linuxz1                   <==设置好自己的密码
debug rip events                   <==可以记录较多的错误信息
debug rip packet                   <==鸟哥通过这个信息解决了很多问题
router rip                         <==启动路由器的 rip 功能
 version 2                         <==启动的是 RIPv2 的服务（默认值）
 network 192.168.1.0/24            <==这两个就是我们管理的接口
 network 192.168.100.0/24

interface eth0                     <==针对外部的那个接口，要略过身份验证的方式
 no ip rip authentication mode     <==就是这项，不需要验证身份
log file /var/log/quagga/zebra.log <==日志文件设置与 zebra 相同即可

[root@www ~]# /etc/init.d/ripd start
[root@www ~]# chkconfig ripd on
[root@www ~]# netstat -tulnp | grep ripd

Active Internet connections (only servers)
Proto Recv-Q Send-Q Local Address   Foreign Address State   PID/Program name
tcp        0      0 127.0.0.1:2602  0.0.0.0:*       LISTEN  4456/ripd
udp        0      0 0.0.0.0:520     0.0.0.0:*               4456/ripd
# 新版的 quagga 启动的 2602 仅在 127.0.0.1 主机中，是通过端口 520 来传送信息
```

基本上，这样就完成了一台路由器的 RIP 动态路由协议设置。在上面的 ripd.conf 配置中，它会以 eth0 接口和 192.168.1.0/24 网络自动进行搜索。这样一来，无论如何更改路由规则或整个网络的主机 IP，都无须重新修改每台路由器上的设置，因为这些路由器会自动更新自己的规则。接下来，对图 8-2 左边的路由器 Z2 进行相同的设置。由于整个设置过程都相同，因此鸟哥在这里省略了具体步骤。

4. 检查 RIP 协议的通信结果

当两台 Linux 路由器都设置完成后，可以登录到 zebra 并查看这两台主机的路由更新结果。以图 8-2 中右边的路由器 Z1 为例，鸟哥登录并进入 zebra 后，查看到的路由的情况如下：

```
[root@www ~]# route -n
Kernel IP routing table
Destination     Gateway         Genmask         Flags Metric Ref    Use Iface
192.168.100.0   0.0.0.0         255.255.255.0   U     0      0        0 eth1
10.0.0.0        0.0.0.0         255.255.255.0   U     0      0        0 eth0
192.168.1.0     0.0.0.0         255.255.255.0   U     0      0        0 eth0
192.168.200.0   192.168.1.200   255.255.255.0   UG    2      0        0 eth0
0.0.0.0         192.168.1.254   0.0.0.0         UG    0      0        0 eth0
# 其实看路由就知道了，粗体标识的就是新增的路由规则，很清楚

[root@www ~]# telnet localhost 2601
Password: <==不要忘记了密码
www.centos.vbird> show ip route
Codes: K - kernel route, C - connected, S - static, R - RIP, O - OSPF,
       I - ISIS, B - BGP, > - selected route, * - FIB route

K>* 0.0.0.0/0 via 192.168.1.254, eth0
S>* 10.0.0.0/24 [1/0] is directly connected, eth0
C>* 127.0.0.0/8 is directly connected, lo
K>* 169.254.0.0/16 is directly connected, eth1
C>* 192.168.1.0/24 is directly connected, eth0
C>* 192.168.100.0/24 is directly connected, eth1
R>* 192.168.200.0/24 [120/2] via 192.168.1.200, eth0, 00:02:43
```

如果你看到了上述的输出结果，就表示设置成功了。最左边的 R 代表通过 RIP 通信协议设置的路由规则。这样，路由器的设置就完成了。如果你还希望在开机时启动 zebra 和 ripd，需要进行以下设置：

```
[root@www ~]# chkconfig zebra on
[root@www ~]# chkconfig ripd on
```

通过使用 quagga 和 RIPv2 路由协议，我们可以轻松地将路由规则共享给附近的局域网中的其他路由器。与仅仅使用 route 命令修改 Linux 内核路由表相比，这种操作显然更加高效。然而，对于小型网络环境来说，使用 quagga 可能有些多余的感觉。如果你的企业网络规模较大，那么使用 quagga 结合一些动态路由协议是可行的。

> 鸟哥差点被这一版的 ripd.conf 设置内容搞垮。因为 CentOS 5.x 以后的版本默认启用了 RIPv2 的身份验证，所以之前在 CentOS 4.x 上的设置无法使用，而且日志文件也没有显示出问题所在。后来发现可以通过 ripd.conf 中的 debug 参数来设置调试登录，才知道 RIPv2 需要进行身份验证。最终是通过在网上搜索相关信息才解决了问题。

8.4 特殊情况——路由器两边的接口是同一个 IP 网段：ARP Proxy

如果最初设计的网络环境是一个 Class C 网络，例如 192.168.1.0/24，但后来由于某些原因必须将某些主机移至内部网络环境中，例如图 8-1 中的 ClientLinux、Windows XP、Windows 7，然后又由于一些限制，你无法修改这些计算机的 IP 地址。这时候同一个网段就会跨越在一个路由器的两边，连接如图 8-3 所示。

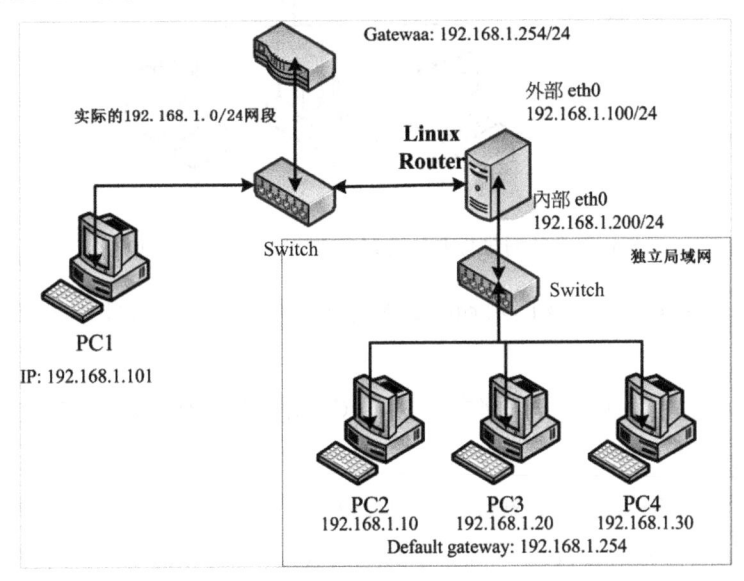

图 8-3 路由器两个接口的 IP 在同一个网段

乍一看，十分令人惊讶。为什么路由器两侧的主机 IP 设置在同一个网段内，而且还不能更改原有的 IP 设置，真是困难！在这种情况下，Linux 路由器两侧应该如何进行路由设置呢？由于 OSI 第三层网络层的路由是逐条进行设置和比对的，当两块网卡上都有相同网络的 IP 地址时，就会发生错误。那么我们该如何处理呢？

让我们从两个方面来讨论：当从正确的网段（PC1）连接到 PC2~PC4 时，必须经过 Linux 路由器的外部 IP（192.168.1.100），同时 Linux 路由器还必须通过内部 IP（192.168.1.200）将数据包连接到 PC2~PC4。此时，数据包传输的示意图如图 8-4 所示。

在这个阶段，我们可以将 PC2~PC4 的 IP 所对应的网卡 MAC 地址都设置在路由器的外部网卡上，这样路由器的外部接口就可以将数据包"欺骗"过来。接下来，只需要通过路由设置将数据包发送到另一个接口即可。这样，数据从 PC1 传输 PC2 的问题就解决了。但是，数据要如何从 PC2 传输到 PC1 呢？我们可以通过图 8-5 来进一步了解。

如果 PC2 要发送的数据包是给 PC3、PC4 的，那么这个数据包需要直接传送。但是，如果需要传送到正常的网段，就需要先通过路由器的内部网卡，再通过路由规则将该数据包导向外部接口进行传送。这时候，就需要通过内部接口来"欺骗"PC2，告诉它 PC1 和 Linux

路由器的 IP 地址在内部接口上，然后通过路由判断将该数据包通过外部接口进行传送。

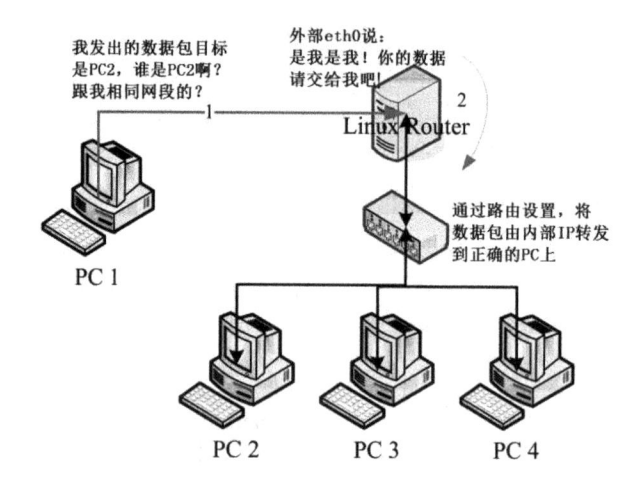

图 8-4 正常的网段想要传送到内部计算机去的数据包流向

假设 Linux 路由器的外部接口为 eth0，内部接口为 eth1，我们可以按照以下步骤进行设置：

（1）当 Linux 路由器的 eth0 网络中的主机 PC1 想要连接到 PC2~PC4 的主机时，由 Linux 路由器负责接收。

（2）当 Linux 路由器要将数据传送到 PC2~PC4 时，必须通过 eth1 进行传送。

（3）当内部计算机想要连接到 PC1 或路由器 A 时，由 Linux 路由器的 eth1 负责接收。

（4）当 Linux 路由器要传送的数据不属于 192.168.1.0/24 网段的 PC2~PC4 时，需要通过 eth0 进行传送。

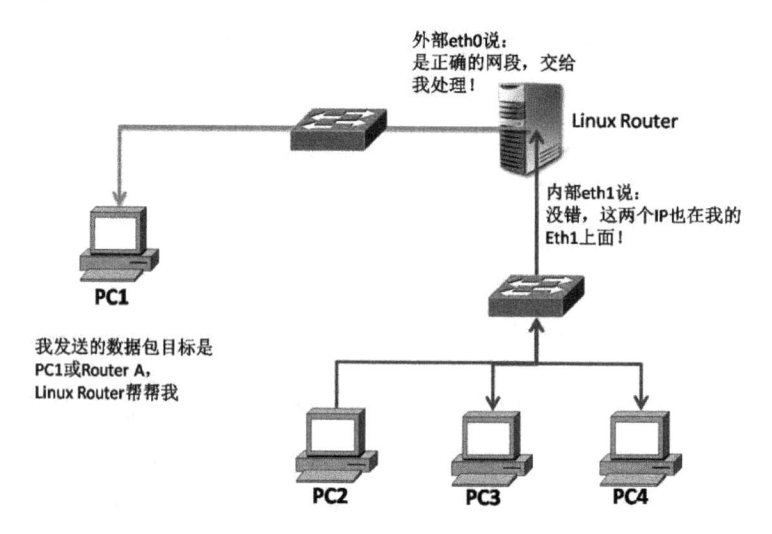

图 8-5 内部计算机想要发送到正常网络时的数据包流向

其中的步骤（1）和步骤（3）涉及 ARP 代理（ARP Proxy）的功能。那么什么是 ARP 代理呢？简单来说，ARP 代理是让某块适配卡（即网卡）的 MAC 地址代理与其他主机的 IP 地址对应，以便帮助接收与该 IP 相关的 MAC 数据包。以图 8-3 为例，在 Linux 路由器的 eth0 接口上，规定了 192.168.1.10、192.168.1.20、192.168.1.30 这 3 个 IP 地址对应 eth0 的 MAC 地址，因此这 3 个 IP 地址的数据包将由 eth0 代为接收，这就是 ARP 代理的作用。因此，在 eth0 端的每台主机都会"误认为"这 3 个 IP 是属于 Linux 路由器的，从而将数据包传递给 Linux 路由器。

接下来，Linux 路由器必须额外指定路由，设置情况为：

- 当目标是 PC2～PC4 时，该路由必须通过内部的 eth1 发送出去。
- 当目标不是 PC2～PC4，并且目标位于 192.168.1.0/24 网段时，需要通过 eth0 发送出去。

也就是说，在需要指定的路由规则中，PC2~PC4 具有优先权，然后同网段的其他数据包才通过 eth0 进行传送。这样就可以实现我们想要的结果了。看起来可能有些复杂，但实际上设置方面还是相当简单的，可以使用 arp 和 route 这两个命令来实现。

- 外部接口 eth0：08:00:27:71:85:BD。
- 内部接口 eth1：08:00:27:2A:30:14。

```
# 1. 先设置外部 eth0 的 ARP 代理，让 3 个 IP 地址对应到自己的 MAC 地址
[root@www ~]# arp -i eth0 -s 192.168.1.10 08:00:27:71:85:BD pub
[root@www ~]# arp -i eth0 -s 192.168.1.20 08:00:27:71:85:BD pub
[root@www ~]# arp -i eth0 -s 192.168.1.30 08:00:27:71:85:BD pub
[root@www ~]# arp -n
Address              HWtype    HWaddress        Flags Mask      Iface
192.168.1.30         *         *                MP              eth0
192.168.1.10         *         *                MP              eth0
192.168.1.20         *         *                MP              eth0
# 首先需要让外部接口拥有 3 个 IP 地址的控制权，通过上面 3 个命令来建立 ARP 对应关系

# 2. 开始处理路由，添加 PC2~PC4 的单机路由，经过内部的 eth1 来传送
[root@www ~]# route add -host 192.168.1.10 eth1
[root@www ~]# route add -host 192.168.1.20 eth1
[root@www ~]# route add -host 192.168.1.30 eth1
[root@www ~]# route -n
Kernel IP routing table
Destination     Gateway         Genmask         Flags Metric Ref    Use Iface
192.168.1.20    0.0.0.0         255.255.255.255 UH    0      0        0 eth1
192.168.1.10    0.0.0.0         255.255.255.255 UH    0      0        0 eth1
192.168.1.30    0.0.0.0         255.255.255.255 UH    0      0        0 eth1
192.168.1.0     0.0.0.0         255.255.255.0   U     0      0        0 eth0
192.168.1.0     0.0.0.0         255.255.255.0   U     0      0        0 eth1
0.0.0.0         192.168.1.254   0.0.0.0         UG    0      0        0 eth0
# 这样就处理好单向的单机路由了，不过有个问题，那就是两个接口都可以传送 192.168.1.0/24 的网络
# 因此，在下面第 4 个步骤中需要将 eth1 删除才行
```

```
3. 设置一下内部的 ARP 代理工作 (绑在 eth1 上头)
[root@www ~]# arp -i eth1 -s 192.168.1.101 08:00:27:2A:30:14 pub
[root@www ~]# arp -i eth1 -s 192.168.1.254 08:00:27:2A:30:14 pub
# 这样可以骗过 PC2 ~ PC4，让这 3 台主机传送的数据包可以通过路由器来传送

4. 开始清除掉 eth1 的 192.168.1.0/24 路由
[root@www ~]# route del -net 192.168.1.0 netmask 255.255.255.0 eth1
```

所有计算机都处于同一个网段内，因此它们的默认网关都是 192.168.1.254，子网掩码都是 255.255.255.0，唯一不同的是 IP 地址。最终，所有计算机都可以直接互相连接，并成功连接到 Internet。这样的设置可以满足上述功能需求。如果一切正常，那么将上述命令写入一个脚本文件，例如/root/bin/network.sh，然后将该文件设置为可执行，并将其添加到/etc/rc.d/rc.local 中。每次重新启动网络后，都需要重新执行该脚本以实现所需功能。

通过这个案例可以了解到，是否能够实现网络连接实际上与路由有很大关系，而路由是双向的，因此还需要考虑数据包如何返回的问题。

8.5　重点回顾

- 网卡的标识为 eth0、eth1、eth2……，而第一块网卡的第一个虚拟接口为 eth0:0。
- 既可以直接使用 ifconfig 命令设置网卡的参数，也可以使用配置文件，例如/etc/sysconfig/network-scripts/ifcfg-ethn 进行设置。
- 路由是双向的，因此在规划向目标发送网络数据包的路由时，必须考虑回程时是否存在相应的路由，否则数据包可能会丢失。
- 每台主机都有自己的路由表，该路由表是数据包传送时的路径依据。
- 每台可以连接到 Internet 的主机，在其路由信息中应该有一个默认网关。
- 要让 Linux 作为路由器，最重要的是启用内核的 IP 转发功能。
- 重复的路由可能会导致网络数据包传送到错误的方向。
- 动态路由通常用于两个路由器之间相互沟通其路由规则，常见的 Linux 上的动态路由软件是 zebra。
- 通过 arp 和 route 的功能，ARP 代理可以让路由器两端都处于同一个网段内。
- 路由器通常会有两个以上的网络接口。
- 事实上，路由器除了起到路由转发的作用之外，还可以在其上部署防火墙，并利用防火墙在企业内部划分多个需要安全保护的区域。

第 9 章

防火墙与 NAT 服务器

第二篇 主机的简易安全防护措施

通过第 7 章中的图 7-1，我们了解到防火墙是数据包进入主机之前的第一道关卡。那么，什么是防火墙呢？Linux 的防火墙有哪些机制？防火墙能够实现哪些功能，又有哪些功能无法实现呢？防火墙是否可以作为区域防火墙而不仅仅针对单个主机呢？实际上，Linux 的防火墙主要通过 Netfilter 和 TCP Wrappers 两个机制进行管理。通过 Netfilter 防火墙机制，可以实现私有 IP 主机上网（IP 路由器功能），同时也能够让 Internet 连接到内部私有 IP 所部署的 Linux 服务器（DNAT 功能）。这些功能确实非常出色，因此本章内容非常重要。

9.1 认识防火墙

在关注相关软件漏洞和网络安全通报的同时，为了更好地保护网络环境，最好能够根据自身环境设置防火墙机制，这样可以增强网络安全性。那么，什么是防火墙呢？实际上，防火墙是一种通过定义有序规则并管理进入网络的主机数据包的机制。更广义地说，任何能够分析和过滤进出我们管理的网络数据包的数据的机制都可以称为防火墙。

防火墙可以分为硬件防火墙和本地软件防火墙两种类型。硬件防火墙是由厂商设计的专用主机硬件，其操作系统主要提供数据包过滤功能，并去除其他不必要的功能。由于专注于防火墙功能，硬件防火墙的数据包过滤效率较高。而软件防火墙则是本章要讨论的内容。软件防火墙是一套保护系统网络安全的软件或机制，例如 Netfilter 和 TCP Wrappers 都可以称为软件防火墙。

无论如何划分，防火墙的主要目的都是保护网络安全。本章主要介绍 Linux 系统本身提供的软件防火墙功能，即 Netfilter。至于 TCP Wrappers，在基础篇一书的第 18 章 "认识系统服务"中已经有所介绍，这里我们将再次简要介绍一下。

9.1.1 关于本章的一些提醒事项

由于本章的主要目的是介绍基于数据包过滤的防火墙机制 Netfilter，因此在理解本章内容之前，需要对网络基础知识中的数据包和数据帧的概念有清晰的认识，包括网络的概念、IP 地址的表示方式等。建议在第 2 章中加强对 MAC、IP、ICMP、TCP、UDP 等报头数据的理解，以及弄明白 Network/Netmask 的整体网络（CIDR）表示方法等。

另外，虽然可以通过 iptables 命令对 Netfilter 机制进行规则的排序和修改，但鸟哥建议使用 Shell 脚本编写自己的防火墙机制，这样可以更好地进行规则的排序和整理，使防火墙规则更清晰可读。因此，在学习本章内容之前，建议你已经学习了以下内容：

- 已经熟悉 Shell 和 Shell 脚本。
- 已经阅读了第 2 章网络的基本概念的内容。
- 已经阅读了第 7 章网络安全的内容。
- 已经阅读了第 8 章路由器的内容，了解了重要的路由概念。
- 最好拥有两台主机以上的小型局域网络环境，以便进行防火墙的测试。
- 作为区域防火墙的 Linux 主机最好具备两块物理网卡，以便可以进行多种测试，并架设 NAT 服务器。

9.1.2 为何需要防火墙

仔细分析第 7 章中的图 7-1，可以发现当数据包进入本机时，会经过防火墙、服务器软件程序、SELinux 与文件系统等层面。因此，如果你的系统满足以下条件：①已关闭不需要且危险的服务；②所有软件都保持在最新的状态；③权限设置妥当且定期进行备份；④用户受到良好的网络和系统操作习惯的培训。那么你的系统实际上已经相当安全了。要不要架设防火墙，那就见仁见智了。

然而，网络世界非常复杂，而 Linux 主机也不是简单的东西。有可能在进行某个软件的测试时，主机突然启动了一个网络服务。如果你没有对该服务的使用范围进行管制，那么该服务就相当于对整个互联网开放，这可能会带来麻烦。因为该服务可能允许任何人登录你的系统，那岂不是相当危险。

因此，防火墙的最主要功能就是帮助你限制某些服务的访问来源。例如：可以限制文件传输服务（FTP）只能在子域内的主机中使用，而不对整个 Internet 开放；可以限制整台 Linux 主机只接受客户端的 WWW 请求，关闭其他服务；还可以限制整台主机只能主动对外发起连接，即过滤掉客户端对我们主机发送主动连接的数据包状态（TCP 数据包的 SYN 标志）。这些就是防火墙最主要的功能。

所以鸟哥认为，防火墙最重要的任务就是：

- 切割可信任（如子域）与不可信任（如 Internet）的网段。
- 划分出可提供 Internet 访问的服务与需要受保护的服务。
- 分析可接受与不可接受的数据包状态。

当然，Linux 的 iptables 防火墙软件还可以进行更深入的网络地址转换设置，以及更灵活的 IP 数据包伪装功能。不过，对于单一主机的防火墙来说，最简单的任务就是上述 3 项。所以，你是否需要防火墙呢？从理论上来说，当然是需要的，而且必须知道系统中哪些数据和服务需要保护，并根据需要保护的服务来设置防火墙规则。接下来，我们将讨论在 Linux 上常见的防火墙类型有哪些。

9.1.3 Linux 系统上防火墙的主要类型

基本上，根据防火墙的管理范围，我们可以将防火墙分为网络型和单一主机型。在单一主机型方面，主要的防火墙包括数据包过滤型的 Netfilter 和基于服务软件程序的分析的 TCP Wrappers。对于网络型防火墙，由于这些防火墙充当路由器的角色，因此主要有数据包过滤型的 Netfilter 和利用代理服务器（Proxy Server）进行访问代理的方式。

1. Netfilter（数据包过滤机制）

数据包过滤是指分析进入主机的网络数据包，提取数据包的头部信息进行分析，以确定是允许还是拒绝该连接的机制。由于这种方式可以直接分析数据包的头部信息，可以对包括硬件地址（MAC）、软件地址（IP）、TCP、UDP、ICMP 等数据包在内的信息进行过滤分析，因此具有广泛的应用（主要分析的是 OSI 七层协议的第二、三、四层）。

在 Linux 上，我们使用内核内置的 Netfilter 机制，而 Netfilter 提供了 iptables 命令作为防火墙数据包过滤的工具。由于 Netfilter 是内核内置的功能，因此具有很高的效率，非常适合在一般小型环境中进行设置。Netfilter 利用一系列数据包过滤规则来定义哪些数据包可以被接受，哪些数据包需要被拒绝，以实现保护主机的目的。

2. TCP Wrappers（程序管理）

另一种阻止数据包进入的方法是通过服务器程序的外挂（tcpd）来处理。与数据包过滤不同，这种机制主要是分析谁对某个程序进行了访问，然后通过规则分析哪些客户端可以连接到该服务器程序，哪些不能连接。由于主要是通过分析服务器程序来进行管理，因此与启动的端口无关，只与程序的名称有关。例如，我们知道 FTP 可以在非标准的端口 21 上进行监听，当你使用 Linux 内置的 TCP Wrappers 限制 FTP 时，只需要知道 FTP 的软件名称（如 vsftpd），然后对其进行限制。这样无论 FTP 在哪个端口启动，都会受到该规则的管理。

3. 代理服务器

实际上，代理服务器是一种网络服务，它可以代理用户的请求，代替用户向服务器获取相关的数据。其工作原理如图 9-1 所示。

图 9-1 代理服务器的工作原理示意图

从图 9-1 可以看出，当客户端想要前往 Internet 获取百度的数据时，流程是这样的：

（1）客户端会向独立服务器请求数据，请代理服务器帮忙处理。

（2）代理服务器分析用户的 IP 来源是否合法，用户想要去的百度服务器是否合法。如果这个客户端的要求都合法，那么独立服务器就会主动帮助客户端前往百度服务器获取数据。

（3）百度返回的数据是传给代理服务器的，所以百度服务器上看到的是代理服务器的 IP 地址。

（4）最后代理服务器将百度返回的数据发送给客户端。

了解了吗？客户端并没有直接连接到 Internet，因此在实线部分（步骤 1、4）只需要进行代理服务器和客户端之间的连接即可。在这种情况下，客户端甚至不需要拥有公共 IP 地址。当有人想要攻击客户端主机时，除非能够攻破代理服务器，否则无法与客户端建立连接。

另外，一般情况下，代理主机通常只开放 80、21、20 等用于 HTTP 和 FTP 的端口，并且通常代理服务器是部署在路由器上的，因此可以完全控制局域网内对外的连接，使本地区域网络更安全。由于在一般的小型网络环境中很少使用代理服务器，因此本书没有涉及代理服务器的设置。如果感兴趣的话，可以去 Squid 软件的官方网站或搜索 Internet 以了解更多信息。

9.1.4 防火墙的一般网络布局示意

通过前面的说明,你应该能够了解到一个事实,那就是防火墙不仅可以保护防火墙机制所在的主机,还可以保护防火墙后面的主机。换句话说,防火墙不仅可以防止本机被入侵,还可以部署在路由器上以控制进出本地网络的网络数据包。这种规划对于保护内部私有网络的安全也有一定的作用。接下来,我们讨论一下目前常见的防火墙和网络布局的配置。

1. 单一网络,仅有一个路由器

防火墙不仅可以用作 Linux 本机的基本防护,还可以部署在路由器上以管理整个局域网中的数据包的进出。因此,在这种防火墙上通常至少需要两个接口,将可信任的内部网络与不可信任的 Internet 分隔开,从而可以分别为两个网络接口设置防火墙规则。整个环境如图 9-2 所示。

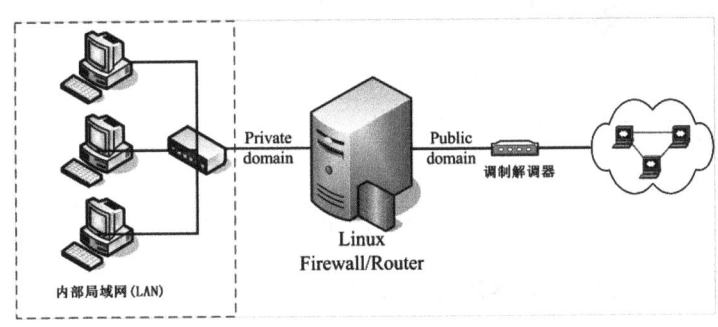

图 9-2 单一网络,仅有一个路由器的网络环境示意图

在图 9-2 中,由于防火墙设置在所有网络数据包都会经过的路由器上,因此这个防火墙可以轻松地控制局域网内的所有数据包。只要管理好这台防火墙主机,就可以轻松地阻挡来自 Internet 的恶意网络数据包。通过管理一台主机,就能够为整个局域网中的计算机提供保护,非常划算。

如果你希望对局域网进行更严格的控制,则可以在这台 Linux 防火墙上部署更严格的代理服务器,使客户端只能连接你所开放的 WWW 服务器。此外,通过代理服务器的日志文件分析功能,还可以明确查看某个用户在特定时间点连接了哪些 WWW 服务器。如果在这个防火墙上再安装类似 MRTG 的流量监控软件,还可以对整个网络的流量进行监测。这种配置的优点包括:

- 由于内部和外部网络已经分离,因此在内部进行安全维护时可以开放更大的权限。
- 安全机制的设置可以对 Linux 防火墙进行维护。
- 外部只能看到 Linux 防火墙主机,从而实现对内部的有效安全防护。

2. 内部网络包含安全性更高的子网,需内部防火墙分割子网

一般来说,对于局域网,防火墙的防御通常不会设置得很严格,因为 LAN 是我们自己信

任的网络之一。然而，最常见的入侵方法也正是利用这种信任漏洞，因为我们无法保证所有使用企业内部计算机的用户都是公司的员工，也无法保证员工不会实施恶意行为。此外，很多情况下，外来访客利用移动设备（如笔记本电脑）连接到公司内部的无线网络来窃取企业内部的重要信息。

因此，如果你有特别重要的部门需要更安全的网络保护环境，那么在局域网中添加一个额外的防火墙，并对安全级别进行分类，将会为重要数据提供更好的保护。整个架构如图 9-3 所示。

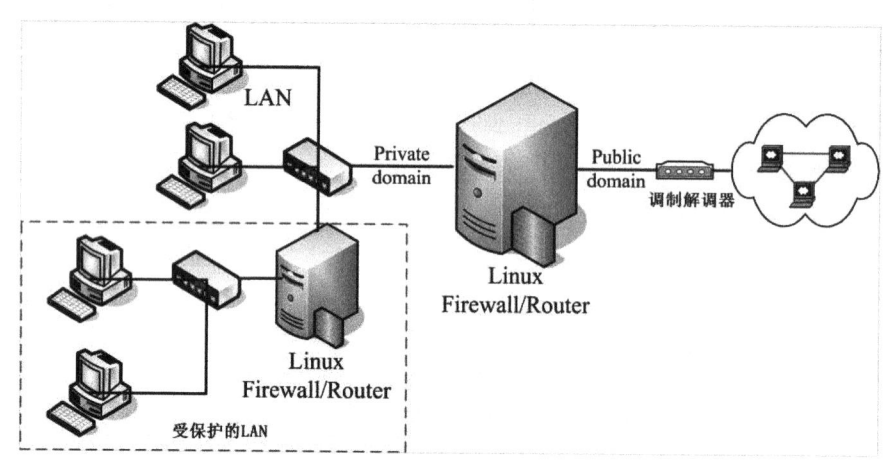

图 9-3 内部网络包含需要更安全的子网防火墙

3. 在防火墙的后面架设网络服务器主机

还有一种更有趣的设置，就是把提供网络服务的服务器放置在防火墙的后面。这样做有什么好处呢？如图 9-4 所示，Web、Mail 和 FTP 都是通过防火墙连接到 Internet 的，因此，在 Internet 上，这 4 台主机的公共 IP 地址是相同的（我们将在本章后面的 NAT 服务器中再次强调这个概念），只是通过防火墙对数据包进行分析后，将 Web 的请求数据包传递给 Web 服务器，将邮件发送给邮件服务器进行处理等（通过不同的端口进行传输）。

尽管 4 台主机在 Internet 上显示的 IP 地址相同，但实际上它们是 4 台不同的主机。当攻击者试图入侵 FTP 主机时，他们使用各种分析方法来攻击主机，但实际上攻击的是防火墙所在的主机。如果攻击者想要入侵内部主机，除非他们能够成功攻破防火墙，否则很难入侵内部主机。

此外，由于主机位于两个防火墙之间，即使内部网络发生问题（例如某些用户进行恶意操作导致感染计算机病毒，或者通过社会工程攻击导致内部主机被劫持等），也不会影响网络服务器的正常运行。这种配置方式适用于较大型的企业，因为对于这些企业来说，网络主机能否正常稳定地提供服务非常重要。

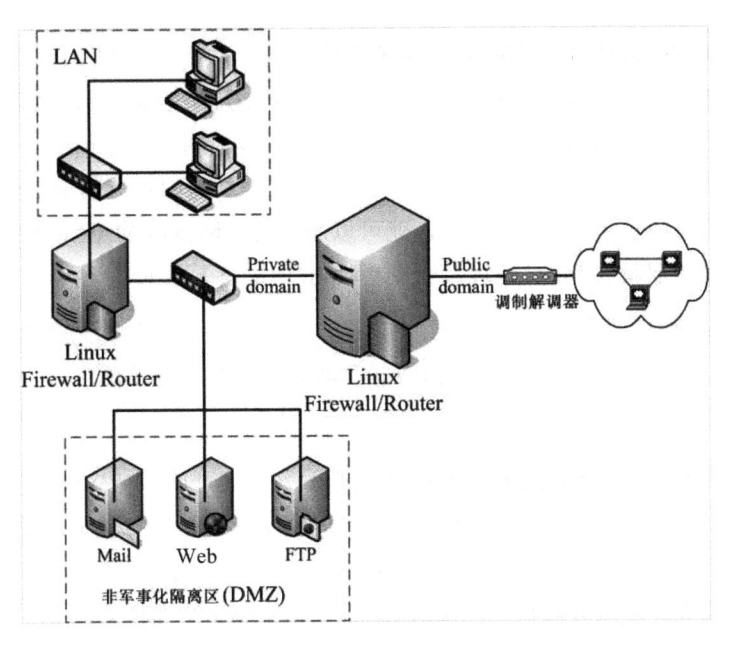

图 9-4 架设在防火墙后端的网络服务器环境示意图

然而，在这种架构下进行设置需要考虑端口的传输，并且需要具备强大的网络逻辑概念，以清楚理解数据包在双向通信时的流动方式。对于新手来说，这种设置可能有一定的难度。个人而言，鸟哥不太建议新手尝试这种架构，最好在积累了一定经验后再尝试。

在图 9-4 中，将网络服务器独立放置在两个防火墙之间的网络被称为非军事化隔离区（DMZ）。DMZ 的主要目的是保护服务器本身，通过将 Internet 和局域网隔离开来实现。这样一来，无论是服务器本身还是局域网被攻击入侵，另一个区域仍然保持完好无损。

9.1.5 防火墙的使用限制

根据前面的分析，我们已经了解到数据包过滤式防火墙主要分析 OSI 七层协议中的第二、三、四层。既然如此，Linux 的 Netfilter 机制到底可以做些什么呢？实际上，Netfilter 可以进行以下分析工作：

- **拒绝让 Internet 的数据包进入主机的某些端口**。这个应该不难理解吧。例如，对于 FTP 相关的端口 21，如果只想将其开放给内部网络，那么当来自互联网的数据包尝试进入端口 21 时，可以将该数据包丢弃。这是因为我们可以分析数据包的报头，其中包含了端口号。
- **拒绝让某些来源 IP 的数据包进入**。例如，如果我们已经发现某个 IP 来自具有攻击行为的主机，那么可以将来自该 IP 的所有数据包丢弃。通过这样的操作，我们可以实现基本的安全防护。
- **拒绝让带有某些特殊标志的数据包进入**。最常见的拒绝方式是针对带有 SYN 标志的主动连接。一旦发现此类数据包，我们可以直接丢弃它们。

- **分析网卡的硬件地址（MAC）来决定连接与否**。如果在局域网中存在一个具有高级网络技能但又比较捣蛋的人，你想通过使用 IP 地址来限制他的网络访问权限，但他却通过更改同一网段内的 IP 地址成功绕过了权限限制。在这种情况下，你可以绑定他的网卡硬件地址（MAC 地址）。由于 MAC 地址是固定在网卡上的，因此只要分析出该用户所使用的 MAC 地址，就可以通过防火墙将该 MAC 地址锁定，除非他更换网卡以获取新的 MAC 地址，否则更换 IP 地址是无效的。

虽然 Netfilter 防火墙已经可以实现很多功能，但仍然有许多事情无法通过 Netfilter 来完成。防火墙可以阻止不受欢迎的数据包进入我们的网络，但在某些情况下，它不能完全保证网络的安全。以下举几个例子来说明这一点。

- **防火墙并不能有效阻挡病毒或木马程序**。假设你已经开放了 WWW 服务，那么在 WWW 主机上，防火墙必须将 WWW 服务的端口开放给客户端进行登录，否则 WWW 主机根本无法连接。换句话说，只要数据包是请求 WWW 数据的，它就可以通过防火墙。然而，如果 WWW 服务器软件存在漏洞，或者请求 WWW 服务的数据包本身就是恶意程序，那么防火墙将无能为力，因为根据设定的规则，它会允许这些数据包通过。
- **防火墙对于来自内部局域网的攻击无能为力**。对于局域网中的主机我们通常没有设置防火墙，因为局域网是我们自己的信任网络。然而，在局域网中常常会出现一些网络盲区，他们可能并非有意破坏，只是缺乏网络知识。因此，他们可能会滥用网络。这种情况非常糟糕，因为对于内部员工而言，防火墙对内部规则的设置通常较少，这容易导致内部员工对网络的误用或滥用的情况。

因此，让我们回到第 7 章图 7-1 的说明，分析一下在 Linux 主机上网之前需要做到的几点：

- 关闭一些不安全的服务。
- 升级可能存在问题的软件。
- 使用防火墙来进行最基本的安全防护。

其他相关的信息，请参考第 7 章的相关内容。

9.2 TCP Wrappers

在进入主题之前，我们先来介绍一个简单的防火墙机制，即 TCP Wrappers。正如前面所提到的，TCP Wrappers 通过客户端想要连接的程序文件名，并分析客户端的 IP 地址来确定是否允许连接。那么哪些程序支持 TCP Wrappers 功能？如何设置 TCP Wrappers？（本节仅是简单地介绍一下 TCP Wrappers，更多相关内容请参考《鸟哥的 Linux 私房菜 基础学习篇（第四版）》一书的第 18 章）。

9.2.1 哪些服务有支持

说穿了，TCP Wrappers 是通过管理/etc/hosts.allow 和/etc/hosts.deny 这两个文件来实现的一种类似防火墙的机制。然而，并非所有的软件都可以通过这两个文件来管理防火墙规则，只有以下软件能够通过这两个文件来进行管理：

- 由 super daemon（xinetd）所管理的服务。
- 支持 libwrap.so 模块的服务。

通过 xinetd 管理的服务相对比较容易理解，配置文件位于/etc/xinetd.d/目录下。那么什么是支持 libwrap.so 模块的服务呢？通过下面的例子介绍，你就更容易明白了。

例题

请检查系统是否已安装 xinetd，如果没有，请进行安装。安装完成后，请查询由 xinetd 管理的服务列表。

答：

```
[root@www ~]# yum install xinetd
Setting up Install Process
Package 2:xinetd-2.3.14-29.el6.x86_64 already installed and latest version
Nothing to do
# 画面中显示，已经是最新的 xinetd，所以已经安装好了
# 接下来找出 xinetd 所管理的服务

[root@www ~]# chkconfig xinetd on     <==要先进行 xinetd on 后才能看到下面的信息
[root@www ~]# chkconfig --list
...(前面省略)...
xinetd based services:
        chargen-dgram:  off
        chargen-stream: off
...(中间省略)...
        rsync:          off     <==下一小节的范例就用这个来解释
        tcpmux-server:  off
        telnet:         on
```

上述结果中的最终输出就是由 xinetd 所管理的服务。这些服务的简单防火墙设置都可以通过 TCP Wrappers 来管理。

例题

请问，rsyslogd、sshd、xinetd、httpd（如果该服务不存在，请自行安装软件）这四个程序是否支持 TCP Wrappers 的阻止功能？

答：由于支持 TCP Wrappers 的服务必定包含 libwrap 这个动态库，因此可以使用 ldd 命

令来查看该服务。简单的使用方式如下：

```
[root@www ~]# ldd $(which rsyslogd sshd xinetd httpd)
# 这个方式可以将所有的动态函数库取出来查阅，不过需要肉眼搜索
# 通过下面的方式来处理更快
[root@www ~]# for name in rsyslogd sshd xinetd httpd; do echo $name; \
> ldd $(which $name) | grep libwrap; done
rsyslogd
sshd
        libwrap.so.0 => /lib64/libwrap.so.0 (0x00007fb41d3c9000)
xinetd
        libwrap.so.0 => /lib64/libwrap.so.0 (0x00007f6314821000)
httpd
```

在上述结果中，如果出现了 libwrap 文件名，表示找到了该库并支持 TCP Wrappers。因此，sshd 和 xinetd 支持 TCP Wrappers，但 rsyslogd 和 httpd 不支持。换句话说，httpd 和 rsyslogd 不能使用/etc/hosts.{allow|deny}来进行防火墙机制的控制。

9.2.2 /etc/hosts.{allow|deny}的设置方式

如何通过这两个文件来阻止有问题的 IP 来源呢？这两个文件的语法相同，非常简单：

```
<service(program_name)>        : <IP, domain, hostname>
<服务  (也就是程序名称)>       : <IP 或 域 或主机名>
# 上头的 > < 是不存在于配置文件中的
```

我们知道防火墙的规则是按顺序进行匹配的，那么这两个文件与规则的顺序优先级如何呢？基本原则如下：

- 首先，按照/etc/hosts.allow 进行规则匹配，如果规则匹配成功，则允许通过。
- 然后，按照/etc/hosts.deny 进行规则匹配，如果规则匹配成功，则阻止连接。
- 如果 IP 不在这两个文件的规则中，即规则不匹配，最终将允许连接。

我们以 xinetd 管理的 rsync 服务为例进行说明，请参考下面的例题。

例题

首先开放本机的 127.0.0.1 以提供任何本机的服务，然后，让局域网（192.168.1.0/24）可以使用 rsync，同时 10.0.0.100 也能够使用 rsync，但其他来源则不允许使用 rsync。

答：我们需要知道 rsync 服务的启动文件名是什么，因为 TCP Wrappers 是通过启动服务的文件名来进行管理的。当我们查看 rsync 的配置文件时，可以发现：

```
[root@www ~]# cat /etc/xinetd.d/rsync
service rsync
```

```
{
        disable = yes
        flags           = IPv6
        socket_type     = stream
        wait            = no
        user            = root
        server          = /usr/bin/rsync      <==文件名为 rsync
        server_args     = --daemon
        log_on_failure += USERID
}
```

因此，程序字段应该填写 rsync。根据需求，应该进行以下设置：

```
[root@www ~]# vim /etc/hosts.allow
ALL: 127.0.0.1         <==表示本机全部的服务都接受
rsync: 192.168.1.0/255.255.255.0 10.0.0.100

[root@www ~]# vim /etc/hosts.deny
rsync: ALL
```

以上例题有几个重点。首先，TCP Wrappers 理论上不支持以位数值方式定义的网络，如 192.168.1.0/24，而只支持使用子网掩码的地址表示方式。其次，如果有多个网络或单个来源，可以通过空格进行累加。如果想要使用多行来写呢？也可以，可以使用多行的方式，例如"sshd: IP"，不必将所有规则集中在一行，因为 TCP Wrappers 会逐条匹配规则。

一般来说，只需理解这些数据即可。在大多数情况下，建议使用下面将要介绍的 Netfilter 机制（也就是 iptables 的规则）来阻止数据包。接下来，让我们来了解一下 iptables 数据包过滤防火墙。

9.3　Linux 的数据包过滤软件：iptables

前面我们讨论了很多关于防火墙的内容，主要介绍了防火墙的定义，并且你也了解到防火墙并非万能的。现在，让我们来看看当前使用的 2.6 版本的 Linux 内核使用哪些内核功能以及如何使用这些内核功能来进行防火墙设置的。

9.3.1　不同 Linux 内核版本的防火墙软件

Linux 防火墙功能之所以强大，是因为它是由 Linux 内核直接提供和处理的，所以性能非常出色。然而，不同的内核版本使用的防火墙软件是不同的，因为内核支持的防火墙功能在不断演进和发展。

- Version 2.0：使用的是 ipfwadm 防火墙机制。
- Version 2.2：使用的是 ipchains 防火墙机制。

- **Version 2.4 与 2.6**：主要使用 iptables 防火墙机制。但在某些早期的 Version 2.4 版本的发行版中，同时也支持 ipchains（作为模块编译），以便用户可以继续使用来自 2.2 版本的 ipchains 防火墙规则。然而，不建议在 2.4 以上的内核版本中使用 ipchains。

因为不同的内核使用不同的防火墙机制，并且支持的软件命令和语法也不一样，所以在 Linux 上设置防火墙规则时，一定要先使用"uname –r"命令追踪内核版本。如果安装的是 2004 年以后发布的发行版，那就不需要担心，因为这些发行版几乎都使用了 2.6 版本的内核。

9.3.2　数据包进入流程：规则顺序的重要性

前面的几个小节中我们一直在谈论防火墙规则，那么什么是规则呢？因为 iptables 使用数据包过滤机制，所以它会分析数据包的报头数据。根据报头数据和定义的规则来决定该数据包是否可以进入主机或被丢弃。换句话说，它会将数据包的数据与预先定义的规则内容进行比对，如果匹配则执行相应的操作，否则继续进行下一条规则的比对。因此，关键在于比对和分析的顺序。

举个简单的例子，假设我们预先定义了 10 条防火墙规则，当有一个数据包从 Internet 进入主机时，防火墙是如何分析这个数据包的呢？我们可以通过图 9-5 来说明。

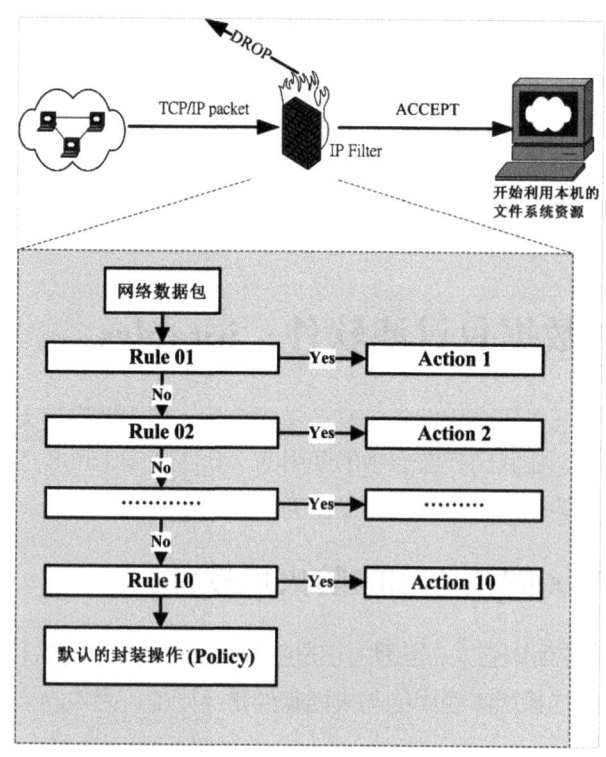

图 9-5　数据包过滤的规则操作及分析流程

一个网络数据包在进入主机之前，会经过 Netfilter 进行检查，也就是 iptables 的规则。如果检查通过，则允许数据包进入主机并获取资源（ACCEPT），如果检查不通过，则可能会丢弃数据包（DROP）。从图 9-5 可以看出，规则是有顺序的。例如，当网络数据包开始进行 Rule 1 的比对时，如果匹配 Rule 1，那么该数据包将执行 Action 1 的动作，而不会继续检查后续的 Rule 2、Rule 3 等规则。

如果这个数据包不符合 Rule 1 的比对条件，那么它将进入 Rule 2 的比对。以此类推，依次进行规则的比对。如果所有的规则都不匹配，那么会根据默认操作（数据包策略，Policy）来决定该数据包的处理方式。因此，当规则的顺序排列错误时，就会产生严重的问题。让我们通过下面的例子来进行说明。

假设 Linux 主机提供了 WWW 服务，那么自然需要针对端口 80 启用允许通过的数据包规则。但是如果发现来自 IP 地址为 192.168.100.100 的主机一直在尝试恶意入侵系统，那么希望拒绝与该 IP 地址的通信。最后，所有非 WWW 服务的数据包都应被丢弃。针对这 3 个规则，我们应该如何设置防火墙规则的检查顺序呢？

（1）Rule 1 先阻挡 192.168.100.100。

（2）Rule 2 再让请求 WWW 服务的数据包通过。

（3）Rule 3 将所有的数据包丢弃。

这样的排列顺序就符合要求，不过，万一顺序排错了，变成：

（1）Rule 1 先让请求 WWW 服务的数据包通过。

（2）Rule 2 阻挡 192.168.100.100。

（3）Rule 3 将所有的数据包丢弃。

此时，192.168.100.100 主机可以使用 WWW 服务，只要它发送的数据包是针对主机的 WWW 请求，就可以正常使用 WWW 功能，因为规则顺序中的第一条规则会让它通过。由于数据包匹配了第一条规则，所以不会被匹配到第二条规则。因此，第二条规则实际上失去了意义。这样我们就可以理解规则顺序的作用了。现在再来思考一下，如果规则顺序发生变化，将第一条规则设置为"丢弃所有数据包"，而第二条规则设置为"允许 WWW 服务的数据包通过"，那么客户端将无法使用 WWW 服务。

9.3.3　iptables 的表与链

事实上，图 9-5 中列出的规则只是 iptables 中众多表中的一个链（chain）。那么什么是链呢？这要从 iptables 的名称说起。为什么叫作 iptables？因为这个防火墙软件中有多个表，每个表都定义了自己的默认策略和规则，而且每个表都有不同的用途，如图 9-6 所示。

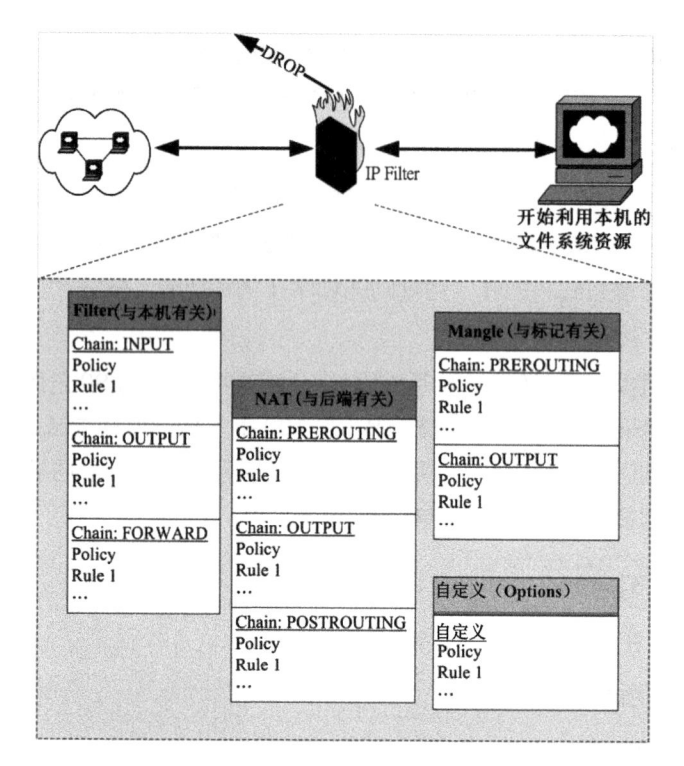

图 9-6 iptables 的表与相关链示意图

图 9-5 中的规则内容只是图 9-6 中某个链的一部分。在默认情况下，Linux 的 iptables 至少有 3 个表，包括用于管理本机进出流量的 Filter 表、用于管理后端主机（防火墙内部的其他计算机）的 NAT 表，以及用于管理特殊标记的 Mangle 表（较少使用）。此外，我们还可以自定义额外的链。每个表及其链的用途如下：

- Filter：主要与进入 Linux 本机的数据包有关，是默认的表。
  INPUT：主要与进入 Linux 本机的数据包有关。
  OUTPUT：主要与从 Linux 本机发送出去的数据包有关。
  FORWARD：与 Linux 本机无关，主要用于传送数据包到后端的计算机，与 NAT 的表相关性较高。

- NAT：这个表主要用于进行源 IP 地址与目标 IP 地址或端口的转换，与 Linux 本机无关，主要与 Linux 主机后的局域网内计算机相关。
  PREROUTING：在进行路由判断之前需要执行的规则（DNAT/REDIRECT）。
  POSTROUTING：在进行路由判断之后需要执行的规则(SNAT/MASQUERADE)。
  OUTPUT：与发送出去的数据包有关。

- Mangle（破坏者）：这个表主要与特殊数据包的路由标志相关。早期只有 PREROUTING 和 OUTPUT 链，但从 kernel 2.4.18 版本开始，加入了 INPUT 和 FORWARD 链。由于这个表与特殊标记相关性较高，因此在我们讨论的这种简单环境中很少使用。

如果 Linux 作为 WWW 服务，那么为了确保对客户端的 WWW 请求做出响应，需要处理 Filter 表的 INPUT 链；而如果 Linux 作为局域网的路由器，需要分析 NAT 表的各个链以及 Filter 表的 FORWARD 链。换句话说，各个表的链之间是有相关性的。图 9-7 展示了 iptables 内置的各个表和链之间的相关性。

图 9-7 很复杂，不过从中基本上可以看出来，iptables 可以控制 3 种数据包的流向。

- **数据包进入 Linux 主机使用资源（路径 A）**：在路由判断后，如果确定有数据包是向 Linux 主机发出请求的，那么主机将通过 Filter 表的 INPUT 链进行控制。
- **数据包通过 Linux 主机的转发，没有使用主机资源，而是向后端主机流动（路径 B）**：在进行路由判断之前，如果发现数据包需要经过防火墙并转发到后端，那么数据包将通过路径 B 进行移动。换句话说，该数据包的目标不是 Linux 本机。主要经过的链是 Filter 表的 FORWARD 以及 NAT 表的 POSTROUTING 和 PREROUTING。关于路径 B 数据包流向的具体情况，我们将在本章的 9.5 节中进行简要介绍。
- **数据包由 Linux 本机发送出去（路径 C）**：例如，响应客户端的请求或者 Linux 本机主动发送的数据包，都会通过路径 C 进行传输。在经过路由判断确定了数据包的输出路径后，数据包将通过 Filter 表的 OUTPUT 链进行传送。当然，最终还会经过 NAT 表的 POSTROUTING 链。

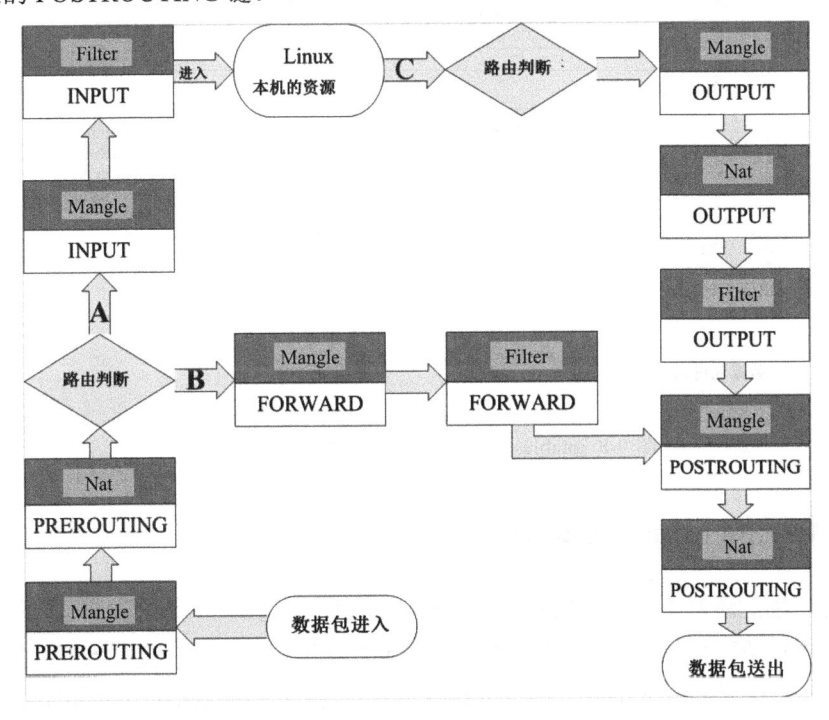

图 9-7 iptables 内建各表与链的相关性

> 有没有注意到有两个路由判断呢？因为网络是双向的，所以我们需要区分进入和送出的数据包。因此，对于进入的数据包，需要进行路由判断才能传送进去，而对于送出的数据包，也需要进行路由判断才能发送出去。

由于 Mangle 表很少被使用，因此可以将图 9-7 中的 Mangle 表去掉，图示会更加清晰，如图 9-8 所示。

通过观察图 9-8，我们可以轻松地了解到，与 Linux 主机本身最相关的实际上是 Filter 表中的 INPUT 和 OUTPUT 这两个链。如果 iptables 仅用于保护 Linux 主机本身，那么根本不需要考虑 NAT 规则，可以直接设置为开放。

然而，如果防火墙用于管理 LAN 内的其他主机，那么就必须针对 Filter 表中的 FORWARD 链，以及 NAT 表中的 PREROUTING、POSTROUTING 和 OUTPUT 链制定额外的规则。使用 NAT 表需要对路由的概念有清晰的理解，建议新手先不要碰触这部分，最多只需先熟悉最简单的 NAT 功能，即 IP 路由器的功能。我们将在本章的最后一小节中介绍这部分内容。

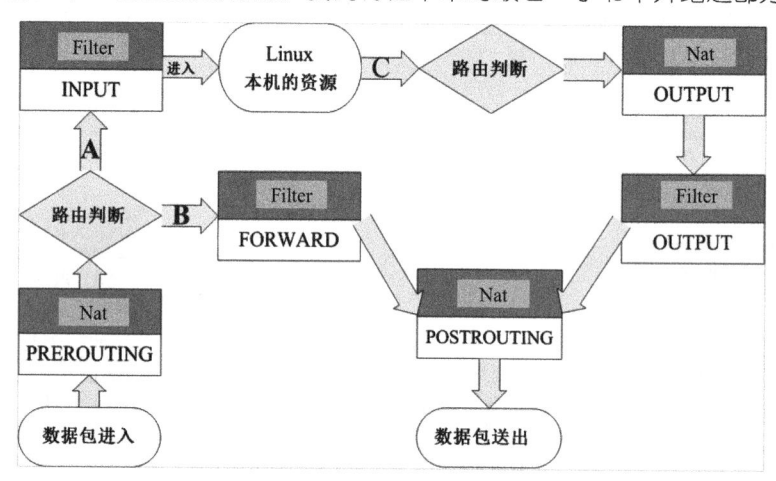

图 9-8 iptables 内建各表与链的相关性（简图）

9.3.4 本机的 iptables 语法

理论上，当安装好 Linux 系统后，系统应该会自动启动一个简单的防火墙规则。然而，这个简单的防火墙可能不符合我们的需求，因此我们需要进行修改。在开始下面的练习之前，鸟哥要强调一个非常重要的事情。由于 iptables 命令会对网络数据包进行过滤和阻止操作，因此不要在远程主机上进行防火墙的练习，因为有可能会不小心将自己锁在家门外。尽量在本机上登录 tty1~tty6 终端进行练习，否则很容易发生意外情况。鸟哥在刚开始玩 iptables 时，经常因为规则设置错误而不得不请远程的朋友帮忙重新启动系统。

刚才提到，iptables 至少有 3 个默认的表（Filter、NAT、Mangle），其中较常用的是本机的 Filter 表，也是默认表格。另一个是后端主机的 NAT 表。至于 Mangle 表，由于使用较少，本章我们不会进行讨论。由于不同表格的链不同，因此使用的命令语法可能会有一些差异。在本节中，我们主要关注默认表格 Filter 的 3 个链，并进行介绍。

> 防火墙的设置主要使用 iptables 命令。由于防火墙是系统管理员的主要任务之一，并且对系统具有重要影响，因此只有 root 用户才能使用 iptables 命令进行设置和查看防火墙规则。

1. 规则的查看与清除

如果在安装 Linux 时选择没有防火墙选项，那么 iptables 在初始状态下应该是没有任何规则的。如果在安装 Linux 时选择系统自动建立防火墙机制，那么系统将会有默认的防火墙规则。无论选择哪种方式，我们可以先来查看当前主机的防火墙规则是怎样的。

```
[root@www ~]# iptables [-t tables] [-L] [-nv]
选项与参数：
-t ：后面接表，例如 nat 或 filter，若省略此项，则使用默认的 filter
-L ：列出当前的表格的规则
-n ：不进行 IP 与 HOSTNAME 的反查，显示信息的速度会快很多
-v ：列出更多的信息，包括通过该规则的数据包总位数、相关的网络接口等

范例：列出 filter table 3 条链的规则
[root@www ~]# iptables -L -n
Chain INPUT (policy ACCEPT)    <==针对 INPUT 链，且默认策略为可接受
target   prot opt source      destination  <==说明栏
ACCEPT   all  --  0.0.0.0/0   0.0.0.0/0   state RELATED,ESTABLISHED <==第 1 条规则
ACCEPT   icmp --  0.0.0.0/0   0.0.0.0/0                             <==第 2 条规则
ACCEPT   all  --  0.0.0.0/0   0.0.0.0/0                             <==第 3 条规则
ACCEPT   tcp  --  0.0.0.0/0   0.0.0.0/0   state NEW tcp dpt:22      <==以下类推
REJECT   all  --  0.0.0.0/0   0.0.0.0/0   reject-with icmp-host-prohibited

Chain FORWARD (policy ACCEPT)  <==针对 FORWARD 链，且默认策略为可接受
target   prot opt source      destination
REJECT   all  --  0.0.0.0/0   0.0.0.0/0   reject-with icmp-host-prohibited

Chain OUTPUT (policy ACCEPT)   <==针对 OUTPUT 链，且默认策略为可接受
target   prot opt source      destination

范例：列出 nat table 3 条链的规则
[root@www ~]# iptables -t nat -L -n
Chain PREROUTING (policy ACCEPT)
target     prot opt source            destination

Chain POSTROUTING (policy ACCEPT)
target     prot opt source            destination

Chain OUTPUT (policy ACCEPT)
```

```
target     prot opt source              destination
```

在上述输出中，每一个 Chain 都代表之前提到的每条链。Chain 行中的小括号内的 policy 表示默认策略。那么下面的 target 和 prot 代表什么呢？

- target：表示所执行的操作，ACCEPT 表示允许通过，REJECT 表示拒绝，DROP 表示丢弃。
- prot：表示使用的数据包协议，主要有 TCP、UDP 和 ICMP 三种数据包格式。
- opt：表示额外的选项说明。
- source：表示此规则是针对哪个源 IP 进行限制。
- destination：表示此规则是针对哪个目标 IP 进行限制。

在输出结果中，第一个示例没有添加 "-t" 选项，因此默认情况下会过滤 INPUT、OUTPUT 和 FORWARD 这三条链中的规则。就单台主机而言，INPUT 和 FORWARD 链被认为是比较重要的防火墙管制链。因此，你可以看到最后一条规则的策略是 REJECT。尽管 INPUT 和 FORWARD 链的策略是 ACCEPT，但最后一条规则已经拒绝了所有数据包。

然而，这个命令的输出只是进行格式化的查询，要详细解释每条规则可能会比较困难。举例来说，我们按照输出结果来解释 INPUT 链的 5 条规则，结果如下：

（1）只要数据包状态是 RELATED 或 ESTABLISHED，就接受。

（2）只要数据包的协议类型是 ICMP，就放行。

（3）无论来源（0.0.0.0/0）还是目标，无论数据包格式是什么（协议为 all），都接受。

（4）只有传入端口 22 的主动式连接的 TCP 数据包才会被接受。

（5）所有数据包都被拒绝。

最有趣的应该是第 3 条规则了，为什么会接受所有的数据包呢？如果都接受的话，那后续的规则就没有作用了。实际上，该规则只适用于每台主机上都有的环回测试网络接口（lo）。如果没有列出接口，我们就很容易混淆。因此，鸟哥建议使用 iptables-save 命令来查看防火墙规则，因为 iptables-save 会列出完整的防火墙规则，只是没有进行格式化输出而已。

```
[root@www ~]# iptables-save [-t table]
选项与参数：
-t：可以仅针对某些表格来输出，例如仅针对 NAT 或 Filter 等

[root@www ~]# iptables-save
# Generated by iptables-save v1.4.7 on Fri Jul 22 15:51:52 2011
*filter                      <==星号开头指的是表格，这里为 Filter
:INPUT ACCEPT [0:0]          <==冒号开头指的是链（3 条内建的链）
:FORWARD ACCEPT [0:0]        <==3 条内建链的策略都是 ACCEPT
:OUTPUT ACCEPT [680:100461]
-A INPUT -m state --state RELATED,ESTABLISHED -j ACCEPT <==针对 INPUT 的规则
-A INPUT -p icmp -j ACCEPT
-A INPUT -i lo -j ACCEPT     <==这条很重要,针对本机内部接口开放
-A INPUT -p tcp -m state --state NEW -m tcp --dport 22 -j ACCEPT
```

```
-A INPUT -j REJECT --reject-with icmp-host-prohibited
-A FORWARD -j REJECT --reject-with icmp-host-prohibited  <==针对 FORWARD 的规则
COMMIT
# Completed on Fri Jul 22 15:51:52 2011
```

上面的输出,"-i lo"表示接受来自 lo 适配卡的数据包。这样看起来就更清楚了。因为涉及接口的关系,不像之前的"iptables -L -n"命令。既然这条规则不是我们想要的,那么我们应该如何修改呢?鸟哥建议,先删除规则,然后逐步建立所需的规则。那么如何删除规则呢?可以采取以下步骤:

```
[root@www ~]# iptables [-t tables] [-FXZ]
选项与参数:
-F :清除所有的已制定的规则
-X :除掉所有用户"自定义"的 chain (应该说的是表格)
-Z :将所有的链的计数与流量统计都归零

范例:清除本机防火墙 (filter) 的所有规则
[root@www ~]# iptables -F
[root@www ~]# iptables -X
[root@www ~]# iptables -Z
```

由于这 3 个命令会清除本机防火墙的所有规则,但不会改变默认策略,因此如果不是在本机上使用这 3 个命令,很可能会被阻止(如果 INPUT 设置为 DROP)。

通常情况下,在重新定义防火墙时,我们会先清除规则。正如之前提到的,防火墙规则的顺序具有特殊意义,因此逐条设置规则会更容易一些。现在我们来讨论如何定义默认策略。

2. 定义默认策略

在清除规则之后,接下来是设置规则的策略。你还记得策略是指什么吗?当数据包不符合我们设置的规则时,该数据包的通过与否取决于策略的设置。在本机的默认策略中,假设我们信任内部用户,那么可以在 Filter 内的 INPUT 链中设置较严格的规则,而在 FORWARD 和 OUTPUT 链中设置更宽松的规则。通常,鸟哥的做法是将 INPUT 链的策略定义为 DROP,而将其他两个链的策略定义为 ACCEPT。至于 NAT 表,暂时先不考虑。

```
[root@www ~]# iptables [-t nat] -P [INPUT,OUTPUT,FORWARD] [ACCEPT,DROP]
选项与参数:
-P :定义策略。注意,这个 P 为大写
ACCEPT :该数据包可接受
DROP   :该数据包直接丢弃,不会让客户端知道为何被丢弃

范例:将本机的 INPUT 设置为 DROP,其他设置为 ACCEPT
[root@www ~]# iptables -P INPUT   DROP
[root@www ~]# iptables -P OUTPUT  ACCEPT
[root@www ~]# iptables -P FORWARD ACCEPT
[root@www ~]# iptables-save
# Generated by iptables-save v1.4.7 on Fri Jul 22 15:56:34 2011
*filter
```

```
:INPUT     DROP [0:0]
:FORWARD   ACCEPT [0:0]
:OUTPUT    ACCEPT [0:0]
COMMIT
# Completed on Fri Jul 22 15:56:34 2011
# 由于 INPUT 设置为 DROP 而又尚未有任何规则，因此上面的输出结果显示为：
# 所有的数据包都无法进入主机，是不通的防火墙设置（网络连接是双向的）
```

你已经看到输出结果了吧？INPUT 链的设置已经被修改了。其他的 NAT 表的三条链的默认策略设置也可以用同样的方式进行，例如，iptables –t nat –P PREROUTING ACCEPT 将 NAT 表的 PREROUTING 链设置为接受。在设置完默认策略之后，下面我们可以讨论关于各个规则的数据包基础比对设置。

3. 数据包的基础比对：IP、网络及接口设备

下面我们来进行防火墙规则的数据包比对设置。既然涉及互联网，那么我们首先从最基础的 IP、网络和端口开始，也就是 OSI 模型的第三层，然后讨论设备（网络接口卡）的限制等。请务必记住本节和下一节的语法，因为这是最基础的比对语法。

```
[root@www ~]# iptables [-AI 链名] [-io 网络接口] [-p 协议] \
> [-s 源IP/网络] [-d 目标IP/网络] -j [ACCEPT|DROP|REJECT|LOG]
选项与参数：
-AI 链名：针对某条链进行规则的"插入"或"累加"
      -A：新增加一条规则，该规则增加在原规则的最后面。例如原来已经有四条规则，使用 -A 就可以加上第五
条规则
      -I：插入一条规则。如果没有指定此规则的顺序，默认插入该规则作为第一条规则
           例如原本有 4 条规则，使用 -I 后该规则变成第一条，而原本的 4 条变成第 2~5 条
      链：有 INPUT、OUTPUT、FORWARD 等，此链名称又与 -io 有关，请看下面
-io 网络接口：设置数据包进出的接口规范
      -i：数据包所进入的那个网络接口，例如 eth0、lo 等接口。需与 INPUT 链配合
      -o：数据包所传出的那个网络接口，需与 OUTPUT 链配合
-p 协议：设置此规则适用于哪种数据包格式
      主要的数据包格式有：tcp、udp、icmp 及 all
-s 源 IP/网络：设置此规则的数据包的来源地，可指定单纯的 IP 或网络，例如：
      IP  : 192.168.0.100
      网络：192.168.0.0/24、192.168.0.0/255.255.255.0 均可
      若规范为"不许"，则加上"!"即可，例如：
      -s ! 192.168.100.0/24 表示不接受 192.168.100.0/24 发来的数据包
-d 目标 IP/网络：同 -s，只不过这里指的是目标的 IP 或网络
-j：后面接操作，主要的操作有接受(ACCEPT)、丢弃(DROP)、拒绝(REJECT)及记录(LOG)
```

iptables 的基本参数就如上面的输出所示，主要涉及 IP、网络和设备等信息。至于 TCP、UDP 数据包特有的端口号和状态（如 SYN 标志），我们将在下一小节介绍。接下来，让我们先看一下最基本的几个规则，比如打开本地接口 lo 以及某个特定 IP 的来源。

范例：把 lo 设置为可信任的设备，即进出 lo 的数据包都被接受
```
[root@www ~]# iptables -A INPUT -i lo -j ACCEPT
```

仔细观察上面的输出，没有列出"–s""–d"等规则，意味着无论数据包来自何处或去往何处，只要是来自本地接口 lo 的数据包，都会被接受。这个概念非常重要，即"如果没有指定的条件，则表示完全接受该条件"。例如，在这个示例中，当"–s""–d"等参数没有指定规则时，就意味着无论源 IP 和目标 IP 是什么值，都会被接受。

这就是所谓的可信任设备。假设主机有两块以太网卡，其中一块用于内部网络，该网卡的标识是 eth1。如果我们信任内部网络，那么该网卡上进出的数据包将全部被接受。我们可以使用"iptables –A INPUT –i eth1 –j ACCEPT"命令将该设备设置为可信任设备。然而，在使用这个命令之前要特别注意，因为这样等于为该网卡取消了任何防护措施。

```
范例：只要是来自内网的 (192.168.100.0/24) 的数据包就通通接受
[root@www ~]# iptables -A INPUT -i eth1 -s 192.168.100.0/24 -j ACCEPT
# 由于是内网就接受，因此可以称之为"可信任网络"

范例：只要是来自 192.168.100.10 的就接受，但来自192.168.100.230 这个"恶意"源的就丢弃
[root@www ~]# iptables -A INPUT -i eth1 -s 192.168.100.10 -j ACCEPT
[root@www ~]# iptables -A INPUT -i eth1 -s 192.168.100.230 -j DROP
# 针对单一 IP 来源，可视为可信任主机或不可信任的恶意来源

[root@www ~]# iptables-save
# Generated by iptables-save v1.4.7 on Fri Jul 22 16:00:43 2011
*filter
:INPUT DROP [0:0]
:FORWARD ACCEPT [0:0]
:OUTPUT ACCEPT [17:1724]
-A INPUT -i lo -j ACCEPT
-A INPUT -s 192.168.100.0/24 -i eth1 -j ACCEPT
-A INPUT -s 192.168.100.10/32 -i eth1 -j ACCEPT
-A INPUT -s 192.168.100.230/32 -i eth1 -j DROP
COMMIT
# Completed on Fri Jul 22 16:00:43 2011
```

这就是最简单的设置和查看防火墙规则的方式。然而，在上面的范例中，我们发现两条规则可能存在问题，这些规则被粗体字标示出来。已经明确放行了 192.168.100.0/24，所以 192.168.100.230 的规则实际上不会被触发。这是防火墙设置的问题。那么我们应该怎么办呢？需要重新制定规则。如果想要记录某个规则的日志，我们可以这样做：

```
[root@www ~]# iptables -A INPUT -s 192.168.2.200 -j LOG
[root@www ~]# iptables -L -n
target  prot opt source         destination
LOG     all  --  192.168.2.200  0.0.0.0/0     LOG flags 0 level 4
```

在输出结果的最左边出现 LOG。当有数据包来自 192.168.2.200 这个 IP 时，相关信息将被写入内核日志文件，即/var/log/messages。然后该数据包将继续进行后续的规则比对。因

此，LOG 操作仅用于记录日志，不会影响该数据包的其他规则比对。接下来，我们将分别查看 TCP、UDP 和 ICMP 数据包的其他规则比对。

4. TCP、UDP 的规则比对：针对端口设置

在第 2 章中，我们讨论了不同类型的数据包格式，当涉及 TCP 和 UDP 时，特别重要的是端口。对于 TCP，还有连接数据包状态的概念，其中包括最常见的 SYN 主动连接的数据包格式。那么，如何针对 TCP 和 UDP 数据包格式设置防火墙规则呢？可以从以下角度考虑：

```
[root@www ~]# iptables [-AI 链] [-io 网络接口] [-p tcp,udp] \
> [-s 源 IP/网络] [--sport 端口范围] \
> [-d 目标 IP/网络] [--dport 端口范围] -j [ACCEPT|DROP|REJECT]
选项与参数：
--sport 端口范围：限制源的端口号，端口号可以是连续的，例如 1024:65535
--dport 端口范围：限制目标的端口号
```

事实上，针对 TCP 和 UDP 数据包，我们可以使用--sport 和--dport 这两个选项来设置规则，重点是端口。需要注意的是，由于只有 TCP 和 UDP 数据包才有端口，因此要使用--dport 和--sport 选项，需要加上-p tcp 或-p udp 参数才能成功。现在让我们进行几个小测试：

```
范例：想要连接进入本机端口 21 的数据包都被阻挡掉
[root@www ~]# iptables -A INPUT -i eth0 -p tcp --dport 21 -j DROP
范例：想连到本台主机的网上邻居 (upd 端口 137,138 tcp 端口 139,445) 就放行
[root@www ~]# iptables -A INPUT -i eth0 -p udp --dport 137:138 -j ACCEPT
[root@www ~]# iptables -A INPUT -i eth0 -p tcp --dport 139 -j ACCEPT
[root@www ~]# iptables -A INPUT -i eth0 -p tcp --dport 445 -j ACCEPT
```

我们可以利用 UDP 和 TCP 协议的端口号来控制特定服务的开放或关闭，并进行综合处理。例如，如果想要阻止来自 192.168.1.0/24 网络的 1024 到 65535 端口的数据包，且这些数据包是连接到本机的 SSH 端口，可以采取以下操作：

```
[root@www ~]# iptables -A INPUT -i eth0 -p tcp -s 192.168.1.0/24 \
> --sport 1024:65534 --dport ssh -j DROP
```

如果在使用--dport 时忘记添加-p tcp 选项，将会出现以下错误：

```
[root@www ~]# iptables -A INPUT -i eth0 --dport 21 -j DROP
iptables v1.4.7: unknown option `--dport'
Try 'iptables -h' or 'iptables --help' for more information.
```

你可能会感到奇怪，为什么"--dport"会被识别为未知参数（arg）呢？这是因为没有添加"-p tcp"或"-p udp"选项造成的。这一点非常重要。

除了端口之外，TCP 数据包还有特殊的标志。其中最常见的是主动连接的 SYN 标志。在 iptables 中，我们可以使用"--syn"来处理这种情况。下面的例子将进一步说明：

范例：将来自任何地方来源端口 1:1023 的主动连接到本机端口 1:1023 的连接丢弃
```
[root@www ~]# iptables -A INPUT -i eth0 -p tcp --sport 1:1023 \
> --dport 1:1023 --syn -j DROP
```

一般来说，客户端使用编号大于 1024 的端口，而服务器端使用编号小于 1023 的端口。因此，我们可以丢弃来自远程主动连接的编号小于 1023 的端口的数据包，但这不适用于 FTP 的主动连接。我们将在第 21 章的 FTP 服务器中详细讨论这部分内容。

5. iptables 外挂模块：mac 与 state

在内核版本 2.2 之前，使用 ipchains 管理防火墙通常会给系统管理员带来很多麻烦。因为 ipchains 没有数据包状态模块，所以我们必须根据数据包的进出方向进行控制。例如，如果要连接到远程主机的端口 22，必须设置两条规则：

- 允许本机的端口 1024~65535 连接到远程主机的端口 22（OUTPUT 链）。
- 允许远程主机的端口 22 连接到本机的端口 1024~65535（INPUT 链）。

这会很麻烦。如果要连接到 10 台主机的端口 22，假设 OUTPUT 链的默认策略是接受，那么就需要填写 10 行规则，以允许这 10 台远程主机的端口 22 连接到本地主机。如果开放所有的端口 22，又担心某些恶意主机会利用端口 22 主动连接到本地主机。同样地，如果要让本地主机能够连接到外部的端口 80（WWW 服务），情况就会变得更加复杂，因为网络连接是双向的。

iptables 可以帮助我们解决这个问题。它通过一个状态模块 state 来分析传入的数据包是否为刚发出的响应。如果是刚发出的响应，那么可以将其接受和放行，这样就不需要考虑远程主机是否连接进来的问题了。下面是实现的语法示例：

```
[root@www ~]# iptables -A INPUT [-m state] [--state 状态]
选项与参数：
-m  ：一些 iptables 的外挂模块，常见的有：
    state ：状态模块
    mac   ：网卡硬件地址 (hardware address)
--state ：一些数据包的状态，主要有：
    INVALID     ：无效的数据包，例如数据破损的数据包状态
    ESTABLISHED ：已经连接成功的连接状态
    NEW         ：想要新建立连接的数据包状态
    RELATED     ：这个最常用，表示这个数据包与主机发送出去的数据包有关
范例：只要已建立连接或与已发出请求相关的数据包就予以通过，不合法数据包就丢弃
[root@www ~]# iptables -A INPUT -m state \
> --state RELATED,ESTABLISHED -j ACCEPT
[root@www ~]# iptables -A INPUT -m state --state INVALID -j DROP
```

这样，iptables 会自动分析数据包是否处于响应状态，如果是，就直接接受该数据包。这样就不需要为响应数据包编写单独的防火墙规则了。接下来，我们继续讨论 iptables 的另

一个插件模块 mac，它可以根据网络接口进行放行和防御操作：

```
范例：针对局域网内的 aa:bb:cc:dd:ee:ff 主机开放其连接
[root@www ~]# iptables -A INPUT -m mac --mac-source aa:bb:cc:dd:ee:ff \
> -j ACCEPT
选项与参数：
--mac-source ：就是来源主机的 MAC 地址
```

如果局域网中有一些网络高手总是通过修改 IP 地址尝试绕过路由器访问外部网络，那么应该怎么处理呢？难道需要拒绝整个局域网的访问吗？其实并不需要，可以利用之前提到的 ARP 相关概念，捕获到该主机的 MAC 地址，然后通过上述机制将该主机整个拦截掉（DROP）。无论他如何更改 IP 地址，除非他知道是使用网卡的 MAC 地址进行管理，否则他将无法访问外部网络。

> 其实 MAC 地址也是可以伪装的，可以通过某些软件来修改网卡的 MAC 地址。在这里，我们假设 MAC 地址是无法修改的。此外，需要注意的是 MAC 地址是不能跨路由的。因此在上述示例中特别强调是在局域网内，而不是指来自 Internet 的数据包。

6. ICMP 数据包规则的比对：针对是否响应 ping 来设计

在第 2 章中，我们了解到 ICMP 协议有许多不同的类型，而且很多 ICMP 数据包类型都用于网络检测。因此，最好不要丢弃所有的 ICMP 数据包。如果主机不用作路由器，通常会移除 ICMP 类型 8（回显请求/ ping 请求），这样远程主机就无法确认我们的存在，也不会接受 ping 的响应。ICMP 数据包的处理如下：

```
[root@www ~]# iptables -A INPUT [-p icmp] [--icmp-type 类型] -j ACCEPT
选项与参数：
--icmp-type：后面必须接 ICMP 的数据包类型，也可以使用代号，例如 8 代表 echo request 的意思

范例：让 0,3,4,11,12,14,16,18 的 ICMP type 可以进入本机：
[root@www ~]# vi somefile
#!/bin/bash
icmp_type="0 3 4 11 12 14 16 18"
for typeicmp in $icmp_type
do
    iptables -A INPUT -i eth0 -p icmp --icmp-type $typeicmp -j ACCEPT
done

[root@www ~]# sh somefile
```

这样就可以允许部分 ICMP 数据包格式进入本机进行网络检测工作了。然而，如果主机充当局域网的路由器，则建议仍然将所有 ICMP 数据包放行，因为客户端通常会使用 ping 来测试与路由器之间的连接是否正常。因此，不要关闭路由器的 ICMP，否则会导致相关应用异常。

7. 超简单的客户端防火墙设计与防火墙规则存储

经过对本机 iptables 语法的分析后，接下来我们思考一下，如果将 Linux 主机作为客户端且不提供网络服务，应该如何设计防火墙呢？实际上，只需分析一下 CentOS 默认的防火墙规则，就可以知道理论上应该具备的规则如下：

（1）规则归零：清除所有已存在的规则（例如 iptables –F）。

（2）默认策略：除了将 INPUT 自定义链设置为 DROP 之外，其他默认为 ACCEPT。

（3）信任本机：由于 lo 对于本机来说非常重要，因此必须将 lo 设为可信任设备。

（4）响应数据包：允许本机接受作为响应而返回的数据包（ESTABLISHED、RELATED）。

（5）信任用户：这是可选的，可以在希望本地网络来源能够使用主机资源时设置。

这就是最简单的防火墙配置。通过第 2 条规则可以阻止所有远程来源的数据包，而通过第 4 条规则可以允许远程主机响应数据包进入本机。同时，还需要放行本机的 lo（环回设备）。这样，一个适用于客户端的防火墙规则就配置完成了。具体设置时，可以创建一个脚本并按照以下方式进行配置：

```
[root@www ~]# vim bin/firewall.sh
#!/bin/bash
PATH=/sbin:/bin:/usr/sbin:/usr/bin; export PATH

# 1. 清除规则
iptables -F
iptables -X
iptables -Z

# 2. 设置策略
iptables -P   INPUT DROP
iptables -P   OUTPUT ACCEPT
iptables -P FORWARD ACCEPT

# 3~5. 制定各项规则
iptables -A INPUT -i lo -j ACCEPT
iptables -A INPUT -i eth0 -m state --state RELATED,ESTABLISHED -j ACCEPT
#iptables -A INPUT -i eth0 -s 192.168.1.0/24 -j ACCEPT

# 6. 写入防火墙规则配置文件
/etc/init.d/iptables save

[root@www ~]# sh bin/firewall.sh
iptables: Saving firewall rules to /etc/sysconfig/iptables:[  OK  ]
```

其实防火墙也是一个服务，可以通过"chkconfig --list iptables"命令进行查看。因此，为了确保这次修改的各种设置在下次开机时仍然有效，需要对/etc/init.d/iptables save 命令添加参数。鸟哥通常会将存储的操作写入 firewall.sh 脚本中，这样更加简单明了。通过以上设置，Linux 主机已经得到了相当的保护。不过，如果希望将主机用作服务器或路由器，则需要添加一些自定义规则。

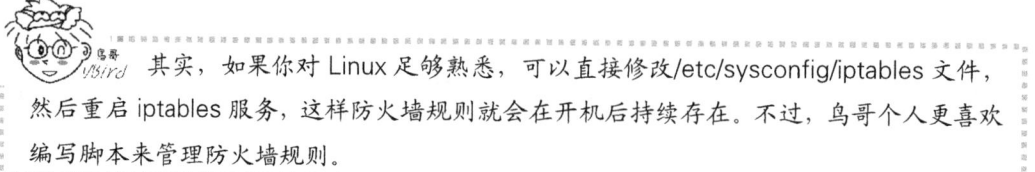

> 其实，如果你对 Linux 足够熟悉，可以直接修改 /etc/sysconfig/iptables 文件，然后重启 iptables 服务，这样防火墙规则就会在开机后持续存在。不过，鸟哥个人更喜欢编写脚本来管理防火墙规则。

在制定好规则之后，需要进行测试。那么如何进行测试呢？主要有以下 3 步：

（1）从主机主动连接到外部。

（2）从私有网络内的 PC 主动连接到外部。

（3）从 Internet 上的主机主动连接到 Linux 主机。

逐步进行测试，查看问题出在哪里，然后根据问题进行改进。网络上有许多有用的资料可供参考。本节的介绍相对简单，大部分内容仍停留在介绍阶段。在本章的参考资料中，鸟哥列出了一些有用的防火墙网页，建议读者有时间多去参考，这会非常有帮助。

9.3.5　IPv4 的内核管理功能：/proc/sys/net/ipv4/*

除了 iptables 这个防火墙软件之外，Linux kernel 2.6 还提供了很多内核默认的攻击阻挡机制。由于是内核的网络功能，因此相关的设置数据都放置在 /proc/sys/net/ipv4/ 目录当中。至于该目录下各个文件的详细资料，可以参考内核的说明文件（需要先安装 kernel-doc 软件）。

1. /proc/sys/net/ipv4/tcp_syncookies

我们之前提到的一种拒绝服务攻击（DoS）方式是利用 TCP 数据包的 SYN 三次握手原理实现的，这种方式被称为 SYN 洪泛攻击（SYN Flooding）。那么如何预防这种攻击呢？我们可以启用内核的 SYN Cookie 模块。SYN Cookie 模块可以在系统的随机连接端口（1024~65535）即将耗尽时自动启用。

当启用 SYN Cookie 时，主机在发送 SYN/ACK 确认数据包之前，要求客户端在短时间内回复一个序号，该序号包含了原始 SYN 数据包的信息，如 IP 地址、端口等。如果客户端能够正确回复序号，主机就确定该数据包是可信的，并发送 SYN/ACK 数据包，否则将忽略该数据包。

通过这种机制，可以大大降低无效的 SYN 等待端口，避免 SYN 洪泛攻击的 DoS 攻击。那么如何启用这个模块呢？非常简单，只需执行以下操作：

```
[root@www ~]# echo "1" > /proc/sys/net/ipv4/tcp_syncookies
```

但是这个设置值由于违反 TCP 的三次握手协议（因为主机在发送 SYN/ACK 之前需要先等待客户端的序号响应），因此可能会造成某些服务的延迟现象，例如 SMTP（邮件服务器）。不过总的来说，这个设置值还是不错的，只是不适用在负载已经很高的服务器上。因为负载太高的主机有时被让内核误判从而遭受 SYN 洪泛攻击。

如果是为了优化系统的 TCP 数据包连接，则可以参考 tcp_max_syn_backlog、tcp_synack_retries、tcp_abort_on_overflow 这几个设置值的含义。

2. /proc/sys/net/ipv4/icmp_echo_ignore_broadcasts

拒绝服务攻击常见的是 SYN 洪泛攻击，不过我们知道系统其实可以接受使用 ping 命令的响应，而 ping 的数据包数据量可以很大。想象一种情况，如果有个搞破坏的人使用 1000 台主机向你的主机发送 ping 命令，而且每个 ping 命令的数据量都高达数百千字节，那么你的网络带宽会怎样？要么带宽被耗尽，要么系统可能会崩溃。这种方式被称为 ping 洪泛（不断发送 ping 命令）和 ping of death（发送大的 ping 数据包）。

那么如何避免呢？取消对 ICMP 类型 8 的 ICMP 数据包的响应就可以了。我们可以通过防火墙来阻止这种响应，这也是建议的做法。当然，也可以让内核自动取消对 ping 命令的响应。不过，某些局域网络内常见的服务（例如动态 IP 分配的 DHCP 协议）会使用 ping 的方式来检测是否有重复的 IP 地址，所以最好不要取消对所有 ping 命令的响应。

在内核中，有两个设置值可以用来取消 ping 的响应，分别是/proc/sys/net/ipv4 目录下的 icmp_echo_ignore_broadcasts（仅在收到 ping 广播地址时取消响应）和 icmp_echo_ignore_all（取消所有 ping 的响应）。根据鸟哥的建议，可以设置 icmp_echo_ignore_broadcasts 来实现这一目的。你可以按照以下步骤进行设置：

```
[root@www ~]# echo "1" > \
> /proc/sys/net/ipv4/icmp_echo_ignore_broadcasts
```

3. /proc/sys/net/ipv4/conf/网络接口/*

Linux 的内核可以针对不同的网络接口进行不同的参数设置。网络接口的相关设置存放在/proc/sys/net/ipv4/conf/目录下，每个接口都以接口代号作为其表示，例如 eth0 接口的相关设置数据存储在/proc/sys/net/ipv4/conf/eth0/目录内。那么，在设置网络接口时有哪些需要注意的参数呢？大致有以下几个：

- **rp_filter**：这个设置被称为逆向路径过滤（Reverse Path Filtering），它可以通过分析网络接口的路由信息，并结合数据包的来源地址来判断该数据包是否合理。举例来说，假设你有两块网卡，eth0 的 IP 地址是 192.168.1.10/24，eth1 的 IP 地址是公共 IP。当一个数据包声称来自 eth1，但其源 IP 地址为 192.168.1.200 时，这个数据包就是不合理的，应该被丢弃。因此，建议启用这个设置值。
- **log_martians**：这个设置可以用来启用记录不合法 IP 来源的功能。举例来说，包括源为 0.0.0.0、127.x.x.x 以及 Class E 的 IP 地址都是不合法的，因为这些 IP 地址不应该应用于 Internet。记录的数据默认会被存储在内核指定的日志文件/var/log/messages 中。

- **accept_source_route**：或许某些路由器会启用这个设置值，但目前很少有设备使用这种源地址路由的方式，因此可以考虑取消这个设置值。
- **accept_redirects**：在同一个实体网络内架设一台路由器，但物理网络内存在两个 IP 网段（例如 192.168.0.0/24 和 192.168.1.0/24），当 192.168.0.100 想要向 192.168.1.100 传输信息时，路由器可能会发送一个 ICMP 重定向数据包，告知 192.168.0.100 直接将数据发送给 192.168.1.100，而不需要通过路由器。这是因为 192.168.0.100 和 192.168.1.100 确实在同一个物理网络中，它们可以直接互通，所以路由器会建议源 IP 使用最短路径传输数据。然而，这两台主机位于不同的 IP 网段，实际上无法直接传输信息。这种设置可能会带来轻微的安全风险，因此建议关闭这个设置值。
- **send_redirects**：与上一个参数类似，只是该参数表示发送一个 ICMP redirect 数据包。同样建议关闭此功能（事实上，鸟哥曾经为了这个 ICMP redirect 的问题伤透脑筋，因此关闭这两个功能是一个明智的选择）。

虽然可以使用 "echo "1" > /proc/sys/net/ipv4/conf/eth0/rp_filter" 来启用这个功能，但鸟哥更建议修改系统设置值，即编辑/etc/sysctl.conf 文件。假设我们只有一个名为 eth0 的以太网接口，并且要启用上述所有功能，可以按照以下步骤进行操作：

```
[root@www ~]# vim /etc/sysctl.conf
# Adding by VBird 2011/01/28
net.ipv4.tcp_syncookies = 1

net.ipv4.icmp_echo_ignore_broadcasts = 1
net.ipv4.conf.all.rp_filter = 1
net.ipv4.conf.default.rp_filter = 1
net.ipv4.conf.eth0.rp_filter = 1
net.ipv4.conf.lo.rp_filter = 1
...(以下省略)...

[root@www ~]# sysctl -p
```

9.4 设置单机防火墙的一个实例

在介绍了防火墙语法和相关注意事项后，我们终于要开始设置防火墙了。鸟哥更偏向使用脚本来编写防火墙规则，并通过最终的 /etc/init.d/iptables-save 将结果保存到 /etc/sysconfig/iptables 文件中。这种方式还可以用于调用其他脚本，使得防火墙规则具有更灵活的使用方式。接下来，我们将讨论如何设置防火墙规则。

9.4.1 规则草拟

鸟哥接下来介绍的这个防火墙既可以用作路由器上的防火墙，也可以用作本机的防火墙。假设硬件连接如图 9-9 所示，Linux 主机本身充当内部局域网的路由器，即具备简单的 IP 路由器功能，当前有以下网络接口配置：

- 外部网络接口为 eth0（如果是拨号连接，可能为 ppp0，请根据具体环境进行设置）。
- 内部网络接口为 eth1，内部使用 192.168.100.0/24 这个网段。
- 主机默认开放的服务包括 WWW、SSH、HTTPS 等。

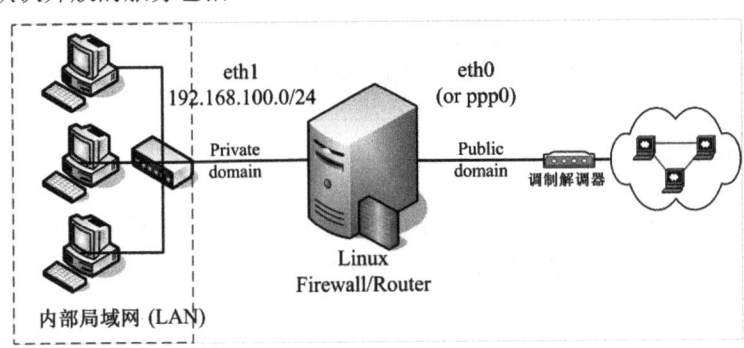

图 9-9 一个局域网络的路由器架构示意图

由于希望将信任网络（局域网）与不信任网络（互联网）完全隔离，建议在 Linux 主机上安装两块以上的物理网卡，并将它们连接到不同的网络中，以避免许多问题。最重要的防火墙策略是关闭所有连接，只开放特定的服务。假设内部用户已经受过良好的培训，因此在过滤表的三条链中，默认策略是：

- INPUT 为 DROP。
- OUTPUT 及 FORWARD 为 ACCEPT。

整个防火墙流程如图 9-10 所示。

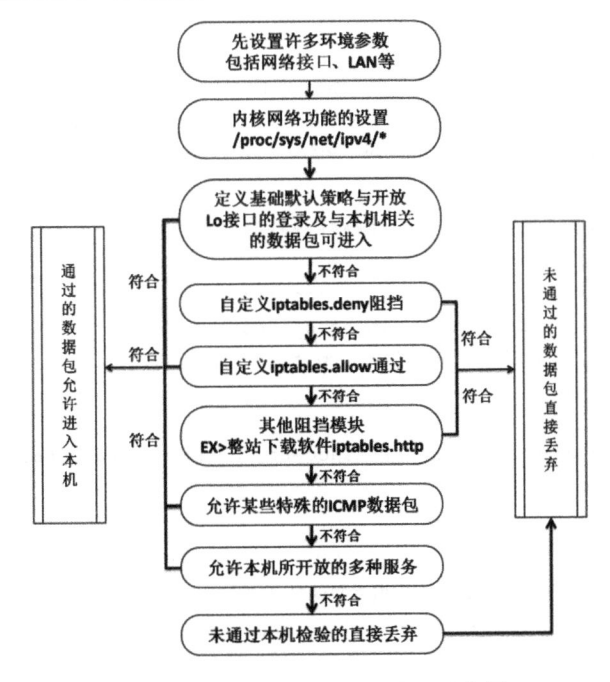

图 9-10 本机的防火墙规则流程示意图

原则上，对于小型家庭网络来说，内部局域网主机与主机本身的开放度可以较高，因为 OUTPUT 和 FORWARD 链是完全开放的。这种设置在小家庭中是可以接受的，因为内部计算机数量有限，人员也都是熟悉的，所以不需要特别控制。但是在大型企业内部，这种规划是不合理的，因为无法保证所有内部人员都按照规定来使用网络，也就是说存在内部安全隐患。因此，在这种环境下，即使是 OUTPUT 和 FORWARD 链也需要进行特别管理。

9.4.2 实际设置

事实上，在设置防火墙时，我们通常不会逐个命令输入，而是使用 shell 脚本来实现这个功能。下面是一个根据图 9-10 规划的防火墙脚本示例，供读者参考。请注意，你需要根据自己的环境进行修改。另外，为了方便未来的修改和维护，鸟哥将整个脚本拆分为 3 个部分。

- iptables.rule：该文件用于设置最基本的防火墙规则，包括清除现有的防火墙规则、加载所需的模块和设置可接受的服务等。
- iptables.deny：该文件用于设置阻挡某些恶意主机的进入。
- iptables.allow：该文件用于设置允许某些自定义的后门来源主机进入。

鸟哥个人习惯是将这个脚本放置在 /usr/local/virus/iptables 文件目录下，你也可以放置到自己习惯的位置。下面我们来看一下这个脚本的具体编写方式。

```bash
[root@www ~]# mkdir -p /usr/local/virus/iptables
[root@www ~]# cd /usr/local/virus/iptables
[root@www iptables]# vim iptables.rule
#!/bin/bash

# 请先输入相关参数，不要输错
  EXTIF="eth0"              # 这个是可以连上 Public IP 的网络接口
  INIF="eth1"               # 内部局域网的连接接口；若无则写成 INIF=""
  INNET="192.168.100.0/24"  # 若无内部网络接口，请填写成 INNET=""
  export EXTIF INIF INNET

# 第一部分，针对本机的防火墙设置##########################################
# 1. 先设置好内核的网络功能
  echo "1" > /proc/sys/net/ipv4/tcp_syncookies
  echo "1" > /proc/sys/net/ipv4/icmp_echo_ignore_broadcasts
  for i in /proc/sys/net/ipv4/conf/*/{rp_filter,log_martians}; do
        echo "1" > $i
  done
  for i in /proc/sys/net/ipv4/conf/*/{accept_source_route,accept_redirects,\
send_redirects}; do
        echo "0" > $i
  done
# 2. 清除规则，设置默认策略及开放 lo 与相关的设置值
  PATH=/sbin:/usr/sbin:/bin:/usr/bin:/usr/local/sbin:/usr/local/bin; export PATH
  iptables -F
  iptables -X
```

```bash
  iptables -Z
  iptables -P INPUT   DROP
  iptables -P OUTPUT  ACCEPT
  iptables -P FORWARD ACCEPT
  iptables -A INPUT -i lo -j ACCEPT
  iptables -A INPUT -m state --state RELATED,ESTABLISHED -j ACCEPT

# 3. 启动额外的防火墙脚本模块
  if [ -f /usr/local/virus/iptables/iptables.deny ]; then
        sh /usr/local/virus/iptables/iptables.deny
  fi
  if [ -f /usr/local/virus/iptables/iptables.allow ]; then
        sh /usr/local/virus/iptables/iptables.allow
  fi
  if [ -f /usr/local/virus/httpd-err/iptables.http ]; then
        sh /usr/local/virus/httpd-err/iptables.http
  fi

# 4. 允许某些类型的 ICMP 数据包进入
  AICMP="0 3 3/4 4 11 12 14 16 18"
  for tyicmp in $AICMP
  do
    iptables -A INPUT -i $EXTIF -p icmp --icmp-type $tyicmp -j ACCEPT
  done

# 5. 允许某些服务的进入，请按照自己的环境开启
# iptables -A INPUT -p TCP -i $EXTIF --dport 21  --sport 1024:65534 -j ACCEPT # FTP
# iptables -A INPUT -p TCP -i $EXTIF --dport 22  --sport 1024:65534 -j ACCEPT # SSH
# iptables -A INPUT -p TCP -i $EXTIF --dport 25  --sport 1024:65534 -j ACCEPT # SMTP
# iptables -A INPUT -p UDP -i $EXTIF --dport 53  --sport 1024:65534 -j ACCEPT # DNS
# iptables -A INPUT -p TCP -i $EXTIF --dport 53  --sport 1024:65534 -j ACCEPT # DNS
# iptables -A INPUT -p TCP -i $EXTIF --dport 80  --sport 1024:65534 -j ACCEPT # WWW
# iptables -A INPUT -p TCP -i $EXTIF --dport 110 --sport 1024:65534 -j ACCEPT # POP3
# iptables -A INPUT -p TCP -i $EXTIF --dport 443 --sport 1024:65534 -j ACCEPT # HTTPS

# 第二部分，针对后端主机的防火墙设置###############################
# 1. 先加载一些有用的模块
  modules="ip_tables iptable_nat ip_nat_ftp ip_nat_irc ip_conntrack
ip_conntrack_ftp ip_conntrack_irc"
  for mod in $modules
  do
      testmod=`lsmod | grep "^${mod} " | awk '{print $1}'`
      if [ "$testmod" == "" ]; then
            modprobe $mod
      fi
  done

# 2. 清除 NAT 表的规则
  iptables -F -t nat
  iptables -X -t nat
  iptables -Z -t nat
  iptables -t nat -P PREROUTING  ACCEPT
```

```
    iptables -t nat -P POSTROUTING ACCEPT
    iptables -t nat -P OUTPUT      ACCEPT
# 3. 若存在内部接口（双网卡），开放成为路由器，且为 IP 共享器
  if [ "$INIF" != "" ]; then

    iptables -A INPUT -i $INIF -j ACCEPT
    echo "1" > /proc/sys/net/ipv4/ip_forward
    if [ "$INNET" != "" ]; then
        for innet in $INNET
        do
            iptables -t nat -A POSTROUTING -s $innet -o $EXTIF -j MASQUERADE
        done
    fi
  fi
# 如果你的 MSN 一直无法连接，或者是某些网站能连接而某些网站不能连接，
# 可能是 MTU 的问题，可以取消下面这一行的注释以启动 MTU 限制范围
# iptables -A FORWARD -p tcp -m tcp --tcp-flags SYN,RST SYN -m tcpmss \
#         --mss 1400:1536 -j TCPMSS --clamp-mss-to-pmtu

# 4. NAT 服务器后端的局域网对外的服务器的设置
# iptables -t nat -A PREROUTING -p tcp -i $EXTIF --dport 80 \
#          -j DNAT --to-destination 192.168.1.210:80 # WWW

# 5. 特殊的功能，包括 Windows 远程桌面所产生的规则，假设桌面主机为 1.2.3.4
# iptables -t nat -A PREROUTING -p tcp -s 1.2.3.4  --dport 6000 \
#          -j DNAT --to-destination 192.168.100.10
# iptables -t nat -A PREROUTING -p tcp -s 1.2.3.4  --sport 3389 \
#          -j DNAT --to-destination 192.168.100.20

# 6. 最后将这些功能存储下来
  /etc/init.d/iptables save
```

特别注意上述程序代码的粗体字部分。基本上，只需修改上方接口部分即可运行该防火墙。然而，由于每个人的环境不同，因此在设置完成后仍需进行测试以确保正常运行，否则出现问题可能会很麻烦。接下来，我们来看一下关于 iptables.allow 的内容。如果想让 140.116.44.0/24 网络的所有主机可以访问本机，那么该文件的内容如下：

```
[root@www iptables]# vim iptables.allow
#!/bin/bash
# 下面填写允许进入本机的其他网络或主机
  iptables -A INPUT -i $EXTIF -s 140.116.44.0/24 -j ACCEPT

# 下面是关于阻挡的文件设置方法
[root@www iptables]# vim iptables.deny
#!/bin/bash
# 下面填写的是你要阻挡的其他网络或主机
  iptables -A INPUT -i $EXTIF -s 140.116.44.254 -j DROP

[root@www iptables]# chmod 700 iptables.*
```

将这 3 个文件的权限设置为 700，并且仅限于 root 用户执行后，就可以直接运行

iptables.rule 了。需要注意的是，在上述示例中，鸟哥默认关闭了所有服务的通道。因此，在本机防火墙的第 5 步中，你必须取消一些注释符号（#）。同样地，如果要开放更多的端口，需要添加额外的规则。

然而，正如前面所述，这个防火墙仅提供基本的安全防护，其他相关问题仍需测试。此外，如果希望在开机时自动执行此脚本，请将完整的文件名写入/etc/rc.d/rc.local 中，类似于下面的形式：

```
[root@www ~]# vim /etc/rc.d/rc.local
...(其他省略)...
# 1. Firewall
/usr/local/virus/iptables/iptables.rule
```

事实上，这个脚本的末尾已经包含了将默认规则写入防火墙规则文件的功能，因此只需执行一次即可获得正确的规则。上述提到的 rc.local 仅作为一种预防措施。注意，上述 3 个文件不应该在 Windows 系统上编辑后再传输到 Linux 上运行，因为 Windows 系统的换行符可能导致文件无法执行。在传输到 Linux 后使用 dos2unix 命令删除换行符等，这样就不会有问题了。

本实例是一个非常简单的防火墙，同时这个防火墙还可以充当一个简单的 IP 路由器，即 iptables.rule 文件中的第二部分。下一节我们将继续介绍这部分内容。

9.5　NAT 服务器的设置

假设我们打算设置一个路由器的扩展服务器，并称之为 NAT 服务器。NAT 是什么呢？简单来说，它可以称为内部局域网主机的 IP 共享器。

NAT 的全称是 Network Address Translation，即网络地址转换。从字面意思上来看，TCP/IP 的网络数据包都有 IP 地址，对吗？IP 地址不是有源地址和目的地址吗？iptables 命令不仅可以修改 IP 数据包的报头数据，还可以修改目标或源 IP 地址，甚至可以修改 TCP 数据包报头的端口号，真是有趣。

除了可以实现类似于图 9-2 中介绍的 IP 共享功能之外，NAT 服务器还可以实现类似于图 9-4 中介绍的 DMZ（非军事化隔离区）的功能。这完全取决于 NAT 是修改源 IP 地址还是目标 IP 地址。接下来，我们将讨论这个内容。

9.5.1　什么是 NAT、SNAT、DNAT

在介绍实际操作 NAT 之前，让我们再次查看简单的数据包通过 iptables 传递到后端主机的表和链的流程（可以参考图 9-8）。当网络布线是如图 9-2 所示的架构时，如果内部局域网中的任何主机想要发送数据包，那么该数据包如何通过 Linux 主机发送出去呢？流程如下：

(1) 经过 NAT 表的 PREROUTING 链。

(2) 经过路由判断确定该数据包是否进入本机,如果不进入本机,则执行下一步。

(3) 经过 Filter 表的 FORWARD 链。

(4) 通过 NAT 表的 POSTROUTING 链发送出去。

NAT 服务器的重点在于上述的第 1 步和第 4 步,即 NAT 表中的两条重要链:PREROUTING 和 POSTROUTING。那么这两个链有什么重要的功能呢?重点在于修改 IP。但是这两条链修改的 IP 是不同的,POSTROUTING 修改的是源 IP,而 PREROUTING 修改的是目标 IP。由于修改的 IP 不同,因此称为源 NAT(Source NAT,SNAT)和目标 NAT(Destination NAT,DNAT)。现在我们先来讨论一下具有 IP 共享器功能的 SNAT。

1. 来源 NAT(SNAT):修改数据包报头的来源项目

你应该听说过 IP 路由器,它可以让家庭中的多台主机通过一条 ADSL 网络连接到 Internet 上,如图 9-2 所示,那个 Linux 主机就是 IP 路由器。那么它是如何实现 IP 共享功能的呢?是通过 NAT 表中的 POSTROUTING。假设网络布线如图 9-2 所示,那么 NAT 服务器如何处理这个数据包呢?

如图 9-11 所示,当客户端 192.168.1.100 尝试连接到 https://www.baidu.com 时,它的数据包头发生的变化如下:

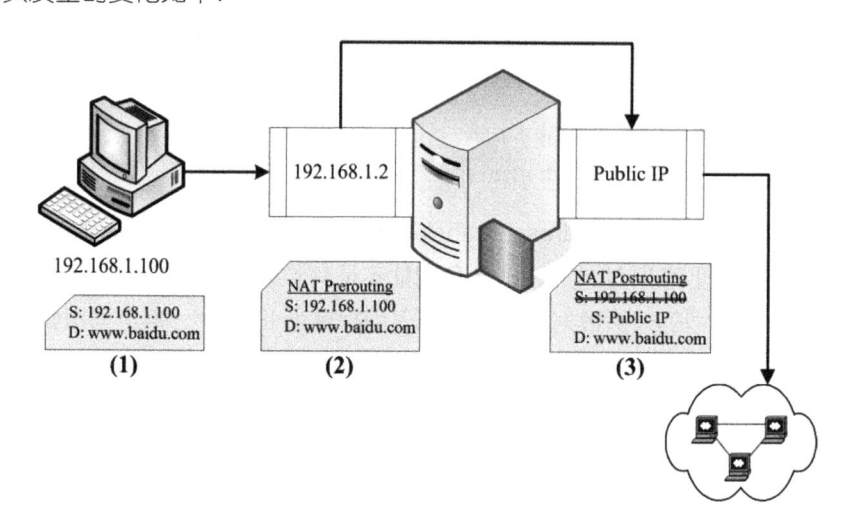

图 9-11 SNAT 数据包传送出去的示意图

(1)客户端发送的数据包的源 IP 将是 192.168.1.100,然后传输到 NAT 主机。

(2)NAT 主机的内部接口(192.168.1.2)接收到该数据包后,会主动分析报头数据。由于报头数据显示的目的地不是 Linux 本机,因此开始进行路由分析,并将该数据包转发到能够连接到 Internet 的公共 IP 地址处。

(3)由于私有 IP 与公共 IP 不能直接通信,因此 Linux 主机通过 iptables 的 NAT 表中的

POSTROUTING 链,将数据包的源 IP 伪装为 Linux 的公共 IP,并将两个不同源(192.168.1.100 和公共 IP)的数据包对应写入临时内存中,然后将该数据包传输出去。

在 Internet 上看到这个数据包时,只会知道它来自公共 IP,而不知道它实际上来自内部网络。那么,当 Internet 返回数据包时呢？让我们参考图 9-12 来说明这个过程。

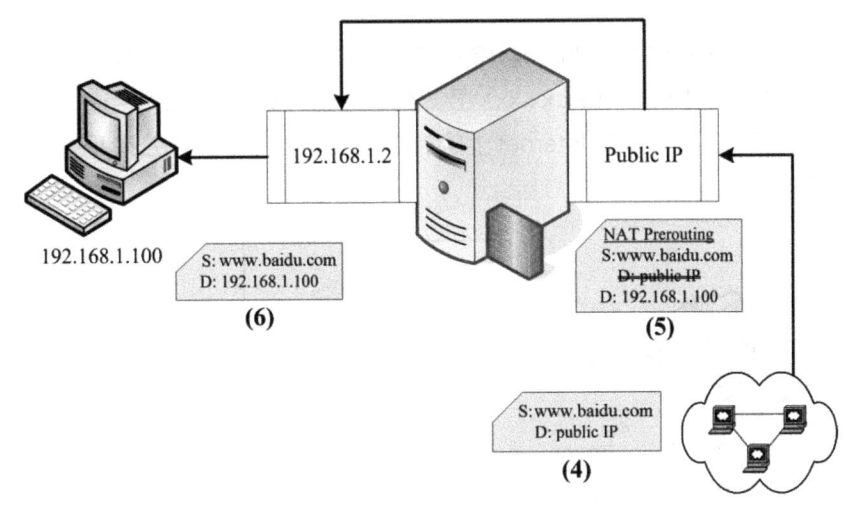

图 9-12 SNAT 数据包接收的示意图

（1）在 Internet 上的主机接收到这个数据包后,会将响应数据发送给公共 IP 的主机。

（2）当 Linux NAT 服务器接收到来自 Internet 的响应数据包时,会分析该数据包的序号,并与先前记录在内存中的数据进行比对。由于发现该数据包是之前传输到后端主机的数据包,因此在 NAT 的 PREROUTING 链中,会将目标 IP 修改为后端主机,即 192.168.1.100。然后,由于目标不再是本机（公共 IP）,因此开始通过路由分析数据包的流向。

（3）数据包将传输到内部接口的 192.168.1.2,然后传输到最终目标机器 192.168.1.100 上。

经过这个流程,我们可以发现,所有内部局域网的主机都可以通过这台 NAT 服务器连接到外部网络,而在 Internet 上看到的都是同一个 IP 地址（即 NAT 服务器的公共 IP）。也就是说,如果内部局域网的主机没有连接到不可信任的网站,那么内部主机实际上具有一定程度的安全性,因为 Internet 上的其他主机无法直接攻击局域网内的主机。因此,可以说 NAT 最简单的功能就类似于 IP 共享器,这也是 SNAT 的一种应用。

> NAT 服务器和路由器有什么不同呢？基本上,NAT 服务器本身就是一个路由器,但是 NAT 服务器由于需要修改 IP 报头数据,因此与仅仅转发数据包的路由器有所不同。最常见的 IP 共享器就是一种路由器,但是这个 IP 共享器一定会有一个公共 IP 和一个私有 IP,以便让内部局域网的私有 IP 通过 IP 共享器的公共 IP 进行传输。而路由器通常两端都是公共 IP 或私有 IP。

2. 目标 NAT（DNAT）：修改数据包报头的目标项

SNAT 主要用于处理内部 LAN 连接到互联网的情况，而 DNAT 主要用于为内部主机设置可供 Internet 访问的服务器，类似于图 9-4 中 DMZ 内的服务器。现在让我们先来讨论一下 DNAT 的工作原理。

如图 9-13 所示，假设内部主机 192.168.1.210 启动了 WWW 服务，该服务监听在端口 80 上，那么 Internet 上的主机（61.xx.xx.xx）要如何连接到内部服务器呢？当然，仍然需要通过 Linux NAT 服务器来实现。因此，Internet 上的机器必须连接到 NAT 的公共 IP 才能访问到内部服务器，流程如下：

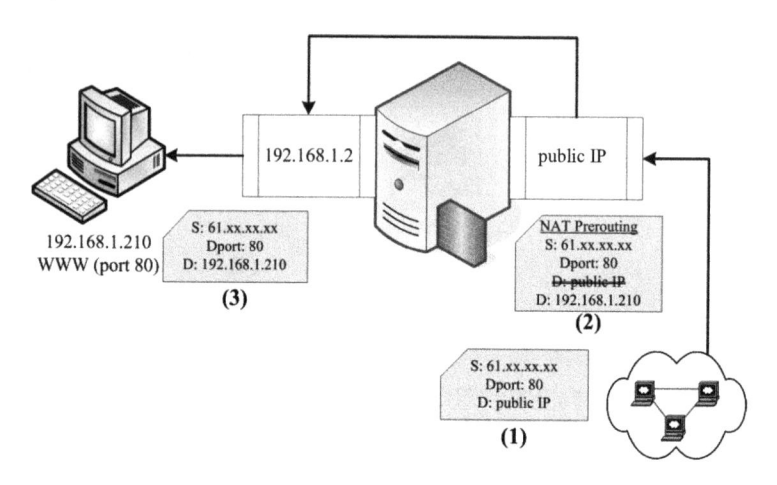

图 9-13 DNAT 的数据包传送示意图

（1）外部主机想要连接到目标端的 WWW 服务，则必须连接到 NAT 服务器。

（2）NAT 服务器已经设置好用以分析端口 80 的数据包，因此，当 NAT 服务器接收到该数据包时，会将目标 IP 从公共 IP 更改为 192.168.1.210，并记录该数据包的相关信息，等待内部服务器的响应。

（3）上述数据包经过路由分析后，到达私有接口，然后通过内部 LAN 传输到 192.168.1.210。

（4）192.168.1.210 会向 61.xx.xx.xx 发送回应数据，该回应数据当然会传输到 192.168.1.2。

（5）经过路由判断后，到达 NAT 的 POSTROUTING 链，然后根据第 2 步的记录，将源 IP 从 192.168.1.210 更改为公共 IP，然后传输出去。

其实整个过程几乎等同于 SNAT 的反向传送，这就是 DNAT，很简单。

9.5.2 最简单的 NAT 服务器：IP 分享功能

在 Linux 的 NAT 服务器服务中，最常见的是类似于图 9-2 的 IP 共享器功能。正如我们刚刚所介绍的，这个 IP 共享器的功能实际上就是 SNAT。它的作用是在 iptables 的 NAT 表中，在经过路由判断后的 POSTROUTING 链上执行操作，即进行 IP 伪装，从而实现 IP 地址的转换和转发。此外，需要了解的是，NAT 服务器必须具有一个公共 IP 接口和一个连接到内部 LAN 的私有 IP 接口。下面是鸟哥的一个假设示例：

- 外部接口使用 eth0，这个接口具有公共 IP。
- 内部接口使用 eth1，假设这个 IP 为 192.168.100.254。

利用前面几章所讨论的内容来设置网络参数后，务必进行路由的检查。在 NAT 服务器的设置过程中，最容易出错的地方就是路由，特别是在拨号连接产生 ppp0 这个对外接口的情况下，这个问题尤为严重。请记住：如果使用拨号或 cable modem 方式获取公共 IP，则绝对不要在配置文件/etc/sysconfig/network、ifcfg-eth0、ifcfg-eth1 等中设置 GATEWAY，否则会出现两个默认网关，从而引发问题。

在下载 iptables.rule 后，该文件已经包含了 NAT 的脚本。在文件的第二部分关于 NAT 服务器的设置中，应该能看到以下几行代码：

```
iptables -A INPUT -i $INIF -j ACCEPT
# 这一行是非必要的，主要的目的是让内部的局域网能够完全使用 NAT 服务器资源
# 其中 $INIF 在本例中为 eth1 接口

echo "1" > /proc/sys/net/ipv4/ip_forward
# 这一行则是在让 Linux 具有路由器的功能

iptables -t nat -A POSTROUTING -s $innet -o $EXTIF -j MASQUERADE
# 这一行最关键，就是加入 NAT 表数据包伪装。本例中 $innet 是 192.168.100.0/24
# 而 $EXTIF 则是对外接口，本例中为 eth0
```

以上输出的重点在于"MASQUERADE"。这个设置值是将 IP 伪装成为数据包发送出去的设备的 IP（使用"-o"参数）。根据上面的例子，这个设备就是$EXTIF，也就是 eth0。因此，只要数据包是来自$innet（即内部 LAN 的其他主机），只要该数据包可以通过 eth0 传输出去，就会自动将数据包的源 IP 报头修改为 eth0 的公共 IP。就是这么简单，只需下载 iptables.rule 文件并设置好内部和外部网络接口，在执行 iptables.rule 后，Linux 就具备了主机防火墙和 NAT 服务器的功能。

例题

如上所述的示例，局域网内的其他个人计算机应该如何设置相关的网络参数呢？

答：答案其实很简单，只需将 NAT 服务器设置为个人计算机的网关即可。只需记住以下参数值：

- NETWORK 为 192.168.100.0。
- NETMASK 为 255.255.255.0。
- BROADCAST 为 192.168.100.255。

- IP 可以设置为 192.168.100.1 ~ 192.168.100.254，不可重复。
- 网关需设置为 192.168.100.254（NAT 服务器的私有 IP）。
- DNS（/etc/resolv.conf）需设置为 1.2.4.8（中国电信），具体的设置根据你的 ISP 而定。

事实上，除了使用 IP 伪装（MASQUERADE）进行 IP 报头伪装之外，我们还可以直接修改 IP 数据包报头的源 IP。以下是一个示例。

例题

假设对外的 IP 固定为 192.168.1.100，若不想使用伪装，该如何处理？

答：

```
iptables -t nat -A POSTROUTING -o eth0 -j SNAT  --to-source 192.168.1.100
```

例题

假设 NAT 服务器对外 IP 有好几个，当想要轮流使用不同的 IP 时，该如何设置？假设你的 IP 范围为 192.168.1.210~192.168.1.220。

答：

```
iptables -t nat -A POSTROUTING -o eth0 -j SNAT \
        --to-source 192.168.1.210-192.168.1.220
```

这样也可以修改网络数据包的源 IP 地址。然而，要使用这种方法，你需要具备以下条件：固定 IP 地址，并且有多个可用于对外连接的 IP 地址。否则，在一般情况下，使用 IP 伪装就足够了，无须使用 SNAT。当然，这只是一般情况下的做法，可能存在特殊环境需要特殊处理的情况。

9.5.3 iptables 的额外内核模块功能

如果仔细观察 iptables.rule 内的第二部分，你可能会感到奇怪，为什么我们需要加载一些有用的模块，比如 ip_nat_ftp 和 ip_nat_irc？原因是很多通信协议使用的数据包传输方式比较特殊，尤其是 FTP 文件传输使用两个端口来处理数据，我们将在第 21 章"文件服务器之三：FTP 服务器"中详细讨论这一点。在这里，我们需要了解的是，iptables 提供了许多实用的模块，这些模块可以辅助数据包的过滤，帮助我们节省很多 iptables 规则的编写工作。

9.5.4 在防火墙后端的网络服务器上设置 DNAT

既然可以使用 SNAT 实现 IP 共享功能,当然也可以使用 iptables 创建 DMZ。但是需要再次强调的是,不同服务器的数据包传输方式可能存在差异,因此建议新手不要尝试这个功能,否则可能会导致无法正常对外提供某些服务。

处理 DNAT 功能时,我们需要使用 iptables 下达相应的命令。同时,必须知道的是,DNAT 使用的是 NAT 表中的 Prerouting 链。请确保不要混淆这一点。

例题

假设内网中有一台主机,IP 地址为 192.168.100.10,该主机是对外开放的 WWW 服务器。现在我们需要使用 NAT 机制将 WWW 数据包传递给该主机。具体操作如下:

假设公共 IP 地址位于 eth0 接口上,那么我们需要设置以下规则:

```
iptables -t nat -A PREROUTING -i eth0 -p tcp --dport 80 \
    -j DNAT --to-destination 192.168.100.10:80
```

在上面的例题中,"-j DNAT --to-destination IP[:port]"是关键部分,它表示当从 eth0 接口进入,并且想要使用端口 80 的服务时,将该数据包重新传输到 IP 地址为 192.168.100.10 且端口为 80 的目标主机上。我们可以同时修改目标主机的 IP 地址和端口,非常方便。除此之外,还有一些更高级的 iptables 使用方式:

```
-j REDIRECT --to-ports <port number>

# 这个也挺常见的,基本上,就是进行本机上端口的转换
# 不过,需要注意的是,这个操作仅能够在 NAT 表的 PREROUTING 以及 OUTPUT 链上面实行

范例:将要求与端口 80 连接的数据包转发到编号为 8080 的端口
[root@www ~]# iptables -t nat -A PREROUTING -p tcp  --dport 80 \
> -j REDIRECT --to-ports 8080
# 这种设置最容易用在使用了非正规的端口来执行某些"著名"的协议上
# 例如使用 8080 这个端口来启动 www,但是别人都以端口 80 来连接,
# 这种情况就可以使用上面的方式来将对方对本机的连接传送到端口 8080
```

至于更多的用途,那就有待你自己发掘了。

9.6 重点回顾

- 要拥有一台安全的主机,必须要进行规划好的主机权限设置,及时更新软件包,定期备份重要数据,进行完善的员工教育培训,仅有防火墙是不够的。
- 防火墙的主要功能是帮助限制某些服务的访问来源,可以管理源 IP 地址和目标 IP 地址。

- 根据数据包阻挡的层次，防火墙可以分为代理和数据包过滤两种类型。
- 在防火墙内部但不在局域网内的服务器所在的网络通常被称为 DMZ（非军事化隔离区）。
- 数据包过滤机制的防火墙通常至少可以分析 IP 地址、端口、标志位（如 TCP 数据包的 SYN）和 MAC 地址等。
- 防火墙对于病毒的阻挡能力相对较弱。
- 防火墙对于来自内部网络的误用或滥用的阻挡能力相对较弱。
- 架设了防火墙并不意味着系统一定很安全，仍然需要定期更新软件漏洞并进行用户的权限设置等。
- Linux 2.4 及其之后的内核使用 iptables 作为防火墙软件。
- 防火墙规则的制定和顺序有很大关系，如果规则顺序错误，可能会导致防火墙失效。
- iptables 的默认表格有 3 个，分别是 Filter、NAT 和 Mangle，其中常用的是 Filter（本机）和 NAT（后端主机）。
- Filter 表主要针对本机的防火墙设置，根据数据包流向分为 INPUT、OUTPUT、FORWARD 三条链。
- NAT 表主要针对防火墙后端的主机，根据数据包流向分为 PREROUTING、OUTPUT、POSTROUTING 三条链，其中 PREROUTING 与 DNAT 有关，POSTROUTING 与 SNAT 有关。
- iptables 的防火墙根据规则进行匹配，如果所有规则都不匹配，则按照默认策略处理数据包。
- 在 iptables 的命令行中，有许多可用的参数，当使用 -j LOG 参数时，数据包的流程将被记录到 /var/log/messages 中。
- 防火墙可以进行多重设置，例如即使已经设置了 iptables，仍然可以继续设置 TCP Wrappers，因为无法预测 iptables 何时会出现漏洞或规则设置不合适。

9.7 参考数据与延伸阅读

- Squid 官网：http://www.squid-cache.org/。
- 与 iptables 相关的网站与书籍
  http://www.netfilter.org/。
  http://www.netfilter.org/documentation/HOWTO//packet-filtering-HOWTO.html。

第 10 章
申请合法的主机名

第二篇　主机的简易安全防护措施

在讲完网络基础并且架设了个人简易的防火墙之后，现在准备开始进行服务器的架设。在服务器架设的步骤中，非常重要的一点是主机名必须能够在 Internet 上被查询到。这是因为人类对于 IP 地址的记忆力较差，所以使用主机名来代替 IP 地址。然而，主机名只有在可以被查询到时才有用。因此，拥有一个合法的主机名非常重要。要成为合法的主机，需要让 DNS 系统能够找到它。然而，如果我们的主机是通过拨号连接到网络且 IP 地址是不固定的，该怎么办呢？这时就需要使用动态 DNS 系统。本章主要介绍客户端的设置，而不是如何设置 DNS 服务器。

10.1 为何需要主机名

根据第 2 章的网络基础，我们知道其实只要有 IP 地址和正确的路由，就可以建立 TCP/IP 连接。那么为什么要申请主机名呢？原因在于方便记忆。例如，你能够记住我们经常用来查找资料的 www.baidu.com 的 IP 地址吗？即使是鸟哥也无法背下来。

由于 IP 地址很难记忆，而且如果你的 IP 地址是类似拨号连接那样不固定的，那就更加麻烦了。因此，我们习惯使用熟悉的英文字符串作为主机名，并让主机名与 IP 地址对应。这样，只需要记住主机名，IP 地址的查询可以交给计算机主机来处理。基于这样的想法，当然需要主机名。

> 本章将介绍如何申请一个合法的主机名。目前，Internet 上使用的主机名都是通过 DNS 系统来实现的。要获取一个 DNS 主机名，就需要进行注册，也就是通过支付费用进行申请。当然，也有提供免费主机名服务的选项。本章将不会介绍如何搭建一个 DNS 服务器，而是介绍如何通过注册或免费申请的方式获取主机名。

10.1.1 主机名的由来

由于 IP 地址很难记忆，人们开始使用主机名来对应到主机的 IP，这就是主机名的由来。在早期，连接到网络的计算机数量并不多，因此人们想出了一个简单的方法，即在每台计算机的/etc/hosts 文件中设置主机名与 IP 的对应表。这样，人们就可以直接通过主机名连接到网络上的某些主机。

随着科技的进步，连接 Internet 的人数越来越多，使用/etc/hosts 的方法已经无法胜任（每当有一台新计算机上线，所有 Internet 上的计算机都需要重新修改/etc/hosts 文件，非常不方便）。于是，域名系统（Domain Name System，DNS）应运而生。

DNS 利用类似树状目录的结构，将主机名管理分配在不同层级的 DNS 服务器中，通过分层管理的方式进行管理，因此每台服务器只需记忆少量信息，且对于变动的处理也相对容易。那么 DNS 的功能是什么呢？它的主要功能是将计算机主机的名称转换成 IP 地址。当然，DNS 还具有许多额外的功能，关于 DNS 的详细介绍将在后续的第 19 章中进行。总之，DNS 最重要的功能就是将有含义且易于人类记忆的主机名（英文字母）转换为计算机熟悉的 IP 地址。

通过上述简单说明可以知道，如果想要使用一个主机名，就需要通过 DNS 系统，而不仅仅是修改/etc/hosts 文件。那么如何将一个主机名添加到 DNS 系统中呢？关键在于"授权"。那么什么是授权呢？

10.1.2 重点在合法授权

很多人认为:"因为我想搭建网站,需要一个主机名,所以需要架设 DNS 服务器。"这种想法是错误的。DNS 是一个庞大的架构,连接着全球的网络。除非经过注册手续,让 DNS 系统承认你的主机名合法,否则所架设的 DNS 只是一个练习性的测试站,没有实际用途。

那么如何将主机名加入 DNS 系统呢? 首先,需要选择一个注册单位,并检查想要注册的主机名是否可用。主机名是有含义的,不能随意注册。例如,在中国,个人网站的注册主机名可能是*.idv.cn,而公司可能注册为*.com.cn,这一点需要特别注意。各个国家或地区有很多注册单位,你可以选择像中国电信的 ISP 来注册。当然,也可以选择免费的 no-ip.org 来注册。

要理解何为"合法授权",需要从 DNS 主机名的查询方式来谈起。由于 DNS 查询是由上层的 ISP 提供解析,并向下层的注册者授权,因此下层的注册者只需正确设置后,全世界的主机就能知道其设置的数据。具体的查询流程将在第 19 章详细讨论。下面介绍一个简单的查询示意图,如图 10-1 所示。

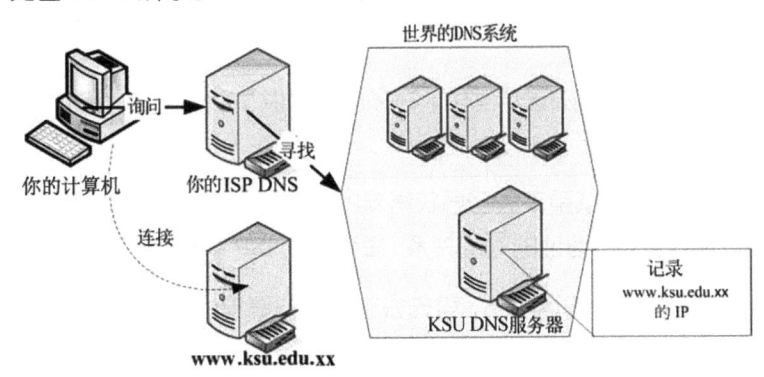

图 10-1 DNS 查询示意图

以某大学的 WWW 服务器主机名注册方式为例,它的 WWW 服务器主机首先要向大学计算机中心(类似于 ISP)注册并获取 www.ksu.edu.xx 这个主机名与 IP 地址的对应关系。这个对应关系会被记录在大学计算机中心的 DNS 服务器上。那么如何知道 www.ksu.edu.xx 的主机 IP 在哪里呢? 首先,需要向 DNS 发出查询请求,该 DNS 服务器会向全球的 DNS 系统发起查询,而后者会主动查询 KSU 的 DNS 服务器,最终就会得知 www.ksu.edu.xx 的 IP 地址在哪里,然后就可以进行连接了。

从这个流程中可以看出,WWW 服务器与 KSU DNS 服务器之间并没有绝对的关系,它们是独立的。我们只需要确保完成 DNS 的注册工作(向计算机中心申请注册),而无须维护 DNS 的详细信息。因此,有两点需要注意:①主机名的设计是有含义的,不能随意设置;②要使主机名生效,需要通过注册来获得合法授权。如果想要架设 DNS 并深入了解 DNS 系统,我们将在后续的第 19 章进行讨论。

> 在本章中，理论方面的讲解比较少，因为很多内容都与第 19 章中的内容有重复。在本章中，鸟哥主要介绍动态 IP 搭建的一个简单主机名申请方式。

10.1.3　申请静态还是动态 DNS 主机名

通过上述说明，我们清楚地知道 DNS 系统最主要的功能是进行主机名到 IP 地址的解析。通常情况下，DNS 解析用于固定 IP 与对应主机名之间的解析，如图 10-1 所示。在这种情况下，在 DNS 架构下申请主机名后，如果你的 IP 地址不会发生变化，那么就不会出现与主机名相关的问题，这也被称为静态 DNS 主机名功能。

然而，许多小型网站使用的是非固定 IP 上网，甚至某些 ADSL 拨号模式会定时强制断线，这意味着一段时间后，需要重新拨号上网，每次成功拨号后获得的 IP 地址可能会不同。这样一来，IP 地址会不断变化，那么是不是每次都需要与上层 DNS 主机的管理员申请更新 IP 地址？这样会不会太麻烦？

确实是很麻烦的。为了解决这个问题，许多 ISP 提供了所谓的动态 DNS 服务功能，其工作原理如下：

（1）客户端（每次开机或重新拨号后获得新的 IP 地址）会主动向 DNS 服务器发出请求，希望服务器更新主机名与 IP 地址的对应关系（每个主要 ISP 都有相应的程序供客户端使用）。

（2）服务器接受客户端的请求后，首先会验证客户端提供的账号和密码是否正确，如果正确，服务器将立即修改自身对于主机名的设置。

因此，每当我们获得新的 IP 地址后，与主机名相关的 IP 地址也会在 DNS 系统中进行更新。这样，只要其他人知道你的主机名，无论你的 IP 地址是什么，他们都能够连接到你的主机（因为 IP 地址跟随主机名而变化），这对于使用动态 IP 地址的人来说非常有帮助。整个过程如图 10-2 所示，可以看出 WWW 服务器与 DNS 服务器之间存在关联性。

不过，需要注意的是，目前许多主机名的申请是需要付费的。如果你需要更稳定的主机名与 IP 对应的服务，那么必须支付费用进行注册。然而，对于实验性质的网站，也可以申请免费的动态 DNS 服务。

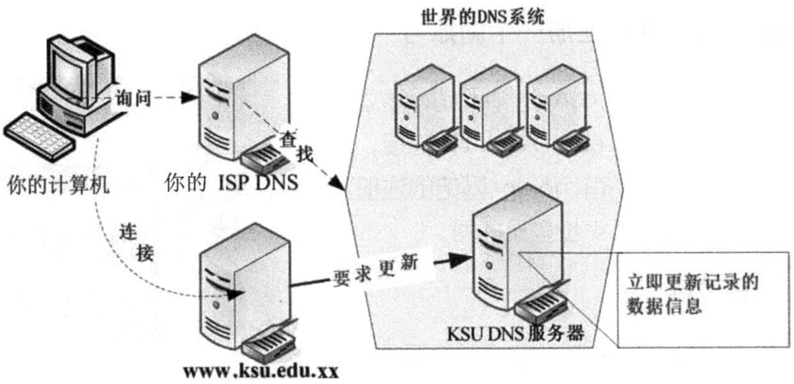

图 10-2 动态 DNS 服务——客户端向服务器端发送更新要求

10.2 注册一个合法的主机名

据前面的介绍，要获得合法的主机名，取决于 IP 地址是否固定，有静态 DNS 主机名和动态 DNS 主机名两种注册方式。以下是鸟哥列出的一些自己有注册经验的网站，供读者参考：

- **静态 DNS 主机名注册**

    静态 IP 对应主机名的注册网站实在太多了，下面是鸟哥提供的几个网站。
    域名系统 1：http://www.netsol.com。
    域名系统 2：http://www.dotster.com。

- **动态 DNS 主机名注册**

    免费的动态 DNS 系统主要就是这个 NO-IP 公司提供的网站，链接如下。
    免费 DNS 系统：http://www.no-ip.com。

10.2.1 静态 DNS 主机名注册

静态 DNS 的申请方式其实都差不多，都是需要以下几个步骤：

（1）先查询想要注册的域名是否存在。

（2）进入 ISP 申请注册所想要的主机名。

（3）缴费，并等待主机名被启用。

10.2.2 动态 DNS 主机名注册（以 no-ip 为例）

如果你像鸟哥一样使用 ADSL 拨号连接上网，那么你的 IP 地址应该是不固定的。如果确实如此，那么在这样的网络环境下搭建网站相对麻烦一些。这时，no-ip.com 提供的免费动态 IP 对应主机名的服务就非常重要了。我们先来申请一个主机名试试看。

1. 登录主网页，并且注册一个新账号

登录 http://www.no-ip.com 这个网站，然后在出现的界面的左下角单击 Create Account 链接，如图 10-3 所示。如果你已经有 no-ip 网站的注册账号，那么直接跳到下面的第 4 步登录即可。

2. 填写识别数据

由于启动账号必须由 no-ip 提供一个注册启动的连接，因此必须要填写正确的 E-mail 来接受启动码。整个注册的信息如图 10-4 所示。

图 10-3 no-ip 网站的注册：新建账号

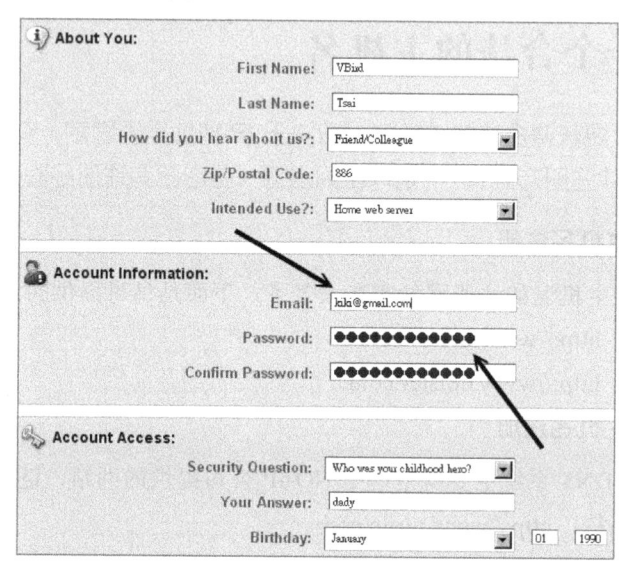

图 10-4 no-ip 网站的注册：新账号建立所需填写的数据

最重要的是，在该网页的底部还有一个验证码以及必须勾选的"I agree that…"选项，最后单击"I Accept, Create my Account"按钮。具体情况如图 10-5 所示。

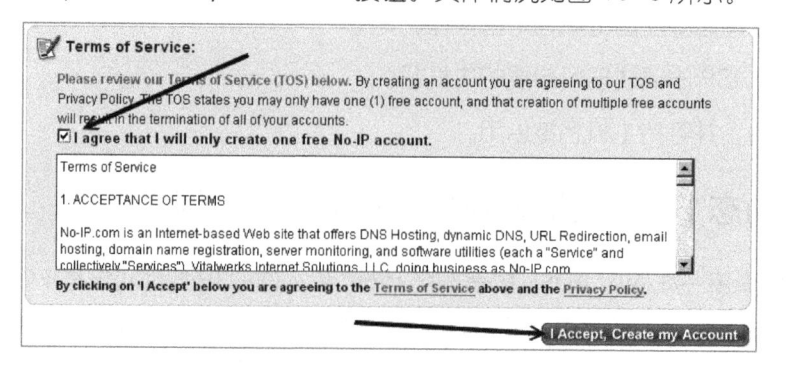

图 10-5 no-ip 网站的注册：新账号建立务必勾选项目

3. 启用账号

在申请注册一个新账号后，no-ip 会发一封邮件给你，请自行参考邮件内容，并选择正确的启动码连接，那账号就能够启动，此时请回到图 10-3，填写正确的 E-mail 用户名（username）/密码（password），就能够登录 no-ip 网站了。

4. 登录 no-ip 网站并设置主机名与 IP 的对应

通过图 10-3 的界面登录后，会看到如图 10-6 所示的界面。下面准备来处理主机名与 IP 的对应数据。

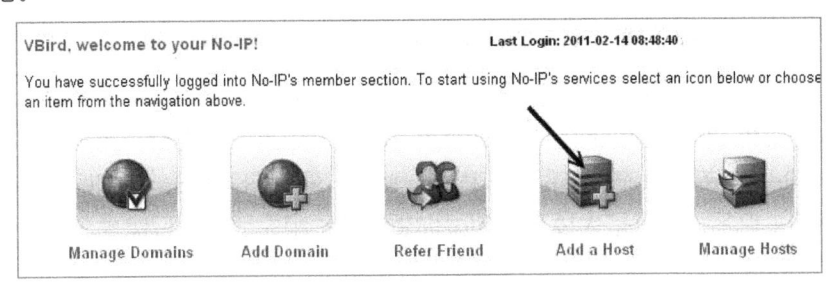

图 10-6 登录 no-ip 网站后的示意图

图 10-6 的重点在于 Add a Host（添加一个主机名）及 Manage Hosts（管理主机名）两项，由于我们还没有设置主机名，因此使用 Add a Host 来添加主机名。单击 Add a Host 选项的图标，就会出现如图 10-7 所示的界面。

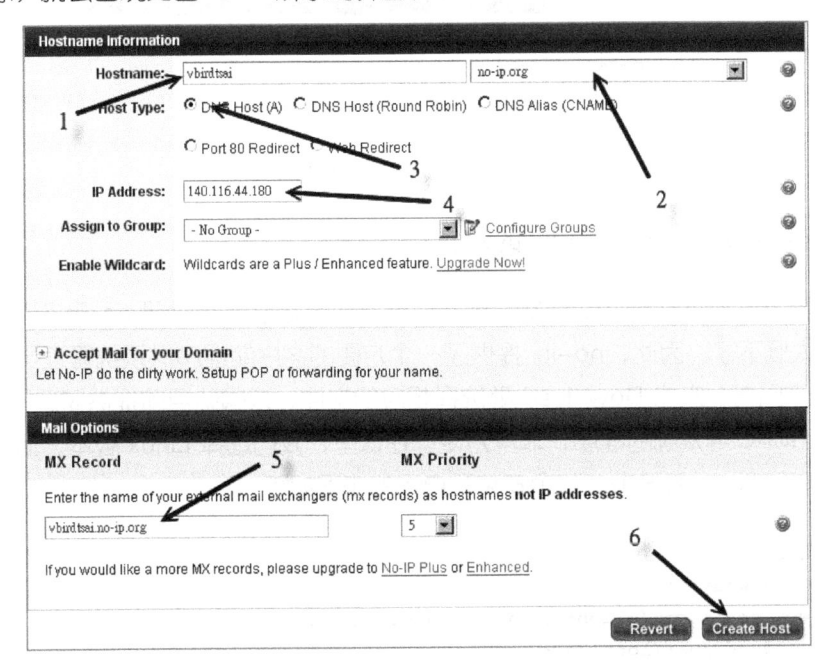

图 10-7 添加一个主机名与 IP 对应的方式

主要填写的内容为：

（1）你想要的主机名。

（2）no-ip 网站提供的域名，与上个名称组合成完整的主机名。

（3）选择单一主机的 IP 对应。

（4）填写该主机名对应的正确 IP 地址（后续可以通过程序直接修改，这里随便填也没关系）。

（5）只与 Mail 服务器有关，所以写不写都无所谓，不过建议填写自己的主机名即可。

（6）若上述数据都正确，单击 Create Host 按钮即可创建成功。如果该主机名已被注册的话，屏幕会出现警告信息，此时再选填其他主机名即可。

如果一切顺利，你将看到如图 10-8 所示的界面。如果想要更新、删除或添加主机名，只需按照图 10-8 中的示意流程进行操作即可。此外，根据图 10-8，我们可知 no-ip 可以提供 5 个免费的主机名，这真是太棒了。如果你想要维护相关数据，只需单击 Manage Hosts 按钮即可进行处理。

图 10-8 主机名处理完毕与维护的示意界面

5. 设置自动更新主机名与 IP 的对应

如果每次系统重新启动或重新拨号获得新的 IP 地址后都需要登录 no-ip 网站进行修改，那么效率就太低下了。因此，no-ip 提供了一个方便的客户端程序供系统管理员使用。你可以在 no-ip 官网右上方的 Download 处选择相应的文件。该网站目前提供了适用于 Linux、Windows 和 MAC 等系统的程序，非常方便。在这里，我们选择 Linux 版本。请自行下载并将该程序移动到 Linux 系统中。整个安装和启用的流程如下：

```
# 1. 编译与安装
[root@www ~]# wget \
> http://www.no-ip.com/client/linux/noip-duc-linux.tar.gz
[root@www ~]# cd /usr/local/src
[root@www src]# tar -zxvf /root/noip-duc-linux.tar.gz

[root@www src]# cd noip-*
```

```
# 注意，这个目录中有个名为 README.FIRST 的文件，务必查看一下其内容
[root@www noip]# make
[root@www noip]# make install
# 这样会将主程序安装在 /usr/local/bin/noip2 下，而主参数文件放在/usr/local/etc/no-ip2.conf 中。
然后必须回答一些问题

Please select the Internet interface from this list.

By typing the number associated with it.
0        eth0
1        eth1
0        <==因为鸟哥的主机对外使用 eth0 接口

Please enter the login/email string for no-ip.com   kiki@gmail.com
Please enter the password for user 'kiki@gmail.com' ***
# 上面这两个是刚刚注册时所填写的 E-mail 与密码

Only one host [vbirdtsai.no-ip.org] is registered to this account.

It will be used.
Please enter an update interval:[30]
Do you wish to run something at successful update?[N]  (y/N) n

mv /tmp/no-ip2.conf /usr/local/etc/no-ip2.conf
# 重点在此。刚设置的配置文件被放到上面这个文件中了
```

这样就完成了 no-ip 的设置，可以开始执行了。执行的方法非常简单。

```
# 2. noip2 程序的使用
[root@www ~]# /usr/local/bin/noip2
# 不要怀疑。这样输入后，你在 no-ip 上面注册的主机名
# 就开始自动产生对应了。就这么简单

[root@www ~]# noip2 [-CS]
选项与参数：
-C ：重新设置参数，即设置我们在上面输入的粗体字的内容
     如果有两个以上的 no-ip 主机名，就一定要使用 noip2 -C 来重新设置参数文件
-S ：将当前的 noip2 的情况显示出来

[root@www ~]# noip2 -S
1 noip2 process active.

Process 2496, started as /usr/local/src/noip-2.1.9-1/noip2, (version 2.1.9)
Using configuration from /usr/local/etc/no-ip2.conf
Last IP Address set 140.116.44.180
Account kiki@gmail.com
configured for:
        host  vbirdtsai.no-ip.org
Updating every 30 minutes via /dev/eth0 with NAT enabled.
```

这样就成功了，而且 noip2 每分钟都会自动到主网站上更新，非常方便。如果想要在开机时自动启动 noip2，可以按照以下步骤进行设置：

```
# 3. 设置开机启动
```

```
[root@www ~]# vim /etc/rc.d/rc.local
# 加入下面这一行
/usr/local/bin/noip2
```

10.3 重点回顾

- 主机名是为了帮助人们记忆 TCP/IP 的 IP 地址。
- 主机名与 IP 的对应关系从早期的/etc/hosts 文件变更为由 DNS 系统来记录。
- 合法的主机名必须通过合法授权才能在 Internet 上生效。
- 除静态的主机名与 IP 对应关系外,对于不固定 IP 的连接模式,可以通过动态 DNS 服务实现将非固定 IP 永久指向同一个主机名的功能。

第三篇
局域网内常见服务器的搭建

在开始实际搭建 Linux 网络服务器之前，请务必仔细阅读之前两篇的内容，并确保已经将主机在网络上设置为足够安全。事实上，中小型企业非常常见，企业员工之间常常需要共享一些数据，这些数据通常不会通过 Internet 传输，而是在内部局域网中传输。因此，局域网内部的服务器数量可能比 Internet 上的服务器还要多。因此，我们首先需要了解局域网中常见的服务器。

在这一篇中，首先介绍用于管理服务器的连接服务器，例如 SSH、XDMCP、VNC、XRDP 等。然后，介绍网络参数管理方面的 DHCP 服务器，以及文件服务器方面的 NFS、SAMBA 等服务。接下来，介绍与 NFS 密切相关的账号同步的 NIS 服务器。然后，介绍两个常见的服务器，包括用于时间同步的 NTP 服务器，以及具有良好网络监控能力的代理服务器。最后，介绍一种在磁盘空间不足时可以应用的 iSCSI 模拟器。

第三篇 局域网内常见服务器的搭建

第 11 章

远程连接服务器 SSH/XDMCP/VNC/XRDP

维护网络服务器最简单的方式不是亲自前往物理服务器登录，而是通过远程连接服务器的功能来登录主机，然后执行各种维护工作。几乎所有的 Linux 主机都提供了 SSHD 这个连接服务，并且该服务还主动进行数据加密，从而使网络上传输的信息更加安全。同时，还可以通过使用 SSH 通道来实现异地数据备份的功能，这一点非常出色。如果希望使用图形界面进行登录，那么可以使用默认的 XDMCP 配合 VNC，在网络的另一端以图形界面的方式登录服务器。如果习惯使用 Windows 的远程桌面功能，那么也可以考虑使用 XRDP。

11.1 远程连接服务器

远程连接服务器对管理员来说是非常有用的操作，它使得对服务器的管理更加便利。然而，尽管方便，但是开放让全世界都可以尝试登录你的主机并不是一个好主意，因为这可能存在安全性问题。因此，在本章中，我们特别强调远程连接服务器的问题。

11.1.1 什么是远程连接服务器

首先，我们来了解什么是远程连接服务器？远程连接服务器有什么功能？你可能听说过，一台开放在 Internet 上的服务器。基本上，不需要屏幕、键盘、鼠标等外部设备，只要有基本的主板、CPU、RAM（内存）、硬盘，再加上一块好一点的网卡，并且连接上 Internet，这台主机就能为你提供所需的网络服务。但是，如果需要重新配置这台主机，该如何登录并获取类似于 bash 的界面来进行操作和修改呢？这就需要借助远程连接服务了。

远程连接服务器通过文本或图形界面的方式远程登录系统，让你可以在远程终端上登录 Linux 主机并获取可操作主机的 Shell 界面，使得操作感觉上就像在系统前面一样。因此，不需要远程网络服务器的键盘、鼠标、屏幕等外部设备，只要终端计算机可以正常连接远程主机就可以进行操作。

以鸟哥个人为例，目前鸟哥管理十几台类 UNIX 的主机，这些主机并不在同一个地方，而是分布在不同的地理位置。那么当有新的软件漏洞发布，或者需要进行一些额外的设置时，鸟哥是否必须亲自到现场呢？当然不需要，只要通过网络连接到相应的主机上，就能进行任何工作，就像在主机前面工作一样轻松愉快。这就是远程连接服务器的好处。

> 很多人可能会问，我使用 FTP 时也需要输入账号和密码来登录，那与本章节提到的登录有什么不同呢？最大的不同在于通过远程连接可以获取 Shell 并进行工作。使用 SSH/Telnet/VNC 等方式获得的文本或图形 Shell 可以执行许多系统管理任务，与仅能进行的 FTP 工作自然是不同的。

1. 远程连接服务器的功能之一：分享 UNIX-Like 主机的运算能力

当你的工作需要使用 Linux 强大的程序语言编译功能时，确实需要使用 Linux 操作系统。而且最好是性能较高的主机，以保证指令周期较快。在这种情况下，你可以将研究室中性能最好的主机开放出来，并设置为远程连接服务器，让你的学生或研究室的同事通过该主机进行研究工作。这样一来，你的主机就可以实现多人共享 Linux 计算的功能。他们可以远程连接到该主机上，利用其强大的编译功能进行工作，从而提高工作效率并充分利用主机的性能。

举例来说，鸟哥与两所大学的老师、同学组建了一个服务器等级的群集架构计算机（PC

Cluster）。目前，我们在该计算机上运行 MM5、Models3 等大气和空气质量模型。选择在这样的架构下进行数值运算模型主要考虑到计算能力的需求。由于有很多人使用该组，难道大家要挤在一个屏幕前工作吗？当然不需要。这就是远程连接服务器提供的服务范围。

是否每一台连接到 Internet 的主机都应该开放远程连接功能？其实并非如此，这仍然需要根据你的主机进行规划。我们将在下面分服务器和工作站进行说明。

2. 服务器类型（Server）：有限度地开放连接

在一般对 Internet 开放服务的服务器中，由于开放的服务可能包含重要信息，而远程连接程序连接主机后可以执行多种操作（几乎可以像在主机前工作一样），因此服务器的远程连接程序通常仅对少数系统维护者开放。除非必要，否则不建议在服务器类型的主机上开放远程连接服务。

以鸟哥为例，我的主机提供了我们研究室使用的邮件和 Internet 上的 WWW 服务。如果还主动提供远程连接的话，那么一旦不小心被入侵，可就伤脑筋了。因此，鸟哥只针对特定的网络开放远程连接服务，其他来源的 IP 一律阻止，不允许使用远程连接功能。

3. 工作站类型（Workstation）：只对内网开放

所谓的工作站，是指不提供 Internet 服务的主机，仅向用户提供大量的计算能力。既然不提供 Internet 服务，为什么还要开放远程连接服务呢？其实并不是这样的。类似于鸟哥之前提到的 PC Cluster，它是由大量计算机组成的集群，也可以称为工作站，因为它不提供常见的网络服务。然而，它必须提供用户登录权限，以便大家能够使用其中的计算功能。在这种情况下，我们需要根据内部或特定来源开放远程连接服务。

11.1.2　有哪些可供登录的类型

目前远程连接服务器的主要类型有哪些？如果以登录的连接界面来分类，基本上有文本界面与图形界面两种。

- 文本界面。
- 文本界面明文传输：以 Telnet、RSH 等为主，目前非常少用。
- 文本界面加密：以 SSH 为主，已经取代上述的 Telnet、RSH 等明文传输方式。
- 图形界面：XDMCP、VNC、XRDP 等较为常见。

文本界面登录的连接服务器中，主要有使用明文传输数据的 Telnet 服务器，以及利用加密技术对数据进行加密后传输的 SSH 服务器。虽然 Telnet 可以支持较多的客户端软件，但由于它使用明文传输数据，数据很容易被有心人士拦截，因此我们近来呼吁大家更多地使用 SSH 这种连接方式，以保护数据安全。

至于图形界面的连接服务器，比较简单的是使用 XDMCP（X Display Manager Control Protocol），架设 XDMCP 相对简单，但可用的客户端软件相对较少。另一款目前非常常见的图形连接服务器是 VNC（Virtual Network Computing，虚拟网络控制台），通过 VNC Server/Client 软件进行连接。如果希望使用类似于 Windows 的远程桌面连接功能，那么需要搭建 RDP（Remote Desktop Protocol，远程桌面协议）服务器。

> 图形界面的最大优点在于其图形化特性，但由于传输的是图形数据，数据量相对较大，速度和安全性都需要提高。因此，建议将图形界面的远程登录服务器仅开放在内部网络（局域网）中。

数据的明文传输与加密传输

什么是"明文传输"和"加密传输"呢？为什么 Telnet 使用明文传输就不安全？所谓的明文传输，是指当数据包在网络上传输时，该数据包的内容以原始格式传输。换句话说，当使用 Telnet 登录远程主机时，需要输入账号和密码。这意味着账号和密码以原始的、未经加密的格式进行传输。因此，如果被类似于 tcpdump 等监听软件获取到数据，账号和密码就有可能被窃取。

如果数据包中包含信用卡数据、密码、身份确认等重要信息，使用明文传输就无法保证数据的安全性。因此，目前希望对这些在网络上传输的数据采用加密技术，以提高数据在互联网上传输的安全性。

> 说 SSH 比较安全，其实是指通过 SSH 协议传输的信息在网络上传输时相对较安全，因为数据经过加密处理。即使数据被窃取，对方可能也无法了解数据的具体内容，因此信息相对较安全。然而，这并不意味着 SSH 通信协议本身就是绝对安全的，这两个概念是不同的。

由于 Telnet、RSH 等明文传输的连接服务器已经被 SSH 取代，并且在一些实际应用中已经很少看到 Telnet 和 RSH 的使用，因此本章将重点介绍 SSH 在文本界面上的应用，包括使用 rsync 通过 SSH 协议进行异地备份等任务。至于图形界面，将介绍 XDMCP、VNC 和 RDP。由于许多工作站用户需要显示他们在工作站上操作后的图形结果，因此这部分内容也非常重要。

11.2　文本界面连接服务器：SSH 服务器

由于早期的远程连接服务器大多采用明文数据传输，并且存在一些安全问题，因此后来 SSH 协议取代了这些应用。那么 SSH 是什么？它有什么特殊功能？简单来说，SSH 是 Secure Shell Protocol 的简称（安全壳协议），它通过数据包加密技术将待传输的数据包加密后传输到网络上，因此数据信息相对较安全。SSH 可以替代不安全的 Finger、R Shell（RCP、Rlogin、

RSH 等)、Talk 和 Telnet 等连接模式。接下来,将简要介绍 SSH 的连接模式,以说明为什么 SSH 的数据信息相对较安全。

特别注意:在默认情况下,SSH 协议本身提供了两个服务器功能。

- 类似于 Telnet 的远程连接使用 Shell 的服务器,通常被称为 SSH 服务器。
- 类似于 FTP 服务的 Sftp-Server,提供更安全的 FTP 服务。

11.2.1 连接加密技术简介

什么是"数据加密"?简单来说,数据加密是通过一系列运算将可读的原始电子数据转换为无意义的乱码(至少对人类来说),然后在网络上进行传输。当用户希望查阅这些数据时,再通过解密运算将加密数据还原为原始的电子数据。由于加密数据经过重新处理,即使在 Internet 上被黑客监听并窃取,要对加密的数据进行解密以获取原始的数据内容也不是很容易。

> 鸟哥常说,加密机制有点像两个人之间的火星语对话。假设你和你的朋友约定使用一种特定的语言,这种语言只有你们两个人能够理解,那么当你们交谈时,旁边的人只会听到一串无意义的声音,因为他们无法理解。即使有人录下你的声音,只要他不知道你们的特殊语言,他也无法理解你们对话的内容。

加解密运算的机制和技术非常多,在这里不讨论复杂的理论问题,只讨论与一些相关的加解密概念。目前常见的网络数据包加密技术通常使用"非对称密钥系统"。这种系统主要通过两把不同的公钥(Public Key)和私钥(Private Key)进行加密和解密过程。由于这两把钥匙的作用是提供数据加解密,因此在同一个连接中,这两把钥匙是成对出现的,它们的作用如下:

- **公钥**:用于远程主机对数据执行加密的操作,也就是说,任何人都可以获取公钥并使用它来加密数据。
- **私钥**:用于在本地端对使用公钥加密的数据执行解密的操作。由于私钥的重要性,它不应该外泄,只能保护在自己的主机上。

每台主机都具有自己的密钥对(公钥和私钥),其中公钥用于加密,私钥用于解密。私钥不得外泄。然而,网络连接是双向的,每个人都知道对方的公钥。对于 SSH 通信协议而言,在客户端(Client)和服务器端(Server)的相对连接方向上,存在如图 11-1 所示的加密过程。

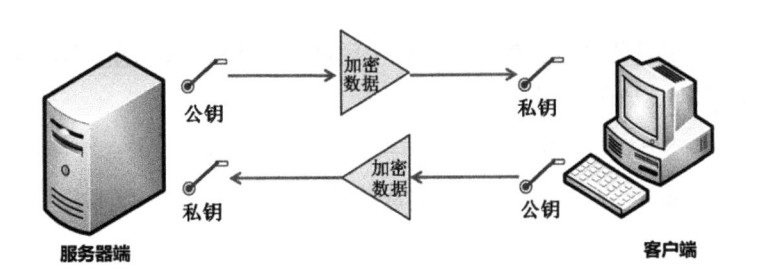

图 11-1 公钥与私钥在进行数据传输时的角色示意图

如图 11-1 所示，从客户端的角度来看，首先必须取得服务器端的公钥，然后将自己的公钥发送给服务器端，最终客户端上的密钥是由"服务器端的公钥加上客户端自己的私钥"组成的。

> 数据加密技术确实非常多，每种技术都有其优缺点。有些技术指令周期快，但安全性较低；有些技术安全性较高，但加密和解密速度较慢。目前在 SSH 的使用中，主要使用 RSA、DSA 和 Diffie-Hellman 等加密机制。

目前 SSH 协议有两个版本，分别是 Version 1 和 Version 2。其中，Version 2 加入了连接检测机制，可以避免在连接期间插入恶意攻击代码，所以比 Version 1 更安全。因此，请尽量使用 Version 2 版本，避免使用 Version 1。无论是哪个版本，都需要使用公钥和私钥加密系统。那么这些公钥和私钥是如何生成的呢？下面我们来详细介绍。

SSH 服务器端与客户端的连接步骤如图 11-2 所示。

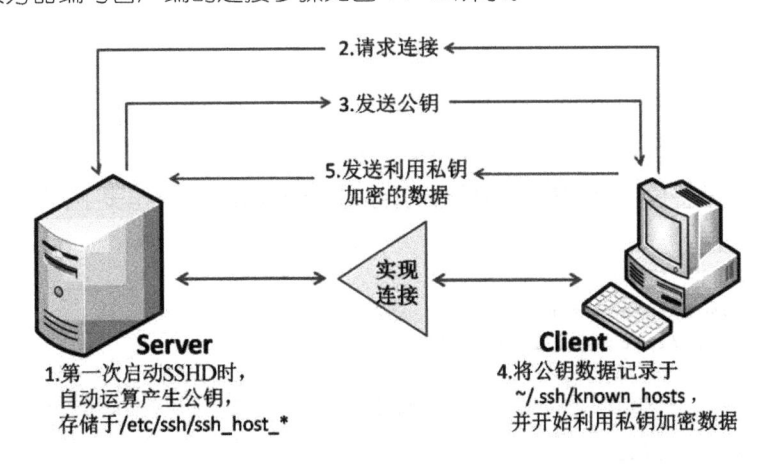

图 11-2 SSH 服务器端与客户端的连接步骤示意图

（1）服务器建立公钥文件：每次启动 SSHD 服务时，该服务会主动查找 /etc/ssh/ssh_host*文件。如果系统刚刚安装完成，由于缺少这些公钥文件，SSHD 会自动生成所需的公钥文件，并计算出服务器所需的私钥文件。

（2）客户端主动连接请求：如果客户端希望连接到 SSH 服务器，则需要使用适当的客户端程序，例如 SSH、PuTTY 等。

（3）服务器将公钥文件传输给客户端：在接收到客户端的连接请求后，服务器会将第（1）步生成的公钥文件传输给客户端使用（此时应以明文传输，因为公钥本来就是为了公开给所有人使用的）。

（4）客户端记录/比对服务器的公钥数据并生成自己的公私钥：如果是客户端第一次连接该服务器，客户端会将服务器的公钥数据记录在用户主目录下的~/.ssh/known_hosts 文件中。如果之前已经记录过该服务器的公钥数据，客户端会将接收到的公钥数据与之前的记录进行比对。然后，客户端开始生成自己的公私钥数据。

（5）将客户端的公钥数据返回给服务器端：用户将自己的公钥传输给服务器。此时，服务器拥有服务器的私钥和客户端的公钥，而客户端则拥有服务器的公钥和客户端自己的私钥。你会注意到，在此次连接中，服务器和客户端的密钥系统（公钥+私钥）不同，因此被称为非对称密钥系统。

（6）服务器接收私钥开始双向加解密操作：①服务器到客户端：服务器传输数据时，将数据使用客户端的公钥加密后发送给客户端，客户端接收后使用自己的私钥解密。②客户端到服务器：客户端传输数据时，将数据使用服务器的公钥加密后发送给服务器，服务器接收后使用服务器的私钥解密。

在上述的第（4）步中，客户端的密钥是在本次连接中随机生成的，因此本次连接和下次连接的密钥可能会不同。此外，在客户端的用户主目录下的~/.ssh/known_hosts 文件中会记录先前连接过的主机的公钥，用于验证我们已连接到正确的服务器。

例题

如何生成新的服务器端 SSH 公钥和服务器自己使用的成对私钥（注意，在正常运行的网络服务器上进行测试可能会影响客户端对服务器的访问）？

答：由于服务器提供的公钥和私钥都存放在/etc/ssh/ssh_host*目录下，因此可以按照以下步骤操作：

```
[root@www ~]# rm /etc/ssh/ssh_host*    <==删除密钥文件
[root@www ~]# /etc/init.d/sshd restart
正在停止 sshd：                        [  确定  ]
正在产生 SSH1 RSA 主机密钥：           [  确定  ] <==下面三个步骤重新产生密钥
正在产生 SSH2 RSA 主机密钥：           [  确定  ]
正在产生 SSH2 DSA 主机密钥：           [  确定  ]
正在激活 sshd：                        [  确定  ]
[root@www ~]# date; ll /etc/ssh/ssh_host*
Mon Jul 25 11:36:12 CST 2011
-rw-------. 1 root root  668 Jul 25 11:35 /etc/ssh/ssh_host_dsa_key
-rw-r--r--. 1 root root  590 Jul 25 11:35 /etc/ssh/ssh_host_dsa_key.pub
```

```
-rw-------. 1 root root  963 Jul 25 11:35 /etc/ssh/ssh_host_key
-rw-r--r--. 1 root root  627 Jul 25 11:35 /etc/ssh/ssh_host_key.pub
-rw-------. 1 root root 1675 Jul 25 11:35 /etc/ssh/ssh_host_rsa_key
-rw-r--r--. 1 root root  382 Jul 25 11:35 /etc/ssh/ssh_host_rsa_key.pub
# 看一下上面输出的日期与文件的建立时间，刚刚建立的新公钥、私钥系统
```

11.2.2 启动 SSH 服务

事实上，在我们使用的 Linux 系统中，默认已经包含 SSH 所需的所有软件，包括用于生成密码和其他协议的 OpenSSL 软件和 OpenSSH 软件。因此，启动 SSH 非常简单，只需直接启动即可。此外，目前的 Linux 发行版都默认启动了 SSH，所以非常方便，因为无须进行任何设置，它已经自动启动了。不过，我们还需要了解一下启动的方式。直接启动 SSH 使用的是 SSH 守护进程，简称为 SSHD，因此能以手动方式启动：

```
[root@www ~]# /etc/init.d/sshd restart
[root@www ~]# netstat -tlnp | grep ssh
Active Internet connections (only servers)
Proto Recv-Q Send-Q Local Address   Foreign Address  State    PID/Program name
tcp        0      0 :::22           :::*             LISTEN   1539/sshd
```

需要注意的是，SSH 不仅提供了 Shell，这也是 SSH 协议的主要目的，同时还提供了一个较为安全的 FTP 服务器，即 SSH-FTP 服务器，可以将其作为 FTP 使用。因此，SSHD 可以同时提供 Shell 和 FTP 服务，并且它们都是在端口 22 上运行的。那么，如何通过客户端连接到服务器端呢？同时，如何通过 FTP 连接到服务器并使用 FTP 功能呢？接下来，我们将详细介绍。

11.2.3 SSH 客户端连接程序——Linux 用户

如果使用的是 Linux 客户端，那么恭喜你，默认情况下，系统已经有下面的所有指令，可以不必安装额外的软件。下面就来介绍一下这些指令。

1. SSH：直接登录远程主机的指令

在客户端上，SSH 使用的是 ssh 命令。该命令可以指定连接的 SSH 版本（Version 1、Version 2），还可以指定非标准的 SSH 端口（正常的 SSH 端口为 22）。可以使用以下方式：

```
[root@www ~]# ssh [-f] [-o 参数项目] [-p 非标准端口] [账号@]IP [命令]
选项与参数：
-f ：需要配合后面的 [命令]，不登录远程主机直接发送一条命令即可
-o 参数项：主要的参数项有：
    ConnectTimeout=秒数 ：连接等待的秒数，减少等待的时间
```

```
        StrictHostKeyChecking=[yes|no|ask]：默认是 ask，若要让公钥主动加入 known_hosts，则可以
设置为 no
        -p ：如果 sshd 服务启动在非标准的端口，需使用此项
        [命令] ：不登录远程主机，直接发送命令即可，但与-f 意义不太相同

# 1. 直接连接登录到对方主机的方法(以登录本机为例)：
[root@www ~]# ssh 127.0.0.1
The authenticity of host '127.0.0.1 (127.0.0.1)' can't be established.
RSA key fingerprint is eb:12:07:84:b9:3b:3f:e4:ad:ba:f1:85:41:fc:18:3b.
Are you sure you want to continue connecting (yes/no)? yes
Warning: Permanently added '127.0.0.1' (RSA) to the list of known hosts.
root@127.0.0.1's password: <==在这里输入 root 的密码即可
Last login: Mon Jul 25 11:36:06 2011 from 192.168.1.101
[root@www ~]# exit      <==离开这次的 SSH 连接
# 由于 SSH 后面没有加上账号，因此默认使用当前的账号来登录远程服务器
```

通常，使用 SSH 登录远程主机时，采用的格式是"SSH 账号@主机 IP"，表示使用特定账号登录该主机。然而，许多用户不喜欢在命令中写账号，而是使用"SSH 主机 IP"的格式。注意，如果不写账号，则会尝试使用本地计算机的账号登录远程主机。换句话说，如果本地和远程具有相同的账号，那么不写账号也没有问题，就像上面的示例代码中一样。然而，为了养成良好的习惯，最好一开始就使用类似电子邮件的方式来登录远程主机，以养成良好的操作习惯。

在上面的信息中，RSA 行后面跟着的是远程服务器的公钥指纹。如果确认该指纹是正确的，就需要输入 Yes 来将该指纹写入服务器的公钥记录文件（~/.ssh/known_hosts），以便将来验证该服务器的正确性。注意，必须输入 Yes，简单输入 Y 或 y 是不会被接受的。此外，由于该主机的公钥已经被记录，因此在将来重复使用 SSH 登录此主机时，将不会再出现该指纹的提示。

```
# 2. 使用 student 账号登录本机
[root@www ~]# ssh student@127.0.0.1
student@127.0.0.1's password:
[student@www ~]$ exit
# 由于加入了账号，因此切换身份成为 student 了。另外，因为 127.0.0.1 曾登录过，所以不会再出现提示要添
加主机公钥的信息

# 3. 登录对方主机，执行命令后立刻离开
[root@www ~]# ssh student@127.0.0.1 find / &> ~/find1.log
student@localhost's password:
# 此时你会发现界面卡住了，这是因为上面的命令造成的，你已经登录远程主机
# 但是执行的命令尚未运行完，因此会在等待中。那么如何指定系统自己运行呢

# 4. 与上题相同，让对方主机自己运行该命令，你立刻回到本地端主机继续工作
[root@www ~]# ssh -f student@127.0.0.1 find / &> ~/find1.log
# 此时你会立刻注销 127.0.0.1，但 find 命令会自己在远程服务器运行
```

在上面的示例中，第 4 个示例非常有用。如果想要让远程主机执行关机命令，如果不加上"-f"参数，那么会等待对方主机关机完成后再断开本地主机的连接，这不太合理。因此，

添加 "-f" 非常重要，这样会指定远程主机自行运行关机命令，而无须等待。例如 ssh -f root@some_IP shutdown -h now 之类的命令。

```
# 5. 删除 known_hosts 后，重新使用 root 连接到本机，且自动加上公钥记录
[root@www ~]# rm ~/.ssh/known_hosts
[root@www ~]# ssh -o StrictHostKeyChecking=no root@localhost
Warning: Permanently added 'localhost' (RSA) to the list of known hosts.
root@localhost's password:
# 如上所示，不会问你 Yes 或 No，会直接写入~/.ssh/known_hosts 文件
```

鸟哥在上课时经常使用 SSH 连接学生的计算机查看他们是否出错，有时还会编写脚本来进行答案检测。如果每台计算机都要手动输入 Yes 来确认并记录公钥文件，那么将非常烦琐。在这种情况下，使用 StrictHostKeyChecking=no 选项将非常有帮助。它可以在不询问的情况下自动将主机的公钥添加到文件中。对于普通用户来说，这个选项帮助不大，但对于程序脚本来说，它非常有用。

2. 服务器公钥记录文件：~/.ssh/known_hosts

当登录远程服务器时，本机会主动使用接收到的服务器的公钥来与 ~/.ssh/known_hosts 文件中的相关公钥进行比对，并执行以下操作：

- 如果接收到的公钥尚未记录在文件中，系统将询问用户是否要记录。如果选择记录（如范例中回答 Yes 的步骤），则将公钥写入~/.ssh/known_hosts 文件并继续进行登录操作。如果选择不记录（回答 No），则不会将该公钥写入文件，并退出登录过程。
- 如果接收到的公钥已经在文件中有记录，系统将比对记录是否相同。如果相同，将继续登录操作。如果不相同，则会出现警告信息，并中止登录操作。这是客户端的自我保护机制，以防止连接到伪装的服务器。

服务器的 SSH 公钥可能会发生变化。对于测试用的主机，经常重新安装可能会导致服务器公钥的更改。如果发生这种情况，将会无法继续登录。那么该怎么办呢？让我们来模拟一下这种情况吧。

例题

在重新安装测试服务器后，假设服务器使用相同的 IP 地址，会导致相同 IP 地址的服务器公钥不同。这种情况会引发什么问题，以及如何解决呢？

答：可以通过以下方式解决问题：删除原有系统的公钥，并重新启动 SSH 以更新公钥。

```
rm /etc/ssh/ssh_host*
/etc/init.d/sshd restart
```

然后重新使用下面的方式来进行连接操作：

```
[root@www ~]# ssh root@localhost
@@@@@@@@@@@@@@@@@@@@@@@@@@@@@@@@@@@@@@@@@@@@@@@@@@@@@
@    WARNING: REMOTE HOST IDENTIFICATION HAS CHANGED!    @ <==告诉你可能有问题
@@@@@@@@@@@@@@@@@@@@@@@@@@@@@@@@@@@@@@@@@@@@@@@@@@@@@
IT IS POSSIBLE THAT SOMEONE IS DOING SOMETHING NASTY!
Someone could be eavesdropping on you right now (man-in-the-middle attack)!
It is also possible that the RSA host key has just been changed.
The fingerprint for the RSA key sent by the remote host is
a7:2e:58:51:9f:1b:02:64:56:ea:cb:9c:92:5e:79:f9.
Please contact your system administrator.
Add correct host key in /root/.ssh/known_hosts to get rid of this message.
Offending key in /root/.ssh/known_hosts:1 <==冒号后面接的数字就是有问题的数据行号
RSA host key for localhost has changed and you have requested strict checking.
Host key verification failed.
```

在加粗标示的地方提示：/root/.ssh/known_hosts 文件的第 1 行公钥与本次接收到的结果不同，可能遭到攻击。那么怎么办呢？别担心，可以使用 vim 编辑器打开 /root/.ssh/known_hosts 文件，并删除第 1 行（冒号后面的数字）。然后重新进行 SSH 连接，系统会再次询问是否加入公钥，就这么简单。

3. 模拟 FTP 的文件传输方式：SFTP

SSH 用于登录远程服务器进行工作，但如果只想从远程服务器下载或上传文件，那么可以不使用 SSH，而是使用 SFTP 或 SCP。这两个指令也都使用 SSH 通道（端口 22），只是模拟 FTP 和复制操作。我们先来讨论 SFTP，它的用法与 SSH 非常相似，只是 SSH 用于登录，而 SFTP 用于文件的上传和下载操作。

```
[root@www ~]# sftp student@localhost
Connecting to localhost...
student@localhost's password: <== 这里请输入密码
sftp> exit   <== 这里就是等待你输入 FTP 相关命令的地方
```

进入 SFTP 后，操作方法与一般的 FTP 模式相似。下面我们来讨论一下 SFTP 使用的指令，如表 11-1 所示。

表 11-1 SFTP 使用的命令

针对远程服务器主机（Server）的操作	
切换目录到 /etc/test 或其他目录	cd /etc/test、cd PATH
列出当前目录下的文件名	ls dir
创建目录	mkdir directory
删除目录	rmdir directory

(续表)

针对远程服务器主机（Server）的操作	
切换目录到 /etc/test 或其他目录	cd /etc/test、cd PATH
显示当前所在的目录	pwd
更改文件或目录的属组	chgrp groupname PATH
更改文件或目录的属主	chown username PATH
更改文件或目录的权限	chmod 644 PATH 其中，644 与权限有关。可参考《鸟哥的 Linux 私房菜 基础学习篇（第四版）》一书
创建连接文件	ln oldname newname
删除文件或目录	rm PATH
更改文件或目录名称	rename oldname newname
离开远程主机	exit (or) bye (or) quit
针对本机（Client）的操作（都加上 l、L 的小写）	
切换目录到本机的 PATH 中	lcd PATH
列出当前本机所在目录下的文件名	lls
在本机创建目录	lmkdir
显示当前所在的本机目录	lpwd
针对数据上传/下载的操作	
将文件由本机上传到远程主机	put [本机目录或文件] [远程] put [本机目录或文件] 若是后一种格式，则文件会存储到当前远程主机的目录下
将文件从远程主机下载回来	get [远程主机目录或文件] [本机] get [远程主机目录或文件] 若是后一种格式，则文件会存储在当前本机所在的目录中。可以使用通配符，例如 get *、get *.rpm

总体而言，如果不考虑图形界面，SFTP 已经可以替代 Linux 中的 FTP，因为它涵盖了所有的功能。因此，在不考虑图形界面的情况下，可以直接关闭 FTP 服务，改为使用 SFTP 服务器来提供 FTP 服务。

例题

假设 localhost 是远程服务器，并且服务器上有一个名为 student 的用户。想要将本机的 /etc/hosts 文件上传到 student 用户的主目录，并将 student 的 .bashrc 文件复制到本机的 /tmp 目录下。那么，如何通过 SFTP 来实现呢？

答：实现方法如下：

```
[root@www ~]# sftp student@localhost
sftp> lls /etc/hosts      <==先看本机有没有这个文件
/etc/hosts
sftp> put /etc/hosts      <==有的话，那就上传
Uploading /etc/hosts to /home/student/hosts
```

```
/etc/hosts                              100%   243      0.2KB/s    00:00
sftp> ls                    <==有没有上传成功？看远程目录下的文件名
hosts
sftp> ls -a                 <==有没有隐藏文件
.                     ..                    .bash_history       .bash_logout
.bash_profile         .bashrc               .mozilla            hosts
sftt> lcd /tmp              <==切换本机目录到/tmp
sftp> lpwd                  <==只是进行确认而已
Local working directory: /tmp
sftp> get .bashrc           <==没问题就下载
Fetching /home/student/.bashrc to .bashrc
/home/student/.bashrc                   100%   124      0.1KB/s    00:00
sftp> lls -a                <==看本地端的文件名
.             .font-unix      keyring-rNd7qX      .X11-unix
..            .gdm_socket     lost+found          scim-panel-socket:0-root
.bashrc       .ICE-unix       mapping-root        .X0-lock
sftp> exit                  <==离开
```

如果不喜欢使用文本界面进行 FTP 传输，还可以通过图形界面连接到 SFTP 服务器。可以使用 FileZilla 进行连接，这样与服务器之间的文件传输就变得更加方便了。

4. 文件异地直接复制：SCP

通常使用 SFTP 是因为可能不知道服务器上已存在的文件名信息，如果已经知道服务器上的文件名，那么最简单的文件传输方式是通过 SCP 命令。最简单的 SCP 用法如下：

```
[root@www ~]# scp [-pr] [-l 速率] file    [账号@]主机:目录名   <==上传
[root@www ~]# scp [-pr] [-l 速率] [账号@]主机:file   目录名    <==下载
选项与参数：
-p ：保留文件原有的权限信息
-r ：复制来源为目录时，可以复制整个目录（含子目录）
-l ：可以限制传输的速率，单位为 Kbits/s，例如 [-l 800] 代表传输速率为100Kbytes/s

# 1. 将本机的 /etc/hosts* 全部复制到 127.0.0.1 上面的 student 用户主目录内
[root@www ~]# scp /etc/hosts* student@127.0.0.1:~
student@127.0.0.1's password: <==输入 student 密码
hosts                                   100%   207      0.2KB/s    00:00
hosts.allow                             100%   161      0.2KB/s    00:00
hosts.deny                              100%   347      0.3KB/s    00:00
# 文件名显示                             进度   容量(bytes) 传输速率  剩余时间
# 仔细看，出现的信息有 5 个字段，含义如上所示

# 2. 将 127.0.0.1 这台远程主机的/etc/bashrc 复制到本机的/tmp 目录下
[root@www ~]# scp student@127.0.0.1:/etc/bashrc /tmp
```

其实上传或下载的重点是冒号（:）的位置，连接在冒号后面的是远程主机的文件。如果冒号在前面，表示从远程主机下载文件；如果冒号在后面，表示上传本机文件到远程主机。

另外，如果想要复制目录，可以添加"–r"选项。

例题

假设本机有一个名为 /root/dd_10mb_file 的文件，大小为 10 MB。如果希望将它上传到 127.0.0.1 的 /tmp 目录下，并且在 127.0.0.1 上具有 root 账号的使用权限。由于带宽很宝贵，因此只想将每秒传输量限制为 100 KB，那么该使用什么命令语法来实现此操作呢？

答：由于默认不存在这个文件，因此需要先使用 dd 来创建一个大文件：

```
dd if=/dev/zero of=/root/dd_10mb_file bs=1M count=10
```

创建之后，由于是上传数据，观察"–l"选项中速率使用的是比特（bit），转换成容量为字节（byte）除以 8。因此，指令应该按照以下方式书写：

```
scp -l 800 /root/dd_10mb_file root@127.0.0.1:/tmp
```

11.2.4　SSH 客户端连接程序——Windows 用户

与 Linux 不同，Windows 默认没有内置 SSH 客户端程序，因此需要下载第三方软件才能进行 SSH 连接。常见的软件包括 PuTTY、PSFTP 和 FileZilla 等。接下来详细介绍这几款软件。

1. 直接连接的 PieTTY

在 Linux 下，要连接 SSH 服务器，可以直接使用 SSH 命令。而在 Windows 操作系统下，需要使用 PuTTY 或者 PieTTY 工具程序来进行 SSH 连接。可以参考以下地址下载这两个工具程序：

- PuTTY 下载网站：http://www.chiark.greenend.org.uk/~sgtatham/putty/。
- Pie TTY 下载网站：https://www.oschina.net/p/pietty。

在 PuTTY 的官方网站上提供了很多软件供下载，包括 PuTTY、PSCP、PSFTP 等。它们分别对应 SSH、SCP 和 SFTP 这三个命令。而鸟哥喜欢使用的 Pietty 是基于 Putty 进行改版的。PieTTY 是根据 PuTTY 修改而成的。除完全兼容 PuTTY 外，PieTTY 还提供了菜单和更完善的文本编码功能，非常实用。因此，下面将以 PieTTY 为例进行介绍。下载并安装 PieTTY 后，双击该文件，将会出现如图 11-3 所示的界面。

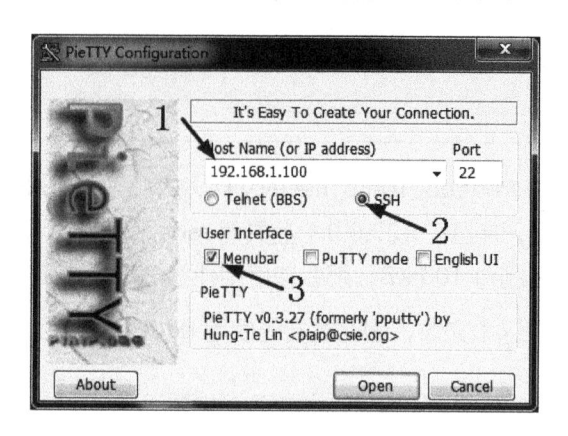

图 11-3 Pietty 的启动屏幕示意图

在图 11-3 中箭头所指的地方填写相关的主机名或 IP 地址。箭头 1 指的是主机名或 IP 地址的输入位置。箭头 2 则表示应该选择 SSH 选项。至于箭头 3 所指的位置，鸟哥更喜欢使用菜单样式，因为它可以直接修改一些 Pietty 的环境设置值，所以鸟哥选择了 Menubar。一切准备就绪后，单击 Open 按钮，将会出现如图 11-4 所示的等待登录并输入账户/密码的界面。

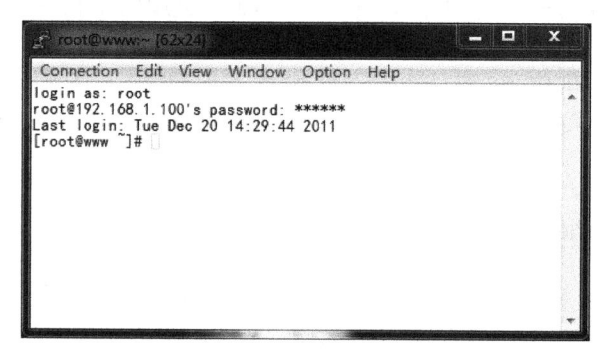

图 11-4 Pietty 的登录与使用界面示意图

此图会让你误以为正在与主机进行交互，而且该图标上方还有菜单，可以随时调整重要的环境参数，例如字体、字符编码等。特别是字符编码问题，有时候当你打开文件时，可能会遇到乱码，而不是正常的中文显示，这是编码问题导致的。要解决这个问题，必须确保以下三个与语言编码相关的数据是相同的：

- 文本文件本身在存档时所挑选的语言。
- Linux 程序（如 Bash 软件）本身所使用的语言（可用 LANG 变量调整）。
- Pietty 所使用的语言。

我们知道，Linux 本身的编码可以通过 LANG 变量来进行调整，那么如何调整 Pietty 的中文编码呢？可以通过菜单列表中的 Options 来处理。

如果想进行更详细的配置，可以选择 More Options 选项，然后出现如图 11-5 所示的对话框。其中最重要的是 Enable the keypad to send numeric input，可以按照图 11-5 的指示来启用数字键的功能。

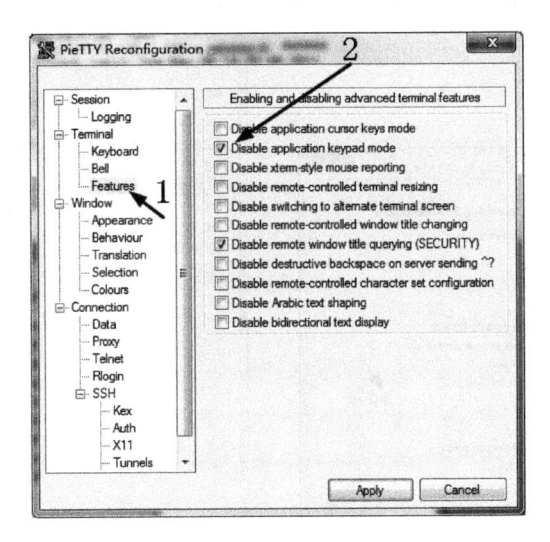

图 11-5　Pietty 软件环境详细设定，与键盘右侧数字键相关

勾选图 11-5 中箭头 2 所指的复选框，再单击 Apply 按钮，这样键盘右侧的数字键才能够正常使用，否则按右侧的数字键会出现乱码。此外，还可以调整 Pietty 滚动条的记忆行数，这样在有大量数据时，依旧可以通过调整滚动条来查看之前的数据。设置方法如图 11-6 所示。

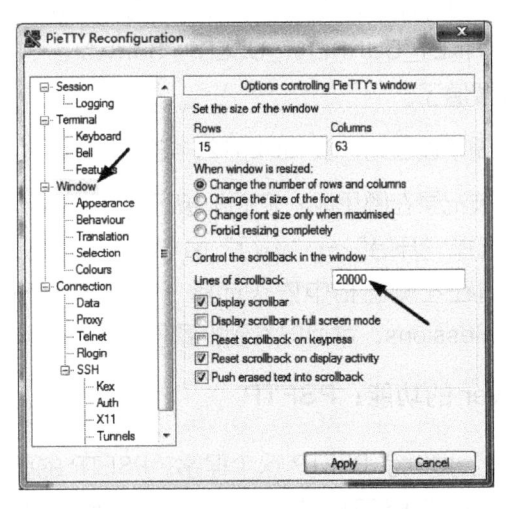

图 11-6　调整界面可以记忆的行数，可让用户回看之前的操作记录

调整完这些常用的设置后，还可以调整"你要以哪一个版本的 SSH 算法登录"。前面提到，默认情况下使用 Version 2 进行登录。所以在这里将其调整为 2 only，这样每次登录都会以 Version 2 的模式登录主机，如图 11-7 所示。

整个 Pietty 的使用和相关设置流程就是这样的通过这样的设置，就可以在 Windows 上使用 SSH 协议登录远程的 Linux 主机了。如果需要中文支持，那么需要调整字符集。在

Options 菜单中选择 Font 选项，会弹出如图 11-8 所示的对话框。

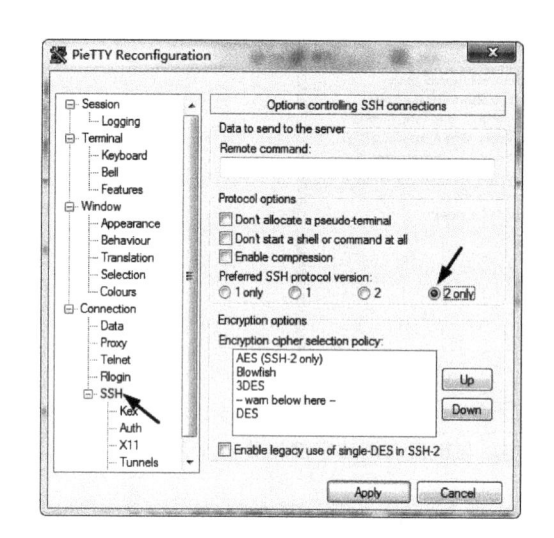

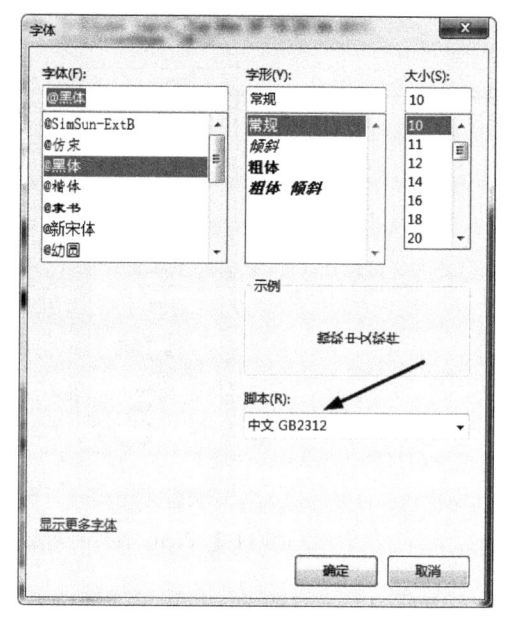

图 11-7　设置登录服务器时使用的 SSH 算法版本　　　　图 11-8　选择中文的字形与脚本

前面所做的设定值都记录在哪里？都记录在 Windows 的登录文件中。可以在 Windows 系统中选择"开始"→"运行"命令，在出现的对话框内输入 regedit，之后会出现一个大窗口。在左侧窗格中选择 HKEY_CURRENT_USER→Software→SimonTatham→PieTTY→Sessions，就可以看到设置值了。

将字体设置为黑体，脚本设置为中文 GB2312，这样 Pietty 就支持中文输入了。

那么，这些设置值都被记录在哪里呢？它们都被记录在 Windows 的登录文件中。可以在 Windows 系统中依次选择"开始"→"运行"命令，在弹出的对话框中输入 regedit，然后会出现一个大窗口。请在左侧窗格中依次选择 HKEY_CURRENT_USER→Software→SimonTatham→PieTTY→Sessions，就可以看到设置值了。

2. 使用 SFTP-Server 的功能：PSFTP

在 PuTTY 的官方网站上提供了 PSFTP 这个程序。PSFTP 的重点是使用 SFTP 服务器进行文件传输。使用方法是：单击 PSFTP 文件直接启动它，然后会出现下面的提示信息：

```
psftp: no hostname specified; use "open host.name" to connect
psftp>
```

这时可以填入要连接的主机的 IP 地址，例如 192.168.100.254。

```
psftp: no hostname specified; use "open host.name" to connect
psftp> open 192.168.100.254
login as: root
```

```
root@192.168.100.254's password:
Remote working directory is /root
psftp> <== 这里输入 FTP 的命令
```

这里等待输入 FTP 的指令。

这样就成功登录主机了，非常简单吧。之后的使用方式与前面提到的 SFTP 类似。

3. 图形界面的 SFTP 客户端软件：FileZilla

SSH 提供的 SFTP 功能只能使用纯文本界面的 PSFTP 进行连接吗？是否有图形界面的软件呢？当然有，那就是非常实用的 FileZilla。FileZilla 是一个图形界面的 FTP 客户端软件，非常易于使用。关于详细的安装和使用流程，可参考第 21 章的说明。

11.2.5　SSHD 服务器详细配置

基本上，所有的 SSHD 服务器的详细设置都保存在 /etc/ssh/sshd_config 配置文件中。然而，每个 Linux 发行版的默认设置值可能不完全相同，因此我们有必要了解整个设置值的含义。同时，注意，在配置文件中，未被注释的设置值（设置值前面没有"#"符号）表示为"默认值"，可以根据需要进行修改。

```
[root@www ~]# vim /etc/ssh/sshd_config
# 1. 关于 SSH 服务器的整体设置，包含使用的端口以及使用的密码算法方式
# Port 22
# SSH 默认使用 22 端口，也可以使用多个端口，即重复使用端口这个设置项
# 例如想要开放 SSHD 在 22 与 443，则多加一行内容为：端口 443
# 然后重新启动 SSHD 就好了。不过，不建议修改端口号

Protocol 2
# 选择的 SSH 协议版本可以是 1，也可以是 2，CentOS 5.x 默认仅支持 V2
# 如果想要支持旧版 V1，就需要使用 Protocol 2,1

# ListenAddress 0.0.0.0
# 监听的主机网卡。举例来说，如果有两个 IP 地址，分别是 192.168.1.100 和 192.168.100.254，假设只
想要让 192.168.1.100 可以监听 SSHD，那就这样写：
#ListenAddress 192.168.1.100，默认监听所有接口的 SSH 请求

# PidFile /var/run/sshd.pid
# 可以放置 SSHD 这个 PID 文件。上述为默认值

# LoginGraceTime 2m
# 当连上 SSH 服务器之后，会出现输入密码的界面，在该界面中，经过多长时间没有成功连上 SSH 服务器就强迫
断开连接。若无时间单位，则默认时间单位为秒

# Compression delayed
# 指定何时开始使用压缩数据模式进行传输

# 2. 说明主机的私有密钥放置的文件，默认使用下面的文件即可
# HostKey /etc/ssh/ssh_host_key              # SSH version 1 使用的私钥
# HostKey /etc/ssh/ssh_host_rsa_key          # SSH version 2 使用的 RSA 私钥
# HostKey /etc/ssh/ssh_host_dsa_key          # SSH version 2 使用的 DSA 私钥
```

```
# 还记得我们在主机的 SSH 连接流程里面谈到的，这里就是 Host Key
# 3. 关于登录文件的信息数据放置与守护进程的名称
SyslogFacility AUTHPRIV
# 当有人使用 SSH 登录系统的时候，SSH 会记录信息，这个信息要记录在 Daemon Name 下面
# 默认是以 AUTH 来设置的，即/var/log/secure 里面。如果忘记了，可回到 Linux 基础去翻一下。其他可
用的 Daemon Name 为：DAEMON、USER、AUTH、LOCAL0、LOCAL1、LOCAL2、LOCAL3、LOCAL4、LOCAL5

# LogLevel INFO
# 日志的等级

# 4. 安全设置项，极重要
# 4.1 登录设置部分
# PermitRootLogin yes
# 是否允许 root 登录。默认是允许的，但是建议设置成 no

# StrictModes yes
# 是否让 sshd 检查用户主目录或相关文件的权限数据
# 这是为了避免用户将某些重要文件的权限设错，可能会引发一些问题
# 例如用户的~.ssh/权限设错时，某些特殊情况下会不允许用户登录

# PubkeyAuthentication yes

# AuthorizedKeysFile      .ssh/authorized_keys
# 是否允许用户自行使用成对的密钥系统进行登录，仅针对 Version 2
# 至于自定义的公钥数据就放置在用户主目录下的.ssh/authorized_keys 文件中

PasswordAuthentication yes
# 密码验证当然是需要的，所以这里写 yes

# PermitEmptyPasswords no
# 如果上面那一项设置为 yes 的话，这一项最好设置为 no
# 这一项用于设置是否允许以空的密码登录，当然不允许

# 4.2 认证部分
# RhostsAuthentication no
# 本机系统不使用 .rhosts，因为仅使用 .rhosts 太不安全了，所以这里一定要设置为 no

# IgnoreRhosts yes
# 是否取消使用 ~/.ssh/.rhosts 进行认证，当然是

# RhostsRSAAuthentication no #
# 这个选项是专门供 Version 1 使用的，使用 rhosts 文件在/etc/hosts.equiv 中配合 RSA 加密算法来进
行认证，否则不要使用

# HostbasedAuthentication no
# 这一项与上面的选项类似，不过是供 Version 2 使用的

# IgnoreUserKnownHosts no
# 是否忽略用户主目录内的~/.ssh/known_hosts 文件所记录的主机内容？
# 当然不要忽略，所以这里就是 no

ChallengeResponseAuthentication no
# 允许任何密码认证，所以任何 login.conf 规定的认证方式均可使用
# 但目前我们比较喜欢使用 PAM 模块帮忙管理认证，因此该选项可以设置为 no

UsePAM yes
# 利用 PAM 管理用户认证有很多好处，可以记录与管理
```

```
# 所以这里建议使用 UsePAM 且 ChallengeResponseAuthentication 设置为 no

# 4.3 与 Kerberos 有关的参数设置。因为我们没有 Kerberos 主机，所以下面的不用设置
# KerberosAuthentication no
# KerberosOrLocalPasswd yes
# KerberosTicketCleanup yes
# KerberosTgtPassing no

# 4.4 下面是在 X-Window 下使用的相关设置
X11Forwarding yes
# X11DisplayOffset 10

# X11UseLocalhost yes
# 比较重要的是 X11Forwarding 选项，它可以让窗口的数据通过 SSH 连接来传送
# 在本章后面比较高级的 SSH 使用方法中会谈到

# 4.5 登录后的选项
# PrintMotd yes
# 登录后是否显示出一些信息呢？例如上次登录的时间、地点等，默认是 yes
# 也就是打印出/etc/motd 这个文件的内容。但是，如果为了安全，可以考虑改为 no

# PrintLastLog yes
# 显示上次登录的信息。默认也是 yes

# TCPKeepAlive yes
# 当实现连接后，服务器会一直发送 TCP 数据包给客户端，用以判断对方是否一直存在连接
# 不过，如果连接时中间的路由器暂时停止服务几秒钟，也会让连接中断
# 在这个情况下，任何一端死掉后，SSH 立刻就知道，而不会有僵尸进程出现
# 但如果网络或路由器常常不稳定，那么可以设置为 no

UsePrivilegeSeparation yes
# 是否使用权限较低的程序给用户操作。我们知道 SSHD 启动在端口 22
# 因此启动的程序属于 root 的身份，那么当 student 登录后，这个设置值
# 会产生一个属于 student 的 SSHD 程序来使用，对系统较安全

MaxStartups 10
# 同时允许几个尚未登录的连接界面。当我们连上 SSH，但是尚未输入密码时，
# 就是所谓的连接界面。在这个连接界面中，为了保护主机，需要设置最大值，默认最多有 10 个连接界面，
# 而已经建立连接的不算在这 10 个中

# 4.6 关于用户限制的设置项
DenyUsers *
# 设置被限制用户的名称，如果是全部用户，那就全部拦截
# 若是部分用户，则可将这部分用户的账号填入。例如
DenyUsers test

DenyGroups test
# 与 DenyUsers 相同，仅拦截几个组

# 5. 关于 SFTP 服务与其他的设置项
Subsystem       sftp    /usr/lib/ssh/sftp-server
# UseDNS yes
# 一般来说，为了判断客户端来源是否为正常合法的，会使用 DNS 反查客户端的主机名
# 不过如果是在内网互联，该项设置为 no 会让连接速度比较快
```

基本上，CentOS 默认的 SSHD 服务已经算是很安全的了，但还有进一步的改进空间。

建议取消 root 用户的登录权限，并将 SSH 版本设置为 2。其他的设置可根据个人喜好进行定义。通常不建议随意修改设置。另外，如果修改了上述文件（/etc/ssh/sshd_config），那么必须重新启动 SSHD 服务才能使修改生效，可以使用命令 /etc/init.d/sshd restart 重启系统。

11.2.6 制作不用密码可立即登录的 SSH 用户

你或许已经想到了，既然 SSH 可以使用 SCP 来进行网络复制，那么能否将 SCP 的指令放置于 crontab 服务中，让我们的系统通过 SCP 直接在后台定期进行网络复制与备份呢？抱歉，答案是"默认情况下不允许此操作"。为什么呢？因为默认情况下，必须通过远程登录并输入密码与 SCP 进行交互。但是 crontab 服务不会提示输入密码，所以该程序会一直卡住无法在 crontab 内成功执行。那么怎么办呢？可以通过密钥认证系统来解决这个问题。

既然 SSH 可以使用密钥系统来进行数据比对，并提供用户数据的加密功能，那么是否可以利用这个密钥，使用户无须输入密码即可访问主机呢？这是个好主意。我们可以将客户端生成的密钥复制到服务器上，这样，当客户端登录服务器时，由于在 SSH 连接的过程中已经进行了密钥的比对，因此可以直接进入数据传输接口，而无须再输入密码。具体实现步骤如下。

（1）客户端生成两把密钥：想一想，在密钥系统中，是公钥比较重要还是私钥比较重要？当然是私钥比较重要。因此，这两把密钥应当配置在发起连接的客户端上。我们可以使用命令 ssh-keygen 来生成密钥。

（2）客户端存放私钥文件：将私钥文件放置在客户端用户主目录下的 $HOME/.ssh/ 目录中，并确保正确的权限设置。

（3）将公钥放置到服务器端的正确目录和文件中：将公钥放置于希望用于登录的服务器端的用户主目录下的 .ssh/ 目录中的授权文件中，这样就完成了整个过程。

听起来好像很困难，但实际上这些步骤非常简单。让我们按照顺序进行操作。在开始之前，需确保满足以下前提条件，并参考图 11-9 中的步骤进行操作。

图 11-9 制作不需要密码的 SSH 账号的基本流程

- 服务器部分是位于 192.168.100.254 上的主机，名称为 www.centos.vbird，要使用的账号是 dmtsai。
- 客户端部分是位于 192.168.100.10 上的主机，名称为 clientlinux.centos.vbird，使用的账号是 vbirdtsai，该账号将用于登录 192.168.100.254 上的 dmtsai 账号。

1. 客户端生成两把钥匙

生成的方法很简单，在 clientlinux.centos.vbird 这台主机上以 vbirdtsai 的身份来生成两把钥匙即可。不过，需要注意的是，我们有多种密码算法，如果不指定特殊的算法，则默认采用 RSA 算法：

```
[vbirdtsai@clientlinux ~]$ ssh-keygen [-t rsa|dsa]  <==可选 RSA 或 DSA
[vbirdtsai@clientlinux ~]$ ssh-keygen  <==用默认的算法生成密钥
Generating public/private rsa key pair.
Enter file in which to save the key (/home/vbirdtsai/.ssh/id_rsa): <==按 Enter 键
Created directory '/home/vbirdtsai/.ssh'.  <==若此目录不存在，则会主动创建
Enter passphrase (empty for no passphrase): <==按 Enter 键
Enter same passphrase again: <==再按一次 Enter 键
Your identification has been saved in /home/vbirdtsai/.ssh/id_rsa.<==私钥文件
Your public key has been saved in /home/vbirdtsai/.ssh/id_rsa.pub.<==公钥文件
The key fingerprint is:
0f:d3:e7:1a:1c:bd:5c:03:f1:19:f1:22:df:9b:cc:08 vbirdtsai@clientlinux.centos.vbird

[vbirdtsai@clientlinux ~]$ ls -ld ~/.ssh; ls -l ~/.ssh
drwx------. 2 vbirdtsai 4096 2011-07-25 12:58 /home/vbirdtsai/.ssh
-rw-------. 1 vbirdtsai 1675 2011-07-25 12:58 id_rsa        <==私钥文件
-rw-r--r--. 1 vbirdtsai  416 2011-07-25 12:58 id_rsa.pub<==公钥文件
```

注意，根据之前的身份是 vbirdtsai，当执行 ssh-keygen 命令时，会在用户主目录下的.ssh/目录中生成所需的两个密钥文件，分别是私钥（id_rsa）和公钥（id_rsa.pub）。注意，~/.ssh/目录的权限必须设置为 700。另外，特别注意 id_rsa 文件的权限必须为-rw-------，并且属于 vbirdtsai 用户才行。否则，在将来的密钥比对过程中，可能会被判断为危险，导致无法成功建立公私钥对的连接机制。实际上，生成私钥后，默认的权限和文件名位置都是正确的，只需要确保没有问题即可。

2. 将公钥文件数据上传到服务器

由于我们是以 dmtsai 身份登录 www.centos.vbird 主机的，因此需要将上一步生成的公钥（id_rsa.pub）上传到服务器上的 dmtsai 用户。那么如何上传呢？最简单的方法是使用 scp 命令。

```
[vbirdtsai@clientlinux ~]$ scp ~/.ssh/id_rsa.pub dmtsai@192.168.100.254:~
# 上传到 dmtsai 的用户主目录下面即可
```

3. 将公钥放置到服务器端的正确目录与文件名

还记得 sshd_config 文件中提到的 AuthorizedKeysFile 设置吗？该设置用于指定公钥数据应该放置的文件名。因此，我们需要在服务器端切换到 dmtsai 用户身份下，并将刚刚上传的 id_rsa.pub 数据追加到 authorized_keys 文件中。具体方法如下：

```
# 1. 创建 ~/.ssh 文件，注意权限需要为 700
[dmtsai@www ~]$ ls -ld .ssh
ls: .ssh: 没有此文件或目录
# 由于可能是新建的用户，因此这个目录不存在。不存在才进行下面创建目录的操作

[dmtsai@www ~]$ mkdir .ssh; chmod 700 .ssh
[dmtsai@www ~]$ ls -ld .ssh
drwx------. 2 dmtsai dmtsai 4096 Jul 25 13:06 .ssh
# 在权限设置中，务必是 700 且属于用户本人的账号与组才行

# 2. 将公钥文件内的数据使用 cat 转存到 authorized_keys 内
[dmtsai@www ~]$ ls -l *pub
-rw-r--r--. 1 dmtsai dmtsai 416 Jul 25 13:05 id_rsa.pub <==确实存在

[dmtsai@www ~]$ cat id_rsa.pub >> .ssh/authorized_keys
[dmtsai@www ~]$ chmod 644 .ssh/authorized_keys
[dmtsai@www ~]$ ls -l .ssh
-rw-r--r--. 1 dmtsai dmtsai 416 Jul 25 13:07 authorized_keys
# 这个文件的权限需要设置为 644 才可以，不能搞混了
```

这样就完成了密钥系统的设置。从现在开始，当你使用 clientlinux.centos.vbird 上的 vbirdtsai 账号登录 www.centos.vbird 上的 dmtsai 账号时，将不再需要输入任何密码。举例来说，可以进行如下测试。

例题

在成功完成上述练习后，在 clientlinux 上的 vbirdtsai 账号下，将系统的/etc/hosts*文件复制到 www.centos.vbird 上 dmtsai 用户的用户主目录中。

答：

```
[vbirdtsai@clientlinux ~]$ scp /etc/hosts* dmtsai@192.168.100.254:~
hosts                                        100%  187     0.2KB/s   00:00
hosts.allow                                  100%  161     0.2KB/s   00:00
hosts.deny                                   100%  347     0.3KB/s   00:00
# 这里会发现，原本会出现的密码提示信息不再出现了

[vbirdtsai@clientlinux ~]$ ssh dmtsai@192.168.100.254 "ls -l"
-rw-r--r--. 1 dmtsai dmtsai 196 2011-07-25 13:09 hosts
-rw-r--r--. 1 dmtsai dmtsai 370 2011-07-25 13:09 hosts.allow
-rw-r--r--. 1 dmtsai dmtsai 460 2011-07-25 13:09 hosts.deny
-rw-r--r--. 1 dmtsai dmtsai 416 2011-07-25 13:05 id_rsa.pub
# 确实已经复制到对方主机中了，显示出正确的远程数据
```

第 11 章 远程连接服务器 SSH/XDMCP/VNC/XRDP

这些步骤非常简单。这样一来，使用 SSH 相关的客户端指令就无须输入密码了。无论如何，在建立密钥系统的步骤中，需要记住以下几点：

- 客户端必须生成公钥和私钥，私钥需要放置在~/.ssh/目录中。
- 服务器端必须具有公钥，并将其放置到用户主目录下的~/.ssh/authorized_keys 文件中。同时，目录的权限（.ssh/）必须设置为 700，文件权限必须为 644。此外，文件的所有者和所属组必须与该账号匹配才有效。

如果想登录其他主机，只需将公钥（id_rsa.pub 文件）复制到该主机上，并将其添加到某个账号的~/.ssh/authorized_keys 文件中即可。

11.2.7 简易安全设置

老实说，大家都被 "SSH 是个安全的服务" 误导了，其实 SSHD 并不十分安全。回顾一下 OpenSSH 的历史，确实有很多人曾利用 SSH 的程序漏洞获取远程主机的 root 权限，从而 "黑掉" 对方的主机。因此，SSH 也不是绝对安全的。

SSHD 所谓的 "安全" 实际上指的是 SSHD 的数据经过加密，因此在 Internet 上传输时相对较为安全。至于 SSHD 服务本身并不十分安全。因此，如果没有必要将 SSHD 开放给 Internet 并允许登录权限，最好限制在少数几个 IP 或主机名范围内，这一点非常重要。

关于安全设置方面，有没有什么值得注意的呢？当然有，注意以下三个方面。

- 服务器软件本身的设置强化：/etc/ssh/sshd_config。
- TCP Wrapper 的使用：/etc/hosts.allow、/etc/hosts.deny。
- iptables 的使用：iptables.rule、iptables.allow。

1. 服务器软件本身的设置强化：/etc/ssh/sshd_config

一般而言，该文件的默认配置已经相当全面了，因此实际上并不需要进行修改。不过，如果你对某些用户使用 SSHD 的服务有一些顾虑，那么可以进行以下修正来解决一些问题。

- 禁止 root 这个账号使用 SSHD 的服务。
- 禁止 nossh 这个组的用户使用 SSHD 的服务。
- 禁止 testssh 这个用户使用 SSHD 的服务。

除上述账号外，其他用户可以正常使用系统。假设你的系统已经有 sshnot1、sshnot2、sshnot3 这几个账号加入了 nossh 组，同时还有 testssh、student 等账号存在。有关这些账号的处理，请参考《鸟哥的 Linux 私房菜 基础学习篇（第四版）》 也进行配置，下面仅列出需要注意的观察点：

```
# 1. 先观察一下所需要的账号是否存在
[root@www ~]# for user in sshnot1 sshnot2 sshnot3 testssh student; do \
> id $user | cut -d ' ' -f1-3 ; done
```

305

```
uid=507(sshnot1)  gid=509(sshnot1)  groups=509(sshnot1),508(nossh)
uid=508(sshnot2)  gid=510(sshnot2)  groups=510(sshnot2),508(nossh)
uid=509(sshnot3)  gid=511(sshnot3)  groups=511(sshnot3),508(nossh)
uid=511(testssh)  gid=513(testssh)  groups=513(testssh)
uid=505(student)  gid=506(student)  groups=506(student)
# 若上述账号系统中并不存在，请自己建立 UID/GID，与鸟哥的配置不同也没关系

# 2. 修改 sshd_config 并且重新启动 sshd
[root@www ~]# vim /etc/ssh/sshd_config
PermitRootLogin no    <==约在第 39 行，请去掉注释且修改成这样
DenyGroups   nossh    <==下面这两行可以加在文件的最后
DenyUsers    testssh

[root@www ~]# /etc/init.d/sshd restart
# 3. 测试与观察相关的账号登录情况
[root@www ~]# ssh root@localhost    <==请输入正确的密码
[root@www ~]# tail /var/log/secure
Jul 25 13:14:05 www sshd[2039]: pam_unix(sshd:auth): authentication failure;
logname= uid=0 euid=0 tty=ssh ruser= rhost=localhost  user=root
# 你会发现出现这个错误信息，注意不是密码输入错误信息

[root@www ~]# ssh sshnot1@localhost   <==请输入正确的密码
[root@www ~]# tail /var/log/secure
Jul 25 13:15:53 www sshd[2061]: User sshnot1 from localhost not allowed because
a group is listed in DenyGroups

[root@www ~]# ssh testssh@localhost   <==请输入正确的密码
[root@www ~]# tail /var/log/secure
Jul 25 13:17:16 www sshd[2074]: User testssh from localhost not allowed
because listed in DenyUsers
```

从上述结果可以看出，不同的登录账号会生成不同的日志记录。因此，当无法成功使用 SSH 登录某台主机时，记得在该服务器上检查日志文件，也许能帮助你解决问题。在我们的测试机上，请继续允许使用 root 用户登录。

2. /etc/hosts.allow 和 /etc/hosts.deny

举例来说，如果 SSHD 只想让本机以及局域网内的主机能够登录，那就这样操作：

```
[root@www ~]# vim /etc/hosts.allow
sshd: 127.0.0.1 192.168.1.0/255.255.255.0 192.168.100.0/255.255.255.0

[root@www ~]# vim /etc/hosts.deny
sshd : ALL
```

3. iptables 数据包过滤防火墙

增加多层保护也是很好的做法，可以使用 iptables。可参考第 9 章的防火墙与 NAT 服务器中的实际脚本程序，应该在 iptables.rule 文件中取消端口 22 的放行功能，并在 iptables.allow 文件中添加以下代码：

```
[root@www ~]# vim /usr/local/virus/iptables/iptables.allow
iptables -A INPUT -i $EXTIF -s 192.168.1.0/24 -p tcp --dport 22 -j ACCEPT
iptables -A INPUT -i $EXTIF -s 192.168.100.0/24 -p tcp --dport 22 -j ACCEPT

[root@www ~]# /usr/local/virus/iptables/iptables.rule
```

在完成上述方法的处理后,如果仍然在使用一台测试机,那么务必将设置值还原回原始状态。最后,鸟哥呼吁大家,切勿向 Internet 上的所有主机开放 SSH 登录权限,这一点非常重要。因为如果有人能够通过 SSH 访问你的主机,那么就会带来极大的安全风险。

11.3 最原始的图形界面:XDMCP 服务的启用

考虑以下情况:如果你的 Linux 主机主要用于图形处理,并且有多个人需要使用该功能,那么一台 Linux 主机是否仅能供一个人使用呢?那可未必,因为 Linux 具有非常出色的 X Window System。现在就来谈谈关于远程连接服务器的第一个图形界面。

11.3.1 X Window 的 Server/Client 架构与各组件

由于 Linux 使用的图形界面是被称为 X Window System 的跨平台解决方案,目前几乎所有在 Linux 上开发的图形界面软件都采用这个架构。因此,你不能不了解 X Window。在《鸟哥的 Linux 私房菜 基础学习篇(第四版)》一书的第 24 章已经对 X Window 进行了详细介绍,所以在这里只做一个简要介绍,以帮助大家理解为什么软件需要进行这样的安装和配置。

X Window System 在运行过程中根据控制的数据类型分为 X Server 和 X Client 两种程序。尽管称为 X Server/Client,但它的功能与网络主机的 Server/Client 架构完全不同。现在让我们讨论一下 X Server 和 X Client 这两种程序所承担的任务。

- **X Server**:这组程序主要负责屏幕界面的绘制和显示。X Server 接收来自 X Client 的数据,并将这些数据绘制成屏幕上的图像。此外,当我们移动鼠标、单击数据或通过键盘输入数据时,这些操作也会通过 X Server 传递到 X Client 端,由 X Client 进行运算以确定应该绘制的数据。
- **X Client**:这组程序主要负责数据的计算。当 X Client 接收到 X Server 传来的数据时(例如鼠标移动、单击图标等操作),它会通过自身的计算得出如何移动鼠标、产生什么样的单击结果、如何呈现键盘输入等结果,然后将这些结果通知 X Server,由 X Server 自行将其绘制到屏幕上。

> 鸟哥常开玩笑说,X Server 就是画布,而 X Client 就是手拿画笔的画家。需要先有画布(管理好所有可显示的硬件),之后画家的想法(计算出来的绘图数据)才能够绘制到画布上。

由于每个 X Client 都是独立存在的程序，在图形显示中会出现一些重叠的问题（可以想象每个 X Client 都是一个独立的画家，在画布上各自绘画，彼此不承认对方的存在，最终的结果将会如何）。因此，后来出现了一组特殊的 X Client 程序来管理其他 X Client 程序，这个管理者就是窗口管理器（Window Manager，WM）。

- 窗口管理器是一组管理所有 X Client 的程序，同时提供任务栏、背景桌面、虚拟桌面、窗口大小调整、窗口移动和重叠显示等功能。窗口管理器主要是由一些大型的桌面环境工具进行开发的，常见的有 GNOME、KDE、XFCE 等。

既然 X Window System 是 Linux 上的一组程序，那么它是如何启动的呢？在早期，用户在登录系统后必须手动启动 X Server 程序，然后启动各个窗口管理器，如果有其他需求，还需要额外启动其他 X Client，非常烦琐。为了简化个人图形界面的启动步骤，后来出现了所谓的显示管理器（Display Manager，DM）。

- 显示管理器用于提供用户登录界面，以便用户可以通过图形界面进行登录。一旦用户登录成功，显示管理器的功能可以调用其他窗口管理器，使得用户在图形界面登录过程中更加简便。由于显示管理器也是启动一个等待输入账号和密码的图形界面，因此它会主动唤醒一个 X Server，然后在其上加载等待用户输入的界面。

在当前的新版 Linux 发行版中，启动图形界面并让用户登录的方式是先执行显示管理器程序。该程序会主动加载一个 X Server 程序，并提供一个等待输入账号和密码的界面。然后根据用户的选择启动所需的窗口管理器程序，最终用户可以直接在窗口管理器上进行图形界面操作。

例题

在 CentOS 6.x 中，在默认为 init 5 的情况下，最终启动图形界面的是哪个程序？

答：分析 /etc/init/* 中的文件，会发现有个文件的内容是这样的：

```
[root@www ~]# cat /etc/init/prefdm.conf
start on stopped rc RUNLEVEL=5
stop on starting rc RUNLEVEL=[!5]
console output
respawn
respawn limit 10 120
exec /etc/X11/prefdm -nodaemon
```

分析/etc/X11/prefdm 的内容，可以发现其实该行启动的就是一个 X Display Manager 程序。

例题

登录 init 5 的 CentOS 6.x 之前，先到 tty1 查阅一下 X Server 是由哪个程序唤醒的？

答：可以通过 pstree 来观察程序间的相关性。同时注意，默认的 CentOS 6.x 的 X Server 程序名称为 Xorg。

```
[root@www ~]# pstree -p
init(1)-+-NetworkManager(1086)
...(中间省略)...
        |-gdm-binary(2642)---gdm-simple-slav(2661)-+-Xorg(2663)
        |                                          |-gdm-session-wor(2746)
...(后面省略)...
```

根据上述数据，可以得知 gdm-binary 可以唤醒 Xorg。同样地，也可以了解到提供认证的图形界面是由 gdm-session 提供的。

下面介绍 X Window System 用在网络上的方式：XDMCP。

当 X Server 和 X Client 在同一台主机上时，可以轻松启动一个完整的 X Window System。但是如果想通过网络启动 X，就需要在客户端启动一个 X Server，并配置好图形界面所需的硬件设备，同时启动一个常见的 X Server 接收端口（通常是端口 6000）。然后，在服务器端的 X Client 中获取绘图数据，并将其绘制成图像。通过这种机制，可以在任何一台计算机上启动 X Server 来登录服务器，并且不受操作系统的限制，从而获得服务器提供的图形界面环境，如图 11-10 所示。

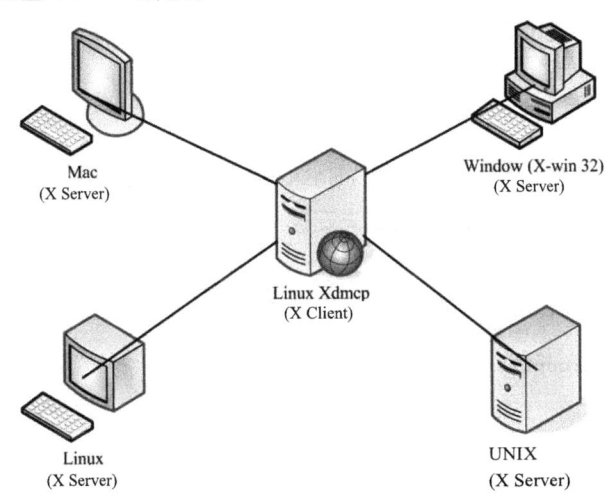

图 11-10　X Server/Client 的架构

但是如果使用最烦琐的方法，在客户端自己启动 X Server，然后一个一个地加载 X Client 程序回到服务器端，那将会非常麻烦。之前提到过可以使用显示管理器来管理用户的登录和启动 X，那么服务器能否提供类似的服务，让我们可以通过服务器的显示管理器直接进行登录认证并加载所选择的窗口管理器呢？当然可以，这就是 XDMCP（X Display Manager Control Protocol）的作用。

启动 XDMCP 后，服务器开始监听 UDP 端口 177。当客户端的 X Server 连接到服务器的端口 177 后，XDMCP 将在客户端的 X Server 中放置一个用于用户输入账号和密码的图形界面程序。通过这个 XDMCP 可以加载服务器提供的类似窗口管理器的相关 X Client，从而实现对图形界面的远程连接服务器。

那么什么情况下会出现多个用户连接到服务器并获取 X 的情况呢？以鸟哥实验室为例，我们在进行数值模拟时使用了一组 Linux 系统，并输出 NetCDF 文件作为结果。我们必须使用 PAVE 软件来处理这些数据。但是有两三个人需要同时使用该功能，而 Linux 主机放置在机柜中，难道我们要挤在那个狭小的空间里站着操作计算机吗？这时，可以搭建图形界面的远程登录服务器，以实现多个用户同时通过图形界面登录 Linux 主机并操作自己的程序。这样是不是很方便？

11.3.2 设置 GDM 的 XDMCP 服务

既然涉及 XDMCP 协议，那么是否意味着与 X Display Manager 有关呢？没错，XDMCP 协议是由显示管理器程序提供的。CentOS 默认的显示管理器是由 GNOME 提供的 GDM。因此，如果想启动 XDMCP 服务，需要对 GDM 进行相应的设置。GDM 的配置数据存放在 /etc/gdm/ 目录下，而我们需要修改的配置文件只是 /etc/gdm/custom.conf 文件而已。

> X11 提供的显示管理器是 XDM，而著名的 KDE 和 GNOME 也都有自己的显示管理器程序，分别是 KDM 和 GDM。可以通过任何一个显示管理器的配置文件来启动 XDMCP 协议程序。

不过，由于我们安装的是基础服务器（Basic Server），很多图形界面的软件并没有包含在内，因此，在使用 XDMCP 之前，需要先安装图形界面。可以使用 yum groupinstall 命令进行安装。

```
# 先检查与 X 相关的软件组有哪些
[root@www ~]# yum grouplist
    Desktop
    Desktop Platform
    X Window System
# 这三个是最重要的软件组了，需要安装到系统中。GDM 在 Desktop 中

[root@www ~]# yum groupinstall "Desktop" "Desktop Platform" \
> "X Window System"
```

上述步骤完成后，可以开始处理 custom.conf 文件了。

```
[root@www ~]# vim /etc/gdm/custom.conf
[security]              <==与信息安全方面有关的信息，大多指登录的相关事宜
AllowRemoteRoot=yes     <==XDMCP 默认不允许 root 登录
```

```
DisallowTCP=false      <==这个选项允许客户端使用 TCP 的方式连接到 XDMCP
[xdmcp]                <==本小节的重点之一
Enable=true            <==启动 XDMCP 的最重要选项
# 上述粗体字标示的部分就是需要自己添加的内容
[root@www ~]# init 5
# 上述这个命令会切换到 X 图形界面，如果确定要使用 gdm，runlevel 要调整到 5
# 果真如此的话，就需要调整/etc/inittab 了
[root@www ~]# netstat -tulnp
Active Internet connections (only servers)
Proto Recv-Q Send-Q Local Address     Foreign Address    State     PID/Program name
tcp        0      0 0.0.0.0:6000      0.0.0.0:*          LISTEN    4557/Xorg
tcp        0      0 :::6000           :::*               LISTEN    4557/Xorg
udp        0      0 0.0.0.0:177       0.0.0.0:*                    4536/gdm-binary
# 上述端口 6000 是由 DisallowTCP=false 选项设置启动的，端口 177 才是我们要的
```

上述操作鸟哥是在 runlevel 3（运行级别 3）下启动的，如果是在 runlevel 5 下，也可以使用 init 3 && init 5 命令重新启动图形界面。但如果在 runlevel 3 下，并且不希望切换到 runlevel 5，那么如何启用端口 177 呢？在这种情况下，可以按照以下步骤启动 XDMCP：

```
[root@www ~]# init 3
[root@www ~]# runlevel
5 3  <==左边的是前一个 runlevel，右边的是当前的，因此当前是 runlevel 3
[root@www ~]# gdm    <==这样就启动 XDMCP 了
[root@www ~]# vim /etc/rc.d/rc.local
/usr/sbin/gdm
```

现在知道如何在不同的 runlevel（运行级别）下启动 XDMCP 了吗？如果在 runlevel 5 下，因为在/etc/inittab 中已经自动启动了 GDM，所以只需要成功启动 runlevel 5 即可。但如果在 runlevel 3 下，由于系统启动流程不会启动 GDM，因此只能在/etc/rc.d/rc.local 文件中自行指定启动它。不过，既然要使用 XDMCP，建议直接启动 runlevel 5。接下来，需要开放客户端对端口 177 的连接。根据需要修改防火墙规则，开放 UDP 端口 177。如果使用鸟哥的防火墙脚本，可以按照以下步骤操作：

```
[root@www ~]# vim /usr/local/virus/iptables/iptables.rule
iptables -A INPUT -p UDP -i $EXTIF --dport 177 --sport 1024:65534 \
-s 192.168.100.0/24 -j ACCEPT #xdmcp
# 注意，特点是使用 UDP 端口以及加入源端 IP 网络的控制

[root@www ~]# /usr/local/virus/iptables/iptables.rule
[root@www ~]# iptables-save | grep 177
-A INPUT -s 192.168.100.0/24 -i eth0 -p udp -m udp --sport 1024:65534 --dport 177 -j ACCEPT
# 确实已开放端口 177，而且是 UDP 的端口。要注意这两个选项
```

11.3.3 用户系统为 Linux 的登录方式

由于 Linux 本身的窗口系统是由 X Server 提供的，因此在 Linux 上使用图形界面登录远程服务器非常简单。接下来将介绍两种常见的启动方式。

1. 在不同的 X 环境下启动连接：直接用 X

如果客户端已经处于 runlevel 5，那么实际上已经有一个 X 窗口环境，这个环境的显示终端被称为":0"。在 CentOS 6.x 环境中，如果初始就是 runlevel 5，那么图形界面的":0"会在 tty1 终端上；如果是从 runlevel 3 启动图形界面，那么它会在 tty7 上。由于已经有一个 X 窗口，因此必须在另一个终端上启动一个新的 X 窗口。这个新的 X 窗口被称为":1"界面，通常会在 tty7 或 tty8 上。但是，由于 X Server 需要接收 X 客户端的授权，因此需要在窗口界面中先开启接收来自服务器的 X 客户端数据。

此外，尽管在客户端是以主动方式连接到服务器的 UDP 端口 177，但服务器的 X 客户端会主动连接到客户端的 X 服务器，因此必须开放服务器端主动连接到你的 TCP 端口 6001（因为它是":1"界面）的防火墙连接。执行以下操作：

```
# 1. 放行 X 客户端发送过来的数据：在 X Window 的界面中启用 Shell 输入
[root@clientlinux ~]# xhost + 192.168.100.254
192.168.100.254 being added to access control list
# 注意，你是客户端，且假设那台 Linux 主机的 IP 地址为 192.168.100.254

# 2. 开始放行防火墙，因为我们启动端口 6001，所以在客户端这样做
[root@clientlinux ~]# vim /usr/local/virus/iptables/iptables.allow
iptables -A INPUT -i $EXTIF -s 192.168.100.0/24 -p tcp --dport 6001 -j ACCEPT

[root@clientlinux ~]# /usr/local/virus/iptables/iptables.rule
[root@clientlinux ~]# iptables-save
-A INPUT -s 192.168.100.0/24 -p tcp -m tcp --dport 6001 -j ACCEPT
# 要能看到上面这一行才行

# 3. 在文本界面（例如 tty1）输入如下命令
[root@clientlinux ~]# X -query 192.168.100.254 :1
# 进入 X Window
```

如果一切顺利的话，那么在 clientlinux.centos.vbird 上将会看到如图 11-11 所示的界面（注意主机名）。

在图 11-11 中，输入正确的用户名和密码后，将在 tty8 (:1)中看到一个窗口界面。如果想返回本地的窗口界面，只需返回 tty7 (:0)，即可成功切换（在 runlevel 5 时，":0"位于 tty1，而":1"位于 tty7）。如果想关闭 tty8，该如何操作呢？不能在 tty8 上注销，因为注销后系统会重新打开一个等待登录的界面，你无法关闭它。需要返回刚刚启动 X 的 tty1，然后按 Ctrl+C 快捷键中断连接。

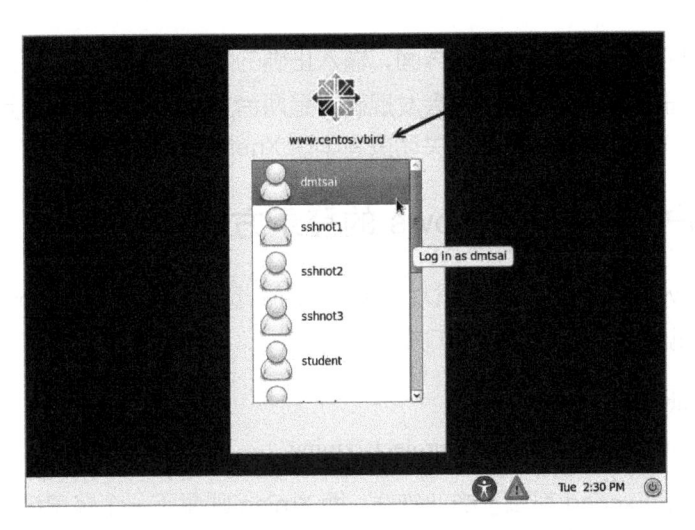

图 11-11 在客户端成功连上 XDMCP 的界面

2. 在同一个 X 下启动另一个 X：使用 Xnest

如果经常在 tty7 和 tty8 之间切换，有时会忘记当前处于哪个界面，特别是当桌面环境一模一样时，更难判断。是否有办法在 tty7 上直接启动另一个窗口来加载远程服务器的图形界面呢？是的，可以通过 Xnest 实现。这个命令需要在 X 环境下使用。它的简单用法如下：

```
[root@www ~]# Xnest -query 主机名 -geometry 分辨率 :1
选项与参数：
-query：后面接 XDMCP 服务器的主机名或 IP 地址
-geometry：后面接界面的分辨率，例如 1024×768 或 800×600 等分辨率

# 根据上述数据，使用 800x600 连上 192.168.100.254 那台主机
[root@www ~]# yum install xorg-x11-server-Xnest
[root@www ~]# Xnest -query 192.168.100.254 -geometry 640x480 :1
```

如果一切顺利，将在 tty7 的本地 X 环境中看到如图 11-12 所示的界面（该界面是已登录状态）。

图 11-12 在客户端的 X 环境下顺利连上 XDMCP 的界面

一开始会出现输入账号和密码的界面，输入正确的账号和密码后，就会显示如图 11-12 所示的界面。仔细观察界面标题，你会发现确实是两台主机的桌面，这样是不是更方便了？要关闭这个 X 窗口就简单多了，直接关闭或者中断 Xnest 程序即可。

11.3.4 用户系统为 Windows 的登录方式：Xming

由于 Windows 本身没有提供默认的 X Server，因此需要在 Windows 上自行安装 X Server。目前常见的 X Server 有以下几个：

- Hummingbird Exceed。
- Xming（http://sourceforge.net/projects/xming/）。

其中，X-Win32 和 Exceed 都属于商业软件，而 Xming 则属于一个轻量级的自由软件。轻量级并不意味着不好，而是因为 Xming 的文件非常小，但它仍具备所需的功能，因此被认为是一个很好的软件。因此，下面以 Xming 为例进行介绍。

（1）**安装**：可以使用默认的方法，一直单击"下一步"按钮进行安装，就能够顺利安装 Xming 软件。

（2）**启动**：依次选择"开始"→"所有程序"→Xming→XLaunch 选项以连接到 XDMCP。下面使用局域网内的广播（Broadcast）来找到 XDMCP 服务器。启动 XLaunch 之后会出现如图 11-13 所示的对话框。

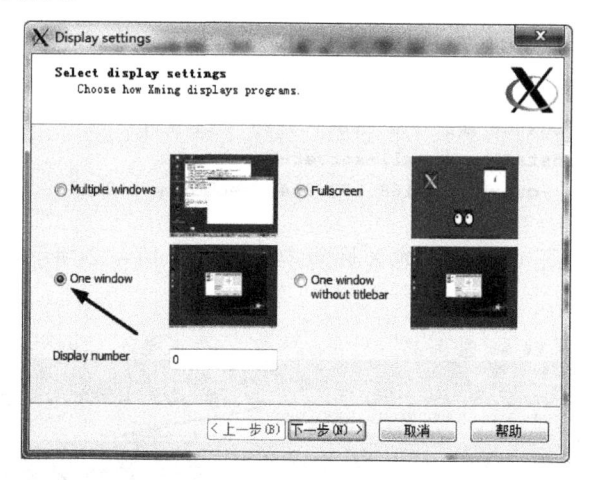

图 11-13 Xming 的 XDMCP 连接方式示意图 1

记住，在上述对话框中，需要选择 One window、Fullscreen 或 One window without titlebar 单选按钮才能使用 XDMCP。选择完毕后，单击"下一步"按钮，将会出现如图 11-14 所示的对话框。

在图 11-14 中，可以看到共有 3 种传递 X 客户端的方法，本小节要连到 XDMCP，所以需要选择第 3 个。单击"下一步"按钮会出现如图 11-15 所示的对话框。

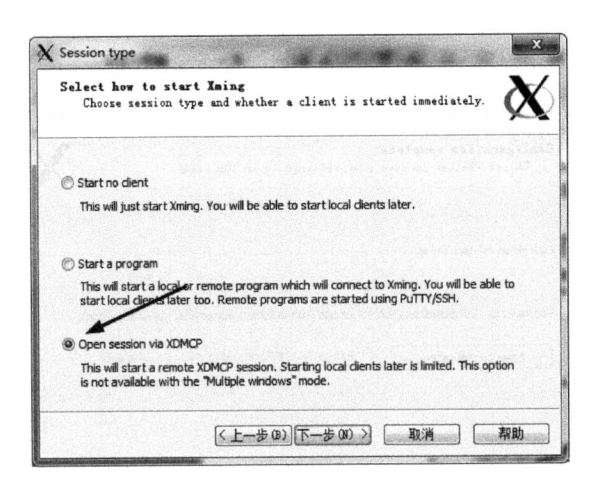

图 11-14 Xming 的 XDMCP 连接方式示意图 2

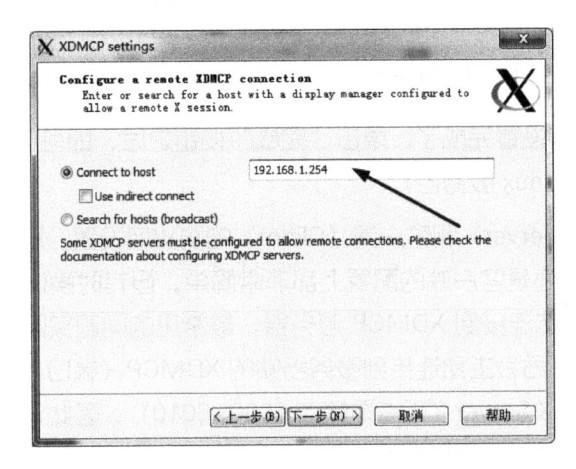

图 11-15 Xming 的 XDMCP 连接方式示意图 3

在这一步，需要连接到 XDMCP 服务器。填写 XDMCP 服务器的 IP 地址，然后单击"下一步"按钮，将会出现如图 11-16 所示的对话框。

图 11-16 Xming 的 XDMCP 连接方式示意图 4

保留默认值即可，单击"下一步"按钮，即可弹出如图 11-17 所示的对话框。

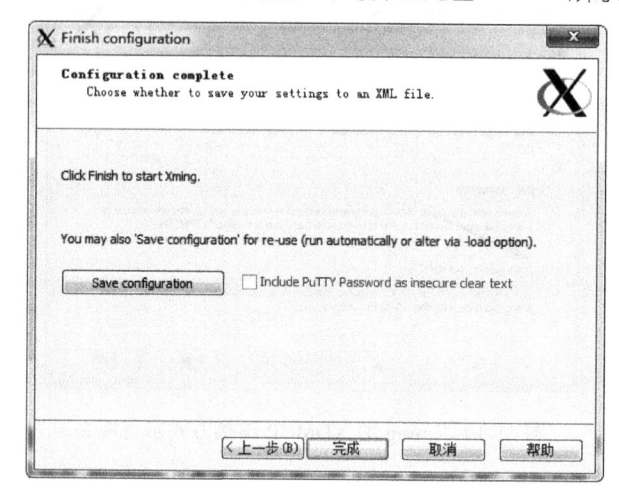

图 11-17 Xming 的 XDMCP 连接方式配置界面 5

出现图 11-17 就是设置完成了，单击"完成"按钮之后，即可在 Windows 中连上图形界面的 Linux Server（Linux 服务器）。

重点在于服务器（Server）和客户端（Client）的防火墙设置。从上述配置中，你会发现 XDMCP 无论在服务器还是客户端的配置上都非常简单。但有时候你可能会发现，尽管所有操作都完成了，但仍无法连接到 XDMCP 服务器，最常见的问题实际上是防火墙。因为虽然在客户端启动 X Server 后会主动连接到服务器端的 XDMCP（端口 177），但接下来服务器会主动连接到客户端的 X Server（可能是端口 6000~6010）。因此，如果只设置了服务器的防火墙规则，那么问题很可能出现在客户端的防火墙上，忘记打开允许服务器主动连接的规则。这一点是必须要向大家明确说明的。

11.4 华丽的图形界面：VNC 服务器

就像前面所提到的，使用 XDMCP 可能会涉及多个不同的端口，导致防火墙配置变得复杂。那么是否有更简单的图形界面连接方式呢？实际上还有很多种，但在这里先介绍一种比较简单的方式，那就是 VNC（Virtual Network Computing，虚拟网络计算）。

11.4.1 默认的 VNC 服务器

VNC 服务器会在服务器端启动一个监听用户请求的端口，通常端口号在 5901~5910。当客户端启动 X Server 连接到 5901 后，VNC 服务器会将一系列预先设置好的 X 客户端通过该连接传递到客户端，最终在客户端上显示服务器的图形界面。

需要注意的是，默认情况下，VNC 服务器只提供给一个单独的客户端连接，因此当想要使用 VNC 时，需要先连接到服务器启动 VNC 服务器。因此，通常情况下，VNC 服务器是手动启动的，使用完成后再关闭。整个操作实际上很简单。可以按照以下步骤操作：

```
[root@www ~]# vncserver [:号码] [-geometry 分辨率] [options]
[root@www ~]# vncserver [-kill :号码]
选项与参数：
:号码         ：就是将 VNC 服务器开在哪个端口，如果是":1"，则代表 VNC 5901 端口
-geometry     ：就是分辨率，例如 1024×768 或 800×600 之类的
options       ：其他 X 相关的选项，例如 -query localhost 之类的
-kill         ：将已经启动的 VNC 端口删除。根据身份进行控制

[root@www ~]# yum install tigervnc-server
# 这个是必须用的服务器软件，注意软件的名称，与之前的版本不同

# 将 VNC 服务器启动在端口 5903
[root@www ~]# vncserver :3

You will require a password to access your desktops.

Password:  <==输入 VNC 的连接密码，这是建立 VNC 时所需的
Verify:    <==再输入一次相同的密码
xauth:  creating new authority file /root/.Xauthority

New 'www.centos.vbird:3 (root)' desktop is www.centos.vbird:3

Creating default startup script /root/.vnc/xstartup
Starting applications specified in /root/.vnc/xstartup
Log file is /root/.vnc/www.centos.vbird:3.log

[root@www ~]# netstat -tulnp | grep X
tcp        0      0 0.0.0.0:5903        0.0.0.0:*        LISTEN      4361/Xvnc
tcp        0      0 0.0.0.0:6000        0.0.0.0:*        LISTEN      1755/Xorg
tcp        0      0 0.0.0.0:6003        0.0.0.0:*        LISTEN      4361/Xvnc
tcp        0      0 :::6000             :::*             LISTEN      1755/Xorg
tcp        0      0 :::6003             :::*             LISTEN      4361/Xvnc
# 已经启动所需要的端口了
```

在上述操作中，需要知道以下几项：

（1）密码至少需要 6 个字符。

（2）根据使用 VNC 服务器的身份，将刚刚设置的密码放置在相应账号的用户主目录下。例如，如果是以 root 身份使用 VNC 服务器，密码文件将会放置在/root/.vnc/passwd 文件中。但是，如果该文件已经存在，则不会显示创建密码的界面。

（3）当客户端连接成功后，服务器将会把 /root/.vnc/startx 内的 X Client 传送给客户端。

如果想修改 VNC 密码，非常简单，只需使用 VNC Passwd 即可。

```
[root@www ~]# ls -l /root/.vnc/passwd
-rw-------. 1 root root 8 Jul 26 15:08 /root/.vnc/passwd
[root@www ~]# vncpasswd
Password:   <==在这里开始输入新的密码
Verify:
[root@www ~]# ls -l /root/.vnc/passwd
```

```
-rw-------. 1 root root 8 Jul 26 15:15 /root/.vnc/passwd
# 时间已经更新了。这个文件的内容改动过了
```

接下来，开始放行端口 5903 的防火墙连接规则。由于预计可能会开放 11 个 VNC 端口，因此我们干脆一次性开放这 11 个端口。

```
[root@www ~]# vim /usr/local/virus/iptables/iptables.allow
iptables -A INPUT -i $EXTIF -s 192.168.100.0/24 -p tcp --dport 5900:5910 -j
ACCEPT

[root@www ~]# /usr/local/virus/iptables/iptables.rule
[root@www ~]# iptables-save
-A INPUT -s 192.168.100.0/24 -i eth0 -p tcp -m tcp --dport 5900:5910 -j ACCEPT
# 得到上面这行就可以了
```

11.4.2　VNC 的客户端连接软件

与 XDMCP 类似，Linux 系统上的 VNC 客户端通常有默认的软件，但在 Windows 系统上需要额外安装其他软件。现在我们先来讨论 Linux 上的 VNC 客户端软件。

1. Linux 客户端程序：VNC Viewer

用于 Linux 客户端的 VNC 程序就是 VNC Viewer。不过，默认情况下，这个软件是没有安装的，因此需要使用 yum 命令安装后再连接。但需要注意的是，服务器端的防火墙设置必须正确。然后，在客户端的图形界面上执行以下操作：

```
[root@clientlinux ~]# yum install tigervnc
[root@clientlinux ~]# vncviewer 192.168.10.254:3
# 这个命令一定要在图形界面中执行才行。很重要，别忘了
```

在图 11-18 中，注意输入刚刚设置的 VNC 连接密码，这是 VNC 连接密码，而不是 root 登录密码。这两者是不同的。由于以 root 身份启动 VNC，因此在这里使用 root 的 VNC 连接密码。大多数时候，建议使用普通身份启动 VNC 服务器。当你输入正确的 VNC 连接密码后，将会出现如图 11-19 所示的界面。

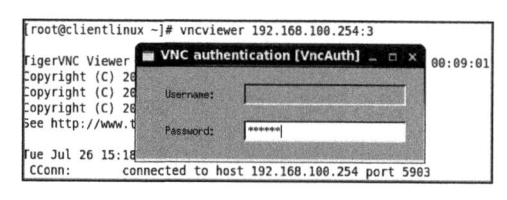

图 11-18　在 Linux 客户端执行 VNC Viewer 程序的示意图 1

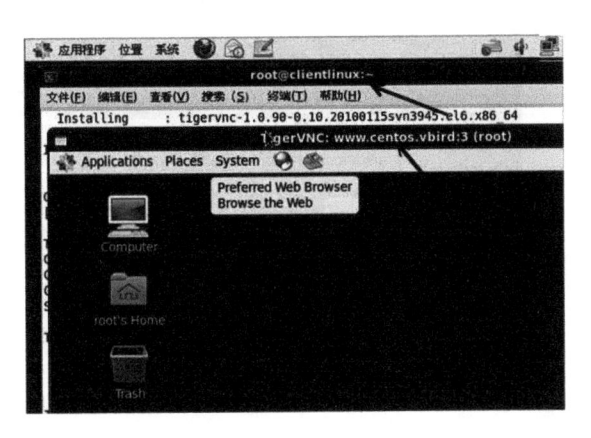

图 11-19 在 Linux 客户端执行 VNC Viewer 程序的示意图 2

与以前的 VNC 服务器有很大不同，在 CentOS 6.x 中，Tiger VNC-Server 软件会根据服务器端的图形界面登录方式自动提供正确的图形显示界面，而不仅是提供一个简陋的 TWM 界面。这样我们就可以少修改一些配置文件。连接成功后，在客户端关闭 VNC Viewer 的连接，因为接下来要准备从 Windows 连接到服务器的端口 5903。

2. Windows 客户端程序：RealVNC

在 Windows 系统下，有很多可用的 VNC 客户端软件，但鸟哥比较熟悉的是由 RealVNC 公司开发的 GNU 自由软件。可以从以下链接中下载最简单的版本，这是免费的自由软件版本（鸟哥只下载不用安装的 Viewer 版本）。

https://www.realvnc.com/en/connect/download/combined/

直接执行 VNC-Viewer 软件，然后就会看到如图 11-20 所示的界面。

如图 11-20 所示，在 VNC Server 字段中填上 IP:Port 的数据即可，然后单击 Connect 按钮，就会弹出如图 11-21 所示的界面。

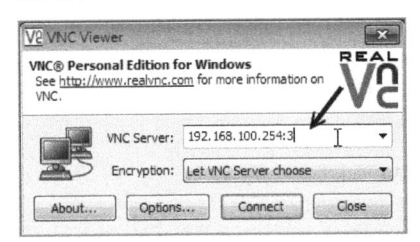

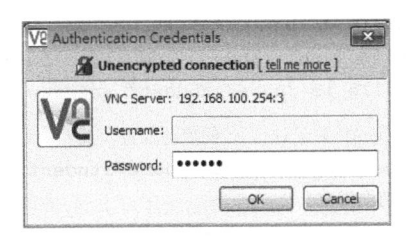

图 11-20 Windows Real VNC 客户端连接配置界面　图 11-21 Windows Real VNC 客户端连接示意图

由于 VNC 服务器只需要连接的 VNC 密码，因此在图 11-21 中，用户名可以不填写。老实说，这个程序也不会让你填写用户名。填写 VNC 密码后，单击 OK 按钮即可，接下来将会显示正确的界面，如图 11-22 所示。

图 11-22 Windows Real VNC 客户端连接配置界面

11.4.3 VNC 搭配本机的 XDMCP 界面

如果由于某些特殊原因，需要使用 VNC 来配合 XDMCP 的输出，可以直接在服务器上使用以下命令进行处理。注意，必须已经启动 XDMCP，我们将使用 student 身份来启动 VNC。

```
# 1. 要确定 XDMCP 已经启动了才可以
[root@www ~]# netstat -tlunp | grep 177
udp        0      0 0.0.0.0:177       0.0.0.0:*               1734/gdm-binary
# 确实已经启动了。如果没有看到 177 的话，回到 11.3 节处理

# 2. 切换成 student，并且在 ":5" 启动 VNC 服务器
[root@www ~]# su - student
[student@www ~]$ vncserver :5 -query localhost
You will require a password to access your desktops.

Password:
Verify:
xauth:  creating new authority file /home/student/.Xauthority

New 'www.centos.vbird:5 (student)' desktop is www.centos.vbird:5

Creating default startup script /home/student/.vnc/xstartup
Starting applications specified in /home/student/.vnc/xstartup
Log file is /home/student/.vnc/www.centos.vbird:5.log

# 3. 取消 xstartup 的启动配置
[student@www ~]$ vim /home/student/.vnc/xstartup
...(前面省略)...
#xterm -geometry 80x24+10+10 -ls -title "$VNCDESKTOP Desktop" &
#twm &
# 将这个文件的内容全部都加上 "#" 以注释掉

# 4. 重新启动 VNC 服务器
[student@www ~]$ vncserver -kill :5
[student@www ~]$ vncserver :5 -query localhost
```

接下来，以 root 身份加入端口 5905 的防火墙规则，然后使用 Linux 的 VNC Viewer 或 Windows 的 Real VNC 进行连接，将会看到如图 11-23 所示的界面。

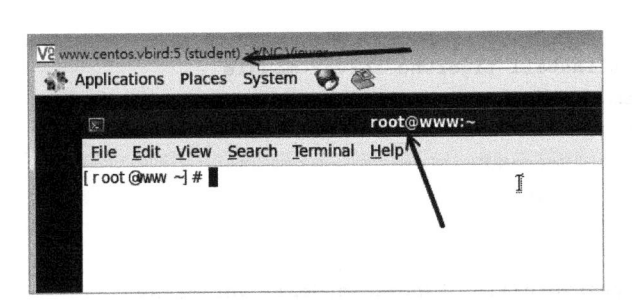

图 11-23 通过 VNC 通道取得 XDMCP 界面

这个 VNC 连接程序是以 student 身份运行的，但是可以通过 XDMCP 的登录功能来登录 root 身份。

11.4.4 开机就启动 VNC 服务器的方法

注意，不要将 VNC 服务器的指令写入到/etc/rc.d/rc.local 文件中，否则可能会引发 localhost 无法登录的问题。那么，如何让 VNC 服务器在开机时自动启动而无须登录执行指令呢？需要修改一下配置文件。下面以 student 身份启动 VNC 服务器，而启动方式为使用 XDMCP 登录界面，启动端口设置为 5901。按照以下步骤进行操作：

```
[root@www ~]# vim /etc/sysconfig/vncservers
VNCSERVERS="1:student"
VNCSERVERARGS[1]="-query localhost"
# 上述两行的 1 指的就是端口 5901，要注意

[root@www ~]# /etc/init.d/vncserver restart
[root@www ~]# chkconfig vncserver on
```

是不是很简单？这样每次开机时就可以自动启动 VNC 服务器了。

11.4.5 同步的 VNC：可以通过图示同步教学

有些朋友可能会觉得奇怪，为什么我的 VNC 服务器的 Server/Client 端的界面不是同步的呢？这是因为 Linux 本身提供多个独立的 VNC 服务器，它们与 tty7 的界面是分开的，所以自然不会同步。但是，如果想要与 Linux 的 tty7 同步，可以利用 VNC 中为 X Server 使用的模块进行配置。

那么，使用这个模块有什么好处呢？好处就是可以让 Server/Client 中的两个图形界面保持一致。这意味着，如果想要教你的朋友你是如何配置的，可以通过这个机制来实现。这样，你的朋友在远程就能够了解你的操作过程，非常方便。

我们也来操作一下吧。在 CentOS 6.x 中，并没有 xorg.conf 这个配置文件。因此，如果需要使用这些数据，恐怕需要自行使用 X –configure 命令创建 xorg.conf 文件，然后将其配置到/etc/X11/目录中。

```
[root@www ~]# yum install tigervnc-server-module
[root@www ~]# vim /etc/X11/xorg.conf
Section "Screen"
        Identifier "Screen0"
        Device     "Videocard0"
        DefaultDepth    24
        # VBird
        Option "passwordFile" "/home/student/.vnc/passwd"
        SubSection "Display"
                Viewport  0 0
                Depth     24
        EndSubSection
EndSection

# VBird
Section "Module"
    Load    "vnc"
EndSection
# 假设 vnc 密码文件放置在 /home/student/.vnc/passwd 中
# 这个时候就需要将密码文件的内容写到 Screen 这个 section 中了

[root@www ~]# init 3 ; init 5
[root@www ~]# netstat -tlunp | grep X
tcp     0    0 0.0.0.0:5900      0.0.0.0:*        LISTEN      7445/Xorg
tcp     0    0 0.0.0.0:6000      0.0.0.0:*        LISTEN      7445/Xorg
tcp     0    0 :::6000           :::*             LISTEN      7445/Xorg
# 注意看,这几个端口启动的 PID 都一样,启动了一个端口 5900
```

之后,可以使用 VNC Viewer 192.168.100.254 来连接 VNC 服务器,无须添加 ":0" 等端口号。然后,你会发现在客户端和服务器端的图形界面中,当移动鼠标时,两者的界面会同步操作,非常有趣。但是,这种操作只允许一条 VNC 连接,不能让所有客户端都连接到端口 5900,这确实是很遗憾的限制。

11.5 仿真的远程桌面系统:XRDP 服务器

使用上述图形界面连接服务器时,会遇到一个问题。除连接机制不同外,XDMCP 和 VNC 的数据原则上都没有加密。因此,上述操作大多适用于局域网内操作,不建议连接到互联网上。如果你真的想通过加密方式操作 VNC,可能需要参考 11.6 节的介绍来获得更好的解决方案。我们知道 Windows 的远程桌面(Remote Desktop Protocol,RDP)实际上具有连接加密功能,所以在 Linux 上安装一个 RDP 服务器是可行的,这就是 XRDP 服务器。

遗憾的是,CentOS 6.x 默认没有提供 XRDP 服务器。如果读者有兴趣,可以尝试自行编译 XRDP 软件,或者在 Fedora 基金会提供的 RHEL 额外软件计划中寻找适合的版本。

鸟哥认为 yum 是一个很好的工具,因此找到 CentOS 6.x x86_64 版本的网址,并将其添加到 yum 配置文件中。这样就可以使用 yum 进行安装了。

第 11 章 远程连接服务器 SSH/XDMCP/VNC/XRDP

```
[root@www ~]# vim /etc/yum.repos.d/fedora_epel.repo
[epel]
name=CentOS-$releasever - Epel
baseurl= https://mirrors.aliyun.com/epel-archive/6/$basearch/
gpgcheck=0
enabled=1

[root@www ~]# yum clean all
[root@www ~]# yum install xrdp
```

这样就安装好了 XRDP 软件，接下来需要对其进行配置。实际上，在大多数主机上安装好 XRDP 之后，通常无须调整任何配置文件，只需保留默认的配置文件即可。此外，还需要设置 XRDP 在开机后自动启动。未来，只要通过远程连接访问这台主机，系统就会启动编号 5910~5920 以上的 VNC 端口，然后就可以通过 RDP 协议获取 VNC 的界面，最终成功登录系统。

```
[root@www ~]# /etc/init.d/xrdp start
[root@www ~]# chkconfig xrdp on
[root@www ~]# netstat  | grep xrdp
tcp      0      0 127.0.0.1:3350    0.0.0.0:*      LISTEN    6615/xrdp-sesman
tcp      0      0 0.0.0.0:3389      0.0.0.0:*      LISTEN    6611/xrdp
# 远程桌面的端口是 3389，但是 XRDP 会再连接到本机的端口 3350 来唤醒一个 VNC 的连接
# 但是尚未连接之前，并不会启动任何 VNC 端口
```

如果你使用的是 Windows 系统，可以依次选择"开始"→"所有程序"→"附件"→"远程桌面连接"菜单选项。在弹出的界面中输入 XRDP 服务器的 IP 地址，然后会显示如图 11-24 和图 11-25 所示的对话框。

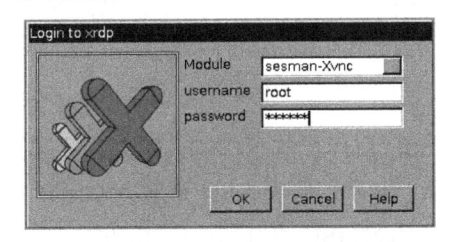

图 11-24 连上服务器的 XRDP 服务后出现的连接信息

输入正确的账号和密码，界面就会出现了。如果想进一步了解 XRDP 的配置文件，可以前往/etc/xrdp/目录查看，并通过 man 命令查看相关配置文件的信息，这样你就能理解配置值了。鸟哥经过测试，不需要修改任何配置，就可以顺畅地使用远程桌面。

不过需要注意的是，由于 XRDP 最终会自动启用 VNC，因此仍然需要安装 Tiger VNC-Server，否则 XRDP 将无法正常运行。

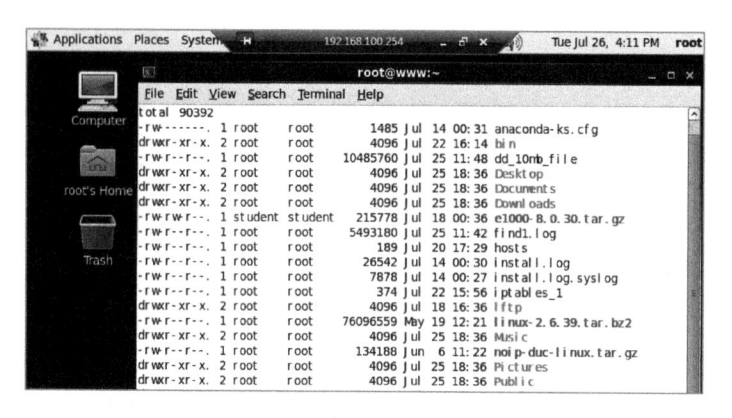

图 11-25 连上服务器的 XRDP 服务后出现的连接信息

11.6　SSH 服务器的高级应用

事实上，SSH 确实非常好用。甚至不需要启动 XDMCP、VNC、XRDP 等服务，只需使用 SSH 的加密通道即可在客户端启动图形界面。此外，我们知道许多服务都没有加密，那么能否通过 SSH 通道来加密这些服务呢？当然可以。接下来，我们将讨论一下 SSH 的高级应用。

11.6.1　在非标准端口启动 SSH（非端口 22）

在之前的章节中，我们提到过 SSHD 服务不是很安全，所以许多 Internet 服务提供商（Internet Server Provider，ISP）会在入口处关闭端口 22。那么为什么要这样做呢？这是因为许多网站管理员没有定期更新软件，并且为了方便起见，随意将端口 22 开放给全世界。由于许多黑客会使用扫描程序扫描整个 Internet 上的端口漏洞，端口 22 经常被扫描。为了防止这个问题，ISP 会帮助你关闭端口 22，以确保整个局域网的安全。

只是，像鸟哥这种没有 SSH 几乎无法工作的人来说，关闭端口 22 会让鸟哥非常头痛。那么怎么办呢？别担心，实际上我们可以将 SSH 开放在非标准的端口上。这样，黑客扫描程序就无法扫描到这个端口，而且你的 ISP 也没有对该端口进行限制，这样就可以正常使用 SSH 了。非常方便，对吧？接下来我们可以尝试将 SSH 分别开放在端口 22 和端口 23 上（请注意，端口 23 不能被其他服务占用）。

1. 设置 SSH 在端口 22 和端口 23 这两个端口监听的方式

```
[root@www ~]# vim /etc/ssh/sshd_config
Port 22
Port 23      <==注意，要有两个端口的设置

[root@www ~]# /etc/init.d/sshd restart
```

但是这个版本的 CentOS 只允许 SSH 在端口 22 启动，因此会出现一个 SELinux 的错误。

那么该怎么办呢？别担心，根据 setroubleshoot 的提示，我们需要自行定义一个 SELinux 规则来允许使用非标准端口。听起来是不是很复杂？其实还算简单，整体流程如下：

```
# 1. 在 /var/log/audit/audit.log 中找出与 SSH 有关的 AVC 信息，并转为本地模块
[root@www ~]# cat /var/log/audit/audit.log | grep AVC | grep ssh | \
> audit2allow -m sshlocal > sshlocal.te    <==扩展名要是 .te 才行
[root@www ~]# grep sshd_t /var/log/audit/audit.log | \
> audit2allow -M sshlocal    <==sshlocal 就是刚刚创建的 .te 文件
******************** IMPORTANT ***********************
To make this policy package active, execute:
semodule -i sshlocal.pp    <==这个命令会编译出这个重要的 .pp 模块

# 2. 将这个模块加载到系统的 SELinux 管理机制中
[root@www ~]# semodule -i sshlocal.pp

# 3. 再重新启动 SSHD 并且查看端口
[root@www ~]# /etc/init.d/sshd restart
[root@www ~]# netstat -tlunp | grep ssh
tcp    0    0 0.0.0.0:22    0.0.0.0:*    LISTEN    7322/sshd
tcp    0    0 0.0.0.0:23    0.0.0.0:*    LISTEN    7322/sshd
tcp    0    0 :::22         :::*         LISTEN    7322/sshd
tcp    0    0 :::23         :::*         LISTEN    7322/sshd
```

是不是很简单？这样就可以使用端口 22 或端口 23 连接到你的 SSHD 服务了。

2. 非标准端口的连接方式

如果默认的 SSH、SCP、SFTP 都连接到端口 22，那么如何使用这些命令连接到端口 23 呢？我们可以使用 SSH 来进行练习：

```
[root@www ~]# ssh -p 23 root@localhost
root@localhost's password:
Last login: Tue Jul 26 14:07:41 2011 from 192.168.1.101
[root@www ~]# netstat -tnp | grep 23
tcp 0 0 ::1:23                ::1:56645            ESTABLISHED 7327/2
tcp 0 0 ::1:56645             ::1:23               ESTABLISHED 7326/ssh
# 因为网络是双向的，因此自己连自己 (localhost)就会捕获到两个连接
```

这样，就可以避免一些 ISP 或黑客的扫描。注意，不要将端口开放在一些已知的端口上，比如将其开放在端口 80 上，否则将无法正常启动 WWW 服务。切记！

11.6.2 以 rsync 进行同步镜像备份

我们之前讨论过 Linux 的备份策略，并介绍了常用的备份命令，包括 tar、dd、cp 等。然而，在那时并未涉及网络备份。因此，有一个非常出色的网络工具没有介绍，那就是 rsync。rsync 可以作为一个出色的异地备份系统的备份命令，因为它可以实现类似于镜像（Mirror）的功能。

rsync 最初是为了取代 rcp 命令而设计的，因为 rsync 不仅传输速度快，而且在传输过程中可以比对本地端和远程主机上要复制的文件内容，仅复制两端有差异的文件，从而大大减少传输时间。此外，rsync 有至少三种传输方式可供选择：

- 在本机上直接运行，用法几乎与 cp 一模一样，例如 rsync -av /etc /tmp（将 /etc/ 的数据备份到 /tmp/etc 内）。
- 通过 rsh 或 ssh 通道在服务器和客户端之间进行数据传输，例如 rsync -av -e ssh user@rsh.server:/etc /tmp（将 rsh.server 的/etc 备份到本地主机的/tmp 目录中）。
- 直接通过 rsync 提供的服务（守护进程）来传输，此时 rsync 主机需要启动端口 873：
  - ➤ 必须在服务器端启动 rsync，可以查看 /etc/xinetd.d/rsync 文件进行配置。
  - ➤ 必须编辑 /etc/rsyncd.conf 配置文件。
  - ➤ 必须设置定义客户端连接的密码数据。
  - ➤ 在客户端可以使用 rsync -av user@hostname::/dir/path /local/path 进行操作。

实际上，这三种传输模式的区别仅在于是否使用冒号（:）。本地端传输无须冒号，通过 SSH 或 RSH 传输时需要一个冒号（:），而通过 rsync 守护进程传输时需要两个冒号（::）。理解起来应该不难。因为本地端处理非常简单，而我们的系统已经提供了 SSH 服务，所以下面鸟哥将直接介绍如何使用 rsync 通过 SSH 进行备份的操作。不过，在此之前，让我们先来看看 rsync 的语法。

```
[root@www ~]# rsync [-avrlptgoD] [-e ssh] [user@host:/dir] [/local/path]
选项与参数：
-v ：查看模式，可以列出更多的信息，包括镜像的文件名等
-q ：与 -v 相反，安静模式，略过正常信息，仅显示错误提示信息
-r ：递归复制。可以针对"目录"来处理。很重要
-u ：仅更新 (update)，若目标文件较新，则保留新文件不会覆盖
-l ：复制链接文件的属性，而非链接的目标源文件内容
-p ：复制时，连同属性 (permission) 一并复制
-g ：保存源文件的属组
-o ：保存源文件的属主
-D ：保存源文件的设备属性 (device)
-t ：保存源文件的时间参数
-I ：忽略更新时间 (mtime) 的属性，文件比对时会比较快
-z ：在数据传输时，加上压缩的参数
-e ：使用的协议，例如使用 ssh 通道，则为-e ssh
-a ：相当于 -rlptgoD，所以这个 -a 是最常用的参数
更多说明请参考 man rsync

# 1. 将 /etc 的数据备份到 /tmp 下
[root@www ~]# rsync -av /etc /tmp
...(前面省略)...
sent 21979554 bytes  received 25934 bytes   4000997.82 bytes/sec
total size is 21877999  speedup is 0.99
[root@www ~]# ll -d /tmp/etc /etc
drwxr-xr-x. 106 root root 12288 Jul 26 16:10 /etc
drwxr-xr-x. 106 root root 12288 Jul 26 16:10 /tmp/etc  <==瞧，两个目录一样
```

第 11 章 远程连接服务器 SSH/XDMCP/VNC/XRDP

```
# 第一次运行时会花比较长的时间，因为首次建立需要备份所有的文件。如果再次备份呢
[root@www ~]# rsync -av /etc /tmp
sent 55716 bytes  received 240 bytes  111912.00 bytes/sec
total size is 21877999  speedup is 390.99
# 比较一下两次 rsync 的传输与接收数据量
# 传输的数据很少，因为再次备份时会先比对，仅复制存在差异的文件

# 2. 利用 student 的身份登录 clientlinux.centos.vbird，将用户主目录复制到本机 /tmp
[root@www ~]# rsync -av -e ssh student@192.168.100.10:~ /tmp
student@192.168.100.10's password:   <==输入对方主机的 student 密码
receiving file list ... done
student/
student/.bash_logout
...(中间省略)...
sent 110 bytes  received 697 bytes  124.15 bytes/sec
total size is 333  speedup is 0.41

[root@www ~]# ll -d /tmp/student
drwx------. 4 student student 4096 Jul 26 16:52 /tmp/student
# 这样就做好备份了，很简单吧
```

可以将上述第二个示例作为备份脚本的参考。然而需要注意的是，由于 rsync 是通过 SSH 传输数据的，因此可以为 student 用户创建一个无须密码登录的 SSH 密钥。这样，以后异地备份系统就可以通过 crontab 自动进行备份了。

在前面的内容中，我们已经讨论过免密码的 SSH 账号，并且编写 Shell 脚本的能力也是必不可少的。现在可以利用 rsync 来进行备份工作了。如果想了解更多关于 rsync 的用法，可以参考本章后面列出的参考网站。

例题

在 clientlinux.centos.vbird（192.168.100.10）上，使用 vbirdtsai 的身份创建一个脚本，该脚本可以在每天的 02:00 通过 rsync 结合 SSH 从 www.centos.vbird（192.168.100.254）获取 /etc、/root 和 /home 三个目录的镜像，并保存到 clientlinux.centos.vbird 的 /backups/ 目录下。

答：由于必须通过 SSH 通道，并且需要使用 crontab 计划任务，因此必须使用密钥系统来实现免密码登录。我们在 11.2.6 节已经讨论过相关的方法，vbirdtsai 已经有了公钥和私钥文件，因此不需要再使用 ssh-keygen 命令，只需将公钥文件复制到 www.centos.vbird 的 /root/.ssh/ 目录下即可。具体操作步骤如下：

```
# 1. 在 clientlinux.centos.vbird 将公钥文件复制给 www.centos.vbird 的 root
[vbirdtsia@clientlinux ~]$ scp ~/.ssh/id_rsa.pub root@192.168.100.254:~

# 2. 在 www.centos.vbird 上面用 root 配置 authorized_keys
[root@www ~]# ls -ld id_rsa.pub .ssh
-rw-r--r--. 1 root root  416 Jul 26 16:59 id_rsa.pub  <==有公钥文件
drwx------. 2 root root 4096 Jul 25 11:44 .ssh        <==有 SSH 的相关目录
```

```
[root@www ~]# cat id_rsa.pub >> ~/.ssh/authorized_keys
[root@www ~]# chmod 644 ~/.ssh/authorized_keys

# 3. 在 clientlinux.centos.vbird 上编写脚本并测试执行
[vbirdtsai@clientlinux ~]$ mkdir ~/bin ; vim ~/bin/backup_www.sh
#!/bin/bash
localdir=/backups
remotedir="/etc /root /home"
remoteip="192.168.100.254"

[ -d ${localdir} ] || mkdir ${localdir}
for dir in ${remotedir}
do
        rsync -av -e ssh root@${remoteip}:${dir} ${localdir}
done

[vbirdtsai@clientlinux ~]$ chmod 755 ~/bin/backup_www.sh
[vbirdtsai@clientlinux ~]$ ~/bin/backup_www.sh
# 上面在测试了。第一次测试可能会失败，因为鸟哥忘记 /backups 需要 root 的权限才能够建立。所以，再以 root
  的身份来执行 mkdir 和 setfacl 命令

# 4. 建立 crontab 工作
[vbirdtsai@clientlinux ~]$ crontab -e
0 2 * * * /home/vbirdtsai/bin/backup_www.sh
```

11.6.3 通过 SSH 通道加密原本无加密的服务

现在我们知道 SSH 通道可以进行加密传输，而且也知道 rsync 默认已支持通过 SSH 通道进行加密的镜像传输。既然如此，其他的服务是否可以通过 SSH 进行数据加密传输呢？当然可以。在介绍实际操作之前，让我们先通过图示来说明操作方式。

假设服务器在端口 5901 上启动了 VNC 服务，客户端使用 VNC Viewer 连接到服务器的端口 5901。现在我们在客户端计算机上启动端口 5911，然后通过本地的 SSH 连接到服务器的 SSHD，而服务器的 SSHD 再连接到服务器的 VNC 的端口 5901。整个连接的图示如图 11-26 所示。

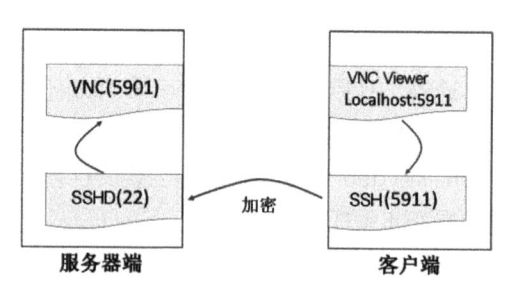

图 11-26 通过本地端的 SSH 加密连接到远程服务器的配置模型

假设你已经按照前面的章节在服务器（www.centos.vbird）上成功建立了 VNC 端口 5901，而客户端没有启动任何 VNC 端口。那么想要通过 SSH 进行加密传输怎么做呢？很简单，可以在客户端计算机（clientlinux.centos.vbird）上执行以下命令：

```
[root@clientlinux ~]# ssh -L 本地端口:127.0.0.1:远程端口 [-N] 远程主机
选项与参数：
-N ：仅启动连接通道，不登录远程 SSHD 服务器
本地端口：就是开启 127.0.0.1 上的一个监听的端口
远程端口：指定连接到远程主机的 SSHD 后，SSHD 该连到哪个端口进行传输

# 1. 在客户端启动所需要的端口要执行的命令
[root@clientlinux ~]# ssh -L 5911:127.0.0.1:5901 -N 192.168.100.254
root@192.168.100.254's password:
    <==登录远程仅是开启一个监听端口

# 2. 在客户端的另一个终端测试看看，这个操作不需要执行，只是查阅而已
[root@clientlinux ~]# netstat -tnlp| grep ssh
tcp   0   0 0.0.0.0:22          0.0.0.0:*              LISTEN      1330/sshd
tcp   0   0 127.0.0.1:5911      0.0.0.0:*              LISTEN      3347/ssh
tcp   0   0 :::22               :::*                   LISTEN      1330/sshd
[root@clientlinux ~]# netstat -tnap| grep ssh
tcp   0   0 192.168.100.10:55490 192.168.100.254:22    ESTABLISHED 3347/ssh
# 在客户端由 SSH 来启动端口 5911，同一个 PID 也连接到远程主机
```

接下来，可以在客户端（192.168.100.10，clientlinux.centos.vbird）使用 VNC Viewer localhost:5911 进行连接，但是该连接实际上会连接到 www.centos.vbird（192.168.100.254）主机的端口 5901。不相信吗？当你成功建立 VNC 连接后，可以在 www.centos.vbird 主机上验证一下。

```
# 3. 在服务器端测试看看，这个操作不需要执行，只是查阅而已
[root@www ~]# netstat -tnp | grep ssh
tcp   0   0 127.0.0.1:59442     127.0.0.1:5901         ESTABLISHED 7623/sshd: root
tcp   0   0 192.168.100.254:22  192.168.100.10:55490   ESTABLISHED 7623/sshd: root
# 明显地看到端口 22 的程序同时连接到端口 5901 了
```

要取消这个连接，首先关闭 VNC，在 clientlinux.centos.vbird 上执行的第一个操作（ssh –L ...），按 Ctrl+C 快捷键可以中断这个加密通道。明白了吗？你可以将这个操作应用在任何服务上。

11.6.4 以 SSH 通道配合 X Server 传送图形界面

从 11.6.3 节中，我们了解到 SSH 可以用于加密传输数据，也就是 SSH 通道。那么是否可以在 X 上使用 SSH 呢？也就是说，是否可以在不启动复杂界面的情况下，通过 SSH 通道将所需的服务器上的图形界面传送过来呢？是可以的，鸟哥以 Windows 上的 Xming X Server 作为示例，整个操作步骤如下：

- 先在 Windows 上启动 XLaunch，并配置好连接到 www.centos.vbird 的相关信息。
- 启动 Xming 程序，会取得一个 xterm 程序，该程序是 www.centos.vbird 的程序。
- 开始在 xterm 上面执行 X 软件，而后就会显示在 Windows 桌面上。

下面开始处理 Xming 这个程序。启动 XLaunch 后，会出现如图 11-27 所示的对话框。

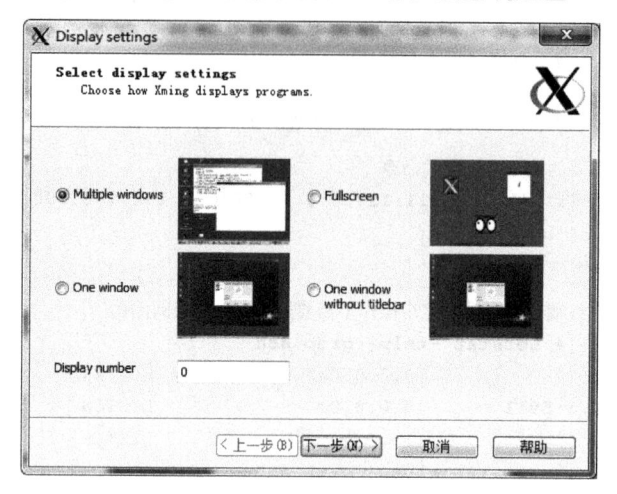

图 11-27 启动 XLaunch 程序——选择显示模式

记得在图 11-27 中选择 Multiple windows 选项，这样会比较美观。然后单击"下一步"按钮，会出现如图 11-28 所示的对话框。

我们要启动一个程序，并且由 SSH/Putty 等软件协助建立 SSH 通道。单击"下一步"按钮，然后会弹出如图 11-29 所示的对话框。

Xming 会自动启动一个 Putty 程序来帮助你连接到 SSHD 服务器，因此在这里需要设置正确的账号和密码信息。在这个示例中，假设你的 SSHD 尚未禁止 root 登录，所以在这里使用 root 权限。单击"下一步"按钮，弹出的对话框如图 11-30 所示。

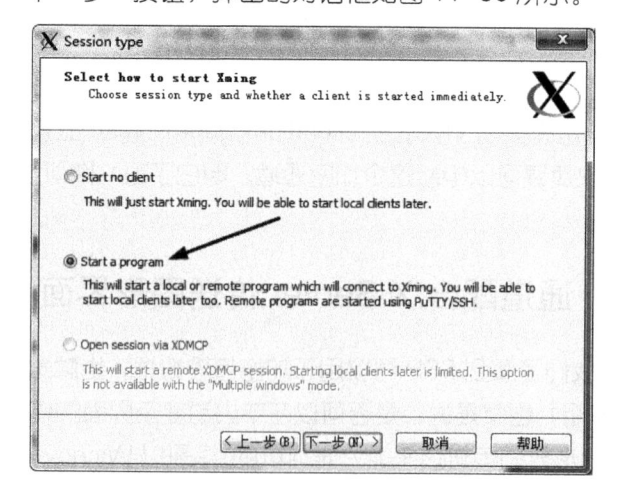

图 11-28 设置 XLaunch 程序——选择连接方式

图 11-29 设置 XLaunch 程序——设置远程连接的相关参数

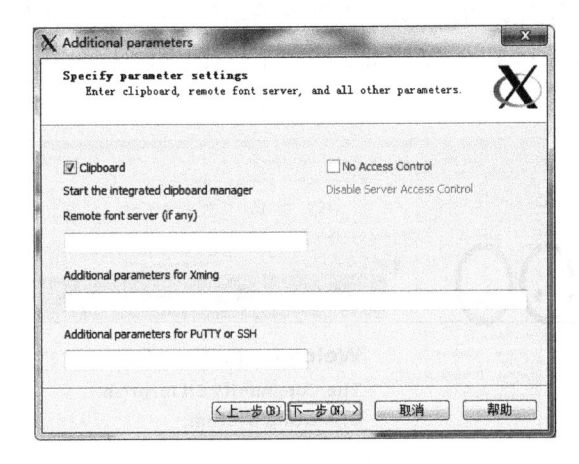

图 11-30 设置 XLaunch 程序——是否支持复制、粘贴功能

使用默认值即可，直接单击"下一步"按钮，随后弹出如图 11-31 所示的对话框。

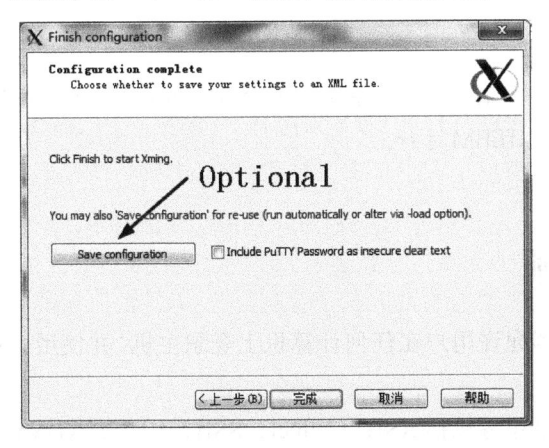

图 11-31 设置 XLaunch 程序——完成设置

很简单，这样就完成设置了。单击"完成"按钮，然后你会看到 Windows 桌面上出现

了如图 11-32 所示的对话框。

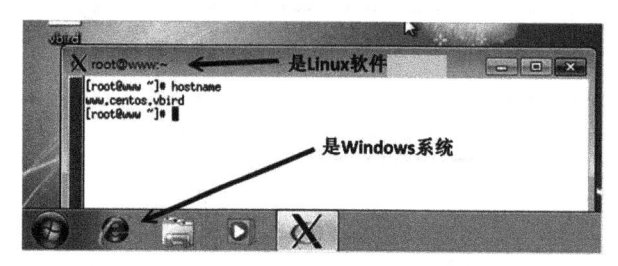

图 11-32 Windows 桌面出现的 X Client 程序

上面的程序是 xterm，一个 X 终端机程序。你可以在其中输入命令，该命令将传送到 Linux 服务器，然后通过 SSH 通道将要执行的图形数据传送到当前的 Windows 上的 Xming。你的 Linux 服务器完全不需要启动 VNC、X 或 XRDP 等服务，只需有 SSHD 即可，就是这么简单。例如，当你输入一些游戏程序时，Windows 窗口（可以通过任务栏观察）将显示如图 11-33 所示的结果。

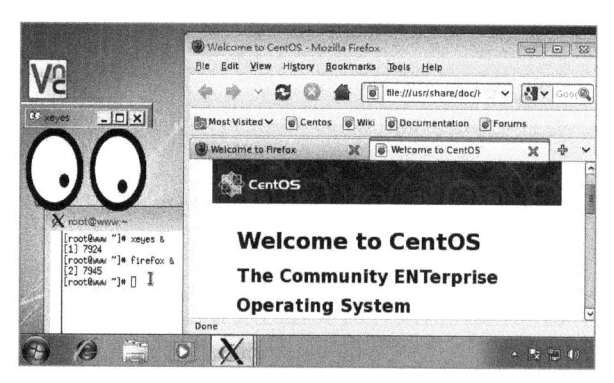

图 11-33 Windows 桌面出现的 X Client 程序

> 事实上，我们的基础服务器（Basic Server）安装方式并没有帮你安装 XTERM，所以需要自己安装 XTERM 才行。

11.7 重点回顾

- 远程连接服务器允许用户在任何计算机上登录主机，并使用主机的资源进行管理和维护。
- 常见的远程登录服务包括 RSH、Telnet、SSH、VNC、XDMCP 和 RDP 等。
- Telnet 和 RSH 以明文方式传输数据，在 Internet 上传输数据时不够安全。
- SSH 使用密钥系统，因此在 Internet 上传输的数据是加密的，因此更安全。
- 但 SSH 仍然属于相对危险的服务，不要对整个 Internet 开放 SSH 的登录权限，可以

- 使用 iptables 来限制登录范围。
- SSH 的公钥存放在服务器端，私钥存放在客户端。
- SSH 有两个版本的连接机制，建议使用可确认连接正确性的第 2 版。
- 使用 SSH 时，建议使用类似于电子邮件的方式进行登录，即 ssh username@hostname。
- 客户端可以通过比对服务器传来的公钥来确认其一致性，相关文件存放在 ~user/.ssh/known_hosts 中。
- SSH 的客户端软件提供 SSH、SCP、SFTP 等程序。
- 创建无须密码的 SSH 账号时，可以使用 ssh-keygen -t rsa 生成公钥和私钥对。
- 生成的公钥必须上传到服务器的~user/.ssh/authorized_keys 文件中。
- XDMCP 是通过 X Display Manager（如 XDM、GDM、KDM 等）提供的功能协议。
- 如果客户端是 Linux，需要在 X 环境下使用 xhost 命令添加可连接到本机 X Server 的 IP。
- 除 XDMCP 外，还可以使用 VNC 来进行 X 的远程登录。
- VNC 的默认端口号从 5900 开始，每个端口只允许一个连接。
- rsync 可以通过 SSH 服务通道或 rsync --daemon 的方式进行连接和传输。它的主要功能是在进行镜像备份时仅备份新的数据，因此传输速度非常快。

11.8 参考资料与延伸阅读

- OpenSSH 官方网站：http://www.openssh.com/。
- OpenSSL 官方网站：http://www.openssl.org/。
- Putty 官方网站：http://www.chiark.greenend.org.uk/~sgtatham/putty/。
- 用于 Linux 远程图形桌面访问的 GDM 和 XDMCP 配置：http://www.yolinux.com/TUTORIALS/GDM_XDMCP.html。
- 自由软件的 X Server -- Xming： http://sourceforge.net/projects/xming/。
- VNC 教程 ttp://fedoranews.org/tchung/vnc/03.shtml。
- xrdp 官方网站：http://xrdp.sourceforge.net/。
- Fedora 基金会提供的 Extra Packages for Enterprise Linux（EPEL）计划：http://fedoraproject.org/wiki/EPEL。

第 12 章

网络参数管理者：DHCP 服务器

第三篇 局域网内常见服务器的搭建

想象两种情况，（1）如果你在工作单位使用的是笔记本电脑，而且经常需要携带它到不同的地方，那么在第 4 章的说明中会发现，需要频繁修改网卡参数。而且，每到一个新的地方，都需要了解这个地方的网络参数，真是麻烦。（2）你的公司经常有访客或重要客户到访，由于他们也携带笔记本电脑，因此常常跑去找你询问网络参数以配置他们的笔记本电脑。这两种情况都会让你想哭吧？这个时候，动态主机配置协议（Dynamic Host Configuration Protocol，DHCP）就派上用场了。DHCP 服务可以自动为客户端分配 IP 地址和相关的网络参数，从而使得客户端可以通过服务器提供的参数自动配置它们的网络。这样，用户只需要正确配置自己的笔记本电脑，并通过 DHCP 协议获取网络参数，就可以立即享受到 Internet 的服务了。非常方便，所以赶快来学习一下这个实用的协议吧。

12.1 DHCP 的工作原理

在正式进入 DHCP 服务器配置之前,我们先来认识一下 DHCP 这个协议及设置 DHCP 服务器的原因。

12.1.1 DHCP 服务器的用途

在开始 DHCP 的说明之前,我们先来复习一下之前在第 2 章提到的几个网络参数。要配置好一个网络的环境,使计算机可以顺利连接上 Internet,计算机内部一定要有 IP、netmask、network、broadcast、gateway、DNS IP 等网络参数。

其中,IP、netmask、network、broadcast 和 gateway 可以在/etc/sysconfig/network-scripts/ifcfg-eth[0-n]这个文件中定义,DNS 服务器的地址则在/etc/resolv.conf 文件中定义。只要这几项配置正确,计算机连上 Internet 就应该没有问题。因此,如果你家里有 3~4 台计算机,手动配置所需的网络参数,并利用 NAT 服务器的功能,就可以连接上 Internet 了。

现在让我们拓展一下思维。假设你是学校宿舍的网络管理员,要管理大约 100 台学生计算机,那么怎么设置好这 100 台计算机呢?

(1)**直接登门拜访,手动配置好每一台计算机。**
(2)**将所有的学生都集合起来,然后教他们设置计算机。**
(3)**利用一台主机来自动分配所有的网络参数给宿舍内的任何一台计算机。**

这三种解决方案所需的时间是不同的。如果你选择方案(1),鸟哥个人认为,你要么是工作狂,要么是疯了,因为所花费的时间与你得到的薪水和付出的努力是完全不成比例的。如果选择方案(2),很可能你会被称为独裁者或者毫无良心的管理员。如果选择方案(3)呢?恭喜你,这个方案的管理时间成本最低,也是最简单的方法。

DHCP 服务器的主要工作是实现上述第 3 个方案,即自动将网络参数正确分配给网络中的每台计算机,使客户端计算机能够在开机时立即自动配置好网络参数,包括 IP、netmask、network、gateway 和 DNS 地址等。因此,作为管理员,只需关注提供网络参数的主机是否出故障,其他个人计算机的网络配置将完全由 DHCP 主机处理。作为管理员,最大的幸福就是可以边喝茶边聊天,同时能够轻松管理网络和处理出现的问题。

12.1.2 DHCP 协议的工作方式

DHCP 通常是用于局域网内的通信协议,它主要是通过客户端发送广播数据包给整个物理网段内的所有主机,若局域网内有 DHCP 服务器,才会响应客户端的 IP 参数要求。所以,DHCP 服务器与客户端应该在同一个物理网段内。整个 DHCP 数据包在服务器端与客户端之间的交互情况如图 12-1 所示。

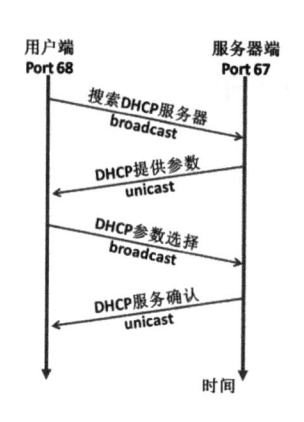

图 12-1 DHCP 数据包在服务器端与客户端之间的交互情况示意图

客户端获取 IP 参数的过程可以简化如下。

(1) **客户端**：利用广播数据包发送搜索 DHCP 服务器的数据包。

若客户端的网络设置采用 DHCP 协议获取 IP 地址（在 Windows 中为"自动获取 IP"），当客户端开机或重新启动网卡时，客户端主机会向所有物理网段内的计算机发送查找 DHCP 服务器的 UDP 数据包。该数据包的目标 IP 地址为 255.255.255.255，一般情况下，主机收到这个数据包后会直接丢弃。但如果局域网内存在 DHCP 服务器，则会开始执行后续操作。

(2) **服务器端**：给客户端提供网络相关的租约以供选择。

DHCP 服务器在接收到客户端的请求后，根据客户端的硬件地址（MAC）和服务器的配置数据执行以下操作：

- 在服务器的日志文件中查找该客户端之前是否曾经租用过某个 IP 地址，如果存在且该 IP 地址目前没有被使用，则提供该 IP 地址给客户端。
- 如果配置文件针对该 MAC 地址提供了特定的静态 IP 地址（Static IP），则提供该 IP 地址给客户端。
- 如果不符合上述两个条件，则从当前未被使用的 IP 地址中随机选择一个提供给客户端，并记录下来。

总之，服务器端会根据客户端的请求为其提供一组网络参数租约供客户端选择。由于此时客户端还没有 IP 地址，因此服务器端响应的数据包信息主要是针对客户端的 MAC 地址进行回应的。服务器端会保留这个租约并等待客户端的回应。

(3) **客户端**：决定选择 DHCP 服务器提供的网络参数租约并向服务器确认。

考虑到局域网内可能存在多个 DHCP 服务器,但每个客户端只能接受一组网络参数租约。因此，客户端需要选择是否接受某个 DHCP 服务器提供的网络参数租约。一旦决定接受该服务器的网络参数租约，客户端将使用这组参数配置自己的网络环境。此外，客户端还会向物理网段内的所有主机发送广播数据包，通知它们已经接受了该 DHCP 服务器的租约。如果存在两个以上的 DHCP 服务器，则未被接受的服务器将收回其提供的 IP 租约。被接受的 DHCP

服务器将继续执行后续操作。

（4）**服务器端**：记录这次租约行为并向客户端发送响应数据包信息以确认客户端的使用。

当服务器端收到客户端的确认选择后，服务器会回送确认的响应数据包，并告知客户端网络参数租约的期限，并开始计时租约。那么这次租约何时会到期解约？存在以下几种情况。

- **客户端脱机**：当客户端执行了关闭网络接口（ifdown）、重新启动（reboot）、关机（shutdown）等操作时，都会被视为脱机状态。在这个时候，服务器端将会收回该 IP 地址，并将其放入服务器的备用区，以便日后使用。
- **客户端租约到期**：DHCP 服务器端分配的 IP 地址都有一定的使用期限。当客户端使用的 IP 地址达到规定的租约期限，并且没有重新申请 DHCP 时，服务器端将会收回该 IP 地址，这会导致断线。但用户也可以再次向 DHCP 服务器请求分配 IP 地址。

以上就是 DHCP 协议在服务器端和客户端的工作过程。通过上述过程，我们可以得知，只要服务器端的配置和服务器与客户端之间的硬件连接没有问题，客户端就可以直接通过服务器获取上网所需的网络参数。只要管理员能够正确地管理和配置 DHCP 服务器，上网的配置就变得非常简单。然而，关于上述流程，还需要进行以下额外的说明。

1. DHCP 服务器给予客户端静态或动态的 IP 参数

在上述步骤中的第 2 步，服务器会比较客户端的 MAC 硬件地址，并判断是否需要为该 MAC 地址提供一个静态 IP。我们可以设置 DHCP 服务器为客户端提供 IP 参数的两种主要方式。

- **静态（Static）IP**：只要客户端计算机的网卡不更换，MAC 地址就不会改变。由于 DHCP 可以根据 MAC 地址为计算机提供静态 IP 参数租约，因此该计算机每次连接 Internet 时都能使用相同的静态 IP 地址。这种情况适用于需要将该计算机作为网络内某些服务器主机的情况。那么如何在 Linux 上获取网卡的 MAC 地址呢？有很多方法，最简单的方法是使用 ifconfig 和 arp 命令：

```
# 1. 查看自己的 MAC 地址可用 ifconfig
[root@www ~]# ifconfig | grep HW
eth0      Link encap:Ethernet  HWaddr 08:00:27:71:85:BD
eth1      Link encap:Ethernet  HWaddr 08:00:27:2A:30:14
# 因为鸟哥有两块网卡，所以有两个 MAC 地址

# 2. 查看别人的 MAC 地址可用 ping 配合 arp
[root@www ~]# ping -c 3 192.168.1.254
[root@www ~]# arp -n
Address          HWtype  HWaddress           Flags Mask    Iface
192.168.1.254    ether   00:0c:6e:85:d5:69   C             eth0
```

- **动态（Dynamic）IP**：客户端每次连接到 DHCP 服务器时，获得的 IP 地址都是不固定的，而是由 DHCP 服务器从未被使用的 IP 地址池中随机选择并提供的。

除非局域网内的计算机需要用作主机，必须设置为静态 IP 地址，否则使用动态 IP 地址更简单且具有更大的灵活性。假设有一个 ISP，只有 150 个可用的 IP 地址供客户连接使用，那么是否真的只能支持 150 个用户呢？当然不是，实际上可以支持超过 200 个用户。

为什么呢？想象一下，我开了一家餐馆，里面只有 20 个座位，那么我是否一顿只能接待 20 个人呢？当然不是，因为客人是有来有走的，有人先吃，有人后吃，所以尽管只有 20 个座位，但可以接待 40 个人吃快餐，因为他们来的时间不同。明白了吗？所以，即使 ISP 只有 150 个可用的 IP 地址，但由于用户并不是 24 小时都在线，因此我们可以合理分配这 150 个 IP 地址，让超过 200 个人来轮流使用。

> 其实 IP 地址只有两种类型：公共 IP 和私有 IP。至于其他所谓的静态 IP、动态 IP、虚拟 IP 等，这些都是从获取 IP 地址的方式进行分类的。在第 2 章中，我们已经讨论了 IP 的类型，因此需要厘清这些概念。

事实上，现在主流的 ADSL 宽带拨号上网也使用了静态 IP 地址和动态 IP 地址的概念。举例来说，主要的 ISP 提供了一个固定 IP 搭配 7~8 个动态 IP 地址的 ADSL 拨号功能。这意味着通过同一条电话线拨号到 ISP，其中一个拨号可以获取一个静态 IP 地址，而其他的则是动态 IP 地址。这类似于 DHCP 的静态和动态分配 IP 地址的方式。

2. 关于租约所造成的问题与租约期限

如果观察上述 DHCP 工作模式的第 4 个步骤，我们会发现 DHCP 服务器还会为每个客户端分配一个租约期限。为什么需要设置这样的期限呢？实际上，设定租约期限是有必要的，最大的好处是可以避免某些客户端一直占用 IP 地址，而该客户端却处于闲置（Idle）状态。

举例来说，假设有 150 个可用的 IP 地址，但却有 200 个用户。我们以 2022 年的世界杯足球赛为例。假设每个用户都急着上网获取有关世界杯的消息，那么在某些热门比赛时段，网络使用量可能会达到最高峰状态。换句话说，这 200 个人想同时使用这 150 个 IP 地址，这可能吗？显然不可能。肯定会有 50 个人无法连接，出现类似"很抱歉！目前系统正在忙碌中，请稍后再尝试"的情况。

那么应该怎么办呢？这时候租约到期的机制就发挥作用了。那些已经连接了很长时间的用户，由于租约到期而被迫下线，这样释放出的 IP 地址就可以被重新分配，从而给那 50 个正在进行 DHCP 请求的用户提供获得 IP 地址的机会。

虽然租约到期的方式可以解决上述问题，但从用户的角度来看可能会引起不满。为什么大家一起付费，我先连接进来却被迫下线？因此，如果要成为一个 ISP，就需要事先规划好服务方案。

既然有租约期限,那么是否意味着通过 DHCP 获取的 IP 地址在某个时间点必须手动重新获取新的 IP 呢？实际上并不需要。因为目前的 DHCP 客户端程序大多会根据租约时间自动更新并重新申请 IP（续约）。换句话说，在租约到期之前，DHCP 客户端程序已经自动重新申请并更新了租约时间。所以除非 DHCP 服务器宕机，否则所获取的 IP 地址应该可以一直使用下去。

> 一般来说，假设租约期限为 T 小时，那么客户端会在 0.5T 时主动向 DHCP 服务器发送重新请求网络参数的数据包。如果这次请求未成功，那么在 0.85T 后会再次发送数据包一次。正因为如此，服务器端会启动端口 67 监听客户端的请求，而客户端会启动端口 68 主动向服务器发起请求。鸟哥认为这是一件非常特殊的事情。

3. 多台 DHCP 服务器在同一物理网段的情况

或许你曾经注意到一种情况，当网络中存在两个或更多的 DHCP 服务器时，到底哪个服务器会响应客户端计算机发送的 DHCP 请求呢？很抱歉，鸟哥也无法确定。因为在网络上，往往是先到先得的原则，DHCP 的响应也是如此。当服务器 1 先响应时，将使用服务器 1 提供的网络参数进行配置，如果是服务器 2 先响应，将使用服务器 2 的参数来配置客户端计算机。然而，出现这种情况的前提是这些计算机被连接在同一个物理网段中。

由于这个特性，因此在练习配置 DHCP 服务器之前，不要在已正常工作的局域网中进行测试，否则可能会导致严重后果。举个鸟哥遇到的例子，有一次其他系的研究生在测试网络安全时，在已有的局域网上添加了一个 IP 路由器，结果导致整栋大楼的网络都无法连接。这是因为整栋大楼的网络是连接在一起的，而我们学校使用 DHCP 让客户端上网。由于 IP 路由器的配置无法连接到 Internet，大家都无法上网。因此，不要随意测试 DHCP 服务器，以免造成不必要的麻烦。

12.1.3　何时需要架设 DHCP 服务器

既然 DHCP 的好处是自动配置客户端，而且在移动设备的上网方面非常方便，那么是否代表就一定要搭建一台 DHCP 服务器呢？那也不一定。接下来介绍几个关于架设 DHCP 服务器的原则性问题。

1. 使用 DHCP 的时机

在以下情况下，强烈建议搭建 DHCP 主机。

- 具有相当多移动设备的场合。

    例如，在公司内部有许多使用笔记本电脑的场合。由于笔记本电脑本身具有移动性，如果每次到一个新地方都需要询问网络参数，并且还需要担心与他人的 IP 地址冲突等问题，这时 DHCP 就成为你的救星了。

- **局域网内计算机的数量相当多的时候。**

  当网络内的计算机数量庞大到无法逐个配置网络参数时，为了避免麻烦，搭建 DHCP 服务器是必要的。此外，维护一台熟悉的 DHCP 主机要比与几十个不懂计算机的人讨论网络设置简单得多。

2. 不建议使用 DHCP 主机的时机

虽然 DHCP 有很多好处，但你是否注意到，在前面提到的客户端获取 IP 参数的过程中有一点奇怪。当客户端开机时，它会主动向网络上的所有机器发送信息。如果网络上没有 DHCP 主机，那么这台客户端计算机仍然会持续地发送信息。持续的时间与次数无法确定，但肯定会超过 30 秒，甚至可能达到一分钟以上。在此期间，你只能等待。因此，如果计算机数量不多，可以不使用 DHCP 服务器，而是使用手动方式来配置网络参数，这更加方便。

不使用 DHCP 服务器的情况有如下几种。

- 在网络中，有很多计算机其实被用作主机，很少有用户使用需求，因此没有必要架设 DHCP 服务器。
- 像一般家里，只有 3～4 台计算机时，架设 DHCP 服务器只能用来练练功力，并没有太大的效益。
- 当管理的网络中的大多网卡都属于老旧的型号，不支持 DHCP 协议时。
- 用户的计算机水平都很高时，就没有必要架设 DHCP 服务器。

上面的观点都是基于原则性的说法，实际上，解决问题的方法有很多种，没有所谓的完全正确的方案，只有相对可行并且符合高性价比的方案。因此，在搭建任何服务器之前，首先需要对需求进行充分评估和分析。这样可以确保选择的方案最适合满足特定的需求。

12.2 DHCP 服务器端的配置

事实上，目前市面上的 IP 路由器非常便宜，而且 IP 路由器本身就具备 DHCP 功能。因此，如果只是想在局域网中简单地使用 DHCP，建议直接购买一台 IP 路由器即可，相比搭建单独的 DHCP 服务器，IP 路由器非常省电。如果还有其他考虑因素，再考虑搭建 DHCP 服务器。下面，我们将以一个简单的范例来说明如何搭建 DHCP 服务器。

12.2.1 所需软件与文件结构

DHCP 的软件需求很简单，只需要服务器端软件即可。在 CentOS 6.x 上，这个软件的名称就是 DHCP。这个软件不会随着 CentOS 安装时默认安装，需要我们自行使用 yum 来安装。安装完成后，可以使用 rpm –ql dhcp 命令查看该软件提供了哪些文件。基本上，比较重要的配置文件如下。

- /etc/dhcp/dhcpd.conf：这是 DHCP 服务器的主要配置文件。在某些 Linux 版本中，该文件可能不存在，所以如果确定已经安装了 dhcp 软件但找不到该文件，请手动创建它。

> 其实 dhcp 软件在发布时通常会附带一个示例文件。可以使用 rpm –ql dhcp 命令来查询 dhcpd.conf.sample 这个示例文件，然后将该文件复制为/etc/dhcp/dhcpd.conf，最后手动进行修改即可。这样的配置方式比较简单。

- /usr/sbin/dhcpd：这是启动整个 DHCP 守护进程的脚本文件。要获取更详细的执行方式，建议使用 man dhcpd 命令来查阅相关文档。
- /var/lib/dhcp/dhcpd.leases：这个文件很有趣。在前面的原理部分，我们曾经提到过租约，DHCP 服务器和客户端建立的租约起始和到期日期就记录在这个文件中。

12.2.2　主要配置文件/etc/dhcp/dhcpd.conf 的语法

在 CentOS 5.x 以前，DHCP 的配置文件存储在/etc/dhcpd.conf 中，而新版本则放置在其他位置。实际上，DHCP 的配置非常简单，只需正确设置 dhcpd.conf 文件即可启动。然而，在编写该文件时需要遵守以下规范。

- "#" 符号用于注释。
- 除右括号 ")" 后面外，每一行配置的末尾都要加上分号 ";"，这一点非常重要。
- 配置项的语法形式通常为 "<参数代号> <配置内容>"。例如：

```
default-lease-time 259200;
```

- 某些配置项必须使用 option 关键字进行定义，基本形式为 "option <参数代码> <配置内容>"，例如：

```
option domain-name "your.domain.name";
```

DHCP 的 IP 分配方式可以分为动态 IP 和静态 IP。如果需要分配静态 IP，必须知道要设置为静态 IP 的计算机的硬件地址（MAC），可以使用 arp 或 ifconfig 命令查看网络接口的 MAC 地址。那么，需要设置哪些项呢？其实 dhcpd.conf 文件中的配置主要分为两个部分：全局（Global）设置和 IP 分配设置（动态或静态）。每部分的设置项大致如下。

1. 全局（Global）设置

假设 dhcpd 管理的是仅有一个子网的局域网，那么除 IP 外的许多网络参数可以放在全局设置区域中，包括租约期限、DNS 主机的 IP 地址、路由器的 IP 地址以及动态 DNS（DDNS）更新的类型等。当在静态 IP 和动态 IP 中未定义某些设置时，将使用全局设置中的值。这些参数的设置名称如下。

- **default-lease-time 时间**：默认的租约时间。用户的计算机也可以请求特定长度的租约时间，但如果用户没有明确指定租约时间，那么将使用默认的租约时间。后面的时间参数默认单位为秒。
- **max-lease-time 时间**：最大租约时间。与上面提到的默认租约时间类似，这个设置值是规定用户所能要求的最大租约时间。换句话说，如果用户要求的租约时间超过了这个设置值，那么将以该设置值作为最终的租约时间。
- **option domain-name：域名**。如果在/etc/resolv.conf 文件中设置了 search baidu.com，那么当你要查找主机名时，DNS 系统会自动在所要查找的主机名后面添加这个域名后缀。
- **option domain-name-servers IP1、IP2**：这个设置参数可以修改客户端的/etc/resolv.conf 文件，即修改 nameserver 后面跟随的 DNS IP 地址。需要特别注意，在设置参数的末尾要加上 servers（带有 s）。
- **ddns-update-style 类型**：为 DHCP 客户端获取的 IP 地址通常是动态变化的，所以很难处理某个主机名与 IP 地址的对应关系。在这种情况下，DHCP 可以通过动态 DNS（DDNS）来更新主机名与 IP 地址的对应关系（可参考第 10 章和第 19 章关于 DNS 的说明）。然而，这里不涉及这么复杂的内容，**因此可以将其设置为 none**。
- **ignore client-updates**：与上一个设置值有关，客户端可以通过 dhcpd 服务器来更新 DNS 相关的信息。然而，这里也不涉及这个内容，因此可以将其设置为 ignore（忽略）。
- **option routers 路由器的地址**：设置路由器的 IP 地址，routers 记得需要加 s。

2. IP 地址分配设置（动态或静态）

由于 dhcpd 主要是针对局域网来分配 IP 参数的，因此在设置 IP 之前，我们需要指定一个局域网（DHCP 待分配地址的区域）。指定局域网使用如下参数：

```
subnet NETWORK_IP netmask NETMASK_IP { ... }
```

我们知道局域网要明确 network / netmask IP 这两个参数，例如之前提到的 192.168.100.0 / 255.255.255.0 这样的设置值。在上面的设置值中，subnet 和 netmask 是关键词，而大写部分则填上局域网参数。那么在括号内还有什么参数需要设置呢？那就是确定 IP 地址是静态的还是动态的。

- **range IP1 IP2**：在这个局域网中，给予一个连续的 IP 地址段用来分配给客户端使用，IP1 和 IP2 指的是分配给客户端使用的 IP 范围的起止。举例来说，如果你想要将 192.168.100.101~192.168.100.200 这 100 个 IP 地址作为动态分配的范围，那么可以使用"range 192.168.100.101 192.168.100.200"。

- host 主机名 { ... }：这个 host 就是指定静态 IP 地址对应到 MAC 地址的设置值，主机名可以自行定义。不过在花括号内需要指定 MAC 地址和对应的静态 IP 地址。那么这两个设置值应该如何设置呢？请看下面的示例。
  - hardware ethernet 硬件地址：利用网卡上的硬件地址（MAC 地址）来进行设置，这意味着该设置只对该硬件地址有效。
  - fixed-address IP 地址：给予一个固定的 IP 地址（静态的 IP 地址）。

说再多也没有什么用，让我们实际来看一个案例，你就会知道该如何处理了。

12.2.3 一个局域网的 DHCP 服务器设置案例

假设在我的环境中，Linux 主机除充当 NAT 服务器外，还需要担当其他服务器的角色，例如邮件服务器。同时，在后端局域网中，希望提供 DHCP 服务。整个硬件配置情况如第 3 章图 3-5 所示的内部独立局域网（centos.vbird 网络）。需要注意的是，在该图中，Linux 路由器有两个接口，其中 eth1 用于内部，eth0 用于外部。至于其他网络参数的设置，可参考以下设计：

- Linux 主机的 eth1 接口的 IP 地址设置为 192.168.100.254。
- 内部网段设置为 192.168.100.0/24，且内部计算机的路由器设置为 192.168.100.254。此外，DNS 主机的 IP 分别为中国电信的 1.2.4.8 和 210.2.4.8。
- 每个用户的默认租约为 3 天，最长租约为 6 天。
- 只有 IP 地址范围为 192.168.100.101~192.168.100.200 的地址可以分配，其他 IP 地址被保留。
- 还有一台主机，其 MAC 地址为 08:00:27:11:EB:C2，设置其主机名为 win7，IP 地址为 192.168.100.30（可参考图 3-5）。

配置文件就会像下面这个样子：

```
[root@www ~]# vim /etc/dhcp/dhcpd.conf
# 1. 整体的环境设置
ddns-update-style               none;                      <==不要更新 DDNS 的设置
ignore client-updates;                                     <==忽略客户端的 DNS 更新功能
default-lease-time              259200;                    <==默认租约为 3 天
max-lease-time                  518400;                    <==最大租约为 6 天
option routers                  192.168.100.254;   <==这就是默认的路由器
option domain-name              "centos.vbird";     <==给予一个域名
option domain-name-servers      168.95.1.1, 139.175.10.20;
# 上面是 DNS 的 IP 地址，这个设置值会修改客户端的 /etc/resolv.conf 文件内容

# 2. 关于动态分配的 IP 地址
subnet 192.168.100.0 netmask 255.255.255.0 {
    range 192.168.100.101 192.168.100.200;    <==分配的 IP 地址范围

    # 3. 关于固定的 IP
    host win7 {
```

```
            hardware ethernet       08:00:27:11:EB:C2;  <==客户端网卡的 MAC 地址
            fixed-address           192.168.100.30;     <==给予静态的 IP 地址
    }
}
# 相关设置参数的含义，可查询 12.2.2 节的介绍，或者通过 man dhcpd.conf 命令查询手册
```

够简单吧，这样就设置好了。你可以复制上面的数据并进行相应修改，以使其中的 IP 参数适应你的环境，这样就能够设置好 DHCP 服务器了。理论上来说，你可以启动 DHCP 了。不过，在某些早期的 Linux 发行版中，当主机具有多个接口时，某个设置可能会导致多个接口同时监听同一个 DHCP 服务，就可能会引发错误。

举例来说，我们现在设置的是 192.168.100.0/24 这个 IP 地址，该地址应用于连接到 eth1 接口的网络。假设还有一个接口 eth2 在 192.168.2.0/24 网络上。如果 DHCP 同时监听两个接口，那么当 192.168.2.0/24 网络的客户端发送 DHCP 请求时，会获得什么 IP 地址？当然是 192.168.100.X。因此，我们需要为 dhcpd 这个执行文件设置它要监听的网络接口，而不是监听所有接口。那么如何处理呢？在 CentOS（Red Hat 系统）中，可以这样做：

```
[root@www ~]# vim /etc/sysconfig/dhcpd
DHCPDARGS="eth0"
```

不过，在 CentOS 5.x 以后的版本上，这个操作已经不再需要了。因为新版本的 DHCP 会自动分析服务器的网段与实际的 dhcpd.conf 设置，如果两者不匹配，就会显示出错误提示信息，这样更加人性化。接下来，我们可以尝试启动 DHCP 服务，看看效果如何。

12.2.4 DHCP 服务器的启动与观察

开始启动 DHCP。在启动之前需要注意以下几点：

- 确保你的 Linux 服务器的网络环境已经设置好了，例如 eth1 的 IP 地址已经设置为 192.168.100.254。
- 确保你的防火墙规则已经正确配置，包括放行内部局域网的连接以及正确设置 iptables.rule 的 NAT 服务。

需要注意的是，dhcpd 使用的端口是 67，并且启动的结果会记录在 /var/log/messages 文件中。建议查看 /var/log/messages 中关于 dhcpd 的相关信息。

```
# 1. 启动后查看一下端口的变化
[root@www ~]# /etc/init.d/dhcpd start
[root@www ~]# chkconfig dhcpd on
[root@www ~]# netstat -tlunp | grep dhcp
Active Internet connections (only servers)
Proto Recv-Q Send-Q Local Address    Foreign Address   PID/Program name
udp        0      0 0.0.0.0:67       0.0.0.0:*         1581/dhcpd
# 2. 定时看看日志文件的输出信息
```

```
[root@www ~]# tail -n 30 /var/log/messages
Jul 27 01:51:24 www dhcpd: Internet Systems Consortium DHCP Server 4.1.1-P1
Jul 27 01:51:24 www dhcpd: Copyright 2004-2010 Internet Systems Consortium.
Jul 27 01:51:24 www dhcpd: All rights reserved.
Jul 27 01:51:24 www dhcpd: For info, please visit https://www.isc.org/software/dhcp/
Jul 27 01:51:24 www dhcpd: WARNING: Host declarations are global.  They are not
limited to the scope you declared them in.
Jul 27 01:51:24 www dhcpd: Not searching LDAP since ldap-server, ldap-port and
ldap-base-dn were not specified in the config file
Jul 27 01:51:24 www dhcpd: Wrote 0 deleted host decls to leases file.
Jul 27 01:51:24 www dhcpd: Wrote 0 new dynamic host decls to leases file.
Jul 27 01:51:24 www dhcpd: Wrote 0 leases to leases file.
Jul 27 01:51:24 www dhcpd: Listening on LPF/eth1/08:00:27:2a:30:14/192.168.100.0/24
Jul 27 01:51:24 www dhcpd: Sending on   LPF/eth1/08:00:27:2a:30:14/192.168.100.0/24
...(以下省略)...
```

看到这些信息就说明成功了,尤其是上述使用粗体字标示的部分。恭喜你!不过,如果你看到的日志文件是类似下面的样子:

```
Jul 27 01:56:30 www dhcpd: /etc/dhcp/dhcpd.conf line 7: unknown option
dhcp.domain-name-server
Jul 27 01:56:30 www dhcpd: option domain-name-server#011168.
Jul 27 01:56:30 www dhcpd:                   ^
Jul 27 01:56:30 www dhcpd: /etc/dhcp/dhcpd.conf line 9: Expecting netmask
Jul 27 01:56:30 www dhcpd: subnet 192.168.100.0 network
Jul 27 01:56:30 www dhcpd:                      ^
Jul 27 01:56:30 www dhcpd: Configuration file errors encountered -- exiting
```

上述的数据表示在第 7 行和第 9 行存在设置错误,这些错误还用指数符号(^)特别标注出来。根据上述情况,第 7 行的错误是忘记在 domain-name-servers 后面加上 s,而第 9 行的错误是参数使用错误,应该是 netmask,而不是 network。你理解了吗?

12.2.5 内部主机的 IP 对应

如果你仔细看过第 2 章的内容,那么应该会记得/etc/hosts(见 4.4.1 节)会影响内部计算机在连接阶段的等待时间。现在使用 DHCP 之后,还不知道哪一台计算机连接到我的主机,那么要怎么填写 /etc/hosts 的内容呢?这其实非常简单,只需要将所有可能的计算机的 IP 地址都加入该文件即可。以鸟哥为例,在这个例子中,鸟哥分配的 IP 地址至少有 192.168.100.30、192.168.100.101 ~ 192.168.100.200,所以 /etc/hosts 可以写成:

```
[root@www ~]# vim /etc/hosts
127.0.0.1         localhost.localdomain localhost
192.168.100.254   vbird-server
192.168.100.30    win7
192.168.100.101   dynamic-101
192.168.100.102   dynamic-102
```

```
...(中间省略)...
192.168.100.200        dynamic-200
```

这样一来，所有可能连接进来的 IP 地址都已经有记录，当然就没有什么大问题了。不过，更好的解决方案是搭建内部的 DNS 服务器。这样一来，内部的其他 Linux 服务器不必更改 /etc/hosts 文件就能够获取每个主机的 IP 地址与主机名的对应关系，这样更加合理。

12.3　DHCP 客户端的设置

DHCP 的客户端可以是 Windows，也可以是 Linux。在鸟哥的网络中，使用了三台计算机，就像图 3-5 所示的那样。Linux 和 Windows XP 的设置方式已经在第 3 章和第 4 章中分别进行了介绍，下面只是简要介绍一下。至于图示的部分，我们主要以 Windows 7 进行介绍。

12.3.1　客户端是 Linux

还记得 Linux 的网络参数怎么设置吗？在 4.2.2 节中，我们讨论了自动获取 IP 地址的方式，设置非常简单：

```
[root@clientlinux ~]# vim /etc/sysconfig/network-scripts/ifcfg-eth0
DEVICE=eth0
NM_CONTROLLED=no
ONBOOT=yes
BOOTPROTO=dhcp        <==就是它。指定这一个就对了

[root@clientlinux ~]# /etc/init.d/network restart
```

同时还需要注意注释掉默认路由的设置。修改完成后，只需重新启动整个网络（不要使用 ifdown 和 ifup 命令，因为还有默认路由要设置）。注意，在远程执行此操作时会导致连接中断，因为网卡已被关闭。因此，请在本机前执行此操作。如果成功找到正确的 DHCP 主机，那么几个文件可能会被修改：

```
# 1. DNS 的 IP 地址会被修改，可以先查阅一下 resolv.conf 文件
[root@clientlinux ~]# cat /etc/resolv.conf
search centos.vbird         <==还记得设置过 domain-name 吗
domain centos.vbird         <==还记得设置过 domain-name 吗
nameserver 168.95.1.1       <==这就是我们在 dhcpd.conf 内的设置值
nameserver 139.175.10.20

# 2. 查看一下路由
[root@clientlinux ~]# route -n
Kernel IP routing table
Destination     Gateway           Genmask         Flags Metric Ref    Use Iface
192.168.100.0   0.0.0.0           255.255.255.0   U     0      0        0 eth0
0.0.0.0         192.168.100.254   0.0.0.0         UG    0      0        0 eth0
# 没错，路由也被正确地捕捉到了
```

```
# 3. 查看一下客户端的命令
[root@clientlinux ~]# netstat -tlunp | grep dhc
Proto Recv-Q Send-Q Local Address      Foreign Address  State    PID/Program name
udp        0      0 0.0.0.0:68         0.0.0.0:*                 1694/dhclient
# 有个小程序在监测 DHCP 的连接状态

# 4. 看一看客户端租约所记载的信息
[root@clientlinux ~]# cat /var/lib/dhclient/dhclient*
lease {
  interface "eth0";
  fixed-address 192.168.100.101;  <==获得的 IP 地址
  option subnet-mask 255.255.255.0;
  option routers 192.168.100.254;
  option dhcp-lease-time 259200;
  option dhcp-message-type 5;
  option domain-name-servers 168.95.1.1,139.175.10.20;
  option dhcp-server-identifier 192.168.100.254;
  option domain-name "centos.vbird";
  renew 4 2011/07/28 05:01:24;  <==下一次预计续租（renew）的时间点
  rebind 5 2011/07/29 09:06:36;
  expire 5 2011/07/29 18:06:36;
}
# 这个文件会记录该网卡曾经请求过的 DHCP 信息（重要）
# 有没有看出来，它几乎与你设置的 /etc/dhcp/dhcpd.conf 类似
```

可以发现客户端获取的数据都被记录在 /var/lib/dhclient/dhclient*-eth0.leases 文件中。如果你有多块网卡，那么每块网卡的 DHCP 请求都会被写入不同的文件中。通过观察该文件，可以了解你的数据是如何获取的。这也是非常重要的。

> 你可能会问，DHCP 不是会随机获取 IP 地址吗？那么为什么这个客户端 clientlinux.centos.vbird 每次都能获取到相同的静态 IP 地址呢？很简单，因为上面的 dhclient-eth0.leases 文件中的 fixed-address 选项指定了要获得固定 IP 地址（静态的）的设置。如果 DHCP 服务器上的该 IP 地址没有被分配给其他设备，并且在规定的 IP 地址范围内，它就会再次把这个 IP 地址分配给你。如果你想要不同的 IP 地址，只需将上述设置值替换为你想要的 IP 地址即可。

例题

在上文中提到，如果局域网内存在多个 DHCP 服务器（假设为 DHCP1、DHCP2），那么每次客户端进行广播时，DHCP 服务器将先到先得。但是，如果在第一次获取到 DHCP1 服务器的 IP 地址后，每次重新启动网络时，都只会获取 DHCP1 的网络参数，这是为什么呢？

答：你是否看到了上述的 dhclient-eth0.leases 客户端文件？因为主机想要获取上次获取的网络参数，所以它会向 DHCP1 请求网络参数。如果你想要使用先到先得的方式获取 IP 地

址,或者想要使用 DHCP2 来获取 IP 地址,就需要修改或删除 dhclient-eth0.leases 文件。

12.3.2 客户端是 Windows

在 Windows 下配置 DHCP 客户端以获取 IP 地址非常简单。例如,可以参考第 3 章的 3.2.2 节中的截图来进行设置。在这里,我们以 Windows 7 为例进行介绍。按序依次单击"开始"→"控制面板"→"查看网络状态和任务"→"更改适配器设置"选项,在弹出的界面中,选择你所需的网络适配器,然后双击它,进入下面的设置程序。

(1) 单击网卡设置后,会出现如图 12-2 所示的对话框。

(2) 在图 12-2 中单击箭头所指的"属性"按钮,就会出现如图 12-3 所示的对话框。

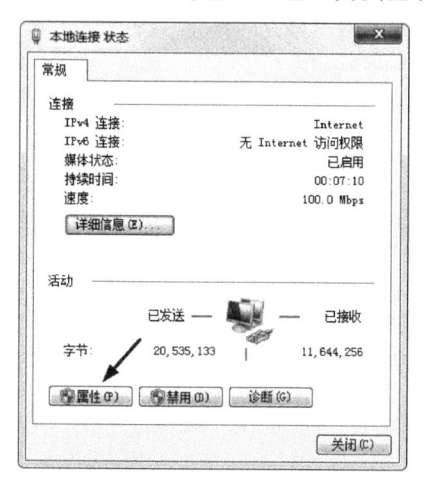

图 12-2 局域网的 Windows 7 系统配置 DHCP 的步骤 1

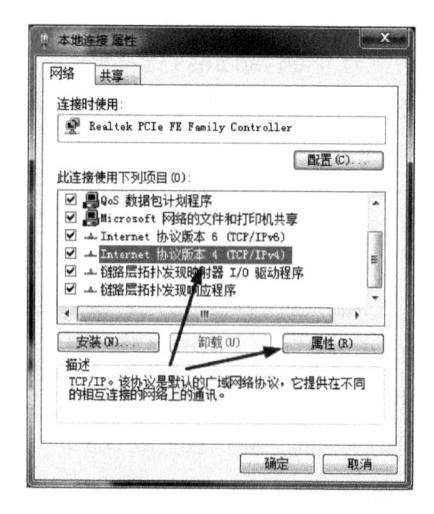

图 12-3 局域网的 Windows 7 系统配置 DHCP 的步骤 2

在图 12-3 中，先选择 TCP/IP4 第 4 版 IP 协议，然后单击"属性"按钮就可以开始修改网络参数了。

（3）接下来如图 12-4 所示，选中"自动获得 IP 地址"单选按钮，然后单击"确定"按钮，退出设置界面。这样 Windows 就会开始自动获取 IP 地址了。

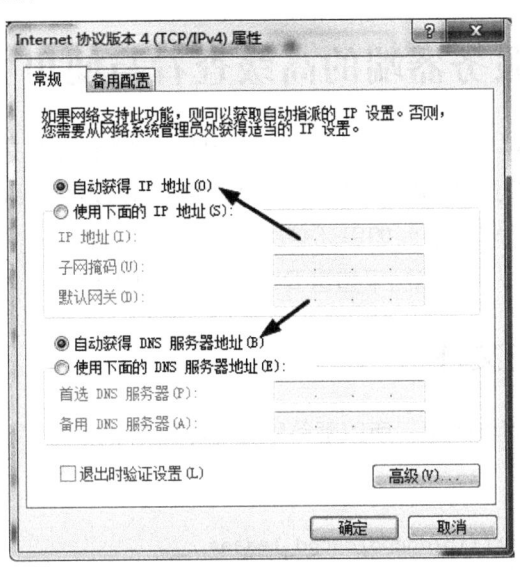

图 12-4 局域网中的 Windows 7 系统配置 DHCP 的步骤 3

（4）如何确认已成功获取到 IP 地址呢？如果是早期的 Windows 95，可以使用名为 winipcfg 的命令来查看 IP 设置。不过在 Windows 2000 以后的版本中，可能需要使用命令行界面来查看。你可以按序依次单击"开始"→"所有程序"→"附件"→"命令提示符"选项来打开终端界面，然后使用 ipconfig /all 命令来查看相关信息：

```
C:\Users\win7> ipconfig /all
...(前面省略)...
以太网卡 本地连接:

    连接特定的 DNS 后缀 . . . . . . . . . : centos.vbird
    描述. . . . . . . . . . . . . . . . : Intel(R) PRO/1000 MT Desktop Adapter
    物理地址. . . . . . . . . . . . . . : 08-00-27-11-EB-C2
    DHCP 已启用 . . . . . . . . . . . . : 是
    自动配置已启用. . . . . . . . . . . : 是
    本地连接 IPv6 地址. . . . . . . . . : fe80::ec92:b907:bc2a:a5fa%11(偏好选项)
    IPv4 地址 . . . . . . . . . . . . . : 192.168.100.30(偏好选项) <==这是获取的 IP 地址
    子网掩码. . . . . . . . . . . . . . : 255.255.255.0
    租用取得. . . . . . . . . . . . . . : 2011 年 7 月 27 日 上午 11:59:18 <==这是租约
    租用到期. . . . . . . . . . . . . . : 2011 年 7 月 30 日 上午 11:59:18
    默认网关. . . . . . . . . . . . . . : 192.168.100.254
    DHCP 服务器 . . . . . . . . . . . . : 192.168.100.254   <==这一台 DHCP 服务器
    DNS 服务器 . . . . . . . . . . . . : 168.95.1.1        <==取得的 DNS
                                          139.175.10.20
```

```
            NetBIOS over Tcpip . . . . . .        : 启用
C:\Users\win7> ipconfig /renew
# 这样可以立即要求更新 IP 信息
```

这样就可以了。简单吧。

12.4 DHCP 服务器端的高级查看与使用

如果需要管理几十甚至几百台计算机，通常希望能够根据座位来进行 IP 地址的分配。因此，静态 IP 地址与 MAC 地址的配合就变得非常重要。那么如何获取每台主机的 IP 地址呢？另外，如何查询相关的租约信息？如果还想进行远程开机，在固定的时间为用户开机，这也是 DHCP 的其他用途之一。让我们来看看 DHCP 的其他用途吧。

12.4.1 检查租约文件

客户端会主动记录租约信息，所以服务器端更不能忘记记录了。服务器端的租约信息记录在以下位置：

```
[root@www ~]# cat /var/lib/dhcpd/dhcpd.leases
lease 192.168.100.101 {
    starts 2 2011/07/26 18:06:36;   <==租约开始日期
    ends   5 2011/07/29 18:06:36;   <==租约结束日期
    tstp   5 2011/07/29 18:06:36;
    cltt   2 2011/07/26 18:06:36;
    binding state active;
    next binding state free;
    hardware ethernet 08:00:27:34:4e:44; <==客户端网卡
}
```

从该文件中，我们可以知道有多少客户端已经向 DHCP 申请了 IP 地址。很容易理解吧。

12.4.2 让大量计算机都具有获取静态 IP 地址的脚本

想象一下，如果你需要管理 100 台计算机，每台计算机都需要使用静态的 IP 地址，该如何处理呢？很简单，可以使用 DHCP 的 fixed-address 功能。但是，如何获取这 100 台计算机的 MAC 地址呢？如何进行修改呢？难道每台计算机都需要手动记录，然后回来修改 dhcpd.conf 配置文件吗？这样工作量太大了。既然每台计算机最终都需要开机，那么可以在开机之后，使用手动的方法设置好每台主机的 IP 地址，然后根据下面的脚本来处理 dhcpd.conf 配置文件：

```
[root@www ~]# vim setup_dhcpd.conf
#!/bin/bash
read -p "Do you finished the IP's settings in every client (y/n)? " yn
```

```
read -p "How many PC's in this class (ex> 60)? " num
if [ "$yn" = "y" ]; then
        for site in $(seq 1 ${num})
        do
                siteip="192.168.100.${site}"
                allip="$allip $siteip"

                ping -c 1 -w 1 $siteip > /dev/null 2>&1
                if [ "$?" == "0" ]; then
                        okip="$okip $siteip"
                else
                        errorip="$errorip $siteip"
                        echo "$siteip is DOWN"
                fi
        done
        [ -f dhcpd.conf ] && rm dhcpd.conf
        for site in $allip
        do
                pcname=pc$(echo $site | cut -d '.' -f 4)
                mac=$(arp -n | grep "$site " | awk '{print $3}')
                echo "   host $pcname {"
                echo "           hardware ethernet ${mac};"
                echo "           fixed-address      ${site};"
                echo "   }"
                echo "   host $pcname {"                              >> dhcpd.conf
                echo "           hardware ethernet ${mac};"           >> dhcpd.conf
                echo "           fixed-address      ${site};"         >> dhcpd.conf
                echo "   }"                                           >> dhcpd.conf
        done
fi
echo "You can use dhcpd.conf (this directory) to modified your /etc/dhcp/dhcpd.conf"
echo "Finished."
```

这个脚本的思路很简单。如果你管理的计算机都是 Linux，可以先开机，然后使用命令 ifconfig eth0 YOURIP 来设置对应的 IP 地址。在鸟哥的例子中，使用的是 192.168.100.X/24 这个网络，这样 IP 地址就设置好了。然后运行上述脚本一次，每台计算机的 MAC 地址与 IP 地址就会顺利地写入 dhcpd.conf 文件中，然后将其复制并粘贴到 /etc/dhcp/dhcpd.conf 文件中即可。如果你管理的计算机是 Windows，可以使用命令行界面下的 netsh interface ip set address xxx 类似的命令来进行修改。

12.4.3 使用 ether-wake 实现远程自动开机（remote boot）

既然已经知道客户端的 MAC 地址，如果客户端的主机支持一些电源标准，并且该客户端主机所使用的网卡与主板支持网络唤醒功能，我们就可以通过网络来启动客户端计算机。如果要通过网络来启动一台主机，必须在该客户端计算机上进行以下处理：

(1) 需要在 BIOS 里面设置"网络唤醒"功能，否则是没有用的。

(2) 必须要让这台主机接上网线，并且电源是接通的。

(3) 将这台主机的 MAC 地址抄下来，然后关机等待网络唤醒。

接下来，在始终处于开机状态的 DHCP 服务器上（实际上，任何一台 Linux 主机都可以）安装 net-tools 软件包，这将提供 ether-wake 命令，用于网络唤醒功能。那么如何使用这个命令呢？假设客户端主机的 MAC 地址是 11:22:33:44:55:66，并且已经与服务器的 eth1 接口连接好，想要唤醒这台主机，只需要执行以下操作：

```
[root@www ~]# ether-wake -i eth1 11:22:33:44:55:66
# 更多功能可以这样查阅
[root@www ~]# ether-wake -u
```

然后你就会发现，该客户端主机已经被唤醒了。以后如果想要连接到局域网内的某台主机，只需要能够连接到防火墙主机，然后使用 ether-wake 软件，就能够唤醒局域网内的主机，这样管理起来更加方便了。

> 鸟哥办公室有一台桌面计算机经常用于测试，但由于其耗电量较高，鸟哥离开时会将其关闭。然而，鸟哥办公室内有一台负责防火墙的 NAT 服务器，当鸟哥在家需要访问学校桌面计算机的数据时，如果桌面计算机处于关闭状态怎么办呢？没关系，通过登录 NAT 服务器，使用 ether-wake 命令唤醒桌面计算机，就能够开机进行工作了。这样也解决了耗电问题。

12.4.4 DHCP 与 DNS 的关系

我们知道，如果局域网中有很多 Linux 服务器，需要将私有 IP 地址添加到每台主机的 /etc/hosts 文件中，这样才能避免连接阶段超时或长时间等待的问题。然而，问题是，如果计算机的数量很大，而且还有很多测试机器，必须经常更新和维护那些已经重新安装操作系统的机器的 /etc/hosts 文件，这是不是有点烦琐呢？

在这种情况下，在局域网内部署一个负责主机名解析的 DNS 服务器就变得非常重要。有了 DNS 服务器来解析主机名，就不需要修改 /etc/hosts 文件了。未来的新机器或新加入的计算机也不需要修改任何网络参数，这样维护工作会更加轻松。因此，在一个良好的局域网中，理论上应该在 DHCP 服务器主机上再安装一个 DNS 服务器，用于提供内部计算机的名字解析。相关设置的更多内容可参考第 19 章 DNS 的介绍。

- **DHCP 响应速度与有网管功能的交换机的设置问题**

鸟哥负责维护大学传播系的 5 间计算机教室。每间计算机教室内都有低端的具备网管功能的 Giga Switch 交换机。有网管功能的交换机有许多设置信息，并且可以进行数据包异常的检测和过滤。然而，如果过滤行为设置得太宽泛，可能会引发许多问题。

在鸟哥管理的计算机教室中，当重新启动网络以获取 DHCP 时，会等待长达 30 秒的时间。虽然最终获得了 IP 地址，网络速度也正常，但为什么要等这么久呢？这种等待是正常的现象。在讲授网络参数设置时，学生可能会感到困惑，以为出现了故障。有些学生甚至等待了将近一分钟才被告知成功获取正常的 IP 地址。

后来向有经验的罗组长咨询后，才发现问题可能出在交换机上。在执行 L2 Features→Spanning Tree→STP Port Settings 等命令时，鸟哥将 STP 等端口都设置为关闭（Disabled）。鸟哥完成这个设置后，DHCP 的获取变得顺畅，同时网络唤醒功能也没有问题了。这部分内容供读者参考。

> 网友巩立伟来信提到，STP 的主要目的是防止广播风暴，当检测到广播风暴时，交换机的端口会被禁用。然而，启用此功能后，进入运行状态的速度会较慢，因此会出现较慢的情况。较好的交换机会支持 RSTP（快速生成树协议），速度会更快。感谢朋友提供的信息。

12.5 重点回顾

- DHCP（Dynamic Host Configuration Protocol，动态主机配置协议）可以为客户端计算机提供自动设置网络参数的功能。
- 通过 DHCP 的统一管理，同一网络中很少会出现 IP 冲突的情况。
- DHCP 可以通过 MAC 地址的比对来提供静态 IP 地址（或称为固定 IP 地址），否则通常向客户端分配动态 IP 地址。
- DHCP 除可以设置静态 IP 地址和动态 IP 地址外，还可以提供租约行为的设置。
- 在租约期限到期之前，客户端的 DHCP 软件会主动请求续租（约 0.5、0.85 倍租约期限）。
- DHCP 提供的 MAC 比对、动态 IP 地址的 IP 范围和租约期限等设置都在 dhcpd.conf 文件中。
- 通常情况下，用户需要自行设置 dhcpd.leases 文件，但真正的租约文件记录在 /var/lib/dhclient/dhclient-eth0.leases 文件中。
- 如果只需要简单的 DHCP 服务，建议购买类似 IP 路由器的设备，以提供稳定且低功耗的网络服务。
- DHCP 服务与 DNS 服务之间的相关性很高。
- 若 DHCP 客户端获取 IP 地址的速度太慢，可以尝试查看具有网管功能的交换机的 STP 设置值。

12.6 参考资料与延伸阅读

- 百度百科的 DHCP 相关说明：https://baike.baidu.com/item/%E5%8A%A8%E6%80%81%E4%B8%BB%E6%9C%BA%E9%85%8D%E7%BD%AE%E5%8D%8F%E8%AE%AE/10778663?fr=ge_ala。
- 其他可供查阅的资料：
    DHCP mini HOWTO（英文版）：http://tldp.org/HOWTO/DHCP/index.html。
    Internet Software consortium：http://www.isc.org/software/dhcp。

第 13 章

文件服务器之一：NFS 服务器

> NFS（Network File System，网络文件系统），旨在实现不同机器和操作系统之间的数据文件共享。在类 UNIX 系统中，它是作为文件服务器的一个非常好的解决方案。基本上，当类 UNIX 主机连接到另一个类 UNIX 主机来共享文件时，使用 NFS 比使用 SAMBA 服务器更快速和方便。此外，NFS 的配置非常简单，只需记住启动远程过程调用（Remote Procedure Call，RPC，例如 rpcbind 软件）就可以搭建起来。这真是太好了。如果是在 Linux PC 集群环境下，使用 NFS 服务器的机会更高。因此，有必要了解一下。

第三篇　局域网内常见服务器的搭建

13.1 NFS 的由来与功能

NFS 是一种通过网络共享文件系统实现的服务，搭建起来非常简单。然而，它最大的问题在于"权限"方面。客户端和服务器端必须具有相同的账号，才能够访问某些目录或文件。此外，启动 NFS 还需要远程过程调用（RPC）的支持。也就是说，我们不仅需要启动 NFS 服务，还需要启动 RPC 服务。

因此，在开始配置 NFS 之前，我们需要先了解什么是 NFS，否则讲得再多也无益。下面简要介绍 NFS 以及 NFS 启动所需的相关协议。

13.1.1 什么是 NFS

NFS 最初由 Sun 公司开发。它的主要功能是通过网络实现不同机器和操作系统之间的文件共享。因此，可以将其简单地看作一个文件服务器。NFS 服务器允许计算机将网络中 NFS 服务器共享的目录挂载到本地文件系统中。对于本地系统来说，远程主机的目录就像是自己的一个磁盘分区，使用起来非常方便。示意结构如图 13-1 所示。

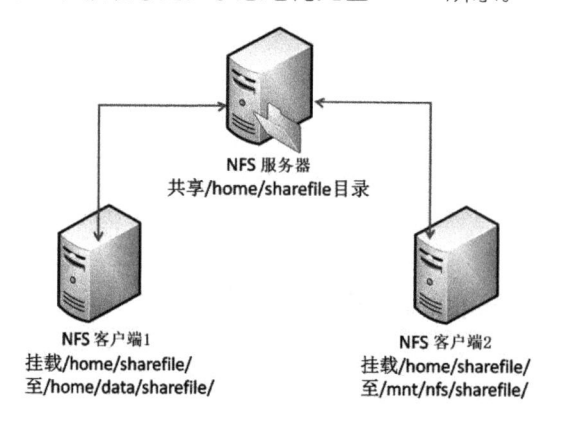

图 13-1 NFS 服务器共享目录与客户端（Client）挂载示意图

如图 13-1 所示，当 NFS 服务器配置好共享目录 "/home/sharefile" 后，其他的 NFS 客户端可以将这个目录挂载到自己文件系统的某个挂载点上（挂载点可以自定义）。例如，在图 13-1 中，NFS 客户端 1 和 NFS 客户端 2 挂载的目录是不同的。如果在 NFS 客户端 1 系统中进入 "/home/data/sharefile"，就可以看到 NFS 服务器系统中 "/home/sharefile" 目录下的所有数据（前提是具有足够的权限）。这个 "/home/data/sharefile" 就像是 NFS 客户端 1 系统中的一个分区，只要权限足够，就可以使用 cp、cd、mv、rm 等与磁盘或文件相关的命令。这样非常方便。

既然 NFS 是通过网络进行数据传输的，那么根据第 2 章中介绍的套接字对（Socket Pair）的概念，我们可以知道 NFS 应该会使用一些端口。那么 NFS 使用哪些端口进行数据传输呢？通常情况下，NFS 服务的端口号是 2049。然而，由于文件系统的复杂性，NFS 还会使用其他程序启动的额外端口。但是，这些额外的端口号是随机选择的，并且端口号通常小于 1024。那么客户端如何知道服务器端使用哪个端口呢？此时需要借助 RPC 协议。下面我们来简要介绍一下 RPC 是什么。

13.1.2 什么是 RPC

因为 NFS 支持的功能非常多，不同的功能会使用不同的程序进行启动，每个功能启动时会使用一些端口进行数据传输。因此，NFS 的功能对应的端口并不固定，而是随机选择一些未被使用的编号小于 1024 的端口来进行传输。然而，这样会导致客户端连接服务器出现问题，因为客户端需要知道服务器端使用的相关端口才能进行连接。

在这种情况下，我们需要使用 RPC 服务。RPC 的主要功能是指定每个 NFS 功能对应的端口号，并将其通知给客户端，以便客户端可以连接到正确的端口。那么 RPC 是如何知道每个 NFS 功能对应的端口呢？这是因为当服务器启动 NFS 时，它会随机选择一些端口，并向 RPC 进行注册。因此，RPC 可以了解到每个端口对应的 NFS 功能。此外，RPC 还固定使用端口 111 来监听客户端的请求，并向客户端提供正确的端口响应，从而使 NFS 的启动过程更加快捷。

> 注意，在启动 NFS 之前，RPC 必须先启动，否则 NFS 将无法向 RPC 注册。另外，如果重新启动 RPC，之前注册的数据将会丢失。因此，在 RPC 重新启动后，它管理的所有服务都需要重新启动，以便重新向 RPC 注册。

如图 13-2 所示，当客户端需要访问 NFS 文件时，它如何向服务器端发送请求呢？

（1）客户端会向服务器端的 RPC（端口 111）发送 NFS 文件访问功能的查询请求。

（2）服务器端找到对应已注册的 NFS 守护程序端口，并将其通知给客户端。

（3）客户端获取到正确的端口信息后，就可以直接与 NFS 守护程序建立连接。

由于 NFS 的各项功能都需要向 RPC 注册，这样 RPC 才能了解 NFS 服务的各项功能，如端口号、PID 和 NFS 在服务器上监听的 IP 地址等信息，从而使客户端能够通过 RPC 查询到正确对应的端口。换句话说，NFS 必须在 RPC 存在的情况下才能成功提供服务，因此我们将 NFS 称为 RPC 服务器的一种。实际上，还有许多其他服务器也是向 RPC 进行注册的。例如，NIS（Network Information Service，网络信息服务）也是一种 RPC 服务器。此外，根据图 13-2，无论是客户端还是服务器端，在使用 NFS 之前，两者都需要启动 RPC。

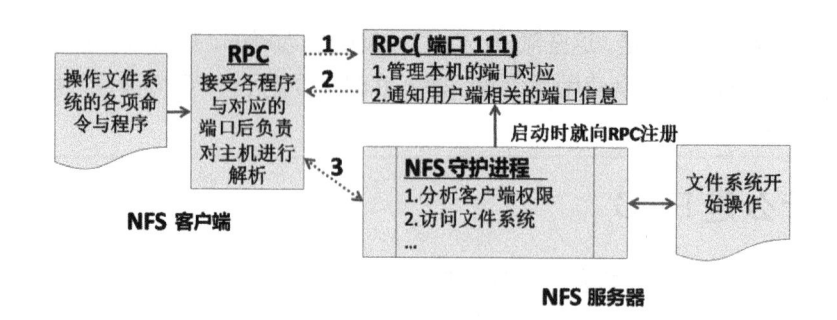

图 13-2 NFS 与 RPC 服务及文件系统操作的相关性

可参考以下网页以获取更多关于 NFS 的相关协议信息。

- RFC 1094、NFS 协议解释：http://www.faqs.org/rfcs/rfc1094.html。
- Linux NFS-HOWTO：http://www.tldp.org/HOWTO/NFS-HOWTO/index.html。

13.1.3 NFS 启动的 RPC 守护进程

我们知道，NFS 服务器在启动时需要向 RPC 注册，因此 NFS 服务器也被称为 RPC 服务器之一。NFS 服务器的主要任务是进行文件系统的共享，而文件系统的共享与权限息息相关。因此，NFS 服务器至少需要两个守护进程（Daemon）在启动时运行：一个用于管理客户端登录的问题，另一个用于管理客户端权限。如果还需要管理配额（Quota），则 NFS 还需要加载其他的 RPC 程序。对于功能相对简单的 NFS 服务器而言，需要启动以下守护进程。

- **rpc.nfsd**：最主要的 NFS 服务提供程序是一个守护进程。该守护进程的主要功能是管理客户端是否能够使用服务器的文件系统挂载信息，包括对登录用户 ID 的判断。
- **rpc.mountd**：这个守护进程的主要功能是管理 NFS 文件系统。当客户端成功通过 rpc.nfsd 登录服务器后，在能够使用 NFS 服务器提供的文件之前，还需要经过文件权限的认证程序（-rwxrwxrwx 和 owner、group 权限）。该程序将读取 NFS 的配置文件 /etc/exports，并与客户端的权限进行比对。当通过这一验证后，客户端就可以获得使用 NFS 文件的权限。（这个守护进程也是我们用来管理 NFS 共享目录权限和安全设置的地方）。
- **rpc.lockd（非必要）**：这个守护进程可以用于管理文件的锁定（Lock）。为什么需要对文件进行锁定呢？因为如果多个客户端同时尝试写入同一个 NFS 文件，可能会引发一些问题。为了解决这些问题，可以使用 rpc.lockd。然而，rpc.lockd 必须在客户端和服务器端同时启用时才能正常工作。此外，rpc.lockd 通常与 rpc.statd 一起启动。
- **rpc.statd（非必要）**：这个守护进程可以用于检查文件的一致性，与 rpc.lockd 密切相关。当发生因多个客户端同时访问同一个文件而导致文件损坏的情况时，rpc.statd 可以用来检测并尝试恢复该文件。与 rpc.lockd 类似，这个功能必须在服务器端和客户端同时启动才能生效。

上述所需的几个 RPC 程序实际上已经写入了两个基本的服务启动脚本中，它们分别是 nfs 和 nfslock，即/etc/init.d/nfs 和/etc/init.d/nfslock。与服务器相关的部分写入了 nfs 服务中，而与客户端的 rpc.lockd 相关的部分则设置在 nfslock 服务中。

13.1.4 NFS 的文件访问权限

不知道你有没有考虑过这个问题，在图 13-1 所示的环境中，如果我们以 dmtsai 用户身份在 NFS 客户端 1 上访问来自 NFS 服务器提供的文件系统/home/data/sharefile/，请问 NFS 服务器所提供的文件系统会让我们以什么身份进行访问？是 dmtsai 还是其他身份？

为什么会这样问呢？这是因为 NFS 服务本身并不进行用户身份验证。因此，当在客户端以 dmtsai 的身份尝试访问服务器端的文件系统时，服务器端会尝试使用客户端的用户 UID 和 GID 等身份信息来读取文件系统。这会带来一个有趣的问题：如果客户端和服务器端的用户身份不一致，会发生什么？我们可以通过图 13-3 来解释这个问题。

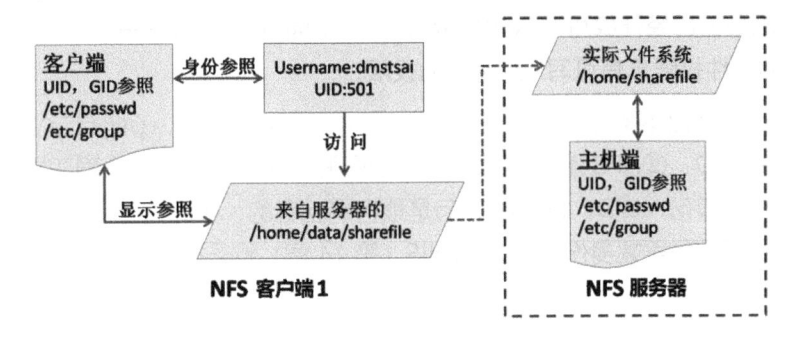

图 13-3　NFS 的服务器端与客户端的用户身份确认机制

当我们以普通用户身份 dmtsai 访问来自服务器端的文件时，需要注意的是，文件系统的 inode 记录的是 UID 和 GID 属性，而不是账号和属组名。一般的 Linux 主机会主动使用/etc/passwd 和/etc/group 来查询相应的用户名和组名。因此，当 dmtsai 进入该目录时，会参考 NFS 客户端 1 的用户名和组名。然而，由于该目录的文件主要来自 NFS 服务器，可能会出现以下几种情况。

- **NFS 服务器/NFS 客户端刚好有相同的账号与用户组**：此时用户可以直接以 dmtsai 的身份访问服务器所提供的共享文件系统。
- **NFS 服务器的 501 这个 UID 账号对应为 vbird**：如果 NFS 服务器上的/etc/passwd 文件中 UID 为 501 的用户名称是 vbird，那么客户端的 dmtsai 可以访问服务器端 vbird 用户的文件，这仅仅是因为两者具有相同的 UID。这会引发很大的问题，因为无法保证客户端的 UID 所对应的账号与服务器端相同。这意味着 NFS 服务器提供的数据可能会被错误的用户错误地修改。
- **NFS 服务器并没有 501 这个 UID**：另一个极端情况是，如果服务器端不存在 UID 为 501 的用户，则在该目录下，dmtsai 的身份会被映射为匿名用户。一般情况下，NFS

的匿名用户会使用 ID 65534，早期的 Linux 发行版中，这个 65534 的账号通常被称为 nobody，而 CentOS 则将其命名为 nfsnobody。然而，有时也会出现特殊情况。例如，在共享 /tmp 的服务器端，dmtsai 的身份仍然保持为 501，但在服务器端看来，建立的各项数据将成为无属主的数据。

- **如果用户身份是 root**：有一个非常特殊的用户，那就是每个 Linux 主机都有的 UID 为 0 的 root 用户。如果客户端可以使用 root 身份访问服务器端的文件系统，那么服务器端的数据将没有任何安全保护。因此，默认情况下，root 用户的身份会被自动映射为匿名用户。

总之，客户端用户可以进行与 UID 和 GID 相关的操作。当客户端和服务器端的 UID 和账号的对应不一致时，可能会导致文件系统混乱，这是 NFS 文件系统在使用过程中的一个弊端。在了解用户账号、UID 和文件系统之间的关系后，要在客户端实际使用 NFS 来访问服务器端的文件系统，还需要具备以下条件：

- NFS 服务器已经开放可写入的权限（与 /etc/exports 设置有关）。
- 实际的文件权限具有可写入（w）的权限。

只有当你满足了以下条件时，才具备对文件进行写入的权限：①拥有与文件关联的用户账号，即相同的 UID；②NFS 服务器允许写入的权限；③文件系统本身确实具有写入权限。特别要注意的是，身份（UID）确认的环节是最容易出错的。正因为如此，NFS 通常需要与能够确认客户端和服务器端身份一致性的 NIS（第 14 章）服务配合使用，以避免身份混乱的情况发生。

> 老实说，本小节的内容对于初次接触 NFS 服务器的朋友来说可能比较难理解。因此，你可以暂时跳过 13.1.4 节。但是，在完成本章后续所有实例的阅读和实践之后，记得再回过头来阅读这个小节的内容，相信你会有更深入的理解。

13.2 NFS 服务器端的配置

既然要使用 NFS，就需要安装 NFS 所需的软件。下面让我们查询一下系统是否已经安装所需的软件，了解一下 NFS 软件的架构以及如何配置 NFS 服务器。

13.2.1 所需要的软件

以 CentOS 6.x 为例，要配置好 NFS 服务器，我们必须要安装以下两个软件才行。

- **RPC 主程序——rpcbind**：就如同刚刚提到的，NFS 其实可以被视为一个 RPC 服务。而在启动任何一个 RPC 服务之前，我们都需要进行端口的映射（Mapping）工作，这个工作由 rpcbind 服务负责。也就是说，在启动任何一个 RPC 服务之前，我们都需要先启动 rpcbind 服务（在 CentOS 5.x 之前，这个软件称为 portmap，在 CentOS 6.x 之后才称为 rpcbind）。
- **NFS 主程序——nfs-utils**：就是提供 rpc.nfsd 和 rpc.mountd 这两个 NFS 守护进程以及其他相关的文档、说明文件和可执行文件等软件。这些是 NFS 服务所需的主要软件，一定要安装。

我们知道需要这两个软件之后，接下来赶紧使用 RPM 命令在系统中查看是否已经安装了这两个软件。如果没有安装，就使用 RPM 或 yum 命令进行安装。

例题

我的主机是以 RPM 包管理的 Linux 发行版，例如 Red Hat、CentOS 和 SuSE 等版本。那么请问要如何确定我的主机上是否已经安装与 rpcbind 和 nfs 相关的软件呢？

答：可以使用命令 rpm –qa | grep nfs 和 rpm –qa | grep rpcbind 来查询。如果没有安装的话，在 CentOS 内可以使用命令 yum install nfs–utils 来安装。

13.2.2　NFS 的软件结构

NFS 软件非常简单。在我们提到的 NFS 软件中，配置文件只有一个，执行文件也不多，记录文件也只有两三个。现在就让我们快速来查看一下吧。

- **主要配置文件——/etc/exports**：这个文件就是 NFS 的主要配置文件。不过，系统并没有默认值，所以这个文件不一定会存在，可能需要使用 vim 等编辑器主动创建该文件。下面我们要讨论的设置也只涉及这个文件。
- **NFS 文件系统维护命令——/usr/sbin/exportfs**：这是用于维护 NFS 共享资源的命令，我们可以利用它重新共享/etc/exports 中更新的目录资源、卸载或重新共享 NFS 服务器共享的目录等。这是 NFS 系统中非常重要的一个命令。至于该命令的用法，我们将在后面进行介绍。
- **共享资源的日志文件——/var/lib/nfs/*tab**：在 NFS 服务器中，日志文件被放置在/var/lib/nfs/目录下。在该目录下有两个相当重要的日志文件。一个是 etab，主要记录 NFS 共享的目录的完整权限设置值；另一个是 xtab，记录曾经链接到该 NFS 服务器的相关客户端的数据。
- **客户端查询服务器共享资源的命令——/usr/sbin/showmount**：这是另一个重要的 NFS 命令。exportfs 用于 NFS 服务器端，而 showmount 则主要用于客户端。showmount 命令可以用来查看 NFS 共享的目录资源。

不难吧，主要就是这几个命令。

13.2.3 /etc/exports 配置文件的语法与参数

在开始配置 NFS 服务器之前，需要了解的是，**NFS 会直接使用内核功能，所以内核需要支持 NFS 才能正常使用**。如果所使用的内核版本低于 2.2 版本，或者自行重新编译过内核，那就需要注意了，因为可能会忘记选择 NFS 的内核支持。

幸运的是，我们的 CentOS 或其他版本的 Linux，默认的内核通常支持 NFS 功能，所以只要确认内核版本是当前新的 2.6.x 版本，并且使用的是发行版所提供的内核，应该就不会有问题。

> 前文提醒大家的原因是，以前鸟哥喜欢自行编译一个特殊的内核，但在某次编译内核时却忘记添加 NFS 的内核支持功能，导致无论如何也无法启动 NFS 服务器，最后才意识到问题出在自行编译的非标准内核上。

关于 NFS 服务器的搭建，实际上非常简单。**只需要编辑好主要的配置文件/etc/exports 后，先启动 rpcbind（如果已经启动了，就不需要重新启动），再启动 nfs 服务，NFS 服务器就启动成功了。**不过，这样的设置是否对客户端生效取决于权限方面的配置能力。因此，我们需要考虑权限配置方面的设置。闲言少叙，现在让我们直接来看一下如何设置/etc/exports 吧。某些发行版可能不会自动提供/etc/exports 文件，因此需要手动创建它。

```
[root@www ~]# vim /etc/exports
/tmp        192.168.100.0/24(ro)   localhost(rw)    *.pku.edu.cn (ro,sync)
[共享目录]    [第一台主机（权限）]    [可用主机名表示]    [可用通配符表示]
```

这个配置文件非常简单。每一行的开头是要共享的目录，注意，以目录为单位。然后，这个目录可以根据不同的权限共享给不同的主机。鸟哥上面的例子说明的是，要将/tmp 目录分别共享给 3 个不同的主机或网络。记住，在主机名称后面使用小括号"()"来定义权限参数。如果有多个权限参数，则使用逗号","分隔，并且主机名与小括号是连在一起的。在这个文件中也可以使用"#"进行注释。

至于主机名的设置，主要有以下几种方式：

- 可以使用完整的 IP 地址或网络号，例如 192.168.100.10 或 192.168.100.0/24，或者 192.168.100.0/255.255.255.0 都是可以接受的。
- 可以使用主机名，但这个主机名必须要在 /etc/hosts 文件中，或者可以通过 DNS 解析找到该名称。重要的是能够找到对应的 IP 地址。如果使用主机名，那么可以支持通配符，例如"*"或"?"都是可以接受的。

至于权限方面（就是小括号内的参数），常见的参数如表 13-1 所示。

表 13-1 /etc/exports 配置文件的权限参数

参数值	内容说明
rw ro	该目录的共享权限可以是读写（read-write）或只读（read-only），但最终能否读写还取决于文件系统的读、写、执行（rwx）权限以及用户的身份
sync async	sync 代表数据会同步写入内存与硬盘中，async 则代表数据会先暂存于内存中，而非直接写入硬盘
no_root_squash root_squash	如果客户端使用 NFS 文件系统的账号为 root，系统会如何判断这个账号的身份？默认情况下，客户端 root 的身份会被 root_squash 设置映射成 nfsnobody，这样可以更好地保护服务器的系统安全。但是，如果想要允许客户端以 root 身份操作服务器的文件系统，就需要开启 no_root_squash
all_squash	不论登录 NFS 的用户身份为何，他的身份都会被映射为匿名用户，通常是 nobody（nfsnobody）
anonuid anongid	anon 意指 anonymous（匿名用户），前面关于 *_squash 提到的匿名用户的 UID 设置值通常为 nobody（nfsnobody），但你可以自行设置这个 UID 的值。当然，这个 UID 必须存在于/etc/passwd 文件中。anonuid 指的是用户的 UID，而 anongid 则是组的 GID

这是几个常见的权限参数。如果你有兴趣设置其他参数，可使用 man exports 命令自行查看更多有趣的选项。接下来，我们将利用上述几个参数来思考一些有趣的小习题。

例题

让 root 保留 root 的权限。

假设你想将 /tmp 目录共享出去供大家使用，由于该目录本来就是所有人都可以读写的，因此你希望让所有人都能够访问。此外，你还希望让 root 写入的文件保留 root 的权限。那么，应该如何设计配置文件？

答：

```
[root@www ~]# vim /etc/exports
# 任何人都可以用 /tmp，用通配符来处理主机名，重点在 no_root_squash
/tmp    *(rw,no_root_squash)
```

主机名可以使用通配符。在上面的例子中，使用"*"表示无论来自哪里都可以访问 /tmp 目录。再次提醒，"*（rw,no_root_squash）"这个设置值中间是没有空格的，而"/tmp"与"*（rw,no_root_squash）"之间使用空格符分隔开。**特别要注意 no_root_squash 的功能。**在这个例子中，如果在客户端以 root 身份登录你的 Linux 主机，那么当你将我的主机上的 /tmp 目录挂载（Mount）之后，在挂载的目录中，你将具有 root 的权限。

例题

针对同一目录，可以为不同范围的用户开放不同的权限。

假设想要开放一个公共目录 /home/public，但是只允许局域网 192.168.100.0/24 中的用户以及属于 vbirdgroup（第 1 章的例题中创建的组）的用户读写该目录，而其他来源的用户只能读取。

答：

```
[root@www ~]# mkdir /home/public
[root@www ~]# setfacl -m g:vbirdgroup:rwx /home/public
[root@www ~]# vim /etc/exports
/tmp             *(rw,no_root_squash)
/home/public     192.168.100.0/24(rw)     *(ro)
# 继续累加在后面，注意，将主机与网络分为两段（用空格分隔开）
```

上面的例子中提到，如果 IP 属于 192.168.100.0/24 网段，在客户端挂载了服务器端的 /home/public 目录后，该挂载目录将具有读写权限。对于不属于该网段的情况，挂载的目录将仅具有只读属性，即只能读取数据。

需要注意的是，通配符只能用于主机名的匹配上，而对于 IP 地址或网段的表示，只能使用形如 192.168.100.0/24 的格式，而不能使用 192.168.100.* 的形式。

例题

仅给某个单一主机使用的目录设置。

如果想将一个私人目录 /home/test 仅开放给 IP 地址为 192.168.100.10 的客户端机器的用户使用，该如何设置呢？假设具有完整权限的用户是 dmtsai。

答：

```
[root@www ~]# mkdir /home/test
[root@www ~]# setfacl -m u:dmtsai:rwx /home/test
[root@www ~]# vim /etc/exports
/tmp             *(rw,no_root_squash)
/home/public     192.168.100.0/24(rw)     *(ro)
/home/test       192.168.100.10(rw)
# 只要设置的 IP 地址正确即可
```

这样设置完成后，只有 IP 地址为 192.168.100.10 的机器才能访问 /home/test 目录。

例题

开放匿名访问的情况。

如果想让 *.centos.vbird 网络的主机在登录 NFS 服务器时可以访问 /home/linux 目录，但在写入数据时，希望它们的 UID 和 GID 都变成 45 这个用户身份，假设 NFS 服务器上 UID 为 45 且 GID 为 45 的用户/组名为 nfsanon。

答：

```
[root@www ~]# groupadd -g 45 nfsanon
[root@www ~]# useradd -u 45 -g nfsanon nfsanon
[root@www ~]# mkdir /home/linux
[root@www ~]# setfacl -m u:nfsanon:rwx /home/linux
[root@www ~]# vim /etc/exports
/tmp            *(rw,no_root_squash)
/home/public    192.168.100.0/24(rw)      *(ro)
/home/test      192.168.100.10(rw)
/home/linux     *.centos.vbird(rw,all_squash,anonuid=45,anongid=45)
# 如果要开放匿名访问，那么重点是 all_squash, 并且要配合 anonuid
```

特别注意 all_squash 与 anonuid、anongid 的功能。如此一来，当 clientlinux.centos.vbird 登录这台 NFS 主机，并且在 /home/linux 写入文件时，该文件的属主与属组就会变成 /etc/passwd 里面对应的 UID 为 45 的那个身份的用户了。

如果按照 13.1.4 节中介绍的访问设置权限来思考上面 4 个例题中的权限，会有什么情况呢？让我们来检查一下。

1. 客户端与服务器端具有相同的 UID 与账号

假设我们在 IP 地址为 192.168.100.10 的客户端登录这台 NFS 服务器（假设它的 IP 地址为 192.168.100.254），并且在 192.168.100.10 上使用的账号是 dmtsai。同时，在 NFS 服务器上也存在一个 dmtsai 账号，并且具有相同的 UID。如果情况确实如此，那么：

（1）由于 192.168.100.254 这台 NFS 服务器上的 /tmp 目录权限为 -rwxrwxrwt，因此客户端（dmtsai 在 192.168.100.10 上）具有在 /tmp 目录下的访问权限，并且写入的文件所有者为 dmtsai。

（2）在 /home/public 目录中，由于我们具有读写权限，如果对于用户 dmtsai 开放了对 /home/public 目录的写入权限，那么我们可以进行读写操作，并且写入的文件所有者将是 dmtsai。但是，如果对于用户 dmtsai 没有开放 /home/public 目录的写入权限，那么我们将无法写入文件。请特别注意这一点。

（3）在 /home/test 目录中，我们的权限与 /home/public 目录相同，但还需要确保 NFS 服务器上的 /home/test 目录对于用户 dmtsai 开放了权限。

（4）在 /home/linux 目录中情况比较复杂。因为无论是什么用户，你的身份都会被变成 UID=45 的账号。因此，必须根据 UID=45 的账号名称修改 /home/linux 目录的权限。

2. 客户端与服务器端的账号不相同

假设我们在 IP 地址 192.168.100.10 的客户端上的身份是 vbird（UID 为 600），但是在 IP

地址为 192.168.100.254 的这台 NFS 主机上却没有 UID=600 的账号，那么情况会怎样呢？

（1）在这种情况下，我们仍然可以在 /tmp 目录下执行写入操作，但是该文件的所有者将保持为 UID=600。因此，在服务器端看起来会有些奇怪，因为找不到 UID=600 的账号来匹配。因此，文件的所有者将会显示为 600。

（2）我们是否能够在 /home/public 目录中执行写入操作，取决于 /home/public 的权限设置。然而，由于没有添加 all_squash 参数，因此在该目录下将保留客户端用户的 UID。

（3）/home/test 的权限与 /home/public 相同。

（4）在 /home/linux 下，身份就变成 UID = 45 的那个用户。

3. 当客户端的身份为 root 时

如果我们在 192.168.100.10 上以 root 身份登录，那么权限会发生怎样的变化呢？由于 root 是每个系统都有的账号，权限会如何变化呢？

（1）如果我们在 /tmp 目录中执行写入操作，并且由于设置了 no_root_squash 参数，改变了默认的 root_squash 设置值，那么在 /tmp 中写入的文件所有者将为 root。

（2）在 /home/public 目录中，我们的身份仍然会被映射为 nobody，因为默认情况下都具有 root_squash 属性。因此，如果对于 nobody 开放了 /home/public 的写入权限，那么可以执行写入操作，但是文件的所有者将变为 nobody。

（3）/home/test 与 /home/public 相同。

（4）在 /home/linux 下，root 的身份也被映射为 UID = 45 的那个用户。

通过这样的解释，相信读者对于权限设置应该会更加了解。这是非常重要的一点，如果能够理解这一点，那么接下来的内容就不会有太多问题。在阅读完本小节的内容后，建议回到 13.1.4 节的 NFS 的文件访问权限部分仔细阅读，以便更好地解决 NFS 相关的问题。

13.2.4 启动 NFS

在配置文件设置完成后，就可以启动 NFS 了。前面我们提到过，NFS 的启动还需要 rpcbind 的支持。接下来，我们将学习如何启动 NFS。

```
[root@www ~]# /etc/init.d/rpcbind start
# 如果 rpcbind 本来就已经在执行了，那就不需要启动了

[root@www ~]# /etc/init.d/nfs start
# 有时候某些发行版可能会出现如下警告信息
exportfs: /etc/exports [3]: No 'sync' or 'async' option specified
for export "192.168.100.10:/home/test".
  Assuming default behaviour ('sync').
# 上面的警告信息只是在告知因为我们没有指定 sync 或 async 的参数，
# 所以 NFS 将默认会使用 sync 的信息。你可以不理它，也可以加入/etc/exports
```

```
[root@www ~]# /etc/init.d/nfslock start
[root@www ~]# chkconfig rpcbind on
[root@www ~]# chkconfig nfs on
[root@www ~]# chkconfig nfslock on
```

rpcbind 不需要进行额外的配置，只需直接启动即可。一旦启动，会出现一个监听端口 111 的 sunrpc 服务，即为 rpcbind。至于 nfs，则需要启动至少两个以上的守护进程来监听客户端的请求。在启动过程中，特别注意屏幕上的输出信息，因为如果配置文件存在错误，屏幕上会显示相应的错误信息。

此外，如果希望增加一些 NFS 服务器的数据一致性功能，可能需要使用 rpc.lockd 和 rpc.statd 等 RPC 服务。在这种情况下，需要启动一个名为 nfslock 的服务。启动后，请尽快检查 /var/log/messages 中是否正确启动了相关服务。

```
[root@www ~]# tail /var/log/messages
Jul 27 17:10:39 www kernel: Installing knfsd (copyright (C) 1996 okir@monad.swb.de).
Jul 27 17:10:54 www kernel: NFSD: Using /var/lib/nfs/v4recovery as the NFSv4 state
recovery directory
Jul 27 17:10:54 www kernel: NFSD: starting 90-second grace period
Jul 27 17:11:32 www rpc.statd[3689]: Version 1.2.2 starting
```

在确认启动没有问题之后，接下来我们来查看一下 NFS 到底开启了哪些端口。

```
[root@www ~]# netstat -tulnp| grep -E '(rpc|nfs)'
Active Internet connections (only servers)
Proto Recv-Q Send-Q Local Address     Foreign Address    State      PID/Program name
tcp        0      0 0.0.0.0:875       0.0.0.0:*          LISTEN     3631/rpc.rquotad
tcp        0      0 0.0.0.0:111       0.0.0.0:*          LISTEN     3601/rpcbind
tcp        0      0 0.0.0.0:48470     0.0.0.0:*          LISTEN     3647/rpc.mountd
tcp        0      0 0.0.0.0:59967     0.0.0.0:*          LISTEN     3689/rpc.statd
tcp        0      0 0.0.0.0:2049      0.0.0.0:*          LISTEN     -
udp        0      0 0.0.0.0:875       0.0.0.0:*                     3631/rpc.rquotad
udp        0      0 0.0.0.0:111       0.0.0.0:*                     3601/rpcbind
udp        0      0 0.0.0.0:897       0.0.0.0:*                     3689/rpc.statd
udp        0      0 0.0.0.0:46611     0.0.0.0:*                     3647/rpc.mountd
udp        0      0 0.0.0.0:808       0.0.0.0:*                     3601/rpcbind
udp        0      0 0.0.0.0:46011     0.0.0.0:*                     3689/rpc.statd
```

可以看到，NFS 开启了很多端口，确实很多。不过，主要的端口包括：

- rpcbind 服务的端口是 111，同时支持 UDP 与 TCP。
- NFS 服务本身启动在端口 2049。
- 其他 rpc.* 服务的端口是随机生成的，因此需向端口 111 注册。

好了，那么如何查看每个 RPC 服务的注册状态呢？没关系，文件可以使用 rpcinfo 命令来查看。

```
[root@www ~]# rpcinfo -p [IP|hostname]
[root@www ~]# rpcinfo -t|-u  IP|hostname 程序名称
选项与参数：
-p ：针对某 IP 地址（未写则默认为本机）显示出所有的端口与程序的信息
-t ：针对某主机的某个程序检查其 TCP 数据包所在的软件版本
-u ：针对某主机的某个程序检查其 UDP 数据包所在的软件版本

# 1. 显示出当前这台主机的 RPC 状态
[root@www ~]# rpcinfo -p localhost
   program vers proto   port  service
    100000    4   tcp    111  portmapper
    100000    3   tcp    111  portmapper
    100000    2   tcp    111  portmapper
    100000    4   udp    111  portmapper
    100000    3   udp    111  portmapper
    100000    2   udp    111  portmapper
    100011    1   udp    875  rquotad
    100011    2   udp    875  rquotad
    100011    1   tcp    875  rquotad
    100011    2   tcp    875  rquotad
    100003    2   tcp   2049  nfs
...(省略)...
# 程序代号 NFS 版本 数据包类型 端口  服务名称
# 2. 针对 nfs 这个程序检查其相关的软件版本信息（仅查看 TCP 数据包）
[root@www ~]# rpcinfo -t localhost nfs
program 100003 version 2 ready and waiting
program 100003 version 3 ready and waiting
program 100003 version 4 ready and waiting
# 可发现提供 NFS 的版本共有三种，分别是 2、3、4 版
```

仔细观察上述信息，除程序名称和对应的端口可以与 netstat –tlunp 命令的输出进行比对外，还需要注意 NFS 的版本支持。较新的 NFS 版本传输速度更快。可以看出，我们的 NFS 至少支持到第 4 版，这是合理的。如果 rpcinfo 命令无法输出信息，则表示注册的数据可能存在问题，可能需要重新启动 rpcbind 和 nfs 服务。

13.2.5 NFS 的连接查看

在设置好 NFS 服务器之后，我们可以在服务器端进行自我测试，以确认是否可以连接。具体操作是使用 showmount 命令进行查看。

```
[root@www ~]# showmount [-ae] [hostname|IP]
选项与参数：
-a ：显示当前主机与客户端的 NFS 连接共享的状态
-e ：显示某台主机的 /etc/exports 所共享的目录数据

# 1. 请显示出我们刚才设置好的与 exports 相关的共享目录信息
[root@www ~]# showmount -e localhost
```

```
Export list for localhost:
/tmp             *
/home/linux      *.centos.vbird
/home/test       192.168.100.10
/home/public     (everyone)
```

很简单吧。当需要扫描某台主机提供的 NFS 共享目录时,只需使用 showmount -e IP（或 hostname）命令。这也是 NFS 客户端最常用的命令。另外,关于 NFS 目录权限设置的数据非常丰富。/etc/exports 只是其中一个特殊的权限参数,还有很多默认参数。这些默认参数存储在哪里?我们检查一下/var/lib/nfs/etab 就知道了。

```
[root@www ~]# tail /var/lib/nfs/etab
/home/public    192.168.100.0/24(rw,sync,wdelay,hide,nocrossmnt,secure,root_squash,
no_all_squash,no_subtree_check,secure_locks,acl,anonuid=65534,anongid=65534)
# 上面是在一行内,可以看出除了 rw、sync、root_squash 等,其实还有 anonuid 和 anongid 等的设置
```

上面只是一个小范例。通过对比 anonuid=65534 和/etc/passwd,我们发现在 CentOS 中出现的是 nfsnobody 这个账号。这个账号在不同的版本中可能会有所不同。此外,**如果有其他客户端挂载了你的 NFS 文件系统,该客户端与文件系统的信息将会被记录在/var/lib/nfs/xtab 中。**

另外,如果想要重新处理/etc/exports 文件,需要重新启动 NFS 吗?不需要。重新启动 NFS 会导致需要重新向 RPC 注册,非常麻烦。此时,我们可以使用 exportfs 命令来帮忙。

```
[root@www ~]# exportfs [-aruv]
选项与参数：
-a ：全部挂载（或卸载）/etc/exports 文件中的设置
-r ：重新挂载 /etc/exports 中的设置,此外,也同步更新 /etc/exports
     及 /var/lib/nfs/xtab 的内容
-u ：卸载某一目录
-v ：在 export 时,将共享的目录显示到屏幕上

# 1. 重新挂载一次 /etc/exports 的设置
[root@www ~]# exportfs -arv
exporting 192.168.100.10:/home/test
exporting 192.168.100.0/24:/home/public
exporting *.centos.vbird:/home/linux
exporting *:/home/public
exporting *:/tmp

# 2. 将已经共享的 NFS 目录资源全部都卸载
[root@www ~]# exportfs -auv
# 这时如果你再使用 showmount -e localhost,就看不到任何资源了
```

要先熟悉一下这个命令的用法。这样一来,我们就可以直接重新导出在/etc/exports 文件中记录的目录数据了。但是需要特别注意,如果只处理配置文件,而没有相应的目录（例如/home/public 等）,可能会出现一些警告信息。因此,记得要先创建共享的目录。

13.2.6 NFS 的安全性

在 NFS 的安全性方面，有一些关键点一定要了解。接下来我们将分别进行讨论。

1. 防火墙的设置问题与解决方案

一般情况下，NFS 服务只会对内部网络开放，而不会对 Internet 开放。然而，如果有特殊需求，可能需要跨越不同的网络。但是，NFS 的防火墙配置确实比较困难，原因是除固定的端口 111 和 2049 外，还有许多由 rpc.mountd、rpc.rquotad 等服务动态开放的端口，这导致 iptables 很难设置规则。那么应该怎么办呢？是不是要取消整个防火墙机制呢？

为了解决这个问题，CentOS 6.x 提供了一个用于配置特定 NFS 服务端口的文件，即 /etc/sysconfig/nfs。在该文件中，可以指定特定的端口，这样每次启动 NFS 时，相关服务的端口就会固定，从而可以正确设置防火墙规则。这个配置文件包含很多内容，大部分数据不需要修改，只需要修改与关键词 PORT 相关的数据即可。那么需要修改的 RPC 服务有哪些呢？主要包括 mountd、rquotad 和 nlockmgr 这三个服务，因此需要进行如下修改：

```
[root@www ~]# vim /etc/sysconfig/nfs
RQUOTAD_PORT=1001        <==约在 13 行左右
LOCKD_TCPPORT=30001      <==约在 21 行左右
LOCKD_UDPPORT=30001      <==约在 23 行左右
MOUNTD_PORT=1002         <==约在 41 行左右
# 记得去掉最左边的注释符号，并根据需要自行决定端口的值

[root@www ~]# /etc/init.d/nfs restart
[root@www ~]# rpcinfo -p | grep -E '(rquota|mount|nlock)'
    100011    2   udp   1001  rquotad
    100011    2   tcp   1001  rquotad
    100021    4   udp  30001  nlockmgr
    100021    4   tcp  30001  nlockmgr
    100005    3   udp   1002  mountd
    100005    3   tcp   1002  mountd
# 上述的输出数据已经被鸟哥整理过了，没用到的端口已经被移除了
```

很可怕吧，如果你想要将 NFS 开放给其他网络中的用户使用，但又不想让对方登录其他服务，防火墙就需要开放上述提到的 10 个端口。假设想要允许位于 120.114.140.0/24 这个网络的用户访问你的 NFS 资源，并且已经使用第 9 章提供的防火墙脚本，那么还需要执行以下操作才能放行该网络的访问：

```
[root@www ~]# vim /usr/local/virus/iptables/iptables.allow
iptables -A INPUT -i $EXTIF -p tcp -s 120.114.140.0/24 -m multiport \
         --dport 111,2049,1001,1002,30001 -j ACCEPT
iptables -A INPUT -i $EXTIF -p udp -s 120.114.140.0/24 -m multiport \
         --dport 111,2049,1001,1002,30001 -j ACCEPT

[root@www ~]# /usr/local/virus/iptables/iptables.rule
# 别忘记。每次都需要重新执行这样的防火墙规则才能使其生效。请不要忘记这一点
```

2. 使用 /etc/exports 设置更安全的权限

这涉及逻辑思考。无论如何设置，我们都需要在"便利"和"安全"之间找到平衡点。通过善用 root_squash 和 all_squash 等功能，再结合设置 anonuid 等来规范登录主机的用户身份，可以提供一个相对安全的 NFS 服务器。

此外，还需要注意 NFS 服务器文件系统的权限设置。不要随意将权限设置为 -rwxrwxrwx，这样会给系统带来巨大的安全隐患。

3. 更安全的 partition 规划

如果在工作环境中有多台 Linux 主机，并且打算共享目录，最好在安装 Linux 时规划一个分区作为预留空间。由于 NFS 可以针对目录进行共享，因此可以将预留的分区挂载到任何一个挂载点，并将该挂载点（目录）在/etc/exports 文件中设置为共享。这样，工作环境中的其他 Linux 主机就可以使用该 NFS 服务器上的预留分区了。所以，在主机规划中，主要需要注意分区。此外，由于共享的分区可能容易受到入侵，最好在/etc/fstab 文件中为该分区设置严格的权限参数。

另外，如果分区方案不够合理，举例来说，很多人倾向于使用一种称为"懒人分区法"的方法，即整个系统只有一个根目录的分区。这样做会引发什么问题呢？假设我们要共享的是给普通用户使用的"/home"目录，有些用户可能会觉得这个 NFS 磁盘非常好用，于是将大量的临时数据都存放在这个 NFS 磁盘中。想象一下，如果整个根目录都被这个"/home"塞满了，那么系统将无法进行读写操作。因此，一个良好的分区规划或者使用磁盘配额来限制使用是非常重要的。

4. NFS 服务器关机前的注意事项

需要注意的是，当 NFS 使用的 RPC 服务在客户端连接到服务器时，如果服务器想要关机，那将成为一项"不可能的任务"。如果服务器上还有客户端连接，可能需要等待几个小时才能正常关机。

因此，建议在 NFS 服务器关机之前，先关闭 rpcbind 和 nfs 这两个守护进程。如果无法正确关闭这两个守护进程，可以使用 netstat -utlp 命令找到它们的 PID，然后使用 kill 命令将它们关闭。只有这样才能正常关机。请特别注意这一点。

当然，也可以使用 showmount -a localhost 命令查看哪些客户端仍在连接，或者通过查阅 /var/lib/nfs/rmtab 或 xtab 等文件进行检查。找到这些客户端后，可以直接联系它们，让它们先断开服务。

事实上，当客户端以 NFS 连接到服务器时，如果它们可以使用一些较为灵活的挂载参数，就可以减少这方面的问题。有关安全性方面的信息，可以参考 13.3 节中关于客户端可处理的挂载参数和开机挂载的内容。

13.3 NFS 客户端的设置

既然 NFS 服务器的主要任务是共享文件系统给网络上的其他客户端，那么客户端当然需要挂载这个文件系统。此外，虽然服务器端可以设置防火墙来保护自己的文件系统，不过一旦客户端挂载了该文件系统，它们是否也需要保护自己呢？因此，接下来我们将讨论一些与 NFS 客户端相关的问题。

13.3.1 手动挂载 NFS 服务器共享的资源

要如何挂载 NFS 服务器所提供的文件系统呢？基本上，可以按照以下步骤进行：

（1）确保本地端已经启动了 rpcbind 服务。

（2）使用 showmount 命令扫描 NFS 服务器共享的目录，并了解我们是否可以访问这些目录。

（3）在本地端创建预计要挂载的挂载点目录（mkdir）。

（4）使用 mount 命令将远程主机直接挂载到相应的目录上。

假设客户端在 IP 地址为 192.168.100.10 的机器上，而服务器的 IP 地址是 192.168.100.254。现在我们来检查一下是否已经启动了 rpcbind 服务，并查看远程主机上有哪些可用的目录。

```
# 1. 启动必备的服务。若没有启动则启动这些服务，若已经启动则保持原样即可
[root@clientlinux ~]# /etc/init.d/rpcbind start
[root@clientlinux ~]# /etc/init.d/nfslock start
# 一般来说，系统默认会启动 rpcbind，不过鸟哥之前关闭过，所以要启动
# 另外，如果服务器端已经启动 nfslock，客户端也要启动才能生效

# 2. 查询服务器给我们提供了哪些可用的资源
[root@clientlinux ~]# showmount -e 192.168.100.254
Export list for 192.168.100.254:
/tmp              *
/home/linux       *.centos.vbird
/home/test        192.168.100.10
/home/public      (everyone)     ←这是等一下我们要挂载的目录
```

接下来，我们想要将远程主机的 /home/public 挂载到本地端主机的 /home/nfs/public。因此，我们需要在本地端主机上先创建这个挂载点目录，然后就可以使用 mount 命令直接挂载 NFS 文件系统。

```
# 3. 建立挂载点，并且实际挂载看看
[root@clientlinux ~]# mkdir -p /home/nfs/public
[root@clientlinux ~]# mount -t nfs 192.168.100.254:/home/public /home/nfs/public
# 注意一下挂载的语法。-t nfs 用于指定文件系统类型
```

```
# IP:/dir  则用于指定某一台主机的某个目录。另外，如果出现如下错误
mount: 192.168.100.254:/home/public failed, reason given by server: No such file
or directory
# 这代表在服务器上并没有创建 /home/public，那就自己在服务器端建立它

# 4. 使用 df 或 mount 看看挂载之后的情况如何
[root@clientlinux ~]# df
文件系统                    1K-块          已用        可用       已用%     挂载点
... (中间省略)...
192.168.100.254:/home/public
                           7104640       143104    6607104     3%      /home/nfs/public
```

这样就可以将数据挂载进来。注意挂载 NFS 文件系统的格式范例。以后，**只要进入 /home/nfs/public 目录，就相当于进入了远程主机 192.168.100.254 上的/home/public 目录**，非常方便。至于你在该目录下有什么权限，请回到 13.2 节中查看权限的内容。那么如何卸载已挂载的 NFS 目录呢？可以使用 umount 命令。

```
[root@clientlinux ~]# umount /home/nfs/public
```

13.3.2 客户端可处理的挂载参数与开机挂载

客户端的挂载工作非常简单，但有一个问题需要注意。如果你刚刚挂载到本机的 /home/nfs/public 文件系统中含有一个脚本，且该脚本的内容是"rm –rf /"，文件权限设置为 555，如果出于好奇执行了这个脚本，那就糟糕了，因为整个系统都会被删除。

因此，除需要保护 NFS 服务器外，我们在使用别人的 NFS 文件系统时也需要保护自己。那么如何实现自我保护呢？可以通过使用 mount 命令的参数来实现。表 13-2 列出了 mount 命令的主要参数。

表 13-2 mount 命令的主要参数

参　　数	参数含义	系统默认值
suid nosuid	当我们挂载的分区上存在任何 SUID 权限的二进制程序时，可以使用 nosuid 参数来禁用 SUID 功能。如果你不清楚什么是 SUID，请回到《鸟哥的 Linux 私房菜 基础学习篇（第四版）》一书，复习第 17 章 "程序与资源管理"	suid
rw ro	可以通过设置文件系统的参数，将其指定为只读（ro）或可读写（rw）。服务器可以提供可读写的共享，但是客户端可以通过参数设置值，仅允许只读访问	rw
dev nodev	是否可以保留设备文件的特殊功能呢？一般来说，只有在 "/dev" 目录下才会有特殊的设备文件，因此可以选择使用 nodev 参数	dev
exec noexec	是否具有执行二进制文件的权限呢？如果只想挂载数据分区（例如 /home），那么可以选择使用 noexec 参数，禁止执行二进制文件	exec

（续表）

参　数	参数含义	系统默认值
user nouser	是否允许用户进行文件的挂载和卸载操作呢？如果要保护文件系统，最好不要允许用户进行挂载和卸载	nouser
auto noauto	这里的 auto 指的是在运行"mount –a"命令时是否自动挂载。如果你不希望这个分区随时被挂载，可以将其设置为 noauto	auto

一般来说，如果 NFS 服务器提供的仅是类似于/home 下的个人数据，通常不需要可执行、SUID 和设备文件的功能。因此，在挂载时，可以使用以下命令：

```
[root@clientlinux ~]# umount /home/nfs/public
[root@clientlinux ~]# mount -t nfs -o nosuid,noexec,nodev,rw \
> 192.168.100.254:/home/public /home/nfs/public

[root@clientlinux ~]# mount | grep addr
192.168.100.254:/home/public on /home/nfs/public type nfs (rw,noexec,nosuid,
nodev,vers=4,addr=192.168.100.254,clientaddr=192.168.100.10)
```

这样一来，挂载的文件系统将只能进行数据访问，相对来说对于客户端更加安全。因此，需要牢记 nosuid、noexec、nodev 等参数。

1. 关于 NFS 特殊的挂载参数

除上述挂载参数外，对于 NFS 服务器，Linux 还提供了许多有用的额外参数。这些特殊参数非常有用，为什么呢？举例来说，文件系统对于 Linux 来说是非常重要的，因为无论何时进行操作，只要涉及文件系统，整个目录树系统都会主动查询所有的挂载点。如果 NFS 服务器与客户端之间的连接出现网络问题，或者服务器先于客户端关机而没有通知客户端，那么客户端只要执行涉及文件系统的命令（如 df、ls、cp 等），整个系统就会变得非常慢。因为必须等到文件系统查找等待超时后，系统才能继续工作（就像鸟哥在执行 df 命令时等待了 30 分钟一样）。

为了避免这些问题，我们还有一些额外的 NFS 挂载参数可用，如表 13-3 所示。

表 13-3 额外的 NFS 挂载参数

参　数	参数功能	默认参数
fg bg	在执行挂载时，挂载操作是在前台（fg）还是后台（bg）执行的？如果在前台执行，mount 命令会持续尝试挂载，直到成功或超时为止。如果在后台执行，mount 命令会在后台进行多次尝试挂载，而不会影响前台程序的运行。如果网络连接不太稳定，或者服务器经常需要开关机，建议使用后台执行（bg）比较合适	fg
soft hard	如果是 hard 模式，当两者之间有任何一台主机脱机时，RPC 将持续地进行呼叫，直到对方恢复连接为止。如果是 soft 模式，RPC 将在超时后重复呼叫，而非持续呼叫，因此系统的延迟将不会特别明显。同样地，如果服务器可能会频繁开关，建议使用 soft 模式	hard

（续表）

参　数	参数功能	默认参数
intr	当使用上述提到的 hard 模式挂载时，如果使用 intr 参数，那么在 RPC 持续呼叫时，这次呼叫是可以被中断的	无
rsize wsize	调整读取（rsize）和写入（wsize）的块大小（Block Size）。这个设置值可以影响客户端和服务器端在数据传输时所使用的缓冲区大小。一般来说，如果在局域网内，并且客户端和服务器端都有足够的内存，那么可以将该值设置得较大，例如 32768 字节，以提高 NFS 文件系统的传输能力。但是需要注意，设置的值也不应过大，最好限制在网络能够传输的最大值范围内	rsize=1024 wsize=1024

更多的参数可以参考 man nfs 文档。通常情况下，如果 NFS 在高速环境中使用，建议添加以下参数：

```
[root@clientlinux ~]# umount /home/nfs/public
[root@clientlinux ~]# mount -t nfs -o nosuid,noexec,nodev,rw \
> -o bg,soft,rsize=32768,wsize=32768 \
> 192.168.100.254:/home/public /home/nfs/public
```

当 IP 地址为 192.168.100.254 的服务器由于某些原因而脱机时，NFS 可以在后台持续重复尝试呼叫，直到 NFS 服务器重新上线为止。这对于确保系统的持续运行是有帮助的。当然，rsize 和 wsize 的大小需要根据实际的网络环境进行调整。

> 在鸟哥的实际案例中，某些大型模式运算并不支持使用 soft 参数。举例来说，鸟哥常用的 CMAQ 空气质量模式，在群集架构共享文件系统中，是不允许使用 soft 参数的。这一点需要特别注意。

2. 使 NFS 开机即挂载

我们知道开机时会根据/etc/fstab 文件中的相关参数挂载到挂载点，那么 NFS 能否写入/etc/fstab 中呢？非常遗憾，是不可以的。为什么呢？我们来分析一下开机的流程，我们发现网络的启动是在本机挂载之后进行的，当你尝试在/etc/fstab 中挂载 NFS 时，由于网络尚未启动，因此必然无法成功挂载。那么怎么办呢？可以将挂载命令写入/etc/rc.d/rc.local 文件中。

```
[root@clientlinux ~]# vim /etc/rc.d/rc.local
mount -t nfs -o nosuid,noexec,nodev,rw,bg,soft,rsize=32768,wsize=32768 \
192.168.100.254:/home/public /home/nfs/public
```

13.3.3　无法挂载的原因分析

如果客户端无法挂载服务器端共享的目录，我们可以从以下几个方面进行分析，以确定问题所在。

1. 客户端的主机名或 IP 网段不被允许使用

以上面的例子来说明，/home/test 只能提供 192.168.100.0/24 这个网段。因此，如果在 192.168.100.254 这台服务器中，使用 localhost（127.0.0.1）来挂载，将无法成功挂载。可以使用下面的命令进行验证：

```
[root@www ~]# mount -t nfs localhost:/home/test /mnt
mount.nfs: access denied by server while mounting localhost:/home/test
```

看到了 access denied 吗？没错，权限不符。如果确认你的 IP 地址没有错误，那么请通知服务器端管理员将你的 IP 地址加入 /etc/exports 这个文件中。

2. 服务器或客户端某些服务未启动

这个最容易被忘记了，就是忘记启动 rpcbind 服务。如果在客户端发现 mount 的信息是这样的：

```
[root@clientlinux ~]# mount -t nfs 192.168.100.254:/home/test /mnt
mount: mount to NFS server '192.168.100.254' failed: System Error: Connection refused.
# 如果使用 ping 却发现网络与服务器都是好的，那么这个问题就是 rpcbind 服务没有开启

[root@clientlinux ~]# mount -t nfs 192.168.100.254:/home/test /home/nfs
mount: mount to NFS server '192.168.100.254' failed: RPC Error: Program not registered.
# 注意看最后面的数据，确实已经连上 RPC，但是服务器的 RPC 告知我们，该程序未注册
```

原因可能是 rpcbind 服务未启动（第一个错误），或者服务器端的 NFS 服务未启动。最麻烦的情况是，虽然重新启动了 rpcbind 服务，但却忘记重新启动其他受其管理的服务（上述第二个错误）。解决方法是重新启动 rpcbind 管理的所有其他服务。

3. 被防火墙拦截

由于 NFS 几乎不对外开放，而内部网络通常会放行全部资源，因此过去使用 NFS 的朋友（包括鸟哥本人）往往没有注意到 NFS 的防火墙问题。最近几年，鸟哥在管理计算机教室时，负责管理一台计算机教室的主控防火墙。出于对学生滥用权限的担忧，该 Linux 防火墙默认仅放行部分资源。然而，由于计算机教室的局域网需要使用 Linux 的 NFS 资源，结果却出现了问题。原因是 iptables 没有放行 NFS 所使用的端口。

所以，如果你一直无法成功连接 NFS 服务器，请首先前往服务器端，将客户端的 IP 完全放行。如果确认这样可以连接成功，那么问题很可能出在防火墙上。解决方法如前面所介绍的，可以参考将 NFS 服务器端口固定的方式进行设置。

13.3.4 自动挂载 autofs 的使用

在一般的 NFS 文件系统使用过程中，如果客户端希望使用服务器端提供的 NFS 文件系统，通常有两种方法：一种是在 /etc/rc.d/rc.local 中设置开机自动挂载，另一种是在登录系统后手动使用 mount 命令来挂载。此外，客户端还需要手动预先创建好挂载点目录，然后进行挂载。然而，这种使用方式可能存在一些小问题。

1. NFS 文件系统与网络连接的困扰

我们知道，NFS 服务器与客户端之间的连接并不会永久存在，而 RPC 服务也相当令人讨厌。一旦挂载了 NFS 服务器，任何一方下线都可能导致另一方一直等待超时。此外，挂载的 NFS 文件系统可能并不经常被使用，但如果不挂载，有时在紧急情况下需要使用，又要通知系统管理员，这非常不方便。

为了解决这个问题，让我们从另一个角度来讨论一下使用 NFS 的情境：

- 当客户端需要使用 NFS 文件系统时，可以让系统自动挂载吗？
- 当 NFS 文件系统使用完毕后，是否可以自动卸载 NFS，以避免潜在的 RPC 错误？

如果能实现上述功能，那就太完美了。是否存在这样的解决方案呢？是的，在当前的 Linux 环境下是可以实现的，使用的是 autofs 服务。

2. autofs 的配置概念

autofs 服务会在客户端计算机上持续检测特定目录，并在需要使用该目录下的子目录时预先设置，以获取来自服务器端的 NFS 文件系统资源，并自动挂载。我们可以通过图 13-4 来说明这个过程。

如图 13-4 所示，autofs 的主要配置文件是/etc/auto.master。这个文件的内容非常简单，只需要定义顶层目录（/home/nfsfile）即可，这个目录是 autofs 持续监测的目录。而后续的文件与该目录下的子目录相对应。在/etc/auto.nfs（文件名可以自定义）中，可以定义每个子目录要挂载的远程服务器的 NFS 目录资源。

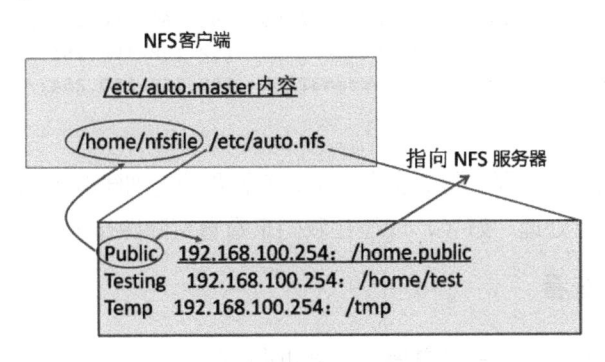

图 13-4 autofs 自动挂载的配置文件内容示意图

举例来说，当我们在客户端需要使用/home/nfsfile/public 的数据时，autofs 会挂载 192.168.100.254 服务器上的/home/public 目录。当 5 分钟内没有使用该目录下的数据时，客户端系统会自动卸载/home/nfsfile/public。

这是一个非常好用的工具。它只在需要访问服务器数据时才自动挂载，不需要时会自动卸载，而不是一直保持挂载状态。既然如此实用，让我们来实际操作一下吧。

3. 创建主配置文件 /etc/auto.master，并指定检测的特定目录

这个主要配置文件的内容非常简单，只需要列出需要持续监测的目录及其对应的数据文件即可。数据文件的文件名可以根据需要自行定义，在本例中，使用/etc/auto.nfs 作为文件名。

```
[root@clientlinux ~]# vim /etc/auto.master
/home/nfsfile   /etc/auto.nfs
```

在上述数据中，不需要事先创建/home/nfsfile 目录，因为 autofs 会自动创建该目录。如果事先手动创建了该目录，反而可能会出问题。因此，在配置之前，请先确认该目录是否存在。

4. 在数据文件（/etc/auto.nfs）中，我们需要创建挂载信息与服务器资源的对应关系

刚才我们提到的/etc/auto.nfs 是自定义的文件，该文件实际上并不存在。那么，这个文件的格式是怎样的呢？我们可以参考下面的示例：

```
[本地端子目录]    [-挂载参数]    [服务器所提供的目录]
选项与参数：
[本地端子目录]：指的就是在 /etc/auto.master 内指定的目录的子目录
[-挂载参数]      ：就是前一小节提到的 rw、bg、soft 等参数，可有可无
[服务器所提供的目录]：例如 192.168.100.254:/home/public 等

[root@clientlinux ~]# vim /etc/auto.nfs
public    -rw,bg,soft,rsize=32768,wsize=32768    192.168.100.254:/home/public
testing   -rw,bg,soft,rsize=32768,wsize=32768    192.168.100.254:/home/test
temp      -rw,bg,soft,rsize=32768,wsize=32768    192.168.100.254:/tmp
# 参数部分，只要最前面加个 - 符号即可
```

这样就能建立对应关系了。需要注意的是，不需要预先创建/home/nfsfile/public 等目录，autofs 会根据需要进行处理。好了，现在让我们来看看实际操作的步骤吧。

5. 实际操作与查看

在配置文件设置完毕后，当然就要启动 autofs 了。

```
[root@clientlinux ~]# /etc/init.d/autofs stop
```

```
[root@clientlinux ~]# /etc/init.d/autofs start
# 很奇怪，CentOS 6.x 的 autofs 使用 restart 会失效，所以鸟哥才执行上面的操作
```

假设当前没有挂载来自 192.168.100.254 这台 NFS 服务器的任何资源目录。我们现在来实际看一下几个重要的数据。首先，查看一下是否会自动创建/home/nfsfile 目录。然后，如果要进入/home/nfsfile/public，文件系统会发生怎样的变化呢？

```
[root@clientlinux ~]# ll -d /home/nfsfile
drwxr-xr-x. 2 root root 0 2011-07-28 00:07 /home/nfsfile
# 仔细看，会发现 /home/nfsfile 容量是 0。那是正常的，因为这个文件是 autofs 刚创建的

[root@clientlinux ~]# cd /home/nfsfile/public
[root@clientlinux public]# mount | grep nfsfile
192.168.100.254:/home/public on /home/nfsfile/public type nfs (rw,soft,rsize=32768,
wsize=32768,sloppy,vers=4,addr=192.168.100.254,clientaddr=192.168.100.10)
# 上面的输出算是在一行内。瞧，突然出现这个内容，因为是自动挂载的

[root@clientlinux public]# df /home/nfsfile/public
文件系统                   1K-块    已用      可用     已用%    挂载点
192.168.100.254:/home/public
                         7104640  143104  6607040   3%      /home/nfsfile/public
# 文件的挂载也出现了
```

这样做非常好。如此一来，只有在真正需要使用该目录时，系统才会挂载对应的服务器资源；而在一段时间没有使用该目录时，该目录会被自动卸载。这样就减少了很多不必要的挂载时间。

13.4 案例演练

在进行实际的演练之前，请确保清除服务器上的 NFS 设置数据，但保留 rpcbind 服务不关闭。对于客户端环境，请先关闭 autofs 并取消之前在/etc/rc.d/rc.local 中添加的开机自动挂载项。同时，删除/home/nfs 目录。接下来，让我们来看一下要处理的环境如何。

在模拟的环境状态中，服务器端的设想如下：

（1）假设服务器的 IP 地址为 192.168.100.254。

（2）/tmp 目录共享为可读写，并且不限制用户身份，共享给 192.168.100.0/24 网段中的所有计算机。

（3）/home/nfs 目录共享属性为只读，除网段内的工作站外，也向 Internet 提供数据内容。

（4）/home/upload 目录作为 192.168.100.0/24 网段的数据上传目录，其用户和所属组为 nfs-upload（UID 和 GID 均为 210）。

（5）/home/andy 目录仅共享给 192.168.100.10 这台主机，供主机上的 andy 用户使用。换句话说，andy 在 192.168.100.10 和 192.168.100.254 上都有账号，账号名均为 andy，因

此预计将 /home/andy 开放给 andy 用作用户主目录。

下面介绍服务器端设置的实际演练。

在查看下面的说明之前，请先在自己的计算机上动手操作一下，直到获得想要的答案。然后查看下面的说明。

- 首先，定义 /etc/exports 这个文件的内容，可以这样编写：

```
[root@www ~]# vim /etc/exports
/tmp            192.168.100.0/24(rw,no_root_squash)
/home/nfs       192.168.100.0/24(ro)   *(ro,all_squash)
/home/upload 192.168.100.0/24(rw,all_squash,anonuid=210,anongid=210)
/home/andy      192.168.100.10(rw)
```

- 接着，建立每个对应的目录的实际 Linux 权限。我们逐个来看：

```
# 1. /tmp
[root@www ~]# ll -d /tmp
drwxrwxrwt. 12 root root 4096 2011-07-27 23:49 /tmp

# 2. /home/nfs
[root@www ~]# mkdir -p /home/nfs
[root@www ~]# chmod 755 -R /home/nfs
# 将目录和文件权限设置为只读是一种更为安全的做法，这样可以更严格地限制写入操作

# 3. /home/upload
[root@www ~]# groupadd -g 210 nfs-upload
[root@www ~]# useradd -g 210 -u 210 -M nfs-upload
# 先创建对应的账号与组名及 UID
[root@www ~]# mkdir -p /home/upload
[root@www ~]# chown -R nfs-upload:nfs-upload /home/upload
# 修改属主。如此，用户与目录的权限都设置妥当

# 4. /home/andy
[root@www ~]# useradd andy
[root@www ~]# ll -d /home/andy
drwx------. 4 andy andy 4096 2011-07-28 00:15 /home/andy
```

这样一来，权限的问题大概就解决了。

- 重新启动 nfs 服务：

```
[root@www ~]# /etc/init.d/nfs restart
```

- 在 192.168.100.10 这台机器上面演练一下：

```
# 1. 确认远程服务器的可用目录
[root@clientlinux ~]# showmount -e 192.168.100.254
Export list for 192.168.100.254:
/home/andy    192.168.100.10
```

```
/home/upload  192.168.100.0/24
/home/nfs     (everyone)
/tmp          192.168.100.0/24
# 2. 建立挂载点
[root@clientlinux ~]# mkdir -p /mnt/{tmp,nfs,upload,andy}
# 3. 实际挂载
[root@clientlinux ~]# mount -t nfs 192.168.100.254:/tmp         /mnt/tmp
[root@clientlinux ~]# mount -t nfs 192.168.100.254:/home/nfs    /mnt/nfs
[root@clientlinux ~]# mount -t nfs 192.168.100.254:/home/upload /mnt/upload
[root@clientlinux ~]# mount -t nfs 192.168.100.254:/home/andy   /mnt/andy
```

整个步骤的大致流程就是这样的。

13.5 重点回顾

- Network File System（NFS，网络文件系统）允许主机通过网络共享文件和目录。
- NFS 主要通过 RPC 进行文件共享，因此服务器和客户端的 RPC 必须启动。
- NFS 的配置文件是/etc/exports。
- NFS 的权限信息可以在/var/lib/nfs/etab 中查看，重要的日志信息可以参考/var/lib/nfs/xtab，其中包含许多有用的信息。
- NFS 服务器和客户端的用户账号名称和 UID 最好保持一致，以避免权限混乱。
- NFS 服务器默认对客户端的 root 进行权限压缩，通常映射为 nfsnobody 或 nobody。
- 在更改/etc/exports 配置文件后，可以使用 exportfs 命令重新挂载共享目录。
- 可以使用 rpcinfo 命令查看 RPC 程序之间的关系。
- 在配置 NFS 服务器时，必须考虑到客户端登录的权限问题，很多情况下无法写入或共享是由于 Linux 实体文件的权限设置问题引起的。
- NFS 客户端可以使用 showmount、mount 和 umount 命令来访问 NFS 服务器提供的共享目录。
- NFS 还可以使用挂载参数，如 bg、soft、rsize、wsize、nosuid、noexec、nodev 等，以保护文件系统。
- 自动挂载的 autofs 服务可以在客户端需要时才挂载 NFS 服务器提供的资源。

第 14 章

账号管理：NIS 服务器

第三篇 局域网内常见服务器的搭建

想象一下，如果我们有 10 台 Linux 主机，每台主机负责不同的功能，并且所有主机都具有相同的账号和密码。那么，我们是在每台计算机上分别设置账号和密码，还是通过一个具有账号管理功能的主机来集中管理，其他主机只需在用户登录时向管理主机验证账号和密码呢？哪种方式更方便和灵活呢？显然，选择一台具有账号管理功能的主机更为方便。如果有用户需要修改密码，无须分别在 10 台主机上修改，只需在管理主机上进行修改即可，其他主机根本不需要改动，这样轻松而愉快。实现这个功能有多种方式，这里我们介绍一种简单的方式，即配置 NIS（Network Information Service，网络信息服务）服务器。

14.1 NIS 的由来与功能

在一个大型网络中，如果有多台 Linux 主机，如果每台主机都需要设置相同的账号和密码，怎么办呢？难道要复制/etc/passwd 文件吗？当然不会那么笨。如果我们能够有一台账号主控服务器来管理网络中所有主机的账号，当其他主机有用户登录需求时，才向该账号主控服务器请求验证相关账号、密码以及其他用户信息。如此一来，如果想要增加、修改或删除用户数据，只需在账号主控服务器上进行处理，从而减少了重复设置用户账号的步骤。

有许多服务器软件可以实现这样的功能，而我们要介绍的是 NIS 服务器软件。接下来，我们先来讨论一下 NIS 的相关功能。

> NIS 主要提供用户的账号、密码、用户主目录文件名、UID 等信息，但它并不提供文件系统。同时，NIS 也使用了前一章中提到的 RPC 服务器。因此，在开始本章之前，我们需要了解第 13 章中讨论的 NFS 与 RPC，还需要掌握《鸟哥的 Linux 私房菜 基础学习篇（第四版）》一书中第 14 章"账号管理"的内容，并且需要对《鸟哥的 Linux 私房菜 基础学习篇（第四版）》一书中第 22 章 make/Makefile 有一定的了解。

14.1.1 NIS 的主要功能：管理账号信息

通常我们建议将一台 Linux 主机的功能保持得越单一越好，也就是说，每台 Linux 主机专注于提供一项特定的服务。这样做有很多好处，例如由于功能单一，系统资源可以得到充分利用；同时，在发生入侵或系统问题时，也更容易追查问题的根源。因此，在一个公司内部通常会有多台 Linux 主机，其中一些专门负责 WWW 服务，另一些专门负责邮件服务，还有一些专门负责 SAMBA 等其他服务。

虽然将不同的服务分散到多台主机上有分散风险、方便追踪问题的好处，但由于这些主机都属于同一家公司，实际上所有 Linux 主机的账号和密码都是相同的。如果公司有 100 个用户，那么就需要为这么多台主机设置账号和密码。而且，如果未来还有新员工加入，仅仅设置密码就足以让系统管理员疯狂了。

在这种情况下，换个角度来思考：如果我们设计一台专门用于管理账号和密码的服务器，其他 Linux 主机在有客户端登录需求时，必须向该管理密码的服务器查询用户的账号和密码。通过这种方式，只需在该主服务器上管理所有 Linux 主机的账号和密码设置即可，包括新员工的设置。毕竟其他 Linux 主机都是向它进行查询的。这就是 NIS 服务器的主要功能。

事实上，NIS **最初被称为 Sun Yellow Pages（缩写为 YP）**，这是 Sun 公司开发的一个名为 Yellow Pages（黄页）的服务器软件。需要注意的是，NIS 与 YP 是完全相同的东西。

取名为 Yellow Pages 真是一个好主意。你知道 Yellow Pages 是什么吗？它是一种按类别列出商家和服务信息的电话簿。如果想要查找某个公司的电话号码，通常在黄页上查找以获取电话号码。而 NIS 也是类似的，当用户登录时，Linux 系统会到 NIS 服务器上查找该用户的账号和密码信息进行比对，以实现用户身份验证。

那么 NIS 服务器提供了哪些信息呢？还记得账号和密码存放在哪里吗？NIS 就是提供这些数据的。它主要提供如表 14-1 所示的基本数据给需要登录的主机。

表 14-1 NIS 服务器提供的数据

服务器端文件名	文件内容
/etc/passwd	提供用户账号、UID、GID、用户主目录位置、Shell 等
/etc/group	提供组数据以及 GID 的映射关系，还有该组的成员用户
/etc/hosts	主机名与 IP 地址的映射，常用于 private IP 的主机名映射
/etc/services	每一种服务（守护程序）所对应的端口号
/etc/protocols	基础的 TCP/IP 数据包协议，如 TCP、UDP、ICMP 等
/etc/rpc	每种 RPC 服务器所对应的程序号码
/var/yp/ypservers	NIS 服务器所提供的数据库

NIS 至少可以提供上述功能，当然，我们也可以自定义需要哪些数据库，不需要哪些数据库。

14.1.2　NIS 的工作流程：通过 RPC 服务

由于 NIS 服务器主要用于提供用户登录信息给客户端主机查询，因此 NIS 服务器所提供的数据需要使用传输和读写速度较快的数据库文件系统，而不是使用传统的纯文本数据。为了实现这个目的，NIS 服务器必须将前面提到的文件制作成数据库文件，并使用网络协议让客户端主机进行查询。与第 13 章的 NFS 相同，NIS 也使用了 RPC 协议进行通信。

此外，在一个非常大型的网络中，如果所有的 Linux 主机都向同一台 NIS 服务器请求用户数据，那么这台 NIS 服务器的负载可能会过大。此外，考虑到数据使用的风险，如果这个单一的 NIS 服务器宕机，其他 Linux 主机还能让用户登录吗？因此，在较大型的企业环境中，NIS 服务器可以采用主/从服务器（Master/Slave）架构。

Master NIS 服务器提供由系统管理员创建的数据库，Slave 服务器则复制 Master 服务器的数据，并向其他客户端提供查询服务。客户端可以向整个网络请求用户数据的响应，无论是 Master 服务器还是 Slave 服务器都可以提供答案。由于 Slave 服务器的数据来自于 Master 服务器，因此用户账号数据是同步的。这样可以分散 NIS 服务器的负载，同时也可以避免因 NIS 服务器宕机而导致无法登录的风险。整个 NIS 系统的运行流程如图 14-1 所示。

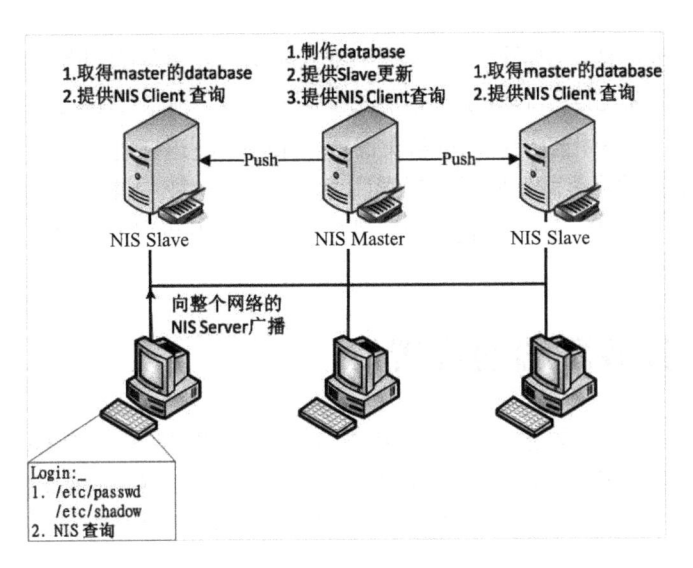

图 14-1 NIS 服务器与客户端的工作与查询方式示意图

首先必须要有 NIS 服务器的存在，之后才会有 NIS 客户端的存在。那么当用户有登录需求时，整个 NIS 的运作流程如下。

- **关于 NIS 服务器（Master/Slave）的工作流程：**
  - NIS Master 先将自身的账号和密码相关文件制作成为数据库文件。
  - NIS Master 可以主动通知 NIS Slave 服务器进行更新。
  - NIS slave 也可主动前往 NIS Master 服务器获取更新后的数据库文件。
  - 若出现账号和密码的变动，则需要重新制作数据库并重新同步 Master/Slave。
- **关于 NIS 客户端有任何登录查询需求时的工作流程：**
  - 若 NIS 客户端有登录需求，则会先查询本机的 /etc/passwd、/etc/shadow 等文件。
  - 若在 NIS 客户端本机找不到相关的账号数据，则会开始向整个 NIS 网络的主机广播查询。
  - 每台 NIS 服务器（不论 Master/Slave）都可以响应，通常是"先响应者优先"的原则。

从上面的流程中可以看出，NIS 客户端会先针对本机的账号数据进行查询，如果在本机中找不到，则会去 NIS 服务器上查找。因此，如果 NIS 客户端本身已经有很多普通用户账号，与 NIS 服务器提供的账号可能会存在一定程度的差异。因此，在这种情况下，NIS 客户端或 NIS 从服务器通常会主动移除本机的普通用户账号，只保留 root 和系统账号。这样，一般用户就只能通过 NIS 主服务器进行控制。

根据图 14-1 的说明，我们的 NIS 环境大致上需要设置以下基本组件。

- **NIS Master 服务器**：将文件转换为数据库，并提供给 Slave 服务器进行更新。
- **NIS Slave 服务器**：以 Master 服务器的数据库作为自身的数据库来源。
- **NIS 客户端**：向 Master/Server 请求进行登录用户的身份验证。

就像上面提到的那样，只有在大型环境中才会使用这样复杂的 NIS Master/Slave 架构。因此，本章只会介绍如何搭建 NIS 主服务器和设置 NIS 客户端。实际上，NIS 服务的使用环境越来越局限于科学计算和数值模拟的群集计算机架构。在这样的架构中，老实说，鸟哥认为只需要了解 NIS 主服务器就足够了。如果还有其他跨平台账户信息提供的需求，例如使用 Samba 或更高级的 LDAP，那可能就需要另外参考了，这里我们不再讨论。现在，让我们开始学习如何设置 NIS 吧。

14.2 NIS 服务器端的设置

NIS 服务器端主要用于为客户端提供身份验证所需的数据库。尽管 NIS 服务器有主服务器（Master）和从服务器（Slave）两种类型，但在这里介绍的并不是针对大型企业环境，所以只会介绍 NIS 主服务器的设置。现在，让我们开始设置吧。

14.2.1 所需要的软件

由于 NIS 服务器需要使用 RPC 协议，并且 NIS 服务器本身也可以充当客户端，因此它需要以下几个软件。

- yp-tools：提供 NIS 相关的查询命令功能。
- ypbind：提供 NIS 客户端的设置软件。
- ypserv：提供 NIS 服务器端的设置软件。
- rpcbind：这是 RPC 必需的软件。

如果你使用的是 Red Hat 系统，比如 CentOS 6.x，那么可以使用 "rpm –qa | grep '^yp'" 命令来检查是否安装了上述软件。通常情况下，yp-tools 和 ypbind 会自动安装，但 ypserv 可能不会自动安装。在这种情况下，建议直接使用 yum install ypserv 命令进行安装。安装完成后，下面我们就可以开始对其进行设置了。

14.2.2 NIS 服务器相关的配置文件

在 NIS 服务器上，ypserv 是最重要的软件之一。然而，由于 NIS 设置还涉及其他网络参数的设置，因此在配置文件方面需要包含以下数据：

- /etc/ypserv.conf：这是 ypserv 软件提供的主要配置文件，可以定义 NIS 客户端是否有可登录的权限。
- /etc/hosts：由于 NIS 服务器/客户端需要使用网络主机名与 IP 的映射关系，因此这个主机名映射文件就显得非常重要。每一台主机名与 IP 地址都需要在其中记录。
- /etc/sysconfig/network：可以在这个文件中指定 NIS 的网络域名（nisdomainname）。

- /var/yp/Makefile：之前提到过需要将账号数据转换为数据库文件，这个文件是与建立数据库有关的操作和控制文件。

NIS 服务器提供的主要服务有以下两个：

- **/usr/sbin/ypserv**：这是 NIS 服务器提供的主要服务。
- **/usr/sbin/rpc.yppasswdd**：提供额外的 NIS 客户端用户密码修改服务，通过这个服务，NIS 客户端可以直接修改存储在 NIS 服务器上的密码。相关的程序是 yppasswd 命令。

与账号和密码数据库有关的命令有下面几个：

- **/usr/lib64/yp/ypinit**：建立数据库的命令，经常使用（在 32 位系统下，文件名为 /usr/lib/yp/ypinit）。
- **/usr/bin/yppasswd**：与 NIS 客户端有关，主要用于让用户修改服务器上的密码。

14.2.3　一个实际操作案例

观察图 14-1 可以发现，NIS 需要设置 Master/Slave 和 Client 等组件。但是在这里，我们只介绍 NIS 主服务器和 NIS 客户端这两个组件。如果需要额外的从服务器（Slave），请参考 NIS 官方网站的相关介绍。下面鸟哥先提供一个简单的案例，完成案例后我们再讨论实际可能用于群集计算机的案例。

- NIS 的域名为 vbirdnis。
- 整个内部的可信任网络为 192.168.100.0/24。
- NIS Master 服务器的 IP 地址为 192.168.100.254，主机名为 www.centos.vbird。
- NIS 客户端的 IP 地址为 192.168.100.10，主机名为 clientlinux.centos.vbird。

下面我们就逐个来设置吧。

14.2.4　NIS 服务器的设置与启动

设置 NIS 服务器非常简单。首先，在 NIS 服务器上必须处理好与账号和密码相关的数据，包括/etc/passwd、/etc/shadow、/etc/hosts、/etc/group 等文件。与账号相关的数据细节，请参考《鸟哥的 Linux 私房菜 基础学习篇（第四版）》一书第 14 章的账号管理。完成这些准备工作后，就可以继续进行 NIS 服务器的设置了。

1. 先设置 NIS 的域名

NIS 通过域名（Domain Name）来区分不同的账号和密码数据，因此在服务器和客户端上都必须指定相同的 NIS 域名。设置 NIS 域名非常简单，只需直接编辑/etc/sysconfig/network 文件即可。如下所示：

```
[root@www ~]# vim /etc/sysconfig/network
```

```
# 不要更改其他已有的数据，只要加入下面这几行即可
NISDOMAIN=vbirdnis          <==设置 NIS 域名
YPSERV_ARGS="-p 1011"       <==设置 NIS 每次都在固定的端口启动
```

当然，还可以使用手动的方式临时设置 NIS 域名，具体方法是使用 nisdomainname 命令（实际上，nisdomainname、ypdomainname 和 domainname 是完全相同的命令，只需记住其中一个即可。可以查看 man domainname 获取更多信息）。不过，现在这个命令主要用于检查设置是否正确，因为在启动 NIS 服务器时，服务器加载的数据是从 network 文件中提取的。因此，只需修改这个配置文件即可。

另外，由于我们计划在将来使用 iptables 直接管理 NIS，因此希望能够控制 NIS 在固定的端口启动。在这种情况下，可以使用 YPSERV_ARGS="-p 1011"这个设置值将其端口固定在 1011。

2. 主要配置文件 /etc/ypserv.conf

这个配置文件是 NIS 服务器最主要的配置文件。实际上，它的内容非常简单，保留默认值即可。不过，也可以进行一些修改。

```
[root@www ~]# vim /etc/ypserv.conf
dns: no
# NIS 服务器大多应用于内部局域网，只要有 /etc/hosts 即可，不用 DNS

files: 30
# 默认会有 30 个数据库被读入内存中，其实我们的账号文件并不多，30 个够用了

xfr_check_port: yes
# 与 Master/Slave 有关，将同步更新的数据库比对所使用的端口，放置于编号小于 1024 的端口

# 下面则是设置限制客户端或 Slave 服务器查询的权限，利用冒号隔成 4 部分
# [主机名/IP]：[NIS 域名] : [可用数据库名称] : [安全限制]
# [主机名/IP]：可以使用 network/netmask，如 192.168.100.0/255.255.255.0
# [NIS 域名]：例如本案例中的 vbirdnis
# [可用数据库名称]：就是由 NIS 生成的数据库名称
# [安全限制]：包括没有限制 (none)、仅能使用编号小于 1024 的端口和拒绝 (deny)
# 一般来说，可以按照我们的网络来设置为下面的样子
127.0.0.0/255.255.255.0      : * : * : none
192.168.100.0/255.255.255.0  : * : * : none
*                            : * : * : deny
# 星号 (*) 代表任何数据都接受。上面三行的意思是，开放 lo 内部接口
# 开放内部局域网，且杜绝所有其他来源的 NIS 请求

# 还有一个简单做法，可以先将上面三行注释掉，然后加入下面这一行即可
*                            : * : * : none
```

由于鸟哥习惯在内部网络中不设置严格的限制，因此通常鸟哥会选择使用 "*：*：*：none" 这个设置值。然后通过 iptables 来管理可使用的来源。当然，你可以根据自己的需求进行设置。

3. 设置主机名与 IP 地址的映射（/etc/hosts）

在/etc/ypserv.conf 的设置中，我们提到 NIS 主要用于局域网内的主机，因此不需要进行 DNS 设置。然而，由于 NIS 使用了许多主机名，并且网络连接是通过 IP 地址进行的，因此必须确保/etc/hosts 文件中的主机名与 IP 地址的映射关系设置正确，否则将无法成功连接 NIS。这一点非常重要，大多数朋友在实现 NIS 服务器/客户端连接时遇到的问题都是由此引起的。根据本案例的设置，应该进行如下设置：

```
[root@www ~]# vim /etc/hosts
# 原本就有的 localhost 与 127.0.0.1 之类的设置都不要改动，只要添加数据即可
192.168.100.254    www.centos.vbird
192.168.100.10     clientlinux.centos.vbird

[root@www ~]# hostname
www.centos.vbird
# 再做个确认，确定输出的主机名与本机 IP 地址确实已经写入/etc/hosts
```

注意，如果你的主机名与 NIS 的主机名不同，那么仍然需要在这个文件中设置你的主机名，否则在后续的数据库设置中肯定会出问题。当然，也可以直接在/etc/sysconfig/network 中重新设置主机名，然后重新启动，或者使用 hostname 命令重新设置你的主机名。

4. 启动与查看所有相关的服务

接下来，当然要启动所有相关的服务，包括 RPC、ypserv 以及 yppasswdd。不过，如果 RPC 已经启动了，就不需要重新启动 rpcbind 了。此外，为了让 yppasswdd 也在固定的端口启动，以便于防火墙的管理，建议设置/etc/sysconfig/yppasswdd 文件。

```
[root@www ~]# vim /etc/sysconfig/yppasswdd
YPPASSWDD_ARGS="--port 1012"      <==找到这个设置值，将内容修改成这样

[root@www ~]# /etc/init.d/ypserv start
[root@www ~]# /etc/init.d/yppasswdd start
[root@www ~]# chkconfig ypserv on
[root@www ~]# chkconfig yppasswdd on
```

注意，主要的 NIS 服务是 ypserv，但是如果要提供 NIS 客户端密码修改功能，最好还是启动 yppasswdd 服务。启动完成后，我们可以使用 rpcinfo 命令来检查一下：

```
[root@www ~]# rpcinfo -p localhost
   program vers proto   port  service
    100000    4   tcp    111  portmapper
    100000    4   udp    111  portmapper
    100004    2   udp   1011  ypserv
    100004    1   udp   1011  ypserv
    100004    2   tcp   1011  ypserv
    100004    1   tcp   1011  ypserv
    100009    1   udp   1012  yppasswdd
```

```
# 其他不相关的 RPC，鸟哥都将它们拿掉了，与 NIS 有关的至少要有上面这几个。要仔细看
# 看看端口是不是我们规定的 1011、1012，若不是的话，则需要修改一下配置文件
[root@www ~]# rpcinfo -u localhost ypserv
program 100004 version 1 ready and waiting
program 100004 version 2 ready and waiting
```

很多时候，许多朋友在设置完 NIS 后又转而设置 NFS，结果根据前一章的介绍重新启动了 rpcbind，导致 ypserv 的注册数据被注销。因此，通过上述操作来检查服务是否在等待中，只有看到"就绪并等待服务"才是正常的情况。

5. 处理账号并建立数据库

在完成上述所有步骤后，接下来我们开始将主机上的账号文件转换为数据库文件。然而，由于担心与 NIS 客户端的账号发生冲突，而且之前我们已经创建了一些账号，因此在这里我们将创建三个新账号，分别为 nisuser1、nisuser2 和 nisuser3。但是账号的唯一标识主要是基于 UID 来判断的，因此我们将使用大于 1000 的 UID 来创建这三个账号。

```
[root@www ~]# useradd -u 1001 nisuser1
[root@www ~]# useradd -u 1002 nisuser2
[root@www ~]# useradd -u 1003 nisuser3
[root@www ~]# echo password | passwd --stdin nisuser1
[root@www ~]# echo password | passwd --stdin nisuser2
[root@www ~]# echo password | passwd --stdin nisuser3
```

接下来，我们将把创建的账号和密码数据转换成数据库。转换操作可以直接通过使用 /usr/lib64/yp/ypinit 命令来完成。整个步骤如下：

```
[root@www ~]# /usr/lib64/yp/ypinit -m

At this point, we have to construct a list of the hosts which will run NIS
servers.  www.centos.vbird is in the list of NIS server hosts.  Please continue
to add the names for the other hosts, one per line.  When you are done with the
list, type a <control D>.
        next host to add:  www.centos.vbird    <==系统根据主机名自动获取
        next host to add:                      <==这个地方按下 Ctrl+D 快捷键
The current list of NIS servers looks like this:

www.centos.vbird

Is this correct?  [y/n: y]  y
We need a few minutes to build the databases...
Building /var/yp/vbirdnis/ypservers...
Running /var/yp/Makefile...
gmake[1]: Entering directory `/var/yp/vbirdnis'
Updating passwd.byname...
Updating passwd.byuid...
...(中间省略)...
gmake[1]: Leaving directory `/var/yp/vbirdnis'
```

```
www.centos.vbird has been set up as a NIS master server.
Now you can run ypinit -s www.centos.vbird on all slave server.
```

注意,在出现的信息中,当提示可以直接输入 Ctrl+D 快捷键来结束时,主机名将自动获取。请确保这个主机名在/etc/hosts 文件中能找到相应的 IP 地址,否则可能会出现问题。另外,如果在执行 "ypinit –m" 时出现以下错误,那肯定是某些数据没有建立。

```
gmake[1]: *** No rule to make target '/etc/aliases', needed by 'mail.aliases'.  Stop.
gmake[1]: Leaving directory `/var/yp/vbirdnis'
make: *** [target] Error 2
Error running Makefile.
Please try it by hand.

[root@www ~]# touch /etc/aliases
# 解决方法很简单。缺少什么文件,就 touch 它就行了

[root@www ~]# /usr/lib64/yp/ypinit -m
# 然后重新执行一次即可
```

如果是如下错误,那可能是因为:

- ypserv 服务没有顺利启动,请利用 rpcinfo 检查一下。
- 主机名与 IP 地址没有对应好,请检查 /etc/hosts。

```
gmake[1]: Entering directory `/var/yp/vbirdnis'
Updating passwd.byname...
failed to send 'clear' to local ypserv: RPC: Program not registeredUpdating passwd.byuid...
failed to send 'clear' to local ypserv: RPC: Program not registeredUpdating group.byname...
...(省略)...
```

注意,如果用户密码发生了变化,就需要重新制作数据库,然后重新启动 ypserv 和 yppasswdd。整个 NIS 服务器的设置就完成了,非常简单吧。

14.2.5 防火墙设置

又到了防火墙规划的部分。需要注意的是,NIS 和 NFS 都使用 RPC 服务器,因此除前面提到的固定端口外,还需要打开端口 111。假设你已经阅读了第 13 章并使用了鸟哥的 iptables.rule 脚本来配置防火墙,那么可以修改该文件并添加以下规则:

```
[root@www ~]# vim /usr/local/virus/iptables/iptables.allow
iptables -A INPUT -i $EXTIF -p tcp -s 192.168.100.0/24 --dport 1011 -j ACCEPT
iptables -A INPUT -i $EXTIF -p udp -s 192.168.100.0/24 -m multiport \
        --dport 1011,1012 -j ACCEPT

[root@www ~]# /usr/local/virus/iptables/iptables.rule
# 千万记得要重新配置防火墙规则
```

14.3 NIS 客户端的设置

我们知道网络连接是双向的，所以 NIS 服务器提供数据库文件，NIS 客户端当然也需要提供一些连接的软件。这个连接的软件就是 ypbind。此外，根据图 14-1 的介绍，在 NIS 客户端有登录需求时，NIS 客户端通常会先查找自己的 /etc/passwd、/etc/group 等数据，然后再去查找 NIS 服务器的数据库。因此，最好让 NIS 客户端将自己的账号和密码删除，只保留系统账号，即 UID 和 GID 都小于 500 的账号。这样可以确保系统正常运行，并且登录用户的信息完全来自 NIS 服务器，更加统一。

> 事实上，如果要确保 NIS 服务器写入的所有账号数据都符合 NIS 服务器的 /var/yp/Makefile 文件中的设置，进入该文件并查找 UID 就知道了。

14.3.1 NIS 客户端所需的软件与软件结构

NIS 客户端所需要的软件只有：

- ypbind。
- yp-tools。

yp-tools 是提供查询功能的软件，而 ypbind 则是与 ypserv 进行通信的 NIS 客户端连接软件。另外，在 CentOS 中，还有许多与身份认证相关的配置文件，包括 ypbind 的配置文件。在配置 NIS 客户端时，可能需要使用以下文件：

- /etc/sysconfig/network：用于设置 NIS 的域名。
- /etc/hosts：至少需要将各个 NIS 服务器的 IP 地址与主机名对应。
- /etc/yp.conf：这个是 ypbind 的主要配置文件，用于规范 NIS 服务器。
- /etc/sysconfig/authconfig：用于规定账号登录时允许的认证机制。
- /etc/pam.d/system-auth：这个很容易被忽略。因为账号通常由 PAM 模块管理，所以必须在 PAM 模块内添加对 NIS 的支持。
- /etc/nsswitch.conf：该文件规定了账号和密码与相关信息的查询顺序，默认情况下先查找 /etc/passwd，再查找 NIS 数据库。

另外，NIS 还提供了几个有趣的程序，供 NIS 客户端修改账号相关的参数，例如密码、shell 等，主要有以下几个命令。

- /usr/bin/yppasswd：用于更改你在 NIS 数据库（NIS 服务器所制作的数据库）中的密码。
- /usr/bin/ypchsh：同上，但用于更改用户的 shell。
- /usr/bin/ypchfn：同上，但用于更改用户的其他信息。

好了，下面就让我们开始设置 NIS 客户端吧。

14.3.2 NIS 客户端的设置与启动

启动 NIS 客户端的设置要简单得多，主要是先加入 NIS 域，然后启动 ypbind 即可。虽然你可以手动修改所有的配置文件，但是近年来 Linux 发行版的账号处理机制变得越来越复杂，如果你尝试手动修改所有配置文件，可能会很烦琐。因此，鸟哥建议使用系统提供的工具来进行设置。至于一些重要的配置文件，你在有机会的时候可以参考一下。

那么，CentOS 6.x 提供了哪些方便的管理工具呢？很简单，就是使用 setup 命令。输入 setup 后，会出现如图 14-2 所示的界面，然后按照顺序进行处理即可。

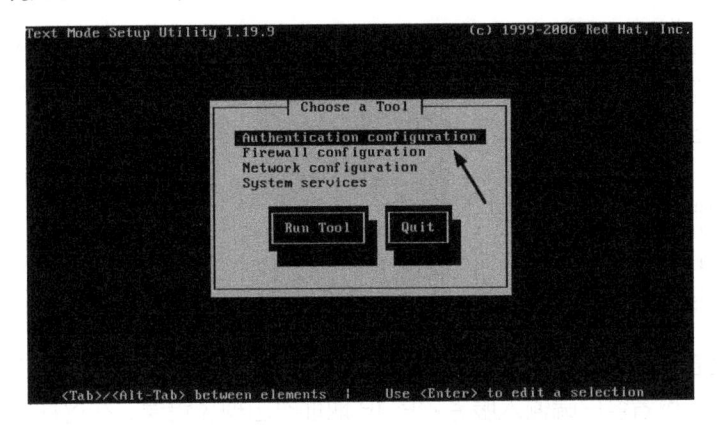

图 14-2 利用 setup 进入 authconfig 配置项

在图 14-2 中，选择"认证设置"选项。如果显示为英文，则需要选择 Authentication configuration 选项。选择该选项后，将进入如图 14-3 所示的界面。

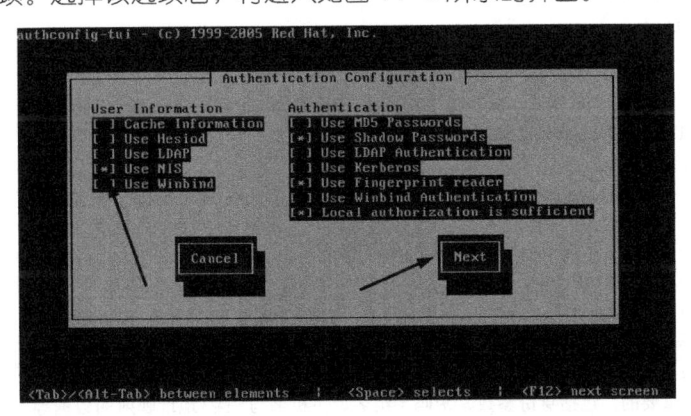

图 14-3 进入 authconfig 之后，选择 NIS 选项

因为我们要使用 NIS 作为登录用户身份验证的机制，所以需要选择 NIS 选项。如果显示为英文，则需要选择 Use NIS 选项。单击 Next 按钮后，进入如图 14-4 所示的界面。

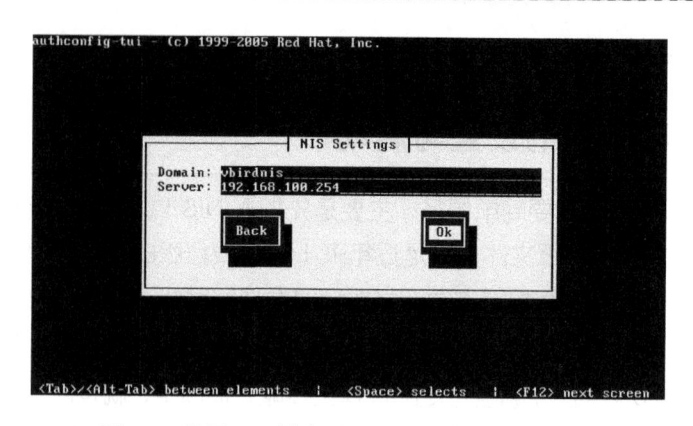

图 14-4 填写 NIS 域名以及 NIS 服务器的 IP 地址

在图 14-4 中，填写 NIS 域名（Domain）和 NIS 服务器的 IP（Server），然后单击 OK 按钮。如果系统很快跳回图 14-2 的界面，那么说明你的设置理论上是没有问题的。如果一直卡在如下界面中：

```
正在激活 rpcbind:                                        [  确定  ]
正在关闭 NIS 服务:                                       [  确定  ]
正在启动 NIS 服务:                                       [  确定  ]
正在绑定 NIS 服务: ......   <==这里一直卡住，没办法结束
```

则表示出现了问题。这意味着 NIS 客户端无法连接到 NIS 服务器，最常见的原因是服务器的防火墙没有放行，或者客户端输入服务器的 IP 地址时出现了错误。在这种情况下，请自行修改。那么，setup 到底做了哪些修改呢？我们来看看修改过的几个重要的配置文件：

```
[root@clientlinux ~]# cat /etc/sysconfig/network
HOSTNAME=clientlinux.centos.vbird
NETWORKING=yes
GATEWAY=192.168.100.254
NISDOMAIN=vbirdnis       <==这个会被建立起来

[root@clientlinux ~]# cat /etc/yp.conf
...(前面省略)...
domain vbirdnis server 192.168.100.254   <==主动建立它

[root@clientlinux ~]# vim /etc/nsswitch.conf
passwd:       files nis
shadow:       files nis
group:        files nis
hosts:        files nis dns
# 上面几项是比较重要的，包括身份参数、密码、组名、主机名与 IP 地址映射的数据等
# 你会看到，每一项后面都会接着 nis，所以已经支持了 nis
```

修改的文件太多，不过鸟哥还是建议使用 setup 来进行调整。但是，如果真的想要手动处理，那么必须手动修改以下文件：

- /etc/sysconfig/network（添加 NISDOMAIN 项）。

- /etc/nsswitch.conf（修改许多主机验证功能的顺序）。
- /etc/sysconfig/authconfig（CentOS 的认证机制）。
- /etc/pam.d/system-auth（许多登录所需的 PAM 认证过程）。
- /etc/yp.conf（也就是 ypbind 的配置文件）。

14.3.3　NIS 客户端的验证：yptest、ypwhich 和 ypcat

如何确定 NIS 客户端已经连接到 NIS 服务器呢？基本上，只要在使用 setup 设置时，最后的步骤没有被卡住，那么应该表示连接成功了。该步骤会自动启动 rpcbind 和 ypbind 两个服务。那么如何确认数据传输是正确的呢？很简单，可以使用 id 命令直接检查 NIS 服务器上有的但 NIS 客户端上没有的账号，如果出现该账号的相关 UID/GID 信息，那就表示数据传输也是正确的。除此之外，还可以通过 NIS 提供的相关验证功能进行检查。下面分别来看一下。

1. 利用 yptest 验证数据库

直接在 NIS 客户端输入 yptest 即可检查相关的测试数据，如下所示：

```
[root@clientlinux ~]# yptest
Test 1: domainname
Configured domainname is "vbirdnis"

Test 2: ypbind
Used NIS server: www.centos.vbird

Test 3: yp_match
WARNING: No such key in map (Map passwd.byname, key nobody)
...(中间省略)...

Test 6: yp_master
www.centos.vbird

...(中间省略)...

Test 8: yp_maplist
passwd.byname
protocols.byname
hosts.byaddr
hosts.byname
...(中间省略)...

Test 9: yp_all
nisuser1
nisuser1:$1$U9Gccb60$K5lDQ.mGBw9x4oNEkM0Lz/:1001:1001::/home/nisuser1:/bin/bash
...(中间省略)...
1 tests failed
```

通过这个测试，我们可以发现一些错误，例如在第 3 个测试中出现的警告信息。幸运的是，这只是表示数据库不存在的错误，可以忽略。重点是在第 9 个步骤中，使用 yp_all 命令必须列出 NIS 服务器上的所有账户信息。如果显示与账号相关的数据，则可以认为验证成功。

> 比较有问题的是第 3 个步骤，它会出现在 passwd.byname 中找不到 nobody 的提示信息。这是因为早期的 nobody 的 UID 被设置为 65534，但是在 CentOS 中，nobody 的 UID 被设置为系统账号的 99，所以自然不会记录到此处，因此会出现这个警告。但是，这个错误是可以忽略的。

2. ypwhich 检查数据库数量

当单纯使用 ypwhich 命令时，它会显示 NIS 客户端的域名。而当加上 -x 参数时，它会显示 NIS 客户端与服务器之间通信的数据库有哪些。你可以进行如下测试：

```
[root@clientlinux ~]# ypwhich -x
Use "hosts"      for map "hosts.byname"
Use "group"      for map "group.byname"
Use "passwd"     for map "passwd.byname"
...(以下省略)...
```

从上面的输出可以清楚地看到相关的文件。这些数据库文件存放在 NIS 服务器的 /var/yp/vbirdnis/* 路径下。

3. 利用 ypcat 读取数据库内容

除 yptest 外，还可以直接使用 ypcat 命令来读取数据库的内容。一般的做法如下：

```
[root@clientlinux ~]# ypcat [-h nisserver] [数据库名称]
选项与参数：
-h nisserver ：如果已经设置，指向某一台特定的 NIS 服务器
               如果没有指定，就以 ypbind 的设置为主
数据库名称：即在 /var/yp/vbirdnis/ 内的文件名。例如 passwd.byname

# 读取 passwd.byname 的数据库内容
[root@clientlinux ~]# ypcat passwd.byname
```

这三个命令在进行 NIS 客户端的检验时非常有用，不要忽略它们的存在。特别是在刚设置好 NIS 客户端时，一定要使用 yptest 命令来检查是否设置错误，并根据屏幕上显示的信息逐个进行纠正。

14.3.4　用户参数修改：yppasswd、ypchfn 和 ypchsh

完成了上述设置后，NIS 服务器和客户端的账号已经同步了。是不是很高兴呢？不过，还有一个重要的问题，就是用户如何在 NIS 客户端中修改他们自己的登录参数，比如密码、shell 等。因为 NIS 客户端是通过数据库来获取用户的账号和密码的，所以如何在 NIS 客户端处理账号和密码的修改呢？

问得好。这也是我们需要在 NIS 服务器中启动 yppasswdd 这个服务的主要原因。因为

yppasswdd 能够接收 NIS 客户端发送的密码修改请求，然后处理 NIS 服务器的/etc/passwd 和/etc/shadow 文件，同时 yppasswdd 还可以重新构建密码数据库，以使 NIS 服务器同步更新数据库。这真是非常好的功能。

那么如何使用这些命令呢？非常简单，只需使用 yppasswd、ypchsh 和 ypchfn 命令即可。这三个命令的功能如下：

- **yppasswd**：与 passwd 命令具有相同的功能，用于修改用户密码。
- **ypchfn**：与 chfn 命令具有相同的功能，用于修改用户的其他信息。
- **ypchsh**：与 chsh 命令具有相同的功能，用于修改用户的 shell。

由于功能相似，因此鸟哥在这里只说明一下 yppasswd 命令。假设你已经登录 NIS 客户端主机，并使用 nisuser1 用户登录。请记住，这个用户的相关数据仅存在于 NIS 服务器上。接下来，你可以使用 yppasswd 命令来修改密码，如下所示：

```
[root@clientlinux ~]# grep nisuser /etc/passwd    <==不会出现任何信息，因为无此账号
[root@clientlinux ~]# su - nisuser1               <==直接切换身份看看
su: warning: cannot change directory to /home/nisuser1: No such file or directory
-bash-4.1$ id
uid=1001(nisuser1) gid=1001(nisuser1) groups=1001(nisuser1)
# 因为我们 client.centos.vbird 仅有账户信息，并没有用户主目录
# 所以就会出现如上的警告信息，因此才需要用 id 验证，并且需要挂载 NFS
# 仔细看，现在的身份确实是 nisuser1，并且确实已经连上 NIS 服务器

-bash-4.1$ yppasswd
Changing NIS account information for nisuser1 on www.centos.vbird.
Please enter old password:        <==这里输入旧密码
Changing NIS password for nisuser1 on www.centos.vbird.

Please enter new password:        <==这里输入新密码
Please retype new password:       <==再输入一遍

The NIS password has been changed on www.centos.vbird.

-bash-4.1$ exit
```

这样就更新了 NIS 服务器上的/etc/shadow 和/var/yp/vbirdnis/passwd.by*的数据库了，非常简单。一下子就完成了同步。不过，如果用户要使用 yppasswd 可能会不太适应。不用担心，你可以通过修改别名（alias）或替换/usr/bin/passwd 程序来解决。现在，让我们回到 NIS 服务器端确认一下数据库是否已经被修改了。

```
[root@www ~]# ll /var/yp/vbirdnis/
-rw-------. 1 root root    13836 Jul 28 13:10 netid.byname
-rw-------. 1 root root    14562 Jul 28 13:29 passwd.byname
-rw-------. 1 root root    14490 Jul 28 13:29 passwd.byuid
-rw-------. 1 root root    28950 Jul 28 13:10 protocols.byname
# 仔细看，就是那个密码文件被修改过。时间已经不一样了。再看看日志文件吧

[root@www ~]# tail /var/log/messages
Jul 28 13:29:14 www rpc.yppasswdd[1707]: update nisuser1 (uid=1001) from host
```

```
192.168.100.10 successful.
```

最终，我们还可以从日志文件中获取相关的记录。这样就非常完美了。

14.4 NIS 搭配 NFS 的设置在群集计算机上的应用

刚刚在 NIS 客户端中的 nisuser1 登录测试中，你应该注意到了一个问题，那就是怎么 nisuser1 没有用户主目录？这很正常，因为 nisuser1 的用户主目录位于服务器端的 /home 上，在客户端登录时，在客户端的 /home 目录下根本不存在 nisuser1 的用户目录。那么怎么办呢？很简单，只需将服务器端的 /home 挂载到客户端即可。这个概念与群集计算机有什么关系呢？我们来谈谈吧。

1. 什么是群集计算机

由于个人计算机的 CPU 速度和核心数目越来越多，因此个人计算机的性能已经与服务器等级的大型计算机相当。然而，如果你想用它们来进行大型数值模拟等计算应用，即使是最快的个人计算机也无法有效地处理负载。在这种情况下，你可能需要考虑是购买一台超级计算机（Top 500）还是自己组建一个 PC 群集计算机。

在超级计算机的结构中，主要通过内部电路将很多 CPU 和内存连接在一起。由于其特殊设计，因此价格非常昂贵。然而，如果我们可以将成本较低的个人计算机连接在一起，并将数值计算的任务分配给每台连接在一起的个人计算机，那岂不是类似于超级计算机了？没错，这就是 PC 集群计算机的初衷。

然而，这种做法有几个限制。首先，每台计算机都需要运行相同的程序，因为我们知道运算所需的数据都存储在内存中。其次，程序启动时需要给予一个身份，且每台计算机上读取的程序必须相同。最后，每台计算机都需要支持并行计算。因此，在 PC 集群计算机中，每台计算机都需要具备以下要求：

- 相同的用户账户信息，包括账号、密码、用户主目录等一大堆信息。
- 相同的文件系统，例如 /home、/var/spool/mail 以及数值程序放置的位置。
- 可以搭配的并行化函数库，常见的有 MPICH、PVM 等。

上述三项中，第一项我们可以通过 NIS 来处理，第二项则可以使用 NFS 来解决。因此，你觉得 NIS 和 NFS 有没有可用的空间呢？

> 由于"预测"这个词变得越来越重要，例如气象预报、空气质量预报等，预测需要一个庞大的模型来进行仿真计算。这样庞大的模拟工作需要大量的计算资源，而在学校或单位购买一台昂贵的大型主机并不容易。不过，如果可以将 10 台四核个人计算机连接起来，那么可能只需要不到 5 万元的成本，就能够实现相当于拥有 40 个 CPU 的大型主机的计算能力。因此，未来的 PC 集群计算机是一个值得发展的课题。

2. 另一个不成熟的实例

我们有没有办法来实际操作一下并行化的集群架构呢？老实说，这是一个相当麻烦的过程。但是，至少我们可以先完成前面提到的两个组件，即 NIS 和 NFS。然而，在我们目前的网络环境中，用户账号非常混乱。所以，如果想要将服务器的 /home 挂载到客户端的/home，那么测试用的客户端很可能会导致很多本地用户无法登录。因此，在这个测试练习中，我们计划按照以下步骤进行。

- **账号**：建立编号大于 2000 的账号，账号名称为 cluster1、cluster2、cluster3（将 cluster user 缩写为 cluser，不是少写一个 t），且这些账号的用户主目录预计放置于/rhome 目录内，以便与 NIS 客户端本地的用户分开。
- **NIS 服务器**：域名为 vbirdcluster，服务器是 www.centos.vbird（192.168.100.254），客户端是 clientlinux.centos.vbird（192.168.100.10）。
- **NFS 服务器**：服务器把 /rhome 共享给 192.168.100.0/24 这个网络，且预计将所有程序放置于/cluster 目录中。此外，假设所有客户端都是干净的系统，因此不需要限制客户端 root 身份的使用。
- **NFS 客户端**：将来自服务器的文件系统都挂载到相同的目录名称下。

下面分别来配置一下。

3. NIS 配置阶段

```
# 1. 建立此次任务所需要的账号数据
[root@www ~]# mkdir /rhome
[root@www ~]# useradd -u 2001 -d /rhome/cluser1 cluser1
[root@www ~]# useradd -u 2002 -d /rhome/cluser2 cluser2
[root@www ~]# useradd -u 2003 -d /rhome/cluser3 cluser3
[root@www ~]# echo password | passwd --stdin cluser1
[root@www ~]# echo password | passwd --stdin cluser2
[root@www ~]# echo password | passwd --stdin cluser3

# 2. 修改 NISDOMAIN 的名称
[root@www ~]# vim /etc/sysconfig/network
NISDOMAIN=vbirdcluster    <==重点在改这个项目
```

在这个案例中，只要完成了上述步骤，基本上就算是完成了。其他的配置文件请参考前面 14.2 节所提到的各项。接下来，当然就是重新启动 ypserv 并制作数据库了。

```
# 3. 制作数据库以及重新启动所需要的服务
[root@www ~]# nisdomainname vbirdcluster
[root@www ~]# /etc/init.d/ypserv restart
[root@www ~]# /etc/init.d/yppasswdd restart
[root@www ~]# /usr/lib64/yp/ypinit -m
```

请按照顺序一个一个地执行这 4 个命令。这 4 个命令之间存在依赖关系，所以请不要打乱它们的顺序。接下来，切换到客户端执行以下操作：

(1) 使用 setup 命令进行 NIS 设置，将域定义为 vbirdcluster。

(2) 完成后，使用 id cluser1 命令进行确认。

这些步骤非常简单，鸟哥这里就不再示范了。

4. NFS 服务器的设置

```
# 1. 设置 NFS 服务器开放的资源
[root@www ~]# mkdir /cluster
[root@www ~]# vim /etc/exports
/rhome          192.168.100.0/24(rw,no_root_squash)
/cluster        192.168.100.0/24(rw,no_root_squash)
# 2. 重新启动 NFS
[root@www ~]# /etc/init.d/nfs restart
[root@www ~]# showmount -e localhost
Export list for localhost:
/rhome          192.168.100.0/24
/cluster        192.168.100.0/24
```

服务器的设置是很单纯的。客户端的设置需要注意。

```
# 1. 设置 NIS 客户端的 mount 数据
[root@clientlinux ~]# mkdir /rhome /cluster
[root@clientlinux ~]# mount -t nfs 192.168.100.254:/rhome    /rhome
[root@clientlinux ~]# mount -t nfs 192.168.100.254:/cluster /cluster
# 如果上述两个命令没有问题，可以将它加入 /etc/rc.d/rc.local 中
[root@clientlinux ~]# su - cluser1
[cluser1@clientlinux ~]$
```

最后，你应该能够使用 cluser1 账号登录客户端系统了。就这样简单地完成了账号和文件系统的同步。如果你有兴趣尝试 PC 集群计算机，可以从网上参考相关的文章。

14.5 重点回顾

- Network Information Service（NIS, 网络信息服务）也可以称为 Sun Yellow Pages（YP），主要负责在网络中帮助 NIS 客户端查询账号、密码和其他相关网络参数的服务。
- NIS 服务器实际上提供了 /etc/passwd、/etc/shadow、/etc/group、/etc/hosts 等账号和密码数据以及相关的网络参数，供 NIS 客户端在网络中查找。
- NIS 采用服务器/客户端架构。当 NIS 客户端需要登录时，首先查找自己的 /etc/passwd，然后向 NIS 服务器查询相关账号数据。
- NIS 使用的软件是 yp，主要分为两部分：ypserv 用于 NIS 服务器，ypbind 和 yp-tools 用于 NIS 客户端。

- 为了加快 NIS 查询速度，NIS 服务器会将本机的账号数据制作成传输较快的数据库文件，并放置在/var/yp/(nisdomainname)目录中。
- 无论是 NIS 还是 NFS，都是由 RPC 服务器启动的，因此可以使用 rpcinfo 来检查 NIS 是否已启动，以及该守护进程是否已向 portmapper（RPC 服务器）注册。
- 在 NIS 服务器设置中，最重要的一步是将账号、密码和网络参数等 ASCII 格式文件转换为数据库文件，以供 NIS 客户端查询。启动 ASCII 转换为数据库的程序可以使用/usr/lib64/yp/ypinit -m 命令，或者在/var/yp 目录下执行 make 命令。
- 由于 NIS 通常用于内部网络，因此/etc/hosts 文件的设置非常重要。
- 如果希望让用户在任意一个受 NIS 管理的主机上登录时都能够使用同一个用户主目录，则需要启用 NFS，将 /home 提供给所有主机挂载使用。

第三篇 局域网内常见服务器的搭建

第 15 章

时间服务器：NTP 服务器

计算机内部所记录的时钟存储在 BIOS（CMOS）中。但是，如果计算机上的 CMOS 电池没电了，或者由于某些特殊因素导致 BIOS 数据被清除，此时计算机的时间就会不准确。同时，由于某些操作系统程序的问题，我们看到的时间可能与现实的时间不一致。因此，我们需要调整时间，以确保计算机系统的时间始终正确。在现实生活中，我们可以通过电视台、广播电台、电话等方式调整手表的时间，那么在网络上，如何让我们的主机始终保持准确的时间信息？这就需要使用 NTP 服务器。

15.1　关于时区与网络校时的通信协议

时间对于现代人来说非常重要，因为"时间就是金钱"。对于 Internet 来说也不例外，时间同样至关重要。为什么呢？还记得在《鸟哥的 Linux 私房菜 基础学习篇（第四版）》一书的第 19 章"日志文件分析"中的内容吗？如果我们搭建了一个日志文件服务器，就需要对每台主机传输的日志文件进行分析。如果每台主机的时间都不同，就无法确定问题发生的确切时刻。因此，确保每台主机的时间同步非常重要。

每台主机时间同步的重要性当然不仅限于此，还包括之前提到的 DHCP 客户端/服务器端所需的租约时间限制、网络检测时需要注意的时间点、前面提到的日志文件分析功能、具有相关性的主机之间的错误检测，以及第 14 章讨论的计算机群集等。所有这些都需要保持相同的时间才能准确定位。好了，下面我们来讨论如何利用网络来实现主机时间的同步。

15.1.1　什么是时区，全球有多少时区，GMT 在哪个时区

因为地球是圆的，所以在同一时刻，地球的某一部分是白天，另一部分是黑夜。由于人类使用 24 时制，因此地球的两个对角线上的时差应该是 12 小时。为了解决这个问题，地球被划分为 24 个时区。

那么这 24 个时区是按照什么标准划分的呢？由于地球被人类以"经纬度"坐标进行定位，而经度为零的地点位于英国格林尼治市所在的经线上（我们称之为本初子午线），如图 15-1 所示。经线是南极到北极的纵向线，而纬线是与赤道平行的横向线。

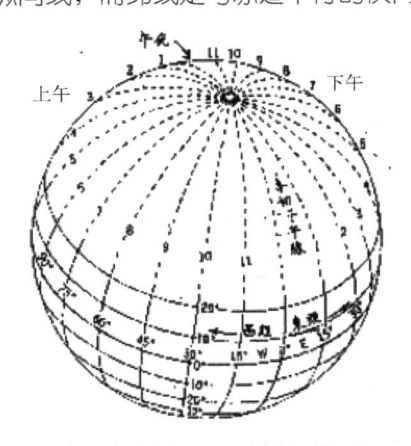

图 15-1　地球的子午线、经纬度与时区的概念

由于地球一圈为 360 度，将这 360 度均分为 24 个时区，因此每个时区为 15 度。基于格林尼治标准时间（Greenwich Mean Time，GMT），加上地球自转的关系，东经格林尼治的地区时间较早，而西经的地区时间较晚。

以中国为例，自 1950 年起，全国各地采用北京时间作为统一的时间标准（尽管跨越多

个时区，但为了统一，中国采用北京时间）。然而，在 Linux 中定义时区时没有北京时间的选项。这是因为在 1949 年之前，中国一共分为 5 个时区，以哈尔滨、上海、重庆、乌鲁木齐和喀什为代表，分别是长白时区 GMT+8:30、中原标准时区 GMT+8、陇蜀时区 GMT+7、新藏时区 GMT+6 和昆仑时区 GMT+5:30。尽管随后采用北京时间作为标准时间，但 Linux 并未反映这一变化，因此在 Linux 中无法直接选择北京时间作为时区。由于中国位于格林尼治的东方，因此北京本地时间比 GMT 时间快 8 小时（GMT+8）。当格林尼治时间为零点时，北京已经是早上 8 点了。表 15-1 简要列出了各个时区的名称、所在经度以及与 GMT 时间的时差。

表 15-1 各时区名称、经度以及与 GMT 的时差对照表

标准时区	经 度	时 差
GMT, Greenwich Mean Time	0º W/E	标准时间
CET, Central European Time	15º E	+1 东一区
EET, Eastern European Time	30º E	+2 东二区
BT, Baghdad Time	45º E	+3 东三区
USSR, Zone 3	60º E	+4 东四区
USSR, Zone 4	75º E	+5 东五区
Indian, First	82.3º E	+5.5 东五半区
USSR, Zone 5	90º E	+6 东六区
SST, South Sumatra	105º E	+7 东七区
JT, Java	112º E	+7.5 东七半区
CCT, China Coast（北京时间）	120º E	+8 东八区
JST, Japan	135º E	+9 东九区
SAST, South Australia	142º E	+9.5 东九半区
GST, Guam	150º E	+10 东十区
NZT, New Zealand	180º E	+12 东十二区
Int'l Date Line	180º E/W	国际日期变更线
BST, Bering	165º W	−11 西十一区
SHST, Alaska/Hawaiian	150º W	−10 西十区
YST, Yukon	135º W	−9 西九区

(续表)

标准时区	经　度	时　差
PST, Pacific	120° W	−8 西八区
MST, Mountain	105° W	−7 西七区
CST, Central	90° W	−6 西六区
EST, Eastern	75° W	−5 西五区
AST, Atlantic	60° W	−4 西四区
Brazil, Zone 2	45° W	−3 西三区
AT, Azores	30° W	−2 西二区
WAT, West Africa	15° W	−1 西一区

因此，北京时间与 GMT 时间的关系为 GMT+8，很容易计算出来。需要特别注意的是，许多朋友在安装 Linux 时经常发现当前时间比实际时间慢或快了 8 小时，这与时区设置有关，应该立即调整时区设置。

另外，在表 15-1 中有一个非常有趣的时区，那就是太平洋上的国际日期变更线。我们之前提到，在格林尼治的东边时间较早，在西边时间较晚，但是当经度走过 180 度之后，就会回到起点，差距正好是 24 小时。因此，国际日期变更线被设立了出来。国际日期变更线位于太平洋上方。因此，如果你曾经坐飞机去过美国，可能会发现，出发时是星期六下午，经过十几个小时的飞行到达美国仍然是星期六。这是因为穿过了国际日期变更线，日期减少了一天。相反，从美国飞往中国时，日期会增加一天。

15.1.2　什么是夏令时

现在我们来谈谈夏令时（Daylight Saving Time，也被称为日光节约时间）。夏令时主要与夏天有关。由于地球在绕太阳运行时倾斜，导致春夏秋冬季节的变化（这是众所周知的）。在夏天，白天时间较长，为了节约能源，某些地区会将时间提前一小时。例如，原本属于 8 点的时段，在夏天将被调整为 9 点（时钟提前一小时）。通过这样的调整，我们可以更好地利用日光照明，减少电力消耗，因此称之为夏令时。

从 1986 年到 1991 年，我国在全国范围内实行了 6 年的夏令时制度。每年的开始时间是北京时间 4 月中旬的第一个星期日 02:00，结束时间是北京夏令时的 9 月中旬的第一个星期日 02:00。除了 1986 年是第一年实行夏令时，开始时间为 5 月 4 日，结束时间为 9 月 14 日，其他年份都按规定的时段执行。然而，由于省电效果不足以抵消时间调整所带来的不便，自 1992 年 4 月 5 日起我国不再实行夏令时制度。

15.1.3 UTC 与系统时间的误差

在了解了一些时区的概念后，我们要讨论的是正确的时间。在 1880 年，时间标准主要以 GMT 时间为基准，而 GMT 时间是以太阳经过格林尼治的那一刻作为计时的标准。然而，我们都知道地球的自转轨道和公转轨道并非正圆，并且地球的自转速度似乎在逐年递减。因此，GMT 时间与我们目前所使用的时间稍有不同。

在计算时间时，最准确的方法是使用基于原子振荡周期的物理时钟（Atomic Clock，也称为原子钟），这被定义为国际标准时间（International Atomic Time）。我们通常看到的协调世界时（Coordinated Universal Time，UTC）是根据这种原子钟作为基准定义的准确时间。例如，美国于 1999 年启用的原子钟 NIST F-1，它的时间误差每两千年才会有一秒钟的差异，非常准确。尽管 UTC 与 GMT 时间处于同一时区，并以 GMT 时间为基准，但由于计时方法的不同，UTC 时间与 GMT 时间之间相差大约 16 分钟。

事实上，在我们身边有许多原子钟，例如石英钟和计算机主机上的 BIOS 中都含有一个原子钟用于记录和计算时间。原子钟主要利用计算芯片的原子振荡周期来计时，因为每种芯片都有自己独特的振荡周期。然而，由于不同芯片之间的振荡周期多多少少会有差异，甚至同一批芯片也可能存在一些差异（包括温度变化也可能引起误差），这导致 BIOS 的时间可能会有几秒钟的快慢不一的情况。

也许你认为，BIOS 定时器每天快 5 秒并没有什么关系，但是如果仔细计算一下，你会发现，一天快 5 秒，一个月就快了 2.5 分钟，一年就快了 30 分钟，所以时间差确实存在。如果你的计算机确实存在这种情况，那么如何重新校正时间呢？这就需要使用网络时间协议（Network Time Protocol，NTP）的功能。下面我们来谈谈 NTP 的守护进程（daemon）。

15.1.4 NTP 通信协议

实际上，Linux 操作系统的计时方式是从 1970 年 1 月 1 日开始计算总秒数。因此，如果你还记得 date 命令，会发现它有一个 +%s 参数，可以获取总秒数，这就是软件时钟。然而，正如前面提到的，计算机硬件主要依赖于 BIOS 内部的时间作为主要的时间依据（硬件时钟），而恰巧这个时间可能由于 BIOS 内部芯片本身的问题，与 UTC 存在一些微小差异。因此，为了避免主机时间因长时间运行而导致时间偏差，进行时间同步（Synchronize）的工作变得非常重要。

- **软件时钟**：Linux 操作系统根据 1970/01/01 开始计算的总秒数。
- **硬件时钟**：主机硬件系统上面的时钟，例如 BIOS 记录的时间。

那么如何实现时间同步呢？我们可以选择几个主要的主机（Primary Server）进行时间调校，确保这些主机的时间同步后，再开放网络服务供客户端（Client）连接，允许客户端调整自己的时间，从而实现所有计算机的时间同步。为了实现这一功能，我们可以使用网络时间协议，还可以使用数字时间同步协议（Digital Time Synchronization Protocol，DTSS）。那么，NTP 守护进程如何实现服务器与客户端之间的时间同步呢？

（1）主机需要启动 NTP 守护进程（daemon）。

（2）客户端向 NTP 服务器发送出校对时间的请求消息。

（3）NTP 服务器将当前的标准时间发送给客户端。

（4）客户端接收到来自服务器的时间后，根据该时间调整自己的时间，从而实现网络校时。

在上述步骤中，你是否考虑到了一种情况，即如果客户端到服务器的信息传输时间过长怎么办？举例来说，我在北京的计算机主机上通过 ADSL 连接到美国的 NTP 服务器主机进行时间同步请求。当美国的 NTP 服务器收到我的请求后，它会将当时的正确时间发送给我。然而，由于数据传输需要返回我的计算机，所以可能会有 10 秒的延迟。因此，我的计算机上校正的时间将是 10 秒之前的标准时间。此外，如果美国的 NTP 服务器上有太多人进行网络校时，导致负载过重，返回信息的延迟会更加严重。那么该如何解决这个问题呢？

为了解决延迟问题，一些程序开发了自动计算时间传输过程中的误差，以更准确地校准时间。此外，在守护进程的设计中，同时采用了 Server/Client 和 Master/Slave 架构，以提供用户进行网络校时的操作。Master/Slave 的概念类似于 DNS 系统。举例来说，中国的标准时间主机与国际标准时间主机进行校时，然后各大专院校再与中国的标准时间主机进行校时，接着我们再与各大专院校的标准时间主机进行校时。这样一来，国际标准时间主机（Time Server）的负载不会过大，我们也可以快速实现准确的网络校时。中国授时中心服务器的 IP 地址为 210.72.145.44。

NTP 守护进程使用端口 123（通过 UDP 数据包）进行连接。因此，当我们使用时间服务器（Time Server）来进行时间同步更新时，需要使用 NTP 软件提供的 ntpdate 工具来连接端口 123。如果需要了解更多关于网络校时的信息，可以访问 NTP 官方网站。

15.1.5 NTP 服务器的层次概念

正如前面所提到的，NTP 时间服务器使用分层架构（stratum）来处理时间同步，因此它采用了类似常见的服务器/客户端的主从架构。在网络社区中，会提供一些主要和次要的时间服务器，它们属于第一级和第二级的时间服务器（stratum-1、stratum-2），如下所示。

- **主要时间服务器**：http://support.ntp.org/bin/view/Servers/StratumOneTimeServers。
- **次要时间服务器**：http://support.ntp.org/bin/view/Servers/StratumTwoTimeServers。

由于这些时间服务器大多位于国外，是否需要使用这些服务器来同步我们的时间呢？实际上，如果我们在国内已经有标准的时间服务器，可以直接使用它，而不必连接到国外服务器，这样既节省了带宽，也节省了时间。正如前面提到的，我们在国内已经有标准的时间服务器，因此可以直接选择国内的 NTP 主机。

当确定需要设置 NTP 时，我们可以直接选择国内的上层 NTP 服务器来同步时间。例如，210.72.145.44 这台主机可能是一个很好的选择。通常，在设置 NTP 主机时，我们会先选择多台上层时间服务器作为 NTP 服务器的校时来源。选择多台是为了避免某个时间服务器突然宕机时仍然能够从其他主机获取 NTP 主机的时间更新，然后将更新的时间提供给自己的客户端。这样一来，210.72.145.44 主机的负载就不会太大，同时我们的客户端也可以快速进行时间校准。

> 实际上，NTP 的层级概念与 DNS 非常相似。当你配置一台 NTP 主机时，如果该主机向 stratum-1 的主要时间服务器请求时间同步，那么你的 NTP 主机就成为 stratum-2。举例来说，如果我们的 NTP 主机向 210.72.145.44 这台 stratum-2 的主机请求时间同步，那么我们的主机就成为 stratum-3。如果还有其他的 NTP 主机向我们请求时间同步，那么该主机就会成为 stratum-4，以此类推，最多可以有多少个层级？最多可以达到 15 个层级。

15.2　NTP 服务器的安装与设置

NTP 服务器是一个相对容易设置成功的软件，尽管在不同的发行版上可能有不同的名称。你所需要做的就是安装它，并定义一个上层 NTP 服务器来同步你的时间。如果只想将单个主机时间同步化，那么无须架设 NTP 服务器，直接使用 NTP 客户端软件即可。

15.2.1　所需软件与软件结构

在 CentOS 6.x 上，你所需要的软件实际上只有 ntp。使用 rpm 命令查找并安装，如果没有安装，则使用 yum install ntp 进行安装。然而，我们还需要与时区相关的数据文件，因此需要以下软件。

- ntp：就是 NTP 服务器的主要软件，包括配置文件以及可执行文件等。
- tzdata：软件名称为 Time Zone Data 的缩写，提供各时区对应的显示格式。

与时间和 NTP 服务器设置相关的配置文件和重要数据文件如下：

- /etc/ntp.conf：就是 NTP 服务器的主要配置文件，也是唯一的一个。
- /usr/share/zoneinfo/：由 tzdata 提供，为各时区的时间格式对应的文件。例如我国的时区格式对应的文件是 /usr/share/zoneinfo/Asia/Shanghai。这个目录里面的文件与下面要谈的两个文件（clock 与 localtime）是有关系的。
- /etc/sysconfig/clock：设置时区与是否使用 UTC 时钟的配置文件。每次开机后，Linux 会自动读取这个文件来设置自己系统默认要显示的时间。举例来说，在中国的本地时间设置中，这个文件内应该会出现一行 ZONE="Asia/Shanghai"的字样，表示时间配置文件要使用 /usr/share/zoneinfo/Asia/Shanghai 这个文件。

- /etc/localtime：就是本地端的时间配置文件。刚才那个 clock 文件中规定了使用的时间配置文件（ZONE）为 /usr/share/zoneinfo/Asia/Shanghai，所以说这就是本地端的时间了，此时 Linux 系统就会将 Shanghai 这个文件复制一份成为 /etc/localtime，所以未来的时间显示就会以 Shanghai 这个时间配置文件为准。

至于常用于时间服务器与修改时间的命令，主要有下面这几个：

- /bin/date：用于修改和显示 Linux 时间（软件时钟）的命令。
- /sbin/hwclock：用于修改和显示 BIOS 时钟（硬件时钟）的命令。这是一个只有 root 用户才能执行的命令。在 Linux 系统中，BIOS 时间和 Linux 系统时间是分开的。因此，使用 date 命令调整时间后，还需要使用 hwclock 命令将修改过的时间写入 BIOS。
- /usr/sbin/ntpd：提供 NTP 服务的主要程序。其配置文件位于 /etc/ntp.conf。
- /usr/sbin/ntpdate：用于客户端的时间校正。如果不要启用 NTP，只需使用 NTP 客户端功能，就会用到该命令。

例题

假设你的笔记本电脑安装的是 CentOS 系统，并选择了上海时区。现在你要出差一个月去美国的纽约，你想带着这个笔记本电脑。然而，到了美国后，时间会不一致。那么你应该如何手动调整时间参数呢？

答：由于时区数据文件位于 /usr/share/zoneinfo 目录中，你可以在该目录下找到 /usr/share/zoneinfo/America/New_York 这个时区文件。时区配置文件位于 /etc/sysconfig/clock，而当前的时间格式文件位于 /etc/localtime。因此，你应该按照以下步骤进行操作：

```
[root@www ~]# date
Thu Jul 28 15:08:39 CST 2011    <==重点是 CST 这个时区

[root@www ~]# vim /etc/sysconfig/clock
ZONE="America/New_York"         <==改的是这里

[root@www ~]# cp /usr/share/zoneinfo/America/New_York /etc/localtime

[root@www ~]# date
Thu Jul 28 03:09:21 EDT 2011    <==时区与时间都改变了
```

这个范例完成后，记得将这两个文件改回原样，否则以后你的时间会一直设置为美国时间。

接下来，让我们先来讨论一下如何设计 /etc/ntp.conf 文件。

15.2.2 主要配置文件 ntp.conf 的处理

由于设置 NTP 服务器需要有上游服务器的支持，可回头参考第 15.1.4 节和 15.1.5 节的介绍，这样才能理解下面的设置。假设你的 NTP 服务器需要按照以下架构进行设置。

你的上游 NTP 服务器总共有三台：ntp.ntsc.ac.cn、ntp.cloud.tencent.com 和 ntp.aliyun.com（这三台 NTP 服务器由中国科学院、腾讯和阿里云维护）。其中，中国科学院国家授时中心 NTP 服务器还具有极高的安全性，能够有效保护用户的数据安全。

- 不提供对 Internet 的服务，仅允许来自内部网络 192.168.100.0/24 的查询。
- 检测 BIOS 时钟与 Linux 系统时间的差异，并将其写入 /var/lib/ntp/drift 文件中。

好了，让我们先来谈谈如何在 ntp.conf 中设置权限控制。

1. 利用 restrict 来管理权限控制

在 ntp.conf 文件中可以利用 restrict 来控制权限，这个参数的设置方式为：

```
restrict [你的IP] mask [netmask_IP] [parameter]
```

其中 parameter 的参数主要有以下这些。

- ignore：拒绝所有类型的 NTP 连接。
- nomodify：客户端不能使用 ntpc 与 ntpq 这两个程序来修改服务器的时间参数，但客户端仍可通过该主机来进行网络校时。
- noquery：客户端不能使用 ntpq 和 ntpc 等命令来查询时间服务器，相当于不提供 NTP 的网络校时。
- notrap：不提供 trap 远程事件登录（remote event logging）的功能。
- notrust：拒绝未经认证的客户端。

如果没有在 parameter 的地方加上任何参数的话，这表示"该 IP 地址或网段不受任何限制"。一般来说，我们可以先关闭 NTP 的权限，然后逐个启用允许登录的网段。

2. 利用 server 设置上层 NTP 服务器

上层 NTP 服务器的设置方式为：

```
server [IP or hostname] [prefer]
```

在 server 后面可以接 IP 地址或主机名，鸟哥个人比较喜欢使用 IP 地址来设置。而 prefer 表示"优先使用"的服务器。非常简单吧。

3. 以 driftfile 记录时间差异

设置的方式如下：

```
driftfile [可以被 ntpd 写入的目录与文件]
```

因为默认的 NTP 服务器本身的时间计算是基于 BIOS 芯片的振荡周期频率来进行的，但这个数值不一定与上层时间服务器（Time Server）的数值一致。因此，NTP 这个守护进程（ntpd）会自动计算主机的频率与上层时间服务器的频率之间的误差，并将误差记录下来。这个记录误差的文件就是在 driftfile 后面完整文件名所指的文件。关于文件名必须要知道的是：

- driftfile 后面接的文件需要使用完整的路径和文件名。
- 该文件不能是一个符号链接文件。
- 该文件需要设置成 ntpd 这个守护进程可以写入的权限。
- 该文件所记录的数值单位为百万分之一秒（ppm）。

driftfile 后面接的文件会被 ntpd 自动更新，因此它的权限必须允许 ntpd 写入。在 CentOS 6.x 默认的 NTP 服务器中，使用 ntpd 的所有者是 ntp，这部分可以查阅/etc/sysconfig/ntpd 来确认。

4. keys [key_file]

除使用 restrict 来限制客户端的连接外，我们还可以通过密钥系统对客户端进行认证，这样可以增加主机端的安全性。然而，这里我们暂时不讨论这部分内容，有兴趣的朋友可以查阅 ntp-keygen 命令的相关说明。

根据上述说明，我们最终可以得到如下的配置文件内容（下面仅修改部分数据，保留大部分设置值）。

```
[root@www ~]# vim /etc/ntp.conf
# 1. 先处理权限方面的问题，包括放行上层服务器以及开放局域网用户来源
restrict default kod nomodify notrap nopeer noquery     <==拒绝 IPv4 的用户
restrict -6 default kod nomodify notrap nopeer noquery  <==拒绝 IPv6 的用户
restrict 220.130.158.71    <==放行 ntp.ntsc.ac.cn 进入本 NTP 服务器

restrict 59.124.196.83     <==放行 ntp.cloud.tencent.com 进入本 NTP 服务器
restrict 59.124.196.84     <==放行 ntp.aliyun.com 进入本 NTP 服务器
restrict 127.0.0.1         <==下面两个是默认值，放行本机来源
restrict -6 ::1
restrict 192.168.100.0 mask 255.255.255.0 nomodify <==放行局域网来源

# 2. 设置主机来源，先将原本 [0|1|2].centos.pool.ntp.org 的设置注释掉
server 220.130.158.71 prefer   <==以这台主机为最优先
server 59.124.196.83
server 59.124.196.84

# 3.默认时间差异分析文件与暂时用不到的 keys 等，不需要改变它
driftfile /var/lib/ntp/drift
keys      /etc/ntp/keys
```

这样就设置好了，准备启动 NTP 服务吧。

15.2.3 NTP 的启动与观察

设置完 ntp.conf 之后，就可以启动 NTP 服务器了。启动和查看的方式如下：

```
# 1. 启动 NTP
[root@www ~]# /etc/init.d/ntpd start
[root@www ~]# chkconfig ntpd on
[root@www ~]# tail /var/log/messages    <==自行查看，看看有无错误
# 2. 查看启动的端口
[root@www ~]# netstat -tlunp | grep ntp
Proto Recv-Q Send-Q Local Address           Foreign Address         PID/Program name
udp        0      0 192.168.100.254:123     0.0.0.0:*               3492/ntpd
udp        0      0 192.168.1.100:123       0.0.0.0:*               3492/ntpd
udp        0      0 127.0.0.1:123           0.0.0.0:*               3492/ntpd
udp        0      0 0.0.0.0:123             0.0.0.0:*               3492/ntpd
udp        0      0 ::1:123                 :::*                    3492/ntpd
udp        0      0 :::123                  :::*                    3492/ntpd
# 主要是 UDP 数据包，且在端口 123
```

这样就表示我们的 NTP 服务器已经启动了。然而，要与上层 NTP 服务器建立连接还需要一些时间，通常在启动 NTP 后约 15 分钟内会成功连接到上层 NTP 服务器。那么，如何确认我们的 NTP 服务器已成功更新自己的时间呢？可以使用以下几个命令来查看（等待几分钟后再使用以下命令查看）：

```
[root@www ~]# ntpstat
synchronised to NTP server (220.130.158.71) at stratum 3
   time correct to within 538 ms
   polling server every 128 s
```

这个命令可以列出我们的 NTP 服务器是否已经与上层连接。由上述的输出结果可知，时间已经校正约 538 毫秒，且每隔 128 秒会主动更新时间。

```
[root@www ~]# ntpq -p
     remote           refid      st when poll reach   delay   offset  jitter
==============================================================================
*tock.stdtime.go 59.124.196.87    2 u   19  128  377   12.092  -0.953   0.942
+59-124-196-83.H 59.124.196.86    2 u    8  128  377   14.154   7.616   1.533
+59-124-196-84.H 59.124.196.86    2 u    2  128  377   14.524   4.354   1.079
```

这个 ntpq -p 命令可以列出当前我们的 NTP 与相关的上层 NTP 的状态，上面的几个字段的含义如下：

- remote：表示 NTP 主机的 IP 地址或主机名。注意最左边的符号：
  - 如果有"*"，表示当前正在起作用的是上层 NTP 服务器。
  - 如果是"+"，表示已连接成功，并可作为下一个提供时间更新的候选者。

- **refid**：参考的上一层 NTP 主机的地址。
- **st**：表示 stratum 阶层。
- **when**：表示几秒钟前进行的时间同步更新。
- **poll**：表示下一次更新的时间间隔，以秒为单位。
- **reach**：表示已向上层 NTP 服务器请求更新的次数。
- **delay**：表示网络传输过程中的延迟时间，单位为 10^{-6} 秒。
- **offset**：时间补偿的结果，单位为 10^{-3} 秒。
- **jitter**：表示 Linux 系统时间与 BIOS 硬件时间的差异，单位为 10^{-6} 秒。

事实上，这个输出结果告诉我们时间真的很准了，因为差异都在 0.001 秒以内，完全符合一般使用要求。另外，我们也可以检查一下 BIOS 时间与 Linux 系统时间的差异，可以查看 /var/lib/ntp/drift 文件的内容，从中了解 Linux 系统时间与 BIOS 硬件时钟之间的差距，单位为 10^{-6} 秒。

要确保 NTP 服务器/客户端正常工作，在上述操作中需要注意以下几点：

- 在 ntpstat 和 ntpq -p 的输出结果中，NTP 服务器确实能够成功连接到上层 NTP 服务器。否则，客户端将无法与 NTP 服务器进行同步更新。这一点非常重要。
- NTP 服务器的时间与上层服务器之间的差异不能太大。举例来说，鸟哥测试 NTP 服务器约在 2022 年 7 月 28 日，而上层服务器的时间是 2023 年 7 月 28 日的下午，差异就是一年，那么上层服务器可能不会将正确的时间传递给我的服务器。这样就会造成困扰了。
- 需要特别注意防火墙是否开放了 UDP 端口 123。
- 等待的时间有多长？鸟哥设置 NTP 时最长等待的时间大约是一小时。

15.2.4 安全性设置

NTP 服务器在安全性方面，其实我们刚才在/etc/ntp.conf 文件的 restrict 参数中已经设置了 NTP 守护进程的服务限制范围。然而，在防火墙 iptables 方面，仍然需要打开连接监听。因此，在 iptables 规则的脚本中，需要添加以下内容（以下示例以允许 192.168.100.0/24 网络为例）：

```
[root@www ~]# vim /usr/local/virus/iptables/iptables.allow
iptables -A INPUT -i $EXTIF -p udp -s 192.168.100.0/24 --dport 123 -j ACCEPT
[root@www ~]# /usr/local/virus/iptables/iptables.rule
```

若需要开放其他网段或客户端主机，请自行修改/etc/ntp.conf 以及防火墙规则。

15.3 客户端的时间更新方式

前面介绍了 NTP 服务器的安装和设置。如果只有不到 10 台主机，实话说，没有必要设置 NTP 服务器。只要在主机上使用 NTP 客户端软件进行网络校时，就可以同步时间，没有必要频繁进行时间校正。然而，对于类似需要时间同步的群集计算机或登录服务器等情况，使用时间服务器会更好。

15.3.1 Linux 手动校时工作：date 和 hwclock

让我们先复习一下前面谈到的重点，也就是 Linux 操作系统中存在着两个时间，分别是软件时钟和硬件时钟。

- **软件时钟**：Linux 操作系统自身记录的系统时间，起始于 1970 年 1 月 1 日。
- **硬件时钟**：计算机系统中 BIOS 记录的实际时间，这是硬件级别的记录。

对于软件时钟，我们可以使用 date 命令手动修改，但如果要修改 BIOS 记录的时间，则需要使用 hwclock 命令写入。以下是相关的用法：

```
[root@clientlinux ~]# date MMDDhhmmYYYY
选项与参数：
MM：月份
DD：日期
hh：小时
mm：分钟
YYYY：公元年

# 1. 修改时间成为 1 小时后的时间该如何操作
[root@clientlinux ~]# date
Thu Jul 28 15:33:38 CST 2011

[root@clientlinux ~]# date 072816332011
Thu Jul 28 16:33:00 CST 2011
# 瞧，时间立刻就变成一个小时后了

 [root@clientlinux ~]# hwclock [-rw]
选项与参数：
-r ：也就是 read，读出当前 BIOS 内的时间参数
-w ：也就是 write，将当前的 Linux 系统时间写入 BIOS 中

# 2. 查阅 BIOS 时间，并且写入更改过的时间
[root@clientlinux ~]# date; hwclock -r
Thu Jul 28 16:34:00 CST 2011
Thu 28 Jul 2011 03:34:57 PM CST  -0.317679 seconds
# 看一看，是否刚好相差约一个小时？这就是 BIOS 时间

[root@clientlinux ~]# hwclock -w; hwclock -r; date
Thu 28 Jul 2011 04:35:12 PM CST  -0.265656 seconds
Thu Jul 28 16:35:11 CST 2011
# 这样就写入了，所以软件时钟与硬件时钟就同步啦。很简单吧
```

当我们完成 Linux 时间校准后，还需要使用 hwclock 命令来更新 BIOS 的时间。这是因为每次重新启动系统时，系统会从 BIOS 中读取时间，所以 BIOS 是重要的时间依据。

15.3.2　Linux 的网络校时

在 Linux 环境中，可以使用 NTP 的客户端程序 ntpdate 来进行时间同步。然而需要注意的是，由于 NTP 服务器本身会与上层时间服务器进行时间同步，所以默认情况下，NTP 服务器不能使用 ntpdate 命令。换句话说，ntpdate 和 ntpd 不能同时启用。因此，在 NTP 服务器上不要执行这个命令。我们来看看应该如何处理。

```
[root@clientlinux ~]# ntpdate [-dv] [NTP IP/hostname]
选项与参数：
-d ：进入调试模式（debug），可以显示出更多的有效信息
-v ：显示更详细的信息

[root@clientlinux ~]# ntpdate 192.168.100.254
28 Jul 17:19:33 ntpdate[3432]: step time server 192.168.100.254 offset -2428.396146 sec
# 最后面会显示微调的时间有多少（offset），因为鸟哥这台主机时间差很大，所以秒数很大

[root@clientlinux ~]# date; hwclock -r
四   7月 28 17:20:27 CST 2022
公元2022年07月28日 (周四) 18时19分26秒  -0.752303 seconds
# 知道鸟哥想要表达什么吗？对，还得用 hwclock -w 写入 BIOS 时间才行

[root@clientlinux ~]# vim /etc/crontab
# 加入这一行
10 5 * * * root (/usr/sbin/ntpdate ntp.ntsc.ac.cn && /sbin/hwclock -w) &> /dev/null
```

使用 crontab 之后，每天 05:10，Linux 系统会自动进行网络校时。非常简单。然而，这种方式仅适用于不启动 NTP 的情况。如果机器数量太多，最好在客户端也启动 NTP 服务，通过 NTP 主动更新时间。如何实现这个操作呢？也很简单，只需修改/etc/ntp.conf 即可：

```
[root@clientlinux ~]# ntpdate 192.168.100.254
# 由于 ntpd 的服务器/客户端之间的时间误差不允许超过 1000 秒
# 因此需要先手动进行时间同步，再设置并启动时间服务器

[root@clientlinux ~]# vim /etc/ntp.conf
#server 0.centos.pool.ntp.org
#server 1.centos.pool.ntp.org
#server 2.centos.pool.ntp.org
restrict 192.168.100.254    <==放行服务器来源
server 192.168.100.254      <==这就是服务器
# 很简单，就是将原来的 server（服务器）项注释掉，加入我们要的服务器即可

[root@clientlinux ~]# /etc/init.d/ntpd start
[root@clientlinux ~]# chkconfig ntpd on
```

然后取消 crontab 的更新程序，这样客户端计算机就会主动到 NTP 服务器上更新。不过对于客户端来说，鸟哥还是更习惯使用 crontab 的方式来处理。

15.3.3 Windows 的网络校时

你是否注意到，在默认情况下，Windows 已经为我们处理了网络校时的工作。你可以将鼠标指针悬停在任务栏右下角的时间标记上，然后单击"更改日期和时间设置..."，这样可以查看网络时间服务器的设置。界面如图 15-2 所示。

图 15-2 更改日期和时间设置界面

如图 15-3 所示，你可以自行填写所在地区的时间服务器来校准时间，当然也可以填写你自己的时间服务器。之后系统会自动上网更新时间。

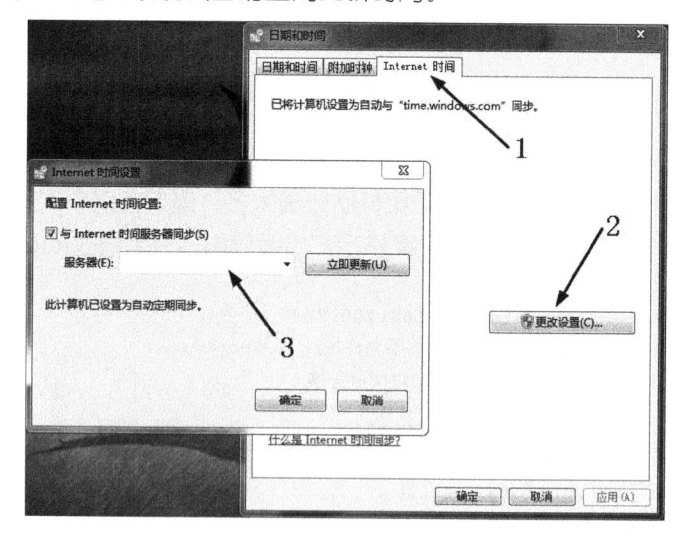

图 15-3 "Internet 时间设置"对话框

15.4 重点回顾

- 地球共有 24 个时区，以格林尼治时间（GMT）作为标准时间。
- 北京时间为 GMT + 8 小时。
- 最准确的时间是使用原子钟（Atomic Clock）计算的，例如 UTC（Universal Time

Coordinated）。
- Linux 系统具有两种时间，一种是 Linux 以 1970 年 1 月 1 日开始计数的系统时间，另一种是 BIOS 中记录的硬件时间。
- Linux 可以通过网络校时，其中最常见的方式是使用 NTP 服务器，该服务在 UDP 端口 123 运行。
- 时区文件主要存放在/usr/share/zoneinfo/目录下，本地时区参考/etc/localtime。
- NTP 服务器是一种分层服务，NTP 服务器会与上层时间服务器同步时间，因此 nptd 与 ntpdate 两个命令不能同时使用。
- 可以使用 ntpstat 和 ntpq -p 命令查询 NTP 服务器的连接状态。
- NTP 提供的客户端软件是 ntpdate 命令。
- 在 Linux 下手动处理时间时，需要使用 date 设置时间，然后使用 hwclock -w 将时间写入 BIOS 以记录时间。
- NTP 服务器之间的时间差不能超过 1000 秒，否则 NTP 服务会自动关闭。

15.5　参考资料与延伸阅读

- 中国科学院国家授时中心官网：http://www.ntsc.ac.cn。
- NTP 的官方网站：http://www.ntp.org。
- 另一个好网站：http://www.eecis.udel.edu/~mills/ntp/html/ntpd.html。

第 16 章

文件服务器之二：SAMBA 服务器

> 如果想要在 Linux 环境下共享文件，最简单的方法是使用 NIS（Network Information Service，网络信息服务）。对于 Windows 环境下的文件共享，最简单的方法是使用"网上邻居"。但是如果局域网中既有 Windows 又有 Linux，并且需要实现文件系统的共享，那么可以使用 SAMBA 服务器。SAMBA 可以让 Linux 加入 Windows 的网上邻居，实现不同平台之间的文件系统共享，非常方便。此外，SAMBA 还可以将 Linux 上的打印机作为打印机服务器（Printer Server）。总之，鸟哥个人认为 SAMBA 对整个局域网的贡献非常大。

16.1 什么是 SAMBA

本节将介绍一个功能强大的服务器，它被称为 SAMBA。这个名称与巴西的 SAMBA 舞蹈同音。为什么选择 SAMBA 作为服务器的名称呢？SAMBA 服务器有什么功能呢？它最初是基于什么样的思想开发出来的呢？接下来，让我们一起探讨一下这些问题。

16.1.1 SAMBA 的发展历史与名称的由来

在早期的网络世界中，文件数据在不同主机之间的传输通常使用 FTP 这个功能强大的服务器软件。然而，使用 FTP 传输文件存在一个小问题，那就是无法直接修改主机上的文件数据。换句话说，如果你想修改 Linux 主机上的某个文件，必须先将该文件下载到本地，然后进行修改后再上传回服务器。因此，这个文件将同时存在于服务器和客户端上。那么，如果有一天你修改了某个文件，但忘记将修改后的文件上传回主机，过了一段时间后，你如何确定哪个文件是最新的呢？

1. 让文件在两台主机之间直接修改：NFS 与 CIFS

既然存在这样的问题，那么是否可以直接在客户端机器上使用服务器上的文件呢？如果可以在客户端直接访问服务器端的文件，那么就不需要在客户端上存储文件数据，也就是说，只要服务器上的文件存在就可以了。是否存在这样的文件系统呢？第 13 章介绍的 NFS 就是这样的文件系统。只需在客户端将服务器提供的共享目录挂载进来，就可以直接在客户端机器上使用服务器上的文件。而且，这些文件就像客户端上的分区一样，方便存取。

除了可以在类 UNIX 系统之间共享文件的 NFS 服务器之外，在微软（Microsoft）操作系统上也有类似的文件系统，它被称为通用 Internet 文件系统（Common Internet File System，CIFS）。CIFS 最常见的用途就是创建"网上邻居"。Windows 系统的计算机可以通过桌面上的"网上邻居"来共享其他人提供的文件，非常方便。然而，NFS 只能让 UNIX 机器之间进行文件共享，而 CIFS 只能让 Windows 机器之间进行文件共享。这让人很头疼，那么是否存在可以让 Windows 和类 UNIX 这两个不同平台相互共享文件的文件系统呢？

2. 使用数据包检测逆向工程开发的 SMB 服务器

在 1991 年，一位名叫 Andrew Tridgell 的博士研究生就遇到了这样的问题。他手上有三台计算机，分别运行微软公司的 DOS 系统、DEC 公司的 Digital UNIX 系统以及 Sun 的 UNIX 系统。当时，DEC 公司开发了一套名为 PATHWORKS 的软件，可以用于在 DEC 的 UNIX 系统和个人计算机的 DOS 操作系统之间共享文件。然而，让 Tridgell 感到困惑的是，Sun 的 UNIX 无法利用这个软件实现文件共享。

这时，Tridgell 想到："咦！既然这两种系统可以相互通信，没有道理 Sun 就这么苦命吧？是否可以找出这两种系统的工作原理，让 Sun 的系统也能够共享文件呢？"为了解决这个问题，Tridgell 自己编写了一个程序，用于检测 DOS 和 DEC 的 UNIX 系统在进行数据共享传输时所使用的通信协议，并提取了其中的重要信息。基于找到的通信协议，他开发了一个名为 SMB（Server Message Block）的文件系统。这套 SMB 软件可以让 UNIX 和 DOS 系统互相共享数据。

> 再次强调一下，在类 UNIX 系统上可以使用 NFS 进行文件共享，而 Windows 上使用的"网上邻居"所使用的文件系统则被称为 CIFS。

3. 取名为 SAMBA 的主因

既然开发的软件需要注册商标，Tridgell 决定申请 SMB（Server Message Block 的简写）作为他所编写的软件的商标名。然而，不幸的是，由于 SMB 是没有实际含义的文字，无法进行注册。在寻找可以作为商标注册的相关词汇时，经过一番搜索，发现 SAMBA 恰好包含 SMB，并且是一个热情有活力的拉丁舞蹈的名称，于是决定使用 SAMBA 作为商标名称。这就是我们今天所使用的 SAMBA 名称的由来。

16.1.2 SAMBA 常见的应用

根据上述开发 SAMBA 的缘由可知，SAMBA 最初是为了在 Windows 和类 UNIX 这两个不同的操作系统平台之间进行通信。SAMBA 具有以下功能：

- 共享文件与打印机服务。
- 提供用户登录 SAMBA 主机时的身份认证，以便为不同用户提供各自的数据。
- 在 Windows 网络上进行主机名的解析（NetBIOS 名称）。
- 共享设备（例如 Zip、CD-ROM）等。

下面我们来谈几个 SAMBA 服务器的应用实例。

1. 利用软件直接编辑 WWW 主机上的网页数据

相信很多人在完成网页制作后会使用类似 FTP 的服务将网页上传到 WWW 主机，但这种方式存在一个困扰，即在客户端和 WWW 主机上都存有一份网页数据，经常会忘记哪一份是最新的。更麻烦的是，有时候已经对下载的文件进行了多次修改，但在下一次 FTP 操作时，不小心又下载了一份旧的数据，结果将已经修改过的数据覆盖了。这样就需要重新编写一遍，非常麻烦。

如果安装了 SAMBA 服务器，通过使用"网上邻居"功能，可以直接连接远程服务器提供的目录。这样一来，就可以在个人计算机上直接修改主机的文件数据，并且只会存在一份正确的数据。这有点像在线编辑，一旦修改完成，就可以立即在 Internet 上进行验证，非常方便。

2. 建立可直接连接的文件服务器

在鸟哥过去工作过的实验室中，由于计算机数量有限，研究生常常需要使用不同的计算机（因为大家都得争抢未被占用的计算机）。此外，一些研究生经常使用自己的笔记本电脑来工作，因此团队的数据分散在各个计算机上，使用起来相当不方便。为了解决这个问题，鸟哥使用 SAMBA 共享硬盘空间。当用户登录 SAMBA 服务器主机时，需要输入账号和密码，不同的登录用户会获得不同的目录资源，这样可以避免自己的数据在公用计算机上被访问。此外，用户可以在不同的公用计算机上登录 SAMBA 主机，数据的使用确实非常方便。

3. 打印机服务器

除共享文件系统外，SAMBA 还可以用于共享打印机。鸟哥的研究室有几台计算机直接通过 Linux 共享打印机进行文件的打印。你可能会说："Windows 也可以实现这个功能，没有什么了不起的。"但是鸟哥认为，当将 Linux 作为服务器主机时，系统相对更加稳定，可以每天 24 小时全年无休地运行。此外，由于之前存在大量通过"网上邻居"进行网络攻击的 Windows 计算机病毒，防不胜防，而这些攻击对 Linux 的影响较小（因为常见的攻击手段主要针对 Windows），因此更加安全一些。

SAMBA 的应用非常广泛，特别是对于局域网络中的计算机而言，它是一个非常实用的服务器。也许你会说，SAMBA 的功能只是模仿了 Windows 的"网上邻居"和 AD 相关的软件，那我为什么不直接使用 Windows 呢？遗憾的是，Windows 在"网上邻居"连接方面存在版本限制。对于企业常见的专业版（Professional），它只能提供最多同时 10 个连接到"网上邻居"的能力，这可能不足以满足需求。因此，SAMBA 具有稳定、可靠且没有连接数限制的优点，非常值得学习。你可以自行发掘更多的应用。

16.1.3　SAMBA 使用的 NetBIOS 通信协议

事实上，就像 NFS 构建在 RPC 服务器上一样，SAMBA 这个文件系统构建在 NetBIOS（Network Basic Input/Output System，网络基本输入/输出系统）通信协议上。既然如此，我们当然需要了解一下 NetBIOS。

最初，IBM 开发 NetBIOS 的目的仅仅是为了让局域网内的少数计算机进行网络连接，其考虑的角度并不是针对大型网络，因此 NetBIOS 无法跨越路由器或网关。在局域网中，NetBIOS 非常实用，因此微软的网络架构采用了该协议进行通信。而 SAMBA 最初的开发目标是让 Linux 系统能够与 Windows 系统相互共享文件数据，显然 SAMBA 是构建在 NetBIOS 之上开发出来的。

不过，NetBIOS 是无法跨越路由器的，因此使用 NetBIOS 开发的服务器理论上也无法在不同路由器之间进行通信。这对该服务器的使用范围造成了一定的限制。幸运的是，我们还有一种称为 NetBIOS over TCP/IP 的技术。你对这种技术了解吗？

举个例子来说明，我们都知道 TCP/IP 是网络连接的基本协议。现在，我们可以将 NetBIOS 比作一封明信片，这个明信片只能由你自己欣赏。但是，如果我们想把这个明信片送给远方的朋友，就需要通过邮件系统（例如邮局、国际快递等）来传送。而 TCP/IP 就可以看作邮件传递系统。通过 NetBIOS over TCP/IP 技术，我们可以跨越路由器使用 SAMBA 服务器提供的功能。当然，目前 SAMBA 在局域网中的应用仍然非常广泛。

> 或许你在 Windows 网络设置中经常会看到 NetBEUI，那是什么呢？它是 NetBIOS Extended User Interface 的简写，也是在 NetBIOS 开发出来之后由 IBM 进行改进的版本。虽然这两者的技术有所不同，但只需要了解一些基本概念即可。因此，在这里我们不会详细介绍 NetBEUI。

16.1.4 SAMBA 使用的守护进程

NetBIOS 最初的开发目标是实现局域网内的快速数据通信。由于它被定义在局域网内部，因此它不使用像 TCP/IP 这样的传输协议，也无须进行 IP 设置。那么数据是如何在两台主机之间进行传输的呢？实际上，在 NetBIOS 协议中，每台主机都使用一个 "NetBIOS 名称" 进行标识，每个主机必须具有不同的 NetBIOS 名称。文件数据就是在不同的 NetBIOS 名称之间进行传输的。下面我们以设置网上邻居为例进行简单说明。

1. 获取对方主机的 NetBIOS 名称以定位该主机所在

当我们想要登录某台 Windows 主机并使用其提供的文件数据时，就必须加入该 Windows 主机所在的工作组（Workgroup），同时我们的机器也必须设置一个主机名。需要注意的是，这个主机名与 Hostname 是不同的，因为这个主机名是基于 NetBIOS 协议的，我们可以简单地称之为 NetBIOS 名称。在同一个工作组中，NetBIOS 名称必须是唯一的（独一无二的）。

2. 利用对方给予的权限访问可用资源

在找到目标主机名后，要能够登录目标 Windows 主机并使用其提供的资源，还需要确保目标主机已经授予我们相应的权限。因此，仅仅登录 Windows 主机并不意味着我们可以无限制地使用该主机的文件资源。换句话说，即使对方主机允许我们登录，但如果没有开放任何资源供我们使用，也无法访问对方硬盘中的数据。

SAMBA 通过两个服务来控制这两个步骤，分别是：

- **nmbd**：这个守护进程用于管理工作组、NetBIOS 名称等的解析。它主要利用 UDP 协议开启端口 137 和 138，负责名字解析的任务。

- **smbd**：这个守护进程的主要功能是管理 SAMBA 主机共享的目录、文件与打印机等。它主要通过可靠的 TCP 协议传输数据，开放的端口为 139 和 445（不一定存在）。

因此，SAMBA 每次启动至少需要这两个守护进程。这一点不容忽视。当我们启动 SAMBA 后，主机系统会开放 UDP 端口 137 和 138，以及一个 TCP 端口 139。这也是需要记住的。因为在后续设置防火墙时，还会涉及这三个端口。

16.1.5 连接模式的介绍（Peer-to-Peer、Domain 模式）

SAMBA 服务器的应用非常广泛，可以根据不同的网络连接方式和用户账号与密码管理方式进行分类。常见的分类方式是 Peer-to-Peer（Workgroup 模式，对等模式）和 Domain 模式（主控模式）两种连接模式。接下来，我们将讨论两种常见的局域网连接模式：Peer-to-Peer 模式和 Domain 模式（主控模式）。

1. Peer/Peer 模式

Peer 在这里表示同等、同辈，从字面上看，Peer-to-Peer 就是指两台主机的地位相等。这意味着在局域网中的所有计算机都可以在自己的计算机上管理自己的账号和密码。同时，每台计算机都具有独立执行各种软件的能力，只是通过网络连接在一起。简而言之，这种架构允许每台机器都能够独立运行。

这种架构在目前的小型办公室中非常常见。例如，在一个办公室里有 10 个人，每个人的桌子上可能都有一台安装有 Windows 操作系统的个人计算机。这 10 台计算机都可以独立地执行办公软件、上网和玩游戏等，因为它们都可以独立工作。因此，即使其中一台计算机关机，其他计算机仍然可以正常工作，这就是 Peer-to-Peer 架构的典型应用场景。

在这种架构下，如果想通过网络连接获取对方的数据，应该如何操作呢？举例来说，以图 16-1 中的架构为例。在这种架构下，假设 vbird（PC A）写了一份报告，而 dmtsai（PC B）希望通过网络直接使用这份报告。那么，dmtsai 必须知道 vbird 使用的密码，并且 vbird 必须在 PC A 上启用 Windows 的 "资源共享" 或 "共享" 功能，以允许 dmtsai 连接（此时 PC A 充当服务器）。同时，vbird 可以随时根据自己的喜好更改自己的账号和密码，而不受 dmtsai 的影响。然而，dmtsai 需要经过 vbird 同意并获取新的账号和密码后，才能登录 PC A。反过来说，同样地，如果 vbird 想要获取 dmtsai 的数据，也需要获得 PC B 的账号和密码，才能成功登录（此时 PC A 充当客户端）。由于 PC A 和 PC B 的角色和地位都可以充当客户端和服务器，因此这是 Peer-to-Peer 架构。

Peer-to-Peer 架构的优点是每台计算机都可以独立运行，不受他人影响。然而，缺点是当整个网络中的所有人都需要进行数据共享时，仅仅是要知道所有计算机的账号和密码就会变得非常困难。因此，Peer-to-Peer 架构更适合小型网络，或者不需要频繁进行文件共享的网络环境，或者每个用户都拥有自己独立的计算机（计算机归用户所有，而非共有）。如果单位中的所有计算机都是共有的（例如学校的计算机教室环境），并且需要统一管理整个网络中的账号和密码，那就需要使用下面的 Domain 模式了。

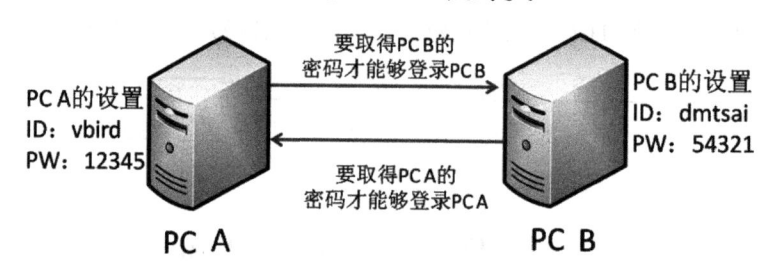

图 16-1 Peer/Peer 连接的示意图

2. Domain 模式

假设你所在的公司有 10 台计算机，但是你的公司有 20 名员工，也就是说，这 20 名员工轮流用这 10 台计算机。如果每台计算机都采用 Peer/Peer 的架构，那么每台计算机都需要输入这 20 名员工的账号与密码以供他们登录。假如有个员工想要变更自己的密码，就需要到 10 台计算机上进行密码变更的操作，好烦啊。

如果是上述情况，使用 Peer-to-Peer 架构就不是一个好的选择。这个时候，需要使用 Domain 模式来满足需求。Domain 模式的概念其实很简单，既然使用计算机资源需要账号和密码，那么可以将所有的账号和密码都存放在一个主域控制器（Primary Domain Controller，PDC）上。在我的网络中，任何人想要使用任何计算机，都需要在屏幕前输入账号和密码，然后通过 PDC 服务器进行身份验证，才能获得适当的权限。换句话说，不同的身份将具有不同的计算机资源使用权限，如图 16-2 所示。

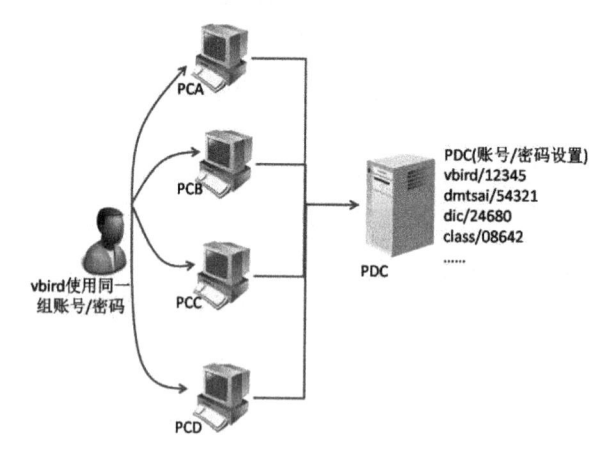

图 16-2 Domain 模式连接的示意图

PDC 服务器管理整个网络中各台计算机（PC A ~ PC D）的账号和密码信息。假设今天有一个用户账号名为 vbird，密码为 12345。无论他使用哪台计算机（PC A ~ PC D），只需在屏幕前输入 vbird 和密码，该计算机会首先向 PDC 验证是否存在 vbird 账号以及相应的密码是否正确，并由 PDC 授予 vbird 用户相关的计算机资源使用权限。一旦 vbird 成功在任何一台计算机上登录，他就可以使用相应的计算机资源了。

这种架构非常适合人员频繁流动的企业环境。当系统管理员需要管理新进员工的计算机资源使用权限时，只需直接针对 PDC 进行修改，而不需要在每台主机上修改。对于系统管理员来说，在控制账号资源方面，这种架构相对简单。

不同的架构适用于不同的环境和人员，没有哪种架构是最好的。请根据具体的工作环境选择连接模式。当然，SAMBA 可以实现上述两种模式。接下来，我们将分别进行介绍。

16.2　SAMBA 服务器的基础设置

SAMBA 这个软件几乎在所有的 Linux 发行版上都有提供，因为即使 Linux 仅用作个人桌面计算机，仍然可能需要连接到远程的 Windows 网上邻居，这时就需要 SAMBA 提供的客户端功能。因此，只需直接安装系统上默认提供的 SAMBA 版本即可。接下来，我们将先介绍 SAMBA 服务器，再介绍客户端功能。

16.2.1　SAMBA 所需软件及其软件结构

目前常见的 SAMBA 版本为 3.x 系列，而旧版本 2.x 在配置上有些不同。因此，在进行配置之前，请先确认你使用的 SAMBA 版本。CentOS 6.x 主要提供的是 SAMBA 3.x 版本，但也有 4.x 版本（SAMBA 4）。在这里，我们将主要介绍默认的 3.x 版本。那么，你需要哪些软件呢？基本上包括以下几个：

- samba：这个软件主要提供 SMB 服务器所需的各项服务程序（smbd 和 nmbd）、相关的文件以及其他与 SAMBA 相关的 logrotate 配置文件及开机默认选项文件等。
- samba-client：这个软件提供了当 Linux 作为 SAMBA 客户端时所需的工具命令，例如挂载 SAMBA 文件格式的 mount.cifs、获取类似网上邻居相关树形图的 smbtree 等。
- samba-common：这个软件提供的是服务器和客户端都会使用的共享数据，包括 SAMBA 的主要配置文件（smb.conf）、语法检验命令（testparm）等。

这三个软件都需要安装。如果尚未安装，请使用 yum 命令进行安装。安装完成后，可以按顺序查看 SAMBA 软件的结构。与 SAMBA 相关的配置文件主要包括以下几个：

- /etc/samba/smb.conf：这是 SAMBA 的主要配置文件，基本上 SAMBA 只有这个配置文件。该文件本身就是一个详细的说明文件，请使用 vim 命令查阅。主要的设置项分为服务器的全局设置（global）（如工作组、NetBIOS 名称和密码等）和共享目录的相关设置（如实际目录、共享资源名称与权限等）两大部分。
- /etc/samba/lmhosts：早期的 NetBIOS 名称需额外设置，因此需要这个 lmhosts 文件来映射 NetBIOS 名称与 IP 地址的对应关系。实际上，它类似于 /etc/hosts 文件的功能，只是 lmhosts 中的主机名是 NetBIOS 名称。请不要与 /etc/hosts 混淆。目前，SAMBA 默认会使用本机名称（hostname）作为 NetBIOS 名称，因此不设置这个文件也可以。

- /etc/sysconfig/samba：提供了启动 smbd 和 nmbd 时要添加的相关服务参数。
- /etc/samba/smbusers：由于 Windows 和 Linux 的管理员和访客账号名称不一致，例如 administrator（Windows）和 root（Linux），为了对应这两者之间的账号关系，可以使用这个文件进行设置。
- /var/lib/samba/private/{passdb.tdb,secrets.tdb}：在管理 SAMBA 用户账号和密码时会使用到的数据库文件。
- - /usr/share/doc/samba-<版本>：该目录包含 SAMBA 的所有相关技术手册。也就是说，当安装 SAMBA 后，系统中已经有了相当丰富和完整的 SAMBA 使用手册。这是一件令人高兴的事情，所以请务必参考一下。

对于常用的脚本文件，如果按照服务器和客户端功能进行分类，主要有以下这些：

- /usr/sbin/{smbd,nmbd}：服务器功能，这是两个最重要的服务程序，负责权限管理（smbd）和 NetBIOS 名称查询（nmbd）。
- /usr/bin/{tdbdump,tdbtool}：服务器功能，在 SAMBA 3.0 及更高版本中，用户账号和密码参数已转为使用数据库。SAMBA 使用的数据库名称为 TDB（Trivial Data Base）。tdbdump 用于查看数据库内容，tdbtool 用于进入数据库操作界面并手动修改账户和密码参数。但需要安装 tdb-tools 软件包。
- /usr/bin/smbstatus：服务器功能，可列出当前 SAMBA 的连接状态，包括每个 SAMBA 连接的 PID、共享资源和使用的用户来源等，方便管理 SAMBA。
- /usr/bin/{smbpasswd,pdbedit}：服务器功能，在管理 SAMBA 用户账号和密码时，早期使用 smbpasswd 命令，但后来使用 TDB 数据库，建议使用 pdbedit 命令来管理用户数据。
- /usr/bin/testparm：服务器功能，用于检验 smb.conf 配置文件的语法正确性。在编辑 smb.conf 后，请务必使用该命令进行检查，以避免因打字错误而导致出现问题。
- /sbin/mount.cifs：客户端功能，在 Windows 上可以设置"网络驱动器"来连接本地主机。在 Linux 上，通过 mount（mount.cifs）将远程主机共享的文件和目录挂载到本地 Linux 主机上。
- /usr/bin/smbclient：客户端功能，可用于通过"网上邻居"功能查看其他计算机共享的目录和设备。该命令也可用于在自己的 SAMBA 主机上检查是否设置成功。
- /usr/bin/nmblookup：客户端功能，类似于 nslookup，用于查找 NetBIOS 名称。
- /usr/bin/smbtree：客户端功能，类似于 Windows 系统的"网上邻居"显示结果，可显示类似"靠近我的计算机"等数据，提供工作组和计算机名称的树形目录分布图。

大致的软件结构就是这样的，接下来我们准备通过一个简单的案例来更好地介绍配置文件。

16.2.2　基础的网上邻居共享流程与 smb.conf 的常用设置项

既然 SAMBA 要添加到 Windows 的"网上邻居"服务中,因此它的设置方式应该与网上邻居类似。首先,让我们先讨论一下 Windows 的网上邻居的设置方法。在早期的 Windows 中,网上邻居的设置非常简单,但由于过于简单,因此会带来一些安全问题。随后,在 Windows XP 的 SP2(Service Pack 2)之后,引入了许多默认的防火墙机制。因此,使用网上邻居的默认限制通常会是这样的:

- 服务器与客户端必须要在同一个网络中(否则需要修改 Windows 默认防火墙)。
- 最好设置为同一工作组。
- 主机的名称不可相同(NetBIOS 名称)。
- 专业版 Windows XP 最多只能提供同时 10 个用户连接到同一台网上邻居服务器上。

工作组和主机名的设置可以通过右击"我的电脑"图标,在弹出的快捷菜单中选择"属性",然后修改相关的设置值。当 Windows 主机符合上述条件后,处理网上邻居共享就变得很容易。共享的步骤通常如下:

(1)打开"资源管理器",然后在要共享的目录、磁盘或设备(如打印机)上右击,在弹出的快捷菜单中选择"共享",然后可以设置共享数据。

(2)最好创建一组用户可以使用的账号和密码,这样其他主机的用户可以通过这些账号和密码连接并使用网上邻居共享的资源。

例题

假设你打开 Windows 的资源管理器,在 D:\VBird\Data 目录上右击,并选择"共享与安全性"。然后,在弹出的窗口中选择"你了解这个安全风险,但仍要设置向导共享此文件,请按这里"。接下来,勾选"在网络上共享这个文件夹",最后输入共享名称为 VBGame。假设你的 IP 地址是 192.168.100.20,那么用户将会看到什么网址呢?

答:网络邻居的资源名称通常的写法是"\\IP\共享资源名称",而我们的共享资源名称是 VBGame。因此,最终共享的资源名称应该是"\\192.168.100.20\VBGame"。很多朋友可能会错误地写成"\\192.168.100.20\VBird\Game",那就错得很离谱了。

真是够简单的。那么,SAMBA 怎么设置呢?同样很简单,按照上述限制以及流程,可以如下设置:

(1)服务器全局设置方面:在 smb.conf 文件中设置工作组、NetBIOS 主机名、密码使用状态(无密码共享或本机密码)等全局设置项。

(2)规划准备共享的目录参数:在 smb.conf 文件中设置预计要共享的目录或设备,并配置可供使用的账号数据。

(3) 建立所需的文件系统：根据步骤（2）的设置，在 Linux 文件系统中创建共享的文件或设备，并设置相关的权限参数。

(4) 建立可用的 SAMBA 账号：根据步骤（2）的设置，创建所需的 Linux 实体账号，并使用 pdbedit 命令为 SAMBA 设置密码。

(5) 启动服务：启动 SAMBA 的 smbd 和 nmbd 服务，使其开始运行。

根据上述流程，我们最需要了解的是 smb.conf 配置文件的信息。因此，首先要介绍一下这个文件的设置方式。该文件可以分为两个部分进行查看：主机信息部分和共享信息部分。在 smb.conf 文件中，[global]（全局）部分用于设置主机信息，而个别目录名称用于设置共享信息。此外，由于 SAMBA 的主要目的是加入网上邻居功能，因此 smb.conf 中的许多设置与 Windows 类似。

- 在 smb.conf 中，井号（#）与分号（;）都是注释符号。
- 在这个配置文件中，字母大小写是没关系的，因为 Windows 不区分字母大小写。

1. smb.conf 的服务器全局参数：[global] 项

在 smb.conf 这个配置文件中的设置项有点像下面这样：

```
# 会有很多加上 # 或 ; 的注释说明，也可以自行加上来提醒自己的相关设置
[global]
    参数项 = 设置内容
    ...

[共享资源名称]
    参数项 = 设置内容
    ...
```

在 [global] 部分，我们设置了一些服务器的全局参数，包括工作组、主机的 NetBIOS 名称、字符编码的显示、日志文件的设置、是否使用密码以及使用密码验证的机制等。这些参数都是在 [global] 项中设置的。而对于 [共享资源名称] 部分，则是针对特定的共享目录进行权限方面的设置，包括谁可以浏览该目录、是否具有读写权限等参数。

在 [global] 部分，关于主机名信息方面的参数主要包括：

- workgroup = 工作组的名称：注意，工作组要相同。
- netbios name = 主机的 NetBIOS 名称：每台主机均不同。
- server string = 主机的简易说明：这个随便写即可。

另外，在处理语言显示问题方面，必须清楚以下几点：SAMBA 服务器上的数据（如挂载的磁盘分区槽的参数和原始的数据编码）、SAMBA 服务器的显示语言、Windows 客户端的显示语言以及连接到 SAMBA 的软件都需要符合正确的设置值。在最新的 3.x 版本中，提供了几个设置选项来处理这些语言转换的问题，如下所示：

- display charset = 自己服务器上面的显示编码，例如你在终端机所查阅的编码信息。一般来说，与下面的 unix charset 相同。
- unix charset = 在 Linux 服务器上所使用的编码，一般来说就是 i18n 编码，所以必须要参考 /etc/sysconfig/i18n 内的"默认"编码。
- dos charset = 就是 Windows 客户端的编码，一般来说简体中文 Windows 使用的是 GB 2312 编码，这个编码在 SAMBA 内的格式被称为"cp936"。

下面鸟哥以一个例题来说明一下。

例题

假设 SAMBA 使用的语言是 /etc/sysconfig/i18n 中显示的 LANG="zh_CN.UTF-8"，而预计要共享的目标系统是 Windows XP，那么语言数据应该如何设置呢？

答：由于 Linux 和 Windows XP 都使用 GB 2312 编码，因此设置值应该是：

```
unix charset    = cp936
display charset = cp936
dos charset     = cp936
```

除此之外，还有登录文件方面的信息，包括这些参数：

- log file = 日志存储的文件，文件名可能会使用变量来处理。
- max log size = 日志文件的容量最大能达到多少 KB，若大于该数字，则会被轮换（Rotate）掉。

还有网上邻居开放共享时，安全性程度有关的密码参数，包括这几个：

- security = share、user、domain：三选一，这三个设置值分别代表：
  - share：共享的数据不需要密码，大家均可使用（没有安全性）。
  - user：使用 SAMBA 服务器本身的密码数据库，密码数据库与下面的 passdb backend 有关。
  - domain：使用外部服务器的密码，也就是 SAMBA 是客户端之意，如果设置该项，需要提供 password server = IP 的设置值。
- encrypt passwords = Yes，表示密码要加密，注意 passwords 要有 s。
- passdb backend = 数据库格式，如前所述，为了加快速度，目前密码文件已经转为使用数据库了。默认的数据库格式为 tdbsam，而默认的文件则放置到 /var/lib/samba/private/passwd.tdb。

事实上，SAMBA 提供了多种密码方面的设置选项，其中包括可以利用 SAMBA 来修改 /etc/passwd 文件中用户的密码。不过，在这种情况下，你需要用到 unix password sync 和 passwd program 这两个参数值。在这里，我们先讨论比较简单的部分，如果你对更高级的设置感兴趣，可以使用 man smb.conf 命令进行搜索和查阅。

2. 共享资源的相关参数设置 [共享的名称]

这部分就是我们在前面的示例中提到的，指定要将哪个实际目录共享成什么名称。方括号中的内容是"共享名称"。在这个共享名称中，常见的参数包括：

- [共享名称]：这个共享名称很重要，它是一个"代号"。记得回去看看第 16.2.2 节中提到的那个范例。
- comment：这个目录的说明。
- path：这个共享名称实际会进入的 Linux 文件系统（目录）。也就是说，在网上邻居中看到的是 [共享] 的名称，而实际操作的文件系统则是在 path 中设置的。
- browseable：是否让所有的用户看到该项。
- writable：是否可以写入。这里需要注意一下，read only 与 writable 是两个很相似的设置值，如果 writable 在这里设置为 yes，也就是可以写入，read only 同时设置为 yes，那不就互相抵触了？哪个才是正确的设置？答案是：**最后出现的那个设置值才是生效的设置值**。
- create mode 与 directory mode 都是与权限有关。
- writelist = 用户, @组，该项可以指定能够进入此资源的特定用户。如果是 @group 的格式，则加入该组的用户均可获取使用的权限，设置上会比较简单。

因为共享的资源主要与 Linux 系统的文件权限有关，所以其设置参数多与权限有关。

3. smb.conf 内的可用变量功能

为了简化设置值，SAMBA 提供很多不同的变量供我们使用，主要有下面这几个变量：

- %S：获取当前设置项的值，所谓的"设置项的值"就是在 [共享] 中的内容。例如下面的设置范例：

```
[homes]
    valid users = %S
    ...
```

因为 valid users 参数是指允许登录的用户，将其设置为 %S 表示任何可登录的用户都可以登录。例如，如果用户 dmtsai 登录，那么 [homes] 将自动变为 [dmtsai]。这样能明白吗？%S 的意思是将其替换为当前方括号 "[ ]" 中的内容。

- %m：表示客户端的 NetBIOS 主机名。
- %M：表示客户端的 Internet 主机名，就是 hostname。
- %L：表示 SAMBA 主机的 NetBIOS 主机名。
- %H：表示用户的用户主目录。
- %U：表示当前登录的用户对应的用户名。

- %g：表示登录的用户的组名。
- %h：表示当前这台 SAMBA 主机的 Hostname。注意是 Hostname 不是 NetBIOS name。
- %I：表示客户端的 IP 地址。
- %T：表示当前的日期与时间。

以上就是在 smb.conf 中常见的几种设置项。对于初次接触 SAMBA 的朋友来说，看到上面写的数据或信息肯定是一头雾水。接下来，我们将通过几个小范例来实际介绍 smb.conf 的设置，这样就能更好地理解这些参数的应用了。记住，在阅读完下面的范例后，务必回过头来再查看这些参数的含义。如果还有其他的参数需要了解，一定要自行查阅 man smb.conf，这点非常重要。

> 时代变化迅速，版本变动频繁，要完整地讲解所有的参数确实是一项艰巨的任务。因此，在这里只介绍一些常用的设置项，许多细节需要靠大家自己努力探索。

16.2.3　不需密码的共享（security = share，纯测试）

是否可以在不需要密码的情况下访问 SAMBA 主机提供的目录资源？是可以的。然而，由于无须密码即可登录，尽管你可以将权限设置为只读，仅允许用户查看目录内容，但这仍然存在一定的风险。因为如果不小心将重要数据放在共享目录中，可能会带来安全隐患。因此，尽量避免这种设置，这也是为什么本小节的标题中使用了"纯测试"一词。

1. 假设条件

在下面的案例中，服务器（192.168.100.254）预计设置的参数为：

- 在局域网内所有的网上邻居主机的工作组（Workgroup）为 vbirdhouse。
- 这台 SAMBA 服务器的 NetBIOS 名称（NetBIOS Name）为 vbirdserver。
- 用户认证等级设置（security）为 share。
- 取消原来有共享的 [homes] 目录。
- 仅共享 /tmp 这个目录，且取名为 temp。
- Linux 服务器的编码格式假设为统一码（Unicode，即 UTF-8）。
- 客户端为中文 Windows，在客户端的软件也使用 GB2312 编码。

老实说，现在我们几乎不需要设置 netbios name，因为通常使用 IP 地址进行网上邻居的连接，而不一定依赖主机名。因此，在这个版本中，鸟哥取消了 lmhosts 的设置。好了，接下来我们开始按顺序进行 SAMBA 的设置吧。

2. 设置 smb.conf 配置文件

由于我们已经设置了与语言相关的数据，因此需要先检查一下 Linux 服务器是否使用的是 UTF-8 编码。检查的方法如下：

```
[root@www ~]# cat /etc/sysconfig/i18n
LANG="zh_CN.UTF-8"    <==确实出现了 UTF-8
```

如上所示，确实是 UTF-8 编码。在这个例子中，我们只共享了 /tmp 目录，并且假设该共享目录是可读写的，同时我们没有共享打印机。值得注意的是，在 smb.conf 文件中，注释符号可以是"#"或";"。

```
[root@www ~]# cd /etc/samba
[root@www samba]# cp smb.conf smb.conf.raw   <==先备份再说
[root@www samba]# vim smb.conf
# 1. 先设置好服务器全局环境方面的参数
[global]
        # 与主机名有关的设置信息
        workgroup      = vbirdhouse
        netbios name   = vbirdserver
        server string  = This is vbird's samba server

        # 与语言方面有关的设置项，为何如此设置可参考前面的说明
        unix charset    = utf8
        display charset = utf8
        dos charset     = cp36

        # 与登录文件有关的设置项，注意变量 (%m)
        log file = /var/log/samba/log.%m
        max log size = 50

        # 这里才是与密码有关的设置项
        security = share

        # 修改一下打印机的加载方式，不要加载
        load printers        = no

# 2. 共享资源设置方面：主要是将旧的注释掉，新的加入
#     先取消[homes]和[printers]项，然后针对/tmp 设置，可浏览且可写入
[temp]                                      <==共享资源名称
        comment    = Temporary file space   <==简单地解释此资源
        path       = /tmp                   <==实际 Linux 共享的目录
        writable   = yes                    <==是否可写入？在此例为是
        browseable = yes                    <==能否被浏览到资源名称
        guest ok   = yes                    <==单纯共享时，让用户随意登录的设置值
```

特别注意，在原来的 smb.conf 文件中已经包含许多默认值。如果你不了解这些默认值的作用，请尽量保留它们，并且可以使用 man smb.conf 命令查询这些默认值的含义。上述设置完全控制了用户的认证级别等。

3. 用 testparm 检查 smb.conf 配置文件语法设置的正确性

在启动 SAMBA 之前，要确保 smb.conf 文件的语法是正确的。我们可以使用 testparm 命令进行检查。测试的方式如下：

```
[root@www ~]# testparm-v
选项与参数：
-v：查阅完整的参数设置，连同默认值也会显示出来

[root@www ~]# testparm
Load smb config files from /etc/samba/smb.conf
Processing section "[temp]"    <==看有几个方括号，若方括号前出现信息，则有错误
Loaded services file OK.
Server role: ROLE_STANDALONE
Press enter to see a dump of your service definitions <==按 Enter 键继续

[global]    <==下面就是刚刚在 smb.conf 中定义的数据
        dos charset = cp950
        unix charset = utf8
        display charset = utf8
        workgroup = VBIRDHOUSE
        netbios name = VBIRDSERVER
        server string = This is vbird's samba server
        security = SHARE
        log file = /var/log/samba/log.%m
        max log size = 50
        load printers = No

[temp]
        comment = Temporary file space
        path = /tmp
        read only = No
        guest ok = Yes
```

上述是语法验证和各项的输出结果。如果使用 testparm 命令出现以下输出，那就表示存在问题：

```
[root@www ~]# testparm
Load smb config files from /etc/samba/smb.conf
Unknown parameter encountered: "linux charset"  <==方括号前为错误信息
Ignoring unknown parameter "linux charset"

Processing section "[temp]"
Loaded services file OK.
Server role: ROLE_STANDALONE
Press enter to see a dump of your service definitions
```

如果发现上述错误，表示 smb.conf 文件中有一个 linux charset 的设置参数。然而，实际上 smb.conf 不支持该参数。可能出现的问题是，Samba 2.x 和 Samba 3.x 之间存在一些设置项支持的差异，因此，如果使用旧版 Samba 2.x 的配置文件在 Samba 3.x 上执行，就会

出现问题。此外，拼写错误也是一个常见的问题。请立即进行语法测试，并根据 smb.conf 中存在的设置项进行修改。

如果你想了解 SAMBA 的所有设置（包括在 smb.conf 中没有设置的默认值），可以使用 testparm –v 命令来获取详细的输出。这个命令会提供丰富的数据，通过它可以了解你的主机环境的设置情况。

4. 服务器端的服务启动与端口观察

启动服务是很简单的，利用默认的 CentOS 启动方式来处理即可。

```
[root@www ~]# /etc/init.d/smb start    <==从该版本开始要启动两个守护进程
[root@www ~]# /etc/init.d/nmb start
[root@www ~]# chkconfig smb on
[root@www ~]# chkconfig nmb on
[root@www ~]# netstat -tlunp | grep mbd
Active Internet connections (only servers)
Proto Recv-Q Send-Q Local Address          Foreign Address    State     PID/Program name
tcp        0      0 :::139                 :::*               LISTEN    1772/smbd
tcp        0      0 :::445                 :::*               LISTEN    1772/smbd
udp        0      0 192.168.1.100:137      0.0.0.0:*                    1780/nmbd
udp        0      0 192.168.100.254:137    0.0.0.0:*                    1780/nmbd
udp        0      0 0.0.0.0:137            0.0.0.0:*                    1780/nmbd
udp        0      0 192.168.1.100:138      0.0.0.0:*                    1780/nmbd
udp        0      0 192.168.100.254:138    0.0.0.0:*                    1780/nmbd
udp        0      0 0.0.0.0:138            0.0.0.0:*                    1780/nmbd
```

特别注意，在 SAMBA 中，默认会启动多个端口，包括用于数据传输的 TCP 端口（139、445），以及用于 NetBIOS 名字解析等工作的 UDP 端口（137、138）。因此，你会看到很多输出数据。那么，是否可以只支持必要的端口 139 并关闭端口 445 呢？是可以的。通过观察 testparm –v 的输出，你会发现"smb ports = 445 139"这个设置指定了两个端口。因此，可以在 smb.conf 中添加这个设置，并将其修改为"smb ports = 139"。不过，建议先保留默认值。

5. 假设本机为客户端的测试（默认用 lo 接口）

关于客户端的观察，将在后文进行介绍。在这里，只是说明如何确定我们的 SAMBA 设置和服务正常运行。我们可以使用 smbclient 程序在本机上进行处理，其基本查询语法如下：

```
[root@www ~]# smbclient -L [//主机或 IP] [-U 用户账号]
选项与参数：
-L：仅查阅后面接的主机所提供共享的目录资源
-U：以后面接的这个账号来尝试访问该主机的可用资源
```

由于在这个范例中我们没有定义用户的安全级别（share），所以不需要使用 –U 选项，因此可以按照以下方式来查看：

```
[root@www ~]# smbclient -L //127.0.0.1
Enter root's password: <==因为不需要密码，所以此处可以直接按 Enter 键
Domain=[VBIRDHOUSE] OS=[Unix] Server=[Samba 3.5.4-68.el6_0.2]

        Sharename       Type        Comment
        ---------       ----        -------
        temp            Disk        Temporary file space
        IPC$            IPC         IPC Service (This is vbird's samba server)
Domain=[VBIRDHOUSE] OS=[Unix] Server=[Samba 3.5.4-68.el6_0.2]

        Server              Comment
        ---------           -------
        VBIRDSERVER         This is vbird's samba server

        Workgroup           Master
        ---------           -------
        VBIRDHOUSE          VBIRDSERVER
```

在上面的输出信息中，共享的目录资源（Sharename）就是在 smb.conf 中定义的 [temp] 名称。因此，这里的意思是：任何人都可以访问 //127.0.0.1/temp 这个目录，而在 Linux 系统中，该目录实际上是 /tmp 目录。至于 IPC$，它是为了兼容 Windows 环境而必须存在的设置项。那么，如何使用这个资源呢？接下来，我们可以使用 mount 命令来挂载相关资源：

```
[root@www ~]# mount -t cifs //127.0.0.1/temp /mnt
Password: <==因为没有密码，所以此处还是按 Enter 键即可
[root@www ~]# df
Filesystem           1K-blocks      Used Available Use% Mounted on
...(前面省略)...

//127.0.0.1/temp/     1007896     53688    903008   6% /mnt

[root@www ~]# cd /mnt
[root@www mnt]# ll    <==通过以上两个操作才会知道有没有权限问题
[root@www mnt]# touch zzz
[root@www mnt]# ll zzz /tmp/zzz
-rw-r--r--. 1 nobody nobody 0 Jul 29 13:08 /tmp/zzz
-rw-r--r--. 1 nobody nobody 0 Jul 29 13:08 zzz
# 注意，进入 /mnt 身份会被映射为 nobody，不再是 root 用户

[root@www mnt]# cd ; umount /mnt
```

确实可以进行挂载。因此，在测试完成后，先卸载这个挂载。关于 mount 命令的用法，我们将在后面的章节中继续介绍。

基本上，到此为止，我们已经成功设置了一个简单的不需要密码即可登录的 SAMBA 服务器。你可以继续前往客户端软件功能部分进行更详细的挂载测试。接下来，让我们设计一个简单的范例，需要密码才能登录 SAMBA。

16.2.4 需要账号和密码才可登录的共享（security = user）

设置一个不需要密码即可登录的 SAMBA 服务器确实非常简单。然而，你可能不希望将某些具有机密性质的数据放在没有任何保护的网上邻居中供所有人查阅吧？

那么怎么办呢？没关系，我们可以通过 SAMBA 服务器提供的身份验证方式来进行用户权限的分配。换句话说，当你在客户端连接服务器时，必须输入正确的用户名和密码才能登录 SAMBA 并查看自己的数据。你可能会担心这样会很复杂，但实际上并不复杂。SAMBA 本身提供了一个小程序来帮助我们设置密码，整个过程并不困难。

比较重要的是，SAMBA 用户账号必须在 Linux 系统中存在（/etc/passwd 文件中），但是 SAMBA 的密码与 UNIX 的密码文件并不相同，这是因为 Linux 和网上邻居的密码验证方式以及编码格式不同。这可能会有一些小麻烦，但不用担心，让我们来处理这个设置吧。

1. 假设条件

由于用户级别已更改为 user 设置，因此 [temp] 部分已不再需要。请删除或注释掉该设置。然而，请保留服务器方面的全局数据，包括工作组等数据，并添加以下数据：

- 用户认证等级设置（security）为 user。
- 用户密码文件使用 TDB 数据库格式，默认文件在 /var/lib/samba/private/ 内。
- 密码必须要加密。
- 每个可使用 SAMBA 的用户均拥有自己的用户主目录。
- 设置三个用户，名称为 smb1、smb2、smb3，且均附属于 users 用户组。这三个用户的 Linux 密码为 1234，SAMBA 密码则为 4321。
- 共享 /home/project 这个目录，且共享资源名称为 project。
- 加入 users 这个组的用户可以使用 //IP/project 资源，且在该目录下 users 这个组的用户具有写入的权限。

好了，开始一步一步地处理吧。

2. smb.conf 配置文件与目录权限的相关配置

在这个范例的配置文件中，我们将添加几个参数。添加的参数部分将使用特殊字体加以标注，而引用之前参数的部分则使用普通字体。请参考以下交互范例：

```
# 1. 开始设置重要的 smb.conf 文件
[root@www ~]# vim /etc/samba/smb.conf
[global]
        workgroup        = vbirdhouse
        netbios name     = vbirdserver
        server string    = This is vbird's samba server
        unix charset     = utf8
        display charset  = utf8
```

```
        dos charset       = cp950
        log file          = /var/log/samba/log.%m
        max log size      = 50
        load printers     = no
        # 与密码有关的设置项，包括密码文件的格式
        security = user              <==这行就是重点。改成 user 等级
        passdb backend = tdbsam      <==使用的是 TDB 数据库格式
# 2. 共享的资源设置方面：删除 temp  加入 homes 与 project
[homes]                              <==共享的资源名称
        comment       = Home Directories
        browseable    = no           <==除用户自己外，不可被其他人浏览
        writable      = yes          <==挂载后可读写此共享
        create mode   = 0664         <==创建文件的权限为 664
        directory mode = 0775        <==创建目录的权限为 775
[project]                            <==就是那三位用户的共享资源
        comment     = smbuser's project
        path        = /home/project  <==实际的 Linux 上的目录位置
        browseable = yes             <==可被其他人浏览到资源名称(非内容)
        writable   = yes             <==可以被写入
        write list = @users          <==表示写入者包括哪些人
# 3. 每次改完 smb.conf 都需要重新检查一下语法是否正确
[root@www ~]# testparm   <==详细的调试请自行处理
```

以上比较有趣的设置项主要如下：

- **[global] 修改与添加的部分**：将安全级别设置为用户级别（把 security 设置为 user 等级），并使用 passdb backend = tdbsam 这个数据库格式，因此密码文件会放置于 /var/lib/samba/private/ 目录中。此外，默认密码已经进行了加密，因此不需要额外设置参数来进行规范化。

- **[homes] 这个用户资源共享部分**：homes 是最特殊的资源共享名称，因为在 Linux 上的每位用户均有用户主目录，例如 smb1 的用户主目录位于 /home/smb1/。当 smb1 用户使用 SAMBA 时，他会发现多了个 //127.0.0.1/smb1/ 的资源可用，而 smb2 用户则会在 //127.0.0.1/smb2/ 找到这个资源。由于设置为不可浏览（Browseable），因此除用户自己能够看到自己的用户主目录资源外，其他人无法浏览。此外，为了规范权限设置，增加了 create mode 与 directory mode 两个设置值（这些值可以设置，也可以忽略）。

- **[project] 这个用户资源共享部分**：当我们添加一个共享资源时，最重要的是规范资源的名称。在这个例子中，我们将资源名称设置为 projcct，它指向/home/project，也就是说，//127.0.0.1/project 代表/home/project。此外，只有加入 users 组的用户才能够访问这个资源。在这里，使用 write list 这个设置项比较简单明了。在早期的设置中，可能会使用 valid users，但最近鸟哥更偏好使用 write list。**然而，能否顺利访问文件还取决于 Linux 最底层的文件权限。**

千万不要忘记，除配置文件外，还要确保详细的目录权限和账号设置等规范已经正确设置。接下来，我们将使用一个范例来示范这项工作。

例题

我们计划共享 /home/project 目录，你知道应该如何设置该目录的权限吗？

答：由于我们要将其开放给 users 用户组共享，通常情况下，共享目录的权限会设置为 2770，这是一个带有 SGID 特殊标志的权限设置。因此，应该这样设置该目录的权限：

```
[root@www ~]# mkdir /home/project
[root@www ~]# chgrp users /home/project
[root@www ~]# chmod 2770 /home/project
[root@www ~]# ll -d /home/project
drwxrws---. 2 root users 4096 Jul 29 13:17 /home/project
```

3. 设置可使用 SAMBA 的用户账号与密码

设置用户账号是一个非常重要的步骤，因为如果设置错误，任何人都无法登录。在这里，我们需要先说明一下 Linux 文件系统与 SAMBA 设置的用户登录权限之间的相关性。

- 在 Linux 系统中，任何程序在进行文件访问等操作之前，都需要获取相应的 UID 和 GID（用户 ID 和组 ID）权限。
- 在 Linux 系统中，UID、GID 与账号的对应关系通常记录在 /etc/passwd 文件中，也可以通过 NIS、LDAP 等方式进行对应。
- SAMBA 只是在 Linux 系统上运行的一套软件，在使用 SAMBA 访问 Linux 文件系统时，仍然需要依据 Linux 系统中的 UID 和 GID 来确定权限。

如果前面的几点说明没有问题，现在来看看当我们在 Windows 计算机上使用网上邻居连接 Linux 并访问数据时，会出现什么情况呢？

我们需要使用 SAMBA 提供的功能来访问 Linux，而要访问 Linux，需要获取 Linux 系统上的 UID 和 GID。因此，当我们登录 SAMBA 服务器时，实际上获取的是 Linux 系统中相关账号的信息。换句话说，在 SAMBA 上的用户账号必须是 Linux 账号之一。

因此，在不考虑 NIS 或 LDAP 等其他账号验证方式的情况下，纯粹以 Linux 本机账号（/etc/passwd）作为身份验证时，SAMBA 服务器提供的可登录账号名称必须存在于 /etc/passwd 中。这是一个非常重要的概念。例如，如果你想让 dmtsai 成为 SAMBA 用户，那么 dmtsai 必须加入 /etc/passwd 中。这是基本的账号权限概念，如果有必要，请读者参考相关的基础教程（鸟哥编写的《鸟哥的 Linux 私房菜 基础学习篇（第四版）》一书）。

现在我们知道需要添加三个用户（smb1、smb2 和 smb3），并将他们添加到 users 组中。此外，我们之前还创建了一个名为 student 的用户。假设这 4 个用户都需要使用 SAMBA

服务，除添加用户外，还需要使用 pdbedit 命令来配置 SAMBA 用户的功能。

```
# 1. 先来创建所需的各个账号，假设 student 已经存在
[root@www ~]# useradd -G users smb1
[root@www ~]# useradd -G users smb2
[root@www ~]# useradd -G users smb3
[root@www ~]# echo 1234 | passwd --stdin smb1
[root@www ~]# echo 1234 | passwd --stdin smb2
[root@www ~]# echo 1234 | passwd --stdin smb3

# 2. 使用 pdbedit 命令功能
[root@www ~]# pdbedit -L [-vw]              <==查看账户信息
[root@www ~]# pdbedit -a|-r|-x -u 账号       <==添加/修改/删除账号
[root@www ~]# pdbedit -a -m -u 机器账号       <==与 PDC 有关的机器账号
选项与参数：
-L：列出当前在数据库中的账号与 UID 等相关信息
-v：需要搭配 -L 来执行，可列出更多的信息，包括用户主目录等数据
-w：需要搭配 -L 来执行，使用旧版的 smbpasswd 格式来显示数据
-a：添加一个可使用的 SAMBA 账号，后面的账号需要在 /etc/passwd 内存在
-r：修改一个账号的相关信息，需搭配很多特殊参数，请执行 man pdbedit 查看命令细节
-x：删除一个可使用 SAMBA 的账号，可先用 -L 找到账号后再删除
-m：后面接的是机器账号 (machine account)，与 Domain 模式（主控模式）有关

# 2.1 开始添加用户
[root@www ~]# pdbedit -a -u smb1
new password: <==输入 4321 这个密码试试
retype new password: <==再输入一次
Unix username:        smb1       <==下面为输入正确后的显示结果
NT username:
Account Flags:        [U          ]
User SID:             S-1-5-21-4073076488-3046109240-798551845-1000
Primary Group SID:    S-1-5-21-4073076488-3046109240-798551845-513
Full Name:
Home Directory:       \\vbirdserver\smb1
HomeDir Drive:
Logon Script:
Profile Path:         \\vbirdserver\smb1\profile
Domain:               VBIRDSERVER
Account desc:
Workstations:
Munged dial:
Logon time:           0
Logoff time:          9223372036854775807 seconds since the Epoch
Kickoff time:         9223372036854775807 seconds since the Epoch
Password last set:    Fri, 29 Jul 2011 13:19:56 CST
Password can change:  Fri, 29 Jul 2011 13:19:56 CST
Password must change: never
Last bad password   : 0
Bad password count  : 0
Logon hours         : FFFFFFFFFFFFFFFFFFFFFFFFFFFFFFFFFFFFFFFFFFFF
# 可以发现其实信息非常多。若需修改设置的细节说明，则执行 man pdbedit 命令来查阅
```

```
[root@www ~]# pdbedit -a -u smb2
[root@www ~]# pdbedit -a -u smb3
[root@www ~]# pdbedit -a -u student
# 2.2 查询当前已经存在的 Samba 账号
[root@www ~]# pdbedit -L
smb1:2004:
smb3:2006:
smb2:2005:
student:505:
# 仅列出账号与 UID

# 2.3 尝试修改与删除 smb3 这个账号
[root@www ~]# smbpasswd smb3
New SMB password:
Retype new SMB password:
# 修改密码比较特殊，管理密码参数使用 pdbedit，修改密码需要用 smbpasswd

[root@www ~]# pdbedit -x -u smb3
[root@www ~]# pdbedit -Lw
# 此时就看不到 smb3 这个用户了，所以测试完请立即将它加回来
```

如果以后需要添加额外的用户账号，而该账号在 Linux 系统中不存在，可以使用 useradd 命令创建该账号，然后使用 pdbedit –a 命令添加到 SAMBA 中。如果该账号已经存在于 Linux 中，直接使用 pdbedit –a 命令添加即可。同时，建议使用 pdbedit 来管理 TDB 数据库格式，而 smbpasswd 只需记住其修改密码的功能即可。

4. 重新启动 SAMBA 并进行自我测试

在重新启动之后，我们进行的修改才会生效。然后，可以使用 smbclient 来检查不同身份是否会有不同的浏览结果。下面就来看看：

```
[root@www ~]# /etc/init.d/smb restart
[root@www ~]# /etc/init.d/nmb restart

# 1. 先用匿名登录试试看
[root@www ~]# smbclient -L //127.0.0.1
Enter root's password:          <==直接按 Enter 键即可
Anonymous login successful      <==看到匿名的字样了
Domain=[VBIRDHOUSE] OS=[Unix] Server=[Samba 3.5.4-68.el6_0.2]

        Sharename       Type      Comment
        ---------       ----      -------
        project         Disk      smbuser's project
        IPC$            IPC       IPC Service (This is vbird's samba server)
...(下面省略)...
# 2. 再使用 smb1 这个账号登录试试看
[root@www ~]# smbclient -L //127.0.0.1 -U smb1
Enter smb1's password:    <==输入 smb1 在 pdbedit 所创建的密码
Domain=[VBIRDHOUSE] OS=[Unix] Server=[Samba 3.5.4-68.el6_0.2]
```

```
   Sharename         Type        Comment
   ---------         ----        -------
   project           Disk        smbuser's project
   IPC$              IPC         IPC Service (This is vbird's samba server)
   smb1              Disk        Home Directories  <==多了这玩意儿
...(省略)...
```

通过上面的输出，我们可以发现，使用不同的身份登录可以获取不同的浏览数据，因此在使用时需要特别注意。接下来，让我们开始进行自我挂载测试，看看结果如何。

```
[root@www ~]# mount -t cifs //127.0.0.1/smb1 /mnt -o username=smb1
Password: <==确定输入正确的密码
# 此时 /home/smb1/ 与 /mnt 应该拥有相同的文件名，因为挂载

[root@www ~]# ll /home/smb1/.bashrc
-rw-r--r--. 1 smb1 smb1 124 May 30 23:46 /home/smb1/.bashrc <==确定有文件
[root@www ~]# ls -a /mnt
# 看不到任何东西，应该是 SELinux 的问题。根据 /var/log/messages 的信息
# 进行如下操作就能够处理好这个程序

[root@www ~]# setsebool -P samba_enable_home_dirs=1
[root@www ~]# ls -a /mnt
.  ..  .bash_logout  .bash_profile  .bashrc  .gnome2  .mozilla
# 文件名出现啦！这个用户挂载处理完毕

[root@www ~]# umount /mnt
```

进行自我测试非常重要。因为 SAMBA 是对外提供服务的，所以 SELinux 会对该服务进行特殊处理。这包括默认情况下用户主目录没有开放的权限，以及默认的 SELinux 类型不正确会导致无法使用（可以尝试挂载 //127.0.0.1/project 来了解原因）。因此，通过进行自我测试，就可以了解哪些地方的 SELinux 设置不正确。有关详细的设置，请参考第 16.2.6 节中有关安全性设置的内容。

> 根据网友的反馈，由于之前我们设置了共享（Share）的安全模式，并且已经在 Windows 系统上进行了测试，重复在同一台 Windows 系统上进行测试时，可能会出现无法登录的情况。建议直接重新启动 Windows 系统，以清除之前登录的信息。

5. 关于权限的再说明与累加其他共享资源的方式

有时候你可能会发现，在 smb.conf 中已经设置了可写（Writable）权限，并且用户登录的身份也没有问题，但为什么无法挂载或写入呢？难道是服务器设置有问题吗？不是的。实际上，主要问题通常来源于 Linux 文件系统的权限设置。

举例来说，当你无法挂载却发现 Linux 传统权限设置是正确的，那么很可能是 SELinux 出了问题。在这种情况下，需要使用 setsebool、chcon 或 restorecon 等命令来解决问题。

此外，在 smb.conf 中我们将[project]设置为可写入，也就是说/home/project 是可写入的。假设 smb1 属于 users 组，在以 smb1 身份登录 SAMBA 服务器后，它应该具有对/home/project 的读写能力。但是，如果以 root 身份创建了/home/project 却忘记修改权限，那么 users 组将无法对/home/project 进行写入，因此 smb1 用户自然也无法进行写入。

如果你还想扩展共享目录并允许其他用户登录，可以按照以下步骤进行操作：

- 使用编辑器打开 smb.conf，添加其他要共享的目录资源，并特别注意在 Linux 中设置正确的目录权限。你可以使用 chown 与 chmod 命令来设置权限。
- 使用 pdbedit 命令添加其他可用的 SAMBA 账号。如果该账号在/etc/passwd 中不存在，请先使用 useradd 命令添加该账号。
- 在进行任何设置后，请使用 testparm 命令进行确认。然后使用/etc/init.d/{smb,nmb} restart 命令重新启动服务。

事实上，Samba 的一般用途就是在这种连接模式下。你可以多使用 Samba 来共享资源。鸟哥通常使用 Samba 作为远程服务器与工作机进行互通。

16.2.5 设置成打印机服务器（CUPS 系统）

时至今日，打印机的网络功能已经非常强大。甚至有一些支持无线网络的打印机，因此每台打印机都可以独立作为各个个人计算机的独立打印机使用。老实说，现在已经没有必要再使用 Samba 作为网络打印机服务器了。但是考虑到一些较旧型号的打印机或者购买不起带有内置网络功能的打印机的情况，Samba 的打印机服务器仍然具有一定的价值。

在 Linux 下提供打印服务的选择很多，但这里只介绍目前较为流行的 CUPS（Common UNIX Printing System，通用 UNIX 打印系统）。关于 CUPS 的详细安装和配置方法，我们已经在《鸟哥的 Linux 私房菜 基础学习篇（第四版）》一书第 21 章的 CUPS 中提到过，因此在这里不再详细说明，只是简要介绍一下处理流程。如果你需要早期的 LPRng 打印系统的相关信息，建议参考网上的一些资料。

> 在本节中，鸟哥假设你的打印机是通过 USB 接口连接的而不是通过网络打印机连接的。如果你的打印机确实支持网络功能，建议直接参考打印机的手册进行设置，而无须安装 Samba 打印机。因为某些厂商的打印机在网络上具有特殊功能，例如 HP 的打印机通常还支持双面打印、多页打印等功能，当这些功能通过服务器重新共享时，可能会丢失。

1. 假设条件

既然要进行打印机共享，就需要有打印机。鸟哥以使用对 Linux 支持度较高的 HP LaserJet P2015dn 打印机为例，该打印机不使用网络功能，而是通过 USB 连接到 Samba 服务器上。

- CUPS 连接到 USB 打印机，并且开放非本机的 IP 来源以便使用此打印机。
- 使用 CUPS 内置的打印机驱动程序。
- 前往 HP 打印机官网获取适用于 Windows 操作系统的驱动程序。

2. 安装打印机并确定打印机连接正常

再次强调，并非所有的打印机都会得到 Linux 的支持。因此，当你想要将一台打印机连接到 Linux 系统时，请务必访问 http://www.openprinting.org/printers，查看该打印机是否得到支持。如果不受支持，那么考虑更换另一台打印机。

如果你的打印机使用 USB 口、并行口或串行口，连接打印机后，可以使用以下方法来测试是否成功连接：

```
[root@www ~]# lsusb
Bus 001 Device 002: ID 03f0:3817 Hewlett-Packard LaserJet P2015 series
Bus 001 Device 001: ID 1d6b:0002 Linux Foundation 2.0 root hub
[root@www ~]# ll /dev/usb/lp0
crw-rw----. 1 root lp 180, 0 Jul 29 13:55 /dev/usb/lp0
# 看得出来，已经有个 lp0 的打印机了。测试打印一下吧

[root@www ~]# echo "Hello printer" > /dev/usb/lp0
```

如果打印机有响应，那就没问题了。你可以进行接下来的工作了。

3. 设置 CUPS 与打印机的连接

默认情况下，都会启动 CUPS，但由于我们是以 basic server 模式安装的，默认没有安装 CUPS，因此在这里需要安装、重新配置和启动 CUPS。本章 CUPS 的设置原则如下：

- 需要让 192.168.100.0/24 这个网络可以使用打印机。
- 需要让 192.168.100.0/24 及 127.0.0.0/8 可以管理 CUPS 系统。

然后开始如下操作：

```
[root@www ~]# yum groupinstall "Print Server"
[root@www ~]# vim /etc/cups/cupsd.conf
# 1. 开放本机所有网络接口监听网络中的打印请求
# Listen localhost:631    <==在第 18 行左右，修改如下

Listen 0.0.0.0:631

# 2. 让内部网络能够进行 CUPS 的浏览与控制
<Location />             <==在第 32 行左右，添加能够让内网的其他计算机（对应 IP 地址）浏览
  Order allow,deny
  Allow From 127.0.0.0/8
  Allow From 192.168.100.0/24
</Location>
```

```
<Location /admin>             <==在 39 行左右，添加能够管理 CUPS 的账户
  Encryption Required         <==因为这里的关系，所以可能会用 https://IP
  Order allow,deny
  Allow From 127.0.0.0/8
  Allow From 192.168.100.0/24
</Location>
```

设置完成后，开始启动 CUPS 系统，可以按照以下步骤进行操作：

```
[root@www ~]# /etc/init.d/cups start
[root@www ~]# chkconfig cups on
[root@www ~]# netstat -tunlp | grep 'cups'
tcp    0  0 0.0.0.0:631         0.0.0.0:*        LISTEN    1851/cupsd
udp    0  0 0.0.0.0:631         0.0.0.0:*                  1851/cupsd
```

CUPS 启动后会监听端口 631。需要注意的是，开放界面时，需要设置为 0.0.0.0。接下来，开始设置打印机。CUPS 支持多种不同的打印机端口，每种端口的设置方式也不同，常见的有：

- USB 口：usb:/dev/usb/lp0。
- 网络打印机：ipp://ip/打印机型号。
- 网络共享打印机：smb://user:password@host/printer。

之所以要在控制服务器 CUPS 加上 192.168.100.0/24 的设置，是因为鸟哥的服务器没有 X 窗口界面，所以需要通过工作机连接服务器。在这种情况下，将 CUPS 限制在局域网可控制的范围内非常重要。此外，由于鸟哥主机所在的环境存在问题，192.168.100.254 还有一个网络接口为 192.168.1.100，鸟哥在 cupsd.conf 中也添加了这个网段（上面的范例没有特别强调），因此在图 16-3 中会看到许多 192.168.1.100 的 IP 地址，请不要担心，这是正常现象。现在，请打开浏览器，在地址栏中输入：https://192.168.100.254:631（在图 16-3 中为 192.168.1.100:631）。

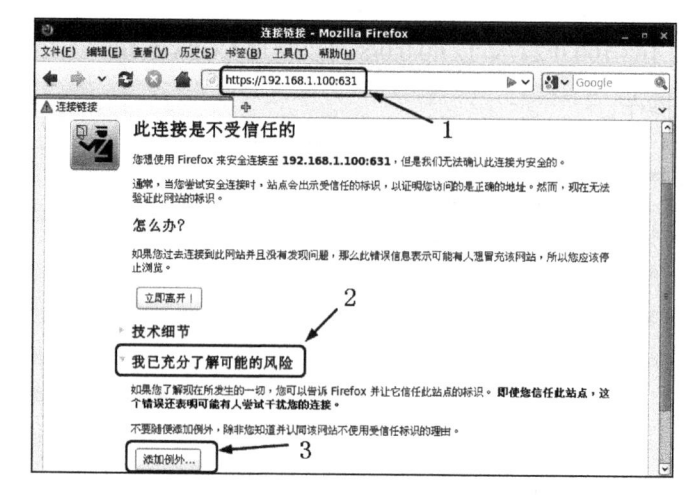

图 16-3 用 CUPS 设置具有 USB 口的打印机，步骤 1

第 16 章 文件服务器之二：SAMBA 服务器

由于我们使用的是 HTTPS 这种需要证书的连接模式，因此会出现不受信任的网站信息。不用担心，只需直接单击"我已充分了解可能的风险"选项，然后单击"添加例外"按钮，即可出现如图 16-4 所示的对话框。

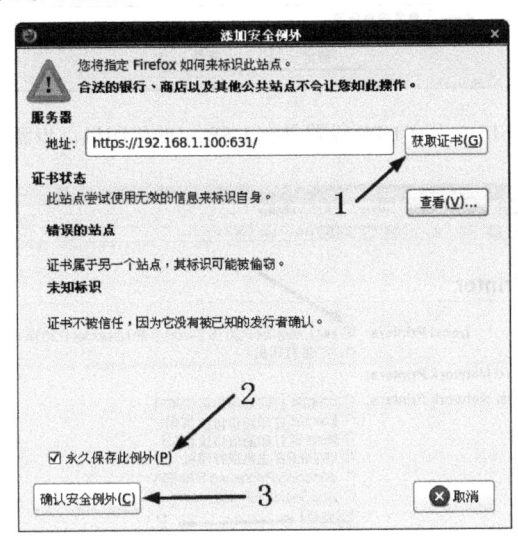

图 16-4 用 CUPS 设置具有 USB 口的打印机，步骤 2

如果确认这台主机是你的，那么在图 16-4 中选择箭头 2 指向的"永久保存此例外"复选框，最后单击箭头 3 指向的"确认安全例外"按钮。如果一切顺利，将会出现如图 16-5 所示的 CUPS 设置窗口。

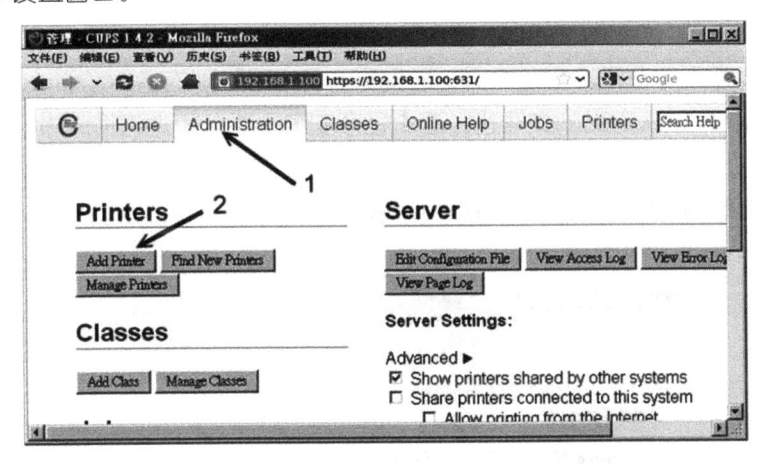

图 16-5 用 CUPS 设置具有 USB 口的打印机，步骤 3

在上面的欢迎界面中，由于我们想要添加打印机，因此选择箭头 1 指向的 Administration 选项进入打印机功能，然后单击 Add Printer 按钮来添加打印机。

这个版本的有趣之处在于，它会先要求输入账号和密码，然后才能进行后续操作，如图 16-6 所示。因此，请在这里输入 root 的账号和密码。然后进入如图 16-7 所示的界面。

图 16-6 用 CUPS 设置具有 USB 口的打印机，步骤 4

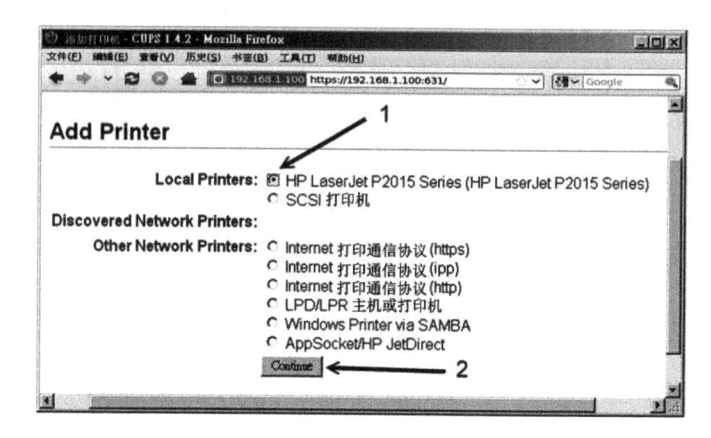

图 16-7 用 CUPS 设置具有 USB 口的打印机，步骤 5

在图 16-7 中，应该选择我们这台本机的 USB 打印机设备。该设备是由 HAL 服务自动检测到的。如果你没有看到任何 USB 打印机，那么可能需要检查一下打印机的电源是否正确打开。

如图 16-8 所示，在建立打印机时，最重要的是打印队列的名称（name 行），鸟哥在这里使用了 CUPS 默认定义的文件名。这个名称非常重要，因为它将成为未来共享的打印机名称。至于位置和描述，可以随意填写。由于我们的目标是创建一个打印服务器，因此要勾选 Share This Printer 复选框。单击 Continue 按钮后，将会出现如图 16-9 所示的界面。

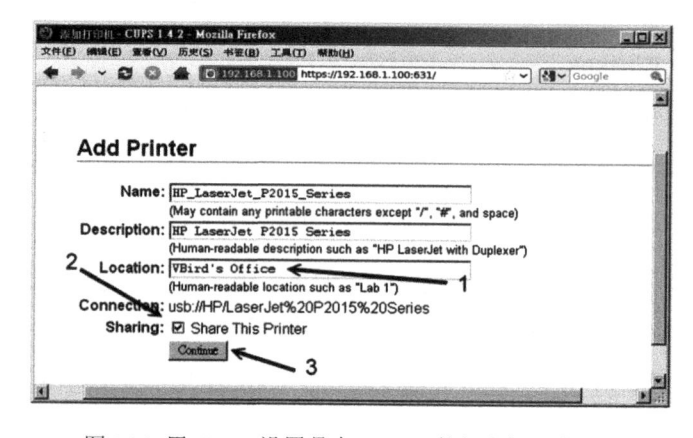

图 16-8 用 CUPS 设置具有 USB 口的打印机，步骤 6

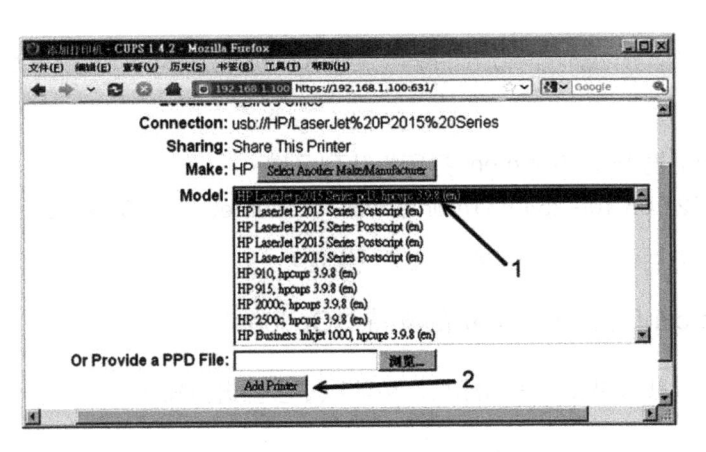

图 16-9 用 CUPS 设置具有 USB 口的打印机，步骤 7

在图 16-9 中，CUPS 会为你选择一个相对合适的驱动程序，基本上使用 CUPS 捕捉到的默认驱动程序就可以了。选择完毕后，请单击 Add Printer 按钮，进入如图 16-10 所示的窗口。

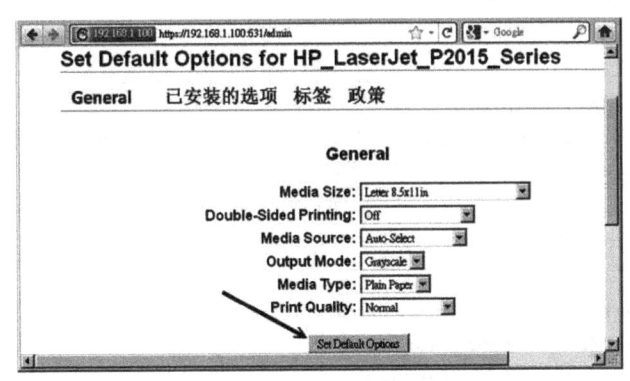

图 16-10 用 CUPS 设置具有 USB 口的打印机，步骤 8

如果没有其他默认参数需要修改，就单击图 16-10 中的 Set Default Options 按钮。如果一切正常，你的打印机就设置完成了。如果想查看打印机的详细信息，可以选择 Printers 选项，如图 16-11 所示。

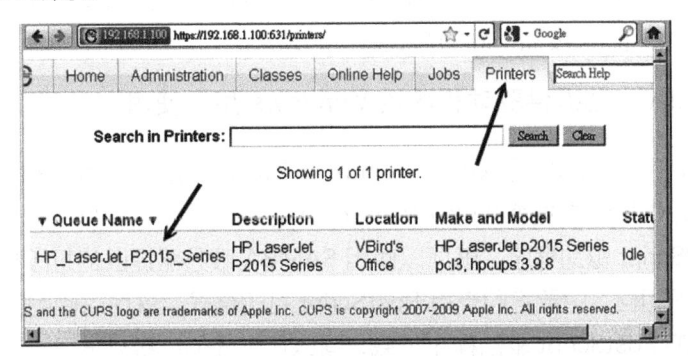

图 16-11 用 CUPS 设置具有 USB 口的打印机，步骤 9

如果一切正常，那么你的系统已经有一台由 CUPS 管理的打印机，并且该打印机在网络上的网址为：

- http://服务器 IP:631/printers/打印机队列名称。
- http://192.168.100.254:631/printers/HP_LaserJet_P2015_Series。

接下来看看如何将它连接到 SAMBA 服务器中。

4. 在 smb.conf 中加入打印机的支持（Optional）

开始设置 SAMBA 共享这台打印机。按照以下步骤进行操作：

```
[root@www ~]# vim /etc/samba/smb.conf
[global]
        # 需要修改 load printers 的设置，然后添加几个数据
        load printers  = yes
        cups options   = raw         <==可支持来自 Windows 用户的打印作业

        printcap name = cups
        printing      = cups         <==上面这两个设置是在告知使用 CUPS 打印系统

[printers]                           <==打印机一定要写 printers
        comment = All Printers
        path    = /var/spool/samba   <==默认把来自 SAMBA 的打印作业暂时放置的队列
        browseable = no              <==不被外人浏览，有权限才可浏览
        guest ok   = no              <==下面两个设置表示不允许访客写入（非文件系统）
        writable   = no
        printable  = yes             <==允许打印，很重要的一项工作
[root@www ~]# testparm   <==若有错误，请自行处理一下
[root@www ~]# /etc/init.d/smb restart
[root@www ~]# /etc/init.d/nmb restart
```

通过这样的设置，基本上 SAMBA 能够顺利提供打印机服务。然而遗憾的是，Windows 客户端仍然需要安装打印机的驱动程序才能使用 SAMBA 提供的打印机，这确实有些麻烦和烦琐。是否有可能让 SAMBA 主动提供驱动程序给用户，这样客户端就不需要额外寻找驱动程序了呢？答案是肯定的，通过 SAMBA 3.x 就可以实现。幸运的是，CentOS 的 SAMBA 版本就是 3.x，因此我们可以按照下面的方式进行处理。

5. 让 SAMBA 主动提供驱动程序给 Windows 用户使用

或许你会想，打印机的型号这么多，Linux 该如何提供这些打印机的驱动程序呢？岂不是很麻烦？还好，CUPS 主要通过利用 PostScript 打印语言与打印机进行通信，因此客户端只需要获取 PostScript 驱动程序，就可以使用 SAMBA 服务器提供的打印机了。这样一来，无论打印机的型号如何，只要它们支持 PostScript 打印格式，就可以使用了。而且 CUPS 官网提供了 CUPS 的 PostScript 驱动程序下载，可以在下面的链接处进行下载：

- 支持 CUPS 的软件：http://www.cups.org/software.html。

很棒的是，CentOS 6.x 支持 rpm 软件封装系统，因此可以直接下载 cups-windows-6.0-1.i386.rpm 文件，安装该 RPM 文件即可获取 CUPS 对 Windows 的打印机驱动程序。安装完成后，驱动程序将放置在/usr/share/cups/drivers/目录中。然而需要注意的是，除这个驱动程序要支持 Windows 2000 及以后的版本外，还需要在 Windows XP 目录中下载一些 32 位支持的文件：

- **Win XP 32 位**：C:\WINDOWS\system32\spool\drivers\w32x86\3。

将该目录下的以 PS 开头的文件全部下载下来，应该有 4 个文件。请将它们复制为文件名小写的文件，并放置到 SAMBA 服务器上的 "/usr/share/cups/drivers/" 目录下。该目录下存放的是基本的驱动程序。在鸟哥的这个目录下至少应该含有以下几个文件：

```
[root@www ~]# ll /usr/share/cups/drivers
-rw-r--r-- 1 root root    803 4月 20  2006 cups6.inf
-rw-r--r-- 1 root root     72 4月 20  2006 cups6.ini
-rw-r--r-- 1 root root  12568 4月 20  2006 cupsps6.dll
-rw-r--r-- 1 root root  13672 4月 20  2006 cupsui6.dll    <==上面为 cups 提供
-rw-r--r-- 1 root root 129024 3月 24 13:29 ps5ui.dll      <==下面为 Win XP 提供
-rw-r--r-- 1 root root 455168 3月 24 13:29 pscript5.dll
-rw-r--r-- 1 root root  27568 3月 24 13:29 pscript.hlp
-rw-r--r-- 1 root root 792644 3月 24 13:29 pscript.ntf
```

不过需要注意，该文件中的 Windows 数据是从 32 位的 Windows XP 上捕获的，因此对于 Windows 98/ME 无效。同时，对于 64 位的其他较新的 Windows 等系统可能需要重新处理。你需要自行上网查阅相关的数据下载方式。接下来，我们必须在 smb.conf 文件中添加一个新的共享数据，该共享数据的名称必须为[print$]。类似以下方式：

```
[root@www ~]# vim /etc/samba/smb.conf
[global]
...(设置保留原来的数据)...
[homes]
...(设置保留原来的数据)...
[printers]
...(设置保留原来的数据)...
[print$]
        comment    = Printer drivers
        path       = /etc/samba/drivers    <==存放打印机驱动程序的目录
        browseable = yes
        guest ok   = no
        read only  = yes
        write list = root                  <==这个驱动程序的管理员
[project]
...(设置保留原来的数据)...
[root@www ~]# mkdir /etc/samba/drivers
[root@www ~]# chcon -t samba_share_t /etc/samba/drivers
# 由于默认的 CUPS 仅有 root 能管理，因此我们以 root 作为打印机管理员
```

```
# 同时 SELinux 的类型也要修订如上方式。那么 root 加入 SAMBA 的支持才行
[root@www ~]# pdbedit -a -u root

[root@www ~]# testparm                      <==测试语法
[root@www ~]# /etc/init.d/smb restart        <==重新启动

[root@www ~]# smbclient -L //127.0.0.1 -U root
Enter root's password:  <==输入 root 在 SAMBA 的密码
Domain=[VBIRDHOUSE] OS=[Unix] Server=[Samba 3.5.4-68.el6_0.2]

        Sharename               Type        Comment
        ---------               ----        -------
        print$                  Disk        Printer drivers
        project                 Disk        smbuser's project
        HP_LaserJet_P2015_Series Printer    HP LaserJet P2015 Series
        IPC$                    IPC         IPC Service (This is vbird's samba server)
        root                    Disk        Home Directories
# 瞧！看到一台打印机以及驱动程序所在的共享数据了
```

现在我们要告知 SAMBA，CUPS 可以提供 Windows 客户端的驱动程序，因此用户不需要自行设置它们的驱动程序。要通过 CUPS 告知 SAMBA，可以使用 cupsaddsmb 命令来完成，整个命令的执行非常简单：

```
[root@www ~]# cupsaddsmb [-H SAMBA 服务器名] [-h CUPS 服务器名] \
>    -a -v [-U 用户账号]
选项与参数：
-H：后续接的是 SAMBA 服务器名，对本机，直接用 localhost 即可
-h：后续接的是 CUPS 的服务器名，同样使用 localhost 即可
-a：自动搜索出所有可用的 CUPS 打印机
-v：列出更多的信息
-U：打印机管理员

# 利用前面的说明将打印机驱动程序挂上 SAMBA（注意 CUPS 管理员默认是 root）
[root@www ~]# cupsaddsmb -H localhost -U root -a -v
Password for root required to access localhost via SAMBA: <==root 在 SAMBA 密码
# 这里会闪过很多信息，说明已经安装了某些信息，下面鸟哥仅列出简单的信息
Running command: smbclient //localhost/print$ -N -A /tmp/cupsbrdBaE -c 'mkdir
W32X86;put /tmp/cupsu13OSU W32X86/HP_LaserJet_P2015_Series.ppd;...

[root@www ~]# ll /etc/samba/drivers
drwxr-xr-x. 3 root root 4096 Jul 29 15:15 W32X86   <==这就是驱动程序目录
```

最后，在驱动程序的存放目录中会多出一个 W32X86 目录，你可以查询该目录的内容，这些内容就是预计要提供给客户端使用的驱动程序。这样就完成了设置。然而，为了确保所有数据都能正常驱动，建议重新启动 CUPS 和 SAMBA 服务。

```
[root@www ~]# /etc/init.d/cups restart
[root@www ~]# /etc/init.d/smb restart
[root@www ~]# /etc/init.d/nmb restart
```

6. 一些问题的解决

如果一切顺利，你应该可以在 Windows 客户端上成功连接到打印机。然而，如果你曾经输错了数据，那么如何在 Linux 的 SAMBA 主机上删除这些数据呢？你最好了解下面几个命令，有关这些命令更详细的用法，请使用 man 命令自行查阅相关说明。

```
# 1. 列出所有可用的打印机状态
[root@www ~]# lpstat -a
HP_LaserJet_P2015_Series accepting requests since Fri 29 Jul 2011 02:55:28 PM CST

# 2. 查询当前默认打印机的工作情况
[root@www ~]# lpq
hpljp2015dn 已就绪
没有设置项
# 列出打印机的工作，若有打印作业存在（例如关掉打印机再打印测试页），则如下所示
hpljp2015dn 已就绪并正在打印
等级            所有者     工作     文件                           总计       大小
active          root       2        Test Page                      17408      byte

# 3. 删除所有的工作项
[root@www ~]# lprm -
# 加上减号（-）代表删除所有等待中的打印作业
```

打印作业就是这样进行的，现在可以尝试一下。接下来我们可以讨论与防火墙和安全性相关的话题。

16.2.6　安全性的议题与管理

使用 SAMBA 实际上存在一定的安全风险，因为许多网络攻击，如蠕虫、病毒和木马，都可以通过网上邻居（或网络共享）进行。为了防止不必要的连接，CentOS 5.x 默认关闭了许多 SAMBA 连接功能。因此，默认情况下，可能会出现许多客户端挂载的问题。此外，只开放具有权限的网络来源，并通过 smb.conf 管理特定的权限非常重要。同时，需要注意 Linux 文件系统的 r、w、x 权限。接下来，我们简单介绍一些基本的安全管理措施。

1. SELinux 的相关议题

实际上，就像 7.4.5 节中提到的那样，我们可以通过日志文件的内容来了解如何解决 SELinux 对各个服务造成的问题。不过，既然我们知道服务是 SAMBA，是否可以找出与 SAMBA 相关的 SELinux 规则呢？当然可以。基本的 SAMBA 规则主要有：

```
[root@www ~]# getsebool -a | grep samba
samba_domain_controller --> off    <==PDC 时可能会用到
samba_enable_home_dirs --> off     <==开放用户使用用户的主目录
samba_export_all_ro --> off        <==允许只读文件系统的功能
samba_export_all_rw --> off        <==允许读写文件系统的功能
samba_share_fusefs --> off
```

```
samba_share_nfs --> off
use_samba_home_dirs --> off        <==类似于用户的用户主目录的开放
virt_use_samba --> off
```

注意，几乎所有规则默认都是关闭的。因此，我们需要逐步打开它们。目前，只需要使用用户的用户主目录和共享目录进行读写操作，似乎只需要设置好 samba_enable_home_dirs 这个选项即可。因此，可以按照以下步骤进行操作：

```
[root@www ~]# setsebool -P samba_enable_home_dirs=1
[root@www ~]# getsebool -a | grep samba_enable_home
samba_enable_home_dirs --> on
```

这样，当用户挂载他们的用户主目录时（例如 smb1 使用 //127.0.0.1/smb1/），就不会再出现无法挂载的问题了。此外，由于共享目录成为 SAMBA 的目录，还需要设置为 samba_share_t 类型。还记得我们还有一个共享目录 /home/project 吗？这个目录也需要进行修改。请按照以下步骤进行操作：

```
[root@www ~]# ll -Zd /home/project
drwxrws---. root users unconfined_u:object_r:home_root_t:s0 /home/project
[root@www ~]# chcon -t samba_share_t /home/project
[root@www ~]# ll -Zd /home/project
drwxrws---. root users unconfined_u:object_r:samba_share_t:s0 /home/project
```

如果你共享的目录不仅限于 SAMBA，还包括 FTP 或其他服务，那么可能需要使用 public_content_t 这个可供所有人读取的类型。如果你发现任何 SELinux 相关的问题，请根据 /var/log/messages 中的信息进行修改。

2. 防火墙议题：使用 iptables 来管理

管理 SAMBA 登录最简单的方法是通过 iptables。我们已经在第 9 章详细介绍过，所以这里不再赘述。需要注意的是，如果只想针对以下范围开放 SAMBA，可以按照以下方式进行设置：

- 仅针对 192.168.100.0/24、192.168.1.0/24 这两个网络开放 SAMBA 使用权。
- SAMBA 启用的 UDP 端口：137、138，以及 TCP 端口：139、445。

所以 iptables.allow 规则中应该加入下面这几项：

```
[root@www ~]# vim /usr/local/virus/iptables/iptables.allow
# 加入下面这几行
iptables -A INPUT -i $EXTIF -p tcp -s 192.168.100.0/24 -m multiport \
         --dport 139,445 -j ACCEPT
iptables -A INPUT -i $EXTIF -p tcp -s 192.168.1.0/24 -m multiport \
         --dport 139,445 -j ACCEPT
iptables -A INPUT -i $EXTIF -p udp -s 192.168.100.0/24 -m multiport \
         --dport 137,138 -j ACCEPT
```

```
iptables -A INPUT -i $EXTIF -p udp -s 192.168.1.0/24 -m multiport \
         --dport 137,138 -j ACCEPT
[root@www ~]# /usr/local/virus/iptables/iptables.rule
```

这是一条简单的防火墙规则，你必须根据自己的环境进行相应的修改（通常只需修改 192.168.1.0/24 网段）。由于 smbd 和 nmbd 不支持 TCP Wrappers，因此只能通过 iptables 来控制。

3. 防火墙议题：通过内建的 SAMBA 设置 (smb.conf)

事实上，SAMBA 已经有许多防火墙机制，对应到 smb.conf 文件中的 hosts allow 和 hosts deny 两个参数。通常情况下，我们只需要使用 hosts allow 即可，未在该设置项中列出的其他来源将被拒绝连接，这是一种相对严格的设置。举例来说，如果你只想允许本机、192.168.100.254、192.168.100.10 和 192.168.1.0/24 使用 SAMBA，可以这样设置：

```
[root@www ~]# vim /etc/samba/smb.conf
[global]
        # 与防火墙的议题有关的设置
        hosts allow = 127. 192.168.100.254 192.168.100.10 192.168.1.
[homes]
....保留原来的设置....
[root@www ~]# testparm
[root@www ~]# /etc/init.d/smb restart
```

这个设置值支持部分匹配，因此对于 192.168.1.0/24 只需写出 IP 地址的前三段（192.168.1.）。这样一来，不仅只有几台主机可以登录我们的 SAMBA 服务器，而且设置值也更加简洁，不像 iptables 那样写得很长。鸟哥建议在防火墙方面，使用 iptables 或 hosts allow 其中一项即可，推荐使用 hosts allow。当然，如果你只想对局域网开放，那么设置 iptables 防火墙可能更好，因为不需要修改 smb.conf 配置文件，使服务的设置更加简洁。

4. 文件系统议题：使用 Quota 限制用户磁盘的使用

既然网上邻居是为了共享文件系统给用户使用的，那么很自然地，SAMBA 用户确实会将数据放置在 SAMBA 服务器上。然而，如果某个用户随意上传数百吉字节的数据到 SAMBA 服务器，并频繁进行访问，是否会导致文件系统不公平分配或者带宽问题呢？是的，可能会出现这样的情况。那么该怎么办呢？可以通过磁盘配额来解决。我们在《鸟哥的 Linux 私房菜 基础学习篇（第四版）》一书中的第 15 章讨论过磁盘配额，在 1.2.2 节中也展示了实际操作。接下来，根据第 1 章的后续步骤来处理此问题。

例题

我们计划在 smb1、smb2 和 smb3 的用户主目录下分别分配 300MB/400MB（soft 限制/hard 限制）的磁盘配额限量，那么该如何设置呢？

答：请根据第 1 章关于 Quota 的相关数据进行以下处理：

- 在 /etc/fstab 中添加 /home 挂载点的 usrquota 和 grpquota 等设置值。
- 重新挂载 /home，让 Quota 得到实际支持。
- 以 quotacheck -avug 建立 Quota 的数据库文件。
- 启动 Quota。

如果你已经在第 1 章中完成了上述操作，那么这个问题就非常简单了。通过执行 edquota –u smb1 命令来进行设置即可。

```
[root@www ~]# edquota -u smb1
Disk quotas for user smb1 (uid 2004):
   Filesystem                blocks    soft     hard  inodes  soft  hard
   /dev/mapper/server-myhome      0  300000   400000       0     0     0
[root@www ~]# edquota -p smb1 smb2
[root@www ~]# edquota -p smb1 smb3
[root@www ~]# repquota -ua
*** Report for user quotas on device /dev/mapper/server-myhome
Block grace time: 7days; Inode grace time: 7days
                        Block limits                    File limits
User            used    soft    hard  grace    used    soft    hard  grace
----------------------------------------------------------------------
smb1       --     32  300000  400000              9       0       0
smb2       --     32  300000  400000              8       0       0
smb3       --     32  300000  400000              8       0       0
```

16.2.7 主机安装时的规划与挂载中文扇区

现在我们知道 SAMBA 服务器的功能是作为文件服务器，每个用户都可以拥有自己的用户主目录，并通过网上邻居功能连接到 SAMBA 服务器。然而，这会引发一个问题，那就是如果用户数量过多，并且将他们的重要数据都存放在 SAMBA 服务器上的话，/home 目录的空间肯定会不够用。因此，对于/home 所在的磁盘，可以考虑使用更大的硬盘或者使用磁盘阵列。另外，使用 LVM（见《鸟哥的 Linux 私房菜 基础学习篇（第四版）》一书的第 15 章）也是一个不错的解决方案。下面是一些简单的思考方向：

- 在安装 Linux 的时候，建议不安装 X Window。
- 在规划 Linux 时，/home 最好独立出一个分区，而且硬盘空间最好能够大一些。
- /home 独立出来的分区可单独进行配额（Quota）的操作，以规范用户的最大硬盘用量。
- 无网卡的打印机（USB 接口的）可直接连接到 Linux 主机，再通过 SAMBA 共享。

- 由于 SAMBA 通常只针对内部网络（局域网）主机开放，因此，如果可能的话，SAMBA 主机可以直接使用私有 IP（Private IP）进行设置。然而，是否使用私有 IP 还取决于整个网络 IP 网段的规划。对于鸟哥研究室来说，由于实验室中所有计算机的 IP 地址都是公共 IP 地址，如果 SAMBA 使用私有 IP，反而会导致无法连接到网络。
- 如果 SAMBA 主机使用公共 IP（Public IP），请特别注意规范好防火墙的设置，尽量只允许局域网内的计算机可以连接进来，不要对 Internet 开放。

另外，如果 SAMBA 服务器需要挂载含有中文的分区，例如将原本 Windows XP 的 FAT32 文件系统挪到 Linux 系统下，如果以普通模式挂载该分区，可能无法正常显示一些中文文件名。这种情况下需要进行如下操作：

```
mount -t vfat -o iocharset=utf8,codepage=936 /dev/sd[a-p][1-15] /mount/point
```

其中，iocharset 是指本机的语言编码方式，而 codepage 与远程软件有关。由于我们是在本机进行挂载的，因此只需使用 iocharset 这个参数即可。有关更多说明，请参阅下一节的客户端设置部分。

16.3 SAMBA 客户端软件功能

现在已经搭建好了 SAMBA 服务器。有了服务器，当然需要有客户端来使用才能体现服务器的价值。否则，这个服务器有什么用呢？我们假设局域网络中有 Windows 和 Linux 系统，这两种系统都可以通过 NetBIOS over TCP/IP 连接到 SAMBA 服务器。在进行设置之前，必须了解以下几点：

- 在局域网中，最好让主机具有相同的工作组，并且具有不同的主机名。
- 在 Windows XP Pro 中，最多只能允许 10 个用户同时连接到自己的网上邻居。
- 在网上邻居中，通常只能看到同一组的主机。
- 可以使用"查找"→"计算机"→"输入 IP"来查找 SAMBA 主机。
- Windows 的网上邻居默认只允许同一 IP 网段的主机进行登录（取决于 Windows 防火墙设置）。

接下来，我们将分别根据 Windows 和 Linux 系统进行说明。

16.3.1 Windows 系统的使用

在 Windows 上查找网络上的网上邻居主机其实挺简单的，有以下几种方法：

- 依次打开"资源管理器"→"网上邻居"→"整个网络"→Microsoft Windows Network 就能看到属于你的工作组的所有计算机主机。

- 依次打开"开始"→"搜索"→"文件或文件夹"→"计算机或人员"→"网络上的计算机",然后在出现的方框中填写正确的 IP 地址,单击"立即搜索"按钮即可。这个方法可以适用于不在同一个工作组中的网络主机。
- 如果是 Windows 7 系统,只要单击选择文件夹即可。

举例来说,假设你要连接到 SAMBA 主机,但不知道该 SAMBA 主机的 NetBIOS 名称,可以通过搜索来获取一些信息。搜索结果如图 16-12 所示。

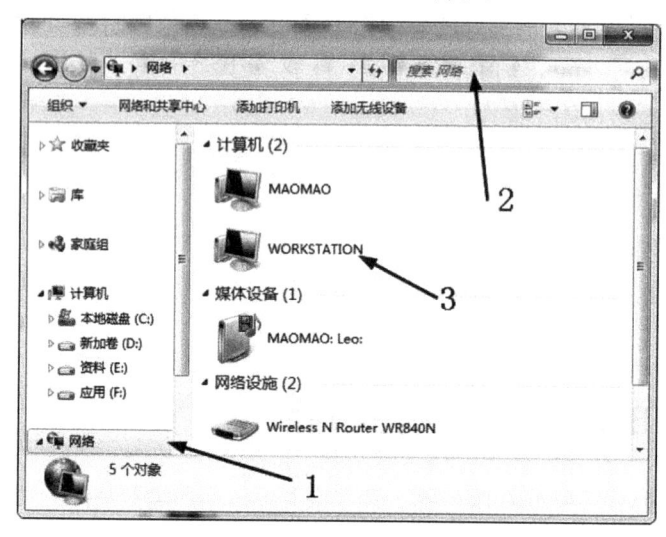

图 16-12 Windows 客户端搜索的示意图

在图 16-12 左侧先选择"网络"项,然后在右上方的框中,输入 NetBIOS 名称,如果不知道的话,就让 Windows 自己找。如图 16-12 所示,找到了两台网络主机。我们单击一下 WORKSTATION。因为要登录别人的服务器,所以要输入密码。如图 16-13 所示,请填写好所拥有的账号与密码。

图 16-13 Windows 客户端登录 SAMBA 服务器的示意图 1

如果成功登录系统,你将能够看到如图 16-14 所示的界面,显示可用资源。由于我们没有为 Windows 提供打印机驱动程序,打印机部分暂时略过。现在我们来挂载 project 目录作为本地磁盘。

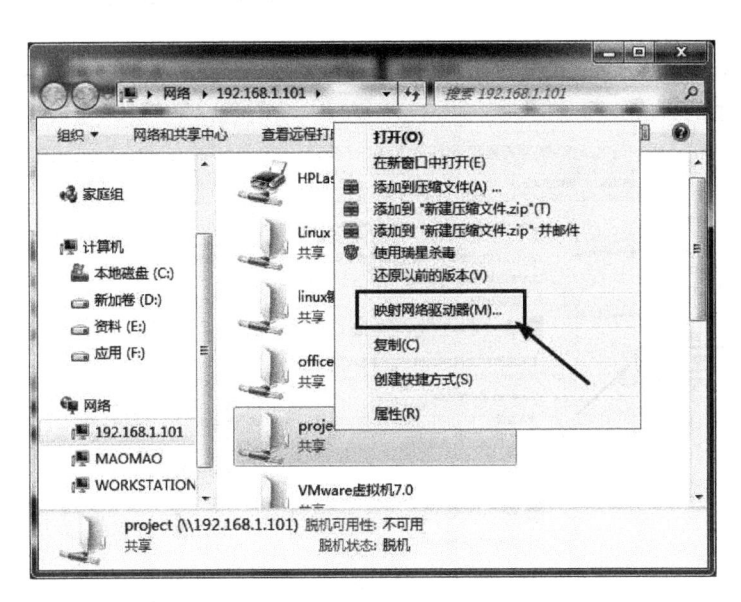

图 16-14 Windows 客户端登录 SAMBA 服务器的示意图 2

如图 16-14 所示，右击 project 图标，在弹出的快捷菜单中选择"映射网络驱动器"，就会出现如图 16-15 所示的界面让你选择挂载磁盘驱动器的参数。

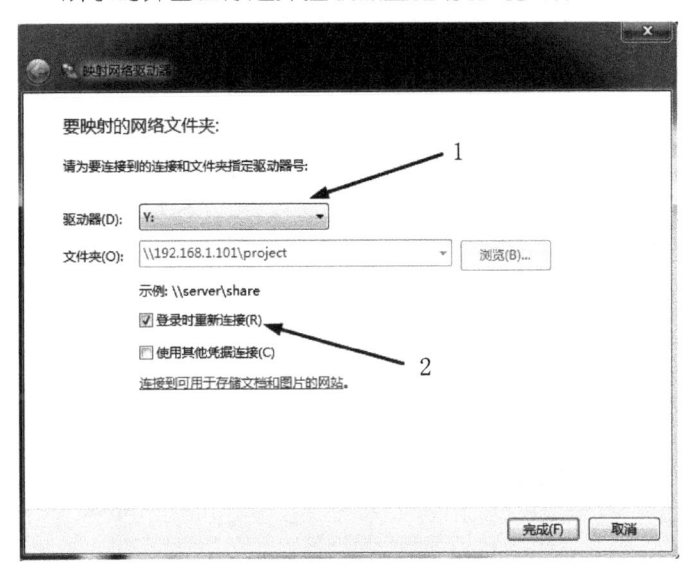

图 16-15 Windows 客户端挂载网络驱动器的示意图

你可以自己调整想要的驱动器号，例如默认的 Y，那么以后你的文件资源管理器中就会生成一个 Y 分区，该磁盘分区就代表 \\192.168.100.101\project 这个共享的目录。

1. 让 Windows 系统的网上邻居支持不同网络的 IP 连接

由于网上邻居的安全问题越来越严重，因此 Windows XP 之后的版本都默认只开放本机 IP 网络的网上邻居连接。如果 Windows 想要让别人可以在 Internet 或不同的 IP 网段进行连接,就需要修改一下防火墙的设置。运行控制台,然后选择"Windows 防火墙",就会出现如图 16-16 所示的界面。

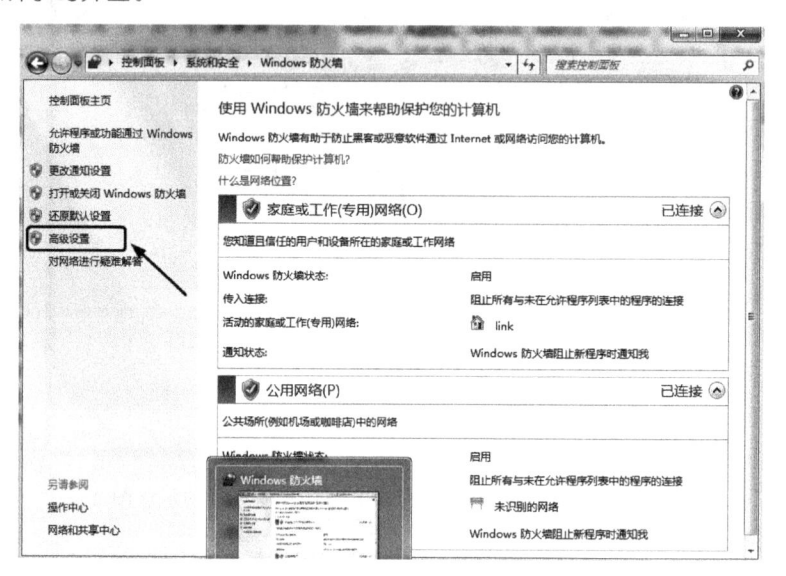

图 16-16 在 Windows 服务器中设置防火墙的示意图 1

为了进行详细的防火墙设置,单击图 16-16 中左侧的"高级设置"选项,进入如图 16-17 所示的界面。

图 16-17 在 Windows 服务器设置防火墙的示意图 2

因为网络是双向的,所以我们首先需要处理入站规则(从外部连接到本机)。如图 16-17 所示,选择"入站规则",然后选择"文件和打印机共享"。接下来,在箭头 3 处单击"属性"以查看详细规则,这将弹出另一个对话框。在该对话框中,在箭头 4 处的"作用域"选项卡中,可以设置不同的网络段。最后,在箭头 5 处单击"添加"按钮以设置本地远程 IP 的网段。单击"添加"按钮将弹出如图 16-18 所示的对话框。

如图 16-18 所示,在箭头 1 处填写正确的 IP 地址或网段,然后单击"确定"按钮后,就会在箭头 3 所指的框中出现可连接的远程服务器了。

2. 通过端口 445 的特殊登录方式

如果 SAMBA 服务器已启用端口 445，并且已经共享了某个目录，假设 192.168.100.254 共享了名为 project 的共享资源，那么该目录的完整路径为 "\\192.168.100.254\project"。我们可以通过"开始"菜单中的搜索框来处理，如图 16-19 所示。

图 16-18　在 Windows 服务器中设置防火墙的示意图 3　　图 16-19　Windows 通过端口 445 连接

如果能够成功登录，将顺利进入系统。否则，将弹出一个要求输入账号和密码的窗口，输入正确的信息即可。此外，我们还可以登录其他人的 Windows 主机的 C 或 D 分区。写法如下：

- \\192.168.100.20\c$

所以，不需要使用 SAMBA 服务时，可以关闭端口 445。

16.3.2　Linux 系统的使用

1. smbclient：查询网上邻居共享的资源，以及使用类似 FTP 的方式从网上邻居上传/下载共享资源

SAMBA 提供了 Linux 的客户端功能，可以通过它挂载 SAMBA 服务器或 Windows 提供的网络邻居。主要使用 smbclient 命令来查看，并使用 mount 命令来挂载文件系统。现在先来介绍一下 smbclient 命令：

```
# 1. 关于查询的功能，例如查出 192.168.100.254 的网上邻居数据
[root@clientlinux ~]# smbclient -L //[IP|hostname] [-U username]
[root@clientlinux ~]# smbclient -L //192.168.100.254 -U smb1
Enter smb1's password:
Domain=[VBIRDHOUSE] OS=[Unix] Server=[Samba 3.5.4-68.el6_0.2]
```

```
            Sharename       Type      Comment
            ---------       ----      -------
            project         Disk      smbuser's project
            print$          Disk      Printer drivers
            IPC$            IPC       IPC Service (This is vbird's samba server)
            HP_LaserJet_P2015_Series Printer   HP LaserJet P2015 Series
            smb1            Disk      Home Directories  <==等一下用这个作为范例
Domain=[VBIRDHOUSE] OS=[Unix] Server=[Samba 3.5.4-68.el6_0.2]

            Server              Comment
            ---------           -------
            VBIRDSERVER         This is vbird's samba server

            Workgroup           Master
            ---------           -------
            VBIRDHOUSE          VBIRDSERVER
# 从这里可以知道在当前网络中有多少个工作组与主要的名字解析主机
```

除了之前使用过的查询功能外，我们还可以简单地使用网上邻居，方法如下：

```
# 2. 利用类似 FTP 的方式登录远程主机
[root@clientlinux ~]# smbclient '//[IP|hostname]/资源名称' [-U username]
# 意思是使用某个账号直接登录某台主机的某个共享资源，举例如下
[root@clientlinux ~]# smbclient '//192.168.100.254/smb1' -U smb1
Enter smb1's password:
Domain=[VBIRDHOUSE] OS=[Unix] Server=[Samba 3.5.4-68.el6_0.2]
smb: \> dir
# 在 smb: \> 下面其实就是在 //192.168.100.254/dmtsai 这个目录下。
#所以，我们可以使用 dir、get、put 等常用的 FTP 命令来进行数据传输
?    :列出所有可用的命令，常用
cd   :切换到远程主机的目录
del  :删除某个文件
lcd  :切换本机端的目录
ls   :查看当前所在目录的文件
dir  :与 ls 相同
get  :下载单个文件
mget :下载大量文件
mput :上传大量文件
put  :上传单个文件
rm   :删除文件
exit :退出 smbclient 的软件
# 其他命令的用法，请参考 man smbclient 命令提供的使用说明
```

2. mount.cifs：直接挂载网上邻居成为网络驱动器

事实上，使用 smbclient 不太方便，因为它使用的是 FTP 的功能语法，有点怪怪的。是否能够像 Windows 一样，直接连接网络驱动器呢？当然可以，但需要借助 mount.cifs 来实现。

早期的 SAMBA 主要使用 smbmount 或 mount.smbfs 命令来挂载（smbfs 是 SMB 文件

系统的缩写），但现在这些命令已经被更好的编码判断能力的 mount.cifs 所取代。mount.cifs 可以将远程服务器共享的目录完整地挂载到本地的挂载点上，这样，远程服务器的目录就像是本地的一个分区一样，可以直接进行复制、编辑等操作。这样使用起来更加方便。下面我们详细介绍如何使用 mount.cifs。

```
[root@clientlinux ~]# mount -t cifs //IP/共享资源 /挂载点 [-o options]
选项与参数：
-o 后面接的参数（options）常用的有以下这些：
   username=你的登录账号；例如 username=smb1
   password=你的登录密码；需要与上面的 username 相对应
   iocharset=本机的语言编码方式，如 GB2312 或 UTF-8 等
   codepage=远程主机的语言编码方式，例如简体中文为 cp936

# 范例一：以 smb1 的身份将其用户主目录挂载至 /mnt/samba
[root@clientlinux ~]# mkdir /mnt/samba
[root@clientlinux ~]# mount -t cifs //192.168.100.254/smb1 /mnt/samba \
> -o username=smb1,password=4321,codepage=cp936
[root@clientlinux ~]# df
文件系统                1K-块      已用     可用     已用%   挂载点
//192.168.100.254/smb1
                       7104632   143368   6606784    3%    /mnt/samba
```

通过使用 mount 命令，我们可以轻松地将远程共享的资源挂载到 Linux 本机上。这是非常方便实用的功能。如果需要了解更详细的 mount 用法，请执行 man mount 命令进行查询。

3. nmblookup：查询 NetBIOS 名称与 IP 地址及其他相关信息

现在，我们可以通过一些与 NetBIOS 相关的功能来获取 NetBIOS 名称。但是，如果我们还想获取与该 NetBIOS 名称相关的其他信息，例如 IP 地址、共享资源等，可以使用 nmblookup 命令来实现。下面是 nmblookup 命令的使用方法：

```
[root@clientlinux ~]# nmblookup [-S] [-U wins IP] [-A IP] name
选项与参数：
-S：除查询名称的 IP 地址外，也会找出该主机的共享资源与 MAC 地址等
-U：后面一般可接 Windows 的主要名称管理服务器的 IP 地址，可与 -R 互用
-R：与 -U 互用，用 Windows 服务器来查询某个 NetBIOS 名称
-A：相对于其他的参数，-A 后面可接 IP 地址，通过 IP 地址来找出相对的 NetBIOS 数据

# 范例一：通过 192.168.100.254 找出 vbirdserver 这台主机的 IP 地址
[root@clientlinux ~]# nmblookup -U 192.168.100.254 vbirdserver
querying vbirdserver on 192.168.100.254
192.168.100.254 vbirdserver<00>
192.168.1.100 vbirdserver<00>     <==之前鸟哥就说过有两个 IP 地址

# 范例二：找出 vbirdserver 的 MAC 地址与 IP 地址等信息
[root@clientlinux ~]# nmblookup -S vbirdserver
querying vbirdserver on 192.168.100.255  <==在局域网内以广播方式开始找
192.168.100.254 vbirdserver<00>          <==找到 IP 地址了
Looking up status of 192.168.100.254
```

```
         VBIRDSERVER      <00> -            B <ACTIVE>
         .._MSBROWSE__.   <01> - <GROUP>    B <ACTIVE>
         VBIRDHOUSE       <00> - <GROUP>    B <ACTIVE>
```

4. smbtree：网上邻居浏览器的显示模式

如果希望像在 Windows 上那样，能够一目了然地查看各个网上邻居共享的资源，可以使用 smbtree 直接查询。这个命令非常简单，只需直接输入即可使用：

```
[root@clientlinux ~]# smbtree [-bDS]
选项与参数：
-b：以广播的方式取代主要浏览器的查询
-D：仅列出工作组，不包括共享的资源
-S：列出工作组与该工作组下的计算机名称（NetBIOS），不包括各项资源目录

# 范例一：列出当前的网上邻居相关的树形图
[root@clientlinux ~]# smbtree
Enter root's password:   <==直接按 Enter 键即可
WORKGROUP
        \\WIN7-PC
VBIRDHOUSE
        \\WINXP
cli_start_connection: failed to connect to WINXP<20> (0.0.0.0).
        \\VBIRDSERVER                      This is vbird's samba server
            \\VBIRDSERVER\HP_LaserJet_P2015_Series  HP LaserJet P2015 Series
            \\VBIRDSERVER\IPC$    IPC Service (This is vbird's samba server)
            \\VBIRDSERVER\print$  Printer drivers
            \\VBIRDSERVER\project smbuser's project

[root@clientlinux ~]# smbtree -S
Enter root's password:
WORKGROUP
        \\WIN7-PC
VBIRDHOUSE
        \\WINXP
        \\VBIRDSERVER                      This is vbird's samba server
# 此时仅有工作组与计算机名称而已
```

5. smbstatus：观察 SAMBA 的状态

实际上，这个命令可以看作服务器相关功能的一部分，因为它的主要目的是查看当前有多少人连接到 SAMBA 服务器，以及哪些共享资源正在被使用等信息。因此，如果要使用这个命令，请先安装 SAMBA。以下是简单的使用方法：

```
[root@www ~]# smbstatus [-pS] [-u username]
选项与参数：
-p：列出已经使用 SAMBA 连接的程序 PID
-S：列出已经被使用的资源共享状态
-u：只列出某个用户相关的共享数据
```

```
# 范例一：列出当前主机完整的 SAMBA 状态
[root@www ~]# smbstatus
Samba version 3.5.4-68.el6_0.2
PID         Username        Group       Machine
-------------------------------------------------------------------
5993        smb1            smb1        __ffff_192.168.100.10 (::ffff:192.168.100.10)
5930        smb1            smb1        win7-pc          (::ffff:192.168.100.30)
# 上半部分主要列出在当前连接的状态中主要来自哪个客户端机器与登录的用户名

Service      pid     machine       Connected at
-------------------------------------------------------------------
IPC$         5930    win7-pc       Fri Jul 29 15:56:03 2011
project      5930    win7-pc       Fri Jul 29 15:59:25 2011
smb1         5993    __ffff_192.168.100.10  Fri Jul 29 16:32:45 2011
# 这部分显示出，当前有几个目录被使用了，smb1 代表//IP/smb1/
```

通过这个小程序，你可以了解目前有多少人正在使用 SAMBA。

16.4 以 PDC 服务器提供账号管理

在 16.1.5 节中我们已经大致讨论了 PDC 这个概念，它可以让用户在计算机教室的任何一个地方使用相同的组账号和密码进行登录，并且可以获取相同的用户主目录和其他数据。这与之前我们在 Linux 下使用 NIS 配合 NFS 的方式很相似，只是 PDC 用于 Windows 系统。那么，如何实现这个功能呢？接下来我们将讨论这个问题。

16.4.1 让 SAMBA 管理网络用户的一个实际案例

前面介绍的内容都属于对等连接（Peer-to-Peer），也就是 SAMBA 服务器和 Windows 客户端处于平等的地位。因此，Windows 客户端需要知道 SAMBA 服务器内的账号和密码，才能顺利地使用 SAMBA 的资源。然而，在一些较大型的局域网络环境中，例如学校的网络环境，这种方式可能会带来一些困扰。

举例来说，假设在一个计算机教室里有 50 台装有 Windows XP Pro 的个人计算机。由于计算机教室是共享使用的，因此这 50 台个人计算机都使用了还原向导程序（类似于系统还原），即每次重新启动计算机后操作系统都会还原到初始状态。然而，我们知道用户通常需要一个个人用户主目录，不希望在重新启动后失去工作成果。因此，我们可以利用一台主机作为 PDC 服务器来存储数据。

实际上，SAMBA PDC 的作用非常简单，就是将 SAMBA PDC 作为整个局域网的域控制器（Domain Controller），然后让 Windows 主机加入该域。当用户使用 Windows 登录时，Windows 会与 PDC 服务器通信以获取用户的账号和密码，同时 PDC 还会将用户的重要数据传送到该 Windows 个人计算机上。当用户在 Windows 计算机上注销时，修改过的数据也会返回 PDC。这样一来，无论用户在哪台个人计算机上登录，都能够获取正确的个人资料。这是非常棒的功能。

PDC 是一个复杂的环境,它具有多种功能,并且密码验证不一定需要在同一台 PDC 主机上进行。但在这里,我们只是进行一个简单的练习,因此下面这台 PDC 将使用 Linux 自己的密码进行验证,并且只管理自己共享的资源。假设网络环境和相关工作组参数如图 16-20 所示。

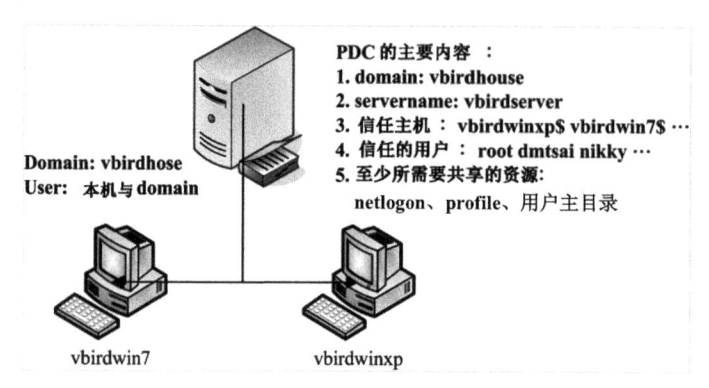

图 16-20 一个简易的 PDC 实际案例相关参数的示意图

整个基本的设置流程应该是这样的:

- 局域网计算机环境设置:确保整个网络设置正确,尤其是 Windows 工作组、计算机名称和 IP 地址等参数。
- PDC 设置:由于 PDC 管理自己的密码,因此 security = user。
- 最好让 PDC 拥有整个网络的名字解析权限,成为主要的名字解析器。
- 需要设置 netlogon 资源共享,以便提供 Windows 2000/XP Pro 客户端的登录功能。
- 由于 Windows 需要读取个人配置文件,默认目录为 profile,因此需要在 Linux 系统中预先设置此目录。
- 添加 PDC 上的用户账号和机器账号等信息。
- 在 Windows 2000/XP Pro 个人计算机上设置它们成为 PDC 的客户端。

下面我们就来按序处理一下。

16.4.2 PDC 服务器的搭建

建立 PDC 服务器非常烦琐,需要一步一步进行操作,有些麻烦。而且,由于搭建 PDC 的环境主要是为了管理整个局域网内的 Windows 计算机,因此需要先确定每台 Windows 计算机的主机名和相关参数,就像图 16-20 中展示的每台计算机的角色定位一样,要非常清楚。一旦明确了各个计算机的角色,然后就可以按照顺序逐步操作。

1. 设置 NetBIOS 与 IP 对应的数据:设置 lmhosts 与 /etc/hosts

由于 SAMBA 即将成为整个网络的名字解析器,因此最好将整个网络的 NetBIOS 名称与

IP 地址的对应关系写入 lmhosts 文件中。如果局域网使用 DHCP 分配 IP 地址，最好结合 DNS 系统配置主机名对应的信息，否则主机名无法正确对应，可能会带来一些困扰。在这个案例中，由于鸟哥使用的 NetBIOS 名称（例如 vbirdserver）与主机名（例如 www.centos.vbird）不相同，因此建议需要修改 lmhosts 文件。

```
[root@www ~]# vim /etc/samba/lmhosts
127.0.0.1          localhost           <==这行是默认存在的，不要动，请自行添加下面的各行
192.168.100.254    vbirdserver
192.168.100.10     vbirdlinux
192.168.100.20     vbirdwinxp
192.168.100.30     vbirdwin7

[root@www ~]# vim /etc/hosts
192.168.100.254 www.centos.vbird          vbirdserver
192.168.100.10  clientlinux.centos.vbird  vbirdlinux
192.168.100.20  vbirdwinxp
192.168.100.30  vbirdwin7
```

由于 Linux 上的 SAMBA 与 TCP/IP 的主机名密切相关，因此除处理 lmhosts 文件外，建议对/etc/hosts 文件进行相应的处理更为妥当。

2. PDC 主设置：处理 smb.conf

假设我们希望 PDC 客户端在登录时能够访问自己的用户主目录，那么需要按照以下步骤进行操作：

```
[root@www ~]# vim /etc/samba/smb.conf
[global]
        workgroup         = vbirdhouse     <==请务必确认一下工作组与主机名
        netbios name      = vbirdserver
        server string     = This is vbird's samba server
        unix charset      = utf8
        display charset   = utf8
        dos charset       = cp950
        log file          = /var/log/samba/log.%m
        max log size      = 50
        security          = user
        passdb backend    = tdbsam
        load printers     = yes
        cups options      = raw
        printcap name     = cups
        printing          = cups

        # 与 PDC 有关的一些设置值
        # 下面几个设置值处理成为本局域网络内的主要名字解析器
        preferred master  = yes
        domain master     = yes
        local master      = yes
```

```
            wins support      = yes
            # 操作系统 (OS) 等级越高越能成为主网络的控制者，一般 NT 为 32
            # Windows 2000 为 64，所以这里我们设置高一点，但不可超过 255
            os level          = 100
            # 下面设置能否利用 PDC 登录，且登录需要进行哪些操作
            domain logons     = yes
            logon drive       = K:              <==登录后用户主目录挂载成 Windows 哪一分区
            logon script      = startup.bat     <==每个用户登录后会自动执行的程序
            time server       = yes             <==自动调整 Windows 时间与 SAMBA 同步
            admin users       = root            <==默认的管理员账号。默认为 root
            logon path        = \\%N\%U\profile <==用户的个性化设置
            logon home        = \\%N\%U         <==用户的用户主目录位置
# 指定登录用户能够进行的工作，主要是许多执行程序
[netlogon]  <==与前面的 logon script 有关，该程序放置在这里
    comment           = Network Logon Service
    path              = /winhome/netlogon   <==重要的目录，要自己创建
    writable          = no
    write list        = root
    follow symlinks   = yes
    guest ok          = yes

[homes]
....(下面保留原来的设置)....

[root@www ~]# testparm
[root@www ~]# /etc/init.d/smb restart
[root@www ~]# /etc/init.d/nmb restart
```

上面的设置有几个地方比较有趣：

- time server：要使 SAMBA 与 Windows 主机的时间同步，使用该项。
- logon script：当用户以 Windows 客户端登录后，SAMBA 可以提供一个批处理文件，让用户来设置他们自己的目录配置。整个配置的内容记录在 startup.bat 中。要注意的是，这个 startup.bat 文件名可以随意更改，不过必须把它放置到 [netlogon] 指定的目录内。
- logon drive：那么这个用户主目录要挂载到哪个分区？在 Windows 下大多以 C、D、E 等作为磁盘的编号，这里可以指定一下用户主目录设置为哪个磁盘编号。
- admin users：指定这个 SAMBA PDC 的管理员身份。
- [netlogon]：指定利用网络登录时首先查询的目录资源。
- logon path：用户登录后，获取的环境设置数据在哪？我们知道用户会有一堆环境数据，例如桌面等，这些东西都放置到这里来。使用的变量中，%N 代表 PDC 服务器的位置，%U 代表用户的 Linux 用户主目录。因此，最终需要有 ~someone/profile 的目录。
- logon home：用户的用户主目录，默认放置到与 Linux 的用户主目录相同的位置。

3. 创建 Windows 客户端登录时所需的设置数据的 netlogon 目录

首先，创建所需数据的[netlogon]目录。由于鸟哥计划将所有 PDC 数据都放在/winhome 目录中，包括用户的用户主目录，因此需要进行许多修改。这可能会导致后续的 SELinux 出现问题。

```
[root@www ~]# mkdir -p /winhome/netlogon
```

接下来，我们需要创建一个允许用户执行的文件，即 startup.bat。注意，这里假设用户的主目录位于 K 分区，可以按照以下步骤进行操作：

```
[root@www ~]# vim /winhome/netlogon/startup.bat
net time \\vbirdserver /set /yes
net use K: /home
# 这个文件的格式为：net use [device:] [directory]

# 再将该文件转成 DOS 的换行格式。因为是提供给 Windows 系统的
[root@www ~]# yum install unix2dos
[root@www ~]# unix2dos /winhome/netlogon/startup.bat
[root@www ~]# cat -A /winhome/netlogon/startup.bat
net time \\vbirdserver /set /yes^M$
net use K: /home^M$
# 看见了吗？会多出个奇怪的 ^M 符号，这就是 Windows 换行字符
```

4. 创建 Windows 专用的用户

由于鸟哥计划将所有用户移动到/winhome 目录下，并且每个用户的用户主目录还需要有一个 profile 目录，为了避免麻烦，我们先在/etc/skel 目录中进行一些处理，然后创建账号，最后才生成 SAMBA 用户。可以使用 pdbedit 命令或直接使用 smbpasswd –a 命令来创建 SAMBA 用户。由于不需要特殊的参数，因此可以使用旧的 smbpasswd 来处理 SAMBA 用户。

```
[root@www ~]# mkdir /etc/skel/profile
[root@www ~]# useradd -d /winhome/dmtsai dmtsai
[root@www ~]# useradd -d /winhome/nikky nikky
[root@www ~]# smbpasswd -a root
[root@www ~]# smbpasswd -a dmtsai
[root@www ~]# smbpasswd -a nikky
[root@www ~]# pdbedit -L
smb1:2004:
smb3:2006:
smb2:2005:
student:505:
root:0:root
dmtsai:2007:
nikky:2008:
# 重点是需要有粗体字标示的那几个"人物"出现才行
```

```
[root@www ~]# ll /winhome
drwx------. 5 dmtsai dmtsai 4096 Jul 29 16:49 dmtsai
drwxr-xr-x. 2 root   root   4096 Jul 29 16:48 netlogon
drwx------. 5 nikky  nikky  4096 Jul 29 16:49 nikky
# 用户的用户主目录不是在/home，而是在/winhome
```

以后添加的用户都可以将来自 Windows 的特殊配置文件目录存放在其中，这样可以更好地进行管理。当然，在使用 useradd 命令添加用户后，记得还要使用 smbpasswd –a username 命令，以使该用户能够使用 SAMBA。

5. 创建机器账号

由于 PDC 会对 Windows 客户端的主机名（NetBIOS 名称）进行主机账号检查，因此我们也需要为客户端的主机名设置账号。主机账号是指在普通用户账号的末尾添加一个$符号。例如，对于主机名为 vbirdwinxp 的主机，可以设置的账号名称为 vbirdwinxp$。

然而，我们知道使用 smbpasswd 命令添加的用户，账户信息必须在/etc/passwd 文件中，因此要创建这个账号，需要按照以下步骤进行操作：

```
[root@www ~]# useradd -M -s /sbin/nologin -d /dev/null vbirdwinxp$
[root@www ~]# useradd -M -s /sbin/nologin -d /dev/null vbirdwin7$
```

增加–M、–s、–d 等参数的原因是为了不让这个账号具有登录权限，因此将这个主机账号设置得比较特殊。接下来，我们需要让 SAMBA 知道这个账号是一个主机账号，可以按照以下步骤进行操作：

```
[root@www ~]# smbpasswd -a -m vbirdwinxp$
[root@www ~]# smbpasswd -a -m vbirdwin7$
```

通过上述步骤，已经成功添加了主机账号。SAMBA PDC 现在可以通过"主机账号"来判断 Windows 客户端是否可以连接。一旦连接到 PDC 和 Windows 客户端，接下来普通用户账号就可以在 Windows 客户端上进行登录了。

6. 修改安全性相关的数据

由于我们在/winhome 目录下创建的账号目录并不是标准的 CentOS 目录，最重要的 SELinux 可能会失效。因此，我们需要对 SELinux 进行修订。修订的方法很简单，只需将 SELinux 类型转换为 samba_share_t 即可。

```
[root@www ~]# chcon -R -t samba_share_t /winhome
```

由于 SELinux 的数据会继承上层目录的设置，因此理论上，未来添加的用户不需要重新修订 SELinux 文件类型。但是，如果发现登录 PDC 的账号无法获取用户主目录，可以通过查看/var/log/messages 文件中的信息来进行修正。

16.4.3　Windows XP Pro 的客户端

请注意，下面的方法仅适用于 Windows 2000 和 Windows XP 专业版（Pro），一般的 Windows XP 家庭版是不支持的。如果客户端主机是 Windows XP 的家庭版（通常是 Windows XP Home），那么下面的方法可能无法使用。连接到 SAMBA PDC 的过程也很简单，可以按照以下步骤进行（Windows 后续版本对 SAMBA 的版本要求较高，官方网站指出需要高于 3.3.x 版本才有支持）。

1. 确认 Windows 客户端的网络与主机名

首先，我们必须确保 Windows 客户端的工作组和主机名与 SAMBA PDC 相同。确认的方法已经在局域网中提到过，这里再次强调一下。右击"我的电脑"图标，在弹出的快捷菜单中选择"属性"，然后选择"计算机名"选项卡中的标签，如图 16-21 所示。

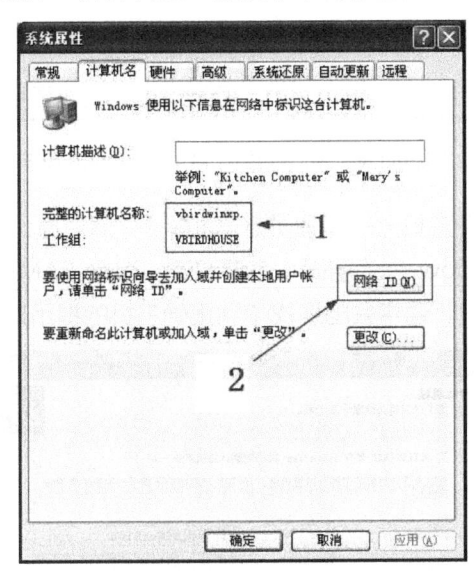

图 16-21　Windows 客户端连上 PDC 方式的流程示意图 1

首先要确认箭头 1 所指的主机名和工作组，在我们的案例中工作组是 vbirdhouse，而这台 Windows 主机的 NetBIOS 名称是 vbirdwinxp。如果不正确，请单击"更改"按钮进行设置，并重新启动。重新启动完成后，返回如图 16-21 所示的界面，单击箭头 2 所指的"网络 ID"按钮。

2. 设置主机名与域名

接下来，我们需要设置这台 Windows XP Pro 要连接到局域网中的哪台 PDC 上，也就是处理主机账号以及由 SAMBA PDC 负责的域（Domain）。在如图 16-21 所示的对话框中，单击"网络 ID"按钮后，在弹出的窗口中进行如下操作：

（1）单击"下一步"按钮。

(2) 选择"本机属于工作组的一部分，用它连接到其他计算机（D）"选项。

(3) 选择"公司使用带有域的网络（C）"选项。

(4) 单击"下一步"按钮。

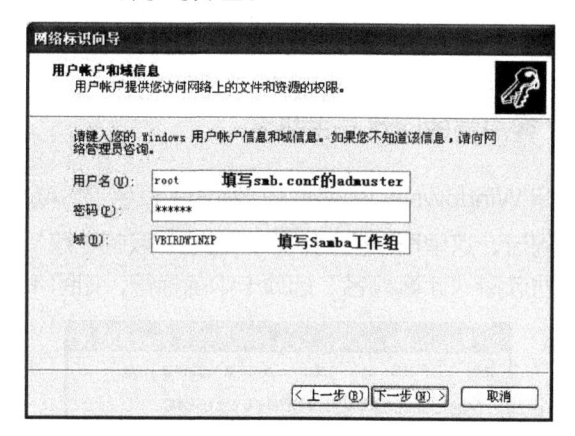

然后就会出现如图 16-22 所示的界面。

图 16-22 Windows 客户端连上 PDC 方式的流程示意图 2

请按顺序填写 SAMBA 主机上的管理员账号和密码。请注意，这个密码是记录在 SAMBA 中的密码，而不是/etc/shadow 中的密码，不要混淆。这是 SAMBA 服务器的设置。输入完成后，单击"下一步"按钮。通常会出现找不到正确主机的提示对话框，如图 16-23 所示。

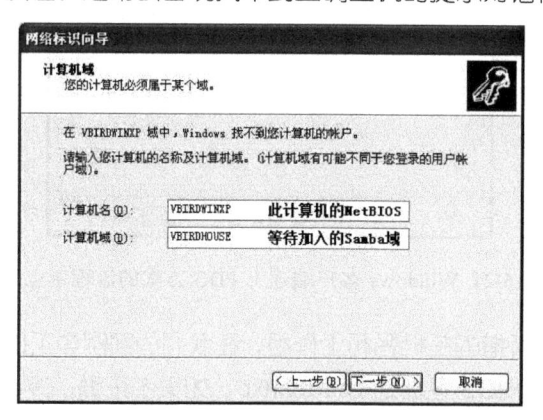

图 16-23 Windows 客户端连上 PDC 方式的流程示意图 3

鸟哥也觉得很奇怪，总是告诉我找不到。不过没有关系，我们再次填写主机的 NetBIOS 名称和工作组名称，然后单击"下一步"按钮，就会出现如图 16-24 所示的对话框。

这次输入正确的管理员账号和密码，记得最后的网络是工作组名称，不要写错了。处理完毕后，单击"确定"按钮，将会出现如图 16-25 所示的对话框。

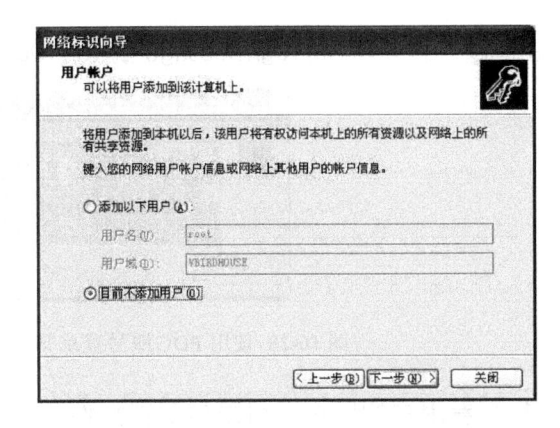

图 16-24 Windows 客户端连上 PDC 方式的流程
　　　　示意图 4

图 16-25 Windows 客户端连上 PDC 方式的流程
　　　　示意图 5

由于我们希望所有的用户都由 SAMBA PDC 直接管理，因此在这里选择"目前不添加用户"。然后单击"下一步"按钮。

3. 重新启动并以新的域名登录

重新启动 Windows 操作系统，出现如图 16-26 所示的界面。

为了保护操作系统，需要按 Ctrl+Alt+Del 组合键，以显示如图 16-27 所示的登录界面。

图 16-26 Windows 客户端连上 PDC 方式的流程
　　　　示意图 6

图 16-27 Windows 客户端连上 PDC 方式流程的
　　　　示意图 7

重新启动系统后，在登录界面的"登录到"下拉菜单中将会出现两个选项，分别是 VBIRDHOUSE 与 VBIRDWINXP（本机）。

这表示系统上有两种可选择的账号管理模式，一个是本机账号，另一个是 PDC 提供的账号。

- **VBIRDHOUSE**：这是 PDC 的工作组名称，可以通过 PDC 的账号登录。
- **VBIRDWINXP（本机）**：这是你的计算机名称，可以使用本机账号登录。

现在请输入你在 SAMBA PDC 上拥有的账号和密码来尝试登录。如果输入的账号和密码是正确的，但出现用户配置文件错误的情况（见图 16-28），那肯定是某些文件权限或 SELinux

471

设置的问题。请参考/Var/10g/message 或/var/10g/samba/*目录下的登录文件进行修改。

图 16-28 使用 PDC 账号登录却出现权限错误的提示信息

4. 查看用户的用户主目录与配置文件

如果成功登录，打开资源管理器后，你应该能够看到所有与之连接的设备，如图 16-29 所示。

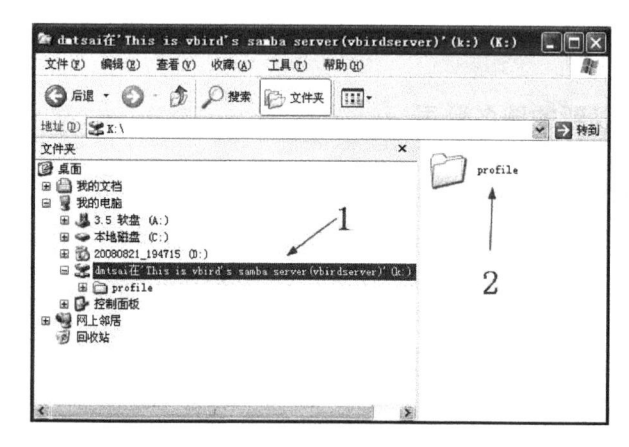

图 16-29 顺利登录后的资源管理器的显示状态

你也可以在自己的用户主目录（K 分区）中添加和删除数据，是不是很方便呢？当你注销后，在 Windows 桌面上进行的个性化设置都会被保存在/winhome/dmtsai/profile 目录中。如果不相信的话，请自行前往 SAMBA 服务器上查看。

16.4.4　Windows 的客户端

根据 SAMBA 官方网站的说明，支持 Windows 7 的 SAMBA 版本必须高于 3.3.x。幸运的是，我们的 CentOS 6.x 使用的 SAMBA 版本是 3.5.x，理论上是支持 Windows 7 的。不过要将 Windows 7 加入 SAMBA PDC，需要修改注册表项，这一部分确实有些麻烦。在修改 Windows 7 的注册表方面，主要需要修改以下注册表项：

```
# 1. 这个部分用于"添加"键值
[HKEY_LOCAL_MACHINE\SYSTEM\CurrentControlSet\services\LanmanWorkstation\Parameters]
"DomainCompatibilityMode"=dword:00000001
"DNSNameResolutionRequired"=dword:00000000
```

要进行修改,可以在 Windows 7 的"运行"对话框中输入 regedit,然后会出现如图 16-30 所示的"注册表编辑器"界面。

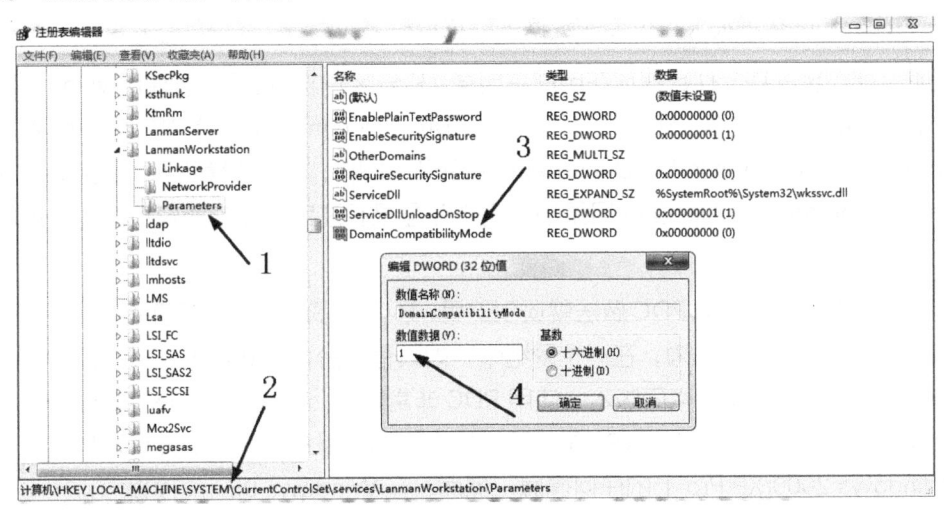

图 16-30 Windows 7 注册表的操作

首先,在左侧窗口中逐级选择到所需的目标位置,然后在状态栏观察主键顺序是否正确。接下来,在右侧窗口中选择要修改的键值。如果要添加键值,只需在右侧空白处右击并选择"添加",然后输入键名。最后,双击基数值以打开可供修改的窗口,并按照图 16-30 的要求进行修改。有关 Windows 7 加入 PDC 的更多信息,请参考相关的资料。

完成注册表的修改后,就可以使用与 Windows XP 相同的方式将 Windows 7 加入 PDC。

16.4.5 PDC 问题的解决

如果出现错误提示信息"使用的账户是计算机账户。请使用你的通用用户账户或本机用户账户来访问这台服务器",可以按照以下步骤进行操作:

(1) 首先查看/var/log/samba 目录中与该主机相关的日志文件,特别是 log.vbirdwinxp 文件中的信息。

(2) 如果问题仍未解决,可以在 lmhosts 文件中添加 vbirdwinxp 的 IP 地址与主机名的对应关系,然后停止 SAMBA 服务:/etc/init.d/smb stop,等待一段时间以使 NetBIOS 名字解析超时,然后重新启动 SAMBA 服务:/etc/init.d/smb start,并再次尝试输入 root 密码进行操作。

在鸟哥尝试过的案例中,上面的第(2)个步骤非常有效。然而,仍然需要查看/var/log/samba 目录中的日志信息。

接下来,我们将介绍一些在 Windows 系统上使用 Windows 账号的技巧。

虽然 PDC 非常好用,但需要注意的是,每次使用 PDC 上的账号登录 Windows 客户端主机时，Windows 主机会从/winhome/username/profile/目录中加载所需的数据，并临时在 Windows 系统的 C:\Documents and Settings\username 目录下创建一个文件夹。如果用户主目录下的 profile 数据很大，仅传输数据就会花费很多时间。

因此，建议将一些文件数据放在用户主目录（K 分区）中，尽量不要使用 Windows 默认的 My Documents 文件夹，因为 My Documents 会将数据移动到/winhome/username/profile/My Documents/目录下。同样，将文件存储到桌面上会被放置在/winhome/username/profile/桌面/目录中，这样在登录和注销时会花费较长时间。请特别注意这一点。

好了，关于 SAMBA 的 PDC 做法就谈到这里，还有更多的信息可以前往本章最后列出的网址查阅。事实上，鸟哥认为，在一个网络中，如果有多台 Windows NT 主机、Windows 2000/XP Pro 等稳定的个人桌面版本，使用 PDC 非常有用。因为 Windows 2000/XP Pro 是多用户操作系统，不像 Windows 9x 是单用户操作系统。因此，如果无法登录 PDC，将无法使用 Windows 2000/XP Pro 上的任何信息。然而，在 Windows 9x 上，如果无法正确登录，仍然具有对该计算机的控制权。

另外，在设置 Windows 客户端之前，请先确认 Windows 的版本。上述操作对于 Windows XP 家庭版（Home）和 Windows 7 没有作用。请务必先确认 Windows 的版本。

16.5 服务器的简单维护与管理

除上述正规做法外，其实还有一些稍微重要的事情要与大家分享。

16.5.1 服务器相关问题的解决

通常情况下，如果我们使用单个主机工作组（Workgroup）的方式进行 SAMBA 的设置，那么设置过程通常很容易，并没有太多困难的步骤。但如果仍然无法成功设置，务必查看日志文件，即位于/var/log/samba/目录中的数据。在这些数据中，你会发现许多文件，这是因为我们在 smb.conf 文件中进行了以下设置：

- log file = /var/log/samba/log.%m

%m 代表客户端计算机的 NetBIOS 名称，因此，当名为 vbirdwinxp 的主机登录我们的 vbirdserver 主机时，登录信息将记录在/var/log/samba/log.vbirdwinxp 文件中。而如果没有与来源 IP 关联的 NetBIOS 名称，那么很可能是一些错误信息，这些错误信息将被记录在 log.smbd 和 log.nmbd 文件中。因此，如果想查看某台计算机连接到 SAMBA 主机时发生了什么问题，特别要注意这些日志文件。

此外，如果 SAMBA 明明已经启动完成了，但仍然无法成功，且无法找出问题所在，建议先关闭 SAMBA 一段时间，然后重新启动。

- /etc/init.d/smb stop

在鸟哥以往的案例中，确实有几次出现了由于 PID 和 NetBIOS 的问题导致的 SAMBA 故障。因此，完全关闭 SAMBA，并在短暂时间后重新启动，通常可以恢复正常。

此外，如果在进行写入操作时总是遇到"你没有相关写入权限！"的问题，不要怀疑，几乎可以确定是权限问题，即 Linux 的权限与 SAMBA 开放的权限不匹配，或者是 SELinux 的干扰。无论如何，你需要确认是否有权限将数据写入 Linux 磁盘，这涉及 PID 的权限与 Linux 文件系统是否匹配。而在 smb.conf 文件中设置的相关权限只是在 SAMBA 运行过程中"预计"要给予用户的权限，并不能替代真正的 Linux 权限。因此，如果发现存在此问题，请登录 Linux 系统并检查相应目录的权限。

另外，通常导致明明已经找到共享（smbclient –L 的结果），却总是无法顺利挂载的情况，主要有下面几个可能的原因：

- 虽然 smb.conf 的设置是正确的，但可能忘记创建 path 参数指定的目录（这是最常见的情况）。
- 虽然 smb.conf 设置为可读写，但目录对于该用户的权限可能是只读或无权限。
- 虽然权限设置正确，但 SELinux 的类型可能是错误的。
- 虽然所有数据都正确，但 SELinux 规则（getsebool -a）可能未正确启用。

上述是一些常见的问题，如需了解更多问题的解决方案，请参考正确的日志文件信息。

16.5.2　让用户修改 SAMBA 密码并同步更新/etc/shadow 密码

有一个问题是，我们知道用户可以通过 passwd 命令修改/etc/shadow 文件中的密码，同时也可以使用 smbpasswd 命令来修改 SAMBA 的密码。如果用户是类似 PDC 的用户，理论上很少使用 Linux 系统。那么，我们是否可以让用户在修改 Windows 密码（SAMBA 密码）时，同时同步更新 Linux 系统中的/etc/shadow 密码呢？答案是肯定的。而且这个操作并不困难，因为 smb.conf 文件中提供了相应的参数设置值。你可以参考以下网站获取更多相关信息：

- http://de.samba.org/samba/docs/using_samba/ch09.html。

鸟哥做一个总结，基本上需要的是 smb.conf 中 [global] 的几个设置值：

```
[root@www ~]# vim /etc/samba/smb.conf
[global]
# 保留前面的各项设置值，并添加下面三行即可
        unix password sync    = yes                    <==让 SAMBA 与 Linux 密码同步
        passwd program        = /usr/bin/passwd %u     <==以 root 调用修改密码的命令
        pam password change   = yes                    <==并且支持 pam 模块

[root@www ~]# testparm
[root@www ~]# /etc/init.d/smb restart
```

接下来，当你以普通用户（例如 dmtsai）修改 SAMBA 的密码时，就会像这样：

```
[dmtsai@www ~]$ smbpasswd
Old SMB password:       <==先输入旧密码,才能输入新密码
New SMB password:
Retype new SMB password:
Password changed for user dmtsai <==修改成功的提示信息

# 若出现下面的提示信息,应该是密码输入被限制了。例如输入的密码字符少于 6 个
machine 127.0.0.1 rejected the password change: Error was : Password restriction.
Failed to change password for dmtsai
```

16.5.3 使用 ACL 配合单个用户时的管理

想象一个案例,假设你是一名学校的网络管理员,有一位兼职教师向你申请账号,目的是为了在多个班级内获取学生的专题资料。由于该教师是兼职的,你可能会担心他不小心销毁学生们辛苦收集的资料。在这种情况下,如果你将该教师加入学生组,并且学生所在的目录具有写入权限,那么该教师将具有读写权限,可能会导致管理上的漏洞。

那么应该如何处理呢?实际上,我们可以通过访问控制列表(Access Control List,ACL)来管理目录中单个用户的权限。因此,权限管理并不需要通过 smb.conf 的设置,只需要使用 ACL 即可实现所需的目标。关于 ACL 的详细说明,已在《鸟哥的 Linux 私房菜 基础学习篇(第四版)》一书的第 14 章中提及,这里不再详述,请读者自行查阅。

16.6 重点回顾

- 由 Tridgell 利用逆向工程分析网上邻居成功生成,Server Message Block 协议。
- SAMBA 名称来源于其需包含"没有意义的 SMB Server"。
- SAMBA 可以让 Linux 与 Windows 直接进行文件系统的使用。
- SAMBA 主要架构在 NetBIOS 上的,且以 NetBIOS over TCP/IP 克服 NetBIOS 无法跨路由的问题。
- SAMBA 使用的 Daemon 主要有管理共享权限的 smbd 和 NetBIOS 解析的 nmbd。
- SAMBA 使用的模式主要有单机的 workgroup 方式,以及网络管理的 PDC 模式。
- SAMBA 的主配置文件的文件名为 smb.conf。
- 在 smb.conf 内,主要区分为 [global] 服务器整体设置与 [share] 共享的资源两大部分。
- SAMBA 用户账号控管主要的设置值为 security = {share,user,domain} 等。
- SAMBA 客户端可使用 smbclient 和 mount.cifs 进行网上邻居的挂载。
- 新版的 SAMBA 默认使用数据库记录账户信息,添加账号用 pdbedit,修改密码则用 smbpasswd。
- SAMBA 主要支持 CUPS 的打印机服务器。
- 在权限控管方面,最容易出错的为 SELinux 的规则与类型。
- 在 PDC 的设置方面,由于与主机名相关性很高,建议设置 lmhosts 文件内容为宜。

16.7 参考资料与延伸阅读

- 电子书 Using Samba：http://de.samba.org/samba/docs/using_samba/ch00.html。
- Samba PDC HOWTO: http://us5.samba.org/samba/docs/man/Samba-HOWTO-Collection/samba-pdc.html。
- SAMBA 官方网站：http://www.samba.org/。
- Cupsaddsmbr 的用法：http://www.enterprisenetworkingplanet.com/netsysm/article.php/3621876。
- 下载 CUPS-windows 的网站：http://www.hotels-of-london.com/easyswcom/。

第 17 章

局域网控制者：代理服务器

第三篇 局域网内常见服务器的搭建

代理服务器的功能是提供一种服务，可以代理局域网内的个人计算机来获取 Internet 上的网页或其他数据。代理服务器可以将获取的数据保存在服务器的缓存上，因此以前常常被用于提供类似于"加速"效果的功能。然而，随着网络带宽的不断提升，目前很少使用代理服务器来实现这个目的。相反，代理服务器在局域网中扮演了"高级防火墙"的角色。这里的"高级"指的是 OSI 七层协议中的应用层，因为代理服务器是在应用层上实现的一种防火墙方式，而不像 iptables 是在网络层和传输层起作用。在 Linux 系统上，可以使用 squid 软件来启动代理服务器。

17.1　什么是代理服务器

代理服务器（Proxy）的原理其实很简单，就像一个代理人一样，来获取用户所需的数据。然而，由于它具备"代理"的能力，因此我们可以通过代理服务器来实现防火墙功能和对用户浏览数据的分析。此外，代理服务器还可以用于节省带宽和加快内部网络对 Internet WWW 的访问速度。总之，对于企业而言，代理服务器是一个非常有用的工具。

17.1.1　代理服务器的功能

在现实世界中，我们可能会代办一些家人的琐事，比如缴费或办理提款卡等。作为代理人，我们需要提供一些证件，因为我们并不是"申请者本人"。那么在网络世界中，代理服务器（Proxy Server）是如何工作的呢？它的主要功能与上述现实世界中类似，当客户端需要访问 Internet 数据时，代理服务器会代替用户向目标服务器获取所需的数据。因此，当客户端指定了代理服务器后，所有与 WWW 相关的请求都会经过代理服务器获取。代理服务器与客户端的关系如图 17-1 所示。

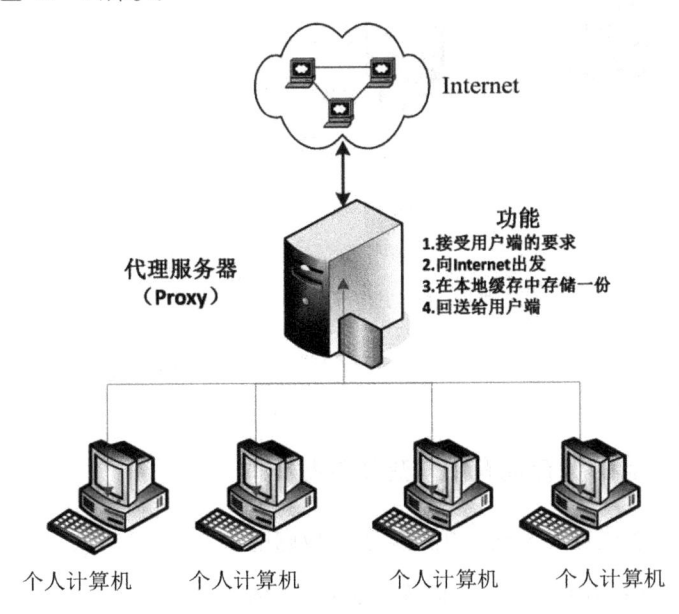

图 17-1　代理服务器、客户端与 Internet 的关系示意图

通常情况下，代理服务器会部署在局域网的边界防火墙上，而局域网内的计算机会通过代理服务器向 Internet 请求数据，这就是所谓的"代理服务器"。当然，上述架构只是一个示例，但这种架构仍然被广泛使用，因为这样的代理服务器还可以充当高级防火墙。

在代理服务器与客户端的关系中，需要了解的是：实际上，客户端向外部请求的数据都是由代理服务器获取的，因此在 Internet 上看到请求数据的来源将是代理服务器的 IP 地址，而不是客户端的 IP 地址。举例来说，假设鸟哥在浏览器中设置了我们学校的代理服务器主机为 proxy.xxx.yyy.zzz 作为代理，同时假设 IP 地址是 120.114.141.51，那么当鸟哥想要获取新浪网站的新闻信息时，实际上是由 proxy.xxx.yyy.zzz 来获取的，因此在新浪网站上看到请求数据的人将是 proxy.xxx.yyy.zzz，而不是 120.114.141.51。通过这个例子，我们可以了解代理服务器的功能。

除上述功能外，代理服务器还具有一个很棒的附加功能，即防火墙功能。根据图 17-1，个人计算机要连接到 Internet 必须经过代理服务器。此外，如果有人试图入侵客户端系统，由于代理服务器位于最外层，攻击者就会攻击错误的方向，从而增加了安全性。此外，由于整个 Internet 对外的访问都经过代理服务器，即"单点对外"的情况，因此管理防火墙也相对简单。

17.1.2 代理服务器的工作流程

在了解了代理服务器的功能之后，我们来探讨一下代理服务器的工作原理。为什么代理服务器能够提高网络访问效率呢？我们可以通过图 17-2 来说明。

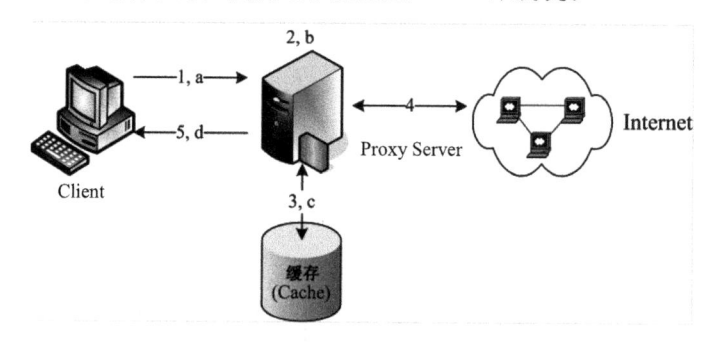

图 17-2 代理服务器的工作流程图：缓存数据与客户端

当客户端指定了代理服务器后，当客户端想要获取 Internet 上的信息时，工作流程如下（Cache 表示代理服务器的硬盘存储）。

1. 当代理服务器的缓存拥有用户想要的数据时

（1）客户端向 服务器端发送一个数据需求数据包。

（2）在服务器端接收到请求后，首先会比对该数据包的来源和目标网站是否合法。如果来源和目标都是合法的，也就是说，代理服务器能够获取数据的来源和目标网站匹配，那么服务器端就会开始代替客户端获取数据。在这个步骤中，比对政策非常重要，类似于认证的概念。

（3）服务器首先会检查自己的缓存（新的数据可能在内存中，较旧的数据则存储在硬盘上），如果有客户端所需的数据，就会将数据提取出来，而不需要向 Internet 请求数据的过程。

（4）最后将数据发送给客户端。

2. 当代理服务器的缓存没有用户想要的数据时

（1）客户端向服务器端发送一个需求数据包。

（2）服务器端接收之后，开始进行数据比对。

（3）服务器发现缓存并没有客户端所需要的数据时，准备前往 Internet 获取数据。

（4）服务器开始向 Internet 发送请求并取得相关数据。

（5）最后将数据回送给客户端。

通过上述流程分析，我们可以清楚地了解到，当代理服务器曾经帮助某位用户获取了 A 数据后，之后的用户想要再次获取 A 数据时，代理服务器会从自己的缓存中将 A 数据提取出来传送给用户，而不需要再去 Internet 上获取相同的数据。由于省去了去 Internet 获取数据的步骤，当步骤（4）的过程耗时较长时，通过代理服务器可以跳过步骤（4），给人一种网络速度变快的感觉。但实际上只是直接从代理服务器的缓存中获取数据而已（因此有人称之为"假象网络加速"）。这是两个流程之间最大的差异。

在当前的网络社会中，由于宽带技术已经很成熟，因此在合理使用的情况下，网络带宽理论上是足够的（除非连接到国外）。那么使用代理服务器后，效率是否会提升呢？答案是否定的。为什么会这样呢？根据上述流程分析，我们发现代理服务器经常需要读取硬盘内的数据，而硬盘缓存数据是通过某些特殊方式管理的，因此查找数据需要一些时间。此外，如果硬件效率（如硬盘或主板芯片组）较低，那么使用代理服务器可能会让你感觉网络传输不畅，这一点需要特别注意。

> 代理服务器对于缓存（Cache）的速度要求非常高，而这个缓存通常就是硬盘。当然，硬盘的容量必须足够大，并且速度也要足够快。因为根据上述流程，我们可以看到缓存是一个被频繁访问的地方。因此，硬盘的质量差异很大，可以说它是影响代理服务器性能优劣的关键因素。

17.1.3 上层代理服务器

想一想，既然代理服务器可以帮助客户端进行网页的代理访问工作，那么我们的代理服务器能否指定另一台代理服务器作为该代理服务器的代理呢？流程如图 17-3 所示。

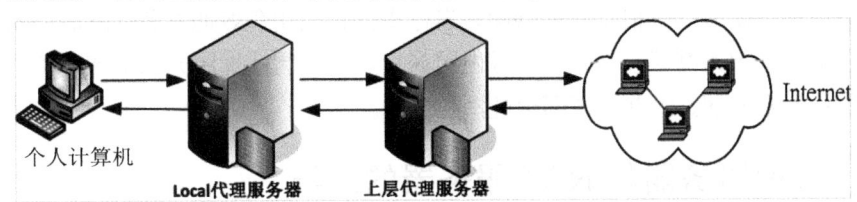

图 17-3 上层代理服务器示意图

在这种情况下，本地代理服务器并不会主动去 Internet 获取数据，而是通过上层代理服务器向 Internet 请求数据。这样做有什么好处呢？由于作为我们的上层代理服务器的主机通常具有较高的带宽，因此通过它请求数据理论上速度会更快。而上层代理服务器的最大好处实际上是分流，如图 17-4 所示。

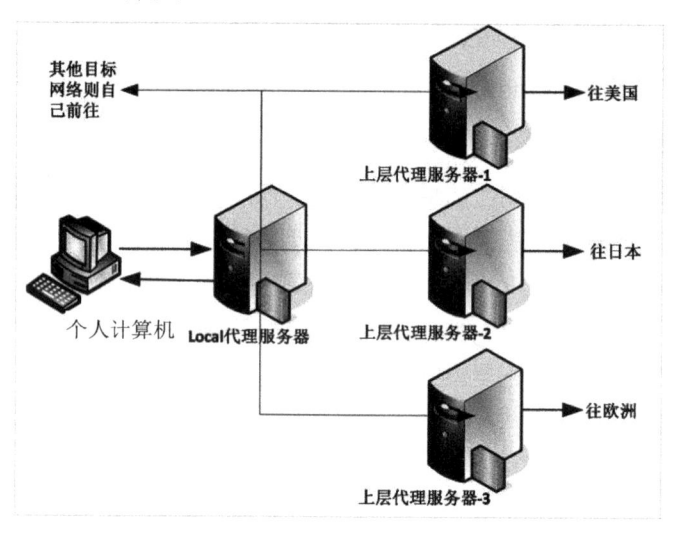

图 17-4 以多台上层代理服务器达到分流效果的示意图

这里设置了三台上层代理服务器，由于这三台代理服务器的对外速度不同，因此当我们要连接到美国时，会使用上层代理服务器 1 来请求数据；如果要连接到欧洲，会使用上层代理服务器 3；而要连接到日本，会使用上层代理服务器 2 来请求所需的数据。通过这样的设置，可以达到最佳的代理效率，非常不错。此外，为了减轻上层代理服务器的负担，对于其他网络位置，我们会配置使用自己的本地代理服务器。这种配置具有很高的灵活性。

由于代理服务器需要管理可信任的来源端客户端计算机，因此各网络服务提供商（Internet Server Provider，ISP）仅能针对自家的用户来开放代理服务器的使用权。

当用户通过代理服务器连接到 Internet 时，网络上看到的是代理服务器在获取数据，而不是该客户端本身。我们可以看出代理服务器有可能被客户端过度滥用，同时也有可能被用于非法活动。因此，目前绝大部分的代理服务器已经停止对外开放，仅为自己的网络范围内的用户提供此项服务。

如果你想自行设置代理服务器，请记得去你当初申请网络服务的服务提供商（如果是学术单位，请查看贵单位计算机中心的网页）进行查询，以便有效地设置你的服务器。如果设置错误，上层代理服务器可能根本无法提供服务，或者上层代理服务器的效率不佳，这将直接影响你的代理服务器。因此，请谨慎选择和设置。

17.1.4 代理服务器与 NAT 服务器的差异

或许你已经注意到，在内部局域网中使用私有 IP 的客户端，无论是通过代理服务器还是网络地址转换（Network Address Translation，NAT），都可以直接访问 Internet 上的 WWW 服务。那么，网络地址转换和代理服务器有什么不同呢？它们不都可以让内部计算机连接到外部吗？实际上，这两者之间有很大的差异，简要说明如下。

- **NAT 服务器的功能**：就像第 9 章提到的那样，Linux 的网络地址转换功能主要通过数据包过滤的方式，并使用 iptables 的 NAT 表进行 IP 伪装（SNAT），以实现客户端直接访问 Internet 的功能。它的主要操作是在 OSI 七层协议的第二、三、四层进行的。由于是通过数据包过滤和伪装实现的，因此客户端可以使用的端口号（第四层）具有较大的灵活性。
- **Proxy 服务器的功能**：主要通过代理服务器的服务程序（守护进程）提供网络代理的功能，因此代理服务器能否执行某些任务与该服务程序的功能有关。举例来说，如果你的代理服务器没有提供邮件或 FTP 代理功能，那么客户端将无法通过代理服务器获取这些网络资源。代理服务器的主要操作发生在 OSI 七层协议的应用层部分（也就是所谓的"高级"部分）。

根据上述内容可知，网络地址转换服务器是在较底层的网络层进行分析工作的，而对于经过网络地址转换的数据包的用途，网络地址转换并不关心；代理服务器则主要由一个守护进程（Daemon）来实现，因此必须符合该守护进程的要求才能实现特定功能。

17.1.5　搭建代理服务器的用途与优缺点

现在我们大概了解了代理服务器的原理，那么通常在什么情况下会设置代理服务器呢？一般来说，代理服务器的功能主要包括：

- **作为 WWW 的网页数据获取代理人**：这是最主要的功能。
- **作为内部局域网的单点对外防火墙系统**：如图 17-1 所示，如果代理服务器放在内部局域网的网关上，那么这个代理服务器就能够作为内部计算机的防火墙，而且还不需要设置那么复杂的网络地址转换功能。只是纯粹的代理服务器通常只提供 WWW 的代理，因此内部计算机想要取得 SMTP、FTP 等就比较麻烦。

由于代理服务器的这种特性，常常被用于大型企业内部，因为它可以限制内部员工在上班时间使用非 WWW 之外的其他网络服务，并且可以监测用户的数据请求流向和流量。好了，接下来我们来讨论一下架设代理服务器的优缺点。首先，我们来谈谈主要的优点。

- **节省单点对外的网络带宽，降低网络负载**。当代理服务器用户很多时，那么代理服务器内部的缓存数据将会累积较多。因此，客户端想要获取网络上的数据时，很多将会从代理服务器的缓存中获得，而不用向 Internet 请求数据，因而可以节省带宽。
- **以较短的路径获取网络数据，有网络加速的感觉**。例如你可以指定 ISP 提供的代理服务器连接到国外，由于 ISP 提供的代理服务器通常具有较大的对外带宽，因此在对国外网站的数据获取方面，通常会比你自己的主机连接到国外要快得多。此外，与上一点的缓存数据也有关系。从内部硬盘上获取数据的路径总比对外的 Internet 获取数据的路径要短得多。
- **通过上层代理服务器的辅助，达到自动数据分流的效果**。例如，如图 17-4 所示，让客户端在不知不觉之间，就可以得到数据由不同代理服务器加速的效果。
- **为防火墙内部的计算机提供连接到 Internet 的功能**。就是前面提到的单点对外防火墙的功能。

由于代理服务器具有这些优点，因此这里强烈建议，如果你需要访问国外的网页，请务必使用 ISP 提供的代理服务器，因为这不仅可以节省带宽，而且速度会更快。然而，虽然代理服务器有许多好处，但它并不是万能的。那么代理服务器可能存在哪些潜在的缺点呢？

- **容易被内部局域网的人员滥用**。我们知道在 Internet 上，看到数据获取的请求是由代理服务器的主机而不是客户端计算机的 IP 地址发出的，这可能导致一些内部网络的使用人员开始利用代理服务器从事不良行为，这将带来很多麻烦。因此，为了避免这种情况，强烈建议使用日志分析软件，这将使管理工作变得更加轻松。
- **需要较高超的配置技巧与故障排除程序**。在鸟哥设置的服务器中，代理服务器可以说是比较难以正确配置和优化性能的一个服务器。由于代理服务器的缓存与其上层代理服务器之间的关系非常密切，如果配置错误，很可能会导致代理服务器降低客户端浏览 Internet 的速度。最严重的情况是无法连接到 Internet。
- **可能会获取旧的错误数据**。这种情况确实很常见。由于代理服务器会将之前访问过的网页存储在缓存中，并提供给后续的用户直接访问，如果 Internet 上的网页数据发生更新，那么客户端可能无法看到更新后的内容。这是由缓存的问题导致的。在这种情况下，客户端可能会频繁地获取到旧的数据。

总之，代理服务器有很多优点，但也需要网管人员的关注。既然如此，我们是否有必要架设代理服务器呢？我们可以简单地分析如下：

- 客户端用户众多，大部分只需要访问 WWW 这个网络服务。
- 代理服务器还兼顾防火墙的功能。
- 客户端经常需要连接到传输速度较慢的网站，例如国外的网站。
- 客户端经常浏览的网站是静态网站，而不是动态网站（例如讨论区的 PHP 页面）。

如果符合上述环境条件，那么可以考虑搭建代理服务器。然而，反过来说，如果①客户端很少，每次连接到 Internet 都是获取新数据（并未用到缓存），那么没有代理服务器可能无法体现出效益；②代理服务器属于应用层，对于 Internet 的规划弹性较差，不像网络地址转换服务器可以提供多种功能；③经常访问的网站是类似于论坛那种变化频繁的网站，在这种情况下，可能就没有必要搭建代理服务器了。

然而，对于学校或单位等带宽本来就不足的环境来说，搭建代理服务器以提高校内网络速度是有必要的。所以，是否需要搭建代理服务器取决于你的具体网络环境。无论如何，我们仍然希望教大家如何搭建代理服务器。

17.2 Proxy 服务器的配置基础

虽然在我们的小型网络环境中，搭建代理服务器可能没有太大用处，但考虑到大家未来的发展，了解企业常用的代理服务器也是必要的。在本节中，我们主要介绍一个简单的代理服务器环境，即基本可运行的代理服务器。更高级的设置，请参考后续章节的介绍。

17.2.1 Proxy 所需的 squid 软件及其软件结构

实现代理服务器功能的软件很多，例如效率不是很高的 Apache 以及本章要介绍的八爪章鱼 squid 这套软件。目前代理服务器在类 UNIX 操作系统的环境下，大多就是使用 squid，因此这里以 squid 为例来介绍。同样地，请使用 rpm 来检查是否安装好了。如果尚未安装，请使用 yum install squid 命令来安装。安装 squid 之后，它主要提供以下配置文件：

- /etc/squid/squid.conf：这是主要的配置文件，所有 squid 需要的设置都放在这个文件中。鸟哥在下面提到的各种配置方法几乎都是在这个文件中进行说明的。
- /etc/squid/mime.conf：这个文件定义了 squid 所支持的 Internet 上的文件格式，也就是所谓的 MIME 格式。通常情况下，这个文件的默认内容已经能够满足我们的需求，所以不需要对其进行修改，除非你清楚地知道需要额外支持的 MIME 文件格式。

其他重要的目录与文件有：

- /usr/sbin/squid：提供 squid 的主程序。
- /var/spool/squid：默认的 squid 缓存存储目录。
- /usr/lib64/squid/：提供 squid 的额外控制模块，尤其是与认证密码相关的程序都存放在这个目录下。

17.2.2 CentOS 默认的 squid 设置

在默认情况下，CentOS 的 squid 具有以下几个特点：

- 仅限本机（localhost，127.0.0.1）使用 squid 功能。
- squid 监听的代理服务端口为 3128。
- 缓存目录位于/var/spool/squid/，默认设置为 100MB 的磁盘高速缓存容量。
- 除 squid 程序所需的基本内存外，还提供了 8MB 的内存用于热门文件的缓存（因为内存速度比硬盘快）。
- 默认以 squid 用户身份启动 squid 程序（与磁盘高速缓存目录的权限有关）。

实际上，CentOS 默认的 squid 设置仅对本机（localhost）开放，而许多默认值是为小型网络环境指定的。同时，许多特殊参数也没有启用。因此，我们需要了解各个设置值的含义，以便进行修改。这些参数都在 squid.conf 文件中指定，所以让我们来看看这个文件的内容和一些重要的参数。

> 在 CentOS 6.x 中，已经将 squid.conf 文件中不相关的设置值全部删除，因此该文件变得非常简洁。这样做有好处，也有坏处。好处是，你不需要查看那些不需要的参数值。坏处是，如果你想进行其他设置，就需要额外参考外部文件，可能会增加一些复杂度。这可能会让人感到困扰。

```
[root@www ~]# vim /etc/squid/squid.conf
# 1. 可信任的用户与目标控制，通过 acl 定义 localhost 等相关用户
acl manager proto cache_object              <==定义 manager 为管理功能
acl localhost src 127.0.0.1/32              <==定义 localhost 为本机来源
acl localhost src ::1/128
acl to_localhost dst 127.0.0.0/8 0.0.0.0/32 <==定义 to_localhost 可连接到本机
acl to_localhost dst ::1/128

# 2. 可信任的用户与目标控制，定义可能使用这个代理服务器的外部用户（内网）
acl localnet src 10.0.0.0/8         <==可发现下面都是 private IP 的设置
acl localnet src 172.16.0.0/12
acl localnet src 192.168.0.0/16
acl localnet src fc00::/7
acl localnet src fe80::/10
# 上述数据设置两个用户 (localhost, localnet) 与一个可获取的目标 (to_localhost)

# 3. 定义可获取数据的端口
acl SSL_ports port 443              <==连接加密的端口设置
acl Safe_ports port 80       # http <==公认标准的协议使用端口
acl Safe_ports port 21       # ftp
acl Safe_ports port 443      # https
# 定义 SSL_ports 及标准的常用端口 Safe_ports 两个名称

# 4. 定义这些名称是否可放行的标准依据（有顺序）
http_access allow manager localhost   <==放行管理本机的功能
http_access deny manager              <==其他管理来源都予以拒绝
http_access deny !Safe_ports          <==拒绝非正规的端口连接要求
http_access deny CONNECT !SSL_ports   <==拒绝非正规的加密端口连接要求
<==这个位置为可以写入自己规则的位置。不要写错了，有顺序之分
http_access allow localnet            <==放行内部网络的用户来源
http_access allow localhost           <==放行本机的使用
http_access deny all                  <==全部都予以拒绝

# 5. 网络相关参数，最重要的是定义代理服务器协议端口的 http_port
http_port 3128       <==代理服务器默认的监听客户端要求的端口，是可以改的
# 其实，如果想让代理服务器/客户端之间的连接加密，可以改用 https_port (923)

# 6. 缓存与内存相关参数的设置值，尤其注意内存的计算方式
hierarchy_stoplist cgi-bin ? <==hierarchy_stoplist 后面的关键词(此例为 cgi-bin)
# 若发现在客户端所需的网址栏，则不缓存（避免经常变动的数据库或程序信息）
cache_mem 8 MB       <==给代理服务器额外的内存，用来处理最热门的缓存数据（需自己加）

# 7. 磁盘高速缓存，即存储缓存数据的目录位置与相关设置
cache_dir ufs /var/spool/squid 100 16 256 <==默认使用 100MB 的容量存储缓存
```

```
coredump_dir /var/spool/squid
# 下面的 4 个参数需要自己加上来。旧版才有这样的默认值
minimum_object_size 0 KB       <==小于多少 KB 的数据不要放缓存，0 为不限制
maximum_object_size 4096 KB    <==与上头相反，大于 4 MB 的数据就不缓存到磁盘
cache_swap_low 90              <==与下一行有关，减低到剩下 90% 的磁盘高速缓存为止
cache_swap_high 95             <==当磁盘使用量超过 95% 就开始删除磁盘中的旧缓存

# 8. 其他可能会用到的默认值。参考即可，并不会出现在配置文件中
access_log /var/log/squid/access.log squid <==曾经使用过 squid 的用户记录
ftp_user Squid@    <==当以代理服务器进行 FTP 代理匿名登录时，使用的账号名称
ftp_passive on     <==若有代理 FTP 服务，使用被动式连接
refresh_pattern ^ftp:           1440    20%      10080
refresh_pattern ^gopher:        1440    0%       1440
refresh_pattern -i (/cgi-bin/|\?) 0     0%       0
refresh_pattern .               0       20%      4320
# 上面这 4 行与缓存的存在时间有关，下面的内文会予以说明
cache_mgr root                  <==默认的代理服务器管理员的 email

cache_effective_user squid      <==启动 squid PID 的拥有者
cache_effective_group squid     <==启动 squid PID 的组
# visible_hostname <==有时由于 DNS 的问题，找不到主机名会出错，就得加上此设置
ipcache_size 1024               <==以下三个为指定 IP 进行缓存的设置值
ipcache_low 90
ipcache_high 95
```

仅了解上述基础设置值可能会让人头晕，更不用说 squid.conf 文件中的其他设置值了。无论如何，上述设置已经是非常基础的了，你最好了解一下。除取消注释 cache_dir 这一行外，其他设置保持不变。我们使用默认值直接启动 squid，看看是否有什么特别之处。

1. 使用默认值来启动 squid 并查看相关信息

要启动 squid 真的很简单，让我们来启动 squid 并查看有没有相关的端口。

```
[root@www ~]# /etc/init.d/squid start
init_cache_dir /var/spool/squid... 正在激活 squid: .          [ 确定 ]
# 第一次启动会初始化缓存目录，因此会出现上述数据，未来这个信息不会再出现
[root@www ~]# netstat -tulnp | grep squid
Proto Recv-Q Send-Q Local Address    Foreign Address State PID/Program name
tcp        0      0 :::3128          :::*            LISTEN 2370/(squid)
udp        0      0 :::45470         :::*                   2370/(squid)
[root@www ~]# chkconfig squid on
```

如果要设置 icp_port，squid 默认会启动 3128 和 3130 这两个端口。需要注意的是，实际处理用户请求和传输数据的是端口 3128（TCP），而端口 3130（UDP）仅用于与邻近代理彼此进行缓存数据库的数据通信，与用户请求无关。因此，如果代理服务器只是纯粹的主机或仅用于防火墙功能，则可以关闭端口 3130。正因如此，CentOS 6.x 默认将这个设置值注释掉，不使用端口 3130。

例题

由于我的代理服务器仅是一个简单的单个代理服务器,并没有设置为公开的邻近代理服务器(peer proxy 或 neighbor proxy),因此我想关闭端口 3130。应该如何处理呢?

答:只有 CentOS 5.x 以及之前的版本需要进行关闭。方法非常简单,只需直接修改 icp_port。具体步骤如下:

```
[root@www ~]# vim /etc/squid/squid.conf
#Default: VBird 2011/04/06 modified,将下列数据从 3130 改为 0 即可
icp_port 0

[root@www ~]# /etc/init.d/squid restart
```

事实上,如果客户端和代理之间的通信需要使用加密的 SSL 功能来保护客户端的信息免受窃取,可以使用 https_port 来替代 http_port。然而,在这种情况下,代理并不是公开的,并且只部署在内部局域网中,因此我们并不需要使用 https_port。

2. 查看与修改缓存目录(cache_dir):权限与 SELinux

从前面的说明我们知道磁盘高速缓存是影响代理服务器性能的一个非常重要的参数。那么 squid 是如何将缓存存储到磁盘上的呢?squid 将数据分割成小块,然后分别存放到不同的目录中。通过将缓存数据分散到多个目录中,可以节省在单个目录中查找大量文件所需的时间(可以将其类比为将书籍按类别放置在不同的书柜中,而不是将所有书籍杂乱无章地放置在一个大书柜中)。因此,在默认情况下,squid 会将 /var/spool/squid/ 目录分成两层子目录来存放相关的缓存数据。因此,查看该目录会是这样的:

```
[root@www ~]# ls /var/spool/squid
00  01  02  03  04  05  06  07  08  09  0A  0B  0C  0D  0E  0F  swap.state
# 算一下,你会发现共有 16 个子目录,我们来看看第一个子目录的内容
[root@www ~]# ls /var/spool/squid/00
00  08  10  18  20  28 ... 98  A0  A8  B0  B8  C0  C8  D0  D8  E0  E8  F0  F8
01  09  11  19  21  29 ... 99  A1  A9  B1  B9  C1  C9  D1  D9  E1  E9  F1  F9
...(中间省略)...
06  0E  16  1E  26  2E ... 9E  A6  AE  B6  BE  C6  CE  D6  DE  E6  EE  F6  FE
07  0F  17  1F  27  2F ... 9F  A7  AF  B7  BF  C7  CF  D7  DF  E7  EF  F7  FF
# 看见了吗?总共有 256 个子目录
```

现在我们知道,目录的层级结构可以用来将数据按照不同的分类进行存放。但是,为什么第一层有 16 个目录,第二层有 256 个目录呢?现在让我们来看一下如何设置这个重要参数——cache_dir。

- **cache_dir ufs /var/spool/squid 100 16 256**

在 /var/spool/squid/ 后面的参数的含义是:

- 第一个 100 代表的是磁盘使用量，仅用掉该文件系统的 100MB。
- 第二个 16 代表第一层目录共有 16 个。
- 第三个 256 代表每层目录内部再分为 256 个子目录。

根据 Squid 的说明和其他文献，最佳的配置是使用 16 个目录和 256 个目录，或者 64 个目录和 64 个子目录。因此，我们不需要修改相关的数据。重要的是要注意这些目录的文件所有者和 SELinux 类型。

例题

看起来默认的代理服务器的磁盘高速缓存空间可能不够用，而之前的磁盘规划又没有做好，因此，/var/ 最多还有 500MB 可以让我们作为磁盘高速缓存。如果想要将默认的磁盘高速缓存改为 500MB，而且再加上 /srv/squid/ 目录给予 2GB 的容量作为磁盘高速缓存，该如何进行设置？

答：要进行这样的设置，与 cache_dir 参数有关。这个参数可以多次重复出现。因此，我们可以按照以下方式进行设置，但务必注意目录的权限和 SELinux 类型。

```
[root@www ~]# vim /etc/squid/squid.conf
#Default: VBird 2011/04/06 modified，下面的设置除去掉 # 外还得修改
cache_dir ufs /var/spool/squid 500 16 256
cache_dir ufs /srv/squid 2000 16 256

[root@www ~]# mkdir /srv/squid
[root@www ~]# chmod 750 /srv/squid
[root@www ~]# chown squid:squid /srv/squid
[root@www ~]# chcon --reference /var/spool/squid /srv/squid
[root@www ~]# ll -Zd /srv/squid
drwxr-x---. squid squid system_u:object_r:squid_cache_t:s0 /srv/squid/

[root@www ~]# /etc/init.d/squid restart
```

之所以要改成 squid 拥有，是因为在上面的 squid.conf 中，默认的启动 PID 的账号就是 squid，所以必须进行变更。至于 SELinux 的类型方面，可以参考默认的 /var/spool/squid。不过要注意，某些特定的目录（例如 /home）不允许创建缓存目录，因此我们可以使用/srv 作为测试范例来放置服务数据。

想一想，既然缓存是存放在磁盘上的，那么缓存的数据会不会填满整个缓存磁盘呢？当然会，而且当磁盘被填满后，你的代理服务器可能无法继续正常运行。因此，我们必须注意磁盘使用量是否已经达到饱和。在上述例题中，如果/var/spool/squid 已经填满了 500MB，而/srv/squid 已经填满了 2GB，那么代理服务器将无法承受。为了避免这个问题，squid 有以下两个重要的设置：

- cache_swap_low 90
- cache_swap_high 95

当磁盘使用量达到 95% 时，将开始删除较旧的缓存数据，当删除到剩下的磁盘使用量达到 90% 时，就停止持续删除操作。对于本例题中的总容量为 2.5GB 的情况，当使用量达到 2.5×0.95 = 2.375GB 时，开始删除旧数据，直到剩下 2.5×0.9 = 2.25GB 时停止删除。因此，将删除约 125MB 的旧数据。通常情况下，这个设置值已经足够了，无须更改，除非缓存过大或过小，才需要调整这个设置值。

3. squid 使用的内存计算方式

事实上，除磁盘容量外，内存可能是另一个对代理服务器性能影响相当重要的因素。为什么这么说呢？因为代理服务器将数据存储在磁盘缓存中的同时，也会将数据暂时存储在内存中，以加快用户对同一数据的访问速度。但是，这个内存缓存需要额外消耗服务器物理内存的容量，因此需要通过额外的设置来指定。这就是 cache_mem 设置的功能。

很多人（包括鸟哥）都会误解 cache_mem 的用途，其实 cache_mem 是指定额外内存用于缓存热门的数据。cache_mem 并不是指"我要使用多少内存给 squid 使用"，而是指"我要额外提供多少内存给 squid 使用"。由于默认 1GB 磁盘缓存大约占用 10MB 的内存，而 squid 本身也会占用约 15MB 的内存，因此，在上一个例题中，squid 使用的内存量是：

- 2.5×10 + 15 + "cache_mem 设置值（8）"

squid 官方网站建议物理内存最好是上述内存使用量的两倍。也就是说，如果上述内存使用量为 48MB，那么我的物理内存最好至少要有 100MB 以上，才能获得更好的性能。当然，这仅仅是指代理服务器部分。如果这台主机还有其他工作负载，那么需要相应地增加内存。一般来说，如果代理服务器被很多人使用，较大的值通常会更好，但最好符合上述需求。

例题

由于我的内存够大，而代理服务器确实是我要提供的重要服务，因此想要增加额外的 32MB 作为热门数据缓存，该如何修改？

答：直接修改 cache_mem 即可：

```
[root@www ~]# vim /etc/squid/squid.conf
#Default: VBird 2011/04/06 modified，将原来的 8 改为 32
cache_mem 32 MB

[root@www ~]# /etc/init.d/squid restart
```

17.2.3 管理信任来源（如局域网）与目标（如恶意网站）：acl 与 http_access 的使用

在上述基础设置中，只有代理服务器本身可以向自己的代理请求网页代理，这没有意义。我们的重点是要将代理服务器开放给局域网使用。因此，必须修改信任用户的管理参数。这时，了解 acl 的基本语法就非常必要。acl 的基本语法为：

```
acl <自定义的 acl 名称> <要控制的 acl 类型> <设置的内容>
```

由于 squid 并不直接使用 IP 或网络来管理信任目标，而是通过 acl 名称进行管理的，这个<acl 名称>必须设置为管理来源还是目标（acl 类型），以及实际的 IP 地址或网络（设置内容）。这个 acl 名称可以看作一个别名。那么有哪些重要的 acl 类型呢？基本上有以下几种。

1. 管理是否能使用代理服务器的信任客户端方式

由于 Internet 主要通过 IP 地址或主机名来进行连接，因此信任用户的来源至少包括以下几种：

- **src ip-address/netmask**：主要控制来源的 IP 地址。举例来说，鸟哥的内网有两个，分别是 192.168.1.0/24 和 192.168.100.0/24。如果我想要定义一个名为 vbirdlan 的 acl 名称，那么可以在配置文件中写成：

    ```
    acl vbirdlan src 192.168.1.0/24 192.168.100.0/24
    ```

- **src addr1-addr2/netmask**：主要控制一段范围内的来源 IP 地址。假设我只想让 192.168.1.100~192.168.1.200 范围内的 IP 地址（所在的机器）使用这台代理服务器，那么可以使用以下配置：

    ```
    acl vbirdlan2 src 192.168.1.100-192.168.1.200/24
    ```

- **srcdomain.domain.name**：如果来自用户的 IP 地址经常变动，并且使用 DDNS 方式来更新主机名与 IP 地址的对应关系，那么我们可以使用主机名来进行开放。例如，如果想要开放来自.xxx.yyy.zzz 域名的用户访问权限，可以使用以下配置：

    ```
    acl vbirdksu srcdomain .xxx.yyy.zzz
    ```

2. 管理是否让代理服务器帮忙代理到该目标来获取数据

除管理来源用户外，我们还可以管理代理服务器是否能够访问某些目标。在默认设置中，我们的代理服务器仅允许访问 21、80、440 等端口的目标网站，如果不是这些端口，代理服务器将无法代理获取数据。而对于 IP 地址或网络方面则没有进行管理。基本的管理方式包括以下几种：

- **dst ip-addr/netmask**：控制无法访问的目标网站的 IP 地址。举例来说，如果我们不允许代理服务器访问 IP 地址为 120.114.150.21 的主机，可以写成：

    ```
    acl dropip dst 120.114.150.21/32
    ```

- **dstdomain .domain.name**：控制禁止访问的目标网站的主机名。举例来说，如果你不希望学生在上课时访问 QQ，可以设置禁止访问".qq.com"。配置如下：

    ```
    acl dropfb dstdomain .qq.com
    ```

- **url_regex [-i] ^http://url**：使用正则表达式来处理网址的一种方式。这种方式要求完整地输入正则表达式的开头和结尾。举例来说，北京大学的中文网页的正则表达式写法为（请注意最后的.*需要加上）：

    ```
    acl ksuurl url_regex ^http://www.pku.edu.cn/.*
    ```

- **urlpath_regex [-i] \.gif$**：与上一个 acl 非常类似，只是上一个需要填写完整的网址数据，而这里是根据网址栏的部分匹配来处理的。根据之前提到的默认案例，只要网址以.gif（图片文件）结尾，就符合该条件。如果想要阻止出现问题的色情网站，网址中出现/sexy 并以.jpg 结尾的情况，可以使用以下配置来拦截：

    ```
    acl sexurl urlpath_regex /sexy.*\.jpg$
    ```

除上述功能外，我们还可以使用外部文件来为 acl 内容提供对应的设置值。举例来说，假设我们想要阻止的外部主机名经常变动，可以使用/etc/squid/dropdomain.txt 来设置主机名，并通过以下方式进行处理：

```
acl dropdomain dstdomain "/etc/squid/dropdomain.txt"
```

然后，在 dropdomain.txt 文件中，每行一个待管理的主机名，这样可以减少不断修改 squid.conf 的麻烦。在了解了 acl 之后，接下来我们来谈谈 http_access 这个用于实际放行或拒绝的参数。

3. 以 http_access 调整管理信任来源与管理目标的顺序

设置好 acl 之后，接下来确定是否放行。放行与否与 http_access 参数相关。基本上，http_access 用于控制拒绝（deny）和允许（allow）两个操作。通过结合 acl 名称，可以实现相应的功能。需要特别注意的是，http_access 后面接的数据是有顺序的，这一点非常重要。下面通过案例来说明。

假设要放行内部网络 192.168.1.0/24 和 192.168.100.0/24 这两个网段，同时拒绝外部的色情相关图片和 xyz.com 网站，那么可以采取以下配置：

```
[root@www ~]# vim /etc/squid/squid.conf
```

```
# http_access 是有顺序的，因此建议找到下面这个关键词行后，将你的数据加在后面
# INSERT YOUR OWN RULE(S) HERE TO ALLOW ACCESS FROM YOUR CLIENTS
acl vbirdlan src 192.168.1.0/24 192.168.100.0/24

acl dropdomain dstdomain .xyz.com
acl dropsex urlpath_regex /sexy.*jpg$
http_access deny dropdomain    <==这三行的顺序很重要
http_access deny dropsex
http_access allow vbirdlan

[root@www ~]# /etc/init.d/squid restart
```

需要注意，如果先放行了 vbirdlan 再阻挡 dropdomain，可能会导致设置失败。因为内网已经被放行，后续的规则将不会被比对，这意味着无法阻挡 xyz.com。这一点需要格外注意。通常的做法是，先写下要拒绝的规则，再写放行的规则。

17.2.4 其他额外的功能项

1. 不要进行某些网页的缓存操作

根据前面的说明，我们知道代理服务器的缓存通常用于存储相对稳定的数据。对于论坛或者动态数据库类的网页，可能并不适合进行缓存，因为数据一直在变动。毕竟，你不希望发表一条留言后，再去浏览时看到的还是旧的留言内容。因此，在默认情况下，squid 已经配置了拒绝缓存某些数据的设置。以下是相关的设置值：

```
acl QUERY urlpath_regex cgi-bin \?
cache deny QUERY    <==重点就是这一行。可以拒绝，不要缓存后面的 URL
```

我们知道通常以 .php 结尾的网页大部分是动态数据，比如讨论区等，那么是否可以对所有以 .php 结尾的网页禁用缓存呢？当然可以。那么如何进行配置呢？

例题

只要网址出现 .php 结尾的网页，就不予以缓存。

答：通过 acl 配合 cache 这两个参数来处理即可。

```
[root@www ~]# vim /etc/squid/squid.conf
acl denyphp urlpath_regex \.php$
cache deny denyphp
# 在此文件的最后添加这两行即可

[root@www ~]# /etc/init.d/squid restart
```

2. 磁盘中缓存的存在时间

还记得下面的设置值吗？这个设置值的参数是这样设置的：

```
# refresh_pattern <regex>          <最小时间> <百分比> <最大时间>
refresh_pattern ^ftp:              1440       20%      10080
refresh_pattern ^gopher:           1440       0%       1440
refresh_pattern -i (/cgi-bin/|\?)  0          0%       0
refresh_pattern .                  0          20%      4320
```

- **正则表达式（Regex）**：用于分析网址的数据，例如上面的第一行设置表示以 ftp 开头的网址。
- **最小时间**：以分钟为单位，当获取到数据的时间超过此设置值时，该数据将被视为旧数据。例如上面的第一行设置表示当获取到数据的时间超过 1440 分钟时，该数据将被视为旧数据。如果有人尝试读取相同的网址，squid 将重新获取该数据，而不使用缓存中的旧数据。至于第三行，则表示除上述两个开头的数据外，其他数据都被定义为新数据，因此 squid 只会从缓存中提供数据给客户端。
- **百分比**：该设置项与"最大时间"有关，当数据被获取到缓存，经过最大时间的一定百分比后，该数据被视为旧数据。
- **最大时间**：与上一个设置有关，即数据在缓存内的最长时间。例如上面的第一行设置中，最大时间为 10080 分钟，但是当超过此时间的 20%（2016 分钟）时，该数据也会被视为旧数据。

例题

当网址中出现 ".vbird." 字样时，该数据被视为临时数据，2 小时后将被视为旧数据。而该数据在缓存中的最长保留时间为一天，在经过 50% 的时间后，也将被视为旧数据。

答：设置如下：

```
[root@www ~]# vim /etc/squid/squid.conf
refresh_pattern ^ftp:              1440       20%      10080
refresh_pattern ^gopher:           1440       0%       1440
refresh_pattern -i (/cgi-bin/|\?)  0          0%       0
refresh_pattern \.vbird\.          120        50%      1440
refresh_pattern .                  0          20%      4320
[root@www ~]# /etc/init.d/squid restart
```

3. 设置主机名与管理员的 E-mail

如果服务器的主机名尚未确定，因此在 Internet 上无法找到对应的 IP 地址（因为 DNS 未设置），那么在默认的 squid 设置中，可能无法成功启动。为了解决这个问题，可以手动添加一个主机名，通过 visible_hostname 参数来指定。同时，如果客户端在使用 squid 时出现任何错误，管理员的电子邮件地址会显示在屏幕上，以便用户能够及时与管理员联系。假设主机名为 www.centos.vbird，管理员的电子邮件地址为 dmtsai@www.centos.vbird，我们可以进行如下修改：

```
[root@www ~]# vim /etc/squid/squid.conf
cache_mgr dmtsai@www.centos.vbird    <==管理员的 E-mail
visible_hostname www.centos.vbird    <==直接设置主机名

[root@www ~]# /etc/init.d/squid restart
```

17.2.5　安全性设置：防火墙、SELinux 与黑名单文件

1. 防火墙需要放行 TCP 的端口 3128

现在已经设置了允许来自 192.168.100.0/24 和 192.168.1.0/24 这两个网段的请求使用我们的代理服务器。因此，防火墙的设置需要开放这两个网段使用端口 3128。然而，需要特别注意的是，仅开放防火墙并不能让客户端使用代理服务器的资源，还需要使用 ACL 和 HTTP 访问控制（http_access）。请特别注意，如果你已经使用了 iptables 规则，修改的方法如下：

```
[root@www ~]# vim /usr/local/virus/iptables/iptables.allow
iptables -A INPUT -i $EXTIF -p tcp -s 192.168.1.0/24 --dport 3128 -j ACCEPT
# 因为内网 192.168.100.0/24 本来就是全部都接受放行的

[root@www ~]# /usr/local/virus/iptables/iptables.rule
```

2. SELinux 的注意事项

对于代理服务器来说，CentOS 6.x 并没有施加太多的规则限制，因此似乎不需要修改太多的规则。然而，需要注意的是 SELinux 的安全策略。这包括配置文件（位于/etc/squid/目录下的文件）的类型应为 squid_conf_t，缓存目录的类型应为 squid_cache_t，而上层目录（/var/spool/）的类型应为 var_t 等。修改的方法是使用 chcon 命令进行处理。

3. 创建黑名单配置文件

我们在 17.2.3 节中提到了可以使用 dstdomain.domain.name 来阻止与特定网站的连接。然而，每次都需要以 root 身份修改 squid.conf 文件。是否有一种方法可以通过额外的文件进行设置，以便更容易管理，而无须频繁修改 squid.conf 呢？答案是肯定的。你可以通过使用特定文件来实现这一目的。让我们看看下面的例题来进行相应的修改。

例题

创建一个名为 /etc/squid/dropdomain.txt 的文件，内容为拒绝连接的目标网站。

答：我们之前设置过相关的网站，处理的方法是直接将主机名写入 squid.conf 中，现在可以这样修改：

```
[root@www ~]# vim /etc/squid/squid.conf
# 找到下面的数据，就是 dropdomain 那行，在第 629 行左右，并且修改一下
acl dropdomain dstdomain "/etc/squid/dropdomain.txt"
# 注意一下，如果是文件名，请写绝对路径，且使用双引号或单引号引起来

[root@www ~]# vim /etc/squid/dropdomain.txt
.sina.com.cn
.baidu.com
# 一行一个 domain 名称即可

[root@www ~]# /etc/init.d/squid reload
```

这种方法的好处是可以使用额外的控制方式来修改/etc/squid/dropdomain.txt 文件的内容。修改完成后，只需使用 reload 命令加载配置文件，而无须重新启动（restart），因为 reload 速度较快。举例来说，对于鸟哥的专题，学生使用 PHP 编写了一个控制该文件的网页界面。这样，老师在上课时可以直接通过网页输入要限制连接的目标网站，这样学生就无法在上课时访问某些外部网站去玩游戏了。

17.3　客户端的使用与测试

既然代理服务器是供浏览器使用的，那么自然需要在浏览器上设置一些参数。如何进行设置呢？由于不同的浏览器在设置代理上有所不同，下面我们介绍比较常见的两款浏览器的设置方法，分别是 Firefox 和 IE。至于其他浏览器的设置方法，请参考各个浏览器的相关说明文档。

17.3.1　浏览器的设置：Firefox 和 IE

1. Firefox 5.x 的设置

在 Firefox 5.x 中设置代理服务器的基本步骤如下：首先打开 Firefox 软件，单击菜单栏中的"工具"，然后选择"选项"，如图 17-5 所示。

接下来，在弹出的对话框中，选择右上方的"高级"选项，然后打开"网络"选项卡，最后单击连接的"设置"按钮，如图 17-6 所示。

此时会出现一个对话框，要求你输入代理服务器的相关数据，如图 17-7 所示。请先选中"手动配置代理"，然后才能填写下面的信息。填写服务器的 IP 地址（在鸟哥的案例中，使用的是 192.168.1.100）和端口号。鸟哥建议勾选"为所有协议使用相同代理"选项。完成所有设置后，单击"确定"按钮。

图 17-5 在 Firefox 中设置代理服务器的步骤 1

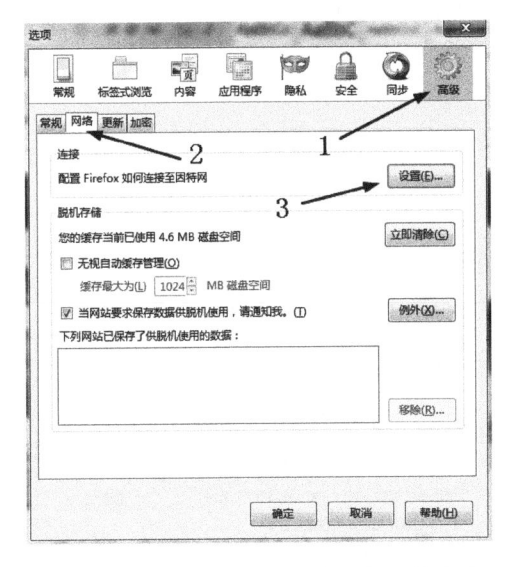

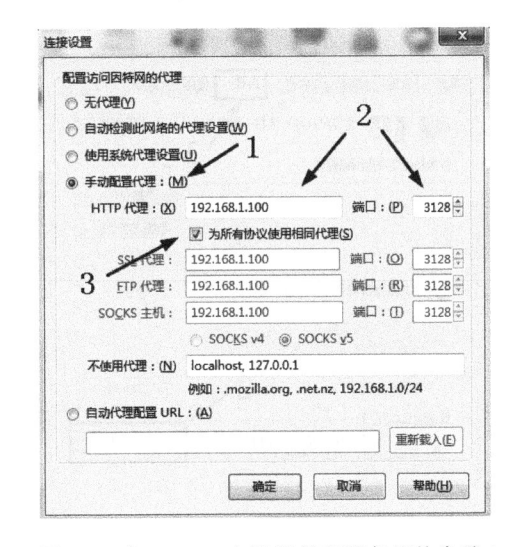

图 17-6 在 Firefox 中设置代理服务器的步骤 2　　图 17-7 在 Firefox 中设置代理服务器的步骤 3

这样就设置好了 Firefox 的代理服务器的相关数据，简单吧。

2. IE 的设置

IE 要如何设置呢？也很简单。首先打开 IE 软件，你会看到一个窗口，如图 17-8 所示。然后单击菜单栏中的"工具"，再选择"Internet 选项"。

在接下来打开的对话框中，选择"连接"选项卡，如图 17-9 所示。然后单击"局域网设置"按钮。

最后，需要输入正确的代理服务器的 IP 地址和端口号。如图 17-10 所示，请先选中箭头 1 所指向的选项，然后开始填写正确的数据。一般情况下，本地地址（例如局域网的服务器）可以不通过代理获取数据，所以可以勾选箭头 3 所指向的复选框。这样设置就完成了。

图 17-8 在 IE 中设置代理服务器的步骤 1

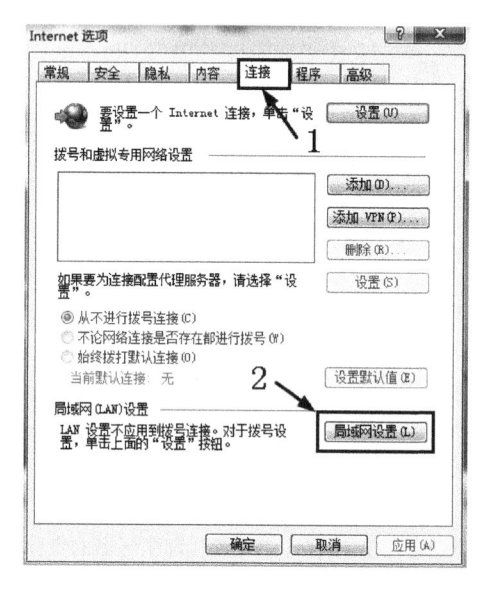

图 17-9 在 IE 中设置代理服务器的步骤 2

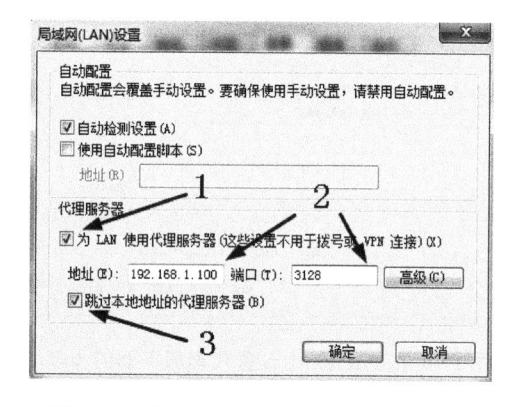

图 17-10 在 IE 中设置代理服务器的步骤 3

接下来，鸟哥使用 Firefox 进行测试，如果要连接的网站被拒绝，会发生什么呢？

17.3.2 测试代理服务器失败的界面

使用浏览器浏览各个网站时，通常会看到正确的网站内容。但如果你要访问的网站被拒绝了呢？举例来说，我们刚刚设置了拒绝访问 .baidu.com，那么如果你输入的网址是 www.baidu.com，屏幕上的输出将如图 17-11 所示。

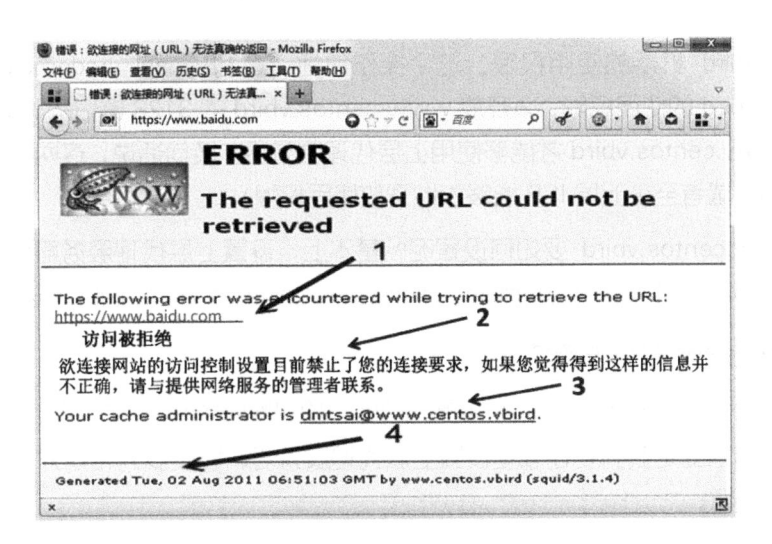

图 17-11 连接被代理服务器拒绝的情况

从图 17-11 可以观察到，目标网站是 www.baidu.com，但出现了"访问被拒绝（Access Denied）"的问题。这意味着问题出现在代理服务器的设置上。系统还友好地提供了管理员的电子邮件，以便让你反馈问题。最后，这个信息是否为新的？下面还会告诉你这个错误发生的时间点。这样一来，情况就非常清楚了。代理服务器的错误不仅限于这些，所以当你发现无法连接的网站时，请务必查看屏幕上输出的信息。

17.4 服务器其他应用的设置

除基本的代理服务器设置外，如果还有其他可用的上层代理服务器，我们可以考虑如何进行流量分流。此外，对于值得信任的用户，难道我们需要一直使用 acl 来指定用户来源，然后使用 http_access 进行放行吗？是否有认证功能可供使用呢？这样就不必频繁修改设置了。我们在本节就来讨论这些应用的设置。

17.4.1 上层代理服务器与获取数据分流的设置

在 17.1.3 节中，我们已经讨论了如何找到上层代理服务器，你可以返回那一节再次查阅一下。然而，假设你的环境中没有上层代理服务器，但有两台 Linux 主机分别位于不同的 ISP 环境中，这两个 ISP 对外的带宽流量有不同的性能。在这种情况下，你想根据这个情况来设计分流策略以访问 WWW 网页。让我们举个例子来说明：

- xxx.centos.vbird：这台主机位于 xxx 这个 ISP，对外的流量比较高，因而作为上层代理服务器。
- www.centos.vbird：这台主机位于学术网络，因为对外有带宽的限制，因此浏览速度相对较慢。

现在我们计划将 xxx.centos.vbird 作为上层代理服务器，因此这台主机需要开放

www.centos.vbird 机器的使用权限。这个操作包括：①利用 acl srcdomain 等方式放行 www.centos.vbird 的使用权限；②开放 www.centos.vbird 的 3128 端口的防火墙过滤功能。只有这样，www.centos.vbird 才能够使用上层代理服务器。换句话说，这两台主机都必须是你能够掌握的（或者至少上层 ISP 能够为你开放使用权限）。

那么 www.centos.vbird 要如何设置呢？基本上，设置上层代理服务器与分流的参数主要有 cache_peer、cache_peer_domain、cache_peer_access 等，它们的语法分别说明如下。

1. cache_peer 的相关语法

```
cache_peer [上层代理服务器主机名] [代理服务器角色] [代理服务器端口] [ICP 端口] [额外参数]
```

这个设置值指的是我们要在哪里设置上层代理服务器，以及我们希望对该代理服务器进行怎样的查询设置。

- **上层代理服务器主机名**：例如本案例中就是 xxx.centos.vbird 这一台。
- **代理服务器角色**：这台代理服务器是作为当前层的上层（Parent）还是与并列层（Sibling）协调工作的代理服务器？由于我们需要通过上层代理服务器获取数据，因此通常使用的是上层（Parent）代理服务器这个角色。
- **代理服务器端口**：通常是端口 3128。
- **ICP 端口**：通常是端口 3130。
- **额外参数**：针对这台上层代理服务器，我们想要对它查询数据的行为进行设置。主要有：
  - proxy-only：从上层代理服务器获取的数据不会缓存到本地代理服务器中，可以减轻本地代理服务器的负担。
  - weight=n：权重。当我们指定多台上层代理服务器主机时，可以通过设置权重来确定哪台代理最为重要。权重值（n）越大，表示该代理服务器的重要性越高。
  - no-query：向上层代理服务器请求数据时，无须发送 ICP 数据包，以减轻主机的负担。
  - no-digest：表示不要求与附近主机建立摘要记录表格。
  - no-netdb-exchange：表示不向附近的代理服务器主机送出 ICMP 的数据包请求。

2. cache_peer_domain 的相关语法

```
cache_peer_domain [上层代理服务器主机名] [请求的域名]
```

这个设置值的含义是，你可以指定要使用这台上层代理服务器向哪个域名请求数据。

3. cache_peer_access 的相关语法

```
cache_peer_access [上层代理服务器主机名] [allow|deny] [acl 名称]
```

与 cache_peer_domain 相当类似，只是 cache_peer_domain 直接规定了主机名（域名），

而如果你想要指定特定的 IP 网段而不是域名，就需要先使用 acl 定义一个名称，然后使用 cache_peer_access 来允许或拒绝对该名称的访问。

根据上述语法说明，如果我们希望实现在使用 xxx.centos.vbird 作为代理服务器时，将 .cn 域名的请求发送到该服务器，应该进行以下设置：

```
[root@www ~]# vim /etc/squid/squid.conf
cache_peer xxx.centos.vbird parent 3128 3130 proxy-only no-query no-digest
cache_peer_domain hinet.centos.vbird .cn

[root@www ~]# /etc/init.d/squid reload
```

如果你还有其他需求，可以在使用 acl 规范目标位置后，再使用 cache_peer_access 放行。通过这样的设置，代理服务器将成为一台智能的代理，根据不同的请求主动向不同的上层服务器请求数据。

17.4.2 代理服务放在 NAT 服务器上：透明代理

从前面的介绍可以看出，代理服务器可以实现类似防火墙的功能（通过 acl dst、acl dstdomain 与 http_access 配合使用），但我们也知道，浏览器需要正确设置代理服务器才会真正使用代理。这是否意味着代理防火墙只是一个可轻易绕过的玩具？只要用户知道不设置代理，就可以绕过管理，那么这台代理防火墙还有什么用？

那么如何强制用户必须使用代理呢？非常简单，可以按照以下步骤进行操作：① 在对外的防火墙服务器（NAT）上安装代理服务器； ② 在代理服务器上启用透明代理功能； ③ 在 NAT 服务器上添加一个将端口 80 转发到端口 3128 的规则。这样，所有发送到端口 80 的数据包都会被 NAT 转发到端口 3128，而端口 3128 正是代理服务器的端口。这样一来，所有用户都需要使用你的代理服务器，并且重点是，浏览器无须进行任何设置。

也就是说，当用户通过 NAT 服务器连接到外部时，只需要让 NAT 服务器意识到用户要获取 WWW 的数据，都将由代理服务器来处理这个请求。这样一来，用户根本不需要在浏览器上设置代理相关的数据，因为这个过程是由 NAT 服务器自动完成的，只需要在 NAT 服务器上进行适当的设置即可，用户无须额外设置任何数据。这种方式非常方便且操作简单。

```
# 1. 在代理服务器上启用透明代理功能
[root@www ~]# vim /etc/squid/squid.conf
http_port 3128    transparent
# 找到 3128 这行后，在最后面加上 transparent 即可

[root@www ~]# /etc/init.d/squid reload
```

接下来，对于来自 192.168.100.0/24 内网的请求，只要是针对端口 80 的请求，将其重定向到端口 3128，具体实现方式如下：

```
[root@www ~]# vim /usr/local/virus/iptables/iptables.rule
```

```
iptables -t nat -A PREROUTING -i $INIF -s 192.168.100.0/24 -p tcp \
        --dport 80 -j REDIRECT --to-ports 3128
# 将上述这一行加在最下面 /etc/init.d/iptables save 的上面一行即可
[root@www ~]# /usr/local/virus/iptables/iptables.rule
```

这样就完成了，非常简单吧！通常这种设置适用于学校教室或计算机中心等环境，因为在这种情况下，学校内部的学生根本不需要进行浏览器代理功能的设置，即可立即实现所需的管理能力。然而，虽然这个功能已经非常出色，但是在鸟哥将其应用于学校教室环境时，发现了一些问题。问题在于，很多学生同时将同一个文件上传到外部服务器上，由于代理服务器的缓存功能，导致学生一直获取到旧的文件。对于教授网页制作的老师来说，会很困扰，因为在教学过程中经常需要上传最新的网页。然而，由于代理服务器的缓存，他们却得到了错误的数据。那么应该如何解决这个问题呢？

下面介绍一种具备无缓存功能的代理。

既然我们的目标只是进行控制，而不需要处理缓存任务（假设带宽足够），那么干脆就不缓存任何内容，这样就可以了，对吧？好的，那我们来配合使用透明（Transparent）模式进行这个设置。假设透明代理（Transparent Proxy）已经正确设置，接下来清空缓存目录，并且停止写入任何数据。此外，也不需要额外的内存来记录热门文件。

```
# 先关闭 squid，然后删除缓存目录，之后重建缓存目录，此时缓存目录就空了
[root@www ~]# /etc/init.d/squid stop
[root@www ~]# rm -rf /var/spool/squid/*
[root@www ~]# vim /etc/squid/squid.conf
cache_dir ufs /var/spool/squid 100 16 256 read-only
#cache_dir ufs /srv/squid 2000 16 256
# 把额外的/srv/squid 注释掉，然后第一行多个 read-only 字样
cache_mem 0 MB
# 本来规范有 32MB，现在不要了
[root@www ~]# /etc/init.d/squid start
```

这样一来，该代理就完全没有缓存功能了，所有的数据都需要从外部获取。因此，旧数据重复出现的问题就不会再有了。

17.4.3 代理的认证设置

既然代理有很多功能，包括流量分流功能，非常不错。然而，由于网络上的不良用户越来越多，因此代理不应设计为开放代理，即不能让所有人都可以使用你的代理。通常情况下，代理只会对内部网络的用户开放使用。问题是，如果想在 Internet 上使用自己搭建的代理，该如何操作？是否需要再次修改 squid.conf？是否会很麻烦呢？

为了解决这个问题，squid 官方软件已经提供了认证设置的功能。也就是说，我们可以通过简单地输入用户名和密码进行认证，如果验证通过，就可以立即使用代理。那么如何实

现呢？实际上，squid 提供了很多认证功能，但我们只需要最简单的功能。我们将使用 squid 提供的 ncsa_auth 认证模块，该模块将使用由 apache（Web 服务器）提供的 htpasswd 命令创建的密码文件作为验证依据。因此，至少需要检查有没有这两样东西：

```
[root@www ~]# rpm -ql squid | grep ncsa
/usr/lib64/squid/ncsa_auth        <==有的。就是这个验证模块文件。注意完整路径
/usr/share/man/man8/ncsa_auth.8.gz

[root@www ~]# yum install httpd     <==apache 软件安装
[root@www ~]# rpm -ql httpd | grep htpasswd
/usr/bin/htpasswd                   <==就是需要这个账号和密码建立命令
/usr/share/man/man1/htpasswd.1.gz
```

这样的事前准备就差不多了。让我们来考虑一个案例：

- 内部网络 192.168.100.0/24 在使用代理时不需要通过验证。
- 只有外部主机想要使用代理（例如 192.168.1.0/24 网段）才需要验证。
- 使用 NCSA 基本身份验证方式，并将密码文件创建在 /etc/squid/squid_user.txt。
- 上述文件只有一个用户 vbird，他的密码为 1234。

该如何处理呢？下面来逐步操作：

```
# 1. 先修改 squid.conf 文件内容
[root@www ~]# vim /etc/squid/squid.conf
# 1.1 先设置验证相关的参数
auth_param basic program /usr/lib64/squid/ncsa_auth /etc/squid/squid_user.txt
auth_param basic children 5
auth_param basic realm Welcome to VBird's proxy-only web server
# 非特殊字体为关键词不可改动，第一行为通过 ncsa_auth 读取 squid_user.txt 密码
# 第二行为启动 5 个程序 (squid 的子程序) 来管理验证的需求

# 第三行为验证时，显示给用户看的欢迎信息，这三行可写在最上面

# 1.2 然后是针对验证功能放行与否的 acl 与 http_access 设置
acl vbirdlan src 192.168.100.0/24   <==修改一下，取消 192.168.1.0/24
acl dropdomain dstdomain "/etc/squid/dropdomain.txt"
acl dropsex urlpath_regex /sexy.*jpg$
acl squid_user proxy_auth REQUIRED <==建立一个需要验证的 acl 名称
http_access deny dropdomain
http_access deny dropsex
http_access allow vbirdlan
http_access allow squid_user       <==请注意这样的规则顺序。验证在最后

# 2. 建立密码数据
[root@www ~]# htpasswd -c /etc/squid/squid_user.txt vbird
New password:
Re-type new password:
Adding password for user vbird
# 第一次建立才需要加上 -c 的参数，否则不需要加上 -c

[root@www ~]# cat /etc/squid/squid_user.txt
```

```
vbird:vRC9ie/4E21c.   <==这就是用户与密码
[root@www ~]# /etc/init.d/squid restart
```

需要注意的是关于设置的一串命令 acl squid_user proxy_auth REQUIRED。其中，proxy_auth 是关键词，REQUIRED 表示任何在密码文件中的用户都需要进行验证。如果一切顺利，那么内部网络仍然可以使用透明代理，而外部网络则需要输入用户名和密码才能使用代理服务器提供的代理功能。验证过程如图 17-12 所示。

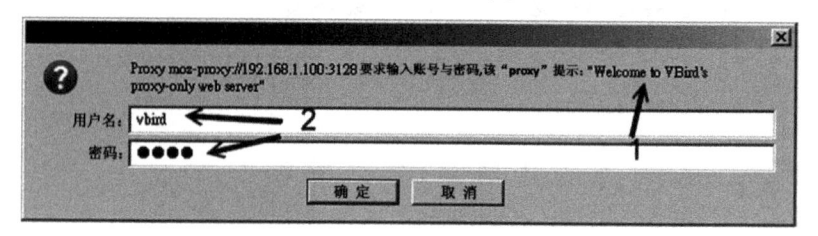

图 17-12 使用代理需验证的示意图

在图 17-12 中，箭头 1 表示刚刚设置的 real 内容，而用户名和密码则是使用 htpasswd 命令创建的。另外，既然已经添加了验证功能，你可能需要在防火墙上开放对端口 3128 的监听过滤。不要忘记配置防火墙。

17.4.4　末端日志分析：SARG

事实上，可以根据自己的喜好安装和分析 Squid 日志。在这里，只介绍一个功能强大的分析软件，那就是 SARG（Squid Analysis Report Generator，Squid 分析报告生成器）。

SARG 是一个相当简单的工具，它的官方网站是 http://sarg.sourceforge.net/sarg.php。它的工作原理是从日志文件中提取数据，然后根据时间、网站和热门网站等因素进行解析和输出数据。由于输出结果非常详细，如果你是老板的话，使用这个软件会让你"爱不释手"，因为它记录了每个人的每个小动作。当我第一次看到这个分析界面时，真的被吓了一跳，因为它甚至记录了每个 IP 地址在每个小时所访问的每个网站的数据。

然而，有优点就有缺点。因为 SARG 的功能非常强大，所以记录的数据量相对较大。如果代理服务器面向的是高流量的网站，那么最好不要使用日报表的方式，即每天生成一份报表。因为每天可能会产生几兆字节的数据量，如果记录了几年的数据，那么这些记录将占用好几吉字节的硬盘空间。另外，可以选择覆盖旧数据的方式，不保留旧数据，以节省硬盘空间。

在 SARG 的官方网站上，有朋友已经制作了 RPM 文件。我使用的是 64 位的 CentOS 6.x 版本。因此，我下载了 sarg-2.2.3.1-1.el5.rf.x86_64.rpm 这个版本。你可以使用 wget 命令将其下载到 /root 目录下，然后使用 rpm –ivh 命令进行安装。该软件默认将 /var/www/sarg 作为报表的输出目录，并且你必须安装和启动 Web 服务器。现在让我们来处理 SARG 的配置文件。

```
[root@www ~]# yum install gd
[root@www ~]# rpm -ivh sarg-2.2.3.1-1.el5.rf.x86_64.rpm
[root@www ~]# vim /etc/sarg/sarg.conf
title "Squid 用户访问报告"              <==第 49 行左右
font_size 12px                         <==第 69 行左右
charset UTF-8                          <==第 353 行左右

# 1. 一口气制作所有日志文件内的数据报表
[root@www ~]# sarg
SARG: Records in file: 2285, reading: 100.00%   <==列出分析信息

# 2. 制作 8 月 2 日的报表
[root@www ~]# sarg -d 02/08/2011
# 这两个范例，都会将数据存储于 /var/www/sarg/ONE-SHOT/

# 3. 制作昨天的报表
[root@www ~]# sh /etc/cron.daily/sarg
# 这个范例将每天的数据存储于 /var/www/sarg/daily/
```

一旦相关数据制作完成，由于 SARG 这个 RPM 文件已经设置了每日、每周和每月的执行，因此我们不需要关心它如何执行。非常方便！如果想要查看数据，只需在代理服务器端输入 http://your.hostname/sarg，就会看到如图 17-13 所示的界面。

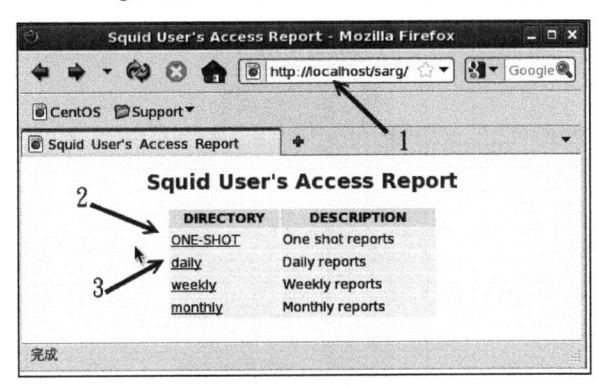

图 17-13 SARG 报表查看的示意图 1

在浏览器的地址栏中输入服务器本机的地址，然后会看到几个链接。与我们相关的是 ONE-SHOT 和 daily 这两个。我们来看看 ONE-SHOT（箭头 2 指向的部分）中有什么内容。单击该链接后，会打开如图 17-14 所示的界面。

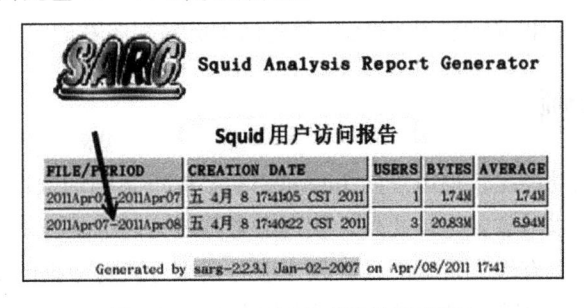

图 17-14 SARG 报表查看的示意图 2

如图 17-14 所示，由于我们刚刚执行了两次 SARG 的指令，因此这里会出现两个时间的链接。让我们先查看总和数据，也就是图中箭头所指的部分，单击后会显示如图 17-15 所示的说明。

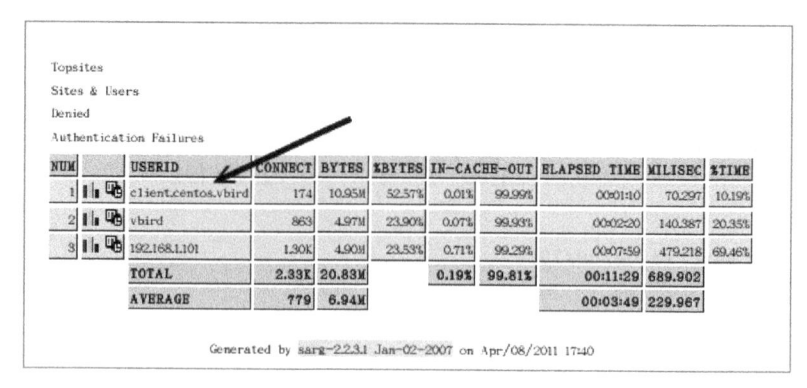

图 17-15 SARG 报表查看的示意图 3

在图 17-15 中可以看到，在该时间段内共有三个用户进行访问。让我们来看看用户 client.centos.vbird 究竟做了什么。单击图 17-15 中箭头所指的链接，将会显示如图 17-16 所示的页面。

图 17-16 SARG 报表查看的示意图 4

你看到了吗？这个用户在这段时间内的所有访问链接都清晰地显示在这里。

17.5 重点回顾

- 代理服务器的功能是代理用户向 Internet 请求 Web 页面的数据，并实现对 Web 页面的缓存记录，以节省带宽。此外，代理服务器还可以额外提供防火墙功能。
- 我们可以使用具有较大带宽的上级代理服务器来分流对数据的请求。
- 在设置代理时，如果能够利用带宽更大的上级代理服务器来辅助，将有助于提升客户端的浏览速度。
- 从防火墙的功能角度来看，代理服务器使用应用层的方式实现防火墙功能，而 iptables 则采用更底层的基于 TCP/IP 分析的方式。
- 在几乎所有类 UNIX 的机器中，作为代理功能的服务器软件几乎都使用 Squid，而 Squid 仅需要设置 squid.conf 这个配置文件即可使用。
- Squid 主要通过使用 acl 结合 http_access 来管理信任用户和目标 WWW 服务器。
- 在配置管理行为时，使用参数 http_access 的顺序是有影响的。
- 透明代理的功能是允许客户端在不需要设置浏览器代理的情况下也可以使用代理服务器。

17.6 参考资料与延伸阅读

- Squid 官方网站：http://www.squid-cache.org/。
- Squid 说明文件计划：http://squid-docs.sourceforge.net/ 和 http://www.deckle.co.za/squid-users-guide/。
- Squid 官网收集的登录文件分析软件：http://www.squid-cache.org/Scripts/。

第 18 章

网络驱动器设备：iSCSI 服务器

第三篇 局域网内常见服务器的搭建

> 如果你的系统需要大量的磁盘容量，但是身边没有网络附属存储（Network Attached Storage，NAS）或外接存储设备，只有个人计算机，那么可以考虑使用网络的 SCSI 磁盘（iSCSI）。iSCSI 可以将网络上的数据模拟成本地的 SCSI 设备，因此可以进行诸如 LVM 等操作，而不仅仅局限于使用服务器端提供的文件系统。这对于解决磁盘容量问题非常有帮助。

18.1 网络文件系统还是网络驱动器

作为服务器系统，通常需要存储设备。除使用内置的磁盘外，如果内置磁盘的容量不够大，而且没有可用的额外磁盘插槽（SATA 或 IDE），那么常见的解决方案就是增加 NAS（网络附加存储服务器）或外接存储设备。在更高端的系统中，可能会使用 SAN（Storage Area Network，存储局域网）来满足需求。

不过，无论是哪种架构，它们的内部硬盘通常都是以磁盘阵列（RAID）为基础。关于磁盘阵列的内容，在《鸟哥的 Linux 私房菜 基础学习篇（第四版）》一书的第 15 章已经提及过了，这里就不再重复了。现在我们想了解的是，什么是 NAS，什么是 SAN？这两者有何不同？而与本章主题相关的 iSCSI 又是什么呢？接下来，我们来详细讨论一下。

18.1.1 NAS 与 SAN

由于企业的数据量不断增大，而且对数据的重要性和保密性要求也越来越高，尤其是像数据库这样的内容，常常以 TB（1TB = 1024GB）为计量单位。因此，磁盘阵列的应用变得非常重要。那么，磁盘阵列通常位于哪里呢？通常有两种情况：①主机内部具有磁盘阵列控制卡，可以自行管理磁盘阵列。但是，为了提供磁盘阵列的容量，需要使用额外的网络服务；②外接式磁盘阵列设备，它是一种独立的磁盘阵列设备，必须通过某些接口连接到主机上，并且主机还需要安装适当的驱动程序，才能识别并使用该设备提供的磁盘容量。

不过，在当前的信息社会中，你可能很少听到内置或外接的 RAID，而更常听到的是 NAS 和 SAN。那么，它们到底是什么呢？接下来，让我们简单地来解释一下。

1. NAS

基本上，NAS 其实就是一台预先配置好的服务器。只要将 NAS 连接到网络上，其他网络主机就可以访问 NAS 上的数据。简单来说，NAS 就是一个文件服务器。然而，由于 NAS 也连接在网络上，如果有某个用户频繁访问 NAS 上的数据，可能会导致网络延迟的问题，这是一个比较麻烦的情况。低端的 NAS 通常会使用 Linux 操作系统与软件磁盘阵列结合，以提供大容量文件系统。不过，效率方面还有待提高。此外，NAS 通常支持 TCP/IP，并提供 NFS、SAMBA、FTP 等常见的通信协议，以便客户端可以访问文件系统。

为什么不直接在个人计算机上安装 Linux 并配备相关的服务，来提供和管理所需的大容量空间，为什么还需要 NAS 呢？原因是，NAS 通常还包括许多配置界面，通常通过 Web 界面来控制磁盘阵列的设置状态、提供 IP 地址或其他网络设置，并确定是否提供特定的服务等。由于具有友好的操作和控制界面，对于非 IT 人员来说，管理和控制更加容易。这也是 NAS 存在的目的。

不过，目前确实存在一些软件开发项目类似于 FreeNAS（http://sourceforge.net/

projects/freenas/），可以将 Linux PC 转变为可通过 Web 进行管理的 NAS。但这并不是本章的重点，如果感兴趣的话，你可以自行下载和安装该软件来尝试。

2. SAN

从上面的说明来看，其实 NAS 就是一台能够提供大容量文件系统的主机。我们知道，单台主机所能提供的磁盘接口是有限的，因此不能无限制地在同一台物理主机上插入磁盘。但是，如果你恰好需要大量的磁盘容量，那么应该怎么办呢？这时候就需要使用 SAN 了。

最简单的解释是将 SAN 视为一个外部存储设备。一般来说，普通的外部存储设备只能通过某些接口（如 SCSI 或 eSATA）供单台主机使用，而 SAN 则可以通过特殊的接口或信道提供本地网络内的所有计算机进行磁盘访问。需要注意的是，SAN 提供的是"磁盘（块设备）"给主机使用，而不像 NAS 提供的是"基于网络协议的文件系统（如 NFS、SMB 等）"，这两者之间有很大的区别。因此，挂载使用 SAN 的主机会增加一个大容量磁盘，并可针对 SAN 提供的磁盘进行分区和格式化等操作。想象一下，你能对 NAS 提供的文件系统进行格式化吗？不行。通过这样的比较，你能理解它们之间的差异吗？

另外，既然 SAN 可以提供磁盘，而 NAS 则提供相关的网络文件系统，那么 NAS 能否通过网络使用 SAN 提供的磁盘呢？答案是可以的。因为 SAN 的主要目的是为服务器主机提供磁盘，而 NAS 本身也是一个完整的服务器，所以 NAS 当然可以使用 SAN。同时，其他网络服务器也能够使用这个 SAN 进行数据访问。

此外，由于开发 SAN 的目的是为用户提供大量的磁盘空间，因此传输速度当然非常重要。因此，早期的 SAN 大多配备光纤通道（Fibre Channel）来实现高速数据传输。目前，标准的光纤通道速度为 2GB，未来可能会达到 10GB 以上。然而，使用光纤等高速技术的设备自然会更昂贵一些。

由于以太网的普及和技术成熟，现今的以太网设备（如网卡、交换机、路由器等）已经可以实现千兆（GB）的速度，与 SAN 的光纤通道速度的差距已经大大缩小。那么，我们是否可以通过千兆以太网接口连接到 SAN 设备呢？这就是我们接下来要介绍的 iSCSI 架构。

18.1.2　iSCSI 接口

早期，如果企业需要大容量磁盘，通常会通过 SCSI 接口连接 SCSI 磁盘。因此，服务器上必须安装 SCSI 适配卡，并且这个 SCSI 适配卡是专属于该服务器的。后来，这种外接式的 SCSI 设备被前面提到的 SAN 架构所取代。在 SAN 的标准架构下，虽然多台服务器可以访问同一个 SAN，但为了满足速度需求，通常使用光纤通道。然而，光纤通道设备昂贵，而且服务器上也需要光纤接口，这带来了一些麻烦。因此，光纤 SAN 在中小型企业中很难得到普及。

后来，由于网络的普及，特别是基于 IP 数据包的局域网技术变得成熟，再加上以太网的速度不断提升，因此一些厂商开始改用 IP 技术来连接 SAN。通过一些标准的制定，最终产生了 iSCSI 协议。iSCSI 主要利用 TCP/IP 技术，通过 iSCSI 目标（iSCSI Target）功能将存储设备端配置为可提供磁盘的服务器端，然后通过 iSCSI 初始化程序（iSCSI Initiator）功能将客户端配置为能够挂载和使用 iSCSI 目标的客户端。这样，就可以通过 iSCSI 协议来实现磁盘应用了。

也就是说，iSCSI 这个架构主要将存储设备与使用的主机分为两个部分，分别是：

- **iSCSI Target**：就是存储设备端，存放磁盘或 RAID 的设备，目前也能够将 Linux 主机模拟成 iSCSI Target，目的在于为其他主机提供可使用的磁盘。
- **iSCSI Initiator**：就是能够使用 Target 的客户端，通常是服务器。也就是说，想要连接到 iSCSI Target 的服务器，必须要安装 iSCSI Initiator 的相关功能后才能够使用 iSCSI Target 提供的磁盘。

如图 18-1 所示，iSCSI 是基于 TCP/IP 层开发出来的一套应用，所以需要有网络。

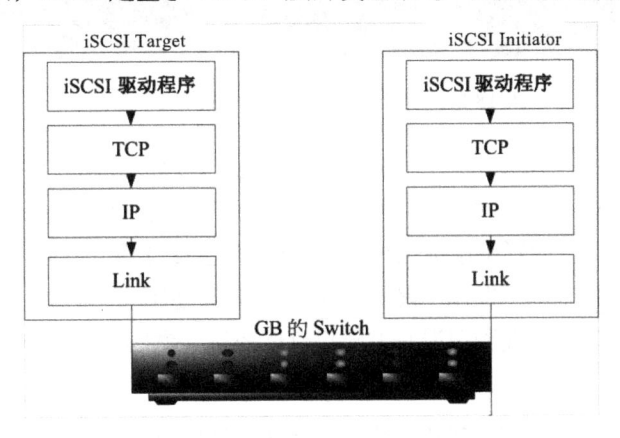

图 18-1 iSCSI 与 TCP/IP 的相关性

18.1.3 各组件的相关性

通过上述说明，如何获取服务器上的磁盘或文件系统来利用呢？基本上有以下方式：

- **直接连接存储**（Direct-Attached Storage）：例如本机上面的磁盘，就是直接连接存储的设备。
- **存储区域网**（SAN）：来自局域网内的其他存储设备提供的磁盘。
- **网络附属存储**（NAS）：来自 NAS 提供的文件系统，只能立即使用，不可进行格式化。

这三个组成部分与服务器主机可使用的文件系统之间的关系如图 18-2 所示。

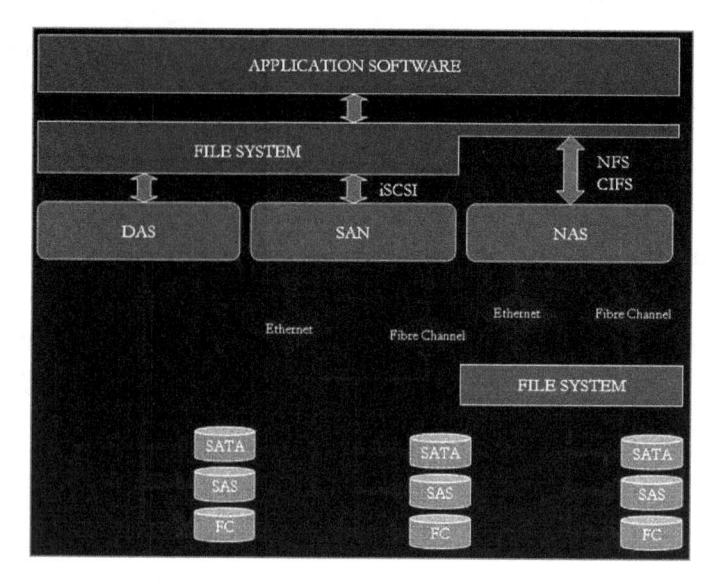

图 18-2 服务器存取的文件系统的三个来源

从图 18-2 中，我们可以看到在一般的主机环境下，磁盘设备（SATA、SAS、FC）可以通过主机的接口（DAS）直接建立文件系统（使用 mkfs 进行格式化）。如果要使用外部磁盘，可以通过 SAN（包含多个磁盘的设备）连接，然后通过 iSCSI 等接口连接。当然，在使用之前仍然需要进行格式化等操作（假设该 SAN 尚未被使用）。最后，在 NAS 环境下，NAS 必须先通过自身的操作系统在磁盘设备上建立文件系统，然后以 NFS/CIFS 等方式提供给其他主机进行挂载。

那么，在局域网中，网络服务器、客户端系统、NAS 和 SAN 各自扮演什么角色呢？下面以图 18-3 来说明一下（DAS 代表每台主机内部的磁盘，即图中的圆柱体）。

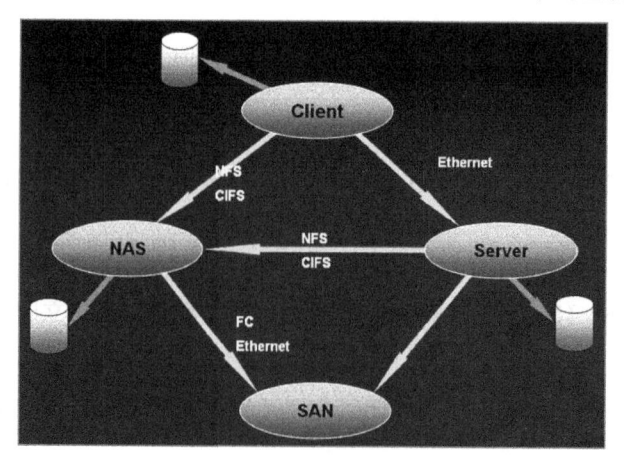

图 18-3 各组件之间的相关性

NAS 可以使用自己的磁盘，也可以通过光纤或以太网络访问 SAN 提供的磁盘，从而创建网络文件系统，以供其他用户使用。服务器可以通过 NFS/CIFS 等方式访问 NAS 的文件系统，当然也可以直接访问 SAN 上的磁盘。客户端主要通过网络文件系统访问服务器提供的网络资源（例如 FTP、WWW、Mail 等）。

18.2　iSCSI Target 的设置

用于完成 iSCSI Target/Initiator 设置的项目非常多，鸟哥找到的就有下面这几个：

- Linux SCSI target framework（tgt）：http://stgt.sourceforge.net/。
- Linux-iSCSI Project：http://linux-iscsi.sourceforge.net/。

由于 CentOS 6.x 官方直接使用的是 tgt 软件，因此接下来我们将使用 tgt 来介绍整个 iSCSI Target 的设置。

18.2.1　所需软件与软件结构

CentOS 将 tgt 软件定义为 scsi-target-utils，因此需要使用 yum 来安装它。至于用作 Initiator 的软件，可以使用 linux-iscsi 项目提供的软件，其名称为 iscsi-initiator-utils。总的来说，所需的软件包括：

- scsi-target-utils：用来将 Linux 系统模拟成 iSCSI Target 的功能。
- iscsi-initiator-utils：用来把来自 Target 的磁盘挂载到 Linux 本机上。

那么 scsi-target-utils 主要提供哪些文件呢？下面几个是比较重要的：

- /etc/tgt/targets.conf：主要配置文件，用于设置要共享的磁盘格式以及涉及的磁盘。
- /usr/sbin/tgt-admin：用于在线查询、删除 Target 等功能的配置工具。
- /usr/sbin/tgt-setup-lun：用于创建 Target 并设置共享的磁盘以及可用的客户端等工具软件。
- /usr/sbin/tgtadm：用于手动直接管理的管理员工具（可使用配置文件替代）。
- /usr/sbin/tgtd：主要提供 iSCSI Target 服务的主程序。
- /usr/sbin/tgtimg：用于搭建预计共享的映像文件设备的工具（用映像文件模拟磁盘）。

其实 CentOS 已经为我们预先设置了很多功能，因此只需要修改配置文件，然后启动 tgtd 服务即可。接下来，让我们开始实际进行 iSCSI Target 的设置。

18.2.2　iSCSI Target 的实际设置

从上面的分析可以看出，iSCSI 通过网络接口共享现有的磁盘。那么有哪些类型的磁盘可以进行共享呢？这些类型的磁盘包括：

- 使用 dd 命令创建的大型文件可用于模拟磁盘（无须预先格式化）。
- 将单个分区共享为磁盘。

- 直接共享单个完整的磁盘（无须预先分区）。
- 共享磁盘阵列（其实与单个磁盘的方式相同）。
- 共享软件磁盘阵列（软件 RAID）作为单个磁盘。
- 使用 LVM 的逻辑卷（Logical Volume，LV）设备共享为磁盘。

实际上，共享并不是那么复杂。我们大致知道可以通过以下方式进行共享：①使用大型文件；②将单个分区共享；③将单个设备（例如磁盘、阵列、软件 RAID、LVM 的逻辑卷设备文件等）进行共享。在本节中，我们将通过创建新的未使用的分区、LVM 逻辑卷、大型文件等来进行共享。在继续之前，请注意我们要共享的数据最好暂时不要使用，并且最好不要在启动时自动挂载（不在/etc/fstab 中记录）。现在让我们来操作一下。

1. 建立所需要的磁盘设备

既然 iSCSI 要共享的是磁盘，那么我们需要先准备好磁盘。以下是目前准备的磁盘：

- 创建一个名为 /srv/iscsi/disk1.img 的 500MB 文件。
- 使用 /dev/sda10 提供 2GB 的空间进行共享。
- 使用 /dev/server/iscsi01 的 2GB 逻辑卷进行共享（再加入 5GB /dev/sda11 到 server VG 中）。

实际处理的方式如下：

```
# 1. 创建大型文件
[root@www ~]# mkdir /srv/iscsi
[root@www ~]# dd if=/dev/zero of=/srv/iscsi/disk1.img bs=1M count=500
[root@www ~]# chcon -Rv -t tgtd_var_lib_t /srv/iscsi/
[root@www ~]# ls -lh /srv/iscsi/disk1.img
-rw-r--r--. 1 root root 500M Aug  2 16:22 /srv/iscsi/disk1.img  <==注意容量是对的
# 2. 创建实际的分区
[root@www ~]# fdisk /dev/sda    <==实际的分区方式请自行处理
[root@www ~]# partprobe          <==某些情况下需要重新启动系统
[root@www ~]# fdisk -l
   Device Boot      Start         End      Blocks   Id  System
/dev/sda10            2202        2463     2104483+  83  Linux
/dev/sda11            2464        3117     5253223+  8e  Linux LVM
# 只输出 /dev/sda{10,11} 信息，其他的都省略了。注意看容量，上述的容量单位是 KB

[root@www ~]# swapon -s; mount | grep 'sda1'
# 自己测试一下 /dev/sda{10,11}，不能使用！若被使用了，请 umount 或 swapoff
# 3. 创建逻辑卷（LV）设备
[root@www ~]# pvcreate /dev/sda11
[root@www ~]# vgextend server /dev/sda11
[root@www ~]# lvcreate -L 2G -n iscsi01 server
[root@www ~]# lvscan
  ACTIVE            '/dev/server/myhome' [6.88 GiB] inherit
  ACTIVE            '/dev/server/iscsi01' [2.00 GB] inherit
```

2. 规划共享的 iSCSI Target 文件名

iSCSI 有一套自己定义的共享目标文件名规范。基本上，通过 iSCSI 共享的目标文件名都以 iqn 开头，意思是 iSCSI Qualified Name（iSCSI 合格名称）。那么在 iqn 后面应该接什么文件名呢？通常的命名规则如下：

```
iqn.yyyy-mm.<reversed domain name>:identifier
iqn.年年-月.单位网络名的反转写法：这个共享的 target 名称
```

鸟哥进行这个测试的时间是 2011 年 8 月，鸟哥的机器名是 www.centos.vbird，反转域名写法为 vbird.centos。鸟哥希望将 iSCSI 目标命名为 vbirddisk，因此可以按照以下方式进行命名：

```
iqn.2011-08.vbird.centos:vbirddisk
```

另外，就像一般的外部存储设备（目标名称）可以拥有多个磁盘一样，我们的目标（Target）也可以拥有多个磁盘设备。在同一个目标上的每个磁盘可以被定义为逻辑单元号（Logical Unit Number，LUN）。我们的 iSCSI Initiator 需要与目标进行协商才能获得 LUN 的访问权限。在鸟哥的这个简单示例中，最终的结果是我们将有一个目标，在该目标上可以使用三个磁盘作为 LUN。

3. 设置 tgt 的配置文件 /etc/tgt/targets.conf

接下来，我们要开始修改配置文件了。基本上，配置文件位于 /etc/tgt/targets.conf，我们需要对其进行修改。这个文件的内容很简单，最重要的是设置之前提到的 iqn 名称以及对应的设备，然后添加一些可能会用到的参数。多说无益，让我们动手实际操作一下看看：

```
[root@www ~]# vim /etc/tgt/targets.conf
# 此文件的语法如下
<target iqn.相关设备的 target 名称>
    backing-store  /你的/后备存储/完整文件名-1
    backing-store  /你的/后备存储/完整文件名-2
</target>

<target iqn.2011-08.vbird.centos:vbirddisk>
    backing-store  /srv/iscsi/disk1.img     <==LUN 1（LUN 的编号通常按照顺序编排）
    backing-store  /dev/sda10               <==LUN 2
    backing-store  /dev/server/iscsi01      <==LUN 3
</target>
```

事实上，在这个配置文件中除 backing-store 外，还有一些比较特殊的参数（参考 tgt-admin 的 man 手册）：

- **backing-store（后备存储）、direct-store（直接存储）**：设置设备时，只有当整个磁盘被用作 iSCSI 共享时，才能使用直接存储（direct-store）。然而，根据网络上的其他资料，似乎这个设置值存在一定的风险。因此，使用模拟的后备存储更为可靠。例如，在鸟哥的简单案例中，就选择使用后备存储。
- initiator-address（用户端地址）：如果你希望限制能够连接到该目标的客户端的来源，才需要设置这个值。如果不设置它（代表所有人都可以连接），那么我们之后可以使用 iptables 来对连接的客户端进行限制。
- incominguser（用户账号和密码的设置）：如果除来源 IP 的限制外，你还希望用户必须输入用户名和密码才能使用 iSCSI Target，那么就需要添加这个设置项。该设置项后面需要两个参数，分别是用户名和密码。
- write-cache [off|on]（是否使用写缓存）：默认情况下，tgtd 会使用缓存来提高速度。然而，这可能会增加数据丢失的风险。因此，如果数据的重要性较高，直接存取设备而不使用缓存可能更为妥当。

上面的设置值要怎么使用呢？现在假设在你的环境中，只允许 IP 网段为 192.168.100.0/24 的主机访问 iSCSI 目标，并且访问时需要使用用户名 vbirduser 和密码 vbirdpasswd。此外，你希望禁用缓存。除原有的配置文件外，还需要添加以下参数（请注意，以下设置只是测试用的，不需要将其添加到你的实际设置中）：

```
[root@www ~]# vim /etc/tgt/targets.conf
<target iqn.2011-04.vbird.centos:vbirddisk>
    backing-store /home/iscsi/disk1.img
    backing-store /dev/sda7
    backing-store /dev/server/iscsi01
    initiator-address 192.168.100.0/24
    incominguser vbirduser vbirdpasswd
    write-cache off
</target>
```

4. 启动 iSCSI Target 以及查看相关端口与磁盘信息

接下来是启动、开机启动以及查看 iSCSI Target 所使用的端口：

```
[root@www ~]# /etc/init.d/tgtd start
[root@www ~]# chkconfig tgtd on
[root@www ~]# netstat -tlunp | grep tgt
Active Internet connections (only servers)
Proto Recv-Q Send-Q Local Address       Foreign Address     State       PID/Program name
tcp        0      0 0.0.0.0:3260        0.0.0.0:*           LISTEN      26944/tgtd
tcp        0      0 :::3260             :::*                LISTEN      26944/tgtd
# 重点就是 3260 TCP 数据包。下面的防火墙务必要开放这个端口

# 查看一下 target 相关信息，以及提供的 LUN 数据内容
[root@www ~]# tgt-admin --show
Target 1: iqn.2011-08.vbird.centos:vbirddisk <==就是我们的 target
    System information:
        Driver: iscsi
```

```
            State: ready
    I_T nexus information:
    LUN information:
        LUN: 0
            Type: controller        <==这是个控制器,并非可以用的 LUN
...(中间省略)...
        LUN: 1
            Type: disk              <==第一个 LUN,是磁盘 (disk)
            SCSI ID: IET     00010001
            SCSI SN: beaf11
            Size: 2155 MB           <==容量有这么大
            Online: Yes
            Removable media: No
            Backing store type: rdwr
            Backing store path: /dev/sda10 <==磁盘所在的实际文件名
        LUN: 2
            Type: disk
            SCSI ID: IET     00010002
            SCSI SN: beaf12
            Size: 2147 MB
            Online: Yes
            Removable media: No
            Backing store type: rdwr
            Backing store path: /dev/server/iscsi01
        LUN: 3
            Type: disk
            SCSI ID: IET     00010003
            SCSI SN: beaf13
            Size: 524 MB
            Online: Yes
            Removable media: No
            Backing store type: rdwr
            Backing store path: /srv/iscsi/disk1.img
    Account information:
        vbirduser                   <==额外的账户信息
    ACL information:
        192.168.100.0/24 <==额外的来源 IP 地址限制
```

请将上述信息与我们的配置文件对照一下,检查是否有错误,特别是每个 LUN 的容量和实际磁盘路径。确保项目没有错误(理论上来说,LUN 的数字应该与后备存储(backing-store)设置的顺序有关,但在鸟哥的测试中,显示的顺序并不相同。因此,我们仍建议使用 tgt-admin –show 命令来查看)。

5. 设置防火墙

无论在 targets.conf 配置文件中是否使用了 initiator-address,iSCSI Target 都是通过 TCP/IP 传输数据的,因此你仍然需要在防火墙中设置允许连接的客户端。既然 iSCSI 仅使用端口 3260,那么只需进行以下设置:

```
[root@www ~]# vim /usr/local/virus/iptables/iptables.allow
iptables -A INPUT  -p tcp -s 192.168.100.0/24 --dport 3260 -j ACCEPT

[root@www ~]# /usr/local/virus/iptables/iptables.rule
[root@www ~]# iptables-save | grep 3260
-A INPUT -s 192.168.100.0/24 -p tcp -m tcp --dport 3260 -j ACCEPT
# 最终要看到上述的输出字样才行。若有其他用户需要连接
# 请自行复制 iptables.allow 内的语法，修改来源端即可
```

18.3　iSCSI Initiator 的设置

谈论完 Target 的设置并观察了相关 Target 的 LUN 数据后，接下来挂载并使用它们。这个过程非常简单，需要安装额外的软件来获取 Target 的 LUN 访问权限。

18.3.1　所需软件与软件结构

在 18.2 节中已经谈论了，要设置 iSCSI Initiator，必须安装 iscsi-initiator-utils。使用 yum 进行安装，这里不再详述。那么这个软件的结构是怎样的呢？

- /etc/iscsi/iscsid.conf：主要的配置文件，用于设置与 iSCSI Target 的连接。
- /sbin/iscsid：启动 iSCSI Initiator 的主要服务程序。
- /sbin/iscsiadm：用于管理 iSCSI Initiator 的主要设置程序。
- /etc/init.d/iscsid：让本机模拟成 iSCSI Initiator 的主要服务。
- /etc/init.d/iscsi：在本机成为 iSCSI Initiator 后，启动此脚本，以便登录 iSCSI Target。因此，iscsid 必须先启动，然后才能启动该服务。为确保顺利启动，在 /etc/init.d/iscsi 中已有一条启动命令，如果在启动 iSCSI 之前 iscsid 尚未启动，则会先调用 iscsid，然后才会继续处理 iSCSI。

老实说，因为 /etc/init.d/iscsi 脚本已经包含启动 /etc/init.d/iscsid 的步骤，所以理论上只需要启动 iSCSI 即可。此外，iscsid.conf 中只需要设置好登录 Target 时的账号和密码，其他关于 Target 的查找、设置和获取方法都可以直接使用 iscsiadm 命令来完成。由于 iscsiadm 检测到的结果会直接写入 /var/lib/iscsi/nodes/ 目录，因此只需启动 /etc/init.d/iscsi，下次开机时就能自动连接到正确的 Target。现在让我们来处理整个过程吧。

18.3.2　iSCSI Initiator 的实际设置

首先，我们需要了解 Target 提供了哪些功能。因此，理论上来说，我们应该有权管理 Target 和 Initiator 这两台机器。现在我们知道 Target 实际上有设置账号和密码的选项，因此需要修改 iscsid.conf 的内容。

1. 修改 /etc/iscsi/iscsid.conf 的内容，并启动 iSCSI

这个文件的修改非常简单，因为其中的大多数参数已经有了合适的默认设置，所以只要填写

与 Target 登录时所需的账号和密码即可。需要修改的地方有两个，一个是进行发现时（discovery）可能需要使用的账号和密码，另一个是进行连接时（node）需要使用的账号和密码。

```
[root@clientlinux ~]# vim /etc/iscsi/iscsid.conf
node.session.auth.username = vbirduser    <==在 target 时设置的
node.session.auth.password = vbirdpasswd  <==约在第 53、54 行

discovery.sendtargets.auth.username = vbirduser    <==约在第 67、68 行
discovery.sendtargets.auth.password = vbirdpasswd

[root@clientlinux ~]# chkconfig iscsid on
[root@clientlinux ~]# chkconfig iscsi on
```

由于我们尚未与 Target 连接，iSCSI 无法正常启动。因此，上面只需使用 chkconfig 命令，无须启动它。要开始检测 Target 并将其信息写入系统，只需使用 iscsiadm 命令即可完成所有操作。

2. 检测 192.168.100.254 这台 Target 的相关数据

虽然我们已经知道 Target 的名称，但在这里假设我们还不知道，因为有可能在未来的某一天，你的公司会购买物理的 iSCSI 设备。因此，我们还是讲述完整的检测过程比较好。可以按照以下步骤进行操作：

```
[root@clientlinux ~]# iscsiadm -m discovery -t sendtargets -p IP:port
选项与参数：
-m discovery    ：使用检测的方式执行 iscsiadmin 命令（可以选择对应的功能）
-t sendtargets  ：通过 iSCSI 的协议，检测后面的设备所拥有的 Target 数据
-p IP:port      ：就是那台 iSCSI 设备的 IP 地址与端口，不写端口就默认是端口 3260

范例：检测 192.168.100.254 这台 iSCSI 设备的相关数据
[root@clientlinux ~]# iscsiadm -m discovery -t sendtargets -p 192.168.100.254
192.168.100.254:3260,1  iqn.2011-08.vbird.centos:vbirddisk
# 192.168.100.254:3260,1 ：在此 IP 地址、端口上的 Target 号码，本例中为 target1
# iqn.2011-08.vbird.centos:vbirddisk ：就是我们的 Target 名称

[root@clientlinux ~]# ll -R /var/lib/iscsi/nodes/
/var/lib/iscsi/nodes/iqn.2011-08.vbird.centos:vbirddisk
/var/lib/iscsi/nodes/iqn.2011-08.vbird.centos:vbirddisk/192.168.100.254,3260,1
# 上面的粗体字标示的，就是我们使用 iscsiadm 检测到的 Target 结果
```

现在我们知道了 Target 的名称，并将所有检测到的信息全部写入上述路径"/var/lib/iscsi/nodes/iqn.2011-08.vbird.centos:vbirddisk/192.168.100.254,3260,1"下的 default 文件中。如果需要修改信息，可以直接编辑该文件，也可以使用 iscsiadm 的 update 功能来处理相关参数。

3. 开始连接 iSCSI Target

我们的 Initiator 可能会连接多个 Target 设备，因此，首先需要确定当前系统上检测到了

多少个 Target，然后找到需要登录的那个 Target 进行操作。不过，如果你想要登录所有检测到的 Target，那么整个步骤可以进一步简化。

```
范例：根据前一个步骤检测到的数据，启动全部的 Target
[root@clientlinux ~]# /etc/init.d/iscsi restart
正在停止 iscsi：                                    [ 确定 ]
正在启动 iscsi：                                    [ 确定 ]
# 将系统中全部的 Target 以 /var/lib/iscsi/nodes/ 内的设置登录
# 需要注意上面粗体字标示的内容。你只要做到这里即可，下面内容的看看就行

范例：显示出当前系统中所有的 Target 数据
[root@clientlinux ~]# iscsiadm -m node
192.168.100.254:3260,1 iqn.2011-08.vbird.centos:vbirddisk
选项与参数：
-m node：找出当前本机中所有检测到的 Target 信息，有些可能并未登录

范例：仅登录某台 Target，不要重新启动 iSCSI 服务
[root@clientlinux ~]# iscsiadm -m node -T Target 名称 --login
选项与参数：
-T Target 名称：仅使用后面接的那台 Target。Target 名称可用上一条命令查到
--login        ：登录

[root@clientlinux ~]# iscsiadm -m node -T iqn.2011-08.vbird.centos:vbirddisk \
>  --login
# 这次执行会出现错误，是因为我们已经登录了，其实不可重复登录
```

接下来，我们要开始处理这个 iSCSI 磁盘了。具体处理步骤如下：

```
[root@clientlinux ~]# fdisk -l
Disk /dev/sda: 8589 MB, 8589934592 bytes    <==这是原有的那块磁盘，略过不看
...(中间省略)...

Disk /dev/sdc: 2147 MB, 2147483648 bytes
67 heads, 62 sectors/track, 1009 cylinders
Units = cylinders of 4154 * 512 = 2126848 bytes
Sector size (logical/physical): 512 bytes / 512 bytes

Disk /dev/sdb: 2154 MB, 2154991104 bytes
67 heads, 62 sectors/track, 1013 cylinders
Units = cylinders of 4154 * 512 = 2126848 bytes
Sector size (logical/physical): 512 bytes / 512 bytes

Disk /dev/sdd: 524 MB, 524288000 bytes
17 heads, 59 sectors/track, 1020 cylinders
Units = cylinders of 1003 * 512 = 513536 bytes
Sector size (logical/physical): 512 bytes / 512 bytes
```

你会发现主机上出现了三个新的磁盘，它们的容量与刚刚在 192.168.100.254 上共享的 LUN 相同。那么这三块磁盘可以用来做什么呢？你可以根据需要自由地使用它们。不过，唯一需要注意的是，iSCSI Target 每次开机要比 iSCSI Initiator 这台主机早，否则 Initiator 恐怕会出问题。

4. 更新、删除和添加 Target 数据的方法

如果因为某种原因，iSCSI Target 被移除，不存在于局域网中，或者需要送修，那么 iSCSI Initiator 就需要关闭。然而，我们不能完全关闭 iSCSI（执行/etc/init.d/iscsi stop 命令），因为还有其他的 iSCSI Target 在使用中。那么在这种情况下，如何取消不需要的 Target 呢？非常简单，按照以下流程进行操作即可：

```
[root@clientlinux ~]# iscsiadm -m node -T targetname --logout
[root@clientlinux ~]# iscsiadm -m node -o [delete|new|update] -T targetname
选项与参数：
--logout ：注销 Target，但是并没有删除/var/lib/iscsi/nodes/内的数据
-o delete：删除后面接的那台 Target 连接信息(/var/lib/iscsi/nodes/*)
-o update：更新相关的信息
-o new    ：增加一个新的 Target 信息

范例：关闭来自鸟哥的 iSCSI Target 的数据，并且删除连接
[root@clientlinux ~]# iscsiadm -m node     <==还是先显示出相关的 Target iqn 名称
192.168.100.254:3260,1 iqn.2011-08.vbird.centos:vbirddisk
[root@clientlinux ~]# iscsiadm -m node -T iqn.2011-08.vbird.centos:vbirddisk \
>  --logout
Logging out of session [sid: 1, target: iqn.2011-08.vbird.centos:vbirddisk,
 portal: 192.168.100.254,3260]
Logout of [sid: 1, target: iqn.2011-08.vbird.centos:vbirddisk, portal:
 192.168.100.254,3260] successful.
# 这个时候的 Target 连接还是存在的，虽然注销了，但还是看得到

[root@clientlinux ~]# iscsiadm -m node -o delete \
>  -T iqn.2011-08.vbird.centos:vbirddisk
[root@clientlinux ~]# iscsiadm -m node
iscsiadm: no records found! <==不存在 Target 了

[root@clientlinux ~]# /etc/init.d/iscsi restart
# 你会发现，Target 的信息不见了
```

如果一切正常，现在让我们回到发现（Discovery）的过程，再次对 iSCSI Target 进行检测，然后重新启动 Initiator 来获取那三个磁盘。接下来，我们将测试和使用这些磁盘。

18.3.3 一个测试范例

到底 iSCSI 可以怎么用？我们就来操作一下。假设：

（1）根据鸟哥的工作流程，我们已经在 Initiator 上清除了 Target 数据。

（2）现在我们只知道 iSCSI Target 的 IP 地址是 192.168.100.254，所需的账号和密码分别是 vbirduser 和 vbirdpasswd。

（3）账号和密码信息已经写入 /etc/iscsi/iscsid.conf 中。

（4）假设我们计划将 Target 的磁盘用作 LVM 内的物理卷（Physical Volume，PV）。

(5) 我们将所有磁盘的容量都分配给一个名为 /dev/iscsi/disk 的逻辑卷。

(6) 这个逻辑卷将被格式化为 ext4 文件系统，并且挂载在 /data/iscsi 目录下。

那么，整体的流程是：

```
# 1. 启动 iSCSI，并且开始检测及登录 192.168.100.254 上的 Target 名称
[root@clientlinux ~]# /etc/init.d/iscsi restart
[root@clientlinux ~]# chkconfig iscsi on
[root@clientlinux ~]# iscsiadm -m discovery -t sendtargets -p 192.168.100.254
[root@clientlinux ~]# /etc/init.d/iscsi restart
[root@clientlinux ~]# iscsiadm -m node
192.168.100.254:3260,1 iqn.2011-08.vbird.centos:vbirddisk

# 2. 开始处理 LVM 的流程，从 PV、VG、LV 按序处理
[root@clientlinux ~]# fdisk -l      <==出现的信息中会发现 /dev/sd[b-d]
[root@clientlinux ~]# pvcreate /dev/sd{b,c,d}   <==创建 PV
  Wiping swap signature on /dev/sdb
  Physical volume "/dev/sdb" successfully created
  Physical volume "/dev/sdc" successfully created
  Physical volume "/dev/sdd" successfully created

[root@clientlinux ~]# vgcreate iscsi /dev/sd{b,c,d}   <==创建 VG
  Volume group "iscsi" successfully created

[root@clientlinux ~]# vgdisplay   <==要找到可用的容量
  --- Volume group ---
  VG Name               iscsi
...(中间省略)...
  Act PV                3
  VG Size               4.48 GiB
  PE Size               4.00 MiB
  Total PE              1148    <==就是这个，共 1148 个
  Alloc PE / Size       0 / 0
  Free  PE / Size       1148 / 4.48 GiB
...(下面省略)...

[root@clientlinux ~]# lvcreate -l 1148 -n disk iscsi
  Logical volume "disk" created


[root@clientlinux ~]# lvdisplay
  --- Logical volume ---
  LV Name                /dev/iscsi/disk
  VG Name                iscsi
  LV UUID                opR64B-Zeoe-C58n-ipN2-em3O-nUYs-wjEZDP
  LV Write Access        read/write
  LV Status              available
  # open                 0
  LV Size                4.48 GiB  <==注意一下容量对不对
  Current LE             1148
  Segments               3
  Allocation             inherit
```

```
   Read ahead sectors      auto
   - currently set to      256
   Block device            253:2
# 3. 开始格式化,并执行开机自动挂载的操作
[root@clientlinux ~]# mkfs -t ext4 /dev/iscsi/disk
[root@clientlinux ~]# mkdir -p /data/iscsi
[root@clientlinux ~]# vim /etc/fstab
/dev/iscsi/disk   /data/iscsi    ext4    defaults,_netdev   1   2

[root@clientlinux ~]# mount -a
[root@clientlinux ~]# df -Th
文件系统           类型     Size  Used Avail Use% 挂载点
/dev/mapper/iscsi-disk
                  ext4     4.5G  137M  4.1G   4% /data/iscsi
```

比较特殊的是 /etc/fstab 文件中的第 4 个字段,在前面加上 _netdev(注意下画线),表示该分区位于网络上,因此需要在网络启动完成后才会挂载。现在,请重新启动你的 iSCSI Initiator,看看在系统重新启动后 /data/iscsi 目录是否还存在?

接下来,让我们切换回 iSCSI Target 主机,研究一下到底是哪个设备在使用我们的 Target。

```
[root@www ~]# tgt-admin --show
Target 1: iqn.2011-08.vbird.centos:vbirddisk
    System information:
        Driver: iscsi
        State: ready

    I_T nexus information:
        I_T nexus: 2
            Initiator: iqn.1994-05.com.redhat:71cf137f58f2  <==不是很喜欢的名字
            Connection: 0
                IP Address: 192.168.100.10    <==就是这里连接进来的
    LUN information:
...(后面省略)...
```

明明是 Initiator,怎么会是 redhat 的名字呢?如果你不介意,那就算了。如果你很介意的话,请修改 Initiator 主机上的 /etc/iscsi/initiatorname.iscsi 文件的内容,将其修改成以下格式:

```
# 1. 先在 iSCSI Initiator 上执行如下操作
[root@clientlinux ~]# vim /etc/iscsi/initiatorname.iscsi
InitiatorName=iqn.2011-08.vbird.centos:initiator
[root@clientlinux ~]# /etc/init.d/iscsi restart

# 2. 在 iSCSI Target 上可以发现如下数据修改了
[root@www ~]# tgt-admin --show
Target 1: iqn.2011-08.vbird.centos:vbirddisk
    System information:
        Driver: iscsi
        State: ready
```

```
            I_T nexus information:
                I_T nexus: 5
                    Initiator: iqn.2011-08.vbird.centos:initiator
                    Connection: 0
                        IP Address: 192.168.100.10
...(后面省略)...
```

> 不过，最好在使用目标的逻辑单元号（Logical Unit Number，LUN）之前执行这个操作。如果你在使用了 LUN 的磁盘之后再修改这个文件，可能会导致你的磁盘文件名发生改变。以鸟哥的案例为例，修改了 initiatorname 后，原本的磁盘文件名竟然变成了 /dev/sd[efg]，导致鸟哥的逻辑卷无法继续使用。

18.4 重点回顾

- 如果需要大容量的磁盘，通常会使用 RAID 磁盘阵列的架构。
- 获得外部磁盘容量的做法主要有 NAT 和 SAN 两种方式。
- NAT 可以被看作一台已经定制化的服务器，主要提供 NFS、SMB 等网络文件系统。
- SAN 是一种外接式存储设备，可以通过 SAN 获取外部的磁盘设备（非文件系统）。
- SAN 早期使用光纤信道，近年来随着以太网络的发展，开始使用在 TCP/IP 架构上工作的 iSCSI 协议。
- iSCSI 协议主要分为 iSCSI Target（提供磁盘设备者）和 iSCSI Initiator（访问 Target 磁盘）。
- iSCSI Target 主要使用 scsi-target-utils 软件实现，通过 tgt-admin 和 tgtadm 命令完成操作。
- 一般将 Target 的名称定义为 iqn.yyyy-mm.<reversed domain name>:identifier。
- 一个 Target 可以共享多个磁盘，每个磁盘被称为一个 LUN。
- iSCSI Initiator 主要通过 iscsi-initiator-utils 软件连接到 Target。
- iscsi-initiator-utils 主要提供 iscsiadm 命令来完成所有操作。

18.5 参考资料与延伸阅读

- FreeNAS 的官网：http://sourceforge.net/projects/freenas/。
- 几个常见的将 Linux 模拟成 iSCSI Target 与 Initiator 的官网：
  Linux SCSI target framework（tgt）：http://stgt.sourceforge.net/。
  Linux-iSCSI Project：http://linux-iscsi.sourceforge.net/。
- iSCSI（client）how to：http://www.cyberciti.biz/tips/rhel-centos-fedora-linux-iscsi-howto.html。

第四篇
常见因特网服务器的搭建

提到因特网（Internet）服务器，你第一个会想到 WWW 和 FTP，但实际上还有一个更重要的，你可能不知道它的存在，那就是 DNS。它才是重中之重。在 Internet 上，我们都是通过主机名来进行连接的，在这个过程中，DNS 服务器起着至关重要的作用，所以我们当然要了解一下。最后介绍邮件服务器。这些服务器的设置和未来的应用非常有意思，但如果没有预先阅读前面的章节，那么你的服务器很可能会受到入侵。所以，在阅读本章之前，请先仔细阅读前面的章节。

第 19 章

主机名控制者：DNS 服务器

第四篇 常见因特网服务器的搭建

> 我们知道，在"记忆"方面，人脑总是不如计算机，同时人们对文字的记忆要比数字更好。因此，如果只使用纯粹的 TCP/IP 来上网，对于我们来说既不容易记忆，又很麻烦。为了适应人类的使用习惯，有一个名为 DNS 的服务可以帮助我们将主机名解析为 IP 地址，这样我们只需要记住主机名就能使用 Internet。在本章中，我们将讨论 DNS 服务中的正向解析和反向解析，以及区域（zone）的含义，解析主机名的授权概念和整体查询流程，还有主从（Master/Slave）DNS 服务的配置等内容。

19.1 什么是 DNS

DNS 越来越重要，尤其是在未来需要 128 位地址的 IPv6 环境下。我们甚至记不住 IPv4 的 32 位地址，那么如何记得住 128 位地址呢？这时主机名自动解析为 IP 地址就变得非常重要了，而这正是 DNS 的作用。然而，搭建 DNS 服务器有一些麻烦，而且其中的原理部分可能比较难以理解。因此，在本节中，先来讨论一些与网络主机名相关的知识，这样我们在搭建 DNS 服务器时就不会遇到太多问题。

19.1.1 用网络主机名来获取 IP 地址的历史渊源

目前的因特网使用的是所谓的 TCP/IP 协议，其中 IP 为第 4 版的 IPv4。不过，这个 IPv4 是由 32 位所组成，为了适应人们的习惯已经转成 4 组十进制的数字了，例如 12.34.56.78 这样的格式。当我们利用 Internet 传送数据时，就需要这个 IP，否则数据包就不知道要被送到哪里。

1. 单一文件处理上网的年代：/etc/hosts

人脑对于 IP 这种数字格式的记忆力实在很差。但是，要上 Internet 又必须要有 IP 地址，怎么办呢？为了解决这个问题，早期的人们想到了一个方法，那就是利用特定的文件来将主机名与 IP 地址进行对应。这样一来，我们就可以通过主机名来获取相应主机的 IP 地址。这个主意真是太好了，因为人类对于名字的记忆力要好得多。这就是/etc/hosts 文件的用途所在。

然而，这种方法存在一些不足之处。主要问题是主机名与 IP 地址的对应无法自动更新到所有计算机上，并且只能向 INTERNIC 注册才能将主机名添加到该文件中。当 IP 地址数量过多时，该文件会变得非常庞大，这也不利于其他主机的同步更新。如图 19-1 所示，客户端计算机每次都需要重新下载该文件才能成功连接到 Internet。

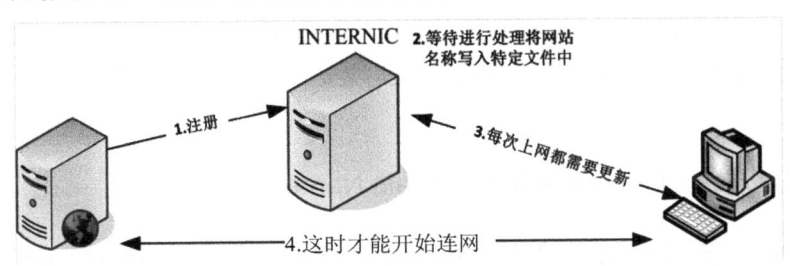

图 19-1 早期通过单一文件进行网络连接的示意图

在 4.2.1 节中，我们简要讨论了 /etc/hosts 文件的用法。基本上，该文件的内容是以 "IP 主机名 主机别名一 主机别名二……" 的形式呈现的。在这个文件中，最重要的是将 localhost 映射到 127.0.0.1 这个地址。请不要删除这条记录。同时，再次强调，在私有网络内部，最好将所有私有 IP 地址与相应的主机名写入该文件中。

2. 分布式、阶层式主机名管理架构：DNS 系统

在早期网络尚未普及且计算机数量有限时，/etc/hosts 文件还是够用的。但自从 20 世纪 90 年代网络普及以后，/etc/hosts 这种单一文件的管理问题就变得突出了。为了解决这个日益严重的问题，伯克利大学开发了一套名为 Berkeley Internet Name Domain（BIND）的层次化管理主机名与 IP 地址对应关系的系统。这个系统具有很多优势。通过层次化管理，维护工作变得轻松许多。这个系统也是当前全世界使用最广泛的域名系统（Domain Name System，DNS）。通过 DNS，我们不需要知道主机的 IP 地址，只需知道主机的名称，就可以轻松地访问该主机。

DNS 利用类似树形目录的结构，将主机名的管理分布在不同层级的 DNS 服务器中，并进行分层管理。因此，每个 DNS 服务器只需记忆少量的信息，并且在 IP 地址发生变化时，修改也相当容易。如果已经获得了对主机名解析的授权，那么就可以在自己的 DNS 服务器中修改全球范围内可查询到的主机名，而不需要依赖上层 ISP（Internet 服务提供商）的维护。自己动手当然是最快的方法。

由于目前可分配的 IPv4 地址资源已接近枯竭，未来 128 位的 IPv6 地址将逐渐流行起来。然而，这并不意味着我们需要记住 128 位的 IP 地址才能上网，这几乎是不可能的任务。因此，能够将主机名解析到 IP 地址的 DNS 服务将变得越来越重要。此外，全球的 WWW 主机名也都是通过 DNS 系统来处理 IP 地址的对应关系的。因此，当 DNS 服务器发生故障时，我们将无法通过主机名连接到 Internet，这几乎等同于无法访问 Internet。

鉴于 DNS 的重要性，即使我们没有必要自行搭建 DNS 服务器，也仍然需要了解其原理。因此，我们需要对与 DNS 相关的全限定域名（FQDN）、主机名与 IP 地址的查询流程、正向解析与反向解析、合法授权的 DNS 服务器的含义以及区域（Zone）等知识有所了解。

> 在后续的章节中，有时会提到 DNS，有时会提到 BIND，那么它们有什么不同呢？通过前文的说明，我们应该了解到 DNS 是一种 Internet 通信协议，而 BIND 是提供 DNS 服务的软件。简而言之，DNS 是协议的名称，而 BIND 是实现该协议的软件。

3. 全限定域名：Fully Qualified Domain Name（FQDN）

在与 DNS 相关的主机名概念中，第一个是"主机名与域名（Hostname and Domain Name）"的概念，以及由这两者组成的全限定域名（Fully Qualified Domain Name，FQDN）的概念，FQDN 也被称为完全限定域名或完全合格域名。在讨论这个主题之前，让我们聊一些更贴近生活的话题吧！

- **以区域来区分同名同姓者的差异**：网络世界中有很多人自称为"鸟哥"，包括作者在内。那么，将如何区分不同的"鸟哥"呢？这时候，我们可以利用每个"鸟哥"所在地来进行区分，比如北京的鸟哥和上海的鸟哥等。如果北京还有两个人自称为"鸟哥"

怎么办？没关系，还可以根据行政区域来进行区分，比如北京海淀区的鸟哥和北京朝阳区的鸟哥。如果将这些罗列出来，就会像下面这样：

鸟哥、海淀区、北京
鸟哥、朝阳区、北京
鸟哥、通州区
……

这样是否可以区分每个"鸟哥"的不同之处呢？没错，就是这样。在这个例子中，地区可以被看作区域（Domain），而"鸟哥"则是主机名。

- **以区域号码来区分相同的电话号码**：假如北京有一个 12345678 的电话号码，而上海也有一个 12345678 的电话号码，如果在北京直接拨打 12345678 时，就会直接拨往北京的 12345678 电话机，如果想要拨到上海去，就需要加入（021）这个区号。我们就是使用区号来分辨区域的。此时 021 区号就是域名，而电话号码就是主机名。

你对鸟哥想表达的意思了解了吗？正如我们之前提到的，DNS 以树状目录的方式处理主机名。在树状目录中，有一个特定的目录可以记录文件名。那么，在 DNS 记录中，哪一项与目录相关呢？那就是域名。域名下面可以记录各个主机名，它们的组合形成了完整的主机名（FQDN）。

举例来说，我们经常会发现网站的主机名都是 WWW，比如 www.baidu.com、www.163.net、www.pku.edu.cn 等。那么，我们如何知道这些以 www 命名的主机位于何处呢？这就需要域名来区分了，例如 .baidu.com、.163.net、.pku.edu.cn 等的不同。因此，即使主机名相同，只要它们不在同一个域名下，就可以区分出不同的位置。

我们知道目录树的最顶层是根目录（/），那么 DNS 既然也是分层式的，最顶层是什么呢？每一层的域名和主机名又该如何分层呢？下面以北京大学的 WWW 服务器（www.pku.edu.cn）为例进行说明，如图 19-2 所示。

在图 19-2 中，从上往下数的第二层中，.cn 是域名，而 com、edu、gov 则是主机名。在这个主机名的管理之下，还有其他更小的子域的主机。因此，在第三层时，edu.cn 成为域名，而北京大学（pku）和清华大学（tsinghua）则成为主机名。

以此类推，最后得到我们的主机，那个 www 是主机名，而域名是由 pku.edu.cn 这个名字决定的。当然，我们的主机就是由管理 pku.edu.cn 这个域名的 DNS 服务器所管理的。

> 点（.）并不是用来区分域名和主机名的，有时候域名所管理的主机名可能会包含点（.）。举个例子，鸟哥所在的图书馆系统并没有额外的 DNS 服务器，主机名是 www.lib，而域名仍然是 pku.edu.cn，因此完整的名字是 www.lib.pku.edu.cn。

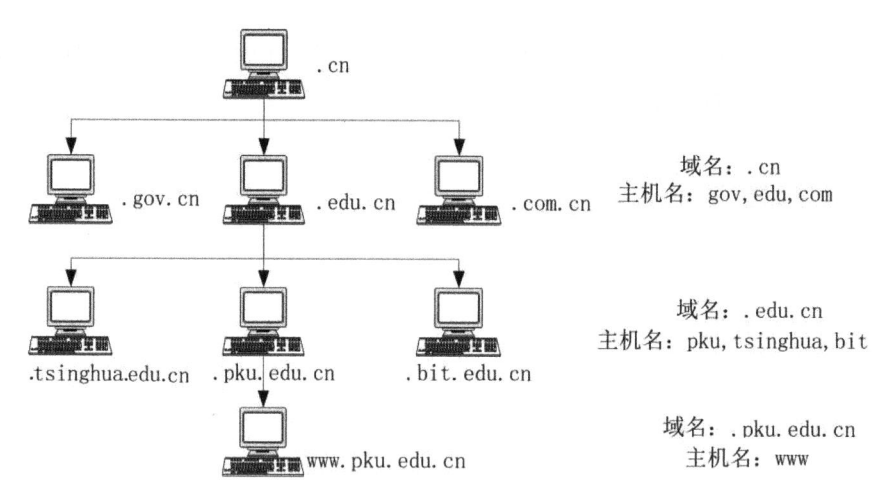

图 19-2 分层的 DNS 架构

19.1.2　DNS 的主机名对应 IP 地址的查询流程

大概了解了 FQDN 的域名和主机名之后，接下来我们要讨论 DNS 的两个方面：① 分层架构是怎样的？② 查询原理是怎样的？我们必须先了解架构才能理解如何查询主机名。因此，接下来先来介绍一下整体的 DNS 分层架构。

1. DNS 的分层架构与 TLD

我们通过图 19-3 来说明，从顶级域名到各个大学域名的各层。

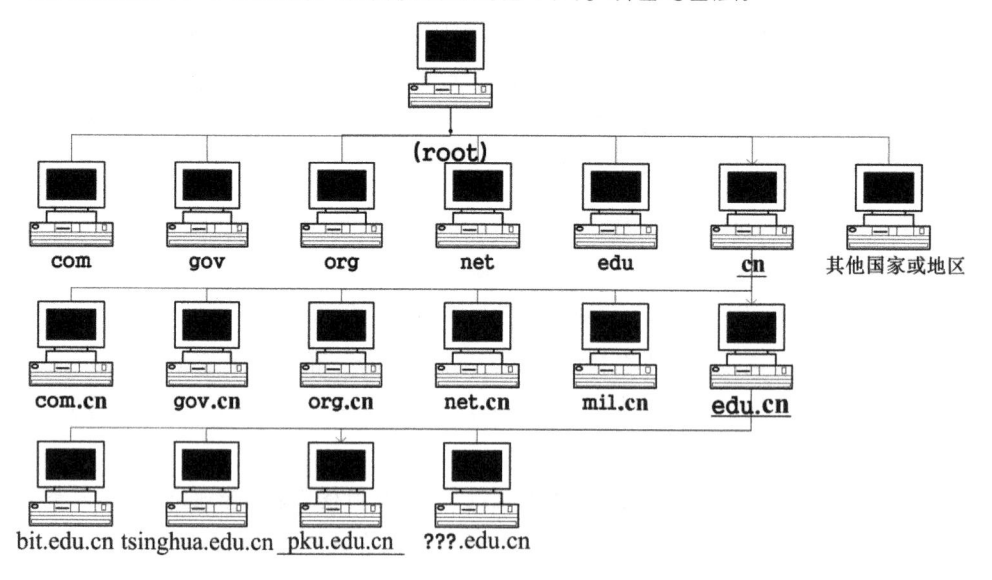

图 19-3 从顶级域名到大学之间的 DNS 分层示意图

在整个 DNS 系统中，①位于最顶层的是一个名为"."（点）的 DNS 服务器（称为根服务器，root），它下面最早管理的只有 .com、.edu、.gov、.mil、.org、.net 等特殊域；②按国家或地区分类的第二层主机名。这两者被称为顶级域名（Top Level Domains，TLDs）。

- 一般顶级域名（Generic TLDs，gTLD）：例如.com、.org、.gov 等。
- 国家或地区顶级域名（Country Code TLDs，ccTLD）：例如.uk、.jp、.cn 等。

我们先讨论一般顶级域名（gTLD）。最早根服务器只管理六个主要域名，如表 19-1 所示。

表 19-1 常见域名及其代表的含义

名　　称	代表的含义
com	公司、行号、企业
org	组织、机构
edu	教育单位
gov	政府单位
net	网络、通信
mil	军事单位

然而，由于 Internet 发展速度迅猛，除了上述的六个主要类别外，后来还开放了诸如.asia、.info、.jobs 等域名。此外，为了让一些国家或地区也能拥有自己的顶级域名，出现了所谓的 ccTLD（国别或地区顶级域名）。这样做的好处是什么呢？每个国家或地区都拥有自己的 ccTLD，如果有域名需求，只需向自己的国家或地区申请即可，无需再向最顶层申请。

2. 授权与分层负责

既然顶级域名（TLD）如此方便，那么我们是否能够自己设置自定义的顶级域名呢？当然不行，我们必须向上层 ISP 申请域名的授权。举例来说，中国的最顶层域名以".cn"开头，管理该域名的服务器 IP 地址位于中国，以".cn"开头的这台服务器必须向根服务器（.）注册域名查询授权才能正常上线。

每个国家或地区下记录的下一层主要包括原先由根服务器管理的六个主要类别。然而，由于每一层的 DNS 都可以管理其所管辖的主机名或子域，因此".cn"可以自行规划其子域名。例如，ISP 常常提供".idv.cn"的个人网站服务。

再次强调，DNS 系统采用分层式的管理方式。因此，".cn"只记录下一层中的几个主要域名的主机信息。例如，在"edu.cn"下面的"pku.edu.cn"这台主机，实际上是直接授权给"edu.cn"这台主机进行管理的。换句话说，每个上一层的 DNS 服务器记录的信息只包含其下一层的主机名。而下一层的主机名则直接授权给下层的某台主机进行管理。通过这样的方式，你应该对 DNS 的管理方式有了更清晰的了解了吧。

这样的设置不是没有道理的。这种设计的好处在于：每台主机只需要管理下一层的主机名及其对应的 IP 地址，从而减少了管理上的复杂性。而对于下层的客户端，如果出现问题，只需向上一层的 DNS 服务器进行查询，无须跨越多个层级，因此故障排查也更加简单。

3. 通过 DNS 查询主机名的 IP 地址的流程

刚才我们提到 DNS 以类似树状目录的结构来管理主机名，因此每个 DNS 服务器仅管理其下一层主机名的解析。而下一层的主机名则由下层的 DNS 服务器进行管理。下面以图 19-4 为例来解释它的原理。

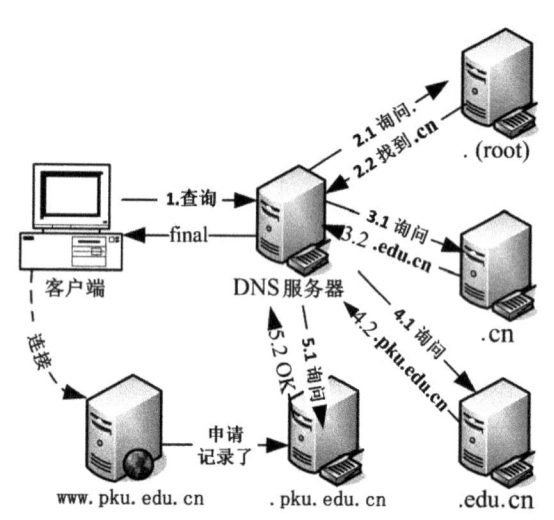

图 19-4 通过 DNS 系统查询主机名解析的流程

当在浏览器的地址栏中输入网址 http://www.pku.edu.cn 时，计算机会根据相关设置（在 Linux 下是通过 /etc/resolv.conf 这个文件）提供的 DNS 的 IP 地址进行连接查询。目前最常见的 DNS 服务器是中国电信的 1.2.4.8 或 210.2.4.8，我们以此为例。在这种情况下，中国电信的服务器将按照以下步骤进行工作：

1) **收到用户的查询要求，先查看本身有没有记录，若无，则向 .（root）查询**

由于 DNS 是分层式的架构，每台主机都会负责管理自己所管辖范围内的主机名解析。如果当前 DNS 不负责管理 .edu.cn，而无法直接向客户端提供结果。在这种情况下，1.2.4.8 将向最顶层的服务器（即根服务器）查询相关的 IP 地址信息。

2) **向最顶层的 .（root）查询**

1.2.4.8 会主动向根服务器（即 .）询问 www.pku.edu.cn 的位置，但由于根服务器只记录了 .cn 域名的信息（因为所在地的服务器只有 .cn 向根服务器注册），根服务器会回复：我不知道这个主机的 IP 地址，但你应该向 ".cn" 域名服务器去查询，我这里不负责。我会告诉你 ".cn" 域名服务器的位置。

3) **向第二层的 ".cn" 服务器查询**

1.2.4.8 接着又到 ".cn" 服务器去查询，而该台主机管理的又只有 .edu.cn、.com.cn、gov.cn 等。经过比对后发现我们想要的是 ".edu.cn" 的域名，所以这个时候 ".cn" 服务器又告诉 1.2.4.8 说：你去管理 ".edu.cn" 这个域名的主机那里查询，我有它的 IP 地址。

4)向第三层的".edu.cn"服务器查询

同理,".edu.cn"服务器只会告诉 1.2.4.8,应该要去".pku.edu.cn"服务器进行查询,这里只能告知".pku.edu.cn"的 IP 地址。

5)向第四层的".pku.edu.cn"服务器查询

等到 1.2.4.8 找到".pku.edu.cn"服务器之后,OK!".pku.edu.cn"说:没错,这台主机名是我管理的,我告诉你,它的 IP 地址是……所以此时 1.2.4.8 就能够查到 www.pku.edu.cn 的 IP 地址了。

6)记录缓存并响应用户

在找到正确的 IP 地址后,1.2.4.8 的 DNS 服务器不会每次有人查询 www.pku.edu.cn 时都重新执行整个查询过程,这样做既耗时又浪费系统资源和网络带宽。因此,1.2.4.8 这个 DNS 服务器会先将查询结果记录在自己的缓存中,以便在下一次有相同请求时快速响应。最后,它将结果返回给客户端。当然,缓存中的数据是有时效性的,一旦超过 DNS 设置的缓存时间(通常是 24 小时),那么记录将会被清除。

整个分层查询的过程就是这样,需要通过根服务器向下一层逐级查询,最终总能得到答案。这种分层的设计有以下好处:

- **主机名的修改只需要在自己的 DNS 中进行更改,不需要通知其他服务器**。当一个合法的 DNS 服务器的设置被修改之后,来自世界各地的任何 DNS 请求都能正确显示主机名对应的 IP 信息,因为它们会按照层级逐级向下查询。因此,要找到与你的主机名对应的 IP 地址,必须经过你上层 DNS 服务器的记录。只要你的主机名是在合法的上层 DNS 服务器中进行设置的,它就可以在 Internet 上被查询到。这种架构的维护简单且具有很高的灵活性。

- **DNS 服务器对主机名解析结果的缓存时间**。每次查询到的结果都会被存储在 DNS 服务器的缓存中,以便在下次有相同的解析需求时能够快速响应。然而,尽管查询结果被缓存,但如果原始 DNS 的主机名与 IP 对应关系发生了修改,再次查询时系统可能会返回旧的 IP 地址。这是因为缓存中的数据具有一定的时间性,通常在数 10 分钟到 3 天之间。这也解释了为什么我们常说,当修改了一个域名后,可能需要等待 2 到 3 天才能完全生效。

- **可持续向下授权(子域名授权)**。每个能够记录主机名与 IP 地址对应关系的 DNS 服务器都可以自由地更改其自身的数据库。因此,在不同的主机中,主机名与域名是不相同的。举例来说,.idv.cn 是只有中国才有的 idv 区域(网域)。由于 idv 是由 .cn 域名所管理的,只要中国的 .cn 维护小组同意,那么就可以建立该区域。

既然 DNS 如此出色,我们是否需要创建一个主机名称,然后再搭建 DNS 呢?当然不需要。为什么呢?鸟哥刚才多次提到"合法"的词汇,因为这涉及"授权"的问题。正如我们在第 10 章中所提到的,只要主机名合法,就不一定需要搭建 DNS。

> **例题**

通过 dig 实现 . --> .cn --> .edu.cn --> .pku.edu.cn --> www.pku.edu.cn 的查询流程，并分析每个查询阶段的 DNS 服务器有几台？

答：我们可以使用第 4 章介绍过的 dig 命令的追踪功能（+trace）来实现这一目的。使用方式如下：

```
[root@www ~]# dig +trace www.pku.edu.cn
; <<>> DiG 9.8.2rc1-RedHat-9.8.2-0.62.rc1.el6_9.5 <<>> +trace www.pku.edu.cn
;; global options: +cmd
.                       5183    IN      NS      a.root-servers.net.
.                       5183    IN      NS      j.root-servers.net.
.                       5183    IN      NS      b.root-servers.net.
...(下面省略)...
# 上面的部分在追踪 . 的服务器，可从 a ~ m.root-servers.net.
;; Received 492 bytes from 1.2.4.8#53(1.2.4.8) in 142 ms

cn.                     172800  IN      NS      a.dns.cn.
cn.                     172800  IN      NS      b.dns.cn.
cn.                     172800  IN      NS      e.dns.cn.
cn.                     172800  IN      NS      d.dns.cn.
cn.                     172800  IN      NS      c.dns.cn.
cn.                     172800  IN      NS      ns.cernet.net.
...(下面省略)...
# 上面的部分在追踪.cn.的服务器，可从 a ~ c.dns.cn.，包括 ns.cernet.net.
;; Received 383 bytes from 192.36.148.17#53(192.36.148.17) in 152 ms

edu.cn.                 172800  IN      NS      dns.edu.cn.
edu.cn.                 172800  IN      NS      ns2.cuhk.hk.
edu.cn.                 172800  IN      NS      ns2.cernet.net.
edu.cn.                 172800  IN      NS      dns2.edu.cn.
edu.cn.                 172800  IN      NS      deneb.dfn.de.
# 追踪 .edu.cn. 的有 5 台服务器
;; Received 248 bytes from 203.119.25.1#53(203.119.25.1) in 903 ms

pku.edu.cn.             172800  IN      NS      ns.pku.edu.cn.
pku.edu.cn.             172800  IN      NS      dns2.pku.edu.cn.
pku.edu.cn.             172800  IN      NS      dns.pku.edu.cn.
;; Received 134 bytes from 202.112.0.13#53(202.112.0.13) in 276 ms

www.pku.edu.cn.         300     IN      CNAME   www.lb.pku.edu.cn.
lb.pku.edu.cn.          3600    IN      NS      dns30.pku.edu.cn.
lb.pku.edu.cn.          3600    IN      NS      dns102.pku.edu.cn.
;; Received 182 bytes from 162.105.129.130#53(162.105.129.130) in 9 ms
```

最终的结果是找到了 CNAME 记录，其值为 www.lb.pku.edu.cn.。然而，这个例题的重点在于展示整个 DNS 的查询过程。通过在 dig 命令中添加选项"+trace"，我们可以实现这个目的。至于其他的设置值和追踪过程，则涉及服务器（NS）的设置。关于 CNAME 记录和

NS 记录等相关的数据说明,我们将在后续的 DNS 数据库中进行详细介绍。

4. DNS 使用的端口号

既然 DNS 系统是通过网络进行查询的,那么必然需要监听一个端口。没错,DNS 使用的端口是 53。我们可以在 Linux 系统中的 /etc/services 文件中查找一下,搜索关键词 domain,就能找到对应的端口号 53。

但是这里需要声明一下,**通常 DNS 是以 UDP 这个较快速的数据传输协议来查询的,假如没有办法查询到完整的信息时,则会再次以 TCP 这个协议来进行重新查询**。所以启动 DNS 的 daemon(即 named)时,会同时启动 TCP 及 UDP 的 port 53。因此,**记得防火墙也需要同时放行 TCP 和 UDP 的端口 53**。

19.1.3 合法 DNS 的关键:申请区域查询授权

DNS 服务器的架设存在"合法"和"不合法"的区别,而不像其他服务器一样,那么一旦架设完成就可以被他人访问吗?下面我们将详细探讨。

1. 向上层区域注册并取得合法的区域查询授权

正如我们在第 10 章中所提到的,要申请一个合法的主机名需要进行注册,并且注册是需要付费的。通过注册,我们可以获得两种数据:一种是第 10 章中提到的 FQDN(Fully Qualified Domain Name,全限定域名);另一种是申请区域查询权。所谓的 FQDN 只需要我们提供主机名,详细的设置数据则由 ISP 来处理(见图 19-4),对于主机名为 www.pku.edu.cn 的详细设置数据,是由管理 .pku.edu.cn 域的服务器负责处理的。

那么什么是区域查询授权呢?我们以图 19-4 进行解释。在这个例子中,.pku.edu.cn 域必须向 .edu.cn 域的主机注册并申请区域查询授权。因此,当有任何关于 .pku.edu.cn 的查询请求时,.edu.cn 域会回答:"我不知道,请前往 .pku.edu.cn 域查找详情。"这时,我们需要搭建 DNS 服务器来设置 .pku.edu.cn 域的主机名对应关系。这种概念与生活中的"授权"非常相似。

换句话说,当你的老板充分地"授权"给你某项工作时,从那一刻起,任何想要进行该项工作的人,在确认你是真正"有权"的人之后,都必须向你请示。因此,如果你要搭建一个可以连接到 Internet 上的 DNS 服务器,都必须经过上层 DNS 服务器的授权。这是一个非常重要的概念。

总结一下,要实现主机名与 IP 地址的对应关系,并使其他计算机能够查询到,则有以下两种方式:

(1)通过上层 DNS 授权给你区域查询权,使你可以设置自己的 DNS 服务器。

（2）直接请上层 DNS 服务器帮你设置主机名对应关系。

2. 拥有区域查询权后，所有的主机名信息都以自己为准，与上层无关

许多读者可能都有申请 DNS 区域查询授权的经验。在申请过程中，ISP 通常要求填写①你的 DNS 服务器名称，②该服务器的 IP 地址。既然已经在 ISP 处填写了主机名与 IP 地址的对应关系，那么即使我的 DNS 服务器宕机了，我在 ISP 上的主机名仍然应该能够查询到相应的 IP 地址，对吗？然而，事实却是：无法查询到！为什么呢？

DNS 系统中记录了大量信息，但实际上重点关注的有两个：一个是记录服务器所在的 NS（NameServer）标识，另一个是记录主机名对应的 A（Address）标识。我们在网络上进行查询时，最终的结果是查询 IP 地址。因此，最终要找的是 A 记录。让我们以鸟哥注册的 .vbird.org 为例进行说明。鸟哥在注册时，记录在 ISP 的 DNS 服务器中的名称为 dns.vbird.org，这个记录实际上是 NS 记录，而不是 A 记录，如图 19-5 所示。

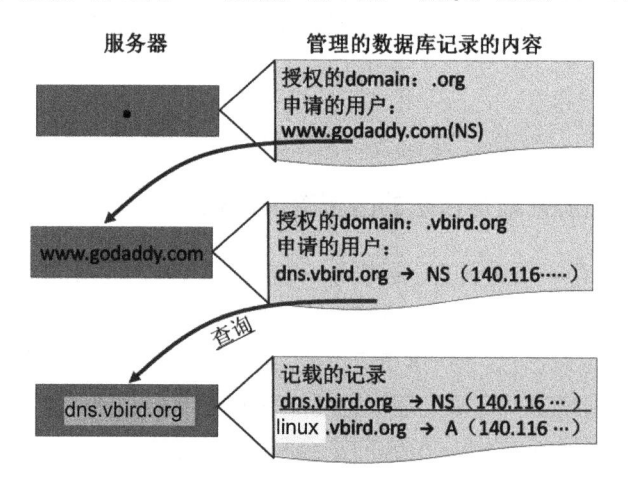

图 19-5 记录的授权主机名与实际 A 记录的差异

在图 19-5 中，尽管在 godaddy 服务器中记录了一条信息，即"当查询 .vbird.org 时，请访问 dns.vbird.org（NS）以获取此管理者的 IP 地址为 140.116……"，但该记录只是告诉我们要转向下一个服务器进行查询，并不提供最终的 A（IP 地址）答案。因此，我们需要继续向下查找（请记住图 19-4 中的查询流程）。在这种情况下，有几种结果可能导致无法找到 dns.vbird.org 的 IP 地址，或者最终的 IP 地址与 godaddy 记录的不一致。这些结果包括：

- **dns.vbird.org 服务器宕机时**：如果 dns.vbird.org 这台服务器宕机，那么在图中显示的"查询"箭头的步骤将会被中断，因此会出现"无法连接到 dns.vbird.org 的 IP 地址"的信息。这是因为 DNS 系统无论如何都会继续查找最后一个包含 A 地址的记录。
- **dns.vbird.org 服务器内的数据库忘记补上数据时**：如果鸟哥在自己的服务器数据库中忘记添加 dns.vbird.org 的记录，最终的结果将会显示"无法找到该服务器的 IP 地址"。

- dns.vbird.org 服务器内的数据库数据编写不一致时：如果在鸟哥自己的服务器数据库中，dns.vbird.org 所记录的 IP 地址与 godaddy 的记录不同，那么最终的结果将以鸟哥记录的 IP 地址为准。

总之，你在 ISP 填写的主机名只是供参考，最终仍需要在自己的 DNS 服务器中进行设置。通常情况下，会将 ISP 上的 DNS 服务器主机名与自己的数据库主机名保持一致。换句话说，在图 19-5 中，中间和最底部方框内的 dns.vbird.org 的 NS 记录和 A 记录应对应到同一个 IP 地址。

19.1.4　主机名交由 ISP 代管还是自己设置 DNS 服务器

19.1.3 节以及第 10 章已经讨论了申请主机名或域名的两种主要方式：一种是通过 DNS 授权，另一种是直接交给 ISP 进行管理。如果你是在学校或企业内部，则需要向上层 DNS 主机的负责人提出申请。不管怎样，你只有两个选择：要么请他帮你设置好主机名对应的 IP 地址，要么请他直接将某个域名段授权给你，以作为你管理的主要 DNS 区域。

那么，如何确定哪种方式更好呢？需要注意的是，由于在设置 DNS 后，会增加一个监听的端口，这从理论上说是相对不安全的。此外，由于 Internet 连接目前都是通过主机名进行的，了解了上述提到的主机名查询流程后，你会发现，DNS 设置错误将带来很严重的问题，因为你的主机名将无法被找到。因此，给出以下建议：

1．需要架设 DNS

- 假如你所负责的需要连接 Internet 的主机数量庞大。如果你一个人负责整个公司十几台的网络服务器，而这些服务器都是挂载在你公司区域之下的。这个时候必须要架设 DNS。
- 假如你可能需要经常修改自己服务器的名字，或者你的服务器可能随时有增加或变动的可能性，这时也需要架设 DNS。

2．不需要架设 DNS

- 网络主机数量很少，例如在家或公司只需要一台邮件服务器时，不需要架设 DNS。
- 你可以直接请上层 DNS 主机管理员帮你设置好主机名对应的设置。
- 当你对 DNS 的了解不足时，如果架设 DNS 反而容易导致网络无法正常连接。
- 架设 DNS 的费用很高时。

19.1.5　DNS 数据库的记录：正向解析、反向解析、区域的含义

从图 19-4 的查询流程中，我们可以了解到最重要的是位于 .pku.edu.cn 这个 DNS 服务器内的记录信息。这些记录的内容被称为数据库，而在数据库中，针对每个需要解析的域，都被称为一个区域。那么到底有哪些需要进行解析的域呢？有一种流程是通过主机名查找到 IP 地址，还有一种方式是通过 IP 地址反向查询到主机名。最早期 DNS 的任务就是将主机名

解析为 IP 地址，因此：

- 从主机名查询到 IP 的流程被称为：正向解析。
- 从 IP 地址反向解析到主机名的流程被称为：反向解析。
- 不管是正向解析还是反向解析，每个域的记录就是一个区域。

举例来说，北京大学的 DNS 服务器负责管理*.pku.edu.cn 这个域的查询权限。任何想要查询*.pku.edu.cn 主机名对应的 IP 地址的请求都要发送给北京大学的 DNS 服务器。在这种情况下，.pku.edu.cn 就是一个"正向解析的区域"。另外，学校或机构一般还可能获得几个 Class C 的子域，比如 120.114.140.0/24。如果这个子域中的 254 个可用 IP 地址都需要设置主机名，那么该子域 120.114.140.0/24 就成为一个"反向解析的区域"。此外，每个 DNS 服务器都可以管理多个区域，无论是正向解析还是反向解析。

1. 正向解析的设置权以及 DNS 正向解析区域记录的标志

那么，谁可以申请正向解析的 DNS 服务器的架设权限呢？答案是：任何人都可以。只要该域名没有人使用，谁先抢到了，谁就可以使用。然而，由于国际 INTERNIC 已经定义了 gTLD（通用顶级域名）和 ccTLD（国家和地区顶级域名），所以你不能自定义诸如 centos.vbird 这样的域，则需要符合上层 DNS 所指定的域范围。举例来说，中国的个人网站通常使用*.idv.cn 这样的域名。

正向解析文件的区域里主要记录了哪些信息呢？由于正向解析的重点是通过主机名查询到 IP 地址，每个 DNS 服务器都需要定义清楚，并且可能需要架设主/从（Master/Slave）架构的 DNS 环境，因此正向解析区域通常具有以下几种记录的标志。

- SOA：代表 Start of Authority，即"开始验证"的缩写，后续章节将对其进行详细说明。
- NS：代表 Name Server，即"名字服务器"的缩写，后面的记录是指 DNS 服务器的信息。
- A：代表 Address，即"地址"的缩写，后面的记录是 IP 地址的对应关系（非常重要）。

2. 反向解析的设置权以及 DNS 反向解析区域记录的标志

正向解析的域名只要符合国际 INTERNIC 和 ISP 的规范即可，取得授权相对简单（自己选择域名）。那么反向解析呢？反向解析主要是通过 IP 地址找到主机名，因此关键是确定 IP 地址的所有者是谁。由于 IP 地址是由 INTERNIC 分配给各个 ISP 的，而且我们也知道，IP 地址不能随意设置（涉及路由问题）。因此，只有 IP 地址的所有者，也就是 ISP，才有权设置反向解析。那么你从 ISP 获得的 IP 地址能否自行设置反向解析呢？答案是否定的。除非你获得的是整个 Class C 或更高级别的 IP 网段，那么你的 ISP 可能会给你反向解析的授权。否则，如果有反向解析的需求，你需要向你的直属上层 ISP 申请。

那么，反向解析区域主要记录了哪些信息呢？除了服务器必备的 NS 和 SOA 之外，最重要的是：

- PTR：就是指向（PoinTeR）的缩写，后面记录的数据就是反向解析到主机名。

3. 每台 DNS 都需要的正向解析区域：hint

现在我们知道，正向解析或反向解析都可以称为一个区域。那么是否有某个区域特别重要呢？确实有，那就是"."（根域名）。从图 19-4 中我们可以知道，当 DNS 服务器在自己的数据库中找不到所需的信息时，它一定会去查找"."。那么"."在哪里呢？这就需要有一个记录"."位置的区域。这种记录"."位置的区域类型被称为 hint 类型。几乎每个 DNS 服务器都需要知道这个区域。

所以，一个简单的正向解析 DNS 服务器基本上需要两个区域：一个是 hint 类型区域；另一个是关于自己域名的正向解析区域。以鸟哥（vbird.org）注册的域名为例，在鸟哥的 DNS 服务器内，至少需要这两个区域。

- hint（root）：记录"."的区域。
- vbird.org：记录".vbird.org"这个正向解析的区域。

可以发现并没有为 vbird.org 这个域名所属的 IP 地址添加反向解析区域，这是为什么呢？简单来说，这是因为反向解析需要由 IP 协议的上层来进行设置。

4. 正向解析和反向解析是否一定要成对

正向解析和反向解析是否需要成对产生？在很多情况下，特别是目前出现很多各种各样的域名时，通常只需要设置正向解析即可。不过也不需要太过担心，因为通常在进行反向查找时，如果你是使用 ADSL 上网，那么 ISP 可能早就为你设置好了反向解析。所以一般在我们自行申请域名时，只需要考虑设置正向解析即可。否则，反向解析的授权根本不会开放给你，你自己设置再好也没有什么用。

事实上，只有邮件服务器才需要正向解析和反向解析成对的设置。由于网络带宽经常被垃圾邮件占用，因此对于合法的邮件服务器规定也越来越严格。如果你希望搭建邮件服务器，最好拥有固定的 IP 地址，这样才能向你的 ISP 要求设置反向解析。

19.1.6　DNS 数据库的类型：hint、Master/Slave 架构

由于 DNS 的重要性不断增加，因此如果你曾经注册过域名，就会发现现在 ISP 要求你填写两台 DNS 服务器的 IP 地址。这是为了作为备份，以防一台 DNS 服务器宕机后，导致你的所有主机名无法被找到，这将会带来很多麻烦。

但是，如果有两台以上的 DNS 服务器，那么网络会选择哪一台呢？答案是：不确定。因为选择是随机的。因此，如果你的域名有两台 DNS 服务器，那么这两台 DNS 服务器的内容必须完全一致，否则由于随机选择 DNS 进行查询，如果数据不同步，很可能导致其他用户无

法获取正确的数据。

为了解决这个问题，在"."（root）这个 hint 类型的数据库文件外，还有两种基本类型，分别是主数据库（Master）和从数据库（Slave）。主数据库和从数据库的目的就是解决不同 DNS 服务器上数据同步的问题。接下来，让我们来讨论一下主数据库和从数据库。

1. 主数据库

在这种类型的 DNS 数据库中，所有与主机名相关的信息都需要管理员手动进行修改和设置。设置完成后，还需要重新启动 DNS 服务才能读取正确的数据库内容，以完成数据库更新。一般来说，我们所说的 DNS 架设就是指设置这种类型数据库。同时，这种类型数据库还可以向从数据库的 DNS 服务器提供数据库内容。

2. 从数据库

如前所述，通常你不会只有一台 DNS 服务器。例如，我们之前提到的.xxx.edu.cn 域名就有三台 DNS 服务器来管理。如果每台 DNS 服务器都使用主数据库类型，当有用户要求修改、添加或删除数据时，你就需要进行三次操作。而且可能会因为手误在某几台服务器上出现错误操作。这样就会让人头疼。因此，在这种情况下使用从数据库类型就非常重要了！

从数据库必须与主数据库相互配合。以.xxx.edu.cn 为例，如果需要三台主机提供 DNS 服务，并且这三台的内容相同，我只需要指定其中一台服务器为主数据库，其他两台作为该主数据库的从数据库）。当需要修改某个名称对应的记录时，只需要手动更改主数据库那台服务器的配置文件，然后重新启动 BIND 服务，其他两台从数据库将会被通知进行更新。这样一来，在维护方面就更加轻松了。

> 在设置主/从（Master/Slave）架构时，主服务器必须进行限制，只有特定 IP 地址的主机才能获取主机的正向解析和反向解析数据库的权限。因此，才会提到主/从必须进行互相搭配的设置。

3. 主/从数据的查询优先权

另外，由于所有的 DNS 服务器都需要同时提供 Internet 上的域名解析服务，因此，无论是主服务器还是从服务器，都必须能够同时提供 DNS 服务。在 DNS 系统中，域名的查询是按照"先到先得"的原则进行的，我们无法预测哪台主机的数据会被首先查询到。为了提供良好的 DNS 服务，每台 DNS 主机都必须正常工作。此外，每台 DNS 服务器的数据库内容必须完全一致，否则会导致客户端获取到错误的 IP 地址。

4. 主/从数据的同步化过程

那么，主/从数据的更新是如何进行的呢？注意，从数据库需要从主数据库获取更新的数据，因此在设置初期，主数据库要先于从数据库而存在。基本上，无论是主数据库还是从数据库，都会有一个表示数据库版本的"序列号"。该序列号的数值大小会影响是否需要进行更新操作。其更新方式主要有以下两种：

- **主数据库主动告知**：例如在主数据库中修改了数据内容，并且加大了数据库序列号之后重新启动 DNS 服务，那么主数据库就会主动告知从数据库来更新数据库，此时就能够实现数据同步。
- **由从数据库主动提出要求**：基本上，从数据库会定时查看主数据库的数据库序列号，当发现主数据库的序列号比从数据库自己的序列号还要大（代表比较新）时，那么从数据库就会开始更新。如果序列号不变，那么就判断数据库没有变动，因此不会进行同步更新。

根据上面的介绍，设计数据库的序列号的重要目的是为了实现主/从数据的同步。我们也知道，从数据库会向主数据库提出数据库更新的请求，但问题是，更新请求应该多久提出一次？如果由于网络问题导致无法查询到主数据库的序列号（即更新失败），那么多久之后会重新尝试更新呢？这与 SOA（Start of Authority）的标志有关。在后续讨论正向解析和反向解析数据库时，将会详细说明这一点。

如果你想要搭建主/从数据库的 DNS 架构，那么需要掌控两台主机（主/从）。在这方面，网络上存在一些不太安全的因素，需要特别注意。

19.2 客户端的设置

由于 DNS 是每台想要连接 Internet 的主机都需要设置的，因此我们从简单的客户端设置开始介绍。因为在架设好 DNS 服务器后，我们会直接进行测试，所以这部分需要先处理得比较妥当才行。

19.2.1 相关配置文件

根据 19.1.1 节的介绍，我们了解到主机名与 IP 地址之间有两种映射方法：早期的方法是直接在文件中进行对应，而较新的方法则是通过 DNS 架构来实现。那么这两种方法分别使用哪些配置文件？它们是否可以同时存在？如果同时存在，哪个方法优先？下面我们来讨论以下几个配置文件。

- /etc/hosts：这是最早的主机名对应 IP 地址的文件。
- /etc/resolv.conf：这是 ISP 的 DNS 服务器 IP 地址记录处（很重要）。
- /etc/nsswitch.conf：这个文件用来决定是先使用 /etc/hosts 的设置还是先使用 /etc/resolv.conf 的设置。

一般来说，Linux 默认使用 /etc/hosts 文件进行主机名与 IP 地址的对应解析，这是因为它具有优先级。我们可以查看 /etc/nsswitch.conf 文件，并找到 hosts 项来了解更多信息。

```
[root@www ~]# vim /etc/nsswitch.conf
hosts:          files dns
```

上面的"files"就是使用 /etc/hosts，而最后的"dns"则是使用 /etc/resolv.conf 的 DNS 服务器来进行搜索。因此，可以先以 /etc/hosts 来设置 IP 地址的对应。当然，也可以将其调换过来，不过，毕竟 /etc/hosts 比较简单，所以将它放在前面比较好。

我们要进行 DNS 测试，则需要了解一下 /etc/resolv.conf 文件的内容。假设你在中国，使用的是中国电信的 IP 地址为 1.2.4.8 的 DNS 服务器，那么应该如下配置：

```
[root@www ~]# vim /etc/resolv.conf
nameserver 1.2.4.8
nameserver 210.2.4.8
```

DNS 服务器的 IP 地址可以设置多个，为什么要设置多个呢？因为当第一台（按照设置的顺序）DNS 宕机时，我们的客户端可以使用第二台（上述是 210.2.4.8）来进行查询，这有点像 DNS 备份功能。通常建议至少填写两台 DNS 服务器的 IP 地址，不过在网络正常使用的情况下，**永远只有第一台 DNS 服务器会被用来查询**，其他的设置值只是在第一台 DNS 服务器出问题时才会用到。

> 在 /etc/resolv.conf 文件中，尽量不要设置超过 3 个 DNS 的 IP 地址。因为当局域网出现问题，导致无法连接到 DNS 服务器，此时，你的主机仍会向每个 DNS 服务器发送连接请求。每次连接都需要等待超时时间，这会导致浪费大量的时间。

例题

当主机使用 DHCP 获取 IP 地址时，我们发现修改了 /etc/resolv.conf 文件不久后，该文件会恢复为原始状态。这是什么原因？该如何处理呢？

答：这是因为使用 DHCP 时，系统会根据 DHCP 服务器传来的数据对系统配置文件进行修改。因此，需要告诉系统不要使用 DHCP 传来的 DNS 服务器设置。我们可以在相关文件（如 /etc/sysconfig/network-scripts/ifcfg-eth0）中添加一行"PEERDNS=no"，然后重新启动网络即可。

此外，如果启用了 CentOS 6.x 的 NetworkManager 服务，有时也可能会出现一些奇怪的现象。因此，鸟哥建议将其关闭。

19.2.2 DNS 的正、反向解析查询命令：host、nslookup、dig

测试 DNS 的程序有很多，我们先来使用最简单的 host。其他的还有 nslookup 和 dig。

1. host

```
[root@www ~]# host [-a] FQDN [server]
[root@www ~]# host -l domain [server]
```
选项与参数：
-a ：代表列出该主机所有的相关信息，包括 IP、TTL 与排错信息等
-l ：若后面接的那个 domain 设置允许 allow-transfer 时，则列出该 domain
　　所管理的所有主机名对应的数据
server：这个参数可有可无，当想要利用非 /etc/resolv.conf 内的 DNS 主机来查询主机名与 IP 地址的
对应时，就可以利用这个参数了

```
# 1. 使用默认值来查出 linux.vbird.org 的 IP 地址
[root@www ~]# host linux.vbird.org
linux.vbird.org has address 140.116.44.180            <==这是 IP 地址
linux.vbird.org mail is handled by 10 linux.vbird.org. <==这是 MX（后续章节说明）

# 2. 查出 linux.vbird.org 的所有重要参数
[root@www ~]# host -a linux.vbird.org
Trying "linux.vbird.org"
;; ->>HEADER<<- opcode: QUERY, status: NOERROR, id: 56213
;; flags: qr rd ra; QUERY: 1, ANSWER: 1, AUTHORITY: 2, ADDITIONAL: 0

;; QUESTION SECTION:
;linux.vbird.org.               IN      ANY

;; ANSWER SECTION:
linux.vbird.org.        145     IN      A       140.116.44.180

;; AUTHORITY SECTION:
vbird.org.              145     IN      NS      dns.vbird.org.
vbird.org.              145     IN      NS      dns2.vbird.org.

Received 86 bytes from 168.95.1.1#53 in 15 ms   <==果然是从 168.95.1.1 取得的数据
# 看样子，不就是 dig 的输出结果？所以，我们才会说，使用 dig 才行

# 3. 强制以 IP 地址为 139.175.10.20 的这台 DNS 主机来查询
[root@www ~]# host linux.vbird.org 139.175.10.20
Using domain server:
Name: 139.175.10.20
Address: 139.175.10.20#53
Aliases:

linux.vbird.org has address 140.116.44.180
linux.vbird.org mail is handled by 10 linux.vbird.org.
```

在最后一个范例中，你是否注意到了上方输出的粗体字部分？很多读者在测试他们自己的 DNS 时，常常会"错误地指定 DNS 查询主机"。这是因为他们忘记修改/etc/resolv.conf 文件，则会导致无法找到设置的数据库 IP 数据。因此，需要注意这一点。

```
# 4. 找出 vbird.org 域的所有主机信息
[root@www ~]# host -l vbird.org
; Transfer failed.
Host vbird.org not found: 9(NOTAUTH)
```

```
; Transfer failed. <==竟然失败了。请看下面的说明
```

为什么会无法响应呢？这是因为管理 vbird.org 区域的 DNS 不允许我们进行区域查询。因为我们不是 vbird.org 的系统管理员，所以没有权限读取整个 vbird.org 区域的设置。"host –l"命令是用在自己的 DNS 服务器上的。在后面章节我们会讨论服务器设置，使用该选项能够读取相关的数据。

2. nslookup

```
[root@www ~]# nslookup [FQDN] [server]
[root@www ~]# nslookup
选项与参数：
1. 可以直接在 nslookup 加上待查询的主机名或者是 IP 地址，[server] 可有可无；
2. 如果在 nslookup 后面没有加上任何主机名或 IP 地址，那将进入 nslookup 的查询功能
   在 nslookup 的查询功能中，可以输入其他参数来进行特殊查询，例如：
   set type=any : 列出所有的信息正向解析方面的配置文件
   set type=mx  : 列出与 mx 相关的信息

# 1. 直接搜索 mail.xxx.edu.cn 的 IP 信息
[root@www ~]# nslookup mail.xxx.edu.cn
Server:         1.2.4.8
Address:        1.2.4.8#53    <==需要注意 DNS 的 IP 地址是否正确

Non-authoritative answer:
Name:   mail.xxx.edu.cn
Address: 162.105.131.160       <==将 IP 地址返回
```

nslookup 可以简单地列出主机名与 IP 地址的对应关系，但它也会列出查询的 DNS 主机的 IP 地址。如果想要获取更多详细参数，可以直接进入 nslookup 软件的查询界面，示例如下：

```
[root@www ~]# nslookup    <==进入 nslookup 查询界面
> 162.105.131.160         <==执行反向解析的查询
> www.xxx.edu.cn          <==执行正向解析的查询
# 上面列出正向解析和反向解析的信息
> set type=any            <==变更查询，不是只有 A，全部信息都列出来
> www.xxx.edu.cn
Server:         1.2.4.8
Address:        1.2.4.8#53

Non-authoritative answer:
Name:   www.xxx.edu.cn
Address: 162.105.131.160  <==这是答案

Authoritative answers can be found from: <==这是相关授权 DNS 说明
xxx.edu.cn       nameserver = dns2.xxx.edu.cn.
xxx.edu.cn       nameserver = dns1.xxx.edu.cn.
dns1.xxx.edu.cn internet address = 162.105.131.x
dns2.xxx.edu.cn internet address = 162.105.131.xxx
> exit <==离开
```

请注意，在上述案例中，如果在 nslookup 的查询界面中输入"set type=any"或其他参数，那么将无法进行反向解析查询。这是因为 any 或 mx 等标识仅适用于正向解析区域的记录。

3. dig

```
[root@www ~]# dig [options] FQDN [@server]
选项与参数：
@server：如果不以 /etc/resolv.conf 的设置来作为 DNS 查询，可在此填入其他的 IP 地址
options：相关的参数很多，主要有 +trace、-t type 以及 -x，三者最常用
  +trace ：就是从 "." 开始追踪，在 19.1.2 节中讨论过，若有需要，可去回顾一下
  -t type：查询的数据主要有 MX、NS、SOA 等类型，相关类型将在 19.4 节介绍
  -x     ：查询反向解析信息，此选项非常重要

# 1. 使用默认值查询 linux.vbird.org
[root@www ~]# dig linux.vbird.org
; <<>> DiG 9.7.0-P2-RedHat-9.7.0-5.P2.el6_0.1 <<>> linux.vbird.org
;; global options: +cmd
;; Got answer:
;; ->>HEADER<<- opcode: QUERY, status: NOERROR, id: 37415
;; flags: qr rd ra; QUERY: 1, ANSWER: 1, AUTHORITY: 2, ADDITIONAL: 0

;; QUESTION SECTION:          <==提出问题的部分
;linux.vbird.org.                IN      A

;; ANSWER SECTION:            <==主要的回答阶段
linux.vbird.org.        600     IN      A       140.116.44.180

;; AUTHORITY SECTION:         <==其他与此次回答有关的部分
vbird.org.              600     IN      NS      dns.vbird.org.
vbird.org.              600     IN      NS      dns2.vbird.org.

;; Query time: 9 msec
;; SERVER: 168.95.1.1#53(168.95.1.1)
;; WHEN: Thu Aug  4 14:12:26 2011
;; MSG SIZE  rcvd: 86
```

在这个范例中，我们可以看到整个显示出的信息，包括以下几个部分：

- **QUESTION（问题）**：显示所要查询的内容，因为我们查询的是 linux.vbird.org 的 IP 地址，所以这里显示 A（Address）。
- **ANSWER（回答）**：根据刚才的 QUESTION（问题）去查询所得到的结果，答案就是回答 IP。
- **AUTHORITY（验证）**：从这里我们可以知道 linux.vbird.org 是由哪台 DNS 服务器所提供的答案，是 dns.vbird.org 和 dns2.vbird.org 这两台主机管理的。另外，那个 600 是什么？图 19-4 提到过的流程，就是允许查询者能够保留这笔记录多久的意思（缓存），在 linux.vbird.org 的设置中，默认可以保留 600 秒。

```
# 2. 查询 linux.vbird.org 的 SOA 相关信息
```

```
[root@www ~]# dig -t soa linux.vbird.org
; <<>> DiG 9.7.0-P2-RedHat-9.7.0-5.P2.el6_0.1 <<>> -t soa linux.vbird.org
;; global options: +cmd
;; Got answer:
;; ->>HEADER<<- opcode: QUERY, status: NOERROR, id: 57511
;; flags: qr rd ra; QUERY: 1, ANSWER: 0, AUTHORITY: 1, ADDITIONAL: 0

;; QUESTION SECTION:
;linux.vbird.org.               IN      SOA

;; AUTHORITY SECTION:
vbird.org.              600     IN      SOA     dns.vbird.org. root.dns.vbird.org.
 2007091402 28800 7200 720000 86400

;; Query time: 17 msec
;; SERVER: 168.95.1.1#53(168.95.1.1)
;; WHEN: Thu Aug  4 14:15:57 2011
;; MSG SIZE  rcvd: 78
```

由于 dig 命令的输出信息非常丰富，而且以多个部分进行显示，因此非常适合作为进行 DNS 追踪和故障排除的工具。我们可以使用该命令来验证所设置的 DNS 数据库是否正确，并进行故障排除。此外，还可以使用 "-t type" 选项查询其他服务器的设置值，这对设置 DNS 服务器时提供了参考。完成了正向解析查询后，接下来就可以进行反向解析。

```
# 3. 查询 162.105.131.160 的反向解析信息结果
[root@www ~]# dig -x 162.105.131.160
; <<>> DiG 9.7.0-P2-RedHat-9.7.0-5.P2.el6_0.1 <<>> -x 162.105.131.160
;; global options: +cmd
;; Got answer:
;; ->>HEADER<<- opcode: QUERY, status: NOERROR, id: 60337
;; flags: qr rd ra; QUERY: 1, ANSWER: 3, AUTHORITY: 3, ADDITIONAL: 3

;; QUESTION SECTION:
;160.131.105.162.in-addr.arpa.  IN      PTR

;; ANSWER SECTION:
160.131.105.162.in-addr.arpa. 3600 IN   PTR     mail-out-r2.xxx.edu.yy.
160.131.105.162.in-addr.arpa. 3600 IN   PTR     mail-smtp-proxy.xxx.edu.yy.
160.131.105.162.in-addr.arpa. 3600 IN   PTR     mail.xxx.edu.yy.

;; AUTHORITY SECTION:
105.131.160.in-addr.arpa. 3600  IN      NS      dns1.xxx.edu.yy.
105.131.160.in-addr.arpa. 3600  IN      NS      dns3.twaren.net.
105.131.160.in-addr.arpa. 3600  IN      NS      dns2.xxx.edu.yy.

;; ADDITIONAL SECTION:
dns1.xxx.edu.yy.        3036    IN      A       160.131.50.1
dns2.xxx.edu.yy.        2658    IN      A       160.131.150.1
dns3.twaren.net.        449     IN      A       211.79.61.47

;; Query time: 29 msec
;; SERVER: 168.95.1.1#53(168.95.1.1)
;; WHEN: Thu Aug  4 14:17:58 2011
```

```
;; MSG SIZE  rcvd: 245
```

反向解析确实是一个有趣的概念。从上面的输出结果来看，查询的目标 IP 地址从 160.131.105.162 转换为 105.162.in-addr.arpa.，这个看起来很奇怪。别担心，在我们详细讨论反向解析之前，先记住反向解析查询域名与正向解析有所不同，特别是那个奇怪的 in-addr.arpa.结尾的数据。

19.2.3　查询域管理者相关信息：whois

上一小节我们讨论了关于主机名的正向解析和反向解析查询命令。如果想要获取整个域的设置信息，可以使用命令"host -l 域名"进行查询。但如果想要知道域名的注册信息，即"这个域是由谁管理的"，那就需要使用 whois 命令了。在 CentOS 6.x 系统中，whois 命令由 jwhois 软件提供，如果找不到 whois 命令，可以使用 yum 命令安装 jwhois 软件。

```
[root@www ~]# whois [domainname]   <==注意，是 domainname 而不是 hostname
[root@www ~]# whois centos.org
[Querying whois.publicinterestregistry.net]
[whois.publicinterestregistry.net]
# 这中间是 whois 服务器提供的告知信息。下面是实际注册的数据
Domain ID:D103409469-LROR
Domain Name:CENTOS.ORG
Created On:04-Dec-2003 12:28:30 UTC
Last Updated On:05-Dec-2010 01:23:25 UTC
Expiration Date:04-Dec-2011 12:28:30 UTC   <==记载了创建与失效的日期
Sponsoring Registrar:Key-Systems GmbH (R51-LROR)
Status:CLIENT TRANSFER PROHIBITED
Registrant ID:P-8686062
Registrant Name:CentOS Domain Administrator
Registrant Organization:The CentOS Project
Registrant Street1:Mechelsesteenweg 170
# 下面是一堆联系方式，鸟哥将它们取消了，免得多占篇幅
```

whois 命令可以查询到注册特定域名的用户相关信息。然而，由于近年来网络信息安全问题的增加，whois 提供的信息变得非常详细。为了保护用户的隐私权，目前查询到的 whois 信息可能不再完全准确。此外，在显示 whois 信息之前，通常会显示一段注意事项作为提醒。

如果使用 whois 来检测互联网注册的合法域名，会是怎样的呢？让我们来看一下：

```
[root@www ~]# whois 163.net
[Querying whois.verisign-grs.com]
[whois. verisign-grs.com]              <==这个是 whois 服务器查到的数据
Domain Name: 163.NET                   <==这个是 domain 的信息

Registrar Abuse Contact Email: DomainAbuse@service.aliyun.com
            <==注册商的联络方式，因数据安全要求，目前部分查询信息只显示注册商记录
```

```
    Record expires on 2024-09-14 (YYYY-MM-DD)
    Record created on 1997-09-15 (YYYY-MM-DD)
Registrar: Alibaba Cloud Computing (Beijing) Co., Ltd.
```

由结果可以看到该域名在 2018 年 09 月 17 日过期。但我们仍可以使用 nslookup、host、dig 等命令来查询主机名和 IP 地址之间的对应关系。有关这些命令的更多用法，请使用 "man command" 命令查询。

19.3 DNS 服务器的软件、种类与只缓存的 DNS 服务器的设置

介绍完一些基础概念后，接下来让我们来讨论如何设置一个良好的 DNS 服务器。当然，这需要从软件安装开始谈起。在本节中，我们先不涉及 DNS 记录的正向解析和反向解析，而是先介绍一下最简单的只缓存的 DNS 服务器（Caching-Only DNS Server）。

19.3.1 搭建 DNS 所需要的软件

我们先安装 DNS 所需的软件。回想一下之前提到的，我们将使用伯克利分校开发的 BIND （Berkeley Internet Name Domain）作为我们的 DNS 软件。那么，如何确定是否已经安装了呢？是不是使用 rpm 或 yum 命令来查看呢？可以自行查询一下。

```
[root@www ~]# rpm -qa | grep '^bind'
bind-libs-9.7.0-5.P2.el6_0.1.x86_64      <==给 bind 与相关命令使用的函数库
bind-utils-9.7.0-5.P2.el6_0.1.x86_64     <==这是客户端查找主机名的相关命令
bind-9.7.0-5.P2.el6_0.1.x86_64           <==这是 bind 主程序所需的软件
bind-chroot-9.7.0-5.P2.el6_0.1.x86_64    <==将 bind 主程序"关"在家里
```

上面比较重要的是"bind-chroot"。所谓 chroot 的意思是"change to root（根目录）"，root 代表的是根目录。早期的 BIND 默认将程序放在 /var/named 中启动，但是该程序可以在根目录下的其他目录中到处"转移"，因此若 BIND 的程序发生问题，则会对整个系统造成危害。为避免这个问题，我们**将某个目录指定为 BIND 程序的根目录，由于已经是根目录，因此 BIND 便不能离开该目录**。若该程序被攻击，也就是在某个特定目录下搞破坏而已。CentOS 6.x 默认将 BIND 锁定在 /var/named/chroot 目录中。

我们的主要程序由 bind 和 bind-chroot 提供。在前一节中提到的每个 DNS 服务器都需要的 "."（root）这个区域文件在哪里呢？它也是由 BIND 提供的。在 CentOS 6.x 中，不再提供 CentOS 4.x 和 5.x 中的 caching-nameserver 软件，而是将它的功能整合到了 BIND 软件中。

19.3.2　BIND 默认路径的设置与 chroot

要搭建好 BIND，需要设置哪些数据呢？基本上有两个主要的数据要处理：

- **BIND 本身的配置文件**：主要规定主机的设置、区域文件（Zone File）的位置、权限的设置等。
- **正向解析和反向解析数据库文件**：记录主机名与 IP 的对应关系等。

BIND 的配置文件为/etc/named.conf，在这个文件中可以指定区域文件的完整文件名。也就是说，区域文件实际上是由/etc/named.conf 指定的，因此区域文件的文件名可以任意取，只要在/etc/named.conf 中正确指定即可。一般情况下，CentOS 6.x 的默认目录结构如下：

- /etc/named.conf：这是我们的主配置文件。
- /etc/sysconfig/named：这个文件控制是否启动 chroot 及额外的参数。
- /var/named/：数据库文件默认放置在这个目录中。
- /var/run/named：named 程序执行时默认将 pid-file 放在此目录中。

接下来介绍/etc/sysconfig/named 和 chroot 环境。

出于对系统安全的考虑，一般来说，目前的主要发行版都会自动将 BIND 相关程序放入 chroot 环境中。那么，如何知道 chroot 所指定的目录在哪里呢？实际上，这个信息记录在 /etc/sysconfig/named 文件中。我们可以先查阅一下：

```
[root@www ~]# cat /etc/sysconfig/named
ROOTDIR=/var/named/chroot
```

事实上，该文件内较有意义的内容只有上面那一行，意思是："我要将 named 程序放入 chroot 环境，并将根目录更改为/var/named/chroot"。由于根目录已经更改为 /var/named/chroot，但 BIND 的相关程序仍需要/etc、/var/named、/var/run 等目录。因此，实际上 BIND 的相关程序所需的所有数据将位于：

- /var/named/chroot/etc/named.conf
- /var/named/chroot/var/named/zone_file1
- /var/named/chroot/var/named/zone_file...
- /var/named/chroot/var/run/named/...

确实有点麻烦。不过，不用太担心。因为新版本的 CentOS 6.x 已经通过"mount –bind"功能将 chroot 所要使用的目录连接起来了（参考/etc/init.d/named 的内容）。举例来说，我们需要的 /var/named 在启动脚本中通过 mount --bind /var/named /var/named/chroot/var/named 进行绑定目录。所以，在 CentOS 6.x 中，根本不需要切换到/var/named/chroot/，只需使用正常的目录即可。

> 事实上，/etc/sysconfig/named 是在/etc/init.d/named 启动时读取的，因此也可以直接修改/etc/init.d/named 这个脚本。

19.3.3 只缓存的 DNS 服务器与具有转发功能的 DNS 服务器

在开始介绍正向解析和反向解析区域的数据设置之前，在本小节中，我们先讨论一下对这类 DNS 服务器的简单配置文件的修改，即针对一个只用于缓存而不需要自己进行正向解析和反向解析区域设置的 DNS 服务器。

1. 什么是只缓存与具有转发功能的 DNS 服务器

一个只需要"."这个区域文件的简单 DNS 服务器被称为只缓存（Cache-Only）的 DNS 服务器。顾名思义，这个 DNS 服务器只具备缓存查询的功能，也就是说，它本身没有主机名与 IP 地址的正向解析和反向解析配置文件，完全依赖于外部查询来提供数据源。

如果连"."都不想要呢？那就需要指定一个上层 DNS 服务器作为转发目标，将原来自己要向"."查询的任务交给上层 DNS 服务器进行处理。这样，我们这台具有转发功能的 DNS 服务器甚至不需要记录"."，因为"."已经在上层 DNS 上记录了。

如同刚刚提到的，只缓存的 DNS 并不存在数据库中（其实还是存在"."这个根域的区域文件），因此无论是谁来查询数据，这台 DNS 服务器都会首先从自己的缓存以及"."进行查找，整个流程与图 19-4 相同。那如果具有转发功能呢？即使你的 DNS 服务器具有"."这个区域文件，这台 DNS 仍会将查询权委托给上层 DNS 进行查询，这样该 DNS 服务器就变成了客户端。查询流程如图 19-6 所示。

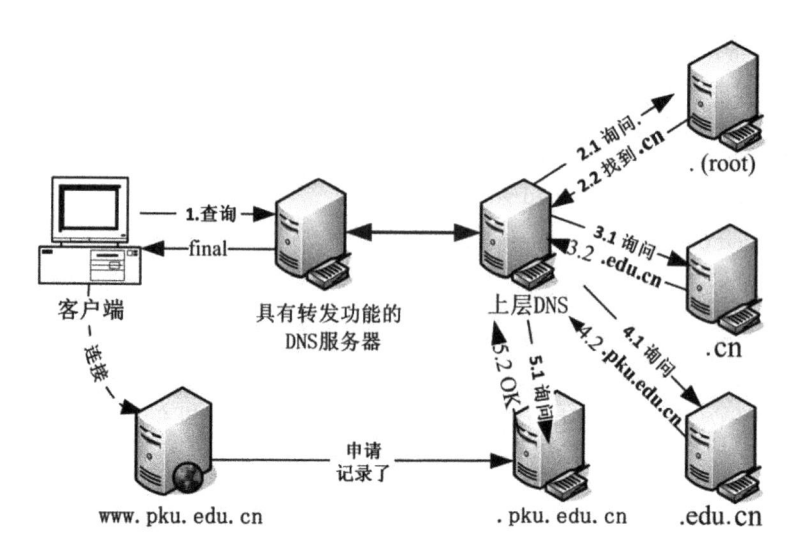

图 19-6 具有转发功能的 DNS 服务器查询方式的示意图

查看图 19-6 中的查询方向可以发现，具有转发机制时，查询权会委托给上层 DNS 服务器处理，所以根本不需要"."这个位置所在的区域。一般来说，如果你的环境需要架设一个具有缓存功能的 DNS 服务器，实际上可以直接添加转发机制，将查询权指向上层或者流量较大的上层 DNS 服务器。既然只缓存的服务器并没有数据库，转发机制甚至不需要"."的区域，那为什么还需要搭建这样的 DNS 呢？

2. 什么时候有搭建只缓存的 DNS 服务器的需求

在某些企业中，为了防止员工滥用公司的网络资源，通常会对 Internet 的连接进行严格限制。甚至 DNS 所使用的端口 53 也可能被防火墙阻挡。在这种情况下，可以在防火墙上安装一个只缓存的 DNS 服务。

这是什么意思呢？很简单，就是自己使用防火墙主机上的 DNS 服务来解析客户端的主机名和 IP 地址的对应关系。因为防火墙主机可以设置允许自己的 DNS 功能，而客户端只需将防火墙的 IP 地址设置为 DNS 服务器的地址即可。这样就可以实现主机名和 IP 地址的转换。因此，通常搭建只缓存的 DNS 服务器主要是为了增强系统的安全性。

3. 实际设置只缓存的 DNS 服务器

如何在 Linux 主机上搭建一台只缓存的 DNS 服务器呢？其实很简单，因为不需要设置正向解析和反向解析的区域（只需要支持"."的区域即可），所以只需编辑一个文件（即 named.conf 主配置文件）。另外，只缓存的 DNS 服务器只需添加转发器（Forwarders）的设置来指定转发的数据。因此，下面我们将设置一个具有转发功能的只缓存的 DNS 服务器。

1）编辑主要配置文件/etc/named.conf

虽然我们处于 chroot 的环境，但由于 CentOS 6.x 已经通过启动脚本为我们进行了文件和目录的挂载链接，因此直接修改 /etc/named.conf 文件，而不是去修改 /var/named/chroot/etc/named.conf 文件。在这个文件中，主要定义了与根服务器环境相关的设置，以及各个区域和数据库的文件名。在这个案例中，由于使用了转发机制，这个只缓存的 DNS 服务器没有区域文件（包括"."区域），因此我们只需设置与根服务器环境相关的设置。在编辑这个文件时，请注意以下事项：

- 注释掉的信息是放置在两条斜线"//"后面的信息。
- 每个段落之后都需要以分号";"来作为结尾。

鸟哥将这个文件再简化为如下的样式：

```
[root@www ~]# cp /etc/named.conf /etc/named.conf.raw
[root@www ~]# vim /etc/named.conf
// 在默认的情况下，这个文件会去读取 /etc/named.rfc1912.zones 这个区域定义文件
// 所以请记得需要修改成下面的样式
options {
        listen-on port 53  { any; };          //可不设置，代表全部接收
```

```
        directory               "/var/named";   //数据库默认放置的目录
        dump-file               "/var/named/data/cache_dump.db"; //一些统计信息
        statistics-file         "/var/named/data/named_stats.txt";
        memstatistics-file      "/var/named/data/named_mem_stats.txt";
        allow-query             { any; };       //可不设置，代表全部接收
        recursion yes;                          //将自己视为客户端的一种查询模式
        forward only;                           //可暂时不设置
        forwarders {                            //是重点
                1.2.4.8;                        //先用中国电信的 DNS 作为上层
                210.21.4.130;                   //再用中国联通的 DNS 作为上层
        };
};  //最后记得加结尾符号
```

鸟哥删除了大部分数据，只保留了少量数据，并进行了一些小的修订。在 named.conf 文件的结构中，与服务器环境相关的内容是通过 options 字段进行设置的。由于 options 字段中有许多子参数，因此使用花括号"{}"将其括起来。以下是对 options 字段中较重要的设置项的简要描述：

- listen-on port 53 { any; };：确定要监听这台主机系统上的哪个网络接口。默认情况下，监听 localhost，这意味着只有本机可以对 DNS 服务进行查询，这显然是不合理的。因此，需要将花括号"{}"内的数据修改为 any。注意，可以监听多个网络接口，因此在 any 后面需要加上分号"；"来表示结束。另外，如果忘记设置这个参数也没有关系，因为默认情况下会监听主机系统的所有网络接口。

- directory "/var/named";：意思是说，如果在 named.conf 文件中规定了正向解析和反向解析的区域文件，那么这些文件的默认存储位置应该被放置在/var/named/目录下。由于使用了 chroot，因此这些数据库文件最终会被自动链接到/var/named/chroot/var/named/目录。

- dump-file、statistics-file, memstatistics-file：与 named 这个服务相关的许多统计信息，如果想要输出为文件，默认的文件名就如上所述。鸟哥自己很少查看这些统计资料，所以，这三个设置值写与不写都没有关系。

- allow-query { any; };：这个是针对客户端的设置，表示哪些用户可以向我的 DNS 服务器发起查询请求。原来的文件内容默认是只允许 localhost 发起请求，我们将这里改成允许所有用户（当然，防火墙也必须放行）。不过，默认情况下 DNS 服务器是对所有用户开放的，所以这个设置值也可以不用写。

- forward only;：这个设置可以让 DNS 服务器只进行转发，即使存在".zone"文件的设置，也不会使用"."中的数据，而是将查询权交给上层的 DNS 服务器。这是只缓存的 DNS 最常见的设置方式。

- forwarders { 1.2.4.8; 210.21.4.130; };：既然有只转发（forward only）的设置，那么到底要将查询请求转发给哪台上层 DNS 服务器呢？这就涉及 forwarders（注意要加上 s）设置值的重要性了。考虑到上层 DNS 服务器可能会发生宕机的情况，我们可以设置多个上层 DNS 服务器。每个 forwarder 服务器的 IP 地址都需要以分

号";"结尾。

很简单吧！至于更多的参数，我们会在后续篇幅中慢慢介绍。这样就已经完成了最简单的只缓存的 DNS 服务器的设置。

2）启动 named 并查看服务的端口

启动 named 并查看所开启的端口，看看 DNS 到底会使用哪些端口。

```
# 1. 启动 DNS
[root@www ~]# /etc/init.d/named start
Starting named:                                    [  OK  ]
[root@www ~]# chkconfig named on
# 2. 到底使用了多少端口
[root@www ~]# netstat -utlnp | grep named
Proto Recv-Q Send-Q Local Address           Foreign Address         State       PID/Program name
tcp        0      0 192.168.100.254:53      0.0.0.0:*               LISTEN      3140/named
tcp        0      0 192.168.1.100:53        0.0.0.0:*               LISTEN      3140/named
tcp        0      0 127.0.0.1:53            0.0.0.0:*               LISTEN      3140/named
tcp        0      0 127.0.0.1:953           0.0.0.0:*               LISTEN      3140/named
tcp        0      0 ::1:953                 :::*                    LISTEN      3140/named
udp        0      0 192.168.100.254:53      0.0.0.0:*                           3140/named
udp        0      0 192.168.1.100:53        0.0.0.0:*                           3140/named
udp        0      0 127.0.0.1:53            0.0.0.0:*                           3140/named
```

我们知道 DNS 会同时使用 UDP/TCP 的端口 53，并且是针对所有接口开放的，因此上面的数据没有什么特别的部分。但为什么会有一个仅针对本机监听的端口 953 呢？实际上，这是 named 的远程控制功能，被称为远程名称解析守护进程控制（Remote Name Daemon Control，RNDC）。默认情况下，只有本机可以通过 RNDC 进行控制。我们会在后续章节中详细探讨 RNDC，目前我们只需知道 UDP/TCP 端口 53 已启动即可。

3）检查 /var/log/messages 的日志信息（极重要）

named 服务的记录文件实际上存放在 /var/log/messages 文件中，所以可以查看该文件中的几行日志信息。

```
[root@www ~]# tail -n 30 /var/log/messages | grep named
Aug  4 14:57:09 www named[3140]: starting BIND 9.7.0-P2-RedHat-9.7.0-5.P2.el6_0.1 -u
named
 -t /var/named/chroot   <==说明的是 chroot 在哪个目录下

Aug  4 14:57:09 www named[3140]: adjusted limit on open files from 1024 to 1048576
Aug  4 14:57:09 www named[3140]: found 1 CPU, using 1 worker thread
Aug  4 14:57:09 www named[3140]: using up to 4096 sockets
Aug  4 14:57:09 www named[3140]: loading configuration from '/etc/named.conf'
Aug  4 14:57:09 www named[3140]: using default UDP/IPv4 port range: [1024, 65535]
Aug  4 14:57:09 www named[3140]: using default UDP/IPv6 port range: [1024, 65535]
Aug  4 14:57:09 www named[3140]: listening on IPv4 interface lo, 127.0.0.1#53
Aug  4 14:57:09 www named[3140]: listening on IPv4 interface eth0, 192.168.1.100#53
```

```
Aug  4 14:57:09 www named[3140]: listening on IPv4 interface eth1, 192.168.100.254#53
Aug  4 14:57:09 www named[3140]: generating session key for dynamic DNS
Aug  4 14:57:09 www named[3140]: command channel listening on 127.0.0.1#953
Aug  4 14:57:09 www named[3140]: command channel listening on ::1#953
Aug  4 14:57:09 www named[3140]: the working directory is not writable
Aug  4 14:57:09 www named[3140]: running
```

上面最重要的是出现 "-t ..." 那一项，它指定了 chroot 目录。另外，在上面的输出中，粗体字标示的部分表示正在读取 /etc/named.conf，这意味着成功加载了 /var/named/etc/named.conf。如果日志中出现冒号后面接数字（:10），那表示某个文件的第 10 行存在问题，需要进一步处理。需要注意的是，即使端口 53 已经启动，DNS 服务仍有可能出现错误，因此这个日志文件非常重要。每次重新启动 DNS 后，请务必查看该文件的内容。

> 如果在 /var/log/messages 中一直看到如下的错误提示信息：
>
> ```
> couldn't add command channel 127.0.0.1#953: not found
> ```
>
> 那表示还必须加入 rndc key，请参考本章后面的利用 RNDC 命令管理 DNS 服务器的介绍，将它加入到 named.conf 中。

4）测试

如果 DNS 服务器能够连接到 Internet，就可以尝试执行基本命令 "dig www.baidu.com @127.0.0.1" 来查看结果。如果成功找到百度网站的 IP 地址，并且在输出的最下方显示 "SERVER: 127.0.0.1#53（127.0.0.1）"，那就表示设置成功了。其他更详细的测试请参考第 19.2 节的内容。

4. 特别说明：forwarders 的优点与缺点分析

关于 forwarder 的优点与缺点，其实存在着多种观点。可以将这些观点大致分为两种：

- **使用转发器（forwarder）的功能来提高效率的理论**。这种观点认为，当许多下层 DNS 服务器都使用转发器时，被设置为转发器的主机会记录大量的查询信息（请参考图 19-4 的说明）。因此，对于那些下层 DNS 服务器而言，查询速度会显著提高，节省了很多查询时间。由于转发器服务器中有大量的缓存记录，因此包括转发器本身和所有向该转发器请求数据的 DNS 服务器都能够减少对根域名的查询次数，从而提高了速度。

- **使用转发器（forwarder）反而会使整体的效率降低**。然而，这种相反的观点认为，当主 DNS 服务器本身的业务负载很重时，只缓存 DNS 服务器向它请求数据可能会增加数据的传输量，导致带宽负荷过大。此外，由于许多下层 DNS 服务器也向主 DNS 服务器请求数据，主 DNS 服务器的查询速度可能会变慢。由于查询速度变慢，并且只缓存的 DNS 服务器也向它请求数据，因此两者的查询速度可能会同步下降。

关于这个问题有很多不同的观点，鸟哥本人也觉得很有趣。目前还不能确定哪一种观点更正确，但可以肯定的是，如果上层的 DNS 服务器速度很快，将其设置为转发器可能确实能提高效率。

19.4　DNS 服务器的详细设置

经过上面的说明后，我们大概知道 DNS 的几个小细节是这样的：

（1）DNS 服务器的架设需要上层 DNS 的授权，才能成为合法的 DNS 服务器（否则只是在练习）。

（2）配置文件位置：目前 BIND 程序已进行了 chroot，相关目录可参考 /etc/sysconfig/named。

（3）named 的主要配置文件是 /etc/named.conf。

（4）每个正向解析和反向解析区域都需要一个数据库文件，而文件名是由 /etc/named.conf 设置的。

（5）当进行 DNS 查询时，若本地没有对应的数据库文件，会向根域 "." 或转发器（forwarders）服务器查询。

（6）启动 named 服务后，务必查阅 /var/log/messages 文件中的信息。

其中第一点非常重要，因为我们尚未向上层 ISP 注册合法的域名，所以我们就没有权限架设合法的 DNS 服务器。为了避免我们的 DNS 服务器与外部 Internet 环境互相干扰，鸟哥将主要使用一个名为 centos.vbird 的域名来架设 DNS 服务器。这样我们就可以在自己的局域网内好好地"玩耍"DNS 了。

19.4.1　正向解析文件的资源记录

既然 DNS 最初的目的是通过主机名查找 IP 地址，那么我们先从正向解析区域开始讨论。要讨论正向解析，我们首先应该了解正向解析区域文件记录的信息有哪些。在本小节中，我们先来探讨一下正向解析区域通常记录的数据（资源记录）。

1. 正向解析文件资源记录（Resource Record，RR）格式

从前面几个小节的 dig 命令输出结果中，我们可以观察到一个有趣的现象，那就是输出的数据格式似乎是固定的。举例来说，当查询 www.pku.edu.cn 的 IP 地址时，输出的结果如下：

```
[root@www ~]# dig www.pku.edu.cn
...(前面省略)...
;; ANSWER SECTION:
www.pku.edu.cn.         2203    IN      A       162.105.131.160
;; AUTHORITY SECTION:
pku.edu.cn.             911     IN      NS      dns1.pku.edu.cn.
...(后面省略)...
# 上面的输出数据已经被简化过了，重点是想让读者了解 RR 的格式
```

在答案的输出阶段，主要查询得到的是 A 记录，用来获取 IP 地址；在授权阶段，提供了 .pku.edu.cn 域名的 NS 服务器信息。这两种输出的格式很相似，只是 A 记录后面连接 IP 地址，而 NS 记录后面连接主机名。我们可以将整个输出格式简化为以下说明：

```
[domain]    [ttl]           IN  [[RR type]  [RR data]]
[待查数据]  [暂存时间(秒)]  IN  [[资源记录类型] [资源内容]]
```

在上面的格式表中，关键词 IN 是固定的，而 RR type 和 RR data 则是相互关联的。例如，刚刚提到的 A 记录是用来记录 IP 地址而不是主机名。此外，在域名部分，需要尽量使用全限定域名，即在主机名的末尾加上一个点 "."，这被称为 FQDN。例如，在上面的 dig www.pku.edu.cn 的输出结果中，答案阶段的主机名会变成 www.pku.edu.cn.。请注意末尾的点，它非常重要。

TTL 是 Time to Live 的缩写，表示当其他 DNS 服务器查询到这条记录后，在对方 DNS 服务器的缓存中保持多长时间。因此，当多次执行 dig www.pku.edu.cn 时，就会发现这个时间会递减。为什么会这样呢？因为在 DNS 缓存中，这条记录的存储时间会开始倒计时，当这个时间归零后，再次查询这条记录时，你的 DNS 就会重新从根域名 "." 开始重新查询，而不会从缓存中获取（因为缓存中的数据会被丢弃）。

由于 TTL 可以通过特定的参数进行统一控制，因此在 RR 资源记录的格式中，通常可以忽略 TTL 字段。那么常见的 RR 类型有哪些呢？我们将正向解析文件的 RR 资源记录格式整理如下：

```
# 常见的正向解析文件 RR 相关信息
[domain]        IN   [[RR type]  [RR data]]
主机名.         IN   A           IPv4 的 IP 地址
主机名.         IN   AAAA        IPv6 的 IP 地址
域名.           IN   NS          管理这个域名的服务器主机名
域名.           IN   SOA         管理这个域名的七个重要参数（后面进行说明）
域名.           IN   MX          顺序数字，接收邮件的服务器主机名
主机别名.       IN   CNAME       实际代表这个主机别名的主机名
```

接下来，我们以北京大学的 DNS 设置为例，包括 .pku.edu.cn 这个区域，以及 www.pku.edu.cn 这个全限定域名（FQDN）的查询结果，来介绍每个 RR 资源记录的信息。

2. A、AAAA：查询 IP 的记录

这个 A 的 RR 类型用于查询特定主机名的 IP 地址，也是最常见的 RR 类型之一。例如，要查询 www.pku.edu.cn 的 A 记录，可以使用以下命令：

```
[root@www ~]# dig [-t a] www.pku.edu.cn
;; ANSWER SECTION:
www.pku.edu.cn.          2987      IN       A        162.105.131.160
# 主机 FQDN.              ttl                        这台主机的 IP 地址就在这里
# 仅列出答案阶段的数据，后续的 RR 相关标志也是这样显示的
# 命令行中的 [-t a] 可以不加，而最左边主机名结尾都会有点"."
```

在查询中，左边是主机名。当然，也可以让域名拥有一个 A 记录，例如执行"dig baidu.com"也可以找到相应的 IP 地址。需要特别强调的是，如果主机名是全限定域名，则需要在末尾加上点"."。如果 IP 地址为 IPv6，则需要使用 AAAA 类型进行查询。

3. NS：查询管理区域（Zone）的服务器主机名

如果想要知道 www.pku.edu.cn 的记录是由哪台 DNS 服务器提供的,则需要使用 NS 资源记录类型进行查询。然而，由于 NS 记录是用来管理整个域的，因此需要输入域名，也就是 pku.edu.cn 才能进行查询。下面是一个示例：

```
[root@www ~]# dig -t ns pku.edu.cn
;; ANSWER SECTION:
pku.edu.cn.              1596      IN       NS       dns1.pku.edu.cn.

;; ADDITIONAL SECTION:
dns1.pku.edu.cn.         577       IN       A        162.105.131.160
# 除了列出 NS 是哪台服务器之外，该服务器的 IP 地址也会额外提供
```

前面已经提到，DNS 服务器非常重要，因此至少需要有两台以上 DNS 服务器。NS 记录后面会跟随服务器名称，而该服务器的 IP 地址也会额外提供。因此，NS 记录通常与 A 记录一起使用，这样才能通过 NS 记录查询相关数据。

4. SOA：查询管理域名的服务器管理信息

如果有多台 DNS 服务器管理同一个域名，最好使用主/从（Master/Slave）的方式进行管理。在进行这种管理时，需要声明如何传输被管理的区域文件，这时就需要使用 SOA（Start Of Authority）记录。先来看一下某大学的设置：

```
[root@www ~]# dig -t soa xxx.edu.cn
;; ANSWER SECTION:
xxx.edu.cn.        3600      IN     SOA     dns1.xxx.edu.cn.    abuse.mail.xxx.edu.cn.
  2010080369 1800 900 604800 86400
# 上述的输出结果是同一行
```

SOA 记录主要与区域相关，因此在前面需要写上 xxx.edu.cn 这个域名。而 SOA 记录后

面会接收七个参数，这七个参数的含义如下：

（1）**主 DNS 服务器主机名**：这个参数指定了作为主服务器的 DNS 主机名。在本例中，dns1.xxx.edu.cn 是 xxx.edu.cn 这个区域的主 DNS 服务器。

（2）**管理员的电子邮件**：这个参数用于指定管理员的电子邮件地址，在发生问题时可以联系该管理员。需要注意的是，由于"@"在数据库文件中具有特殊含义，因此这里将 abuse@mail.xxx.edu.cn 改写为 abuse.mail.xxx.edu.cn，这样更容易理解。

（3）**序列号（Serial）**：这个序列号代表的是这个数据库文件的新旧，序列号越大表示越新。当从服务器要判断是否主动下载新的数据库时，就以主服务器上的该序列号是否比从服务器上的序列号大来判断，若大则下载，否则不下载。**所以当修改了数据库的内容时，即需要将这个数值放大**。为了方便记忆，通常序列号都会使用"YYYYMMDDNU"日期格式，例如 2022080369 序列号代表 2022 年 08 月 03 当天的第 69 次更新。不过，序列号不可大于 2 的 32 次方，即必须小于 4 294 967 296。

（4）**更新频率（Refresh）**：从 DNS 服务器会根据序列号来判断何时向主 DNS 服务器请求数据更新。例如，在 DNS 设置中，从 DNS 服务器可以每隔 1800 秒（30 分钟）向主 DNS 服务器请求一次数据更新。当从 DNS 服务器发现序列号没有增加时，就不会下载数据库文件。

（5）**失败重新尝试时间（Retry）**：这个参数表示，如果由于某些原因导致从服务器无法与主服务器建立连接，那么在多长时间内从服务器将尝试重新连接到主服务器。在某大学的设置中，失败重新尝试的时间为 900 秒（15 分钟）。这意味着每 1800 秒（30 分钟）从服务器会主动尝试连接主服务器，但如果该次连接失败，下一次尝试连接的时间将变为 900 秒。如果后续连接成功，则又会恢复到 1800 秒后再次尝试连接。

（6）**失效时间（Expire）**：如果持续尝试失败，直到达到设置的时限，那么从 DNS 服务器将停止尝试连接，并删除下载的区域文件信息。在某大学的设置中，这个时限被设置为 604800 秒（7 天）。也就是说，如果连接持续失败，并且每隔 900 秒尝试一次，当尝试次数间隔时间累计到达 604800 秒后，该大学的从 DNS 服务器将停止更新，并等待系统管理员的处理。

（7）**缓存时间（Minimum TTL）**：如果在数据库的区域文件中，每个 RR 标志都没有明确指定 TTL 缓存时间，那么将以 SOA 标志中设置的值为主。

除了序列号不可以超过 2 的 32 次方之外，针对这几个数值还有其他的限制吗？有的，限制如下：

- Refresh >= Retry *2
- Refresh + Retry < Expire
- Expire >= Retry * 10
- Expire >= 7 Days

一般来说，如果 DNS RR 数据变更频繁，那么上述相关数值可以设置得较小。如果 DNS

RR 是稳定的，为了节省带宽，可以将 Refresh 设置得较大一些。

5. CNAME：设置某主机名的别名（Alias）

有时候，你不想为某个主机名设置 A 记录，而是想通过另一个主机名的 A 来规范这个新主机名。这时可以使用别名（CNAME）设置。举例来说，当追踪 www.baidu.com 时，则会发现如下结果：

```
[root@www ~]# dig www.baidu.com
;; ANSWER SECTION:
www.baidu.com.          557697  IN      CNAME   www.l.baidu.com.
www.l.baidu.com.        298     IN      A       39.156.66.10
```

这意味着，当要解析 www.baidu.com 时，请找主机名为 www.1.baidu.com 的主机，而该主机的 A 记录就是在第二行显示的。鸟哥常常开玩笑地说，你知道鸟哥的身份证号码吗？当你去相关部门查询"鸟哥"时，他们会说："没有这个人，因为没有人姓鸟……"这里的"鸟哥"就是别名，而实际对应的姓名是"蔡某某"，这个"蔡某某"才是真正有身份证号码的名字。

这个别名记录有什么好处呢？用 A 记录不就好了吗？实际上，别名记录仍然有其优势。举例来说，如果有一个 IP 地址，需要用于多个主机名，那么当这个 IP 地址发生变更时，就需要更新所有与之相关的 A 记录。然而，如果只设置一个主要的 A 记录，而其他记录使用别名记录，那么当 IP 地址发生变更时，则只需要修改一个 A 记录，其他的别名记录会自动跟随变动，处理起来更为方便。

6. MX：查询某域名的邮件服务器主机名

MX 是 Mail eXchanger（邮件交换）的意思。通常，整个区域会设置一个 MX 记录，用于指示将所有寄往该区域的电子邮件发送到指定的邮件服务器主机名。让我们先看一下某大学的设置：

```
[root@www ~]# dig -t mx xxx.edu.cn
;; ANSWER SECTION:
xxx.edu.cn.             3600    IN      MX      8 mx01.xxx.edu.cn.
;; ADDITIONAL SECTION:
mx01.xxx.edu.cn.        3600    IN      A       162.105.131.160
```

上面的意思是，当有邮件要发送到 xxx.edu.cn 这个区域时，它会首先被传送到 mx01.xxx.edu.cn 这台邮件服务器进行处理。当然，mx01.xxx.edu.cn 应该是该大学自己管理的邮件服务器。MX 记录后面跟着的主机名通常是合法的邮件服务器，而要成为 MX 服务器，需要设置相应的 A 记录。因此，在上面的输入中，会出现 mx01.xxx.edu.cn 的 A 记录。

那么，在 mx01 之前的数字 8 是什么意思呢？由于担心邮件丢失，较大型的企业会设置多台这样的上层邮件服务器来预先接收邮件。那么，到底哪台邮件服务器会先接收邮件呢？通常情况下，数字较小的邮件服务器会优先接收。举例来说，如果查询 baidu.com 的 MX 记录，就会发现它有 5 台这样的邮件服务器。

19.4.2　反向解析文件记录的 RR 数据

在介绍反向解析之前，先来谈谈如何追踪正向解析的主机名。以 www.xxx.edu.cn. 为例，从整个域的概念来看，越靠右边出现的名称代表域越具体。举例来说，"."（root）→cn→edu，以此类推。因此，在追踪时，是从大范围向小范围追踪，追踪的方向如图 19-4 所示。

但是，对于 IP 地址来说情况则不同。以某大学的 IP 地址 39.156.66.10 为例，顺序是 39→156→66→10，最左边的域最大。这与默认的 DNS 查询方向从右到左是不同的。为了解决这个问题，反向解析的区域文件必须反转 IP 地址，并以 .in-addr.arpa. 结尾。因此，当进行反向解析追踪时，结果为：

```
[root@www ~]# dig -x 39.156.66.10
;; ANSWER SECTION:
10.66.156.39.in-addr.arpa.  3600  IN    PTR     www.xxx.edu.cn.
```

在上述的结果中，我们要查询的主机名实际上变成了反转后的 IP 地址，这就是反向解析的过程。而反向解析的资源记录类型中，最重要的是 PTR 记录。

PTR 记录用于反向解析，即查询 IP 地址对应的主机名。

进行反向解析时，需要注意的是区域的命名方式。需要将 IP 地址反转并在末尾添加 .in-addr.arpa.。例如，对于 CIDR 为 120.114.100.0/24 的 C 类 IP 地址段进行反向解析设置，需要将区域名称写为 100.114.120.in-addr.arpa.。而 PTR 记录中则是填写主机名。

反向解析最重要的是在填写主机名时，尽量使用完整的 FQDN，即在末尾加上点"."。以 100.114.120.in-addr.arpa.为例，如果只填写主机名而未填写域名，那么当别人追踪你的主机名时，你的主机名会变成"www.100.114.120.in-addr.arpa."这样奇怪的形式。这是需要注意的地方。

> 老实说，鸟园讨论区的一些经验丰富的朋友一直强调，如果担心产生误解，主机名的设置应该全部填写完整的 FQDN。这样做绝对不会有问题。

19.4.3　步骤 1：DNS 的环境规划

假设想要在鸟哥的局域网环境中设置一个 DNS 服务器，鸟哥的局域网原本规划的域名就是 centos.vbird，且搭配的 IP 网段为 192.168.100.0/24。因此，主要的正向解析区域是 centos.vbird，而反向解析的区域是 192.168.100.0/24。鸟哥的这台 DNS 服务器希望能够自

己查找根域名"。",而不依赖于转发器的辅助,因此还需要根域名"。"的正向解析文件。综合起来,鸟哥需要设置以下几个文件:

(1) named.conf(主要配置文件)。

(2) named.centos.vbird(主要的 centos.vbird 的正向解析文件)。

(3) named.192.168.100(主要的 192.168.100.0/24 的反向解析文件)。

(4) named.ca(由 bind 软件提供的"。" 正向解析文件)。

如果还想要添加其他的域名,比如 niki.vbird,是可以的。只需要再添加一个相应的正向解析数据库文件即可。另外,鸟哥上述的设置是内部私有的,所以你可以按照鸟哥的设置进行操作,不会对外部的 Internet 产生影响。不过,请注意 Internet 也无法查找到你的 DNS 设置。总之,这只是一个练习而已。

至于数据库的正向解析和反向解析的对应关系,根据实际测试环境的规划,可以参考表 19-2(也可以参考第 3 章图 3-5)进行设置。

表 19-2 DNS 的环境规划

操作系统与 IP 地址	主机名与 RR 记录	说 明
Linux(192.168.100.254)	master.centos.vbird (NS, A) www.centos.vbird (A) linux.centos.vbird (CNAME) ftp.centos.vbird (CNAME) forum.centos.vbird(CNAME) www.centos.vbird (MX)	DNS 设置是使用 master.centos.vbird 这个 DNS 服务器名称。这台主机的另一个主要名称是 www.centos.vbird,其他的都是别名,这样以后比较好修改。同时给主要主机名一个 MX 记录
Linux (192.168.100.10)	slave.centos.vbird (NS, A) clientlinux.centos.vbird(A)	未来作为从 DNS 的"接班人"
WinXP (192.168.1.101)	workstation.centos.vbird (A)	一台经常用来工作的计算机
WinXP(192.168.100.20)	winxp.centos.vbird (A)	一台用来测试的 Windows XP
Win7 (192.168.100.30)	win7.centos.vbird (A)	一台用来测试的 Windows 7

需要特别注意,一个 IP 地址可以对应多个主机名,同样,一个主机名也可以对应多个 IP 地址。这主要是因为那台名为 www.centos.vbird 的主机在将来有很多不同的用途,鸟哥希望这台主机能够有多个名称,以便未来的额外规划。因此,该 IP 地址对应了 4 个主机名。

> 在自己搭建的未经合法授权的 DNS 服务器上,最好不要使用 Internet 上已有的域名进行练习。举例来说,如果在 IP 地址为 192.168.100.254 的机器上设置了 *.baidu.com 的区域,由于将该 IP 地址放在了首位,每次查询 baidu.com 这个区域的数据都会直接由 192.168.100.254 提供,这样做是不好的。这可能会给你的客户端带来不便。

19.4.4 步骤 2：主配置文件/etc/named.conf 的设置

这个配置文件中有很多 options 参数，我们已经在 19.3.3 节中讨论过。在我们当前的案例中，必须取消转发器相关功能，并添加禁止传输区域文件的参数。至于区域的设置，必须包含 19.4.3 节提到的三个主要区域。因此，这个文件的任务是：

- options：规范 DNS 服务器的权限（可否查询、是否转发等）。
- zone：设置域名以及区域文件所在的位置（包含 master/slave/hint）。
- 其他方面：设置 DNS 本地管理接口及相关密钥文件（密钥文件的详细内容将在本章稍后的高级应用中讨论）。

接下来直接看一下鸟哥的范本：

```
[root@www ~]# vim /etc/named.conf
options {
        directory        "/var/named";
        dump-file        "/var/named/data/cache_dump.db";
        statistics-file  "/var/named/data/named_stats.txt";
        memstatistics-file "/var/named/data/named_mem_stats.txt";
        allow-query      { any; };
        recursion yes;
        allow-transfer   { none; };    // 不许别人进行区域转移
};
zone "." IN {
        type hint;
        file "named.ca";
};
zone "centos.vbird" IN {                // 这个区域的名称
        type master;                     // 是什么类型
        file "named.centos.vbird";      // 文件放在哪里
};
zone "100.168.192.in-addr.arpa" IN {
        type master;
        file "named.192.168.100";
};
```

在 options 中仅添加一个新的参数，就是 allow-transfer，含义如下：

- allow-transfer{ none; };：是否允许从 DNS 服务器传输我的整个域的数据？这个设置与主/从 DNS 服务器之间的数据库传输有关。除非有从 DNS 服务器，否则不要开放此选项。因此，在这里我们先将其设置为 none。

另外，在 zone 设置中，主要涉及表 19-3 中的几个参数。

表 19-3 zone 的设置值及其说明

设 置 值	说 明
type	该 zone 的类型主要有针对"."的 hint 类型，以及手动修改数据库文件的主服务器与可自动更新数据库的从服务器
file	就是 zone file 的文件（注意 chroot）
反向解析 zone	主要就是 in-addr.arpa。请参考 19.4.2 节的解释

为什么文件名都以 named 开头呢？这只是一种习惯而已，我们也可以根据自己的习惯来定义文件名。根据前面的说明，我们知道，区域文件的文件名是通过 named.conf 这个配置文件来进行规范的。

19.4.5 步骤 3：最上层"."（root）数据库文件的设置

从图 19-4 中可以看出根域名"."的重要性。那么这个根域名在哪里呢？实际上，根域名是由 INTERNIC 负责管理和维护的，全球共有 13 台管理根域名的 DNS 服务器。相关的最新设置可以在以下位置找到：

- ftp://rs.internic.net/domain/named.root

是否要下载最新的数据完全由自己决定，因为我们的 CentOS 6.x 内置的 BIND 软件已经提供了一个名为 named.ca 的文件，鸟哥直接使用了系统提供的数据。这个文件的内容大致如下：

```
[root@www ~]# vim /var/named/named.ca
.  <==这里有个点         518400        IN      NS       A.ROOT-SERVERS.NET.
A.ROOT-SERVERS.NET.      3600000       IN      A        198.41.0.4
# 上面这两行是成对的，代表"."，由 A.ROOT-SERVERS.NET.管理，并附上 IP 地址查询
.  <==这里有个点         518400        IN      NS       M.ROOT-SERVERS.NET.
M.ROOT-SERVERS.NET.      3600000       IN      A        202.12.27.33
M.ROOT-SERVERS.NET.      3600000       IN      AAAA     2001:dc3::35
# 上面这三行是成对的，代表 M 开头的服务器有 A 与 AAAA 的记录
```

关于相关的正向解析记录 NS、A、AAAA 的含义，请参考第 19.4.1 节，这里不再解释。值得注意的是，考虑到 IPv6 未来的普及，很多根服务器都添加了 AAAA 记录来支持 IPv6 功能。请不要修改该文件的内容，因为这个文件的内容是 Internet 上通用的数据，一般情况下也不会经常更改。只需将该文件放置在正确的目录下，并按照指定的文件名进行命名即可。现在可以继续查看其他正向解析文件了。

19.4.6 步骤 4：正向解析数据库文件的设置

接下来开始设置正向解析文件。正向解析文件一定要有的 RR 记录有如下几个：

- 关于本区域的基础设置方面，例如缓存存活时间（TTL）、域名（ORIGIN）等。

- 关于主/从的认证方面（SOA）。
- 关于本区域的域名服务器所在主机名与 IP 地址的对应（NS、A）。
- 其他正向解析和反向解析相关的资源记录（A、MX、CNAME 等）。

关于 RR 的含义，可参考 19.4.1 节的内容。此外，这个文件中的特殊符号如表 19-4 所示。

表 19-4 正向解析文件中的特殊符号

字 符	含 义
一定从行首开始	所有设置的数据必须从行首开始，前面不能有空格符。如果有空格符，则意味着该行是前一个域名的延续。这一点非常重要
@	这个符号代表区域的意思。例如，在 named.centos.vbird 文件中，@代表 centos.vbird.。如果在 named.192.168.100 文件中使用@，则代表 100.168.192.in-addr.arpa.的意思（参考 named.conf 中的区域设置）
.	这个点 "."非常重要，因为它代表一个完整的主机名（FQDN），而不仅仅是主机名。举例来说，在 named.centos.vbird 文件中，如果写入 www.centos.vbird，那么@代表的 FQDN 就是 www.centos.vbird.@，即 www.centos.vbird.centos.vbird.。因此，写成 www.centos.vbird.才是正确的写法
;	代表注释符号。还有 "#"也是注释符号，都可以使用

鸟哥打算沿用系统提供的一些配置文件，并根据自己需求的环境进行修改。整个 DNS 系统由 master.centos.vbird 服务器进行管理，管理员的电子邮件地址为 vbird@www.centos.vbird。整个正向解析文件最终的样子大致如下：

```
[root@www ~]# vim /var/named/named.centos.vbird
# 与整个域相关性较高的设置包括 NS、 A、 MX、SOA 等记录的设置处
$TTL    600
@                       IN SOA  master.centos.vbird. vbird.www.centos.vbird.
                                (2011080401 3H 15M 1W 1D ) ; 与上面是同一行
@                       IN NS   master.centos.vbird.   ; DNS 服务器名称
master.centos.vbird.    IN A    192.168.100.254        ; DNS 服务器 IP 地址
@                       IN MX 10 www.centos.vbird.     ; 域名的邮件服务器

# 针对 192.168.100.254 这台主机的所有相关正向解析设置
www.centos.vbird.       IN A     192.168.100.254
linux.centos.vbird.     IN CNAME www.centos.vbird.
ftp.centos.vbird.       IN CNAME www.centos.vbird.
forum.centos.vbird.     IN CNAME www.centos.vbird.

# 其他几台主机的主机名正向解析设置
slave.centos.vbird.          IN A    192.168.100.10
clientlinux.centos.vbird.    IN A    192.168.100.10
workstation.centos.vbird.    IN A    192.168.1.101
winxp.centos.vbird.          IN A    192.168.100.20
win7                         IN A    192.168.100.30    ; 这是简化的写法
```

再次强调，在一个正向解析的数据库设置中，至少应该包含$TTL、SOA、NS（与此 NS

主机名对应的 A 记录）。鸟哥将这些基本要用到的设置放在了表 19-5 所示的第一行。至于其他的设置，则是相关主机名的正向解析设置。如果你对这些设置内容还不清楚，可以参考 19.4.1 节的相关内容。

表 19-5 正向解析的数据库的一些设置

设 置 值	说　明
$TTL	为了简化每个 RR 记录的设置，我们将 TTL 放在最前面进行统一设置。由于鸟哥的 DNS 服务器目前仍处于测试阶段，因此 TTL 设置为一个相对较小的值，DNS 服务器缓存存活的时间为 600 秒
$ORIGIN	这个设置值可以重新定义区域。在默认情况下，正向解析和反向解析数据库文件中的区域由 named.conf 中的区域参数指定。然而，这个区域是可以更改的，使用 $ORIGIN 来进行修改即可。通常情况下，这个设置值并不常用到

老实说，初次设置 DNS 的读者可能会对点"."感到困惑。其实不要太担心，只需要记住：加上点"."表示这是一个完整的 FQDN（主机名），即"主机名 + 域名"，如果没有点"."，则表示该名称仅为"主机名"。由于我们的配置文件的区域是 centos.vbird，因此在上述代码的最后一行，鸟哥只写出了主机名（win7），由于没有以小数点结尾，因此完整的 FQDN 需要加上区域，所以主机名 win7 表示的是 win7.centos.vbird.。

19.4.7　步骤 5：反向解析数据库文件的设置

反向解析与正向解析类似，都需要使用 TTL、SOA、NS 等记录，但是相较于正向解析的 A 记录，反向解析只需要使用 PTR 记录。此外，由于反向解析的区域名称通常采用类似 zz.yy.xx.in-addr.arpa.的格式，因此在进行反向解析时，务必使用 FQDN（全限定域名）进行设置。如果需要了解更多有关反向解析的信息，请参考 19.4.2 节。对于 192.168.100.0/24 这个网络区域的 DNS 反向解析，可以进行如下设置：

```
[root@www ~]# vim /var/named/named.192.168.100
$TTL    600
@       IN SOA  master.centos.vbird. vbird.www.centos.vbird.
                (2011080401 3H 15M 1W 1D )
@       IN NS   master.centos.vbird.
254     IN PTR  master.centos.vbird.    ; 将原来的 A 改成 PTR 的记录而已
254     IN PTR  www.centos.vbird.       ; 这些是特定的 IP 地址对应
10      IN PTR  slave.centos.vbird.
20      IN PTR  winxp.centos.vbird.
30      IN PTR  win7.centos.vbird.
101     IN PTR  dhcp101.centos.vbird.   ; 可能针对 DHCP（第 12 章）的 IP 地址设置
102     IN PTR  dhcp102.centos.vbird.
... (中间省略) ...
200     IN PTR  dhcp200.centos.vbird.
```

因为我们的区域是 100.168.192.in-addr.arpa.，因此 IP 地址的全名部分已经包含了

192.168.100，所以在上述代码中，只需要在最左边的位置提供最后一个 IP 地址即可。因此，254 代表的是 192.168.100.254。此外，为了确保 DHCP 自动分配的 IP 地址都有相应的主机名，这里还提供了 192.168.100.{101~200}范围内的主机名对应。

19.4.8　步骤 6：DNS 的启动、查看与防火墙

DNS 的启动也太简单了，只需直接使用系统提供的启动脚本即可。

```
[root@www ~]# /etc/init.d/named restart    <==也可能需要重启
[root@www ~]# chkconfig named on
```

但即使在界面上显示为"确定"或"OK"，也不能保证 DNS 服务正常运行。因此，请务必检查/var/log/messages 日志的内容。日志内容可能会类似于以下示例：

```
[root@www ~]# tail -n 30 /var/log/messages | grep named
named[3511]: starting BIND 9.7.0-P2-RedHat-9.7.0-5.P2.el6_0.1 -u named -t
/var/named/chroot
named[3511]: adjusted limit on open files from 1024 to 1048576
named[3511]: found 1 CPU, using 1 worker thread
named[3511]: using up to 4096 sockets
named[3511]: loading configuration from '/etc/named.conf'
named[3511]: using default UDP/IPv4 port range: [1024, 65535]
named[3511]: using default UDP/IPv6 port range: [1024, 65535]
named[3511]: listening on IPv4 interface lo, 127.0.0.1#53
named[3511]: listening on IPv4 interface eth0, 192.168.1.100#53
named[3511]: listening on IPv4 interface eth1, 192.168.100.254#53
named[3511]: command channel listening on 127.0.0.1#953
named[3511]: command channel listening on ::1#953
named[3511]: the working directory is not writable
named[3511]: zone 100.168.192.in-addr.arpa/IN: loaded serial 2011080401
named[3511]: zone centos.vbird/IN: loaded serial 2011080401
named[3511]: running
```

在上面的输出信息中，需要特别注意粗体字标示的部分。其中，-t chroot_dir 用于设置 chroot 目录的位置，而配置文件（Configuration）位于/etc/named.conf。最重要的是，所有的区域（除了 hint 类型的"."）的序列号（Serial）必须与数据库内容保持一致。此外，配置文件中不能出现"设置的文件名:数字"这样的内容，如果出现这种情况，那肯定是配置文件有问题。

因为在上述的输出数据中，信息太长了，所以这里省略了登录时间和主机字段。上面展示的是正常启动的情况。如果出现问题，通常是由以下原因引起的：

- **语法设置错误**：这个问题很容易解决，因为在/var/log/messages 文件中有详细的说明，按照其中的内容进行修订即可。

- **逻辑设置错误**：这个问题比较麻烦。为什么呢？因为它主要发生在设置 DNS 主机时考虑不周，从而引发问题。例如，忘记在主机名后面加上"."符号，系统不会显示错误信息，但会导致查询错误，而如果 MX 记录设置的主机名错误，也不会有明显的错误提示，但邮件服务器将无法接收到邮件等。这些错误需要进行详细的 DNS 客户端测试才能确定问题所在。

我们在这里先介绍语法设置错误方面的问题，至于逻辑设置的问题，则需要进行更多的测试才能确定。下面的错误信息都会记录在/var/log/messages 文件中。

```
named: /etc/named.conf:8: missing ';' before '}'
# 注意到上面提到的文件名与数字吗？说明的是 /etc/named.conf 的第 8 行，
# 至于错误是因为缺少分号";"所致。去修正一下即可

dns_rdata_fromtext: named.centos.vbird:4: near eol: unexpected end of input
zone centos.vbird/IN: loading master file named.centos.vbird: unexpected end of
input_default/centos.vbird/IN: unexpected end of input
# 指的是 named.centos.vbird 的第 4 行有问题，查看文件内容第 4 行是 SOA 的设置项，
# 通常是 SOA 那 5 个数字出了问题，赶紧去修订一下即可

dns_rdata_fromtext: named.centos.vbird:7: near 'www.centos.vbird.':
not a valid number
# 说明第 7 行在 www.centos.vbird 附近需要有一个合法的数字。刚好是 MX，
# 所以，赶紧加上一个合法的数字，去修改即可
```

通常最常见的问题是打错字。因此，请务必慢慢输入并仔细确认，尤其是登录文件中的信息。在处理完所有问题之后，还需要通过 netstat 命令检查端口 53 是否正在监听，并且需要允许其他人进行 DNS 查询。因此，可能还需要修改防火墙设置。如果仍然使用鸟哥的防火墙脚本，接下来的步骤如下：

```
[root@www ~]# vim /usr/local/virus/iptables/iptables.rule
# 找到如下两行，去掉注释即可
iptables -A INPUT -p UDP -i $EXTIF --dport 53  --sport 1024:65534 -j ACCEPT
iptables -A INPUT -p TCP -i $EXTIF --dport 53  --sport 1024:65534 -j ACCEPT

[root@www ~]# /usr/local/virus/iptables/iptables.rule
```

19.4.9　步骤 7：测试与数据库更新

在上述的设置都完成并成功启动后，DNS 服务器可以正常运行了。但如何确定设置是否合理呢？当然需要进行测试。测试方式有两种，一种是通过客户端的查询功能来验证数据库设置是否正确；另一种是可以连接到下面提供的网站进行测试：

- https://viewdns.info/dnsreport/

这个网站可以检验 DNS 服务器的主要设置是否存在问题。然而，该网站的检验主要基于合法授权的区域，我们自己胡乱设置的 DNS 则无法进行检验。好了，让我们来进行测试吧。

首先，将 DNS 服务器自身的/etc/resolv.conf 文件修改为以下内容：

```
[root@www ~]# vim /etc/resolv.conf
nameserver 192.168.100.254      <==自己的 IP 一定要最早出现
nameserver 1.2.4.8
```

接下来，让我们对上述比较重要的正向解析和反向解析信息进行检测。同样地，鸟哥只列出部分答案。

```
# 1. 检查 master.centos.vbird 以及 www.centos.vbird 的 A 记录
[root@www ~]# dig master.centos.vbird
;; ANSWER SECTION:
master.centos.vbird.      600      IN      A        192.168.100.254
[root@www ~]# dig www.centos.vbird
;; ANSWER SECTION:
www.centos.vbird.         600      IN      A        192.168.100.254

# 2. 检查 ftp.centos.vbird 与 winxp 等的 A 记录
[root@www ~]# dig ftp.centos.vbird
;; ANSWER SECTION:
ftp.centos.vbird.         600      IN      CNAME    www.centos.vbird.
www.centos.vbird.         600      IN      A        192.168.100.254
[root@www ~]# dig winxp.centos.vbird
;; ANSWER SECTION:
winxp.centos.vbird.       600      IN      A        192.168.100.20

# 3. 检查 centos.vbird 这个 Zone 的 MX 记录
[root@www ~]# dig -t mx centos.vbird
;; ANSWER SECTION:
centos.vbird.             600      IN      MX       10 www.centos.vbird.

# 4. 检查 192.168.100.254 及 192.168.100.10 的反向解析
[root@www ~]# dig -x 192.168.100.254
;; ANSWER SECTION:
254.100.168.192.in-addr.arpa. 600 IN      PTR      www.centos.vbird.
254.100.168.192.in-addr.arpa. 600 IN      PTR      master.centos.vbird.
[root@www ~]# dig -x 192.168.100.10
;; ANSWER SECTION:
10.100.168.192.in-addr.arpa. 600 IN       PTR      slave.centos.vbird.
```

测试必须成功才算有效。成功的记录是，除了能够真正显示数据之外，这些数据是否与我们期望的一致。只有这样测试才算是顺利成功。如果出现错误信息，比如找不到 www.centos.vbird 之类的内容，那就表示测试失败了，则需要找出问题所在。

另外，如果数据库需要更新，那么需要进行哪些操作呢？举例来说，假设需要更改某个主机的 IP 地址或主机名，或者添加某个主机名与 IP 地址的对应关系。一般来说，可以按照以下步骤进行操作：

（1）首先，针对需要更改的区域的数据库文件进行更新，即添加相应资源记录（Resource

Record）的标志。

（2）修改该区域文件的序列号，即 SOA 记录中的第三个参数（第一个数字），因为这个数字会影响到主/从之间是否进行更新的判断。

（3）重新启动 named 服务，或者让 named 重新读取配置文件。

就是这么简单！但是我们经常会忘记第二个步骤，即将序列号增加。如果序列号没有增加，主/从数据库则可能不会自动更新，这会引发一些问题。

19.5 协同工作的 DNS：从 DNS 及子域授权设置

我们在本章一开始就提到，DNS 可能是未来最重要的网络服务之一，因为所有的主机名需求都需要 DNS 来提供解析。因此，当 ISP 提供域名注册服务时，强调需要至少两台以上的 DNS 服务器。为了减少 DNS 管理人员的负担，使用主/从 DNS 架构是比较好的选择。为什么呢？让我们回顾一下从 DNS 架构的特点：

- 为了不间断地提供 DNS 服务，域至少需要两台 DNS 服务器来提供查询功能。
- 这几台 DNS 服务器应该分散在两个及以上的不同 IP 网段。
- 为了方便管理，通常除了一台主要主 DNS 服务器之外，其他的 DNS 会以从模式运行。
- 从 DNS 服务器本身并没有数据库，它的数据由主 DNS 服务器提供。
- 主/从 DNS 需要有可以相互传输区域文件的相关信息，这部分需要在 /etc/named.conf 中进行设置。

除此之外，如果有人想要从我们这里获得一个子域，那么如何设置另一台 DNS 服务器呢？让我们按顺序来讨论一下。

19.5.1 主 DNS 权限的开放

我们将继续使用 19.4.3 节的案例来搭建一台支持该案例的从 DNS 服务器。基本的假设如下：

- 提供从 DNS 服务器进行区域转移（Zone Transfer）的主服务器为 master.centos.vbird。
- centos.vbird 和 100.168.192.in-addr.arpa 两个区域都提供给从 DNS 服务器使用。
- master.centos.vbird 的 named 仅允许 slave.centos.vbird 这台主机进行区域转移。
- 从 DNS 服务器架设在 192.168.100.10 这台服务器上（因此需要修改区域文件）。

如上所述，我们的 master.centos.vbird 服务器除了需要调整 named.conf 外，还需要调整两个区域文件。在 named.conf 中，需要设置允许哪个 IP 地址对我们的区域进行传输（Allow-Transfer），而在区域文件中，只需添加相应的 NS 记录即可。增加的部分如下所示：

```
# 1. 修订 named.conf，主要修改区域参数内的 allow-transfer 设置项
[root@www ~]# vim /etc/named.conf
```

```
...前面省略...
zone "centos.vbird" IN {
        type master;
        file "named.centos.vbird";
        allow-transfer { 192.168.100.10; };    // 在这里添加从服务器的 IP 地址
};
zone "100.168.192.in-addr.arpa" IN {
        type master;
        file "named.192.168.100";
        allow-transfer { 192.168.100.10; };    // 在这里添加从服务器的 IP 地址
};
```

在上述列出的两个区域文件中,必须添加所需的 NS 记录。NS 记录对应的主机名是 slave.centos.vbird,IP 地址是 192.168.100.10。结果如下所示:

```
# 2. 在区域文件中添加 NS 记录,要注意,需要有 A(正向解析)和 PTR(反向解析)的设置
[root@www ~]# vim /var/named/named.centos.vbird
$TTL    600
@                       IN SOA      master.centos.vbird. vbird.www.centos.vbird.
                                    (2011080402 3H 15M 1W 1D )
@                       IN NS       master.centos.vbird.
@                       IN NS       slave.centos.vbird.
master.centos.vbird.    IN A        192.168.100.254
slave.centos.vbird.     IN A        192.168.100.10
@                       IN MX 10    www.centos.vbird.
...(下面省略)...

[root@www ~]# vim /var/named/named.192.168.100
$TTL    600
@       IN SOA   master.centos.vbird. vbird.www.centos.vbird. (
                 2011080402 3H 15M 1W 1D )
@       IN NS    master.centos.vbird.
@       IN NS    slave.centos.vbird.
254     IN PTR   master.centos.vbird.
10      IN PTR   slave.centos.vbird.
...(下面省略)...
# 要特别注意的是,区域文件内的序列号要增加。鸟哥测试的日期是 2011/8/4,
# 第 2 次进行,所以序列号就以该天的日期为准来设计。最后记得重启(restart)一下

[root@www ~]# /etc/init.d/named restart
[root@www ~]# tail -n 30 /var/log/messages | grep named
starting BIND 9.7.0-P2-RedHat-9.7.0-5.P2.el6_0.1 -u named -t /var/named/chroot
...(中间省略)...
zone 100.168.192.in-addr.arpa/IN: loaded serial 2011080402
zone centos.vbird/IN: loaded serial 2011080402
zone 100.168.192.in-addr.arpa/IN: sending notifies (serial 2011080402)
zone centos.vbird/IN: sending notifies (serial 2011080402)
```

重新启动 named 之后,可以查阅 messages 日志来获取登录信息。从上述输出中可以看到,多出了一个关键词为 "sending notifies" 的数据,这是提醒从 DNS 服务器需要进行序列

号的比对。因此，序列号的重要性可见一斑，甚至登录信息都会告知序列号的大小。因此，主 DNS 设置就完成了。接下来，我们来进行从 DNS 的设置。

19.5.2 从 DNS 的设置与数据库权限问题

既然从 DNS 也是一个 DNS 服务器，因此也需要安装 bind、bind-chroot 等软件。关于这部分的安装可以参考 19.3.1 节，一定要使用 yum 进行安装，接下来需要设置 named.conf。由于主 DNS 和从 DNS 的数据库是相同的，所以理论上 named.conf 的内容是相似的，唯一需要注意的是区域类型的差异以及声明主 DNS 的位置。至于区域文件名部分，由于区域文件都是从主 DNS 获取的，通过 named 程序来主动创建所需的区域文件，因此放置区域文件的目录权限非常重要。下面我们直接开始处理：

```
# 1. 准备 named.conf 的内容
[root@clientlinux ~]# vim /etc/named.conf
...(前面的部分与 master.centos.vbird 完全相同，故省略)...
zone "centos.vbird" IN {
        type slave;
        file "slaves/named.centos.vbird";
        masters { 192.168.100.254; };
};
zone "100.168.192.in-addr.arpa" IN {
        type slave;
        file "slaves/named.192.168.100";
        masters { 192.168.100.254; };
};
# 2. 检查区域文件预计创建的目录权限是否正确。下面目录为系统默认值：
[root@clientlinux ~]# ll -d /var/named/slaves
drwxrwx---. 2 named 4096 2011-06-25 11:48 /var/named/slaves
# 注意权限、用户及组三个字段的数据，需要与 named 这个用户及组有关

 [root@clientlinux ~]# ll -dZ /var/named/slaves
drwxrwx---. named system_u:object_r:named_cache_t:s0 /var/named/slaves
# 不要忘记与 SELinux 有关的事情
```

为了方便用户设置，CentOS 默认已经在/var/named/slaves/目录中处理好了相关权限，因此可以轻松地处理权限问题。我们建议将从区域文件（Slave Zone File）放置在该目录下。所以上面输出表中的 file 参数才会这么写。此外，要注意 masters 末尾有个 s，这可能是最容易写错的地方。那么，是否需要处理区域文件呢？除了 named.ca 这个"."需要主动存在之外，另外两个类型为从（slave）的数据库文件是不需要存在的，因为它们会从主 DNS 那里获取。接下来，让我们启动 named 并查看结果吧。

```
[root@clientlinux ~]# /etc/init.d/named start
[root@clientlinux ~]# chkconfig named on
[root@clientlinux ~]# tail -n 30 /var/log/messages | grep named
starting BIND 9.7.0-P2-RedHat-9.7.0-5.P2.el6_0.1 -u named -t /var/named/chroot
```

```
loading configuration from '/etc/named.conf'
...(中间省略)...
running
zone 100.168.192.in-addr.arpa/IN: Transfer started.
zone 100.168.192.in-addr.arpa/IN: transferred serial 2011080402
zone centos.vbird/IN: Transfer started.
zone centos.vbird/IN: transferred serial 2011080402   <==注意序列号是否正确
# 将会看到如上的信息，重点是序列号（非常重要）

[root@clientlinux ~]# ll /var/named/slaves
-rw-r--r--. 1 named named 3707 2011-08-05 14:12 named.192.168.100
-rw-r--r--. 1 named named  605 2011-08-05 14:12 named.centos.vbird
# 这两个区域文件会主动被创建起来

[root@clientlinux ~]# dig master.centos.vbird @127.0.0.1
[root@clientlinux ~]# dig -x 192.168.100.254 @127.0.0.1
# 上述两个检测的命令如果是正确显示 A 与 PTR，那么就完成了
```

至此，区域文件就会自动创建了。如果将来主 DNS 要更新数据库，则只需要修改序列号并重新启动 named 服务，从 DNS 就会随之更新。然而，如果发现启动从 DNS 时，登录信息出现如下所示的情况：

```
zone centos.vbird/IN: Transfer started.
transfer of 'centos.vbird/IN' from 192.168.100.254#53: connected using
192.168.100.10#58187
dumping master file: tmp-a1bYfCd3i3: open: permission denied
transfer of 'centos.vbird/IN' from 192.168.100.254#53: failed while receiving
responses: permission denied
transfer of 'centos.vbird/IN' from 192.168.100.254#53: end of transfer
```

当出现类似的信息时，不必怀疑，很可能是权限错误。则需要再次检查数据库文件所放置的目录权限，以确保 named 有写入权限。现在，DNS 将变得更加强大，因为有类似的备份系统。然而，仍然需要注意的是，当进行 centos.vbird 的网络查询时，主 DNS 和从 DNS 的地位是相同的，并不是只有在主 DNS 宕机时才使用从 DNS 进行查询。因此，这两台服务器上的相同域的数据库内容必须完全一致。

19.5.3 配置子域 DNS 服务器：子域授权课题

除了主/从模式需要协同 DNS 服务器共同提供服务之外，如果 DNS 之间存在上下级的关系，该如何进行设置呢？换句话说，假设我们的网络非常庞大，但只想负责上层 DNS，而下层希望直接由各个单位的负责人来管理，该怎么设置呢？以大学为例，大学计算机中心仅管理各个学院的 DNS 服务器 IP，由于各个学院的主机数量很多，如果每个学院都需要向计算机中心寻求设置帮助，那么管理员可能会不堪重负，而且在实际设计上也不够人性化。

所以，计算机中心决定将各个子域的管理权交给各个系的主机管理员，这样可以使各个系在设置上更加灵活，而且上层 DNS 服务器管理员也不需要太多麻烦。

那么如何开放子域的授权呢？我们以刚刚在主服务器上建立的 centos.vbird 这个区域为例。假设一个 ISP，有人想要申请一个域名，并希望的域名是 niki.centos.vbird，那么应该如何处理？

- **上层 DNS 服务器**：也就是 master.centos.vbird 这台服务器，只要在 centos.vbird 的区域文件中添加指定的 NS 记录，并将其指向下层 DNS 服务器的主机名和 IP 地址（A 记录）。同时，还需要增加区域文件的序列号。
- **下层 DNS 服务器**：申请的域名必须是上层 DNS 服务器允许的名称，并告知上层 DNS 管理员我们需要指定的 DNS 主机名和对应的 IP 地址。然后，开始设置自己的区域和区域文件的相关数据。

假设我们要管理 niki.centos.vbird 的服务器主机名为 dns.niki.centos.vbird，而该主机的 IP 地址为 192.168.100.200。接下来，让我们实际进行设置。

1. 上层 DNS 服务器：只需添加区域文件的 NS 与 A 记录

上层 DNS 服务器的处理非常简单。只需修改主 DNS（www.centos.vbird 这台）服务器中的 named.centos.vbird 正向解析文件即可。无须修改从 DNS 服务器，因为它会自动更新。只需添加以下数据即可：

```
[root@www ~]# vim /var/named/named.centos.vbird
@                       IN      SOA     master.centos.vbird. vbird.www.centos.vbird. (
                                        2011080501 3H 15M 1W 1D )
# 上面的 SOA 部分序列号加大，下面添加这两行即可（原来的数据都保留不动）
niki.centos.vbird.      IN      NS      dns.niki.centos.vbird.
dns.niki.centos.vbird.  IN      A       192.168.100.200

[root@www ~]# /etc/init.d/named restart
[root@www ~]# tail -n 30 /var/log/messages | grep named
Aug  5 14:22:36 www named[9564]: zone centos.vbird/IN: loaded serial 2011080501
# 日志文件的关键是上面的序列号部分。必须是我们填写的新的序列号

[root@www ~]# dig dns.niki.centos.vbird @127.0.0.1
# 发现是错误的。找不到 A 记录
```

上层 DNS 服务器的设置非常简单，只需修改区域文件即可。然而，由于区域文件指定了 NS 查询权限，因此在使用 "dig dns.niki.centos.vbird" 命令时，可能无法找到 A 记录。这是正常的情况。因为尚未在 192.168.100.200 上设置好 niki.centos.vbird 域，所以追踪的结果中并没有发现 192.168.100.200 上有 niki.centos.vbird 的区域，自然无法找到。此时，数据库的管理权限在 192.168.100.200 上。已经理解了吗？那么我们继续处理下层 DNS 服务器。

2. 下层 DNS 服务器：需要有完整的区域相关设置

下层 DNS 服务器的设置与 19.4 节的内容相同，因此在这里我们只列出重要的设置项：

```
# 1. 修改 named.conf，增加区域的参数，假设文件名为 named.niki.centos.vbird
[root@niki ~]# vim /etc/named.conf
...(前面省略)...
zone "niki.centos.vbird" IN {
        type master;
        file "named.niki.centos.vbird";
};

# 2. 建立 named.niki.centos.vbird
[root@niki ~]# vim /var/named/named.niki.centos.vbird
$TTL    600
@       IN SOA   dns.niki.centos.vbird. root.niki.centos.vbird. (
                 2011080501 3H 15M 1W 1D )
@       IN NS    dns.niki.centos.vbird.
dns     IN A     192.168.100.200
www     IN A     192.168.100.200
@       IN MX 10 www.niki.centos.vbird.
@       IN A     192.168.100.200
# 为了简化整个版面，鸟哥使用 hostname 而非 FQDN

# 3. 启动并查看相关登录信息
[root@niki ~]# /etc/init.d/named restart

[root@niki ~]# tail -n 30 /var/log/messages | grep named
...(前面省略)...
zone niki.centos.vbird/IN: loaded serial 2011080501
...(下面省略)...
# 同时，记得处理防火墙的放行问题，否则测试会失败

[root@niki ~]# dig www.niki.centos.vbird @192.168.100.254
# 上述的操作必须要有响应才行，否则就会出问题
```

19.5.4 根据不同接口给予不同的 DNS 主机名：view 功能的应用

想象一个环境，以我们目前的局域网服务器为例，master.centos.vbird 服务器有两个接口，分别是 192.168.100.254/24（对内）和 192.168.1.100/24（对外）。当外部用户想要获取 master.centos.vbird 服务器的 IP 地址时，实际上获取到的是 192.168.100.254。因此，需要通过 NAT 才能连接到该接口。但实际上，192.168.100.254 和外部的 192.168.1.100 是同一台服务器主机，为什么还需要经过 NAT 转发到内部接口呢？有没有办法让外部查询找到 master.centos.vbird 对应的 IP 地址 192.168.1.100，而内部查询则返回 192.168.100.254 呢？是可以的！可以使用 view 功能来实现这一目标！

那么，如何处理 view 呢？实际上，我们希望不同来源的用户能够获取到适合他们的区域响应。举例来说，当用户来自 10.0.0.1 时，这个来源不可能是内部（192.168.100.0/24）的，该来源将使用外部的区域文件内容来响应。因此，我们需要为同一个区域准备两个不同的设置，并将相应的设置应用到各自的客户端查询中。

现在，利用这个概念，针对鸟哥的局域网设置 view 的原则如下：

- 创建一个名为 intranet 的视图, 代表客户端来源为 192.168.100.0/24 的局域网内部用户。
- 创建一个名为 internet 的视图，代表客户端来源为除 192.168.100.0/24 之外的其他用户。
- intranet 视图使用之前在本章前面各小节所创建的区域文件名称。Internet 视图使用的区域文件名在原有文件名后面添加了 inter 扩展名，并修订了各记录的结果。

再次强调，根据最终的设置结果，内网查询 www.centos.vbird 的 IP 地址应该是 192.168.100.254，而只要不是鸟哥内网来源的客户端，查询到的 www.centos.vbird 的 IP 地址应该是 192.168.1.100。现在让我们来实际进行这个设置吧。

```
[root@www ~]# vim /etc/named.conf
options {
        directory       "/var/named";
        dump-file       "/var/named/data/cache_dump.db";

        statistics-file "/var/named/data/named_stats.txt";
        memstatistics-file "/var/named/data/named_mem_stats.txt";
        allow-query     { any; };
        recursion yes;
        allow-transfer  { none; };
};
acl intranet { 192.168.100.0/24; };           <==给 intranet 指定来源 IP 地址
acl internet { ! 192.168.100.0/24; any; }; <==加上惊叹号"!"代表反向选择的意思

view "lan" {                                  <==只是一个名字，代表的是内网
        match-clients { "intranet"; };        <==吻合这个来源的才使用下面的区域
        zone "." IN {
                type hint;
                file "named.ca";
        };
        zone "centos.vbird" IN {
                type master;
                file "named.centos.vbird";
                allow-transfer { 192.168.100.10; };
        };
        zone "100.168.192.in-addr.arpa" IN {
                type master;
                file "named.192.168.100";
                allow-transfer { 192.168.100.10; };
        };
};

view "wan" {                                  <==同样，只是个名字，代表外网
        match-clients { "internet"; }; <==代表的是外网的 internet 来源
        zone "." IN {
                type hint;
                file "named.ca";
        };
```

```
        zone "centos.vbird" IN {
                type master;
                file "named.centos.vbird.inter"; <==文件名必须与原有的不同
        };
        // 外网因为没有使用到内网的 IP 地址，所以 IP 反向解析部分可以不写于此
};
```

在上面的输出中，一些数据是重复的，而其他数据则需要修改。现在，让我们来修改 named.centos.vbird.inter 文件。

```
[root@www ~]# cd /var/named
[root@www named]# cp -a named.centos.vbird named.centos.vbird.inter
[root@www named]# vim named.centos.vbird.inter
$TTL    600
@                       IN SOA   master.centos.vbird. vbird.www.centos.vbird. (
                                 2011080503 3H 15M 1W 1D )
@                       IN NS    master.centos.vbird.
master.centos.vbird.    IN A     192.168.1.100
@                       IN MX 10 www.centos.vbird.
www.centos.vbird.       IN A     192.168.1.100
linux.centos.vbird.     IN CNAME www.centos.vbird.
ftp.centos.vbird.       IN CNAME www.centos.vbird.
forum.centos.vbird.     IN CNAME www.centos.vbird.
workstation.centos.vbird. IN A   192.168.1.101

[root@www named]# /etc/init.d/named restart
[root@www named]# tail -n 30 /var/log/messages
[root@www named]# dig www.centos.vbird @192.168.100.254
www.centos.vbird.       600      IN       A       192.168.100.254
# 要得到上面的 IP 地址才是对的，因为接口来自 192.168.100.0/24 网段

[root@wwww named]# dig www.centos.vbird @192.168.1.100
www.centos.vbird.       600      IN       A       192.168.1.100
# 要得到上面的 IP 地址才是对的，因为接口来自非 192.168.100.0/24 网段
```

是不是很简单？这样就能让 DNS 根据不同的用户来源为同一个主机名提供不同的解析结果呢。

例题

如果网站读者非常多，但却分布在世界各地，例如想让亚洲地区的读者连接到中国的站点，而其他国家的读者连接到美国的站点，但又不想让用户自己选择不同的主机名，想使用同一组主机名，这种情况下应该如何设置？

答：一个简单的方案是通过 DNS 来设置相同主机名的不同 IP 地址，使用视图来实现。不过，与上述鸟哥在局域网的简单示例不同，我们需要收集亚洲地区的 IP 地址。可以通过以下网站获取这些信息：

五大洲的 IP 管理所属人：

http://www.iana.org/numbers/

每个单位的 IP 分布：

http://www.iana.org/assignments/ipv4-address-space/ipv4-address-space.xml

然后再通过 acl 和 view 来规范即可。鸟哥收集的资料如下（如果有误，还请告知）：

```
acl asia {  1.0.0.0/8;   14.0.0.0/8;   27.0.0.0/8;   36.0.0.0/8;   39.0.0.0/8;
            42.0.0.0/0;  49.0.0.0/8;   58.0.0.0/8;   59.0.0.0/8;   60.0.0.0/8;
            61.0.0.0/8; 101.0.0.0/8;  103.0.0.0/8;  106.0.0.0/8;  110.0.0.0/8;
           111.0.0.0/8; 112.0.0.0/8;  113.0.0.0/8;  114.0.0.0/8;  115.0.0.0/8;
           116.0.0.0/8; 117.0.0.0/8;  118.0.0.0/8;  119.0.0.0/8;  120.0.0.0/8;
           121.0.0.0/8; 122.0.0.0/8;  123.0.0.0/8;  124.0.0.0/8;  125.0.0.0/8;
           126.0.0.0/8; 175.0.0.0/8;  180.0.0.0/8;  182.0.0.0/8;  183.0.0.0/8;
           202.0.0.0/8; 203.0.0.0/8;  210.0.0.0/8;  211.0.0.0/8;  218.0.0.0/8;
           219.0.0.0/8; 220.0.0.0/8;  221.0.0.0/8;  222.0.0.0/8;  223.0.0.0/8;
           139.175.0.0/16; 140.0.0.0/8;150.116.0.0/16;150.117.0.0/16;
           163.0.0.0/8; 168.95.0.0/16;192.0.0.0/8;
};
acl nonasia { ! "asia"; any; };
```

如上所述，可以添加关于亚洲（Asia）和非亚洲（Non-Asia）的相关设置，并使用视图来处理相应的区域，然后修改区域文件的内容，以满足这个案例的需求。

19.6 DNS 服务器的高级设置

实际上，DNS 服务器的工作原理和部署方式的变化确实非常复杂。在这里，我们额外提供一些较高级的内容供读者参考，例如如何部署一个合法授权的 DNS 服务器以及如何使用 rndc 管理 DNS 系统。

19.6.1 架设一个合法授权的 DNS 服务器

现在应该明白什么是"经过上游授权的合法 DNS 服务器"，对吗？没错，就是上游的 DNS 服务器向你开放了子域的查询权限，让我们可以进行设置。虽然了解了原理，但可能还是想知道如何搭建一台合法的 DNS 服务器，以便管理自己的域名。举例来说，鸟哥的 vbird.top 是由鸟哥自己管理的。现在我们来谈谈如何向 ISP 申请一个合法授权的 DNS 服务器或合法的主机名。

1. 申请一个合法的域名（domain name）（收费的）

既然要建立一个合法的 DNS 服务器，自然需要向合法的 ISP 申请授权。

各个国家或地区本地的 ISP 都具有一些域名的授权，因而可以到各大 ISP 去注册。

既然要建立一个合法的 DNS 服务器，自然需要向合法的 ISP 申请授权。

各个国家或地区本地的 ISP 都具有一些域名的授权，因而可以到各大 ISP 去注册。

（1）进入 ISP 的主界面。本案例以阿里云域名注册为例。登录网址：https://wanwang.aliyun.com/domain/。

（2）选择需要的域名，并查询该域是否已存在。因为域名必须是唯一的，所以你需要使用该网页上提供的查询功能，查询所需要的域名是否已经被注册。确保所选的域名尚未被注册。

（3）逐步进行注册。

- 登录阿里云域名控制台。
- 在左侧导航栏中单击信息模板，在信息模板页面单击"创建新信息模板"按钮，如图 19-7 所示。

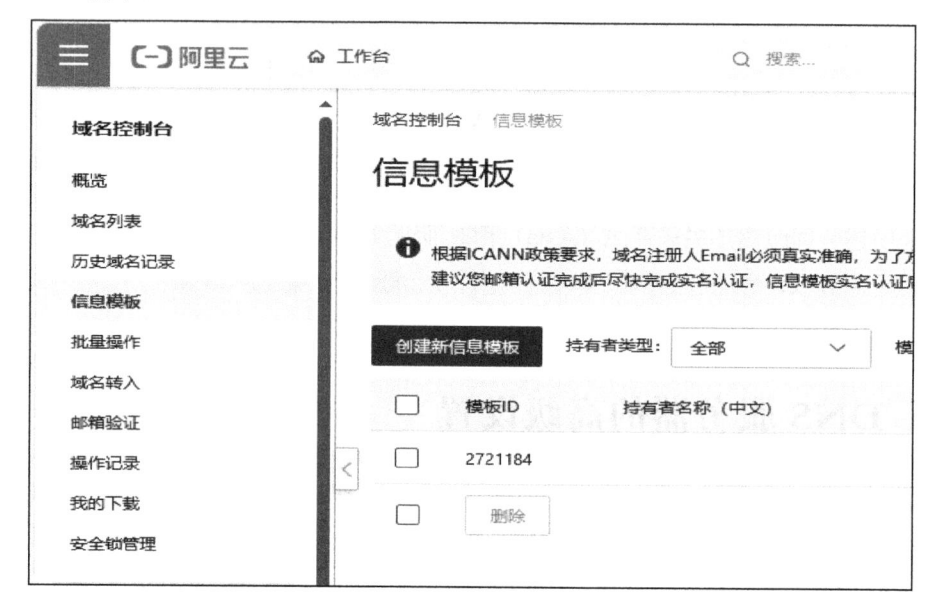

图 19-7 阿里云页面

创建域名信息模板时，各项信息必须填写完整、正确才可以在域名注册、域名持有者过户、域名交易等环节中使用。如果是历史数据导致信息不完整，则需要及时补充真实、准确、完整的域名持有者信息。

- 在信息模板页面，单击对应的信息模板操作列的查看功能。

待提交成功后，信息模板将重新进行审核，如果想要注册个人网站，可以单击图 19-8 中箭头所指的单选按钮。

- 完成域名信息模板认证后，返回到首页，然后选择左上角"产品"→"热门产品"→"域名注册"进入域名注册界面。
- 选择要使用的域名 vbird.top 将它加入清单并进入域名订单进行结算。
- 在域名订单结算界面选择添加刚刚完成认证的个人域名信息模板。

- 订单完成后，回到域名控制台，此时在域名列表中即可查看已注册的域名。

图 19-8 创建信息模板页面

（4）**选择网站代管或架设 DNS 模式**。我们可以直接请求 ISP 帮助我们设置主机名与 IP 地址的对应关系，当然也可以自行设置所需的 DNS 服务器。考虑到以后可能需要搭建邮件服务器，建议自行设置 DNS 主机。在下面会显示如图 19-9 所示的图标。请确保选择 DNS 并填写正确的主机名和 IP 地址。另外，不同的 ISP 的注册界面可能会有所不同，但是需要输入的核心内容是类似的。

图 19-9 注册域名的方法示例

2. 以 DNS 服务器的详细设置内容（见 19.4 节）来设置主机

如果你已经成功以 DNS 服务器的方式申请了一个域名，那么现在需要设置你的 DNS 主机。请注意，在这种情况下，只需要设置你注册的域名的正向解析，暂时可以不用考虑反向解析部分。当然，如果有可能的话，最好请上层的 ISP 帮助你进行设置。

3. 测试

设置一台服务器合法的 DNS 完成后，建议到网站 https://viewdns.info/dnsreport/ 中去查询一下设置是否妥当。

这样一来，你在 DNS 主机上设置的任何信息都可以通过 Internet 上的任何主机进行查询。

19.6.2 LAME 服务器的问题

或许在/var/log/messages 日志文件中曾经看到过类似以下的信息：

```
[root@www ~]# more /var/log/messages
1 Oct   5 05:02:30 test named[432]: lame server resolving '68.206.244.205.
  in-addr.arpa' (in '206.244.205.in-addr.arpa'?): 205.244.200.3#53
2 Oct   5 05:02:31 test named[432]: lame server resolving '68.206.244.205.
  in-addr.arpa' (in '206.244.205.in-addr.arpa'?): 206.105.201.35#53
3 Oct   5 05:02:41 test named[432]: lame server resolving '68.206.244.205.
  in-addr.arpa' (in '206.244.205.in-addr.arpa'?): 205.244.112.20#53
```

这是什么呢？根据官方提供的文件资料（在 CentOS 6.x 系统下，查看文件 /usr/share/doc/bind-9.7.0/arm/Bv9ARM.ch06.html），当我们的 DNS 服务器向外部 DNS 系统进行某些正向解析和反向解析查询时，可能由于对方 DNS 主机的设置错误，导致无法获得预期的正向解析和反向解析结果，这种情况被称为"Lame 服务器"错误。

那么这个错误会对我们的 DNS 服务器造成严重后果吗？实际上，由于这仅仅是对方的设置错误，因此并不会影响我们的 DNS 服务器的正常运行。它只会在我们的 DNS 主机进行查询时产生无法正确解析的警告信息。虽然这些信息对我们的 Linux 主机来说并没有什么影响，但对于系统管理员来说，每天在/var/log/messages 文件中看到这么多登录信息确实很头疼。

既然我们知道"Lame 服务器"是对方主机的问题，对我们的主机没有影响，但又不想让这些信息出现在我们的日志文件/var/log/messages 中，这时可以使用 BIND 软件提供的日志文件参数来实现这个功能。操作很简单，在/etc/named.conf 文件的末尾添加以下参数即可：

```
# 1. 修改 /etc/named.conf
[root@www ~]# vim /etc/named.conf
// 加入下面这个参数：
logging {
        category lame-servers { null; };
};
```

```
# 2. 重新启动 BIND
[root@www ~]# /etc/init.d/named restart
```

logging 是主机登录文件记录的一个设置项。因为我们不想要"LAME 服务器"的信息，所以将其设置为无就完成了设置。记得在重新启动 named 服务之后，检查/var/log/messages 日志文件，以确保 named 服务正确启动。通过这样的处理，以后就不会再看到"LAME 服务器"的信息了。

19.6.3 利用 rndc 命令管理 DNS 服务器

为什么在启动 DNS 后，总是在/var/log/messages 日志文件中看到如下的一句话：

```
command channel listening on 127.0.0.1#953
```

而且，在本地端口 953 上还多了一个由 named 启动的服务，那是什么呢？这就是所谓的 rndc。rndc 是在 BIND 版本 9 之后提供的功能，它可以让你轻松地管理自己的 DNS 服务器，包括检查已存在于 DNS 缓存中的数据、重新更新某个区域而无须重启整个 DNS 服务，以及检查 DNS 的状态和统计信息等，非常有趣。

然而，由于 rndc 可以深入地管理 DNS 服务器，则需要进行一些控制。控制的方式是通过配置 rndc 创建密钥（Rndc Key），并将密钥相关的信息写入 named.conf 配置文件中。在重新启动 DNS 服务后，DNS 就可以通过 rndc 命令进行管理了。事实上，新版本的发行版通常会自动创建好 rndc 密钥。但如果在日志中仍然发现一些错误，比如：

```
couldn't add command channel 127.0.0.1#953: not found
```

这表示 DNS 的 rndc 密钥设置不正确。那么如何正确设置呢？很简单，只需要先创建一个 rndc 密钥，然后将其添加到 named.conf 中即可。我们可以使用 BIND 提供的命令来执行这个任务。

```
# 1. 先创建 rndc 密钥的相关数据
[root@www ~]# rndc-confgen
# Start of rndc.conf <==将下面没有 # 的第一部分请复制到 /etc/rndc.conf 中
key "rndc-key" {
        algorithm hmac-md5;
        secret "UUqxyIwui+22CobCYFj5kg==";
};
options {
        default-key "rndc-key";
        default-server 127.0.0.1;
        default-port 953;
};
# End of rndc.conf
# 至于下面的 key 与 controls 部分，则请复制到 named.conf 中并且去掉注释符号#
```

```
# Use with the following in named.conf, adjusting the allow list as needed:
# key "rndc-key" {
#       algorithm hmac-md5;
#       secret "UUqxyIwui+22CobCYFj5kg==";
# };
#
# controls {
#       inet 127.0.0.1 port 953
#               allow { 127.0.0.1; } keys { "rndc-key"; };
# };
# End of named.conf
# 请注意，这个 rndc-confgen 是利用随机数计算出加密的密钥，
# 所以每次执行的结果都不一样。上述的数据与屏幕显示的具体数据会有点不同

# 2. 创建 rndc.key 文件
[root@www ~]# vim /etc/rndc.key
# 在这个文件中将原来的数据全部删除，并将刚刚得到的结果复制上去
key "rndc-key" {
        algorithm hmac-md5;
        secret "UUqxyIwui+22CobCYFj5kg==";
};

# 3. 修改 named.conf
[root@www ~]# vim /etc/named.conf
# 在某个不被影响的角落配置如下的内容:
key "rndc-key" {
        algorithm hmac-md5;
        secret "UUqxyIwui+22CobCYFj5kg==";
};
controls {
        inet 127.0.0.1 port 953
                allow { 127.0.0.1; } keys { "rndc-key"; };
};
[root@www ~]# /etc/init.d/named restart
```

一旦创建了 rndc 密钥并启动了 DNS，同时系统已经开启了端口 953，那么就可以在本机上执行 rndc 命令了。可以直接输入 rndc 来查询该命令的用法：

```
[root@www ~]# rndc
Usage: rndc [-c config] [-s server] [-p port]
        [-k key-file ] [-y key] [-V] command

command is one of the following:

  reload        Reload configuration file and zones.
  stats         Write server statistics to the statistics file.
  dumpdb        Dump cache(s) to the dump file (named_dump.db).
  flush         Flushes all of the server's caches.
  status        Display status of the server.
# 其他省略。请自行输入这个命令来参考
```

那如何使用呢？我们举几个例子来进行说明。

```
# 范例一：将目前 DNS 服务器的状态显示出来
[root@www ~]# rndc status
version: 9.7.0-P2-RedHat-9.7.0-5.P2.el6_0.1
CPUs found: 1
worker threads: 1
number of zones: 27         <==这台 DNS 管理的 Zone 数量
debug level: 0              <==是否具有 debug 及 debug 的等级
xfers running: 0
xfers deferred: 0
soa queries in progress: 0
query logging is OFF        <==是否具有 debug 及 debug 的等级
recursive clients: 0/0/1000
tcp clients: 0/100
server is up and running    <==是否具有 debug 及 debug 的等级

# 范例二：将目前系统的 DNS 统计数据记录下来
[root@www ~]# rndc stats
# 此时，默认会在 /var/named/data 内产生新文件，可以去查阅：
[root@www ~]# cat /var/named/data/named_stats.txt
+++ Statistics Dump +++ (1312528012)
...(中间省略)...
++ Zone Maintenance Statistics ++
                 2 IPv4 notifies sent
++ Resolver Statistics ++
...(中间省略)...
++ Cache DB RRsets ++
[View: lan (Cache: lan)]
[View: wan (Cache: wan)]
[View: _bind (Cache: _bind)]
[View: _meta (Cache: _meta)]
++ Socket I/O Statistics ++
                 5 UDP/IPv4 sockets opened
                 4 TCP/IPv4 sockets opened
                 2 UDP/IPv4 sockets closed
                 1 TCP/IPv4 sockets closed
                 2 TCP/IPv4 connections accepted
++ Per Zone Query Statistics ++
--- Statistics Dump --- (1312528012)

# 范例三：将目前缓存中的数据记录下来
[root@www ~]# rndc dumpdb
# 与 stats 类似，会将缓存的数据存储成为一个文件，可以去查阅：
# /var/named/data/cache_dump.db
```

如果在执行 rndc 命令时总是出现如下错误：

```
rndc: connection to remote host closed
This may indicate that the remote server is using an older version of
the command protocol, this host is not authorized to connect,
```

```
or the key is invalid.
```

这可能是由于/etc/rndc.key 和/etc/rndc.conf 中的密钥编码不匹配所致。请按照之前提到的使用 rndc-confgen 的方式重新处理 rndc 密钥，并重新启动 named 服务。使用这个工具进行管理，则就不需要每次都重新启动 named 了。

19.6.4 搭建动态 DNS 服务器：让你成为 ISP

什么是动态 DNS（Dynamic DNS，DDNS）主机？还记得在第 10 章提到，如果我们以拨号方式的 ADSL 连接上 Internet 时，我们的 IP 地址通常是由 ISP 随机提供的。因此，每次上网时，IP 地址都会发生变化，这意味着我们无法使用固定的 DNS 设置来为这种连接方式提供适当的主机名。

因此，如果我们想要利用这种没有固定 IP 地址的连接方式搭建网站，就需要采取特殊的方法。其中之一的方法就是利用 Internet 上已经提供的免费动态 IP 地址对应主机名的服务。

提供这样的服务利用的是什么原理呢？基本上，DNS 主机仍然需要提供与 Internet 相关的区域的主机名与 IP 地址的对应数据，因此，DDNS 主机必须提供一种机制，使客户端能够通过该机制修改它们在 DDNS 主机上的区域文件中的数据。

那会不会很困难呢？实际上并不困难，我们的 BIND 9 就提供了类似的机制。就是利用 update-policy 选项，结合认证密钥进行数据文件的更新。简单来说，① DDNS 主机首先给客户端提供一个密钥（就像是账户和密码的概念）；② 客户端使用该密钥，并结合 BIND 9 的 nsupdate 命令，就可以连接到 DDNS 主机，并修改主机上区域文件中的映射表了。是的，部署起来真的很简单。接下来，让我们尝试进行一下设置。

1. DDNS 服务器端的设置

假设我有一个朋友，他使用的 Linux 主机的 IP 地址会经常变动，但他希望搭建一个 Web 网站，所以向我申请了一个域名，即 web.centos.vbird。在这种情况下，我需要为他生成一个密钥，并配置我的 named.conf，以使 centos.vbird 这个区域能够接收来自客户端的数据更新。首先，我们来创建这个密钥。

```
[root@www ~]# dnssec-keygen -a [算法] -b [密钥长度] -n [类型] 名称
选项与参数：
-a ：后面接的 [type]为加密算法的类型，主要有 RSAMD5、RSA、DSA、DH
     与 HMAC-MD5 等。建议使用常见的 HMAC-MD5 密钥算法
-b ：密钥长度为多少？通常给予 512 位的 HMAC-MD5
-n ：后面接的则是客户端能够更新的类型，主要有下面两种（建议给 HOST 即可）
     ZONE：客户端可以更新任何记录及整个区域
     HOST：客户端仅可以针对其主机名来更新

[root@www ~]# cd /etc/named
[root@www named]# dnssec-keygen -a HMAC-MD5 -b 512 -n HOST web
Kweb.+157+36124
```

```
[root@www named]# ls -l
-rw-------. 1 root root 112 Aug  5 15:22 Kweb.+157+36124.key
-rw-------. 1 root root 229 Aug  5 15:22 Kweb.+157+36124.private
# 上面那个是公钥文件，下面这个则是私钥文件
[root@www named]# cat Kweb.+157+36124.key   <==看一下公钥
web. IN KEY 512 3 157 xZmUo8ozG8f2OSg/cqH8Bqxk59Ho8....3s9IjUxpFB4Q==
# 注意到最右边的那个密钥长度，等一下我们要复制的只有那个地方
```

接下来，必须将公钥复制到 /etc/named.conf 中，并将私钥传输到朋友使用的 web.centos.vbird 主机上。现在，我们开始修改 named.conf 中的相关设置。

```
[root@www ~]# vim /etc/named.conf
// 先在任意地方加入这个密钥的相关信息
key "web" {
        algorithm hmac-md5;
        secret "xZmUo8ozG8f2OSg/cqH8Bqxk59Ho8...3s9IjUxpFB4Q==";
};
// 然后将原来的 Zone 加入下面这一段代码
        zone "centos.vbird" IN {
                type master;
                file "named.centos.vbird";
                allow-transfer { 192.168.100.10; };
                update-policy {
                        grant web name web.centos.vbird. A;
                };
        };
[root@www ~]# chmod g+w /var/named
[root@www ~]# chown named /var/named/named.centos.vbird
[root@www ~]# /etc/init.d/named restart
[root@www ~]# setsebool -P named_write_master_zones=1
```

请注意上面的 "grant web name web.centos.vbird. A;" 这一行。其中，grant 后面是密钥的名称，也就是说，这个 Web 的密钥在该区域（centos.vbird）中具有修改主机名 web.centos.vbird 对应的 A 记录的权限。语法为 "grant [key_name] name [hostname] 标签"。需要注意的是，一个密钥可以被赋予多种权限，具体取决于所设置的规范。

设置完成后，由于将来客户端发送的信息将由我们的 named 主机写入，写入的目录是 /var/named/，所以必须修改权限，然后重新启动 DNS，并检查 /var/log/messages 中是否有任何错误。这样，DDNS 主机端的设置就完成了。

2. Client 端的更新

接下来是 DDNS 客户端的更新。首先，需要从服务器端获取刚创建的两个文件，请使用 SSH 的 sftp 将名为 Kweb.+157+36124.key 和 Kweb.+157+36124.private 的文件传输到客户端，即 web.centos.vbird 主机。假设已将这两个文件放置在 /usr/local/ddns 目录中，接下

来进行测试：

```
[root@web ~]# cd /usr/local/ddns
[root@web ddns]# nsupdate -k Kweb.+157+36124.key
> server 192.168.100.254
> update delete web.centos.vbird                    <==删除原有的
> update add web.centos.vbird 600 A 192.168.100.200 <==更新到最新的
> send
> 最后在此按下 Ctrl+D 快捷键即可
```

请注意 "update add web.centos.vbird 600 A 192.168.100.200" 这一行的意思是添加一条数据，TTL 设置为 600，给与 A 记录，对应的 IP 地址为 192.168.100.200。而 nsupdate –k 后面的参数是我们在服务器端生成的密钥文件。

接下来，会注意到在 DNS 服务器端的 /var/named/ 目录中多出了一个临时文件，名为 named.centos.vbird.jnl。当然，/var/named/named.centos.vbird 文件将根据客户端的请求而更新数据。

由于手动更新可能有些麻烦，我们可以让客户端自动更新。只需使用下面的脚本即可。

```bash
[root@web ~]# vim /usr/local/ddns/ddns_update.sh
#!/bin/bash
PATH=/sbin:/bin:/usr/sbin:/usr/bin
export PATH

# 0. keyin your parameters
basedir="/usr/local/ddns"                      # 基本工作目录
keyfile="$basedir"/"Kweb.+157+36124.key"       # 将文件名填入进去
ttl=600                                        # 指定 TTL 的时间
outif="eth0"                                   # 对外的连接接口
hostname="web.centos.vbird"                    # 向 ISP 取得的那个主机名
servername="192.168.100.254"                   # 就是我们的 ISP

# Get your new IP
newip=`ifconfig "$outif" | grep 'inet addr' | \
       awk '{print $2}' | sed -e "s/addr\://"`
checkip=`echo $newip | grep "^[0-9]"`
if [ "$checkip" == "" ]; then
        echo "$0: The interface can't connect internet...."
        exit 1
fi

# create the temporal file
tmpfile=$basedir/tmp.txt
cd $basedir
echo "server $servername"                          >  $tmpfile
echo "update delete $hostname A "                  >> $tmpfile
echo "update add    $hostname $ttl A $newip"       >> $tmpfile
echo "send"                                        >> $tmpfile

# send your IP to server
```

```
nsupdate -k $keyfile -v $tmpfile
```

只需将上述程序中的特殊部分修改为适合系统的设置，就可以通过 /etc/crontab 的方式在系统内自动执行了。

利用 BIND 9 提供的这项服务，我们只需拥有一组固定的 IP 地址，并向 ISP 申请一个合法授权的域名，就能为无论是固定 IP 地址还是非固定 IP 地址的用户提供合法的主机名。用户也可以通过使用 nsupdate 来自行修改其 IP 地址的对应关系，以确保主机 IP 地址与主机名保持正确的对应关系。对于只能通过拨号方式上网的用户而言，这真是太方便了。

19.7　重点回顾

- 在 Internet 中，任何一台合法的主机都具有一个唯一的主机名，这个主机名包含了主机名与域名，并称为全限定域名。
- 为了克服人们对 IP 地址难以记忆的问题，名字解析器应运而生，首先是 /etc/hosts 文件，而后是 DNS 系统。
- 目前，类 UNIX 的系统通常使用伯克利分校开发的 BIND 软件来架设 DNS 服务器。
- DNS 是一种协议的名称，而 BIND 则是一个提供 DNS 服务的软件，其中的程序为 named。
- 在 DNS 中，每个记录被称为资源记录。
- 在 DNS 系统中，正向解析是通过主机名查找 IP 地址的，而反向解析则是通过 IP 地址查找主机名，至于区域，是一个或者多个域的配置单位。
- 在 BIND 9 之后，默认的情况下，named 已经进行了 chroot 的操作，将工作目录限制在特定目录内。
- 从服务器本身并没有自行设置区域文件，它的区域文件是由主服务器传送而来的，因此，主服务器必须在 allow-transfer 设置项设置允许从服务器的访问。
- 在整个 DNS 查找的流程中，若找不到所查询的数据，则会向根服务器"."请求相关信息。
- 正向解析的记录主要有 SOA、A、MX、NS、CNAME、TXT 及 HINFO 等。
- 反向解析的记录主要有 SOA、PTR 等。
- DNS 查询的命令主要有 host、nslookup、dig、whois 等。
- 在启动 named 守护进程后，请务必前往 /var/log/messages 查看该守护进程是否成功启动。

19.8　参考资料与延伸阅读

- BIND 官方网站：https://www.isc.org/bind/。
- 合法 DNS 服务器设置的检查网站：https://viewdns.info/dnsreport/。

第四篇 常见因特网服务器的搭建

第 20 章

WWW 服务器

我们常说的"架站"实际上是指搭建一个 Web 网站。那么什么是 Web 呢？Web 即全球信息网（World Wide Web），也可以称为 Internet。这是目前人类最常使用的 Internet 协议之一。通常上网就是使用 Web 来查询所需的信息。目前，在类 UNIX 系统中，搭建 Web 服务器主要通过 Apache 软件来实现。为了实现动态网站，产生了 LAMP（Linux + Apache + MySQL + PHP）技术组合。让我们快速进入 LAMP 的世界吧！

20.1　WWW 的简史、资源以及服务器软件

你知道为什么网络变得如此流行吗？实际上，这都归功于 WWW。早在 1993 年，鸟哥第一次接触到网络时，当时网络上比较热门的是一些资源下载的 FTP 网站和热烈讨论的 BBS 站点。虽然数据很丰富，但总觉得缺少了些什么。后来进入研究所，为了学习需要，经常会到学术网站进行学术数据的检索，大约在 1996 年。因为上网只是为了查找数据或资料，所以渐渐地就很少使用网络了。

经过几年后，再次使用图形界面的操作系统，竟然发现只需点击几个小按钮，就会有许多五光十色的文字和图像出现在网络上。有些网站甚至提供了影音特效，当时真是相当惊讶！由于图片、视频在视觉上比 BBS 纯文本的数据更具吸引力，这导致许多人喜欢在 Internet 上流连忘返，上网的人越来越多，自然就带来了商机。由于商机巨大，才有了后来 20 世纪 90 年代末期的浏览器大战，这场商业竞争也导致了一些浏览器不支持后来的 WWW 标准。

近些年来，由于搜索引擎、个人博客（Blog）、社交网站和智能手机的流行，又将 Internet 推向了一个新的世界！要学的东西真的很多啊。接下来，让我们来了解一下什么是 WWW 以及它所需的服务器软件，还包括一些与浏览器相关的信息。

20.1.1　WWW 的简史、HTML 与标准制定（W3C）

Internet 之所以如此热门，主要是因为 20 世纪 80 年代的电子邮件（E-mail）和 20 世纪 90 年代之后的全球信息网（WWW）服务的影响。WWW 是 World Wide Web 的缩写，其中的 Web 指的是全球信息网。WWW 可以结合文字、图形图像、视频和音频等多媒体，并通过鼠标单击超链接（Hyperlink）的方式将信息通过 Internet 传递到世界各地。

与其他服务器类似，当连接到 WWW 网站时，该网站肯定会提供一些数据或信息，而客户端必须使用能解析这些数据或信息的软件，这类软件就是浏览器。简单来说，WWW 服务器/客户端的关系如图 20-1 所示。

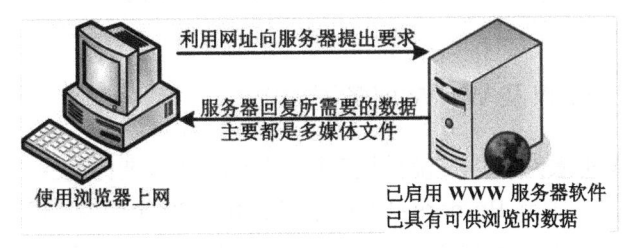

图 20-1　WWW 服务器与客户端浏览器之间的连接相关性

从图 20-1 中，我们可以得到以下一些概念：

- WWW 服务器不仅需要提供一个供客户端浏览的平台，还需要提供一些数据给客户端。

- 服务器所提供的最主要数据是 HTML（Hyper Text Markup Language，超文本标记语言）和多媒体文件（如图片、视频、声音、文字等，属于多媒体或超媒体）。
- HTML 只是一些纯文本数据，通过所谓的标签<tag>来规定所要显示的数据格式。
- 在客户端，浏览器通过解析 HTML 和多媒体数据，最终将效果呈现在用户的屏幕上。

1. HTML 的格式

根据前面提到的相关信息，我们知道服务器端需要提供一些数据给客户端，而这些数据主要以 HTML 的格式呈现。那么 HTML 是什么呢？下面以鸟哥的网站为例来看一下。首先使用任何一个浏览器连接到 http://linux.vbird.org，然后在页面上右击，在弹出的快捷菜单中选择"查看源文件"，之后就能发现该网页是如何编写的了。

```
<!DOCTYPE html PUBLIC "-//W3C//DTD XHTML 1.0 Transitional//EN"
        "http://www.w3.org/TR/xhtml1/DTD/xhtml1-transitional.dtd">
<html xmlns="http://www.w3.org/1999/xhtml" xml:lang="zh-cn" lang="zh-cn">
<head>
...一些此页面的信息解释的标头数据，例如 title 与整体化设计，等等
</head>
<body style="margin:0; padding:0">
...在浏览器显示的页面中，实际放置在浏览器上的数据或信息则编写于此……
</body>
</html>
```

HTML 之所以被称为标记语言，是因为如同上面的代码所示，它是由许多<tag>组成。除了<!DOCTYPE>部分用于声明下面的语法应该使用的 HTML 版本之外，HTML 主要包含<html></html>。在其中又分为两个主要区块：一个是与标题有关的<head></head>区块，包括该网页所使用的编码格式等；另一个是<body></body>中包含的实际网页内容。

关于 HTML，这里不过多介绍，读者可以在市面上找到很多相关的书籍。而传统的 HTML4 实际上已经无法满足一些美工人员和程序设计人员的需求，因此目前有改善 HTML 显示的 CSS 样式表单，还有可以让许多程序相互取用的 XML，以及最新一代的 HTML5 等，都值得参考。

2. WWW 所用的协议及 WWW 服务器简史

在了解了 WWW 的服务器/客户端架构之后，我们接下来要讨论的是 WWW 是如何诞生的。蒂姆·伯纳斯·李（Tim Berners-Lee）在 20 世纪 80 年代为了更高效地让欧洲核物理实验室的科学家分享和更新他们的研究成果，开发了一个 HTTP（Hyper Text Transfer Protocol，超文本传输协议）。正如之前提到的，服务器在这个协议上需要运行相应的软件，而客户端则需要浏览器来解析服务器提供的数据。那么这些软件是怎么来的呢？

为了让 HTTP 协议得以顺利应用，大约在 20 世纪 90 年代初，伊利诺大学的国家超级计算机应用中心（NCSA）开发了 HTTPd（HTTP daemon）服务器软件。HTTPd 是自由软件，

因此很快就在 WWW 服务器市场上占据了领导地位。后来，网景公司（Netscape）开发了更强大的服务器和相应的客户端浏览器，这就是大家熟悉的 Netscape 软件套件。该套件分为服务器和浏览器两部分，其中浏览器相对便宜，但服务器部分非常昂贵。因此，在服务器市场上，HTTPd 仍然占据主导地位。

后来，由于 HTTPd 一直没有得到适当的发展，一群社区朋友发起了一个计划，旨在改进原来的 HTTPd 服务器软件。他们将这个改进后的软件称为 Apache，取名自"一个修补（A patch）的服务器"的双关语。自 1996 年以后，Apache 成为市场上占有率最高的 WWW 服务器软件。

3. 浏览器大战与支持的标准

虽然 WWW 变得越来越重要，但相对而言，如果没有浏览器，客户端就无法浏览 WWW 服务器提供的数据。为了争夺浏览器市场份额，在 20 世纪 90 年代末期，微软将 IE 浏览器内置于 Windows 操作系统中。这个决定导致了当时广泛使用的 Netscape 浏览器（Navigator）的市场份额迅速下降。后来，网景公司在 1998 年开放了部分浏览器源代码，采用了 Mozilla 通用许可证（MPL）作为自由软件。

Mozilla 这个计划开发的软件不仅仅是浏览器，还包括电子邮件处理软件和网页编辑软件等。其中最著名的就是浏览器软件"火狐狸（Firefox）"。那么它与 IE 有什么不同呢？由于 IE 是整合在 Windows 操作系统核心内，更新速度较慢，甚至 IE 使用的 HTML 标准语法解析行为是微软自定义的，并不完全符合 Internet 上的标准规范（W3C），这导致服务器所提供的数据无法在所有浏览器上呈现相同的样式，同时客户端也容易受到网络攻击的威胁。

Firefox 的发展注重精简和高效，因此它的程序非常小，但执行效率非常快。此外，在超文本解析方面，Firefox 主要依据 W3C 制定的标准进行开发，因此任何按照 W3C 标准开发的网站，在 Firefox 上都能呈现设计者所期望的样式！目前，Firefox 已经针对市面上最常见的 Windows/Linux/UNIX 等操作系统进行支持，读者可以多多使用。

为了加快 JavaScript 程序的运行速度并提高浏览速度，Google 推出了自己的浏览器，称为 Chrome 浏览器。这个浏览器与 Google 的搜索引擎一样，强调快速、快速、更快速！因此，如果希望浏览器风格简约、强调速度感，不喜欢花哨的设计，那么 Google 的这个自由软件浏览器 Chrome 也是一个不错的选择。

通过以上的介绍，我们可以总结如下：

- WWW 是基于 HTTP 这个协议发展而来的，分为服务器端与客户端。
- Apache 是一款服务器端的软件，主要基于 NCSA 的 HTTPd 服务器发展而来，是一款自由软件。
- Mozilla 是一个自由软件的开发计划，Firefox 浏览器是这个开发计划中相当成功的作品。

- 在编写自己的网页内容时，尽量遵循 W3C 所发布的标准，这样才能够在所有的浏览器上顺利地显示出我们所期望的页面样式。

20.1.2　WWW 服务器与浏览器所提供的资源定位

现在我们知道 WWW 服务器的重点是提供一些数据，而这些数据必须要客户端的浏览器能够支持显示。那么这些数据是什么类型呢？很简单，大部分是文件。因此，我们需要在服务器端先将数据文件准备好，并将其放置在某个特定的目录下，这个目录就是整个网站的首页。通常情况下，这个目录存储在/var/www/html/或/srv/www/下。对于我们的 CentOS 系统，默认的目录是/var/www/html。

那么浏览器如何获取这个目录内的数据呢？需要在浏览器的地址栏中输入所需网站的网址。这个网址对应着 WWW 服务器上某个文件的文件名。不过，现在的浏览器功能非常丰富，不仅可以连接到 WWW，还可以连接到类似 FTP 等其他网络协议。因此，需要在地址栏中输入正确的网址，网址的格式如下：

　　　　<协议>://<主机地址或主机名>[:port]/<目录资源>

1. 网址的意义

上面就是我们常常听到的统一资源定位系统（Uniform Resource Locator，URL），以斜线分段，它可以这样被解释：

- **协议**：浏览器通常支持的协议包括 HTTP、HTTPS、FTP、Telnet 等，还有一些类似 news、gopher 等的协议。通过在网址中指定协议，告诉浏览器"请使用该协议连接到服务器端"。举例来说，填写网址 http://ftp.pku.edu.cn，这表示浏览器要连接到北京大学的 HTTP 服务器（即端口号 80）；如果填写 ftp://ftp.pku.edu.cn，则表示连接到 FTP 服务器（端口号 21）。由于使用的协议不同，因此响应的数据也不同。然而，如果对方服务器的端口不是常规的端口号，例如将 HTTP 服务启动在端口 81 上，那么你就需要这样写：http://hostname:81/。

- **主机地址或主机名**：服务器的位置在 Internet 上就是通过 IP 地址来表示的。如果使用主机名，就需要通过名字解析器进行解析。虽然使用 IP 地址可以搭建 WWW 网站，但建议申请一个容易记住并且合法的主机名会更好！

- **目录资源**：刚才提到了首页的目录，那么在首页目录下的相对位置就是该目录下的资源。举例来说，鸟哥的网站的 WWW 数据放置在主机的/var/www/html/目录中，因此可以说：

  ➢ http://linux.vbird.org --> /var/www/html/。
  ➢ http://linux.vbird.org/linux_basic/index.php-->/var/www/html/linux_basic/index.php。

  另外，通常在首页目录下会有一个特殊的文件名，例如 index.html 或 index.???等。举例来说，如果直接输入：http://linux.vbird.org，就会发现与输入

http://linux.vbird.org/index.php 是一样的。这是因为 WWW 服务器会自动以该目录下的"首页"来显示。

因此，我们的服务器会根据浏览器发来的请求协议来提供不同的响应数据。现在明白网址的含义了吗？

2. WWW 服务器/客户端之间数据传输的方式

如果浏览器以 http://hostname 的形式向服务器获取数据，那么浏览器和服务器之间是如何传递数据的呢？基本上有以下几种方法：

- **GET**：就是浏览器直接向 WWW 服务器请求网址上的资源，这是最常见的方法。此外，使用 GET 方式可以直接在网址栏中输入变量。
- **POST**：这也是客户端向服务器端提出的请求，只是这个请求中包含了更多的数据。举例来说，讨论区经常有留言的选项，如果选择留言，在浏览器中就会弹出一个可以填写信息的文本框。当单击"发送"按钮后，这些文本框内的数据就会被浏览器包装起来并发送到 WWW 服务器。POST 和 GET 在这方面却不同，GET 可以通过网址获取客户端请求的变量，但是 POST 不使用网址来传递数据。
- **HEAD**：服务器端响应给客户端一些数据文件头部分。
- **OPTIONS**：服务器端响应给客户端一些允许的功能与方法。
- **DELETE**：删除对某些资源的操作。

最常见的是 GET 请求。只有当需要将大量数据从客户端上传到 WWW 服务器时，才会使用 POST 请求。但仍然需要注意这些操作，因为后续的日志文件分析内容都是基于这些操作进行分析的。

20.1.3 WWW 服务器的类型：系统、平台、数据库与程序

以目前的网络世界来看，市场占有率较高的网页服务器软件应该是 Apache 和 IIS。Apache 是一款自由软件，可以在各种操作系统上安装使用。而 IIS 则是由微软开发的，仅能在 Windows 操作系统上安装和运行。由于操作系统的差异，因此安装在它们之上的软件也不尽相同。接下来，让我们来了解一下目前网站的一些特点。

1. 仅提供用户浏览的单向静态网页

这种类型的网站主要提供单向静态网页，有时可能还会包含一些动画格式，但基本上就只限于此。由于服务器只是单向向客户端提供数据，无须与客户端进行互动，因此可以访问该网站并进行浏览，但无法上传数据。目前主要的免费虚拟主机大多属于这种类型。所以，只需要按照 HTML 语法编写好网页，并将其上传到该网站的空间上，那么该数据就可以供我们浏览了。

2. 提供用户互动界面的动态网站

这种类型的网站能够实现服务器与用户的互动，常见的例子包括讨论区、论坛和留言板，还有一些博客也属于这个类型。这种类型的网站需要较高的技术水平，因为它通过网页程序语言实现与用户的互动。常见的网页程序语言例如 PHP，配合 MySQL 数据库系统进行数据的读取和写入。整个互动过程如图 20-2 所示。

图 20-2 动态网站的网页程序语言与数据库接口

这就是所谓的服务器端嵌入（Server Side Include，SSI），无论请求的数据是什么，实际上都是通过服务器端的同一个网页程序来负责将数据读取或写入数据库，并在处理完成后将结果传递给客户端的一种方式。网页程序本身并没有发生任何改变，只是数据库内的数据在变动。这部分的网页程序包括 PHP、ASP、Perl 等多种语言。

另一种交互式的动态网页主要是在客户端实现的。举例来说，我们可以利用 JavaScript 这种语言，将可执行的程序代码（JavaScript）传送给客户端。如果客户端的浏览器支持 JavaScript 功能，那么该程序就可以在客户端的计算机上运行。由于程序在客户端计算机上执行，如果服务器端制作的程序具有恶意，那么客户端的计算机可能会受到破坏。这也是为什么许多浏览器已经关闭了一些危险的 JavaScript 功能的原因。

还有一种可以在客户端执行的是 Flash 动画格式。在这种动画格式中，可以进行程序设计，因此只要客户端拥有能够执行 Flash 动画的软件，就可以利用该软件与用户进行交互。这些都是动态网站提供的功能。

从上面的说明可以知道，动态网站是当前比较热门的类型之一。例如，在过去几年中，个人博客（blog）如雨后春笋般涌现，成为经典的动态网站之一。根据图 20-2，我们可以了解到要创建这种动态网站，需要具备以下条件：

- 支持的操作系统：让所需的软件都能够安装执行。
- 可运行的 WWW 服务器：例如 Apache 与 IIS 等 WWW 服务器平台软件。
- 网页程序语言：包括 Perl、PHP、JSP、CGI、ASP 等。
- 数据存储的数据库系统：包括 MySQL、MSSQL、PostgreSQL 以及甲骨文（Oracle）等。

3. LAMP 平台的说明

在整个平台设计方面，目前常见的有两个主要系统：一个是在 Linux 操作系统上搭配 Apache、MySQL 和 PHP 等实现的系统，被称为 LAMP 系统；另一个是微软的 IIS、MSSQL 和 ASP（.NET）服务器。就能见度和市场占有率而言，LAMP 系统仍然占据主导地位。在 LAMP 系统中，除了 Linux 之外，还有其他三个工具，让我们先来讨论一下。

- Apache（http://www.apache.org）。在 1995 年之前，存在许多不同的 WWW 服务器软件，其中 HTTPd 占据了较高的市场份额。随后，在多次漏洞修复之后，于 1995 年发布了 Apache（一个修补程序服务器）。这个软件成为主要的 WWW 服务器平台，后面提到的 PHP 必须在这个平台上才能运行。
- MySQL（http://www.mysql.org/）。传统的文件读取方式非常麻烦，如果只需要读取文件的一小部分内容，系统仍然会将整个文件读取出来。当多个用户同时读取同一个文件时，会导致效率和系统方面的问题。因此，数据库系统应运而生。**数据库实际上是一种特殊格式的文件，需要通过特定的接口（即数据库软件）进行读写操作。**由于这些接口针对数据查询和写入进行了优化设计，非常适合多人同时进行写入和查询的工作。

  数据库使用的是所谓的 SQL 标准语言，任何根据这种数据检索语言开发的数据库都被称为 SQL 数据库。一些知名的自由软件数据库系统包括 MySQL 和 PostgreSQL，其中 MySQL 的使用率较高。MySQL 可以通过网页程序语言进行读、写操作，因此非常适合设计讨论区、论坛等应用，甚至许多商业网站的重要数据也是通过 MySQL 数据库软件进行存取的。
- PHP（http://www.php.net/）。根据官方的说法，PHP 是一种工具，用于构建动态网页。PHP 程序代码可以直接嵌入到 HTML 网页中，就像编辑 HTML 网页一样简单。因此，PHP 被称为一种"程序语言"，可以直接在网页中编写代码，无须编译即可执行。由于它具有自由软件、跨平台、易学以及高执行效率等优点，目前它是非常流行的网页设计工具。在市场上可以找到许多相关的书籍作为参考资料。

> 事实上，如果仅仅学会 Linux 和搭建网站，竞争力还是不够的。如果有可能的话，多学习一些 MySQL 的 SQL 语言，以及类似 PHP、JSP 等跨平台的网页程序语言，对我们未来会非常有帮助。

20.1.4　https：加密的网页数据（SSL）及第三方证书机构

关于 HTTP 这个传输协议，需要了解的是：数据在传输过程中是以明文形式传送的。因此，如果数据包被监听和窃取，那么这些数据就等于落入了他人之手。回想一下，有没有在线刷卡的经历，在线刷卡只需要输入信用卡卡号和卡面上的截止日期，就可以进行交易了。如果数据在互联网上以明文形式传输，那么我们的信用卡信息就有可能随时被盗用。

虽然大多数 Internet 上的 WWW 网站提供的信息是可以自由浏览的，但正如前面提到的，一些物流交易网站的数据以及涉及个人重要机密的数据当然不能随意传输。这时就需要使用 https://hostname 的连接方式，它采用了 SSL 加密机制。

1. 安全套接层（Secure Socket Layer，SSL）

还记得我们在第 11 章介绍的 SSH 服务器中提到的连接机制吗？它利用非对称的密钥对（公钥+私钥）来形成密钥。数据在传输前通过公钥进行加密，传输到目标主机后再使用私钥进行解密。这样，数据在 Internet 上以加密方式传输，使得数据更加安全。SSL 就是在 WWW 传输中使用的一种加密方式之一。

当浏览器端和 WWW 服务器端同时支持 SSL 传输协议时，在连接阶段，浏览器和服务器会生成一个重要的密钥。生成密钥后，就可以使用浏览器来传输和接收加密的重要数据了。要实现这样的机制，我们的 WWW 服务器必须启用重要的传输协议 https，而浏览器则必须在网址栏中输入以 https:// 开头的网址，这样两者才能进行通信和连接。需要注意的是，在某些旧浏览器上可能不支持 SSL，因此在这些旧浏览器上无法实现 https 连接。

2. 证书颁发机构（Certificate Authorities，CA）

想一想 SSL 机制有什么问题？问题在于公钥是由服务器生成并且任何人都可以获取！这有什么问题呢？因为公钥可以被钓鱼网站获取并制作出一个非常类似于我们网上银行网站的虚假网站，并诱使输入账号和密码。这是非常糟糕的情况。虽然我们可能认为使用 https 就是安全的，但实际上，在钓鱼网站的服务器端，他们仍然能够获取我们的账号和密码，尽管数据是加密的。这时候，就需要第三方认证机构（CA）的帮助。

所谓的 CA 是一个公认的认证机构，可以自行生成一对密钥并创建必要的证书数据，然后向 CA 注册（需要支付费用）。当客户端的浏览器在浏览时，浏览器会主动与 CA 确认该证书是否为合法注册的。如果是合法注册的，那么连接会建立；如果不是，浏览器会发出警告信息，告知用户应该避免建立连接。因此，通过这种方式，WWW 服务器不仅拥有认证机构的证书，用户在建立连接时也更加有保障。

更多关于 SSL 和 CA 的介绍，可以参考以下网址：

- Apache 的 SSL：http://www.modssl.org/。
- CA 认证中心之一：https://www.cfca.com.cn/。

20.1.5　客户端常见的浏览器

我们之前提到过，WWW 服务器是基于服务器/客户端架构的，而客户端使用的软件就是浏览器。目前比较知名的自由软件浏览器主要有两款，一款是由 Mozilla 基金会管理的

Firefox，另一款是由 Google 推出的 Chrome。而市场占有率较高的浏览器还包括 Windows 的 IE（以前）和现在的 Edge。

由于浏览器可以连接到 Internet，因此它也有可能受到攻击。特别是 IE 直接嵌入到 Windows 的内核中，如果 IE 存在漏洞，对系统的损害是非常严重的。因此，请务必记得随时更新到最新版本的浏览器。建议使用 Firefox 或 Chrome 这些轻巧灵活的浏览器。

除了窗口界面的浏览器软件之外，其实还有几个可以在文字界面下进行浏览与网页下载的程序，分别是：

- links 与 lynx：文字界面的浏览器。
- wget：文字界面下用来下载文件的命令。

这几个命令我们已经在第 5 章介绍过了，请自行前往查看。

20.2　WWW 服务器的基本配置

根据前面的说明，我们了解到在 Linux 上实现网页服务器需要使用 Apache 服务器软件。然而，Apache 只能提供最基本的静态网站数据。如果想要实现动态网站，最好还是需要 PHP 和 MySQL 的支持。下面我们将以 LAMP 作为安装和设置进行介绍。

20.2.1　LAMP 所需软件与其结构

既然我们使用的是被称为与 Red Hat Enterprise Linux 完全兼容的 CentOS 版本的 Linux 操作系统，那么我们可以直接利用 CentOS 本身提供的 Apache、PHP 和 MySQL。不建议读者自行使用 tarball 安装 LAMP 服务器，因为自行安装不仅烦琐，而且不一定比系统默认的软件更稳定。除非你有特殊需求（例如某些 Apache 插件需要较高版本，或者对 PHP、MySQL 有特殊版本的要求），否则建议使用 yum 进行软件安装。

那么 LAMP 需要哪些模块呢？需要知道的是，PHP 是作为 Apache 的一个模块来执行的，而当我们要使用 PHP 程序来控制 MySQL 时，PHP 还需要支持 MySQL 模块。因此，至少需要以下几个软件：

- httpd（提供 Apache 主程序）。
- mysql（MySQL 客户端程序）。
- mysql-server（MySQL 服务器程序）。
- php（PHP 主程序含有给 Apache 使用的模块）。
- php-devel（PHP 的开发工具，这个与 PHP 外挂的加速软件有关）。
- php-mysql（提供给 PHP 程序读取 MySQL 数据库的模块）。

需要注意的是，Apache 目前有几个主要版本，包括 2.0.x、2.2.x 和 2.3.x 等。而对于 CentOS 6.x 版本，提供的是 Apache 2.2.x 版本。如果尚未安装 Apache，可直接使用 yum 命令或者使用原版光盘进行安装。

```
# 安装必要的 LAMP 软件：  php-devel 可以先忽略
[root@www ~]# yum install httpd mysql mysql-server php php-mysql
```

让我们首先了解一下 Apache 2.2.x 版本的相关结构，这样才能了解如何处理网页数据。

- /etc/httpd/conf/httpd.conf（**主要配置文件**）：httpd 是 Apache 最主要的配置文件，实际上整个 Apache 就是由这个配置文件来控制的。里面包含了各种设置。但是许多其他的发行版会将这个文件拆分成多个小文件，分别管理不同的参数。不过，主要的配置文件仍然以这个文件名为主。只要找到这个文件名，就能知道如何进行设置了。
- /etc/httpd/conf.d/*.conf（**很多的额外参数文件，扩展名是 .conf**）：如果不想修改原始配置文件 httpd.conf，可以将自己的额外参数文件单独分离出来。例如，如果想要自定义额外的设置值，可以将它们写入/etc/httpd/conf.d/vbird.conf（注意，扩展名必须是.conf）。然后，在启动 Apache 时，这个文件中的设置将被读入主要的配置文件中。这样做有什么好处呢？好处在于，当进行系统升级时，几乎不需要修改原始的配置文件，只需要将自己的额外参数文件复制到正确的位置即可。这样维护更加方便！
- /usr/lib64/httpd/modules/、/etc/httpd/modules/：Apache 支持很多外挂模块，例如 PHP 和 SSL 都是 Apache 的外挂模块之一。所有想要使用的模块文件默认都放置在这个目录中。
- /var/www/html/：**这就是 CentOS 默认的 Apache 首页所在的目录。** 当输入 http://localhost 时，显示的数据就放置在该目录中的首页文件（默认为 index.html）内。
- /var/www/error/：服务器设置错误，或者是浏览器端要求的数据错误时，在浏览器上出现的错误信息就以这个目录的默认信息为主。
- /var/www/icons/：这个目录提供了 Apache 默认提供的一些小图标，可以随意使用。当输入 http://localhost/icons/时，显示的数据就位于这个目录中。
- /var/www/cgi-bin/：这个目录是默认用于放置一些可执行的网页程序（CGI）的目录。当输入 http://localhost/cgi-bin/时，显示的数据就位于这个目录中。
- /var/log/httpd/：默认的 Apache 日志文件都放在这个目录中。对于流量较大的网站来说，需要小心处理这个目录，因为像鸟哥的网站这样的流量，一个星期的日志文件大小可能会达到 700MB 至 1GB。因此，务必要修改 logrotate 配置，将日志文件进行压缩。这样可以节省磁盘空间并更好地管理日志文件。
- /usr/sbin/apachectl：这是 Apache 的主要执行文件，实际上它只是一个 Shell 脚本文件。它可以主动检测系统上的一些设置值，从而使 Apache 的启动过程更加简单。
- /usr/sbin/httpd：这是主要的 Apache 二进制执行文件。
- /usr/bin/htpasswd（**Apache 密码保护**）：当想要登录某些网页时，通常需要输入用户名和密码。Apache 本身提供了一种最基本的密码保护方式，密码是通过特定的命令生成的。我们将在高级 WWW 设置中详细说明相关的设置方式。

至于 MySQL 方面，需要知道的几个重要目录与文件如下：

- /etc/my.cnf：这是 MySQL 的配置文件，可以在其中进行 MySQL 数据库的优化或者针对 MySQL 指定一些额外的参数。
- /var/lib/mysql/：这个目录是 MySQL 数据库文件的存储位置。在启动任何 MySQL 服务时，请务必在备份时完整备份这个目录。

另外，在 PHP 方面，也需要知道以下几个文件：

- /etc/httpd/conf.d/php.conf：是否需要手动将该模块写入 httpd.conf 文件中呢？不需要，因为系统会自动将 PHP 的设置参数写入该文件中。而这个文件会在 Apache 重新启动时被读取。
- /etc/php.ini：这是 PHP 的主要配置文件，其中包括了一些重要的设置，比如是否允许用户上传文件，是否允许某些低安全性的标志等，都可以在这个配置文件中进行设置。
- /usr/lib64/httpd/modules/libphp5.so：PHP 是为 Apache 提供的一个模块，它是我们能否在 Apache 网页上使用 PHP 程序语言的最重要文件，必须存在。
- /etc/php.d/mysql.ini、/usr/lib64/php/modules/mysql.so：PHP 是否支持 MySQL 接口呢？这取决于这两个组件。这两个组件是由 php-mysql 软件提供的。
- /usr/bin/phpize、/usr/include/php/：如果未来想要安装类似 PHP 加速器以提高浏览速度，那么这个文件和目录需要存在，否则加速器软件可能无法成功编译。这两个数据也是由 php-devel 软件提供的。

基本上，我们所需的几个软件的结构就是这样的。上面提到的是适用于 Red Hat 系统（如 RHEL、CentOS、FC）的数据。如果是 SuSE 或其他版本，则根据相应的分发管理软件指令（如 rpm 或 dpkg）进行查询，就可以知道各个重要数据放置的位置。这些数据非常重要，必须对其放置位置有一定的了解。

20.2.2　Apache 的基本设置

在开始设置 Apache 之前，需要知道对于 WWW 来说，主机名是有含义的。虽然可以使用 IP 地址来搭建 WWW 服务器，但建议申请一个合法的主机名更好。如果是临时测试用的主机没有主机名，至少确保测试用主机名为 localhost，并且在/etc/hosts 文件中需要添加以下一行数据：

```
[root@www ~]# vim /etc/hosts
127.0.0.1    localhost.localdomain localhost
```

这样在启动 Apache 时就不会出现找不到完整主机名（FQDN）的错误信息了。此外，Apache 只是一个服务器平台，我们还需要了解 HTML 和相关的网页设计语法，这样才能丰富网站。对于想要设计网页的读者来说，应用软件可能是一个很好的入门方式，但如果想要完整地了解网站设计的技巧，研究基础的 HTML 或 CSS 是更合适的选择。

如果对一些基础语法感兴趣，也想要开发一些无障碍网页空间，可以访问 http://www.w3c.org 上列出的标准语法，相信你会有所收获！

下面我们来讨论如何设置 Apache 的 httpd.conf 配置文件。再次强调，每个发行版的文件内容都会有所不同，所以需要自行找到相关的配置文件。那么，httpd.conf 的设置是怎样的呢？它的基本设置格式如下：

```
<设置项>
    此设置项内的相关参数
    ...
</设置项>
```

举例来说，如果想为首页/var/www/html/目录提供一些额外的功能，那么需要设置如下文件：

```
<Directory "/var/www/html">
    Options Indexes
    ...
</Directory>
```

httpd.conf 配置文件的设置几乎都是以这种设置方式进行的。特别需要注意的是，如果有额外的设置，不要在 httpd.conf 文件中随意找地方写入，如果写在 <Directory>...</Directory> 标签内部，就会导致错误。我们需要仔细查找合适的位置，或者将其添加到文件的末尾即可。接下来我们来讨论一下 Apache 服务器的基本配置。

> 事实上，Apache 的网站提供了很多非常详细的文件资料。鸟哥在下面仅介绍一些常用设置项的含义。

1. 针对服务器环境的设置项

Apache 在服务器环境的设置项中，包括响应给客户端的服务器软件版本、主机名、服务器配置文件顶层目录等。接下来，我们将讨论这些设置项：

```
[root@www ~]# vim /etc/httpd/conf/httpd.conf
ServerTokens OS
# 这个设置项用于告知客户端我们服务器的版本与操作系统，不需要改动它
# 如果不在乎系统的信息被远程的用户查询到，则可以将这个设置项注释掉（不建议）

ServerRoot "/etc/httpd"
# 服务器设置的最顶层目录，有点类似 chroot 的感觉。包括 logs、modules 等的
# 数据都应该放置到此目录下（若未声明成绝对路径时）

PidFile run/httpd.pid
```

```
# 放置 PID 的文件，可方便 Apache 软件的管理。只有相对路径
# 考虑 ServerRoot 设置值，所以文件在/etc/httpd/run/httpd.pid 中

Timeout 60
# 无论接收或发送，当持续连接等待超过 60 秒则该次连接就中断
# 一般来说，此数值在 300 秒左右即可，不需要修改这个原始值

KeepAlive On          <==最好将默认的 Off 改为 On
# 是否允许持续性的连接，也就是一个 TCP 连接可以具有多个文件传送的要求
# 举例来说，如果网页内包含很多图片文件，那么这一次连接就会将所有的数据发送完，
# 而不必发送每个图片文件都需要进行一次 TCP 连接。默认为 Off 请改为 On 较好

MaxKeepAliveRequests 500   <==可以将原来的 100 改为 500 或更高
# 与上一个设置值 KeepAlive 有关，当 KeepAlive 设置为 On 时，则这个数值可决定
# 该次连接能够传输的最大传输数量。为了提高效率则可以改大一点。0 代表不限制

KeepAliveTimeout 15
# 在允许 KeepAlive 的条件下，则该次连接在最后一次传输后等待延迟的秒数
# 当超过上述秒数则该连接将中断。设置 15 即可，如果设置得太高（等待时间较长），
# 在较忙碌的系统上将会有较多的 Apache 程序占用资源，可能产生效率方面的问题

<IfModule prefork.c>   <==下面两个 prefork、worker 与内存管理有关
StartServers         8    <==启动 httpd 时，唤醒几个 PID 来处理服务
MinSpareServers      5    <==最小的预备使用的 PID 数量
MaxSpareServers      20   <==最大的预备使用的 PID 数量
ServerLimit          256  <==服务器的限制
MaxClients           256  <==最多可以容许多少个客户端同时连接到 httpd
MaxRequestsPerChild  4000
</IfModule>
<IfModule worker.c>
StartServers            4
MaxClients              300
MinSpareThreads         25
MaxSpareThreads         75
ThreadsPerChild         25
MaxRequestsPerChild     0
</IfModule>
```

上述的 prefork 和 worker 实际上是两个与服务器连接资源相关的设置项。默认的设置对于一般小型网站已经足够了，但如果网站流量较大，也可以修改其中的数值。这两个模块都用于提供用户连接的资源（进程），设置得数量越大，系统就会启动更多的程序来提供 Apache 服务，从而提高响应速度。简单来说，这两个模块的功能可以分为以下几类：

- **针对模块的功能分类**：worker 模块占用的内存较小，对于流量较大的网站来说，是一个较好的选择。虽然 prefork 占用较大的内存，但其速度与 worker 模块差异不大。此外，prefork 模块的内存使用设计较为优秀，可以在许多无法提供调试功能的平台上进行自我调试。因此，默认模块是 prefork。
- **详细设置的内容方面（以 prefork 为例，worker 含义相同）**：
    - **StartServers**：代表启动 Apache 时就启动的进程（process）数量，所以 Apache 会使用到不止一个程序。

- **MinSpareServers、MaxSpareServers**：代表备用进程的最大与最小数量。
- **MaxClients**：最大的同时连接数量，也就是进程数量不会超过此值。假设有 10 个用户连接上来，加上之前的 MinSpareServer=5、MaxSpareServers=20，那么此时 Apache 应该有 15~30 个程序。而最终的进程数量不会超过 256 个（根据上述设置值）。
- **MaxRequestsPerChild**：每个进程能够处理的最大传输请求次数。举例来说，如果有一个用户连接到服务器后请求了数百个网页，当他的请求次数超过此数值时，该进程就会被丢弃，并切换到一个新的进程。这个设置可以有效地管理每个进程在系统上的存活时间。根据观察，新进程的效率较高。

在上述设置中，比较有趣的是 MaxClients 这个程序模块的参数值。如前面所述，这个 MaxClients 设置值可以控制同时连接到 WWW 服务器的总连接的请求数量，可以将其视为实时在线人数的最高限制。然而，需要注意的是，MaxClients 的数量并不是越高越好，因为它会消耗物理内存（与进程有关）。如果将其设置得太高，超过了系统物理内存的限制，那么效率反而会降低（因为系统会使用速度较慢的交换空间）。此外，MaxClients 在 Apache 编译时已经指定了最大值，因此除非重新编译 Apache，否则无法超过为系统设置的最大值。除非网站流量非常大，否则默认值已经足够用了。但如果内存不够大，MaxClients 反而应该调低一些，比如设置为 150，否则效率会变低。那么，Apache 到底使用哪个模块呢？是 prefork 还是 worker？实际上，CentOS 将这两个模块分别放在不同的执行文件中，分别是：

- /usr/sbin/httpd：使用 prefork 模块。
- /usr/sbin/httpd.worker：使用 worker 模块。

那么，如何确定使用哪个模块呢？我们可以查阅一下/etc/sysconfig/httpd 文件，就知道系统默认使用的是 prefork 模块了，也可以通过修改/etc/sysconfig/httpd 文件来使用 worker 模块。如果读者非常好奇，可以尝试分别启动这两个模块。接下来，我们可以继续看一些其他的服务器环境设置参数。

```
Listen 80
# 与监听接口有关，默认开放在所有的网络接口。也可修改端口，如 8080

LoadModule auth_basic_module modules/mod_auth_basic.so
...(下面省略)...
# 加载模块的设置项。Apache 提供很多有用的模块（就是外挂）给我们使用

Include conf.d/*.conf

# 因为这一行，所以放置到 /etc/httpd/conf.d/*.conf 的设置都会被读入

User apache
Group apache
# 前面提到的 prefork、worker 等模块所启动的进程的属主与属组设置
# 这个设置很重要，因为未来提供的网页文件能不能被浏览都与这个身份相关

ServerAdmin vbird@www.centos.vbird    <==改成自己的 E-mail
# 系统管理员的 E-mail，当网站出现问题时，错误提示信息会显示的联系邮箱（错误回报）
```

```
ServerName www.centos.vbird      <==自行设置好自己的主机名较好
# 设置主机名,这个值如果没有指定的话,默认会以主机名的输出为依据
# 千万记得,填入的主机名要找的到 IP 地址(DNS 或 /etc/hosts)

UseCanonicalName Off
# 是否使用标准主机名?如果主机有多个主机名,若这个设置为 On,
# 那么 Apache 只接收上面 servername 指定的主机名连接。建议使用 Off
```

在某些特殊的服务器环境中,有时候需要启动多个不同的 Apache,或者是端口 80 已经被占用,导致 Apache 无法在默认端口启动,这时可以通过修改 Listen 设置值来修改端口。这是一个非常重要的设置值。除此之外,也可以将自定义的额外设置指定到 /etc/httpd/conf.d/*.conf 文件中,特别是虚拟主机经常使用这种设置,这样在迁移时会非常方便。

2. 针对中文语言编码的设置参数的修改

Internet 数据传输的编码主要以万国码(UTF-8)为主。然而,在中文网站有相当多的仍在使用 GB2312 中文编码。如果 Apache 默认以 UTF-8 编码传输数据,但网站使用的是中文编码,那么客户端将会看到乱码。虽然可以通过调整浏览器的编码来正确显示数据,但这仍然不是一个理想的解决方案。在这种情况下,可以调整以下参数:

```
[root@www ~]# vim /etc/httpd/conf/httpd.conf
# 找到下面这一行,应该是在 747 行左右
# AddDefaultCharset UTF-8   <==请将它注释掉
```

这个设置的含义是向客户端浏览器传输"强制使用 UTF-8 编码"的信息,这样无论网页内容是什么,浏览器都会默认使用 UTF-8 来显示。然而,如果网页使用的不是 UTF-8 的语言编码,那么在浏览器中就会出现乱码,这非常令人烦燥。因此,在这种情况下,当然需要将这个设置注释掉。需要注意的是,如果之前已经在客户端上浏览过很多页面,那么在修改了这个设置之后,仍然需要清除浏览器的缓存,否则相同页面可能仍然会显示乱码。这并不是 Apache 的问题,而是客户端浏览器缓存所导致的。请务必处理这个问题!

语言编码的默认值已经被取消了,那么我怎么知道我的网页在客户端上会显示哪种语言呢?实际上,在网页中已经声明了语言编码:

```
<html>
<head>
        <meta http-equiv="Content-Type" content="text/html; charset=GB2312" >
        ...(其他省略)...
```

我们需要修订上述的粗体字标示的地方,而不使用 Apache 提供的默认语言编码!

3. 网页首页及目录相关权限的设置(DocumentRoot 与 Directory)

我们之前讨论过在 CentOS 中,WWW 的默认首页被放置在/var/www/html 目录下。这

是因为 DocumentRoot 设置值的影响。此外，由于 Apache 允许 Internet 浏览我们的数据，因此必须针对可被浏览的目录进行相应的权限设置，这就是<Directory>设置值的重要特性。现在让我们来看一下默认的主页设置吧！

```
[root@www ~]# vim /etc/httpd/conf/httpd.conf
DocumentRoot "/var/www/html"     <==可以改成放置首页的目录
# 这个设置值规范了 WWW 服务器主网页所放置的目录，虽然设置值内容可以变更，
# 但是必须要特别留意这个设置目录的权限以及 SELinux 的相关规则与类型（type）

<Directory />
    Options FollowSymLinks
    AllowOverride None
</Directory>
# 这个设置值是针对 WWW 服务器的默认环境而来的，因为是针对"/"的设置，建议保留上述的默认值（上面数据
已经是很严格的限制），相关参数后面进行说明

<Directory "/var/www/html">              <==针对特定目录的限制。下面参数很重要
    Options Indexes FollowSymLinks       <==建议注释掉 Indexes
    AllowOverride None
    Order allow,deny
    Allow from all
</Directory>
```

这部分是针对/var/www/html 目录进行权限设置，也就是我们首页所在的目录权限。下面是几个主要设置项的含义（这些设置值都非常重要，需要仔细阅读！）：

- **Options（目录参数）**：此设置值表示在该目录内允许 Apache 执行的操作，即针对 Apache 程序的权限设置。主要的参数值包括：
    - **Indexes**：如果在此目录下找不到首页文件（默认为 index.html）时，就显示整个目录下的文件名。首页文件名与 DirectoryIndex 设置值有关。
    - **FollowSymLinks**：这是 Follow Symbolic Links 的缩写，字面意思是允许符号链接生效。我们知道首页目录位于/var/www/html，由于它是 WWW 的根目录，理论上类似于 chroot。通常情况下，被 chroot 的程序无法离开其目录，也就是说，默认情况下，如果在/var/www/html 目录下通过符号链接链接到了该目录之外的其他地方，那么该符号链接默认是无效的。但通过使用这个设置，则可以让符号链接在该目录之外有效。
    - **ExecCGI**：赋予该目录执行 CGI 程序的权限非常重要。举例来说，之前很受欢迎的 OpenWebMail 使用了许多 Perl 程序，如果想让 OpenWebMail 能够执行，就需要在包含该程序的目录中具有 ExecCGI 权限。需要注意的是，不要让所有目录都具有 ExecCGI 权限。
    - **Includes**：允许一些服务器端嵌入（Server-Side Include）程序的运行。建议添加这个设置。
    - **MultiViews**：这个设置与多语言支持相关，与语言数据（LanguagePriority）有关。

它在返回的错误提示信息中经常出现，允许根据客户端的语言提供不同的语言显示。默认情况下，在错误返回信息中存在这个设置，可以检查位于/var/www/error/目录下的数据。

- **AllowOverride（允许覆盖参数的功能）**：表示是否允许额外配置文件 .htaccess 中的某些参数覆盖。我们可以在 httpd.conf 内设置所有权限，但这样一来，用户如果想要在自己的个人网页中修改权限，将会给管理员带来困扰。因此，Apache 默认允许用户使用目录下的 .htaccess 文件覆盖<Directory>中的某些功能参数。这个设置项规定了 .htaccess 可以覆盖的权限类型。常见的包括：
  - ALL：全部的权限均可被覆盖。
  - AuthConfig：仅有网页认证（账号与密码）可覆盖。
  - Indexes：仅允许 Indexes 方面的覆盖。
  - Limits：允许用户利用 Allow、Deny 与 Order 管理可浏览的权限。
  - None：不可覆盖，也就是让 .htaccess 文件失效。

  这部分我们在高级设置时会详细介绍。

- **Order、allow、deny（能否登录浏览的权限）**：决定该目录是否可被 Apache 的 PID（进程 ID）浏览的权限设置。目录是否可被浏览主要有两种判断方式：
  - deny,allow：以 deny 优先处理，但没有写入规则的则默认为 allow。
  - allow,deny：以 allow 为优先处理，但没有写入规则的则默认为 deny。

所以在默认的环境中，由于使用了"allow,deny"参数，因此默认为 deny（不可浏览）。然而，在下一行中有一个"Allow from all"的设置，allow 优先处理，因此所有客户端都可以浏览。我们将在 20.3.4 节的高级安全设置中再次提及这部分内容。

除了上述数据之外，与网站数据相关性较高的还有以下几个方面：

```
[root@www ~]# vim /etc/httpd/conf/httpd.conf
 DirectoryIndex index.html index.html.var    <==首页"文件的文件名"设置
```

如果客户端在地址栏中只输入目录，例如 http://localhost/，那么 Apache 将显示哪个文件呢？它将显示首页文件！在 Apache 中，默认的首页文件名以 index.* 开头，但在 Windows 中，它以 default.* 等文件名开头。如果想让类似 index.pl 或 index.cgi 也能作为首页文件名，则可以进行如下更改：

```
DirectoryIndex index.html index.htm index.cgi index.pl ...
```

那么，如果上述的文件名都存在，应该怎么处理呢？按照顺序，接在 DirectoryIndex 后面的文件名参数将被优先读取，越前面的优先级越高。但是，如果所有的文件名都不存在，也就是没有首页文件时，该如何处理呢？这与之前提到的 Options 中的 Indexes 选项有关。这两个参数是如何关联起来的呢？

```
[root@www ~]# vim /etc/httpd/conf/httpd.conf
```

```
# Alias   网址延伸   实际 Linux 目录
Alias /icons/ "/var/www/icons/"    <==制作一个目录别名（类似快捷方式）
<Directory "/var/www/icons">
    Options Indexes MultiViews
    AllowOverride None
    Order allow,deny
    Allow from all
</Directory>
```

这个 Alias 非常有趣，可以创建类似链接文件的效果。当输入 http://localhost/icons 时，实际上在/var/www/html 目录下并没有 icons 目录。但是由于 Alias（别名）的设置，该网址会直接映射到/var/www/icons/目录下。在这个目录下，默认提供了许多 Apache 提供的小图标。由于设置了一个新的可浏览目录，因此需要使用<Directory>来规定权限。

```
[root@www ~]# vim /etc/httpd/conf/httpd.conf
# ScriptAlias   网址延伸   实际 Linux 目录
ScriptAlias /cgi-bin/ "/var/www/cgi-bin/"
<Directory "/var/www/cgi-bin">
    AllowOverride None
    Options None
    Order allow,deny
    Allow from all
</Directory>
```

与上述的 icons 类似，但这里使用的是 ScriptAlias（可执行脚本的别名）设置值。这个设置值可以指定该目录下的具有 ExecCGI 能力的目录。因此，可以将类似 Open webmail 的程序放置在/var/www/cgi-bin 目录中，而无须额外设置其他目录来存放 CGI 程序，这样就可以正常工作了。接下来，让我们准备一下，看看还有哪些额外的配置文件需要处理呢？

20.2.3　PHP 默认参数的修改

我们之前简单提到了 PHP 是 Apache 中的一个模块，但在讨论 Apache 的 httpd.conf 之后，我们没有讨论 PHP 模块的设置问题。并不是因为不重要，而是因为目前 Apache 将一些重要的模块拆分到了/etc/httpd/conf.d/*.conf 文件中，所以我们必须进入该目录才能了解到某些模块是否加入了。现在让我们来看看吧！

```
[root@www ~]# cd /etc/httpd/conf.d
[root@www conf.d]# ll *.conf
-rw-r--r--. 1 root root 674 Jun 25 15:30 php.conf      <==提供 PHP 模块的设置
-rw-r--r--. 1 root root 299 May 21  2009 welcome.conf <==提供默认的首页欢迎信息
# 如果是按照刚刚鸟哥说的几个模块去安装的，那么这个目录下至少会有这两个数据，
# 一个是 PHP 设置，一个则是"如果首页不存在时的欢迎画面"
```

下面主要来看看关于 PHP 的配置文件：

```
[root@www conf.d]# vim /etc/httpd/conf.d/php.conf
```

```
<IfModule prefork.c>   <==根据不同的 PID 模式给予不同的 PHP 运行模块
  LoadModule php5_module modules/libphp5.so
</IfModule>
<IfModule worker.c>
  LoadModule php5_module modules/libphp5-zts.so
</IfModule>
AddHandler php5-script .php   <==所以扩展名一定要是以.php 结尾
AddType text/html .php        <==以.php 结尾的文件是纯文本文件
DirectoryIndex index.php      <==首页文件名 index.php
#AddType application/x-httpd-php-source .phps <==特殊的用法
```

CentOS 6.x 使用的是 PHP 5.x 版本，该版本根据不同的 Apache 内存模式（prefork 或 worker）提供不同的模块。此外，为了规范 PHP 文件，最后三行添加了一些内容，包括增加扩展名为.php 的文件处理方式、将.php 定义为纯文本文件以及添加了 index.php 作为首页文件名等。基本上，这个文件不需要进行任何修改，保留原样即可。

1. PHP 安全方面的设置

PHP 的配置文件实际上是位于/etc/php.ini 中的。这个文件的内容在某些地方可以进行一些小的修改，但也有一些地方必须特别注意，以免客户端误用了该 PHP 资源。下面先介绍一些与安全相关的常见 PHP 设置。

```
[root@www ~]# vim /etc/php.ini
register_globals = Off
# 这个设置项需要设置为 Off（默认就是 Off），因为当设置为 On 时,
# 虽然程序执行不容易出问题，但是由于不小心很容易会被攻击

log_errors = On
ignore_repeated_errors = On   <==这个设置值调整一下（因默认为 Off）
ignore_repeated_source = On   <==这个设置值调整一下
# 这三个设置项可以决定是否要将 PHP 程序的错误记录起来
# 建议将重复的错误数据忽略掉，否则在很忙碌的系统上
# 这些错误数据将可能造成日志文件暴增，导致效率不佳（或宕机）

display_errors = Off
display_startup_errors = Off
# 当程序发生问题时，是否要在浏览器上显示相关的错误提示信息（包括部分程序代码）
# 强烈建议设置为 Off。不过，如果是尚未开放的 WWW 服务器，为了便于调试,
# 可以暂时将它设置为 On，如此一来程序问题会在浏览器上直接显示出来,
# 而我们不需要进入 /var/log/httpd/error_log 日志文件中查阅。
# 但程序完成后记得将此设置值改为 Off，这很重要。
```

如果想在自己的 WWW 服务器上提供 Apache 的说明文档，则可以安装 httpd-manual 这个软件包。安装后，就会发现在相应的目录中会添加一个文件——manual.conf，此后就可以使用 http://localhost/manual 来访问 Apache 的使用手册了，非常方便！如果读者感兴趣，可以参考以下步骤来安装这些软件：

- httpd-manual：提供 Apache 参考文件的一个软件。

- mrtg：利用类似绘图软件自动产生主机流量图表的软件。
- mod_perl：让 WWW 服务器支持 Perl 编写的网页程序（例如 webmail 程序）。
- mod_python：让 WWW 服务器支持 Python 编写的网页程序。
- mod_ssl：让 WWW 服务器可以支持 https 这种加密过后的传输模式。

Perl 和 Python 与 PHP 类似，都是一些常用的网页编程语言。例如，知名的 OpenWebMail（http://openwebmail.org/）就是使用 Perl 编写的。如果想让 WWW 服务器支持这些程序语言，就需要安装相应的软件（不需要安装所有的软件，只需安装所需要的即可）。

2. PHP 提供的上传容量限制

我们未来可能会使用 PHP 编写的软件来提供用户上传/下载文件数据，那么 PHP 是否有文件大小的限制？答案是：有的。那么默认的容量限制是多少呢？默认情况下大约是 2MB。假设我们现在想将限制提高到 16MB，可以进行如下修改：

```
[root@www ~]# vim /etc/php.ini
post_max_size = 20M         <==大约在 729 行
file_uploads = On           <==一定要是 On 才行 (默认值)
upload_max_filesize = 16M   <==大约在 878 行
memory_limit = 128M         <==PHP 可用的内存容量也能修改
```

为什么 post_max_size 要比 upload_max_filesize 大呢？因为文件有可能通过 POST 方式传输到我们的服务器上，此时文件需要包含在 POST 信息中。由于 POST 信息可能还包含其他额外的信息，因此 post_max_size 需要比 upload_max_filesize 大。在设计这个配置文件时，这两个值需要特别注意。

20.2.4　启动 WWW 服务与测试 PHP 模块

最基本的 WWW 服务器设置差不多完成了，接下来就是启动它。启动的方法非常简单，可以使用传统的方式来启动：

```
[root@www ~]# /etc/init.d/httpd start        <==立刻启动
[root@www ~]# /etc/init.d/httpd configtest   <==测试配置文件的语句
[root@www ~]# chkconfig httpd on             <==开机启动 WWW
```

另外，实际上 Apache 也提供了一个脚本供我们简单使用，那就是 apachectl 程序。这个程序的使用方法几乎与/etc/init.d/httpd 完全相同。

```
[root@www ~]# /usr/sbin/apachectl start   <==启动
[root@www ~]# /usr/sbin/apachectl stop    <==关闭 WWW
```

要记住 apachectl 这个程序，因为在许多认证考试中会涉及，而且它也是 Apache 默认提供的一个管理指令。好了，现在让我们来看看是否成功启动了。

```
# 先看看端口有没有启动
[root@www ~]# netstat -tulnp | grep 'httpd'
Proto Recv-Q Send-Q Local Address    Foreign Address   State    PID/Program name
tcp        0      0 :::80            :::*              LISTEN   2493/httpd
# 再来看看登录文件的信息记录了什么。强烈建议看一下这个
[root@www ~]# tail /var/log/httpd/error_log
[notice] SELinux policy enabled; httpd running as context unconfined_u:system_r:
httpd_t:s0
[notice] suEXEC mechanism enabled (wrapper: /usr/sbin/suexec)
[notice] Digest: generating secret for digest authentication ...
[notice] Digest: done
[notice] Apache/2.2.15 (Unix) DAV/2 PHP/5.3.2 configured -- resuming normal operations
# 第一行在告知使用了 SELinux（强调一下），最后一行代表正常启动了
```

这样应该就成功启动了 Apache。另一个重要的事项是启动 SELinux 的相关说明，我们需要特别注意这一点。接下来，测试一下是否能够访问网页。首先检查/var/www/html 目录是否有数据，如果没有，没关系，因为 CentOS 为我们提供了一个测试页面（Apache 的欢迎页面功能）。所以可以在浏览器中输入主机的 IP 地址，结果如图 20-3 所示。

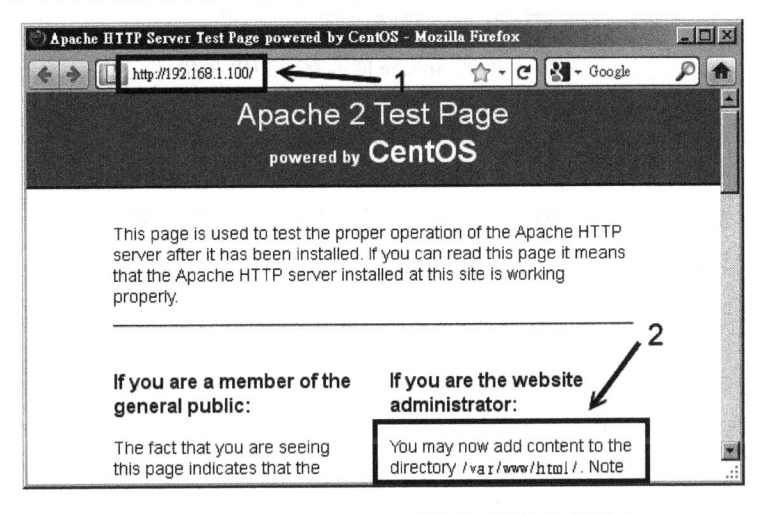

图 20-3 启动 Apache 之后所看到的默认首页

我们可以在服务器上启动图形界面来查看，也可以通过客户端计算机进行连接（假设已经解决了防火墙问题）。在这里，假设服务器处于纯文本界面的运行级别 3，因此使用外部的客户端计算机连接到服务器的 IP 地址，就像图 20-3 中箭头 1 所示。如果在服务器本机上启动了浏览器，可以直接输入 http://localhost。同时，注意到箭头 2 所指的位置，则会发现首页位于/var/www/html/下。但如果想要确认是否成功加载了 PHP 模块，最好先在/var/www/html/目录下创建一个简单的文件：

```
[root@www ~]# vim /var/www/html/phpinfo.php
<?php  phpinfo ();  ?>
```

要记住，PHP 文件的扩展名一定要是以.php 结尾的。至于内容中，"<?php ... ?>"是嵌入在 HTML 文件内的 PHP 程序语句。在这两个标签内的就是 PHP 的程序代码。而 phpinfo(); 是 PHP 程序提供的一个函数库，可以显示出服务器内的相关服务信息，包括主要的 Apache 信息与 PHP 信息等。配置完毕后，你可以利用浏览器去浏览这个文件，如图 20-4 所示。

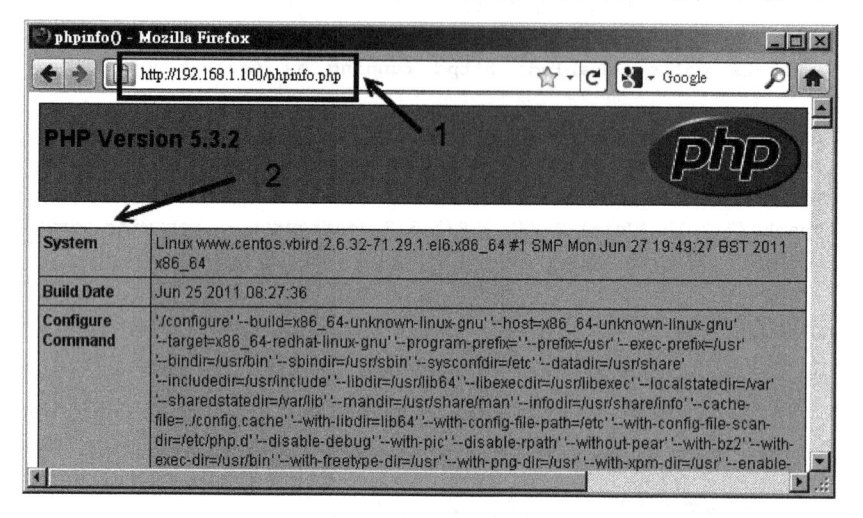

图 20-4 测试 Apache 能否驱动 PHP 模块

注意观察网址的部分。由于 phpinfo.php 放置在首页目录的下面，因此整个 URL 自然成为图 20-4 中箭头 1 所示的样子。phpinfo()函数输出的内容相当敏感，所以在测试完毕后需要立即删除这个文件。通过图 20-4 的界面，可以获取 PHP 模块的版本以及 Apache 相关的重要数据。至此，Apache 与 PHP 就准备就绪了。

如果测试失败怎么办？常见的错误问题以及解决方法如下：

- **网络问题**：虽然在本机上没有问题，但并不意味着网络一定畅通。请确认一下网络状态，例如路由表、拨号情况等。
- **配置文件语句错误**：这个问题经常出现，通常是由于设置错误而导致服务无法成功启动。此时，除了参考屏幕上的输出信息外，还可以通过执行"/etc/init.d/httpd configtest"命令来测试语句。更好的解决方法是参考"/var/log/httpd/error_log"文件中的数据，以获取更详细的解决方法。
- **权限问题**：例如，假设刚刚在 httpd.conf 中将 user 设置为 Apache，但是被浏览的文件或目录却没有给予 Apache 可读权限，这样就无法让其他人连接进去。
- **问题的解决方法**：如果仍然无法连接到 Linux Apache 主机，那么需要：
  - 查看 /var/log/httpd/error_log 文件，它能提供很多信息。
  - 仔细查看浏览器显示的信息，以确定问题的具体原因。
  - 另一个可能性是防火墙，请查看 iptables 的信息，也可能是 SELinux 的问题。

20.2.5 MySQL 的基本设置

在 LAMP 服务器中，Linux、Apache、PHP 已经处理完了，那么 MySQL 呢？所以，接下来要处理的是这个数据库软件。在启动 MySQL 之前，系统并没有为我们创建任何数据库。只有在初次启动 MySQL 后，系统才会对数据库进行初始化和创建。如果不相信，可以先查看一下/var/lib/mysql/目录，就会发现里面实际上没有任何数据。

1. 启动 MySQL（设置 MySQL root 密码与添加 MySQL 用户账号）

首先要启动 MySQL 才行，启动的方法很简单。

```
[root@www ~]# /etc/init.d/mysqld start
[root@www ~]# chkconfig mysqld on
# 如果是初次启动，屏幕会显示一些信息，且 /var/lib/mysql 会创建数据库

[root@www ~]# netstat -tulnp | grep 'mysql'
Proto Recv-Q Send-Q Local Address    Foreign Address    State    PID/Program name
tcp        0      0 0.0.0.0:3306     0.0.0.0:*          LISTEN   2726/mysqld

# 下面再测试看看能否以手动的方式连上 MySQL 数据库
[root@www ~]# mysql -u root
Welcome to the MySQL monitor.  Commands end with ; or \g.
Your MySQL connection id is 2
Server version: 5.1.52 Source distribution

Type 'help;' or '\h' for help. Type '\c' to clear the current input statement.

mysql> exit
Bye
```

MySQL 默认监听端口是 3306。从上面的输出来看，我们的 MySQL 似乎已经启动了。然而，刚刚初始化的 MySQL 数据库管理员并没有设置密码，这意味着我们的数据库可能会受到用户的恶意破坏。因此，最好为 MySQL 的管理员账号设置一个密码。此外，上面提到的 root 账号与我们的 Linux 账号 root 是完全不相关的。因为 MySQL 数据库软件本身也是一个多用户操作环境，只是该软件内有一个特殊的管理员账号也叫 root 而已。

那么如何为 MySQL 软件内的 root 管理员设置密码呢？可以按照以下步骤进行操作：

```
[root@www ~]# mysqladmin -u root password 'your.password'
# 从此以后 MySQL 的 root 账号就需要密码了

[root@www ~]# mysql -u root -p
Enter password:    <==必须在这里输入刚刚创建的密码

mysql> exit
```

这样做可以使 MySQL 数据库的管理更加安全。实际上，更好的做法是为不同的数据库创建不同的用户来进行管理。举例来说，如果想为用户 vbirduser 授予 MySQL 数据库 vbirddb 的使用权限，并设置密码为 vbirdpw，则可以按照以下步骤进行操作：

```
[root@www ~]# mysql -u root -p
Enter password:   <==如前所述，必须要输入密码
mysql> create database vbirddb;   <==注意每个命令后面都要加上分号 ";"
Query OK, 1 row affected (0.01 sec)

mysql> grant all privileges on vbirddb.* to vbirduser@localhost
identified by 'vbirdpw' ;
Query OK, 0 rows affected (0.00 sec)

mysql> show databases;
+--------------------+
| Database           |
+--------------------+
| information_schema |
| mysql              |  <==用来记录 MySQL 账号、主机等重要信息的主数据库
| test               |
| vbirddb            |  <==我们刚刚创建的数据库在此处
+--------------------+
4 rows in set (0.00 sec)

mysql> use mysql;
mysql> select * from user where user = 'vbirduser';
# 上面两个命令在查询系统有没有 vbirduser 这个账号，若出现一堆东西，
# 那就是查询到该账号了，这样配置就完成了

mysql> exit
```

然后，便可以使用命令 "mysql -u vbirduser -p" 尝试登录 MySQL，这样就可以知道 vbirduser 用户在 MySQL 中拥有一个名为 vbirddb 的数据库。其他更多的用法，请参考 SQL 相关的语句。

2. 效率调优 /etc/my.cnf

由于 MySQL 数据库系统在多用户同时连接时可能会出现效率方面的瓶颈，如果数据库真的很大，建议考虑使用 PostgreSQL。这套软件的使用与 MySQL 相似。然而，我们还是提供一些简单的方法来提高小型网站的 MySQL 性能。

```
[root@www ~]# vim /etc/my.cnf
[mysqld]
default-storage-engine=innodb
# 关于目录数据与语言的设置等
default-character-set      = utf8     <==每个人的编码都不相同，不要随意跟我一样
port                       = 3306
skip-locking
# 关于内存的设置，注意，内存的简单计算方式为：
# key_buffer + (sort_buffer + read_buffer ) * max_connection
# 且总量不可高于实际的物理内存容量。下面的数据应该是没问题的
# 128 + (2+2)*150 = 728MB
key_buffer                 = 128M
sort_buffer_size           = 2M
```

```
read_buffer_size          = 2M
join_buffer_size          = 2M
max_connections           = 150
max_connect_errors        = 10
read_rnd_buffer_size      = 4M
max_allowed_packet        = 4M
table_cache               = 1024
myisam_sort_buffer_size   = 32M
thread_cache              = 16
query_cache_size          = 16M
tmp_table_size            = 64M
# 由连接到确定断线的时间,原来是 28800 秒,约 8 小时,此处将它改为 20 分钟
wait_timeout              = 1200
thread_concurrency        = 8
innodb_data_file_path = ibdata1:10M:autoextend
innodb_buffer_pool_size = 128M
innodb_additional_mem_pool_size = 32M
innodb_thread_concurrency = 16

datadir=/var/lib/mysql
socket=/var/lib/mysql/mysql.sock
user=mysql
symbolic-links=0
[mysqld_safe]
log-error=/var/log/mysqld.log
pid-file=/var/run/mysqld/mysqld.pid
```

需要注意的是,因为鸟哥的主机上有 2GB 的内存,所以按照上面的内存进行分配。读者可根据实际拥有的内存容量进行处理,同时要考虑到 Apache 本身的内存使用情况。如果网站流量很大,对性能测试就需要格外注意。

3. MySQL root 密码遗忘的紧急处理

如果不小心忘记了 MySQL 的密码,那么可以用网络上的一些工具来恢复 MySQL 数据库。如果数据库内容并不重要,或者在测试中关闭 MySQL,然后删除/var/lib/mysql/目录下的所有数据,之后重新启动 MySQL,这样 MySQL 数据库就会被重新创建,并且 root 账号将没有密码。

以上方法仅适用于数据库内容不重要的情况下。如果数据库非常重要,则不要随意删除数据。

20.2.6　防火墙设置与 SELinux 规则的放行

设置好 LAMP 之后,就需要让客户端连接。那么如何放行端口呢?需要放行哪些端口?是否需要放行端口 3306?在这里需要注意,对于小型的 WWW 网站,实际上 Apache 是连接本地的 MySQL,没有开放给外部用户进行数据库的连接。因此,除非确切知道要允许其他服务器来读取我们的 MySQL,否则不要将端口 3306 开放给 Internet 连接。在这种情况下,

只需要开放端口 80 即可。

此外，如果 Apache 未来还需要进行其他额外的连接工作，那么需要先放行一些简单的 SELinux 规则，否则可能会出现问题。不过，SELinux 的问题实际上也很容易解决，可以参考登录文件进行相应的修订。下面让我们简单地谈一下：

```
# 1. 放行防火墙中的端口 80 的连接
[root@www ~]# vim /usr/local/virus/iptables/iptables.rule
iptables -A INPUT -p TCP -i $EXTIF --dport  80  --sport 1024:65534 -j ACCEPT
# 将上面这一行的注释去掉即可
[root@www ~]# /usr/local/virus/iptables/iptables.rule
[root@www ~]# iptables-save | grep 80
-A PREROUTING -s 192.168.100.0/255.255.255.0 -i eth1 -p tcp -m tcp --dport 80
  -j REDIRECT --to-ports 3128 <==这一行是进行 squid 产生的，应该要注释掉比较好
-A INPUT -i eth0 -p tcp -m tcp --sport 1024:65534 --dport 80 -j ACCEPT
# 看到上面这行，就是将防火墙的放行加进来了，客户端应该能够连接
# 2. 解决 SELinux 的规则放行问题：
[root@www ~]# getsebool -a | grep httpd     <==会出现一堆规则，有兴趣的如下：
[root@www ~]# setsebool -P httpd_can_network_connect=1
# 其他的规则或类型，在后续章节再进行介绍
```

例题

如果想修改首页的内容，并在/root 目录下使用 root 用户创建一个 index.html 文件，那么则可以将该文件移动到/var/www/html 目录下，并将其设置为首页文件，然后通过浏览器查看效果。

答：以下是建立一个无关紧要的首页文件的简单方法：

```
[root@www ~]# echo "This is my Home page" > index.html
[root@www ~]# mv index.html /var/www/html
[root@www ~]# ll /var/www/html/index.html
-rw-r--r--. 1 root root 21 2011-08-08 13:49 /var/www/html/index.html
# 权限看起来是没问题的
```

现在请用浏览器访问 http://localhost，可能会发现无法读取页面。为什么会出现这种情况呢？需要检查/var/log/httpd/error_log 和/var/log/messages 文件的内容来查找原因：

```
[root@www ~]# tail /var/log/httpd/error_log
[error] [client 192.168.1.101] (13)Permission denied: access to /index.html denied
[root@www ~]# tail /var/log/messages
Aug  8 13:50:14 www setroubleshoot: SELinux is preventing /usr/sbin/httpd "getattr"
 access to /var/www/html/index.html. For complete SELinux messages. run sealert -l
 6c927892-2469-4fcc-8568-949da0b4cf8d
```

看到上面粗体字标示的内容了吗？执行一下就能发现如何处理了。

20.2.7 网页的首页设计及安装架站软件——phpBB3

基础的 LAMP 服务器架设完毕之后，就可以开始设计我们想要的网站了。用于编写网页的工具很多，可以自行寻找。不过，对于这个简单的 LAMP 服务器，必须要注意以下几点：

- 默认的首页目录在 /var/www/html/ 下，需要将所有的 WWW 数据都移到该目录下。
- 注意文件权限（rwx 与 SELinux）。务必确保 Apache 的程序用户有浏览这些文件的权限。
- 尽量将首页文件命名为 index.html 或 index.php。
- 如果首页想要创建在其他地方，则需要修改 DocumentRoot 参数——httpd.conf。
- 不要将重要数据或者隐私数据放置到 /var/www/html/ 首页内。
- 如果需要安装一些 CGI 程序，则建议将它安装到 /var/www/cgi-bin/ 下，如此一来就不需要额外设置 httpd.conf 即可顺利启动 CGI 程序了。

除了上述基本项，还可以使用 Internet 上其他人已经开发好的 PHP 程序套件，例如论坛软件 phpBB3、完整的架站软件 PHPNuke 以及博客软件 lifetype 等。但是这些架站套件都需要 PHP 和数据库的支持，因此必须完整地安装好上述介绍的 LAMP。

20.3 Apache 服务器的高级设置

其实上述的基本设置已经足够朋友们搭建一个 WWW 服务器所需要的了。然而，还有很多其他方面需要进一步处理，比如个人用户主页、虚拟主机和认证保护的网页等。接下来，我们将分别讨论这些内容。

20.3.1 启动用户的个人网站（权限是重点）

每个 WWW 服务器都有一个默认的首页，但如果每个个人用户都想要有自己完全控制的首页，该如何设计呢？Apache 早就考虑到了这一点，新版的配置文件通常默认禁用了这个功能，因此需要手动进行修改。

```
[root@www ~]# vim /etc/httpd/conf/httpd.conf
# 找到如下的设置项，大约在 366 行
<IfModule mod_userdir.c>
    UserDir disable
    #UserDir public_html
</IfModule>
# 将它改成如下的设置
<IfModule mod_userdir.c>
    #UserDir disable
    UserDir www
</IfModule>
```

```
# 重新启动一下
[root@www ~]# /etc/init.d/httpd restart
```

这只是个范例，Apache 默认的个人首页是放置在用户主目录下的 ~/public_html/目录中。例如，如果系统中有一个名为 student 的账号，那么属于 student 的默认个人首页将放置在 /home/student/public_html/目录下。然而，这个 public_html 目录可能看起来与网页没有太多关联，因此鸟哥通常会将其改为 www，这样 student 的个人首页则会放置在 /home/student/www/目录下，更容易记忆。

例题

如何让以后添加的所有用户的默认主目录下都有一个名为 www 的目录呢？

答：因为添加用户时会使用/etc/skel 目录作为新用户的参考主目录，所以可以直接运行 mkdir /etc/skel/www 来创建该目录。如果还想让用户拥有一个简单的首页，则可以运行 echo "My homepage" > /etc/skel/www/index.html。

现在我们来讨论个人首页的 URL、目录权限和 SELinux 设置。

假设我们要为已经存在于系统中的 student 账号创建个人首页，需要手动配置所需的目录和文件。现在使用 student 账号登录，并按照以下步骤进行配置：

```
[student@www ~]$ mkdir www
[student@www ~]$ chmod 755 www      <==针对 www 目录开放权限
[student@www ~]$ chmod 711 ~        <==不要忘了主目录也要改
[student@www ~]$ cd www
[student@www www]$ echo "Test your home" >> index.html
```

由于 CentOS 默认的用户主目录权限是 drwx------，这个权限将阻止 Apache 程序进行浏览。因此，至少需要将用户主目录的权限设置为 drwx--x--x。这一点非常重要！这就需要在浏览器的地址栏中输入以下内容：

- http://主机名/~student/。

理论上来说，应该能够看到个人首页了。但遗憾的是，我们的 SELinux 并没有允许访问个人首页。因此发现浏览器显示"You don't have permission"的信息。那么立即查看 /var/log/messages 文件，文件中会提供有关如何进行这项操作的指导。

```
[root@www ~]# setsebool -P httpd_enable_homedirs=1
[root@www ~]# restorecon -Rv /home/
# 第一个命令用于放行个人首页规则，第二个命令用于处理安全类型
```

这样就可以访问用户的个人主页了。然后让用户自己去设计网站。现在明白 URL 中的波浪号"~"的含义了吗？然而，波浪号有时候会有些烦人，所以能否将用户的个人网站设置为：

- http://主机名/student/。

当然可以。最简单的方法是这样的：

```
[root@www ~]# cd /var/www/html
[root@www html]# ln -s /home/student/www student
```

由于我们首页的 Options 选项中有 FollowSymLinks 参数，因此可以直接使用符号链接文件。此外，我们还可以使用 Apache 提供的别名功能（Alias），例如：

```
[root@www ~]# vim /etc/httpd/conf/httpd.conf
# 找个不干扰其他设置值的地方加入这个设置项：
Alias /student/ "/home/student/www/"
<Directory "/home/student/www">
        Options FollowSymLinks
        AllowOverride None
        Order allow,deny
        Allow from all
</Directory>

[root@www ~]# /etc/init.d/httpd restart
```

然而，如果使用这种方法，需要特别注意，在 httpd.conf 中，Alias 后面指定的目录路径必须以斜线"/"结尾。同时，在浏览器地址栏中输入 URL 时，必须包括斜线"/"，例如 http://IP/student/。如果缺少斜线，将会显示找不到该 URL 的错误提示信息。

20.3.2 启动某个目录的 CGI（perl）程序执行权限

在前几个小节中，我们提到如果想让 Apache 执行 Perl 或其他类似的网页程序，就需要安装一些额外的模块。这里建议安装 mod_perl 和 mod_python 这两个模块。此外，我们也提到要执行 CGI 程序，需要在 /var/www/cgi-bin/ 目录下执行。但如果想在其他目录下执行 CGI 程序，也是可以的！

1. 利用新目录下的 Options 参数进行设置

假设想要执行文件扩展名为 .cgi 或 .pl 的 CGI 程序，并将其放置在 /var/www/html/cgi/ 目录下，则可以按照以下步骤进行操作：

```
[root@www ~]# yum install mod_python mod_perl
[root@www ~]# vim /etc/httpd/conf/httpd.conf
# 找到下面这一行，大约在 797 行
#AddHandler cgi-script .cgi
# 将它改成下面的模样，让扩展文件名为 pl 的文件也能执行
AddHandler cgi-script .cgi .pl

# 然后加入下面这几行来决定开放某个目录的 CGI 执行权限
<Directory "/var/www/html/cgi">
```

```
        Options +ExecCGI
        AllowOverride None
        Order allow,deny
        Allow from all
</Directory>
[root@www ~]# /etc/init.d/httpd restart
```

接下来只需要给 CGI 程序赋予可执行权限,就可以执行了。举例来说,如果文件路径是 /var/www/html/cgi/helloworld.pl,那么:

```
[root@www ~]# mkdir /var/www/html/cgi
[root@www ~]# vim /var/www/html/cgi/helloworld.pl
#!/usr/bin/perl
print "Content-type: text/html\r\n\r\n";
print "Hello, World.";
[root@www ~]# chmod a+x /var/www/html/cgi/helloworld.pl
```

然后在地址栏中输入 "http://主机名或 IP/cgi/helloworld.pl",即可执行该文件并将结果显示在屏幕上。

2. 使用 ScriptAlias 的功能

可以直接使用文件名的别名来处理,这样更加简单!假设我们现在所有位于 /var/www/perl/ 目录下的文件都是用 Perl 编写的程序代码,那么我们可以按照以下方式进行操作:

```
[root@www ~]# vim /etc/httpd/conf/httpd.conf
# 同样的,需要先确认有这一行
AddHandler cgi-script .cgi .pl

# 然后加入下面这几行来决定开放某个目录的 CGI 执行权限
ScriptAlias /perl/ "/var/www/perl/"

[root@www ~]# /etc/init.d/httpd restart

[root@www ~]# mkdir /var/www/perl
[root@www ~]# cp -a /var/www/html/cgi/helloworld.pl /var/www/perl
```

现在,请在地址栏中输入 "http://IP/perl/helloworld.pl",就能够看到刚才的数据了。这个方法非常简单,因为该目录不需要在 Apache 的主目录下也可以成功访问。我们可以选择其中一个方法来处理,不需要同时使用这两个方法。

20.3.3 找不到网页时的错误提示信息

如果在 /var/www/html/cgi 目录下没有任何首页文件(例如 index.???),那么当用户在地址栏中输入 http://your.hostname/cgi 时,可能会有以下两种结果:

- 如果在 Options 中设置了 Indexes，那么该目录下的所有文件将会被罗列出来，提供类似 FTP 连接的页面。
- 如果没有指定 Indexes，那么错误提示信息就会被显示出来。

实际上，CentOS 提供的 Apache 已经为一些常见错误提供了简单的错误信息网页。可以在 /var/www/error/ 目录下查看这些网页。然而，这些文件中并没有包含中文信息，所以真头疼！至于 Apache 的错误提示信息的设置，请参考以下位置：

```
[root@www ~]# vim /etc/httpd/conf/httpd.conf
# 大约在 875 行，默认是注释掉的
#    ErrorDocument 403 /error/HTTP_FORBIDDEN.html.var
#    ErrorDocument 404 /error/HTTP_NOT_FOUND.html.var
#    ErrorDocument 405 /error/HTTP_METHOD_NOT_ALLOWED.html.var
#    ErrorDocument 408 /error/HTTP_REQUEST_TIME_OUT.html.var
...(后面省略)...
```

虽然 Apache 默认提供了一些额外的数据供我们使用，但是鸟哥不太喜欢那种样式，反而更喜欢其他大型网站提供的信息页面，可以为用户提供一些有效的链接，这样用户可以更方便地连接到我们的网站。在这种情况下，我们可以采取以下措施：

```
[root@www ~]# vim /etc/httpd/conf/httpd.conf
# 找到下面这一段，大约在 836 行，先看看这些简单的范例：
#ErrorDocument 500 "The server made a boo boo."
ErrorDocument 404 /missing.html      <==将注释符号去掉
#ErrorDocument 404 "/cgi-bin/missing_handler.pl"
#ErrorDocument 402 http://www.example.com/subscription_info.html

[root@www ~]# /etc/init.d/httpd restart
```

上述文件 /missing.html 必须放置在首页目录下，也就是 /var/www/html/missing.html。需要提醒的是：在所有配置文件中（包括 /etc/httpd/conf.d/*.conf），只能存在一个 ErrorDocument 404 ... 的设置值，否则以最后出现的设置为准。因此，请先检查一下，因为很多 Linux 版本的 Apache 并没有将默认的错误提示信息注释掉。至于 404，它的含义如下：

- 100~199：一些基本的信息。
- 200~299：客户端的要求已成功地完成。
- 300~399：客户端的要求需要其他额外的操作，例如 redirected 等。
- 400~499：客户端的要求没有办法完成（例如找不到网页）。
- 500~599：主机设置错误的问题。

接下来让我们编辑一下 missing.html 的文件内容。

```
[root@www ~]# vim /var/www/html/missing.html
<html>
<head>
        <meta http-equiv="Content-Type" content="text/html; charset=utf8">
```

```
        <title>错误提示信息</title>
<head>
<body>
        <font size=+2 face="楷体">你输入的网页找不到!</font><br />
        <hr />
        亲爱的网友,你所输入的网址并不存在我们的服务器中,
        有可能是因为该网页已经被管理员删除了,
        或者是你输入了错误的网址。请查明后再填入网址!
        或按<a href="/">这里</a>回到首页。
        感谢你常来! ^_^<br />
        <hr />
        若有任何问题,欢迎联络管理员<a
        href="mailto:vbird@www.centos.vbird">vbird@www.centos.vbird</a>。
</body>
</html>
```

现在,如果在地址栏中输入一个服务器上不存在的网址,将会显示如图 20-5 所示的页面。

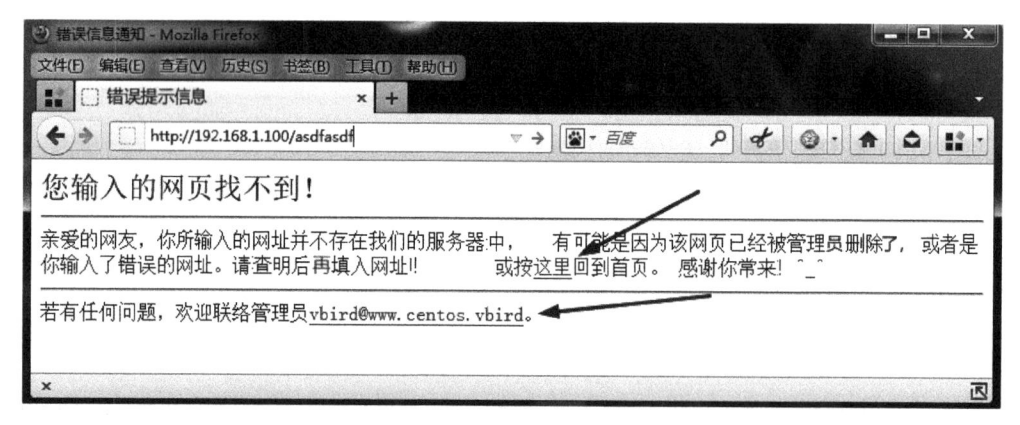

图 20-5 找不到网页时的错误提示信息

当然,也可以根据自己的网页风格自定义数据的显示。例如,鸟哥的网站上列出了一些基本的链接,帮助网友们顺利获取他们想要的数据。这也是非常重要的功能!

20.3.4 浏览权限的设置操作(Order、Limit)

如何限制客户端对 WWW 的连接呢?读者可能会说,那就使用防火墙 iptables 吧,这没什么难的。但问题是,如果来自同一个 IP 地址的请求,有些网页可以访问,而有些网页不能访问,该如何设置呢? iptables 只能实现全开放或全拒绝,无法对 WWW 内容进行部分放行。那么该怎么处理呢?我们可以利用 Apache 内置的 Order 设置项来处理。下面先回顾一下 Order 与 allow、deny 的相关限制:

- Order deny, allow:优先处理 deny 规则,对于没有明确规则的情况,默认为 allow。常用于拒绝所有的请求,但开放特定条件的情况。

- **Order allow,deny**：优先处理 allow 规则，对于没有明确规则的情况，默认为 deny。常用于开放所有的请求，但拒绝特定条件的情况。
- 如果 allow 与 deny 规则存在重复，则以默认的情况（Order 的规范）为主。

举例来说，如果我们想要让首页目录对于 192.168.1.101 和公司无法连接，但其他人可以连接，根据前面的说明，这符合"开放所有，拒绝特定"条件的情况。因此，可以按照以下设置进行配置：

```
[root@www ~]# vim /etc/httpd/conf/httpd.conf
<Directory "/var/www/html">
    Options FollowSymLinks
    AllowOverride None
    Order allow,deny
    Allow from all
    Deny from 192.168.1.101    <==大约在 344 行添加下面两行
    Deny from .com
</Directory>
[root@www ~]# /etc/init.d/httpd restart
```

请注意，由于 Order 是"allow,deny"，因此所有属于 allow 规则的项会被优先放置在最上方。为了避免此设计带来的困扰，建议直接将 allow 规则写在最上方。由于规则中的 192.168.1.101 属于"all"规则（即代表所有），因此该设置项为默认值，即 deny。相同的情况也适用于.com 的设置项。请看下面的范例：

```
[root@www ~]# vim /etc/httpd/conf/httpd.conf
# 下面是个错误的示范，请仔细看下个段落的详细说明
<Directory "/var/www/html">
    Options FollowSymLinks
    AllowOverride None
    Order deny,allow
    Deny from 192.168.1.101
    Deny from .com
    Allow from all
</Directory>
```

虽然 deny 规则会被提前处理，但由于 192.168.1.101 位于"all"范围内，因此会导致重复规则。所以，这个设置值将以默认的"allow"为主，无法限制 192.168.1.101 的访问。这方面很容易造成混淆，即使鸟哥也常常搞到头昏脑胀的。

例题

如果想要保护一个内部目录，假设它位于 /var/www/html/lan/ 中，并且只允许 192.168.1.0/24 网络访问，那么应该如何进行设置呢？

答：在这种情况下，我们可以采用"拒绝所有连接，仅接收特定连接"的方式，因此可以使用"deny,allow"的设置。可以按照以下方式进行配置：

```
<Directory "/var/www/html/lan">
    Options FollowSymLinks
    AllowOverride None
    Order deny,allow
    deny from all
    allow from 192.168.1.0/24
</Directory>
```

事实上，如果你想要让某个网络或特定 IP 地址无法浏览，最好还是使用 iptables 来进行处理比较妥当。然而，如果只是想要限制某些重要目录的访问，那么使用"allow, deny"和 Order 的设置就非常恰当。

除了 Order 设置外，我们还有一个用于限制客户端操作的设置，即 Limit。举例来说，如果我们希望用户在/var/www/html/lan 目录下只能进行最基本的 GET、POST 和 OPTIONS 操作，而不允许其他任何操作，那么则可以按照以下方式进行设置：

```
[root@www ~]# vim /etc/httpd/conf/httpd.conf
<Directory "/var/www/html/lan">
    AllowOverride none
    Options FollowSymLinks

    # 先允许能够进行 GET、POST 与 OPTIONS 操作
    <Limit GET POST OPTIONS>
        Order allow,deny
        Allow from all
    </Limit>

    # 再规定除了这三个操作之外，其他的操作全部不允许
    <LimitExcept GET POST OPTIONS>
        Order deny,allow
        Deny from all
    </LimitExcept>
</Directory>
```

通过使用 Limit 和 LimitExcept，我们可以对客户端的操作进行详细的处理，从而对我们的数据进行保护。这些保护措施非常详细，一般来说，小型网站可能不需要使用 Limit 功能。

20.3.5 服务器状态说明网页

既然已经安装好了 WWW 服务器，除了提供服务之外，维护也是非常重要的。那么是否一定要安装其他软件才能了解当前主机的状态呢？当然不需要。我们可以通过 Apache 提供的特殊功能来查询主机的当前状态，这就是 mod_status 模块。默认情况下，这个模块是关闭的，需要修改配置文件才能启用它。

```
[root@www ~]# vim /etc/httpd/conf/httpd.conf
# 先确定有下面这几个设置项
LoadModule status_module modules/mod_status.so <==大约在 178 行，就是模块的加载

ExtendedStatus On    <==大约在 228 行，可以将它打开，信息会比较多

# 下面的数据则大约在 924 行，可以将它修改成这样：
<Location /server-status>
    SetHandler server-status
    Order deny,allow
    Deny from all
    Allow from 192.168.1.0/24
    Allow from 127.0.0.1
</Location>

[root@www ~]# /etc/init.d/httpd restart
```

接下来，只需要在地址栏中输入 http://hostname/server-status，就可以看到如图 20-6 所示的提示信息。

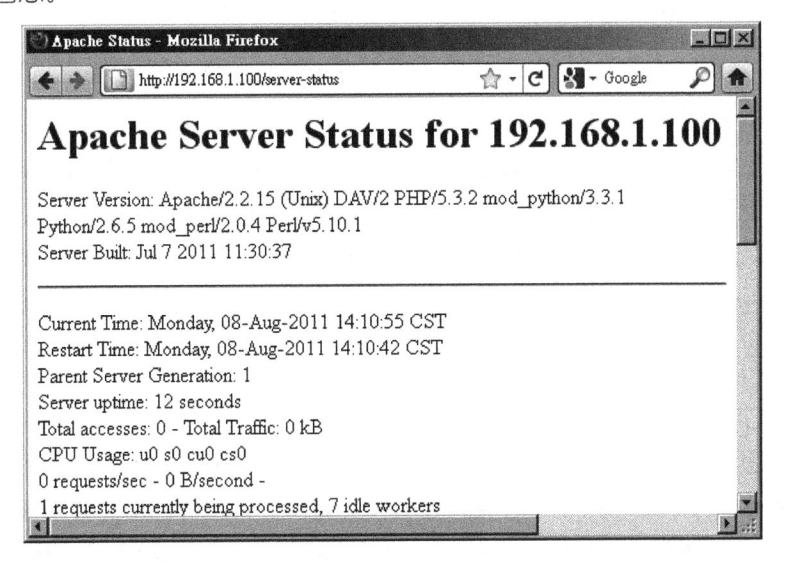

图 20-6 显示服务器当前的状况

输出的结果包括当前时间、Apache 重新启动的时间以及当前正在运行的程序等信息。此外，页面底部还显示了每个程序的客户端与服务器端的连接状态。尽管显示的信息相对简单，但已经包含了必要的内容，可以让我们大致了解服务器的状况。需要注意的是，对于可查阅此信息的用户（即 allow from 参数），仍然需要进行严格的限制。

20.3.6 .htaccess 与认证网页设置

关于保护 Apache 本身的数据，除了上述的 Order 和 Limit 外，还有其他方式可用吗？因为 Order 和 Limit 主要用于管理基于 IP 网络或主机名的访问控制，如果客户端使用拨号方

式获取 IP 地址，那么 IP 地址会经常变动，这就导致保护目录的用户无法在任何地方进行访问，这可能会引发一些问题。

在这种情况下，如果可以使用密码保护方式，让用户输入账号和密码来获取浏览权限，那么客户端就不会受到 Order 的 allow 和 deny 限制。Apache 实际上提供了一种简单的认证功能，使我们可以轻松设置密码保护的网页。

> 什么是受保护的数据呢？举例来说，学校的老师们可能会提供一些教学教材或习题给学生，这些数据不希望被所有人获取，所以可以将它们放在特定的受保护目录中。另外，还有一些重要的 Apache 服务器分析数据（在本章后面会提到一些分析工具），配置这些数据需要启用 CGI 程序，但是 CGI 程序的执行是有风险的，而且这些分析得到的数据也非常重要。因此，该程序和输出结果就需要放在受保护的目录中。

那么如何设置认证网页呢？可以按照以下步骤进行处理：

（1）建立受保护的目录：因为我们希望只有在单击某个链接后才出现认证对话框，所以首先需要将该目录设置为认证网页的目录。

（2）设置 Apache 所需参数：在认证对话框中，我们需要输入账号和密码，因此需要创建密码文件。尽管 Apache 支持 LDAP 和 MySQL 等其他认证机制，但在这里我们只讨论使用 Apache 的默认功能，即基本（Basic）认证模式。

（3）创建密码文件：完成基本设置后，需要创建包含登录所需账号和密码的文件。

（4）最后，重新启动 Apache 服务器即可。

其中，第二个步骤比较有趣。我们之前提到过，任何设置数据都可以直接写入 httpd.conf 配置文件中，因此设置保护目录的参数数据确实可以写入 httpd.conf 中。然而，想想看，如果 Apache 服务器有 30 个用户，每个用户都有个人首页，并且他们都需要创建保护目录，而 httpd.conf 只能由拥有 root 权限来修改，更糟糕的是，"每次修改后都需要重新启动 Apache"。问问自己的时间和精力是否能经受住如此"严峻的考验"呢？

因此，如果我们能通过外部文件来替代 httpd.conf 中的参数设置，那样会更好吗？而且最好这个文件的设置能够即时生效，无须重新启动 Apache。这样一来，就可以让用户自行管理他们的认证网页了。通过在 httpd.conf 中设置 AllowOverride 参数，并配合使用 .htaccess 文件，就可以实现上述设想的功能。图 20-7 展示了这个设置项与 httpd.conf 配置文件之间的关系。

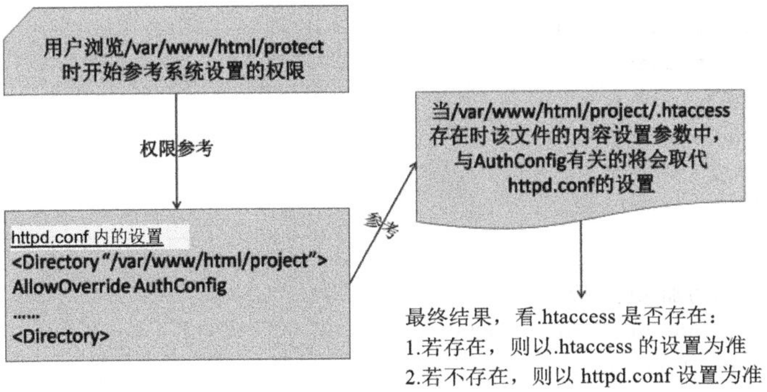

图 20-7 .htaccess 与主要配置文件 httpd.conf 的相关性

也就是说：

- **主配置文件 httpd.conf 的修改**：需要在 httpd.conf 主配置文件中使用 AllowOverride 指令指定哪些参数可以由 .htaccess 文件进行替代。一般来说，可以选择 AuthConfig、Options 等参数。出于系统安全考虑，建议提供 AuthConfig 参数。完成设置后，请重新启动 Apache 服务器。
- **.htaccess 放置的目录**：在受保护的目录下，务必要存在 .htaccess 文件，通过该文件可以修改 httpd.conf 中的设置。
- **.htaccess 的修改**：.htaccess 文件的修改会立即生效，无须重新启动 Apache，因为该文件的内容仅在有客户端浏览到该目录时才会用于替代原有的设置。

既然 .htaccess 的用途比较广泛，因此下面我们不再介绍 httpd.conf 的认证参数，可以自行进行测试。接下来我们将重点介绍如何设置 .htaccess 文件。

1. 建立保护目录的数据

假设要将受保护的数据放置在 /var/www/html/protect 目录下，请确保 Apache 可以浏览到该目录，这样就可以立即将一些重要的资料移到这个目录下。接下来我们先创建一个简单的测试网页。

```
[root@www ~]# mkdir /var/www/html/protect
[root@www ~]# vim /var/www/html/protect/index.html
<html>
<head><title>这是个测试网页</title></head>
<body>看到这个画面了吗？如果看到的话，就表示可以顺利进入受保护的网页
</body></html>
```

2. 以 root 的身份处理 httpd.conf 的设置数据

这个操作只能由 root 用户执行。我们需要开始编辑 httpd.conf 文件，以允许受保护的目录使用 .htaccess 文件。

```
[root@www ~]# vim /etc/httpd/conf/httpd.conf
```

```
# 确定有下面这几行，大约在 400 行
AccessFileName .htaccess
<Files ~ "^\.ht">
    Order allow,deny
    Deny from all
    Satisfy All
</Files>
# 在某个不受影响的地方加入这一段：
<Directory "/var/www/html/protect">
    AllowOverride AuthConfig
    Order allow,deny
    Allow from all
</Directory>

[root@www ~]# /etc/init.d/httpd restart    <==重新启动，不要忘记了
```

这样设置就完成了，非常简单吧！接下来我们准备创建 .htaccess 文件。

3. 建立保护目录下的 .htaccess 文件（只要有权限建立即可进行）

请注意，这个文件需要放在保护目录下，不要放错位置。需要按照以下步骤进行操作：

```
[root@www ~]# cd /var/www/html/protect
[root@www protect]# vim .htaccess
# 只要加入下面这几行即可
AuthName       "Protect test by .htaccess"
Authtype       Basic
AuthUserFile   /var/www/apache.passwd
require user   test
```

这些参数的含义如下：

- **AuthName**：在出现要求输入账号和密码的对话框中的"提示符"。
- **AuthType**：认证的类型，这里只列出了 Apache 预设的类型，也就是 basic。
- **AuthUserFile**：保护目录所使用的账号和密码配置文件，这个文件可以随意设置，所有用户都可以自行设置账号和密码。此文件中的账号不限于 /etc/passwd 中存在的用户。另外，**要确保这个文件不要放置在 Apache 可以浏览的目录下**，为此我将其放在**网站根目录之外**，以防止意外泄露。
- **require**：后面接可用于登录的账号。假设 /var/www/apache.passwd 文件中有 3 个账号，分别是 test、test1、test2，这里只写了 test，因此 test1 和 test2 将无法登录到该目录。如果希望让密码文件中的所有用户都能够登录，可以将其改为"require valid-user"。

设置完成后立即生效，无须重新启动任何服务。

4. 创建密码文件 htpasswd（只要有权限即可执行）

Apache 默认使用 htpasswd 命令所创建的账号和密码，该命令的语法如下：

```
[root@www ~]# htpasswd [-cmdD] 密码文件文件名 用户账号
选项与参数：
-c ：建立后面的密码文件。如果该文件已经存在，则原来的数据会被删除，
     所以如果只是要添加用户（文件已存在时），不必加上 -c 的参数
-m ：不使用默认的 CRYPT 加密，改用 MD5 方式加密
-d ：使用更复杂的 SHA 方式来加密
-D ：删除后面接的那个用户账号

# 1. 创建 apache.passwd，账号为 test
[root@www ~]# htpasswd -c /var/www/apache.passwd test
New password:       <==这里输入一次密码，注意，屏幕不会有任何信息
Re-type new password:    <==这里再输入一次
Adding password for user test

[root@www ~]# cat /var/www/apache.passwd
test:FIquw/..iS4yo    <==已经创建一个新用户

# 2. 在已存在的 apache.passwd 内添加 test1 这个账号
[root@www ~]# htpasswd /var/www/apache.passwd test1
```

再次强调，这个文件名需要与 .htaccess 文件中的 AuthUserFile 参数相同，并且不要将其放在可以被浏览器访问到的目录下。这样设置就完成了。可以在浏览器的地址栏中输入 http://your.hostname/protect，结果将会显示如图 20-8 所示的对话框。

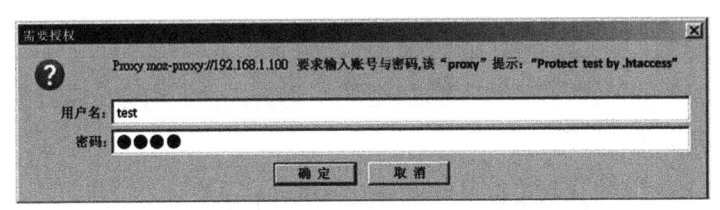

图 20-8 浏览到受保护的目录时弹出的对话框

如果之前曾经浏览过这个目录，并且当时该目录还没有设置保护，或者文件设置有误，则会导致该目录的网页被浏览器缓存起来，那么这些网页就会一再地显示而不会弹出需要认证的对话框。在这种情况下，可以尝试以下操作：

- 请确保关闭所有的浏览器窗口，然后重新启动浏览器。因为成功登录该目录后，登录信息会缓存在当前连接上。
- 可以单击浏览器上方的"reload（重新加载）"按钮，让浏览器重新加载一次页面，以使缓存得到更新。
- 可以清除浏览器的缓存数据，关闭浏览器后再重新启动浏览器。这样可以确保缓存被完全清除。

如果问题仍然存在，那么可以前往日志文件（/var/log/httpd/error_log）查看错误信息。常见的错误通常只是拼写错误！

20.3.7 虚拟主机的设置（重要！）

接下来我们要讨论的是"主机代管"，也就是虚拟主机。虚拟主机非常有用，它可以让一台 Apache 服务器看起来像有多个独立的"主站首页"一样。

1. 什么是虚拟主机（Virtual Host）

所谓虚拟主机，基本上是指在一台服务器上创建多个独立的"主网页"，虽然实际上只有一台服务器硬件，但从网站的网址上看，就好像有多台主机存在一样。举个例子，鸟哥提供的网站主要包括学习网站和新手讨论区，链接如下：

- 主网站：http://linux.vbird.org。
- 讨论区：http://phorum.vbird.org。

如果单击进入这两个链接，就会发现它们显示的是不同的内容。然而，如果使用像 dig 这样的工具来验证 IP 地址，则会发现这两个网址都指向同一个 IP 地址。这是为什么呢？因为这正是虚拟主机的主要功能，它可以让多个主机名对应到不同的主网页目录（通过 DocumentRoot 参数），从而让外部看起来就像有多台实际主机一样。

2. 架设的大前提：同一个 IP 地址有多个主机名

如果要架设虚拟主机，需要满足哪些前提条件呢？以鸟哥的网站为例，要实现虚拟主机，必须要有多个主机名映射到同一个 IP 地址。因此，首先需要拥有多个主机名。那么如何获取多个主机名呢？有以下两种方法：

- 向 ISP 申请多个合法的主机名，而不自己架设 DNS。
- 自行设置经过合法授权的 DNS 主机来设置自己所需的主机名。

与 DNS 申请和设置技巧的相关内容，我们在前几章已经讨论过了，可以自行查阅相关内容。

3. 架设虚拟主机的范例练习

在第 19 章的 DNS 部分，我们已经设置了多个主机名。那些主机名正是为了在这里实际应用而准备的。需要注意的是，每个主机名必须对应到某个主网页目录。以下是鸟哥的一个简单范例，如表 20-1 所示。

表 20-1 主机名对应的主网页目录

主 机 名	对应的主网页目录
linux.centos.vbird	/var/www/html
www.centos.vbird	/var/www/www
ftp.centos.vbird	/var/ftp（较特殊）

接下来开始进行设置。建议将虚拟主机的配置建立一个新的文件，放置在

/etc/httpd/conf.d/ 目录下的 *.conf 文件中。这样一来，虚拟主机的配置文件可以轻松迁移，而修改时也不会影响到原有的 httpd.conf 文件。由于 httpd.conf 文件内有一个 Include 参数，用于将 /etc/httpd/conf.d/ 目录下的所有 *.conf 文件都包含进来，因此设置变得非常方便，同时备份和升级也更容易处理。下面就来进行实验吧：

```
# 1. 先创建所需的目录
[root@www ~]# mkdir /var/www/www <==www.centos.vbird 所需
[root@www ~]# yum install vsftpd <==/var/ftp 可由系统软件提供
[root@www ~]# echo "www.centos.vbird" > /var/www/www/index.html
[root@www ~]# echo "ftp.centos.vbird" > /var/ftp/index.html
# 原有的首页（/var/www/html）就不改动了。另建两个不同的首页内容，可供测试用

# 2. 开始编辑配置文件，这里鸟哥用额外的文件来设置
[root@www ~]# vim /etc/httpd/conf.d/virtual.conf
# 下面这一行是指"本机任何接口的端口 80 所指定的虚拟主机"
NameVirtualHost *:80

# 先针对两个多出来的可浏览目录进行权限方面的规范
<Directory "/var/www/www">
    Options FollowSymLinks
    AllowOverride None
    Order allow,deny
    Allow from all
</Directory>
<Directory "/var/ftp">
    Options FollowSymLinks Indexes
    AllowOverride None
    Order allow,deny
    Allow from all
</Directory>

# 针对三台主机的 DocumentRoot 进行设置
<VirtualHost *:80>
    ServerName    linux.centos.vbird
    DocumentRoot  /var/www/html
</VirtualHost>
<VirtualHost *:80>
    ServerName    www.centos.vbird
    DocumentRoot  /var/www/www
    CustomLog     /var/log/httpd/www.access_log combined
    # 不同的主页可以指定不同的登录文件信息，这样比较好调试与分析
</VirtualHost>
<VirtualHost *:80>
    ServerName    ftp.centos.vbird
    DocumentRoot  /var/ftp
</VirtualHost>

[root@www ~]# /etc/init.d/httpd restart
```

需要注意以下几点：

(1) 在设置虚拟主机时，还有许多可用的功能，但最基本的要求是需要有 ServerName 和 DocumentRoot 这两个参数。

(2) 使用虚拟主机后，原来的主机名（linux.centos.vbird）也要同时包含在虚拟主机的配置中，否则该主机名可能会被忽略。

(3) 在 www.centos.vbird 虚拟主机中添加一个 CustomLog，表示所有针对 www.centos.vbird 请求的访问记录将会写入 /var/log/httpd/www.access_log 文件中，而不使用默认的 /var/log/httpd/access_log。但是，这个新建的日志文件必须被加入 logrotate 的管理中，否则日志文件会变得非常大。

接下来，只要客户端浏览器能够找到这三个主机名并连接到正确的 IP 地址，这个 Apache 服务器就可以同时提供三个网站的网址了，非常方便吧！

4. 虚拟主机的常见用途

为什么虚拟主机如此热门呢？这是因为它可以执行以下任务：

- **主机代管**：如果拥有一台性能强大且网络带宽充足的计算机，那么可以利用虚拟主机技术来提供托管服务——"招揽生意"。毕竟，并非所有公司都有维护服务器的能力。如果能够提供合理的流量、友好的数据传输接口、稳定的服务，并且提供类似于 MySQL 数据库的支持，那么就有可能开展"主机代管"的业务。
- **服务器数据备份系统**：如果在两个地方放置了两台主机，并且这两台主机内的网页数据完全一样（可以使用 rsync 来实现），那么可以利用 Apache 的虚拟主机功能和 DNS 的 IP 指向设置。这样，当其中一台主机宕机时，另一台主机可以立即接管 WWW 请求。这样一来，WWW 服务器就不会遇到任何离线危机（注：当 A 服务器宕机时，可以通过设置 DNS，将原来指向 A 的 IP 指向 B，这样任何向该 IP 发起的 WWW 请求都会被导到 B，而 B 则具备了 A 的备份数据和虚拟主机设置）。
- **将自己的数据分门别类**：如果有多种不同的数据类型，也可以利用虚拟主机将它们分门别类。例如，将博客指向 blog.centos.vbird，将讨论区指向 forum.centos.vbird，将教学数据指向 teach.centos.vbird 等。这样的网址设计可以让客户端很容易理解和区分不同类型的数据。

20.4 日志文件分析以及 PHP 强化模块

除了这些基本的 Apache 使用方式之外，我们还有很多其他事情可以做。这包括使用有趣的 PHP 性能优化模块、进行日志文件分析，以及了解整个 Apache 的使用情况等。让我们一起来了解一下这些内容。

20.4.1 PHP 强化模块与 Apache 简易性能测试

虽然 PHP 网页程序标榜速度快,但由于 PHP 首先需要将一些可用函数编译成模块,然后在网页使用时调用这些 PHP 模块来执行所需的操作,因此它的执行效率与传统编译语言有所不同。这种额外的处理过程会影响其执行效率。

如果能够预先将 PHP 程序转换为可直接执行的二进制文件,就可以加快速度了,对吗?没错,这就是预编译器的作用。有一个软件叫作 eAccelerator,它可以将 PHP 程序、PHP 核心和相关函数库进行预先编译,并将其保存起来供将来直接执行。通过优化 PHP 程序,eAccelerator 可以显著提高 PHP 网页程序的执行速度。eAccelerator 的官方网站为 http://eaccelerator.net/。

整个安装过程非常简单。首先,下载该软件的源代码,例如将其下载到 /root 目录下。此外,要确保已经安装了 php-devel、autoconf、automake、m4、libtool 等软件。如果尚未安装,那就立即进行安装吧(以下以版本号 0.9.6.1 为范例)。

```
# 1. 解压缩文件,并且进行 patch 的操作
[root@www ~]# cd /usr/local/src
[root@www src]# tar -jxvf /root/eaccelerator-0.9.6.1.tar.bz2
[root@www src]# cd eaccelerator-0.9.6.1/

# 2. 利用 phpize 进行 PHP 程序的预处理
[root@www eaccelerator-0.9.6.1]# phpize
# 过程会出现一些警告信息,不用理会
[root@www eaccelerator-0.9.6.1]# ./configure --enable-eaccelerator=shared \
> --with-php-config=/usr/bin/php-config
[root@www eaccelerator-0.9.6.1]# make

# 3. 将它整个安装好
[root@www eaccelerator-0.9.6.1]# make install
# 此时这个新编译的模块会被放置到 /usr/lib64/php/modules/eaccelerator.so 中
```

在处理完模块之后,接下来是让 PHP 使用这个模块。操作步骤如下:

```
# 1. 预先加载这个 PHP 的模块
[root@www ~]# echo "/usr/lib64/php/modules/" >> \
> /etc/ld.so.conf.d/php.conf

[root@www ~]# ldconfig
# 关于 ld.so.conf 和 ldconfig,我们在《鸟哥的 Linux 私房菜 基础学习篇(第四版)》一书中介绍过了,
请读者自行参考那本书的内容

# 2. 修改 php.ini
[root@www ~]# vim /etc/php.ini
# 在这个文件的最下面加入这几行:
;;;;;;;;;;;;;;;;;;;;;;;;;;;;;;;;;;;;
; http://eaccelerator.net/          ;
; 2011/08/08 VBird                  ;
;;;;;;;;;;;;;;;;;;;;;;;;;;;;;;;;;;;;
```

```
extension="eaccelerator.so"
eaccelerator.shm_size="16"
eaccelerator.cache_dir="/tmp/eaccelerator"
eaccelerator.enable="1"
eaccelerator.optimizer="1"
eaccelerator.check_mtime="1"

eaccelerator.debug="0"
eaccelerator.filter=""
eaccelerator.shm_max="0"
eaccelerator.shm_ttl="0"
eaccelerator.shm_prune_period="0"
eaccelerator.shm_only="0"
eaccelerator.compress="1"
eaccelerator.compress_level="9"

# 3. 建立 eAccelerator 的暂存数据，重点在于权限要设置正确
[root@www ~]# mkdir /tmp/eaccelerator
[root@www ~]# chmod 777 /tmp/eaccelerator
[root@www ~]# /etc/init.d/httpd restart
```

基本上这样就设置完成了。需要注意的是，由于 eAccelerator 是根据当前版本的 PHP 核心编译的，因此，如果将来 Linux 发行版发布了新的 PHP 版本，并且成功升级到新的 PHP 版本，那么就需要手动更新 eAccelerator，以适配正确的 PHP 版本。否则，这个模块将无法正常运行。这一点非常重要。

那么如何确认这个模块是否正确运行呢？可以使用 20.2.4 节提到的 phpinfo() 函数来查看。在浏览器中访问该函数，则会看到类似于图 20-9 所示的界面。

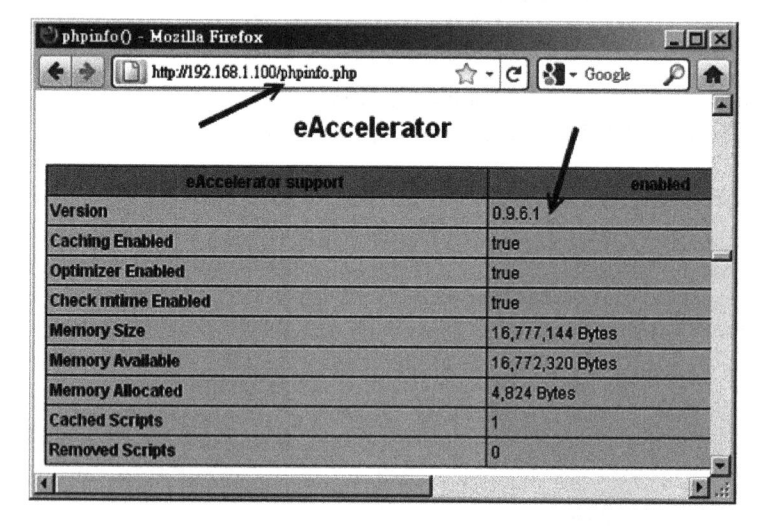

图 20-9 确定 eAccelerator 已运行的界面

如果 eAccelerator 没有启用，将无法看到图 20-9 所示的界面。可以通过这个操作来进行测试。接下来，我们将使用 Apache 提供的一个小程序来测试我们网站的性能。该程序名

为 ab（Apache Bench），它可以模拟向主机发送多个请求以测试其效率。

```
[root@www ~]# ab [-dSk] [-c number] [-n number] 网页文件名
选项与参数：
-d ：不要显示 saved table 的百分比数据；通常不要那个数据，所以会加 -d
-k ：还记得上面的 KeepAlive 吗，加入 -k 才会以这样的功能测试
-S ：不显示长信息，仅显示类似 min/avg/max 的简短易懂的信息
-c ：同时有多少个"同时连接"的设置（可想象成同时连接的 IP 地址的请求）
-n ：同一个连接创建几个请求通道（可想象成同一个 IP 请求的几条连接）
更多的信息请自行执行"man ab"命令查阅

# 针对我们刚刚测试时的 phpinfo.php 这个文件来测试
[root@www ~]# ab -dSk -c100 -n100 http://localhost/phpinfo.php
This is ApacheBench, Version 2.3 <$Revision: 655654 $>
Copyright 1996 Adam Twiss, Zeus Technology Ltd, http://www.zeustech.net/
Licensed to The Apache Software Foundation, http://www.apache.org/
...中间省略...
Document Path:          /phpinfo.php
Document Length:        54204 bytes
...中间省略...
Total transferred:      5436100 bytes
HTML transferred:       5420400 bytes
Requests per second:    39.97 [#/sec] (mean)
Time per request:       2501.731 [ms] (mean)
Time per request:       25.017 [ms] (mean, across all concurrent requests)
Transfer rate:          2122.01 [Kbytes/sec] received
...下面省略...
```

根据该软件的输出，可以了解每秒的传输速率、最大传输速率等信息，从而对基本性能有一个大致的了解。不过，鸟哥是在自己的机器上进行测试的，因此速度较快是正常的。读者可以在网络的另一端进行测试（注意：这个 ab 程序似乎无法成功地对读取 MySQL 等网页进行测试，应该选择较简单的网页进行测试）。

20.4.2 syslog 与 logrotate

请特别注意，Apache 日志文件主要记录两类信息：

- /var/log/httpd/access_log：记录客户端正常请求的信息。
- /var/log/httpd/error_log：记录用户错误请求的数据，包括服务器设置错误等信息。

/var/log/httpd/error_log 可以帮助我们处理许多设置错误的情况，包括网页找不到、文件权限设置错误、密码文件名填写错误等。而 access_log 可以帮助我们分析哪个网页最受欢迎。但需要注意的是，在规模稍大的网站，Apache 的日志文件每周的记录量甚至可能超过 1GB。以鸟哥的主网站为例，一个星期接近 1GB 的日志文件是合理的。

不过，由于日志文件是纯文本信息，如果能够进行压缩，备份的日志文件大小可以减少到几十兆字节（MB），从而大大减少了磁盘空间的浪费。当使用默认的 Apache 服务器处理

时，系统已经提供了一个 logrotate 工具供我们使用。如果是自己使用 Tarball 安装的，那么需要手动创建下面这个文件。下面是以 CentOS 6.x 提供的文件为例进行说明：

```
[root@www ~]# vim /etc/logrotate.d/httpd
/var/log/httpd/*log {
    missingok
    notifempty
    compress         <==建议加上这一段，让备份日志文件可以被压缩
    sharedscripts
    delaycompress
    postrotate
        /sbin/service httpd reload > /dev/null 2>/dev/null || true
    endscript
}
```

为什么这个问题很重要呢？鸟哥的服务器曾经遇到一个问题，即网站的效率突然变得很低。经过追踪发现，原因竟然是/var/的存储空间被占满了，而造成这个问题的罪魁祸首竟然是 Apache 的日志文件。当时，/var/只有 5GB 的空间，而每个星期的日志文件大小超过了 1GB。备份四个星期后，/var/几乎快要爆满了。因此，建议/var 目录至少要有 10GB 的空间，并且最好将备份的日志文件以压缩的形式保存。

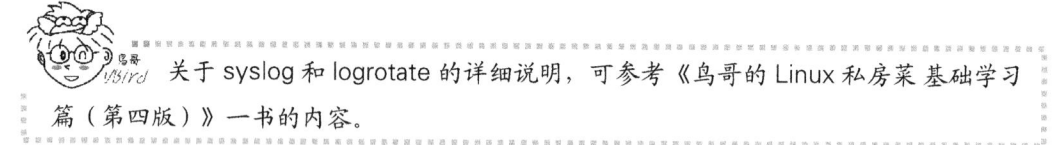

> 关于 syslog 和 logrotate 的详细说明，可参考《鸟哥的 Linux 私房菜 基础学习篇（第四版）》一书的内容。

此外，通过分析日志文件可以确定哪个网页是网站中最热门的，同时还可以了解客户端的来源。目前有许多针对 Apache 的日志分析软件可供选择，下面仅介绍两个常见的。

20.4.3 日志文件分析软件：Webalizer

实际上，CentOS 6.x 默认提供了一个名为 Webalizer 的分析软件，需要安装方可使用。如果不是使用 CentOS 呢？没关系，可以到官方网站上下载，安装非常简单。关于 Webalizer 的详细说明如下：

- **设置难度**：简单，极适合新手架设。
- **软件特色**：大致上所有分析的内容它都包括了，虽然图表没有那么精致。
- **授权模式**：GPL。

CentOS 6.x 提供的这个软件的配置文件位于 /etc/webalizer.conf，并且默认设置为每天分析一次 WWW 的日志文件。然而，默认情况下，这个软件会将输出结果放置在 /var/www/usage 目录下，并且只有本地用户可以查阅。鸟哥对这样的设置不太满意。我们之前创建了一个受保护目录 /var/www/html/protect，现在我们可以利用这个目录的功能。鸟哥

计划将 webalizer 的输出数据放置在 /var/www/html/protect/webalizer 目录下，所有知道密码的用户都可以查阅。整个操作步骤如下：

```
# 1. 先处理配置文件，变更指定一下要输出的目录即可
[root@www ~]# vim /etc/webalizer.conf
# 确定下面这几行是正确的。其他的则保留默认值
LogFile         /var/log/httpd/access_log          <==大约在 28 行
OutputDir       /var/www/html/protect/webalizer    <==大约在 42 行
Incremental     yes                                <==大约在 67 行

# 2. 创建该保护目录的数据
[root@www ~]# cp -a /var/www/usage/ /var/www/html/protect/webalizer
[root@www ~]# /etc/init.d/httpd restart

# 3. 开始测试执行 Webalizer 的分析工作
[root@www ~]# webalizer
```

在浏览器地址栏中输入 http://your.hostname/protect/webalizer，输出结果如图 20-10 所示。

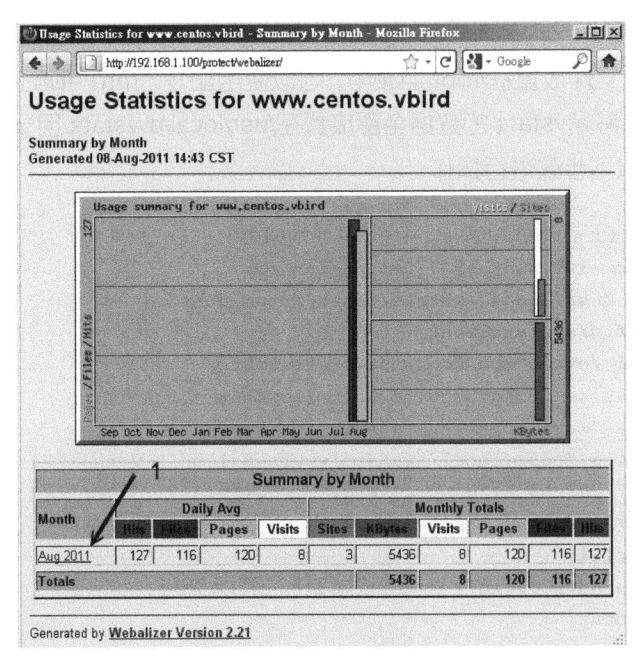

图 20-10 Webalizer 分析工具所得的分析画面

单击图 20-10 中的箭头 1，单击后系统将显示当月的各项分析结果。

20.4.4 日志文件分析软件：AWStats

除了 Webalizer，我们还可以使用 AWStats 这个强大的 Perl 程序进行数据分析。由于该程序是使用 Perl 执行的，请确保已经安装了 mod_perl，并且启用了 CGI 的执行权限。这个

软件的特点是：

- 官方网站：http://awstats.sourceforge.net/。
- 官方软件：http://awstats.sourceforge.net/#DOWNLOAD。
- 设置难度：较难，需要有点技巧！
- 软件特色：中文化的很完整，而且该有的都有了，相当好的一个分析利器。
- 授权模式：GPL。

这套软件不仅可以使用系统的 cron 进行分析，甚至还提供了浏览器直接以 CGI 的方式实时更新日志文件，真是厉害！鸟哥个人不太喜欢使用浏览器在线更新分析结果，因为当在更新分析结果时，无法确定系统是否繁忙。如果系统正处于忙碌中，这套软件的分析也会消耗大量系统资源，因此建议直接使用 crontab 来处理。

目前官方网站不仅提供 Tarball，还提供 RPM 供用户下载，真是方便。但需要注意的是，这个软件曾因安全性问题导致许多网站宕机。因此建议将该软件的输出结果放置在受保护的目录中。以下是以 7.0-1 版本的 RPM 为例进行说明，请自行前往官方网站下载（注意：文件名为 awstats-7.0-1.noarch.rpm）。

假设将该 RPM 文件放置在/root 目录中，可以使用命令"rpm –ivh filename"自行安装。因为该 RPM 文件会将 awstats 的数据全部放置在/usr/local/awstats 目录中。为了方便进行网页设置，建议按照以下步骤进行操作：

```
# 1. 先安装后再将 AWStats 提供的 Apache 设置数据复制到 conf.d 下
[root@www ~]# rpm -ivh awstats-7.0-1.noarch.rpm
[root@www ~]# cp /usr/local/awstats/tools/httpd_conf  \
> /etc/httpd/conf.d/awstats.conf
[root@www ~]# vim /etc/httpd/conf.d/awstats.conf
Alias /awstatsclasses "/usr/local/awstats/wwwroot/classes/"
Alias /awstatscss "/usr/local/awstats/wwwroot/css/"
Alias /awstatsicons "/usr/local/awstats/wwwroot/icon/"
Alias /awstats/ "/usr/local/awstats/wwwroot/cgi-bin/"
<Directory "/usr/local/awstats/wwwroot">
    Options +ExecCGI
    AllowOverride AuthConfig    <==这里改成这样，因为要保护
    Order allow,deny
    Allow from all
</Directory>
[root@www ~]# /etc/init.d/httpd restart
```

AWStats 真是非常贴心，因为在其发布的文件中已经包含了关于 Apache 的配置数据。我们只需要将该文件放置在 conf.d/目录下并进行重命名，然后重新启动 Apache 即可生效。非常方便！接下来，我们需要根据我们的 WWW 日志进行设置。配置文件实际上位于/etc/awstats 目录下，该目录中有一个示例文件名为 awstats.model.conf。实际上，该配置文件的文件名格式为：

```
awstats.主机名.conf
```

因为鸟哥这台主机的主机名为 www.centos.vbird,所以假设主机名为 www,那么配置文件名应该是 awstats.www.conf。需要将其另存为一个新文件,并按照以下步骤进行操作:

```
[root@www ~]# cd /etc/awstats
[root@www awstats]# cp awstats.model.conf awstats.www.conf
[root@www awstats]# vim awstats.www.conf
# 找到下面这几行,并且修改以下内容:
LogFile="/var/log/httpd/access_log"   <== 51 行:确定日志文件所在的位置
LogType=W                             <== 63 行:针对 WWW 的日志文件分析
LogFormat=1                           <==122 行:Apache 的日志文件格式
SiteDomain="www.centos.vbird"         <==153 行:主机的 hostname
HostAliases="localhost 127.0.0.1 REGEX[centos\.vbird$]"
DirCgi="/awstats"                     <==212 行:能够执行 awstats 的目录
DirIcons="/awstatsicons"              <==222 行:awstats 一些小图标的目录
AllowToUpdateStatsFromBrowser=0       <==239 行:不要利用浏览器来更新
Lang="cn"                             <==905 行:重要,这是语言
```

接着开始测试一下是否可以产生正确的分析数据出来:

```
[root@www awstats]# cd /usr/local/awstats/wwwroot/cgi-bin
[root@www cgi-bin]# perl awstats.pl -config=www -update  \
> -output > index.html
# -config 后面接的就是 awstats.www.conf,会生成 index.html

[root@www cgi-bin]# ls -l
awstats082011.www.txt    <==刚刚才建立的重要数据文件
awstats.pl               <==就是刚刚我们使用的可执行文件
index.html               <==输出首页文件
```

接下来让我们快速创建保护目录的 .htaccess 文件。请注意,鸟哥这里假设已经拥有密码文件,因此可以直接创建该文件。

```
[root@www ~]# cd /usr/local/awstats/wwwroot
[root@www wwwroot]# vi .htaccess
AuthName      "Protect awstats data"
Authtype      Basic
AuthUserFile  /var/www/apache.passwd
require       valid-user
```

之后,只需要输入 http://your.IP/awstats/就能够看到输出的图表了。

事实上,生成的结果包含了大量数据,可以自行查阅输出的结果。如果希望将分析操作定为每天的三点执行,可以按照以下步骤进行设置:

```
[root@www ~]# vim /usr/local/awstats/wwwroot/cgi-bin/awstats.sh
cd /usr/local/awstats/wwwroot/cgi-bin
perl awstats.pl -config=www -update -output > index.html

[root@www ~]# chmod 755 /usr/local/awstats/wwwroot/cgi-bin/awstats.sh
```

```
[root@www ~]# vim /etc/crontab
0 3 * * * root /usr/local/awstats/wwwroot/cgi-bin/awstats.sh
```

这样我们就能了解主机的受欢迎程度了。另外，务必对该软件所在的目录进行密码保护，不要随意公开访问，甚至上面提供的一些目录链接也可以根据自己的主机和喜好进行修改，以增加安全性。

20.5 建立连接加密网站（https）及防止整站下载脚本

从本章一开始的 20.1 节就介绍了 HTTP 这个通信协议是明文传输数据的，而 HTTPS 才是加密传输的。加密的方法是通过 SSL（Secure Sockets Layer），它使用了 OpenSSL 软件提供的加密函数库。如果对 HTTPS 有更多的疑问，请参考 20.1.4 节以查阅更多相关的信息。

20.5.1 SSL 所需软件与证书文件及默认的 https

要使 Apache 支持 HTTPS 协议，必须安装 mod_ssl 软件。请先使用 yum 命令自行安装该软件，并重新启动 httpd 服务。此外，我们的 CentOS 6.x 默认已提供了 SSL 机制所需的私钥和证书文件。相关软件提供的文件如下：

- /etc/httpd/conf.d/ssl.conf：mode_ssl 提供的 Apache 配置文件。
- /etc/pki/tls/private/localhost.key：系统私钥文件，可以用来制作证书。
- /etc/pki/tls/certs/localhost.crt：就是签署过的证书文件（signed certificate）。

既然系统已经为我们处理了这些，那么我们直接在浏览器中查看一下默认提供的 HTTPS 是什么样子吧！打开浏览器，输入 https://your.IP 进行连接，如图 20-11 所示。

图 20-11 在 Firefox 中看到的 SSL 安全问题

就像 20.1.4 节所提到的一样，由于我们的 Apache 网站没有将该证书注册给 CA，因此会出现上述信息。这类似于 SSH 连接时系统提示需要输入"yes"的情况一样，也需要接受证书才能启用加密功能。因此，请单击图 20-11 中的箭头 1，然后展开箭头 2 的位置，单击"添加例外…"按钮，随后会弹出如图 20-12 所示的对话框。

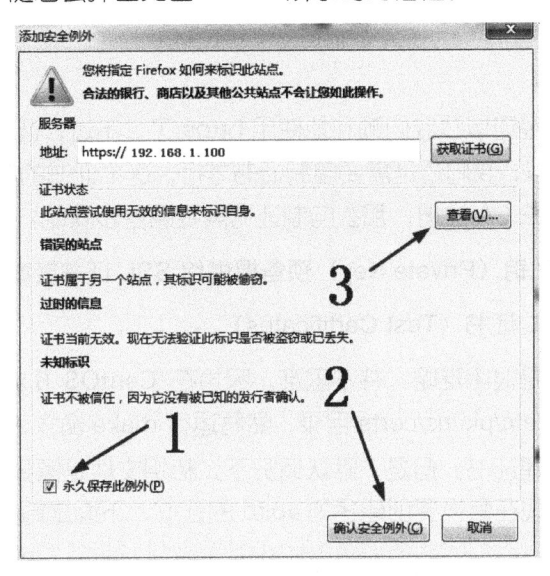

图 20-12 在 Firefox 中接受一个私有的证书所需的流程

如果确定了该网站是可信任网站，那么单击图 20-12 中箭头 1 和箭头 2 的位置。如果还想查看该网站提供的相关证书的内容，则单击箭头 3 的位置，即可展示如图 20-13 所示的对话框。

图 20-13 在 Firefox 中查看证书的详细内容

由于该证书文件的配置是在第一次启动 Linux 时安装的，在 CentOS 6.x 下，默认证书的有效期为 1 年。因此，会在图 20-13 中看到箭头 2 所指向的签发日期的到期日期为 2012 年

8月7日，也就是1年。当单击"关闭"按钮后，就能够看到实际提供的HTTPS网站内容。这就是默认的SSL网站，可以将重要信息放在这里，使数据在网络传输中更加安全。

20.5.2 拥有自制证书的 https

1. 创建证书文件

默认的证书虽然已经可以让我们顺利地使用https了，不过，证书的有效期仅有1年而已，实在是有点短。所以，我们还是需要自制证书才行。这个证书的制作仅是私有WWW网站的用途，并没有要拿去CA注册。那么自制证书需要哪些步骤呢？基本上需要的流程是：

（1）先创建一把私钥（Private Key）预备提供给SSL证书签章要求所用。

（2）最后创建SSL证书（Test Certificates）。

那么建立证书是不是很困难呢？并不困难。因为在CentOS 6.x中，已经为我们准备了Makefile，只需要进入 /etc/pki/tls/certs 目录，然后运行 make 命令，就可以看到可用的操作目标列表，从而快速创建证书。但是，默认情况下，私钥文件是需要密码的，所以我们需要进行一些额外的操作。现在假设要创建名为 vbird 的证书，下面是简要的流程：

```
# 1. 先到 /etc/pki/tls/certs 去创建一把给 Apache 使用的私钥文件
[root@www ~]# cd /etc/pki/tls/certs
[root@www certs]# make vbird.key
umask 77 ; /usr/bin/openssl genrsa -aes128 2048 > vbird.key   <==其实是这个命令
Generating RSA private key, 2048 bit long modulus
................................................................+++
..............................+++
e is 65537 (0x10001)
Enter pass phrase:    <==这里输入这把私钥的密码，需要多于四个字符
Verifying - Enter pass phrase:   <==再一次

# 2. 将刚刚建立的文件中的密码取消掉。不要有密码
[root@www certs]# mv vbird.key vbird.key.raw
[root@www certs]# openssl rsa -in vbird.key.raw -out vbird.key
Enter pass phrase for vbird.key.raw: <==输入刚刚的密码
writing RSA key
[root@www certs]# rm -f vbird.key.raw   <==删除旧的密钥文件
[root@www certs]# chmod 400 vbird.key   <==权限一定是 400 才行

# 3. 创建所需要的最终证书文件
[root@www certs]# make vbird.crt SERIAL=2011080801
umask 77 ; /usr/bin/openssl req -utf8 -new -key vbird.key -x509 -days 365 -out vbird.crt -set_serial 2011080801   <==可以加入日期序列号
You are about to be asked to enter information that will be incorporated
into your certificate request.
-----
State or Province Name (full name) []:Taiwan
Locality Name (eg, city) [Default City]:Tainan
Organization Name (eg, company) [Default Company Ltd]:KSU
```

```
Organizational Unit Name (eg, section) []:DIC
Common Name (eg, your name or your server's hostname) []:www.centos.vbird
Email Address []:vbird@www.centos.vbird

[root@www certs]# ll vbird*
-rw--------. 1 root root 1419 2011-08-08 15:24 vbird.crt    <==最终证书文件
-r--------. 1 root root 1679 2011-08-08 15:22 vbird.key    <==系统私钥文件
```

这样就完成了证书文件的创建，接下来要处理的是 ssl.conf 的设置内容。另外，这个证书默认只能使用 1 年，如果希望创建 10 年有效期证书，则需要修改 Makefile 文件中的内容，将 365 改为 3650。

> 如果多次重复执行上述创建证书的操作，会发现同一个证书内容被创建多次后，客户端浏览器可能就会显示错误信息，导致无法连接。为了修复这个问题，建议在创建证书时添加一个序列号参数。

2. 修改 ssl.conf 的内容，使用自制证书

修改 ssl.conf 的内容也很简单，只需要修改两个地方和文件名即可。

```
[root@www ~]# vim /etc/httpd/conf.d/ssl.conf
SSLCertificateFile /etc/pki/tls/certs/vbird.crt        <==大约在 105 行
SSLCertificateKeyFile /etc/pki/tls/certs/vbird.key    <==大约在 112 行

[root@www ~]# /etc/init.d/httpd restart
```

然后，通过浏览器访问 https:// 的网址就可以查看刚刚创建的证书数据。然而，由于之前我们已经浏览过默认的证书，所以网页和证书都已经被缓存。因此，可能需要在浏览器的隐私保护设置中删除存储的证书记录，并清除网页缓存，这样才能正确地查看最终的证书数据。具体操作如图 20-14 所示。

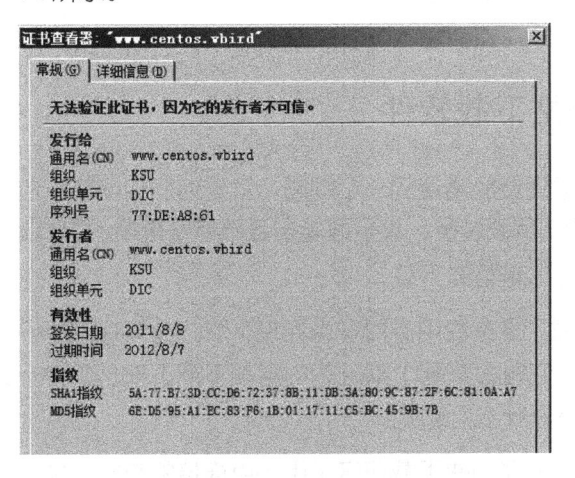

图 20-14 检查证书的详细内容

20.5.3 将加密首页与非加密首页分离

或许已经注意到首页链接无论是 http:// 还是 https:// 都指向相同的页面。那么为什么非要使用 HTTPS 呢？如何强制用户使用 https:// 来访问我的重要数据呢？很简单，可以通过虚拟主机来实现。因为 SSL 模块默认提供了这个功能。有可能会担心修改很麻烦，但其实并不复杂。只需要将 http 和 https 的首页分别设置即可。下面我们做如下假设：

- 一般明码传输的网页的首页不要变更。
- 把 https:// 的首页放置到 /var/www/https/ 目录下。

所以我们首先需要设置 /var/www/https 目录，然后再修改 ssl.conf 文件的内容。整个过程可以按照以下步骤进行处理：

```
# 1. 处理目录与默认的首页 index.html 文件
[root@www ~]# mkdir /var/www/https
[root@www ~]# echo "This is https' home" > /var/www/https/index.html

# 2. 开始处理 ssl.conf 的内容
[root@www ~]# vim /etc/httpd/conf.d/ssl.conf
Listen 443                          <==默认的监听端口，不建议修改
<VirtualHost _default_:443>         <==就是虚拟主机的设置
DocumentRoot "/var/www/https"       <==大约 84 行，去掉注释修改目录名称
ServerName *:443                    <==去掉注释，并将主机名设置为 *
SSLEngine on                        <==支持 SSL
SSLCipherSuite ALL:!ADH:!EXPORT:!SSLv2:RC4+RSA:+HIGH:+MEDIUM:+LOW
SSLCertificateFile /etc/pki/tls/certs/vbird.crt
SSLCertificateKeyFile /etc/pki/tls/certs/vbird.key
</VirtualHost>

[root@www ~]# /etc/init.d/httpd restart
```

大部分设置可以使用默认值，只有 DocumentRoot 和 ServerName 需要注意。通过这样的设置，我们可以完全将 https 和 http 分离开来，这样重要的数据就可以安全地进行加密传输了。

20.5.4 防止整站下载软件

一些知名网站的管理员经常遇到一个问题，就是他们的网站经常被整站下载软件暴力下载，导致服务器的 CPU 负载过重，甚至可能导致服务器崩溃。这真是一个让人头疼的问题。现在我们来解释一下什么是整站下载。

所谓的"整站下载"是指使用类似多点连接下载的持续性信息传递软件来下载网站的数据。一旦启用该软件，它就会将整个网站的内容都下载下来。这种方式非常强大，但也会带来一些问题。那么具体是什么问题呢？

这种下载软件常常为了加快下载速度采用多点连接的方式，也就是持续不断地向服务器

发送数据包请求。然而，并不是所有的请求都能成功将数据传送给客户端，导致部分请求无法传送成功。这样的结果是服务器不断地响应请求，却无法正确地返回响应。此外，由于请求过于频繁，服务器无法应对，最终导致服务器宕机。

鸟哥的鸟站主机在很早以前就因为这个问题，导致服务经常中断，而且由于 CPU 负载过高，正常访问网站的用户无法获得足够的资源，使得网页加载速度变得非常慢。

由于这种整站下载软件非常烦琐，一不留神就会导致服务器宕机，不得不频繁重新启动，让 Linux 的稳定性无法得到发挥，真是令人气馁。后来，鸟哥自己编写了一些脚本来阻止这些恶意 IP 的访问。其做法如下：

（1）由于整站下载软件会使用多点连接进行持续下载，因此在同一时间内，同一个 IP 可能会有大量的连接。

（2）由于这种软件不断地发起连接请求，并且在完成下载后立即关闭连接，并创建新的连接，因此连接状态会变得异常。

（3）一些较旧的整站下载软件不会伪装请求，因此在主机的日志文件中会记录有 Teleport 的标记。

（4）为了应对这种情况，让我的主机每隔 1 分钟检查两个方面：①首先检查日志文件，如果发现相关的 Teleport 关键词，就阻止对应的 IP 地址；②使用 netstat 命令检查同一 IP 地址的同时连接数，如果连接数超过某个值（例如同时有 12 个连接），就阻止对应的 IP 地址。

（5）由于上述方案可能会将代理服务器的客户端也同时阻止，因此程序会主动将 ① 的情况下的主机阻止 3 天，而将 ② 的情况下的主机阻止 2 小时。在阻止的时间限制过后，该 IP 可以再次连接到我们的主机。

大致上就是这样。这个程序需要与 iptables 相互配合。因此，请先查阅第 9 章的防火墙内容，然后再下载这个程序吧！可以在下面的网址下载这个程序。

20.6 重点回顾

- WWW 的传输协议使用 HTTP，最早是由欧洲核物理实验室的蒂姆·伯纳斯·李所开发的。
- WWW 在服务器/客户端主要传递的信息或数据以 HTML 语言为主。
- http://www.w3c.org 为制定与发布 WWW 标准语言的组织，在编写网页时最好遵循该站的标准。
- Apache 是一种用于实现 WWW 服务器的软件，而客户端使用浏览器，目前为 Firefox。
- 浏览器不仅可以通过 HTTP 连接主机，还可以在地址栏输入相应的"协议://主机[:端口]/资源"来获取不同的数据。
- 若要使 WWW 服务器实现与用户的信息互动，还需要使用网页编程语言（如 PHP、Perl 等）和数据库软件（如 MySQL、PortgreSQL 等）。

- 因为 HTTP 使用明码传送，目前 WWW 可以使用 SSL 等机制进行数据加密传输。
- Apache 的配置文件其实只有 httpd.conf，其他的配置文件都是通过 Include 引入的。
- Apache 的首页目录由 DocumentRoot 决定，首页文件由 DirectoryIndex 决定。
- Apache 可以通过设置虚拟主机将不同主机名指定到不同的 DocumentRoot。
- Apache 是多线程的软件，可以启动多个程序来处理 WWW。主要的模块有 prefork 和 worker，最大可连接数量由 MaxClients 决定。
- 为了确保浏览器正确显示网页的编码格式，最好在网页上声明语言，并取消 Apache 配置文件 httpd.conf 中的 AddDefaultCharset 设置值。
- 在 Apache 的目录权限设置（Options 参数）中，最好去除 Indexes。
- 通过 AllowOverride 与 .htaccess，用户可以在自己管理的目录下制定自己的风格。
- Apache 提供了一个名为 apachectl 的脚本，供用户快速管理 Apache 服务。
- 如果 Apache 分析的数据比较重要，务必使用 SSL 或者是保护目录来保护数据。

20.7 参考资料与延伸阅读

- W3C 标准制订与公布网站：http://www.w3c.org。
- Apache 官方网站：http://www.apache.org/。
- Mozilla 官方网站：http://www.mozilla.org/。
- PHP 官方网站：http://www.php.net/。
- MySQL 官方网站：http://www.mysql.org/。
- Apache 2.0 的说明文件：http://httpd.apache.org/docs/2.0/mod/core.html。

第 21 章

文件服务器之三：FTP 服务器

FTP（File Transfer Protocol，文件传输协议）可以说是古老的协议之一，主要用于文件传输，特别是大型文件的传输。然而，使用 FTP 进行传输时存在一定的安全风险，因为数据在 Internet 上以明文方式传输，没有受到保护。尽管如此，纯粹的 FTP 服务仍然具有必要性，例如许多学校有建立 FTP 服务器的需求。

21.1 FTP 的数据传输原理

FTP 的主要功能是在服务器和客户端之间进行文件传输。这个古老的协议使用明文传输方式，在过去存在着相当多的安全隐患。为了更安全地使用 FTP 协议，我们主要介绍功能较少但较为安全的 vsftpd 软件。

21.1.1 FTP 功能简介

除了单纯进行文件的传输和管理，FTP 服务器还可以根据服务器软件的配置架构提供以下几个主要功能。

1. 不同等级的用户身份：实体用户、访客、匿名用户

FTP 服务器在默认情况下，根据用户登录的情况分为三种不同的身份：①实体用户（Real User）；②访客（Guest）；③匿名用户（Anonymous）。这三种身份的用户在系统上具有不同的权限。例如，实体用户具有完整的系统权限，因此可以执行更多的操作；而匿名用户通常只能下载资源，不允许他们使用太多主机资源。当然，这三种用户可以使用的"在线命令"也是不同的。

2. 命令记录与日志文件记录

FTP 可以使用系统的 syslogd 来记录数据，记录的数据包括用户曾经使用过的命令和用户传输数据（传输时间、文件大小等）。因此，可以轻松地在/var/log/目录下找到各种日志信息。

3. 限制用户活动的目录：chroot（change root）

为了避免用户在 Linux 系统中随意浏览（即离开其用户主目录并进入 Linux 系统的其他目录），可以将用户的操作范围限制在其用户主目录下。FTP 可以限制用户只能在其用户主目录中活动。因此，用户无法离开自己的用户主目录，并且在登录 FTP 后，显示的根目录就是其用户主目录的内容。这种环境被称为 chroot，即改变根目录的意思。

这样做有什么好处呢？当一个恶意用户通过 FTP 登录到我们的系统时，如果没有 chroot 环境，可以进入到/etc、/usr/local、/home 等其他重要目录中查看文件数据，特别是一些重要的配置文件，如/etc/passwd 等。如果没有正确管理和保护文件权限，那么就有可能获取系统的某些重要信息，用来入侵你的系统。而在 chroot 环境下，当然会更加安全一些。

21.1.2 FTP 的工作流程与使用到的端口

FTP 的传输使用的是 TCP 数据包协议，在第 2 章中我们已经讨论过，TCP 在建立连接之前会先进行三次握手。然而，FTP 服务器相对复杂一些，因为它使用了两个连接，即命令通

道和数据流通道（Ftp-Data），这两个连接都需要进行三次握手，因为它们都是 TCP 数据包。那么这两个连接通道之间的关系是如何的呢？下面我们首先以 FTP 默认的主动模式（Active Mode）连接来进行简要说明。

简单的连接流程如图 21-1 所示，连接的步骤如下：

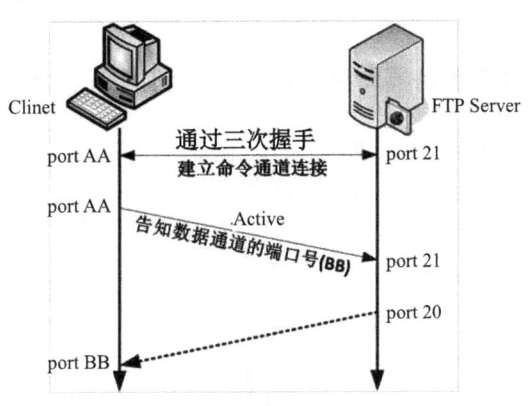

图 21-1 FTP 服务器的主动式连接示意图

- **建立命令通道的连接**。如图 21-1 所示，客户端会随机选择一个编号大于 1024 的端口（端口 AA）来与 FTP 服务器端的端口 21 建立连接，这个过程当然需要进行三次握手。一旦建立连接，客户端就可以通过这个连接向 FTP 服务器发送命令，执行查询文件名、下载、上传等操作。所有这些命令都是通过这个通道来执行的。
- **通知 FTP 服务器端使用 Active 且告知连接的端口号**。FTP 服务器使用端口 21 用于命令执行，但当涉及数据流时，不再使用这个连接。当客户端需要数据时，会告知服务器端要使用什么方式进行连接。如果是主动模式连接，客户端会先随机选择一个端口（图 21-1 中的端口 BB），然后通过命令通道告知 FTP 服务器这两个信息，并等待 FTP 服务器的连接。
- **FTP 服务器主动向客户端连接**。FTP 服务器在了解客户端的需求后，会主动从端口 20 向客户端的端口 BB 发起连接，这个连接当然也要经过三次握手。此时，FTP 的客户端和服务器端将建立两条连接，分别用于命令执行和数据传输。默认情况下，FTP 服务器端使用的主动连接端口是端口 20。

这样就成功地建立了"命令"和"数据传输"这两个通道。然而，需要注意的是，数据传输通道是在有数据传输操作发生时才会建立的通道，并不是在连接到 FTP 服务器时立即建立的通道。

1. 主动式连接使用到的端口号

通过上述说明，整理一下 FTP 服务器端会使用到的主要端口号：

- 命令通道的 ftp（默认为端口 21）。
- 数据传输的 ftp-data（默认为端口 20）。

再次强调一下，这两个端口的功能是不同的，而且，重要的是它们的连接发起方也不同。首先，端口 21 主要用于接收来自客户端的主动连接，而端口 20 则用于 FTP 服务器主动连接到客户端。在服务器和客户端都位于公共 IP（Public IP）的 Internet 上时，通常不会出现太大的问题。然而，如果客户端位于防火墙或 NAT 服务器后面，会出现什么问题呢？下面我们来讨论这个严重的问题。

2. 在主动连接的 FTP 服务器与客户端之间是具有防火墙的

回想一下第 9 章关于防火墙的内容。一般来说，许多局域网络都会使用防火墙（如 iptables）的 NAT 功能。那么，位于 NAT 后面的 FTP 用户如何连接到 FTP 服务器呢？我们可以通过图 21-2 来简单说明。

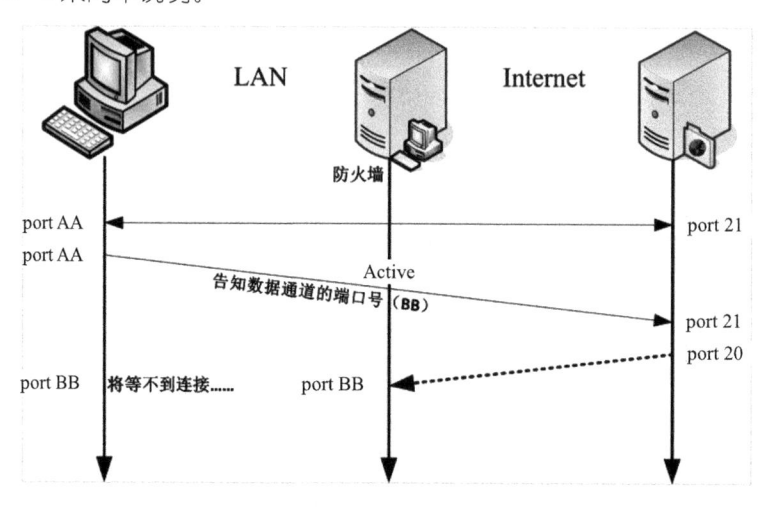

图 21-2 FTP 客户端与服务器端连接中间具有防火墙的连接状态

（1）**用户与服务器间命令通道的建立**。由于 NAT 会主动记录从内部到外部的连接信息，而命令通道的建立是由客户端向服务器端发起连接的，因此这个连接可以顺利建立起来。

（2）**用户与服务器间数据通道建立时的通知**。同样地，客户端主机会先启用端口 BB，并通过命令通道告知 FTP 服务器，并等待服务器端的主动连接。

（3）**服务器主动连接到 NAT 等待传递至客户端的连接问题**。然而，由于经过 NAT 转换后，FTP 服务器只能知道 NAT 的 IP 地址而不是客户端的 IP 地址，所以 FTP 服务器会主动使用端口 20 向 NAT 的端口 BB 发送连接请求。但是，NAT 并没有启动端口 BB 来监听 FTP 服务器的连接。

现在知道问题所在了吗？在 FTP 的主动模式连接中，NAT 被视为客户端，但实际上 NAT 并不是真正的客户端，这就导致了问题。如果曾经在连接某些 FTP 服务器时，连接已经建立（命令通道已建立），但无法获取文件名列表，而是在一段时间后显示类似于"Can't build data connection: Connection refused，无法进行数据传输"的消息，那肯定是由于这个原因引起的困扰。

那么有没有办法可以解决这个问题呢？难道在 Linux 的 NAT 后面就一定无法使用 FTP 吗？当然不是。目前有以下两种简易方法可以解决这个问题：

- **使用 iptables 所提供的 FTP 检测模块**。其实 iptables 早就提供了许多实用的模块，而 FTP 当然也得到了考虑。可以使用 modprobe 命令加载 ip_conntrack_ftp 和 ip_nat_ftp 等模块，这些模块会主动分析目标端口为 21 的连接信息，从而获取端口 BB 的相关数据。这样，如果接收到 FTP 服务器的主动连接，就可以将该数据包正确地导向后端主机。

  然而，如果连接的目标 FTP 服务器的命令通道不是默认的标准端口 21（例如某些地下 FTP 服务器），那么这两个模块就无法成功解析。

- **客户端选择被动式（Passive）连接模式**。除了主动模式连接之外，FTP 还提供一种称为被动模式连接的方式。被动模式是指由客户端向服务器端发起连接。既然是由客户端发起连接，自然就不需要考虑来自端口 20 的连接了。下一小节中将详细介绍被动模式连接。

21.1.3　客户端选择被动式连接模式

那么什么是被动模式连接呢？我们可以使用图 21-3 来简要介绍。

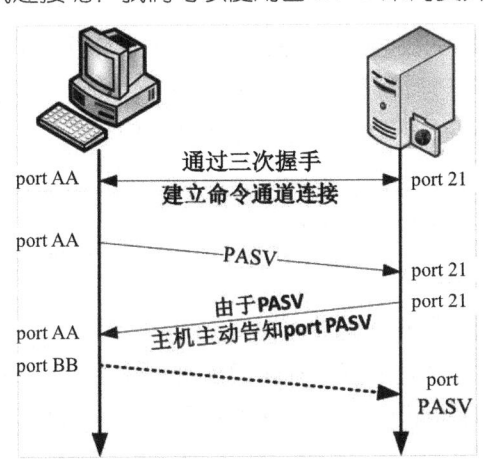

图 21-3　FTP 的被动式数据流连接流程

- **用户与服务器建立命令通道**。通过三次握手就可以建立起这个通道了。
- **客户端发出 PASV 的连接请求**。当使用数据通道的命令时，客户端可以通过命令通道发送 PASV（被动模式连接）的请求，并等待服务器的回应。
- **FTP 服务器启动数据端口，并通知客户端连接**。如果所使用的 FTP 服务器能够处理被动模式连接，那么 FTP 服务器会先启动一个监听端口。这个端口号可以是随机的，也可以是在某一范围内自定义的，具体取决于 FTP 服务器软件。然后，FTP 服务器会通过命令通道告知客户端已经启动的端口（图 21-3 中的 PASV 端口），并等待客户端的连接。

- **客户端随机选择编号大于 1024 的端口进行连接**。客户端会随机选择一个编号大于 1024 的端口号，用于与主机的 PASV 端口进行连接。如果一切顺利，FTP 数据就可以通过端口 BB 和端口 PASV 进行传输了。

发现上面的不同点了吗？被动模式 FTP 数据通道的连接方向是由客户端向服务器端发起的。这样一来，在 NAT 内部的客户端主机就可以成功连接到 FTP 服务器了。但是，如果 FTP 服务器也位于 NAT 后面，怎么办呢？这就涉及更深入的 DMZ 技巧了。在这里，我们不会介绍这些深入的技巧，但先要理解这些特殊的连接方向，这将有助于未来在搭建服务器时考虑相关因素。

此外，不知道是否注意到，在 PASV 模式下，服务器在没有特别设置的情况下会随机选择一个编号大于 1024 的端口供客户端连接使用。那么，如果服务器启用的端口受到恶意操作怎么办呢？而且，这样也很难跟踪入侵者攻击的日志信息。因此，我们可以通过 "passive ports" 的功能来限定服务器可以使用的端口号。

21.1.4　FTP 的安全性问题与替代方案

事实上，在 FTP 上传输的数据很可能会被窃取，因为 FTP 是明文传输的。此外，某些 FTP 服务器软件存在严重的安全问题。因此，一般来说，除非是学校或一些社团单位需要开放非机密或无授权问题的资料，否则最好尽量避免使用 FTP。

由于 SSH 技术的出现，现在我们已经有了更安全的 FTP 解决方案，即由 SSH 提供的 sftp 服务器。sftp 服务器的最大优点是传输的数据经过加密，因此在 Internet 上更加安全。所以，建议尽量使用 SSH 提供的 sftp 服务器功能。

然而，对于一些习惯使用图形界面或有中文文件名的用户来说，sftp 服务器功能可能不太方便。虽然目前有一个图形界面的 FileZilla 客户端软件可用，但在某些情况下仍可能遇到一些问题。因此，有时 FTP 网站仍然有其存在的必要性。如果确实要搭建 FTP 网站，那么还需要注意以下几个事项：

（1）始终更新到最新版本的 FTP 软件，并及时关注漏洞信息。

（2）灵活使用 iptables 来规定允许使用 FTP 的网络。

（3）充分利用 TCP_Wrappers 来规范可以登录的网络。

（4）善用 FTP 软件的设置来限制不同用户对你的 FTP 服务器使用的权限。

（5）使用超级守护进程（Super Daemon）来管理 FTP 服务器。

（6）时刻注意用户的用户主目录以及匿名用户登录的目录的文件权限。

（7）如果不对外公开，可以考虑修改 FTP 的端口。

（8）也可以使用加密的 FTPs（FTP over SSL/TLS）功能。

无论如何，在网络上我们听说过太多由于开放 FTP 服务器而导致整个主机被入侵的事件。因此，安全性问题一定要引起重视。

21.1.5 开放什么身份的用户登录

既然 FTP 是以明文传输，并且某些早期的 FTP 服务器软件存在许多安全漏洞，为什么还需要搭建 FTP 服务器呢？这是因为总会有人需要 FTP 服务器。例如，许多学校提供 FTP 网站服务，这样可以让校内的同学共享校内的网络资源。然而，由于 FTP 登录者的身份可以分为三种，那么应该开放哪种身份的登录呢？在这种情况下，可以简单地思考一下。

1. 开放实体用户的情况（Real User）

许多 FTP 服务器默认已经允许实体用户登录。然而需要注意的是，使用实体用户作为 FTP 登录者的身份时，默认情况下系统并没有对实体用户进行限制，因此也可以在拥有权限范围内对整个文件系统进行操作。如果 FTP 用户没有妥善保护自己的密码导致被入侵，那么整个 Linux 系统的数据也很可能会被窃取。以下是针对开放实体用户时的建议：

- **使用替代的 FTP 方案较好**。考虑到实体用户本来就可以通过网络连接到主机来进行工作（例如 SSH），因此没有必要特别开放 FTP 服务。实际上，sftp 已经能够满足文件传输的需求。因此，开放 FTP 服务可能并不是必需的。
- **限制用户的权限，如 chroot 与 /sbin/nologin 等**。如果确定要允许实体用户使用 FTP 服务器，那么需要阻止某些系统账号登录 FTP，例如 bin、apache 等。最简单的方法是通过 PAM 模块进行处理。例如，vsftpd 软件默认可以通过/etc/vsftpd/ftpusers 文件来设置不允许登录 FTP 的账号。此外，将用户身份设置为 chroot 是非常必要的！

2. 访客身份（Guest）

在通常情况下，创建 Guest 用户的常见使用场景是因为服务器提供了类似个人网页的功能给普通用户，让他们管理自己的网页空间。此时，将用户的身份设置为 Guest，并设置其可用的目录，就可以为用户提供一个方便的使用环境，而无须提供实体用户的权限。以下是常见的建议：

- 仅提供需要登录的账号即可，无须提供系统上所有人都可以登录的环境。
- 在服务器的设置中，我们需要针对不同的访客提供不同的用户主目录，并且确保用户的主目录与其权限设置相匹配。例如，如果要为用户 dmtsai 提供管理网页空间的功能，且其网页空间位于 /home/dmtsai/www 下，那么在 FTP 的设置中，仅将 dmtsai 的目录设置为 /home/dmtsai/www，这样做更安全，并且方便用户使用。
- 针对这种用户身份，需要设置较多限制，包括：上传/下载/文件数量和硬盘容量的限制、连接登录时间的限制、限制可使用的命令，或者不允许使用 chmod 等。

3. 匿名登录用户（Anonymous）

提供匿名登录用户实在不是个好主意，因为任何人都可以下载你的数据，带宽很容易被耗尽。但正如之前所提到的，当学校需要共享一些软件资源给全校同学时，FTP 服务器也是一个很不错的解决方案。如果要开放匿名用户登录，需要注意以下几点：

- 无论如何，提供匿名登录都是一件相当危险的事情，因为只要一不小心，将重要的信息或数据放置到匿名用户可以读取的目录中时，那么就很有可能会泄密。与其担心发生这样的事情，不如就不开放匿名登录。
- 如果真要开放匿名登录，必须进行许多限制，包括：①减少匿名用户可以使用的命令，以及不允许他们使用的命令；②限制文件传输的数量，尽量不允许上传数据；③限制匿名用户同时登录的最大连接数量。

一般来说，如果要在网络上提供一些公开的、没有版权纠纷的数据供下载，那么一个只提供匿名登录的 FTP 服务器，并且对整个 Internet 开放是可以的。但是，如果计划提供的软件或数据受版权保护，但版权允许在组织内进行传输，那么设置一个仅对内部开放的匿名 FTP 服务器（通过防火墙进行处理）也是可行的。

如果希望用户提供反馈，是否需要规划一个匿名用户可上传的区域呢？鸟哥的观点是：绝对不可以。如果要让用户提供反馈，除非信任该用户，否则不要允许其上传。因此，这时需要一个具有严格文件系统权限管理的 FTP 服务器，并提供实体用户登录。总之，根据需求来考虑是否有这个需要。

21.2　vsftpd 服务器的基础设置

vsftpd 的全名是 Very Secure FTP Daemon，换句话说，vsftpd 最初的目标就是构建一个以安全为重点的 FTP 服务器。我们先来探讨一下为什么 vsftpd 被称为"非常安全"，然后再介绍其设置。

21.2.1　为何使用 vsftpd

为了构建一个以安全为主的 FTP 服务器，vsftpd 使用操作系统的程序权限（Privilege）概念进行设计。如果阅读过《鸟哥的 Linux 私房菜 基础学习篇（第四版）》一书的第 17 章"程序与资源管理"，就会知道系统上运行的程序会生成一个进程 ID，我们称之为 PID（Process ID）。这个 PID 在系统上可执行的任务和所拥有的权限有关。换句话说，PID 所拥有的权限级别越高，它能够执行的任务就越多。举个例子，使用 root 权限启动的 PID 通常具有最高权限级别，可以执行任何任务。

然而，如果触发这个 PID 的程序存在漏洞，导致遭到网络黑客的攻击并获取了该 PID 的使用权，那么黑客将获得与该 PID 相关联的权限。因此，现代软件的发展趋势是尽量降低服务获取的 PID 权限，即使服务不慎被入侵，入侵者也无法获得有效的系统管理权限，从而提高系统的安全性。vsftpd 正是基于这个思想进行设计的。

除了 PID 权限方面，vsftpd 还支持 chroot 函数的功能。chroot 的意思是"change root directory"，其中的 root 指的是根目录，而不是系统管理员。它可以将指定的目录作为根目录，这样与该目录无关的其他目录就不会被误用。

举例来说，如果以匿名身份登录我们的 FTP 服务，通常会被限制在/var/ftp 目录下工作。我们所看到的根目录实际上只是/var/ftp，而其他系统目录如/etc、/home、/usr 等则无法访问。这样即使 FTP 服务被攻破，入侵者也只能在/var/ftp 目录中活动，无法使用 Linux 的完整功能。这样一来，我们的系统就更加安全了。

vsftpd 是基于以上说明而设计的一款相对安全的 FTP 服务器软件，具有以下特点：

- vsftpd 服务以普通用户身份启动，因此对 Linux 系统的权限较低，降低了对 Linux 系统的潜在危害。此外，vsftpd 还利用 chroot()函数进行根目录的改变，以防止系统工具被该服务误用。
- 所有需要具有较高执行权限的 vsftpd 命令都由一个特殊的上层程序控制，该上层程序的执行权限已被严格限制，以确保不会对 Linux 系统本身产生影响。
- 绝大部分 FTP 所需的额外命令功能（如 dir、ls、cd 等）已经整合到 vsftpd 的主程序中。因此，在 chroot 的情况下，vsftpd 可以正常工作，并且不需要额外的系统命令，从系统安全性的角度来看也比较安全。
- 对于客户端发出的需要使用上层程序提供的高权限执行 vsftpd 命令的请求，都被视为不可信任的，必须经过适当的身份验证后方可使用上层程序的功能。例如，chown()和登录请求等操作。
- 上述提到的上层程序仍然使用 chroot()功能来限制用户的执行权限。

由于具备这些特点，vsftpd 相对来说会更加安全。接下来，我们来讨论如何进行设置。

21.2.2　所需的软件以及软件结构

vsftpd 只需要一个软件包，即 vsftpd 本身。如果 CentOS 系统没有安装 vsftpd，则需要使用"yum install vsftpd"命令进行安装。该软件包非常小，而且提供的配置文件也非常简洁，这也是 vsftpd 的特点之一。以下是一些比较重要的设置数据：

- /etc/vsftpd/vsftpd.conf：严格来说，整个 vsftpd 的配置文件就只有这一个文件。这个文件的设置方式类似于 bash 的变量设置，即通过"参数=设置值"的方式进行配置，注意，等号两边不能有空格。关于 vsftpd.conf 的详细内容，可以使用"man 5 vsftpd.conf"命令详查。
- /etc/pam.d/vsftpd：这是 vsftpd 在使用 PAM 模块时的相关配置文件。主要用于身份验证和限制某些用户身份的功能。可以查看该文件以获取更多信息：

```
[root@www ~]# cat /etc/pam.d/vsftpd
```

```
#%PAM-1.0
session    optional     pam_keyinit.so      force revoke
auth       required     pam_listfile.so  item=user  sense=deny  file=/etc/vsftpd/ftpusers
onerr=succeed
auth       required     pam_shells.so
auth       include      password-auth
account    include      password-auth
session    required     pam_loginuid.so
session    include      password-auth
```

上述文件后面接的内容是"限制用户无法使用 vsftpd"的意思,也就是说,实际上无须使用系统的默认值来进行限制,而可以在该文件中进行修改。

- /etc/vsftpd/ftpusers:与前面提到的文件相关联的是 PAM 模块(/etc/pam.d/vsftpd),该模块指定了不能登录的用户配置文件。该文件的设置非常简单,只需将不希望登录的 FTP 账号写入该文件即可。每行一个账号,格式如下:

```
[root@www ~]# cat /etc/vsftpd/ftpusers
# Users that are not allowed to login via ftp
root
bin
daemon
...(下面省略)...
```

从上面可以看出,绝大部分系统账号都在这个文件中,这意味着系统账号默认情况下无法使用 vsftpd。如果还想让某些用户无法登录,将其写入这个文件是最快捷的方法。

- /etc/vsftpd/user_list:这个文件是否生效与 vsftpd.conf 文件中的两个参数有关,分别是 userlist_enable 和 userlist_deny。如果说/etc/vsftpd/ftpusers 是 PAM 模块的阻止访问设置项,那么/etc/vsftpd/user_list 则是 vsftpd 自定义的阻止访问项。实际上,这两个文件几乎完全相同。默认情况下,将不允许登录 vsftpd 的账号写入这个文件中。然而,这个文件是否生效取决于 vsftpd.conf 配置文件中的 userlist_deny={YES/NO}参数,这一点需要特别注意。

- /etc/vsftpd/chroot_list:这个文件默认情况下是不存在的,所以必须手动创建。该文件的主要功能是允许将某些账号的用户限制在其默认用户主目录下。然而,要使该文件生效,需要与 vsftpd.conf 文件中的 chroot_list_enable 和 chroot_list_file 两个参数相对应。如果要想将某些实体用户限制在其用户主目录而不允许访问其他目录,可以启用此设置。

- /usr/sbin/vsftpd:这是 vsftpd 的主要可执行文件。vsftpd 只有这一个可执行文件。

- /var/ftp/:这是 vsftpd 默认匿名用户登录的根目录。实际上,它与 ftp 账号的用户主目录有关。

总的来说,只需要注意这几个文件,每个文件的设置都很简单,非常方便!

21.2.3 vsftpd.conf 配置值说明

实际上，/etc/vsftpd/vsftpd.conf 本身就是一个非常详细的配置文件，并且可以通过"man 5 vsftpd.conf"命令获得完整的参数说明。不过，在这里我们仍然会列出 vsftpd.conf 中常用的参数，供大家参考。

1. 与服务器环境比较相关的设置值

- connect_from_port_20=YES（NO）：还记得前一小节中提到的主动式连接所使用的 FTP 服务器的端口号吗？这就是 ftp-data 的端口号。
- listen_port=21：vsftpd 使用的命令通道端口号可以在这个设置项中修改，例如想使用非标准的端口号。但是需要注意的是，这个设置值只适用于以 stand alone 方式启动的情况下（对于 super daemon 无效）。
- dirmessage_enable=YES（NO）：当用户进入某个目录时，会显示该目录的注意事项。默认情况下，显示的文件是.message。可以使用下面的设置项来自定义。
- message_file=.message：当 dirmessage_enable=YES 时，可以设置该项让 vsftpd 寻找该文件来显示信息。
- listen=YES（NO）：如果设置为 YES，表示 vsftpd 以 stand alone 方式启动。默认值是 NO，因此在 CentOS 中将其改为 YES，这样才能以 stand alone 方式启动。
- pasv_enable=YES（NO）：为了支持被动模式（Passive Mode）的数据传输，必须将其设置为 YES。
- use_localtime=YES（NO）：是否使用本地时间？默认情况下，vsftpd 使用 GMT 时间（格林威治平均时间），因此 FTP 内的文件日期比中国时间晚 8 小时。建议将该设置修改为 YES，以使用本地时间。
- write_enable=YES（NO）：如果你允许用户上传数据，那么就要启用这个设置值。
- connect_timeout=60：这个设置的单位是秒，在数据连接的主动模式下，如果在 60 秒内没有收到客户端的响应，那么就会强制断开连接，不会等待。
- accept_timeout=60：当用户使用被动模式（PASV）进行数据传输时，如果服务器启用被动端口并等待客户端超过 60 秒没有回应，那么就会强制断开连接。这个设置与 connect_timeout 类似，只是一个用于管理主动连接，另一个用于管理被动连接。
- data_connection_timeout=300：如果服务器与客户端的数据连接已经成功建立（无论是主动连接还是被动连接），但由于网络问题等原因，在 300 秒内无法顺利完成数据传输，那么 vsftpd 会强制断开与客户端的连接。
- idle_session_timeout=300：如果用户在 300 秒内没有进行任何操作命令，vsftpd 会强制将其下线，以避免占用空间。
- max_clients=0：如果 vsftpd 是以 stand alone 方式启动的，那么这个设置项可以限制同时连接到 vsftpd 的最大客户端数量，以控制 FTP 的使用量。

- max_per_ip=0：与上述的 max_clients 类似，这里设置的是同一个 IP 地址在同一时间允许的最大连接数。
- pasv_min_port=0、pasv_max_port=0：上述两个设置与被动模式使用的端口号有关。如果想使用 65400 到 65410 的 11 个端口进行被动模式的连接，可以进行 pasv_max_port=65410 和 pasv_min_port=65400 设置。如果将其设置为 0，则表示随机选择端口而不进行限制。
- ftpd_banner=一些文字说明：当用户连接到 vsftpd 时，FTP 客户端软件上会显示一些说明文字。然而，这个设置的内容相对较少。建议可以使用 banner_file 设置来替代这个设置项，它可以提供更为灵活的设置。
- banner_file=/path/file：这个设置项允许指定一个纯文本文件作为用户登录 vsftpd 服务器时显示的欢迎信息，我们可以在其中放置一些让用户了解 FTP 服务器目录结构的信息。

2. 与实体用户相关的设置值

- guest_enable=YES (NO)：如果将该值设置为 YES，任何实体账号都会被视为 guest 账号（默认情况下是关闭的）。访客用户在 vsftpd 中默认会使用 ftp 用户的相关权限。但是可以通过 guest_username 参数进行修改。
- guest_username=ftp：只有当 guest_enable 设置值为 YES 时，才会生效，这个参数用于指定访客的身份。
- local_enable=YES (NO)：只有当 guest_anable 设置值为 YES 时，才能允许在 /etc/passwd 文件中存在的账号以实体用户的方式登录到 vsftpd 服务器。
- local_max_rate=0：这个设置用于限制实体用户的传输速度，单位为字节/秒，设置为 0 表示不限制。
- chroot_local_user=YES (NO)：在默认情况下，是否将用户限制在其用户主目录内（chroot）？如果设置为 YES，表示用户默认会被限制在其用户主目录内；如果设置为 NO，则默认情况下不会进行 chroot。然而，实际上还需要参考下面的两个参数进行设置。出于安全性考虑，建议将其设置为 YES。
- chroot_list_enable=YES (NO)：是否启用将用户添加到 chroot 写入列表的功能？与下面的 chroot_list_file 相关。这个设置项需要开启，否则下面的列表文件将无效。
- chroot_list_file=/etc/vsftpd.chroot_list：如果 chroot_list_enable 设置为 YES，那么就可以设置该项了。这个设置与 chroot_local_user 有关，请参考 21.2.6 节的 chroot 说明以获取详细的设置状态。
- userlist_enable=YES (NO)：是否使用 vsftpd 的阻止机制来处理某些不受欢迎的账号，与下面的参数设置相关联。
- userlist_deny=YES (NO)：这个设置只在 userlist_enable 设置为 YES 时才会生效。当该设置值为 YES 时，如果用户账号被列入特定的文件中，那么这些用户将无法登录到 vsftpd 服务器。该文件的文件名与下面的设置项相关。

- userlist_file=/etc/vsftpd/user_list：如果 userlist_deny 设置为 YES，那么这个文件就会起作用了。文件中列出的账号将无法使用 vsftpd。

3. 匿名用户登录的设置值

- anonymous_enable=YES（NO）：设置是否允许匿名登录到 vsftpd 主机。默认值为 YES，但需要将 anonymous_enable 设置为 YES，下面的所有相关设置才会生效。
- anon_world_readable_only=YES（NO）：仅允许匿名用户具有下载可读文件的权限，默认为 YES。
- anon_other_write_enable=YES（NO）：是否允许匿名用户拥有除了写入之外的权限，包括删除和修改服务器上的文件及文件名等权限。默认情况下是 NO。如果要将其设置为 YES，则需要调整开放给匿名用户写入的目录的权限，以确保 vsftpd 的 PID 拥有者具有写入权限。
- anon_mkdir_write_enable=YES（NO）：是否允许匿名用户具有创建目录的权限，默认值为 NO。如果要将其设置为 YES，则 anony_other_write_enable 必须设置为 YES。
- anon_upload_enable=YES（NO）：是否允许匿名用户具有上传数据的功能，默认值为 NO。如果要将其设置为 YES，则 anon_other_write_enable 必须设置为 YES。
- deny_email_enable=YES（NO）：通过阻止某些特定的电子邮件地址，可以禁止使用匿名登录。当使用匿名登录服务器时，通常会要求输入密码，而密码通常是要求输入电子邮件地址。如果不喜欢某些电子邮件地址，可以使用这个设置来取消其登录权限，需要与下一个设置项配合使用。
- banned_email_file=/etc/vsftpd/banned_emails：如果 deny_email_enable 设置为 YES，可以使用这个设置项来指定哪个电子邮件地址不允许登录到我们的 vsftpd 主机。在上面设置的文件中，每行输入一个电子邮件地址即可。
- no_anon_password=YES（NO）：当设置为 YES 时，表示匿名用户将跳过密码验证步骤，直接进入 vsftpd 服务器。因此，通常情况下默认值是 NO（登录时会检查输入的电子邮件地址）。
- anon_max_rate=0：这个设置值后面的数值单位是字节/秒，用于限制匿名用户的传输速度。如果设置为 0，则不进行限制（受最大带宽限制）。例如，如果想让匿名用户的速度限制为每秒 30 KB，可以设置 anon_max_rate=30000。
- anon_umask=077：这个设置用于限制匿名用户的文件上传权限。如果设置为 077，则匿名用户上传的文件权限将会是 -rw-------。

4. 关于系统安全方面的一些设置值

- ascii_download_enable=YES（NO）：如果设置为 YES，那么客户端默认使用 ASCII 格式下载文件。
- ascii_upload_enable=YES（NO）：与上一个设置类似，但该设置针对上传操作。默认值为 NO。

- one_process_model=YES（NO）：这个设置项有一定的风险。当设置为 YES 时，每个建立的连接都会有一个独立的进程负责，可以提高 vsftpd 的效率。然而，除非你的系统非常安全且硬件配置较高，否则可能会消耗系统资源。一般建议将其设置为 NO。
- tcp_wrappers=YES（NO）：当然，我们都习惯支持 TCP Wrappers，所以将其设置为 YES。
- xferlog_enable=YES（NO）：当设置为 YES 时，用户上传和下载文件的操作将被记录下来。记录的文件与下一个设置项有关。
- xferlog_file=/var/log/xferlog：如果上一个设置项 xferlog_enable=YES，那么可以在这里进行设置。这个设置项用于指定日志文件的文件名。
- xferlog_std_format=YES（NO）：是否将日志文件格式设置为与 wu-ftp 相同，默认为 NO，因为日志文件更易于阅读。然而，如果使用了 wu-ftp 日志文件的分析软件，那么需要将其设置为 YES。
- dual_log_enable=YES、vsftpd_log_file=/var/log/vsftpd.log：除了使用 wu-ftp 格式的日志文件/var/log/xferlog 之外，还可以使用 vsftpd 的独特日志文件格式。如果 FTP 服务器不是非常繁忙，或许写入两个日志文件（/var/log/{vsftpd.log, xferlog}）会是个不错的选择。
- nopriv_user=nobody：我们的 vsftpd 默认以 nobody 作为服务执行者的权限。由于 nobody 的权限非常低，即使遭受入侵，入侵者也只能获得 nobody 的权限。
- pam_service_name=vsftpd：这是 PAM 模块的名称，我们将其放置在/etc/pam.d/vsftpd 中。

上面列出的是常见的 vsftpd 设置参数，还有许多参数未在此列出。可以使用命令"man 5 vsftpd.conf"来查阅更多参数的详细说明。不过，上面列出的参数已经足够我们进行 vsftpd 的设置了。

21.2.4 vsftpd 启动的模式

Vsftpd 可以采用 standalone 或 super daemon 的方式启动，CentOS 默认以 standalone 方式启动。那么何时应选择 standalone 或 super daemon 呢？如果 FTP 服务器是为整个 Internet 提供大量下载任务的，例如大学的 FTP 服务器，那么建议使用 standalone 方式，这样服务速度会更好。如果仅供内部人员使用的 FTP 服务器，则可以使用 super daemon 来管理。

1. 使用 CentOS 提供的 script 来启动 vsftpd（stand alone）

其实 CentOS 不用作任何设置就能够启动 vsftpd。它是这样启动的：

```
[root@www ~]# /etc/init.d/vsftpd start
[root@www ~]# netstat -tulnp| grep 21
```

```
tcp   0   0 0.0.0.0:21   0.0.0.0:*      LISTEN     11689/vsftpd
# 可以看到是由 vsftpd 启动的
```

2. 自行设置以 super daemon 来启动（有必要再进行）

如果 FTP 服务器很少被使用，使用 super daemon 来管理是一个不错的选择。不过，如果想使用 super daemon 来管理，则需要自行修改配置文件。实际上，这并不难，可以按照以下步骤进行操作：

```
[root@www ~]# vim /etc/vsftpd/vsftpd.conf
# 找到 listen=YES 这一行：大约在 109 行，将它改成：
listen=NO
```

接下来，修改 super daemon 的配置文件。下面的文件需要自行创建，因为它原本不存在：

```
[root@www ~]# yum install xinetd    <==假设 xinetd 没有安装时
[root@www ~]# vim /etc/xinetd.d/vsftpd
service ftp
{
        socket_type             = stream
        wait                    = no
        user                    = root
        server                  = /usr/sbin/vsftpd
        log_on_success          += DURATION USERID
        log_on_failure          += USERID
        nice                    = 10
        disable                 = no
}
```

然后尝试启动看看：

```
[root@www ~]# /etc/init.d/vsftpd stop
[root@www ~]# /etc/init.d/xinetd restart
[root@www ~]# netstat -tulnp| grep 21
tcp   0   0 0.0.0.0:21   0.0.0.0:*      LISTEN     32274/xinetd
```

很有趣，对吧？两种启动方式的不同会导致管理方式的差异。无论选择哪种启动方式，请记住不要同时启动这两种，否则会出错。可以使用"chkconfig –list"命令来检查这两种启动方式，然后根据所需求决定使用哪种方式启动。鸟哥在下面的设置中将以 standalone 这个 CentOS 默认的启动模式进行处理，所以需要将之前的操作改回来。

21.2.5　CentOS 的 vsftpd 默认值

在 CentOS 的默认设置中，vsftpd 同时允许实体用户和匿名用户访问，其默认值如下：

```
[root@www ~]# vim /etc/vsftpd/vsftpd.conf
# 1. 与匿名用户有关的信息
anonymous_enable=YES            <==支持匿名用户登录使用 FTP 功能

# 2. 与实体用户有关的设置
local_enable=YES                <==支持本地端的实体用户登录
write_enable=YES                <==允许用户上传数据（包括文件与目录）
local_umask=022                 <==建立新目录(755)与文件(644)的权限

# 3. 与服务器环境有关的设置
dirmessage_enable=YES           <==若目录下有 .message，则会显示该文件的内容
xferlog_enable=YES              <==启动日志文件记录，记录于 /var/log/xferlog
connect_from_port_20=YES        <==支持主动式连接功能

xferlog_std_format=YES          <==支持 WuFTP 的日志文件格式
listen=YES                      <==使用 stand alone 方式启动 vsftpd
pam_service_name=vsftpd         <==支持 PAM 模块的管理
userlist_enable=YES             <==支持 /etc/vsftpd/user_list 文件内的账号登录控制
tcp_wrappers=YES                <==支持 TCP Wrappers 的防火墙机制
```

上述设置值的详细说明请参考 21.2.3 节。通过这些设置值，我们的 vsftpd 可以实现以下功能：

- 可以使用 anonymous 这个匿名账号或其他实体账号（/etc/passwd）登录。
- anonymous 用户的主目录在 /var/ftp，无上传权限，并且已经被 chroot 限制在此目录下。
- 实体用户的主目录参考 /etc/passwd，没有被 chroot 限制，可以访问任何有权限的目录。
- 在 /etc/vsftpd/ftpusers 中存在的账号都无法使用 vsftpd（PAM）。
- 可使用 /etc/hosts.{allow|deny} 来作为基础防火墙。
- 当客户端进行上传/下载操作时，相关信息会被记录到 /var/log/xferlog 中。
- 主动式连接的端口为端口 20。
- 使用格林尼治标准时间（GMT）。

因此，一旦启动了 vsftpd，实体用户就可以直接使用 vsftpd 服务传输自己的数据。然而，一个较大的问题是，由于 vsftpd 默认使用 GMT 时间，当使用 FTP 软件连接到 FTP 服务器时，就会发现每个文件的时间都慢了 8 个小时。这真是令人讨厌。因此，鸟哥建议添加一个参数值，即 use_localtime=YES。

```
[root@www ~]# vim /etc/vsftpd/vsftpd.conf
# 在这个文件中的最后一行加入这一句即可
use_localtime=YES

[root@www ~]# /etc/init.d/vsftpd restart
[root@www ~]# chkconfig vsftpd on
```

这样设置后，FTP 服务器不仅可以提供匿名账号下载/var/ftp 的数据，如果使用实体账号

登录，还可以进入到该用户的主目录下。这是一个简单方便的设置，且可以使用本地时间。

另外，当要将 FTP 开放给 Internet 使用时，请注意需要配置防火墙。关于防火墙配置的情况，由于涉及主动和被动连接方式的数据流，因此需要添加防火墙模块。我们将在后续的 21.2.8 节中详细介绍。总之，最终要确保开放 FTP 的连接请求。

21.2.6 针对实体账号的设置

虽然在 CentOS 的默认情况下，实体用户已经可以使用 FTP 服务了，但我们可能还需要使用一些额外的功能来限制实体用户。例如，限制用户无法离开用户主目录（chroot）、限制下载速度、限制用户上传文件的权限（掩码）等。下面首先列出一些希望实现的功能，然后再继续处理额外的功能：

- 建议使用本地时间替代 GMT 时间。
- 用户登录时显示欢迎信息。
- 系统账号（UID 小于 500 的账号）不得登录主机。
- 一般实体用户可以上传、下载、创建目录和修改文件等。
- 用户创建文件和目录的 umask 值应设置为 002。
- 其他主机设置值保留默认值即可。

我们可以自行处理 vsftpd.conf 文件，下面是一个范例。如果 vsftpd.conf 文件中没有相关设置，请自行添加。现在让我们按照顺序一步一步进行操作。

（1）先创建主配置文件 vsftpd.conf，该配置文件已经包含了主要设置值。

```
[root@www ~]# vim /etc/vsftpd/vsftpd.conf
# 1. 与匿名用户相关的信息，在这个案例中将匿名登录取消
anonymous_enable=NO

# 2. 与实体用户相关的信息：可写入，且 umask 为 002
local_enable=YES
write_enable=YES
local_umask=002
userlist_enable=YES
userlist_deny=YES
userlist_file=/etc/vsftpd/user_list    <==这个文件必须存在。还好，默认有此文件

# 3. 与服务器环境有关的设置
use_localtime=YES
dirmessage_enable=YES
xferlog_enable=YES
connect_from_port_20=YES
xferlog_std_format=YES
listen=YES
pam_service_name=vsftpd
tcp_wrappers=YES
banner_file=/etc/vsftpd/welcome.txt <==这个文件必须存在，需手动创建
```

```
[root@www ~]# /etc/init.d/xinetd restart    <==取消 super daemon
[root@www ~]# /etc/init.d/vsftpd restart
```

(2)创建欢迎信息。

当我们希望登录用户查看系统管理员所执行的公告事项时,可使用 banner_file=/etc/vsftpd/welcome.txt,编辑该文件即可。现在,我们开始创建欢迎界面吧。

```
[root@www ~]# vim /etc/vsftpd/welcome.txt
欢迎光临本小站,本站提供 FTP 的相关服务!
主要的服务是针对本机实体用户提供的,
若有任何问题,请与鸟哥联络!
```

(3)创建限制系统账号登录的文件。

针对系统账号的阻止机制,其实有两个文件,一个是由 PAM 模块管理的,另一个是由 vsftpd 主动提供的。默认情况下,这两个文件分别是:

- /etc/vsftpd/ftpusers:受/etc/pam.d/vsftpd 文件的设置影响。
- /etc/vsftpd/user_list:由 vsftpd.conf 的 userlist_file 设置。

这两个文件的内容是相同的,而且这两个文件都必须存在。可参考/etc/passwd 配置文件,将 UID 小于 500 的账号名称写入这两个文件中,每行一个账号。

```
[root@www ~]# vim /etc/vsftpd/user_list
root
bin
...(下面省略)...
```

(4)测试结果。

我们可以使用图形界面的 FTP 客户端软件来处理,也可以使用 Linux 本身提供的 FTP 客户端功能。关于 FTP 命令,已经在第 5 章中提到过,可以自行参考。在这里,我们直接进行测试:

```
# 测试使用已知用户登录,例如 dmtsai 这个实体用户
[root@www ~]# ftp localhost
Trying 127.0.0.1...
Connected to localhost (127.0.0.1).
220-欢迎光临本小站,本站提供 FTP 的相关服务!    <==刚刚创建的欢迎信息
220-主要的服务是针对本机实体用户提供的,
220-若有任何问题,请与鸟哥联络!
220
Name (localhost:root): student
331 Please specify the password.
Password:    <==在这里输入密码
500 OOPS: cannot change directory:/home/student    <==给出了登录失败的原因
Login failed.
```

```
ftp> bye
221 Goodbye.
```

由于默认情况下，普通用户不能登录 FTP，这是由于 SELinux 的问题。请参考 21.2.7 节的方法来解决。在完成以上方式的测试后，可以尝试使用 root 和 anonymous 账号登录。如果无法登录，则表示设置成功（root 无法登录是由于 PAM 模块和 user_list 设置的关系，而匿名用户无法登录是因为在 vsftpd.conf 中设置了禁止匿名登录）。

上述是有关实体账号的基本设置。如果还想限制用户主目录的 chroot 或应用其他设置，如速度限制等，则需要查看下面的特殊设置项。

1. 实体账号的 SELinux 话题

在默认情况下，CentOS 的 FTP 不允许实体账号登录并获取用户主目录的数据，这是由于 SELinux 的问题。如果你在刚才的"ftp localhost"步骤中，在执行 dir 之前执行过该命令，你会发现没有显示任何文件。这是由于 SELinux 的原因。那么如何解决呢？只需按照以下步骤进行操作：

```
[root@www ~]# getsebool -a | grep ftp
allow_ftpd_anon_write --> off
allow_ftpd_full_access --> off
allow_ftpd_use_cifs --> off
allow_ftpd_use_nfs --> off
ftp_home_dir --> off              <==就是这个，但要设置成 on
...(下面省略)...
[root@www ~]# setsebool -P ftp_home_dir=1
```

这样就完成了。如果还有其他可能导致错误的原因，比如使用 mv 而不是 cp 导致 SELinux 文件类型无法继承原始目录类型，还请自行查看/var/log/messages 文件的内容。通常情况下，处理 SELinux 并不那么麻烦。

2. 对用户（包括未来新建用户）进行 chroot

在鸟哥接触的一般 FTP 使用环境中，大多数情况下是为厂商开放连接的，而对内部用户的使用机会通常较少。因此，鸟哥现在建议默认情况下将所有实体用户进行 chroot 限制，并只对需要的账号额外设置不进行 chroot 限制。这样做的好处是，如果忘记对新建的账号进行 chroot 限制，由于原本就是进行 chroot 限制的，因此就不必担心将该账号开放给厂商时可能带来的问题。

现在假设在我的系统中，只有 vbird 和 dmtsai 这两个账号不需要进行 chroot 限制，其他账号如 student、smb1 等都默认进行 chroot 限制，包括将来添加的账号也都默认进行 chroot 限制。那么应该如何进行设置呢？非常简单，只需设置三个值并添加一个额外的配置文件即可。具体步骤如下：

```
# 1. 修改 vsftpd.conf 的参数值：
[root@www ~]# vim /etc/vsftpd/vsftpd.conf
# 添加是否设置针对某些用户进行 chroot 限制的相关设置
chroot_local_user=YES
chroot_list_enable=YES
chroot_list_file=/etc/vsftpd/chroot_list
# 2. 创建不被 chroot 限制的用户账号列表，即使没有任何账号，此文件也要存在
[root@www ~]# vim /etc/vsftpd/chroot_list
vbird
dmtsai

[root@www ~]# /etc/init.d/vsftpd restart
```

这样一来，除了 dmtsai 和 vbird 之外的其他可用 FTP 账号，其他账号都会被 chroot 限制在它们各自的用户主目录下，这对系统来说是比较好的。接下来，分别使用被 chroot 限制和未被 chroot 限制的账号进行连接测试，看看效果如何？

3. 限制实体用户的总下载流量（带宽）

我们都不希望用户的上传/下载耗尽带宽，从而影响服务器的其他正常服务。因此，有时候限制用户的传输带宽是必要的。假设我要将所有用户的总传输带宽限制为最大 1MB/s，可以按照以下步骤进行设置：

```
[root@www ~]# vim /etc/vsftpd/vsftpd.conf
# 增加下面这个参数
local_max_rate=1000000    <==记住，单位是 bytes/second（字节/秒）

[root@www ~]# /etc/init.d/vsftpd restart
```

上述单位是字节/秒，因此可以根据自己的网络环境来限制带宽，这样就完成了限制。非常简单，对吧？那么如何进行测试呢？很简单，使用本机进行测试最准确。你可以使用 dd 命令创建一个大小为 10MB 的文件，并将其放在 student 的用户主目录下。然后使用 root 执行 "ftp localhost" 命令，输入 student 的账号和密码，接下来使用 get 命令下载这个新文件，就知道下载速度了。

4. 限制最大同时上线人数与同一 IP 地址的 FTP 连接数

如果已经限制了最大使用带宽，那么可能还需要限制最大在线人数！举例来说，当我们希望最多只有 10 个人同时使用 FTP 服务器，并且每个 IP 地址来源最多只能建立一条 FTP 连接时，则可以按照以下步骤进行设置：

```
[root@www ~]# vim /etc/vsftpd/vsftpd.conf
# 增加下面这两个参数
max_clients=10
max_per_ip=1
```

```
[root@www ~]# /etc/init.d/vsftpd restart
```

这样就完成了，不会使 FTP 出现过多的连接。

5. 创建严格的可使用 FTP 的账号列表

在默认的环境下，我们将不允许使用 FTP 的账号写入/etc/vsftpd/user_list 文件中，因此未被写入该文件的用户可以使用 FTP 服务。这样一来，新建的用户默认都可以使用 FTP 服务。但如果我们希望只有某些人能够使用 FTP，即新添加的用户默认不可使用 FTP 服务，那么应该如何操作呢？可以按如下方法修改配置文件：

```
[root@www ~]# vim /etc/vsftpd/vsftpd.conf
# 这几个参数必须修改成这样：
userlist_enable=YES
userlist_deny=NO
userlist_file=/etc/vsftpd/user_list

[root@www ~]# /etc/init.d/vsftpd restart
```

现在，将账号写入/etc/vsftpd/user_list 文件中，就表示这些账号可以使用 FTP 服务。因此，如果要让新添加的用户能够使用 FTP，就必须将其写入/etc/vsftpd/user_list 文件中。需要特别小心使用这个机制，以免混淆。

通过这几个简单的设置值，相信 vsftpd 已经可以满足大部分合法 FTP 网站的需求了。如果想要了解更多的详细用法，请使用"man 5 vsftpd.conf"命令进行查阅。

例题

假设出于某些特殊需求，必须允许 root 用户使用 FTP 传输文件，那么应该如何处理呢？

答：系统账号无法使用 FTP 是由于 PAM 模块和 vsftpd 的内置功能引起的，即/etc/vsftpd/ftpusers 和/etc/vsftpd/user_list 这两个文件的影响。因此，只需进入这两个文件，并将 root 所在行注释掉，这样 root 用户就可以使用 vsftpd 这个 FTP 服务了。然而，我们不建议这样做。

21.2.7 仅有匿名登录的相关设置

虽然可以同时开放实体用户和匿名用户登录 FTP，但建议根据需求针对单个身份进行设置。接下来，我们将针对匿名用户进行设置，不开放实体用户。一般来说，这种设置适用于像大专院校这样的 FTP 服务器。

- 使用本地的时间，而非 GMT 时间。
- 提供欢迎信息，说明可供下载的内容。
- 仅允许匿名登录，无须输入密码。

- 文件传输的限速为 1MB/s。
- 如果数据连接过程（不是命令通道）超过 60 秒没有响应，就强制客户端断开连接。
- 如果匿名用户超过 10 分钟没有操作，就断开连接。
- 最大同时在线人数限制为 50 人，且同一 IP 地址来源的最大连接数为 5 人。

1. 默认的 FTP 匿名用户的根目录所在：ftp 账号的用户主目录

如何进行设置呢？首先，我们需要知道匿名用户的目录的位置。实际上，匿名用户默认登录的根目录是以 ftp 这个用户的用户主目录为基准的，可以使用"finger ftp"命令来查看。在 CentOS 中，匿名用户的根目录默认为/var/ftp/。匿名登录者在使用 FTP 服务时，默认具有 ftp 用户身份的权限，并被 chroot 到/var/ftp/目录中。

因为匿名用户只能浏览/var/ftp/目录，所以必须将要提供给用户下载的数据全部放置在/var/ftp/中。假设已经将与 Linux 相关的目录和 GNU 相关的软件放置到该目录中，那么我们根据这个假设进行如下操作：

```
[root@www ~]# mkdir /var/ftp/linux
[root@www ~]# mkdir /var/ftp/gnu
```

然后将 vsftpd.conf 的数据清空，重新按照以下步骤进行操作。

（1）创建 vsftpd.conf 的设置数据。

```
[root@www ~]# vim /etc/vsftpd/vsftpd.conf
# 将这个文件的内容全部改成这样
# 1. 与匿名用户相关的信息
anonymous_enable=YES
no_anon_password=YES        <==匿名登录时，系统不会检验密码（通常是 E-mail）
anon_max_rate=1000000       <==最大带宽使用为 1MB/s
data_connection_timeout=60  <==数据流连接的超时时间为 60 秒
idle_session_timeout=600    <==若匿名用户发呆超过 10 分钟就断线
max_clients=50              <==与每个 IP 地址的最大可用连接数
max_per_ip=5

# 2. 与实体用户相关的信息，本案例中为关闭这个设置项的情况
local_enable=NO

# 3. 与服务器环境有关的设置
use_localtime=YES
dirmessage_enable=YES
xferlog_enable=YES
connect_from_port_20=YES
xferlog_std_format=YES
listen=YES
pam_service_name=vsftpd
tcp_wrappers=YES
banner_file=/etc/vsftpd/anon_welcome.txt  <==文件名改变了
```

```
[root@www ~]# /etc/init.d/vsftpd restart
```

（2）创建欢迎信息与下载提示信息。

请注意，对于这个案例，我们将欢迎信息设置在/etc/vsftpd/anon_welcome.txt 文件中。请确保这个文件存在，并按照以下方式编写其内容（如果文件不存在，将导致客户端无法成功连接）：

```
[root@www ~]# vim /etc/vsftpd/anon_welcome.txt
欢迎光临本站所提供的 FTP 服务！
本站主要提供 Linux 操作系统相关文件以及 GNU 自由软件！
有问题请与站长联络！谢谢大家！
主要的目录为：

linux    提供 Linux 操作系统相关软件
gnu      提供 GNU 的自由软件
uploads  提供匿名的你上传数据
```

上面所写的数据主要是关于一些公告事项。

（3）客户端的测试：密码与欢迎信息是重点。

同样地，我们也可以使用 ftp 这个软件来测试一下。

```
[root@www ~]# ftp localhost
Connected to localhost (127.0.0.1).
220-欢迎光临本站所提供的 FTP 服务！     <==下面这几行中文就是欢迎与提示信息
220-本站主要提供 Linux 操作系统相关文件以及 GNU 自由软件
220-有问题请与站长联络！谢谢大家！
220-主要的目录为：
220-
220-linux    提供 Linux 操作系统相关软件
220-gnu      提供 GNU 的自由软件
220-uploads 提供匿名的你上传数据
220
Name (localhost:root): anonymous    <==一定要是匿名账号的名称
230 Login successful.               <==没有输入密码即可登录
Remote system type is UNIX.
Using binary mode to transfer files.
ftp> dir
227 Entering Passive Mode (127,0,0,1,196,17).
150 Here comes the directory listing.
drwxr-xr-x    2 0        0            4096 Aug 08 16:37 gnu
-rw-r--r--    1 0        0              17 Aug 08 14:18 index.html
drwxr-xr-x    2 0        0            4096 Aug 08 16:37 linux
drwxr-xr-x    2 0        0            4096 Jun 25 17:44 pub
226 Directory send OK.
ftp> bye
221 Goodbye.
```

因为使用匿名登录,所以无须输入任何密码。另外,如果尝试使用其他账号登录,vsftpd 将立即响应一个仅开放匿名访问的信息(530 This FTP server is anonymous only)。

2. 让匿名用户可上传/下载自己的资料(权限开放最大)

在上述数据中,实际上匿名用户仅能执行下载操作。如果希望匿名用户能够上传文件或创建目录,那么需要进行额外的设置。

```
[root@www ~]# vim /etc/vsftpd/vsftpd.conf
# 新增下面这几行
write_enable=YES
anon_other_write_enable=YES
anon_mkdir_write_enable=YES
anon_upload_enable=YES

[root@www ~]# /etc/init.d/vsftpd restart
```

如果设置了上述四个参数,将允许匿名用户具有完整的创建、删除、修改文件和目录的权限。然而,为了使其生效,还需要正确设置 Linux 文件系统权限。我们知道匿名用户的身份是 ftp,因此,如果希望匿名用户能够将数据上传到 /var/ftp/uploads/ 目录中,则需要执行以下操作:

```
[root@www ~]# mkdir /var/ftp/uploads
[root@www ~]# chown ftp /var/ftp/uploads
```

然后,当我们以匿名用户身份登录后,会发现匿名用户的根目录中多了一个名为 /upload 的目录,并且可以在该目录中上传文件或目录。然而,这样设置会导致系统的权限过于开放,并存在安全风险。因此,请务必仔细控制上传目录。

在实际测试中,可能会发现无法上传文件。这是由于 SELinux 导致的问题。可以查看 /var/log/messages 日志文件,会发现一些相关的信息。为了解决这个问题,可以使用在日志中观察到的 sealert -l ...命令找到解决方案。解决方案是允许 SELinux 的匿名 FTP 规则,请按照以下步骤操作:

```
[root@www ~]# setsebool -P allow_ftpd_anon_write=1
[root@www ~]# setsebool -P allow_ftpd_full_access=1
```

接着,可以再次使用匿名用户登录测试一下,在 /uploads 目录中尝试上传文件,以验证是否成功。

3. 让匿名用户仅具有上传权限,不能下载匿名用户上传的数据

通常情况下,在管理员确认是否符合版权等相关事宜之前,用户上传的数据不应该让其他人下载。然而,在前一小节的设置中,用户上传的数据可以被其他人浏览和下载,这实际上存在很大的安全风险。因此,如果希望设置 /var/ftp/uploads/ 内通过匿名用户上传的数据只

能上传而不能下载，则需要修改上传数据的权限。将前一小节中设置的四个参数简化为以下内容：

```
[root@www ~]# vim /etc/vsftpd/vsftpd.conf
# 先将这几行改一改。记得需要去掉 anon_other_write_enable=YES
write_enable=YES
anon_mkdir_write_enable=YES
anon_upload_enable=YES
chown_uploads=YES          <==新增的设置值在此
chown_username=daemon

[root@www ~]# /etc/init.d/vsftpd restart
```

当然，/var/ftp/uploads/ 目录仍然需要允许 ftp 用户执行写入操作。这样一来，被上传的文件会把文件所有者更改为 daemon 这个用户，而 ftp（匿名用户的身份）无法读取 daemon 用户的数据，因此也无法下载。

例题

在上述设置完成后，我们尝试以匿名方式登录并上传一个大文件到/uploads/目录下。由于网络问题，文件在传输过程中断开了。当重新上传时，却收到了文件无法覆盖的通知。这种情况下应该如何处理呢？

答：为什么会无法覆盖呢？因为在离线后，文件的所有者被更改为 daemon。由于该文件不再属于 ftp 用户，因此我们无法执行覆盖或删除操作。此时，你只能修改本地文件名，然后重新从头开始上传。

4. 被动式连接端口的限制

FTP 的连接分为主动模式和被动模式。主动模式比较容易处理，因为它是通过服务器的端口 20 主动连接外部的，所以防火墙的配置相对简单。而被动模式则比较复杂，因为默认的 FTP 服务器会随机选择一些未使用的端口来建立被动连接，这给防火墙的设置带来了麻烦。

不过没关系，我们可以通过指定一个固定的端口范围来作为 FTP 的被动数据连接。这样我们就能提前知道 FTP 数据连接要使用的端口了。举例来说，假设我们将被动连接的端口范围设置为 65400~65410，那么我们可以这样进行设置：

```
[root@www ~]# vim /etc/vsftpd/vsftpd.conf
# 增加下面这几行即可
pasv_min_port=65400
pasv_max_port=65410

[root@www ~]# /etc/init.d/vsftpd restart
```

按照上述方法进行设置后，匿名用户大致上应该符合需求了。至于其他的设置，可以根据自己的需求进行处理。

21.2.8 防火墙设置

防火墙设置很难吗？只需将第 9 章中的给出的脚本拿出来进行修改即可。不过，正如前面提到的，FTP 使用两个端口，再加上常用随机启用的数据流端口和被动模式连接的服务器端口等，因此需要执行以下操作：

- 加入 iptables 的 ip_nat_ftp 和 ip_conntrack_ftp 这两个模块。
- 开放端口 21 给 Internet 使用。
- 开放前一小节提到的端口 65400~65410 给 Internet 连接使用。

要进行修改的地方还很多，所以我们需要一步一步地进行操作。

虽然已经将 iptables.rule 加入了模块，但是系统文件还是需要做一些修改：

```
[root@www ~]# vim /etc/sysconfig/iptables-config
IPTABLES_MODULES="ip_nat_ftp ip_conntrack_ftp"
# 加入模块即可。两个模块中间用空格隔开。然后重新启动 iptables 服务

[root@www ~]# /etc/init.d/iptables restart

# 2. 修改 iptables.rule 的脚本如下：
[root@www ~]# vim /usr/local/virus/iptables/iptables.rule
iptables -A INPUT -p TCP -i $EXTIF --dport  21   --sport 1024:65534 -j ACCEPT
# 找到上面这一行，并将前面的注释符号去掉，然后增加下面这一行
iptables -A INPUT -p TCP -i $EXTIF --dport 65400:65410 --sport 1024:65534 -j ACCEPT

[root@www ~]# /usr/local/virus/iptables/iptables.rule
```

这样就可以了，同时兼顾主动模式和被动模式的连接，并且添加所需的 FTP 模块。

21.2.9 常见问题与解决方法

下面说明几个常见的问题与解决方法。

- 如果在客户端上发现无法连接，需要检查：
  - 在 iptables 防火墙规则中是否开放了客户端的端口 21？
  - 在 /etc/hosts.deny 文件中是否阻止了客户端的登录权限？
  - 在 /etc/xinetd.d/vsftpd 文件中的设置是否错误，导致客户端的登录权限被取消了？
- 如果客户端已经成功连接到 vsftpd 服务器，却显示"XXX file can't be opened"的字样，需要检查：
  主要原因通常是在 vsftpd.conf 文件中设置了某个文件的检查，但实际上并没有创建这个文件。因此，请检查 vsftpd.conf 中所有设置的文件名，并使用 touch 命令创建该文件即可解决该问题。
- 如果客户端已经成功连接到 vsftpd 服务器，却无法使用某个账号登录，需要检查：

- 在 vsftpd.conf 中是否设置了使用 PAM 模块来验证账号,并且是否使用 userlist_file 来管理账号?
- /etc/vsftpd/ftpusers 和 /etc/vsftpd/user_list 文件中是否包含该账号?
■ 如果客户端无法上传文件,需要检查:
  - 最可能的原因是在 vsftpd.conf 文件中忘记添加"write_enable=YES"这个设置,请确保加入。
  - 检查所要上传的目录权限是否正确,请使用 chmod 或 chown 命令来修改。
  - 检查匿名设置中是否忘记添加以下三个参数:
    anon_other_write_enable=YES。
    anon_mkdir_write_enable=YES。
    anon_upload_enable=YES。
  - 检查是否因为设置了 E-mail 阻挡机制,又将 E-mail 地址写入了该文件中。
  - 检查是否设置了禁止使用 ASCII 格式传输,但客户端却以 ASCII 格式传输文件。请在客户端使用二进制格式来传输文件。
  - 检查 /var/log/messages 文件,是否被 SELinux 所阻挡。

以上是经常遇到的错误。如果问题仍无法解决,请务必分析 /var/log/vsftpd.log 和 /var/log/messages 这两个文件。这些文件中包含了大量重要的信息,可以用于故障排除。不过需要注意的是,默认情况下,/var/log/vsftpd.log 文件是不存在的,而只有 /var/log/xferlog 文件存在。如果想启用 /var/log/vsftpd.log 文件,则可以按照以下方法进行设置:

```
[root@www ~]# vim /etc/vsftpd/vsftpd.conf
dual_log_enable=YES
vsftpd_log_file=/var/log/vsftpd.log
# 加入这两个设置值即可

[root@www ~]# /etc/init.d/vsftpd restart
```

这样设置之后,当有新的连接或错误发生时,会额外将日志写入 /var/log/vsftpd.log 中。

21.3 客户端的图形界面的 FTP 连接软件

客户端连接软件主要包括文本界面的 ftp 和 lftp,详细的使用方法请参考第 5 章关于常用网络命令的说明。至于在 Linux 下的图形界面软件,可以使用 gftp 程序,它支持图形界面,并且简单易用。那么在 Windows 下是否有类似的 FTP 客户端软件呢?下面进行说明。

21.3.1 FileZilla

上述提到的软件都是自由软件,那么在 Windows 操作系统中是否也有自由软件呢?是的,你可以使用 FileZilla。关于这个软件的详细说明和软件下载,请参考下面的链接:

- 说明网站：http://filezilla.sourceforge.net/。
- 下载网站：http://sourceforge.net/project/showfiles.php?group_id=21558。

目前（截至 2011 年 6 月），最新稳定版本是 3.5.x 版，下面鸟哥将以这个版本来向读者进行说明。为什么选择 FileZilla 呢？除了它是自由软件之外，更重要的是它还可以连接到 SSH 的 SFTP。这真是非常棒！另外需要注意的是，鸟哥是以 Windows 版本来进行说明的，请不要在 X Server 上安装（请下载 FileZilla Client 版本，而不是 Server 版本）。

由于该程序是用于 Windows 安装的，因此请按照安装提示进行安装。此外，该程序支持多国语言，可以选择简体中文。安装完成后，就会出现如图 21-4 所示的界面。

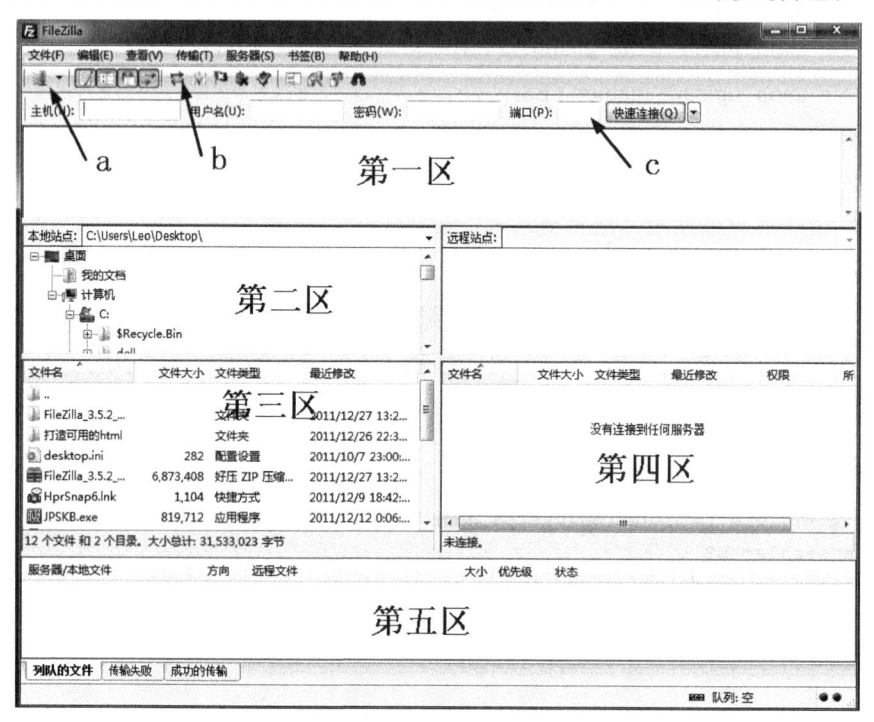

图 21-4 FileZilla 的操作界面

图 21-4 中的第一区到第五区代表的数据是：

- 第一区：代表 FTP 服务器的输出信息，例如欢迎信息等。
- 第二区：代表本地文件系统目录，与第三区有关。
- 第三区：代表第二区所选择的磁盘内容。
- 第四区：代表远程 FTP 服务器的目录和文件。
- 第五区：代表传输时的队列信息（等待传送的数据）。

图中的 a、b、c 代表的是：

- a：代表站点管理器，可以在此记录一些常用的 FTP 服务器的 IP 地址和用户信息。
- b：代表更新按钮，用于在 FileZilla 的屏幕上同步显示更新的数据。

- c：代表主机地址、用户名、密码和端口信息，这些信息不会被记录，用于实时连接。

接下来我们要连接到 FTP 服务器，可以单击图 21-4 中的 a 区域，然后弹出如图 21-5 所示的对话框。

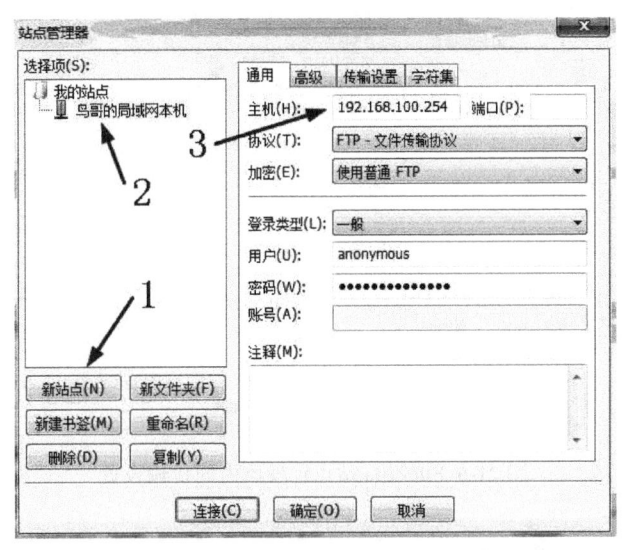

图 21-5 FileZilla 的 FTP 站点管理器的界面

图 21-5 中的箭头与相关内容说明如下：

（1）先单击"新站点"按钮，然后在箭头 2 指向的位置会出现可输入名称的文本框。

（2）在该文本框中随便填写一个易于记忆的名称，只要与实际网站有一定关联即可。

（3）接下来，注意右边的通用设置，其中几个设置项非常重要：

- **主机**：在文本框中填写主机的 IP 地址，如果端口不是标准的端口 21，则填写其他端口。
- **协议**：选择 FTP 或 SFTP（由 SSHD 提供），在这里我们选择 FTP。
- **加密**：确认是否启动网络加密，新的 FTP 协议可以使用 TLS 的 FTPS 加密。默认为明文。
- **登录类型**：因为需要账号和密码，选择"一般"即可，然后在下面输入用户名和密码。

基本上，进行这样的设置后，就应该能够成功连接到主机了。如果想更详细地规范数据连接的方式（主动模式和被动模式），以及其他相关设置，则可以单击"传输设置"标签，然后弹出如图 21-6 所示的对话框。

在该对话框中，可以选择是否使用被动模式传输机制，并且可以调整最大连接数。为什么要进行自我限制呢？因为 FileZilla 会主动地建立多个连接以实现快速下载，但如果在 vsftpd.conf 中限制了 max_per_ip 的值，可能会导致某些下载被拒绝。因此，这种情况下，将最大连接数设置为 1 非常重要。只建立一个连接，就不会出现重复登录的问题。最后，请单击图 21-5 中的"连接"按钮，将显示连接成功的界面，如图 21-7 所示。

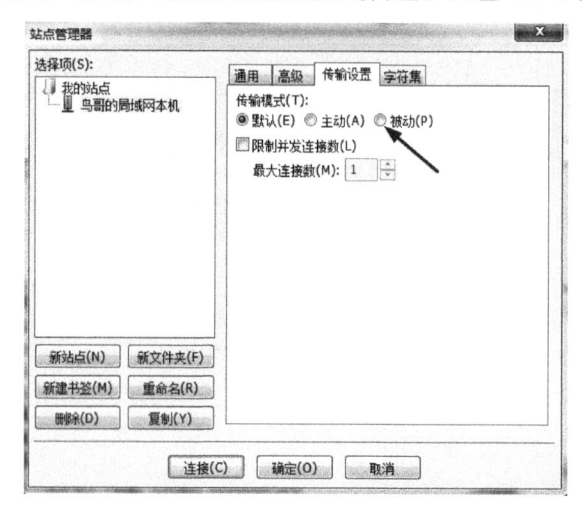

图 21-6 FileZilla 站点管理器内的传输设置

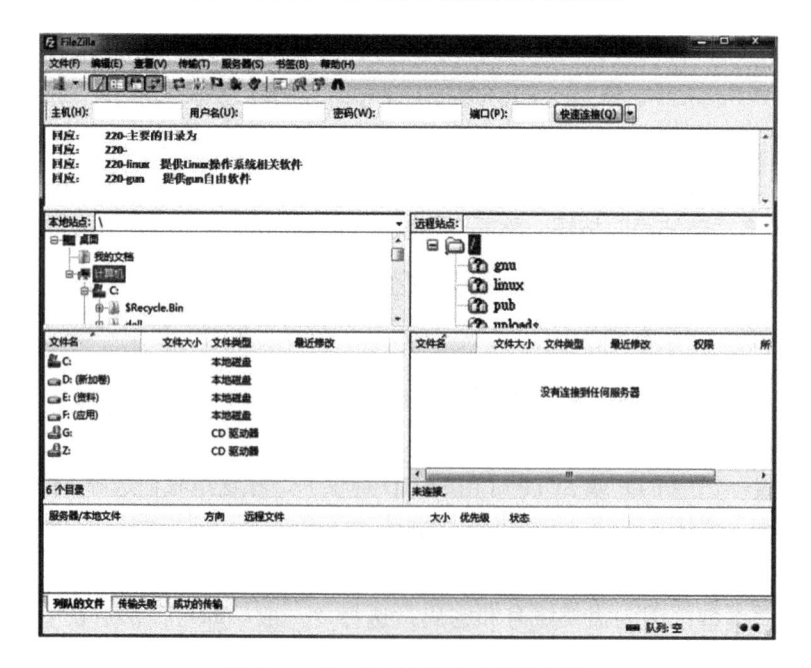

图 21-7 FileZilla 连接成功的示意图

更多的用法请自行探索和研究。

21.3.2　通过浏览器获取 FTP 连接

在第 20 章中，我们讨论了浏览器支持的协议，其中之一是 FTP 协议。可以通过在地址栏中输入以下方式来处理 FTP 协议：

- ftp://username@your_ip

请记住，如果没有在地址中输入 username@，系统将默认使用匿名登录来处理连接。因此，如果想使用实体用户进行连接，需要在 IP 或主机名之前填写用户名。例如，如果鸟哥的 FTP 服务器（192.168.100.254）有一个名为 dmtsai 的用户，那么在启动浏览器后，可以按照以下方式进行：

- ftp://dmtsai@192.168.100.254

然后，在弹出的对话框中输入 dmtsai 的密码，随后就可以使用浏览器来管理在 FTP 服务器内的文件系统了。如果还想在 URL 中包含密码，那就更厉害了！

- ftp://dmtsai:yourpassword@192.168.100.254

21.4 让 vsftpd 增加 SSL 的加密功能

既然 HTTP 都有 HTTPS 了，那么使用明文传输的 FTP 有没有加密的 FTPS 呢？当然有的。既然都有 OpenSSL 这个加密函数库，我们当然可以使用类似的机制来处理 FTP，但前提是 vsftpd 必须支持 SSL 函数库。此外，我们还需要建立 SSL 凭证文件供 vsftpd 使用，这样才能进行加密传输。明白了吗？接下来，让我们一步一步地进行 FTPS 服务器的配置。

1. 检查 vsftpd 有无支持 SSL 模块

如果 vsftpd 在编译时没有支持 SSL 模块，那么就需要重新编译一个 vsftpd 软件。CentOS 是否支持呢？让我们快速查看一下：

```
[root@www ~]# ldd $(which vsftpd) | grep ssl
        libssl.so.10 => /usr/lib64/libssl.so.10 (0x00007f0587879000)
```

如果出现了 libssl.so 的字样，那就表示有支持。只有这样才能继续进行下一步操作。

2. 建立专门给 vsftpd 使用的证书数据

CentOS 提供了一个用于创建证书的目录，即 /etc/pki/tls/certs/。我们在 20.5.2 节中已经详细讨论过，所以这里只介绍具体的操作步骤：

```
[root@www ~]# cd /etc/pki/tls/certs
[root@www certs]# make vsftpd.pem
----- ...(前面省略)...
State or Province Name (full name) []:Taiwan
Locality Name (eg, city) [Default City]:Tainan
Organization Name (eg, company) [Default Company Ltd]:KSU
Organizational Unit Name (eg, section) []:DIC
Common Name (eg, your name or your server's hostname) []:www.centos.vbird
Email Address []:root@www.centos.vbird
```

```
[root@www certs]# cp -a vsftpd.pem /etc/vsftpd/
[root@www certs]# ll /etc/vsftpd/vsftpd.pem
-rw-------. 1 root root 3116 2011-08-08 16:52 /etc/vsftpd/vsftpd.pem
# 要注意一下权限
```

3. 修改 vsftpd.conf 的配置文件，假定有实体、匿名账号

在之前的 21.2 节中，大多数账号都是匿名账号或实体账号。在这里，我们将实体账号通过 SSL 连接进行传输，而匿名账号则使用明文传输，这两种方式都提供给客户端使用。FTP 的设置项主要如下：

- 提供实体账号登录，实体账号可以上传数据，且 umask 设置为 002。
- 实体账号默认为 chroot 的限制，并且所有实体账号的可用带宽为 1MB/s。
- 实体账号的登录和数据传输都需要通过 SSL 加密功能进行传输。
- 提供匿名登录，匿名用户只能下载，不能上传，并且使用明文传输（不使用 SSL）。

此时，整体的设置值如下所示：

```
[root@www ~]# vim /etc/vsftpd/vsftpd.conf
# 实体账号的一般设置项
local_enable=YES
write_enable=YES
local_umask=002
chroot_local_user=YES
chroot_list_enable=YES
chroot_list_file=/etc/vsftpd/chroot_list
local_max_rate=10000000

# 匿名用户的一般设置
anonymous_enable=YES
no_anon_password=YES
anon_max_rate=1000000
data_connection_timeout=60
idle_session_timeout=600

# 针对 SSL 所加入的特别参数。每个设置项都很重要
ssl_enable=YES                    <==启动 SSL 的支持
allow_anon_ssl=NO                 <==但是不允许匿名用户使用 SSL
force_local_data_ssl=YES          <==强制实体用户数据传输加密
force_local_logins_ssl=YES        <==同上，登录时的账密也加密
ssl_tlsv1=YES                     <==支持 TLS 方式即可，下面不用启动
ssl_sslv2=NO
ssl_sslv3=NO
rsa_cert_file=/etc/vsftpd/vsftpd.pem  <==默认 RSA 加密的证书文件所在

# 一般服务器系统的设置项
max_clients=50
max_per_ip=5
use_localtime=YES
dirmessage_enable=YES
```

```
xferlog_enable=YES
connect_from_port_20=YES
xferlog_std_format=YES
listen=YES
pam_service_name=vsftpd
tcp_wrappers=YES
banner_file=/etc/vsftpd/welcome.txt
dual_log_enable=YES
vsftpd_log_file=/var/log/vsftpd.log
pasv_min_port=65400
pasv_max_port=65410

[root@www ~]# /etc/init.d/vsftpd restart
```

4. 使用 FileZilla 连接测试

接下来，我们将使用 FileZilla 来说明如何通过 SSL/TLS 功能进行连接加密。非常简单，只需在站点管理器中进行相应选择，如图 21-8 所示。

图 21-8 通过 FileZilla 连接到 SSL/TLS 支持的 FTP 方式

如图 21-8 所示，重点在箭头所指的位置，需要选择通过 TLS 加密方式进行连接。然后，当使用 student 这个普通账号登录系统时，可能会出现未知证书的提示。如果一切正常，可以选择"总是信任"的选项，这样未来连接到该位置时就不会再要求确认凭证。这样就简单地解决了 FTP 连接加密的问题。

例题

想一想，既然已经有了可以进行加密的 SFTP 传输，为什么还需要 FTPS 呢？

答：因为如果要开放 SFTP，就需要同时允许 SSH 连接，这样端口 22 很可能会被经常检测。如果出现 openssl 或 openssh 的问题，可能会导致系统被攻击。如果确实有必要使用 FTP，那么通过 FTPS 和使用较为安全的 vsftpd 服务器软件来搭建，从理论上讲，比起 SFTP

来说更安全一些，至少在 Internet 上开放 FTPS 是这样的。

21.5 重点回顾

- FTP 是文件传输协议（File Transfer Protocol）的简写，主要用于服务器与客户端的文件管理和传输等任务。
- FTP 有很多不同的服务器软件，例如 wu-ftp、Proftpd、vsftpd 等。由于各种 FTP 服务器软件的发展理念不同，因此在选择时请根据自己的需求来决定所需的软件。
- FTP 使用明文传输，而过去一些 FTP 服务器软件也曾发现安全漏洞。因此，在设置之前，请确保该软件是最新版本，以避免安全问题。
- 由于 FTP 使用明文传输，其实可以使用 SSH 提供的 SFTP 来替代 FTP。
- 大多数 FTP 服务器软件都提供 chroot 功能，将实际用户限制在其用户主目录内。
- FTP 的守护进程（daemon）通常使用端口 20 和端口 21。其中，端口 21 是命令通道，端口 20 是用于主动连接的数据传输通道。
- FTP 的数据传输方式主要分为主动和被动（Passive、PASV）。如果是主动方式，ftp-data 会在服务器端主动连接到客户端的端口 20；否则，需要开放被动式监听的端口，等待客户端来连接。
- 在 NAT 主机内的客户端使用 FTP 软件连接时可能会遇到问题，可以通过 iptables 的 NAT 模块或使用被动式连接来解决。
- 一般情况下，FTP 有三个用户组，分别是实体用户、访客和匿名用户（Real、Guest、Anonymous）。
- 可以通过修改/etc/passwd 文件中的 Shell 字段，使用户只能使用 FTP 而无法登录主机。
- FTP 的命令和用户活动所产生的登录文件存放在/var/log/xferlog 中。
- vsftpd 是一套专注于安全问题的 FTP 服务器软件，其配置文件位于/etc/vsftpd/vsftpd.conf。

21.6 参考资料与延伸阅读

- FileZilla 官方网站：http://filezilla.sourceforge.net/。
- http://beginlinux.com/blog/2009/01/secure-ftp-with-ssl-on-centos/。

第 22 章

邮件服务器：Postfix

第四篇 常见因特网服务器的搭建

在搭建邮件服务器的过程中，首先要讨论邮件（Mail）和域名系统（DNS）之间的重要关系，然后按顺序介绍与邮件服务器相关的术语、邮件服务器的基本工作流程和协议，以及相关的中继转发（Relay）和邮件认证机制等内容。这些设置项对于未来邮件服务器的管理和设置非常重要，因此不能忽视这些问题。由于 Postfix 配置文件的广泛应用性，我们会重点介绍 Postfix，而不再介绍 sendmail。

22.1 邮件服务器的功能与工作原理

电子邮件是一种利用网络传递信息给远程服务器的通信方式。虽然邮件的正文通常是冷冰冰的计算机文字，无法像手写邮件一样给人温暖的感觉，但对于传递时效性信息来说，电子邮件是一种非常有用的工具！然而，由于电子邮件系统的蓬勃发展，也会导致垃圾邮件和广告等的泛滥，给人们带来了很多困扰。接下来，让我们先来讨论一下电子邮件的相关功能。

> 如今，几家大型网络公司都提供免费和付费的电子邮件服务。其中，免费的电子邮件账号甚至提供了数吉字节的邮件存储空间，对于一般用户已经足够使用了。因此，除非必要，不建议自己搭建邮件服务器！因为那些曾经尝试过搭建邮件服务器的人都清楚：在当前的环境下，要搞定邮件服务器是非常困难的。除了网络中广告、垃圾邮件和病毒邮件泛滥的问题太严重外，各大主要 ISP 对邮件管理的要求也越来越严格，而且邮件和 DNS 之间的关联性也很高，很难理解。

22.1.1 电子邮件的功能与问题

现在电子邮件已经成为人与人之间非常常见的沟通渠道。电子邮件可以快速地将文件或信息传递到世界上任何一个有网络的地方，而且可以在任何有网络的地方连接到 Internet 来收取邮件。

下面我们逐渐地分析一下电子邮件可能引发的一些问题。

- **夹带病毒的电子邮件**：经常听说电子邮件可能携带病毒，这是正确的。利用电子邮件以及人们对电子邮件的不谨慎态度，使得计算机病毒通过电子邮件作为传播媒介更容易入侵我们的计算机。
- **黑客通过邮件程序入侵**：在 Internet 上运行的数据没有绝对保密性。通过使用黑客软件（Cracker），可以轻易获取用户在使用电子邮件传输过程中输入的账号和密码。经过分析后，黑客甚至可能破解对方的邮件服务器。这确实令人担忧。
- **广告邮件与垃圾邮件等**：垃圾邮件问题可谓是各大 ISP 心中的一大痛点。这些垃圾邮件会占用大量的带宽，导致正常用户的连接速度和质量下降，甚至可能导致网络中断。当然，如果经常收到垃圾邮件，那你的日子可能也不好过吧。
- **主机被大量不明邮件"塞爆"**：如果没有正确设置邮件服务器，发件人可以通过主机的收件功能发送大量邮件，让服务器硬盘被"塞爆"，甚至可能导致服务器宕机。在这种情况下，想要保持服务器正常运行都很困难。
- **真实社会的讨厌事情**：提到"病毒邮件"，我们都会感到害怕。令人遗憾的是，使用电子邮件可以进行许多恶意活动，这确实是不道德的行为。

- **不实的邮件内容**：只要注意消费者协会的信息，我们就会知道不要轻易相信不明来源的电子邮件内容。因为存在许多以讹传讹的案例，结果导致我们都被愚弄了。例如，你的朋友收到一封信，认为是个重要事件，然后在没有求证的情况下将其转发给你。由于是你的朋友发来的，你自然会相信，并立即转发给其他人。这种错误内容的信息会在很短的时间内迅速传播，更可怕的是，人们还会接受这些信息。因此，当看到任何信息时，请务必记得要求证一下。

此外，邮件服务器的设置与管理确实是网络管理员永远的痛点。为什么呢？因为人们往往追求便利和简单，但是越便利和不受限制的邮件服务器越容易受到攻击或被滥用。另一方面，如果对邮件服务器进行过于严格的管理，可能会缺乏人性化，甚至你的上级可能不会满意。那么该如何处理呢？

邮件服务器就是这样一个既受喜爱又令人忧虑的东西。如果能成功搞定它，那么恭喜你，一切都会顺利进行；如果搞不定它，服务器被当作垃圾邮件转发站只是小问题，但失去工作则是"大事"。正因为邮件服务器的重要性和难以搞定，我们有必要好好学习它。

22.1.2 邮件服务器与 DNS 之间的关系

既然要使用电子邮件，当然需要邮件服务器（Mail Server），否则电子邮件怎么寄出去呢？事实上，邮件服务器的工作原理说起来难不难，简单说又简单，但似乎有些难以理解。因此，下面我们将讨论其工作原理，并对服务器的设置进行说明。首先，我们要讲述的是邮件服务器系统与 DNS 系统之间的关联性。这部分内容对于新手来说最容易混淆，**是否在架设邮件服务器时一定要同时在主机上架设 DNS 服务器，好像这是命中注定的要求一样？**

1. 邮件服务器与合法的主机名

事实上，目前已经很少有人使用 IP 地址来发送邮件了。我们通常接收的电子邮件都是以"账号@主机名"的方式进行处理的。因此，邮件服务器**必须拥有一个合法注册的主机名**。为什么这样呢？由于网络上存在恶意使用和垃圾邮件泛滥等因素，我们不被允许直接使用主机的 IP 地址来发送邮件。因此，如果想搭建邮件服务器，就必须拥有一个合法的主机名。

既然只需要一个合法的主机名，那么是否意味着我们不需要架设一个 DNS 服务器呢？是的，可以这样认为。只要拥有一个合法的主机名，并且在 DNS 查询系统中，主机名有一个 A 记录，理论上这个邮件服务器就可以成功搭建了。**然而，由于当前 Internet 上广告邮件、垃圾邮件和病毒邮件等占用了大量带宽，导致整个网络在这些垃圾邮件上耗费了太多成本。因此，为了遏制可恶的垃圾邮件，目前的大型网络供应商（ISP）对于不明来源的邮件进行了限制。这意味着要搭建一个简单而又能工作的邮件服务器变得越来越困难。**

2. DNS 的反向解析也很重要

对于一般的服务器来说，我们只需要使用正向解析，让客户端能够正确找到我们服务器的 IP 地址，就可以搭建网站，例如 WWW 服务器就是这样。然而，由于目前接收邮件的服务器会对邮件来源的 IP 地址进行反向解析，如果你的网络环境是通过拨号获得动态 IP 地址而不是固定 IP 地址，通常 ISP 会使用类似 xxx.dynamic.xxx 的主机名来管理这种 IP 地址。不幸的是，这样的主机名在主要的大型邮件服务器（如 hotmail 等）中被视为垃圾邮件，因此邮件服务器发送的邮件可能会被丢弃，这会让人非常头疼。

因此，如果想搭建一台邮件服务器，请务必向上级 ISP 申请 IP 地址的反向解析，不要使用默认的反向解析主机名，否则邮件服务器发送的邮件很可能会在 Internet 上流浪无归。

> 其实可以不必申请 IP 地址的反向解析，但需要使用所谓的 relayhost 或者 smarthost 来处理邮件传递的问题。这一部分涉及上层 ISP 的问题，比较复杂。我们将在后文详细说明。

3. 需要 DNS 的 MX 及 A 记录（超重要的 MX）

那么我们的邮件服务器系统具体如何利用 DNS 信息进行邮件传递呢？还记得在第 19 章中提到的 MX 资源记录类型吗？当时我们只是简单介绍了 MX 代表 Mail eXchanger，当一封邮件要发送时，邮件主机会首先解析目标主机的 DNS，获取 MX 记录（注意，可能存在多个 MX 记录），然后根据最优先的 MX 记录发送邮件。不太明白吗？没关系，下面我们通过一个 DNS 范例来进行解释：

```
xyz.com.vbird  IN  MX 10 mail.xyz.com.vbird
xyz.com.vbird  IN  MX 20 mail2.xyz.com.vbird
xyz.com.vbird  IN  A     aaa.bbb.ccc.ddd
```

假如上述的 DNS 设置是正常的，那么：

- 当要发送一封邮件给 user@xyz.com.vbird 时，由于 MX 记录最低优先级，因此该邮件会首先传送到 mail.xyz.com.vbird 主机。
- 如果由于某种原因 mail.xyz.com.vbird 无法接收该邮件，该邮件将按照次要的 MX 主机进行传送，即传送到 mail2.xyz.com.vbird 主机。
- 如果两个 MX 主机都无法处理该邮件，那么该邮件将直接根据 A 记录进行传送，即直接发送到 aaa.bbb.ccc.ddd 这个 IP 地址，即 xyz.com.vbird 本身。

在这个过程中必须要注意的是：mail.xyz.com.vbird 和 mail2.xyz.com.vbird 必须是能够转发邮件的主机，也就是说，**通常它们是公司的上游邮件主机，而不是随意填写的**。这两台主机还需要针对 xyz.com.vbird 进行邮件转发的设置，否则此邮件会被拒收。

由于现在许多邮件服务器会查找 MX 记录以验证目标邮件服务器的合法性，因此需要搭建邮件服务器。虽然不需要自行设置 DNS 服务器，但需要申请一个 MX 记录。此外，**MX 记录必须正确设置，否则邮件可能会被 MX 服务器拒收**。但是，当我们没有上层邮件服务器时，为了设置 MX 记录，可以将 MX 指定为自己，利用自己作为 MX 服务器。

也许有读者会问，MX 记录有什么好处呢？一般情况下，如果目标主机宕机，那么邮件通常会直接退回给发件人。但是如果存在 MX 主机，该 MX 主机会将邮件放入其队列（Queue）中，等待目标主机重新提供邮件服务后，MX 主机会将邮件发送给目标主机。这样一来，你的邮件通常就不会丢失了。这样说，你明白了吗？

4. E-mail 的地址写法

刚才提到，电子邮件通常使用"账号@主机名"的格式处理。举例来说，如果在鸟哥的主机 www.centos.vbird 上有一个用户 dmtsai，那么其电子邮件地址为 dmtsai@www.centos.vbird。当有人给我发送邮件时，系统会分析@后面的主机名，也就是 www.centos.vbird 的 MX/A 记录，并按照之前解释的流程发送邮件。当我的主机 www.centos.vbird 收到这封邮件时，它会将邮件放入 dmtsai 的邮箱中。下面我们将详细讨论这个过程。

22.1.3　邮件传输所需要的组件（MTA、MUA、MDA）以及相关协议

在介绍邮件传递过程之前，我们先思考一下电子邮件是如何发送的。假设要发送邮件给一个用户，电子邮件地址是 a_user@hotmail.com，也就是说，要将邮件发送到 hotmail.com 这个主机上。那么桌面计算机（例如 Windows 系统）是否能够直接通过网络将这封邮件发送到 hotmail.com 主机上？显然是不行的。我们需要设置一个邮件服务器来帮助转发邮件。换句话说，**必须先向某个邮件服务器注册，获得合法的电子邮件权限，然后才能发送邮件**。

因此，在发送邮件时，需要借助许多接口来帮助我们。下面以图 22-1 的简单示意图来说明。

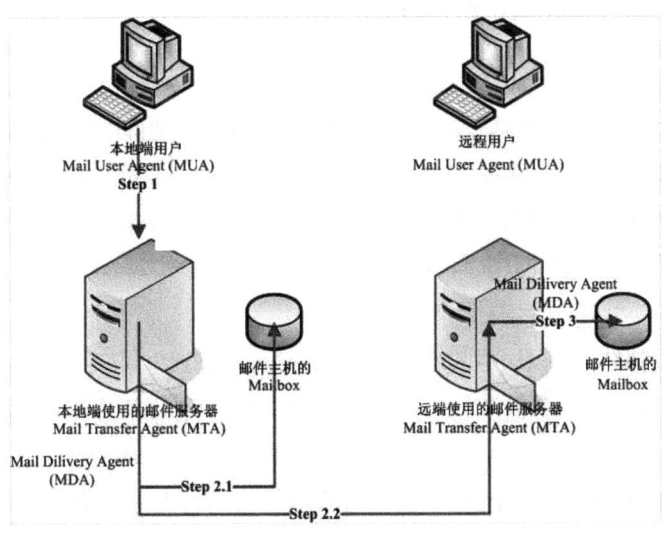

图 22-1　电子邮件传送过程的示意图

我们先来解释一些专有名词，然后再说明传递的流程。

1. MUA（Mail User Agent）

MUA 是"邮件用户代理"或"邮件用户代理程序"的缩写，因为除非能够直接使用像 Telnet 这样的软件登录邮件服务器并主动发送邮件，否则需要通过 MUA 来帮助我们将邮件发送到邮件服务器上。最常见的 MUA 包括 Mozilla 推出的 Thunderbird（雷鸟）自由软件、Linux 桌面环境 KDE 中常见的 Kmail 以及 Windows 自带的 Outlook Express（OE）等。**MUA 的主要功能是接收邮件主机的电子邮件，并提供用户浏览和编写邮件的功能。**

2. MTA（Mail Transfer Agent）

MUA 帮助用户将邮件发送到邮件主机上，而如果这台邮件主机能够帮助用户将邮件寄出去，那它就是一台邮件传输代理（缩写为 MTA）。作为"传输代理"，当用户发送的邮件需要被该用户的邮件主机接收时，可以找到该 MTA。基本上，MTA 的功能如下：

（1）**接收邮件——使用简单邮件传送协议（SMTP）**：MTA 主机的主要功能是接收来自客户端或其他 MTA 的邮件，此时 MTA 使用的是简单邮件传输协议，使用的端口号是 25。

（2）**转发邮件**：如果一封邮件的目的地不是本地用户，并且该邮件的相关数据符合 MTA 的转发权，那么 MTA 就会将该邮件转发到下一台主机。这就是所谓的中继转发（Relay）功能。

总的来说，我们通常提到的邮件服务器就是指 MTA。严格来说，MTA 只是指 SMTP 协议而已。而实现 MTA 功能的主要软件包括传统的 sendmail、后起之秀 postfix 以及 qmail 等。接下来，我们来看看 MTA 上还有哪些重要的功能。

3. MDA（Mail Delivery Agent）

MDA 字面上的意思是"Mail Delivery Agent"（邮件投递代理）。事实上，MDA 是挂在 MTA 下面的一个小程序，主要功能是**根据 MTA 接收到的邮件的表头和内容等数据来决定邮件投递的目的地**。因此，上面提到的 MTA 的邮件转发功能实际上是由 MDA 实现的。举例来说，如果 MTA 接收到的邮件的目标地址是本地用户，MDA 会将该邮件投递到用户的邮箱（Mailbox）中；如果不是本地用户，那么就准备将邮件转发出去。此外，MDA 还具有分析和过滤邮件的功能。

（1）**过滤垃圾邮件**：可以根据邮件的表头信息或特定的邮件内容进行分析和过滤。例如，如果某个广告邮件的主题都是固定的，比如广告等，那么可以通过 MDA 来过滤并删除该邮件。

（2）**自动回复**：如果由于出差等原因导致一段时间内无法立即回复邮件，则可以利用 MDA 的功能让邮件主机自动发送回复邮件，这样朋友就不会误会你了。

各主要的 MTA 程序（如 SendMail、Postfix 等）都具备自己的 MDA 功能，但一些外部插件程序提供更强大的功能。例如，procmail 是一个出色的过滤工具，还有 MailScanner + SpamAssassin 等也提供可用的 MDA 功能。

4. Mailbox

Mailbox 就是电子邮件的收件箱。简单来说，它是一个特定账户用于接收邮件的文件。在我们的 Linux 系统中，默认的邮箱位置是在 **/var/spool/mail/**用户账号。如果 MTA 接收到的邮件是本地用户的，MDA 会将该邮件送到对应的 Mailbox 中。

那么让我们思考一下，如何通过 MUA 将邮件发送到对方的邮箱（Mailbox）的呢？

- Step 0：**获取某台 MTA 的权限**。如图 22-1 所示，本地端的 MUA 想要使用 MTA 来发送邮件时，当然需要获得 MTA 的权限。换句话说，我们必须向 MTA 注册一组可用于发送电子邮件的账号和密码。
- Step 1：**用户在 MUA 上编写邮件后，邮件的数据主要包括以下内容：**
  - 电子邮件标题主要包括发件人和收件人的电子邮件地址，以及该电子邮件的主题（subject）等信息。
  - 电子邮件内容则是你与对方要交流的具体内容。

在编写完毕后，只需单击"发送"按钮，该封邮件将被发送至 MTA 服务器上，需要注意的是发送至自己的 MTA 而不是对方的 MTA。如果确认可以使用该 MTA，那么你的邮件将被放置到 MTA 的队列（queue）中等待发送。

- Step 2.1：**如果该封邮件的目标是本地端 MTA 自己的账号**。如果想将邮件发送给自己的 MTA，那么这个 MTA 将通过 MDA 把这封邮件发送到自己的邮箱（Mailbox）中。
- Step 2.2：**如果该封邮件的目标为其他 MTA，则开始执行中继转发（Relay）的流程**。如果该封邮件的目标是其他主机，我们的 MTA 将开始分析该封邮件是否具有合法的权限。如果具有权限，我们的 MDA 将启动邮件转发，即通过我们的 MTA 将该封邮件通过 SMTP（端口 25）发送到下一台 MTA。如果该封邮件顺利发送并成功传递，则它将从队列中被删除。
- Step 3：**对方 MTA 服务器接收邮件**。如果一切都没有问题，远程的 MTA 会收到我们 MTA 所发出的那封邮件，并将该邮件放置到正确的用户邮箱中，等待用户登录来读取或下载。

在整个过程中，可以发现邮件是由**我们的 MTA 协助发送的。在此过程中，MTA 使用的协议是简单邮件传输协议（Simple Mail Transfer Protocol，SMTP）**。最终，该封邮件会停留在接收方主机的 MTA 上，而不是朋友的 MUA 中。

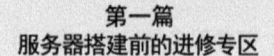

> 为什么特别强调这一点呢？原因是以前有位朋友告诉我："乌哥，如果你要给我发邮件，请提前告诉我，这样我可以在下班前让计算机开着，以免你的邮件无法送达到我的邮箱。"其实完全没有必要。因此，这里特别强调，MUA 并不需要一直开着，只有在需要收信时再打开即可。

在了解了发送邮件时 MTA 需要启动 SMTP（端口 25）之后，我们可以进一步讨论对方如何接收这封电子邮件。

22.1.4 用户收信时服务器端所提供的相关协议：MRA

当用户想要收取邮件时，当然可以通过 MUA 直接连接并获取自己邮箱内的数据，整个过程如图 22-2 所示。

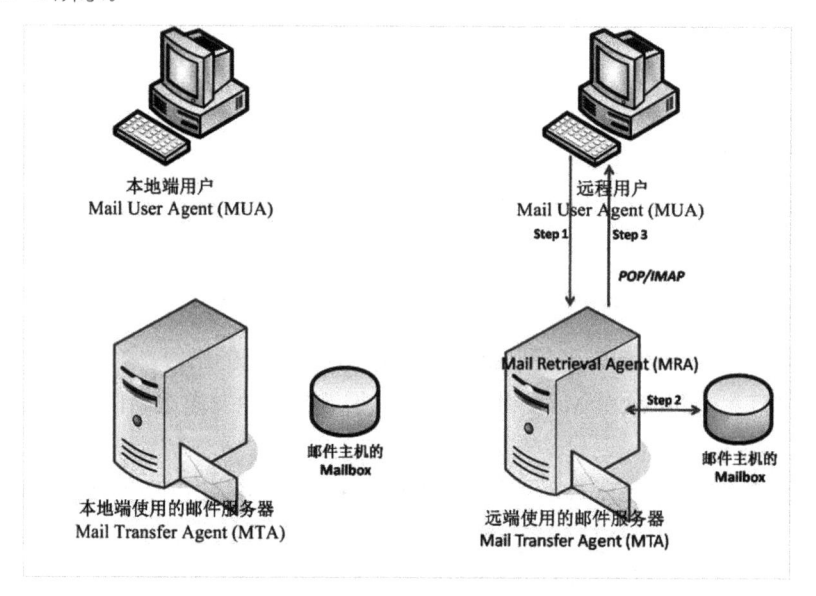

图 22-2 客户端通过 MRA 接收邮件的流程示意图

在图 22-2 中，多了一个邮件组件，那就是 MRA（Mail Retrieval Agent，邮件获取代理）。

1. MRA

用户可以通过 MRA 服务器提供的邮政服务协议（Post Office Protocol，POP）来接收自己的邮件，也可以通过 IMAP（Internet Message Access Protocol，因特网信息访问协议）协议将邮件保留在邮件主机上，并进行更高级的操作，如创建邮件文件夹等。换句话说，当客户端接收邮件时，使用的是 MRA 的 POP3、IMAP 等通信协议，而不是 MTA 的 SMTP。

让我们先来讨论一下 POP3 的收信方式。

(1) MUA 通过 POP3（Post Office Protocol version 3）协议连接到 MRA 的端口 110，并输入账号和密码以进行正确的认证和授权。

(2) MRA 在确认用户账号/密码无误后，会前往用户的邮箱（/var/spool/mail/用户账号）获取用户的邮件，并将其发送到用户的 MUA 软件上。

(3) 当所有的邮件传送完成后，用户邮箱内的数据将会被删除。

在上述流程中，我们了解到 MRA 必须启动 POP3 协议。然而，POP3 协议的收件方式很有趣，因为用户收信时是从第一封邮件开始，直到最后一封邮件传输完毕为止。**然而，由于某些 MUA 程序的编写问题，如果某些邮件可能包含病毒，通过防病毒软件的检测可能会导致 MUA 软件断线。因此，在传输未完成的情况下，MRA 主机不会删除用户的邮件。**

如果用户此时再次单击"接收"按钮，已经接收的邮件将会被重复接收，而尚未接收的邮件则仍然无法收到。

在这种情况下，可以尝试通过登录主机并使用命令行工具（如 Mail 命令）来处理出现问题的邮件。另外，考虑尝试使用其他 MUA（邮件客户端）也是一个不错的思路，或者暂时关闭防病毒软件也是一种可行的方法之一。然而，让我们转过头来思考一下，由于 POP3 协议默认会删除邮件，如果将邮件接收到办公室的计算机中，当我们回到家后再次启动 MUA，将无法收到已经被接收的邮件。

我们需要使用更加有帮助的协议，即 IMAP。该协议允许将邮箱的数据存储到主机上的用户主目录中，例如"/home/账号/"目录下。通过使用 IMAP，不仅可以创建邮件数据文件夹，还可以对邮件进行分类管理。而且，在任何一个可以连接到网络的地方，只要登录到主机，就会发现邮件仍然存在。

然而，当使用 IMAP 时，建议对用户目录进行一些限制，例如使用配额（quota）来管理用户的硬盘空间权限。否则，由于邮件存储在主机上，如果用户数量过多且滥用的话，可能会耗尽硬盘空间，这一点需要特别注意。

通过上述说明，我们可以了解到，**要搭建一台可以使用 MUA 进行邮件收发的 MTA 和 MRA 服务器，至少需要启动 SMTP 和 POP3 这两个协议**。然而，这两个协议的启动程序并不相同，因此在搭建过程中需要小心谨慎。

2. POP3s、IMAPs 与 SMTP 的困扰

邮件数据在因特网上传输时，使用的 SMTP、POP3、IMAP 等通信协议都是以明文形式进行传输的。特别是在 POP3 和 IMAP 这两个通信协议中，用户需要输入账号和密码来进行邮件的收发。由于涉及账号和密码的传输，因此必须对这两个通信协议的数据进行加密。于是，就出现了 POP3s 和 IMAPs 通信协议，通过 SSL 加密来保护数据。读者可能会问，既然已经有 POP3s 和 IMAPs 了，那是否也有 SMTPs 呢？答案是肯定的，但实际上很少被使用。

从图 22-1 和图 22-2 的流程来看，POP3 和 IMAP 协议只涉及 MRA 和其用户之间的通

信，因此只需告知用户你的服务器使用的 MRA 协议是什么，并通知他们进行相应的更改即可，不会影响其他服务器。但是 MTA 则不同。由于 MTA 必须与其他 MTA 进行通信，因此如果使用 SMTPs 协议，那么与 MTA 进行通信的人都必须改为使用 SMTPs 通信协议。这是一个庞大的工程！目前还没有任何一个 ISP 有能力实现这一点。因此，目前并没有 SMTPs 协议。

那么，我们的数据是否一定要明文传输呢？事实并非如此。如果 MTA 无法提供加密功能，则可以自行对邮件数据进行加密，然后再交由 MTA 传输。这也是目前许多迫切需要加密的邮件用户所使用的方法。

22.1.5 中继转发与认证机制的重要性

当需要 MTA 帮你将邮件转发到下一台 MTA 时，这个操作被称为邮件中继转发（Relay），就像图 22-1 中的 Step 2.2 描述的那样，**如果任何人都可以通过这个 MTA 进行中继转发，这种情况被称为开放中继（Open Relay）**。当 MTA 发生开放中继时，则会引发一系列问题。这些问题可能会非常严重。

当 MTA 由于不正确的设置而成为开放中继时，尤其是当 MTA 连接到 Internet 上时，由于 Internet 上存在大量使用端口扫描软件的闲杂人员，此时 MTA 的开放中继功能很快就会被许多人察觉。这种情况下，那些非法广告和垃圾邮件发送者将利用开放中继 MTA 来转发他们的广告信息。因此，可能会面临以下问题：

- 主机所在的网络连接速度会变慢，因为网络带宽会被广告和垃圾邮件耗尽。
- 由于大量发送邮件，可导致主机资源可能会被耗尽，或引起不明原因的宕机等问题。
- MTA 会被 Internet 社区列入"黑名单"，导致很多正常的邮件无法发送或接收。
- MTA 所在的 IP 地址可能会被上层 ISP 封锁，直到解决了开放中继问题为止。
- 某些用户可能会质疑你的能力，对你的公司或个人失去信心，甚至可能流失客户。
- 如果 MTA 被用于发送黑客邮件，很难找到真正的发件人，因此我们的 MTA 将被追踪为最终目的地。

问题非常严重。因此，现在几乎所有的发行版都将 MTA 默认配置为仅监听内部回环接口（lo），并且取消了开放中继功能。既然开放中继功能被取消了，那么如何使用这个 MTA 帮助转发邮件呢？这就意味着我们必须获得合法的权限来使用该 MTA。因此，设置谁可以使用中继转发功能就成为管理员的任务。通常有以下几种设置中继转发功能的方法：

- 可以规定特定客户端的 IP 地址或网段，例如规定内部局域网的 192.168.1.0/24 可以使用中继转发功能。
- 如果客户端的 IP 地址是不固定的（例如通过拨号获取的动态 IP 地址），可以利用认证机制进行处理。
- 可以在 MTA 上搭建 MUA，例如使用 OpenWebMail 这样的基于 Web 界面的邮件用户代理功能。

常见的认证机制包括 SMTP 邮件认证和 SMTP after POP 两种。不论使用哪种机制，基本上都是通过要求用户输入认证账号和密码来确认其具有合法使用该 MTA 的权限，然后针对通过认证的用户开启中继转发支持即可。这样一来，MTA 就不再是开放中继了，而且客户端仍然可以正常使用认证机制来发送和接收邮件。因此可以让管理员的工作变得更轻松。

22.1.6　电子邮件的数据内容

通过前面的内容，应该对邮件服务器有了一定的了解。接下来我们要讨论的是一封电子邮件的组成部分。就像普通的信件有信封和信纸一样，电子邮件也包括标题（Header）和内容（Body）两个部分。

电子邮件的标题部分（类似于信封）包含了几个重要信息，例如：发送方的 MTA（邮件传输代理）、发件人、收件人、主题等。而内容部分（类似于信纸）则是发件人填写的一些文字说明。下面以 dmtsai 的身份执行以下命令：

```
[dmtsai@www ~]$ echo "HaHa.." | mail -s "from vbird" dmtsai
```

然后将自己的邮箱内容调出来，如下所示：

```
[dmtsai@www ~]$ cat /var/spool/mail/dmtsai
From dmtsai@www.centos.vbird  Mon Aug  8 18:53:32 2011    <==发件人的 E-mail
Return-Path: <dmtsai@www.centos.vbird>                     <==这封信的来源
X-Original-To: dmtsai
Delivered-To: dmtsai@www.centos.vbird
Received: by www.centos.vbird (Postfix, from userid 2007)
        id 6D1C8366A; Mon,  8 Aug 2011 18:53:32 +0800 (CST) <==邮件 ID
# 这部分主要在介绍这封 E-mail 的来源与目标收件人 MTA 在哪里的信息
Date: Mon, 08 Aug 2011 18:53:32 +0800      <==收到邮件的日期
To: dmtsai@www.centos.vbird                <==收件人是谁
Subject: from vbird                         <==就是邮件标题
User-Agent: Heirloom mailx 12.4 7/29/08
MIME-Version: 1.0
Content-Type: text/plain; charset=us-ascii
Content-Transfer-Encoding: 7bit
Message-Id: <20110808105332.6D1C8366A@www.centos.vbird> <==给机器看的邮件 ID
From: dmtsai@www.centos.vbird              <==发信人是谁

HaHa...
```

通过查看原始邮件内容，我们可以看到电子邮件包含两个部分。标题部分详细记录了发件人、收件人的数据，以及相关的来源和目标 MTA 等信息。但需要注意，"Received:..."这一行数据是会变动的。就像之前提到的 MX 记录一样，如果一封邮件从 MUA 传输到 MTA，然后再传输到 MX 主机，最终到达目标 MTA，那么每经过一台 MTA，Received: 数据将记录每一台 MTA 的信息。因此，可以通过这些记录的数据逐步追踪邮件的传递路径。

此外，还可以使用一些分析软件对邮件的标题和内容进行过滤和分析。关于这部分内容，

我们将在后面逐步进行介绍。现在只需要知道一封邮件至少包含这些数据即可。

22.2 MTA 服务器：Postfix 基础设置

可实现 MTA 的服务器软件非常多，例如 CentOS 默认就提供了数十年老牌子的 SendMail（http://www.sendmail.org）以及比较热门的 Postfix（http://www.postfix.org）。虽然 SendMail 曾是最为广泛使用的 Mail server 软件，但由于 SendMail 的配置文件太过于难懂，以及早期的程序漏洞问题导致的主机安全性缺失；加上 SendMail 将所有的功能都综合在 /usr/sbin/sendmail 这个程序中，导致程序太大可能会有效率方面的疑虑等，所以新版的 CentOS 已经将默认的邮件服务器调整为 Postfix 了。我们这里也主要介绍 Postfix。当然，原理方面都一样，读者也可以自己操作其他的邮件服务器。

22.2.1 Postfix 的开发

Postfix 是由 Wietse Zweitze Venema 先生（http://www.porcupine.org/wietse）开发的。早期的邮件服务器都使用 SendMail 架设，然而 Venema 博士认为 SendMail 虽然功能强大，但在安全性和效率方面并不理想。最大的困扰是 SendMail 的配置文件 sendmail.cf 实在太难理解了，对于网络管理员来说，要设置好 sendmail.cf 是一项非常困难的任务。

为了解决这些问题，Venema 博士在 1998 年利用他在 IBM 公司的第一个休假年进行了一个计划：**设计一个可以替代 SendMail 的软件套件，以提供网站管理员更快速、更安全且与 SendMail 完全兼容的邮件服务器软件！** 这个计划取得了成功，并成功地在 IBM 内部使用，可以说在 IBM 内部完全取代了 SendMail 这个邮件服务器。在这个计划成功之后，Venema 博士于 1998 年首次发布了这个自行开发的邮件服务器，并将其命名为 VMailer。

然而，IBM 的律师发现一个问题，即 VMailer 这个名称与其他已注册商标非常相似，这可能会引起注册方面的问题。为了避免这个问题，Venema 博士决定将这个邮件软件的名称改为 Postfix。Post 表示在某事之后，fix 则表示修正或修订，因此 Postfix 意味着在修订之后。

鸟哥个人认为，Venema 博士最初的构想并不是要创建一个全新的邮件服务器软件，而是要开发一个与 SendMail 完全兼容的软件。因此，Venema 博士认为他自己开发的软件应该是 SendMail 的改进版本，因此被称为 Postfix。这个名称的意思是：在改进了 SendMail 之后的邮件服务器软件。

因此，Postfix 的设计理念主要是**为了与 SendMail 完全兼容，同时在内部实现了全新的邮件服务器软件**。正是基于这个理念，Postfix 改善了 SendMail 在安全性方面的问题，提高了邮件服务器的工作效率，并使配置文件更易于理解。可以轻松地从 SendMail 迁移到 Postfix。这也是当初 Venema 博士最初的构想。

基于这一构想，Postfix 在外部配置文件的支持上几乎与 SendMail 没有太大区别，同样支持 aliases 文件、~/.forward 文件、SASL 的 SMTP 邮件认证功能等。因此，赶快学习如何搭建这个出色的邮件服务器 Postfix 吧。

22.2.2　所需的软件与软件结构

由于 CentOS 6.x 默认已经安装了 Postfix，因此无须进行任何调整，可以直接开始使用。那么，Postfix 有哪些重要的配置文件呢？它的主要配置文件都位于 /etc/postfix/ 目录下，让我们来详细了解一下这些文件的内容：

- /etc/postfix/main.cf：这是主要的 Postfix 配置文件，几乎所有的设置参数都在该文件中定义。这个文件默认就是一个很完整的说明文件，可以参考其中的内容来设置自己的 Postfix MTA。如果修改了这个文件，那么需要重新启动 Postfix 服务方可生效。
- /etc/postfix/master.cf：这个配置文件主要定义了 Postfix 中每个程序的工作参数，它是非常重要的一个配置文件。然而，默认情况下这个文件已经配置得很好了，通常不需要进行更改。
- /etc/postfix/access（利用 postmap 处理）：还可以通过外部配置文件来设置开放中继或拒绝连接的来源或目标地址等信息，但是这些配置文件需要在 /etc/postfix/main.cf 中启用才能生效。一旦设置完成，还需要使用 postmap 命令将其转换为数据库文件。
- /etc/aliases（利用 postalias 或 newaliases 均可）：作为邮件别名的用途，也可以作为邮件组的设置。

常见的执行文件如下所示：

- /usr/sbin/postconf（查阅 Postfix 的设置数据）：这个命令可以列出当前 Postfix 的详细设置数据，包括系统默认值，因此数据量相当庞大。如果在 main.cf 文件中修改过某些默认参数，并且只想列出非默认值的设置数据，可以使用 "postconf -n" 这个选项。
- /usr/sbin/postfix（主要的 daemon 命令）：这是 Postfix 的主要执行文件，可以使用它来简单地启动或重新加载配置文件：

```
[root@www ~]# postfix check    <==检查 Postfix 相关的文件、权限等是否正确
[root@www ~]# postfix start    <==开始 Postfix 的执行
[root@www ~]# postfix stop     <==关闭 Postfix
[root@www ~]# postfix flush    <==强制将当前正在邮件队列的邮件寄出
[root@www ~]# postfix reload   <==重新读入配置文件，也就是 /etc/postfix/main.cf
```

需要注意的是，每次修改了 main.cf 文件后，必须重新启动 Postfix。我们可以简单地使用 "postfix reload" 命令来实现。不过，鸟哥还是习惯使用 "/etc/init.d/postfix reload" 命令来重新加载配置。

- /usr/sbin/postalias：这是设置别名数据库的命令，因为 MTA 读取数据库格式的文件效率更高，所以我们通常会将 ASCII 格式的文件转换为数据库格式。在 Postfix 中，这个命令主要用于将 /etc/aliases 转换为 /etc/aliases.db。用法如下：

```
[root@www ~]# postalias hash:/etc/aliases
# hash 为一种数据库的格式，然后 /etc/aliases.db 就会自动被更新
```

- /usr/sbin/postcat：该命令主要用于查看位于队列（queue）中的邮件内容。由于队列中的邮件内容是供 MTA 使用的，因此其格式并非我们平常所能理解的纯文本数据。因此，需要使用 postcat 命令来查看邮件的内容。在 /var/spool/postfix 目录下有许多子目录，假设有一个名为 /deferred/abcfile 的文件，则可以使用以下方式来查询该文件的内容：

```
[root@www ~]# postcat /var/spool/postfix/deferred/abcfile
```

- /usr/sbin/postmap：这个命令与 postalias 类似，但主要用于转换 access 文件为数据库格式。其用法为：

```
[root@www ~]# postmap hash:/etc/postfix/access
```

- /usr/sbin/postqueue：类似于 mailq 命令的输出结果，可以输入"postqueue -p"命令来查看。

整个 Postfix 的软件结构大致如此。接下来，让我们先简单地了解一下 Postfix 的邮件收发功能。

22.2.3 一个邮件服务器设置的案例

前面提到邮件服务器与 DNS 系统有着密切的关联。如果想要搭建一台可以连接到 Internet 的邮件服务器，则必须先获得合法的 A 记录和 MX 记录的主机名，并最好向 ISP 申请修改反向解析设置。这是一个非常重要的前提条件，不要忽视它。在下面的练习中，鸟哥以前面第 19 章 DNS 设置为基础，主要的参数设置如下：

- 邮件服务器的主机名：www.centos.vbird。
- 邮件服务器的别名为 linux.centos.vbird 和 ftp.centos.vbird，也可以用于收发邮件。
- 此邮件服务器已有 MX 记录的设置，直接指向自己（www.centos.vbird）。
- 这个 www.centos.vbird 有个 A 记录指向 192.168.100.254。

在实际的邮件服务器设置中，上述的几个记录非常重要，请参考 DNS 章节的介绍来进行设置。现在让我们来实际配置 Postfix 服务器。

22.2.4 让 Postfix 监听 Internet 来收发邮件

在默认的情况下，CentOS 6.x 的 MTA 仅针对本机进行监听，测试一下：

```
[root@www ~]# netstat -tlnp | grep :25
Proto Recv-Q Send-Q Local Address      Foreign Address    State    PID/Program name
tcp        0      0 127.0.0.1:25       0.0.0.0:*          LISTEN   3167/master
```

如果想要对整个 Internet 开放邮件服务，就需要努力完成几个简单的设置。而几乎所有

的设置都可以通过编辑 /etc/postfix/main.cf 文件来完成。在进行修改之前，需要注意以下设置项：

- "#"符号用于注释。
- 所有的设置值都遵循类似变量的设置方式，例如 myhostname = www.centos.vbird，请注意等号"="两边要有空格，且第一个字符不能是空格，也就是说"my…"应该从行首开始写。
- 可以使用"$"符号来引用变量进行设置，例如 myorigin = $myhostname，这将等同于 myorigin = www.centos.vbird。
- 如果一个变量支持多个数据，可以使用空格来分隔，但建议使用逗号加空格进行分隔。例如：mydestination = $myhostname, $mydomain, linux.centos.vbird，表示 mydestination 支持三个数据。
- 可以使用多行来表示同一个设置值，只需在第一行最后加上逗号，并在第二行开头加上空格，以便将数据延续到第二行继续编写（这也是为什么前面提到开头不能有空格的原因）。
- 如果重复设置同一个设置项，则以后出现的设置值为准。

要使你的 Postfix 能够收发邮件，需要启用以下设置数据：

- myhostname：**设置主机名，需使用 FQDN**。这个设置用于指定主机名，且这个设置值会被后续的许多其他参数所引用，因此必须确保设置正确，并将其设置为完整的主机名。在鸟哥的这个练习中，应该设置为 myhostname = www.centos.vbird。除了这个设置值之外，还有一个 mydomain 的设置项，默认情况下会获取 $myhostname 后面第一个"."之后的名称作为 mydomain 的值。例如，在上述设置完成后，默认的 mydomain 将是 centos.vbird。当然也可以自行设置它。
- myorigin：发邮件时所显示的"发邮件源主机"项。这个设置项用于指定"邮件头中的发件人地址"，也就是代表本 MTA 发送的邮件将以此设置值为准。如果在本机发送邮件时忘记明确指定发件人地址，那么将使用这个设置值作为默认值。默认情况下，这个设置值以 $myhostname 为主，例如：myorigin = $myhostname。
- inet_interfaces：**设置 Postfix 的监听接口（极重要）**。在默认情况下，Postfix 只会监听本地回环接口 lo（127.0.0.1）。如果想要监听整个 Internet 或者对外的接口，请将其设置为对外接口。常见的设置方法为 inet_interfaces = all。请注意，如果有重复的设置项，Postfix 将以最后出现的设置值为准，因此最好只保留一组 inet_interfaces 的设置。
- inet_protocols：**设置 Postfix 监听 IP 协议**。默认情况下，CentOS 的 Postfix 会同时监听 IPv4 和 IPv6 两个版本的 IP 地址。如果在网络环境中只有 IPv4，则可以直接指定 inet_protocols = ipv4，这样就可以避免看到"::1"等 IPv6 地址的出现。

- **mydestination：设置"能够接收邮件的主机名"（极重要）**。这个设置非常重要，因为我们的主机可能有很多个名称，那么对方在填写邮件的收件人地址时到底应该写哪个主机名我们才能接收到该邮件呢？这就是在这里规定的。换句话说，只有在这个设置值中列出的主机名才能被认为是邮件的主机地址。在我们的练习中，有三个主机名，所以设置为：mydestination = $myhostname, localhost, linux.centos.vbird, ftp.centos.vbird。如果想将该设置值移动到外部文件中，可以使用 mydestination = /etc/postfix/local-host-names 这个方法，然后在 local-host-names 文件中写入可接收邮件的主机名。一般情况下，不建议额外创建 local-host-names 文件，直接在 main.cf 文件中进行设置即可。需要特别注意的是，**如果 DNS 设置中有 MX 记录，请确保将 MX 指向的主机名写入 mydestination 中**，否则可能会出现错误信息。在这个设置中，用户最容易出错的地方通常就在这里。

- **mynetworks_style：设置"信任网络"的一项指标**。这个设置用于指定与主机位于同一网络的可信任客户端。举例来说，假设鸟哥的主机 IP 地址是 192.168.100.254，如果我信任整个局域网内的用户（192.168.100.0/24），那么我可以将这个设置值指定为 subnet。然而，**由于下面的 mynetworks 会覆盖这个设置值，因此不设置也没有关系**。如果确实需要设置，最好将其设置为 host（即仅信任本台 MTA 主机）。

- **mynetworks：规定信任的客户端（极重要）**。MTA 是否允许中继转发与这个设置值有很大关系。举例来说，如果要开放本机和内部网络的 IP 地址，可以这样设置：mynetworks = 127.0.0.0/8, 192.168.100.0/24。如果想使用 /etc/postfix/access 文件来控制中继转发的用户，鸟哥建议将上述设置改为：mynetworks = 127.0.0.0/8, 192.168.100.0/24, hash:/etc/postfix/access。然后，只需要将 access 文件转换为数据库，就可以设置中继转发的用户了。

- **relay_domains：规范可以帮忙中继转发的下一台 MTA 主机地址**。相对于 mynetworks 是针对"信任的客户端"而设置的，relay_domains 则可以视为对"下游 MTA 服务器"进行设置。举例来说，如果主机是 www.niki.centos.vbird 的 MX 主机，则需要在 relay_domains 中设置以便转发针对 niki.centos.vbird 域的目标邮件。在默认情况下，这个设置值是 $mydestination。

  需要注意的是，Postfix 默认情况下不会转发 MX 主机的邮件。举例来说，如果有两台主机，一台是上游的 MTAup，一台是下游的 MTAdown，而 MTAdown 的 MX 设置是指向 MTAup 的。根据 22.1.2 节讨论的 DNS 的 MX 设置值和邮件传递方向，我们知道任何寄给 MTAdown 主机的邮件都会先经过 MTAup 进行转发。然而，如果 MTAup 没有开启针对 MTAdown 的转发权限，那么传给 MTAdown 的任何邮件都会被 MTAup 拒绝，并最终退回。从此以后，MTAdown 将无法收到任何邮件。

  请再次考虑上一段的说明，因为如果在一个大公司工作，并且公司内部存在上游和下游的邮件服务器，并且已经设置了正确的 MX 记录，那么 relay_domains 就变得非常重要了。上游的 MTA 主机必须启用这个设置。一般来说，除非是某台 MTA 主机的 MX

源头，否则可以忽略设置该项。如果想帮助客户端将邮件转发到特定的 MTA 主机，那么也可以设置该项。一般情况下，保持默认值即可。
- **alias_maps：设置邮件别名**。这是设置邮件别名选项，只需指定正确的文件即可，一般可以保持默认值。

在了解了上述设置后，以鸟哥的范例为例，鸟哥对修改或重要设置值以及相关文件的处理如下：

```
[root@www ~]# vim /etc/postfix/main.cf
myhostname = www.centos.vbird              <==大约在第 77 行
myorigin = $myhostname                     <==大约在第 99 行
inet_interfaces = all                      <==大约在第 114 行，117 行要注释掉
inet_protocols = ipv4                      <==大约在第 120 行
mydestination = $myhostname, localhost.$mydomain, localhost,
   linux.centos.vbird, ftp.centos.vbird    <==大约在第 165 和 166 行
mynetworks = 127.0.0.0/8, 192.168.100.0/24, hash:/etc/postfix/access <==大约在第 269 行
relay_domains = $mydestination             <==大约在第 299 行
alias_maps = hash:/etc/aliases
alias_database = hash:/etc/aliases         <==大约在第 389、400 行
# 其他的设置值就先保留默认值即可

[root@www ~]# postmap hash:/etc/postfix/access
[root@www ~]# postalias hash:/etc/aliases
```

由于在 main.cf 中我们额外添加了两个外部配置文件：mynetworks 和 alias_maps，所以需要进行额外的 postmap 和 postalias 操作，之后就可以准备启动了。我们可以按照以下方式进行操作：

```
# 1. 先检查配置文件的语法是否有错误
[root@www ~]# /etc/init.d/postfix check     <==没有信息，表示没有问题

# 2. 启动与观察端口号
[root@www ~]# /etc/init.d/postfix restart
[root@www ~]# netstat -tlunp | grep ':25'
Proto Recv-Q Send-Q Local Address      Foreign Address    State     PID/Program name
tcp        0      0 0.0.0.0:25         0.0.0.0:*          LISTEN    13697/master
```

非常简单，现在设置已经完成。假设防火墙已经配置完毕，那么 Postfix 就可以接受客户端的邮件转发并且可以接收邮件了。然而，在默认情况下，Postfix 到底可以接收哪些邮件？又可以根据哪些设置值进行转发呢？这需要参考下一小节的说明。

22.2.5 邮件发送流程与收信、中继转发等重要概念

相信读者对于 MTA 的设置和邮件的收发应该有一定的了解了。但是，如果想要妥善地设置 MTA，特别是想要了解整个 MTA 如何接收来自源主机的邮件，并将邮件转发到下一台主机的流程，最好要了解整个过程。一般来说，一封邮件传递经历的流程如下：

（1）邮件发送端和邮件接收端的两台主机之间会先进行握手（ehlo）阶段，此时邮件发送端会被记录为发邮件来源（而不是 Mail from）。通过握手后，可以传送邮件标题（header）的信息。

（2）在这一阶段，邮件接收端主机会分析邮件标题的信息。如果邮件中的"Mail to: 主机名"是邮件接收端主机，并且该主机名符合 mydestination 的设置，那么该邮件会被接收到队列中，并进一步发送到相应的邮箱中。如果邮件的主机名不符合 mydestination 的设置，则连接会被终止，并且不会发送邮件内容（body）。

（3）如果"Mail to: 主机名"不是邮件接收端本身，则开始进行中继转发（Relay）的分析。

（4）转发过程首先分析该邮件的来源是否符合信任的客户端，也就是步骤 1 中记录的邮件发送端主机，判断是否符合 mynetworks 的设置值。若符合，邮件将被接收到队列中，并等待 MDA 将其转发出去。若不符合，则继续进行下一步。

（5）接着分析邮件的来源或目标是否符合 relay_domains 的设置，若符合，邮件将被接收到队列中，并等待 MDA 将其转发出去。

（6）若这封邮件的标题都不符合上述的规范，则终止连接，不会接收邮件的内容。

整个流程如图 22-3 所示。

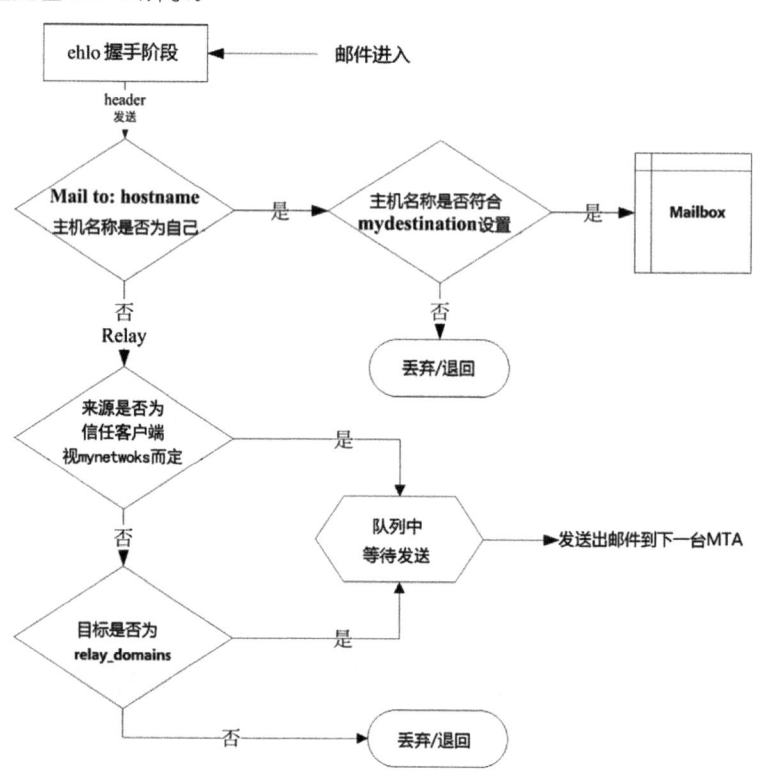

图 22-3 在本机 MTA 中的邮件分析过程

也就是说，邮件标题分析通过后，邮件内容才会开始上传到主机的队列。然后通过 MDA

来处理邮件的流向，而不是等待整个邮件传输完毕后再开始分析，这一点需要特别注意。经过上述流程后，暂不考虑 access 和 MDA 的分析机制，一台 MTA 想要正确地收发邮件，电子邮件必须满足以下要求：

- 接收邮件方面：
  - 邮件发送端必须符合 $inet_interfaces 的设置。
  - 邮件标题的收件人主机名必须符合 $mydestination 的设置，或者接收邮件主机名需要符合 $virtual_maps（与虚拟主机有关）的设置。
- 转发邮件方面（Relay）
  - 邮件发送端必须符合 $inet_interfaces 的设置。
  - 邮件发送端来源必须符合 $mynetworks 的设置；邮件发送端来源或邮件标题的收件人主机名必须符合 $relay_domains 的设置。

同样的原理和思路，可以将其应用于 SendMail 的设置中。然而，很多垃圾邮件正是通过这个默认的收发渠道来发送的。请看下面的例题。

例题

在鸟哥的主机上竟然发现这样的广告邮件，居然是利用我的主机发送广告邮件给我自己。为什么会这样呢？

答：首先，必须熟悉一下邮件传递的流程。根据步骤 2 所述，当主机收到一封邮件，并且这封邮件的目标地址是主机本身，并且符合 mydestination 的设置时，该邮件将被直接接收，而无须验证发送客户端是否来自 mynetworks。因此，任何人都可以通过这个流程向你发送邮件。然而，你的邮件传输代理（MTA）并不是开放中继（Open Relay），它不会帮助他人发送广告邮件，所以无须担心。

例题

我的主机明明没有开放中继，但是其他邮件传输代理（MTA）管理员告诉我，我的主机的某个账号持续发送广告邮件。然而，我的主机并没有那个账号，这是怎么回事呢？

答：请仔细查看邮件传递流程中的步骤 1 和步骤 2，确认这封邮件是否能够被接收，并且邮件发送端和邮件接收端的主机名是否相关。此外，我们知道邮件的头部信息中还包含一个 "Mail from" 的字段，它是我们在查看邮件时看到的 "发件人地址"。这个字段的数据是可以被伪造的，并且与实际的邮件发送端和邮件接收端数据无关。因此，应该告知对方 MTA 管理员，请他们提供详细的日志数据，以便判断这封邮件是否真的是由你的主机发送出去的。

一般来说，当前的广告业者经常使用这种欺骗的方式，因此必须要求对方提供详细的日志文件数据，以供核实。

22.2.6 设置邮件主机权限与过滤机制：/etc/postfix/access

基本上，如果在 Postfix 中指定了 mynetworks 的信任来源，用户就能够进行中继转发操作。然而，如果按照鸟哥在 22.2.4 节中提到的方式来设置 mynetworks，那么还可以利用 access 文件进行额外的邮件过滤管理。access 文件的基本语法如下：

```
规范的范围或规则                    Postfix 的操作（范例如下）
IP/部分 IP/主机名/Email 等          OK/REJECT
```

假设想要允许 120.114.141.60 和 .edu.cn 域名的邮件通过这台 MTA 进行转发，但不允许 av.com 域名以及 192.168.2.0/24 网络的邮件通过，则可以按照以下方式进行设置：

```
[root@www ~]# vim /etc/postfix/access
120.114.141.60              OK
.edu.cn                     OK
av.com                      REJECT
192.168.2.                  REJECT
# OK 表示可接受，而 REJECT 则表示拒绝

[root@www ~]# postmap hash:/etc/postfix/access
[root@www ~]# ls -l /etc/postfix/access*
-rw-r--r--. 1 root root 19648 2011-08-09 14:05 /etc/postfix/access
-rw-r--r--. 1 root root 12288 2011-08-09 14:08 /etc/postfix/access.db
# 你会发现有个 access.db 的文件才会同步更新！这才是 postfix 实际读取的
```

使用这个文件进行配置的最大好处是**无须重新启动 Postfix**，只需创建好数据库，就会立即生效。此外，该文件还提供其他高级功能，可以自行查阅该文件进行了解。然而，高级设置还需要在 main.cf 文件中设置其他参数。如果只有之前的 $mynetworks 设置值，则只能通过 access.db 的方式来开放转发功能。不过，这样可以简化我们的设置过程。

22.2.7 设置邮件别名：/etc/aliases、~/.forward

如果主机中存在许多系统账号，例如 named、apache、mysql 等，如果这些账号执行的程序产生了信息，那么这些信息会通过电子邮件的方式发送给谁呢？**可以发现，实际上这些系统账号的信息都会发送给 root**。这是因为其他系统账号没有密码用于登录，无法接收任何邮件，所以邮件会发送给系统管理员。那么，邮件传递代理（MTA）如何知道这些邮件应该发送给 root 呢？这就需要使用邮件别名来配置 aliases 文件了。

1. 邮件别名配置文件：/etc/aliases

在 /etc/aliases 文件内，会发现类似下面的字样：

```
[root@www ~]# vim /etc/aliases
mailer-daemon:   postmaster
postmaster:      root
```

```
bin:              root
daemon:           root
...(下面省略)...
```

上面左侧是别名，右侧是实际存在的用户账号或电子邮件地址。通过这个设置，我们可以将所有系统账号的邮件都转发给 root。现在，我们将其扩展一下。假设在 MTA 中有一个名为 dmtsai 的实际账号，而该用户希望使用 dermintsai 作为收取邮件的名称，可以按照以下步骤进行设置：

```
[root@www ~]# vim /etc/aliases
dermintsai:      dmtsai
# 左侧是你额外设置的，右侧则是实际接收这封信的账号

[root@www ~]# postalias hash:/etc/aliases
[root@www ~]# ll /etc/aliases*
-rw-r--r--. 1 root root  1535 2011-08-09 14:10 /etc/aliases
-rw-r--r--. 1 root root 12288 2011-08-09 14:10 /etc/aliases.db
```

从此之后，无论是 dmtsai@www.centos.vbird 还是 dermintsai@www.centos.vbird，所有的邮件都会被送到/var/spool/mail/dmtsai 这个邮箱中，非常方便。

2. /etc/aliases 实际应用一：让普通账号可接收 root 的邮件

假设你是系统管理员，而通常使用的普通账号是 dmtsai。然而，当系统出现错误时，重要的邮件都会发送给 root，而 root 的邮件不能直接读取。因此，如果能够将发送给 root 的邮件同时转发一份给 dmtsai，那将非常方便。能够实现吗？当然可以。只需要按照以下步骤进行设置：

```
[root@www ~]# vim /etc/aliases
root:         root,dmtsai      <==鸟哥建议这种写法
# 邮件会传给 root 与 dmtsai 这两个账号

root:         dmtsai           <==如果 dmtsai 不再是管理员怎么办
# 从此 root 收不到信了，都由 dmtsai 来接收

[root@www ~]# postalias hash:/etc/aliases
```

根据需要选择上述两种方式中的一种。是否保留 root 的邮件完全取决于我们的需求。鸟哥建议使用第一种方式，因为这样可以让 dmtsai 收到 root 的邮件，并且 root 本身也可以在自己的邮箱中备份一份，这样更加安全。

3. /etc/aliases 实际应用二：配置成组发邮件功能

让我们设想一种情况，假设你是学校的一名老师，只负责一个班级。如果有一天你需要向所有学生发送邮件，那么在编写邮件的标题时可能会感到头晕（因为收件人名单太长了）。这时就可以采取以下方法（假设学生的账号在主机上为 std001、std002……）：

```
[root@www ~]# vim /etc/aliases
student2011: std001,std002,std003,std004...

[root@www ~]# postalias hash:/etc/aliases
```

通过以上设置，只要将邮件发送到这台主机上名为 student2011 的不存在的账号，该封邮件就会被自动分别存储到每个账号中，这样在管理上非常方便。实际上，邮件别名除了可以填写本机上的实际用户之外，还可以填写外部主机的电子邮件地址。例如，如果想要将本机上名为 dermintsai 的不存在用户的邮件除了传递给 dmtsai 之外，还要转发到 dmtsai@mail.niki.centos.vbird 中，那么可以按照以下方式进行设置：

```
[root@www ~]# vim /etc/aliases
dermintasi:  dmtsai,dmtsai@mail.niki.centos.vbird

[root@www ~]# postalias hash:/etc/aliases
```

很方便吧！更多的功能就请读者自行发掘。

> 这本书中，dmtsai 用户的主目录不是放在正常的 /home 目录下，而是放在 /winhome 目录下（参考第 16 章）。因此，在实际操作中，使用 mail 命令可能会出错。这是由于 SELinux 的限制导致的。请参考 /var/log/messages 中的建议操作进行处理。

4. 个性化的邮件转发：~/.forward

尽管 /etc/aliases 可以帮助我们设置邮件别名，但是 /etc/aliases 文件的权限只有 root 用户才能修改。那么如果我们普通用户也想进行邮件转发，应该如何操作呢？不用担心，我们可以通过自己用户主目录下的 .forward 文件来实现。举例来说，假设我的账号是 dmtsai，我希望收到的邮件除了保留一份给自己外，还要转发给本机上的 vbird 以及 dmtsai@mail.niki.centos.vbird，那么可以按照以下方式进行设置：

```
[dmtsai@www ~]$ vim .forward
# 注意！我现在的身份 dmtsai，是一个普通身份，而且在它的用户主目录下
dmtsai
vbird
dmtsai@mail.niki.centos.vbird

[dmtsai@www ~]$ chmod 644 .forward
```

记得这个文件内容是一行一个账号 (或 E-mail)，而且权限方面非常重要。

- 该文件所在用户的用户主目录权限：其 group、other 不可以有写入权限。
- .forward 文件权限：其 group、other 不可以有写入权限。

如此一来，这封邮件就会开始转发了，有趣吧！

22.2.8　查看邮件队列信息：postqueue、mailq

通过进行上述设置，Postfix 应该可以满足一般小型企业邮件服务器的需求了。然而，有时由于网络问题或对方主机问题，可能会导致某些邮件无法发送并暂存在队列中。那么，我们如何查看队列中的邮件呢？同时，等待发送的邮件又是如何被发送的呢？

- 如果一封邮件在 5 分钟内无法成功发送，通常系统会向原发件人发送一封警告邮件，告知该邮件暂时无法发送，但系统仍会尝试继续发送。
- 如果在 4 小时内仍然无法成功发送，系统会再次向原发件人发送一封警告邮件。
- 如果持续五天都无法成功发送邮件，那么该邮件将被退回给原发件人。

当然，某些 MTA 已经取消了发送警告邮件的功能，但原则上，如果邮件无法实时发送，MTA 仍会尝试发送 5 天。只有在接下来的 5 天内仍无法发送成功，才会将原始邮件退回给发件人。一般情况下，如果 MTA 的设置正确且网络没有问题，邮件应该不会被放在队列中无法发送。因此，如果发现有邮件在队列中，当然需要仔细检查。检查队列内容的方法可以使用 mailq 命令，也可以使用 "postqueue –p" 命令：

```
[root@www ~]# postqueue -p
Mail queue is empty
```

如果显示以上信息，表示队列中没有任何问题邮件。然而，如果关闭了 Postfix 并尝试发送一封邮件给任何人，可能会出现以下情况：

```
[root@www ~]# /etc/init.d/postfix stop
[root@www ~]# echo "test" | mail -s "testing queue" root
[root@www ~]# postqueue -p
postqueue: warning: Mail system is down -- accessing queue directly
-Queue ID- --Size-- ----Arrival Time---- -Sender/Recipient-------
5CFBB21DB     284 Tue Aug  9 06:21:58  root
                                       root
-- 0 Kbytes in 1 Request.
# 第一行就说明了无法发送的原因为 Mail system is down
# 然后才出现无法发送的邮件信息，包括来源与目标
```

输出的信息主要为：

- Queue ID：表示邮件队列的标识号（ID），这个号码是供 MTA 使用的，我们不需要理解其具体含义。
- Size：表示邮件的大小（以字节为单位）。
- Arrival Time：表示邮件进入队列的时间，并可能说明邮件无法立即发送的原因。
- Sender/Recipient：显示邮件的发件人和收件人的电子邮件地址。

事实上，这封邮件存放在/var/spool/postfix 目录中。由于邮件内容已经供 MTA 查看的编码形式排列，因此可以使用 postcat 命令来读取原始邮件内容。可以按照以下步骤进行操作

（请注意文件名与 Queue ID 的对应关系）：

```
[root@www ~]# cd /var/spool/postfix/maildrop
[root@www maildrop]# postcat 5CFBB21DB      <==这个文件名就是 Queue ID
*** ENVELOPE RECORDS 5CFBB21DB ***          <==说明队列的编号
message_arrival_time: Tue Aug  9 14:21:58 2011
named_attribute: rewrite_context=local      <==分析 named (DNS) 的特性来自本机
sender_fullname: root                       <==发件人的名字与 E-mail
sender: root
recipient: root                             <==这个是收件人
*** MESSAGE CONTENTS 5CFBB21DB ***          <==下面则是邮件的实际内容
Date: Tue, 09 Aug 2011 14:21:58 +0800
To: root
Subject: testing queue
User-Agent: Heirloom mailx 12.4 7/29/08
MIME-Version: 1.0
Content-Type: text/plain; charset=us-ascii
Content-Transfer-Encoding: 7bit

test
*** HEADER EXTRACTED 5CFBB21DB ***
*** MESSAGE FILE END 5CFBB21DB ***
```

通过这样的操作，可以知道当前我们的 MTA 主机上有多少封未发送的邮件，同时也可以追踪到这些未发送邮件的内容。然而，如果想要立即让 Postfix 尝试发送队列中的邮件，应该如何操作呢？可以通过重新启动 Postfix 来实现，也可以使用 Postfix 的命令进行处理，例如：

```
[root@www ~]# /etc/init.d/postfix restart
[root@www ~]# postfix flush
```

鸟哥个人建议使用"postfix flush"命令。请自行参考并执行该操作。接下来，让我们先处理一下收邮件的 MRA（Mail Retrieval Agent）服务器，处理完成后再处理客户端的用户界面。

22.2.9　防火墙设置

由于整个 MTA 主要通过 SMTP（端口 25）来发送邮件，因此对于 Postfix 来说，只需要放行端口 25 即可。请修改 iptables 规则文件（iptables.rule），如下所示：

```
[root@www ~]# vim /usr/local/virus/iptables/iptables.rule
# 找到下面这一行，并且将它的注释去掉
iptables -A INPUT -p TCP -i $EXTIF --dport  25   --sport 1024:65534 -j ACCEPT

[root@www ~]# /usr/local/virus/iptables/iptables.rule
```

这样就允许整个 Internet 对服务器的端口 25 进行读取操作了。

22.3　MRA 服务器：dovecot 设置

除非想在 MTA 上搭建 Webmail，否则无须连接到 MTA 去接收邮件。那么用于接收邮件的通信协议是什么？就是 22.1.4 节中提到的 POP3 和 IMAP。这就是所谓的 MRA（Mail Retrieval Agent）服务器。CentOS 6.x 使用 dovecot 软件来实现 MRA 相关的通信协议。由于 POP3/IMAP 还有加密的版本，因此下面我们将根据是否加密（SSL）来设置 dovecot。

22.3.1　基础的 POP3/IMAP 设置

启动纯粹的 POP3/IMAP 非常简单，但需要确保已经安装了 dovecot 软件。而这个软件的配置文件只有一个，即/etc/dovecot/dovecot.conf。由于我们仅需要启动 POP3/IMAP，因此可以进行以下设置：

```
[root@www ~]# yum install dovecot
[root@www ~]# vim /etc/dovecot/dovecot.conf
# 找到下面这一行，大约是在第 25 行，复制新增一行的内容如下：
#protocols = imap pop3 lmtp
protocols = imap pop3

[root@www ~]# vim /etc/dovecot/conf.d/10-ssl.conf
ssl = no        <==将第 6 行改成这样
```

修改完成后，就可以启动 dovecot 了。接下来，我们来检查一下端口 110/143（POP3/IMAP）是否已经启动：

```
[root@www ~]# /etc/init.d/dovecot start
[root@www ~]# chkconfig dovecot on
[root@www ~]# netstat -tlnp | grep dovecot
Proto Recv-Q Send-Q Local Address      Foreign Address    State     PID/Program name
tcp        0      0 :::110             :::*               LISTEN    14343/dovecot
tcp        0      0 :::143             :::*               LISTEN    14343/dovecot
```

这样就可以让用户接收邮件了，非常不错。但是请注意，这里只提供了基本的明文POP3/IMAP 传输功能。如果想要启用其他协议，如 POP3s（加密传输），则需要进行额外的设置。

22.3.2　加密的 POP3s/IMAPs 设置

如果很担心数据在传输过程中被窃取，或者担心在使用 POP3/IMAP 时的登录信息（账号和密码）会被窃听，那么 POP3s/IMAPS 就变得非常重要。与之前提到的 Apache 类似，我们使用的是通过 OpenSSL 软件提供的 SSL 加密机制来进行数据的加密传输。设置很简单，默认情况下，CentOS 已经提供了 SSL 证书范例文件供我们使用。如果不想使用默认的证书，那么我们就来创建一个自己的证书。

```
# 1. 创建证书：到系统提供的 /etc/pki/tls/certs/ 目录下创建所需的 pem 证书文件
[root@www ~]# cd /etc/pki/tls/certs/
[root@www certs]# make vbirddovecot.pem
...(前面省略)...
Province Name (full name) []:Taiwan
Locality Name (eg, city) [Default City]:Tainan
Organization Name (eg, company) [Default Company Ltd]:KSU
Organizational Unit Name (eg, section) []:DIC
Common Name (eg, your name or your server's hostname) []:www.centos.vbird
Email Address []:dmtsai@www.centos.vbird

# 2. 因为担心 SELinux 的问题，所以建议将 pem 文件放置到系统默认的目录中
[root@www certs]# mv vbirddovecot.pem ../../dovecot/
[root@www certs]# restorecon -Rv ../../dovecot

# 3. 开始处理 dovecot.conf，只要 POP3s、IMAPs，不要明文传输
[root@www certs]# vim /etc/dovecot/conf.d/10-auth.conf
disable_plaintext_auth = yes    <==第 9 行改成这样，取消注释

[root@www certs]# vim /etc/dovecot/conf.d/10-ssl.conf
ssl = required                                           <==第 6 行改成这样
ssl_cert = </etc/pki/dovecot/vbirddovecot.pem   <==第 12 和 13 行改成这样
ssl_key = </etc/pki/dovecot/vbirddovecot.pem

[root@www certs]# vim /etc/dovecot/conf.d/10-master.conf
  inet_listener imap {
    port = 0       <==第 15 行改成这样
  }
  inet_listener pop3 {
    port = 0       <==第 36 行改成这样
  }

# 4. 处理额外的 mail_location 设置值。这很重要，否则网络收邮件会失败
[root@www certs]# vim /etc/dovecot/conf.d/10-mail.conf
mail_location = mbox:~/mail:INBOX=/var/mail/%u <==第 30 行改这样

# 5. 重新启动 dovecot 并且观察 port 的变化
[root@www certs]# /etc/init.d/dovecot restart
[root@www certs]# netstat -tlnp | grep dovecot
Proto Recv-Q Send-Q Local Address      Foreign Address    State      PID/Program name
tcp        0      0 :::993             :::*               LISTEN     14527/dovecot
tcp        0      0 :::995             :::*               LISTEN     14527/dovecot
```

最终，将看到 993 是 IMAPs，而 995 则是 POP3s。这样一来，当接收邮件时输入的账号和密码就不会被窃取，因为数据是经过加密的。

22.3.3 防火墙设置

由于在上述练习中，我们关闭了 POP3/IMAP，转而打开了 POP3s/IMAPs，因此防火墙需要开放不同的端口。请根据实际情况设置所需的防火墙规则。在这里，我们主要需要开放 993 和 995 两个端口。处理方法与 22.2.9 节非常相似：

```
[root@www ~]# vim /usr/local/virus/iptables/iptables.rule
# 大约在 180 行,添加下面两行
iptables -A INPUT -p TCP -i $EXTIF --dport 993  --sport 1024:65534 -j ACCEPT
iptables -A INPUT -p TCP -i $EXTIF --dport 995  --sport 1024:65534 -j ACCEPT
[root@www ~]# /usr/local/virus/iptables/iptables.rule
```

如果决定不加密 POP3/IMAP,请将上述的 993/995 更改为 143/110 即可。

22.4　MUA 软件:客户端的收发邮件软件

设置邮件服务器后,我们可以充分利用它。应用邮件服务器有两种主要方式:一种是直接登录 Linux 主机操作 MTA;另一种是通过客户端的 MUA 软件来收发邮件。下面我们将分别介绍这两种方式。

22.4.1　Linux 的 mail 软件

在类 UNIX 操作系统中,通常都会包含一个名为 mail 的命令,用于进行邮件的收发。这个命令是由 mail 软件提供的,因此在使用之前需要先安装该软件。需要注意的是,由于 mail 是 Linux 系统的功能,即使端口 25(SMTP)没有启动,它仍然可以使用,只是邮件将被放置在队列中而无法发送出去。下面我们来讨论一下最简单的 mail 命令用法。

1. 用 mail 直接编辑文字邮件与发送邮件

mail 命令的用法非常简单,可以使用 "mail [E-mail address]" 的方式发送邮件。[E-mail address]可以是外部的邮件地址,也可以是本机的账号。如果是本机账号,可以直接指定账号名称,例如 "mail root" 或 "mail somebody@his.host.name"。在发送外部邮件时,默认的 Mail from 地址将使用 main.cf 文件中 myorigin 变量的主机名。下面我们来试着先发送给 dmtsai@www.centos.vbird:

```
[root@www ~]# mail dmtsai@www.centos.vbird
Subject: Just test         <==这里填写邮件标题
This is a test email.      <==下面为邮件的内容
bye bye !
.                          <==注意,这一行只有小数点,代表结束输入之意
```

这样就可以将邮件发送出去了。另外,早期的邮件服务器可以接收 IP 地址来发送邮件,例如:mail dmtsai@[192.168.100.254],请注意 IP 地址需要用方括号括起来。然而,由于垃圾邮件的影响,现在几乎无法成功地使用这种方式发送邮件了。

2. 使用已经处理完毕的"纯文本文件"发送邮件

确实,这种方式并不适用于添加附件。在 mail 程序中编辑邮件是一项很烦琐的任务,无

法使用方向键返回到刚刚编辑错误的地方。在这种情况下，我们可以通过标准输入进行处理。如果忘记了"<"符号的含义，请参考《鸟哥的 Linux 私房菜 基础学习篇（第四版）》一书中第 11 章关于 bash shell 中的数据流重定向。例如，如果想将用户主目录的.bashrc 文件发送给别人，可以按照以下方式操作：

```
[root@www ~]# mail -s 'My bashrc' dmtsai < ~/.bashrc
```

3. 开始查阅接收的邮件

发送邮件相对较简单，那么接收邮件呢？同样使用 mail 命令。直接在提示符后输入 mail 时，它会自动读取用户在/var/spool/mail 下的邮件邮箱（Mailbox）。例如，对于 dmtsai 账号，输入 mail 命令后，将会读取并显示/var/spool/mail/dmtsai 文件的内容，结果如下所示：

```
# 注意，下面是使用 dmtsai 这个用户来操作 mail 这个命令
[dmtsai@www ~]$ mail
Heirloom Mail version 12.4 7/29/08.  Type ? for help.
"/var/spool/mail/dmtsai": 10 messages 10 new  <==邮箱来源与新邮件数
>N  1 dmtsai@www.centos.vb  Mon Aug  8 18:53  18/579   "from vbird"
...(中间省略)...
 N  9 root                  Tue Aug  9 15:04  19/618   "Just test"
 N 10 root                  Tue Aug  9 15:04  29/745   "My bashrc"
&  <==这个是 mail 软件的提示符，可以输入 ? 来查看可用命令
```

在上述输出中，显示了 dmtsai 账号有一封邮件，并附有该邮件的发件人、主题和收件时间等信息。我们可以使用以下命令来操作邮件：

- **读信**（直接按 Enter 键或输入数字后按 Enter 键）：">"这个符号表示当前 mail 所在的邮件位置，可以直接按下 Enter 键即可看到该封邮件的内容。另外，也可以在"&"之后的光标位置输入号码，而后就可以看该封邮件的内容了（注：如果持续按 Enter 键，则会自">"符号所在的邮件逐次向后读取每封邮件内容）。
- **显示标题**（直接输入 h 或输入 h+数字）：例如有 100 封信，要看 90 封左右的邮件标题，直接输入"h90"即可。
- **回复邮件**（直接输入 R）：如果要回复目前">"符号所在的邮件，直接输入"R"即可进入前面介绍过的 mail 文字编辑画面。可以编辑邮件后在发出去。
- **删除邮件**（输入"d+数字"）：输入"d##"即可删除邮件。例如我要删除第 2 封邮件，可以输入"d2"，如果要删除第 10~50 封邮件，可以输入"d10-50"。请注意，如果删除过邮件，退出 Mailbox 时，要输入"q"才行。
- **把邮件存储到文件**（输入 s+数字+文件名）：如果要将邮件保存下来，可以输入"s ## filename"，例如我要将上面第 10 封邮件保存下来，则可以输入"s 10 text.txt"，之后第 10 封的邮件内容就被存储到 text.txt 这个文件中。

- 退出 mail（输入 q 或 x）：要退出 mail，可以输入 q 或者是 x，请注意：**输入 x 可以在不修改 Mailbox 的情况下退出 mail 程序，不管刚才有没有使用 d 删除数据；输入 q 才会将删除的数据真正删除**。也就是说，如果不想修改邮箱，那就输入 x 或 exit 退出即可，如果想要使刚才的删除操作生效，就要输入 q。
- **请求协助**：关于 mail 的更详细用法，可以输入 help 来查看当前 mail 的所有功能。

以上是 mail 的简单接收邮件功能。但是，如果我们之前将邮件存储起来，那么如何读取这些邮件呢？例如，读取刚刚存储的 text.txt 文件。实际上，可以简单地使用以下方式来读取：

```
[dmtsai@www ~]$ mail -f ~/text.txt
```

4. 以"添加附件"的方式发送邮件

前面提到的都是关于邮件内容的操作，那么是否可能以附件的方式传递文件呢？是可以的，但是**需要使用 uuencode 命令。在 CentOS 中，这个命令属于 sharutils 软件包**，请使用 yum 来安装它。安装完成后，可以按照以下方式使用：

```
[root@www ~]# [使用 uuencode 编码 ] | [使用 mail 发送邮件]
[root@www ~]# uuencode [实际文件] [邮件中的文件名] | mail -s '标题' email
# 1. 将 /etc/hosts 以添加附件的方式发送给 dmtsai
[root@www ~]# uuencode /etc/hosts myhosts | mail -s 'test encode' dmtsai
```

这样就可以将邮件发送出去了。那么，如果要接收这封邮件呢？同样地，我们需要使用解码器来解码。首先将该文件保存下来，然后按照以下步骤进行操作：

```
# 下面是 dmtsai 这个用户
[dmtsai@www ~]$ mail
Heirloom Mail version 12.4 7/29/08.  Type ? for help.
"/var/spool/mail/dmtsai": 11 messages 1 new 8 unread
    1 dmtsai@www.centos.vb  Mon Aug  8 18:53   19/590     "from vbird"
...(中间省略)...
 U 10 root                  Tue Aug  9 15:04   30/755     "My bashrc"
>N 11 root                  Tue Aug  9 15:12   29/1121    "test encode"
& s 11 test_encode
"test_encode" [New file] 31/1141
& exit
[dmtsai@www ~]$ uudecode test_encode -o decode
                          加密文件        输出文件
[dmtsai@www ~]$ ll *code*
-rw-r--r--. 1 dmtsai dmtsai  380 Aug  9 15:15 decode        <==解码后的正确数据
-rw-rw-r--. 1 dmtsai dmtsai 1121 Aug  9 15:13 test_encode  <==正文会有乱码
```

虽然 mail 命令不是很好用，但至少它在 Linux 纯文本模式下提供了一个简单的邮件收发功能。然而，目前有一个更出色的替代方案，那就是 mutt。

22.4.2 Linux mutt

mutt 不仅可以模拟 mail 命令的功能，还可以通过 POP3/IMAP 等协议来读取外部的邮件，所以确实非常好用。让我们来操作一下这个强大的 mutt 吧。在进行下面的操作之前，请使用 "yum install mutt" 来安装 mutt。

1. 直接以 mutt 发送邮件：含快速添加的附件文件

mutt 的功能也很多，我们先来看看 mutt 的基本语法，接下来就开始进行练习吧。

```
[root@www ~]# mutt [-a 附加文件] [-i 正文文件] [-b 秘密副本] [-c 普通副本] \
> [-s 邮件标题] E-mail 地址
选项与参数：
-a 附加文件：后面就是想要传送给朋友的文件，是附加文件，不是邮件内容
-i 正文文件：就是邮件的正文部分，先编写成为文件而已
-b 秘密副本：原收件人不知道这封邮件还会寄给后面的那个秘密副本收件人
-c 普通副本：原收件人会看到这封邮件还传给了哪位收件人
-s 邮件标题：这封邮件的标题
E-mail 地址：就是原收件人的 E-mail

# 1. 直接在线编写邮件，然后发送给 dmtsai@www.centos.vbird 这个用户
[root@www ~]# mutt -s '一封测试信' dmtsai@www.centos.vbird
/root/Mail 不存在。建立吗？ ([yes]/no): y    <==第一次用才会出现这个信息
To: dmtsai@www.centos.vbird
Subject: 一封测试邮件
随便写写！随便看看～！    <==会进入 vi 画面编辑，很棒！

y:发送  q:中断  t:To  c:CC  s:Subj  a:附加文件  d:叙述  ?:求助  <==按下 y 寄出
    From: root <root@www.centos.vbird>
      To: dmtsai@www.centos.vbird
      Cc:
     Bcc:
 Subject: 一封测试邮件
Reply-To:
     Fcc: ~/sent
Security: 清除

-- 附件
- I    1 /tmp/mutt-www-2784-0        [text/plain, 8bit, utf-8, 0.1K]
# 2. 将 /etc/hosts 当成邮件内容发送给 dmtsai@www.centos.vbird 这个用户
[root@www ~]# mutt -s 'hosts' -i /etc/hosts dmtsai@www.centos.vbird
# 记得最终在 vim 下要按下 :wq 来存储并发送
```

与 mail 命令在线编辑邮件内容不同，mutt 竟然会调用 vi 让你编辑邮件。这样一来，就不需要预先编写邮件内容了，这真的让人感到非常开心。而且整个界面非常直观，处理起来非常容易。那么需要添加附件呢？尤其是添加二进制程序时，可以按照以下步骤进行操作：

```
# 1. 将 /usr/bin/passwd 当成附件添加，发送给 dmtsai@www.centos.vbird 用户
[root@www ~]# mutt -s '附件' -a /usr/bin/passwd -- dmtsai@www.centos.vbird
```

```
To: dmtsai@www.centos.vbird
Subject: 附件
不过是个附件测试！

y:发送   q:中断   t:To   c:CC   s:Subj   a:附加文件   d:叙述   ?:求助   <==按 y 送出
    From: root <root@www.centos.vbird>
      To: dmtsai@www.centos.vbird
      Cc:
     Bcc:
 Subject: 附件
Reply-To:
     Fcc: ~/sent
Security: 清除

-- 附件
- I    1 /tmp/mutt-www-2839-0     [text/plain, 8bit, utf-8, 0.1K] <==正文文件
  A    2 /usr/bin/passwd         [applica/octet-stre, base64, 31K] <==附件
```

看到上面代码中的附件下面那两行了吗？"I"代表直接附在邮件内的正文内容，而"A"表示附加文件。如果想要使用 mutt 来附加文件，必须要注意以下几点：

- "-a filename"这个选项必须放在命令的最后面。如果将上面的命令改写成"mutt -a /usr/bin/passwd -s "附件" ..."，就会失败。
- 在文件名和 E-mail 地址之间需要加上两个连续减号"--"，就像上面测试的命令一样。

2. 以 mutt 来读取不同通信协议的邮箱

与 mail 相比，mutt 在读取邮件方面具有相当优秀的功能，它可以直接通过网络的 POP3、IMAP 等通信协议来读取邮件。至少鸟哥觉得它非常好用。我们先来看一下可用的语法，然后再进行一些练习。

```
[root@www ~]# mutt [-f 邮箱位置]
选项与参数：
-f 邮箱位置：如果是 IMAPs 的邮箱，可以这样："-f imaps://服务器的 IP"

# 1. 直接使用 dmtsai 的身份读取本机的邮箱内容
[dmtsai@www ~]$ mutt
q:离开   d:删除   u:撤销   s:存储   m:邮件   r:回复   g:组   ?:求助
...(中间省略)...
  11 O + Aug 09 root             (  12) test encode
  12 O + Aug 09 root             (   1) 一封测试邮件
  13 O + Aug 09 root             (   8) hosts
  14 O + Aug 09 root             ( 604) 附件

---Mutt: /var/spool/mail/dmtsai [Msgs:14 Old:11 74K]---(date/date)-------(all)--

# 2. 在上面的邮件 14 号内容反白后，直接按 Enter 键会出现如下画面：
i:离开   -:上一页   <Space>:下一页   v:显示附件   d:删除   r:回复   j:下一个   ?:求助
Date: Tue, 9 Aug 2011 15:24:34 +0800
From: root <root@www.centos.vbird>
To: dmtsai@www.centos.vbird
```

```
Subject: 附件
User-Agent: Mutt/1.5.20 (2009-12-10)

[-- 附件 #1 --]
[-- 种类: textplain, 编码: 8bit, 大小: 0.1K --]

不过是个附件测试!            <==邮件的正文部分

 [-- 附件 #2: passwd --]     <==说明邮件的添加附件部分
[-- 种类: applicationoctet-stream, 编码: base64, 大小: 41K --]

[-- application/octet-stream 尚未支持 （按 v 键来显示这部分） --]

-O +- 14/14: root              附件                        -- (all)

# 3. 在上面画面按下 v 键后，会出现相关的附件数据：
q:离开       s:存储     |:管道    p:显示     ?:求助
   I          1 <no description>              [text/plain, 8bit, utf-8, 0.1K]
   A          2 passwd                        [applica/octet-stre, base64, 41K]
# 反白处按下 s 键就能够存储附加文件
```

最后离开时，一直要按下 q 键，然后根据出现的提示信息进行处理即可，这就是本地邮件的收信方式，非常简单。附加文件的存储也十分容易，真是让人感到开心。那么如果是外部邮箱呢？举例来说，假设我以 root 身份去收取 dmtsai 的 IMAPs 邮件，会有什么情况呢？

```
# 1. 在服务器端必须让 mail 这个组能够使用 dmtsai 的用户主目录，所以要这样：
[dmtsai@www ~]$ chmod a+x ~

# 2. 开始在客户端登录 IMAPs 服务器获取 dmtsai 的新邮件与邮件文件夹
[root@www ~]# mutt -f imaps://www.centos.vbird
q:离开    ?:求助
这个验证属于：
    www.centos.vbird    dmtsai@www.centos.vbird
    KSU
    DIC
    Tainan  Taiwan

这个验证的派发者：
    www.centos.vbird    dmtsai@www.centos.vbird
    KSU
    DIC
    Tainan  Taiwan

这个验证有效
    由 Tue, 9 Aug 2011 06:45:32 UTC
      至 Wed, 8 Aug 2012 06:45:32 UTC
SHA1 Fingerprint: E86B 5364 2371 CD28 735C 9018 533F 4BC0 9166 FD03
MD5 Fingerprint: 54F5 CA4E 86E1 63CD 25A9 707E B76F 5B52

-- Mutt: SSL Certificate check (certificate 1 of 1 in chain)
(1)不接收, (2)只是这次接收, (3)永远接收 <==这里要填写 2 或 3 才行
在 www.centos.vbird 的用户名称：dmtsai
dmtsai@www.centos.vbird 的密码：
```

在正确设置密码后，最终会看到之前提到的邮件。不过需要注意的是，如果用户主目录位于非标准目录下，可能会出现 SELinux 错误。这时候，就需要重新修订一下 SELinux 安全文本的类型。通过这种方式，我们可以直接以文本模式获取网络邮件邮箱，这确实非常方便，只是没有图文并茂而已。

22.4.3　好用的跨平台（Windows/Linux X）软件：Thunderbird

自由软件的最大好处之一是它通常可以进行移植，也就是说，几乎可以在任何操作系统上运行。因此，学习自由软件的好处就是无须因为切换操作系统而学习不同的操作环境。MUA（邮件用户代理）也有自由软件，其中一个是由 Mozilla 基金会推出的 Thunderbird（雷鸟），这是一款非常好用的软件。读者可以在下面的网址中找到中文版本的软件：

- http://www.mozilla.org/zh-CN/products/thunderbird/

考虑到目前客户端主要以 Windows 操作系统为主，所以下面的说明主要针对 Windows 的安装和设置进行介绍。Thunderbird 的版本是 5.x。因此，我们将以中文版 5.x 作为范例进行介绍。这里省略了下载和安装过程，直接跳到第一次启动 Thunderbird 的界面，希望对读者有所帮助。先以 dmtsai@www.centos.vbird 这个账号作为范例来说明，初次启动时会出现如图 22-4 所示的界面。

图 22-4　第一次启动 Thunderbird 的界面

由于是第一次启动，因此 Thunderbird 中没有任何预设的数据。这时可以填写希望别人在收到你的邮件时能够看到的个人信息，以及包括你登录远程邮箱所需的账号和密码等信息。在图 22-4 中，以"鸟哥哥"作为昵称显示，而 E-mail 地址则是要发送给收件人的地址。当然，密码是保密的。填写完毕后，单击"继续"按钮，即可打开如图 22-5 所示的界面。

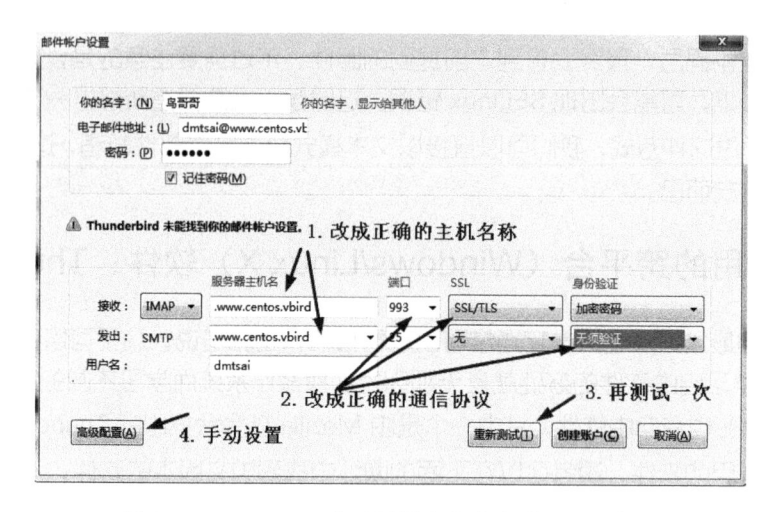

图 22-5 Thunderbird 主动以用户信息尝试登录服务器

由于在图 22-4 中输入了账号和密码信息，因此在这一步中，Thunderbird 将尝试自动登录远程邮箱。不过，可能会出现获取错误信息的情况。如果确实出现了错误，请修改箭头 1 指向的服务器主机名以及与通信协议相关的设置值。然后单击"重新测试"按钮，确保获取到的数据是正确的，然后再单击"创建账号"或"高级设置"按钮（箭头 4 指向的位置）。如果单击了箭头 4 指向的位置，将会出现如图 22-6 所示的详细资料页面。

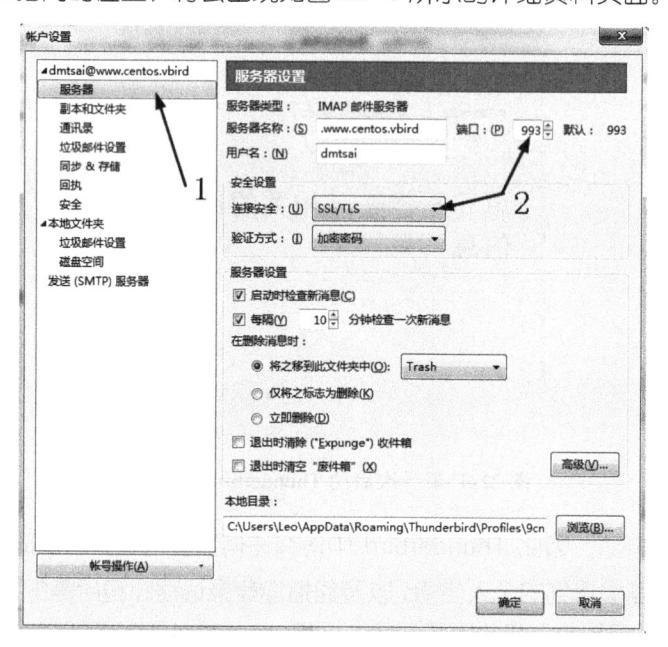

图 22-6 手动修改账号的相关参数

在图 22-6 中单击服务器设置选项，然后查看接收邮件服务器设置是否正确。如果设置正确，单击"确定"按钮。接下来会出现如图 22-7 所示的界面，询问是否将 Thunderbird 设置为默认的电子邮件收发软件。直接单击"确定"按钮，进入下一个步骤。

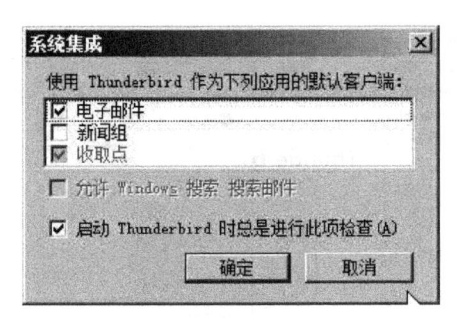

图 22-7 设置默认的 MUA 软件的界面

由于 Thunderbird 将尝试使用你输入的账号和密码登录远程服务器的 IMAPs 服务，因此会出现一个证书获取的界面（见图 22-8）。在这里需要确认是否永久存储该证书。

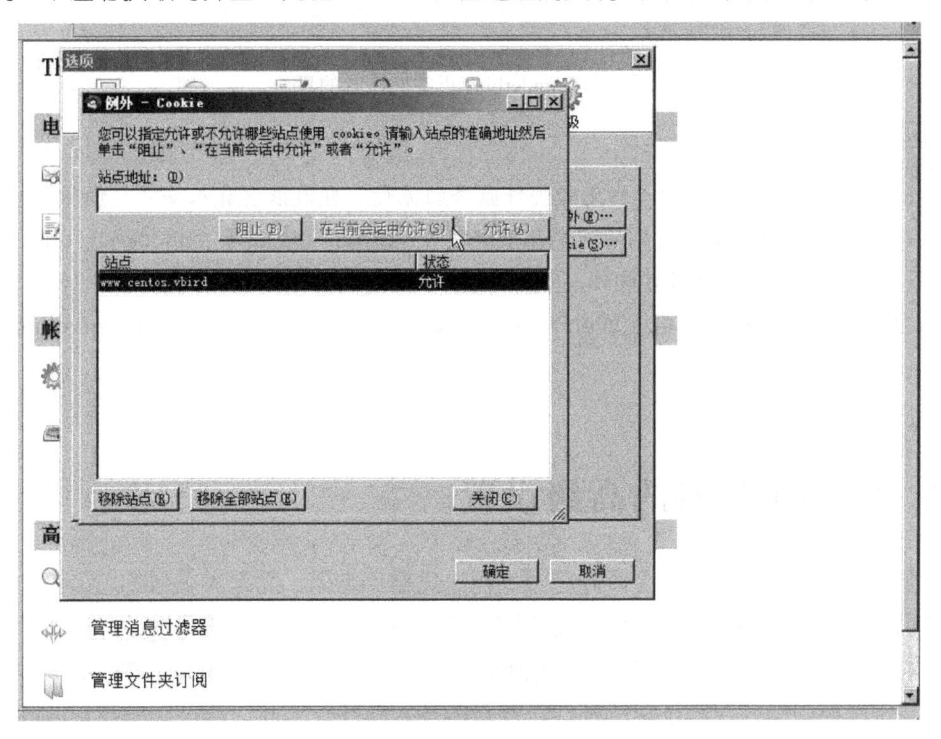

图 22-8 获取凭证的窗口

完成确定证书并设置好账号密码，就可以开始使用 Thunderbird 了。正常使用时的界面如图 22-9 所示。

如果一切顺利，应该会看到如图 22-9 所示的界面。回到我们刚才查询到的标题为"附件"的邮件，查看其内容，就会发现正文和附件都是正常的。更令人开心的是，由于使用的是 IMAPs 通信协议，Thunderbird 的内容会与服务器上的 /var/spool/mail/dmtsai 邮箱内容保持同步，不像 POP3 那样在下载后就会删除服务器上的邮件。这真是一款好用的软件！

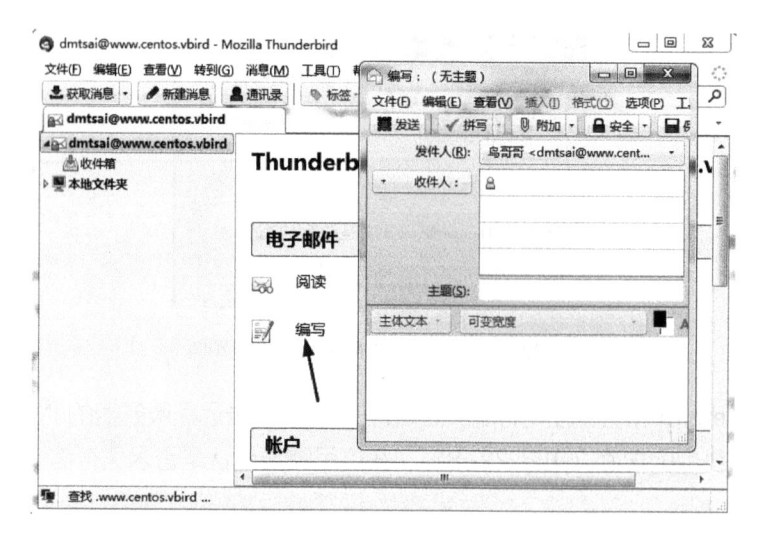

图 22-9 Thunderbird 正常操作时的界面

> 老实说，由于一些免费邮件服务的流行，目前很少有人安装自由软件 Open Webmail。我在课堂上看到的同学几乎都使用 hotmail（现在是 outlook）、qq、Gmail 等提供的 Web 界面来收发邮件，几乎没有人在使用本地端的邮件客户端（MUA）。然而，在某些情况下，仍然需要从 Web 邮件上获取某些过期的邮件，这时候 Thunderbird 就派上用场了。

22.5 邮件服务器的高级设置

时至今日，邮件攻击的主要问题已经不再是病毒与木马，而是大多数的垃圾邮件主要涉及钓鱼和广告。网络钓鱼问题的根源在于用户的好奇心和糟糕的操作习惯，这是一个难以解决的问题。至于广告，无论你设计多严格的过滤机制，他们总能找到另一种方式来发送。过滤机制过于严格可能会误判正常的邮件，这真的令人头疼。因此，建议用户直接删除这些垃圾邮件。因此，在这一小节中，鸟哥删除了前一版中介绍的病毒扫描和自动学习广告机制。如果读者仍然需要相关信息，请自行查阅官方网站。

下面将主要介绍关于 Postfix 的邮件收件过滤处理和重新发送的中继转发过程。在 Postfix 的设置中，这两个过程主要涉及以下几个重要的设置项的管理：

- **smtpd_recipient_restrictions**：recipient 表示收件人，该设置主要负责管理本地接收邮件的功能，因此大部分设置都是用于邮件过滤和确定是否为可信任邮件。来源可以是 MTA（邮件传输代理）或 MUA（邮件用户代理）。
- **smtpd_client_restrictions**：Client 表示客户端，该设置主要负责管理客户端的来源是否可信任。可以拒绝非正规的邮件服务器所发来的邮件。来源通常是 MUA。

- **smtpd_sender_restrictions**：sender 表示发件人，可以针对邮件来源（对方邮件服务器）进行分析和过滤操作。来源理论上应该是 MTA。

22.5.1 邮件过滤一：用 postgrey 进行非正规 Mail 服务器的垃圾邮件过滤

早期的广告邮件大多通过僵尸计算机（指已被黑客控制但管理员尚未发现或未处理的主机）来发送。这些僵尸计算机发送的邮件有一个明显的特点，即**它们只尝试传递邮件一次，无论是否成功，一旦邮件发送出去，该邮件就会从队列中删除**。然而，合法的邮件服务器的工作流程与 22.2.8 节中所分析的一样，当邮件无法成功寄出时，邮件会被暂时放置在队列中一段时间，并持续尝试发送，通常默认五天后如果仍无法发送才会将邮件退回。

根据合法与非法邮件服务器的工作流程，发展出了一种名为曙光（postgrey）的软件。可以参考以下链接中的说明来了解该软件：

- http://isg.ee.ethz.ch/tools/postgrey/。
- http://www.postfix.org/SMTPD_POLICY_README.html。

基本上，postgrey 的主要功能是记录发送邮件来源的。**当同一封邮件第一次发送来时，postgrey 默认会对其进行过滤，并记录发送邮件来源的地址。大约 5 分钟后，如果该邮件再次发送来，postgrey 会接收该邮件**。这样就可以防止非法邮件服务器的单次发送。然而，对于确定为合法主机的情况，可以开放所谓的"白名单（whitelist）"来优先通过而不进行过滤。因此，postgrey 的工作原理主要如下所述（参考：http://projects.puremagic.com/greylisting/whitepaper.html）：

（1）确认发送邮件来源是否在白名单中，若是则予以通过。

（2）确认接收邮件者是否在白名单中，若是则予以通过。

（3）确定这封邮件是否已经被记录起来。通过的依据是：

- 若无此邮件的记录，则将发送邮件地址记录起来，并将邮件退回。
- 若有此邮件的记录，但是记录的时间尚未超过指定的时间（默认 5 分钟），则依旧退回邮件。
- 若有邮件的记录，且记录时间已超过指定的时间，则予以通过。

整个过程简而言之就是这样。然而，为了快速实现 postgrey 的"记录"功能，使用数据库系统是不可避免的。而且 postgrey 是用 Perl 编写的，可能还需要添加许多相关的 Perl 模块。总的来说，至少需要以下软件：

- **Berkeley DB**：包括 db4, db4-utils, db4-devel 等软件。
- **Perl**：使用"yum install perl"安装即可。

- **Perl 模块**：perl-Net-DNS 是 CentOS 提供的，其他没有提供的可以到 http://rpmfind.net/ 去查找并下载。

1. 安装流程

因为 CentOS 官方已经提供了一个链接，可以在该链接上找到所有的在线 yum 安装方式，参考以下链接：

官网介绍：http://wiki.centos.org/HowTos/postgrey。

假设已经下载了 http://packages.sw.be/rpmforge-release/rpmforge-release-0.5.2-2.el6.rf.x86_64.rpm 这个软件，并将其放置在/root 目录下，然后按照以下步骤进行操作：

```
[root@www ~]# rpm --import http://apt.sw.be/RPM-GPG-KEY.dag.txt
[root@www ~]# rpm -ivh rpmforge-release-0.5.2-2.el6.rf.x86_64.rpm
[root@www ~]# yum install postgrey
```

上述操作旨在安装数字签名文件、配置 yum 文件，并最终通过网络安装 postgrey。整个过程非常简单。最重要的是找到适合你的 yum 配置文件软件进行安装即可。

2. 启动与设置方式

因为 postgrey 是一个额外的软件，我们需要将其视为一个服务来启动。同时，postgrey 是本地的套接字服务而不是网络服务，它只提供给本机上的 Postfix 作为一个外部插件使用，因此观察的方式不是通过查看 TCP/UDP 连接等方式进行。下面让我们来看一下启动和查看的过程：

```
[root@www ~]# /etc/init.d/postgrey start
[root@www ~]# chkconfig postgrey on
[root@www ~]# netstat -anlp | grep postgrey
Active UNIX domain sockets (servers and established)
Proto RefCnt Type     State      PID/Program  Path
unix  2     STREAM   LISTENING  17823/socket /var/spool/postfix/postgrey/socket
```

上述中最重要的是输出的路径（path）项目。/var/spool/postfix/postgrey/socket 用于作为程序之间的数据交换，这也是 Postfix 将邮件交给 postgrey 处理的一个非常重要的接口。有了这个数据之后，我们才能开始修改 Postfix 的 main.cf 配置文件。

```
[root@www ~]# vim /etc/postfix/main.cf
# 1. 更改 postfix 的 main.cf 主配置文件
# 一般来说，smtpd_recipient_restrictions 需要手动加入才会更改默认值
smtpd_recipient_restrictions =
    permit_mynetworks,                  <==默认值，允许来自 mynetworks 设置值的来源
    reject_unknown_sender_domain,       <==拒绝不明的来源网络（限制来源 MTA）
    reject_unknown_recipient_domain,    <==拒绝不明的收件人（限制目标 MTA）
```

```
        reject_unauth_destination,           <==默认值,拒绝不信任的目标
        check_policy_service unix:/var/spool/postfix/postgrey/socket
# 重点是最后一行。就是指定使用 unix 套接字来连接到 postgrey
# 后续我们还有一些广告邮件的过滤机制,特别建议将这个 postgrey 的设置值写在最后,
# 因为它可以算是我们最后一个检验的机制

# 2. 更改 postgrey 的过滤秒数,建议将原来的 300 秒(5 分钟)改为 60 秒
[root@www ~]# vim /etc/sysconfig/postgrey     <==默认不存在,请手动建立
OPTIONS="--unix=/var/spool/postfix/postgrey/socket --delay=60"
# 重点是 --delay 要阻挡几秒钟,默认值为 300 秒,我们这里改为 60 秒

[root@www ~]# /etc/init.d/postfix restart
[root@www ~]# /etc/init.d/postgrey restart
```

根据以往的经验,等待 5 分钟有时会导致某些正常的邮件服务器被拒绝很长时间,对于紧急的邮件来说,这可能不太合适。因此,CentOS 官网也建议将这个时间值调小一点,例如 60 秒。毕竟,对于不正常的邮件来说,它们在第一次发送时就会被拒绝,等待的时间似乎并不那么重要。然后,在 Postfix 的设置中,默认只允许本地网络设置(permit_mynetworks)和拒绝不受信任的目标(reject_unauth_destination)。根据经验,鸟哥先添加了拒绝来自发件人(MTA)未知网络和拒绝来自收件人未知网络的邮件规则,这样可以减少大量未知来源的广告邮件。最后才添加了 postgrey 的分析。

需要注意的是,smtpd_recipient_restrictions 中的设置是有顺序的。**按照上述流程,只有来自信任用户的邮件才会被接收并转发,然后不明来源和不受信任的目标会被拒绝。在这些流程完成之后,才会开始进行正常邮件的 postgrey 机制处理。**这样实际上已经能够有效应对大量的广告邮件。接下来,让我们进行 postgrey 是否正常工作的测试。请从外部向本机发送一封邮件,例如发送至 dmtsai@www.centos.vbird,然后查看/var/log/maillog 文件的内容。

```
 Aug  10  02:15:44  www    postfix/smtpd[18041]:  NOQUEUE:  reject:  RCPT  from
vbirdwin7[192.168.100.30]: 450 4.2.0 <dmtsai@www.centos.vbird>: Recipient address rejected:
Greylisted,        see        http://postgrey.schweikert.ch/help/www.centos.vbird.html;
from=<dmtsai@www.centos.vbird>       to=<dmtsai@www.centos.vbird>       proto=ESMTP
helo=<[192.168.100.30]>
```

鸟哥在测试之前先取消了 permit_mynetworks,然后进行测试。测试完成后又将 permit_mynetworks 重新加回来,这样才能看到上述的信息。这表明 postgrey 已经成功地开始工作了,并且相关的发送邮件主机记录已经保存在/var/spool/postfix/postgrey/目录下。通过这样的设置,你的 Postfix 将能够通过 postgrey 过滤掉一些不明来源的广告邮件。

3. 设置不受管制的白名单

不过,postgrey 也有一些缺点。由于 postgrey 默认会将邮件退回,因此可能会导致你的邮件出现延迟的问题,延迟的时间可能在几分钟到几小时之间,这取决于 MTA(邮件传输代理)的设置。如果希望某些信任的邮件主机不经过 postgrey 的过滤机制,那么需要设置白名单来允许它们通过。

开启白名单也很简单，只需编辑/etc/postfix/postgrey_whitelist_clients 文件即可。假设希望允许鸟哥的邮件服务器自由地向你的 MTA 发送邮件，可以在该文件中添加以下行：

```
[root@www ~]# vim /etc/postfix/postgrey_whitelist_clients
mail.vbird.idv.tw
www.centos.vbird
# 将主机名写进去

[root@www ~]# /etc/init.d/postgrey restart
```

如果还有其他信任的 MTA 服务器，可以将其写入这个文件中，这样它们就可以绕过 postgrey 的分析。更高级的用法需要读者自己去探索和发现。

22.5.2 邮件过滤二：关于黑名单的过滤机制

还记得 22.1.5 节讲到的开放中继（Open Relay）问题吗？你的 MTA 绝不能成为开放中继的状态，否则会对你的网络和声誉产生很大的影响。一般来说，所有被认定为开放中继的邮件 MTA 都会被列入黑名单中。

既然黑名单数据库中的邮件服务器本身存在问题，当来自黑名单中的主机想要连接到我的邮件服务器时，我当然可以合理地怀疑该邮件可能存在问题。因此，最好不要接收来自黑名单或发送到黑名单的邮件。

可以自行前往该网站将有问题的主机列表添加到你的邮件服务器过滤机制中，但这可能不太方便。由于 Internet 上已经提供了黑名单数据库，我们可以利用该数据库来进行阻止。在决定是否进行中继之前，我们可以要求 Postfix 去查询黑名单数据库，如果目标的 IP 地址或主机名在黑名单中，我们将拒绝该邮件。

设置 Postfix 进行黑名单验证非常简单，只需要按照以下步骤操作：

```
[root@www ~]# vim /etc/postfix/main.cf
smtpd_recipient_restrictions =
   permit_mynetworks,
   reject_unknown_sender_domain,
   reject_unknown_recipient_domain,
   reject_unauth_destination,
   reject_rbl_client cbl.abuseat.org,
   reject_rbl_client bl.spamcop.net,
   reject_rbl_client cblless.anti-spam.org.cn,
   reject_rbl_client sbl-xbl.spamhaus.org,
   check_policy_service unix:/var/spool/postfix/postgrey/socket
# 请注意整个设置值的顺序。在 postgrey 之前先检查是否为黑名单

smtpd_client_restrictions =
    check_client_access hash:/etc/postfix/access,
    reject_rbl_client cbl.abuseat.org,
    reject_rbl_client bl.spamcop.net,
    reject_rbl_client cblless.anti-spam.org.cn,
```

```
        reject_rbl_client sbl-xbl.spamhaus.org
# 这个设置项则是与客户端有关的设置。拒绝黑名单的一个客户端
smtpd_sender_restrictions = reject_non_fqdn_sender,
    reject_unknown_sender_domain
# 此设置项过滤不明的发件人主机网络。与 DNS 有关系
[root@www ~]# /etc/init.d/postfix restart
```

上面加粗部分 reject_rbl_client 是 Postfix 中的一个设置项，可以与 Internet 上提供的黑名单进行配合使用。需要注意的是，这些黑名单数据库可能会持续变动。在设置之前，请使用 dig 命令检查每个数据库是否真实存在，只有存在的数据库才应该设置在你的主机上（因为 Internet 上很多文献提及的黑名单数据库可能已经不再提供服务）。

- 检查一下你的邮件服务器是否在黑名单当中。

    既然黑名单数据库记录的是不受欢迎的发送邮件源和目标 MTA，那么 MTA 最好不要出现在这些数据库中。同时，这些数据库通常也提供了检测功能，因此也可以使用该功能来检查你的主机是否被记录在其中。可以按照以下方式进行处理：

    ➢ **是否已在黑名单数据库中**。确认的方法非常简单，只需登录网上的黑名单数据库，输入主机名或 IP 地址，即可检查是否已被列入黑名单中。

    ➢ **是否具有开发中继（Open Relay）功能**。如果想测试主机是否开启了开放中继（Open Relay）功能，可以直接登录网上的垃圾邮件检测网页。在该网页的底部，可以输入自己的 IP 地址进行检查。请注意，不要使用他人的 E-mail 的 IP 地址。在测试过程中，该主机将发送一封测试邮件，以查看你的邮件服务器是否会主动转发，并将结果返回给你。请注意，返回的网页可能会有编码问题，如果出现乱码，请将编码调整为中文编码即可。

    ➢ **如何删除**。如果主机被检测到已在黑名单中，那么请立即关闭开放中继（Open Relay）功能，并改进你的邮件服务器。之后，可能还需要前往各个主要的开放中继网站进行删除操作。如果是在学术网络中，建议与单位的管理员联系。至于一般常见的黑名单数据库，它们通常会自动将你移出黑名单，不过可能需要一些时间来进行测试。

总之，必须确保自己不在黑名单中，并最好拒绝黑名单中的来源。

22.5.3 邮件过滤三：基础的邮件过滤机制

在整个邮件传送流程中，一旦客户端通过主机的多重限制，最终应该可以进入邮件队列。而对于队列中的邮件，需要经过 MDA（邮件投递代理）的处理，以便将其发送或直接投递到邮箱。MDA 可以附加多种机制，特别是它可以过滤掉某些特定字词的广告邮件或病毒邮件。MDA 通过分析整封邮件的内容（包括标题和正文）来提取可能存在问题的关键词，然后决定该封邮件的命运。

Postfix 已经内建了用于分析邮件标题和正文的过滤机制，即位于/etc/postfix/目录下的

header_checks 和 body_checks 文件。在默认情况下，Postfix 不会使用这两个文件，需要使用以下设置来启用它们：

```
[root@www ~]# vim /etc/postfix/main.cf
header_checks = regexp:/etc/postfix/header_checks
body_checks = regexp:/etc/postfix/body_checks
# regexp 代表的是"使用正则表达式"

[root@www ~]# touch /etc/postfix/header_checks
[root@www ~]# touch /etc/postfix/body_checks
[root@www ~]# /etc/init.d/postfix restart
```

接下来，需要自行处理 header_checks 和 body_checks 的规则设置。在进行设置之前，请确保你熟悉正则表达式，因为许多规则需要使用正则表达式进行处理。设置的依据如下：

- 只要是"#"就代表该行为注释，系统会直接略过。
- 在默认的规则中，字母大小写被视为相同。
- 规则的设置方法为：

  /规则/ 操作   显示在登录文件里面的信息

  请注意，要使用两个斜线"/"将规则括起来。举个例子来说明：例如，如果我想要①过滤掉标题为"A funny game"的邮件，②并且在登录文件中显示"drop header deny"，则可以在 header_checks 文件中按照以下方式编写规则：

  /^Subject:.*A funny game/   DISCARD drop header deny
- 有下面几个操作：
  - REJECT：将该封邮件退回给原发件人。
  - WARN：将邮件收下来，但是将该封邮件的基本数据记录在登录文件内。
  - DISCARD：将该封邮件丢弃，并且不回应原发件人。

请记住，在自行修改这两个文件之后，务必检查语法的正确性。

```
[root@www ~]# postmap -q - regexp:/etc/postfix/body_checks \
>  < /etc/postfix/body_checks
```

如果没有出现任何错误，那么表示你的设置应该是没有问题的。另外，也可以使用 procmail 这个用于过滤的小程序来进行处理。然而，鸟哥认为在大型邮件主机中，procmail 的分析过程过于复杂，会消耗大量的 CPU 资源，因此后来并没有使用它。

22.5.4 非信任来源的中继转发：开放 SMTP 身份认证

在图 22-1 的流程中，当 MUA 通过 MTA 发送邮件时（具有中继转发功能时），理论上 MTA 必须开放信任用户来源，这就是为什么我们必须在 main.cf 中设置 smtpd_recipient_restrictions 这个设置项的原因（mynetworks）。然而，有时候会遇到不方便的情况。例如，如果你的客户端使用的是拨号机制的 ADSL，每次获取的 IP 地址都不固定，那么如何让用户使用你的 MTA 呢？这时候 SMTP 认证可能会有所帮助。

什么是 SMTP 呢？SMTP 是一种让你在使用 MTA 的端口 25（SMTP 协议）时需要输入账号和密码的功能。有了这个认证功能，就不需要设置 MTA 的信任用户设置项。举例来说，在本章提到的环境下，可以不设置 mynetworks 的值，启用 SMTP 认证，让用户需要输入账号和密码才能进行中继转发。那么如何让 SMTP 支持身份认证呢？CentOS 已经内置了认证模块，所以需要使用 Cyrus SASL 软件来帮助。

Cyrus SASL（http://cyrusimap.web.cmu.edu/）是 Cyrus Simple Authentication and Security Layer 的缩写，它是一个辅助的软件。在 SMTP 认证方面，Cyrus 主要通过 saslauthd 服务来进行账号和密码的验证操作。也就是说，**当有任何人想要进行邮件转发功能时，Postfix 会联系 saslauthd 进行账号和密码的验证，如果验证通过，则允许客户端开始转发邮件。**

如果想使用最简单的方式，即通过 Linux 自己的账号和密码进行 SMTP 认证，而不使用其他身份认证方式（如 SQL 数据库），在 CentOS 中应该按照以下步骤进行：

（1）安装 cyrus-sasl、cyrus-sasl-plain、cyrus-sasl-md5 等软件。

（2）启动 saslauthd 服务。

（3）在 main.cf 中进行设置，以便让 Postfix 能够与 saslauthd 进行通信。

（4）在客户端发送邮件时，必须设置邮件主机认证功能。

这样客户端才能够启用 SMTP AUTH。关于软件安装方面，请直接使用 yum 进行安装。现在我们从启动 saslauthd 服务开始谈起。

1. 启动 saslauthd 服务：进行 SMTP 明文身份验证功能

saslauthd 是 Cyrus SASL 提供的一个账号和密码管理机制，它可以进行多种数据库验证功能。在这里，我们只使用最简单的明文验证（PLAIN）。如果我们想直接使用 Linux 系统上的用户信息，即/etc/passwd 和/etc/shadow 中记录的账号和密码相关信息，可以使用 saslauthd 提供的 shadow 机制，当然也可以使用 pam。关于 saslauthd 与 MTA 的更多连接机制，请参考 saslauthd 的 man 手册。由于我们的账号和密码可能来自网络上的其他类似 NIS 服务器，因此建议使用 pam 模块。

saslauthd 的启动非常简单，首先需要选择密码管理机制，可以按照以下方式进行处理：

```
# 1. 先了解 saslauthd 支持哪些密码管理机制
[root@www ~]# saslauthd -v
saslauthd 2.1.23
authentication mechanisms: getpwent kerberos5 pam rimap shadow ldap
# 上面的加粗部分就是有支持的！我们要直接用 Linux 本机的用户信息，
# 所以用 pam 即可，当然也能够使用 shadow

# 2. 在 saslauthd 配置文件中，选定 pam 的验证机制
```

```
[root@www ~]# vim /etc/sysconfig/saslauthd
MECH=pam            <==其实这也是默认值
# 这也是默认值，有的读者喜欢单纯的 shadow 机制也可以

# 3. 那就启动吧
[root@www ~]# /etc/init.d/saslauthd start
[root@www ~]# chkconfig saslauthd on
```

接下来，我们必须告知 Cyrus 要使用 saslauthd 来提供 SMTP 服务。设置方法非常简单：

```
[root@www ~]# vim /etc/sasl2/smtpd.conf
log_level: 3                    <==登录文件信息等级的设置，设置 3 即可
pwcheck_method: saslauthd       <==就是选择什么服务来负责密码的比对
mech_list: plain login          <==列出支持的机制有哪些
```

我们可以使用 mech_list 列出特定支持的机制。而且 saslauthd 是一个非常简单的账号和密码管理服务，我们几乎不需要进行任何额外的设置，只要启动它就可以生效了。

2. 更改 main.cf 的设置项：让 postfix 支持 SMTP 身份验证

那么 Postfix 该如何处理呢？实际上，设置非常简单，只需按照以下步骤进行：

```
[root@www ~]# vim /etc/postfix/main.cf
# 在本文件最后添加这些与 SASL 有关的设置项
smtpd_sasl_auth_enable = yes
smtpd_sasl_security_options = noanonymous
broken_sasl_auth_clients = yes
# 然后找到跟中继转发（relay）有关的设置项，添加一段允许 SMTP 认证的字样
smtpd_recipient_restrictions =
    permit_mynetworks,
    permit_sasl_authenticated,     <==重点在这里。注意顺序
    reject_unknown_sender_domain,
    reject_unknown_recipient_domain,
    reject_unauth_destination,
    reject_rbl_client cbl.abuseat.org,
    reject_rbl_client bl.spamcop.net,
    reject_rbl_client cblless.anti-spam.org.cn,
    reject_rbl_client sbl-xbl.spamhaus.org,
    check_policy_service unix:/var/spool/postfix/postgrey/socket

[root@www ~]# /etc/init.d/postfix restart
```

关于上述有关 SASL 的各个设置项的含义如下：

- **smtpd_sasl_auth_enable**：这是设置是否启用 SASL 认证的意思。如果启用了该设置，Postfix 将主动加载 cyrus sasl 的函数库，该函数库将根据/etc/sasl2/smtpd.conf 中的设置链接到正确的账号和密码管理服务。
- **smtpd_sasl_security_options**：由于不希望匿名用户可以登录并使用 SMTP 的中继转发功能，因此在该设置项中只需设置为 noanonymous 即可。

- **broken_sasl_auth_clients**：这是针对早期非标准的 MUA（邮件用户代理）的设置项，因为早期的软件开发商在开发 MUA 时没有参考通信协议标准，导致在 SMTP 认证时可能会出现一些问题。其中一些有问题的 MUA，比如微软的 Outlook Express 第四版，就是如此！后续版本应该没有这个问题，所以也可以不设置这个值。
- **smtpd_recipient_restrictions**：最重要的部分就是这里。我们的 SASL 认证可以放在第二行，在可信任的局域网后面进行认证。上述代码的设置意义是：局域网内的 MUA 可以无须认证即可进行中继转发，而来自局域网外的其他来源则需要进行 SMTP 认证。

设置完成并重新启动 Postfix 后，我们可以进行测试以验证认证是否已经生效。

```
[root@www ~]# telnet localhost 25
Trying 127.0.0.1...
Connected to localhost.localdomain (127.0.0.1).
Escape character is '^]'.
220 www.centos.vbird ESMTP Postfix
ehlo localhost
250-www.centos.vbird
250-PIPELINING
250-SIZE 10240000
250-VRFY
250-ETRN
250-AUTH LOGIN PLAIN         <==需要看到这两行才行
250-AUTH=LOGIN PLAIN
250-ENHANCEDSTATUSCODES
250-8BITMIME
250 DSN
quit
221 2.0.0 Bye
```

3. 在客户端启动支持 SMTP 身份验证的功能：以 thunderbird 设置为例

既然已经在 MTA 中设置了 SMTP 身份验证，那么我们的 MUA 当然需要传递账号和密码给 MTA 以通过 SMTP 验证！因此，在 MUA 上需要进行一些额外的设置。我们仍然以 Thunderbird 为例，打开 Thunderbird 并依次单击"工具"→"账号设置"，将会弹出如图 22-10 所示的对话框。

请根据图 22-10 中的箭头编号来操作。首先选择①发送（SMTP）服务器，然后选择所需的 SMTP 服务器，单击③"编辑"按钮，将会弹出图 22-10 中的对话框。选择④"密码，不安全地传输"选项，然后在⑤处填入所需使用的账号。如果要进行测试，请确保该客户端不在局域网内，否则将不会经过认证阶段，因为我们的设置优先考虑信任的网络。

图 22-10 在 Thunderbird 软件中设置支持 SMTP 验证的方式

如果一切顺利，当客户端使用 SMTP 进行验证时，你的日志文件中应该会出现类似下面的信息：

```
[root@www ~]# tail -n 100 /var/log/maillog | grep PLAIN
Aug 10 02:37:37 www postfix/smtpd[18655]: 01CD43712: client=vbirdwin7
[192.168.100.30], sasl_method=PLAIN, sasl_username=dmtsai
```

22.5.5 非固定 IP 地址的邮件服务器的福音：relayhost

我们之前提到，如果想搭建一个合法的 MTA，最好是申请一个固定的 IP 地址，并正确设置相应的反向解析。但是，如果非要使用动态 IP 地址来搭建你的 MTA，也不是不可能，特别是在家庭网络的光纤入户速度已经达到最低 100M/10Mbps 的下载/上传速度，你可以使用家庭网络来搭建站点，只不过需要通过上层 ISP 提供的中继转发权限来实现。这是怎么回事呢？让我们通过一个实际案例来说明，如图 22-11 所示。

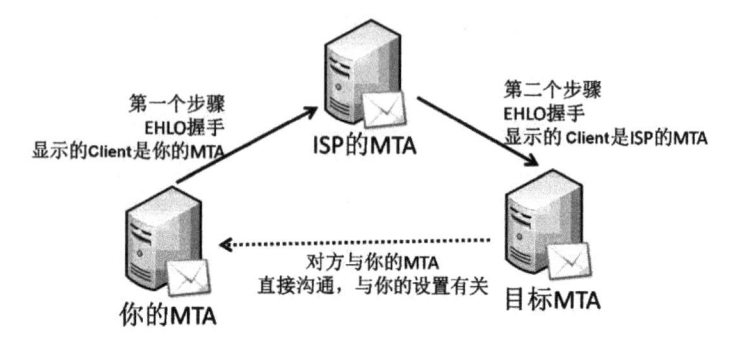

图 22-11 relayhost：利用 ISP 的 MTA 进行邮件发送

当 MTA 要发送邮件给目标 MTA 时，如果直接将邮件传递给目标 MTA，由于你的 IP 地址可能不是固定的，对方 MTA 可能会将你视为垃圾邮件的来源。那么，如果我们通过 ISP 进行转发呢？根据图 22-11，当要将邮件传递给目标 MTA 时：①首先将邮件交给你的 ISP，因为你是 ISP 的客户，通常来信都会被 ISP 接收，因此这封邮件将会被你的 ISP 进行中继转发；②当被 ISP 中继转发的邮件到达目标 MTA 时，对方 MTA 会判断该邮件来自哪个 ISP 的 MTA，因为这是一个合法的邮件服务器，所以该邮件毫无疑问地会被接收。

不过，想要以此架构来架设你的 MTA 仍有许多需要注意的地方：

- 仍然需要一个合法的主机名，若要省钱，可以使用 DDNS（动态 DNS）来解决。
- 你的上层 ISP 所提供的 MTA 必须有提供你所在 IP 地址的中继转发权限。

不能再使用自定义的内部 DNS 架构，因为所有中继转发的邮件都会被发送到 ISP 的 MTA。

特别是最后一点，**由于所有外发的邮件都会被送到 ISP，因此像之前我们自定义的 centos.vbird 这样的非法域名数据就无效了**。为什么呢？想一想，如果要发送邮件给 www.centos.vbird，由于中继主机（relayhost）的功能，这封邮件会被发送到 ISP 的 MTA 进行处理，但 ISP 的 MTA 并不知道 centos.vbird 这个域名。

虽然听起来有点困难，但实际上很简单，只需要在 main.cf 文件中添加一段配置即可。假设你的环境是由名为 yyy 的 ISP 提供的，而 yyy 提供的邮件主机是 ms1.yyy.net，那么可以按照以下设置进行配置：

```
[root@www ~]# vim /etc/postfix/main.cf
# 加入下面这一行就对了，注意方括号
relayhost = [ms1.yyy.net]
[root@www ~]# /etc/init.d/postfix restart
```

之后，只需要尝试发送一封邮件出去，就能了解这封邮件是如何发送的了。查看日志文件，内容会类似于以下示例：

```
[root@www ~]# tail -n 20 /var/log/maillog
Aug 10 02:41:01 www postfix/smtp[18775]: AFCA53713: to=<qdd@mail.xxx.edu.xx>,
relay=ms1.yyy.net[168.95.4.10]:25, delay=0.34, delays=0.19/0.09/0.03/0.03,
dsn=2.0.0, status=sent (250 2.0.0 Ok: queued as F0528233811)
```

可以看到，邮件是通过上层 ISP 来转发的。这样一来，你的 MTA 看起来就像是一个合法的 MTA。但是，请不要滥发垃圾邮件，因为你所经过的 ISP 邮件主机会记录你的 IP 来源。如果进行不当行为，后果可能是非常严重的。请牢记这一点！

22.5.6 其他设置小技巧

除了之前提到的几个主要设置外，Postfix 还提供了一些其他有用的设置供读者使用。我们可以逐个来看一下：

1. 单封邮件与单个邮箱的大小限制

默认情况下，Postfix 允许的单封邮件最大容量为 10MB，但我们可以更改这个值，操作非常简单：

```
[root@www ~]# vim /etc/postfix/main.cf
message_size_limit =    40000000
[root@www ~]# postfix reload
```

上述单位是字节，所以我将单封邮件的最大容量更改为 40MB。请根据你的环境来确定这个值。以前，我们通常使用文件系统内的配额（quota）来管理 /var/spool/mail/account 的大小，但现在的 Postfix 不再需要这样做。可以按照以下步骤进行设置：

```
[root@www ~]# vim /etc/postfix/main.cf
mailbox_size_limit = 1000000000
[root@www ~]# postfix reload
```

我为每个人设置了 1GB 的空间。

2. 发件备份：SMTP 自动转发一份到备份文件夹

我们知道可以使用 /etc/aliases 来处理收件备份，但如果想要进行发件备份呢？可以按照以下方式进行设置：

```
[root@www ~]# vim /etc/postfix/main.cf
always_bcc = some@host.name
[root@www ~]# postfix reload
```

通过这样的设置，任何人发送的邮件都会复制一份发送到 some@host.name 邮箱。然而，除非你的公司非常重视商业机密，并且已经向所有员工公告此事，我个人认为这样的设置严重侵犯隐私权。

3. 配置文件的权限问题：权限错误会导致不能启动 Postfix

这部分内容我们以 SendMail 官方网站的建议为例来说明，实际上也适用于 Postfix。其中，主要涉及"目录与文件权限"的设置要求如下：

- 请确认/etc/aliases 文件的权限，只有系统信任的账号才能修改它，通常权限应设置为 644。
- 确认邮件服务器读取的数据库（通常位于/etc/mail/ 或 /etc/postfix/下的*.db 文件）只能被系统信任的用户读取，其他用户不能读取，通常权限应设置为 640。
- 系统的队列目录（ /var/spool/mqueue 或 /var/spool/postfix ）只允许系统读取，通常权限应设置为 700。
- 请确保 ~/.forward 文件的权限不能设置为任何人都可以读取，否则你的电子邮件数据可能会被窃取。

- 总之，一般用户应避免使用 ~/.forward 和 aliases 的功能。

然而，对于整体的使用，网站管理员仍需要花费更多心思，经常查看日志文件。

4. 备份数据：与 mail 有关的目录有哪些

无论何时，备份始终至关重要。那么作为仅仅是一个邮件服务器，我需要备份哪些数据呢？

- /etc/passwd, /etc/shadow, /etc/group 等与账号有关的数据。
- /etc/mail, /etc/postfix/ 下面的所有文件。
- /etc/aliases 等 MTA 相关文件。
- /home 下面的所有用户数据。
- /var/spool/mail 下面的文件与 /var/spool/postfix 邮件队列文件。
- 其他如广告软件、病毒扫描软件等的设置与定义文件。

5. 错误检查流程：查出导致不能启动 Postfix 的问题

尽管电子邮件很方便，但有时仍然会遇到无法发送邮件的问题。如果已经正确设置了邮件传输代理（MTA），但仍无法成功发送邮件，可能会有以下问题需要追踪：

- **关于硬件配备**：例如，可能存在一些硬件配备问题需要进行追踪：是否缺少网卡驱动，调制解调器是否出现问题，集线器是否过热，路由器是否停止服务等。
- **关于网络参数的问题**：如果无法连接到 Internet，那么如何使用邮件服务器呢？因此，请先确保你的网络已经正确启用。关于网络确认的问题，请参考第 6 章"网络故障排除"进行处理。
- **关于服务的问题**：请务必确认与邮件服务器相关的端口是否已经成功启动，例如端口 25、110、143、993、995 等。可以使用 netstat 命令来查看这些服务是否已经启动。
- **关于防火墙的问题**：很多时候，许多朋友使用 Red Hat 或其他 Linux 发行版提供的防火墙设置软件时，会忘记启动端口 25 和端口 110 的设置，导致无法收发邮件。请特别注意这个问题。你可以使用 iptables 命令来检查这些端口是否已经启用。其他相关信息请参考第 9 章"防火墙设置"。
- **关于配置文件的问题**：在启动 Postfix 或 Sendmail 之后，请仔细查看日志文件，检查是否有任何错误信息。通常，如果配置数据不正确，登录文件中会记录错误信息。
- **其他文件的设置问题**：
  ①如果发现只有某个域名可以接收邮件，而其他相同主机的域名无法接收邮件，需要检查 $mydestination 的配置值。
  ②如果发现邮件被拒收，并且错误信息一直显示 reject，可能是被 access 阻止了。
  ③如果发现邮件队列（mailq）中存在大量未发送的邮件，可能是 DNS 出现问题，请检查 /etc/resolv.conf 文件的设置是否正确。
- **其他可能的问题**：最常见的问题是认证问题。这是因为用户没有在 MUA（邮件用户

- **还是不知道问题的解决方案**：如果问题仍然无法解决，请务必检查 /var/log/maillog（有时也可能是/var/log/mail，具体取决于 /etc/syslog.conf 的设置）。当你发送一封邮件时，例如 dmtsai 发送给 bird2@www.centos.vbird，maillog 文件将显示两行记录：一行是 from dmtsai，另一行是 to bird2@www.centos.vbird。通过这两行记录，你可以了解从哪里收到邮件以及邮件将发送到哪里。特别是 to 行，其中包含了许多有用的信息，包括无法传送邮件的错误原因。如果你对日志文件不熟悉，请参考《鸟哥的 Linux 私房菜 基础学习篇（第四版）》一书中第 19 章"了解日志文件"。

22.6 重点回顾

- 在设置电子邮件服务器时，需要特别注意，以免成为广告邮件和垃圾邮件的跳板。
- 邮件服务器使用的主机名至少需要有 A 记录，最好还包括 MX 记录，并且最好进行正向解析和反向解析，这样可以避免大型邮件服务器的过滤。
- 邮件服务器主要指的是 SMTP（简单邮件传输协议），但如果要搭建一台类似 Thunderbird 的用于收发邮件的服务器，最好还具备 SMTP 和 POP3 等通信协议。
- 电子邮件传输涉及的组件主要包括 MUA（邮件用户代理）、MTA（邮件传输代理）、MDA（邮件投递代理）和最终的 Mailbox（邮箱）等。
- 电子邮件服务器最重要的部分实际上是中继转发（Relay）功能，绝对不能开放为 Open Relay（开放中继）功能。
- 一封电子邮件至少包含头部（header）和正文（body）等数据。
- 常见的可以用于启动 SMTP 的软件包括 Sendmail、Postfix 和 Qmail 等。
- 为了避免接收大量广告邮件，建议不要在 Internet 上公开你的电子邮件地址。如果必须将邮件地址放在网络上，最好拥有两个邮件地址，一个用于公开，另一个作为自己主要联系使用。

22.7 参考资料与延伸阅读

- Sendmail 官方网站：http://www.sendmail.org。
- Postfix 官方网站：http://www.postfix.org。
- Postgrey 官方网站：http://isg.ee.ethz.ch/tools/postgrey/。
- Postfix 针对 Postgrey 的设置：http://www.postfix.org/SMTPD_POLICY_README.html。
- 一些 postfix 的 relay 机制设置：http://jimsun.linxnet.com/misc/postfix-anti-UCE.txt。
- Amavis-new 一个在 MTA 与队列间的服务：http://www.ijs.si/software/amavisd/。
- 广告邮件分析软件：http://spamassassin.apache.org/index.html。